ALMAGESTE.

SE TROUVE A PARIS,

CHEZ
{
J.-M. EBERHART, Imprimeur-Libraire, rue du Foin Saint-Jacques , n° 12;
Mᵐᵉ Vᵉ COURCIER, Imprimeur-Libraire, quai des Augustins, n° 57;
BACHELIER, Libraire, quai des Augustins, n° 55;
RENOUARD, Libraire, rue Saint-André-des-Arcs, n° 55;
DEBURE, père et fils, Libraires, rue Serpente, n° 7;
NICOLLE, Libraire, rue de Seine, n° 12;
PARAVICIN, Libraire, rue du Cimetière Saint-André-des-Arcs, n° 13.
TREUTTEL ET WURTZ, Libraires, rue de Lille, n° 17;
AMAND KOENIG, Libraire, quai des Augustins, n° 25;
}

V
1159.

7616.

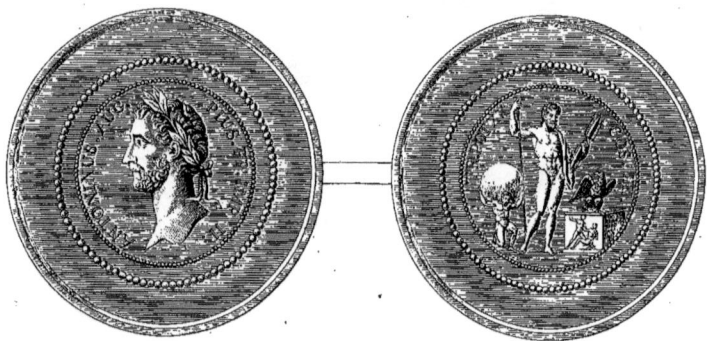

Sous le règne de ce sage Empereur, l'astronomie prit une nouvelle face,
Ptolemée en rassembla les principes et les démonstrations dans un ouvrage
excellent auquel il donna le titre de Composition Mathématique.

D. Cassini, disc. sur l'orig. et les prog. de l'Astr.

ΚΛΑΥΔΙΟΥ ΠΤΟΛΕΜΑΙΟΥ

ΜΑΘΗΜΑΤΙΚΗ ΣΥΝΤΑΞΙΣ.

COMPOSITION MATHÉMATIQUE

DE CLAUDE PTOLÉMÉE,

TRADUITE POUR LA PREMIÈRE FOIS DU GREC EN FRANÇAIS,
SUR LES MANUSCRITS ORIGINAUX DE LA BIBLIOTHÈQUE IMPÉRIALE DE PARIS,

Par M. HALMA;

ET SUIVIE DES NOTES DE M. DELAMBRE,

CHEVALIER DE LA LÉGION D'HONNEUR, MEMBRE DU BUREAU DES LONGITUDES ET DE L'INSTITUT,
SECRÉTAIRE PERPÉTUEL DE LA CLASSE DE MATHÉMATIQUES ET DE PHYSIQUE,
PROFESSEUR D'ASTRONOMIE AU COLLÉGE DE FRANCE, TRÉSORIER DE L'UNIVERSITÉ IMPÉRIALE, etc.

TOME PREMIER.

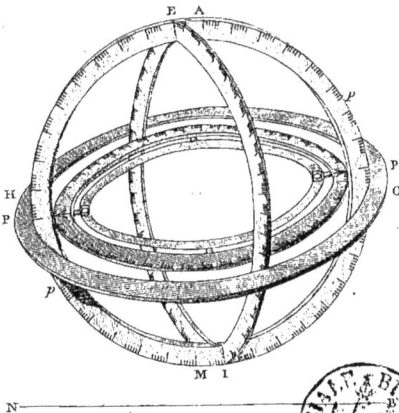

A PARIS,

CHEZ HENRI GRAND, LIBRAIRE, RUE SAINT-ANDRÉ-DES-ARCS, N° 51.

1813.

PRÉFACE

OU

DISSERTATION HISTORIQUE ET CRITIQUE

SUR LA COMPOSITION MATHÉMATIQUE DE CLAUDE PTOLÉMÉE.

Quel fruit peut-on retirer *de la Composition Mathématique de Ptolémée*, au degré de perfection où l'astronomie est aujourd'hui parvenue? Quelle sera l'utilité d'une nouvelle traduction de ce Livre, après les deux versions latines que nous en avons depuis long-temps? Et n'est-ce pas faire rétrograder la science, que de la ramener, pour ainsi dire, à son berceau?

Si je ne craignois de blesser la modestie du savant astronome qui a revu cette première traduction française, je citerois le jugement qu'il en a porté (*), comme la meilleure réponse à la première des questions que j'ai à résoudre au sujet de l'ouvrage que je reproduis.

Je me contenterai donc de rapporter le témoignage d'un homme qui n'est plus, mais dont les écrits nous restent, avec l'autorité que son nom leur prête. C'est de Dominique Cassini que je veux parler, et voici comment il s'exprime dans *ses Élémens d'Astronomie*.

« Comme le mouvement de l'apogée est fort lent et difficile à discerner dans l'espace de quelques années, il est nécessaire, pour déterminer sa quantité, de comparer les observations éloignées l'une de l'autre, d'un intervalle de temps considérable, entre lesquelles celles d'Hipparque et de Ptolémée sont les plus reculées ». Et joignant l'exemple au précepte, ce grand astronome ajoute : «nous avons d'abord comparé ensemble le lieu des nœuds de la lune, observé dans des temps peu éloignés les uns des autres, pour reconnoître de quel sens ils font leurs mouvemens, et determiner à peu près le temps de leurs révolutions, afin que dans la comparaison des observations éloignées les unes des autres, on ne pût se méprendre d'une ou de plusieurs révolutions entières. Examinons présentement quel est le mouvement des nœuds qui résulte des observations les plus

---

(*) Voy. *le Rapport du Jury institué pour le jugement des Prix décennaux*, 1810 ; *et le* PROSPECTUS *de la présente Édition.*

anciennes comparées aux nôtres. Ptolémée rapporte trois observations d'éclipses de
lune, faites à Babylone par les Chaldéens, qui sont les plus anciennes dont on nous
ait conservé la mémoire.....». Puis ayant fait sur ces trois éclipses les calculs dont
on peut voir les détails dans son ouvrage, il ajoute : «Pour déterminer présentement
le mouvement des nœuds de la lune par la comparaison des observations anciennes
avec les modernes, on aura le 1er septembre, 719 ans avant J-C, le vrai lieu du
nœud ascendant à 22^d 52′ du lion. Or il étoit, le 9 septembre 1718 après J-C,
à 16^d 40′ de la vierge, plus avancé de 23^d 48′ suivant la suite des signes, que le 1er
septembre 719 avant J-C: d'où il suit qu'il manque cette quantité que les nœuds
de la lune qui vont en sens contraire, n'aient achevé un certain nombre de révolutions entières qu'on trouve être de 131 révolutions, en divisant l'intervalle entre
ces observations qui est de 2437 années, dont 608 sont bissextiles, 19^j, 2^h 16′, par
la révolution des nœuds trouvée ci-dessus de 6800 jours; c'est pourquoi, si on
partage cet intervalle par 130 révolutions 336^d 12′, on aura la révolution moyenne
des nœuds, de 6798^j 7^h, qui par une proportion donne le mouvement annuel de 19^d
19′ 45″; et en divisant celui-ci par 365, le mouvement journalier, de 3′ 10″ 38‴».
   Cassini a suivi dans cette comparaison, l'exemple de Ptolémée lui-même : car selon la remarque du P. Pétau (*), Hipparque ayant comparé les solstices de Méton
et d'Aristarque avec ceux qu'il avoit observés, Ptolémée ensuite a fait le même usage
des solstices observés par Hipparque. Et c'est ainsi que Lalande marchant sur les
traces de ces grands hommes, a conclu (**) des équinoxes d'Hipparque consignés dans
l'ouvrage de Ptolémée, la durée de l'année de 365 jours 5 heures 48 minutes 45 $\frac{1}{4}$
secondes à peu près comme dans les tables du soleil, de Lacaille».
   A la vérité, Lalande, dans son premier Mémoire sur Mercure (***), dit que presque
tous les astronomes ont trouvé Ptolémée en défaut, chacun dans la partie qu'il
a approfondie; «n'est-ce pas un motif suffisant, se demande-t-il, pour écarter les
observations de cet auteur, lorsque nous nous trouvons dans l'impossibilité de
les concilier avec les anciennes qu'il rapporte »? Je ne puis nier que Lalande n'ait
raison dans ce cas; mais ces anciennes observations que Ptolémée rapporte, ne
se trouvent que dans le livre de Ptolémée. Lalande lui-même a été obligé d'y prendre
celles par lesquelles il l'a corrigé, et il reconnoît que Cassini, l'accord des tables de
la lune avec ces anciennes observations consignées dans ce livre (****).
   Mais, dira-t-on encore, si cet ouvrage a pu être utile dans le temps où l'on a commencé à établir l'astronomie moderne sur des bases plus solides, à quoi peut-il servir
aujourd'hui qu'elle a perfectionné ses méthodes ? et voyons-nous que les astronomes
de nos jours, l'aient consulté pour leurs recherches, et en aient profité pour leurs
découvertes?
   Oui, et je peux en citer deux exemples décisifs; le premier m'est fourni par le
second Mémoire de Lalande sur le mouvement moyen de Mercure (*****). «Jusqu'ici,

---

(*) *Doctr. Temp.*, *Liv. IV.*   (****) *Élém. d'Astronomie*, p. 248.
(**) *Mém. de l'Acad. des Sciences*, 1757.   (*****) *Mém. de l'Acad. des Sciences*, 1766.
(***) *Acad. des Sciences*, 1766.

dit ce fameux observateur du ciel, l'on n'a pas tiré grand parti, ce me semble, des observations de Mercure rapportées dans Ptolémée, qui furent faites, il y a seize ou dix-huit cents ans. Pour moi, j'ai reconnu que ces anciennes observations sont importantes, qu'elles déterminent le mouvement de l'aphélie aussi exactement que les observations du dernier siècle....... Parmi ces observations, il y en a huit qui s'accordent plus ou moins à prouver que le mouvement de Mercure et celui de son aphélie, dans les tables de Halley, doivent être augmentés ».

Voilà donc les observations de Ptolémée, qui servent à corriger les résultats de celles des astronomes modernes ; et non seulement elles les corrigent, mais par leur justesse, elles servent encore à les vérifier. C'est ce que prouve le second exemple que j'ai à citer, et que je tire d'un Mémoire de l'auteur de la *Mécanique Céleste*, sur les mouvemens séculaires de la lune. Nous y lisons que si on augmente de 4″, 7 par siècle, le mouvement synodique actuel, l'élongation de la lune, pour la première époque des tables de Ptolémée, devient de 70ᵈ 37′ 54″, plus grande seulement de 54″ que celle de Ptolémée. « On ne devoit pas, ajoute ce grand géomètre, espérer un si parfait accord, vû l'incertitude qui reste sur les masses de Vénus et de Mars, dont l'influence sur la grandeur de l'équation séculaire de la lune, est sensible » (*).

L'utilité de l'ouvrage de Ptolémée ne pouvant plus être contestée après de pareils témoignages, il faut qu'on avoue pour les personnes qui ne peuvent lire le texte original de l'auteur, la nécessité d'une traduction qui réunisse la clarté à la fidélité. Or voyons si ces deux qualités se rencontrent dans les deux versions latines que nous avons de cet ouvrage. Je ne dirai rien des fautes de style ; celles de sens sont bien autrement importantes, et je n'en rapporterai qu'un petit nombre.

Dès le liv. I, ch. 3, 4ᵉ de la première version (**), nous lisons dans celle-ci : *Declaratur igitur nobis per equalitatem ejus quod gibbositas terræ nobis occultat his duabus partibus : cum ad invicem comparantur in omnibus earum plagis : quod ipsa est rotunda.* Et dans la seconde : *Ut hinc pateat quod etiam hæc terræ globositas obices proportionaliter ad laterales faciens partes spœricam figuram undique ostendit.* Est-il possible de tirer le moindre sens de ces phrases d'un latin barbare ou plus obscur que le grec, où il n'y a rien qui ait rapport aux mots *duabus partibus* de la première, et dont le mot ἐπιπροσθήσεις n'est rendu ni par l'une ni par l'autre ? Le chapitre 2 du livre III contient un passage qui a fort exercé les Pères Pétau et Riccioli, et leurs efforts n'ont abouti qu'à l'interpréter diversement. Le voici tel qu'on le lit dans la première version : *Sed in annis quorum principia sunt a punctis differentiarum quatuor temporum non est mirum si prœterit apud me et apud Arsamidem in consideratione et estimatione quantitatem quartæ diei.* Et dans la seconde (***): *Sed in solstitialibus spero nec nos nec Archimedem in observatione atque computatione ad quartam usque partem diei errasse.* On voit que ces deux versions disent précisément le contraire l'une de l'autre ; car selon la première il n'est pas étonnant qu'Archimède et Ptolémée se soient trompés d'un quart de jour sur la longueur de l'année ; et selon la seconde, Ptolémée

---

(*) *Mém. de l'Institut, vol.* 2.   (**) *Ven.* 1515.   (***) *Basil.* 1551.

espère que ni lui ni Archimède ne se sont pas trompés d'un quart de jour. Je renvoie l'éclaircissement de ce passage, à la note où je le discute. Et pour achever de montrer combien peu ces deux versions s'accordent non seulement entr'elles, mais encore chacune avec elle-même : la seconde nomme d'abord *Domitien* l'empereur qu'elle nomme ensuite *Adrien*, dans l'équinoxe de l'an 17 de ce prince, liv. III, ch. 8; et la première présente (ch. 2) la répétition et tout-à-la-fois la contrariété suivante : «*Nos quoque jam invenimus equalitatem vernalem in anno 473 post mortem Alexandri..... deinde post mortem Alexandri in 463 anno consideravimus equalitatem vernalem .... ».* L'une de ces phrases bien différente de l'autre, ne se trouve nullement dans le grec manuscrit où imprimé de Ptolémée. Elle détruit même les raisonnemens de cet auteur, qui dans tout ce passage ne parle que d'après l'équinoxe vernal de l'an 463, et non d'après celui de l'an 473 depuis la mort d'Alexandre; il faudroit, si l'on admettoit cette dernière leçon, changer tous les calculs subséquens, et pour cela renverser toute la construction de Ptolémée. Plus bas, dans la même page, je trouve : «*Secundùm vero quod dixerunt Midan et Attamin, est longitudo temporis anni 365 dies et quarta et una pars 76 partium et medietas diei unius ».* Ce n'est pas là ce qu'Hipparque fait dire à Méton et Euctémon, dans le texte grec de Ptolémée, mais bien que la longueur de l'année est selon ces astronomes, de 365 jours un quart et un soixante-seizième de jour. Il n'y a rien qui autorise à joindre à cette quantité la moitié de jour que cette première version y ajoute. La seconde version commet une faute bien plus grave encore dans ce passage : «*Secundùm Mentonem Euctemonemque spatium anni 365 dies quartam solùm »,* dit-elle, sans parler du soixante-seizième de jour, ajouté par ces deux astronomes dans le grec de Ptolémée. A la fin du chapitre 1 du livre IV, au sujet des lieux de la lune éclipsée, la première s'exprime en ces termes : «*Et dico quod non convenit in inquisitione locorum lunæ verorum operatio considerationum eclyppsium solarium».* Le grec ne parle nullement d'éclipses du soleil en cet endroit; il dit seulement que dans les éclipses de lune, ses lieux vrais sont ceux-mêmes où elle est éclipsée, à l'opposite du soleil. Dans la seconde version, on lit : «*Aliis quidem observationibus in quibus visu observantium stellarum loca capiuntur non esse utendum asserimus, solis autem ipsius lunæ defectibus, quoniam nihil ad deprehensionem locorum visus in ipsis conducit ».* On ne trouve pas dans le grec un seul mot qui réponde à celui d'*étoiles* que l'on voit ici, et qui n'est nullement nécessaire. Dans la première, à la fin du cinquième chapitre de ce quatrième livre, on lit : «*ergo ldb reliquus erit quatuor partes et 20 minuta, et ipsé est cui subtenditur arcus orbis signorum qui minuitur ex cursu medio in longitudine : diversitatis quæ est arcus ab orbis revolventis ».* Et dans la seconde. «*Erit ergo reliquus angulus LDB qui subtendit arcum a medio longitudinis motu auferendum propter inæqualitatem quæ fit penes LB arcum epicycli reliquorum angulorum, 4 20'».* Le texte grec de ce passage dit littéralement : «Donc l'angle restant LDB qui soutend l'arc de l'écliptique, retranché du mouvement moyen en longitude, à cause de l'anomalie dans l'arc LB de l'épicycle, sera de 4^d 20'». Enfin, la première version se trahit elle-même liv. IV, ch. 6, où elle dit que 6^d 44' 30" et 150^d 26' font 157^d 11', fausseté qui prouve celle des nombres qu'elle a donnés pour valeurs à l'arc et à la corde GE. Et

plus loin elle donne deux fois la valeur 49″ à l'arc BE auquel elle a d'abord donné 59″; et à BG, 46′ au lieu de 43 qu'il faut.

Il seroit trop long de rapporter toutes les erreurs de ces deux versions. Dans la première des tables, qui est celle des cordes des arcs du cercle, la première version présente, dès la première ligne, o minute, 2 secondes 5o tierces; et la seconde 1 minute, 2 secondes 5o tierces; et qu'on ne dise pas que cette faute ne vient que d'inadvertance, car elle se trouve répétée jusqu'à trois fois de suite dans l'imprimé. Tantôt c'est une omission considérable, comme dans le chapitre 13 du livre I, où la mineure d'un syllogisme manque dans une démonstration géométrique, quoiqu'elle y soit nécessaire pour le raisonnement, et qu'elle soit exprimée dans le grec; c'est la proposition : *or le double de l'arc TE est de 115ᵈ 28′ à peu près.* Tantôt c'est un changement d'affirmation en négation, comme dans le chapitre 2 du livre III où la seconde version met une particule négative qui n'est pas dans le grec. Ou bien, ce sont des nombres falsifiés, comme dans le livre IV, chapitre 10, où la première version place une éclipse de lune à la 24ᵉ année de la seconde période calippique, tandis que la seconde la met à la 54ᵉ. Et, chapitre 8, elle fait le disque de la lune égal à la 660ᵉ partie de l'orbite, tandis que tous les manuscrits disent qu'elle en est la 650ᵉ partie. Ailleurs, elle met 170 jours au lieu de 176 qu'il faut dans le chapitre 6 de ce livre. Les fautes de calcul ne sont pas moins nombreuses; la première version substitue $\frac{1}{3}\frac{1}{5}$ d'heure aux $\frac{1}{5}$ du grec dans le ch. 8 du même livre, à la fin duquel la seconde met 7 pour 70ᵈ. Je ne suis pas le seul qui me plaigne de ces fautes. Pétau reprend avec raison cette seconde version, d'avoir omis les 2 heures après minuit, du 11 au 12 Mésor, expressément marquées par Ptolémée dans l'observation du solstice d'été de l'an 887 de Nabonassar; faute qui a induit Bunting en erreur, pour s'en être trop légèrement rapporté à cette seconde version (*). Et il ne se trouve que trop souvent de semblables exemples d'auteurs modernes qui se sont égarés à la suite de ces deux versions (**), comme Bouillaud le reproche à Landsberg, par trop de confiance en elles, ou parcequ'ils n'ont pas été jusqu'à la source.

C'est donc, au lieu de rallentir les progrès de la science, l'éclairer au contraire dans sa marche, que de publier, de l'ouvrage qui en expose les premiers pas assurés, ou les premières opérations dirigées par l'esprit de méthode et de calcul qui y règne, une traduction exempte des fautes justement reprochées à ces deux versions. Sans doute, si Ptolémée avoit eu comme Euclide et Archimède, des Clavius, des Simson, des Barrow, des Gregory, des Commandin et des Torelli, pour interprètes dans la langue des Pline et des Cicéron, une nouvelle version en langue moderne en seroit assez superflue. Mais il s'en faut beaucoup qu'il ait eu l'avantage de trouver des hommes aussi capables de le rendre en une langue familière à tous les savans de l'Europe, que de l'entendre dans la sienne. Et puisque la science est intéressée à trouver dans une interprétation exacte du sens de notre auteur, les observations qu'il rapporte et les méthodes qu'il emploie, celle des langues modernes à laquelle les trésors de sa littérature ont

(*) *Doctr. Tempor. L. IV.*   (**) *Astron. philol.*, *L. III*, p. 149.

assuré l'universalité qu'avoient eue autrefois la langue grecque en orient, et la langue latine dans l'occident, étoit la plus propre à répandre partout la connoissance de ces observations dont on ne peut se passer, et de ces méthodes toujours étudiées avec fruit.

On se feroit, en effet, une fausse idée de cet ouvrage, si on le regardoit comme un simple répertoire des premières notions qu'aient eues les anciens sur l'astronomie; c'est l'unique monument des plus anciennes observations des Chaldéens et des Grecs, avec leurs dates, et les lieux des astres à des époques certaines de temps et de mouvement. « Nous sommes obligés, dit Lalande (*), d'emprunter du grand ouvrage de Ptolémée, toutes les observations anciennes sur lesquelles est fondée la recherche des mouvémens célestes ». — « Cet ouvrage, dit Bailly (**), fait la communication entre l'astronomie ancienne et la moderne. Des observations importantes par leur antiquité y sont conservées. Sans elles nous ne connoîtrions pas les mouvémens moyens des planètes aussi exactement que les connoissoient Hipparque et Ptolémée. Ce livre d'ailleurs contient les méthodes ou le germe des méthodes qui sont encore pratiquées aujourd'hui ». Enfin ce qui met le comble au mérite de l'ouvrage de Ptolémée, c'est qu'il contient l'esprit de ceux d'Hipparque, « dont nous ne connoissons bien les travaux, dit l'auteur *de la Mécanique Céleste*, que par l'*Almageste de Ptolémée* qui nous a transmis les principaux élémens des théories de ce grand astronome, et quelques-unes de ses observations. Leur comparaison avec les observations modernes, en a fait reconnoître l'exactitude; et l'utilité dont elles sont encore à l'astronomie, fait regretter les autres, et particulièrement celles qu'il fit sur les planètes, dont il ne reste que très-peu d'observations anciennes » (***).

Pour mieux apprécier l'importance du service que Ptolémée a rendu à l'astronomie, jettons un coup-d'œil sur les principales révolutions de cette science, avant qu'elle fût traitée par cet auteur. Cette espèce d'introduction nous tiendra lieu du Précis historique par lequel il auroit dû préluder à ce qu'il en a écrit. Car nous lui saurions meilleur gré de nous avoir marqué ce qu'il devoit à chacun des astronomes qui l'avoient précédé, et ce que la science lui devoit à lui-même, que des raisonnemens de pur *aristotélisme* par lesquels il débute, et qui ne pourroient inspirer que du mépris pour son ouvrage, si l'on n'en jugeoit que par son prologue.

Mon dessein n'est pas de réparer cette omission par une histoire de l'astronomie grecque. M. Schaubach en publie une que m'a procurée, avec les *Œuvres de Bode*, l'auteur *de la Théorie des Fonctions Analytiques*, pour m'ouvrir la voie à la présente interprétation dont la postérité sera redevable aux conseils et aux encouragemens de cet illustre géomètre; tant est grand l'intérêt qu'il prend à une science qu'il a si souvent éclairée par des travaux plus d'une fois couronnés (****) !

Je ne veux pas non plus compter tous les degrés que l'astronomie a parcourus

(*) *Astronomie*, tom. 1.

(**) *Bailly, Hist. de l'Astronomie, tom.* 1.

(***) *Exposition du Système du Monde.*

(****) *Mém. et Prix de l'Ac. des Sciences*, 1764.

depuis son origine. Je ne ferois que répéter ce que Weidler, Costard, Montucla et Bailly en ont écrit avec assez de détails pour rendre inutile tout ce que j'en dirois après eux. Je veux seulement marquer la succession des astronomes dont Ptolémée fait mention, avec les temps où ils ont vécu ; et montrer en quoi consistent les caractères bien distincts des trois âges de l'astronomie grecque, celui qui a précédé Thalès, celui de Thalès à Hipparque, et celui d'Hipparque à Ptolémée.

Pour ne rien omettre cependant, de ce qui peut contribuer à l'intelligence du livre de Ptolémée, j'indiquerai les derniers chapitres *de l'Exposition du Système du Monde*, aux personnes qui voudront savoir ce qu'avoit été l'astronomie avant Ptolémée, et ce qu'elle devint après lui ; comme je recommande la lecture de cette exposition pour la connoissance des principes de la science du ciel, sans lesquels on tenteroit en vain de pénétrer dans les labyrinthes obscurs de l'astronome grec. Elle applanit en effet les premières difficultés de la science, elle en présente l'ensemble aux esprits qui s'y portent avec le goût qu'elle leur en fait naître, elle leur en développe les diverses parties, elle leur en montre les rapports mutuels, pour leur en expliquer les loix dans cette mécanique céleste si sublime, à laquelle elle les prépare, comme par la perspective lointaine de son étendue et de sa richesse.

L'astronomie est née partout, car le ciel offre partout à nos regards excités par la magnificence et la variété du spectacle qu'il étale sans cesse à tous les yeux, la succession constante des jours et des nuits, des saisons et des retours périodiques des astres, avec cette harmonie entre tant de corps si éloignés les uns des autres, qui est la preuve la plus sensible de l'ordre qui règne dans la construction et le mécanisme de l'univers. Mais l'astronomie n'a pas pris partout les mêmes accroissemens. Il faut plus que des yeux, pour concilier des mouvemens si divers qui semblent se combattre ; pour calculer le cours des astres, et assigner d'avance leurs places dans le ciel, en chaque instant de la succession des temps ; pour rassurer le vulgaire effrayé, sur les causes ou les suites des phénomènes extraordinaires qui, bien loin de troubler l'ordre de la nature, l'entretiennent au contraire, et en sont des conséquences nécessaires. Presque partout l'astronomie est restée brute et dans l'enfance. Chez les nations même les plus anciennement civilisées, nous n'appercevons que des méthodes purement élémentaires ou des procédés sans liaison entr'eux, que Bailly prend pour les restes d'une astronomie atlantique depuis long-temps perdue (*). Mais ni les formules indiennes que le Gentil a recueillies (**), ni les opérations des Chinois avant qu'ils eussent le secours de nos missionnaires (***), n'ont rien de commun avec celles des Grecs qui sont les seules que Ptolémée nous ait conservées. Bornons-nous donc à suivre la route qui nous conduit directement à l'ouvrage de Ptolémée, par ceux des philosophes grecs qui l'ont précédé ; et en nous concentrant dans ce qui est proprement du ressort de l'astronomie, abandonnons aux recherches

---

(*) *Histoire de l'Astronomie Ancienne.*
(**) *Voyages de le Gentil.*

(***) *Du Halde, Descript. de la Chine, tom. III ;*
et Gaubil, Observ. math. astr.

de l'érudition, l'origine des noms des signes du zodiaque, et la solution des questions de cette nature sur des objets où la superstition et la raison des localités et des travaux de l'agriculture ont eu autant ou même plus de part que l'étude du ciel.

Renaudot prétend que l'astronomie des Grecs (*) ne doit rien à celle des autres nations. Il veut sans doute parler de leurs méthodes, car il est impossible de croire qu'elle n'ait pas sa source dans celle des Chaldéens, dont nous voyons que Ptolémée emprunte des observations qu'il adapte à ses calculs. Les Grecs se sont créé des méthodes qui n'appartiennent qu'à eux ; mais les élémens de la science leur ont été fournis par les Phéniciens qui ont porté dans la Grèce les premières connoissances astronomiques que les Égyptiens tenoient, comme les Syriens, des premiers observateurs qui résidoient à Babylone. La préférence que Ptolémée donne aux observations des Chaldéens qu'il cite fréquemment, sur celles des Égyptiens dont il n'en rapporte aucune, prouve suffisamment que si l'astronomie grecque doit quelque chose à l'Égypte, elle a reçu plus de fables que de vérités des prêtres égyptiens, les seuls hommes de cette contrée qui fissent de l'astronomie l'objet de leurs recherches. Car en la voilant sous des emblêmes mystiques qui la rendoient inaccessible à tout autre qu'à eux-mêmes, ils en avoient fait une science occulte dont les secrets n'étoient révélés qu'aux initiés ; et en la soumettant au respect ordonné par la politique du gouvernement pour les opinions anciennement admises, ils retardoient ses progrès, comme ils l'empêchoient de se perfectionner, en consacrant par le sceau de la religion les erreurs et les préjugés qui avoient présidé à sa naissance.

Le premier âge de l'astronomie grecque, infecté du vice de son origine, est tellement rempli d'erreurs, d'incertitudes et de contradictions, qu'il ne mérite pas d'entrer dans les préliminaires d'un ouvrage dont le but est de donner pour fondemens à la science, les faits des observations et les calculs de la géométrie. Sur ce principe, l'astronomie ne commence véritablement à se montrer avec honneur dans la Grèce, qu'à l'époque où Thalès s'élevant au-dessus des idées vulgaires, traça à ses successeurs la route qu'ils devoient suivre. Né à Milet vers le milieu du septième siècle avant notre ère, il ne put, dit Costard (**) après Gassendi, prédire l'éclipse qu'Hérodote rapporte qu'il annonça aux Ioniens, que par le moyen du Saros qu'il apprit sans doute à connoître, dans ses voyages.

Le Saros étoit une période chaldaïque dont Pline fait mention, et qui est de 223 lunaisons suivant Halley, après lesquelles reviennent en 18 ans et onze jours, les éclipses et les autres phénomènes du mouvement de la lune, dans les mêmes circonstances de distances au soleil et à l'apogée. « Ce n'est, dit Costard (***), que le cycle introduit dans l'usage civil, 431 ans avant J.-C. par Méton ; et une preuve que Thalès l'a connu avant Méton, c'est qu'Anaxagore a prédit par ce même moyen la grande éclipse de soleil qui, au rapport de Thucydide, arriva dans la première année de la guerre du Péloponnèse ».

On pourroit objecter que Thalès a pu avoir connoissance des plus anciennes

_____

(*) _Mém. de l'Acad. des Inscriptions_, tom. 2.   (**) _History of astronomy._   (***) _Ibid._

observations des Chaldéens, aussi bien que des périodes qui en étoient les résultats, et qu'il a pu calculer les éclipses par des méthodes directes, plutôt que par des périodes qui demandent, selon Cassini (*), un laps de temps très-long pour être vérifiées. Il est vrai que les plus anciennes de ces observations sont antérieures à Thalès. Mais celles que nous lisons dans Ptolémée qu'Hipparque a choisies comme les meilleures, ne remontent pas à plus de 720 ans avant J-C. Ainsi elles n'ont guère précédé que de cent ans le temps où Thalès a vécu : intervalle trop peu suffisant pour qu'il pût les comparer avec ses propres observations, et en déduire quelque méthode de calcul.

« Hipparque, Timocharis et Ptolémée, dit Fréret, qui avoient examiné avec grand soin les observations envoyées par Callisthène à Aristote, ne font mention ni d'éclipses, ni de nouvelles ni de pleines lunes qui remontassent plus haut que le règne de Nabonassar. D'où vient cela ? C'est que ces astronomes n'avoient rien trouvé ni dans les archives de Babylone, ni dans Bérose, qui fût antérieur au règne de ce prince. Preuve assez sensible que cet auteur n'avoit pas poussé plus loin ses supputations dans l'endroit que nous en a conservé Pline. On doit donc conclure que les prétendues observations astronomiques, de 480000 ans, conservées sur des briques à Babylone, sont une fable. Callisthène n'en ayant envoyé à Aristote que de 1900 ans avant Alexandre. C'est 480 ans qu'il faut lire selon Bérose ; ou tout au plus 720, au lieu de 720000 suivant Epigène, dans Pline ». Et ailleurs, il ajoute : « Il n'y a rien à changer dans le nombre de 480 ans qui est l'espace dans lequel Pline renferme ces mêmes observations. Si l'on s'en rapporte à Bérose et à Alexandre Polyhistor, Nabonassar avoit aboli toutes celles qui avoient été faites avant qu'il montât sur le trone ; et par conséquent celles dont cet auteur avoit parlé, ne pouvoient être plus anciennes que l'époque de ce prince : ce qui est tout-à-fait conforme au texte de Pline, et on tombera aisément d'accord, si l'on considère que depuis la première année de Nabonassar, jusqu'à Antiochus Soter, sous le règne duquel Bérose publia son histoire, il y a juste 480 ans (**)».

Si Callisthène en avoit connu de plus anciennes que celles qui, au rapport de Simplicius, avoient été envoyées à Alexandre, et qui ne font qu'une suite d'environ vingt siècles avant l'arrivée de ce prince à Babylone, il n'eût pas manqué, suivant la juste remarque de Bailly (***), de les envoyer également en Grèce. L'intention de Pline, en citant les nombres de 720000 et de 4800000 ans rapportés par Epigène, Bérose et Critodème, n'est pas de prouver l'ancienneté des observations astronomiques faites à Babylone et écrites sur des colonnes de briques, mais l'antiquité des lettres qui avoient servi à cette écriture « *Ex quo apparet æternus litterarum usus* », ainsi qu'il s'exprime (****). Par conséquent la plus ancienne de ces observations ne passant pas 720 ans avant J-C, « voilà une époque précise, dit Bailly, et des monumens à l'abri de toute contestation, qui prouvent que Thalès n'a pu établir aucune comparaison entre la première de ces observations et les siennes, et encore moins se servir de celles qui ont été faites postérieurement à lui ».

(*) *Disc. sur l'orig. et les progr. de l'astron.*   (***) *Hist. de l'Astr.*
(**) *Tom. III de l'Académie des Inscriptions.*   (****) *Plin. Hist. Nat. L. VII.*

I.   b *

Il existoit cependant d'autres observations faites à Babylone beaucoup plus anciennement, puisque Simplicius dit que celles qui furent envoyées par Callisthène à
Aristote, remontoient à environ 2000 ans avant Alexandre. Je l'avoue, mais aussi
Simplicius assure qu'elles ne furent connues en Grèce, que sous le règne d'Alexandre.
Les périodes chaldaïques qui étoient les résultats de ces observations ont été portées
dans la Grèce, avant les observations sur lesquelles elles étoient fondées ; on n'en peut
pas douter d'après cette période de 19 ans dont Thalès fit usage. Les philosophes grecs
qui, à son exemple, voyagèrent pour s'instruire (*), rapportèrent également des
périodes qu'ils essayèrent d'adapter au calcul des temps. Ce fut ainsi que Pythagore,
qui voyagea après Thalès, apprit à connoître en Chaldée, la fameuse période de 600
ans par laquelle il voulut sans doute corriger l'année trop courte des Égyptiens.
« Cette période chaldéenne est l'une des plus belles qui aient encore été inventées(**),
car supposant le mois lunaire de 29 jours 12 heures 44′ 3″, on trouve que 219146 $\frac{1}{2}$
jours font 7421 mois lunaires, et 600 années solaires chacune de 365 jours 5 heures
51′ 36″ ». Josephe témoigne que cette période n'étoit pas inconnue aux Juifs, quoiqu'il n'en fissent pas usage, ne se servant que de l'année lunaire de 354 jours, auxquels
ils en ajoutoient 29 tous les 3 ans. Les Phéniciens leurs voisins qui avoient puisé à la
même source, connurent vraisemblablement aussi cette période, et ont pû la trans-
mettre en Grèce où elle fut aussi peu mise en pratique qu'en Judée. Soit que Pythagore
ne l'ait connue qu'en Chaldée, ou qu'il l'ait prise en Grèce ou dans la Phénicie, ce
fut toujours avant la transmission des observations chaldéennes dans la Grèce, qu'il
reçut la connoissance de cette période ; mais elle le fit tomber dans un excès contraire
à l'erreur des Égyptiens. Car l'année de ceux ci n'ayant que 365 jours, son commencement parcouroit toutes les saisons de l'année, pendant un espace de 1460 ans, que
les Égyptiens appelloient année Sothiaque ou grande année caniculaire. Pythagore fut
bien loin de la fixer en lui donnant plus de 365 jours un quart, puisqu'elle a moins. Il
fallut donc avoir recours à d'autres combinaisons.

L'astronomie ne seroit qu'une science inutile autant que pénible, si elle ne servoit
pas aux besoins de la société. Un des premiers et des plus urgens, c'est la mesure du
temps et la détermination de la longueur de l'année, pour les affaires civiles et les
travaux de l'agriculture propres à chaque saison. Dès le temps de Solon, on avoit
remarqué que douze mois lunaires ramenoient à peu près la même saison d'une
année à l'autre. Mais au bout de plusieurs années, on y trouveroit bien du
mécompte, et c'est en quoi les Grecs s'étoient bien trompés ; car les peuples anciens
comptoient leurs années par lunes, et Solon, 600 ans av. J-C, donnoit 30 jours
au mois lunaire. Mais 12 mois lunaires de 30 jours chacun ne donnant pas les
365 $\frac{1}{4}$ jours de l'année solaire, on imagina la diétéride, ou période de deux années, l'une de 12 mois, l'autre de 13, qui ajoutoient 19 $\frac{1}{2}$ jours de trop à deux
années solaires. La triétéride ayant 14 $\frac{1}{4}$ jours de plus que 37 mois lunaires, on
établit la tétraétéride de 1461 jours entiers pour 4 années solaires, et de 1470 jours
pour 49 mois lunaires de 30 jours dont un étoit intercalé. Ainsi les quatre années

(*) *Diog. Laert.*   (**) *Cassini, ibid.*

lunaires anticipoient de 9 jours sur la période solaire ; et jamais les deux astres, dans ces périodes, quelque variées qu'elles fussent, n'auroient pu s'accorder, parce-que l'année solaire n'est pas de 365 $\frac{1}{4}$ jours, juste, ni le mois lunaire de 30 jours précis.

M. Schaubach de qui j'emprunte ces détails, dit (*) « qu'à en croire Geminus, on institua la période de 8 ans ou 2922 jours , qui sur 99 mois en avoit trois intercalaires. L'année solaire étant de 365 $\frac{1}{4}$ jours, et l'année lunaire de 354 , en huit ans la diffé-rence 11 $\frac{1}{4}$ jours fait 90 jours ou trois mois qu'on ajouta au bout de ce temps, pour ramener les fêtes aux mêmes saisons ; et pour plus d'uniformité , on convint d'insérer le premier de ces mois intercalaires dans la troisième année à l'expiration de la deuxième, le second après la quatrième, et le troisième après la septième. S'il ne s'agissoit, dit Geminus (**) , que de trouver une coïncidence de ces deux sortes d'an-nées, cette période pourroit suffire , mais il faut qu'outre les années, les mois et les jours s'accordent avec la lune. Le mois lunaire contient exactement 29 $\frac{1}{2}$ jours et $\frac{1}{11}$ de jour. Or une octaétéride comprend 99 mois , les intercalaires compris, ou 2923 $\frac{1}{2}$ jours ; tandis que 8 années solaires de 365 $\frac{1}{4}$ jours font 2922 jours , c'est-à-dire un jour et demi de moins, ou trois jours en 16 ans. Ce seroit 30 jours en 160 ans, au bout desquels il faudroit par conséquent ajouter un mois. Il paroîtroit donc, continue M. Schaubach , que depuis Solon jusqu'à la 60e olympiade, les Grecs n'ont employé que la simple intercalation toutes les deux années, et qu'ils y substituèrent peu à peu celle de 4 en 4 ans. Elle étoit peu exacte ; mais comme on n'avoit pas un terme fixe pour commencer l'année, on ne s'en appercevoit pas. Ce furent Matricetas et Cléostrate, selon Théophraste, qui introduisirent la période de 8 ans , à laquelle on apporta dans la suite la correction marquée par Geminus, qui ne dit pas quel en fut l'auteur. Peut-être, que ce furent Harpalus, Nautelès , Mnésistrate et d'autres qui s'en occupèrent après Cléostrate , suivant Censorin. Démocrite imagina une période de 82 ans avec 28 mois intercalaires. Or la différence des 82 années solaires et lunaires est de 841^i 18^h 40′ 13″, et 28 mois intercalaires font 826^j 20^h 33′ 24″, qui donnent ainsi 14^i 22^h 6′ 49″ de moins qu'il ne faut : aussi cette période ne fut-elle pas adoptée. Elle auroit pu l'être , s'il eût fait les mois intercalaires de 30 jours chacun , il n'y auroit eu qu'un jour 18^h 40′ 13″ de moins qu'en 82 années solaires.

Tout cela jettoit dans des erreurs inévitables. Pour y obvier, Euctémon et Philippe, selon Geminus , ou Méton, selon Diodore de Sicile , établirent la période de 19 ans. L'usage que Thalès , et sans doute à son exemple , les philosophes suivans, en avoient fait pour rechercher et prédire les éclipses , aura fait naître à Méton et à Euctémon l'idée de l'appliquer à la détermination de la longueur de l'année. Ce fut une idée heureuse , car cette période de 6940 jours ayant 235 mois dont sept sont intercalaires , 110 caves ou de 29 jours et 125 pleins ou de 30 jours, fixa l'année à 365 jours $\frac{c}{19}$, et concilia les mouvemens du soleil et de la lune ; puisqu'à la fin de cette période, ces deux astres se rencontrent à peu près au point du ciel d'où ils étoient partis, dit Montucla. Ce cycle luni-solaire fut établi l'an 433 Julien avant J-C , le 16 juillet, 19e jour après le solstice d'été ; et la nouvelle lune qui arriva ce

(*) *Gesch. der griech. astron.*   (**) *In Petav. Uranol. ch.* 6.

I.

jour à 7 heures 43′ du soir, en fut le commencement, le premier jour de la période
étant compté du coucher du soleil, arrivé la veille. La longueur de l'année fut ainsi
déterminée par ce cycle que les Grecs nommèrent nombre d'or en l'adoptant, parcequ'il fut inscrit en lettres d'or, et ce nom lui est demeuré. Mais cette période de 19
années anticipant de sept heures et demi sur la lune, Calippe, cent ans après Méton,
la quadrupla et en fit une de 76 ans dont il retrancha un jour. Ainsi sa période fut
composée de trois cycles de Méton de 6940 jours chacun, et d'un de 6939 jours. Enfin
Hipparque ayant découvert dans la période de Calippe l'anticipation d'un quart de
jour, la quadrupla et retrancha sur 304 ans le jour excédent. Toutefois, cette dernière
correction, quoique juste, ne fut pas admise, pas même par les astronomes qui en
sentoient pourtant bien la nécessité; et l'on s'en tint à la période simple de Calippe qui
avoit commencé l'an 331 (ou 330)* av. J-C, dans la 7ᵉ année de la 6ᵉ période de Méton ».

   Après toutes ces tentatives, les Grecs ne commencèrent à dresser des tables de
mouvemens moyens d'après la comparaison de leurs observations avec celles des
Chaldéens, que depuis le règne d'Alexandre le Grand; et ce fut Alexandrie qui eut
la gloire de cette révolution dans la science. Car l'astronomie ne régnoit plus à
Babylone. Les astrologues l'en avoient bannie. Leurs prétendues prédictions sur
le sort qui attendoit le conquérant à son retour dans cette ville, prouvent combien
elle y avoit dégénéré. Mais Ptolémée Lagus en fixant son séjour dans la nouvelle
ville d'Alexandre, exécuta le projet qu'avoit eu son fondateur, d'en faire le centre
des relations de l'orient et de l'occident. Il y fonda des écoles où l'astronomie fut
cultivée, à l'exemple des Rhodiens, qui retiroient de l'étude de cette science, tant
d'avantages pour le succès de leur commerce, depuis la ruine de Tyr.

   Euclide posa dans Alexandrie les premiers fondemens de l'astronomie par ses élémens, soit qu'il les ait recueillis d'Eudoxe et de Théétète, ou qu'il les ait composés
lui-même, et il travailla spécialement pour elle dans ses phénomènes. Aristylle et
Timocharis, dont Ptolémée nous a conservé des observations, substituèrent les faits
aux raisonnemens. Aristarque de Samos, 280 ans avant J-C, y donna son *Traité des
Grandeurs et des Distances du soleil et de la lune*, où l'on admire les premières ap-
plications de la géométrie à l'astronomie. Autolycus, qui soumit au calcul les levers
et les couchers des astres, écrivit sur la sphère mobile; et Denys établit son ère
et son année solaire astronomique aux mois de laquelle il donna les noms des douze
signes du zodiaque. Après eux, Aratus mit en vers pour le roi Antigonus 264 ans
avant J-C, les constellations qu'Eudoxe avoit disposées pour son temps d'après
la sphère des étoiles commencée long-temps avant lui. Il fait passer le colure des
équinoxes par la première étoile du bélier, et comme cette étoile est actuellement
avancée de plus de trente degrés vers l'orient, elle donne plus de 2160 ans, ou environ
l'an 400 avant J-C, pour l'époque du temps où fut imaginée cette sphère faite originairement pour une latitude de 38 degrés nord : latitude que l'on trouve en la dressant
de manière que la tête du dragon, dans la partie boréale du méridien, touche
l'horizon, comme Cléomède le dit expressément après Aratus (**).

(*) *Petav. Doctr. temp. passim.* (**) *Arat. Phœn.* (v. 60ᵉ.) *ed. Buhle gr. lat. Lips. Cleom. Met. lib. I, c.* 5.

Eratosthène, successeur d'Aristarque dans l'école d'Alexandrie, y fit placer les grandes armilles pour observer les équinoxes dans le portique où Ptolémée dit qu'elles étoient dressées. Nous avons encore ses *catastérismes*, ou descriptions des constellations. Archimède en Sicile, s'étoit fait à cette époque un nom immortel par ses travaux astronomiques autant que par ses découvertes en géométrie. Son arénaire prouve ses connoissances approfondies en astronomie. Ptolémée rapporte son observation des solstices, et Cicéron vante beaucoup son planétaire, élégamment décrit par Claudien. Conon de Samos, connu par un vers de Virgile, est souvent cité par Ptolémée. Enfin, après Apollonius de Perge, qui imagina les épicycles si utiles à l'ancienne astronomie, vint à Alexandrie, dans le deuxième siècle avant J-C, Hipparque qui porta dans l'astronomie la même perfection qu'Archimède et Apollonius avoient introduite dans les mathématiques.

« Hipparque, à qui, pour me servir des expressions de Pline (*), la nature avoit dévoilé ses mystères, génie extraordinaire qu'elle sembloit avoir élevé au-dessus de la condition humaine, et qui exécuta ce qu'un dieu même n'eût achevé qu'avec peine », Hipparque rassembla les observations anciennes, les calcula, et abandonnant les périodes employées jusqu'à lui, s'ouvrit une route nouvelle et plus sûre, par les méthodes géométriques qu'il créa. Il composa des tables des mouvemens célestes, un catalogue d'étoiles, et des mémoires sur les diverses parties de l'astronomie. Les travaux auxquels ce laborieux astronome se dévoua avec un succès égal à l'amour pour la vérité, que Ptolémée loue en lui, firent naître la trigonométrie rectiligne et sphérique dont il sentoit le besoin pour la résolution des difficultés qu'il rencontroit à tout moment dans la pratique de l'astronomie. Cette nouvelle branche de la géométrie fut ensuite cultivée avec un soin particulier par Théodose et Ménélas, et employée par Ptolémée avec l'habileté que l'on verra dans son ouvrage (**).

Cent ans environ après Hipparque, Geminus rédigeoit à Rhodes les élémens de la science astronomique, sous le titre d'*Introduction aux phénomènes*. Cléomède composa ensuite sa théorie cyclique des corps célestes, et Sosigène d'Alexandrie fut chargé par Jules-César de réformer le calendrier. Dans la vingtième année de l'ère chrétienne, Aggripa observoit en Bithynie la conjonction de la lune avec les pléiades, comme nous l'apprend Ptolémée. Enfin Théon l'ancien, originaire de Smyrne, remplissant dans l'école d'Alexandrie, la place des Aristarque, des Eratosthène et des Hipparque, y fit des observations que Ptolémée nous a transmises en succédant lui-même à ces grands hommes.

Ce précis nous montre l'astronomie grecque, incertaine et foible dans son enfance; variant ensuite, à mesure qu'elle acquéroit plus de force, les périodes que Thalès et ses successeurs lui ajoutèrent; et prenant enfin par les efforts d'Hipparque un essor plus rapide qui l'a portée à cette hauteur qu'elle n'a jamais passée depuis. Mais toutes ces connoissances, toutes ces observations, toutes ces méthodes, fruits de tant de siècles, de veilles et de travaux, restoient isolées et comme ensevelies dans les

---

(*) *Plin. Hist. Nat. lib. I, c. 5.*   (**) *Mersenn. Prax. Mathem.*

nombreux écrits des savans qui en avoient enrichi l'astronomie. C'étoient les maté-
riaux épars d'un édifice qui n'attendoit pour s'élever, que la main d'un architecte
capable de les mettre en œuvre : cet architecte fut Ptolémée, ce fut lui qui reçut
d'Hipparque en partage, « le ciel que ce grand homme, en mourant, avoit laissé à
celui qui se trouveroit capable de lui succéder dans un tel héritage (*). » Ptolémée le
reçut, cet héritage, et fit pour l'astronomie ce qu'Euclide avoit fait pour la géométrie.
« Cet ouvrage, dit l'auteur de l'*Essai sur l'Histoire des Mathématiques*, contient
toutes les anciennes observations, toutes les anciennes théories, auxquelles joignant
ses propres recherches, Ptolémée a formé de l'ensemble, la collection la plus complète
qui ait paru sur l'ancienne astronomie, et qui peut même tenir lieu en ce genre, des
écrits antérieurs ravagés par la main du temps».

Son auteur l'a divisé en treize livres. Dans le premier, après un prologue que l'on
seroit bien tenté d'attribuer à quelque moine grec du Bas-Empire, Ptolémée débute
par le système qui a retenu son nom. « L'impossibilité qu'il croyoit voir, dit Montucla,
à concilier le mouvement de la terre avec l'immobilité des poles, lui a fait rejetter le
système contraire qui étoit celui d'Aristarque. Il le connoissoit bien cependant, comme
on le voit par ses raisonnemens pour le réfuter. Il crut qu'il étoit plus simple de faire
tourner le ciel et les astres autour de la terre, que de lancer la terre dans l'espace
autour du soleil ». « A ne consulter que les apparences, lisons nous dans l'*Essai sur
l'Histoire des Mathématiques*, la terre occupe le centre du monde, et tous les mouvemens qui s'opèrent dans le ciel, se font autour de nous. Le préjugé en faveur de
l'immobilité de la terre, étoit trop enraciné, trop conforme au témoignage des sens
pour céder facilement la place à une vérité que le génie devinoit plutôt qu'il ne pouvoit la prouver ou la faire comprendre à la multitude. Ptolémée embrassa l'opinion vulgaire. Il supposa qu'autour de la terre immobile tournoient en cet ordre
de distances, en partant du centre, la Lune, Mercure, Vénus, le Soleil, Mars, Jupiter
et Saturne ». Montucla avoit déjà dit « que plusieurs phénomènes semblent d'abord
déposer en faveur de cet arrangement. Si la terre n'étoit pas au centre, on ne verroit
pas toujours précisément la moitié du ciel ; de deux étoiles diamétralement opposées,
tantôt ni l'une ni l'autre ne paroîtroit, tantôt elle paroîtroient toutes deux, et les
poles du monde ne seroient pas deux points immobiles. C'étoient des démonstrations
assez pressantes de la stabilité de notre demeure. Ajoutons que l'antiquité manqua
toujours des secours et des faits nombreux qui ont été si utiles aux modernes pour
établir le vrai système de l'univers. Ces motifs excuseront facilement Ptolémée d'être
resté si longtemps dans une erreur dont il étoit si difficile de se désabuser »(**).

Heureusement cette erreur ne peut avoir aucune influence sur les démonstrations
des théorêmes établis dans son premier livre, ni même sur le calcul des phénomènes
célestes. Car suivant la remarque de Renaudot : «On peut être très-bon astronome
quoique dans différens systêmes, et cela se voit tous les jours par les observations que

(*) *Plin. Hist. Nat. liv. I, ch. 26.*   (**) *Hist. des Mathématiques.*

les uns font suivant celui de Ptolémée, les autres suivant ceux de Copernic et de Tycho, qui nonobstant cette différence s'accordent toutes avec le ciel (*) ». Nous lisons également dans *le Voyage de le Gentil,* que les Indiens calculent avec assez de précision les éclipses par des méthodes qui certainement ne sont pas fondées sur le vrai systême de l'univers. Il n'est donc pas étonnant que Ptolémée partant d'une hypothèse fausse soit arrivé à des résultats vrais, parcequ'il avoit établi cette hypothèse sur les apparences qui comme apparences sont vraies en ce qu'elles nous paroissent, quoique fausses relativement à ce qu'elles nous cachent. Il est vrai, comme le dit l'auteur du même *Essai,* que « dès la première application qu'il fit de son systême, le mouvement apparent des planètes par rapport à la terre, présenta des difficultés que l'auteur ne put vaincre ou éluder que par de nouvelles hypothèses très-embarrassantes, et l'on conçoit qu'une telle complication de mouvemens et d'apparences réelles ou optiques, devoit former un chaos difficile à débrouiller». Mais ces hypothèses étant fondées sur des propositions mathématiques, d'une vérité démontrée, les conséquences en étoient toujours justes, quelle que fût son opinion. Montucla reproche à Ptolémée d'avoir eu la témérité de croire qu'il avoit deviné le véritable arrangement de l'univers, tandis que ses hypothèses sont si éloignées de la simplicité qu'on voit à tout instant dans la nature. Bailly le lave de ce reproche, en disant « qu'il a lui-même senti la complication et les défauts de ce systême, et qu'il a cru devoir s'en excuser, puisqu'il pense qu'il est difficile d'expliquer ces phénomènes par des raisons vulgaires et sensibles, et d'appliquer à *ces corps célestes* ce que nous connoissons *des mouvemens terrestres* ».

Bailly n'a pas été aussi attentif à se garantir d'une autre prévention contre Ptolémée. C'est celle qui lui fait supposer que cet astronome attachoit les corps célestes à des sphères transparentes et mobiles les unes dans les autres. Bailly se permet à ce sujet une plaisanterie assez puérile, lorsqu'il dit que les astronomes postérieurs ont brisé les cieux de verre de cet ancien. Montucla soutient avec raison que « jamais Ptolémée n'enseigna une physique si grossière. L'on ne voit rien de semblable dans ses ouvrages. L'idée ridicule de ces orbes n'est pas de lui, ajoute Lalande, ce sont les astronomes arabes et ceux des siècles de barbarie comme Sacrobosco et d'autres pareils physiciens grossiers et sans génie, qui ont transporté cette absurde physique dans le ciel». Fréret remarque fort bien que les Chrétiens, les Juifs et les Mahométans avoient adopté l'opinion d'Aristote, que les sphères célestes étoient solides, et en avoient fait une espèce d'article de foi, quoiqu'elle fût absolument rejetée par Ptolémée. En effet, cet astronome au chap. 12 du liv. XIII, dit expressément « que les astres nagent dans un fluide parfait qui n'oppose aucune résistance à leurs mouvemens (**)». Ces termes de premier et de second mobile sont nés de la sphère d'Eudoxe de Cnide, avec laquelle les hypothèses de Ptolémée n'ont aucun rapport. Aussi ne présente-t-il pas ces orbes comme matériels et solides, ou comme des sphères auxquelles les astres soient cloués et fixés ; car il en auroit fallu autant que de cercles qu'il imaginoit ; et dès-lors comment les épicycles solides auroient-ils pu tourner sur les excentriques ou concentriques solides, sans les traverser et les fracasser ? Assurément un aussi beau génie n'a pu tomber dans une

---

(*) *Mém. sur la sphère, vol.* 1 *de l'Acad. des Inscript.*   (**) *Mém. de l'Acad. des Inscriptions, vol.* 10.

contradiction aussi évidente ; et ces orbes, qu'il appelle des sphères, ne sont que des orbites idéales, des cercles fictifs tels qu'ils seroient décrits par les corps célestes, si dans leur course ils laissoient une trace après eux.

Ce qui a pu donner lieu aux astronomes du moyen âge de regarder comme des sphères matérielles les orbites que Ptolémée fait décrire par les corps célestes, c'est que cet auteur les appelant toujours σφαῖραι, que les traducteurs hébreux, arabes et latins, ont rendu littéralement par le mot *sphère*, on attribua à Ptolémée l'idée grossière de faire tourner dans le ciel des cercles les uns dans les autres. Mais de même que Ptolémée exprime le mot *arc* par celui de περιφέρεια, périphérie, qui signifie parmi nous tout le contour d'une figure fermée, il exprime par le mot *sphère*, un simple cercle, comme nous nommons vulgairement *cercle* la simple circonférence du cercle, quoiqu'un cercle soit proprement l'espace contenu dans la circonférence. Ptolémée pour exprimer par des images sensibles les mouvemens des corps célestes, a été obligé de revêtir ses idées, d'expressions empruntées d'une mécanique ingénieuse qui, encore aujourd'hui, pour représenter les mouvemens opérés dans le ciel, ne peut faire autre chose que de combiner des cercles, d'y attacher les figures des astres, et de les faire tourner par des poids et des ressorts.

En divisant le cercle en 360 parties égales ou degrés, et le diamètre du cercle en 120 autres parties, il trouve par le moyen des cordes exprimées en un certain nombre de ces parties du diamètre, les valeurs des arcs en degrés de la circonférence. Les côtés du décagone, de l'hexagone, du pentagone, du carré et du triangle équilatéral, lui servent à déterminer les cordes des restes de la demi-circonférence, de la somme et de la différence de deux arcs donnés, celles du double et de la moitié d'un arc, et de là il tire les cordes de tous les arcs de demi en demi degrés. La table qu'il en a dressée les contient à côté de leurs arcs respectifs jusqu'à 180 degrés, avec les trentièmes de leurs différences pour les intermédiaires. Ainsi la corde de 10 degrés étant marquée $10^p\ 27'\ 32''$ équivaut à 0, 174314 parties du rayon, qui sont la valeur du double du sinus de 5 degrés.

Le premier usage qu'il fait ensuite de cette table, est de l'appliquer à l'évaluation de la plus grande déclinaison du soleil, dont la connoissance est le fondement de toute la science astronomique. Ptolémée l'a observée à l'aide de deux instrumens. L'un étoit le *météoroscope*, armille (*) dont le plan étoit posé dans celui du méridien, et dans le bord concave de laquelle glissoit à frottement dur un autre cercle portant des pinnules par lesquelles il visoit au soleil, dans les solstices d'été et d'hiver, et il marquoit leur intervalle en degrés sur la circonférence de l'armille. L'autre instrument est un quadrant astronomique qu'il appelle *plinthe*, ou *parallélépipède rectangle*. Il prenoit sur l'un et l'autre le milieu des points soltitiaux pour le point de l'équateur, et il trouvoit que l'obliquité de l'écliptique étoit de $23^d\ 51'\ 20''$. Elle étoit donc diminuée de ce qu'elle avoit été dans les premiers temps de l'astronomie grecque ; à en juger par la fin d'un passage de l'*Histoire de l'Astronomie*, d'*Anatolius*, que Fabricius

_____

(*) *Egnatio Danti*, p. 517, *dell'uso... dell' astrolabio... et Riccioli*, *Alm. nov.* p. 133.

cite d'après un manuscrit de Peiresc (*), où on lit ce qui suit : « Aux anciennes découvertes (rapportées par Eudémus) s'en joignirent d'autres avec le temps, comme le mouvement du ciel autour de l'axe immobile qui passe par les poles du monde, et le mouvement des planètes autour de l'axe perpendiculaire au zodiaque, de sorte que la distance de ces deux axes est égal au côté du pentedécagone, c'est-à-dire qu'elle est de 24 degrés ».

Ce fragment est précieux en ce qu'il confirme la diminution de l'obliquité de l'écliptique, démontrée par le Gentil (**) et déjà reconnue par Alfergan (***), qui donne cette obliquité d'après Almamoun, de 23ᵈ 35′, dans le 9ᵉ siècle. Il est vrai qu'à la fin du 10ᵉ, une autre observation des Arabes, rapportée par Caziri (****), ne la diminue que de 1′ 20″ de celle de Ptolémée. « Sous le règne de Sharfeddaulat à Bagdad, Abousaal et d'autres astronomes s'assemblèrent pour faire des observations astronomiques dans cette ville, et dans la première de leurs séances, le 27 saphar, 7ᵉ jour de la semaine, l'an 378 de l'hégyre (988 de J-C), ou 16 juin 1299 de l'ère d'Alexandrie, 10ᵉ du 3ᵉ mois de l'an 357 de l'ère persanne d'iezdejerd, ils trouvèrent par l'instrument, que la distance du méridien au signe du cancer étoit de 7ᵈ 50′, et que la plus grande déclinaison du soleil dans l'écliptique étoit de 23ᵈ 50′; et le 18 septembre 1299, 3 gemadi, dernier de l'an 378 de l'hégyre, ils virent le soleil entrer dans la balance à 4 heures ». Mais il y a grande apparence que l'observation de l'obliquité de l'écliptique par Abousaal a été mal faite, puisque les observations modernes rapportées et comparées par Riccioli (*****), s'accordent toutes à montrer qu'elle diminue dans une plus grande proportion ; car selon l'auteur des dernières mesures des degrés du méridien (******), » on a trouvé l'obliquité de l'écliptique égale à 26ᵈ, 0735, pour l'année 1800; c'est 23ᵈ 27′ 58″ en mesures sexagésimales.

Après avoir déterminé l'obliquité de l'écliptique, Ptolémée cherche les valeurs des arcs des méridiens entre l'écliptique et l'équateur depuis 0ᵈ ou l'équinoxe, jusqu'à 90 degrés de l'écliptique, et il les trouve par la règle des six quantités qu'il a empruntée du troisième livre des *Sphériques de Ménélas*, à ce que dit l'arabe Thebith-ben-Corab cité par le P. Mersène (*******), mais qui pourroit bien avoir Hipparque même pour auteur : cette règle qui consiste dans la comparaison des six dimensions homologues de deux solides semblables, est d'un grand secours à Ptolémée pour la solution de ses problêmes de trigonométrie sphérique; elle lui a servi à construire sa table des déclinaisons du soleil, et à trouver les ascensions droites par lesquelles il termine son premier livre, et les ascensions obliques qui commencent le second.

Outre les ascensions pour les diverses inclinaisons de la sphère oblique, celui-ci détermine par la grandeur du plus long jour, les arcs de l'horizon interceptés entre l'équateur et le point correspondant de l'écliptique pour tous les degrés d'obliquité de la sphère. Par ces arcs, il trouve la hauteur du pole sur l'horizon, et réciproquement. Il trace une méridienne, il décrit le gnomon, dont les ombres dans les équinoxes et les

(*) *Bibl. Græc. Fabric.*   (***) *Elem. astr. gol.*   (*****) *Alm. nov.*   (*******) *Syn. Math.*
(**) *Mém. de l Acad. des Sciences.* (****) *Bibl. arab. hisp.*   (******) *Tr. élem. d'astr. phys.*, l. II, ch. 4.

solstices, ainsi que leurs rapports avec ces mêmes arcs, font trouver pour tous les parallèles la grandeur de leurs plus longs jours, et par conséquent les climats ou latitudes des parties de la terre situées sous ces parallèles. Passant de là aux particularités, il cherche l'arc de l'équateur qui se lève avec l'arc correspondant de l'écliptique; les différences d'ascension tant entre tous les arcs de l'écliptique pris depuis un seul et même point, qu'entre les arcs de l'écliptique et les arcs correspondans de l'équateur. De ces quantités, il forme une table générale des ascensions de dix en dix degrés des signes depuis l'équateur jusqu'au climat de 17 heures. Elle contient les temps des ascensions obliques particulières et ceux des ascensions droites. Ptolémée montre l'usage de ces tables dans la recherche de la longueur du jour et de la nuit pour un climat connu; la manière de réduire les heures équinoxiales en temporaires, et réciproquement; le point orient de l'écliptique, et celui qui est au méridien. Il détermine ensuite les angles formés par les intersections de l'écliptique, d'abord avec le méridien, ensuite avec l'horizon, et puis avec le cercle vertical : ce qui le met en état de dresser une table des arcs et des angles formés par le concours de ces grands cercles, pour sept climats depuis le parallèle de Méroë jusqu'à celui des Bouches du Borysthène : principe d'après lequel il promet d'assigner dans un traité particulier, les positions des lieux sur la terre. Il a tenu parole dans sa géographie, et comme il a appliqué à celle-ci son astronomie, je complète aussi par la traduction de l'une celle de l'autre.

Le troisième livre commence par la recherche de la longueur de l'année dont le mouvement périodique du soleil est la mesure. Par ses observations des solstices et des équinoxes, comparées à celle d'Hipparque et d'autres anciens astronomes, il trouve sa durée d'un peu moins de 365 $\frac{1}{4}$ jours; et de la comparaison de plusieurs années à une distance suffisamment grande les unes des autres, il conclut le moyen mouvement du soleil qu'il présente dans une table de dix-huit en dix-huit années égyptiennes comptées depuis l'ère de Nabonassar jusqu'à l'an 810 suivant, pour les années, les mois, les jours et les heures, en distribuant également sur toutes, la somme des erreurs ou différences particulières des unes aux autres.

L'explication du mouvement du soleil donne lieu à deux suppositions pour pouvoir rendre raison par l'une et par l'autre, de l'anomalie de ce mouvement; cette inégalité apparente consiste en ce qu'en deux temps égaux, le mouvement du soleil ne se trouve pas égal. La première de ces suppositions ou hypothèses, est celle d'un cercle excentrique à la terre; la seconde est celle d'un épicycle porté sur l'écliptique. Il dit que l'astre, en parcourant, soit l'excentrique, soit l'épicycle, se transporte contre l'ordre des signes en sens contraire à celui par lequel il paroît aller d'orient en occident. Il préfère l'hypothèse d'excentricité comme plus simple et également propre à éclaircir les difficultés, et il l'emploie pour la discussion de l'anomalie du soleil. Il trouve d'abord l'excentricité de $\frac{1}{14}$ du rayon de l'orbite; et par la combinaison des différences d'intervalles entre les équinoxes et les solstices, il parvient à une équation du centre, très-approchée de la véritable. Il y applique ensuite l'hypothèse de l'épicycle, et il arrive aux mêmes résultats. Ces calculs sont la base d'une table de l'anomalie du soleil pour toutes les parties de la circonférence de son orbite. En cherchant ensuite l'époque du mouvement

moyen du soleil pour la première année de l'ère de Nabonassar, si fameuse dans l'orient, Ptolémée montre comment on calcule avec le secours de ces tables, le mouvement du soleil pour un temps quelconque, et pour le méridien d'Alexandrie. Et il termine cette théorie du soleil et ce troisième livre par la méthode de réduction des temps vrais aux temps moyens, et des jours moyens aux jours vrais.

Comme les épicycles combinés avec l'excentrique jouent un grand rôle dans les livres suivans, disculpons d'abord Ptolémée du reproche qu'on lui a fait de les avoir multipliés en raison des difficultés qu'il rencontre. Hipparque les avoit employés, ces épicycles, et de nos jours Lacaille ne les a pas rejettés de l'explication qu'il donne des illusions optiques causées par le mouvement annuel de la terre (*). «Lorsqu'on ne cherche qu'à connoître les apparences et à construire des tables, il importe peu, dit l'historien de l'académie, quelle hypothèse on choisisse, pourvu que cette hypothèse sauve toutes ces apparences, et que ces tables les représentent. De plus, les satellites de Jupiter et de Saturne ont, par rapport à nous, des apparences de mouvemens semblables à celles que doivent avoir les planètes dans le système de Ptolémée, la terre et la lune vues du soleil ou de quelqu'autre point du système solaire, sont aussi dans le même cas. C'est pourquoi la théorie des épicycles peut être encore utile. La nutation se représente par un petit cercle de même espèce que les épicycles. Et en général toute inégalité périodique peut se représenter par un épicycle (**).»—«Eudoxe avoit déjà imaginé, dit encore l'auteur de la *Mécanique Céleste*, d'attacher chaque planète à plusieurs sphères concentriques douées de mouvemens divers. Une idée beaucoup plus ingénieuse consiste à faire mouvoir sur une première circonférence dont la terre occupe le centre, celui d'une autre circonférence sur laquelle se meut le centre d'une autre et ainsi de suite jusqu'à la dernière que l'astre décrit uniformément. Si le rayon d'une des circonférences surpasse la somme des autres rayons, le mouvement apparent de l'astre autour de la terre sera composé d'un moyen mouvement uniforme et de plusieurs inégalités dépendantes des rapports qu'ont entr'eux les rayons des diverses circonférences et les mouvemens de leurs centres et de l'astre.... Telle est la manière la plus générale d'envisager l'hypothèse des épicycles et des excentriques que Ptolémée adopta dans ses théories du soleil, de la lune et des planètes....... Mais si l'on peut, au moyen des épicycles, satisfaire aux inégalités du mouvement apparent des astres, il est impossible de représenter à la fois les variations de leurs distances. Au temps de Ptolémée, ces variations étoient bien peu sensibles relativement aux planètes dont on ne pouvoit pas alors mesurer avec exactitude les diamètres apparens. Mais les observations de la lune suffisoient pour lui montrer l'erreur de ses hypothèses suivant lesquelles le diamètre de la lune périgée dans les quadratures seroit double de son diamètre apogée dans les syzygies. Les mouvemens des planètes en latitude formoient de nouveaux embarras dans son système. Chaque inégalité nouvelle le surchargeoit d'un nouvel épicycle. Ainsi, au lieu d'avoir été confirmé par les progrès ultérieurs de l'astronomie, ce système n'a fait que se

(*) *Leç. élém. d'astronom.*   (**) *Lalande. encycl. mathémat.*

compliquer de plus en plus ; et cela seul doit nous convaincre qu'il n'est pas celui de la
nature. Mais en le considérant comme un moyen d'assujétir au calcul, les mouvemens
célestes, cette première tentative de l'esprit humain, sur un objet aussi compliqué,
fait honneur à la sagacité de son auteur».

Sans doute, tout cet échafaudage de cercles supposés décrits les uns dans les autres,
en faisoit une machine trop compliquée, pour qu'elle put convenir au vrai système
du monde. Mais avouons aussi que la manière d'expliquer la marche des corps célestes
ne comporte guère plus de facilité, même en substituant d'autres suppositions à celles
de Ptolémée, puisqu'aujourd'hui encore nous ne pouvons en rendre aucune raison sa-
tisfaisante, que par l'attraction qui n'est elle-même qu'une hypothèse, *et qui n'exprime
qu'un fait et non pas une cause* (*) qui nous reste par conséquent inconnue. Il ne regardoit pas, lui-même, les siennes, comme réelles, mais seulement comme des moyens
d'expliquer l'ordre céleste qu'il avoit paru impossible à Hipparque d'expliquer autrement que par cette complication de cercles. Nous pensons, dit-il dans son liv. III, qu'il
convient de démontrer les phénomènes par les hypothèses les plus simples, pourvu
que ce qu'elles supposent ne paroisse contredit en rien d'important par les observations. Schubert (**) a déjà fait la même remarque. Elle se trouve confirmée par la manière dont Ptolémée énonce ces hypothèses et les déductions qu'il en tire. Il se sert
presque toujours du futur ἔϛαι *sera*, ou du conditionnel au lieu du temps présent,
comme dans le ch. 4 du liv. IV, où il dit que les similitudes non seulement des rapports, mais encore des temps de l'un et de l'autre mouvement *seroient* ainsi *sauvées*,
διασώζοιντο ἄν. Le choix arbitraire qu'il propose dans son liv. III, de l'excentrique ou de
l'épicycle pour expliquer le mouvement du soleil, montre bien qu'il ne regardoit pas
l'un comme plus réel que l'autre. Il a choisi dans les moyens que la géométrie lui four-
nissoit, ceux qu'il jugeoit les plus propres à représenter les effets dont il vouloit
rendre compte. « La géometrie n'est qu'un instrument dans les mains de l'astronome »,
dit Bailly, cet instrument ne crée rien, mais en se prêtant à l'usage qu'on en fait sur
de bonnes observations, il donne des résultats justes.

La lune est le sujet du quatrième livre, et le premier astre pour lequel Ptolémée
emploie cette combinaison des deux cercles, mais par degrés et à mesure que les inégalités du mouvement de cet astre l'y contraignent. Il commence par dire que ses
éclipses doivent être préférées pour les observations, parcequ'elles donnent son lieu
sans aucune erreur de la part des parallaxes, la lune éclipsée occupant toujours le
point du ciel diamétralement opposé au soleil. La première chose à déterminer, c'est
le temps de la révolution lunaire : Hipparque corrigeant les anciens, trouve le nombre
126007 jours et une heure, pour le temps de la lune employé à revenir à un même
point avec la même inégalité ou anomalie de mouvement : ce qui lui donne 29ʲ 32′
environ pour la révolution lunaire. Ptolémée entre là-dessus dans une grande discussion pour faire voir que cette période est sujette à plusieurs conditions qui la rendent
difficile à fixer. Il présente une autre méthode qui consiste à chercher par les deux

---

(*) *Traité élém. de physique*, tom. 1.   (**) *Theoretische Astronomie*.

ntervalles de trois éclipses, un espace de temps au bout duquel le mouvement moyen
de la lune revient à son commencement avec son mouvement apparent. L'anomalie
simple par laquelle elle avance toujours de 3^d $24'$ à chaque révolution, s'explique par
l'hypothèse d'un épicycle qu'il choisit de préférence à l'excentrique. Il procède à la
démonstration de cette première anomalie, et il trouve que le rayon de l'épicycle est
d'environ $5\frac{1}{4}$ des 60 parties de l'intervalle des centres de l'écliptique et de l'épicycle. Il
passe de là à la correction des mouvemens moyens de longitude et d'anomalie : il fixe
leurs époques pour la première année du règne de Nabonassar, et il corrige ensuite
le mouvement en latitude. La table qu'il donne pour la correction de la première et
simple anomalie de la lune est fondée sur la comparaison des temps et des époques
de cet astre entre deux éclipses pour son mouvement périodique en latitude, et de
deux autres éclipses pour ses époques. Enfin ce livre montre par six éclipses empruntées d'Hipparque, que si cet astronome ne s'accorde pas avec Ptolémée pour la plus
grande différence d'anomalie, c'est moins la faute de la méthode de Ptolémée, que
celle du peu d'exactitude dans les calculs d'Hipparque.

Cette première inégalité n'est pas la seule que Ptolémée ait remarquée dans le mouvement de la lune : il en est encore une autre qu'il expose dans le cinquième livre.
Celui-ci commence par la description de l'astrolabe qui servoit aux anciens à prendre
les longitudes et les latitudes des astres relativement au soleil : Hipparque en fut l'inventeur, et Ptolémée s'en servit comme lui, de la manière que l'on va voir dans un
passage extrait de l'anglais de Vince. C'est avec cet instrument que Ptolémée fit une découverte très-importante qui lui appartient toute entière. Selon l'*Essai sur l'Histoire des
Mathématiques,*» il remarqua dans le mouvement de la lune, la fameuse inégalité connue aujourd'hui sous le nom d'*évection*. On savoit en général que la vitesse de la lune dans
son orbite, augmente ou diminue à mesure que son diamètre paroît augmenter ou diminuer; on savoit encore que la plus grande et la plus petite vitesse ont lieu aux extrémités
de la ligne des apsides de l'orbite lunaire : on n'étoit pas allé plus loin. Ptolémée observa
que d'une révolution à l'autre, les quantités absolues de ces deux vitesses extrêmes va-
rioient, et que plus le soleil s'éloignoit de la ligne des apsides de la lune, plus la différence
entre ces deux vitesses alloit en augmentant; d'où il conclut que la première inégalité de
la lune, celle qui dépend de l'excentricité de son orbite, est elle-même sujette à une inégalité annuelle indépendante de la position de la ligne des apsides de l'orbite lunaire à l'égard
du soleil ». Écoutons encore l'auteur de la *Mécanique Céleste* sur cette découverte de
Ptolémée, que ses ennemis ne peuvent lui disputer. «Sa découverte la plus importante
est celle de l'évection de la lune : jusqu'à lui on n'avoit considéré les mouvemens de cet
astre que relativement aux éclipses. En le suivant dans tout son cours, Ptolémée recon-
nut que l'équation du centre de l'orbe lunaire est plus petite dans les syzygies que dans
les quadratures. Il détermina la loi de cette différence, et il en fixa la valeur avec une
grande précision. Pour la représenter il fit mouvoir la lune sur un épicycle porté par un
excentrique, suivant la méthode attribuée au géomètre Apollonius, et dont Hipparque
avoit fait usage ». Ptolémée démontre ensuite que la ligne des apsides de l'orbite lunaire
ne se dirige pas au centre de l'écliptique, mais vers un point qui en est éloigné d'une

quantité égale à celle de l'excentricité. Une figure géométrique lui suffit ensuite pour trouver les époques du mouvement vrai en quelque point que ce soit du mouvement moyen. Une table de l'anomalie générale de la lune donne les prostaphérèses, c'est-à-dire l'équation ou les quantités à ajouter ou à retrancher, pour corriger la double anomalie dans tous les points de l'orbite lunaire, et calculer le mouvement de cet astre. Pour répondre à l'objection qu'on pouvoit lui faire, sur ce que l'excentrique qu'il suppose pour expliquer le mouvement de la lune, pourroit produire quelque changement dans les syzygies, il montre que ce changement est nul ou détruit par d'autres qui rétablissent les choses au pair. Il parle ensuite des parallaxes, si utiles pour calculer les distances de la lune, et il décrit l'instrument par lequel il observoit ce phénomène dont il conclut les diamètres du soleil, de la lune et de l'ombre dans les éclipses, et la distance même du soleil à la terre. Il rapporte ensuite deux éclipses qu'il a comparées pour détermi- ner ces grandeurs, puis il calcule et détermine les parallaxes dont il dresse une table à laquelle il ajoute la manière de s'en servir.

Les éclipses, qui sont, pour le vulgaire, les preuves les plus frappantes de la cer- titude et de la sublimité de l'astronomie, puisqu'elle peut non seulement en prédire les retours, mais même en fixer le temps précis et la grandeur avec toutes leurs circons- tances, sont aussi le sujet du sixième livre. Comme celles de soleil n'arrivent que dans les conjonctions, et que celles de lune ne se font que dans les oppositions, il cherche les syzygies moyennes, et ensuite les syzygies vraies par la combinaison des mouvemens périodiques et anomalistiques pour en conclure les syzygies écliptiques. Il en dresse une table qui partant de l'époque de Nabonassar, va de 25 en 25 ans, puis d'année en année, entre les limites qu'il assigne pour le soleil et la lune, au moyen de la distance du soleil depuis son apogée, de l'anomalie de la lune depuis l'apogée de son épicycle, et de sa la- titude depuis sa limite boréale. Il montre l'usage de cette table pour trouver toutes les syzygies tant périodiques que vraies, et obtenir celles-ci à l'aide des autres; et calculant par le moyen de deux éclipses, les grandeurs des demi-diamètres du soleil et de la lune, et le rapport de celle-ci au demi-diamètre de l'ombre, il assigne les limites des éclipses, les intervalles de temps que ces limites embrassent, et les lieux terrestres où les éclipses sont visibles. Il trouve à quel intervalle de temps, deux éclipses consé- cutives de lune ou de soleil, peuvent avoir lieu; puis pour appliquer ces principes, il commence par les oppositions, et il fait voir que les arcs décrits par la lune dans son orbite, diffèrent bien de ceux qui leur correspondent dans l'écliptique, mais que cela n'influe pas sur la longitude qui est presque la même, considérée sur ces deux cercles; et que dans toute éclipse de lune, on connoît aisément d'avance par la latitude de cet astre au milieu de l'éclipse, et par la somme donnée de son diamètre et de celui de l'ombre, le nombre des doigts éclipsés. Il donne la manière de déterminer le commencement de l'éclipse, et sa durée ou ses trois temps, et même cinq dans toute éclipse de lune; de rapporter à l'écliptique le lieu de la lune dans son orbite; et de prendre sa latitude et son mouvement en une heure donnée. Puis, il montre comment dans les conjonc- tions on peut calculer d'avance le nombre de doigts qu'aura une éclipse totale de so- leil, et distinguer ses trois temps, l'immersion, la demeure et l'émersion, et mesurer

par les doigts disparus du diamètre, la portion de surface qui est obscurcie dans une éclipse partielle. Enfin il évalue l'angle formé par l'écliptique et le grand cercle qui passe par les centres des deux astres ou par celui de la lune et de l'ombre. Il détermine les directions des parties du disque qui sont éclipsées, et il assigne les points de l'horizon vers lesquels elles tendent.

Le septième livre a pour objet les étoiles. Ptolémée prouve d'abord qu'elles conservent toujours leurs mêmes positions relatives entr'elles, et ensuite que toutes ensemble ont un mouvement commun qui les emporte d'occident en orient selon la suite des signes. La première de ces deux vérités se trouve dans les alignemens qui sont encore exactement tels qu'Hipparque les avoit décrits entre les étoiles, et tels que Ptolémée les a reconnus et rapportés d'après lui ; et la seconde, par les lieux des éclipses de lune qu'Hipparque avoit remarqués. Car l'épi observé auparavant par Timocharis à 8 degrés à l'occident du point équinoxial, n'en étoit plus qu'à 6 degrés, du temps d'Hipparque, au bout d'environ 200 ans. Ce fait et le précédent que Ptolémée a vérifiés par la comparaison de ses propres observations avec celles d'Hipparque, lui donnent lieu de conclure que les fixes avancent d'un degré en cent ans, vers l'orient, sans changer de latitude, et qu'ainsi la sphère étoilée tourne autour des poles de l'écliptique d'occident en orient.

« Le mouvement des étoiles en longitude, qu'Hipparque avoit découvert, dit l'*Essai sur l'Histoire des Mathématiques*, fut adopté et confirmé par Ptolémée, qui crut seulement devoir y faire une petite diminution. Selon Hipparque, ce mouvement, par suite de la rétrogradation des points équinoxiaux, étoit de 2 degrés en cent cinquante ans, ou de 48″ de degré en un an ; ce qui est un peu trop foible. Ptolémée réduisit ce mouvement à 1 degré en cent ans, ou à 36″ en un an : ce qui s'écarte encore davantage de la vérité. Cette erreur introduisit une augmentation sensible dans la durée de l'année que Ptolémée trouva par la comparaison des observations de son temps avec celles d'Hipparque, il la fit de 365 jours 5 heures 55′; durée trop longue de plus de 6′ ».

Un catalogue des étoiles fixes, avec leurs positions respectives en longitude et en latitude, termine ce livre et commence le huitième : interruption qui n'est pas naturelle, et qui me paroît venir de ce que les anciens, qui écrivoient sur des rouleaux déployés, voyant que les étoiles de l'hémisphère boréal se terminoient avec le rouleau qui les contenoit, auront transporté au septième livre les étoiles de l'hémisphère austral, pour lui donner à peu près la grosseur de chacun des autres livres; et les copistes ensuite, puis les imprimeurs, ont suivi aveuglément cette disposition. Quoiqu'il en soit, ce catalogue a excité de grands démêlés parmi les astronomes. Les uns, au nombre desquels est Flamsteed, ont prétendu que c'étoit celui même qu'Hipparque avoit dressé 265 ans avant Ptolémée, et que Ptolémée n'y ayant rien changé, les étoiles, en vertu de la précession des équinoxes, devoient être plus avancées vers l'orient qu'elles ne sont marquées par Ptolémée.

« Du temps d'Hipparque, dit Vince(*), environ 120 ans av. J-C, il parut une nouvelle étoile à l'occasion de laquelle il se mit à compter les autres, et à les rassembler toutes

(*) *Elem. of Astron.* Voy. aussi *Cassini et les autres astronomes.*

dans un catalogue, afin que la postérité pût voir s'il seroit arrivé quelques changemens dans le ciel. Ptolémée rapporte que Timocharis et Aristylle laissèrent plusieurs observations faites 180 ans auparavant. Le catalogue d'Hipparque contient 1022 étoiles avec leurs longitudes et leurs latitudes. Ptolémée les a publiées avec quatre autres qu'il y ajouta. Ces astronomes faisoient leurs observations avec une sphère armillaire en plaçant l'armille qui représentoit l'écliptique, dans la direction de l'écliptique céleste, par le moyen du soleil où ils visoient dans le jour, et ils déterminoient le lieu de la lune relativement au soleil, par un cercle mobile de latitude. La nuit suivante à l'aide de la lune dont ils corrigeoient le lieu trouvé auparavant en tenant compte de son mouvement dans l'intervalle, ils plaçoient l'armille dans une situation convenable pour le moment, et ils comparoient de la même manière qu'ils avoient fait pour la lune relativement au soleil, les lieux des étoiles relativement à celui de la lune. Ils trouvoient ainsi leurs longitudes et leurs latitudes avec autant d'exactitude qu'ils le pouvoient en se servant d'un pareil instrument qui n'en permettoit pas une grande. Ptolémée a fait son catalogue pour l'an 137 après J-C; mais supposant avec Hipparque qui a découvert la précession des équinoxes, que cette précession est de 1^d en 100 ans au lieu de 72, il n'a ajouté aux nombres marqués par Hipparque, que 2^d 40' pour les 265 ans d'intervalle entre Hipparque et lui, au lieu d'y ajouter 3^d 42' 22", suivant les tables de Maskelyne. Ainsi pour comparer ses tables avec la nôtre, il faut d'abord les augmenter de 1^d 2' 22", et ensuite de ce qu'il faut encore y ajouter pour la précession depuis Ptolémée jusqu'à nous ».

Ptolémée dit en effet que du temps d'Hipparque les étoiles étoient de 2^d $\frac{1}{3}$ plus occidentales qu'elles ne furent 265 ans après, ce qui montre qu'il les a calculées lui-même pour son temps. Lalande soutient que les longitudes données aux étoiles par Ptolémée, sont affectées de son erreur sur les lieux du soleil auquel il les comparoît, et sont de 58' trop petites; mais que son catalogue est bon pour l'an 63 de J-C; ce qui ne s'accorde pas avec la déclaration que fait Ptolémée d'avoir calculé les longitudes des étoiles pour la première année du règne d'Antonin. L'astronome Bode de Berlin (*) se range du côté de Flamsteed et de Lalande, et dit que toutes les étoiles, en les calculant par rétrogradation jusqu'à cette époque se trouvent avoir une trop grande longitude, et qu'il faut par conséquent faire remonter plus haut l'époque de ce catalogue. Il ajoute que dans ses tables astronomiques publiées à Berlin en 1776, il a tenu le milieu entre les longitudes et les latitudes assignées aux étoiles par Flamsteed, Hevelius, Lacaille et Bradley pour le commencement de l'an 1800; qu'il en a retranché 63 ans, et qu'ainsi pour les 1737 ans d'intervalle, le changement de lieux des étoiles par la précession des points équinoxiaux a dû être de 24^d 61 ou 16', qu'il a soustraits des longitudes de son catalogue pour trouver les véritables de celui de Ptolémée, et qu'il y a cette différence entre celles de cet astronome et les siennes.

M. Ideler, dans un ouvrage (**) dont je parlerai bientôt, pense à cet égard comme M. Bode

---

(*) *Beobacht. und Beschreib. der Gestirne,*   (**) *Unters. über....., die Sternnamen.*

et la plupart des autres astronomes. Je renvoie aux raisons qu'il en donne. Sans vouloir prononcer sur ce point, qui véritablement est de la plus grande conséquence pour l'astronomie, je me contenterai d'observer que Ptolémée, ne trouvant d'une part, l'épi avancé que de 2 ⅓ degrés vers l'orient en 265 ans, et de l'autre ne comptant que 1 degré de précession par siècle, n'a donc pas négligé les 65 ans environ dont il est question, puisqu'aux 2ᵈ pour les 200 ans, il ajoute 40′ pour les 65 ans. Il est vrai qu'il s'est trompé sur la quantité de la précession. Mais en quoi cela a-t-il influé sur le reste? L'auteur de la *Mécanique Céleste* va prononcer sur cette question:

«Ptolémée confirma le mouvement des équinoxes, découvert par Hipparque, en comparant ses observations à celles de ce grand astronome. Il établit l'immobilité des étoiles entr'elles, leur latitude constante au-dessus de l'écliptique, et leur mouvement en longitude, qu'il trouva de 1 degré par siècle, comme Hipparque l'avoit soupçonné. Nous savons aujourd'hui qu'il étoit à fort peu près de 154″; ce qui, vû l'intervalle compris entre les observations d'Hipparque et de Ptolémée, semble supposer une erreur de plus d'un degré dans leurs observations. Malgré la difficulté que la détermination de la longitude des étoiles présentoit à des observateurs qui n'avoient point de mesure exacte du temps, on est surpris qu'ils aient commis de si grandes erreurs, sur-tout quand on considère l'accord des observations que Ptolémée cite à l'appui de son résultat. On lui a reproché de les avoir altérées; mais ce reproche n'est point fondé. Son erreur sur le mouvement annuel des équinoxes paroît venir de sa trop grande confiance dans les résultats d'Hipparque sur la grandeur de l'année tropique, et sur le mouvement du soleil. En effet, Ptolémée a déterminé la longitude des étoiles, en les comparant soit au soleil par le moyen de la lune, soit à la lune elle-même, ce qui revenoit à les comparer au soleil, puisque le mouvement synodique de la lune étoit bien connu par les éclipses. Or Hipparque ayant supposé l'année trop longue, et par conséquent le mouvement du soleil plus petit que le véritable, il est clair que cette erreur a diminué les longitudes du soleil et de la lune, dont Ptolémée a fait usage. Le mouvement en longitude qu'il attribuoit aux étoiles, est donc trop petit, de l'arc décrit par le soleil dans un temps égal à l'erreur d'Hipparque sur la longueur de l'année. Au temps d'Hipparque, l'année tropique étoit de 365 jours 24234″, ce grand astronome la supposoit de 365ʲ 24667″, la différence est de 433″, et pendant cet intervalle, le soleil décrit un arc de 47″; en l'ajoutant à la précession annuelle de 11″ déterminée par Ptolémée, on a 158″ pour la précession qu'il auroit trouvée s'il étoit parti de la vraie grandeur de l'année tropique, et alors son erreur n'eût été que de 4″. Cette remarque nous conduit à examiner si, comme on le pense généralement, le catalogue des étoiles de Ptolémée, est celui d'Hipparque, réduit à son temps, au moyen d'une précession annuelle de 111″. On se fonde sur ce que l'erreur constante des longitudes des étoiles dans ce catalogue, disparoît quand on le rapporte au temps d'Hipparque. Mais l'explication que nous venons de donner de cette erreur, justifie Ptolémée du reproche qu'on lui a fait, de s'être attribué l'ouvrage d'Hipparque: et il paroît juste de l'en croire lorsqu'il dit positivement qu'il a observé les étoiles de son

catalogue, celles même de la sixième grandeur. Il remarque en même temps qu'il a retrouvé à très-peu près les mêmes positions des étoiles qu'Hipparque avoit déterminées par rapport à l'écliptique ; ensorte que les différences de ces positions, dans les deux catalogues, doivent être peu considérables. Ainsi, les observations de Ptolémée sur les étoiles, et la véritable valeur qu'il a assignée à l'évection, déposent en faveur de son exactitude, comme observateur. A la vérité, les trois équinoxes qu'il a observés, sont fautifs ; mais il paroît que trop prévenu pour les tables solaires d'Hipparque, il fit coïncider avec elles, ses observations des équinoxes, alors très-délicates, et dont le seul dérangement de son armille, suffit pour expliquer les erreurs ».

Autorisé par une décision d'aussi grand poids, je n'ai rien changé aux longitudes et aux latitudes que Ptolémée assigne aux étoiles ; j'ai conservé avec le même scrupule les noms qu'il donne aux constellations, et que l'on retrouve les mêmes chez les Arabes qui ont reçu l'astronomie des grecs. Le catalogue d'Ulugbeg dans Flamsteed en fait foi. On les retrouve encore dans le catalogue de l'arabe Kaswini, que j'ai traduit d'après la version allemande de M. Ideler, pour montrer que les situations relatives de ces groupes d'étoiles sont encore les mêmes dans les descriptions qui en ont été faites depuis Ptolémée, que dans la sienne, et que leurs noms demeurent toujours tels qu'ils étoient au temps d'Hipparque et de Ptolémée. Il est essentiel pour l'astronomie d'en avoir la certitude entière. Car si l'on pouvoit douter que les mêmes noms n'eussent pas été donnés aux mêmes objets, tout seroit confondu et les modernes ne s'entendroient plus avec les anciens.

Le huitième livre, avec la seconde partie du catalogue des étoiles fixes qu'on y a mal à propos insérée, contient une description de la voie lactée, et des points par où elle passe ; la manière de construire une sphère céleste ; les différens rapports de situation des étoiles, 1° à l'égard du soleil, de la lune et des planètes ; 2° à l'égard de l'horizon concernant leur lever, leur culmination et leur coucher, comparés à ceux du soleil ; les déclinaisons des étoiles dont on connoît la distance à l'équinoxe et à l'un des points de l'écliptique ; le moyen de distinguer si la déclinaison est boréale ou australe ; les points de l'écliptique qui se lèvent, culminent et se couchent avec telles ou telles étoiles, et réciproquement par le moyen de la déclinaison d'une étoile et du point médiant du ciel, la connoissance de la latitude de cette étoile et de son vrai lieu dans l'écliptique ; les apparitions des fixes ; le calcul pour trouver l'arc de vision qui est la distance du soleil à l'horizon ; l'arc de l'écliptique entre le soleil et une étoile dont on connoît le lieu avec ou sans déclinaison, et enfin l'arc de la distance du soleil à une étoile, au commencement de la disparition.

Le neuvième livre roule sur les planètes, leurs orbes, leur rang, leurs mouvemens, leurs retours périodiques ; la difficulté d'établir des hypothèses générales applicables à toutes. « Les astronomes étoient partagés sur la place que devoient occuper Vénus et Mercure : les plus anciens, dont Ptolémée suivit l'opinion, les mettoient au-dessous du soleil ; quelques autres les plaçoient au-dessus ; enfin les Égyptiens les faisoient mouvoir autour de cet astre. Il est singulier que Ptolémée n'ait pas même fait mention de cette dernière hypothèse qui revenoit à placer le soleil au centre des épicycles de

ces deux planètes, au lieu de les faire tourner autour d'un centre imaginaire. Mais persuadé que son système pouvoit seul convenir aux trois planètes supérieures, il le transporta aux deux inférieures, et il fut égaré par une fausse application du principe de l'uniformité des loix de la nature, qui, s'il étoit parti de la découverte des Égyptiens sur les mouvemens de Mercure ou de Vénus, l'auroit conduit au vrai système du monde ». Vénus et Mercure ont leurs plus grandes digressions loin du lieu moyen du soleil. En commençant par Mercure ses observations comparées aux anciennes, il détermine ses mouvemens, en quels points du zodiaque se font ses digressions, la plus grande et la plus petite suivant le mouvement des étoiles fixes. Il prouve que cette planète est deux fois périgée dans chacune de ses révolutions; il donne la grandeur et la proportion de ses inégalités, ses mouvemens moyens par l'intervalle de temps entre deux observations, et ses époques pour la première année de Nabonassar par le mouvement moyen depuis cette année, retranché du lieu de l'observation. On avoit trouvé que Ptolémée n'est pas heureux dans ce qu'il dit de Mercure, mais Lalande a révoqué ensuite dans son second mémoire, ce qu'il avoit avancé dans le premier, que la théorie de Ptolémée étoit plus imparfaite pour cette planète que pour les autres. Par exemple, avoit-il dit : « Son moyen mouvement annuel est trop petit de 45″, tandis que pour les autres planètes, l'erreur ne va qu'à environ 15″. Ces 45″ d'erreur par année, feroient aujourd'hui 20^d, c'est-à-dire que les conjonctions arrivent actuellement cinq jours plutôt qu'elles ne sont annoncées dans les tables de Ptolémée ». Mais dans le second mémoire il ajoute : « Jusqu'ici on n'a pas tiré grand parti, ce me semble, des observations de Mercure, rapportées dans l'*Almageste*, qui furent faites il y a 16 ou 18 cents ans. Bouillaud en avoit calculé une partie dans son *Astronomie Philolaïque*. M. Cassini, dans ses *Élémens d'Astronomie*, les rejetta pour s'en tenir aux passages de Mercure sur le soleil. Pour moi, j'ai reconnu qu'elles sont importantes, et qu'elles déterminent le mouvement de l'aphélie, aussi exactement que les observations du dernier siècle (*) ». Exemple frappant du peu de fondement de plusieurs des reproches faits à Ptolémée.

Le dixième livre développe avec plus de clarté, les mêmes combinaisons de l'excentrique et de l'épicycle pour Vénus. Il démontre comment on trouve les points ou l'écliptique est coupée par le diamètre de l'excentrique, qui passe par sa plus grande et sa moindre digression ; la grandeur de l'épicycle, les proportions de l'excentricité, les mouvemens moyens et les vrais, et enfin leurs lieux pour l'époque de Nabonassar. Il entre ensuite dans une théorie générale des trois planètes supérieures : il l'applique d'abord à Mars dont il détermine l'excentricité et la plus grande digression, ainsi que la grandeur de son épicycle ; et il finit par donner la correction de ses moyens mouvemens périodiques, et les lieux de cet astre toujours pour la même époque.

Le livre onzième poursuit la même théorie appliquée à Jupiter et à Saturne : il détermine de même pour la première de ces deux planètes d'abord, et ensuite pour l'autre, l'excentricité et la plus grande digression, la grandeur de l'épicycle, leurs

_____

(*) *Second Mém. de M. Lalande sur Mercure, 1766. et Astronomie, 1771, tom. II.*

mouvemens moyens et leurs lieux pour la même époque. Par les mouvemens moyens il détermine les vrais, et il dresse une table de ces mouvemens pour les cinq planètes. Elle procède de six en six degrés en parcourant toute la circonférence du cercle, et elle contient les équations de longitude et d'anomalie.

On trouve dans le douzième livre les progressions, les stations, et les rétrogradations des planètes expliquées dans le plus grand détail et avec une extrême sagacité; la construction d'une table des stations, leurs mouvemens en longitude, leurs différences causées par les différentes inclinaisons des orbites; et les digressions de Mercure et de Vénus.

Enfin le treizième livre s'étend sur les mouvemens des cinq planètes en latitude, sur les inclinaisons de leurs orbites, et sur la grandeur de ces inclinaisons. Il calcule une table des écarts des planètes en latitude, et une autre de leurs apparitions et de leurs disparitions. Il cherche la valeur de l'arc de vision, ou de l'arc du cercle vertical qui passe par les poles de l'horizon et par le soleil, ainsi nommé par ce qu'il mesure la quantité dont le soleil doit être abaissé sous l'horizon, pour que cet astre n'empêche pas, par sa proximité, de voir les astres. Cet arc soutend l'angle de vision formé par l'horizon et l'écliptique. Ptolémée cherche l'arc de ce dernier cercle, qui répond à cet angle, et il termine son ouvrage par la recherche du temps qui s'écoule entre le coucher du soir et le lever du matin de quelqu'une des planètes supérieures.

Tel est le grand ouvrage de Ptolémée. Il nous retrace l'état du ciel au temps de cet auteur et d'Hipparque son prédécesseur et son modèle, qui, le premier, dit Pline, osa compter les étoiles. Il nous donne le nombre de celles qu'ils connoissoient le plus distinctement. Il fixe les limites de l'ancienne astronomie. Il pose les bases de la nouvelle, en fournissant à celle-ci les tables et les époques de mouvemens qui sont encore le premier terme de comparaison des nôtres. «Avec des théories ingénieuses, quoiqu'imparfaites, dit l'auteur des *Nouvelles Tables du soleil,* qui n'a pas manqué d'y citer celles de Ptolémée, cet ouvrage nous a conservé des faits que rien ne peut remplacer et qu'on chercheroit vainement ailleurs. Ces faits consistent dans le petit nombre d'observations les plus anciennes qui soient parvenues à notre connoissance, avec des tables du soleil, de la lune et des planètes, qui sont le résultat d'un nombre bien plus considérable d'observations entièrement perdues (*)».

Mais pour juger de l'ensemble de cet ouvrage, de la beauté de ses théorèmes, et de la justesse de ses calculs, il faut le suivre dans sa marche et parcourir avec lui la route par laquelle il arrive à son but. On y admirera cet enchaînement de propositions géométriques qui justifie si bien le titre *de Composition Mathématique* que son auteur lui a donné. Quoique ce titre paroisse d'abord trop général et appartenir également à toute autre branche des sciences exactes; on voit bientôt en y réfléchissant, que Ptolémée a eu raison de le choisir comme particulièrement propre à désigner l'ouvrage qu'il publioit sur l'astronomie. Car absolument, on peut bâtir des maisons

(*) Voy. *dans le* Prospectus *le rapport sur la présente traduction.*

par les seules pratiques de la construction, sans aucune théorie des principes mathématiques de l'art ; et c'est là, sans doute, ce que Ptolémée a voulu dire au commencement de son préambule, quand il a dit qu'il se trouvoit souvent beaucoup
d'habileté dans bien des gens qui n'ont aucune teinture de théorie. Car véritablement, on se faisoit des habitations longtemps avant que d'avoir connu les règles de
l'architecture. Comme en tout la nécessité excite l'industrie, l'industrie a aussi créé les
arts, parcequ'on a choisi les meilleurs procédés, on les a perfectionnés, on en a fait des
méthodes théorétiques que l'on enseigna ensuite avant la pratique, et c'est ainsi qu'il
est arrivé, dit Ptolémée, que la pratique est aujourd'hui précédée de la théorie.(*) Cette
théorie cependant n'est pas d'une nécessité absolue dans les arts manuels, car ne voyons-
nous pas subsister encore en entier et dans toute leur solidité, ces ponts, ces temples, ces
châteaux du moyen âge, qui ont été élevés par des gens qui n'étoient rien moins que
mathématiciens, au moins théoriquement ? Il n'en est pas de même de l'astronomie.
Elle ne peut aller bien loin sans le secours des mathématiques. On a bien commencé
par regarder le ciel, on y a distingué les astres, on y a remarqué des retours périodiques, mais sans la géométrie on en seroit resté là. Dans les arts mécaniques, la main
de l'ouvrier supplée au défaut de la théorie. Mais dans l'astronomie, on ne peut porter la main à rien de ce que l'on voit ; il faut que le calcul géométrique la remplace,
et c'est par lui que l'astronome atteint jusqu'aux cieux. Ptolémée écrivant un traité
qui est une application perpétuelle de la géométrie et du calcul aux phénomènes célestes, pour en déterminer les raisons et les causes, et parvenant heureusement par
des moyens empruntés des mathématiques, à en expliquer les lois et les effets, a véritablement fait la composition mathématique du monde, et il en a donné le nom à cette
construction géométrique. Son exemple a été suivi par ses successeurs. Si l'on a changé
son plan, on a pourtant adopté sa manière ; et ses méthodes, quoique remplacées par
de plus parfaites, ont été les modèles de celles qu'on leur a substituées. Ses tables de
mouvemens, sont la source de celles qu'on a dressées ensuite sur les mêmes fondemens
et d'après des observations qui mieux faites ont donné des résultats plus justes (**).
N'allez pas croire pourtant que celles des anciens ne sont d'aucune valeur, Cassini
vous diroit « que les anciens avoient fait des observations, qui, quoiqu'imparfaites,
ne laissent pas d'être très-précieuses, et fort utiles pour déterminer les mouvemens
des planètes, par la comparaison de ces observations avec celles que nous avons faites
avec beaucoup plus de précision. Celles que l'on fera dans la suite serviront de plus en
plus à perfectionner l'astronomie, et l'on aura toujours beaucoup à y travailler ». — « Il y
a dans ces recherches, dit aussi l'auteur de l'*Essai sur l'Histoire des Mathématiques*,
un progrès continuel de connoissances qui aux anciens ouvrages en fait succéder d'autres plus profonds et plus complets. On étudie les derniers, parcequ'ils représentent
l'état actuel de la science ; mais ils auront à leur tour la même destinée que ceux dont
ils ont pris la place. Il n'en est pas ainsi dans les arts qui dépendent de l'imagination.
Le poète et l'orateur ont un autre avantage ; leurs noms répétés sans cesse par la

---

(*) Voy. *ci après*, *pag.* 1.   (**) *Préface des Élém. d'Astr.*

multitude, parviennent très-promptement à la célébrité. Cependant la gloire des inventeurs dans les sciences, semble avoir un éclat plus fixe, plus imposant. Les vérités qu'ils ont découvertes circulent de siècle en siècle pour l'utilité de tous les hommes, sans être assujéties à la vicissitude des langues. Si leurs ouvrages cessent de servir à l'instruction de la postérité, ils subsistent comme des monumens destinés à marquer, pour ainsi dire, la borne de l'esprit humain, à l'époque où ils ont paru (*) ».

Sous ce point de vue, n'y eût-il que la satisfaction de suivre l'astronomie dans ses accroissemens, l'ouvrage de Ptolémée seroit toujours du petit nombre de ceux qui ont fait époque dans la succession des siècles. Mais quand on pourroit lui appliquer ce que l'auteur que je viens de citer dit de ceux d'Archimède et de Newton, «qu'on ne les lit plus guères aujourd'hui, parceque la science a passé le terme où ils l'avoient portée», il resteroit encore à l'ouvrage de Ptolémée un mérite particulier qui le sauvera toujours de l'oubli. Son système sera rejetté, ses méthodes seront oubliées, mais il faudra toujours avoir recours aux observations qu'il rapporte, aux dates qu'il leur donne, aux époques qu'il marque pour les astres. Et quand l'astronomie pourroit s'en passer, l'histoire en auroit toujours besoin pour placer les événemens à leurs temps. Or ces époques, ces éclipses, ces phénomènes dont les dates sont si essentielles pour la chronologie, où les trouver, si ce n'est dans son ouvrage? Et puisqu'au nombre des services que ce livre peut toujours rendre, j'ai mis ceux que la chronologie en retire, je ne puis me défendre d'en donner ici un exemple en déterminant par avance pour la suite de cet ouvrage, l'ère de Nabonassar à laquelle Ptolémée rapporte toutes les observations dont il fait mention. «La correction de 8′ dans le mouvement séculaire de l'anomalie de la lune, conclue de plusieurs observations comparées de Lahire, Flamsteed, Bradley et Maskelyne, est la même qui résulte de cinquante-deux éclipses observées par les Chaldéens, les Grecs et les Arabes, et confirme les 70^d 37′ que Ptolémée a donnés pour l'élongation moyenne de la lune au soleil, à midi du 25 Février de l'an 746 avant l'ère chrétienne à Alexandrie, et à 22 heures 8′ 39″ à Paris (**)». Lalande la fixe au 26 Février 747 av. J-C, suivant les chronologistes, ou 746, suivant la manière de compter employée par M. Cassini, et que j'ai adoptée dans mon astronomie, «dit-il (***)». En remontant par le mouvement apparent du soleil depuis le mouvement actuel jusqu'à l'époque assignée à cet astre par Ptolémée, pour la première année de l'ère de Nabonassar, on trouve que cette ère a dû commencer un mercredi (*férie 4e*) 26 Février de l'an 747 avant J-C. Les années dont elle est composée, sont des années vagues de 365 jours, sans intercalation à la 4e année, de même que celles des anciens Égyptiens; ce qui produit, comme on l'a dit ailleurs, une année de plus sur 1460 années juliennes. De là vient que Censorin compte à l'an 238 de l'ère chrétienne, 986 ans de l'ère de Nabonassar, quoiqu'il n'y ait que 985 années juliennes (****). « Il ne peut y avoir de doute sur cette époque, avoit dit auparavant Lalande (*****); car on trouve dans Ptolémée le lieu de toutes les planètes pour le commencement de cette époque, et il ne peut y avoir qu'une seule année

(*) *Discours sur la Vie et les Ouvrages de Pascal.* (***) 2 *Mém. sur Merc.* (*****) *Ibid.*
(**) *Exp. du Système du Monde.* (****) *Art de vér. les dates, vol.* 1, 3e *éd.*

et un seul jour qui réponde à la fois à toutes ces longitudes. Celle de la lune surtout confirme parfaitement la date dont il est question. Il est vrai que, par nos tables modernes, on trouve trois degrés de moins que Ptolémée ne donnoit à la longitude de la lune pour ce temps-là ; mais on trouve la même différence pour le soleil, et l'on voit bien que cela venoit de l'erreur de Ptolémée sur la durée de l'année ».

Ce n'est pas seulement la chronologie qui se reconnoît redevable à Ptolémée, des dates qu'elle emprunte des phénomènes célestes qu'il rapporte, parcequ'elles se trouvent liées dans l'histoire, à des événemens politiques dont on ne peut assigner la place dans l'espace des temps, que par le moyen de ces phénomènes dont le calcul astronomique donne toujours les époques justes; la géométrie a aussi obligation à cet astronome, de plusieurs théorêmes féconds en conséquences utiles pour les diverses branches des mathématiques. Je n'en veux pour preuve que *le Lemme* où il démontre, liv. I, ch. 9, que le rectangle des diagonales d'un quadrilatère inscrit au cercle, est égal à la somme des deux rectangles des côtés opposés; démonstration que l'habile géomètre Simson a trouvée si belle qu'il l'a insérée dans sa traduction anglaise des *Élémens d'Euclide*, et on la retrouve encore employée dans les autres livres de principes des mathématiques pures. Que dirai-je enfin de cette trigonométrie sphérique qui remplit les deux premiers livres, sinon que c'est un extrait de ce qu'Hipparque avoit écrit sur cette matière; que toute ancienne qu'est cette doctrine, elle est neuve pour nous; et que l'art avec lequel elle est employée dans la *Composition Mathématique*, décèle dans l'auteur de cet ouvrage un jugement solide, et une pénétration peu commune. « S'il y a eu de plus grands génies que Ptolémée (*), il n'y a pas eu du moins d'homme qui, eu égard au temps où il a vécu, ait rassemblé plus de connoissances utiles au progrès de l'astronomie ».

Bien des gens n'en conviennent pas cependant. Car Hipparque étant de tous les astronomes qui l'ont précédé, celui dont il a le plus profité, on a prétendu que comme Justin a causé par son abrégé historique, la perte de la grande histoire de Trogue-Pompée, les œuvres d'Hipparque ne se sont perdues que parcequ'on en trouvoit la substance dans l'ouvrage de Ptolémée. « Ce dernier, dit Lemonnier (**), moins occupé de l'histoire générale des observations, que de ses hypothèses et de ses tables, nous a causé en les publiant, une perte irréparable ». Cette inculpation est grave, elle est même spécieuse; et non content de rendre Ptolémée coupable de l'anéantissement des observations qui auroient pû être contraires à ses théories, Lemonnier répète tous les reproches que font à ces hypothèses, Képler, Halley et tous les autres modernes. Et comme la passion ne connoît point de bornes, quand une fois elle se déchaîne, on a été jusqu'à dire que Ptolémée non seulement n'a pris des observations anciennes, que celles qui étoient les plus propres à établir ses hypothèses, mais encore qu'il n'a même fait aucune observation par lui-même, et qu'il a tordu celles des autres à ses idées.

Il faut n'avoir pas lu l'ouvrage de Ptolémée pour soutenir une pareille assertion, car Ptolémée a soin de distinguer les observations qui sont de lui, d'avec celles qu'il tient des autres astronomes. Il déclare dans les derniers livres que la théorie des

(*) *Essai sur l'Hist. des Mathém.*   (**) *Institutions Astron.*

planètes lui est due toute entière. Il cite toujours Hipparque avec éloges, il déclare sincèrement ce qu'il a pris de lui, et il nous apprend avec la même candeur qu'il n'avoit pas composé un corps complet d'astronomie, mais seulement des mémoires sur diverses parties de cette science. « Nous ignorons, dit Bailly avec raison, quelle preuve on pourroit donner du soupçon que Ptolémée ne fût point observateur. Par exemple, la détermination du mouvement des fixes fondé sur des observations de Ménélas et d'Aggripa, qu'il auroit pu être tenté de s'attribuer, vu l'importance de cette détermination ; il ne l'a cependant pas fait. Ptolémée n'a pu ni dû supposer aucune observation. Nous croyons bien qu'il a usé de finesse en ne donnant de ses propres observations, que celles qui s'accordent avec le résultat moyen de toutes les autres. Cette adresse, que nous n'approuvons pas, n'est cependant point un crime. D'ailleurs, pourquoi n'auroit-il pas fait les observations des planètes, qu'il s'attribue ? Il y a cent fois plus de mérite à avoir imaginé ses hypothèses, quelque défectueuses qu'elles soient, à avoir conçu l'idée de l'*Almageste*, dépôt de toutes les connoissances astronomiques, qu'à avoir fait le plus grand nombre d'observations ; Ptolémée n'ignoroit pas qu'il laissoit un trésor à la postérité, quoiqu'il ne prévît pas que ce livre perpétueroit l'astronomie jusqu'à Copernic, et feroit seul l'étude de quatorze siècles ».

Si Ptolémée se fût contenté de rapporter ses propres observations, sans y joindre celles qui avoient été faites avant lui, pour en déduire une théorie certaine, non seulement il ne seroit pas devenu en quelque sorte l'arbitre de la science pendant un si long espace de temps, mais même ses écrits n'auroient pas eu un meilleur sort que ceux de ses prédécesseurs. Ils auroient péri avec eux, et c'est à l'idée heureuse d'avoir formé un répertoire des phénomènes recueillis des anciens et comparés avec ceux de son temps, qu'il doit toute sa gloire, et que nous devons les seuls fragmens que nous ayons d'Hipparque. Recevons donc l'ouvrage de Ptolémée avec regret, sans doute, de ce que nous n'avons plus, mais avec reconnoissance de ce qu'il nous a conservé ; comme après un naufrage qui a englouti des richesses qu'on regrette inutilement, on recueille avec un sentiment mêlé de douleur et de plaisir, le peu qui a échappé à la fureur des vents et des flots : on en sent mieux le prix, quand on songe à quels dangers on l'a arraché, et au dénuement où l'on seroit plongé, si l'on n'avoit pas sauvé ces tristes et précieux débris.

Si de la considération des matières, nous passons à la manière dont elles sont traitées, nous ne pourrons pas nous empêcher de reconnoître une grande différence entre les démonstrations géométriques et les explications qu'il y joint. Autant les premières sont claires et même élégantes, à leur longueur près qui tient au genre de trigonométrie sphérique alors en usage, autant les autres sont obscures et entortillées. Les anciens ne connoissant pas les sinus et tout ce qui en dépend, employoient les cordes des arcs, qui leur servoient à évaluer les angles considérés tantôt comme inscrits, tantôt comme au centre, suivant le besoin du calcul. Cette méthode déjà fort longue par elle-même, le devient encore plus par les répétitions souvent très-inutiles que Ptolémée y ajoute. Il ne vous en fait pas plus grace à la fin de son livre, qu'au commencement. Et cependant, au travers de ses interminables périodes, on

est tellement frappé de la finesse et de la beauté de ses théorèmes, qu'on n'est plus surpris de la réputation où cet ouvrage s'est soutenu dans le monde savant. Il la doit à l'évidence que l'on trouve dans cette suite rigoureuse de principes et de conséquences dont il donnoit le premier exemple dans un système complet de l'univers ; car *le Traité du Ciel* par Aristote, ressemble à ses autres ouvrages, beaucoup de mots et peu de faits. Celui de Géminus n'est qu'une introduction sans démonstrations géométriques. Ceux d'Aratus, de Manilius, de Cléomède, de Proclus, d'Hyginus, et d'autres écrivains du second ordre, qui n'ont fait qu'effleurer la science, ne sont que des exposés superficiels, ou des descriptions mythologiques et poétiques du ciel et des étoiles, ou des fragmens incomplets sur la sphère, qui ressemblent aux petits traités élémentaires de nos écoles ; leur simplicité a fait toute leur fortune, parcequ'elle les met à la portée de ces amateurs de l'astronomie, que la beauté de cette science attire, mais que ses difficultés repoussent. L'ouvrage de Ptolémée, au contraire, est mathématique, comme son titre l'annonce, et sous ce rapport il fut la règle des astronomes qui sont venus après lui. Mais aussi les épines dont on le voit hérissé, au premier abord, en ont fermé l'entrée aux personnes qu'une étude préliminaire des mathématiques n'y a pas initiées ; et c'est à lui, plus qu'à tout autre de ces temps anciens, qu'on peut appliquer ces mots écrits au-dessus de l'école de Platon : QUE NUL NE SE PRÉSENTE ICI, S'IL N'EST AUPARAVANT GÉOMÈTRE.

La forme mathématique de cet ouvrage fut en effet, malgré tous ses défauts, ce qui le fit préférer à tous ceux qui traitoient de la même science sans y joindre le calcul ; Ptolémée est verbeux et prolixe, je l'avoue, et son style sent l'école, car enfin il est venu longtemps après le bel âge de la Grèce. On sait aussi combien les Grecs étoient grands discoureurs ; à cet égard il ne dément pas son origine. Mais sa diction est pure et attique, et quoiqu'on y découvre un idiôme transplanté dans une terre étrangère, on y reconnoît aussi un auteur nourri de la belle littérature de sa nation. Ses raisonnemens sont obscurs, et ses explications embarrassées et pénibles, mais la doctrine en est saine ; on ne trouve dans tout l'ouvrage aucune trace de cette astrologie chaldéenne ou égyptienne dont la plupart des esprits étoient alors infectés. Les personnes qui aimoient la vérité, furent charmées de l'y rencontrer dans les démonstrations qui la dévoilent, et ce mérite couvrit à leurs yeux tout ce qu'on pouvoit lui reprocher.

Aussi se répandit-il bientôt d'Alexandrie, dans tous les lieux où l'astronomie étoit cultivée ; il devint l'objet de l'étude des maîtres et des disciples. Les premiers s'attachèrent à en lever les difficultés (*). Pappus et Théon, dans l'école d'Alexandrie, à la fin du quatrième siècle, en donnèrent des commentaires. Cabasilas, au treizième, et Théodore métochite, remplacèrent en partie par les leurs, ce qui s'en étoit perdu. Proclus Diadochus à Athènes, au milieu du cinquième, fit dans ses hypotyposes une espèce de tableau incomplet des hypothèses et des instrumens ; et dès le troisième, Ammonius, au rapport de Photius (**), avoit donné des explications de l'astronomie de Ptolémée, qui ne se retrouvent plus. Quant aux disciples, ils n'étoient admis

---

(*) *Weidler*, Hist. astronom.   (**) *Myrio-bibl,*

à l'étude de la grande composition de Ptolémée, qu'après y avoir été préparés par l'introduction de Géminus, et les écrits d'Euclide, d'Aristarque, de Théodose, de Ménélas, d'Hypsycles et d'Autolycus, auxquels on donna pour cette raison, le nom de petite composition (*).

Les Grecs ne furent pas les seuls qui profitèrent de l'ouvrage de Ptolémée. Les Romains voulurent aussi l'avoir en leur langue. Une lettre de Théodoric, roi de Rome à Boëce, que Cassiodore nous a transmise, nous apprend que ce prince louoit ce philosophe d'avoir traduit l'astronomie de Ptolémée en latin. Cette traduction a eu le sort de bien d'autres productions littéraires dont l'histoire n'a que trop souvent à déplorer la perte. Elle a été la proie des ravages des barbares, et il n'en est pas resté le moindre vestige.

Le texte grec a été plus heureux. Les nombreuses copies que les maîtres et les disciples en avoient faites, l'avoient assez multiplié dans toute la Grèce pour le préserver de l'anéantissement. A la vérité nous n'avons plus le manuscrit autographe de l'auteur. Il aura été détruit dans l'incendie de la bibliothèque d'Alexandrie, par Amrou, lieutenant du calife Omar, au 7e siècle. Lemonnier dit que «comme il fallut employer plus de six mois pour exécuter l'ordre du calife, qui achevoit pour lors la conquête de la Perse (l'an 641 de J-C), les ordres qu'il avoit envoyés ne furent pas si rigoureusement exécutés en Égypte, qu'il n'échappât quelques manuscrits. Enfin la persécution que les différentes sectes qui s'étoient élevées parmi les Mahométans avoient fait naître, tant en Afrique, que dans l'Asie, ayant cessé presqu'entièrement, les Arabes recueillirent bientôt après un grand nombre d'écrits que les premiers calives Abassides firent traduire d'après les versions syriaques, et ensuite du grec en leur langue, laquelle est devenue depuis ce temps, la langue savante de tout l'orient (**) ».

Je veux croire, sur la parole de Renaudot, que la première connoissance de l'ouvrage de Ptolémée, vint aux Arabes par les versions syriaques, qui furent, dit-il, les premières faites sur le grec, mais le repos qui suivit leurs conquêtes, favorisant le goût que quelques-uns de leurs califes, comme Almanzor et Al-Raschid, leur inspirèrent pour les sciences, ils s'appliquèrent à l'étude du texte original même qu'ils mirent en leur langue. «Parmi les califes que distingua leur amour pour l'astronomie (***), l'histoire cite principalement Almamoun, prince de la famille des Abassides, et fils du fameux Aaron-Raschid, si célèbre dans l'Asie. Almamoun régnoit à Bagdad en 814. Vainqueur de l'empereur grec Michel III, il imposa pour une des conditions de la paix, qu'on lui fourniroit les meilleurs livres de la Grèce. L'*Almageste* fut de ce nombre. Il le fit traduire, et répandit ainsi parmi les Arabes, les connoissances astronomiques qui avoient illustré l'école d'Alexandrie ».

Ce nom d'*Almageste* est celui que les Arabes donnèrent à l'ouvrage de Ptolémée en le traduisant. Il est formé de l'article arabe *al*, le, et du superlatif grec μέγιςον, très-grand. Ce fut donc *le très-grand*, par excellence, en style oriental; mais pas un seul manuscrit grec ne lui donne ce nom. Ils commencent tous par ces mots : *Premier Livre de la*

(*) *Fabric. Bibl. gr. Harl. ed.* (**) *Instit. astron. préf.* (***) *Expos. du Système du Monde*, tom. 2.

Composition Mathématique de Claude Ptolémée. Quelques-uns l'appellent *Grande Composition*, titre qui me paroît être venu de la distinction qu'on a voulu faire entre cet ouvrage et la collection des opuscules par lesquels j'ai dit que l'on se préparoit dans l'école d'Alexandrie à l'étude de Ptolémée. Quoi qu'il en soit, le titre arabe prévalut, parcequ'il est plus court, et « ce fut d'abord sous ce titre qu'il fut connu partout où les Sarrazins portèrent leur langue avec leurs armes triomphantes depuis les bords de l'Euphrate jusqu'à ceux du Tage (*) ».

La *Grande Composition de Ptolémée* fut traduite pour la première fois du grec en arabe, suivant d'Herbelot (**), par Ishac-ben-Honaïn, et corrigé dans cette dernière langue, par Thebith-ben-Corah. Shirazi en a fait un commentaire qu'il a intitulé *Al-Mescolat Almagesthi,* ou *Megasiti* selon le grec barbare de la première version latine. Honaïn étoit chrétien et médecin du calife Motawaki ; c'étoit un des chrétiens réfugiés de plusieurs endroits de la Syrie et de l'Arabie, dans l'Iraque babylonienne aux environs de Coufah. Il se servit beaucoup d'Ishak son fils et de Hobaïz son neveu, pour les traductions d'Euclide et de Ptolémée, suivant Ben-Schonah ; il mourut l'an 260 ou 261 de l'hégyre, sous le califat de Motamed, vers 863 de J-C. Ces premières traductions furent suivies de plusieurs autres ; celle de l'année 827 passe pour une des dernières du savant calife Almamoun, qui, dit-on, y mit lui-même la main. Le manuscrit 7258, de la version latine de l'arabe, dit effectivement qu'elle a été exécutée par Alahazer-ben-Joseph, et par le chrétien Sergius, l'an 212 de l'hégyre, sous Almamoun. D'Herbelot fait mention d'une version persanne de l'ouvrage de Batalmiouz, nom que les Orientaux donnent à Ptolémée. Bouillaud a publié les tables que Chioniades avoit traduites en grec après les avoir rapportées de la Perse où les versions arabes avoient porté l'*Almageste* depuis le calife Almanzor. Et Chardin (***) rapporte que les astrologues persans le lisent encore, mais certes, sans l'entendre, à en juger par leur astrolabe qu'ils font semblant de consulter pour prédire l'avenir. L'arabe Alfergan qui avoit partagé avec le calife Almamoun les travaux astronomiques de ce prince, donna ensuite des élémens d'astronomie, qui ne sont qu'un abrégé de ce qu'il y a de plus aisé dans l'*Almageste,* et Albatani les rectifia en 880. L'étude de l'astronomie ayant pénétré en Espagne avec les Sarrazins, Géber de Séville et Averroës de Cordoue, dans le 12ᵉ siècle, abrégèrent Ptolémée, Géber en simplifiant sa trigonométrie à laquelle il substitua la forme actuelle par les sinus, et Averroës en y ajoutant un passage de Mercure sur le soleil.

Ce fut aussi sur les traductions arabes, que les juifs d'Espagne en firent d'autres en hébreu dans le treizième siècle. Le catalogue des manuscrits de la bibliothèque de Turin par J. Pasinus, en 1749, fait mention d'une traduction hébraïque sur parchemin, sous le titre de *Grand Livre ,* appellé *Almageste ,* composé par Ptolémée, et traduit par Rabbi Jacob, fils de Rabbi Samson, fils de Rabbi Antol , avec des figures géométriques et des notes marginales. Il dit qu'outre ce manuscrit, cette bibliothèque en possède encore deux, l'un intitulé : *Abbréviation du Livre de l'Almageste* par Ben-Rasciad ou Averroës, traduite par le même Rabbi Jacob,

---

(*) *Cassini , Disc. sur l'Orig. de l'Astr.*   (**) *Bibl. Orient. et Weidler.*   (***) *Voyages , tom.* 3.

l'an 1236 marqué à la fin, 4996 de la création ; que cet abrégé se trouve aussi en hébreu dans la grande bibliothèque de Paris ; et que l'autre est une seconde tra- duction hébraïque du même abrégé arabe de Ben-Rasciad, par R. Moyse, fils de Samuel Tibbon. Le premier de ces manuscrits est encore dans la bibliothèque de Paris (*) ; les autres y ont été la plupart apportés de Constantinople par Vansleb, sous le ministère de Colbert. La liste que Bailly en a donnée à la fin de son premier vo- lume, la bibliothèque arabe de Caziri, les bibliothèques orientales de d'Herbelot et de Hottinger, la bibliothèque rabbinique de Bartolocci et d'Imbonati, et enfin les cata- logues des grandes bibliothèques publiques de l'Europe donneront une connoissance suffisante de ces versions, qui ne doivent pas nous occuper plus longtemps, puisque c'est en dernière analyse au texte grec qu'il faut les comparer, aussi bien que les ver- sions latines, pour juger de la fidélité des unes et des autres.

Mais qui nous assurera de la pureté du texte grec ? La critique nous fournit deux moyens de l'éprouver. La comparaison des plus anciens manuscrits qui nous l'ont trans- mis, et le calcul. Le premier de ces moyens est commun à tous les ouvrages anciens, le second est particulier à ceux qui traitent spécialement de quelque partie des sciences exactes, et sert à redresser les fautes que le premier pourroit ne pas faire appercevoir, ou qu'il pourroit même quelquefois autoriser. Car la plupart de ces manuscrits et sur- tout ceux d'astronomie, ayant été exécutés par des hommes étrangers à ces matières, les fautes s'y sont multipliées sous leurs plumes, et l'on ne s'en apperçoit que par le cal- cul qui, dans une main habile, est une règle certaine et infaillible de la vérité. « Per- sonne n'ignore que de tous les ouvrages littéraires ceux de mathématiques exigent le plus de correction, et que passant par les mains des copistes ils sont les plus exposés à en manquer. Il est si aisé d'altérer, de changer, de déplacer, d'omettre quelques-unes des lettres alphabétiques qui servent d'indication ! Le retour fréquent de ces caractères, leur multitude éblouit la vue du copiste, fatigue son attention, égare sa main, occa- sionne des méprises qui multipliées, rendent le texte inintelligible (**) ». Ces fautes fré- quentes dans les manuscrits, ne doivent pas nous étonner. Les plus anciens que nous ayons sont d'un temps où l'astronomie étoit tombée en décadence chez les Grecs, puis- que nous n'en avons que de simples relations des observations de Thius rapportées par Bouillaud (***), et qui sont du 7e siècle. Nous voyons par les écrits de l'évêque Hippolyte et d'autres auteurs, dans l'*Uranologium* du P. Pétau, et par le fragment attribué à l'empereur Héraclius (****), les peines que la détermination de la fête de Pâques don- noit aux astronomes chrétiens de ce temps. Ceux de l'église romaine n'étoient pas en état de les rectifier ; car peu versés en mathématiques ils connoissoient aussi peu l'astrono- mie. Depuis que les barbares du nord avoient inondé les provinces occidentales de l'em- pire romain, les sciences avoient disparu. Les cloîtres seuls conservoient le peu de livres qui avoient échappé aux ravages de l'ignorance et de la grossièreté. Bède et les moines ses confrères en Angleterre ne s'occupoient d'astronomie que pour la

---

(*) *Bailly, Hist. de l'Astr.*   (***) *Astr. philol.*

(**) *Dupuy, Mém. sur Anthem. Acad. des insc., vol.* 41.   (****) *Dodwel. Diss. Cypr.*

régularisation du calendrier et des fêtes. En France, Eginhart et l'historien anonyme de Pépin, de Charles et de Louis (*), se contentent de faire mention des éclipses de soleil arrivées de leur temps, sans en donner, je ne dis pas de calculs, ce qui auroit été au-dessus de leurs forces, mais pas même le moindre détail. Kœstner dit qu'Alcuin, l'instituteur de Charlemagne et le plus savant homme de son siècle (**), borna toute sa science astronomique à changer les noms romains des mois en dénominations tirées de la température du ciel dans les saisons où ils se rencontrent, changement qui ressemble à une pareille innovation qu'on a voulu introduire chez nous mille ans après lui. Kœstner se trompe en attribuant à Alcuin ce changement conservé aux noms des mois usités dans la langue germanique qui étoit celle de Charlemagne, car tous les historiens (***) le revendiquent à ce prince qui faisoit aussi de l'astronomie l'objet favori de ses études. Sans doute cet illustre élève d'Alcuin avoit puisé tout ce qu'il en savoit, dans les leçons de ce maître. Mais celui-ci y avoit aussi plus de connoissances que Kœstner ne lui en suppose ; car on sait que parmi ceux de ses écrits que nous n'avons plus, les uns rouloient sur la distance entre le ciel et la terre, sur les intervalles des sept planètes, sur la manière de trouver le quantième de la lune, le jour de Pâques et le commencement du carême, sur le cycle de 19 ans, sur le grand cycle du soleil et de la lune, sur les années solaires et lunaires, sur le bissexte et sur le saut de la lune (****). Mais l'astronomie ne date ses progrès avérés chez les Chrétiens occidentaux, que des travaux du célèbre Gerbert, qui de simple maître de l'école de Reims où il fut précepteur de l'empereur Otton III et du roi Robert, devint ensuite archevêque de cette ville, puis de Ravenne, et enfin pape sous le nom de Silvestre II, dans le 10ᵉ siècle.

Gerbert né d'une famille obscure à Aurillac en Auvergne, fit d'abord ses études dans le monastère de cette ville fondé par l'abbé Gérauld, et sous l'écolâtre Raymond. Gérauld frappé de ses talens naissans, l'envoya à Borel, comte de Barcelonne, qui le mit auprès d'un évêque nommé Haïton, pour étudier les mathématiques. Il n'étudia donc pas dans le monastère de Fleury, comme le dit Montucla, qui se trompe également quand il ajoute qu'il s'enfuit de son couvent pour passer en Espagne. Montucla dit avec plus de raison et de vérité « que Gerbert s'y instruisit tellement dans les mathématiques, qu'il surpassa, dit-on, bientôt ses maîtres. L'arithmétique, la musique, la géométrie et l'astronomie lui furent familières ; et de retour en France, il y fit revivre ces sciences oubliées depuis longtemps. Ditmar, évêque de Mersbourg, le plus judicieux et le plus fidèle historien de ces temps-là, témoigne dans sa chronique, que Gerbert étoit parfaitement versé dans l'astronomie, et Trithême nous apprend qu'il avoit fait des traités sur la composition de l'astrolabe et sur la manière de construire le quadrant ou quart de cercle ; Gerbert y parle aussi des cadrans solaires. Son écrit sur la sphère est imprimé dans le 11ᵉ volume des *Analectes de Mabillon ;* il faut y joindre la lettre à Remi de Trèves, où il représente la structure de la sphère comme un ouvrage pénible, auquel on employoit le tour pour la façonner, et le cuir de cheval pour la couvrir ; et il y travailloit lui-même ». «Les Chrétiens occidentaux, ajoute....

(*) *Annal. Francor.*   (**) *Gesch. der Mathem.*   (***) *Schilter.*   (****) *Hist. Litt. de la Fr.*

PRÉFACE.

Montucla, doivent surtout à Gerbert, de leur avoir transmis l'arithmétique dont nous faisons usage aujourd'hui ». En effet, (*) « Gerbert composa un traité d'arithmétique qu'il intitula *Abacus*, qui n'est autre chose que des tables d'arithmétique où il a tracé les différentes combinaisons des chiffres arabes...... Guillaume de Malmesbury et ceux qui l'ont copié, disent clairement que Gerbert enleva aux Sarrazins d'Espagne l'*Abacus* dont il donna les règles. Il fit en outre quelques opuscules sur l'arithmétique, et sur le conflict des nombres, espèce de récréation arithmétique; et un seul sur la géométrie qui est un chef-d'œuvre de clarté. Mais au rapport de Guillaume de Malmesbury, les calculateurs ses contemporains avoient bien de la peine à comprendre les règles de son *Abaque* ». Cette date de la première introduction de l'arithmétique arabe chez les Latins, ajoute Montucla, est encore prouvée par plusieurs lettres de Gerbert. Néanmoins un Anglois, M. North, a prétendu qu'on ne trouvoit aucune trace de l'arithmétique arabe dans les écrits de Gerbert. Mais Kœstner n'est pas de cet avis (**). Il l'y a trouvée, quoique peu développée, et en cela il est d'accord avec ce que disent les auteurs de l'*Histoire Littéraire de la France*, « Gerbert passe aussi pour avoir introduit en France l'usage des chiffres qu'on nomme improprement arabes, parcequ'il les emprunta des Arabes établis en Espagne, qui les tenoient des Grecs accoutumés à s'en servir dans leurs supputations domestiques. Des Grecs, l'usage en avoit passé aux Romains pour leurs livres de compte, avant qu'ils fussent employés par les Arabes. Mais depuis la chûte de l'empire d'occident ils tombèrent en désuétude parmi les Latins, et ne commencèrent à reparoître que vers le milieu du 13ᵉ siècle. Jean de Sacrobosco est le premier auteur des bas temps, dans les écrits duquel se rencontrent ces sortes de caractères, qui ne sont autre chose que des signes ou lettres semblables aux notes tironiennes ».

Erpenius (***) dit que les anciens Arabes ont eu les mêmes lettres numérales que les Hébreux; et Schickard (****) ajoute que les Grecs ont reçu des Phéniciens les caractères de leur écriture, qui leur servoient aussi de chiffres avec les mêmes significations et les mêmes valeurs qu'elles avoient dans toute la Syrie, dont l'Arabie septentrionale, la Phénicie et la Judée étoient autant d'annexes. Il n'est donc pas étonnant que l'arrangement des nombres soit à peu près le même dans la *Composition de Ptolémée*, et dans les versions arabes, hébraïques et latines de cet ouvrage, avec cette différence, que le chiffre 1 de l'unité signifie aussi dans ces versions, la dixaine, la centaine, le mille, selon la colonne où il est placé, tandis que dans Ptolémée, $\bar{a}$ qui représente l'unité simple, n'est repris que pour signifier mille, avec un accent au-dessous, en recommençant à compter par cette lettre, de mille à million, comme pour tous les nombres compris entre 1 et 1000, par les autres lettres de l'alphabet grec. Je renvoie pour la manière dont les Grecs exécutoient leurs opérations arithmétiques, au savant mémoire de l'auteur des *Nouvelles Tables du Soleil*, sur cette matière. Les règles qu'il y trace sont confirmées par les développemens de multiplications et de divisions complexes que l'on trouvera dans ma traduction des *Commentaires de Théon*. Or dans Ptolémée, comme dans ses interprètes, arabes, hébreux, et latins, les lettres

(*) *Hist. Litt. de la France.* (**) *Kœstner, ibid.* (***) *Gram. arab., pag.* 3. (****) *Inst. Hebr.*

qui expriment les nombres sont placées par ordre de dixaines en croissant de droite à gauche, pour faire lire, de gauche à droite, les nombres les plus forts avant les plus foibles. Ainsi, liv. IV, pour exprimer 161177 jours, il met $\overset{ʹʹ}{\mathrm{M}}\alpha\rho\rho\xi$, c'est-à-dire dix-six (*16*) myriades (ou *16 dix mille),* un mille, cent, 70, 7 ; et dans le même endroit, $\overset{\alpha\iota\gamma}{\mathrm{M}}\varsigma\sigma\pi$ signifie 2132280, en représentant les dix mille par la lettre initiale M de myriade. Cette manière de compter lui est donc commune avec le calcul indien appellé *Logistique* dans les scholies qui sont en tête de quelques manuscrits grecs de la *Composition de Ptolémée.* Soit qu'il vînt effectivement de l'Inde, soit qu'il eût été primitivement en usage chez les anciens grecs, ce calcul s'introduisit en Europe d'abord par les Arabes, et ensuite soutenu du nom et de l'autorité de Sylvestre II, il y remplaça peu à peu les Abaques que la numération romaine rendoit trop incommodes pour les calculs d'astronomie. J'expliquerai dans une note à la fin de cet ouvrage, la construction et les combinaisons de ces abaques, pour ne parler ici que des nombres exprimés dans la *Composition de Ptolémée.*

Si la traduction latine de cette *Composition,* par Boëce, existoit encore, on y verroit comment il en avoit rendu dans la langue des Romains, les calculs arithmétiques. Faute de ce secours, nous sommes obligés de nous en tenir à la sphère et au comput de Sacrobosco, où les nombres sont exprimés par des caractères que Montucla a représentés dans son premier volume avec ceux de la géométrie de Boëce ; ce sont les mêmes figures à peu près que celles qui se voient dans le manuscrit gothique 7258 de l'ancienne version latine de l'arabe. Il se peut que Sacrobosco en ait pris ce qu'il a écrit sur la sphère, car cette première version fut ordonnée par l'empereur Frédéric lorsqu'il étoit à Naples, avant l'année 1256 qui est celle de la mort de Sacrobosco, à moins qu'il ne l'ait emprunté des six premiers livres dont Christmann dit avoir vu une copie latine de l'an 1140, transportée à Rome ensuite avec le reste de la bibliothèque palatine, et qui étoient peut-être un fragment de la version de Boëce. Il se peut aussi qu'il ait eu connoissance d'un autre manuscrit de l'an 1230 que Weidler dit exister à Oxford, et qui ne peut être qu'une copie de cette même version latine de l'arabe. Car « soit que l'*Almageste* nous ait d'abord été apporté par les Sarrazins d'Espagne, le nombre des astronomes s'étant fort multiplié sous la protection des califes de Bagdad, soit qu'on en eût enlevé diverses copies du temps des croisades, lorsqu'on fit la conquête de la Palestine (*en 1100*) sur les Sarrazins d'Égypte, il est certain que ce livre a été traduit d'arabe en latin, par ordre de l'empereur Frédéric II, vers l'an 1230 de l'ère chrétienne. Cette traduction étoit informe, et celles qu'on a faites depuis ne sont pas non plus trop exactes.......» Telle étoit celle que Christmann dit avoir vue à Nuremberg, faite en 1346 par Gérard de Crémone, dont Régiomontan n'étoit ni l'admirateur ni l'ami. Ces versions partielles ou totales de l'*Almageste,* si elles ont réellement existé, sont demeurées inédites, et nous n'avons d'imprimée que celle de ce temps-là qui fut ordonnée par ce grand prince. « L'empereur Frédéric II, ajoute D. Cassini, voyant avec chagrin que les Chrétiens étoient privés de cet ouvrage qui donnoit tant d'avantages sur eux aux Mahométans, le fit traduire à Naples sur la

version arabe ». « L'anglois Sacrobosco, professeur dans l'université de Paris, tira de cette première version latine, son *Traité de la Sphère* qui fit oublier l'*Almageste*. La difficulté aussi grande d'entendre celui-ci dans la version de l'arabe, que dans le grec, fit recevoir avidement un traité qui ne présentant que des élémens suffisamment expliqués pour le temps, omettoit tout ce que l'ouvrage de Ptolémée a de plus relevé ; car ses constructions géométriques étoient au-dessus de la portée des écoles du moyen âge. Ce traité, où Barocci a relevé plus de 80 erreurs, soutint l'astronomie dans l'état où l'église romaine l'avoit jusques-là entretenue pour la détermination de ses fêtes mobiles, et cette science continua de faire partie des études monastiques. Un moine, Godefroi prédisoit les éclipses de soleil en 1267, comme aussi après lui Jean de Lignères, Jean de Sane et Pierre d'Ailly (*) ». Enfin (**) les rois Charles V et François Ier fondèrent à Paris des chaires de mathématiques qui produisirent les Lefevre, les Finé, les Postel, les Pena, les Fernel et les Ramus, plus instruits et plus habiles que leurs devanciers, parcequ'ils osèrent s'élancer au delà de la sphère de Sacrobosco, et que leurs efforts furent secondés par un moyen d'instruction qui manquoit avant eux.

Jusqu'à l'invention de l'imprimerie, les manuscrits rares, et chers par conséquent, rendoient l'acquisition de la science aussi dispendieuse qu'elle est difficile. On ne pouvoit guères s'instruire que dans les écoles alors très-fréquentées, et dont on adoptoit les systèmes et les erreurs. Mais aussitôt que cet art eut commencé à multiplier les exemplaires des chefs-d'œuvres de l'antiquité, la version latine de l'*Almageste* arabe, ne tarda pas à recevoir l'honneur de la presse, et à se répandre parmi les savans. Dèslors la lumière brilla à leurs yeux, et s'étendit partout avec la première édition qui parut à Venise en 1515 chez Pierre Lichtenstein. Les exemplaires en sont devenus très-rares. Lalande assure qu'il n'en a vu qu'un seul qui appartenoit à M. de Fouchy, et que ce savant a donné à l'académie des sciences de Paris. Il ajoute qu'il s'en est servi pour corriger bien des fautes considérables de la dernière version latine dont je parlerai dans peu. Il est vrai que généralement elle est plus exacte dans les calculs et les nombres. Mais j'ai trouvé aussi que cette édition s'écarte souvent beaucoup du manuscrit (7258) de cette version, dans la 1re table des mouvemens en longitude de Jupiter. J'ai déjà relevé quelques-unes des fautes qui se présentent les premières dans cette édition ; je n'en dirai rien de plus, sinon, pour la comparer à ce manuscrit, qu'on y trouve d'autres fautes que n'a pas celui-ci. Par exemple : elle dit, liv. III, ch. 2, que la plus grande quantité dont Hipparque a trouvé que l'épi précédoit l'équinoxe d'automne, étoit de $7^d \frac{1}{2}$, et la moindre de $5^d \frac{1}{4}$; tandis qu'on lit dans ce manuscrit, que la plus grande est de $6^d \frac{1}{2}$, et la moindre de $5^d \frac{1}{4}$; c'est aussi ce que disent les manuscrits grecs et particulièrement le plus ancien de tous. Mais ensuite le manuscrit latin se dément lui-même en disant plus bas, au contraire des manuscrits grecs, et de ce qu'il avoit avancé plus haut qu'Hipparque a d'abord trouvé l'épi à 7^d 30′ à l'occident du point équinoxial

---

(*) *Crevier, Hist. de l'Université de Paris.*

(**) *Cassini, Disc. sur l'orig. etc ; Goujet, Mém. sur le Collége de France.*

d'automne, puis onze ans après à 5ᵈ $\frac{1}{4}$; au lieu que le grec répète les nombres 6ᵈ $\frac{1}{2}$ et 5ᵈ $\frac{1}{4}$ qu'il avoit énoncés auparavant. Ailleurs, liv. IV, ch 5, fol. 4, le manuscrit et l'imprimé tombent dans une même erreur en faisant l'arc BGE de 157ᵈ 11′, pour avoir également donné 29″ de trop à l'arc GE qui n'est que de 6ᵈ 44′ 1″, car avec leurs 30″ on ne trouveroit pas 117ᵖ 37′ 32″ pour la corde de BGE; l'arc de 6ᵈ 44′ 30″ auroit alors pour corde 7ᵖ 3′ 20″, et non 7ᵖ 2′ 8″, comme ils disent. Ils donnent aussi deux fois 49″ à l'arc BE auquel ils avoient d'abord donné 59″; et à BG, 46″, au lieu de 43″ que le calcul exige.

Il nous importe peu de savoir si ces fautes viennent ou du traducteur arabe du grec, ou du traducteur latin de l'arabe, dont le nom nous est inconnu. Mais quand nous ignorerions le temps où il a écrit, son style dur et barbare le décéleroit assez, comme les mots arabes qu'il a conservés, montrent bien que ce n'est pas sur le grec qu'il a traduit. On ne peut reconnoître les noms propres de l'original, dans ceux de la bible et de la mythologie, qu'il leur a substitués. Il fait de Nabonassar, Nabuchodonozor; de Mardocempad, Mardochée; d'Euctémon et de Méton, Attamin et Midan; et il appelle encore Antonin, Attamen. Hipparque et Archimède deviennent sous sa plume Abrachis et Arsamis. Calippe est travesti tantôt en Philippe et tantôt en chat. Sangnach, Formiche, sont les noms qu'il donne aux mois égyptiens Choïak et Pharmouthi. Les noms arabes des étoiles remplacent ceux que les Grecs leur donnoient, et se sont par-là perpétués jusqu'à nous, avec ceux d'arcs et de cordes inconnus à Ptolémée, et tous les autres de la sphère que Sacrobosco avoit puisés à cette même source, d'où les *Tables Alphonsines* qui sont du même siècle, ont aussi tiré les mêmes dénominations.

Cette version ne fit donc qu'éloigner de plus en plus le texte grec de Ptolémée, des écoles de l'occident. Copernic même ne put se le procurer, et il fut obligé de s'en tenir à la lecture de cette version. Ce ne fut qu'avec le cardinal Bessarion et les autres savans grecs envoyés au concile de Florence en 1439, ou réfugiés auprès du pape Nicolas V, après la prise de Constantinople, en 1453, que ce texte entra en Italie. « Ce pontife amateur des lettres qu'il cultiva toute sa vie, ouvrit un asyle dans Rome aux savans de la Grèce, que la fureur des Musulmans obligea d'abandonner leur patrie. Ils apportèrent avec eux une grande quantité de précieux manuscrits grecs et hébreux dont il enrichit la bibliothèque du Vatican. Il ordonna même d'en faire des traductions latines » (*). Nous ignorons si en 1582 Torci en rapporta de Constantinople un de Ptolémée (**); mais l'une de ces traductions fut celle qu'en fit George, Crétois de naissance, originaire de Trébizonde, et secrétaire de ce savant et bon pape. Il se servit d'un manuscrit grec du Vatican qui lui fut prêté par l'abbé Bartolini, protonotaire apostolique, à ce que nous apprend Gauric dans la préface de cette version, où il dit que George la dédia au roi Ferdinand d'Arragon, dont le règne a commencé en 1474. Son fils, après la mort du père privé de mémoire à 90 ans, en 1480, la présenta au pape Sixte IV qui mourut en 1484; et dans son prologue il

(*) *Art de vérifier les dates*, tom. 1, 3ᵉ éd.   (**) *Saint-Foix*, *Hist. de l'ordre du S.-Esprit*.

dit que son père qui avoit été mandé à Naples par le roi Alphonse, n'avoit différé la
publication de son travail, que pour le mettre à couvert de l'envie de ses ennemis.

Le latin de cette seconde version latine est plus supportable que celui de la première. Mais elle ne sert pas beaucoup plus que l'introduction du traducteur pour la
lecture de l'*Almageste*. Car George, grec de nation et peu habile en mathématiques,
ne savoit pas assez d'astronomie pour interpréter Ptolémée en latin. Régiomontan
sut bien le lui dire, vérité qu'il paya cher, s'il est vrai qu'elle lui coûta la vie. Le
cardinal mécontent de cette version, résolut d'en faire une autre lui-même. Il n'en
étoit pourtant guères plus capable que George, et il sentit bientôt le poids d'une
telle entreprise ; aussi n'eut-il rien de plus pressé que de s'en décharger sur un autre.
Étant donc allé en Autriche en qualité de légat du pape, il profita de la connoissance qu'il y fit de Purbach, savant mathématicien et professeur de philosophie et
de théologie, pour lui proposer de traduire Ptolémée. Purbach, qui avoit déjà fait
ses théoriques des planètes, commença un abrégé de l'*Almageste*, non sur l'original ;
car il se proposoit, pour le lire, d'aller apprendre le grec à Rome ; mais la mort
ne lui en laissa pas le temps. A peine eut-il fini les six premiers livres de cet
épitome, que la mort le surprit à l'âge de 38 ans, en 1461. Il laissa à J. Muller son
disciple, plus connu sous le nom de Régiomontan, à cause de Königsberg son
lieu natal, le soin d'achever ce qu'il avoit commencé, comme nous l'apprend
l'épître dédicatoire de celui-ci au cardinal Bessarion à qui il adressa cet abrégé,
qui passe pour être un extrait de la version latine que Gérard de Crémone avoit
faite du commentaire arabe de Géber sur l'*Almageste*. Il y paroît, en effet, que
Purbach et Régiomontan ont plutôt deviné le sens et saisi l'esprit de Ptolémée, qu'ils
n'en ont entendu la lettre. C'est un modèle de précision. Mais ce n'est après tout
qu'un abrégé, et un abrégé de Géber bien plus que de Ptolémée. Par exemple dans
le troisième livre, après avoir parlé des équinoxes d'automne d'Hipparque et de
Ptolémée, comparés ensemble pour reconnoître la longueur de l'année, il passe
sous silence ceux de printemps que Ptolémée compare également ; et rapportant
ceux d'Albategni (ou Albatani) comparés à ceux de Ptolémée, il ajoute que la variation apparente qui résultoit de cette comparaison étoit attribuée par Thebith
à un mouvement de trépidation de la huitième sphère qui faisoit parcourir deux petits
cercles aux têtes du bélier et de la balance. Dans le même livre, au chapitre où
Ptolémée cherche le rapport du rayon de l'excentrique du soleil à la distance des
centres, cet abrégé ajoute qu'Arzachel postérieur à Albatani, fut obligé, pour expliquer
la différence qu'il trouvoit dans l'arc de l'apogée, de supposer au centre de l'excentrique solaire, un mouvement dans un petit cercle, comme on en donne un à Mercure.
Tout cela n'est assurément pas dans Ptolémée, non plus que les sinus substitués à
ses soutendantes par l'arabe Albatani, avec la division du rayon en un nombre de parties égales bien plus grand que les 60 de Ptolémée. Enfin il y a diversité dans quelques
dates et quelques nombres, et il exprime les noms propres comme on les trouve dans la
version latine de l'arabe ; preuves assez convaincantes que cet abrégé n'a pas été
fait sur le texte de Ptolémée. Or comme Purbach et Régiomontan n'entendoient

sûrement pas l'arabe plus que le grec, il est assez clair que cet abrégé, s'il n'a pas été fait sur la version latine de l'arabe, n'est qu'une analyse du livre de Géber traduit par Gérard qui méritoit bien un peu plus d'indulgence ou de reconnoissance de la part de ceux qui le critiquoient si aigrement, après le service qu'il leur rendoit par une version dont ils ont si bien profité sans le nommer. Ils ne citent que les Arabes, en donnant à Géber, à la fin du troisième livre, les démonstrations géométriques qu'ils rapportent concernant l'inégalité des nychthémères, sur laquelle Ptolémée n'a fait que s'étendre en longs raisonnemens.

Nous connoissons deux éditions de cet *épitome*, l'une est de l'an 1496 à Venise, in-fol., corrigée par G. Grossch Roëmer, publiée par J-B. Abiosus et imprimée chez J. Hamman de Landau. L'autre est de l'an 1550, à Nuremberg, par les soins de E. Flock. Celui-ci donna la même année 1550, le 8 août, une troisième édition sous le nom seul de Régiomontan. Il y est dit que cet abrégé étoit préféré partout à la version complète de Ptolémée faite par George de Trébizonde, et si mauvaise, selon Muller ou son éditeur, que Ptolémée même, s'il revenoit au monde, ne s'y reconnoîtroit pas, tant il s'y verroit défiguré, répugnant, et différent de lui-même. D'ailleurs, ajoute-t-il, les démonstrations de notre abrégé sont plus concises, les choses y sont plus brièvement et plus clairement expliquées, nos disciples les y saisissent mieux que dans les longueurs et les obscurités de l'*Almageste* même. Véritablement, soit brièveté dans les démonstrations plus resserrées et débarrassées du calcul numérique, soit précision dans la forme et l'arrangement, il présente sous un point de vue plus fixe et plus net, parcequ'il est plus rapproché, la substance des méthodes trop délayées dans les discours prolixes de Ptolémée. Cet éloge n'a donc rien d'outré. En nous donnant une idée du mérite de l'extrait, il rend justice à celui du commentaire qu'il remplace, et dont il nous fait connoître l'auteur, au moins par ses talens. Comme cet abrégé peut servir à suppléer ce qui manque dans les *Commentaires de Théon*, et qu'il contient des observations d'éclipses de soleil, tandis que Ptolémée on n'en voit aucune de cet astre, je l'ai traduit dans ce qu'il tient des Arabes surtout, comme Purbach et Régiomontan l'ont tiré d'eux. Car il paroît qu'ils ne firent pas de progrès assez considérables dans la langue grecque pour lire Ptolémée, puisqu'ils n'ont donné que cet abrégé, auquel se réduit la prétendue traduction de l'*Almageste* par Régiomontan. La mort ne lui permit pas plus qu'à son maître de la faire ; car de Hongrie, où le roi Mathias Corvin l'avoit fait venir pour lui confier sa bibliothèque que les Turcs brûlèrent peu de temps après, étant retourné à Rome, où il étoit appellé pour la réformation du calendrier en 1476, par le pape Sixte IV qui l'avoit nommé évêque de Ratisbonne, il y mourut à l'âge de 40 ans, ou de la peste, ou du poison que lui avoient donné les fils de George (*) irrités du témoignage peu favorable qu'il avoit rendu de la traduction de leur père. Cette vengeance n'y corrigea rien ; « et néanmoins avec toutes les fautes dont elle fourmille, l'obscurité et la confusion qui y règnent, cette seconde version latine est la seule qui soit entre les mains des astronomes peu familiarisés avec le grec (**) ».

La première édition de cette seconde version est de Venise, in-fol., en 1515, chez

_____

(*) *Naudé et de Thou, Hist et Mém.*   (**) *Montucla, Hist. des Mathématiques.*

P. Liechtenstein, selon Fabricius. Mais Weidler (*) prouve que cette première édition
prétendue de la version de George, est la dernière de la version latine de l'arabe.
La version latine de George fut donc imprimée pour la première fois à Venise,
en 1527 et en 1528, chez les Juntes, avec les notes de Luc Gauric, de Naples, et protonotaire apostolique, qui témoigne dans son épître dédicatoire au seigneur Palavicini,
que Pierre de Corcyre fut chargé du texte grec de cette édition, et le noble vénitien
Charles Capelli, de la partie mathématique. Sceibelt parle d'une seconde édition
donnée à Cologne, en 1536, in-fol., avec une introduction de Jean de Nimégue. Une
troisième édition, in-fol., de cette seconde traduction latine, a été publiée à Basle,
en 1541, par les soins de J. Gemusœus, avec la traduction des hypotyposes de Proclus
Diadochus, par Valla; celle des jugemens tirés des astres par Camerarius; et celle du
centiloque, espèce d'aphorismes astrologiques, et des significations des étoiles, qui
sont une sorte de calendrier, par Leonicus. Enfin la quatrième édition est de Basle encore, mais de l'an 1551, in-fol., avec une préface et des commentaires en latin, sur
les trois premiers livres, par Oswald Schreckenfuchs, et accompagnée comme la précédente, des hypotyposes, de la construction quadripartite, du centiloque ou carpos
et des significations, tous opuscules faussement attribués à Ptolémée et absolument
indignes de l'auteur *de la Composition Mathématique.* On y a joint les notes de
Gauric et son épître dédicatoire au jeune Palavicini, avec la préface de Schreckenfuchs
qui y divague autant que Ptolémée et Georges dans les leurs, n'y parlant presque
pas de l'astronomie.

　　Harles, dans un avertissement en tête du troisième volume de sa nouvelle édition
de Fabricius, dit qu'il existe entre les mains de M. Busch qui en a fait aussi mention,
une version latine de l'*Almageste* de Ptolémée, par Frobenius, meilleure que celle de
George de Trébizonde. Kœstner ne la connoissoit donc pas, puisqu'il n'en parle pas
dans son *Histoire des Mathématiques,* imprimée à Gottingue en 1797 (**). Cette dernière édition de la bibliothèque grecque de Fabricius, et la bibliographie astronomique de Lalande, contiennent assez de détails sur ces versions douteuses, pour me
dispenser de parler de toute autre que des deux qui ont été imprimées, et sur lesquelles je viens de m'étendre asssez, pour passer actuellement au texte grec.

　　Ce texte, pendant que les éditions du dernier traducteur latin se multiplioient,
ne fut imprimé qu'une seule fois. C'est l'édition qui fut donnée à Basle, en 1538, in-fol.,
chez Walderus, avec les *Commentaires* grecs de Théon (***), par les soins de Simon
Grynœus; il s'y rencontre presqu'autant de fautes que dans les versions. Dès la
première page, ligne 4, j'y vois θεοριτνκῶ pour θεωρητικὸν, ξ inutile dans l'avant-
dernière ligne de la pag. 19; pag. 23, lig. 26, manquent πρὸς τὰ μῆ λα′ νε″ λόγου, qui se
lisent dans les manuscrits; pag. 25, lig. 12, πλάτος pour πλάτους; pag. 48, ligne 27, δηε̄
qui est de trop; pag. 63, ligne 6, ρμς̄ pour ρμ̄ ς′; pag. 83, lig. 40, κθ̄ λα′ νη″ κ‴, pour
κθ̄ λα′ ν″ η‴ κ⁗, faute importante dans le mouvement moyen de la lune, sur lequel
je reviendrai dans une note; lig. 8, pag. 102, η pour θ; lig. 1, pag. 106, ια fautif; une

(*) *Hist. astron.*
(**) *Encycl. der Mathem. Wissensch.*　　　(***) *Lalande, Bibliogr. astron.*, Paris, 1803.

répétition et confusion de l'épicycle avec l'excentrique dans la 5e ligne avant la dernière de la page 109. Je pourrois en citer bien d'autres, comme ἰσημερινοῦ pour μεσημβρινοῦ au chapitre 3 du livre II, νϐ (52) au lieu de νδ (54) pour la date d'une éclipse de lune, pag. 106, ligne 30 du livre IV, vers la fin. Mais je m'arrête ici, car les fautes sont trop multipliées dans le catalogue des étoiles, et dans tous les livres suivans, entr'autres dans le dixième où l'on voit παρθένου au lieu de αἰγόκερω, pag. 240.

Le manuscrit grec dont Grynœus usa pour cette édition, avoit été donné, dit Doppelmayer, à la bibliothèque de Nuremberg par Régiomontan qui le tenoit du cardinal Bessarion. Il est vrai que ce prélat, fixé en Italie et attaché à l'église romaine, mourut en 1472 avant Régiomontan, et a pu lui léguer ce manuscrit qu'il estimoit, dit-on, plus qu'une province. Mais il y a une petite difficulté sur ce fameux manuscrit de Nuremberg tant vanté, et que Montignot dit avoir fait consulter par Moers pour sa traduction du septième livre de l'*Almageste*; c'est qu'il n'est pas à Nuremberg : et non seulement il n'y est pas, mais on ne sait même où il est. Le savant bibliographe Demurr (*) qui a examiné avec soin tous les manuscrits grecs de Nuremberg, n'y en a vu aucun de l'*Almageste de Ptolémée*. Il n'y a trouvé que les Commentaires grecs manuscrits de Théon sur l'*Almageste*, qui ont appartenu au cardinal Bessarion, et ensuite à Régiomontan par le don que ce prélat lui en fit. M. Demurr dit avoir vu en 1760 dans la bibliothèque de S. Marc à Venise, un exemplaire de l'édition grecque de Schreckenfuchs sur parchemin, contenant la *Composition de Ptolémée* avec les *Commentaires de Théon* en 2 volumes in-folio, qui, sans doute, sont ceux que l'on voit aujourd'hui dans la grande bibliothèque de Paris.

Voilà pour ce qui regarde la totalité du grand ouvrage de Ptolémée : quant à celles de ses parties qui en ont été détachées pour être imprimées à part, le premier livre fut publié en grec et en latin avec des notes par Er. Rheinholt (**). Une autre traduction latine de ce même livre fut publiée (***) par J.-B. Porta, qui traduisit encore le second livre de l'*Almageste*, et fit imprimer cette traduction latine avec celle du premier, et une autre des deux premiers de Théon (****); le second livre a aussi été traduit et publié en latin par S. Legrêle (*****). Bouillaud (******) a traduit quelques morceaux de l'*Almageste*, surtout de la théorie de la lune. Halley a donné en grec et en latin, le catalogue des étoiles fixes de Ptolémée, corrigé, à la fin du 3e volume des *Petits Géographes* (*******). Il se trouve aussi dans Flamsteed (********), mais corrigé selon lui, et comparé à celui d'Ulug-Beig. Montignot a publié en français tout le septième livre de l'*Almageste* (*********) avec le texte grec en regard et une comparaison de l'état du ciel en 1786 avec celui de Ptolémée, quelques notes, un zodiaque figuré, et une préface où il dit qu'il n'a point eu recours à la traduction latine de George de Trébizonde ; sur quoi M. Ideler remarque avec raison que Montignot auroit toujours pu comparer celle-ci avec la sienne propre qui n'en auroit pas été plus mauvaise.

(*) *Chr. Th. Demurr memorabilia Biblioth. publ. Norimberg*, etc., pag. 1ᵉ, pag. 46, *Norimb.*, 1786, in-4°. Voy. aussi la *Correspondance allemande de Zach*, juin, 1807, pag. 568.

(**) *Wurtemberg en* 1549 et 1569. (****) *Naples en* 1605, 4°. (******) *Astr. philolaïca, Paris*, 1645, in-fol.

(***) *Naples en* 1588.   (*****) *Paris en* 1556, 8°. (*******) *Geogr. Græc. min. Oxon*, 1712.

(********) *Hist. cœlest. brit.*   (*********) *Nancy en* 1786, et *Strasbourg en* 1787, in-4°.

M. Bode, en 1795, publia une version allemande (*) de la traduction française de Montignot. Il en avoit d'abord fait traduire les premiers chapitres sur le grec même de Ptolémée, par M. Fischer. Mais cet helléniste qui n'étoit pas mathématicien, quitta la partie; et M. Bode qui n'étoit pas helléniste, s'en chargea seul. Il a reconnu dans le français de Montignot, bien des fautes que j'ai marquées en notes. M. Bode y a ajouté de son propre travail, des explications, des corrections, le catalogue des étoiles fixes calculé par lui-même et comparé à celui de Ptolémée, et une projection stéréographique des deux hémisphères célestes pour ce catalogue, suivie d'une description et de quelques autres éclaircissemens dont j'ai su profiter pour ma traduction qui est l'objet dont j'ai maintenant à rendre compte.

J'ai choisi parmi les manuscrits et les imprimés de la grande bibliothèque de Paris, ceux qui m'ont paru les plus convenables à l'exécution de mon projet. Le plus ancien, qui est en même temps le plus authentique, car Bouillaud le cite souvent et il le préfère à tous les autres, est en parchemin, de format in-folio, relié en bois couvert de maroquin rouge, orné de dorures, et sous le numero 2389. Son écriture, d'une encre plus rousse que noire, est en lettres onciales carrées parfaitement semblables à celles des manuscrits dont Montfaucon a donné des modèles, comme étant des 7ᵉ et 8ᵉ siècles (**). J'en ai fait graver et imposer le premier titre au-dessus de la table des chapitres, tel qu'il a été calqué sur l'écriture même du manuscrit; on voit par la forme des lettres de ce *Specimen*, et par les traits qui sont au-dessus, qu'il ressemble encore plus au modèle (VIII) que présente la planche du chap. 16 de la diplomatique des Bénédictins (***). Le manuscrit d'où ce modèle est tiré, est jugé du sixième siècle par les religieux qui le citent. On ne peut donc refuser douze à treize cents ans d'antiquité au manuscrit de Ptolémée, dont j'ai fait la base de mon travail. C'est là du moins l'âge que lui fixent tous les caractères assignés dans le passage suivant par ces savans, aux manuscrits des septième et huitième siècle, et qui sont réunis dans celui-ci : «Dans les écrits des anciens il n'y avoit originairement aucune division ni de chapitres, ni de paragraphes, ni d'articles, pas même de séparation de mots, excepté un point ou quelqu'autre signe équivalent qu'on mettoit entre les divers membres de la même période. C'est S. Jérome qui introduisit la stichométrie ou distinction par versets, dans les manuscrits de l'Écriture Sainte, pour en faciliter l'intelligence; mais pour la distinction de chaque mot, elle ne fut bien établie qu'au 9ᵉ siècle». Il n'y en a aussi aucune dans ce manuscrit, si ce n'est au commencement pour les phrases. Il est composé de 50 peaux et demie de vélin, numérotées de huit en huit pages, en mêmes lettres numérales que les caractères de l'écriture du texte, et par la même main qui l'a exécutée, ce qui faisoit pour tout le manuscrit 404 pages. Mais il en a moins actuellement à cause de quatre lacunes qui s'y trouvent, et dont trois sont remplies par une écriture moderne très-menue qui occupe par conséquent moins de place que l'écriture antique. La première est entre les feuillets 68 et 69. On n'y voit que la fin du chapitre

---

(*) *Histor. Untersuch. über die astr. Beobacht*, Berlin et Stettin, 1795, in-8°.
(**) *Palæograph. Græc.*, p. 216 et 251.   (***) *Nouv. Traité de Diplomatique*, tom. 1, pag. 686.

qui précède la table du moyen mouvement du soleil, dans le livre III ; ce qui manque n'a pas été suppléé. La seconde, dans le livre VII, s'étend depuis le feuillet 207e jusqu'au 210e inclusivement, mais elle se trouve remplie par une main plus moderne en petits caractères ronds et très-lisibles. La troisième commence dans le neuvième livre, à la page 255 et finit au revers du feuillet 270. Elle est suppléée aussi en même écriture moderne qui paroit être de la même main et du 16e siècle. Enfin la quatrième lacune est à la fin du dernier livre, où manquent la table des apparitions et disparitions des planètes, et l'épilogue de Ptolémée. Mais la même main moderne les a remplacés par un supplément qui remonte jusqu'au feuillet 374, et qui ne fait que répéter ce qui se lit avant cette table, sur le feuillet 376, d'écriture antique, qui termine ce volume; et sur le feuillet 377, de cette même écriture antique, qui le commence, par une double transposition que le relieur a commise.

On lit au haut de la première page, ces mots, en petits caractères ronds demi-gothiques: *Franciscus Attar Cyprius præstantissimo viro Jano Lascaris*, à qui nous apprenons par-là, que cet Attar de Chypre en fit présent. Jean Lascaris, de la famille impériale de Constantinople, réfugié en Italie après la prise de cette ville par les Turcs, y fut accueilli par le duc Laurent de Medicis avec tout le zèle particulier à cette maison pour les lettres et pour ceux qui les cultivoient. Ce prince l'envoya deux fois à Constantinople pour y recueillir les meilleurs manuscrits en langue grecque. Et l'on ne peut pas douter que celui de Ptolémée dont je parle ici, n'ait été donné à ce prince par ce savant, prince lui-même, et qui honoroit par ses connoissances autant que par sa naissance, celui qui le protégeoit dans son malhenr. Jean Lascaris fut aussi bien reçu en France par Louis XII et François 1er, qu'il l'avoit été à Florence, et qu'il le fut ensuite à Rome par le pape Léon X qui lui donna la direction du collége des Grecs. Nous lui devons donc ce précieux manuscrit, soit qu'il l'ait apporté directement en France ; soit, comme il est plus probable, qu'il l'ait déposé dans la bibliothèque Laurentine d'où Catherine de Médicis l'aura fait venir avec les autres livres dont elle se composa une bibliothèque. Car l'historien de Thou raconte dans ses mémoires qu'étant en 1573 à Florence, on lui montra dans la bibliothèque Laurentine, un Virgile écrit en lettres capitales, non sans de grandes plaintes sur la dissipation de la fameuse bibliothèque de Médicis, que le malheur des séditions avoit fait transporter à Rome et même hors de l'Italie. C'est la même, ajoute de Thou, que Catherine de Médicis acheta depuis, et qu'elle fit apporter en France malgré l'opposition du grand-duc. Elle la garda en particulier tant qu'elle vécut, ayant un bibliothécaire à ses gages. Après la mort de cette reine, de Thou en augmenta la bibliothèque du roi, qu'il enrichit de ce trésor acheté des créanciers de cette reine. C'est donc à ce savant historien que nous sommes redevables de la conservation de ce manuscrit et de tous ceux qui, comme ce volume, sont marqués de la lettre initiale de Henri IV en or, parceque c'est sous le règne de ce prince qu'ils furent consacrés à l'usage du public.

Les aspirations rudes y sont marquées. Les points y sont rares, et ceux qu'on y voit ne suivent aucune règle, car souvent on les trouve au milieu des phrases avant qu'elles soient terminées, et souvent aussi on n'en voit pas à la fin. Souvent encore

l'écriture passe à la ligne sans finir la ligne précédente ; et des lettres capitales, au milieu des mots, commencent les ligues, sans que les phrases soient finies. Outre que les
mots n'y sont pas séparés les uns des autres, quelquefois un mot y est interrompu par
un intervalle entre ses syllabes. Les nombres sont moins corrects que le texte, surtout
quand ils sont exprimés en chiffres, ce qui est constant pour les calculs, mais non dans
le discours où ils sont tantôt en lettres numérales, tantôt en mots entiers. Il désigne
les fractions sexagésimales par un trait horizontal, comme les nombres entiers, et les
autres fractions par un accent aigu. Il marque une demie par ϲ qui est la moitié de
l'ancien alpha grec α, par lequel il exprime l'unité. Je rends cette demie par ϛ″ suivant
l'usage autorisé par d'autres manuscrits. Pour un tiers il met γ′, que j'exprime par γ″;
pour deux tiers, tantôt ϗ tantôt ϗ où ο est la moitié du ϛ; je l'exprime de même indifféremment; et le quart qu'il exprime par δ′, et les trois quarts par la demie ϛ′ écrite
à côté du quart δ′, je les rends par δ″ et par ϛ″ δ″, en observant de mettre toujours
deux accens aux chiffres des fractions non-sexagésimales, et à ceux des fractions sexagésimales autant d'accens qu'elles sont d'un ordre inférieur à l'unité; de sorte que
je ne donne qu'un accent aux chiffres des minutes ou premières soixantièmes,
deux aux secondes, trois aux tierces et ainsi de suite. Mais il est bon de savoir que
dans les calculs des nombres fractionnaires, Ptolémée exprime les racines par les mots
τῶν αὐτῶν ἑξηκοϛῶν, des mêmes soixantièmes, ce qui signifie que les produits des minutes
et secondes par elles-mêmes étant d'un ordre inférieur, les racines sont d'un ordre de
mêmes soixantièmes que les nombres facteurs, comme Théon l'enseigne dans le 1ᵉʳ livre
de ses *Commentaires*. Car de même que ½ multipliée par ½ donne ¼ pour produit, le carré
des minutes sexagésimales exprime des secondes. Ainsi toutes les fois que, dans cette
traduction, on trouvera des racines et des carrés sous ces expressions, par exemple :
dans le livre VI, ch. 7 : 31 20′ soixantièmes, dont le carré est 628′ 20″, cela signifie
31 soixantièmes primes 20 secondes, et 628′ 20″ de soixantièmes, c'est-à-dire 628
secondes 20 tierces. Généralement, *des mêmes soixantièmes* ou *de ces soixantièmes*,
signifient des soixantièmes simples, c'est-à-dire primes ou minutes et secondes; et
primes et secondes de soixantièmes, sont des minutes et secondes qu'il faut abaisser
d'un ordre, c'est-à-dire regarder comme secondes et tierces ; savoir, comme minutes
de minutes ou secondes, et comme secondes de minutes ou tierces de minutes.
J'ai rendu indifféremment, par exemple, 31 minutes 20 secondes simples, tantôt par
31′ 20″, tantôt par 31 20′ soixantièmes; et les 31 minutes 20 secondes de soixantièmes,
tantôt par 31′ 20″ de soixantièmes, tantôt par 3″ 20‴. Quand donc on trouvera des
fractions exprimées comme ιϛ γ′ ἑξηκοϛά, 12 3′ soixantièmes, cela signifiera 12
soixantièmes et 3 minutes de soixantièmes, c'est-à-dire 12 minutes 3 secondes, parcequ'alors les 12 soixantièmes primes ou minutes sont comme unités par rapport aux 3
qui sont des minutes d'une de ces primes, ou 3 soixantièmes d'une soixantième d'unité.
Au reste, quelles que soient les notations de ces fractions, et les fautes qui peuvent s'y
être glissées dans l'impression, on ne s'y trompera pas en rapportant chaque fraction à
l'unité des entiers dont elle est précédée. Par exemple, liv. I, ch. 9, on lit que 1375ᵖ
4′ 15″ est le carré de 37ᵖ 4′ 55″: les 4′ 15″, quoique notées de même que les 4′ 55″,

sont d'un ordre différent, puisqu'elles sont des minutes et secondes d'une unité carrée, tandis que les 4′ 55″ sont des minutes et secondes d'une unité simple. A l'occasion de ces fractions, je dois encore prévenir que Ptolémée appellant les degrés du cercle μοῖραι, parties, et leurs fractions μόρια, ou même μέρη, portions, ainsi que les 120 parties égales du diamètre, j'ai nommé les premières, *degrés ;* les fractions du diamètre, *parties ;* et ses soixantièmes, *minutes ;* et que si l'on trouve ci-après *p* au lieu de *d,* pour les degrés des arcs, il faudra y substituer le mot *degrés.*

J'ai partout traduit aussi littéralement que le génie de chacune des deux langues a pu me le permettre. J'ai même été jusqu'a conserver les dénominations de *cercle mitoyen du zodiaque* pour l'écliptique, que je n'ai ainsi nommée qu'aux endroits où la périphrase de Ptolémée auroit été trop longue; de *dodécatémorie,* pour douzième du zodiaque. Mais généralement j'ai substitué les expressions d'*occident* et d'*orient,* contre l'ordre des signes, et selon la suite des signes, à celles de *précédent* et de *suivant,* que Ptolémée employe toujours, mais qui pourroient occasionner des méprises dans notre langue. D'un autre côté, faute d'équivalents assez brefs, j'ai gardé les mots de *nychthémères,* espaces d'un jour et d'une nuit consécutifs, temporaires ou simplement pris qui sont nos jours civils, ou égaux qui sont nos jours naturels; et de *prostaphérèse,* équation, que l'usage consacre en astronomie. Il n'en est pas de même pour celui d'*épiprosthèse,* qui n'est pas reçu chez les astronomes, parcequ'il signifie trop de choses à la fois. Le latin le rend par *obex,* qui n'exprime qu'une partie de sa signification. Dans le premier livre, c'est l'interposition de l'horizon terrestre qui avancé entre nos yeux et l'astre que nous regardons, paroît le couper, et le cache ensuite, en le surmontant peu à peu. Dans un autre endroit du même livre, c'est la *suréminence* apparente de chaque point de la surface terrestre, qui, par l'effet de la rondeur de la terre, fait que tous les autres points de cette surface sont par rapport à lui comme *déclives* et plus bas que le plan qui est tangent à cette surface en ce même point. Quand ce mot se joint à celui d'*hypodrome* comme dans le troisième livre, c'est l'interposition de la lune qui court sous le soleil, c'est-à-dire entre le soleil et la terre. La langue grecque est admirable pour la facilité qu'elle a de se composer des locutions brèves et énergiques qui renferment plusieurs idées dans un seul mot. Mais aussi en ajoutant une signification technique à la signification vulgaire du mot radical, le mot composé en devient plus difficile à rendre en nos langues modernes. Ainsi le mot ἀποκατάϛασις, auquel l'édition grecque de Basle, (liv. III, pag. 95) a substitué ἀπόϛασις qui signifie éloignement, élongation, veut dire le retour et le rétablissement d'un astre au point d'où il étoit parti. Mais n'ayant aucun équivalent pour le rendre aussi brièvement en notre idiôme, je l'ai exprimé par une circonlocution.

Cette édition en nécessitant une nouvelle pour la même raison d'inexactitude et de fautes, qui rendoit indispensable une autre version après les deux latines, j'ai joint le texte grec de Ptolémée à ma traduction, comme un témoin qui déposera contr'elle, si elle est infidèle ; ou qui la confirmera, si elle est exacte. M. Ideler dit «que la seconde version latine a souvent causé bien des erreurs qu'on auroit évitées par une simple comparaison avec l'original»; cette comparaison sera facile,

quand on aura le texte original sous les yeux. On le trouvera ici plus pur que dans
l'édition de Basle, car je ne le produis que d'après la confrontation que j'en ai faite
avec quatre manuscrits. Le plus ancien, dont j'ai parlé, n'auroit pas suffi pour m'assurer de l'avoir tel qu'il est sorti des mains de l'auteur : car ce manuscrit outre ses lacunes, a même quelques fautes, quoique rares. Par exemple, liv. I, ch. 9, il omet ces
huit mots qui se trouvent dans les autres manuscrits, et qui sont nécessaires dans la
démonstration : Καὶ ἔςι τὸ ὑπὸ τῶν ΑΓ ΒΔ δοθέν ; et liv. IV, ch. 1, il fait dire à Ptolémée,
qu'Hipparque s'est trompé de 6 jours et demi et d'un tiers d'heure, tandis que le
calcul et les autres manuscrits, ne portent ici que le tiers d'une heure, pour l'erreur
d'Hipparque sur les jours.

De tous les autres manuscrits que j'ai comparés, pour le texte, avec le plus ancien,
le premier, que j'ai pris sur la foi de Bouillaud qui le vante, est celui de Florence
marqué 2390 qui m'a servi à remplir les lacunes du précédent. Il est du commencement du 12ᵉ siècle, à en juger par la forme de ses caractères très-menus, et très-
difficiles à lire à cause du grand nombre de ligatures et d'abréviations de l'écriture.
Il est en papier de cotton ; ses premières pages offrent des prolégomènes la plupart
anonymes, et dont quelques-uns sont sous les noms de Pappus et de Théon. Ce
titre de prolégomènes pourroit les faire croire destinés à servir d'introduction à
l'*Almageste*. On va en juger. C'est d'abord une définition de l'astronomie, tirée des
généthliaques attribuées à Ptolémée ; ensuite, des lieux communs sur l'excellence de
cette science ; le but qu'a eu Ptolémée d'accorder les apparences avec les réalités dans
les mouvemens célestes ; la sphéricité du ciel et de la terre ; l'indication du contenu
des livres de la composition ; des lemmes sur les figures et les corps isopérimètres
dont le cercle et la sphère sont les plus grands ; plusieurs méthodes de multiplication et de division complexes et de proportions ; la manière d'ôter une raison
d'une autre ; de trouver le côté du carré ; et quelques notes marginales dont la
première traite du rapport du diamètre à la circonférence. Puis l'inscription signée
et consacrée par Ptolémée dans le temple de Canope au dieu sauveur, et transcrite
par le compilateur de ces prolégomènes qui pourroit bien être l'Héliodore sous le
nom duquel sont deux des sept observations attribuées par Bouillaud à Thius,
et qui se lisent immédiatement après cette inscription. Comme elles sont bien pos-
térieures à Ptolémée, je ne les insère que dans la préface qui précède ma traduction
de Théon. Ces prolégomènes se retrouvent les mêmes dans le manuscrit 453 des
Tables Paschales de S. Hippolyte, et dans plusieurs autres manuscrits de Ptolémée.
Je les ai laissés sans traduction, parceque tout ce dont ils traitent est expliqué
assez au long dans le premier livre de Théon, pour que l'on puisse, à l'aide de la
traduction que j'ai faite de ce dernier, se passer de toutes ces scholies. A la suite
de ces prolégomènes, paroît la *Composition Mathématique de Ptolémée*, en treize
livres. Elle est complète et suivie d'une instruction sans titre sur la construction
et l'usage des tables manuelles, avec un exemple du calcul d'une éclipse de soleil
tirée, selon Bandini, de l'exposition de Théon sur ces tables manuelles. Mais ces
tables n'y sont point. On voit à leur place, les hypothèses des planètes, que Bouillaud

a traduites en latin ; elles sont dans ce manuscrit, en assez mauvais ordre et tronquées. Les apparences et significations des·fixes pour les jours des mois alexandrins, y sont mieux disposées. Le traité de la faculté de juger, les trois premiers livres des *Commentaires de Théon* sur la *Composition de Ptolémée*, les *Sphériques de Théodose*, la *Sphère* d'*Autolycus* et l'*Optique* d'*Euclide*, remplissent le reste de ce manuscrit. Pour le texte de la *Composition Mathématique*, il ressemble à celui que Bandini a décrit, et sur lequel Bouillaud avoit travaillé à Florence. Il avoit appartenu, 3oo ans auparavant, à Démétrius Cydonius de Thessalonique, au rapport de Bouillaud, qui témoigne l'y avoir lu. Il ajoute que cette copie est exacte, et qu'on la regarde comme un des livres que Catherine de Médicis apporta en France à son départ d'Urbin. Ce manuscrit est comme le précédent, sans fermoirs que l'on a coupés, relié en bois, et recouvert d'un maroquin rouge avec la lettre initiale *H* couronnée.

Le manuscrit 3ı3, du onzième siècle selon Morelli (*) présente les mêmes prolégomènes que le précédent, mais tronqués dès le commencement, car la première page ne présente que le second des mêmes lemmes ; il y a une lacune dans les méthodes des multiplications et des divisions. On y lit tout le reste de ces prolégomènes attribués partie à Diophante, partie à Théon. On y voit également l'inscription de la colonne de Canope, rapportée d'après Bouillaud par Jablonski (**), et les mêmes observations au nombre de sept que Bouillaud a insérées dans son astronomie philolaïque (***). Ce manuscrit a de plus que le précédent, à la suite de ces observations qui ne sont que citées, sans calcul et sans détail, les noms épithétiques des planètes par Dosithée de Sidon. La *Composition Mathématique* y est mutilée à la fin où manquent la dernière table de l'épilogue, et dans le 4ᵉ livre une partie des tables de la lune ; mais ce défaut est réparé par le manuscrit 3ı2. Dans celui-ci se trouve bien la fin du dernier livre, mais non celle du second, ni rien du troisième, ni le commencement du quatrième. On y a substitué des feuillets écrits au 15ᵉ siècle pour remplir ces lacunes. Quelques lignes qu'on y lit sur le climat de Constantinople, donnent lieu de penser qu'il a été écrit dans cette ville. On y trouve aussi des scholies sur l'anomalie du soleil, sur l'inégalité des jours, et sur les supputations du canon astronomique de Ptolémée réduites des années égyptiennes aux années romaines. Ces deux manuscrits (****) sur parchemin in-fol., en lettres rondes, d'une écriture qui ressemble à celles des modèles tirés d'un manuscrit du 10ᵉ siècle, rapporté par Montfaucon (*****), mais plus petite et plus arrondie, m'ont beaucoup servi, avec ceux que j'ai décrits précédemment, surtout pour le catalogue des étoiles ; les autres tables pouvant toujours se vérifier aisément, chacune par la loi qu'elle suit, et qu'il est aisé d'appercevoir. Ils viennent de la bibliothèque de S. Marc à Venise. Les Vénitiens par le grand commerce qu'ils faisoient aussi bien que les ducs de Toscane, dans le levant, avoient la même facilité qu'eux d'en tirer des manuscrits, dont plusieurs furent apportés de Chypre à Venise avec Catherine Cornaro en 1489.

(*) *Bibl. S. Marc, Ven.*
(**) *Pantheon Ægyptium*, tom. 3.

(***) *T.* ı, *pag.* ı72 *et passim.*
(****) *Bibl. gr. Morelli.* (*****) *Palæg. græc. p.* 271.

J'aurois préférablement fait choix d'un autre manuscrit du même caractère d'écriture, mais mieux exécuté, s'il eût été entier. C'est celui du numéro 560, en parchemin, nouvellement venu du Vatican, et qui contient Ptolémée à la suite d'Euclide. Mais il est sans figures et il y manque des tables. Je m'en suis cependant servi pour les deux premiers livres et leurs *Variantes*. Je lui ai substitué celui de Florence pour les suivans; et j'ai joint à celui-ci pour la comparaison du texte, un autre manuscrit du Vatican, qui est sous le numéro 184, en papier de chiffes et d'une écriture aussi informe que celle du précédent est régulière. Les marges sont chargées de notes qui entrent dans le texte et y jettent une grande confusion; mais ce texte y est pur. Ce manuscrit, du 12ᵉ siècle, outre la *Composition* en treize livre, dont le dernier est mutilé à la fin, et dont les figures et les tables sont extrêmement mal exécutées, contient au commencement une hypothèse de l'astrolabe, le calcul indien, les différentes ères comparées entr'elles, le calcul du soleil, les climats de la terre, les *Commentaires* attribués à Pappus sur le premier livre, ceux de Théon sur les huit premiers, mais non entiers, et les mêmes choses qui composent les prolégomènes dont nous avons vû qu'on ne peut retirer que bien peu d'utilité, puisqu'il n'y a ni démonstrations ni calculs, et qu'on en retrouve les matières mieux traitées dans les *Commentaires de Théon*. Un ouvrage qui pourroit être plus utile que toutes ces notes, est celui de Thebith-ben-Corah, annoncé dans le manuscrit latin 7267, sous le titre d'*Exposition de ce qu'il faut savoir pour la lecture de l'Almageste*. Mais il n'y en a qu'une page et demie qui soit traduite, tout le reste est en blanc, et n'est guères à regretter, d'après ce commencement. Tous ces opuscules de grecs et d'arabes ne sont que des répétitions paraphrasées de Théon et d'Albatani. Pour celui de Théodore Métochite, au 14ᵉ siècle, M. Tychsen peut nous apprendre quel il est (*).

Voilà sur quels fonds j'ai travaillé, et pour la transcription du texte, et pour son interprétation. Les autres manuscrits sont trop modernes, trop peu exacts ou trop incomplets, pour être mis en parallèle avec ceux que je viens de désigner. Deux cependant très-lisiblement écrits, cottés 2391 et 2392, des 14ᵉ et 15ᵉ siècles, l'un de Constantinople contenant aussi Diadochus, et l'autre d'Italie, aideront à lire les précédens. Pour tous les autres, si on veut en avoir l'énumération, on peut s'adresser aux bibliographes Lambecius, Labbe, Fabricius, Harles, Morelli et Bandini. Il me suffit d'avoir indiqué ceux qui m'ont servi, pour qu'on puisse y vérifier le texte que j'ai publié sur leur autorité. J'en expose les diverses leçons dans quatre colonnes de *Variantes* à la suite du texte. La première offre celles de l'édition de Basle qui représente le manuscrit sur lequel elle a été exécutée, soit qu'il vînt de Nuremberg, où Müller et ensuite Walther son disciple l'auroient laissé, s'ils l'eussent reçu du cardinal Bessarion ; ou de la bibliothèque de S. Marc de Venise, à laquelle ce cardinal avoit légué ses livres (**). La seconde colonne contient les *Variantes* du plus ancien manuscrit; la troisième celle du manuscrit de Florence pour les livres qui suivent les deux premiers; et la quatrième celles du manuscrit de Venise.

(*) *Specimen op. Th. Métochitœ. J. Bloch. Havn.* 1790.   (**) *Muratori Annali d'Italia.*

Pour ne pas me tromper moi-même dans le choix de celles de ces *Variantes* qu'il faut adopter, je me suis aidé, car je serai plus sincère que le bon abbé Montignot, je me suis aidé de tous les secours que j'ai pu me procurer. Non seulement j'avois sous les yeux, en traduisant le grec, la version latine imprimée de George de Trébizonde, et la traduction française de Montignot lui-même pour le septième livre, mais encore un manuscrit de la version de l'arabe, que j'ai choisi entre les sept de la bibliothèque impériale, dont cinq sont des traductions de l'arabe et deux du grec par ce même George. Je ne parlerai ici que de celle de l'arabe que j'ai choisie. Elle est en lettres gothiques, sur parchemin, in-fol., orné de vignettes dorées à la mode du temps, sans autre indication de celui où elle a été écrite. Le volume est relié et doré sur tranches; et ses couvertures sont en bois recouvert d'un velours brun où l'on remarque les empreintes des bossoirs, fermoirs, coins et dos, qui ont dû être d'argent ; car toutes ces garnitures sont enlevées : la cupidité les auroit épargnées, si elles avoient été d'un métal moins riche. Je serois assez porté à croire que ce manuscrit appartenoit au cardinal Cusa qui vivoit dans le 15ᵉ siècle, et qui étoit fort curieux d'astronomie ; car plusieurs chapitres commencent par une figure de prêtre, la tête couverte d'une calotte blanche, avec un capuce rouge, une soutanne violette ou bleue, et un manteau blanc ou rouge. C'est tout à la fois le costume de chanoine régulier, de cardinal et d'évêque, comme l'a été cet estimable prélat, qui, de fils d'un pauvre berger, du pays de Trèves, devint évêque et prince de Brixen, et dans son élévation ne cessa point de joindre l'étude des sciences à la pratique des devoirs de son état. Il est représenté assis et lisant un livre qui est sans doute l'*Almageste*, sur un pupitre porté par un pied qui monte entre ses genoux. Ce manuscrit est sous le numéro 7258 : il est fort bien exécuté, à grandes marges souvent chargées de notes de la même main. Les figures y sont généralement mieux faites que dans les manuscrits grecs. Le latin en est fort mauvais, et diffère assez fréquemment de l'imprimé ; mais le sens y est généralement plus juste que dans la version de George de Trébizonde. Les chiffres y sont aussi plus exacts, du moins le plus souvent, ce qui dénote qu'elle a été faite sur l'arabe, et non sur le grec, dont elle s'écarte quelquefois dans les nombres. Le calcul rectifie toutes ces divergences. Il n'en est pas d'un ouvrage de science mathématique comme d'une production littéraire où la critique a besoin de discuter les uns par les autres les passages à restituer. Ici le calcul suffit, parcequ'il porte son évidence avec lui-même. Les principes une fois posés, les conséquences suivent nécessairement, et il est impossible que Ptolémée soit arrrivé à des résultats vrais par des calculs faux. J'ai donc rectifié les fautes de calcul que j'ai apperçues, mais seulement celles qui ont été commises par les copistes. Pour celles qui sont conséquentes aux méthodes que Ptolémée employoit, et qui étant imparfaites, ne pouvoient donner que des résultats approchés ou peu exacts, elles doivent être conservées. Je ne doute pas qu'il n'y en ait de ce genre dans les tables de Ptolémée, dans ses expositions des angles et des arcs sur les divers parallèles, et dans ses évaluations des longueurs des ombres des gnomons qui étant terminés en pointe faisoient que ces ombres ne se terminoient pas net sur le terrein. C'est pour cela qu'il y a tant de variations entre les latitudes qu'il donne aux climats, et celles que les Arabes leur

assignent. Elles diffèrent même de celles de sa géographie, et encore plus de celles des modernes. Quant aux autres fautes qui ont pu m'échapper, le lecteur au fait de ces matières, les trouvera aisément en calculant à la manière de Ptolémée. Si des hommes tels que Purbach, Régiomontan, Rheinholt, ne les ont pas entièrement évitées, pourquoi serois-je plus exempt d'y tomber? Ce n'est pas que je veuille m'excuser d'avance. « Un auteur, dit le P. Laval (*), a toujours mauvaise grâce de solliciter l'indulgence dans des matières où il n'en a aucune à espérer ». Je veux seulement dire que l'ouvrage de Ptolémée ne contenant que les fondemens de la science, on auroit tort d'y chercher la perfection qu'elle a reçue des modernes, et que les fautes qui peuvent s'y rencontrer ne pourront jamais tirer à conséquence pour la certitude des dates des observations et des époques de mouvemens moyens.

Les notes marginales de ce manuscrit latin sont aussi inutiles que les notes, la plupart fort longues, dont les marges des manuscrits grecs sont surchargées, à l'exception pourtant du plus ancien qui n'en a que de très-courtes, très-rares, d'une écriture très-récente, différente de celle du texte, et seulement dans les premiers livres. Elles sont d'autant plus longues et plus nombreuses dans les autres manuscrits, qu'ils sont plus modernes. Toutes ne contiennent que des opérations très-simples de calculs, et des explications la plupart aux endroits qui en ont le moins besoin. Les plus obscurs sont restés sans éclaircissement; comme sont ces mots d'Hipparque, liv. V, ch. 5, dans tous les manuscrits : Δρόμος μὲν οὖν φησὶν ἦν σμᾶ. On verra dans une note sur ce passage, la difficulté qu'il y a d'expliquer astronomiquement ce peu de mots qui au premier coup-d'œil paroissent clairs et faciles, mais que Régiomontan a omis, parce qu'effectivement il n'a pas lu le grec de Ptolémée.

Des notes plus nécessaires et plus instructives m'ont été fournies par le savant astronome dont le nom se lit au frontispice de ce volume. Le successeur des Lacaille et des Lalande dans l'enseignement comme dans la pratique d'une science à laquelle il rend le même service que Ptolémée lui a rendu autrefois, par le rassemblement de ses découvertes jointes à celles des astronomes qu'il remplace si avantageusement, a porté la lumière dans les passages les plus obscurs de Ptolémée. Le public partagera la reconnoissance que j'en témoigne ici hautement, parceque ces éclaircissemens tourneront au profit de la science, comme j'en ai profité moi-même, et parcequ'en mettant, pour ainsi dire, par ces additions nécessaires, le sceau à ma traduction, ils en garantissent la fidélité et l'exactitude. A la suite de ces notes, j'en ai ajouté d'autres dont plusieurs sont de critique; car l'ouvrage de Ptolémée doit être considérée sous le double rapport des mathématiques et de la philologie. Les premières contiennent tous les éclaircissemens astronomiques que l'ouvrage demande, et terminent les deux volumes, pour les livres contenus dans chacun d'eux. Les miennes roulant la plupart sur la partie littéraire, outre quelques développemens de calculs que j'y ai ajoutés, font, avec une table raisonnée des matières des deux volumes, la clôture du second.

Après avoir rendu compte de ce qui constitue l'essentiel de cet ouvrage, je ne dois pas oublier certains accessoires qui, sans être de Ptolémée, ne seront pas moins

_____
(*) *Mém. de Mathém., de Phys. et d'Astr.*

utiles à ses lecteurs, que propres à embellir son ouvrage. Je ne comprends pas sous ce nom d'accessoires, les figures géométriques que j'ai répandues dans le texte aux endroits convenables ; car elles sont de l'auteur, et de toute nécessité. Je ne pouvois pas me dispenser de les joindre au texte telles qu'il les décrit. Elles sont d'une grandeur proportionnée à celle du volume, les cercles y sont de 6 lignes de rayon, qui répondent aux 60 parties égales de Ptolémée. Et si quelquefois on a forcé les arcs en les faisant plus grands, peut-être, qu'ils ne doivent être dans les descriptions des hypothèses, c'est pour les rendre plus sensibles, surtout quand il s'y trouve mêlés de petits arcs qui ne paroîtroient pas si toutes les proportions étoient bien gardées entr'elles.

Le premier objet d'embellissement est une médaille de l'empereur Antonin I, avec son revers, qui est comme le cachet du temps où Ptolémée a composé son grand ouvrage, puisqu'il réduit au règne de ce prince, les dates des anciennes observations, et son catalogue des étoiles. Elle se voit au cabinet de la bibliothèque de Paris. Je l'ai fait graver en tête de ce premier volume, parcequ'on doit faire honneur aux souverains, de ce qui s'opère de louable et d'utile dans le cours de leur règne, surtout dans les sciences qui ne fleurissent que par la protection des gouvernements. (*) Nous lisons dans Tillemont, qu'Antonin accorda des priviléges et des pensions dans toutes les provinces, aux philosophes, titre que Suidas donne à Ptolémée. (**) Maffei, dans la description de cette médaille, n'a pas assez insisté sur le globe qu'on voit au revers, soutenu par un atlas parfaitement semblable au globe de marbre du palais Farnése, dont je vais parler, et que je représente dans le second volume. La médaille montre le même genou à terre, les bras étendus de la même manière, et la même posture en tout, que celle de l'atlas de ce marbre. On ne peut donc pas douter que l'un et l'autre monument ne se rapportent au même prince, et qu'ils ne soient du même temps comme je le prouverai dans des notes particulières où je montrerai que l'un fait allusion à l'autre. En attendant les descriptions que Bentley et Passeri ont publiées de ce globe, il suffit ici de le faire connoître par les témoignages suivans de Lalande et de Bianchini. « Ce globe est très-remarquable par son antiquité ; c'est le seul monument astronomique où l'on ait trouvé les constellations à la manière des anciens : M. Bianchini a fait graver ce globe avec un commentaire intéressant (***). «Quoique remarqué de peu de personnes, c'est un des monumens de l'antiquité qui méritent le plus de l'être, parcequ'il nous a transmis les figures des constellations avec les étoiles placées comme elles étoient vers les temps de Commode..... Cassini en 1695 mesura le lieu de la première étoile du bélier; il la trouva au dixième degré du signe qui porte ce nom ; et l'œil du taureau à 40 degrés du premier point du cancer, dans des situations assez approchées de celles qui ont été observées par Ptolémée dans le siècle des Antonins, qui est le temps où nous croyons que cette sculpture a été travaillée (****)».

(*) *Hist. des Empereurs. Eutrop.* (***) *Lalande, Voyage d'Italie.*
(**) *Alex. Maffei, gemme antiche, p. 3, p. 191.* (****) *La Istoria Universale.*

Le second objet de curiosité de ce premier volume, est l'astrolabe figuré au frontispice, tel qu'il servoit à Hipparque, son inventeur, et à Ptolémée qui l'a décrit comme je le présente dressé pour la latitude d'Alexandrie. Egnatio Danti (*) l'a mal représenté, quoiqu'il l'ait bien décrit. Stoflerinus n'a traité que de celui qui étoit déjà perfectionné par les Arabes, et en usage de son temps. (**) L'astrolabe d'Hipparque et de Ptolémée, liv. V, étoit composé de plusieurs cercles, les uns fixes, les autres mobiles. Les deux cercles fixes étoient : un vertical dressé dans le plan du méridien du lieu où l'on observoit, soit qu'on le suspendit par son point le plus élevé, ou qu'on l'appuyât par son point le plus bas, dans la direction d'une ligne méridienne tracée sur l'horizon ; et un cercle écliptique de mêmes dimensions que le vertical au plan duquel il étoit enclavé perpendiculairement, faisant pour Alexandrie un angle de 7^d $9'$ avec la ligne verticale de cette ville, et dont par conséquent les poles faisoient le même angle avec le plan horizontal. Ces poles de l'écliptique étoient marqués par deux trous dans le cercle méridien vertical, et dans ces trous tournoient à frottement dur deux cylindres dont les extrémités dépassoient en dehors et en dedans. Les cercles mobiles étoient aussi au nombre de deux, l'un extérieur qui embrassoit l'écliptique et le méridien vertical, et l'autre intérieur dans le même plan que l'extérieur et qui étoit embrassé par l'écliptique et le méridien vertical. Ces deux cercles mobiles tenoient ferme aux deux cylindres des poles de l'écliptique. On les faisoit tourner sur ces poles le long de l'écliptique pour avoir la longitude des astres, en faisant mouvoir le cercle extérieur qui faisoit aller avec lui et comme lui le cercle intérieur. Celui-ci portoit dans son plan un cercle concentrique qu'on y faisoit glisser, et qui, par ses deux pinnules diamétralement opposées, montroit sur le cercle où il glissoit, les degrés de latitude de l'astre observé.

Un pareil cercle à pinnules, glissant dans un méridien vertical simple, servoit à trouver les plus grandes déclinaisons du soleil, qu'il marquoit par ses pinnules sur ce méridien gradué, les jours des solstices d'hiver et d'été, comme on le voit par la figure qui est ci-après au revers de la page 63. C'est cette armille solsticiale que Proclus Diadochus dans ses hypotyposes, et Ptolémée dans sa géographie, nomment *météoroscope*, quoique ce dernier ne lui donne pas ce nom dans le second livre de son astronomie, où il l'emploie cependant, comme son quart de cercle pour déterminer les points solsticiaux et leur intervalle. Par le milieu de cet intervalle on faisoit passer un cercle qui étoit l'équateur que représente au bas de la même page, la figure des armilles équinoxiales. Danti et Riccioli montrent celles-ci attachées à une muraille. Mais Ptolémée dit expressément que « les anciennes armilles d'Hipparque sont sans justesse par l'effet de quelque dérangement arrivé au pavé de la palestre sur lequel elles sont dressées ; et que les siennes à lui, sont dans le portique carré » posées de même sans doute, et dressées de manière que l'équateur y faisoit un angle de 59 degrés avec l'horizon d'Alexandrie dont la latitude est de 31^d selon Ptolémée, liv. V, ch. 12.

Les autres instrumens à l'usage des astronomes d'Alexandrie, tels que le gnomon, la plinthe ou le quart de cercle, les régles parallactiques, étant représentés et décrits

_____

(*) *Dell'uso e fabricio dell'astrolabio, firenze.* (**) *Elucidatio et Fabrica astrolabii. col. agr.*

par Ptolémée dans les chapitres où ils viennent à mesure qu'il a occasion d'en parler, je passe au *dioptra* qu'il n'a pas décrit. On le voit figuré dans ce volume au haut de la première page du texte, d'après la description que Théon en a faite. Il n'a que deux pinnules, une oculaire fixe, et une mobile, quoique j'en aie représenté trois pour montrer que la mobile peut courir depuis l'oculaire jusqu'à l'autre extrémité. Je ne conçois pas comment Bailly a pu dire que le *dioptra* inventé par Hipparque étoit un angle formé par deux règles qui embrassoient les diamètres des astres. Car l'éclat du soleil auroit ébloui l'astronome. Il a pris cette imagination d'Egnatio Danti, mais il n'a certainement ni lu Théon, ni entendu Geminus : car le *circumductione dioptrorum* qu'il cite, signifie qu'on faisoit faire un tour entier de conversion aux *dioptres* pour suivre les astres de l'orient à l'occident. Cet instrument ne ressemble pas non plus à celui que Mabillon (*) dit avoir vu dans un manuscrit du 13ᵉ siècle qui représente Ptolémée visant au ciel par un long tube. Renaudot parle aussi de cette figure de Ptolémée trouvée par Mabillon (**) au frontispice d'une *historia scolastica* de Petrus Comestor, dans l'abbaye de Scheir en Allemagne. Chunradus qui avoit écrit le manuscrit de cette histoire, étoit mort au commencement du 13ᵉ siècle, comme ce savant l'a prouvé par la chronique de ce monastère que Chunrad avoit continuée jusqu'à ce temps-là. Cette date est d'autant plus remarquable, que les simples lunettes qui semblent avoir dû être inventées les premières, ne l'ont été que plus de cent ans après, suivant une lettre de Carlo dati Florentin, que Spon a insérée dans ses recherches d'antiquités. Elle contient un passage de la chronique de Barthelemi de Sᵗᵉ Concorde de Pise, qui marque qu'en 1312 un religieux nommé Alessandro di Spina faisoit des lunettes et en donnoit libéralement, celui qui les avoit inventées refusant de les communiquer. Sandro di Pipozzo en parle dans un traité fait en 1299. En 1331, un autre témoigne qu'elles étoient trouvées depuis vingt ans, et le *Lilium Medicinæ* dit que ce fut en 1305. Il ne se trouve rien de pareil sur les télescopes. Cette estampe de Mabillon pourroit cependant faire croire que les lunettes d'approche sont plus anciennes qu'on ne le croit. Mais Renaudot dit que si elles eussent été connues des anciens, leur utilité non seulement pour l'astronomie, mais en plusieurs autres usages, auroit empêché qu'elles ne fussent perdues (***). Lalande en rapportant ce trait, dit que Mabillon auroit dû faire dessiner cette figure de Ptolémée. Il n'a donc pas lu Mabillon, car elle est imprimée dans son *Diarium Germanicum*. Cette lunette y paroît être un long tube composé de plusieurs pièces rentrantes les unes dans les autres, dont la figure tient un bout sur son œil, et l'autre dirigé vers le ciel. Nous trouvons dans les *Mémoires de l'Académie des Inscriptions*, une dissertation du savant Ameilhon sur ce sujet. J'y ajouterai seulement que sans supposer des verres à un tube, on peut croire que l'expérience avoit appris aux anciens, comme elle l'apprend aux enfans de tous les temps, qu'en regardant les objets par la main formée en tuyau, on les voit plus clairs et plus distincts, parcequ'elle les isole. Ainsi, comme il s'agit ici, non des bésicles inventées dès 1166, suivant M. le Prince (****), mais des lunettes d'approche qui, suivant

(*) *Diar. germanic.* (**) *Analect. t.* 4, *p.* 50. (***) *Mém. de l'Acad. des Inscriptions.* (****) *Encycl.*
I. h

Képler, étoient trouvées avant la fin du 16ᵉ siècle, puisque le napolitain Porta en avoit déjà parlé d'une manière assez claire, on peut croire que les lunettes à grossir les objets étoient inconnues à Roger Bacon, comme le dit Montucla, mais non les lunettes d'approche ou au moins les tubes sans verres, puisque Molyneux observe dans sa dioptrique que ce moine philosophe en avoit donné quelqu'idée avant 1292. Je serois donc assez porté à croire que Ptolémée observoit les astres avec un long tube sans verres, comme il est représenté dans le livre de Mabillon. Et ce qui me confirme dans cette pensée, c'est que nous lisons dans l'*Histoire Littéraire de la France*, qu'au 10ᵉ siècle « Gerbert se voyant expulsé de France, se retira à la cour d'Otton III. Qu'étant à Magdebourg avec cet empereur, il fit une horloge dont il régla le mouvement sur l'étoile polaire qu'il considéroit à la faveur d'un tuyau... Il me semble qu'on ne fait pas assez de cas de l'instrument dont se servoit Gerbert pour observer l'étoile polaire.... Ditmar le nomme *fistula*, tube, ou tuyau ; et Gerbert, qui en chargeoit quelquefois ses sphères pour trouver les divers poles, lui donne le même nom. C'étoit-là encore sans doute une des inventions de notre philosophe, fort différente de l'astrolabe.... Nous avons de la peine à nous persuader que ce fût un simple tube sans verres. Ainsi nous ne serions pas éloignés de croire, quoique nous n'en ayons pas d'autres preuves, que c'étoit une espèce de lunette à longue vue. De sorte que Gerbert auroit ébauché l'invention de cet instrument si nécessaire aux astronomes ; et d'autres l'auront perfectionné après lui (*) ». Or si Gerbert a employé la lunette à longue vue sans verres, dans le 10ᵉ siècle, avant l'invention des verres ajoutés à cet instrument, rien n'empêche de croire que Ptolémée a pu avoir la même idée, et en faire la même application.

Le frontispice du second volume présente la sphère solide d'Hipparque décrite dans le chapitre 3 du livre VIII, avec laquelle Ptolémée veut, liv. VII, chap. 1, que l'on compare les étoiles pour s'assurer qu'elles n'ont pas changé de positions relatives entr'elles. J'ai ajouté à la première page de ce second volume une autre représentation du *dioptra*, mais posé sur le côté pour observer les diamètres verticaux des luminaires. Car Théon dit expressément qu'il pouvoit être posé de tous les sens. Mais une addition bien plus considérable que j'ai faite à ce même volume, c'est celle de la carte céleste des étoiles de Ptolémée, au sujet de laquelle je ne peux me dispenser d'entrer dans un détail assez étendu sur sa construction.

On voit au cabinet des estampes de la Bibliothèque impériale de Paris, deux feuilles qui représentent les hémisphères célestes de Ptolémée dressés par Heimvogel, avec les figures dessinées par Albert Durer. Lalande (**) en a fait mention, mais sans critique. Ces deux cartes ne sont rien moins que correctes. Il s'en faut bien que toutes les étoiles nommées par Ptolémée, s'y trouvent, ou y soient aux lieux qui leur conviendroient eu égard au temps de Ptolémée. Elles ne valent pas mieux sous ces rapports, que les deux de la version de George de Trébizonde. M. Bode qui connoissoit bien leurs défauts, a voulu y remédier par une carte plus géométrique qu'il a mise à

_____

(*) *Hist. Litt. de la France.*　　　　　　(**) *Bibliogr. astronom.*

la fin de sa version allemande du septième livre de Ptolémée. J'avois d'abord pensé
à décorer ma traduction, de cette mappemonde céleste; mais les figures n'en sont pas
toutes conformes à celles du globe Farnèse, non plus qu'aux descriptions d'Aratus et
d'Eratosthène; car le sagittaire y est un centaure, et Persée y a sa main gauche vers
Cassiépée, et la tête de Méduse dans sa droite; c'est tout le contraire dans ces deux
auteurs et sur ce monument. D'ailleurs, dans l'incertitude où l'on est toujours
si les corrections que Bode a faites au catalogue de Ptolémée sont bien justes,
les lecteurs aimeront mieux trouver ici le ciel de Ptolémée, projetté d'après son
planisphère, qu'il n'a imaginé que pour représenter en plan la concavité de la
voûte céleste, comme on le verra dans la traduction que j'en donne dans une
note. Il paroîtroit par une lettre de Synesius à Pæonius (*), sur l'envoi qu'il lui
fait d'un astrolabe, ou projection de la sphère, que Ptolémée n'étoit pas l'auteur
de cette projection. Cependant Suidas assure bien que Ptolémée avoit fait un planisphère, et Synesius témoigne qu'il en existoit un d'Hipparque et de Ptolémée,
mais moins parfait que le sien dont il donne plutôt la description que la démonstration, et qui étoit projetté sur une table d'argent. Au défaut de celui-ci, je me servirai
de celui que la tradition revendique à Ptolémée. L'auteur des *Nouvelles Tables du
Soleil*, en a donné les développemens dans un des *Mémoires de l'Institut*, à l'occasion de la traduction qu'un professeur de langue grecque avoit faite de la lettre
de Synesius. On pourra, par la comparaison de la description de Synesius avec
la construction du planisphère attribué à Ptolémée, décider auquel des deux il appartient. Quel qu'en soit l'auteur, j'ai projetté le ciel de Ptolémée pour l'horizon
d'Alexandrie, conformément à la description du planisphère dont on lui fait honneur,
et j'y ai placé les étoiles aux degrés mêmes qu'il a marqués dans son catalogue, en
observant de placer le commencement du signe *aries* vers le 7ᵉ degré de la constellation
du bélier; parcequ'en vertu de la précession des équinoxes, cette constellation,
comme toutes les autres, est sortie de son signe ou douzième partie du zodiaque.
En effet, D. Cassini (**) a trouvé que «la première étoile d'*aries* étoit dans l'intersection de l'écliptique et de l'équateur, 330 ans avant J-C, c'est-à-dire du temps
d'Alexandre-le-Grand, puisque 140 ans après J-C, elle étoit avancée de 6 ⅐ degrés
à l'orient du colure de l'équinoxe vernal, du temps d'Antonin.

Les étoiles étant rapportées par Ptolémée aux différentes parties des constellations
qui sont, comme l'on sait, des amas d'étoiles auxquels on a donné des noms d'objets
vivans ou inanimés, il est nécessaire de bien entendre ce qu'il signifie par épaule
gauche ou droite, et par d'autres expressions semblables; car j'ai conservé et les
configurations qu'il suppose, et les dénominations qu'il leur donne avec toute l'antiquité. Flamsteed se plaint que Bayer dans son *Uranométrie* et dans les cartes qu'il y
donne, ait représenté les figures par derrière, excepté le Bouvier, Andromède, et
la Vierge, ensorte qu'il a mis aux épaules, aux côtes, aux mains, aux cuisses gauches,
les étoiles qu'avant lui Ptolémée et les autres anciens astronomes plaçoient à droite.

(*) *Synesii op. gr. lat. ed. Petau.*   (**) *Mémoire sur un globe céleste, Acad. des Sciences.*

Il prétend que ces figures doivent être tournées vers nous, et qu'on a tort de rendre les mots νῶτον et μετάφρενον de Ptolémée, par ceux de dos ou de reins ; et il remarque encore, d'après Schickard, que les globes artificiels qui représentent les constellations nous induisent aussi en erreur, parcequ'ils représentent les objets à l'envers, en montrant sur une surface convexe ce qui est vu sur une surface concave ; comme si on regardoit de dessus, au lieu qu'on voit de dedans, ce qui fait paroître à droite ce qui est à gauche ; et les planisphères, qui sont des projections de ces globes artificiels, représentent ainsi les objets célestes également à l'envers. Aucun des manuscrits ne présentant ni figures ni planisphères, on n'en peut tirer aucune lumière pour l'éclaircissement de ce point qui demande une explication.

C'est la concavité de la voûte céleste, que nous voyons, et non sa convexité. C'est donc à sa concavité que sont imaginées les figures données aux constellations. Le dessinateur ou le peintre les représente comme il croit les voir, mettant à sa droite les objets qu'il voit vis-à-vis sa droite, à sa gauche ceux qui sont vis-à-vis sa gauche. Le graveur imite le dessinateur, mais le papier sur lequel ces planches gravées sont imprimées, montre les figures en sens contraire de ce qu'elles sont sur ces planches, dont la droite est devenue la gauche sur le papier, et réciproquement. D'où il semble qu'en transportant ainsi à gauche les étoiles que les anciens voyoient à droite, cela doit causer une confusion qui nous fait prendre les unes pour les autres. Il ne s'agit pour n'avoir aucun doute à cet égard, que de savoir si les anciens s'imaginoient voir ces figures en face à la concavité céleste. Or cela est certain par le globe du palais Farnèse qui fait voir par derrière sur sa convexité la plupart de ces figures et toutes celles du zodiaque, ce qui les suppose vues par devant à la concavité, car les rayons visuels qui partent de l'œil supposé au centre de la sphère, étant prolongés au-delà de la surface jusqu'au plan tangent à sa convexité, peignent sur ce plan les dos des figures dont cet œil voit les devants à la concavité. La gravure de ce planisphère, ou projection de la sphère, présentera sur le papier où elle aura été imprimée, vis-à-vis la droite du spectateur, les figures qui sont vis-à-vis sa gauche sur ce globe, mais il ne s'ensuivra aucune erreur, parceque ces objets étant placés les uns à l'orient, les autres à l'occident sur le globe, cette position relative sera conservée sur ce papier, car l'orient du globe qui étoit vis-à-vis la droite du spectateur, se trouvant alors avec ses figures vis-à-vis sa gauche sur ce papier, tout le reste y est en conséquence. Les étoiles y seront donc placées convenablement, et on ne se trompera pas en les prenant de vis-à-vis la main gauche à vis-à-vis la main droite pour les compter d'orient en occident. Or comme Ptolémée désigne le plus souvent leurs lieux par les mots de *précédent* ou occidental, et de *suivant* ou oriental, par rapport au méridien où les plus occidentales précèdent ou passent les premières, et où les orientales suivent ou passent après, de quelque côté, à droite ou à gauche, que soit, l'occident ou l'orient, la situation relative n'est point changée par le transport de la gauche à la droite, et de la droite à la gauche, qui suit de l'impression de la gravure. Ainsi, des deux têtes des Gémeaux, ce sera toujours la même qui sera l'orientale sur le globe et sur le papier, quoique vue par derrière, que celle qui l'est étant vue de face en dedans du globe. La projection n'altère donc pas les

situations relatives des étoiles, quoiqu'elle puisse altérer les figures des constellations, et par conséquent leurs distances entr'elles.

Pour éviter ce dernier inconvénient, Flamsteed proposoit des cartes où les parallèles fussent des droites équi-distantes dont les degrés de longitude seroient proportionels aux sinus de leurs distances au pole le plus voisin, et égaux entr'eux sur leurs parallèles (*). Cette sorte de carte ne pourroit guère s'étendre au-delà de dix degrés de latitude de part et d'autre de l'équateur, parceque les méridiens qui sont en lignes droites sur une zone aussi étroite, supposée tangente à la sphère dans toute la circonférence de l'équateur, seroient trop courbes, étant prolongés à de plus hautes latitudes, pour continuer d'y être représentés par des droites. Je l'ai préférée cependant pour les zodiaques d'Hipparque et de Ptolémée, parceque les alignemens par lesquels ils indiquent les étoiles seroient déformés et rompus dans toute autre projection. Mais pour le ciel de Ptolémée, j'ai adopté son planisphère, en le comparant aux deux de l'atlas de Flamsteed, et j'ai tracé chaque constellation par un simple trait de contour, pour ne pas cacher les étoiles sous de vaines images.

Après avoir parlé de l'ouvrage, il est bien juste de parler aussi de l'auteur. On aime à reconnoître l'homme dans ces génies si élevés au-dessus du commun des hommes. La figure copiée du livre de Comestor par Mabillon, ne ressemble pas au portrait que les Arabes font de Ptolémée, car elle est sans barbe, et trop bien dessinée pour le siècle où elle doit avoir été faite. Or Ptolémée, comme tous les autres philosophes grecs, portoit la barbe, puisque les Arabes lui en donnent une bien fournie. Plus proches que nous de son temps, ils pouvoient apprendre ces circonstances par quelques notices que nous n'avons plus, et nous pouvons les croire sur des choses aussi indifférentes. Ils le représentent d'une taille moyenne, avec la peau blanche, la démarche imposante, les pieds mignons, une tache de rougeur à la joue droite, une barbe noire et touffue, la bouche petite, mais les dents de devant proéminentes et découvertes. Sa voix étoit douce et sonore; mais son haleine étoit forte. Il marchoit beaucoup; il alloit souvent à cheval; il étoit prompt à se fâcher et lent à s'appaiser; d'ailleurs sobre, et faisant de fréquentes abstinences. Boissard s'est avisé de faire graver sa figure (**), mais elle ne ressemble pas plus au portrait qui vient d'être tracé, que celles que lui donnent Stabius, Brietius, Mabillon et d'autres.

Quant aux événemens de sa vie, Ptolémée nous est plus connu par l'ouvrage qui l'immortalise, que par des détails qui lui soient personnels. Les Arabes, qui aiment beaucoup à moraliser, lui attribuent des sentences qui, n'ayant aucun trait à l'astronomie, peuvent être passées sous silence. La même préface de la version arabe où elles se lisent, le nomme *Batalmiouz Al-Pheloudi*, Ptolémée natif de Peluse, et ajoute ensuite qu'Abougiafar écrit dans son livre du choix des études, que Ptolémée naquit et fut élevé à Alexandrie, et qu'il n'étoit pas du sang des rois d'Égypte qui portoient le même nom que lui. Isidore de Séville lui donne pourtant le titre de roi. Mais M. Buttmann (***) a prouvé dans une savante dissertation

(*) *Hist. cœl. brit. et atlas.* (**) *Icones illust. vir.* (***) *Museum des Alterthums W. über K. Pt.*

où il cite les fades épigrammes attribuées dans le recueil de Brunk au roi Ptolémée, que cette royauté n'est qu'un songe et une erreur qui vient de l'ignorance des derniers Grecs. Ce qui se trouve justifié par le manuscrit 2392 qui est du 14ᵉ siècle. Ptolémée y est assis sur un trône, sous la figure d'un roi barbu, la couronne en tête, l'*Almageste* à la main, sous un aigle éployé à deux têtes inconnu aux empereurs romains, et on lit Κλαύδιος Πτολεμαῖος ὁ ποιητής écrit autour en caractères qui ressemblent à ceux des monnoies du Bas-Empire. Il a prouvé également qu'on doit lire Al-Kaludhi, ὁ Κλαύδιος, comme dans Suidas, et contre l'opinion d'un savant orientaliste, émise dans les *Mémoires sur l'Égypte*. Le grec Théodore Méliteniote dont Bouillaud a fait imprimer le premier livre de l'introduction à l'astronomie, tirée d'un manuscrit de Vossius, affirme que Ptolémée étoit de Ptolemaïs d'Hermias, ville de la Thébaïde, et contemporain de l'empereur Ælius Antoninus. Il cite aussi Olympiodore sur le Phédon de Platon, qui dit, que Ptolémée passoit pour avoir dormi quarante ans sur les ptéres d'un temple, parcequ'il resta tout ce temps dans les portiques de Canobus occupé d'observations astronomiques qu'il y inscrivit sur les colonnes de ce temple. Pétrone (*), suivant la juste remarque de Bailly, a dit ainsi figurément qu'Eudoxe avoit vieilli sur le sommet d'une montagne d'où il contemploit le cours des astres. Ptolémée consacra cette inscription au dieu sauveur, dans Canope, la dixième année d'Antonin. Bouillaud soutient, d'après cela, que Ptolémée ne demeuroit pas habituellement dans Alexandrie, mais à Canope, où il étoit prêtre du dieu Sérapis, et où il faisoit ses observations, et que par conséquent, comme il marque (liv. V, ch. 12), qu'il les faisoit sous le parallèle d'Alexandrie, la latitude de Canope n'étant pas marquée la même que celle d'Alexandrie, dans sa géographie, il faut la corriger et la faire égale à celle de cette dernière ville.

Les éditions de cette géographie données par Mercator et Briet en grec, mettent l'une et l'autre à 31ᵈ. Mais Pirckheimer dans son édition latine, donne 6′ de plus à la latitude de Canope. De même, en comparant l'Égypte de Danville (**), aux cartes de l'*Encyclopédie Méthodique* et des derniers voyageurs, j'y trouve Aboukir, qui est, suivant Danville (***), à la place de Canope, un peu plus septentrional qu'Alexandrie, comme l'auteur de la *Géographie* comparée des anciens (****) le place d'après Ptolémée. Ainsi, puisque, selon Bouillaud, Ptolémée faisoit ses observations sous le parallèle d'Alexandrie, et que Canope n'est pas sous ce parallèle, c'est une raison de croire que Ptolémée observoit et demeuroit à Alexandrie, et cependant qu'il demeuroit en même temps à Canope, comme le dit Bouillaud. Mais pour faire disparoître cette contradiction apparente, il est nécessaire de prouver que peu à peu Alexandrie s'est étendue par des jardins et des maisons de campagne, jusqu'à Canope qui en est devenu un faubourg, et qu'ainsi Ptolémée demeurant à Canope, observoit néanmoins à Alexandrie. Digression qui me conduira à parler d'Alexandrie, de sa bibliothèque et de ses écoles, d'où est sorti l'ouvrage dont nous nous occupons.

« Le plan de la ville d'Alexandrie, dit Strabon, a la figure d'un manteau. Les côtés

---

(*) *Hist. de l'Astr. anc.* (**) *Sonn. Voy. d'Égypte.* (***) *Géogr. anc.*, 3ᵉ vol. (****) *G. Géogr. des Grecs.*

les plus longs sont bordés d'eau sur une longueur de trente stades , et les côtés de sa
largeur sont formés par des isthmes de sept ou huit stades chacun , et qui aboutissent
l'un à la mer et l'autre au lac. Toute la ville est coupée par des rues que l'on parcourt
à cheval et en voiture. Deux de ces rues ont la longueur d'un arpent chacune en
largeur; elles se coupent l'une l'autre à angles droits par le milieu. Cette ville a des
temples, des édifices publics et des palais superbes qui font le quart et même le tiers
de son étendue. Car chaque roi, comme par des consécrations faites aux dieux pour
l'usage du public, se plaisant à ces constructions magnifiques, ajoutoit toujours de
nouveaux bâtimens à ceux qui existoient déjà. Tous ces édifices s'étant donc joints
les uns aux autres, se sont avancés jusqu'au port et communiquent sans interruption
à ceux qui en sont les plus éloignés. Le palais des rois renferme le musée qui a un jar-
din pour la promenade , un bâtiment carré et une grande maison où est le réfectoire,
salle ronde soutenue de colonnes de marbre, où les hommes de lettres qui composent
ce musée, reçoivent leur nonrriture en commun ». Aussi un satyrique, les comparoit-il
malignement à des poules qu'on nourrissoit dans une cage pour leur faire produire les
œufs qu'on en vouloit recueillir. Ce collège avoit de grandes richesses et un prêtre
pour président sous l'autorité des rois d'Égypte , qui l'avoient doté (*).

Plutarque rapporte que Ptolémée Lagus fonda ce musée pour les savans, et la
bibliothèque pour leur usage, par les conseils de Démétrius de Phalère, qui en fut le
premier conservateur dans le temps que Ptolémée Philadelphe fut associé au trône par
son père Ptolémée Soter ou Lagus, ce Démétrius l'ayant exhorté à rassembler des
livres sur l'art de régner. Ptolémée III, à qui son père Philadelphe l'avoit recom-
mandée, en confia le soin à Eratosthène, disciple de Callimaque, ainsi qu'Apollonius
d'Alexandrie. Cette fameuse bibliothèque étoit en deux parties : l'une établie par
Ptolémée Philadelphe dans le Bruchion avec le musée, où étoient les magazins de
blé, le palais des rois et les temples du côté de la porte de Canope; et l'autre par
Ptolémée Physcon, dans le temple de Sérapis auprès du petit port, dans le quartier
Rhacotis, séparé du musée par les deux ports de l'Heptastadium. L'une et l'autre
avoient été brûlées dans le siège d'Alexandrie par Jules-César ; mais celle du
Sérapéon avoit été rétablie des livres d'Attalus, roi de Pergame, donnés par Marc-
Antoine à Cléopâtre, qui y fit porter aussi les livres sauvés de l'incendie de César. Le
musée et la bibliothèque subsistèrent sous la protection des empereurs romains et des
rois du pays; car Suétone rapporte que l'empereur Claude ajouta dans Alexandrie
un nouveau muséum à l'ancien, pour y faire lire publiquement ses vingt livres
d'*Histoires Tyrrhéniennes* et les huit des *Puniques*. Et Spartien dit qu'Adrien
disputa dans le musée d'Alexandrie avec les professeurs.

Puisque la bibliothèque étoit dans le temple de Sérapis, et que, suivant Strabon,
ce temple étoit au bord de la mer, au lieu appelé *Canope*, où Olympiodore assure
que notre Ptolémée demeura et consacra son inscription, qui est datée de l'an 10
d'Antonin, Jablonski conjecture de là que les rois Ptolémées établirent une école

(*) *Voss. et Gronov. Antiq. græc. , tom. VIII. Jablonski , Panth. ægypt. Vaillant, Hist. Ptol.*

à Canope. Ptolémée distingue en effet les anciennes armilles qui devoient être celles des anciennes écoles où il dit (liv. III) qu'elles s'étoient dérangées par le laps de temps, et les nouvelles qu'il consultoit de préférence dans ces nouvelles écoles où elles étoient placées à l'entrée de la Palestre sur le sol, et éclairées par le soleil levant. Ainsi, elles devoient être bien à découvert pour recevoir les premiers rayons du soleil, n'être entourées d'aucun bâtiment, et par conséquent près de la mer, jusqu'où nous avons vu par Strabon que les maisons de la ville s'étoient étendues.

Ces écoles étoient en grande réputation, et fréquentées par des étudians qui s'y rendoient de toutes les parties du monde. Clément d'Alexandrie en parle avec éloge, ainsi qu'Athenée et Philostrate. Elles subsistèrent, avec la bibliothèque, même après l'abolition du musée par Caracalla, et Benjamin de Tudèle rapporte qu'elles étoient encore au nombre de vingt, de son temps, dans le 12ᵉ siècle. Elles étoient fameuses pour la médecine, comme nous l'apprenons de Pétrone dans le repas de Trimalcion, et par un monument qu'a publié Falconerius dans *ses Athlétiques*. C'est une inscription antique qui fait mention de l'Asclépiade d'Alexandrie, du Pancratiat, du temple de Sérapis, et des philosophes nourris gratuitement dans le musée. Mais la plus célèbre de toutes étoit celle d'astronomie : les travaux d'Hipparque, de Ptolémée, de Théon, en sont encore de nos jours une preuve qu'on ne peut détruire. On peut dire des grecs relativement aux Arabes, ce que Cicéron en a dit relativement aux Romains : que les vaincus étoient devenus les maîtres des vainqueurs, par les lumières qu'ils leur communiquèrent. Effectivement les Arabes trouvèrent encore à s'instruire dans ces écoles, après le coup funeste qu'ils leur avoient porté ; et l'humanité doit particulièrement à la médecine et à l'astronomie auxquelles ils s'appliquèrent de préférence, la douceur et la sensibilité, qui commencèrent dès-lors à remplacer leur férocité naturelle, excitée par le fanatisme et l'avidité.

Que Ptolémée ait été prêtre de Sérapis, c'est ce qu'il nous importe très-peu de savoir. Sa préface l'indiqueroit assez par le cas qu'il fait de la théologie, et par les quarante années qu'il a passées dans le temple de Canope. Ce qui nous intéresse bien plus, c'est de déterminer le lieu précis de ses observations. Il doit les avoir faites dans le lieu où il a demeuré si longtemps. *Canobus* ou *Canope* étoit un dieu honoré en Égypte, suivant les témoignages rapportés par Bouillaud et Jablonski. Epiphane et Rufin disent qu'il étoit enterré à Alexandrie, et qu'il avoit un temple à 12000 pas de là sur le bord de la mer. Denys Periegète fait entendre que ce temple étoit la ville même de Canope, à 120 stades d'Alexandrie, et que cette ville en a pris son nom ; or le stade est la vingtième partie de notre lieue de 25 au degré, dans la géographie de Ptolémée ; le terme moyen entre ces deux nombres, est donc de cinq lieues pour l'intervalle de ces deux villes : c'est à peu près celui que Danville leur donne. Il est vrai que Strabon en parlant de Canope, ne dit pas qu'il y eût un temple du dieu Canope, mais bien de Sérapis ; et Pausanias s'exprime de même. Cela vient, comme le remarque très-bien Schlœger dans Jablonski, de ce que les Egyptiens, qui avoient les étrangers en horreur, ont métamorphosé Canobe en Sérapis pour ne pas rendre des honneurs divins à un grec mort sur leurs terres. En effet Canobe étoit le pilote de Ménelas, qui avoit

relâché sur la côte d'Egypte à son retour de la guerre de Troie : il y mourut, et Ménélas lui éleva un tombeau dont les Grecs ont fait un temple. Mais les Égyptiens l'ont nommé Sérapis, au lieu d'Hercule que les Grecs y mettoient aussi. Ainsi le Sérapis des Egyptiens étoit l'Hercule ou le Canope des Grecs.

Les pavillons, car c'est ainsi, suivant Pline et Vitruve cités par Bouillaud, qu'il faut entendre les *Ptères* ou aîles du temple où Olympiodore dit que Ptolémée passa quarante ans, étoient les parties latérales d'un édifice soutenu ou entouré de colonnes, à peu de distance de la mer, situation que Ptolémée choisit comme la plus convenable pour des observations astronomiques. D'un côté, l'inscription de Ptolémée dans le temple de Canope prouve qu'il y demeuroit ; d'un autre côté, le témoignage de Strabon prouve que Canope étoit devenu une partie d'Alexandrie ; on peut donc dire que Ptolémée n'a pas quitté Alexandrie, tout en demeurant à Canope ; et ce qui prouve mieux que tout le reste, qu'étant à Canope, Ptolémée étoit à Alexandrie dont Canope faisoit partie, c'est que dans sa géographie, il place Canope 15 minutes plus à l'orient qu'Alexandrie, qu'il met à 60^d 30′ ; et qu'il donne à l'une et à l'autre 31^d de latitude à laquelle il a porté en nombre rond, les 30^d 58′ qu'il avoit trouvés, suivant le chapitre 12 du liv. V de sa *Composition*, pour la latitude du lieu d'où il observoit à Alexandrie. Lalande adopte ces 31^d, mais il a tort d'ajouter que c'est parceque le musée devoit être dans la partie méridionale de la ville ; car le plan d'Alexandrie ancienne et moderne, que l'on voit dans S^{te}.-Croix (*), est assez semblable à celui qu'en donnent le P. Sicard, Danville et Bonamy (**), sinon que Bonamy représente la ville actuelle dans l'île même du Phare, et S^{te}.-Croix dans l'Heptastadium, isthme qui joint l'île au continent. Or tous ces auteurs s'accordent à mettre et le quartier Rhacotis où étoit le Serapeum, et le bruchion où étoient les anciennes écoles, au nord d'Alexandrie, vers la mer. Car ils disent que le quartier Rhacotis étoit près du vieux port Eunoste au nord-ouest de l'ancienne ville dans le continent ; que le Bruchion, quartier où étoient situés les palais, les magasins de blé, et les temples qui faisoient partie du palais, étoit sur le bord du grand port au nord-est de l'ancienne ville ; et que le chemin de Canope aboutissoit par la porte Canopique à la grande rue qui passoit dans le Bruchion. Ainsi Ptolémée, soit qu'il demeurât à Canope ou dans le temple Serapeum, et qu'il y ait fait ses observations, soit qu'il les ait faites dans les écoles du Bruchion, les a certainement faites au nord d'alexandrie ancienne. Le quartier de ces anciennes écoles est encore reconnoissable aujourd'hui à cette aiguille ou obélisque de Cléopâtre, qui étoit le gnomon des astronomes, dont Ptolémée parle dans le second livre, et à ces restes de colonnes renversées, qui formoient une enceinte, comme le dit quelque part un de nos savans les plus distingués dans la connoissance des langues orientales, et des plus avantageusement connus par sa *Chrestomathie*. Ces monuments sont bien au midi de la nouvelle Alexandrie, mais non de l'ancienne. Tout concourt donc à prouver que Ptolémée observant à Canope, où par l'extension de ce lieu le long de la mer, le Serapeum se trouvoit compris depuis que l'Egypte étoit au pouvoir des Romains,

---

(*) *Examen des Historiens d'Alexandre.*　　　　　(**) *Mém. de l'Acad. des Inscript.*

I.　　　　　　　　　　　　　　　　　　　　　　　　　　　　　　　　　　*i*

n'avoit pas besoin de réduire ses observations au parallèle d'Alexandrie, à cause du peu de différence de latitude entre ce temple de Canope et les écoles, et qu'il n'y a aucun changement à y faire à cet égard.

En prenant l'intervalle des deux observations extrêmes de Ptolémée rapportées dans son ouvrage, savoir de l'éclipse de lune la 9ᵉ année d'Adrien, 126 de l'ère chrétienne, à la dernière observation, du 2 février 141 de J-C, je trouve que l'*Almageste* embrasse un espace de 15 à 16 ans, et qu'il n'a pu être terminé que 5 ans après l'époque que lui fixe Rabbi Abraham Ben Samuel Zacut (*). Or puisque Ptolémée a consacré son inscription l'an 10 d'Antonin, après avoir dressé son catalogue d'étoiles pour la première année de ce prince, 137 de J-C, il vivoit donc encore dans l'année 147 de J-C. Mais il a observé 40 ans, suivant Olympiodore; il a donc commencé dès l'an 107 de J-C, 9ᵉ du règne de Trajan. Supposons qu'il eut alors 20 ans, il seroit donc né l'an 87 de J-C, ou 7ᵉ du règne de Domitien; et en admettant avec les Arabes qu'il a vécu 78 ans, il seroit mort dans l'année 165, 5ᵉ du règne de Marc-Aurèle dont effectivement Suidas dit qu'il étoit contemporain. Notre Ptolémée ne fut donc pas l'astrologue Ptolémée à qui il faut attribuer les opuscules astrologiques qui sont sous ce nom, et qui vécut à Rome sous Néron, Galba et Othon (**), puisque ceux-ci moururent l'an 69, environ 18 ans avant la naissance de Ptolémée l'astronome, et 78 ans avant la consécration de l'inscription gravée par ce dernier sur une des colonnes du temple de Canope. Cette inscription étoit une récapitulation des mouvemens moyens, des époques et des lieux des astres; ou une table du genre de celles que les astronomes d'Alexandrie avoit dressées pour avoir sous la main les nombres qui entroient le plus fréquemment dans leurs calculs. Ils les appelloient pour cette raison *Tables Manuelles*, elles leurs servoient à calculer d'une manière plus expéditive, parcequ'elles ne contenoient que des résultats démontrés et fixés.

De toutes ces tables, la plus célèbre est celle qui est connue sous le nom de *Canon astronomique des Rois*, commencé à Babylone et continué à Alexandrie. Elle reconnoit plusieurs auteurs : d'abord les astronomes chaldéens qui observant à Babylone, datèrent leurs observations des années de leurs rois, depuis Nabonassar inclusivement jusqu'à Alexandre qui termine cette première partie. La seconde, commençant à Philippe Aridée, frère du conquérant, ne se continue que par les rois qui lui ont succédé en Égypte, et passe sous silence leurs contemporains successeurs de ce prince dans les royaumes de Macédoine, de Syrie et autres : ce qui prouve que cette table ne fut continuée qu'à Alexandrie. L'auteur des remarques sur les fastes de Théon (***), veut que ce soient les prêtres égyptiens d'Héliopolis qui ont fait cette continuation. Cela est possible et n'empêche pas de croire qu'Alexandrie, étant la résidence des rois grecs-macédoniens d'Égypte, et le siége de l'école qu'ils y avoient fondée, les astronomes grecs y ont continué aussi ce catalogue des rois, pour les mêmes raisons qui l'avoient fait dresser par les astronomes de Babylone, de qui ils en tenoient la

(*) *Biblioth. rabbin. Bartolocci*, *v.* 1, *p.* 55.　(**) *Tacit. Hist. l.* 1, *Naudé apol. des gr. h.*
(***) *Observ. in Theon. Fast. Græc. pr. Amstel.* 1735.

première partie. La troisième, d'Auguste à Antonin inclusivement, sous qui Ptolémée écrivit sa *Composition*, est aussi l'ouvrage des divers astronomes qui se sont succédés dans l'école d'Alexandrie, et Ptolémée y a eu part comme ses prédécesseurs. Car les empereurs romains devenus maîtres de l'Égypte, y maintenant également les études publiques, les astronomes ajoutèrent aux règnes précédens ceux qui les suivirent; et après Ptolémée, les astronomes grecs de cette ville prolongèrent cette table chronologique qui ne fut attribuée à Théon, que parcequ'on la trouva parmi ses autres tables, quoique les unes ni les autres ne soient peut-être pas plus de lui, que de tout autre astronome, chacun y ayant travaillé et ajouté pour son compte ce qui convenoit pour son temps.

« La méthode de cette table chronologique est de ne point faire mention des rois qui n'ont pas régné une année entière. Ainsi on n'y trouve pas Darius Medus, Laborosoarchod, le mage Smerdis, Artaban, Xerxès II, Sogdien, Galba, Othon ni Vitellius. Les Chinois font encore de même, au rapport du P. Couplet. On n'y compte pour les années du règne d'un prince, que celles qui ont commencé lorsqu'il étoit déjà sur le trône. Une autre remarque à faire, c'est que depuis la mort d'Auguste, et le commencement de Tibère, cette table attribue aux empereurs romains, appellés rois par les orientaux, l'année entière dans laquelle leur règne a commencé » (*).

Cette table demande une discussion que les bornes d'une préface, déjà bien longue, ne me permettent pas d'insérer ici; on la trouvera dans une note assez étendue, sur ce monument de chronologie, qui intéresse l'histoire autant que l'astronomie. J'en expose ci-après la première partie qui se termine à Antonin. La seconde précédera les *Commentaires de Théon* jusqu'à l'empereur Théodose I; j'y ajoute deux colonnes, l'une des années avant et après notre ère vulgaire, et l'autre des années de la période julienne, de sorte que les nombres y répondent aux dernières années du règne des princes, et au commencement du règne suivant. Pour faciliter encore plus aux lecteurs le calcul des faits astronomiques rapportés par Ptolémée, je termine cette table par celle des mois alexandrins, extraite du P. Pétau. Ces mois égyptiens étant de 30 jours chacun, on ajouta d'abord 5 jours épagomènes pour faire les 365 jours des années communes. Et depuis la correction du calendrier par Jules-César, 6 jours à chaque quatrième année qui fut bissextile. Ces cinq jours épagomènes commençoient le 24 août, ou le 25 dans les années bissextiles, où alors le 1er Thoth tomboit au 30 août, et tous les autres mois commençoient aussi un jour plus tard que dans les années communes. Nous trouvons par ce moyen, que le 1er Thoth étoit invariablement fixé au 29 août, lorsque Ptolémée écrivoit sa *grande Composition*.

Il l'adresse à un certain Syrus qu'on ne connoît pas autrement, mais qu'on croit avoir été médecin. Etoit-il son élève, son frère, son fils, son ami? c'est ce que l'on ignore, et c'est ce qu'il est aussi très-indifférent de savoir. On en seroit plus instruit, s'il l'eût qualifié, comme a fait Théon dans ces premières lignes de son *Commentaire*. « Je me rends enfin, ô Épiphane, mon cher fils! aux sollicitations de

---

(*) *Tablettes chronologiques de Lenglet du Fresnoy, éd. de Barbeau de la Bruyère; et Fréret, Mém.*

» mes auditeurs, qui m'ont souvent demandé des éclaircissemens sur ce qu'ils
» trouvent de difficile dans la *Composition Mathématique de Ptolémée*. J'ai cru que
» je rendrois service et à ceux qui étudient l'astronomie, et à ceux qui l'exercent, si
» j'entreprenois ce travail en faveur des personnes qui aiment assez la vérité, pour
» n'épargner ni peines ni recherches, en vue de parvenir jusqu'à elle ». Ce témoignage
prouve que déjà moins de deux siècles après Ptolémée, son ouvrage étoit jugé si
obscur et si difficile, qu'on crut absolument nécessaire de l'expliquer par un commentaire, et que Théon s'en chargea à la prière des amateurs de l'astronomie qui ne
comprenoient rien à l'ouvrage principal. Qu'on ne soit donc pas surpris si Montucla
et Bailly qui n'ont pû lire les explications de Théon en sa langue, n'en ont donné
que de conjecturales des difficultés de Ptolémée.

   La traduction des *Commentaires grecs de Théon*, publiés à la suite de Ptolémée,
avec des extraits de ce qu'il y a de plus important dans les petits astronomes,
éclaircira toutes ces difficultés. L'analyse que Purbach et Régiomontan ont faite
de la version latine du *Commentaire arabe de Géber*, concourt si bien au même but,
qu'elle ne sera pas déplacée après celles des phénomènes d'Aratus et de l'introduction
de Geminus que je donne comme préliminaires. Sous le titre de phénomènes, Aratus
a fait une description des constellations qui, jointe à l'énumération de leurs étoiles
par Eratosthène (*), est comme la carte des régions célestes, où, à moins qu'on ne
veuille s'égarer, on ne peut sans de pareils guides entreprendre de s'engager à la
suite des anciens. L'introduction de Geminus explique tout ce qui est particulier à
leur astronomie. L'analyse de Régiomontan supplée ces deux auteurs en tout ce qui
leur manque sous le rapport de la géométrie et du calcul. Le *Commentaire arabe* inédit
de *Mohieddin* ne peut pas être meilleur (**). Un extrait traduit de l'allemand de
M. Schubert démontrera les hypothèses par notre analyse actuelle, mais seulement
d'une manière abstraite et générale, sans entrer dans les détails nécessaires autant
que précieux que l'astronome qui a revu cette présente édition a répandus dans ses
notes. Enfin les recherches de M. Ideler sur les observations anciennes, et sur les dénominations des étoiles, fixeront irrévocablement les dates des unes, et feront disparoître tous les doutes sur les autres.

   On me pardonnera ce compte rendu de mes travaux sur l'ouvrage astronomique de
Ptolémée; je le dois à mes lecteurs, puisque je devois leur indiquer, par cette notice
du recueil que j'ai formé en notre langue, des pièces qui composent le corps entier de
l'astronomie ancienne, les moyens que je leur ai préparés pour les aider à lever les difficultés que jai eu à vaincre. Je ne ferai plus à ce sujet qu'une réflexion. Pourquoi des
hommes tels que Rheinhold et Bouillaud n'ont-ils pas entrepris de rendre cet ouvrage
en leurs langues vulgaires? pourquoi les sociétés religieuses auxquelles appartenoient
les Pétau, les Riccioli, les Mersenne, et les Malebranche, n'y ont-elles pas réuni les
talens de plusieurs de leurs membres? pourquoi dans une autre compagnie féconde
en hommes si capables d'y réussir, les Rivard et les Marie ne s'y sont-ils pas consacrés?

(*) *Eratosth. Catast.*, ed. *Schaubach et Heyne.* (**) *Bibl. Paris. Catalog. Cod. M. arab.* 1, n° 1107.

Baimbridge en avoit la volonté, comme il nous l'apprend dans sa traduction de Proclus, par laquelle il s'y préparoit, mais à laquelle il s'est borné, rebuté sans doute des difficultés insurmontables qu'il témoigne avoir rencontrées dès l'entrée du livre de Ptolémée. Lalande, dans sa vieillesse, s'étoit mis à tenter d'apprendre le grec pour s'y dis-poser. Fut-ce inaptitude à l'étude des langues dans un âge si avancé, ou impossibilité de pouvoir jamais pénétrer assez le sens de son auteur, pour ne pas y substituer ses propres idées, qui le fit renoncer à son projet? Les difficultés de la matière n'étoient pas pour lui un obstacle, mais la langue lui en opposoit un qu'il ne put franchir; tandis que pour d'autres, si la langue leur facilitoit le chemin jusqu'à Ptolémée, ces difficultés leur en fermoient l'accès. Disons-le donc avec M. Ideler: « Une telle entreprise demandoit des connoissances trop variées, pour qu'on osât espérer qu'elle se pussent trouver réunies dans un seul homme qui voudroit sacrifier son temps, ses peines et sa fortune à un tra-vail dont il n'auroit aucun profit à retirer (*) ». Car quels sont, à l'exception d'un très-petit nombre d'hommes qui se livrent à l'astronomie, ceux qui s'intéressent assez à cette science, pour vouloir acquérir à grands frais le premier traité méthodique qui en ait jamais été composé? Quel est l'homme de lettres assez dévoué pour ne se laisser détourner de l'interprêter et de le publier, ni par l'insuffisance, j'ai presque dit la nullité de sa fortune, ni par l'exemple de ceux que tant d'obstacles ont arrêtés avant lui?

Convaincus de ces vérités, et persuadés qu'un tel travail méritoit l'attention du gouvernement, deux des plus illustres membres de l'institut, que j'ai assez désignés par leurs ouvrages, ont jugé qu'il ne suffisoit pas d'avoir favorisé cette entreprise, de leurs conseils et de leurs lumières, ils en ont encore représenté l'utilité au ministère chargé du département des sciences (**), et leur rapport a été accueilli avec les égards dont la présente édition est la preuve et l'effet.

(*) *Untersuch. uber die astronom. beobacht. der alten.* (**) *Prospectus pag. 2.*

TABLE CHRONOLOGIQUE DES ROIS.

EXTRAITE DU MANUSCRIT GREC N° 2399 DE LA BIBLIOTHÈQUE IMPÉRIALE DE PARIS,

DU *RATIONUM TEMPORUM* DU P. PÉTAU, DES *DISS. CYPR.* DE DODWELL,

DES *OBSERV. IN THEONIS FASTOS GRÆCOS PRIORES*, DE *CALVISIUS* ET DE *BAINBRIDGE*.

ANNÉES DES ROIS AVANT LA MORT D'ALEXANDRE, AVEC LES ANNÉES DE CE PRINCE.			ΕΤΗ ΒΑΣΙΛΕΩΝ ΠΡΟ ΤΗΣ ΤΕΛΕΥΤΗΣ ΑΛΕΞΑΝΔΡΟΥ ΚΑΙ ΑΥΤΟΥ.			Années correspondantes de l'ère chrétienne et de la période julienne.	
DES ROIS ASSYRIENS ET MÈDES.	Années.	Sommes de ces années.	ΑΣΣΥΡΙΩΝ ΚΑΙ ΜΗΔΩΝ.	Ετη.	Επισυναγωγὴ αὐτῶν.	Avant l'ère chrétienne.	De la période julienne.
						747	3967
De Nabonassar.........	14	14	Ναβονασσάρου......	ιδ	ιδ	733	3981
de Nadius............	2	16	Ναδίου............	6	ις	731	3983
de Chinzêr et de Pôrus...	5	21	Χινζήρος καὶ Πώρου...	ε	κα	726	3988
de Iloulaïus.........	5	26	Ιλουλαίου..........	ε	κς	721	3993
de Mardocempad.......	12	38	Μαρδοκεμπάδου.....	ιβ	λη	709	4005
d'Arcean............	5	43	Αρκεανοῦ..........	ε	μγ	704	4010
du premier interrègne....	2	45	Αβασιλεύτου πρώτου...	6	με	702	4012
de Bilib.............	3	48	Βιλίβου............	γ	μη	699	4015
d'Aparanad..........	6	54	Απαρανάδίου........	ς	νδ	693	4021
de Rhêgêbel.........	1	55	Ρηγεβήλου.........	α	νε	692	4022
de Mesêsimordac......	4	59	Μεσησιμορδάκου....	δ	νθ	688	4026
du second interrègne....	8	67	Αβασιλεύτου δευτέρου..	η	ξζ	680	4034
d'Asaridin...........	13	80	Ασαριδίνου.........	ιγ	π	667	4047
de Saosdouchin.......	20	100	Σαοσδουχίνου.......	κ	ρ	647	4067
de Ciniladan.........	22	122	Κινιλαναδάνου......	κβ	ρκβ	625	4089
de Nabopollassar.....	21	143	Ναβοπολλασσάρου...	κα	ρμγ	604	4110
de Nabocollassar.....	43	186	Ναβοκολασσάρου....	μγ	ρπς	561	4153
d'Iloaroudam.........	2	188	Ιλλοαρουδάμου.....	6	ρπη	559	4155
de Nericasolassar......	4	192	Νηρικασολασσάρου...	δ	ρ46	555	4159
de Nabonad.........	17	209	Ναβονάδίου........	ιζ	σθ	538	4176
DES ROIS DES PERSES.			ΠΕΡΣΩΝ ΒΑΣΙΛΕΙΣ.				
de Cyrus............	9	218	Κύρου............	θ	σιη	529	4185
de Cambyse.........	8	226	Καμβύσου.........	η	σκς	521	4193
de Darius I.........	36	262	Δαρείου πρώτου.....	λς	σξβ	485(6)	4229
de Xerxès...........	21	283	Ξέρξου............	κα	σπγ	464(5)	4250(49)
d'Artaxerxès I.........	41	324	Αρταξέρξου πρώτου...	μα	τκδ	423(4)	4291(0)
de Darius II.........	19	343	Δαρείου δευτέρου....	ιθ	τμγ	404(5)	4310(09)
d'Artaxerxès II........	46	389	Αρταξέρξου δευτέρου..	μς	τπθ	358(9)	4357(6)
d'Ochus.............	21	410	Ωχου.............	κα	υι	337(8)	4377(6)
d'Arôgus............	2	412	Αρωγοῦ..........	6	υιβ	335(6)	4379(8)
de Darius III........	4	416	Δαρείου τρίτου......	δ	υις	331(2)	4383(2)
d'Alexandre de Macédoine.	8	424	Αλεξάνδρου Μακεδόνος.	η	υκδ	323(4)	4391(0)

* Tablettes chronologiques de Lenglet édit. de Barbeau; et des Viguoles, chronologie de l'Hist. Sainte.

ΒΑΣΙΛΕΩΝ ΜΑΚΕΔΟΝΩΝ.	Ετη.	Επισυν-αγωγὴ αὐτῶν.		DES ROIS MACÉDONIENS.	Années.	Sommes de ces années.		Avant l'ère chrétienne.	De la période julienne.
Φιλίππου......	ξ	ζ		De Philippe.....	7	7		317	4397
Ἀλεξάνδρου ἄλλου.	ιϛ	ιθ		d'Alexandre II....	12	19		305	4409
Πτολεμαίου Λάγου.	κ	λθ	Πτο-λε-μαῖοι πάν-τες.	de Ptolémée Lagus.	20	39	Tous Ptolé-mées.	285	4429
Φιλαδέλφου....	λη	οζ		de Philadelphe...	38	77		247	4467
Εὐεργέτου πρώτου.	κε	ρβ		d'Euergète I....	25	102		222	4492
Φιλοπάτορος....	ιζ	ριθ		de Philopator...	17	119		205	4509
Ἐπιφανοῦς.....	κδ	ρμγ		d'Epiphane.....	24	143		181	4533
Φιλομήτορος....	λε	ροη		de Philométor....	35	178		146	4568
Εὐεργέτου δευτέρου.	κθ	σζ		d'Euergète II....	29	207		117	4597
Σωτῆρος.....	λϛ	σμγ		de Sôter........	36	243		81	4633
Διονυσίου νέου.	κθ	σοβ		de Denys le jeune..	29	272		52	4662
Κλεοπάτρας.....	κβ	σϙδ		de Cléopâtre.....	22	294		30	4684
ΡΩΜΑΙΩΝ ΒΑΣΙΛΕΩΝ.				DES ROIS (EMPEREURS) DES ROMAINS.				1re ANNÉE de l'ère chrétienne	4714
Αὐγούστου......	μγ	τλζ		d'Auguste.....	43	337		14	4727
Τιβερίου......	κβ	τνθ		de Tibère.....	22	359		36	4749
Γαίου........	δ	τξγ		de Caïus......	4	363		40	4753
Κλαυδίου......	ιδ	τοζ		de Claude.....	14	377		54	4767
Νέρωνος.....	ιδ	τϙα		de Néron......	14	391		68	4781
Οὐεσπασιανοῦ...	ι	υα		de Vespasien.....	10	401		78	4791
Τίτου........	γ	υδ		de Tite........	3	404		81	4794
Δομητιανοῦ....	ιε	υιθ		de Domitien....	15	419		96	4809
Νερούα.......	α	υκ		de Nerva.......	1	420 }		97(8)	4810(1)
				Art de vérifier les dates. {1 an, 6 mois et 9 jours. }		421 }			
Τραϊανοῦ......	ιθ	υλθ		de Trajan.....	19	439		116(7)	4829(30)
Ἀδριανοῦ......	κα	υξ		d'Adrien.....	21	460		137(8)	4850(1)
Αἰλίου Ἀντωνίνου..	κγ	υπγ		d'Ælius-Antonin...	23	483		160(1)	4873(4)

MOIS ÉGYPTIENS D'ALEXANDRIE.

Θώθ..............	29 août.		1...	Thoth.............	30 jours.
Φαωφί............	28 septembre.		2...	Phaophi...........	60
Ἀθύρ............	28 octobre.		3...	Athyr............	90
Χοιάκ...........	27 novembre.		4...	Choïac...........	120
Τυβί...........	27 décembre.		5...	Tybi............	150
Μεχίρ..........	26 janvier.		6...	Mechir..........	180
Φαμενώθ........	25 février.		7...	Phamenoth.......	210
Φαρμουθί.......	26 mars.		8...	Pharmouthi......	240
Παχώμ..........	25 avril.		9...	Pachôm.........	270
Παῦνί...........	25 mai.		10...	Payni..........	300
Ἐπιφί..........	24 juin.		11...	Epiphi.........	330
Μεσορῆ.........	24 juillet.		12...	Mesorê.........	360
ε̄ ἐπαγόμεναι ἡμέραι....	——			Jours complémentaires.....	5

TABLE DES CHAPITRES.

I.

k

ADDITIONS ET CORRECTIONS.

Pag.	lig.	Au lieu de:	lisez:
		PRÉFACE.	
XVII.	23.	On a trouvé l'obliquité de l'écliptique, de 26°,0735 pour l'an 1800 (T. ☉); 23° 28'.	M. Delambre a trouvé
—	31.	solides semblables,	ou égaux.
XXIII.	35.	les uns	quelques-uns
XXVIII.	16.	les astres	les étoiles
XL.	24.	au-delà	hors
XLV.	32.	selon lui	à sa manière
LII.	32.	du numéro 56o,	des nos 1038 et 56o
LVI.	36.	les siennes à lui,	les autres
—	(en bas.)	e fabricio	e fabrica
LX.	38.	que soit, l'occident	que soit l'occident
LXII.	1.	épigrammes	inscriptions
LXIX.	4.	s'étoit mis à tenter	s'étoit mis en tête
—	9.	facilitoit	frayoit
LIVRE I.		après:	ajoutez:
1.	12.	de rien savoir	du système de l'univers.
2.	1.	dans les mêmes travaux,	dans les travaux mêmes,
—	26.	et sa forme, genre	et ce genre
—	28.	chorckée	cherchée
—	31, 32.	mais la forme	mais le genre
—	38.	quant à la forme expresse de la qualité, dans les espèces et les mouvemens trajectoires,	quant au genre évident de la qualité, des formes et des mouvemens de translation,
3.	1.	elle constitue	il constitue.
4.	2.	ce goût pour les vérités éternelles; les choses éternelles et éternellement les mêmes	cet amour que nous avons pour les choses éternelles et éternellement les mêmes
—	36.	en ce genre,	pendant le temps qui s'est écoulé entre eux et nous,
—	37.	qui ont déjà été publiées,	les plus avérées.
5.	17.	cercle oblique	(ou écliptique)
6.	19.	est sensiblement un sphéroïde.	est sensiblement sphéroïde.
18.	7,8,9.	des préjugés qu'ils prennent de ce qu'ils voient arriver etc.	des préjugés d'après le rapport de leurs sens,
—	24.	dans le monde	considéré en lui-même:
19.	4.	Mais on doit croire	Et l'on doit croire
—	10.	puisse	peut
24.	36.	nychthémères.	(jour et nuit consécutifs, composés chacun d'un jour et d'une nuit)
26.	28.	ne les empêchera d'être	ne les empêchera pas d'être
27.	34.	l'hypoténuse BZ	du triangle rectangle BDZ
35.	27.	l'angle GBD	l'angle GDB
48.	2.	bien dressé,	de largeur et d'épaisseur proportionnées pour pouvoir se tenir de champ.

Pag.	lig.	Au lieu de:	lisez:
50.	25.	la raison de GD sera composée	la raison de GD à EH sera composée
53.	27.	il suit de là	ici encore
54.	6.	de ce triangle	du triangle
—	14.	mêmes	menés
58.	10.	41 parties et 20 parties,	41 degrés et 20 degrés; et de même changez p. en d. partout où les arcs où les angles, sont marqués de p.
6o.	7.	segmens	portions
LIVRE II.			
9o.	32.	dux	deux
94.	9.	se lève	monte
95.	7.	22 46'.	à monter.
—	19.	la portion E	l'arc ET
97.	12.	et l'horizon,	et par l'horizon,
—	16.	à l'horizon	par l'horizon
119.	—	(dans la figure). L'arc ZE doit être égal à l'arc KE, EH à EI, et ZH à KH.	
124.	—	(figure). BZ doit être une ligne courbe comme BD, la ligne ponctuée est inutile.	
148.	2.	situations (a)	(époques)
—	5,6.	calculées d'après les phénomènes	pour les calculs des phénomènes
—	19,20.	ceux des autres points de la surface terrestre.	les temps des époques.
LIVRE III.			
153.	10.	calcul.	des solstices.
154.	17.	ensorte que mes deux observations différentes de ce même équinoxe	ensorte, dit-il, que ces deux différentes observations du même équinoxe.
—	20.	les équinoxes	il dit que
—	34.	apparens, qu'il n'est possible	apparens, plutôt qu'il n'est possible......
160.	25.	avons choisi etc.	nous sommes servis, pour cette comparaison, des observations qui à cause de leur exactitude ont été spécialement marquées par Hipparque, comme ayant été faites par lui-même, et de celles que nous avons faites.
181.	23.	du centre E du diamètre	du centre E, et du diamètre
185.	2.	Or	En effet
LIVRE IV.			
213.	6.	sous le soleil,	(entre le soleil et la terre)
216.	7,8.	à leur premier état ces différens mouvemens.	les différences des mouvemens à un seul point d'où elles reviennent
220.	22.	puissance	(ou valeur)
238.	1.	exposons	suivant ces principes

Pag.	lig.	Au lieu de:	lisez:
244.	33.	elle commença	la lune commença
248.	1.	ABG	BAG
—	14.	par les éclipses des trois points.	par les points des trois éclipses.
—	33.	autres	autres
253.		(fig.). La droite KX doit être perpendiculaire sur BE.	
—	7.	une heure	équinoxiale
270.	30.	suivant l'anomalie	par l'anomalie
277.	31.	or.	et
278.	3.	un tiers.	un huitième $=\frac{1}{7}\times\frac{1}{8}$
281.	10.	pour Alexandrie au milieu de la vierge, l'heure	au milieu de la vierge, l'heure pour Alexandrie
LIVRE V.			
284.	3.	cecercle extérieur	le cercle intérieur
295.	7.	ayant été	étant alors
—	18.	temporaires	avant midi
300.	21.	par son mouvement moyen il est	le soleil, par son mouvement moyen est
308.		(au titre), par une figure.	(par des lignes)
321.	6.	point apogée,	A
—	10.	périgée	le périgée
—	11.	point E,	centre E,
392.	14.	la perpendiculaire	BT
—		dans l'anomalie	provenant de l'anomalie
313.	19.	étant aussi dans cette distance,	ayant la position dite ci-dessus,
342.		(au titre) conséquences	conséquences
343.	3.	ces 3o parties	de 3o degrés
352.	33.	de Λ en Ɗ.	du 1er terme au 4e.
353.	11.	(6e col.) 11''	14''
LIVRE VI.			
374.	21.	Elle est donc arrivée	La suivante est donc arrivée
376.	27.	et qui auront chacune autant	chacune sur autant
—	3o.	à la première ligne de la première colonne,	dans les premières lignes à la première colonne,
389.	15.	par son mouvement, le soleil vrai	par son mouvement vrai, le soleil.....,
390.	8.	commencé	encore
392.	19.	pendant le temps (f) des passages.	jusqu'aux passages dans les temps des éclipses
400.	35.	toute éclipse	ce qui est énoncé ci-dessus
410.	9.	inclinée alors, suivant...	inclinée, alors suivant...
411.	2 et 3.	pour: en sus pendant l'éclipse	sur-ajoutés, qui se font de plus pendant l'éclipse
452.	6.	à l'horizon,	à l'horizon,
—	9.	ou qu'il	ou s'il

Variantes (bas de page)

Pag.	lig.	Au lieu de:	lisez:
		μοῖρα, μοῖρας	lis. par-tout μοῖρα, μοῖρας
1.	6.	διαρμενιπῶν	τὸ
2.	25.	ξενσιθν	ξενσιναθ
6.	20.	καθ' ὅλα μέρη	ὡς
9.	33.	ἀπλάση	ἀπλαθῶτ
18.	20.	αὐνιν	αὐνὶς
28.	34.	μεγρῶν	μείρας
104.	26.	(9e col.) σἔρ	σἔτ
105.	—	(χΤΕΝΗΣ) Ωδαν ιγ'σ	ιγ''''
	7.	(4e col.) μα''''	μι''''
125.	2.	τὰι	τεδ

Pag.	lig.		
130.	35.	ΤΩΙ ΙϚ	ΤΩ, ΖΒ
136.	2.	ΙΩΝΙΑΙ	ΙΩΝΙΑΙ
140.	5.	(4e col. ΙΧΘΤΩΝ)	ΡΟΔΟΥ
		μῖτ	ρῖτ
154.	17.	γηιδαι	γιῖοδαι
156.	21.	ιϟ'	ιϟ''
162.	24.	ἐπιλογισάμιθα	ἰσπλογισάμιθα
168.	1.	ΚΙΝΗΣΕΩΣ	ΚΙΝΗΣΕΩΣ
	3.	ΔΙΓΜΩΝ	ΔΙΑΤΜΩΝ
	3.	(7e col.) ις''''	ις''''
223.	7.	κϛ''' ἰϗ''' λϛ'''	ιζ''' κϛ''' νϛ'''

Pag.	lig.	Au lieu de:	lisez:
272.	35.	σωαγχιμους	σωαγχιμους
312.	2.	4π, g1'	ζ' λ', god 3o'
524.7 et g.		καὶ ΕΖ	καὶ ΕΗ
353.	23.	γδ' μι''	γδ' μι'
—	27.	ιδ' δ	ιδ' ιδ''
397.	26.	ἀσπλαμβαπισιιται	ἀσπλαμβαπιοτιι
410.	11.	τὸ πι	τότι
435.	1.	ὡθλι	ὡθλι
455.	5.	ΠΡΟΙΜΙΟΝ	ΠΡΟΟΙΜΙΟΝ
		4e col. no 56o	nos 1038 et 56o.
—		Πιπιμαίιν	d'écriture moderne. (184 de Rome.)

Variantes, pag 1, lig. 6. EDITION DE BASLE. MANUSCRIT 2389. MANUSCRIT 1038. MANUSCRIT 2390. MANUSCRIT 315.
θιωρηηπῷ   θιωρηηπῷ   θιωρηηπῷ   θιωρηηπῷ   θιωρηηπῷ

Ibid. Au lieu de ἀυ lisez αυ. pag. 226, etc. ΕΠΟΥΣΙΑ, surplus, lieux de l'astre, en degrés restants après les 36oᵈ retranchés.

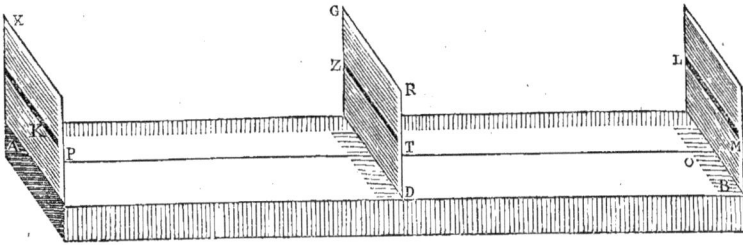

ΚΛΑΥΔΙΟΥ ΠΤΟΛΕΜΑΙΟΥ

ΜΑΘΗΜΑΤΙΚΗΣ ΣΥΝΤΑΞΕΩΣ

ΒΙΒΛΙΟΝ ΠΡΩΤΟΝ.

—

PREMIER LIVRE

DE LA COMPOSITION MATHÉMATIQUE

DE CLAUDE PTOLÉMÉE.

ΠΡΟΟΙΜΙΟΝ.

ΠΑΝΥ καλῶς οἱ γνησίως φιλοσοφήσαντες, ὦ Σύρε, δοκοῦσί μοι κεχωρικέναι τὸ θεωρητικὸν τῆς φιλοσοφίας ἀπὸ τοῦ πρακτικοῦ. Καὶ γὰρ εἰ συμβέβηκε καὶ τῷ πρακτικῷ, πρότερον αὐτοῦ τούτου θεωρητικὸν τυγχάνειν, οὐδὲν ἧττον ἄν τις εὕροι μεγάλην οὖσαν ἐν αὐτοῖς διαφοράν, οὐ μόνον διὰ τὸ τῶν μὲν ἠθικῶν ἀρετῶν ἐνίας ὑπάρξαι δύνασθαι πολλοῖς καὶ χωρὶς μαθήσεως, τῆς δὲ τῶν ὅλων θεωρίας ἀδύνατον εἶναι τυχεῖν ἄνευ διδασκαλίας, ἀλλὰ καὶ τῷ τὴν πλείςην ὠφέλειαν, ἐκεῖ μὲν ἐκ τῆς ἐν αὐτοῖς τοῖς πράγμασι συνεχοῦς ἐνεργείας, ἐνθάδε δὲ ἐκ τῆς ἐν

I.

AVANT-PROPOS.

C'EST avec raison, ce me semble, mon cher Syrus, que, dans la saine philosophie, la théorie a été distinguée de la pratique. Car s'il est arrivé que la pratique soit précédée de la théorie, on ne trouvera pas entre l'une et l'autre une moins grande différence, non seulement en ce qu'il peut se rencontrer quelques-unes des vertus morales en plusieurs personnes qui n'ont rien appris, tandis que sans instruction il est impossible de rien savoir; mais encore en ce que la théorie et la pratique tirent leur plus grande perfection, celle-ci, d'un exercice constant

1 *

et assidu dans les mêmes travaux, l'autre de ses progrès dans la découverte des régles à suivre. Voilà pourquoi nous avons jugé convenable de conformer tellement nos opérations aux principes, que nous ne perdions jamais de vue, pas même dans les moindres choses, ce qui peut contribuer à la beauté de l'ordre et de la méthode ; et d'employer la plus grande partie de nos méditations à la recherche de ces principes si beaux et si nombreux, de ceux sur-tout qui composent la science mathématique.

En effet, Aristote divise très-bien les sciences spéculatives en trois principaux genres, celui de la physique, celui des mathématiques, et celui des choses divines. Car tout ce qui existe, consistant dans la matière, la forme et le mouvement, quoiqu'aucune de ces trois choses ne puisse être vue, mais seulement conçue séparée des autres, dans son sujet, si l'on cherche particulièrement la cause première du mouvement primitif de l'univers, on trouvera que c'est Dieu invisible et immuable ; et sa forme, genre qui est l'objet de la science des choses divines, ne doit être cherchée qu'au-dessus du monde matériel, parceque nous n'en connoissons que l'action seule, absolument distincte de tout ce qui tombe sous nos sens. Mais la forme qui embrasse la qualité matérielle et toujours variable, comme la blancheur, la chaleur, la douceur, la mollesse, et autres de ce genre, s'appellera physique, la substance en étant comprise généralement parmi celles qui sont corruptibles et sublunaires. Quant à la forme exprès de la qualité, dans les espèces et les mouvemens trajectoires, la figure, la quantité, la grandeur, le lieu, le temps, et autres choses semblables, comme ce genre, est l'objet de nos recherches,

τοῖς θεωρήμασι προκοπῆς παραγίνεθαι. Ἔνθεν ἡγησάμεθα προσήκειν ἑαυτοῖς τὰς μὲν πράξεις, ἐν ταῖς αὐτῶν τῶν φαντασιῶν ἐπιβολαῖς, ῥυθμίζειν, ὅπως μηδ᾽ ἐν τοῖς τυχοῦσιν ἐπιλανθανώμεθα τῆς πρὸς τὴν καλὴν καὶ εὔτακτον κατάςασιν ἐπισκέψεως, τῇ δὲ σχολῇ χαρίζεθαι τὸ πλεῖςον, εἰς τὴν τῶν θεωρημάτων, πολλῶν καὶ καλῶν ὄντων, διδασκαλίαν, ἐξαιρέτως δὲ εἰς τὴν τῶν ἰδίως καλουμένων μαθηματικῶν.

Καὶ γὰρ αὖ καὶ τὸ θεωρητικὸν ὁ Ἀριςοτέλης πάνυ ἐμμελῶς εἰς τρία τὰ πρῶτα γένη διαιρεῖ, τό τε φυσικὸν, καὶ τὸ μαθηματικὸν, καὶ τὸ θεολογικόν. Πάντων γὰρ τῶν ὄντων τὴν ὕπαρξιν ἐχόντων ἔκ τε ὕλης, καὶ εἴδους, καὶ κινήσεως, χωρὶς μὲν ἑκάςου τούτων κατὰ τὸ ὑποκείμενον θεωρεῖθαι μὴ δυναμένου, νοεῖθαι δὲ μόνον, καὶ ἄνευ τῶν λοιπῶν, τὸ μὲν τῆς τῶν ὅλων πρώτης κινήσεως πρῶτον αἴτιον, εἴ τις κατὰ τὸ ἁπλοῦν ἐκλαμβάνοι, Θεὸν ἀόρατον καὶ ἀκίνητον ἂν ἡγήσαιτο, καὶ τὸ τούτου ζητητέον εἶδος, θεολογικὸν, ἄνω που περὶ τὰ μετεωρότατα τοῦ κόσμου τῆς τοιαύτης ἐνεργείας νοηθείσης ἂν μόνον, καὶ καθάπαξ κεχωρισμένης τῶν αἰθητῶν οὐσιῶν. Τὸ δὲ τῆς ὑλικῆς καὶ ἀεὶ κινουμένης ποιότητος διερευνητικὸν εἶδος, περί τε τὸ λευκὸν, καὶ τὸ θερμὸν, καὶ τὸ γλυκὺ καὶ τὸ ἁπαλὸν, καὶ τὰ τοιαῦτα καταγιγνόμενον, φυσικὸν ἂν καλέσειε, τῆς τοιαύτης οὐσίας, ἐν τοῖς φθαρτοῖς, ὡς ἐπὶ τὸ πολὺ, καὶ ὑποκάτω τῆς σεληνιακῆς σφαίρας, ἀναςρεφομένης. Τὸ δὲ τῆς, κατὰ τὰ εἴδη καὶ τὰς μεταβατικὰς κινήσεις, ποιότητος ἐμφανιςικὸν εἶδος, σχήματός

τε, καὶ ποσότητος, καὶ πηλικότητος, ἔτι τε τόπου, καὶ χρόνου, καὶ τῶν ὁμοίων ζητητικὸν ὑπάρχον, ὡς μαθηματικὸν ἂν ἀφορίσειε, τῆς τοιαύτης οὐσίας μεταξὺ ὥσπερ ἐκείνων τῶν δύο ωιπλήσης· οὐ μόνον τῷ καὶ δι᾽ αἰσθήσεως καὶ χωρὶς αἰσθήσεως δύνασθαι νοεῖσθαι, ἀλλὰ καὶ τῷ πᾶσιν ἁπλῶς τοῖς οὖσι συμβεβηκέναι καὶ θνητοῖς καὶ ἀθανάτοις, τοῖς μὲν ἀεὶ μεταβάλλουσι κατὰ τὸ εἶδος τὸ ἀχώριςον συμμεταβαλλομένην, τοῖς δὲ αἰδίοις καὶ τῆς αἰθερώδους φύσεως, συντηροῦσαν ἀκίνητον τὸ τοῦ εἴδους ἀμετάβλητον. Ἐξ ὧν διανοηθέντες ὅτι τὰ μὲν ἄλλα δύο γένη τοῦ θεωρητικοῦ μᾶλλον ἄν τις εἰκασίαν ἢ κατάληψιν ἐπιςημονικὴν εἴποι, τὸ μὲν θεολογικὸν, διὰ τὸ παντελῶς ἀφανὲς αὐτοῦ καὶ ἀνεπίληπ]ον, τὸ δὲ φυσικὸν, διὰ τὸ τῆς ὕλης ἄςατον καὶ ἄδηλον, ὡς, διὰ τῦτο, μηδέποτε ἂν ἐλπίσαι περὶ αὐτῶν ὁμονοῆσαι τοὺς φιλοσοφοῦντας· μόνον δὲ τὸ μαθηματικὸν, εἴ τις ἐξετασικῶς αὐτῷ προσέρχοιτο, βεβαίαν κ᾽ ἀμετάπιςον τοῖς μεταχειριζομένοις τὴν εἴδησιν παράσχοι, ὡς ἂν τῆς ἀποδείξεως δι᾽ ἀναμφισβήτων ὁδῶν γιγνομένης, ἀριθμητικῆς τε καὶ γεωμετρίας· προήχθημεν ἐπιμεληθῆναι μάλιςα πάσης μὲν, κατὰ δύναμιν, τῆς τοιαύτης θεωρίας, ἐξαιρέτως δὲ τῆς περὶ τὰ θεῖα καὶ οὐράνια κατανοουμένης, ὡς μόνης ταύτης περὶ τὴν τῶν ἀεὶ καὶ ὡσαύτως ἐχόντων ἐπίσκεψιν ἀναςρεφομένης, διὰ τοῦτό τε δυνατῆς οὔσης κ᾽ αὐτῆς, περὶ μὲν τὴν οἰκείαν κατάληψιν, οὔτε ἄδηλον οὔτε ἄτακλον οὖσαν, ἀεὶ κ᾽ ὡσαύτως ἔχειν, ὅπερ ἐςὶν ἴδιον ἐπιςήμης, πρὸς δὲ τὰς ἄλ-

elle constitue la science mathématique qui tient, pour ainsi dire, le milieu entre les deux autres; non-seulement parce qu'elle peut s'acquérir et par le moyen des sens, et sans le secours des sens; mais encore parce qu'elle embrasse tous les êtres, sans exception, tant ceux qui sont sujets à la mort, que ceux qui en sont exempts; les premiers, dans les mutations de formes, qui en sont inséparables; les autres, qui sont éternels et d'une nature éthérée, dans leur invariabilité constante. On voit par là que, de ces spéculations, il y en a deux dont les objets sont moins palpables qu'ils ne sont sentis intimement. Telles sont, celle qui traite des choses divines, attendu qu'elles sont invisibles autant qu'incompréhensibles; et celle qui s'occupe des choses naturelles, parce que l'instabilité de leur matière empêche de les bien connoître : ensorte qu'il n'y a nulle espérance que jamais les philosophes s'accordent dans ces sciences. Les mathématiques seules donnent à ceux qui s'y appliquent avec méthode, une connoissance solide et exempte de doute, les démonstrations y procédant par les voies certaines de calcul et de mesure. Nous avons résolu d'en faire aussi le sujet de nos méditations et de nos travaux, et nous avons choisi de préférence la science des mouvemens célestes, comme la seule dont l'objet soit immuable et éternel, et la seule qui soit susceptible de ce degré d'évidence, de certitude et d'ordre qui la met à l'abri de toute variation; ce qui est le caractère de la science. Elle ne contribuera pas moins que les deux autres, à nous instruire de ce qu'elles sont. Car elle nous ouvrira la voie aux choses divines par la connoissance que nous donnera de la

force éternelle et distinguée de toute autre, le rapport qu'elle seule peut découvrir entre les substances éternelles et impassibles, et celles qui sont sensibles, mobiles et mouvantes, par les incidents, l'ordre et la disposition de leurs mouvements. Elle ne servira pas peu dans l'étude de la physique, en ce que ce qui est propre à la substance matérielle, se connoît par sa manière d'obéir aux impulsions du mouvement; par exemple, ce qui est corruptible, par le mouvement en ligne droite; ce qui est incorruptible, par le circulaire; la pesanteur et la légèreté, ou l'activité et la susceptibilité d'action, par le mouvement tendant au centre ou s'éloignant du centre. Elle contribuera même plus que toute autre chose à nous rendre meilleurs, en nous rendant plus attentifs à ce qu'il y a de bon et de beau dans les actions morales. Car la conformité que trouvent entre les choses divines et le bel ordre de ces propositions, ceux qui les étudient, les rend amoureux de cette beauté divine, et les accoutume à la prendre pour modèle de leur conduite, par une sorte d'influence qui lui assimile les facultés de l'ame.

Et nous aussi, instruits par les travaux de ceux qui avant nous se sont appliqués à cette science, nous nous efforçons d'augmenter ce goût pour les vérités éternelles; et, en nous proposant de rassembler ce qu'il sera possible de recueillir encore des découvertes qui ont été faites en ce genre, avec celles qui ont déjà été publiées, nous entreprendrons de les présenter avec la brièveté

λας ἐχ ἧτ7ον αὐτῶν ἐκείνων συνεργεῖν. Τό τε γὰρ θεολογικὸν εἶδος αὕτη μάλιϛ᾽ ἂν προοδοποιήσειε, μόνη γε δυναμένη καλῶς καταϛοχάζεσθαι τῆς ἀκινήτου καὶ χωριϛῆς ἐνεργείας, ἀπὸ τῆς ἐγγύτητος τῆς περὶ τὰς αἰσθητὰς μὲν καὶ κινούσας τε καὶ κινουμένας, ἀϊδίους δὲ καὶ ἀπαθεῖς οὐσίας συμβεβηκότων, περί τε τὰς φορὰς καὶ τὰς τάξεις τῶν κινήσεων. Πρός τε τὸ φυσικὸν οὐ τὸ τυχὸν ἂν συμβάλλοιτο· σχεδὸν γὰρ τὸ καθόλου τῆς ὑλικῆς οὐσίας ἴδιον, ἀπὸ τῆς κατὰ τὴν μεταβατικὴν κίνησιν ἰδιοτροπίας, καταφαίνεται· ὡς τὸ μὲν φθαρτὸν αὐτὸ καὶ τὸ ἄφθαρτον ἀπὸ τῆς εὐθείας καὶ τῆς ἐγκυκλίου· τὸ δὲ βαρὺ καὶ τὸ κοῦφον, ἢ τὸ παθητικὸν καὶ τὸ ποιητικὸν, ἀπὸ τῆς ἐπὶ τὸ μέσον καὶ τῆς ἀπὸ τοῦ μέσου. Πρός γε μὴν τὴν κατὰ τὰς πράξεις καὶ τὸ ἦθος καλοκαγαθίαν, πάντων ἂν αὕτη μάλιϛα δioρατικοὺς κατασκευάσειεν, ἀπὸ τῆς περὶ τὰ θεῖα θεωρουμένης ὁμοιότητος, καὶ εὐταξίας, καὶ συμμετρίας, καὶ ἀτυφίας, ἐραϛὰς μὲν ποιοῦσα τοὺς παρακολουθοῦντας τοῦ θείου τούτου κάλλους, ἐνεθίζουσα δὲ καὶ ὥσπερ φυσιοῦσα πρὸς τὴν ὁμοίαν τῆς ψυχῆς κατάϛασιν.

Τοῦτον δὴ καὶ αὐτοὶ τὸν ἔρωτα τῆς τῶν ἀεὶ καὶ ὡσαύτως ἐχόντων θεωρίας, κατὰ τὸ συνεχὲς, αὔξειν πειρώμεθα, μανθάνοντες μὲν τὰ ἤδη κατειλημμένα τῶν τοιούτων μαθημάτων ὑπὸ τῶν γνησίως καὶ ζητητικῶς αὐτοῖς προσελθόντων, προαιρούμενοι δὲ καὶ αὐτοὶ τοσαύτην προσθήκην συνεισενεγκεῖν, ὅσην σχεδὸν ὁ προγεγονὼς ἀπ᾽ ἐκείνων χρόνος μέχρι

τοῦ καθ' ἡμᾶς δύναιτ' ἄν περιποιῆσαι καὶ
ὅσα γε δὴ νομίζομεν ἐπὶ τοῦ παρόντος
εἰς φῶς ἡμῖν ἐληλυθέναι, πειρασόμεθα διὰ
βραχέων, ὡς ἔνι μάλιςα, καὶ ὡς ἂν οἱ ἤδη
καὶ ἐπὶ ποσὸν προκεκοφότες δύναιντο
παρακολουθεῖν, ὑπομνηματίσαϑαι· τοῦ
μὲν τελείου τῆς πραγματείας ἕνεκεν,
ἅπαντα τὰ χρήσιμα πρὸς τὴν τῶν οὐρανίων θεωρίαν, κατὰ τὴν οἰκείαν τάξιν,
ἐκτιθέμενοι· διὰ δὲ τὸ μὴ μακρὸν ποιεῖν
τὸν λόγον, τὰ μὲν ὑπὸ τῶν παλαιῶν
ἠκριβωμένα διερχόμενοι μόνον, τὰ δὲ ἢ
μηδ' ὅλως καταληφθέντα ἢ μὴ ὡς ἐνῆν
εὐχρήςως, ταῦτα δὲ κατὰ δύναμιν ἐπε-
ξεργαζόμενοι.

dont cette matière est susceptible, et
d'une manière facile à saisir par ceux qui
déjà y sont initiés. Enfin, pour atteindre
le but de cet ouvrage, nous exposerons
dans un ordre convenable, tout ce qui
pourra servir à la théorie des corps célestes; et, pour abréger, nous nous con-
tenterons de rapporter ce qui a été suffisamment expliqué par les anciens, et
nous perfectionnerons de tout notre pouvoir ce qui n'est pas exactement conçu,
ni assez bien démontré.

ΚΕΦΑΛΑΙΟΝ Α.

ΠΕΡΙ ΤΗΣ ΤΑΞΕΩΣ ΤΩΝ ΘΕΩΡΗΜΑΤΩΝ.

ΤΗΣ δὴ προκειμένης ἡμῖν συντάξεως
προηγεῖται μὲν τὸ τὴν καθόλου σχέσιν
ἰδεῖν ὅλης τῆς γῆς πρὸς ὅλον τὸν οὐρανόν·
τῶν δὲ κατὰ μέρος ἤδη καὶ ἐφεξῆς πρῶτον μὲν ἂν εἴη τὸ διεξελθεῖν τὸν λόγον
τὸν περὶ τῆς θέσεως τοῦ λοξοῦ κύκλου,
καὶ τῶν τόπων τῆς καθ' ἡμᾶς οἰκουμένης,
ἔτι τε τῆς πρὸς ἀλλήλους αὐτῶν καθ'
ἕκαςον ὁρίζοντα, παρὰ τὰς ἐγκλίσεις,
γινομένης ἐν ταῖς τάξεσι διαφορᾶς· προ-
λαμβανομένη γὰρ ἡ τούτων θεωρία, τὴν
τῶν λοιπῶν ἐπίσκεψιν εὐοδωτέραν πα-
ρέχει· δεύτερον δὲ τὸ περὶ τῆς ἡλιακῆς
κινήσεως καὶ τῆς σεληνιακῆς, καὶ τῶν ταύταις ἐπισυμβαινόντων διεξελθεῖν· χωρὶς
γὰρ τῆς τύτων προκαταλήψεως, οὐδὲ

CHAPITRE I.

DE L'ORDRE DES THÉORÈMES.

NOUS commencerons cet ouvrage par
considérer d'abord la relation de la terre
en général avec tout le ciel; ensuite, entrant dans les détails, nous parlerons
premièrement de la situation du cercle
oblique et de la position des lieux de cette
partie de la terre que nous habitons, ainsi
que des différences qui existent entre les
uns et les autres, par les diverses inclinaisons de leurs horizons respectifs; car ces
préliminaires faciliteront les recherches
qui suivront. En second lieu, nous considérerons le mouvement du soleil, celui de
la lune et toutes leurs circonstances. Car,
sans cette connoissance préalable, il seroit
impossible d'appuyer sur une méthode
certaine, la théorie des étoiles. Puis,
continuant sur ce plan, pour terminer

par les étoiles, nous exposerons d'abord la sphère de celles qu'on appelle fixes; ensuite viendront les cinq astres qu'on nomme planètes. Nous entreprendrons d'expliquer chacune de ces choses, en posant pour principes et pour bases de ce que nous voulons trouver, ce qui est évident, réel et certain, tant dans les phénomènes, que dans les observations anciennes et modernes, et en déduisant de ces conceptions leurs conséquences démontrées par des procédés accompagnés de figures linéaires.

Avant tout, il faut admettre généralement que le ciel est de forme sphérique, et qu'il se meut à la manière d'une sphère; que la terre, par sa figure, prise dans la totalité de ses parties, est sensiblement un sphéroïde. Qu'elle est au milieu de tout le ciel, comme dans un centre; et que, par sa grandeur et sa distance relativement à la sphère des étoiles fixes, elle n'est qu'un point sans mouvement et sans déplacement. Nous allons parcourir brièvement chacune de ces assertions, pour les rendre plus présentes à l'esprit.

CHAPITRE II.

LE CIEL SE MEUT SPHÉRIQUEMENT.

L'OBSERVATION a sans doute suffi aux anciens pour leur donner les premières idées sur ces objets. Ils voyaient, en effet, le soleil, la lune et les étoiles trans-

τὰ περὶ τοὺς ἀςέρας οἷόν τε ἂν γένοιτο διεξοδικῶς θεωρῆσαι. Τελευταίου δ᾽ ὄντος, ὡς πρὸς αὐτὴν τὴν ἔφοδον, τοῦ περὶ τῶν ἀςέρων λόγῳ, προτάσσοιτο μὲν ἂν εἰκότως καὶ ἐνταῦθα τὰ περὶ τῆς τῶν ἀπλανῶν καλουμένων σφαίρας· ἕποιτο δὲ τὰ περὶ τῶν πέντε πλανήτων προσαγορευομένων. Ἑκαςα δὲ τούτων πειρασόμεθα δεικνύειν, ἀρχαῖς μὲν καὶ ὥσπερ θεμελίοις εἰς τὴν ἀνεύρεσιν χρώμενοι, τοῖς ἐναργέσι καὶ φαινομένοις, καὶ ταῖς ἀδιςάκτοις τῶν τε παλαιῶν καὶ τῶν καθ᾽ ἡμᾶς τηρήσεων, τὰς δ᾽ ἐφεξῆς τῶν καταλήψεων ἐφαρμόζοντες διὰ τῶν ἐν ταῖς γραμμικαῖς ἐφόδοις ἀποδείξεων.

Τὸ μὲν ἂν καθόλου τοιοῦτον ἂν εἴη προλαβεῖν, ὅτι τε σφαιροειδής ἐςιν ὁ οὐρανὸς καὶ φέρεται σφαιροειδῶς· καὶ ὅτι ἡ γῆ τῷ μὲν σχήματι καὶ αὐτὴ σφαιροειδής ἐςι πρὸς αἴσθησιν, καθ᾽ ὅλα μέρη λαμβανομένη· τῇ δὲ θέσει μέση τοῦ παντὸς οὐρανοῦ κεῖται, κέντρῳ παραπλησίως· τῷ δὲ μεγέθει κὴ τῷ ἀποςήματι, σημείου λόγον ἔχει πρὸς τὴν τῶν ἀπλανῶν ἀςέρων σφαῖραν, αὐτὴ μηδεμίαν μεταβατικὴν κίνησιν ποιουμένη. Περὶ τύτων δ᾽ ἑκάςυ, τῆς ὑπομνήσεως ἕνεκεν, βραχέα διελευσόμεθα.

ΚΕΦΑΛΑΙΟΝ Β.

ΟΤΙ ΣΦΑΙΡΟΕΙΔΩΣ Ο ΟΥΡΑΝΟΣ ΦΕΡΕΤΑΙ.

ΤΑΣ μὲν ἂν πρώτας ἐννοίας περὶ τούτων, ἀπὸ τοιαύτης τινὸς παρατηρήσεως τοῖς παλαιοῖς εὔλογον παραγεγονέναι· ἑώρων γὰρ τόν τε ἥλιον, καὶ τὴν σελήνην,

καὶ τοὺς ἄλλους ἀςέρας φερομένους ἀπὸ
ἀνατολῶν ἐπὶ δυσμὰς, ἀεὶ κατὰ παραλλήλων κύκλων ἀλλήλοις, καὶ ἀρχο-
μένους μὲν ἀναφέρεσθαι κάτωθεν ἀπὸ τοῦ
ταπεινοῦ, καὶ ὥσπερ ἐξ αὐτῆς τῆς γῆς·
μετεωριζομένους δὲ κατὰ μικρὸν εἰς ὕψος,
ἔπειτα πάλιν κατὰ τὸ ἀνάλογον περιερ-
χομένους τε καὶ ἐν ταπεινώσει γιγνομέ-
νους, ἕως ἂν τέλεον, ὥσπερ ἐμπεσόντες εἰς
τὴν γῆν, ἀφανισθῶσιν· εἶτ᾽ αὖ πάλιν, χρόνον τινὰ μείναντας ἐν τῷ ἀφανισμῷ, ὥσπερ
ἀπ᾽ ἄλλης ἀρχῆς ἀνατέλλοντάς τε καὶ
δύνοντας, τοὺς δὲ χρόνους τούτους καὶ
ἔτι τοὺς τῶν ἀνατολῶν καὶ δύσεων τόπους, τεταγμένως τε καὶ ὁμοίως, ὡς ἐπίπαν, ἀνταποδιδομένους.

Μάλιςα δὲ αὐτοὺς ἦγεν εἰς τὴν σφαιρικὴν ἔννοιαν ἡ τῶν ἀεὶ φανερῶν ἀςέρων περιςροφὴ κυκλοτερὴς θεωρουμένη, καὶ περὶ
κέντρον ἐν καὶ τὸ αὐτὸ περιπολουμένη· πόλος γὰρ ἀναγκαίως ἐκεῖνο τὸ σημεῖον ἐγίνετο τῆς οὐρανίε σφαίρας, τῶν μὲν μᾶλλον
αὐτῷ πλησιαζόντων, κατὰ μικροτέρων
κύκλων ἑλισσομένων, τῶν δ᾽ ἀπωτέρω,
πρὸς τὴν τῆς διαςάσεως ἀναλογίαν, μείζονας κύκλους ἐν τῇ περιγραφῇ ποιούντων,
ἕως ἂν ἡ ἀπόςασις καὶ μέχρι τῶν ἀφανιζο-
μένων φθάσῃ· καὶ τύτων δὲ, τὰ μὲν ἐγγὺς
τῶν ἀεὶ φανερῶν ἄςρων ἑώρων ἐπ᾽ ὀλίγον
χρόνον ἐν τῷ ἀφανισμῷ μένοντα, τὰ δ᾽
ἄπωθεν, ἀναλόγως πάλιν ἐπὶ πλείονα.
Ὡς τὴν μὲν ἀρχὴν διὰ μόνα τὰ τοιαῦτα τὴν προειρημένην ἔννοιαν αὐτὲς λαβεῖν,
ἤδη δὲ, καὶ τὴν ἐφεξῆς θεωρίαν, καὶ τὰ
λοιπὰ τούτοις ἀκόλουθα καινοῆσαι,

portés d'orient en occident, dans des cercles toujours parallèles entr'eux, commencer par se lever d'en bas, comme de terre; et, parvenus peu à peu en haut, redescendre d'une manière semblable, s'abaisser et finir par disparoître comme tombant sur terre; et, après quelque temps de disparition, se montrer de nouveau, comme se levant d'un autre point, et se couchant de même, en observant exactement les vicissitudes réglées qui ramènent généralement et les mêmes temps et les mêmes lieux des levers et des couchers.

La révolution circulaire des étoiles toujours visibles, contribua le plus à l'idée de sphéricité dont on eut bientôt acquis la certitude, en voyant, surtout, que cette révolution se fait en tournant autour d'un centre unique et le même pour toutes. Ce point fut nécessairement pris pour le pole de la sphère céleste; car les étoiles qui en sont les plus voisines, parcourent de plus petits cercles, et les autres qui en sont plus éloignées, décrivent des cercles plus grands, à proportion de leur éloignement, jusqu'à la distance où commencent les étoiles qui disparoissent; parmi celles-ci, on voyoit les plus proches des étoiles toujours visibles demeurer moins de temps dans leur disparition, et celles qui en sont plus éloignées rester d'autant plus longtemps cachées, que leur distance est plus grande. Cela seul a suffi d'abord pour faire naître cette idée que les observations suivantes ont confirmée; toutes les appa-

rences se trouvant absolument contraires à toute autre opinion.

Car, supposons que le mouvement des astres se fasse en ligne droite et sans fin, comme quelques-uns l'ont cru; quel sera le moyen que l'on imaginera pour expliquer comment il se fait que ces astres reparoissent tous les jours aux lieux où ils ont paru commencer à se mouvoir? Comment pourroient-ils y retourner s'ils alloient à l'infini, et toujours dans une même direction? Ou bien, s'ils revenoient sur leurs pas, comment le feroient-ils, sans être apperçus? Ou comment ne disparoîtroient-ils pas en diminuant insensiblement de grandeur? Ne nous paroissent-ils pas, au contraire, plus grands à l'instant où ils vont disparoître, et ne sont-ils pas couverts peu-à-peu et comme coupés par la surface de la terre? Il seroit absurde de soutenir que les astres s'allument en sortant de la terre, et qu'ils s'éteignent ensuite en y rentrant. Car, si l'on accordoit qu'un si bel ordre, tant dans les grandeurs et les quantités, que dans les distances, les lieux et les temps, se maintient par hazard, tel que nous le voyons constamment; si l'on admettoit qu'une partie de la terre a la vertu d'allumer, et une autre celle d'éteindre; et surtout que la même partie allume pour certaines nations et éteint pour d'autres, et que les mêmes astres sont allumés ou éteints pour les unes, mais pas encore pour les autres; si, dis-je, on accordoit des choses aussi ridicules; qu'aurions-nous à dire quant aux étoiles toujours visibles qui ne se lèvent et ne se couchent jamais? ou, pour quelle raison, les astres qui s'allument et s'éteignent ne se lèvent et ne se couchent-ils pas pour tous les

πάνῖων ἁπλῶς τῶν φαινομένων ταῖς ἑτεροδόξοις ἐννοίαις ἀνῖιμαρτυρούνῖων.

Φέρε γὰρ, εἴ τις ὑπόθοιῖο τὴν τῶν ἀςέρων φορὰν ἐπ᾽ εὐθείας γινομένην ἐπ᾽ ἄπειρον φέρεσθαι, καθάπερ τισὶν ἔδοξε, τίς ἂν ἐπινοηθείη τρόπος, καθ᾽ ὃν ἀπὸ τῆς αὐτῆς ἀρχῆς ἕκαςα καθ᾽ ἡμέραν φερόμενα θεωρηθήσεται; πῶς γὰρ ἀνακάμπῖειν ἠδύνατο τὰ ἄςρα, ἐπ᾽ ἄπειρον ὁρμώμενα; ἢ πῶς ἀνακάμπῖονῖα ἐκ ἐφαίνετο; ἢ πῶς οὐχὶ, κατ᾽ ὀλίγον μειουμένων τῶν μεγεθῶν, ἠφανίζετο; τἀναντίον δὲ μείζονα μὲν ὁρώμενα πρὸς αὐτοῖς τοῖς ἀφανισμοῖς, κατὰ μικρὸν δὲ ἐπιπροσθούμενα καὶ ὥσπερ ἀποτεμνόμενα τῇ τῆς γῆς ἐπιφανείᾳ; Ἀλλὰ μὴν καὶ τὸ ἀνάπῖεσθαί τε αὐτὰ ἐκ τῆς γῆς, καὶ πάλιν εἰς ταύτην ἀποσβέννυσθαι, τῶν ἀλογωτάτων ἂν φανείη πανῖελῶς. Ἱνα γάρ τις συγχωρήσῃ τὴν τοσαύτην τάξιν ἔν τε τοῖς μεγέθεσι καὶ ταῖς ποσότησιν αὐτῶν, ἔτι δὲ διαςήμασι καὶ τόποις καὶ χρόνοις ἅτως εἰκῆ καὶ ὡς ἔτυχεν ἀποτελεῖσθαι, καὶ τόδε μὲν πᾶν τὸ μέρος τῆς γῆς ἀναπῖικὴν ἔχειν φύσιν, τόδε δὲ σβεστικὴν μᾶλλον δὲ τὸ αὐτὸ, τοῖς μὲν ἀνάπῖειν, τοῖς δὲ σβεννύναι, καὶ τῶν ἄςρων τὰ αὐτὰ τοῖς μὲν ἤδη ἀνημμένα ἢ ἐσβεσμένα τυγχάνειν, τοῖς δὲ μηδέπω· εἴ τις, φημὶ, ταῦτα πάνῖα συγχωρήσειεν ἅτως ὄνῖα γελοῖα, τί ἂν περὶ τῶν ἀεὶ φανερῶν ἔχοιμεν εἰπεῖν, τῶν μήτε ἀνατελλόνῖων μήτε δυνόνῖων; ἢ διὰ ποίαν αἰτίαν, ἐχὶ τὰ μὲν ἀναπῖόμενα καὶ σβεννύμενα πανῖαχῆ κἀνατέλλει κὴ δύνει, τὰ δὲ μὴ πάσχονῖα τοῦτο, πανταχῆ ἐςὶν ἀεὶ ὑπὲρ γῆς· οὐ γὰρ

δή γε τὰ αὐτὰ, τοῖς μὲν, ἀεὶ ἀναφθήσεται κỳ σβεσθήσεται, τοῖς δὲ, οὐδὲν οὐδέποτε τούτων πείσεται, παντάπασιν ἐναργοῦς ὄντος τοῦ τοὺς αὐτοὺς ἀςέρας, παρὰ μέν τισιν, ἀνατέλλειν τε καὶ δύνειν, παρ᾽ ἄλλοις δὲ, μηδέτερον.

Συνελόντι δ᾽ εἰπεῖν, κἂν ὁποῖόν τις ἄλλο σχῆμα τῆς τῶν οὐρανίων φορᾶς ὑπόθηται, πλὴν τοῦ σφαιροειδοῦς, ἀνίσους ἀνάγκη γίγνεσθαι τὰς ἀπὸ τῆς γῆς ἐπὶ τὰ μέρη τῶν μετεώρων ἀποςάσεις, ὅπου ἂν αὐτὴ καὶ ὡς ἂν ὑποκέηται, ὥςε ὀφείλειν καὶ τά τε μεγέθη καὶ τὰ πρὸς ἀλλήλους διαςήματα τῶν ἀςέρων ἄνισα φαίνεσθαι τοῖς αὐτοῖς, καθ᾽ ἑκάςην περιφορὰν, ὡς ἂν ποτὲ μὲν ἐπὶ μείζονος, ποτὲ δ᾽ ἐπὶ ἥτ7ονος γιγνόμενα διαςήματος, ὅπερ οὐχ ὁρᾶται συμβαῖνον. Ἀλλὰ γὰρ καὶ τὸ πρὸς τοῖς ὁρίζουσι μείζονα τὰ μεγέθη φαίνεσθαι οὐχ ἡ ἀπόςασις ἐλάττων οὖσα ποιεῖ, ἀλλ᾽ ἡ τοῦ ὑγροῦ τοῦ περιέχοντος τὴν γῆν ἀναθυμίασις μεταξὺ τῆς τε ὄψεως ἡμῶν κỳ αὐτῶν γιγνομένη, καθάπερ κỳ τὰ εἰς ὕδωρ ἐμβληθέντα μείζονα φαίνεται, κỳ ὅσῳ ἂν κατωτέρω χωρῇ, τοσούτῳ μείζονα.

Προσάγει δ᾽ εἰς τὴν σφαιρικὴν ἔννοιαν κỳ τὰ τοιαῦτα· τότε μὴ δύναςαι κατ᾽ ἄλλην ὑπόθεσιν τὰς τῶν ὡροσκοπίων κατασκευὰς συμφωνεῖν ἢ μόνην ταύτην· κỳ ὅτι τῆς τῶν οὐρανίων φορᾶς ἀκωλύτου τε κỳ εὐκινητοτάτης ἁπάσης οὔσης, κỳ τῶν σχημάτων εὐκινητότατον ὑπάρχει, τῶν μὲν ἐπιπέδων, τὸ κυκλικὸν, τῶν

I.

lieux, tandis que ceux qui n'éprouvent pas les mêmes alternatives, sont toujours par-tout au-dessus de la terre? Car il ne peut se faire que les mêmes étoiles s'allument et s'éteignent pour certains lieux, et non pour les autres. Il est bien reconnu cependant que les mêmes étoiles se lèvent et se couchent pour certaines parties de la terre, et nullement pour d'autres.

En un mot, quelqu'autre figure que la sphérique qu'on suppose au mouvement des corps célestes, il faut que les distances de la terre au ciel et à ses parties, en quelque lieu qu'elle soit, et de quelque manière qu'elle soit située, soient inégales. Dès lors, les grandeurs et les distances des astres entr'eux ne paroîtroient pas les mêmes aux mêmes personnes en chaque révolution, puisqu'elles seroient tantôt dans un plus grand éloignement, tantôt dans un moindre; c'est pourtant ce qui ne se voit point. Car si les astres nous paroissent plus grands quand ils sont dans l'horizon, ce n'est pas qu'ils soient moins éloignés de nous, mais c'est à cause de la vapeur humide qui environne la terre entre nos yeux et les astres, comme les choses plongées dans l'eau nous y paroissent d'autant plus grandes, qu'elles y sont plus profondément enfoncées.

Une autre raison qui milite en faveur de l'idée de sphéricité, c'est que les instrumens construits pour indiquer les heures, ne pourroient pas être justes, dans toute autre hypothèse que la nôtre seule; c'est aussi que la révolution des corps célestes se faisant rapidement et sans obstacle, la figure la plus favorable

2

à ce mouvement, c'est, dans les plans, le cercle, et, dans les solides, la sphère; c'est qu'enfin, de toutes les figures différentes, mais isopérimètres, les plus grandes sont celles qui ont le plus d'angles. Ainsi, le cercle est le plus grand des plans; la sphère, le plus grand des solides; et le ciel, le plus grand des corps.

Ce n'est pas tout: des raisons physiques viennent encore à l'appui de cette opinion. De tous les corps, l'air est celui dont les parties sont les plus subtiles et les plus semblables (a). Or, les surfaces des corps composés de parties semblables, ont aussi leurs parties semblables; et les seules surfaces dont les parties soient semblables, sont la circulaire parmi les plans, et la sphérique parmi les solides; donc, puisque l'air n'est pas plan, mais solide, il s'ensuit qu'il ne peut être que sphérique. Et, pareillement, la nature a composé tous les corps terrestres et corruptibles de figures rondes, mais dont les parties ne sont point semblables, et les corps divins et aériens, de molécules sphériques et semblables. Or, si les étoiles étoient planes et comme des disques, elles ne paroîtroient pas à ceux qui les regardent en même temps de différens lieux de la terre, avoir la figure ronde. Il est donc à présumer que l'atmosphère où elles sont plongées, étant par-tout de nature semblable, est par conséquent de forme sphéroïdale; et que, par une suite de ce que ses parties sont semblables entr'elles, elle se meut circulairement et uniformément.

δὲ ςερεῶν, τὸ σφαιρικόν· ὡσαύτως δ' ὅτι, τῶν ἴσην περίμετρον ἐχόντων σχημάτων διαφόρων ἐπειδὴ μείζονά ἐςι τὰ πολυγωνιώτερα, τῶν μὲν ἐπιπέδων ὁ κύκλος γίνεται μείζων, τῶν δὲ ςερεῶν ἡ σφαῖρα, μείζων δὲ καὶ ὁ οὐρανὸς τῶν ἄλλων σωμάτων.

Οὐ μὴν ἀλλὰ κỳ ἀπὸ φυσικῶν τινων ἐςὶν ὁρμηθῆναι πρὸς τὴν τοιαύτην ἐπιβολήν· οἷον ὅτι τῶν σωμάτων πάντων λεπτομερέςερος καὶ ὁμοιομερέςερός ἐςιν ὁ αἰθὴρ, τῶν δὲ ὁμοιομερῶν ὁμοιομερεῖς αἱ ἐπιφάνειαι· ὁμοιομερεῖς δὲ ἐπιφάνειαι μόναι, ἥ τε κυκλοτερὴς ἐν τοῖς ἐπιπέδοις, καὶ ἐν τοῖς ςερεοῖς ἡ σφαιρική· τοῦ δὲ αἰθέρος μὴ ὄντος ἐπιπέδου ἀλλὰ ςερεοῦ, καταλείπεται αὐτὸν εἶναι σφαιροειδῆ· καὶ ὁμοίως, ὅτι ἡ φύσις τὰ σώματα πάντα, τὰ μὲν ἐπίγεια καὶ φθαρτὰ ὅλως ἐκ περιφερῶν, ἀνομοιομερῶν μέντοι, σχημάτων συνεστήσατο, τὰ δ' ἐν τῷ αἰθέρι καὶ θεῖα πάντα πάλιν ἐξ ὁμοιομερῶν καὶ σφαιρικῶν· ἐπίπερ ἐπίπεδα ὄντα, ἢ δισκοειδῆ, οὐκ ἂν πᾶσι τοῖς ἐκ διαφόρων τῆς γῆς τόπων ὑπὸ τὸν αὐτὸν χρόνον ὁρῶσι κυκλικὸν ἐνεφαίνετο σχῆμα· διὰ τοῦτο δὲ εὔλογον εἶναι καὶ τὸν περιέχοντα αὐτὰ αἰθέρα, τῆς ὁμοίας ὄντα φύσεως, σφαιροειδῆ τε εἶναι, καὶ διὰ τὴν ὁμοιομέρειαν ἐγκυκλίως τε φέρεσθαι καὶ ὁμαλῶς.

ΚΕΦΑΛΑΙΟΝ Γ.

ΟΤΙ ΚΑΙ Η ΓΗ ΣΦΑΙΡΟΕΙΔΗΣ ΕΣΤΙ ΠΡΟΣ
ΑΙΣΘΗΣΙΝ, ΩΣ ΚΑΘ' ΟΛΑ ΜΕΡΗ.

Ὅτι δὲ καὶ ἡ γῆ σφαιροειδής ἐςι πρὸς αἴσθησιν, ὡς καθ' ὅλα μέρη λαμβανομένη, μάλιστ' ἂν οὕτως κατανοήσαιμεν· τὸν ἥλιον γὰρ πάλιν, καὶ τὴν σελήνην, ꝗ τοὺς ἄλλους ἀςέρας ἐςὶν ἰδεῖν, οὐ κατὰ τὸ αὐτὸ πᾶσι τοῖς ἐπὶ τῆς γῆς ἀνατέλλοντάς τε καὶ δύνοντας, ἀλλὰ προτέροις μὲν ἀεὶ τοῖς πρὸς ἀνατολὰς οἰκοῦσιν, ὑςέροις δὲ τοῖς πρὸς δυσμάς. Τὰς γὰρ ὑπὸ τὸν αὐτὸν χρόνον ἀποτελουμένας ἐκλειπλικὰς φαντασίας, καὶ μάλιστα τὰς σεληνιακὰς, εὑρίσκομεν οὐκ ἐν ταῖς αὐταῖς ὥραις, τουτέςι ταῖς τὸ ἴσον ἀπεχούσαις τῆς μεσημβρίας, παρὰ πᾶσιν ἀναγραφομένας, ἀλλὰ πάντοτε τὰς παρὰ τοῖς ἀνατολικωτέροις τῶν τηρησάντων ἀναγεγραμμένας ὥρας, ὑςερι ζούσας τῶν παρὰ τοῖς δυτικωτέροις· καὶ τῆς διαφορᾶς δὲ τῶν ὡρῶν ἀναλόγου τοῖς διαςήμασι τῶν χωρῶν εὑρισκομένης, σφαιρικὴν ἄν τις εἰκότως τὴν τῆς γῆς ἐπιφάνειαν ὑπολάβοι, τῆς κατὰ τὴν κυρτότητα καθ' ὅλα μέρη λαμβανομένης ὁμοιομερείας ἀναλόγως ἀεὶ τὰς ἐπιπροσθήσεις τοῖς ἐφεξῆς ποιουμένης· εἰ δέ γε ἦν τὸ σχῆμα ἕτερον, οὐκ ἂν τοῦτο συνέβαινεν, ὡς ἴδοι τις ἂν καὶ ἐκ τούτων.

Κοίλης μὲν γὰρ αὐτῆς ὑπαρχούσης, προτέροις ἂν ἐφαίνετο ἀναῖέλλονῖα τὰ ἄςρα τοῖς δυσμικωτέροις· ἐπιπέδου δὲ,

CHAPITRE III.

LA TERRE EST SENSIBLEMENT DE FORME
SPHÉRIQUE DANS L'ENSEMBLE DE TOUTES
SES PARTIES.

Pour concevoir que la terre est sensiblement de forme sphérique, il suffit d'observer, que le soleil, la lune et les autres astres ne se lèvent et ne se couchent pas pour tous les habitans de la terre à-la-fois, mais d'abord pour ceux qui sont à l'orient, ensuite pour ceux qui sont à l'occident. Car nous trouvons que les phénomènes des éclipses, particulièrement de la lune, qui arrivent toujours dans le même temps absolu, pour tous les hommes, ne sont pourtant pas vues aux mêmes heures, relativement à celle de midi, c'est-à-dire, aux heures également éloignées du milieu du jour; mais que, partout, ces heures sont plus avancées pour les observateurs orientaux, et moins pour ceux qui sont plus à l'occident. Or, la différence entre les nombres des heures où les uns et les autres voient ces éclipses, étant proportionnelle aux distances de leurs lieux respectifs, on en conclura que la surface de la terre est certainement sphérique, et que de l'uniformité de sa courbure prise en totalité, il résulte que chacune de ses parties fait obstacle aux parties suivantes, et en borne la vue d'une manière semblable pour toutes. Il en seroit tout autrement, si la terre avoit une autre figure, comme on peut s'en convaincre par les réflexions suivantes (a).

Si la surface terrestre étoit concave, les habitans de ses parties occidentales seroient les premiers qui verroient les astres se lever; si elle étoit plane, tous

ses habitans ensemble et à-la-fois les verroient se lever et se coucher ; si elle étoit
composée de triangles, de quadrilatères
ou de polygones de quelqu'autre figure,
tous les habitans d'une même face plane
verroient les phénomènes dans le même
temps ; chose qui toutefois ne paroît pas
avoir lieu. Il est certain aussi, que la terre
n'est pas un cylindre dont la surface regarde le levant et le couchant, et dont les
bases soient tournées vers les poles du
monde, conjecture qu'on pourroit juger
plus vraisemblable ; car, si cela étoit, les
habitans de la surface convexe ne verroient pas perpétuellement de certaines
étoiles ; mais ou elles se lèveroient et se
coucheroient entièrement, ou les mêmes
à égale distance les unes d'un pole, les
autres de l'autre, seroient toujours invisibles pour tous. Cependant, plus nous
avançons vers les ourses, plus nous dé-
couvrons d'étoiles qui ne se couchent
jamais, tandis que les australes disparoissent à nos yeux dans la même proportion. Ensorte qu'il est encore évident,
qu'ici, par un effet de la courbure uniforme de la terre, chaque partie fait obstacle aux parties latérales suivantes,
de la même manière ; ce qui prouve que
la terre a dans tous les sens une courbure sphérique (b). Enfin, sur mer, si,
de quelque point que ce soit, et dans
toute direction quelconque, nous vo-
guons vers des montagnes, ou d'autres
lieux élevés, nous voyons ces objets comme sortir de la mer où ils étoient auparavant cachés par la courbure de la surface
de l'eau.

πᾶσιν ἅμα, καὶ κατὰ τὸν αὐτὸν χρόνον,
τοῖς ἐπὶ τῆς γῆς ἀνέτελλέ τε καὶ ἔδυνε·
τριγώνου δὲ, ἢ τετραγώνου, ἤ τινος
ἄλλου σχήματος τῶν πολυγώνων, πᾶσιν
ἀνάπαλιν ὁμοίως καὶ κατὰ τὸ αὐτὸ τοῖς
ἐπὶ τῆς αὐτῆς εὐθείας οἰκοῦσιν, ὅπερ οὐδαμῶς φαίνεται γινόμενον. Ὅτι δὲ οὐδὲ
κυλινδροειδὴς ἂν εἴη, ἵνα ἡ μὲν περιφερὴς
ἐπιφάνεια πρὸς τὰς ἀνατολὰς καὶ τὰς
δύσεις ἦ τετραμμένη, τῶν δὲ ἐπιπέδων
βάσεων αἱ πλευραὶ πρὸς τοὺς τοῦ κόσμου
πόλους, ὅπερ ἄν τινες ὑπολάβοιεν ὡς
πιθανώτερον, ἐκεῖθεν δῆλον· οὐδενὶ
γὰρ ἂν οὐδὲν ἀεὶ φανερὸν ἐγένετο τῶν
ἄστρων, τῶν ἐπὶ τῆς κυρτῆς ἐπιφανείας
οἰκούντων, ἀλλ' ἢ παντάπασι καὶ ἀνέ-
τελλε καὶ ἔδυνεν, ἢ τὰ αὐτὰ καὶ τὸ ἴσον
ἀφεστῶτα τῶν πόλων ἑκατέρου, πᾶσιν
ἀεὶ ἀφανῆ καθίστατο. Νῦν δ' ὅσῳ ἂν
μᾶλλον πρὸς τὰς ἄρκτους παροδεύωμεν,
τοσούτῳ τῶν μὲν νοτιωτέρων ἄστρων ἀπο-
κρύπτονται τὰ πλείονα, τῶν δὲ βορειοτέρων ἀναφαίνεται, ὡς δῆλον εἶναι διότι
καὶ ἐνταῦθα ἡ κυρτότης τῆς γῆς, καὶ
τὰς ἐπὶ τὰ πλάγια μέρη, ἐπιπροσθήσεις
ἀναλόγως ποιουμένη, πανταχόθεν τὸ
σχῆμα τὸ σφαιροειδὲς ἀποδείκνυσι. Μετὰ
τοῦ, κἂν προσπλέωμεν ὄρεσιν ἤ τισιν
ὑψηλοῖς χωρίοις, ἀφ' ἡσδήποτε γωνίας
καὶ πρὸς ἡνδήποτε, κατὰ μικρὸν αὐτῶν
αὐξόμενα τὰ μεγέθη θεωρεῖσθαι, καθάπερ ἐξ αὐτῆς τῆς θαλάττης ἀνακυπτόν-
των, πρότερον δὲ καταδεδυκότων διὰ
τὴν κυρτότητα τῆς τοῦ ὕδατος ἐπιφανείας.

ΚΕΦΑΛΑΙΟΝ Δ.

ΟΤΙ ΜΕΣΗ ΤΟΥ ΟΥΡΑΝΟΥ ΕΣΤΙΝ Η ΓΗ.

Τ`ΟΥΤΟΥ` δὲ θεωρηθέντος, εἴ τις ἐφεξῆς καὶ περὶ τῆς θέσεως τῆς γῆς διαλάβοι, κατανοήσειεν ἂν οὕτως μόνως συντελεθησόμενα τὰ φαινόμενα περὶ αὐτὴν, εἰ μέσην τοῦ οὐρανοῦ, καθάπερ κέντρον σφαίρας, ὑποςησαίμεθα. Τούτου γὰρ δὴ μὴ οὕτως ἔχοντος, ἔδει, ἤτοι τοῦ μὲν ἄξονος ἐκτὸς εἶναι τὴν γῆν, ἑκατέρου δὲ τῶν πόλων ἴσον ἀπέχειν, ἢ ἐπὶ τοῦ ἄξονος οὖσαν πρὸς τὸν ἕτερον τῶν πόλων παρακεχωρηκέναι, ἢ μήτε ἐπὶ τοῦ ἄξονος εἶναι, μήτε ἑκατέρου τῶν πόλων ἴσον ἀπέχειν.

Πρὸς μὲν οὖν τὴν πρώτην τῶν τριῶν θέσιν ἐκεῖνα μάχεται, ὅτι εἰ μὲν εἰς τὸ ἄνω ἢ τὸ κάτω τινῶν παρακεχωρηκυῖα νοηθείη, τούτοις ἂν συμπίπτοι, ἐπὶ μὲν ὀρθῆς τῆς σφαίρας, τὸ μηδέποτε ἰσημερίαν γίνεσθαι, εἰς ἄνισα πάντοτε διαιρουμένων ὑπὸ τοῦ ὁρίζοντος, τοῦ τε ὑπὲρ γῆν καὶ τοῦ ὑπὸ γῆν· ἐπὶ δὲ τῆς ἐγκεκλιμένης, τὸ, ἢ μὴ γίνεσθαι πάλιν ὅλως ἰσημερίαν, ἢ μὴ ἐν τῇ μεταξὺ παρόδῳ τῆς τε θερινῆς τροπῆς καὶ τῆς χειμερινῆς, ἀνίσων τῶν διαςημάτων τούτων ἐξ ἀνάγκης γινομένων, διὰ τὸ μηκέτι τὸν ἰσημερινὸν καὶ μέγιςον τῶν παραλλήλων τῶν τοῖς πόλοις τῆς περιφορᾶς γραφομένων κύκλων διχοτομεῖσθαι ὑπὸ τοῦ ὁρίζοντος, ἀλλ᾽ ἕνα τῶν παραλλήλων αὐτῷ, καὶ ἤτοι βορειοτέρων ἢ νοτιωτέρων. Ὡμολόγηται δέ γε ὑπὸ πάντων ἁπλῶς ὅτι τὰ διαςήματα ταῦτα ἴσα τυγχάνει πανταχῆ, τῷ καὶ τὰς παρα

CHAPITRE IV.

LA TERRE OCCUPE LE CENTRE DU CIEL.

D`E` la question de la figure de la terre, si l'on passe à celle de sa situation, on reconnoîtra que ce qui paroît arriver autour d'elle, ne peut paroître ainsi, qu'en la supposant au milieu du ciel, comme au centre d'une sphère. En effet, si cela n'étoit pas, il faudroit, ou qu'elle fût hors de l'axe à égale distance de chaque pole; ou que, si elle étoit dans l'axe, elle fût plus proche de l'un des poles, ou enfin, qu'elle ne fût ni dans l'axe, ni à égale distance de l'un ou de l'autre pole.

Ce qui prouve que la première de ces trois suppositions n'est pas vraie, c'est que, si la terre étoit placée de l'un ou de l'autre côté de l'axe, ensorte que certains points de la surface terrestre fussent au-dessus ou au-dessous de cet axe, ces points n'auroient jamais d'équinoxes, s'ils avoient la sphère droite, parce qu'alors l'horizon couperoit toujours le ciel en deux parties inégales, l'une au-dessus et l'autre au-dessous de la terre. Dans la sphère oblique, ou il n'y auroit pas d'équinoxes, ou bien ils n'arriveroient pas au milieu du passage d'un tropique à l'autre, ces distances étant nécessairement inégales, dans cette hypothèse. Car ce ne seroit plus le cercle équinoxial, le plus grand des cercles parallèles décrits par la révolution autour des poles, qui seroit coupé en deux parties égales par l'horizon, mais un des cercles qui lui sont parallèles, soit boréaux, soit méridionaux. Cependant, tout le monde convient unanimement

que ces distances sont égales pour tous les lieux (a), en ce que les accroissemens des jours comparés à celui de l'équinoxe, jusqu'au plus long dans les conversions (*points tropiques, solstices*) d'été, sont égaux à leurs diminutions jusqu'au plus court dans les points tropiques d'hiver. Si la terre étoit plus avancée vers l'orient ou vers l'occident, les grandeurs et les distances des astres dans l'horizon ne paroîtroient, à aucun point de sa surface, ni les mêmes, ni égales, le soir et le matin ; et le temps, depuis le lever de ces astres jusqu'à leur arrivée au méridien, ne seroit pas pour ces points égal à celui que ces mêmes astres emploieroient à aller du méridien à leur coucher. Cependant il n'est personne qui ne voie combien cela est contraire à l'expérience journalière.

Quant à la seconde hypothèse, qui place la terre dans l'axe du monde, mais plus avancée vers un pole que vers l'autre, on pourroit lui objecter que, dans ce cas, le plan de l'horizon couperoit en chaque climat le ciel en deux parties inégales, l'une au-dessus, et l'autre au-dessous de la terre, en raison de l'excentricité. Il couperoit le ciel en deux parties égales, dans la sphère droite seulement. Mais dans la sphère oblique, où le pole le plus proche est toujours visible, la partie du ciel supérieure à la terre seroit plus petite, et l'inférieure plus grande en raison de la plus grande obliquité de la sphère. Ensorte que le grand cercle qui passe par le milieu des animaux (*signes*), seroit coupé en deux parties inégales par l'horizon. Toutefois, cela ne se voit nulle part : par-tout, six de ses douze divisions égales. (*dodécatémories*) paroissent toujours au-dessus

τὴν ἰσημερίαν αὐξήσεις τῆς μεγίστης ἡμέρας ἐν ταῖς θεριναῖς τροπαῖς, ἴσας εἶναι ταῖς μειώσεσι τῶν ἐλαχίστων ἡμερῶν ἐν ταῖς χειμεριναῖς τροπαῖς. Εἰ δὲ εἰς τὰ πρὸς ἀνατολὰς ἢ δυσμὰς μέρη τινῶν πάλιν ἡ παραχώρησις ὑποτεθείη, καὶ τούτοις ἂν συμβαίνοι, τὸ μήτε τὰ μεγέθη καὶ τὰ διαστήματα τῶν ἄστρων ἴσα καὶ τὰ αὐτὰ κατά τε τὸν ἑῷον καὶ τὸν ἑσπέριον ὁρίζοντα φαίνεσθαι, μήτε τὸν ἀπ᾽ ἀνατολῆς μέχρι μεσουρανήσεως χρόνον ἴσον ἀποτελεῖσθαι τῷ ἀπὸ μεσουρανήσεως ἐπὶ δύσιν, ἅπερ ἐναργῶς παντάπασιν ἀντίκειται τοῖς φαινομένοις.

Πρὸς δὲ τὴν δευτέραν τῶν θέσεων, καθ᾽ ἣν ἐπὶ τοῦ ἄξονος οὖσα, πρὸς τὸν ἕτερον τῶν πόλων παρακεχωρηκυῖα νοηθήσεται, πάλιν ἄν τις ὑπαντήσειεν, ὅτι, εἰ τοῦθ᾽ οὕτως εἶχε, καθ᾽ ἕκαστον ἂν τῶν κλιμάτων τὸ τοῦ ὁρίζοντος ἐπίπεδον ἄνισα διαφόρως ἐποίει πάντοτε τό τε ὑπὲρ γῆν καὶ τὸ ὑπὸ γῆν τοῦ οὐρανοῦ κατ᾽ ἄλλην καὶ ἄλλην παραχώρησιν, καὶ πρὸς ἑαυτὰ καὶ πρὸς ἄλληλα, ἐπὶ μὲν μόνης τῆς ὀρθῆς σφαίρας διχοτομεῖν αὐτὴν δυναμένου τοῦ ὁρίζοντος, ἐπὶ δὲ τῆς ἐγκλίσεως τῆς ποιούσης τὸν ἐγγύτερον τῶν πόλων ἀεὶ φανερὸν, τὸ μὲν ὑπὲρ γῆν πάντοτε μειοῦντος, τὸ δὲ ὑπὸ γῆν αὔξοντος· ὥστε συμβαίνειν τὸ καὶ τὸν διὰ μέσων τῶν ζωδίων κύκλον μέγιστον εἰς ἄνισα διαιρεῖσθαι ὑπὸ τοῦ τοῦ ὁρίζοντος ἐπιπέδου, ὅπερ οὐδαμῶς οὕτως ἔχον

Θεωρεῖται, ἐξ μὲν ἀεὶ καὶ πᾶσι φαινομένων ὑπὲρ γῆς δωδεκατημορίων, ἐξ δὲ
τῶν λοιπῶν ἀφανῶν ὄντων, εἶτ' αὖ πάλιν
ἐκείνων μὲν ὅλων κατὰ τὸ αὐτὸ φαινομένων ὑπὲρ γῆς, τῶν δὲ λοιπῶν ἅμα μὴ
φαινομένων· ὡς δῆλον τυγχάνειν ὅτι καὶ
τὰ τμήματα τοῦ ζωδιακοῦ διχοτομεῖται
ὑπὸ τοῦ ὁρίζοντος, ἐκ τοῦ τὰ αὐτὰ ἡμι-
κύκλια ὅλα, ποτὲ μὲν ὑπὲρ γῆν, ποτὲ
δὲ ὑπὸ γῆν, ἀπολαμβάνεσθαι.

Καὶ καθόλου δ' ἂν συνέβαινεν, εἴπερ
μὴ ὑπ' αὐτὸν τὸν ἰσημερινὸν εἶχε τὴν θέσιν
ἡ γῆ, πρὸς ἄρκτους δὲ ἢ πρὸς μεσημβρίαν ἀπέκλινε, πρὸς τὸν ἕτερον τῶν
πόλων, τὸ μηκέτι μηδὲ πρὸς αἴσθησιν
ἐν ταῖς ἰσημερίαις τὰς ἀνατολικὰς τῶν
γνωμόνων σκιὰς ταῖς δυτικαῖς ἐπ' εὐθείας
γίνεσθαι, κατὰ τῶν παραλλήλων τῷ ὁρίζοντι ἐπιπέδων, ὅπερ ἄντικρυς πανταχῇ
θεωρεῖται παρακολουθοῦν. Φανερὸν δ'
αὐτόθεν ὅτι μηδὲ τὴν τρίτην τῶν θέσεων
οἷόν τε προχωρεῖν, ἑκατέρων τῶν ἐν ταῖς
πρώταις ἐναντιωμάτων ἐπ' αὐτῆς συμ-
βησομένων.

Συνελόντι δ' εἰπεῖν, πᾶσα ἂν συγχυ-
θείη τέλεον ἡ τάξις, ἡ περὶ τὰς αὐξομειώσεις τῶν νυχθημέρων θεωρουμένη, μὴ μέσης ὑποκειμένης τῆς γῆς· μετὰ τοῦ μηδὲ
τὰς τῆς σελήνης ἐκλείψεις, κατὰ
πάντα τὰ μέρη τοῦ οὐρανοῦ, πρὸς τὴν
κατὰ διάμετρον τῷ ἡλίῳ στάσιν ἀποτελεῖσθαι δύνασθαι, τῆς γῆς πολλάκις μὴ
ἐν ταῖς διαμετρούσαις παρόδοις ἐπιπρο-
σθούσης αὐτοῖς, ἀλλὰ ἐν τοῖς ἐλάττοσι
τοῦ ἡμικυκλίου διαστήμασιν.

de la terre, les six autres étant invisibles;
et quand ces six dernières paroissent
au-dessus, les six autres sont invisibles
à leur tour. Ce qui prouve que les divisions du zodiaque sont coupées en
deux moitiés par l'horizon, en ce que
les mêmes demi-cercles sont entièrement, tantôt supérieurs, tantôt infé-
rieurs à la terre.

Et, généralement, si la terre n'étoit pas
située dans le cercle équinoxial, mais
qu'elle fût plus avancée vers l'un ou
l'autre pole, soit boréal, soit austral, il
arriveroit que, même sensiblement, les
ombres projetées de l'orient par les gnomons, ne feroient plus, dans les équinoxes, une même ligne droite avec leurs
correspondantes venant de l'occident,
sur des plans parallèles à l'horizon. Cependant on voit constamment le contraire; preuve évidente que la troisième
supposition est inadmissible, puisque les
raisons qui montrent l'absurdité des deux
premières, se rencontrent également
dans celle-ci pour la combattre et la détruire.

En un mot, si la terre n'occupoit pas
le centre du monde, l'ordre que nous
voyons s'observer dans les accroissemens
et décroissemens des jours et des nuits,
seroit troublé et confondu. Outre que
les éclipses de lune ne pourroient pas
se faire pour toutes les parties du ciel,
dans l'opposition diamétrale au soleil;
parce que souvent la terre ne seroit pas
interposée entre les points où ces astres
sont diamétralement opposés, mais dans
des distances moindres que le demi-cercle.

CHAPITRE V.

LA TERRE EST COMME UN POINT A L'ÉGARD DES ESPACES CÉLESTES.

LES grandeurs et les distances des astres observées de quelque point que ce soit de la terre, paroissant toujours égales et semblables en tous les lieux d'où on les voit dans les mêmes instans, et les observations des mêmes étoiles, faites en différens climats, ne présentant aucune différence, il est clair qu'elle n'est sensiblement que comme un point relativement à l'espace qui s'étend jusqu'à la sphère des étoiles appelées fixes. Ajoutons encore que les gnomons, et les centres des sphères armillaires, placés en quelqu'endroit que ce soit de la terre, donnent les apparences et les circonvolutions des ombres avec autant de précision et de conformité aux phénomènes en question, que si ces instrumens étoient placés au centre même de la terre.

Enfin une marque évidente que cela est ainsi, c'est que tous les plans qui passent par nos yeux, et que nous appelons horizons, coupent toujours la sphère céleste en deux parties égales : ce qui ne pourroit pas se faire, si la grandeur de la terre avoit une proportion sensible avec la distance du ciel; car alors il n'y auroit que le plan passant par le centre de la terre, qui pût partager la sphère céleste en deux moitiés. Mais par quelqu'autre point de la surface de la terre qu'on fît passer

ΚΕΦΑΛΑΙΟΝ Ε.

ΟΤΙ ΣΗΜΕΙΟΥ ΛΟΓΟΝ ΕΧΕΙ ΠΡΟΣ ΤΑ ΟΥΡΑΝΙΑ Η ΓΗ.

ΑΛΛΑ μὴν ὅτι κỳ σημείου λόγον ἔχει πρὸς αἴδησιν ἡ γῆ πρὸς τὸ μέχρι τῆς τῶν ἀπλανῶν καλουμένων σφαίρας ἀπόσημα, μέγα μὲν τεκμήριον, τὸ, ἀπὸ πάντων αὐτῆς τῶν μερῶν, τά τε μεγέθη κỳ τὰ διαςήματα τῶν ἄςρων, κατὰ τοὺς αὐτοὺς χρόνους, ἴσα καὶ ὅμοια φαίνεδαι πανταχῆ· καθάπερ αἱ ἀπὸ διαφόρων κλιμάτων ἐπὶ τῶν αὐτῶν τηρήσεις οὐδὲ τὸ ἐλάχιστον εὑρίσκονται διαφωνοῦσαι. Οὐ μὴν ἀλλὰ κἀκεῖνο παραληπτέον, τὸ, τοὺς γνώμονας τοὺς ἐν ᾧδήποτε μέρει τῆς γῆς τιθεμένους, ἔτι δὲ τὰ τῶν κρικωτῶν σφαιρῶν κέντρα τὸ αὐτὸ δύνασθαι τῷ κατὰ ἀλήθειαν τῆς γῆς κέντρῳ, κỳ διασώζειν τὰς διοπτεύσεις καὶ τὰς τῶν σκιῶν περιαγωγὰς οὕτως ὁμολόγους ταῖς ὑποθέσεσι τῶν φαινομένων, ὡσανεὶ δι' αὐτοῦ τοῦ τῆς γῆς μέσου σημείου γινόμεναι ἐτύγχανον.

Ἐναργὲς δὲ σημεῖον τοῦ ταῦθ' οὕτως ἔχειν, κỳ τὸ πανταχῆ τὰ διὰ τῶν ὄψεων ἐκβαλλόμενα ἐπίπεδα, ἃ καλοῦμεν ὁρίζοντας, διχοτομεῖν πάντοτε τὴν ὅλην σφαίραν τοῦ οὐρανοῦ· ὅπερ οὐκ ἂν συνέβαινεν εἰ τὸ μέγεθος τῆς γῆς αἰδητὸν ἦν πρὸς τὴν τῶν οὐρανίων ἀπόςασιν· ἀλλὰ μόνον μὲν ἂν τὸ διὰ τοῦ κατὰ τὸ κέντρον τῆς γῆς σημείου διεκβαλλόμενον ἐπίπεδον διχοτομεῖν ἠδύνατο τὴν σφαίραν. Τὰ δὲ δι' ἡσδηποτοῦν ἐπιφανείας τῆς γῆς, μεί-

ζονα ἂν πάντοτε τὰ ὑπὸ γῆν ἐποίει τμήματα τῶν ὑπὲρ γῆν.

des plans horizontaux, ils feroient toujours en dessous, des segmens plus grands
qu'en dessus.

ΚΕΦΑΛΑΙΟΝ Ϛ.

CHAPITRE VI.

ΟΤΙ ΟΥΔΕ ΚΙΝΗΣΙΝ ΤΙΝΑ ΜΕΤΑΒΑΤΙΚΗΝ
ΠΟΙΕΙΤΑΙ Η ΓΗ.

LA TERRE NE FAIT AUCUN MOUVEMENT
DE TRANSLATION.

ΚΑΤΑ τὰ αὐτὰ δὲ τοῖς ἔμπροσθεν
δειχθήσεται, διότι μηδ' ἡντιναοῦν κίνησιν εἰς τὰ προειρημένα πλάγια μέρη
τὴν γῆν οἷόν τε ποιεῖσθαι, ἢ ὅλως μεθί-
ζασθαί ποτε τοῦ κατὰ τὸ κέντρον τόπου·
τὰ αὐτὰ γὰρ συνέβαινεν ἂν, ἅπερ εἰ καὶ
τὴν θέσιν ἄλλην παρὰ τὸ μέσον ἔχουσα
ἐτύγχανεν. Ὥστ' ἔμοιγε δοκεῖ περισσῶς
ἄν τις καὶ τῆς ἐπὶ τὸ μέσον φορᾶς τὰς
αἰτίας ἐπιζητήσειν, ἅπαξ γε τοῦ ὅτι ἥτε
γῆ τὸν μέσον ἐπέχει τόπον τοῦ κόσμου
καὶ τὰ βάρη πάντα ἐπ' αὐτὴν φέρεται,
οὕτως ὄντος ἐναργοῦς ἐξ αὐτῶν τῶν φαινομένων. Κἀκεῖνο δὲ μόνον προχειρότατον ἂν
εἰς τὴν τοιαύτην κατάληψιν γίνοιτο, τὸ,
σφαιροειδοῦς καὶ μέσης τοῦ παντός, ὡς
ἔφαμεν, ἀποδεδειγμένης τῆς γῆς, ἐν
ἅπασιν ἁπλῶς τοῖς μέρεσιν αὐτῆς τάς
τε προσνεύσεις καὶ τὰς τῶν βάρος ἐχόντων σωμάτων φορὰς, λέγω δὲ τὰς ἰδίας
αὐτῶν, πρὸς ὀρθὰς γωνίας πάντοτε κὴ
πανταχῆ γίνεσθαι, τῷ διὰ τῆς κατὰ τὴν
ἔμπτωσιν ἐπαφῆς διεκβαλλομένῳ ἀκλινεῖ ἐπιπέδῳ· δῆλον γὰρ, διὰ τὸ τοῦθ'
οὕτως ἔχειν, ὅτι καὶ, εἰ μὴ ἀντεκόπτοντο
ὑπὸ τῆς ἐπιφανείας τῆς γῆς, πάντως ἂν
ἐπ' αὐτὸ τὸ κέντρον κατήντων, ἐπεὶ καὶ
ἡ ἐπὶ τὸ κέντρον ἄγουσα εὐθεῖα πρὸς

I.

PAR des preuves semblables aux précédentes, on démontrera que la terre ne
peut être transportée obliquement, ni
sortir absolument du centre. Car, si cela
étoit, on verroit arriver tout ce qui auroit lieu, si elle occupoit un autre point
que celui du milieu. Il me paroît, d'après
cela, superflu de chercher les causes de la
tendance vers le centre, une fois qu'il est
évident par les phénomènes mêmes, que
la terre occupe le milieu du monde, et
que tous les corps pesans se portent vers
elle; et cela sera aisé à comprendre, si
l'on considère que la terre ayant été démontrée de forme sphérique, et, suivant
ce que nous avons dit, placée au milieu
de l'univers, les tendances et les chûtes
des corps graves, je dis celles qui leur
sont propres, se font toujours et partout perpendiculairement au plan mené
sans inclinaison par le point d'incidence
où il est tangent. Il est clair qu'ils se
rencontreroient tous au centre, s'ils n'é-
toient pas arrêtés par la surface, puisque la droite menée jusqu'au centre est
perpendiculaire sur le plan qui touche

3

la sphère au point d'intersection dans le contact même.

Ceux qui regardent comme un paradoxe qu'une masse comme la terre ne soit appuyée sur rien, ni emportée par aucun mouvement, me paroissent raisonner d'après les préjugés qu'ils prennent de ce qu'ils voient arriver aux petits corps autour d'eux, et non d'après ce qui est propre à l'universalité du monde, et c'est ce qui cause leur erreur. Ils seroient loin d'y tomber, s'ils savoient que la terre, toute grosse qu'elle est, n'est pourtant qu'un point, comparativement au ciel, qui l'environne. Ils trouveroient qu'il est possible que la terre, étant un infiniment petit relativement à l'univers, soit maîtrisée de toutes parts et maintenue fixe par les efforts qu'exerce sur elle également et suivant des directions semblables, l'univers qui est infiniment plus grand qu'elle, et composé de parties semblables. Il n'y a ni dessus ni dessous dans le monde; car on n'en peut concevoir dans une sphère. Quant aux corps qu'il renferme, par une suite de leur nature, il arrive que ceux qui sont légers et subtils sont comme poussés par un vent vers le dehors et vers la circonférence, et ils nous paroissent aller *en haut*, parce que c'est ainsi que nous appellons l'espace qui est au-dessus de nos têtes jusqu'à la surface qui nous enveloppe. Il arrive au contraire que les corps pesants et composés de parties épaisses se dirigent vers le milieu comme vers un centre, et nous paroissent tomber *en bas*,

ὀρθὰς γωνίας ἀεὶ γίνεται τῷ διὰ τῆς κατὰ τὴν ἐπαφὴν τομῆς ἐφαπτομένῳ τῆς σφαίρας ἐπιπέδῳ.

Ὅσοι δὲ παράδοξον οἴονται τὸ μήτε βεβηκέναι που, μήτε φέρεϑαι τὸ τηλικοῦτον βάρος τῆς γῆς, δοκοῦσί μοι, πρὸς τὰ καϑ᾽ ἑαυτοὺς πάϑη καὶ οὐ πρὸς τὸ τοῦ ὅλου ἴδιον ἀποβλέποντες, τὴν σύγκρισιν ποιούμενοι διαμαρτάνειν. Οὐ γὰρ ἂν οἶμαι θαυμαστὸν αὐτοῖς ἔτι φανεῖν τὸ τοιοῦτον, εἰ ἐπιστήσαιεν ὅτι τοῦτο τὸ τῆς γῆς μέγεθος, συγκρινόμενον ὅλῳ τῷ περιέχοντι σώματι, σημείου πρὸς αὐτὸ λόγον ἔχει. Δυνατὸν γὰρ οὕτω δόξει, τὸ κατὰ λόγον ἐλάχιστον ὑπὸ τοῦ παντελῶς μεγίστου καὶ ὁμοιομεροῦς διακρατεῖϑαί τε καὶ ἀντερείδεϑαι πανταχόθεν ἴσως καὶ ὁμοιοκλινῶς· τοῦ μὲν κάτω ἢ ἄνω μηδενὸς ὄντος ἐν τῷ κόσμῳ πρὸς αὐτὴν, καθάπερ οὐδὲ ἐν σφαίρᾳ τις ἂν τὸ τοιοῦτον ἐπινοήσειε· τῶν δὲ ἐν αὐτῷ συγκριμάτων, τὸ ὅσον ἐπὶ τῇ ἰδίᾳ καὶ κατὰ φύσιν ἑαυτῶν φορᾷ, τῶν μὲν κούφων καὶ λεπτομερῶν εἰς τὸ ἔξω καὶ ὡς πρὸς τὴν περιφέρειαν ἀναρριπιζομένων, δοκούντων δὲ εἰς τὸ παρ᾽ ἑκάστοις ἄνω τὴν ὁρμὴν ποιεῖϑαι, διὰ τὸ καὶ πάντων ἡμῶν τὸ ὑπὲρ κεφαλῆς, ἄνω δὲ καλούμενον καὶ αὐτὸ, νεύειν ὡς πρὸς τὴν περιέχουσαν ἐπιφάνειαν· τῶν δὲ βαρέων καὶ παχυμερῶν ἐπὶ τὸ μέσον καὶ ὡς πρὸς τὸ κέντρον φερομένων, δοκούντων δὲ εἰς τὸ κάτω πίπτειν, διὰ τὸ καὶ πάντων πάλιν ἡμῶν τὸ πρὸς τοὺς πόδας, καλούμενον δὲ κάτω, καὶ αὐτὸ νεύειν πρὸς τὸ κέντρον τῆς γῆς, συνιζάνειν τε εἰκότως

περὶ τὸ μέσον λαμβανόντων, ὑπὸ τῆς
πρὸς ἄλληλα πανταχόθεν ἴσης καὶ ὁμοίας
ἀντικοπῆς τε καὶ ἀντερείσεως. Τοιγάρτοι
καὶ εἰκότως καταλαμβάνεται τὸ ὅλον
ϛερέωμα τῆς γῆς, μέγιστον οὕτως ὂν,
ὡς πρὸς τὰ φερόμενα ἐπ᾽ αὐτὴν, καὶ
ὑπὸ τῆς τῶν πάνυ ἐλαχίστων βαρῶν
ὁρμῆς, ἅτε δὴ πανταχόθεν ἀτρεμοῦσα
καὶ ὥσπερ τὰ συμπίπτοντα ἐκδεχομένη.
Εἰ δέ γε καὶ αὐτῆς ἦν τις φορὰ κοινὴ καὶ
μία καὶ ἡ αὐτὴ τοῖς ἄλλοις βάρεσιν, ἔφθα-
νεν ἂν πάντα δηλονότι διὰ τὴν τοσαύτην
τοῦ μεγέθους ὑπερβολὴν καταφερομένη,
καὶ ὑπελείπετο μὲν τά τε ζῶα καὶ τὰ
κατὰ μέρος τῶν βαρῶν ὀχούμενα ἐπὶ τοῦ
ἀέρος, αὕτη δὲ τάχιϛα τέλεον ἂν ἐκπε-
πτώκει καὶ αὐτοῦ τοῦ οὐρανοῦ. Ἀλλὰ τὰ
τοιαῦτα μὲν, καὶ μόνον ἐπινοηθέντα, πάντων ἂν φανείη γελοιότατα.

Ἤδη δέ τινες, ὡς οἴονται πιθανώτερον,
τούτοις μὲν οὐκ ἔχοντες ὅτι ἀντείποιεν,
συγκατατίθενται· δοκοῦσι δὲ οὐδὲν
αὐτοῖς ἀντιμαρτυρήσειν, εἰ τὸν μὲν οὐρα-
νὸν ἀκίνητον ὑποϛήσαιντο λόγου χάριν,
τὴν δὲ γῆν περὶ τὸν αὐτὸν ἄξονα στρεφο-
μένην ἀπὸ δυσμῶν ἐπ᾽ ἀνατολὰς, ἑκάϛης
ἡμέρας, μίαν ἔγγιϛα περιστροφὴν, ἢ καὶ
ἀμφότερα κινοῖεν ὅσον δήποτε, μόνον περί
τε τὸν αὐτὸν ἄξονα, ὡς ἔφαμεν, καὶ
συμμέτρως τῇ πρὸς ἄλληλα περικατα-
λήψει.

Λέληθε δὲ αὐτοὺς ὅτι, τῶν μὲν
περὶ τὰ ἄϛρα φαινομένων ἕνεκεν, οὐδὲν
ἂν ἴσως κωλύοι, κατά γε τὴν ἁπλουϛέραν
ἐπιβολὴν, τοῦθ᾽ οὕτως ἔχειν, ἀπὸ δὲ τῶν

parce que c'est de ce nom que nous appellons ce qui est au-dessous de nos pieds
dans la direction du centre de la terre.
Mais on doit croire qu'ils s'arrêteroient
autour de ce milieu, par l'effet opposé
de leurs chocs et de leurs efforts. On
conçoit donc que la masse entière de la
terre, qui est si considérable en comparaison des corps qui tombent sur elle,
puisse les recevoir dans leur chûte, sans
que ni leurs poids ni leurs vitesses lui
communiquent le moindre mouvement.
Mais si la terre avoit un mouvement qui
lui fût commun avec tous les autres corps
graves, elle les précéderoit bientôt par
l'effet de sa masse, et laisseroit sans autre
appui que l'air, les animaux et les autres
corps graves, et seroit bientôt portée hors
du ciel même. Toutes ces conséquences
sont du dernier ridicule, même à ima-
giner.

Il y a des gens qui, tout en se rendant
à ces raisons, parce qu'il n'y a rien à y op-
poser, prétendent que rien n'empêche de
supposer, par exemple, que le ciel étant
immobile, la terre tourne autour de son
axe, d'occident en orient, en faisant cette
révolution une fois par jour à très peu
près; ou que, si l'un et l'autre tournent,
c'est autour du même axe, comme nous
avons dit, et d'une manière conforme
aux rapports que nous observons entr'eux.

Il est vrai que, quant aux astres eux-
mêmes, et en ne considérant que les phénomènes, rien n'empêche peut-être que,
pour plus de simplicité, cela ne soit ainsi;

mais ces gens-là ne sentent pas combien, sous le rapport de ce qui se passe autour de nous et dans l'air, leur opinion est ridicule. Car, si nous leur accordions que les choses les plus légères et composées de parties les plus subtiles ne se meuvent point, ce qui seroit contre nature, ou ne se meuvent pas autrement que les corps de nature contraire, tandis que ceux qui sont dans l'air, se meuvent si visiblement avec plus de vîtesse que ceux qui sont plus terrestres; si nous leur accordions que les choses les plus compactes et les plus pesantes ont un mouvement propre, rapide et constant, tandis qu'il est pourtant vrai qu'elles n'obéissent qu'avec peine aux impulsions qui leur sont données; ils seroient obligés d'avouer que la terre, par sa révolution, auroit un mouvement plus rapide qu'aucun de ceux qui ont lieu autour d'elle, puisqu'elle feroit un si grand circuit en si peu de temps. Les corps qui ne seroient pas appuyés sur elle, paroîtroient donc toujours avoir un mouvement contraire au sien; et, ni les nuées, ni aucun des corps lancés, ou des animaux qui volent, ne paroîtroient aller vers l'orient; car la terre les précéderoit toujours dans cette direction, et anticiperoit sur eux par son mouvement vers l'orient, ensorte qu'ils paroîtroient tous, elle seule exceptée, reculer en arrière vers l'occident.

S'ils disoient que l'atmosphère est emportée par la terre avec la même vîtesse que celle-ci, dans sa révolution, il n'en seroit pas moins vrai que les corps qui y sont contenus, n'auroient pas la même vîtesse. Ou s'ils en étoient entraînés comme ne faisant qu'un corps avec l'air, on n'en verroit aucun précéder ni suivre; mais

περὶ ἡμᾶς αὐτοὺς καὶ τὸν ἀέρα συμπτωμάτων, καὶ πάνυ ἂν γελοιότατον ὀφθείη τὸ τοιοῦτον. Ἵνα γὰρ συγχωρήσωμεν αὐτοῖς, τὸ παρὰ φύσιν, οὕτως τὰ μὲν λεπτομερέστατα καὶ κουφότατα ἢ μηδόλως κινεῖσθαι ἢ ἀδιαφόρως τοῖς τῆς ἐναντίας φύσεως, τῶν γε περὶ τὸν ἀέρα, καὶ ἧττον λεπτομερῶν, ἐναργῶς οὕτως ταχυτέρας τῶν γεωδεστέρων πάντων φορὰς ποιουμένων· τὰ δὲ παχυμερέστατα καὶ βαρύτατα κίνησιν ἰδίαν ὀξεῖαν οὕτως καὶ ὁμαλὴν ποιεῖσθαι, τῶν γεωδῶν πάλιν ὁμολογουμένως μηδὲ πρὸς τὴν ὑπ᾽ ἄλλων κίνησιν ἐπιτηδείως ἐνίοτε ἐχόντων· ἀλλ᾽ οὖν ὁμολογήσαιεν ἂν σφοδροτάτην τὴν στροφὴν τῆς γῆς γίγνεσθαι ἁπασῶν ἁπλῶς τῶν περὶ αὐτὴν κινήσεων, ὡσὰν τοσαύτην ἐν βραχεῖ χρόνῳ ποιουμένην ἀποκατάστασιν, ὥστε πάντα ἂν τὰ μὴ βεβηκότα ἐπ᾽ αὐτῆς μίαν ἀεὶ τὴν ἐναντίαν τῇ γῇ κίνησιν ἐφαίνετο ποιούμενα, καὶ οὔτ᾽ ἂν νέφος ποτὲ ἐδείκνυτο παροδεῦον πρὸς ἀνατολὰς, οὔτε ἄλλο τι τῶν ἱπταμένων ἢ βαλλομένων, φθανούσης ἀεὶ πάντα τῆς γῆς καὶ προλαμβανούσης τὴν πρὸς ἀνατολὰς κίνησιν, ὥστε τὰ λοιπὰ πάντα εἰς τὰ πρὸς δυσμὰς καὶ ὑπολειπόμενα δοκεῖν παραχωρεῖν.

Εἰ γὰρ καὶ τὸν ἀέρα φήσαιεν αὐτῇ συμπεριάγεσθαι κατὰ τὰ αὐτὰ καὶ ἰσοταχῶς, οὐδὲν ἧττον τὰ κατ᾽ αὐτὸν γινόμενα συγκρίματα πάντοτε ἂν ἐδόκει τῆς συναμφοτέρων κινήσεως ὑπολείπεσθαι· ἢ εἴπερ καὶ αὐτὰ ὥσπερ ἡνωμένα τῷ ἀέρι συμπεριήγετο, οὐκέτ᾽ ἂν οὐδέτερα, οὔτε προη-

γούμενα, οὔτε ὑπολειπόμενα ἐφαίνετο,
μένοντα δὲ ἀεὶ καὶ μήτε ἐν ταῖς πτήσεσι,
μήτε ἐν ταῖς βολαῖς ποιούμενά τινα πλάνην
ἢ μετάβασιν, ἅπερ ἅπαντα οὕτως ἐναργῶς
ὁρῶμεν ἀποτελούμενα, ὡς μηδὲ βραδυ-
τῆτός τινος ὅλως ἢ ταχυτῆτος αὐτοῖς
ἀπὸ τοῦ μὴ ἑςάναι τὴν γῆν παρακολου-
θούσης.

tous paroîtroient stationnaires; et, soit
qu'ils volassent ou qu'ils fussent lancés,
aucun n'avanceroit ou ne s'écarteroit jamais; c'est pourtant ce que nous voyons
arriver, comme si le mouvement de la
terre ne devoit leur causer ni retard ni
accélération.

ΚΕΦΑΛΑΙΟΝ Ζ.

ΟΤΙ ΔΥΟ ΔΙΑΦΟΡΑΙ ΤΩΝ ΠΡΩΤΩΝ ΚΙΝΗΣΕΩΝ
ΕΙΣΙΝ ΕΝ ΤΩ ΟΥΡΑΝΩ.

ΤΑΥΤΑΣ μὲν δὴ τὰς ὑποθέσεις ἀναγκαίως προλαμβανομένας εἰς τὰς κατὰ
μέρος παραδόσεις, καὶ τὰς ταύταις ἀκο-
λουθούσας, ἀρκέσει καὶ μέχρι τῶν τοσούτων ὡς ἐν κεφαλαίοις ὑποτετυπῶσθαι,
βεβαιωθησομένας τε καὶ ἐπιμαρτυρηθη-
σομένας τέλεον ἐξ αὐτῆς τῆς τῶν ἀκολούθως καὶ ἐφεξῆς ἀποδειχθησομένων
πρὸς τὰ φαινόμενα συμφωνίας. Πρὸς δὲ
τούτοις ἔτι κἀκεῖνο τῶν καθόλου τις ἂν
ἡγήσαιτο δικαίως προλαβεῖν ὅτι δύο
διαφοραὶ τῶν πρώτων κινήσεών εἰσιν ἐν
τῷ οὐρανῷ· μία μὲν ὑφ' ἧς φέρεται πάντα
ἀπὸ ἀνατολῶν ἐπὶ δυσμὰς, ἀεὶ ὡσαύτως
καὶ ἰσοταχῶς ποιουμένης τὴν περιαγωγὴν
κατὰ παραλλήλων ἀλλήλοις κύκλων, τῶν
γραφομένων δηλονότι τοῖς ταύτης τῆς
πάντα ὁμαλῶς περιαγούσης σφαίρας
πόλοις, ὧν ὁ μέγιςος κύκλος ἰσημερινὸς
καλεῖται, διὰ τὸ μόνον αὐτὸν ὑπὸ μεγίςου ὄντος τοῦ ὁρίζοντος δίχα πάντοτε
διαιρεῖσθαι, καὶ τὴν κατ' αὐτὸν γιγνομένην

CHAPITRE VII.

IL Y A DANS LE CIEL DEUX PREMIERS
MOUVEMENS DIFFÉRENS.

CES hypothèses qu'il nous suffira d'a-
voir exposées sommairement, étoient
un préliminaire indispensable pour les
détails où nous allons entrer, et nous
serviront pour les conséquences que nous
en tirerons. Elles seront d'ailleurs confirmées par leur accord avec les phénomènes
qui seront démontrés dans la suite. Il faut
pourtant encore poser en principe que
le ciel a deux mouvemens différens, l'un
par lequel tout est emporté d'orient en
occident dans des cercles parallèles entr'eux, décrits semblablement et avec
une vitesse égale autour des poles de la
sphère qui fait cette révolution uniformément. Le plus grand de ces cercles
est celui qu'on appelle cercle équinoxial (équateur), parce qu'il est le seul
qui soit coupé en deux moitiés par
l'horizon qui est un autre grand cercle de la sphère, et parce qu'il rend
sensiblement pour toute la terre le jour
égal à la nuit, quand le soleil le parcourt. L'autre mouvement est celui en

vertu duquel les sphères des astres font
de certaines révolutions en un sens contraire à la direction du premier mouvement, autour d'autres poles que ceux de
cette première révolution. Nous supposons que cela s'exécute ainsi, parce que
d'abord nous voyons, chaque jour, tout
ce qui est au ciel, sans exception, se lever,
parvenir au méridien et se coucher en
suivant des routes sensiblement conformes et parallèles au cercle équinoxial ;
en quoi consiste proprement le premier
mouvement. On découvrit ensuite, en observant plus assidûment, que, si les distances réciproques des étoiles et leurs
autres circonstances, telles que l'identité
de leurs lieux dans le premier orbe, ne
varient jamais, il n'en est pas de même du
soleil, de la lune et des planètes. Car nous
voyons ces astres-ci faire des mouvemens
divers et inégaux entr'eux, mais tous contraires au mouvement du monde, et tous
vers l'orient et vers celles d'entre les étoiles
fixes qui arrivent plus tard au méridien,
en gardant toujours leurs mêmes distances réciproques, et tournant comme
entraînées par la même sphère.

Si ce mouvement contraire des planètes
se faisoit dans des cercles parallèles à
l'équateur, c'est-à-dire autour des poles
du premier mouvement, il suffiroit d'i-
maginer pour toutes un seul mouvement
qui seroit une conséquence du premier.
Il paroîtroit vraisemblable que la différence entre les révolutions des planètes

τοῦ ἡλίου περιστροφὴν ἰσημερίαν πρὸς
αἴσθησιν πανταχοῦ ποιεῖν· ἡ δὲ ἑτέρα,
καθ᾽ ἣν αἱ τῶν ἀστέρων σφαῖραι, κατὰ
τὰ ἐναντία τῇ προειρημένῃ φορᾷ, ποιοῦν-
ταί τινας μετακινήσεις περὶ πόλους ἑτέ-
ρους καὶ οὐ τοὺς αὐτοὺς τοῖς τῆς πρώτης
περιαγωγῆς. Καὶ ταῦτα δὲ οὕτως ἔχειν
ὑποτιθέμεθα, διὰ τὸ, ἐκ μὲν τῆς κατὰ
μίαν ἑκάστην ἡμέραν θεωρίας, πάντα ἁπα-
ξαπλῶς τὰ ἐν τῷ οὐρανῷ, κατὰ τῶν ὁμοει-
δῶν κỳ παραλλήλων τῷ ἰσημερινῷ κύκλῳ
τόπων, πρὸς αἴσθησιν ὁρᾶσθαι ποιούμενα
τάς τε ἀνατολὰς καὶ τὰς μεσουρανήσεις
καὶ τὰς δύσεις, ἰδίου ὄντος τοῦ τοιούτου
τῆς πρώτης φορᾶς· ἐκ δὲ τῆς ἐφεξῆς καὶ
συνεχεστέρας παρατηρήσεως, τὰ μὲν
ἄλλα πάντα τῶν ἄστρων διατηροῦντα
φαίνεσθαι καὶ τὰ πρὸς ἄλληλα διαστήματα, καὶ τὰ πρὸς τοὺς οἰκείους τῇ πρώτῃ
φορᾷ τόπους ἐπὶ πλεῖστον ἰδιώματα, τὸν
δὲ ἥλιον καὶ τὴν σελήνην καὶ τοὺς πλανω-
μένους ἀστέρας μεταβάσεις τινὰς ποιεῖσθαι, ποικίλας μὲν καὶ ἀνίσους ἀλλήλαις,
πάσας δὲ, ὡς πρὸς τὴν καθόλου κίνησιν,
εἰς τὰ πρὸς ἀνατολὰς, καὶ ὑπολειπόμενα μέρη τῶν συντηρούντων τὰ πρὸς ἄλληλα διαστήματα καὶ ὥσπερ ὑπὸ μιᾶς
σφαίρας περιαγομένων ἄστρων.

Εἰ μὲν οὖν καὶ ἡ τοιαύτη μετάβασις
τῶν πλανωμένων κατὰ παραλλήλων κύκλων ἐγίνετο τῷ ἰσημερινῷ, τουτέστι
περὶ πόλους τοὺς τὴν πρώτην ποιοῦντας
περιαγωγὴν, αὔταρκες ἂν ἐγίνετο. μίαν
ἡγεῖσθαι καὶ τὴν αὐτὴν πάντων περιφορὰν, ἀκόλουθον τῇ πρώτῃ· πιθανὸν
γὰρ ἂν οὕτως ἐφάνη, καὶ τὸ τὴν γινο-

μένην αὐτῶν μετάβασιν, καθ᾽ ὑπολεί-
ψεις διαφόρους, καὶ μὴ κατὰ ἀντικειμένην κίνησιν ἀποτελεῖσθαι. Νῦν δὲ ἅμα
ταῖς πρὸς τὰς ἀνατολὰς μεταβάσεσι,
παραχωροῦντες ἀεὶ φαίνονται πρός τε
ἄρκτους καὶ πρὸς μεσημβρίαν, μηδὲ ὁμαλοῦ θεωρουμένου τοῦ μεγέθους τῆς τοιαύτης παραχωρήσεως· ὥστε δόξαι δι᾽
ἐξωθήσεών τινων τοῦτο τὸ σύμπτωμα
γίγνεσθαι περὶ αὐτούς· ἀλλ᾽ ἀνωμάλου
μὲν, ὡς πρὸς τὴν τοιαύτην ὑπόνοιαν, τε-
ταγμένης δὲ, ὡς ὑπὸ κύκλου λοξοῦ πρὸς
τὸν ἰσημερινὸν ἀποτελουμένης· ὅθεν καὶ
ὁ τοιοῦτος κύκλος εἶς τε καὶ ὁ αὐτὸς καὶ
τῶν πλανωμένων ἴδιος καταλαμβάνεται,
ἀκριβούμενος μὲν καὶ ὥσπερ γραφόμενος
ὑπὸ τῆς τοῦ ἡλίου κινήσεως, περιοδευό-
μενος δὲ καὶ ὑπό τε τῆς σελήνης καὶ τῶν
πλανωμένων, πάντοτε περὶ αὐτὸν ἀναστρε-
φομένων, καὶ μηδὲ κατὰ τὸ τυχὸν ἐκπι-
πτόντων τῆς ἀποτεμνομένης αὐτοῦ καθ᾽
ἕκαστον ἐφ᾽ ἑκάτερα τὰ μέρη παραχωρήσεως. Ἐπεὶ δὲ καὶ μέγιστος οὗτος ὁ
κύκλος θεωρεῖται, διὰ τὸ τῷ ἴσῳ καὶ
βορειότερον καὶ νοτιώτερον τοῦ ἰσημερινοῦ γίγνεσθαι τὸν ἥλιον, καὶ περὶ ἕνα
καὶ τὸν αὐτὸν, ὡς ἔφαμεν, αἱ τῶν πλανωμένων πάντων πρὸς τὰς ἀνατολὰς μεταβάσεις ἀποτελοῦνται, δευτέραν ταύτην
διαφορὰν τῆς καθόλου κινήσεως ἀναγκαῖον ἦν ὑποστήσασθαι, τὴν περὶ πόλους
τοῦ κατειλημμένου λοξοῦ κύκλου καὶ εἰς
τὰ ἐναντία τῆς πρώτης φορᾶς ἀποτελου-
μένην.

Ἐὰν δὴ νοήσωμεν τὸν διὰ τῶν πόλων
ἀμφοτέρων τῶν προειρημένων κύκλων

et celle des étoiles vint d'un simple retard, d'un moindre degré de vîtesse, et
non pas d'un mouvement réellement
contraire. Mais en même-temps qu'elles
s'avancent vers l'orient, les planètes s'ap-
prochent aussi de l'un ou de l'autre pole,
d'une quantité qui n'est pas la même en
tout temps ni pour toutes, ensorte que
ces variations paroîtroient être causées
par autant d'impulsions particulières. Au
reste, si cette marche paroît inégale quand
on la rapporte à l'équateur et à ses poles,
elle devient uniforme et régulière quand
on la rapporte au cercle oblique, qui,
par là, paroît être proprement le cercle
commun des planètes. Dans la réalité
pourtant, il n'est le cercle que du soleil
qui le décrit par son mouvement annuel,
mais on peut dire qu'il est aussi celui de
la lune et des autres planètes qui ne s'en
écartent jamais ni au hasard ni sans
règle, mais circulent dans des plans dont
les inclinaisons sur le cercle oblique déterminent pour chacune d'une manière uniforme les écarts ou déclinaisons de part
et d'autre (*de l'équateur*). Or ce cercle
oblique étant un grand cercle de la sphère,
comme cela se voit par les déclinaisons
égales du soleil, alternativement plus boréal et plus austral que l'équateur; et
les planètes faisant leurs révolutions le
long de ce seul et même cercle, comme
nous l'avons dit, il falloit nécessairement
admettre ce second mouvement, différent du mouvement général du monde,
en ce qu'il se fait autour des poles de ce
cercle oblique, et en sens contraire à ce
premier mouvement.

Maintenant, si nous concevons un
grand cercle qui passe par les poles des

⁎⁎

deux premiers, c'est-à-dire par les poles de l'équateur et du cercle incliné sur lui, il les coupera en deux également et à angles droits, ce qui marquera quatre points sur ce cercle oblique. Les deux points déterminés par l'équateur seront diamétralement opposés, et s'appelleront équinoxiaux : l'un qui est le passsage du midi vers les ourses, s'appelle l'équinoxe du printemps; le point opposé est l'équinoxe d'automne. Les deux points déterminés par le cercle qui passe par les poles des deux autres, sont de même opposés diamétralement, et s'appellent tropiques. Celui qui est au midi de l'équateur, est le tropique d'hiver ; celui qui est vers les ourses, est le tropique d'été.

On concevra donc le seul et premier mouvement, celui qui embrasse tous les autres, comme circonscrit et limité par le grand cercle (*le colure des solstices*), qui passe par les poles des deux cercles, emporté et emportant avec lui d'orient en occident dans ce mouvement autour des poles de l'équateur, tout le reste qui marche comme à la suite du cercle qu'on appelle méridien, lequel ne diffère du colure, qu'en ce que tout méridien ne passe pas par les poles du cercle oblique; et on appelle ce cercle, méridien, parce-qu'on le conçoit toujours perpendiculaire à l'horizon, et que cette position partageant par moitié l'hémisphère supérieur et inférieur, contient les milieux des temps que durent les nychthémères. Le second mouvement, qui se compose de plusieurs autres, est embrassé par le premier et embrasse les sphères de toutes

γραφόμενον μέγιστον κύκλον, ὃς ἐξ ἀνάγκης ἑκάτερον ἐκείνων, τουτέστι τόν τε ἰσημερινὸν καὶ τὸν πρὸς αὐτὸν ἐγκεκλιμένον, δίχα τε καὶ πρὸς ὀρθὰς γωνίας τέμνει, τέσσαρα μὲν ἔσται σημεῖα τοῦ λοξοῦ κύκλου· δύο μὲν, τὰ ὑπὸ τοῦ ἰσημερινοῦ κατὰ διάμετρον ἀλλήλοις γινόμενα, καλούμενα δὲ ἰσημερινὰ, ὧν τὸ μὲν, ἀπὸ μεσημβρίας πρὸς ἄρκτους ἔχον τὴν πάροδον, ἐαρινὸν λέγεται, τὸ δὲ ἐναντίον, μετοπωρινόν· δύο δὲ, τὰ γινόμενα ὑπὸ τοῦ δι' ἀμφοτέρων τῶν πόλων γραφομένου κύκλου, καὶ αὐτὰ δηλονότι κατὰ διάμετρον ἀλλήλοις, καλούμενα δὲ τροπικὰ, ὧν τὸ μὲν ἀπὸ μεσημβρίας τοῦ ἰσημερινοῦ, χειμερινὸν λέγεται, τὸ δὲ ἀπὸ ἄρκτων, θερινόν.

Νοηθήσεται δὲ ἡ μὲν μία καὶ πρώτη φορὰ καὶ περιέχουσα τὰς ἄλλας πάσας, περιγραφομένη καὶ ὥσπερ ἀφοριζομένη ὑπὸ τοῦ δι' ἀμφοτέρων τῶν πόλων γραφομένου μεγίστου κύκλου, περιαγομένου τε καὶ τὰ λοιπὰ πάντα συμπεριάγοντος ἀπὸ ἀνατολῶν ἐπὶ δυσμὰς, περὶ τοὺς τοῦ ἰσημερινοῦ πόλους βεβηκότα ὥσπερ ἐπὶ τοῦ καλουμένου μεσημβρινοῦ, ὃς τούτῳ μόνῳ τοῦ προειρημένου διαφέρων τῷ μὴ καὶ διὰ τῶν τοῦ λοξοῦ κύκλου πόλων πάντοτε γράφεσθαι· καὶ ἔτι διὰ τὸ πρὸς ὀρθὰς γωνίας τῷ ὁρίζοντι συνεχῶς νοεῖσθαι, καλεῖται μεσημβρινός, ἐπεὶ ἡ τοιαύτη θέσις ἑκάτερον, τό τε ὑπὲρ γῆν καὶ τὸ ὑπὸ γῆν ἡμισφαίριον διχοτομοῦσα, καὶ τῶν νυχθημέρων τοὺς μέσους χρόνους περιέχει. Ἡ δὲ δευτέρα καὶ πολυμερής, περιεχομένη μὲν ὑπὸ τῆς

πρώτης, περιέχουσα δὲ τὰς τῶν πλανωμένων πάντων σφαίρας, φερομένη μὲν ὑπὸ
τῆς προειρημένης, ὡς ἔφαμεν, ἀντιπερια-
γομένη δὲ εἰς τὰ ἐναντία περὶ τοὺς τοῦ
λοξοῦ κύκλου πόλους, οἳ καὶ αὐτοὶ βεβηκότες ἀεὶ κατὰ τοῦ τὴν πρώτην περι-
γραφὴν ποιοῦντος κύκλου, τουτέστι τοῦ
δι᾽ ἀμφοτέρων τῶν πόλων, περιάγονταί
τε εἰκότως σὺν αὐτῷ, καὶ, κατὰ τὴν εἰς
τὰ ἐναντία τῆς δευτέρας φορᾶς κίνησιν,
τὴν αὐτὴν θέσιν ἀεὶ συντηροῦσιν οἱ πόλοι
τοῦ γραφομένου δι᾽ αὐτῆς μεγίστου καὶ
λοξοῦ κύκλου πρὸς τὸν ἰσημερινόν.

ΚΕΦΑΛΑΙΟΝ Η.

ΠΕΡΙ ΤΩΝ ΚΑΤΑ ΜΕΡΟΣ ΚΑΤΑΛΗΨΕΩΝ.

Ἡ μὲν οὖν ὁλοσχερὴς προδιάληψις ὡς
ἐν κεφαλαίοις τοιαύτην ἂν ἔχοι τὴν ἔκθεσιν τῶν ὀφειλόντων προϋποκεῖσθαι·
μέλλοντες δὲ ἄρχεσθαι τῶν κατὰ μέρος
ἀποδείξεων, ὧν πρώτην ὑπάρχειν ἡγούμεθα, δι᾽ ἧς ἡ μεταξὺ τῶν προειρημένων
πόλων περιφέρεια τοῦ δι᾽ αὐτῶν γραφομένου μεγίστου κύκλου, πηλίκη τις οὖσα
καταλαμβάνεται, ἀναγκαῖον ὁρῶμεν
προεκθέσθαι τὴν πραγματείαν τῆς πηλικότητος τῶν ἐν τῷ κύκλῳ εὐθειῶν, ἅπαξ
γε μελλήσοντες ἕκασα γραμμικῶς ἀποδεικνύειν.

les planètes; il est emporté par le premier,
comme nous avons dit, et en même temps
il entraîne les planètes en sens contraire
autour des poles du cercle oblique. Ces
poles portés eux-mêmes sur le cercle qui
opère la première révolution, c'est-à-dire
sur le cercle (colure) qui passe par les
poles de l'oblique et de l'équateur, tournent avec lui, comme cela doit être; et,
dans la seconde révolution qui se fait en
sens contraire de la première, les poles
du grand cercle oblique, selon lequel se
fait cette révolution, conservent toujours
la même position relativement à l'équateur.

CHAPITRE VIII.

DES NOTIONS PARTICULIÈRES.

Telle est l'exposition sommaire des principes généraux par lesquels il convenoit
de commencer ce Traité. Nous allons
entrer dans le détail des connoissances
particulières. La première est, à notre
avis, celle qui donne la valeur de l'arc
(du grand cercle qui passe par les poles
de l'équinoxial et de l'oblique) compris
entre ces poles. Nous croyons nécessaire
de dire auparavant par quelle méthode
on mesure les droites inscrites dans le
cercle, et nous accompagnerons nos démonstrations, de figures qui les rendront
plus palpables.

CHAPITRE IX.

ÉVALUATION DES DROITES INSCRITES DANS LE CERCLE.

Pour la facilité de la pratique, nous allons maintenant construire une table des valeurs de ces droites, en partageant la circonférence en 360 degrés. Tous les arcs de notre table iront en croissant d'un demi-degré, constamment, et nous donnerons pour chacun de ces arcs la valeur de la soutendante, en supposant le diamètre partagé en 120 parties. On verra par l'usage, que ce nombre étoit le plus commode qu'on pût choisir. Nous montrerons d'abord comment, au moyen d'un nombre, le plus petit possible, de théorèmes, qui sont toujours les mêmes, on se fait une méthode générale et prompte pour obtenir ces valeurs. Nous ne nous bornerons pas à la table où l'on pourroit prendre ces valeurs sans en connoître la théorie, mais nous faciliterons les moyens de les éprouver et de les vérifier, en donnant les méthodes de construction. Nous emploierons en général la numération sexagésimale, pour éviter l'embarras des fractions; et, dans les multiplications et les divisions, nous prendrons toujours les résultats les plus approchés, de manière que, ce que nous négligerons ne les empêchera d'être sensiblement justes.

Soit d'abord le demi-cercle ABG décrit sur le diamètre ADG autour du centre D, et soit élevé, à angles droits, de D, sur

ΚΕΦΑΛΑΙΟΝ Θ.

ΠΕΡΙ ΤΗΣ ΠΗΛΙΚΟΤΗΤΟΣ ΤΩΝ ΕΝ ΤΩ ΚΥΚΛΩ ΕΥΘΕΙΩΝ.

ΠΡΟΣ μὲν οὖν τὴν ἐξ ἑτοίμου χρῆσιν, κανονικήν τινα μετὰ ταῦτα ἔκθεσιν ποιησόμεθα τῆς πηλικότητος αὐτῶν, τὴν μὲν περίμετρον εἰς τξ τμήματα διελόντες, παρατιθέντες δὲ τὰς καθ᾽ ἡμιμοίριον παραυξήσεις τῶν περιφερειῶν ὑποτεινομένας εὐθείας, τουτέςι, πόσων εἰσὶ τμημάτων, ὡς τῆς διαμέτρου, διὰ τὸ ἐξ αὐτῶν τῶν ἐπιλογισμῶν φανησόμενον ἐν τοῖς ἀριθμοῖς εὔχρησον, εἰς ρκ τμήματα διῃρημένης. Πρότερον δὲ δείξομεν πῶς ἂν, ὡς ἔνι μάλιςα, δι᾽ ὀλίγων καὶ τῶν αὐτῶν θεωρημάτων εὐμεθόδευτον καὶ ταχεῖαν τὴν ἐπιβολὴν τὴν πρὸς τὰς πηλικότητας αὐτῶν ποιοίμεθα, ὅπως μὴ μόνον ἐκτεθειμένα τὰ μεγέθη τῶν εὐθειῶν ἔχωμεν ἀνεπιςάτως, ἀλλὰ καὶ διὰ τῆς τῶν γραμμῶν μεθοδικῆς αὐτῶν συςάσεως, τὸν ἔλεγχον ἐξ εὐχεροῦς μεταχειριζώμεθα. Καθόλου μέντοι χρησόμεθα ταῖς τῶν ἀριθμῶν ἐφόδοις, κατὰ τὸν τῆς ἐξηκοντάδος τρόπον, διὰ τὸ δύσχρηςον τῶν μοριασμῶν, ἔτι τε τοῖς πολυπλασιασμοῖς καὶ μερισμοῖς ἀκολουθήσομεν, τοῦ συνεγγίζοντος ἀεὶ καταςοχαζόμενοι, κὴ καθόσον ἂν τὸ παραλειπόμενον μηδενὶ ἀξιολόγῳ διαφέρῃ τοῦ πρὸς αἴσθησιν ἀκριβοῦς.

Εςω δὴ πρῶτον ἡμικύκλιον τὸ ΑΒΓ ἐπὶ διαμέτρου τῆς ΑΔΓ περὶ κέντρον τὸ Δ, καὶ ἀπὸ τοῦ Δ τῇ ΑΓ πρὸς ὀρθὰς

γωνίας ἤχθω ἡ ΔΒ, καὶ τετμήσθω δίχα ἡ ΔΓ κατὰ τὸ Ε,
καὶ ἐπεζεύχθω ἡ ΕΒ, καὶ κείσθω
αὐτῇ ἴση ἡ ΕΖ, καὶ ἐπεζεύχθω
ἡ ΖΒ, λέγω ὅτι ἡ μὲν ΖΔ
δεκαγώνου ἐςὶ πλευρὰ, ἡ δὲ
ΒΖ πενταγώνου. Ἐπεὶ γὰρ εὐθεῖα γραμμὴ ἡ ΔΓ τέτμηται δίχα κατὰ
τὸ Ε, καὶ πρόσκειταί τις αὐτῇ εὐθεῖα ἡ
ΔΖ, τὸ ὑπὸ τῶν ΓΖ καὶ ΖΔ περιεχόμενον
ὀρθογώνιον μετὰ τοῦ ἀπὸ τῆς ΕΔ τετραγώνου, ἴσον ἐςὶ τῷ ἀπὸ τῆς ΕΖ τετραγώνῳ, τουτέςι, τῷ ἀπὸ τῆς ΒΕ, ἐπεὶ ἴση
ἐστὶν ἡ ΕΒ τῇ ΖΕ. Ἀλλὰ τῷ ἀπὸ τῆς ΕΒ
τετραγώνῳ ἴσα ἐστὶ τὰ ἀπὸ τῶν ΕΔ καὶ
ΔΒ τετράγωνα· τὸ ἄρα ὑπὸ τῶν ΓΖ καὶ
ΖΔ περιεχόμενον ὀρθογώνιον μετὰ τοῦ
ἀπὸ τῆς ΔΕ τετραγώνου, ἴσον ἐστὶ τοῖς
ἀπὸ τῶν ΕΔ, ΔΒ τετραγώνοις, καὶ κοινοῦ
ἀφαιρεθέντος τοῦ ἀπὸ τῆς ΕΔ τετραγώνου,
λοιπὸν τὸ ὑπὸ τῶν ΓΖ καὶ ΖΔ ἴσον
ἐστὶ τῷ ἀπὸ τῆς ΔΒ, τουτέστι, τῷ ἀπὸ
τῆς ΔΓ· ἡ ΖΓ ἄρα ἄκρον καὶ μέσον λόγον
τέτμηται κατὰ τὸ Δ. Ἐπεὶ οὖν ἡ τοῦ
ἑξαγώνου καὶ ἡ τοῦ δεκαγώνου πλευρὰ
τῶν εἰς τὸν αὐτὸν κύκλον ἐγγραφομένων
ἐπὶ τῆς αὐτῆς εὐθείας ἄκρον κ μέσον
λόγον τέμνονται, ἡ δὲ ΓΔ ἐκ τοῦ κέντρου
οὖσα τὴν τοῦ ἑξαγώνου περιέχει πλευρὰν, ἡ ΔΖ ἄρα ἐστὶν ἴση τῇ τοῦ δεκαγώνου
πλευρᾷ. Ὁμοίως δὲ ἐπεὶ ἡ τοῦ πενταγώνου
πλευρὰ δύναται τήν τε τοῦ ἑξαγώνου,
καὶ τὴν τοῦ δεκαγώνου τῶν εἰς τὸν αὐτὸν
κύκλον ἐγγραφομένων, τοῦ δὲ ΒΔΖ ὀρθογωνίου τὸ ἀπὸ τῆς ΒΖ τετράγωνον ἴσον
ἐσὶ τῷ τε ἀπὸ τῆς ΒΔ, ἥτις ἐστὶν

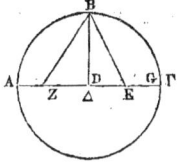

AG, le rayon DB; soit DG coupée en son milieu au point E;
joignez EB, et prenez EZ égale
à EB; enfin, joignez ZB; je dis
que ZD est le côté d'un décagone; et BZ celui d'un pentagone. En effet, puisqu'on a
cette droite DG coupée en deux moitiés
en E, et qu'on l'a prolongée par la droite
DZ, le rectangle compris sous GZ et ZD,
plus le carré de ED, est égal au carré de
EZ, c'est-à-dire au carré de EB, puisque
EB est égale à ZE. Mais les carrés de ED
et de DB sont égaux au carré de EB; donc
le rectangle construit sur GZ et ZD, plus
le carré de ED, font une somme égale à
celle des carrés de ED et de DB; donc, retranchant le carré de DE commun de part
et d'autre, le reste, qui est le rectangle sur
GZ et DZ, est égal au carré de DB, ou au
carré de GD; donc GZ est coupée en
moyenne et extrême raison au point D.
Or (a), puisque le côté de l'hexagone et
celui du décagone inscrits dans le même
cercle se trouvent sur une même droite,
en la coupant en moyenne et extrême
raison, et que la droite ou rayon GD est
le côté de l'hexagone, il s'ensuit que ZD
est le côté du décagone (b). Pareillement,
puisque le carré du côté du pentagone
est égal à la somme des carrés des côtés
du décagone et de l'hexagone inscrits
dans le même cercle, et que le carré de
l'hypoténuse BZ est égal au carré de BD
qui est le côté de l'hexagone, et au carré

de DZ qui est le côté du décagone, il s'ensuit que BZ est égal au côté du pentagone.

Faisant donc, comme je l'ai dit, le diamètre du cercle de 120 parties, DE qui est la moitié du rayon, sera de 30, et son carré sera de 900. Le rayon BD est de 60, et son carré est de 3600; mais le carré de EB, c'est-à-dire celui de EZ, est de 4500 : par conséquent, la longueur de cette ligne EZ est de 67ᵖ, 4′, 55″, à très-peu près, et DZ est de 37ᵖ, 4′, 55″; donc le côté du décagone qui soutend un arc de 36 des degrés dont la circonférence en contient 360, est de 37ᵖ, 4′. 55″ des parties dont le diamètre en contient 120ᵖ. (c) De plus, puisque la ligne DZ est de 37ᵖ, 4′, 55″, son carré est de 1375ᵖ, 4′, 15″; mais le carré de DB est de 3600 des mêmes parties, et la somme de ces deux carrés est égale au carré de BZ qui est par conséquent de 4975ᵖ, 4′, 15″; donc la ligne BZ est de 70ᵖ, 32′, 3″, environ : ainsi le côté du pentagone qui soutend 72 des degrés dont la circonférence en contient 360, contient 70ᵖ, 32′, 3″, des parties dont le diamètre en contient 120ᵖ. (d) Or il est évident que le côté de l'hexagone qui soutend 60 degrés, et qui est égal au rayon, est de 60 parties. De même, le carré du côté du quadrilatère qui soutend 90 degrés de la circonférence, est égal au double carré du rayon ; et le carré du côté du triangle qui soutend 120 de ces mêmes degrés, est égal au triple carré du rayon. Mais le carré du rayon est de 3600 parties : on en conclura le carré du côté de ce quadrilatère, de 7200; et celui du côté de ce même triangle, de 10800 parties. Par conséquent, la droite qui soutend 90 degrés de la circonféren-

ἑξαγώνου πλευρὰ, καὶ τῷ ἀπὸ τῆς ΔΖ, ἥτις ἐςὶ δεκαγώνου πλευρὰ, ἡ ΒΖ ἄρα ἐςὶν ἴση τῇ τοῦ πενταγώνου πλευρᾷ.

Ἐπεὶ γοῦν, ὡς ἔφην, ὑποτιθέμεθα τὴν τοῦ κύκλου διάμετρον τμημάτων ρκ, γίνεῖαι, διὰ τὰ προκείμενα, ἡ μὲν ΔΕ ἡμίσεια οὖσα τῆς ἐκ τοῦ κέντρου τμημάτων λ, καὶ τὸ ἀπ' αὐτῆς ϡ, ἡ δὲ ΒΔ ἐκ τοῦ κέντρου οὖσα, τμημάτων ξ, καὶ τὸ ἀπὸ αὐτῆς Ϛχ, τὸ δὲ ἀπὸ τῆς ΕΒ, τουτέσι, τὸ ἀπὸ τῆς ΕΖ τῶν ἐπὶ τὸ αὐτὸ δϕ, μήκει ἄρα ἔςαι ἡ ΕΖ τμημάτων ξζ δ′ νέ ἔγγιςα, καὶ λοιπὴ ἡ ΔΖ τῶν αὐτῶν λζ δ′ νέ. ἡ ἄρα τοῦ δεκαγώνου πλευρὰ, ὑποτείνουσα δὲ περιφέρειαν τοιούτων λϚ, οἵων ἐςὶν ὁ κύκλος τξ, τοιούτων ἔςαι λζ δ′ νέ, οἵων ἡ διάμετρος ρκ. Πάλιν δὲ ἐπεὶ ἡ μὲν ΔΖ τμημάτων ἐςὶ λζ δ′ νέ, τὸ δὲ ἀπ' αὐτῆς ͵ατοϚ δ′ ιέ, ἔςι δὲ καὶ τὸ ἀπὸ τῆς ΔΒ τῶν αὐτῶν Ϛχ, ἃ συντεθέντα ποιεῖ τὸ ἀπὸ τῆς ΒΖ τετράγωνον ͵δϡοϚ δ′ ιέ, μήκει ἄρα ἔςαι ἡ ΒΖ τμημάτων ο λβ Γ′ ἔγγιςα, καὶ ἡ τοῦ πενταγώνου ἄρα πλευρὰ, ὑποτείνουσα δὲ μοίρας οβ, οἵων ἐςὶν ὁ κύκλος τξ, τοιούτων ἐςὶν ο λβ Γ″, οἵων ἡ διάμετρος ρκ. Φανερὸν δὲ αὐτόθεν, ὅτι καὶ ἡ τοῦ ἑξαγώνου πλευρὰ, ὑποτείνουσα δὲ μοίρας ξ, καὶ ἴση ἔσα τῇ ἐκ τῦ κέντρου, τμημάτων ἐςὶν ξ. Ὁμοίως δὲ, ἐπεὶ ἡ μὲν τῦ τετραγώνου πλευρὰ, ὑποτείνεσα δὲ μοίρας ἐννενήκοντα δυνάμει διπλασία ἐςὶ τῆς ἐκ τοῦ κέντρου, ἡ δὲ τοῦ τριγώνε πλευρὰ, ὑποτείνεσα δὲ μοιρῶν ρκ, δυνάμει τῆς αὐτῆς ἐςὶ τριπλασίων· τὸ δὲ ἀπὸ τῆς ἐκ τοῦ κέντρου τμημάτων ἐςὶ Ϛχ, συναχθή-

σεται τὸ μὲν ἀπὸ τῆς τοῦ τετραγώνου πλευρᾶς ζσ̄, τὸ δὲ ἀπὸ
τῆς τοῦ τριγώνου μοιρῶν Μω̄.
Ὥστε καὴ μήκει ἡ μὲν τὰς ἐννενήκοντα μοίρας ὑποτείνουσα εὐθεῖα τοιούτων ἔςαι πδ̄ νᾱ' ι̅'' ἔγγιςα, οἵων ἡ διάμετρος ρκ̄. ἡ δὲ
τὰς ρκ̄, τῶν αὐτῶν ργ̄ νε̅' κγ̅''.

Αἵδε μὲν οὕτως ἡμῖν ἐκ προχείρου καὴ
καθ' αὑτὰς. εἰλήφθωσαν, καὴ ἔςαι φανερὸν
ἐντεῦθεν ὅτι, διδομένων τῶν εὐθειῶν, ἐξ
εὐχεροῦς δίδονται καὴ αἱ ὑπὸ τὰς λειπούσας εἰς τὸ ἡμικύκλιον περιφερείας ὑποτείνουσαι, διὰ τὸ τὰ ἀπ' αὐτῶν συντιθέμενα
ποιεῖν τὸ ἀπὸ τῆς διαμέτρου τετράγωνον·
οἷον, ἐπειδὴ ἡ ὑπὸ τὰς λς̄ μοίρας εὐθεῖα
τμημάτων ἐδείχθη λζ̄ δ̄' νε̅'', καὴ τὸ ἀπ' αὐτῆς ατοε̅ δ̄' ιε̅'', τὸ δὲ ἀπὸ τῆς διαμέτρου
τμημάτων ἐςὴ Μδ̄ῡ, ἔςαι καὴ τὸ μὲν ἀπὸ
τῆς ὑποτεινούσης τὰς λειπούσας εἰς τὸ
ἡμικύκλιον μοίρας ρμδ̄, τῶν λοιπῶν μοιρῶν Μγκδ̄ νε̅' με̅'', αὐτὴ δὲ μήκει τῶν αὐτῶν ριδ̄ ζ̄' λζ̅' ἔγγιςα, καὴ ἐπὶ τῶν ἄλλων ὁμοίως. Ὃν δὲ τρόπον ἀπὸ τούτων καὴ
αἱ λοιπαὶ κατὰ μέρος δοθήσονται, δείξομεν
ἐφεξῆς προεκθέμενοι λημμάτιον εὔχρηστον
πάνυ πρὸς τὴν παροῦσαν πραγματείαν.

Ἔςω γὰρ κύκλος ἐγγεγραμ-
μένον ἔχων τετράπλευρον τυχὸν
τὸ ΑΒΓΔ, καὴ ἐπεζεύχθωσαν αἱ
ΑΓ καὴ ΒΔ· δεικτέον ὅτι τὸ ὑπὸ
τῶν ΑΓ καὴ ΒΔ περιεχόμενον ὀρθογώνιον ἴσον ἐςὴ συναμφοτέροις, τῷ τε ὑπὸ τῶν ΑΒ ΓΔ, καὴ τῷ ὑπὸ
τῶν ΑΔ ΒΓ. Κείσθω γὰρ τῇ ὑπὸ τῶν ΔΒΓ
γωνίᾳ ἴση ἡ ὑπὸ ΑΒΕ· ἐὰν οὖν κοινὴν

ce, sera en longueur à peu près
de 84ᵖ 51′ 10″ des parties dont
le diamètre en contient 120; et
celle qui soutend 120 degrés
sera de 103ᵖ 55′ 23″ de ces
mêmes parties du diamètre.

Ces droites se prendront ainsi facilement par elles-mêmes, et il est aisé de
voir par là que, au moyen des droites données, on aura bientôt celles qui soutendent le reste de la demi-circonférence, attendu que la somme de leurs carrés est
égale au carré du diamètre. Par exemple,
la droite qui soutend 36 degrés de la circonférence, ayant été démontrée de 37ᵖ
4′ 55″ des parties du diamètre, et son
carré de 1375ᵖ 4′ 15″, tandis que le carré
du diamètre est de 14400, le carré de la
droite qui soutend le reste 144ᵈ de la
demi-circonférence, sera donc de 13024ᵖ
55′ 45″; et la longueur de cette droite
sera de 114ᵖ 7′ 37″, à peu près (e), et de
même pour les autres. Nous montrerons
dans la suite comment les autres soutendantes se déduisent de celles-ci, quand
nous aurons exposé un lemme qui en facilitera la pratique (f).

Soit un quadrilatère quelconque inscrit dans le cercle
ABGD; soient menées les diagonales AG, BD : il s'agit de
prouver que le rectangle, construit sur AG et BD, est égal
aux deux rectangles des côtés
opposés AB GD, et AD BG. Soit fait l'angle
ABE égal à l'angle DBG; si nous ajoutons
à chacun l'angle commun EBD, l'angle

ABD égalera l'angle EBG. Mais BDA est égal à BGE ; car ces deux angles sont inscrits et appuyés sur le même arc ; donc le triangle ABD est équiangle au triangle BGE. On a donc l'analogie : BG est à GE, comme BD est à DA : par conséquent, le produit de BG multiplié par AD est égal à celui de BD multiplié par GE. Maintenant puisque l'angle ABE est égal à l'angle DBG, et que l'angle BAE est égal à l'angle BDG, le triangle ABE est équiangle au triangle BGD ; on a donc l'analogie : BD est à DG, comme BA est à AE ; donc le rectangle BA DG est égal au rectangle BD AE. Or il a été prouvé que le rectangle BG AD est égal au rectangle BD GE ; par conséquent (g) le rectangle entier AG BD, est égal aux deux rectangles AB DG, et AD BG. Ce qu'il falloit démontrer.

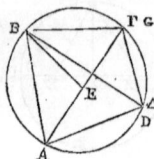

Cela posé, soit décrit un demi-cercle ABGD sur le diamètre AD ; soient menées du point A les deux droites AB, AG, données de grandeur chacune en parties du diamètre donné de 120 parties, et joignez BG ; je dis que cette ligne est aussi donnée : car soient menées les droites BD GD ; elles sont aussi données, parce-qu'elles sont soutendantes du reste de la demi-circonférence. Mais le quadrilatère ABGD étant inscrit dans le cercle, il s'ensuit que la somme des rectangles AB GD et AD BG est égale au rectangle AG BD. Or le rectangle construit sur AG et BD est donné, ainsi que le rectangle sur AB

προσθῶμεν τὴν ὑπὸ ΕΒΔ, ἴσαι καὶ ἡ ὑπὸ ΑΒΔ γωνία ἴση τῇ ὑπὸ ΕΒΓ· ἔςι δὲ καὶ ἡ ὑπὸ ΒΔΑ τῇ ὑπὸ ΒΓΕ ἴση· τὸ γὰρ αὐτὸ τμῆμα ὑποτείνουσιν· ἰσογώνιον ἄρα ἐςὶ τὸ ΑΒΔ τρίγωνον τῷ ΒΓΕ τριγώνῳ· ὥστε καὶ ἀνάλογόν ἐςιν, ὡς ἡ ΒΓ πρὸς τὴν ΓΕ, οὕτως ἡ ΒΔ πρὸς τὴν ΔΑ· τὸ ἄρα ὑπὸ ΒΓ ΑΔ ἴσον ἐςὶ τῷ ὑπὸ ΒΔ ΓΕ. Πάλιν ἐπεὶ ἴση ἐςὶν ἡ ὑπὸ ΑΒΕ γωνία τῇ ὑπὸ ΔΒΓ γωνία, ἔςι δὲ καὶ ἡ ὑπὸ ΒΑΕ ἴση τῇ ὑπὸ ΒΔΓ, ἰσογώνιον ἄρα ἐςὶ τὸ ΑΒΕ τρίγωνον τῷ ΒΓΔ τριγώνῳ, ἀνάλογον ἄρα ἐςὶν ὡς ἡ ΒΑ πρὸς ΑΕ, ἡ ΒΔ πρὸς ΔΓ· τὸ ἄρα ὑπὸ ΒΑ ΑΓ ἴσον ἐςὶ τῷ ὑπὸ ΒΔ ΑΕ· ἐδείχθη δὲ καὶ τὸ ὑπὸ ΒΓ ΑΔ ἴσον τῷ ὑπὸ ΒΔ ΓΕ· καὶ ὅλον ἄρα τὸ ὑπὸ ΑΓ ΒΔ ἴσον ἐςὶ συναμφοτέροις, τῷ τε ὑπὸ ΑΒ ΔΓ, καὶ τῷ ὑπὸ ΑΔ ΒΓ· ὅπερ ἔδει δεῖξαι.

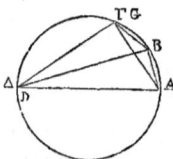

Τούτου προεκτεθέντος, ἔςω ἡμικύκλιον τὸ ΑΒΓΔ ἐπὶ διαμέτρου τῆς ΑΔ, καὶ ἀπὸ τοῦ Α δύο διήχθωσαν αἱ ΑΒ, ΑΓ, καὶ ἔςω ἑκατέρα αὐτῶν δοθεῖσα τῷ μεγέθει, οἵων ἡ διάμετρος δοθεῖσα ρκ, καὶ ἐπεζεύχθω ἡ ΒΓ· λέγω ὅτι καὶ αὐτὴ δέδοται· ἐπεζεύχθωσαν γὰρ αἱ ΒΔ, ΓΔ· δεδομέναι ἄρα εἰσὶ δηλονότι καὶ αὐται, διὰ τὸ λείπειν ἐκείνων εἰς τὸ ἡμικύκλιον· ἐπεὶ οὖν ἐν κύκλῳ τετράπλευρόν ἐςι τὸ ΑΒΓΔ, τὸ ἄρα ὑπὸ ΑΒ ΓΔ μετὰ τοῦ ὑπὸ τῶν ΑΔ ΒΓ, ἴσον ἐςὶ τῷ ὑπὸ ΑΓ ΒΔ· καὶ ἔςι τὸ ὑπὸ τῶν ΑΓ ΒΔ δοθὲν, δοθὲν δὲ καὶ τὸ

ὑπὸ ΑΒ ΓΔ, καὶ λοιπὸν ἄρα τὸ ὑπὸ ΑΔ ΒΓ δοθέν ἐςι, καὶ ἔςιν ἡ ΑΔ διάμετρος, δοθεῖσα ἄρα ἐςὶ καὶ ἡ ΒΓ εὐθεῖα. Καὶ φανερὸν ἡμῖν γέγονεν ὅτι, ἐὰν δοθῶσι δύο περιφέρειαι καὶ αἱ ὑπ' αὐτὰς εὐθεῖαι, δοθεῖσα ἔςαι καὶ ἡ τὴν ὑπεροχὴν τῶν δύο περιφερειῶν ὑποτείνουσα εὐθεῖα· δῆλον δὲ ὅτι διὰ τούτου τοῦ θεωρήματος ἄλλας τε οὐκ ὀλίγας εὐθείας ἐγγράψομεν ἀπὸ τῶν ἐν ταῖς καθ' αὐτὰς δεδομένων ὑπεροχῶν, καὶ δὴ καὶ τὴν ὑπὸ τὰς ιβ μοίρας, ἐπειδήπερ ἔχομεν τήν τε ὑπὸ τὰς ξ καὶ τὴν ὑπὸ τὰς οβ.

Πάλιν προκείσθω, δοθείσης τινὸς εὐθείας ἐν κύκλῳ, τὴν ὑπὸ τὸ ἥμισυ τῆς ὑποτεινομένης περιφερείας εὐθεῖαν εὑρεῖν. Καὶ ἔςω ἔξω ἡμικύκλιον τὸ ΑΒΓ ἐπὶ διαμέτρου τῆς ΑΓ, καὶ δοθεῖσα εὐθεῖα ἡ ΓΒ, καὶ ἡ ΓΒ περιφέρεια δίχα τετμήσθω κατὰ τὸ Δ, καὶ ἐπεζεύχθωσαν αἱ ΑΒ ΑΔ, ΒΔ, ΔΓ, καὶ ἀπὸ τοῦ Δ ἐπὶ τὴν ΑΓ κάθετος ἤχθω ἡ ΔΖ· λέγω ὅτι ἡ ΖΓ ἡμίσειά ἐςι τῆς τῶν ΑΒ καὶ ΑΓ ὑπεροχῆς. Κείσθω γὰρ τῇ ΑΒ ἴση ἡ ΑΕ, καὶ ἐπεζεύχθω ἡ ΔΕ· ἐπεὶ ἴσον ἐςὶν ἡ ΑΒ τῇ ΑΕ, κοινὴ δὲ ἡ ΑΔ, δύο δὴ αἱ ΑΒ, ΑΔ, δύο ταῖς ΑΕ, ΑΔ, ἴσαι εἰσὶν, ἑκατέρα ἑκατέρα, καὶ γωνία ἡ ὑπὸ ΒΑΔ γωνίᾳ τῇ ὑπὸ ΕΑΔ ἴση ἐςὶ, καὶ βάσις ἄρα ἡ ΒΔ βάσει τῇ ΔΕ ἴση ἐςὶν· ἀλλὰ ἡ ΒΔ τῇ ΔΓ ἴση ἐςὶ, καὶ ἡ ΔΓ ἄρα τῇ ΔΕ ἴση ἐςίν· ἐπεὶ οὖν ἰσοσκελοῦς ὄντος

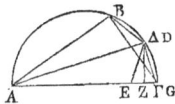

et GD, donc AD BG est aussi donné ; mais AD est le diamètre, donc la droite BG se trouve par là donnée. Ainsi nous voyons clairement que si deux arcs sont donnés avec leurs soutendantes, la droite qui soutend la différence de ces deux arcs, sera aussi donnée ; et il est évident que, par le moyen de ce théorème, nous inscrirons beaucoup d'autres droites qui soutendent les différences des deux arcs dont les soutendantes seront données, et que par conséquent, nous trouverons facilement celle qui soutend 12 parties de la circonférence, puisque nous avons celle de 60 et celle de 72 degrés.

Soit encore proposé, étant donnée une droite inscrite dans un cercle, de trouver la soutendante de la moitié de l'arc soutendu par cette droite. Pour cela, soit le demi-cercle ABG décrit sur le diamètre AG, soit donnée la droite GB, et soit l'arc GB coupé par moitié au point D. Soient menées les droites AB, AD, BD, DG, et du point D soit abaissée la perpendiculaire DZ sur AG : je dis que ZG est la moitié de la différence entre AB et AG ; car, soit prise AE égale à AB, et joignons la droite DE ; puisque AB est égale à AE, et que AD est commune, les deux côtés AB, AD, sont égaux aux deux AE, AD, chacun à chacun, et l'angle BAD est égal à l'angle EAD ; la base BD est donc égale à la base DE. Mais BD est égale à DG ; donc DG est égale à DE. Le triangle DEG étant donc isocèle, soit abaissée du sommet la

perpendiculaire DZ sur la base, EZ est égale à ZG ; or EG entière est la différence des droites AB, AG ; donc ZG est la moitié de cette différence. Ainsi, puisque la droite qui soutend l'arc BG étant donnée, AB qui soutend le reste de la demi-circonférence est aussi donnée, ZG moitié de la différence entre AG et AB, sera aussi par là même donnée. Mais puisque, dans le triangle rectangle AGD, étant menée la perpendiculaire DZ, le triangle rectangle ADG devient équiangle au triangle DGZ, et que GD est à GZ comme AG est à GD, il s'ensuit que le rectangle AG GZ est égal au carré fait sur GD ; donc la droite GD qui soutend la moitié de l'arc BG, sera donnée de longueur.

Ce théorème servira à faire trouver la plupart des autres soutendantes en prenant les moitiés des arcs donnés. Par exemple, au moyen de la droite qui soutend l'arc de 12 degrés, on trouvera celles des arcs de 6^d, de 3^d, de $1\frac{1}{2}^d$, et de $\frac{1}{2}\frac{1}{4}$ d'un seul degré. Or nous trouvons par calcul, que la soutendante de $1\frac{1}{2}^d$ contient à très-peu près 1^p 34′ 15″, des parties dont le diamètre en contient 120, et que celle de $\frac{1}{2}\frac{1}{4}$ en contient 0^p 47′ 8″.

Soit encore le cercle ABGD autour du diamètre AD, et du centre Z. Soient pris depuis le point A les deux arcs donnés consécutifs AB, BG, et joignons leurs soutendantes données AB, BG : je dis que, si nous joi-

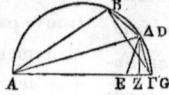

τριγώνου τοῦ ΔΕΓ, ἀπὸ τῆς κορυφῆς ἐπὶ τὴν βάσιν κάθετος ἦκ-
ται ἡ ΔΖ, ἴση ἐςὶν ἡ ΕΖ τῇ ΖΓ·
ἀλλ' ἡ ΕΓ ὅλη ἡ ὑπεροχή ἐςι
τῶν ΑΒ καὶ ΑΓ εὐθειῶν, ἡ ἄρα
ΖΓ ἡμίσειά ἐςι τῆς τῶν αὐτῶν ὑπερ-
οχῆς· ὥςτε, ἐπεὶ τῆς ὑπὸ τὴν ΒΓ περιφέρειαν εὐθείας ὑποκειμένης, αὐτόθεν
δέδοται καὶ ἡ λείπουσα εἰς τὸ ἡμικύκλιον ἡ ΑΒ, δοθήσεται καὶ ἡ ΖΓ ἡμίσεια
οὖσα τῆς τῶν ΑΓ καὶ ΑΒ ὑπεροχῆς.
Ἀλλ' ἐπεὶ ἐν ὀρθογωνίῳ τῷ ΑΓΔ καθέτου ἀχθείσης τῆς ΔΖ, ἰσογώνιον γίνεται τὸ ΑΔΓ ὀρθογώνιον τῷ ΔΓΖ, καὶ
ἔςιν ὡς ἡ ΑΓ πρὸς ΓΔ, ἡ ΓΔ πρὸς ΓΖ,
τὸ ἄρα ὑπὸ τῶν ΑΓ ΓΖ περιεχόμενον ὀρθογώνιον ἴσον ἐςὶ τῷ ἀπὸ τῆς ΓΔ τε-
τραγώνῳ· ὥςε καὶ μήκει ἡ ΓΔ εὐθεῖα δοθήσεται, τὴν ἡμίσειαν ὑποτείνουσα τῆς
ΒΓ περιφερείας.

Καὶ διὰ τούτου δὴ πάλιν τοῦ θεωρήματος ἄλλαι τε ληφθήσονται πλεῖςαι
κατὰ τὰς ἡμισείας τῶν προεκτεθειμέ-
νων· καὶ δὴ καὶ ἀπὸ τῆς τὰς ιβ μοίρας
ὑποτεινούσης εὐθείας, ἥ τε ὑπὸ τὰς ϛ, καὶ
ἡ ὑπὸ τὰς γ, καὶ ἡ ὑπὸ τὴν α ϛ΄ καὶ ἡ
ὑπὸ τὸ ϛ΄ δ΄΄ τῆς μιᾶς μοίρας. Εὑρίσκομεν δὲ ἐκ τῶν ἐπιλογισμῶν τὴν μὲν ὑπὸ
τὴν α ϛ΄ μοῖραν τοιούτων α λδ΄ ιε΄΄ ἔγγιςα, οἵων ἐςὶν ἡ διάμετρος ρκ, τὴν δὲ
ὑπὸ τὸ ϛ΄ δ΄΄ τῶν αὐτῶν ο μζ΄ η΄΄.

Πάλιν ἔςω κύκλος ΑΒΓΔ περὶ διάμετρον μὲν τὴν ΑΔ, κέντρον δὲ τὸ Ζ,
καὶ ἀπὸ τοῦ Α ἀπειλήφθωσαν δύο περιφέρειαι δοθεῖσαι κατὰ τὸ ἑξῆς αἱ ΑΒ ΒΓ,
καὶ ἐπεζεύχθωσαν αἱ ΑΒ ΒΓ ὑπ' αὐτὰς

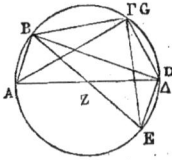

εὐθεῖαι καὶ αὐταὶ δεδομέναι, λέγω ὅτι, ἐὰν ἐπιζεύξωμεν τὴν ΑΓ, δοθήσεται καὶ αὐτή. Διήχθω γὰρ διὰ τοῦ Β διάμετρος τοῦ κύκλου ἡ ΒΖΕ, καὶ ἐπεζεύχθωσαν αἱ ΒΔ ΔΓ ΓΕ ΔΕ, δῆλον δὴ αὐτόθεν ὅτι διὰ μὲν τὴν ΒΓ, δοθήσεται καὶ ἡ ΓΕ· διὰ δὲ τὴν ΑΒ, δοθήσεται ἥτε ΒΔ καὶ ἡ ΔΕ. Καὶ διὰ τὰ αὐτὰ τοῖς ἔμπροσθεν, ἐπεὶ ἐν κύκλῳ τετράπλευρόν ἐστὶ τὸ ΒΓΔΕ, καὶ διηγμέναι εἰσὶν αἱ ΒΔ ΓΕ, τὸ ὑπὸ τῶν διηγμένων περιεχόμενον ὀρθογώνιον, ἴσον ἐστὶ συναμφοτέροις τοῖς ὑπὸ τῶν ἀπεναντίον· ὥστε, ἐπεὶ δεδομένου τοῦ ὑπὸ τῶν ΒΔ ΓΕ, δέδοται καὶ τὸ ὑπὸ τῶν ΒΓ ΔΕ, δέδοται ἄρα καὶ τὸ ὑπὸ ΒΕ ΓΔ. Δέδοται δὲ καὶ ἡ ΒΕ διάμετρος, καὶ ἡ λοιπὴ ἡ ὑπὸ τὴν ΓΔ ἔσται δεδομένη, καὶ διὰ τοῦτο καὶ ἡ λείπουσα εἰς τὸ ἡμικύκλιον ἡ ΓΑ· ὥστε ἐὰν δοθῶσι δύο περιφέρειαι καὶ αἱ ὑπ' αὐτὰς εὐθεῖαι, δοθήσεται καὶ ἡ συναμφοτέρας τὰς περιφερείας κατὰ σύνθεσιν ὑποτείνουσα εὐθεῖα διὰ τούτου τοῦ θεωρήματος.

Φανερὸν δὲ ὅτι, συντιθέντες ἀεὶ μετὰ τῶν προεκτεθειμένων πασῶν τὴν ὑπὸ τὴν ᾱ ϛ″ μοιρῶν, καὶ τὰς συναπτομένας ἐπιλογιζόμενοι, πάσας ἁπλῶς ἐγγράψομεν, ὅσαι δίς γινόμεναι, τρίτον μέρος ἕξουσι· καὶ μόναι ἔτι περιλειφθήσονται αἱ μεταξὺ τῶν ἀνὰ ᾱ ϛ′ μοιρῶν διαστημάτων δύο καθ' ἕκαστον ἐσόμεναι, ἐπειδήπερ καθ' ἡμιμοίριον ποιούμεθα τὴν ἐγγραφήν· ὥστε, ἐὰν τὴν ὑπὸ τὸ ἡμιμοίριον εὐθεῖαν εὕρωμεν, αὕτη, κατὰ

Ι.

gnons les points A et G par la droite AG, cette droite sera aussi donnée. Car, soit mené, de B en E, le diamètre BZE, et soient tirées les droites BD, DG, GE, DE, il est clair qu'à cause de la droite BG, GE sera donnée; et qu'à cause de AB, BD sera aussi donnée, ainsi que DE. Or, d'après ce que nous avons démontré, le quadrilatère BGDE étant inscrit au cercle, et les diagonales BD, GE y étant menées, le rectangle de ces diagonales est égal à la somme des rectangles faits sur les côtés opposés du quadrilatère. Ainsi, puisque le rectangle BD GE étant donné, celui qui est construit sur BG et DE, est aussi donné, il s'ensuit que le rectangle BE GD est aussi donné. Or le diamètre BE est donné; donc l'autre côté GD sera donné, et on en conclura aisément la valeur de GA, qui soutend le reste de la demi-circonférence. Par conséquent, si deux arcs sont donnés, ainsi que leurs soutendantes, on trouvera par ce théorème la droite qui soutend la somme de ces deux arcs.

Il est évident que, si nous ajoutons à toutes les soutendantes (*cordes*) prises précédemment, celle de $1\frac{1}{2}$ degré, et que nous prenions les soutendantes de ces sommes, nous inscrirons aisément toutes celles qui, rendues doubles, pourront être divisées juste par 3 (*h*). Il ne restera d'omises encore que celles qui seront dans les intervalles des accroissemens par $1\frac{1}{2}$, deux en chaque (*i*); attendu que nous inscrivons par demi-degrés. C'est pourquoi, quand nous aurons trouvé

5

la corde d'un demi-degré, cette corde combinée, par addition et par soustraction,
avec les cordes données qui embrassent
ces intervalles, nous servira à compléter
toutes les autres intermédiaires. Mais par-
ce que la soutendante de l'arc de $1\frac{1}{2}^d$ étant
donnée, celle qui soutend le tiers de cet
arc n'est pas pour cela donnée par les lignes; car, si elle l'étoit, nous aurions par
cela même la corde de $\frac{1}{2}^d$; nous chercherons d'abord la corde de 1^d, par le moyen
de celle de $1\frac{1}{2}$ degré et de celle de $\frac{3}{4}$, à
l'aide d'un lemme qui, quoiqu'il ne puisse
pas donner la juste valeur d'une droite
inscrite dans le cercle, donne au moins
les plus petites avec assez de précision,
pour qu'il n'y ait pas de différence sensible d'avec celles que l'on détermineroit
rigoureusement. Je dis donc que, si l'on
mène dans le cercle deux droites inégales, la plus grande sera à la plus petite,
en moindre raison que l'arc décrit sur
la plus grande, à l'arc soutendu par la
plus petite.

En effet, soit le cercle ABGD,
et soient menées dans ce cercle
deux droites inégales dont la
plus grande est BG et la plus
petite AB; je dis que la droite
BG est à BA, en moindre raison que l'arc BG à l'arc AB. Soit,
en effet, l'angle ABG coupé
en deux angles égaux par la droite BD, et
soient menées les droites AEG, AD et GD;
l'angle ABG étant coupé en deux également par la droite BED, la droite GD est
égale à la droite AD, et GE est plus grande
que EA. Abaissez une perpendiculaire DZ,
du point D sur la droite AEG; puisque
AD est plus grande que ED, et ED plus
grande que DZ, le cercle décrit du centre

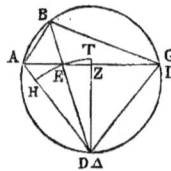

τὲ τὴν σύνθεσιν, καὶ τὴν ὑπεροχὴν τὴν
πρὸς τὰς τὰ διασίήματα περιεχούσας
καὶ δεδομένας εὐθείας, καὶ τὰς λοιπὰς
τὰς μεταξὺ πάσας ἡμῖν συναναπληρώ-
σει. Ἐπεὶ δὲ δοθείσης τινὸς εὐθείας ὡς
τῆς ὑπὸ τὴν $\bar{α}$ ς´ μοίραν, ἡ τὸ τρίτον
τῆς αὐτῆς περιφερείας ὑποτείνασα, διὰ
τῶν γραμμῶν οὐ δίδοταί πως, εἰδέγε
δυνατὸν ἦν, εἴχομεν ἂν αὐτόθεν καὶ τὴν
ὑπὸ τὸ ἡμιμόιριον, πρότερον μεθοδεύσο-
μεν τὴν ὑπὸ τὴν $\bar{α}$ μοίραν, ἀπό τε τῆς
ὑπὸ τὴν $\bar{α}$ ς´ μοίρας, καὶ τῆς ὑπὸ ς´ δ´´,
ὑποθέμενοι λημμάτιον, ὃ, κἂν μὴ πρὸς
τὸ καθόλου δύνηται τὰς πηλικότητας
ὁρίζειν, ἐπί γε τῶν οὕτως ἐλαχίσίων,
τὸ πρὸς τὰς ὡρισμένας ἀπαράλλακτον
δύναιτ' ἂν συνηρεῖν. Λέγω γὰρ ὅτι, ἐὰν
ἐν κύκλῳ διαχθῶσιν ἄνισοι δύο εὐθεῖαι,
ἡ μείζων πρὸς τὴν ἐλάσσονα λόγον ἔχει,
ἤπερ ἡ ἐπὶ τῆς μείζονος εὐθείας περιφέρεια πρὸς τὴν ἐπὶ τῆς ἐλάσσονος.

Ἔσίω γὰρ κύκλος ὁ ΑΒΓΔ,
καὶ διήχθωσαν ἐν αὐτῷ δύο
εὐθεῖαι ἄνισοι, ἐλάσσων μὲν ἡ
ΑΒ, μείζων δὲ ἡ ΒΓ· λέγω
ὅτι ἡ ΓΒ εὐθεῖα πρὸς τὴν ΒΑ
εὐθεῖαν ἐλάσσονα λόγον ἔχει,
ἤπερ ἡ ΒΓ περιφέρεια πρὸς τὴν
ΒΑ περιφέρειαν. Τετμήσθω γὰρ ἡ ὑπὸ ΑΒΓ
γωνία δίχα ὑπὸ τῆς ΒΔ, καὶ ἐπεζεύχθωσαν ἥτε ΑΕΓ, καὶ ἡ ΑΔ, καὶ ἡ ΓΔ· καὶ
ἐπεὶ ἡ ὑπὸ ΑΒΓ γωνία δίχα τέτμηται
ὑπὸ τῆς ΒΕΔ εὐθείας, ἴση μὲν ἐσίιν ἡ ΓΔ
εὐθεῖα τῇ ΑΔ, μείζων δὲ ἡ ΓΕ τῆς ΕΑ.
Ἤχθω δὴ ἀπὸ τοῦ Δ κάθετος ἐπὶ τὴν ΑΕΓ,
ἡ ΔΖ· ἐπεὶ τοίνυν μείζων ἐσίιν ἡ μὲν

ΑΔ τῆς ΕΔ, ἡ δὲ ΕΔ τῆς ΔΖ, ὁ ἄρα κέντρῳ μὲν τῷ Δ, διαστήματι δὲ τῷ ΔΕ γραφόμενος κύκλος, τὴν μὲν ΑΔ τεμεῖ, ὑπερπεσεῖται δὲ τὴν ΔΖ. Γεγράφθω δὴ ὁ ΗΕΤ, καὶ ἐκβεβλήσθω ἡ ΔΖΤ· καὶ ἐπεὶ ὁ μὲν ΔΕΤ τομεὺς μείζων ἐστὶ τοῦ ΔΕΖ τριγώνου, τὸ δὲ ΔΕΑ τρίγωνον μεῖζον τοῦ ΔΕΗ τομέως, τὸ ἄρα ΔΕΖ τρίγωνον πρὸς τὸ ΔΕΑ τρίγωνον ἐλάσσονα λόγον ἔχει, ἤπερ ὁ ΔΕΤ τομεὺς πρὸς τὸν ΔΕΗ. Ἀλλ’ ὡς μὲν τὸ ΔΕΖ τρίγωνον πρὸς τὸ ΔΕΑ τρίγωνον, οὕτως ἡ ΕΖ εὐθεῖα πρὸς τὴν ΕΑ· ὡς δὲ ὁ ΔΕΤ τομεὺς πρὸς τὸν ΔΕΗ τομέα, οὕτως ἡ ὑπὸ ΖΔΕ γωνία πρὸς τὴν ὑπὸ ΕΔΑ· ἡ ἄρα ΖΕ εὐθεῖα πρὸς τὴν ΕΑ ἐλάσσονα λόγον ἔχει, ἤπερ ἡ ὑπὸ ΖΔΕ γωνία πρὸς τὴν ὑπὸ ΕΔΑ. Καὶ συνθέντι ἄρα, ἡ ΖΑ εὐθεῖα πρὸς τὴν ΕΑ ἐλάσσονα λόγον ἔχει, ἤπερ ἡ ὑπὸ ΖΔΑ γωνία πρὸς τὴν ὑπὸ ΑΔΕ· καὶ τῶν ἡγουμένων τὰ διπλάσια, ἡ ΓΑ εὐθεῖα πρὸς τὴν ΑΕ ἐλάσσονα λόγον ἔχει, ἤπερ ἡ ὑπὸ ΓΔΑ γωνία πρὸς τὴν ὑπὸ ΕΔΑ· καὶ διελόντι, ἡ ΓΕ εὐθεῖα πρὸς τὴν ΕΑ ἐλάσσονα λόγον ἔχει, ἤπερ ἡ ὑπὸ ΓΔΕ γωνία πρὸς τὴν ὑπὸ ΕΔΑ. Ἀλλ’ ὡς μὲν ἡ ΓΕ εὐθεῖα πρὸς τὴν ΕΑ, οὕτως ἡ ΓΒ εὐθεῖα πρὸς τὴν ΒΑ· ὡς δὲ ἡ ὑπὸ ΓΔΒ γωνία πρὸς τὴν ὑπὸ ΒΔΑ, οὕτως ἡ ΓΒ περιφέρεια πρὸς τὴν ΒΑ· ἡ ΓΒ ἄρα εὐθεῖα πρὸς τὴν ΒΑ ἐλάσσονα λόγον ἔχει, ἤπερ ἡ ΓΒ περιφέρεια πρὸς τὴν ΒΑ περιφέρειαν.

Τούτου δὴ οὖν ὑποκειμένου, ἔστω κύκλος ὁ ΑΒΓ, καὶ διήχθωσαν ἐν αὐτῷ

D et de l'intervalle DE, coupe AD, et passe au-delà de DZ. Soit donc décrit l'arc HET, et prolongez DZ en T; puisque le secteur DET (*j*) est plus grand que le triangle DEZ, et que le triangle DEA est plus grand que le secteur DEH, il s'ensuit que le triangle DEZ est en moindre raison, relativement au triangle DEA, que le secteur DET, relativement au secteur DEH. Mais comme le triangle DEZ est au triangle DEA, ainsi la droite EZ est à la droite EA (*k*); et comme le secteur DET est au secteur DEH, ainsi l'angle ZDE est à l'angle EDA : donc la droite ZE est à la droite EA, en moindre raison que l'angle ZDE à l'angle EDA. Et, par conséquent, par addition (*componendo*), la droite ZA est à la droite EA, en moindre raison que l'angle ZDA à l'angle ADE; doublant les premiers termes de ces raisons, la droite GA est à la droite AE, en moindre raison que l'angle GDA à l'angle EDA; et, par soustraction (*dividendo*), la droite GE est à la droite EA, en moindre raison que l'angle GDE à l'angle EDA. Mais comme GE est à EA, ainsi GB est à BA; et comme l'angle GBD est à l'angle BDA, ainsi l'arc GB est à l'arc BA : concluons, que la droite GB est à la droite BA, en moindre raison que l'arc GB à l'arc BA.

Cela posé, soit le cercle ABG; menez-y deux droites AB et AG, en supposant AB

soutendante de $\frac{1}{2}$ $\frac{1}{4}$ d'un degré,
et AG soutendante d'un degré.
Puisque la droite AG est en
moindre raison relativement à
la droite BA, que l'arc AG à
l'arc AB, et que l'arc AG vaut
l'arc AB plus un tiers de cet
arc AB, la droite GA est plus grande
que la droite AB, de moins d'un tiers de
AB. Mais on a démontré que cette droite
AB vaut 0ᵖ, 47', 8'' des parties dont il y en
a 120 dans le diamètre, donc la droite
GA a moins que 1ᵖ. 2'. 50''de ces mêmes
parties ; car cette dernière quantité est à
peu près les $\frac{4}{5}$ de 0ᵖ. 47'. 8''.

Soient encore, dans la même figure,
la droite AB soutendante de l'arc d'un
degré, et AG de l'arc d'un degré et demi.
Puisque l'arc AG est à l'arc AB comme
1 $\frac{1}{2}$ᵖ. est à 1ᵖ ; il s'ensuit que la droite
AG est à la droite AB en moindre rai-
son que 1 $\frac{1}{2}$ à 1. Mais nous avons prouvé que la soutendante AG de 1 $\frac{1}{2}$ vaut
1ᵖ. 34'. 15'' des parties dont 120 font le
diamètre ; donc la droite AB est plus
grande que 1ᵖ. 2'. 50'' de ces mêmes parties : car 1 $\frac{1}{2}$ est à 1 comme 1, 34', 15''
sont à 1, 2', 50''. Ainsi donc, puisqu'il est
démontré que la droite qui soutend 1ᵈ,
est plus grande et plus petite que la quantité 1ᵖ, 2', 50'', nous la prendrons de 1p,
2', 50'', à peu près, des parties dont 120
font la longueur du diamètre. Et, par
suite de ce que nous venons de démontrer, et de ce que la soutendante de $\frac{1}{2}$
se trouve de 0ᵈ, 31', 25'', approximativement, les autres intervalles seront rem-
plis comme nous l'avons dit. Par exemple, pour le premier, il est prouvé que
la soutendante de 2ᵈ. se trouve par la
somme de celles de $\frac{1}{2}$ et de 1 $\frac{1}{2}$, et celle de

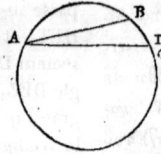

δύο εὐθεῖαι, ἤτε ΑΒ καὶ ἡ ΑΓ·
ὑποκείσθω δὲ πρῶτον ἡ μὲν ΑΒ
ὑποτείνουσα μιᾶς μοίρας ς'' δ'',
ἡ δὲ ΑΓ μοίραν ᾱ· ἐπεὶ ἡ ΑΓ
εὐθεῖα πρὸς τὴν ΒΑ εὐθεῖαν
ἐλάσσονα λόγον ἔχει, ἥπερ ἡ
ΑΓ περιφέρεια πρὸς τὴν ΑΒ, ἡ δὲ ΑΓ
περιφέρεια ἐπίτριτος ἐσῖι τῆς ΑΒ, ἡ ΓΑ
ἄρα εὐθεῖα τῆς ΒΑ ἐλάσσων ἐσῖιν ἢ ἐπίτριτος. Ἀλλὰ ἡ ΑΒ εὐθεῖα ἐδείχθη τοιούτων ὅ μζ' ἤ', οἵων ἐσῖιν ἡ διάμετρος ρκ·
ἡ ἄρα ΓΑ εὐθεῖα ἐλάσσων ἐσῖι τῶν αὐτῶν
ᾱ β' ν''· ταῦτα γὰρ ἐπίτριτα ἐσῖιν ἔγγισῖα
τῶν ὅ μζ' ἤ'.

Πάλιν ἐπὶ τῆς αὐτῆς καταγραφῆς,
ἡ μὲν ΑΒ εὐθεῖα ὑποκείσθω ὑποτείνουσα
μοῖραν ᾱ, ἡ δὲ ΑΓ μοίραν ᾱ ς'· κατὰ τὰ
αὐτὰ δὴ ἐπεὶ ἡ ΑΓ περιφέρεια τῆς ΑΒ
ἐσῖιν ἡμιολία, ἡ ΓΑ ἄρα εὐθεῖα τῆς
ΒΑ ἐλάσσων ἐσῖιν ἢ ἡμιόλιος. Ἀλλὰ τὴν
ΑΓ ἀπεδείξαμεν τοιύτων ἔσαν ᾱ λδ'
ιε', οἵων ἐσῖιν ἡ διάμετρος ρκ, ἡ ἄρα
ΑΒ εὐθεῖα μείζων ἐσῖι τῶν αὐτῶν ᾱ β'
ν'', τούτων γὰρ ἡμιόλια ἐσῖι τὰ προκείμενα ᾱ λδ' ιε'· ὥσῖε ἐπεὶ τῶν αὐτῶν
ἐδείχθη καὶ μείζων καὶ ἐλάσσων ἡ τὴν
μοῖραν ὑποτείνουσα εὐθεῖα· καὶ ταύτην
δηλονότι ἕξομεν τοιούτων ᾱ β' ν'' ἔγγισῖα, οἵων ἐσῖιν ἡ διάμετρος ρκ. Καὶ
διὰ τὰ προδεδειγμένα, καὶ τὴν ὑπὸ τὸ
ἡμιμόριον, ἥτις εὑρίσκεται τῶν αὐτῶν
ὅ λα' κε' ἔγγισῖα, καὶ συναναπληρωθήσε-
ται τὰ λοιπὰ ὡς ἔφαμεν διασῖήματα,
ἐκ μὲν τῆς πρὸς τὴν μίαν ἥμισυ μοίραν,
λόγου ἕνεκεν, ὡς ἐπὶ τῶ πρώτου δια-
σῖήματος, τῆς συνθέσεως τῶ ἡμιμορίου

δεικνυμένης, τῆς ὑπὸ τὰς β̄ μοίρας· ἐκ δὲ τῆς ὑπεροχῆς, τῆς πρὸς τὰς γ̄ μοίρας, καὶ τῆς ὑπὸ τὰς β̄ ϛ΄΄ διδομένης· ὡσαύτως δὲ καὶ ἐπὶ τῶν λοιπῶν.

Ἡ μὲν οὖν πραγματεία τῶν ἐν τῷ κύκλῳ εὐθειῶν οὕτως ἂν οἶμαι ῥᾷσ]α μεταχειρισθείη. Ἵνα δὲ, ὡς ἔφην, ἐφ᾽ ἑκάσ]ης τῶν χρειῶν, ἐξ ἑτοίμου τὰς πηλικότητας ἔχωμεν τῶν εὐθειῶν ἐγκειμένας, κανόνια ὑποτάξομεν ἀνὰ σ]ίχους μ̄ε̄, διὰ τὸ σύμμετρον, ὧν τὰ μὲν πρῶτα μέρη, περιέξει τὰς πηλικότητας τῶν περιφερειῶν καθ᾽ ἡμιμοίριον παρηυξημένας· τὰ δὲ δεύτερα, τὰς τῶν παρακειμένων ταῖς περιφερείαις εὐθειῶν πηλικότητας, ὡς τῆς διαμέτρου τῶν ρ̄κ̄ τμημάτων ὑποκειμένης· τὰ δὲ τρίτα, τὸ τριακοσ]ὸν μέρος, τῆς καθ᾽ ἕκασ]ον ἡμιμοίριον τῶν εὐθειῶν παραυξήσεως, ἵνα ἔχοντες καὶ τὴν τοῦ ἑνὸς ἑξηκοσ]ῦ μέσην ἐπιβολὴν, ἀδιαφοροῦσαν πρὸς αἴσθησιν τῆς ἀκριβοῦς, καὶ τῶν μεταξὺ τοῦ ἡμίσους μερῶν, ἐξ ἑτοίμου, τὰς ἐπιβαλλούσας πηλικότητας ἐπιλογίζεσθαι δυνώμεθα. Εὐκατανόητον δ᾽ ὅτι διὰ τῶν αὐτῶν καὶ προκειμένων θεωρημάτων, κἂν ἐν δισ]αγμῷ γενώμεθα γραφικῆς ἁμαρτίας περί τινα τῶν ἐν τῷ κανονίῳ παρακειμένων εὐθειῶν, ῥᾳδίαν ποιησόμεθα τήν τε ἐξέτασιν καὶ τὴν ἐπανόρθωσιν, ἤτοι ἀπὸ τῆς ὑπὸ τὴν διπλασίονα τῆς ἐπιζητουμένης, ἢ τῆς πρὸς ἄλλας τινὰς τῶν δεδομένων ὑπεροχῆς, ἢ τῆς τὴν λείπουσαν εἰς τὸ ἡμικύκλιον περιφέρειαν ὑποτεινούσης εὐθείας. Καὶ ἔσ]ιν ἡ τοῦ κανονίου καταγραφὴ τοιαύτη.

$2\frac{1}{2}$ par la différence de celle de $\frac{1}{2}$, qui est donnée, à celle de 3 ; et ainsi des autres.

Telle est, à mon avis, la manière la plus facile de trouver toutes les droites inscrites dans le cercle. Mais, comme je l'ai dit, afin d'avoir sous la main les valeurs toutes prêtes de ces droites pour tous les cas où l'on en a besoin, nous placerons, ci-dessous, des tables de 45 lignes chacune, disposées en trois colonnes, dont la première contiendra les grandeurs des arcs croissant successivement par demi-degrés ; la seconde donnera leurs soutendantes évaluées en parties dont le diamètre en contient 120 ; et la troisième offrira le trentième des accroissements de ces soutendantes pour chaque demi-degré ; de sorte, qu'ayant ainsi l'augmentation moyenne, pour un soixantième, sensiblement égale à l'augmentation juste, nous pourrons calculer promptement les parties proportionnelles qui conviendront à chacune des soutendantes des arcs intermédiaires à ceux qui sont marqués dans ces tables, de demi en demi-degrés. Il est aisé de voir que, si l'on étoit dans le doute de quelque faute de copie, pour quelqu'une de ces soutendantes, on pourroit en faire aisément la vérification ou la correction à l'aide des théorèmes précédens, soit par celui qui donne la soutendante de l'arc double, soit par celui qui donne celle de la somme ou de la différence, soit enfin par celui qui donne la soutendante du supplément au demi-cercle. Voici maintenant ces tables toutes dressées.

TABLE DES DROITES INSCRITES DANS LE CERCLE.

ARCS.		CORDES.			TRENTIÈMES DES DIFFÉRENCES.			
Degrés	Min.	Part. du Diam.	Prim.	Secon.	Part.	Prim.	Secon.	Tierc.
0	30	0	31	25	0	1	2	50
1	0	1	2	50	0	1	2	50
1	30	1	34	15	0	1	2	50
2	0	2	5	40	0	1	2	50
2	30	2	37	4	0	1	2	48
3	0	3	8	28	0	1	2	48
3	30	3	39	52	0	1	0	48
4	0	4	11	16	0	1	2	47
4	30	4	42	40	0	1	2	47
5	0	5	14	4	0	1	2	46
5	30	5	45	27	0	1	2	45
6	0	6	16	49	0	1	2	44
6	30	6	48	11	0	1	2	43
7	0	7	19	33	0	1	2	42
7	30	7	50	54	0	1	2	41
8	0	8	22	15	0	1	2	40
8	30	8	53	35	0	1	2	39
9	0	9	24	54	0	1	2	38
9	30	9	56	13	0	1	2	37
10	0	10	27	32	0	1	2	35
10	30	10	58	49	0	1	2	33
11	0	11	30	5	0	1	2	32
11	30	12	1	21	0	1	2	30
12	0	12	32	36	0	1	2	28
12	30	13	3	50	0	1	2	27
13	0	13	35	4	0	1	2	25
13	30	14	6	16	0	1	2	23
14	0	14	37	27	0	1	2	21
14	30	15	8	38	0	1	2	19
15	0	15	39	47	0	1	2	17
15	30	16	10	56	0	1	2	15
16	0	16	42	3	0	1	2	13
16	30	17	13	9	0	1	2	10
17	0	17	44	14	0	1	2	7
17	30	18	15	17	0	1	2	5
18	0	18	46	19	0	1	2	2
18	30	19	17	21	0	1	2	0
19	0	19	48	21	0	1	1	57
19	30	20	19	19	0	1	1	54
20	0	20	50	16	0	1	1	51
20	30	21	21	12	0	1	1	48
21	0	21	52	6	0	1	1	45
21	30	22	22	58	0	1	1	42
22	0	22	53	49	0	1	1	39
22	30	23	24	39	0	1	1	36

ΚΑΝΟΝΙΟΝ ΤΩΝ ΕΝ ΚΥΚΛΩ ΕΥΘΕΙΩΝ.

ΠΕΡΙΦΕΡΕΙΩΝ Μοιρῶν.		ΕΥΘΕΙΩΝ.			ΕΞΗΚΩΤΩΝ.			
ō	ς̄"	ō	λα	κε	ō	α	β	γ
α	ō̄	α	β	ν	ō	α	β	ν
α	ς̄	α	λθ	ιε	ō	α	β	ν
β	ō̄	β	ε	μ	ō	α	β	ν
β	ς̄'	β	λζ	δ	ō	α	β	μη
γ	ō̄	γ	η	κη	ō	α	β	μη
γ	ς̄"	γ	λθ	νβ	ō	α	β	μη
δ	ō̄	δ	ια	ις	ō	α	β	μζ
δ	ς̄	δ	μβ	μ	ō	α	β	μζ
ε	ō̄	ε	ιδ	δ	ō	α	β	μς
ε	ς̄'	ε	με	κζ	ō	α	β	με
ς	ō̄	ς	ις	μθ	ō	α	β	μδ
ς	ς̄'	ς	μη	ια	ō	α	β	μγ
ζ	ō̄	ζ	ιθ	λγ	ō	α	β	μβ
ζ	ς̄	ζ	ν	νδ	ō	α	β	μα
η	ō̄	η	κβ	ιε	ō	α	β	μ
η	ς̄"	η	νγ	λε	ō	α	β	λθ
θ	ō̄	θ	κδ	νδ	ō	α	β	λη
θ	ς̄"	θ	νς	ιγ	ō	α	β	λζ
ι	ō̄	ι	κζ	λβ	ō	α	β	λε
ι	ς̄'	ι	νη	μθ	ō	α	β	λγ
ια	ō̄	ια	λ	ε	ō	α	β	λβ
ια	ς̄'	ιβ	α	κα	ō	α	β	λ
ιβ	ō̄	ιβ	λβ	λς	ō	α	β	κη
ιβ	ς̄'	ιγ	γ	ν	ō	α	β	κζ
ιγ	ō̄	ιγ	λε	δ	ō	α	β	κε
ιγ	ς̄	ιδ	ς	ις	ō	α	β	κγ
ιδ	ō̄	ιδ	λζ	κζ	ō	α	β	κα
ιδ	ς̄"	ιε	η	λη	ō	α	β	ιθ
ιε	ō̄	ιε	λθ	μζ	ō	α	β	ις
ιε	ς̄'	ις	ι	νς	ō	α	β	ιε
ις	ō̄	ις	μβ	γ	ō	α	β	ιγ
ις	ς̄'	ιζ	ιγ	θ	ō	α	β	ι
ιζ	ō̄	ιζ	μδ	ιδ	ō	α	β	ζ
ιζ	ς̄'	ιη	ιε	ιζ	ō	α	β	ε
ιη	ō̄	ιη	μς	ιθ	ō	α	β	β
ιη	ς̄'	ιθ	ιζ	κα	ō	α	β	ō
ιθ	ō̄	ιθ	μη	κα	ō	α	α	νζ
ιθ	ς̄	κ	ιθ	ιθ	ō	α	α	νδ
κ	ō̄	κ	ν	ις	ō	α	α	να
κ	ς̄"	κα	κα	ιβ	ō	α	α	μη
κα	ō̄	κα	νβ	ς	ō	α	α	με
κα	ς̄'	κβ	κβ	νη	ō	α	α	μβ
κβ	ō̄	κβ	νγ	μθ	ō	α	α	λθ
κβ	ς̄'	κγ	κδ	λθ	ō	α	α	λς

ΚΑΝΟΝΙΟΝ ΤΩΝ ΕΝ ΚΥΚΛΩ ΕΥΘΕΙΩΝ.							
ΠΕΡΙΦΕΡΕΙΩΝ.		ΕΥΘΕΙΩΝ.			ΕΞΗΚΟΣΤΩΝ.		
Μοιρῶν.		Μ.	Π.	Δ.	Μ.	Π.	Δ.	Τ.

Μοιρῶν		Μ.	Π.	Δ.	Μ.	Π.	Δ.	Τ.
κγ	ō	κγ	νε	κζ	ō	α	α	λγ
κγ	ς''	κδ	κς	ιγ	ō	α	α	λ
κδ	ō	κδ	νς	νη	ō	α	α	κς
κδ	ς''	κε	κζ	μα	ō	α	α	κβ
κε	ō	κε	νη	κβ	ō	α	α	ιθ
κε	ς'	κς	κθ	α	ō	α	α	ιε
κς	ō	κς	νθ	λη	ō	α	α	ια
κς	ς'	κζ	λ	ιδ	ō	α	α	η
κς	ō	κη	ō	μη	ō	α	α	δ
κς	ς'	κη	λα	κ	ō	α	α	ō
κη	ō	κθ	α	ν	ō	α	ō	νς
κη	ς'	κθ	λβ	ιη	ō	α	ō	νβ
κθ	ō	λ	β	μδ	ō	α	ō	μη
κθ	ς'	λ	λγ	η	ō	α	ō	μδ
λ	ō	λα	γ	λ	ō	α	ō	μ
λ	ς'	λα	λγ	ν	ō	α	ō	λε
λα	ō	λβ	δ	ζ	ō	α	ō	λα
λα	ς'	λβ	λδ	κβ	ō	α	ō	κζ
λβ	ō	λγ	δ	λε	ō	α	ō	κβ
λβ	ς'	λγ	λδ	μς	ō	α	ō	ιζ
λγ	ō	λδ	δ	νε	ō	α	ō	ιβ
λγ	ς'	λδ	λε	α	ō	α	ō	η
λδ	ō	λε	ε	ε	ō	α	ō	γ
λδ	ς'	λε	λε	ς	ō	ō	νθ	νζ
λε	ō	λς	ε	ε	ō	ō	νθ	νβ
λε	ς'	λς	λε	α	ō	ō	νθ	μη
λς	ō	λζ	δ	νε	ō	ō	νθ	μγ
λς	ς'	λζ	λδ	μζ	ō	ō	νθ	λη
λζ	ō	λη	δ	λς	ō	ō	νθ	λβ
λζ	ς'	λη	λδ	κβ	ō	ō	νθ	κς
λη	ō	λθ	δ	ε	ō	ō	νθ	κβ
λη	ς'	λθ	λγ	μς	ō	ō	ιθ	ις
λθ	ō	μ	γ	κδ	ō	ō	νθ	ια
λθ	ς'	μ	λγ	ō	ō	ō	νθ	ε
μ	ō	μα	β	λγ	ō	ō	νθ	ō
μ	ς'	μα	λβ	γ	ō	ō	νη	νδ
μα	ō	μβ	α	λ	ō	ō	νη	μη
μα	ς'	μβ	λ	νδ	ō	ō	νη	μβ
μβ	ō	μγ	ō	ιε	ō	ō	νη	λς
μβ	ς'	μγ	κθ	λγ	ō	ō	νη	λα
μγ	ō	μγ	νη	μθ	ō	ō	νη	κε
μγ	ς'	μδ	κη	α	ō	ō	νη	ιη
μδ	ō	μδ	νζ	ι	ō	ō	νη	ιβ
μδ	ς'	με	κς	ις	ō	ō	νη	ς
με	ō	με	νε	νι	ō	ō	νη	ō

TABLE DES DROITES INSCRITES DANS LE CERCLE.								
ARCS.		CORDES.			TRENTIÈMES DES DIFFÉRENCES.			
Degrés	Min.	Part. du Diam.	Prim.	Secon.	Part.	Prim.	Secon.	Tierc.
23	0	23	55	27	0	1	1	33
23	30	24	26	13	0	1	1	30
24	0	24	56	58	0	1	1	26
24	30	25	27	41	0	1	1	22
25	0	25	58	22	0	1	1	19
25	30	26	29	1	0	1	1	15
26	0	26	59	38	0	1	1	11
26	30	27	30	14	0	1	1	8
27	0	28	0	48	0	1	1	4
27	30	28	31	20	0	1	1	0
28	0	29	1	50	0	1	0	56
28	30	29	32	18	0	1	0	52
29	0	30	2	44	0	1	0	48
29	30	30	33	8	0	1	0	44
30	0	31	3	30	0	1	0	40
30	30	31	33	50	0	1	0	35
31	0	32	4	7	0	1	0	31
31	30	32	34	22	0	1	0	27
32	0	33	4	35	0	1	0	22
32	30	33	34	46	0	1	0	17
33	0	34	4	55	0	1	0	12
33	30	34	35	1	0	1	0	8
34	0	35	5	5	0	1	0	3
34	30	35	35	6	0	0	59	57
35	0	36	5	5	0	0	59	52
35	30	36	35	1	0	0	59	48
36	0	37	4	55	0	0	59	43
36	30	37	34	47	0	0	59	38
37	0	38	4	36	0	0	59	32
37	30	38	34	22	0	0	59	27
38	0	39	4	5	0	0	59	22
38	30	39	33	46	0	0	59	16
39	0	40	3	24	0	0	59	11
39	30	40	33	0	0	0	59	5
40	0	41	2	33	0	0	59	0
40	30	41	32	3	0	0	58	54
41	0	42	1	30	0	0	58	48
41	30	42	30	54	0	0	58	42
42	0	43	0	15	0	0	58	36
42	30	43	29	33	0	0	58	31
43	0	43	58	49	0	0	58	25
43	30	44	28	1	0	0	58	18
44	0	44	57	10	0	0	58	12
44	30	45	26	16	0	0	58	6
45	0	45	55	19	0	0	58	0

TABLE DES DROITES INSCRITES DANS LE CERCLE.

ARCS		CORDES			TRENTIÈMES DES DIFFÉRENCES			
Degrés	Min.	Part. d.l Diam.	Prim.	secoñ	Part.	P. im	secoñ	Tierc
45	30	46	24	19	0	0	57	54
46	0	46	53	16	0	0	57	47
46	30	47	22	9	0	0	57	41
47	0	47	51	0	0	0	57	34
47	30	48	19	47	0	0	57	27
48	0	48	48	30	0	0	57	21
48	30	49	17	11	0	0	57	14
49	0	49	45	48	0	0	57	7
49	30	50	14	21	0	0	57	0
50	0	50	42	51	0	0	56	53
50	30	51	11	18	0	0	56	46
51	0	51	39	41	0	0	56	39
51	30	52	8	0	0	0	56	32
52	0	52	36	16	0	0	56	26
52	30	53	4	29	0	0	56	18
53	0	53	32	38	0	0	56	10
53	30	54	0	43	0	0	56	3
54	0	54	28	44	0	0	55	55
54	30	54	56	42	0	0	55	48
55	0	55	24	36	0	0	55	40
55	30	55	52	26	0	0	55	33
56	0	56	20	12	0	0	55	25
56	30	56	47	54	0	0	55	17
57	0	57	15	33	0	0	55	9
57	30	57	43	7	0	0	55	1
58	0	58	10	38	0	0	54	53
58	30	58	38	5	0	0	54	45
59	0	59	5	27	0	0	54	37
59	30	59	32	45	0	0	54	29
60	0	60	0	0	0	0	54	21
60	30	60	27	11	0	0	54	12
61	0	60	54	17	0	0	54	4
61	30	61	21	19	0	0	53	56
62	0	61	48	17	0	0	53	47
62	30	62	15	10	0	0	53	39
63	0	62	42	0	0	0	53	30
63	30	63	8	45	0	0	53	22
64	0	63	35	26	0	0	53	13
64	30	64	2	2	0	0	53	4
65	0	64	28	34	0	0	52	55
65	30	64	55	1	0	0	52	46
66	0	65	21	24	0	0	52	37
66	30	65	47	43	0	0	52	28
67	0	66	13	57	0	0	52	19
67	30	66	40	7	0	0	52	10

ΚΑΝΟΝΙΟΝ ΤΩΝ ΕΝ ΚΥΚΛΩ ΕΥΘΕΙΩΝ.

ΠΕΡΙΦΕΡΕΙΩΝ (Μοιρῶν)		ΕΥΘΕΙΩΝ			ΕΞΗΚΟΣΤΩΝ			
		Μ.	Π.	Δ.	Μ.	Π.	Δ.	Τ.
με	∠΄	μς	κδ	ιθ	ο	ο	νζ	νδ
μς	ο	μς	νγ	ις	ο	ο	νζ	μζ
μς	∠΄	μζ	κβ	θ	ο	ο	νζ	μα
μζ	ο	μζ	να	ο	ο	ο	νζ	λδ
μζ	∠΄	μη	ιθ	μζ	ο	ο	νζ	κζ
μη	ο	μη	μη	λ	ο	ο	νζ	κα
μη	∠΄	μθ	ιζ	ια	ο	ο	νζ	ιδ
μθ	ο	μθ	με	μη	ο	ο	νζ	ζ
μθ	∠΄	ν	ιδ	κα	ο	ο	νζ	ο
ν	ο	ν	μβ	να	ο	ο	νς	νγ
ν	∠΄	να	ια	ιη	ο	ο	νς	μς
να	ο	να	λθ	μα	ο	ο	νς	λθ
να	∠΄	νβ	η	ο	ο	ο	νς	λβ
νβ	ο	νβ	λς	ις	ο	ο	νς	κς
νβ	∠΄	νγ	δ	κθ	ο	ο	νς	ιη
νγ	ο	νγ	λβ	λη	ο	ο	νς	ι
νγ	∠΄	νδ	ο	μγ	ο	ο	νς	γ
νδ	ο	νδ	κη	μδ	ο	ο	νε	νε
νδ	∠΄	νδ	νς	μβ	ο	ο	νε	μη
νε	ο	νε	κδ	λς	ο	ο	νε	μ
νε	∠΄	νε	νβ	κς	ο	ο	νε	λγ
νς	ο	νς	κ	ιβ	ο	ο	νε	κε
νς	∠΄	νς	μζ	νδ	ο	ο	νε	ιζ
νζ	ο	νζ	ιε	λγ	ο	ο	νε	θ
νζ	∠΄	νζ	μγ	ζ	ο	ο	νε	α
νη	ο	νη	ι	λη	ο	ο	νδ	νγ
νη	∠΄	νη	λη	ε	ο	ο	νδ	με
νθ	ο	νθ	ε	κζ	ο	ο	νδ	λζ
νθ	∠΄	νθ	λβ	με	ο	ο	νδ	κθ
ξ	ο	ξ	ο	ο	ο	ο	νδ	κα
ξ	∠΄	ξ	κζ	ια	ο	ο	νδ	ιβ
ξα	ο	ξ	νδ	ιζ	ο	ο	νδ	δ
ξα	∠΄	ξα	κα	ιθ	ο	ο	νγ	νς
ξβ	ο	ξα	μη	ιζ	ο	ο	νγ	μζ
ξβ	∠΄	ξβ	ιε	ι	ο	ο	νγ	λθ
ξγ	ο	ξβ	μβ	ο	ο	ο	νγ	λ
ξγ	∠΄	ξγ	η	με	ο	ο	νγ	κβ
ξδ	ο	ξγ	λε	κς	ο	ο	νγ	ιγ
ξδ	∠΄	ξδ	β	β	ο	ο	νγ	δ
ξε	ο	ξδ	κη	λδ	ο	ο	νβ	νε
ξε	∠΄	ξδ	νε	α	ο	ο	νβ	μς
ξς	ο	ξε	κα	κδ	ο	ο	νβ	λζ
ξς	∠΄	ξε	μζ	μγ	ο	ο	νβ	κη
ξζ	ο	ξς	ιγ	νζ	ο	ο	νβ	ιθ
ξζ	∠΄	ξς	μ	ζ	ο	ο	νβ	ι

KANONION ΤΩΝ ΕΝ ΚΥΚΛΩ ΕΥΘΕΙΩΝ.

ΠΕΡΙΦΕΡΕΙΩΝ.		ΕΥΘΕΙΩΝ.			ΕΞΗΚΟΣΤΩΝ.			
Μοιρῶν.		Μ.	Π.	Δ.	Μ.	Π.	Δ.	Τ.
ξη	ὁ	ξϛ	ϛ	ιβ	ὁ	ὁ	νβ	ὁ
ξη	ϛ''	ξϛ	λβ	ιβ	ὁ	ὁ	να	νβ
ξθ	ὁ	ξϛ	νη	η	ὁ	ὁ	να	μγ
ξθ	ϛ''	ξη	κγ	νϑ	ὁ	ὁ	να	λγ
ο	ὁ	ξη	μϑ	με	ὁ	ὁ	να	λγ
ο	ϛ'	ξθ	ιε	κϛ	ὁ	ὁ	να	ιδ
οα	ὁ	ξθ	μα	δ	ὁ	ὁ	να	δ
οα	ϛ'	ο	ϛ	λϛ	ὁ	ὁ	ν	νε
οβ	ὁ	ο	λβ	γ	ὁ	ὁ	ν	με
οβ	ϛ''	ο	νϛ	κϛ	ὁ	ὁ	ν	λε
ογ	ὁ	οα	κβ	μϑ	ὁ	ὁ	ν	κϛ
ογ	ϛ'	οα	μϛ	νϛ	ὁ	ὁ	ν	ιϛ
οδ	ὁ	οβ	ιγ	δ	ὁ	ὁ	ν	ϛ
οδ	ϛ'	οβ	λη	ζ	ὁ	ὁ	μϑ	νϛ
οε	ὁ	ογ	γ	ε	ὁ	ὁ	μϑ	μϛ
οε	ϛ'	ογ	κζ	νη	ὁ	ὁ	μϑ	λϛ
οϛ	ὁ	ογ	νβ	μϛ	ὁ	ὁ	μϑ	κϛ
οϛ	ϛ'	οδ	ιζ	κϑ	ὁ	ὁ	μϑ	ιϛ
οζ	ὁ	οδ	μβ	ζ	ὁ	ὁ	μϑ	ϛ
οζ	ϛ'	οε	ϛ	μ	ὁ	ὁ	μη	νε
οη	ὁ	οε	λα	ζ	ὁ	ὁ	μη	με
οη	ϛ'	οε	νε	κϑ	ὁ	ὁ	μη	λδ
οϑ	ὁ	οϛ	ιϑ	μϛ	ὁ	ὁ	μη	κδ
οϑ	ϛ'	οϛ	μγ	νη	ὁ	ὁ	μη	ιγ
π	ὁ	οζ	η	ε	ὁ	ὁ	μη	γ
π	ϛ'	οζ	λβ	ϛ	ὁ	ὁ	μζ	νβ
πα	ὁ	οζ	νϛ	β	ὁ	ὁ	μζ	μα
πα	ϛ'	οη	ιϑ	νβ	ὁ	ὁ	μζ	λα
πβ	ὁ	οη	μγ	λη	ὁ	ὁ	μζ	κ
πβ	ϛ'	οϑ	ζ	ιη	ὁ	ὁ	μζ	ϑ
πγ	ὁ	οϑ	λ	νβ	ὁ	ὁ	μϛ	νη
πγ	ϛ'	οϑ	νδ	κα	ὁ	ὁ	μϛ	μζ
πδ	ὁ	π	ιζ	με	ὁ	ὁ	μϛ	λϛ
πδ	ϛ'	π	μα	γ	ὁ	ὁ	μϛ	κε
πε	ὁ	π	δ	ιε	ὁ	ὁ	μϛ	ιδ
πε	ϛ'	πα	κζ	κβ	ὁ	ὁ	μϛ	γ
πϛ	ὁ	πα	ν	κδ	ὁ	ὁ	με	νβ
πϛ	ϛ'	πβ	ιγ	ιϑ	ὁ	ὁ	με	μ
πϛ	ὁ	πβ	λϛ	ϑ	ὁ	ὁ	με	κϑ
πζ	ϛ'	πβ	νη	νδ	ὁ	ὁ	με	ιη
πη	ὁ	πγ	κα	λγ	ὁ	ὁ	με	ϛ
πη	ϛ'	πγ	μδ	ϛ	ὁ	ὁ	μδ	νε
πϑ	ὁ	πδ	ϛ	λγ	ὁ	ὁ	μδ	μγ
πϑ	ϛ'	πδ	κη	νε	ὁ	ὁ	μδ	λα
ϙ	ὁ	πδ	να	ι	ὁ	ὁ	μδ	κ

TABLE DES DROITES INSCRITES DANS LE CERCLE.

ARCS.		CORDES.			TRENTIÈMES DES DIFFÉRENCES.			
Degré.	Min.	Part. du Diam.	Prim.	Secon	Part.	Prim.	Secon.	Tierc
68	0	67	6	12	0	0	52	0
68	30	67	32	12	0	0	51	52
69	0	67	58	8	0	0	51	43
69	30	68	23	59	0	0	51	33
70	0	68	49	45	0	0	51	33
70	30	69	15	27	0	0	51	14
71	0	69	41	4	0	0	51	4
71	30	70	6	36	0	0	50	55
72	0	70	32	3	0	0	50	45
72	30	70	57	26	0	0	50	35
73	0	71	22	44	0	0	50	26
73	30	71	47	56	0	0	50	16
74	0	72	13	4	0	0	50	6
74	30	72	38	7	0	0	49	56
75	0	73	3	5	0	0	49	46
75	30	73	27	58	0	0	49	36
76	0	73	52	46	0	0	49	26
76	30	74	17	29	0	0	49	16
77	0	74	42	7	0	0	49	6
77	30	75	6	40	0	0	48	55
78	0	75	31	7	0	0	48	45
78	30	75	55	29	0	0	48	34
79	0	76	19	46	0	0	48	24
79	30	76	43	58	0	0	48	13
80	0	77	8	5	0	0	48	3
80	30	77	32	6	0	0	47	52
81	0	77	56	2	0	0	47	41
81	30	78	19	52	0	0	47	31
82	0	78	43	38	0	0	47	20
82	30	79	7	18	0	0	47	9
83	0	79	30	52	0	0	46	58
83	30	79	54	21	0	0	46	47
84	0	80	17	45	0	0	46	36
84	30	80	41	3	0	0	46	25
85	0	81	4	15	0	0	46	14
85	30	81	27	22	0	0	46	3
86	0	81	50	24	0	0	45	52
86	30	82	13	19	0	0	45	40
87	0	82	36	9	0	0	45	29
87	30	82	58	54	0	0	45	18
88	0	83	21	33	0	0	45	6
88	30	83	44	6	0	0	44	55
89	0	84	6	33	0	0	44	43
89	30	84	28	55	0	0	44	31
90	0	84	51	10	0	0	44	20

TABLE DES DROITES INSCRITES DANS LE CERCLE.

ARCS.		CORDES.			TRENTIÈMES DES DIFFÉRENCES.			
Dégr.	Min.	Part. du Diam.	Prim.	Secon.	Part.	Prim.	Secon.	Tierc.
90	30	85	13	20	0	0	44	8
91	0	85	35	24	0	0	43	57
91	30	85	57	23	0	0	43	45
92	0	86	19	15	0	0	43	33
92	30	86	41	2	0	0	43	21
93	0	87	2	42	0	0	43	9
93	30	87	24	17	0	0	42	57
94	0	87	45	45	0	0	42	45
94	30	88	7	7	0	0	42	33
95	0	88	28	24	0	0	42	21
95	30	88	49	34	0	0	42	9
96	0	89	10	39	0	0	41	57
96	30	89	31	37	0	0	41	45
97	0	89	52	29	0	0	41	33
97	30	90	13	15	0	0	41	21
98	0	90	33	55	0	0	41	8
98	30	90	54	29	0	0	40	55
99	0	91	14	56	0	0	40	42
99	30	91	35	17	0	0	40	30
100	0	91	55	32	0	0	40	17
100	30	92	15	40	0	0	40	4
101	0	92	35	42	0	0	39	52
101	30	92	55	38	0	0	39	39
102	0	93	15	27	0	0	39	26
102	30	93	35	10	0	0	39	13
103	0	93	54	47	0	0	39	0
103	30	94	14	17	0	0	38	47
104	0	94	33	41	0	0	38	34
104	30	94	52	58	0	0	38	21
105	0	95	12	9	0	0	38	8
105	30	95	31	13	0	0	37	55
106	0	95	50	11	0	0	37	42
106	30	96	9	2	0	0	37	29
107	0	96	27	47	0	0	37	16
107	30	96	46	24	0	0	37	3
108	0	97	4	56	0	0	36	50
108	30	97	23	20	0	0	36	36
109	0	97	41	38	0	0	36	23
109	30	97	59	49	0	0	36	9
110	0	98	17	54	0	0	35	56
110	30	98	35	52	0	0	35	42
111	0	98	53	43	0	0	35	29
111	30	99	11	27	0	0	35	15
112	0	99	29	5	0	0	35	1
112	30	99	46	35	0	0	34	48

ΚΑΝΟΝΙΟΝ ΤΩΝ ΕΝ ΚΥΚΛΩ ΕΥΘΕΙΩΝ.

ΠΕΡΙΦΕΡΕΙΩΝ Μοιρῶν.	ΕΥΘΕΙΩΝ			ΕΞΗΚΟΣΤΩΝ			
	Μ.	Π.	Δ.	Μ.	Π.	Δ.	Τ.
ϟ ∠′	πε	ιγ	κ	ō	ō	μδ	η
ϟα	πε	λε	κδ	ō	ō	μγ	νζ
ϟα ∠′	πε	νζ	κγ	ō	ō	μγ	με
ϟβ	πϛ	ιθ	ιε	ō	ō	μγ	λγ
ϟβ ∠′	πϛ	μα	β	ō	ō	μγ	κα
ϟγ	πζ	β	μβ	ō	ō	μγ	θ
ϟγ ∠′	πζ	κδ	ιζ	ō	ō	μβ	νζ
ϟδ	πζ	με	με	ō	ō	μβ	με
ϟδ ∠′	πη	ζ	ζ	ō	ō	μβ	λγ
ϟε	πη	κη	κδ	ō	ō	μβ	κα
ϟε ∠′	πη	μθ	λδ	ō	ō	μβ	θ
ϟϛ	πθ	ι	λθ	ō	ō	μα	νζ
ϟϛ ∠′	πθ	λα	λζ	ō	ō	μα	με
ϟζ	πθ	νβ	κθ	ō	ō	μα	λγ
ϟζ ∠′	ϟ	ιγ	ιε	ō	ō	μα	κα
ϟη	ϟ	λγ	νε	ō	ō	μα	η
ϟη ∠′	ϟ	νδ	κθ	ō	ō	μ	νε
ϟθ	ϟα	ιδ	νϛ	ō	ō	μ	μβ
ϟθ ∠′	ϟα	λε	ιζ	ō	ō	μ	λ
ρ	ϟα	νε	λβ	ō	ō	μ	ιζ
ρ ∠′	ϟβ	ιε	μ	ō	ō	μ	δ
ρα	ϟβ	λε	μβ	ō	ō	λθ	νβ
ρα ∠′	ϟβ	νε	λη	ō	ō	λθ	λθ
ρβ	ϟγ	ιε	κζ	ō	ō	λθ	κϛ
ρβ ∠′	ϟγ	λε	ι	ō	ō	λθ	ιγ
ργ	ϟγ	νδ	μζ	ō	ō	λθ	ō
ργ ∠′	ϟδ	ιδ	ιζ	ō	ō	λη	μζ
ρδ	ϟδ	λγ	μα	ō	ō	λη	λδ
ρδ ∠′	ϟδ	νβ	νη	ō	ō	λη	κα
ρε	ϟε	ιβ	θ	ō	ō	λη	η
ρε ∠′	ϟε	λα	ιγ	ō	ō	λζ	νε
ρϛ	ϟε	ν	ια	ō	ō	λζ	μβ
ρϛ ∠′	ϟϛ	θ	β	ō	ō	λζ	κθ
ρζ	ϟϛ	κζ	μζ	ō	ō	λζ	ιϛ
ρζ ∠′	ϟϛ	μϛ	κδ	ō	ō	λζ	γ
ρη	ϟζ	δ	νϛ	ō	ō	λϛ	ν
ρη ∠′	ϟζ	κγ	κ	ō	ō	λϛ	λϛ
ρθ	ϟζ	μα	λη	ō	ō	λϛ	κγ
ρθ ∠′	ϟζ	νθ	μθ	ō	ō	λϛ	θ
ρι	ϟη	ιζ	νδ	ō	ō	λε	νϛ
ρι ∠′	ϟη	λε	νβ	ō	ō	λε	μβ
ρια	ϟη	νγ	μγ	ō	ō	λε	κθ
ρια ∠′	ϟθ	ια	κζ	ō	ō	λε	ιε
ριβ	ϟθ	κθ	ε	ō	ō	λε	α
ριβ ∠′	ϟθ	μϛ	λε	ō	ō	λδ	μη

ΚΑΝΟΝΙΟΝ ΤΩΝ ΕΝ ΚΥΚΛΩ ΕΥΘΕΙΩΝ.

ΠΕΡΙΦΕΡΕΙΩΝ Μοιρῶν		ΕΥΘΕΙΩΝ Μ.	Π.	Δ.	ΕΞΗΚΟΣΤΩΝ Μ.	Π.	Δ.	Τ.
ριγ	ō	ρ	γ	νθ	ō	ō	λδ	λδ
ριγ	ϛ″	ρ	κα	ιϛ	ō	ō	λδ	κ
ριδ	ō	ρ	λη	κϛ	ō	ō	λδ	ϛ
ριδ	ϛ″	ρ	νε	κη	ō	ō	λγ	νβ
ριε	ō	ρα	ιβ	κε	ō	ō	λγ	λθ
ριε	ϛ″	ρα	κθ	ιε	ō	ō	λγ	κε
ριϛ	ō	ρα	με	νζ	ō	ō	λγ	ια
ριϛ	ϛ″	ρβ	β	λγ	ō	ō	λβ	νζ
ριζ	ō	ρβ	ιθ	α	ō	ō	λβ	μγ
ριζ	ϛ″	ρβ	λε	κβ	ō	ō	λβ	κθ
ριη	ō	ρβ	να	λζ	ō	ō	λβ	ιε
ριη	ϛ″	ργ	ζ	μδ	ō	ō	λβ	ō
ριθ	ō	ργ	κγ	μδ	ō	ō	λα	μϛ
ριθ	ϛ″	ργ	λθ	λζ	ō	ō	λα	λβ
ρκ	ō	ργ	νε	κγ	ō	ō	λα	ιη
ρκ	ϛ″	ρδ	ια	β	ō	ō	λα	δ
ρκα	ō	ρδ	κϛ	λδ	ō	ō	λ	μθ
ρκα	ϛ″	ρδ	μα	νθ	ō	ō	λ	λε
ρκβ	ō	ρδ	νζ	ιϛ	ō	ō	λ	κα
ρκβ	ϛ″	ρε	ιβ	κϛ	ō	ō	λ	ζ
ρκγ	ō	ρε	κζ	λ	ō	ō	κθ	νβ
ρκγ	ϛ″	ρε	μβ	κϛ	ō	ō	κθ	λζ
ρκδ	ō	ρε	νζ	ιδ	ō	ō	κθ	κγ
ρκδ	ϛ″	ρϛ	ια	νε	ō	ō	κθ	η
ρκε	ō	ρϛ	κϛ	κθ	ō	ō	κη	νδ
ρκε	ϛ″	ρϛ	μ	νϛ	ō	ō	κη	λθ
ρκϛ	ō	ρϛ	νε	ιε	ō	ō	κη	κδ
ρκϛ	ϛ″	ρζ	θ	κζ	ō	ō	κη	ι
ρκζ	ō	ρζ	κγ	λβ	ō	ō	κζ	νϛ
ρκζ	ϛ″	ρζ	λζ	λ	ō	ō	κζ	μ
ρκη	ō	ρζ	να	κ	ō	ō	κζ	κε
ρκη	ϛ″	ρη	ε	β	ō	ō	κζ	ι
ρκθ	ō	ρη	ιη	λζ	ō	ō	κϛ	νϛ
ρκθ	ϛ″	ρη	λβ	ε	ō	ō	κϛ	μα
ρλ	ō	ρη	με	κε	ō	ō	κϛ	κϛ
ρλ	ϛ″	ρη	νη	λη	ō	ō	κϛ	ια
ρλα	ō	ρθ	ια	μδ	ō	ō	κε	νϛ
ρλα	ϛ″	ρθ	κδ	μβ	ō	ō	κε	μα
ρλβ	ō	ρθ	λζ	λβ	ō	ō	κε	κϛ
ρλβ	ϛ″	ρθ	ν	ιε	ō	ō	κε	ια
ρλγ	ō	ρι	β	ν	ō	ō	κδ	νϛ
ρλγ	ϛ″	ρι	ιε	ιη	ō	ō	κδ	μα
ρλδ	ō	ρι	κζ	λθ	ō	ō	κδ	κϛ
ρλδ	ϛ″	ρι	λθ	νβ	ō	ō	κδ	ι
ρλε	ō	ρι	να	νζ	ō	ō	κγ	νε

TABLE DES DROITES INSCRITES DANS LE CERCLE.

ARCS Degr.	Min.	CORDES Part. du Diam.	Prim.	Secon.	TRENTIÈMES DES DIFFÉRENCES Part.	Prim.	Secou	Tierc.
113	0	100	3	59	0	0	34	34
113	30	100	21	16	0	0	34	20
114	0	100	38	26	0	0	34	6
114	30	100	55	28	0	0	33	52
115	0	101	12	25	0	0	33	39
115	30	101	29	15	0	0	33	25
116	0	101	45	57	0	0	33	11
116	30	102	2	33	0	0	32	57
117	0	102	19	1	0	0	32	43
117	30	102	35	22	0	0	32	29
118	0	102	51	37	0	0	32	15
118	30	103	7	44	0	0	32	0
119	0	103	23	44	0	0	31	46
119	30	103	39	37	0	0	31	32
120	0	103	55	23	0	0	31	18
120	30	104	11	2	0	0	31	4
121	0	104	26	34	0	0	30	49
121	30	104	41	59	0	0	30	35
122	0	104	57	16	0	0	30	21
122	30	105	12	26	0	0	30	7
123	0	105	27	30	0	0	29	52
123	30	105	42	26	0	0	29	37
124	0	105	57	14	0	0	29	23
124	30	106	11	55	0	0	29	8
125	0	106	26	29	0	0	28	54
125	30	106	40	56	0	0	28	39
126	0	106	55	15	0	0	28	24
126	30	107	9	27	0	0	28	10
127	0	107	23	32	0	0	27	56
127	30	107	37	30	0	0	27	40
128	0	107	51	20	0	0	27	25
128	30	108	5	2	0	0	27	10
129	0	108	18	37	0	0	26	56
129	30	108	32	5	0	0	26	41
130	0	108	45	25	0	0	26	26
130	30	108	58	38	0	0	26	11
131	0	109	11	44	0	0	25	56
131	30	109	24	42	0	0	25	41
132	0	109	37	32	0	0	25	26
132	30	109	50	15	0	0	25	11
133	0	110	2	50	0	0	24	56
133	30	110	15	18	0	0	24	41
134	0	110	27	39	0	0	24	26
134	30	110	39	52	0	0	24	10
135	0	110	51	57	0	0	23	55

TABLE DES DROITES INSCRITES DANS LE CERCLE.

ARCS.		CORDES.			TRENTIÉMES DES DIFFÉRENCES.			
Degrés	Min.	Part. du Diam.	Prim.	Secon.	Part.	Prim.	Secon.	Tierc.
135	30	111	3	54	0	0	23	40
136	0	111	15	44	0	0	23	25
136	30	111	27	26	0	0	23	9
137	0	111	39	1	0	0	22	54
137	30	111	50	28	0	0	22	39
138	0	112	1	47	0	0	22	24
138	30	112	12	59	0	0	22	8
139	0	112	24	3	0	0	21	53
139	30	112	35	0	0	0	21	37
140	0	112	45	48	0	0	21	22
140	30	112	56	29	0	0	21	7
141	0	113	7	2	0	0	20	51
141	30	113	17	27	0	0	20	36
142	0	113	27	44	0	0	20	20
142	30	113	37	54	0	0	20	4
143	0	113	47	56	0	0	19	49
143	30	113	57	50	0	0	19	33
144	0	114	7	37	0	0	19	17
144	30	114	17	15	0	0	19	2
145	0	114	26	46	0	0	18	46
145	30	114	36	9	0	0	18	30
146	0	114	45	24	0	0	18	14
146	30	114	54	31	0	0	17	59
147	0	115	3	30	0	0	17	43
147	30	115	12	22	0	0	17	27
148	0	115	21	6	0	0	17	11
148	30	115	29	41	0	0	16	55
149	0	115	38	9	0	0	16	40
149	30	115	46	29	0	0	16	24
150	0	115	54	40	0	0	16	8
150	30	116	2	44	0	0	15	52
151	0	116	10	40	0	0	15	36
151	30	116	18	28	0	0	15	20
152	0	116	26	8	0	0	15	4
152	30	116	33	40	0	0	14	48
153	0	116	41	4	0	0	14	32
153	30	116	48	20	0	0	14	16
154	0	116	55	28	0	0	14	0
154	30	117	2	28	0	0	13	44
155	0	117	9	20	0	0	13	28
155	30	117	16	4	0	0	13	12
156	0	117	22	40	0	0	12	56
156	30	117	29	8	0	0	12	40
157	0	117	35	28	0	0	12	24
157	30	117	41	40	0	0	12	7

ΚΑΝΟΝΙΟΝ ΤΩΝ ΕΝ ΚΥΚΛΩ ΕΥΘΕΙΩΝ.

ΠΕΡΙΦΕΡΕΙΩΝ.		ΕΥΘΕΙΩΝ.			ΕΞΗΚΟΣΤΩΝ.			
Μοιρῶν.		Μ.	Π.	Δ.	Μ.	Π.	Δ.	Τ.
ρλε	∠'	ρια	γ	νδ	ō	ō	κγ	μ
ρλς	ō	ρια	ιε	μδ	ō	ō	κγ	κε
ρλς	∠'	ρια	κζ	κς	ō	ō	κγ	θ
ρλζ	ō	ρια	λθ	α	ō	ō	κβ	νδ
ρλζ	∠'	ρια	ν	κη	ō	ō	κβ	λθ
ρλη	ō	ριβ	α	μζ	ō	ō	κβ	κδ
ρλη	∠'	ριβ	ιβ	νθ	ō	ō	κβ	η
ρλθ	ō	ριβ	κδ	γ	ō	ō	κα	νγ
ρλθ	∠'	ριβ	λε	ō	ō	ō	κα	λζ
ρμ	ō	ριβ	με	μη	ō	ō	κα	κβ
ρμ	∠'	ριβ	νς	κθ	ō	ō	κα	ζ
ρμα	ō	ριγ	ζ	β	ō	ō	κ	να
ρμα	∠'	ριγ	ιζ	κζ	ō	ō	κ	λς
ρμβ	ō	ριγ	κζ	μδ	ō	ō	κ	κ
ρμβ	∠'	ριγ	λζ	νδ	ō	ō	κ	δ
ρμγ	ō	ριγ	μζ	νς	ō	ō	ιθ	μθ
ρμγ	∠'	ριγ	νζ	ν	ō	ō	ιθ	λγ
ρμδ	ō	ριδ	ζ	λζ	ō	ō	ιθ	ιζ
ρμδ	∠'	ριδ	ιζ	ιε	ō	ō	ιθ	β
ρμε	ō	ριδ	κς	μς	ō	ō	ιη	μς
ρμε	∠'	ριδ	λς	θ	ō	ō	ιη	λ
ρμς	ō	ριδ	με	κδ	ō	ō	ιη	ιδ
ρμς	∠'	ριδ	νδ	λα	ō	ō	ιζ	νθ
ρμς	∠'	ριε	γ	λ	ō	ō	ιζ	μγ
ρμζ	ō	ριε	ιβ	κβ	ō	ō	ιζ	κζ
ρμη	ō	ριε	κα	ς	ō	ō	ιζ	ια
ρμη	∠'	ριε	κθ	μα	ō	ō	ις	νε
ρμθ	ō	ριε	λη	θ	ō	ō	ις	μ
ρμθ	∠'	ριε	μς	κθ	ō	ō	ις	κδ
ρν	ō	ριε	νδ	μ	ō	ō	ις	η
ρν	∠'	ρις	β	μδ	ō	ō	ιε	νβ
ρνα	ō	ρις	ι	μ	ō	ō	ιε	λς
ρνα	∠'	ρις	ιη	κη	ō	ō	ιε	κ
ρνβ	ō	ρις	κς	η	ō	ō	ιε	δ
ρνβ	∠'	ρις	λγ	μ	ō	ō	ιδ	μη
ρνγ	ō	ρις	μα	δ	ō	ō	ιδ	λβ
ρνγ	∠'	ρις	μη	κ	ō	ō	ιδ	ις
ρνδ	ō	ρις	νε	κη	ō	ō	ιδ	ō
ρνδ	∠'	ριζ	β	κη	ō	ō	ιγ	μδ
ρνε	ō	ριζ	θ	κ	ō	ō	ιγ	κη
ρνε	∠'	ριζ	ις	δ	ō	ō	ιγ	ιβ
ρνς	ō	ριζ	κβ	μ	ō	ō	ιβ	νς
ρνς	∠'	ριζ	κθ	η	ō	ō	ιβ	μ
ρνζ	ō	ριζ	λε	κη	ō	ō	ιβ	κδ
ρνζ	∠'	ριζ	μα	μ	ō	ō	ιβ	ζ

ΚΑΝΟΝΙΟΝ ΤΩΝ ΕΝ ΚΥΚΛΩ ΕΥΘΕΙΩΝ.

ΠΕΡΙΦΕ-ΡΕΙΩΝ. Μοιρῶν.		ΕΥΘΕΙΩΝ. Μ.	Π.	Δ.	ΕΞΗΚΟΣΤΩΝ. Μ.	Π.	Δ.	Τ.
ρνη	ō	ριζ	μζ	μγ	ō	ō	ια	να
ρνη	ς΄	ριζ	νγ	λθ	ō	ō	ια	λε
ρνθ	ō	ριζ	νθ	κζ	ō	ō	ια	ιθ
ρνθ	ς΄	ριη	ε	ζ	ō	ō	ια	γ
ρξ	ō	ριη	ι	λζ	ō	ō	ι	μζ
ρξ	ς΄	ριη	ις	α	ō	ō	ι	λα
ρξα	ō	ριη	κα	ις	ō	ō	ι	ιδ
ρξα	ς΄	ριη	κς	κγ	ō	ō	θ	νη
ρξβ	ō	ριη	λα	κβ	ō	ō	θ	μβ
ρξβ	ς΄	ριη	λς	ιγ	ō	ō	θ	κε
ρξγ	ō	ριη	μ	νε	ō	ō	θ	θ
ρξγ	ς΄	ριη	με	λ	ō	ō	η	νγ
ρξδ	ō	ριη	μθ	νς	ō	ō	η	λζ
ρξδ	ς΄	ριη	νδ	ιε	ō	ō	η	κ
ρξε	ō	ριη	νη	κε	ō	ō	η	δ
ρξε	ς΄	ριθ	β	κς	ō	ō	ζ	μη
ρξς	ō	ριθ	ς	κ	ō	ō	ζ	λα
ρξς	ς΄	ριθ	θ	ς	ō	ō	ζ	ιε
ρξζ	ō	ριθ	ιγ	μδ	ō	ō	ς	νθ
ρξζ	ς΄	ριθ	ιζ	ιγ	ō	ō	ς	μβ
ρξη	ō	ριθ	κ	λδ	ō	ō	ς	κς
ρξη	ς΄	ριθ	κγ	μζ	ō	ō	ς	ι
ρξθ	ō	ριθ	κς	νβ	ō	ō	ε	νδ
ρξθ	ς΄	ριθ	κθ	μθ	ō	ō	ε	λζ
ρο	ō	ριθ	λβ	λζ	ō	ō	ε	κ
ρο	ς΄	ριθ	λε	ιζ	ō	ō	ε	δ
ροα	ō	ριθ	λζ	μθ	ō	ō	δ	μη
ροα	ς΄	ριθ	μ	ιγ	ō	ō	δ	λα
ροβ	ō	ριθ	μβ	κθ	ō	ō	δ	ιδ
ροβ	ς΄	ριθ	μδ	λς	ō	ō	γ	νη
ρογ	ō	ριθ	μς	λε	ō	ō	γ	μβ
ρογ	ς΄	ριθ	μη	κς	ō	ō	γ	κς
ροδ	ō	ριθ	ν	θ	ō	ō	γ	θ
ροδ	ς΄	ριθ	να	μγ	ō	ō	β	νγ
ροε	ō	ριθ	νγ	ι	ō	ō	β	λς
ροε	ς΄	ριθ	νδ	κζ	ō	ō	β	κ
ρος	ō	ριθ	νε	λη	ō	ō	β	γ
ρος	ς΄	ριθ	νς	λθ	ō	ō	α	μζ
ροζ	ō	ριθ	νζ	λβ	ō	ō	α	λ
ροζ	ς΄	ριθ	νη	ιη	ō	ō	α	ιδ
ροη	ō	ριθ	νη	νε	ō	ō	ō	νζ
ροη	ς΄	ριθ	νθ	κδ	ō	ō	ō	μα
ροθ	ō	ριθ	νθ	μδ	ō	ō	ō	κε
ροθ	ς΄	ριθ	νθ	νς	ō	ō	ō	θ
ρπ	ō	ρκ	ō	ō	ō	ō	ō	ō

TABLE DES DROITES INSCRITES DANS LE CERCLE.

ARCS. Degrés	Min.	CORDES. Part. du Diam.	Prim.	Secon.	TRENTIÈMES DES DIFFÉRENCES. Part.	Prim.	Secon.	Tierc.
158	0	117	47	43	0	0	11	51
158	30	117	53	39	0	0	11	35
159	0	117	59	27	0	0	11	19
159	30	118	5	7	0	0	11	3
160	0	118	10	37	0	0	10	47
160	30	118	16	1	0	0	10	31
161	0	118	21	16	0	0	10	14
161	30	118	26	23	0	0	9	58
162	0	118	31	22	0	0	9	42
162	30	118	36	13	0	0	9	25
163	0	118	40	55	0	0	9	9
163	30	118	45	30	0	0	8	53
164	0	118	49	56	0	0	8	37
164	30	118	54	15	0	0	8	20
165	0	118	58	25	0	0	8	4
165	30	119	2	26	0	0	7	48
166	0	119	6	20	0	0	7	31
166	30	119	9	6	0	0	7	15
167	0	119	13	44	0	0	6	59
167	30	119	17	13	0	0	6	42
168	0	119	20	34	0	0	6	26
168	30	119	23	47	0	0	6	10
169	0	119	26	52	0	0	5	54
169	30	119	29	49	0	0	5	37
170	0	119	32	37	0	0	5	20
170	30	119	35	17	0	0	5	4
171	0	119	37	49	0	0	4	48
171	30	119	40	13	0	0	4	31
172	0	119	42	29	0	0	4	14
172	30	119	44	36	0	0	3	58
173	0	119	46	35	0	0	3	42
173	30	119	48	26	0	0	3	26
174	0	119	50	9	0	0	3	9
174	30	119	51	43	0	0	2	53
175	0	119	53	10	0	0	2	36
175	30	119	54	27	0	0	2	20
176	0	119	55	38	0	0	2	3
176	30	119	56	39	0	0	1	47
177	0	119	57	32	0	0	1	30
177	30	119	58	18	0	0	1	14
178	0	119	58	55	0	0	0	57
178	30	119	59	24	0	0	0	41
179	0	119	59	44	0	0	0	25
179	30	119	59	56	0	0	0	9
180	0	120	0	0	0	0	0	0

CHAPITRE X.

DE L'ARC COMPRIS ENTRE LES TROPIQUES.

Après avoir donné les valeurs des droites inscrites dans le cercle, il s'agit d'abord, comme nous l'avons dit, de montrer de combien le cercle oblique, qui entoure le zodiaque par le milieu, est incliné sur l'équateur, c'est-à-dire quel rapport a le grand cercle qui passe par les poles de ces deux cercles, avec l'arc qui est compris entre ces poles, et qui est égal à la distance de chacun des points tropiques (*solstices*) au point qui leur correspond dans l'équateur. Cet arc se mesure par le moyen d'un instrument dont voici la construction qui est bien simple.

Nous ferons un cercle de cuivre de mêmes dimensions dans toute sa grandeur, parfaitement façonné au tour, et dont toutes les surfaces forment entr'elles des angles droits. Nous nous en servirons comme d'un méridien, en le divisant en 360 degrés donnés au grand cercle, et chaque degré, en autant de subdivisions qu'il en pourra recevoir. A ce cercle, nous en adapterons en dedans un autre, mais plus petit, de manière que leurs surfaces soient dans le même plan, et que ce petit cercle puisse tourner sur son centre, dans le grand cercle, du midi vers les ourses, et des ourses vers le midi. Nous fixerons sur deux points diamétralement opposés de l'une des faces latérales de ce petit cercle, deux petits prismes égaux, parallèles entr'eux, et qui regarderont directement le centre des cercles, par

ΚΕΦΑΛΑΙΟΝ Ι.

ΠΕΡΙ ΤΗΣ ΜΕΤΑΞΥ ΤΩΝ ΤΡΟΠΙΚΩΝ ΠΕΡΙΦΕΡΕΙΑΣ.

ΕΚΤΕΘΕΙΜΕΝΗΣ δὴ τῆς πηλικότητος τῶν ἐν τῷ κύκλῳ εὐθειῶν, πρῶτον ἂν εἴη, καθάπερ εἴπομεν, δεῖξαι, πόσον ὁ λοξὸς καὶ διὰ μέσων τῶν ζωδίων κύκλος, ἐγκέκλιται πρὸς τὸν ἰσημερινόν, τουτέστι, τίνα λόγον ἔχει ὁ δι' ἀμφοτέρων τῶν ἐκκειμένων πόλων μέγιστος κύκλος, πρὸς τὴν ἀπολαμβανομένην αὐτοῦ, μεταξὺ τῶν πόλων, περιφέρειαν, ᾗ ἴσην ἀπέχει, δηλονότι, καὶ τῶν τροπικῶν ἑκατέρου σημείων, τὸ κατὰ τὸν ἰσημερινόν. Αὐτόθεν δ' ἡμῖν τὸ τοιοῦτον ὀργανικῶς καταλαμβάνεται, διὰ τοιαύτης τινὸς ἁπλῆς κατασκευῆς.

Ποιήσομεν γὰρ κύκλον χάλκεον, σύμμετρον τῷ μεγέθει, τετορνευμένον ἀκριβῶς, τετράγωνον τὴν ἐπιφάνειαν, ᾧ χρησόμεθα μεσημβρινῷ, διελόντες αὐτὸν εἰς τὰ ὑποκείμενα τοῦ μεγίστου κύκλου τμήματα τξ, καὶ τούτων ἕκαστον εἰς ὅσα ἐγχωρεῖ μέρη. Ἔπειτα ἕτερον κυκλίσκον, λεπτότερον, ὑπὸ τὸν εἰρημένον ἐναρμόσαντες, οὕτως, ὥστε τὰς μὲν πλευρὰς αὐτῶν ἐπὶ μιᾶς μένειν ἐπιφανείας, περιάγεσθαι δὲ ἀκωλύτως ὑπὸ τὸν μείζονα δύνασθαι τὸν ἐλάσσονα κύκλον, ἐν τῷ αὐτῷ ἐπιπέδῳ πρὸς ἄρκτους τε καὶ μεσημβρίαν. Προσθήσομεν ἐπὶ δύο τινῶν κατὰ διάμετρον τμημάτων τοῦ ἐλάσσονος κύκλου, καθὰ τῆς ἑτέρας τῶν πλευρῶν πρισμάτια μικρὰ, ἴσα νεύοντα πρὸς ἀλλήλά τε, καὶ

τὸ κέντρον τῶν κύκλων ἀκριβῶς, παραθέντες κατὰ μέσου τοῦ πλάτους αὐτῶν
γνωμόνια λεπ͵ὰ, συνάπ͵οντα τῇ τοῦ
μείζονος καὶ διῃρημένου κύκλου πλευρᾷ.
Ὃν δὴ καὶ ἐναρμόσαν͵ες ἀσφαλῶς, ἐπὶ
τῶν παρ᾽ ἕκασ͵α χρειῶν, ἐπὶ σ͵υλίσκου
συμμέτρου, καὶ κατασ͵ήσαν͵ες ἐν ὑπαί-
θρῳ τὴν τοῦ σ͵υλίσκου βάσιν, ἐν ἀκλινεῖ
πρὸς τὸ τοῦ ὁρίζον͵ος ἐπίπεδον ἐδάφει,
παραφυλάξομεν ὅπως τὸ ἐπίπεδον τῶν
κύκλων, πρὸς μὲν τὸ τοῦ ὁρίζον͵ος ὀρθὸν
ᾖ, τῷ δὲ τοῦ μεσημβρινοῦ παράλληλον.
Τούτων δὲ τὸ μὲν πρότερον διὰ καθετίου μεθοδεύεται, κρημναμένου μὲν ἀπὸ
τοῦ κατὰ κορυφὴν ἐσομένου σημείου, τη-
ρουμένου δὲ, ἕως ἂν ἐκ τῆς τῶν ὑποθε-
μάτων διορθώσεως, ἐπὶ τὸ κατὰ διάμετρον ποιήσῃ͵αι τὴν πρόσνευσιν. Τὸ δὲ
δεύτερον μεσημβρινῆς γραμμῆς εὐσήμως
εἰλημμένης, ἐν τῷ ὑπὸ τὸν σ͵υλίσκον
ἐπιπέδῳ, καὶ περιφερομένων εἰς τὰ πλάγια τῶν κύκλων, ἕως ἂν παράλληλον τῇ
γραμμῇ τὸ ἐπίπεδον αὐτῶν διοπ͵εύη-
ται. Τοιαύτης δὴ τῆς θέσεως γινομένου,
ἐτηροῦμεν τὴν πρὸς ἄρκτους καὶ μεσημβρίαν τοῦ ἡλίου παραχώρησιν, παραφέροντες ἐν ταῖς μεσημβρίαις, τὸν ἐντὸς
κυκλίσκον, ἕως ἂν τὸ ὑποκάτω πρισμά-
͵ιον ὅλον ὑφ᾽ ὅλου τοῦ ὑπεράνω σκιασθῇ.
Καὶ τούτου γινομένου, διεσήμαινεν ἡμῖν
τὰ τῶν γνωμονίων ἄκρα, πόσα τμήμα͵α
τοῦ κατὰ κορυφὴν ἑκάσ͵οτε τὸ τοῦ ἡλίου
κέντρον ἀφέσ͵ηκεν, ἐπὶ τοῦ μεσημβρινοῦ.
Ἔτι δὲ εὐχρησ͵ότερον ἐποιούμεθα τὴν
τοιαύτην παράληψιν, κατασκευάσαν͵ες,
ἀν͵ὶ τῶν κύκλων, λιθίνην, ἢ ξυλίνην, πλιν-

celles de leurs faces qui se regarderont l'une l'autre; et au milieu de leur largeur nous ajouterons deux aiguilles minces qui se prolongeront sur la surface du grand cercle dont elles parcourront les divisions. Quand on a disposé cet instrument pour les usages auxquels on l'emploie, en l'affermissant sur une petite colonne de dimensions convenables, on pose en plein air la base de la colonne sur un pavé bien horizontal, en prenant garde que le plan des cercles soit perpendiculaire sur le plan de l'horizon, et parallèle à celui du méridien. La première de ces conditions s'obtiendra par le moyen d'un fil à plomb tombant du point le plus élevé du cercle, et amené, par le moyen des calles (a) qu'on mettra sous le pied du support, à marquer le point diamétralement opposé en bas. La seconde condition sera remplie au moyen d'une ligne méridienne tracée (b) bien visiblement sur le plan, sous le support, et en faisant mouvoir l'instrument de côté, jusqu'à ce que l'on voie le plan des cercles parallèle à cette ligne. L'instrument étant ainsi placé, nous avons observé le soleil allant vers les ourses, puis vers le midi, en faisant tourner, dans les instans de midi, le cercle intérieur, jusqu'à ce que le prisme inférieur fût couvert par l'ombre du prisme supérieur. Les extrémités des aiguilles marquoient, de chaque côté, en haut et en bas, de combien de divisions de la circonférence, le centre du soleil étoit éloigné du point vertical, sur le méridien.

Nous avons fait cette observation d'une manière encore plus commode, en nous servant, au lieu des cercles, d'un parallé-

lépipède quadrangulaire de pierre ou de bois, bien dressé; et dont une des faces soit bien unie et bien applanie. Sur cette face, prenant pour centre un de ses angles, nous décrivons un quart de cercle, et nous tirons, du centre à l'arc, les lignes qui comprennent l'angle droit du quart de cercle. Nous partageons cet arc en 90 degrés et en leurs subdivisions; ensuite, après avoir fixé sur une des droites, qui doit être perpendiculaire sur le plan de l'horizon, et du côté du midi, deux petits cylindres droits parfaitement égaux, et façonnés l'un comme l'autre au tour, l'un, juste sur le centre, et l'autre à l'extrémité inférieure de cette droite, nous plaçons cette même face du parallélépipède sur la ligne méridienne tracée dans le plan qui est dessous, en-sorte que cette face soit parallèle au plan du méridien et à la ligne du fil à plomb qui passe par les petits cylindres, et perpendiculaire sur le plan de l'horizon. Cette ligne se détermine au moyen de petites calles qui mettent l'instrument dans une situation parfaitement verticale. Nous observions ainsi, à midi, l'ombre du petit cylindre du centre, en mettant sur l'endroit où elle tomboit dans l'arc gradué, quelque chose qui nous le fît mieux distinguer; et, marquant le milieu de cette ombre, nous

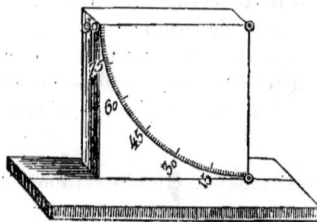

θίδα τετράγωνον, καὶ ἀδιάστροφον, ὁμαλὴν μέντοι καὶ ἀποτεταμένην ἔχουσαν ἀκριβῶς τὴν ἑτέραν τῶν πλευρῶν, ἐφ' ἧς κέντρῳ χρησάμενοι σημείῳ τινὶ, πρὸς τῇ μιᾷ τῶν γωνιῶν, ἐγράψαμεν κύκλου τεταρτημόριον, ἐπιζεύξαντες, ἀπὸ τοῦ καλὰ τὸ κέντρον σημείου μέχρι τῆς γεγραμμένης περιφερείας, τὰς τὴν ὑπὸ τὸ τεταρτημόριον ὀρθὴν γωνίαν περιεχούσας εὐθείας, καὶ διελόντες ὁμοίως τὴν περιφέρειαν εἰς τὰς ἐννενήκοντα μοίρας, καὶ τὰ τούτων μέρη. Μετὰ δὲ ταῦτα, ἐπὶ μιᾶς τῶν εὐθειῶν, τῆς μελλούσης ὀρθῆς τε ἔσεσθαι, πρὸς τὸ τοῦ ὁρίζοντος ἐπίπεδον καὶ πρὸς μεσημβρίαν τὴν θέσιν ἕξειν, ἐμπολίσαντες ὀρθὰ καὶ ἴσα πάντοθεν δύο κυλίνδρια μικρὰ καλὰ τὸ ὅμοιον τετορνευμένα, τὸ μὲν ἐπ' αὐτῦ τοῦ καλὰ τὸ κέντρον σημείου, περὶ αὐτὸ τὸ μέσον ἀκριβῶς, τὸ δὲ, πρὸς τῷ κάτω πέρατι τῆς εὐθείας. Επειτα ἱστάντες ταύτην τὴν καταγεγραμμένην τῆς πλινθίδος πλευρὰν παρὰ τὴν ἐν τῷ ὑποκειμένῳ ἐπίπεδῳ, διηγμένην μεσημβρινὴν γραμμὴν, ὥστε κ̀ αὐτὴν παράλληλον ἔχειν τὴν θέσιν, τῷ τοῦ μεσημβρινοῦ ἐπιπέδῳ, καὶ καθεῖλι διὰ τῶν κυλινδρίων ἀκλινῆ τε, καὶ ὀρθὴν πρὸς τὸ ἐπίπεδον τοῦ ὁρίζοντος, τὴν δι' αὐτῶν εὐθεῖαν ἀκριβοῦντες, ὑποθεματίων πάλιν τινῶν λεπτῶν τὸ ἐνδέον διορθουμένων, ἐτηροῦμεν ὡσαύτως ἐν ταῖς μεσημβρίαις, τὴν ἀπὸ τοῦ πρὸς τῷ κέντρῳ κυλινδρίου γινομένην σκιὰν, παρατιθέντες τι πρὸς τῇ καταγεγραμμένῃ περιφερείᾳ, πρὸς τὸ, καταδηλότερον αὐτῆς τὸν τόπον φαίνεσθαι· καὶ ταύτης τὸ μέσον

σημειούμενοι, τὸ καθ' αὑτοῦ τμῆμα τῆς τοῦ τεθαρθημορίου περιφερείας ἐλαμβάνομεν, διασημαῖνον δηλονότι τὴν καλὰ πλάθος ἐπὶ τοῦ μεσημβρινοῦ πάροδον τοῦ ἡλίου.

Ἐκ δὴ τῶν τοιούθων παραθηρήσεων, καὶ μάλιϛα τῶν περὶ τὰς τροπὰς αὐτὰς ἡμῖν ἀνακρινομένων ἐπὶ πλείονας περιόδους, τὰ ἴσα καὶ τὰ αὐτὰ τμήματα τοῦ μεσημβρινῆ κύκλου, καὶ κατὰ τὰς θερινὰς τροπὰς καὶ κατὰ τὰς χειμερινὰς, τῆς σημειώσεως, ὡς ἐπίπαν, ἀπὸ τοῦ κατὰ κορυφὴν ἀπολαμβανούσης σημείου, κατελαβόμεθα τὴν ἀπὸ τοῦ βορειοτάτου πέρατος ἐπὶ τὸ νοτιώτατον περιφέρειαν, ἥτις ἐϛὶν ἡ μεταξὺ τῶν τροπικῶν τμημάτων, πάντοτε γινομένην μζ καὶ μείζονος μὲν ἢ διμοίρου τμήματος, ἐλάσσονος δὲ ἡμίσους τετάρτου· δι' οὗ συνάγεται σχεδὸν ὁ αὐτὸς λόγος τῷ τοῦ Ἐρατοσθένους, ᾧ καὶ ὁ Ἵππαρχος συνεχρήσατο. Γίνεται γὰρ τοιούτων ἡ μεταξὺ τῶν τροπικῶν ιᾱ ἔγγιϛα, οἵων ἐϛὶν ὁ μεσημβρινὸς πᾱΓ.

Εὔληπθα δὲ αὐτόθεν ἐκ τῆς προκειμένης παρατηρήσεως γίνεται, καὶ τὰ τῶν οἰκήσεων, ἐν αἷς ἂν ποιώμεθα τὰς τηρήσεις, ἐγκλίματα, λαμβανομένων, τοῦ τε μεταξὺ σημείου τῶν δύο περάτων, ὃ γίνεται κατὰ τὸν ἰσημερινὸν, καὶ τῆς μεταξὺ τούτου τε καὶ τοῦ κατὰ κορυφὴν σημεῖν περιφερείας, ᾗ ἴσην δηλονότι καὶ οἱ πόλοι τοῦ ὁρίζοντος ἀφεϛήκασιν.

prenions la division de l'arc du quart de cercle coïncidente à ce milieu, parce qu'elle nous donnoit sur le méridien l'écart (*la déclinaison*) du soleil en latitude.

Par ces observations, et surtout par celles que nous avons faites avec soin dans les temps des conversions (*solstices*) en plusieurs périodes (*années*), nous avons reconnu, par la marque qui, à compter du point vertical, tomboit toujours sur les mêmes divisions du méridien, et les donnoit généralement égales, tant dans les solstices d'été, que dans les solstices d'hiver, que l'arc du méridien, compris entre la limite la plus boréale et la limite la plus australe, qui est l'arc d'entre les tropiques, vaut constamment 47 degrés et plus que les deux tiers, mais moins que les trois quarts d'un degré : quantité qui est la même qu'Eratosthène avoit trouvée, et dont Hipparque s'est servi. Car l'arc du méridien entre les tropiques contient ainsi 11 des parties dont le méridien en contiendroit 83.

Il est aisé, par une conséquence de cette observation, de connoître les climats (*latitudes*) des lieux d'où l'on observe, en prenant le point qui tient le milieu entre les deux limites, car ce point est dans l'équateur; et l'arc compris entre ce point et le point vertical, car cet arc est égal à la hauteur du pole sur l'horizon.

CHAPITRE XI.

PRÉLIMINAIRES POUR LES DÉMONSTRATIONS SPHÉRIQUES.

L'ORDRE des matières demandant que, conséquemment à ce qui précède, nous donnions les valeurs respectives des arcs des grands cercles qui passent par les poles de l'équateur, lesquels arcs sont compris entre l'équateur et le cercle qui ceint le zodiaque par le milieu de sa largeur, nous exposerons d'abord des lemmes courts et utiles, par le moyen desquels nous rendrons aussi simples et aussi abrégées qu'il est possible, la plupart des démonstrations des problèmes sphériques.

Si à deux droites AB et AG, on en mène deux autres BE et GD, qui s'entre coupent au point Z, je dis que la raison de GA à AE est composée de la raison de GD à ZD, et de celle de ZB à BE. Car soit menée par le point E une droite EH parallèle à la droite GD , puisque ces deux droites GD et EH sont parallèles, la raison de GA à EA est la même que celle de GD à EH. Prenant auxiliairement ZD, la raison de GD sera composée de la raison de GD à DZ et de celle de DZ à EH. Ainsi, la raison de GA à AE est composée de celle de GD à DZ et de celle de DZ à EH. Or, la raison de DZ à EH est la même que celle de ZB à BE, à cause de EH et ZD, parallèles aussi. Donc la raison de GA à AE est composée de celle de GD à DZ

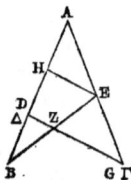

ΚΕΦΑΛΑΙΟΝ ΙΑ.

ΠΡΟΛΑΜΒΑΝΟΜΕΝΑ ΕΙΣ ΤΑΣ ΣΦΑΙΡΙΚΑΣ ΔΕΙΞΕΙΣ.

ΑΚΟΛΟΥΘΟΥ δ'. ὄντος ἀποδεῖξαι καὶ τὰς κατὰ μέρος γινομένας πηλικότητας τῶν ἀπολαμβανομένων περιφερειῶν, μεταξὺ τοῦ τε ἰσημερινοῦ καὶ τοῦ διὰ μέσων τῶν ζωδίων κύκλου, τῶν γραφομένων μεγίςων κύκλων, διὰ τῶν τοῦ ἰσημερινοῦ πόλων, προεκθησόμεθα λημμάτια βραχέα καὶ εὔχρηςα, δι' ὧν τὰς πλείςας σχεδὸν δείξεις τῶν σφαιρικῶς θεωρουμένων, ὡς ἔνι μάλιςα ἁπλούςερον καὶ μεθοδικώτερον ποιησόμεθα.

Εἰς δύο δὴ εὐθείας τὰς ΑΒ καὶ ΑΓ διαχθεῖσαι δύο εὐθεῖαι, ἥ τε ΒΕ καὶ ἡ ΓΔ, τεμνίτωσαν ἀλλήλας κατὰ τὸ Ζ σημεῖον· λέγω ὅτι ὁ τῆς ΓΑ πρὸς ΑΕ λόγος, συνῆπται ἔκ τε τοῦ τῆς ΓΔ πρὸς ΖΔ, καὶ τῶ τῆς ΖΒ πρὸς ΒΕ. Ηχθω γὰρ διὰ τῶ Ε τῇ ΓΔ παράλληλος ἡ ΕΗ, ἐπεὶ παράλληλοί εἰσιν αἱ ΓΔ καὶ ΕΗ, ὁ τῆς ΓΑ πρὸς ΕΑ λόγος, ὁ αὐτός ἐςι τῶ τῆς ΓΔ πρὸς ΕΗ· ἔξωθεν δὲ ἡ ΖΔ, ὁ ἄρα τῆς ΓΔ πρὸς ΕΗ λόγος, συγκείμενος ἔςαι ἔκ τε τῶ τῆς ΓΔ πρὸς ΔΖ, καὶ τῶ τῆς ΔΖ πρὸς ΗΕ· ὥςε καὶ ὁ τῆς ΓΑ πρὸς ΑΕ λόγος, σύγκειται ἔκ τε τῶ τῆς ΓΔ πρὸς ΔΖ, καὶ τῶ τῆς ΔΖ πρὸς ΗΕ· ἔςι δὲ καὶ ὁ τῆς ΔΖ πρὸς ΗΕ λόγος, ὁ αὐτός τῷ τῆς ΖΒ πρὸς ΒΕ, διὰ τὸ παραλλήλους πάλιν εἶναι τὰς ΕΗ καὶ ΖΔ·

ὁ ἄρα τῆς ΓΑ πρὸς ΑΕ λόγος, σύγκειται
ἔκ τε τῦ τῆς ΓΔ πρὸς ΔΖ, καὶ τῦ τῆς ΖΒ
πρὸς ΒΕ, ὅπερ προέκειτο δεῖξαι.

Κατὰ τὰ αὐτὰ δὲ δειχθή-
σεται, ὅτι καὶ κατὰ διαίρεσιν,
ὁ τῆς ΓΕ πρὸς ΕΑ λόγος, συν-
ῆπ7αι ἔκ τε τῦ τῆς ΓΖ πρὸς
ΔΖ, καὶ τῦ τῆς ΔΒ πρὸς ΒΑ,
διὰ τῦ Α τῇ ΕΒ παραλλήλου
ἀχθείσης, καὶ προσεκβληθείσης ἐπ᾿ αὐτὴν τῆς ΓΔΗ· ἐπεὶ γὰρ πάλιν παράλληλός ἐςιν ἡ ΑΗ τῇ ΕΖ, ἔςιν ὡς ἡ ΓΕ πρὸς
ΕΑ, ἡ ΓΖ πρὸς ΖΗ· ἀλλὰ τῆς ΖΔ ἔξωθεν λαμβανομένης, ὁ τῆς ΓΖ πρὸς ΖΗ
λόγος σύγκειται ἔκ τε τῦ τῆς ΓΖ πρὸς
ΖΔ, καὶ τῦ τῆς ΔΖ πρὸς ΖΗ· ἔςι δὲ ὁ
τῆς ΔΖ πρὸς ΖΗ λόγος, ὁ αὐτὸς τῷ τῆς
ΔΒ πρὸς ΒΑ, διὰ τὸ εἰς παραλλήλους
τὰς ΑΗ καὶ ΖΒ διῆχθαι τὰς ΒΑ καὶ ΖΗ·
ὁ ἄρα τῆς ΓΖ πρὸς ΖΗ λόγος, συνῆπ7αι
ἔκ τε τῦ τῆς ΓΖ πρὸς ΖΔ, καὶ τῦ τῆς
ΔΒ πρὸς ΒΑ· ἀλλὰ τῷ τῆς ΓΖ πρὸς ΖΗ
λόγῳ ὁ αὐτός ἐςιν ὁ τῆς ΓΕ πρὸς ΕΑ·
καὶ ὁ τῆς ΓΕ ἄρα πρὸς ΕΑ λόγος σύγκειται ἔκ τε τῦ τῆς ΓΖ πρὸς ΔΖ, καὶ τῦ
τῆς ΔΒ πρὸς ΒΑ, ὅπερ ἔδει δεῖξαι.

Πάλιν ἔςω κύκλος ὁ ΑΒΓ, οὗ κέντρον
τὸ Δ, καὶ εἰλήφθω ἐπὶ τῆς περιφερείας
αὐτοῦ τυχόντα τρία σημεῖα τὰ ΑΒΓ, ὥςε
ἑκατέραν τῶν ΑΒ, ΒΓ περιφερειῶν, ἐλάσσονα εἶναι ἡμικυκλίου· καὶ ἐπὶ τῶν ἑξῆς
δὲ λαμβανομένων περιφερειῶν τὸ ὅμοιον
ὑπακουέσθω· καὶ ἐπεζεύχθωσαν αἱ ΑΓ
καὶ ΔΕΒ· λέγω ὅτι ἔςιν ὡς ἡ ὑπὸ τὴν
διπλῆν τῆς ΑΒ περιφερείας πρὸς τὴν
ὑπὸ τὴν διπλῆν τῆς ΒΓ, οὕτως ἡ ΑΕ

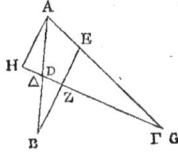

et de celle de ZB à BE. C'est ce que
j'avois à démontrer (a).

On démontre de même par
décomposition (*dièrèse*), que
la raison de GE à EA est composée de celle de GZ à DZ et de
celle de DB à BA, en menant
une droite par le point A parallèlement à BE, et prolon-
geant GDH jusqu'à cette droite. Car, puisque AH est parallèle à EZ, GZ est à ZH
comme GE est à EA. Prenant la droite ZD
auxiliaire, la raison de GZ à ZH est composée de celle de GZ à ZD, et de celle
de DZ à ZH. Mais la raison de DZ à ZH est
la même que celle de DB à BA, à cause
des droites BA, ZH menées à travers les
parallèles AH, BZ. Donc la raison de GZ
à ZH est composée de celle de GZ à ZD,
et de celle de DB à BA. Mais la raison de
GE à EA est la même que celle de GZ à
ZH; donc la raison de GE à EA est composée de celle de GZ à DZ, et de celle de
DB à BA : ce que nous voulions aussi démontrer.

Soit-encore le cercle ABG dont le centre
est D ; et soient pris sur sa circonférence
trois points A , B , G , tels que les arcs AB ,
BG, soient chacun plus petits que la demi-
circonférence , (ce qui doit s'entendre
également des autres arcs que nous prendrons dans la suite.) Joignez AG et DEB; je
dis que , comme la droite qui soutend le
double de l'arc AB, est à celle qui soutend
le double de l'arc BG, de même la droite
AE est à la droite EG. Car soient abaissées

les perpendiculaires AZ et GH des points A et G sur DB; puisque AZ est parallèle à GH, et que la droite AEG est menée au travers de ces parallèles, AE est à EG comme AZ est à GH. Mais il y a le même rapport entre AZ et GH, qu'entre la soutendante du double de l'arc AB et la soutendante du double de l'arc BG. Car chacune de ces perpendiculaires est la moitié de celle de ces soutendantes à laquelle elle appartient. Donc le rapport de AE à EG est le même que celui de la soutendante de l'arc double de AB à la soutendante de l'arc double de BG. Ce qu'il falloit démontrer.

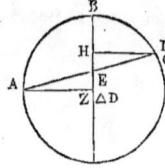

Il suit de là, que l'arc entier AG, et le rapport de la soutendante du double de AB à la soutendante du double de BG, étant donnés, chacun des arcs AB et BG sera par là aussi donné. En effet, dans cette figure, soient joints les points A, D, par la droite AD, et du centre D abaissez la perpendiculaire DZ sur AEG; il est évident que, l'arc AG étant donné, l'angle ADZ qui mesure la moitié de cet arc sera donné, et que tout le triangle ADZ est ainsi donné. Mais la droite entière AG étant donnée, et AE étant à GE, par la supposition, comme la soutendante du double de l'arc AB est à la soutendante du double de l'arc BG, il en résulte que AE sera donnée; ainsi que sa portion ZE; et parconséquent, la droite DZ étant donnée, l'angle sous EDZ du triangle rectangle EDZ sera donné (a), et aussi l'angle entier ADB. Ainsi donc, l'arc AB

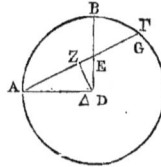

εὐθεῖα, πρὸς τὴν ΕΓ εὐθεῖαν· ἤχθωσαν γὰρ κάθετοι ἀπὸ τῶν Α καὶ Γ σημείων, ἐπὶ τὴν ΔΒ, ἥτε ΑΖ καὶ ἡ ΓΗ. ἐπεὶ παράλληλός ἐστιν ἡ ΑΖ τῇ ΓΗ, καὶ διῆκται εἰς αὐτὰς εὐθεῖα ἡ ΑΕΓ, ἔστιν ὡς ἡ ΑΖ πρὸς τὴν ΓΗ, οὕτως ἡ ΑΕ πρὸς ΕΓ· ἀλλ' ὁ αὐτός ἐστι λόγος, ὁ τῆς ΑΖ πρὸς ΓΗ, καὶ τῆς ὑπὸ τὴν διπλῆν τῆς ΑΒ περιφερείας πρὸς τὴν ὑπὸ τὴν διπλῆν τῆς ΒΓ· ἡμίσεια γὰρ ἑκατέρα ἑκατέρας· καὶ ὁ τῆς ΑΕ ἄρα πρὸς ΕΓ λόγος, ὁ αὐτός ἐστι τῷ τῆς ὑπὸ τὴν διπλῆν τῆς ΑΒ πρὸς τὴν ὑπὸ τὴν διπλῆν τῆς ΒΓ, ὅπερ ἔδει δεῖξαι.

Παρακολουθεῖ δ' αὐτόθεν, ὅτι κἂν δοθῶσιν ἥτε ΑΓ ὅλη περιφέρεια, καὶ ὁ λόγος ὁ τῆς ὑπὸ τὴν διπλῆν τῆς ΑΒ πρὸς τὴν ὑπὸ τὴν διπλῆν τῆς ΒΓ, δοθήσεται καὶ ἑκατέρα τῶν ΑΒ καὶ ΒΓ περιφερειῶν· ἐκτεθείσης γὰρ τῆς αὐτῆς καταγραφῆς, ἐπεζεύχθω ἡ ΑΔ, καὶ ἤχθω ἀπὸ τῦ Δ κάθετος, ἐπὶ τὴν ΑΕΓ, ἡ ΔΖ· ὅτι μὲν οὖν τῆς ΑΓ περιφερείας δοθείσης, ἥτε ὑπὸ ΑΔΖ γωνία, τὴν ἡμίσειαν αὐτῆς ὑποτείνουσα, δεδομένη ἔσται, καὶ ὅλον τὸ ΑΔΖ τρίγωνον, δῆλον· ἐπεὶ δὲ, τῆς ΑΓ εὐθείας ὅλης δεδομένης, ὑπόκειται καὶ ὁ τῆς ΑΕ πρὸς ΕΓ λόγος, ὁ αὐτός ὢν τῷ τῆς ὑπὸ τὴν διπλῆν τῆς ΑΒ πρὸς τὴν ὑπὸ τὴν διπλῆν τῆς ΒΓ, ἥτε ΑΕ ἔσται δοθεῖσα, καὶ λοιπὴ ἡ ΖΕ· καὶ διὰ τοῦτο, καὶ τῆς ΔΖ δεδομένης, δοθήσεται καὶ ἥτε ὑπὸ ΕΔΖ γωνία τῦ ΕΔΖ ὀρθογωνίου, καὶ ὅλη ἡ ὑπὸ

ΑΔΒ· ὥστε καὶ ἤτε ΑΒ περιφέρεια δοθήσεται, καὶ λοιπὴ ἡ ΒΓ, ὅπερ ἔδει δεῖξαι.

Πάλιν ἔςω κύκλος ὁ ΑΒΓ,
περὶ κέντρον τὸ Δ, καὶ ἐπὶ τῆς
περιφερείας αὐτοῦ εἰλήφθω
τρία σημεῖα τὰ ΑΒΓ, ὥστε ἑκατέραν τῶν ΑΒ, ΑΓ περιφερειῶν,
ἐλάσσονα εἶναι ἡμικυκλίου· καὶ
ἐπὶ τῶν ἑξῆς δὲ λαμβανομένων περιφερειῶν τὸ ὅμοιον ὑπα-
κουέσθω· καὶ ἐπιζευχθεῖσαι ἤτε
ΔΑ καὶ ἡ ΓΒ, ἐκβεβλήσθω-
σαν καὶ συμπιπλέτωσαν κατὰ
τὸ Ε σημεῖον· λέγω ὅτι ἐςὶν
ὡς ἡ ὑπὸ τὴν διπλῆν τῆς ΓΑ περιφερείας πρὸς τὴν ὑπὸ τὴν διπλῆν τῆς ΑΒ,
οὕτως ἡ ΓΕ εὐθεῖα πρὸς τὴν ΒΕ· ὁμοίως
γὰρ τῷ προτέρῳ λήμματίῳ, ἐὰν ἀπὸ
τῶν Β καὶ Γ ἀγάγωμεν καθέτους, ἐπὶ
τὴν ΔΑ, τήν τε ΒΖ καὶ τὴν ΓΗ, ἔςαι
διὰ τὸ παραλλήλους αὐτὰς εἶναι, ὡς ἡ
ΓΗ πρὸς τὴν ΒΖ, οὕτως ἡ ΓΕ πρὸς τὴν
ΕΒ· ὥστε καὶ ὡς ἡ ὑπὸ τὴν διπλῆν τῆς
ΓΑ πρὸς τὴν ὑπὸ τὴν διπλῆν τῆς ΑΒ,
οὕτως ἡ ΓΕ πρὸς τὴν ΕΒ, ὅπερ ἔδει δεῖξαι.

Καὶ ἐνταῦθα δὲ αὐτόθεν
παρακολουθεῖ, διότι κἂν ἡ ΓΒ
περιφέρεια μόνη δοθῇ, καὶ ὁ λόγος, ὁ τῆς ὑπὸ τὴν διπλῆν τῆς
ΓΑ πρὸς τὴν ὑπὸ τὴν διπλῆν
τῆς ΑΒ, δοθῇ, καὶ ἡ ΑΒ περιφέρεια δοθήσεται· πάλιν γὰρ
ἐπὶ τῆς ὁμοίας καταγραφῆς
ἐπιζευχθείσης τῆς ΔΒ, καὶ καθέτου ἀχθείσης, ἐπὶ τὴν ΒΓ,
τῆς ΔΖ, ἡ μὲν ὑπὸ ΒΔΖ γωνία,

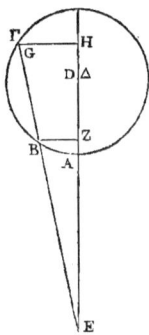

sera donné, de même que l'autre arc BG.
C'est ce qu'il s'agissoit de démontrer.

(*b*) Soit encore le cercle ABG
décrit autour du centre D; et,
soient pris sur sa circonférence, trois points A, B, G, tels
que chacun des arcs AB, AG,
soient plus petits que la demi-
circonférence (ce qu'il faut entendre également des arcs qui
seront pris ainsi dans la suite).
Soient menées les droites DA,
GB, prolongées et se réunis-
sant en E; je dis que, comme
la soutendante du double de
l'arc GA est à la soutendante du
double de l'arc AB, de même la droite
GE est à la droite BE : car, conformément au premier lemme, si de B et de
G nous abaissons les perpendiculaires BZ
et GH sur DA, on verra, à cause du parallélisme de ces deux perpendiculaires,
que GE est à EB comme GH à BZ, c'est-
à-dire, comme la corde du double de l'arc
GA est à la corde du double de l'arc AB :
ce qui étoit à démontrer.

Il suit de là que, quand l'arc
GB seroit seul donné, avec le
rapport de la corde du double
de GA à celle du double de AB,
on trouveroit bientôt l'arc AB.
Car, dans une pareille figure,
si l'on mène la droite DB, et
qu'on abaisse la perpendiculaire DZ sur BG, l'angle sous
BDZ qui soutend la moitié de
l'arc BG, sera donné, ainsi que
tout le triangle rectangle BDZ.
Mais le rapport de EG à EB

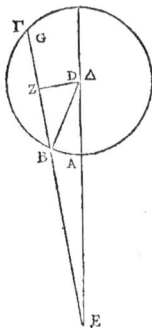

étant donné, la droite GB sera
aussi donnée, ainsi que la droite EB, et par là aussi toute la
droite EBZ. Donc, puisque la
droite DZ est donnée, l'angle
sous EDZ de ce triangle rectangle même (EDZ) sera donné,
et par conséquent aussi l'autre
angle, celui qui est sous EDB;
donc l'arc AB sera donné (c).

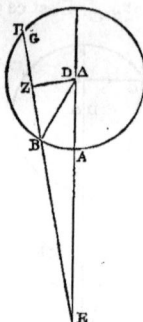

Cela posé, soient décrits sur la surface
d'une sphère, des arcs de grands cercles,
de manière que les deux arcs BE et GD,
menés aux deux arcs AB et AG, s'entrecoupent au point Z, et que chacun
soit moindre que la demi-circonférence,
(ce qui doit se supposer pour toutes ces
constructions); je dis que le rapport de la
soutendante du double de l'arc GE à la
soutendante du double (d) de l'arc EA
est composé du rapport de la soutendante
du double de l'arc GZ à la soutendante du
doub le de l'arc ZD, et du rapport de la
soutendante du double de l'arc DB à la
soutendante du double de l'arc BA.

Car soit H le centre de la sphère, et
soient menées de ce point sur B, Z, E
intersections des cercles, les droites HB,
HZ et HE. Joignez AD, par une droite qui
se prolonge jusqu'à ce qu'elle rencontre
HB prolongée aussi en T. Menez DG et AG
qui couperont HZ en K et HE en L : les
trois points T , K , L, seront sur une seule
et même ligne droite, parce qu'ils sont
tout-à-la-fois sur deux plans, l'un sur

τὴν ἡμίσειαν ὑποτείνουσα τῆς
ΒΓ περιφερείας, ἔςαι δεδομένη,
καὶ ὅλον ἄρα τὸ ΒΔΖ ὀρθογώ-
νιον· ἐπεὶ δὲ, καὶ ὅ τε τῆς ΓΕ
πρὸς τὴν ΕΒ λόγος δέδοται,
καὶ ἔτι ἡ ΓΒ εὐθεῖα δοθήσεται,
καὶ ἥτε ΕΒ, καὶ ἔτι ὅλη ἡ ΕΒΖ·
ὥστε καὶ ἐπεὶ ἡ ΔΖ δέδοται,
δοθήσεται καὶ ἥτε ὑπὸ ΕΔΖ
γωνία τοῦ αὐτοῦ ὀρθογωνίου,
καὶ λοιπὴ ἡ ὑπὸ ΕΔΒ· ὥστε καὶ
ἡ ΑΒ περιφέρεια ἔςαι δεδομένη.

Τούτων προληφθέντων, γεγράφθωσαν, ἐπὶ σφαιρικῆς ἐπιφανείας, μεγίςων
κύκλων περιφέρειαι, ὥστε εἰς δύο τὰς
ΑΒ καὶ ΑΓ δύο γραφείσας τὰς ΒΕ καὶ ΓΔ,
τέμνειν ἀλλήλας κατὰ τὸ Ζ σημεῖον· ἔςω
δὲ ἑκάςη αὐτῶν ἐλάσσων ἡμικυκλίου· τὸ
δὲ αὐτὸ καὶ ἐπὶ πασῶν τῶν καταγραφῶν
ὑπακουέσθω· λέγω δὴ ὅτι ὁ τῆς ὑπὸ τὴν
διπλῆν τῆς ΓΕ περιφερείας πρὸς τὴν ὑπὸ
τὴν διπλῆν τῆς ΕΑ λόγος, συνῆπλαι ἔκ
τε τῆ τῆς ὑπὸ τὴν διπλῆν τῆς ΓΖ πρὸς
τὴν ὑπὸ τὴν διπλῆν τῆς ΖΔ, καὶ τῆ τῆς
ὑπὸ τὴν διπλῆν τῆς ΔΒ πρὸς τὴν ὑπὸ
τὴν διπλῆν τῆς ΒΑ.

Εἰλήφθω γὰρ τὸ κέντρον τῆς σφαίρας, καὶ ἔςω τὸ Η, καὶ ἤχθωσαν ἀπὸ τῆ
Η, ἐπὶ τὰς ΒΖΕ τομὰς τῶν κύκλων, ἥτε
ΗΒ καὶ ἡ ΗΖ καὶ ἡ ΗΕ· κ) ἐπιζευχθεῖσα ἡ
ΑΔ ἐκβεβλήσθω καὶ συμπιπλέτω τῇ ΗΒ
ἐκβληθείσῃ κ) αὐτῇ κατὰ τὸ Θ σημεῖον·
ὁμοίως δὲ ἐπιζευχθεῖσαι αἱ ΔΓ καὶ ΑΓ
τεμνέτωσαν τὰς ΗΖ κ) ΗΕ, κατὰ τὸ Κ
κ) Λ σημεῖον· ἐπὶ μιᾶς δὴ γίνεται εὐθείας
τὰ Θ Κ Λ σημεῖα· διὰ τὸ ἐν δυσὶν ἅμα

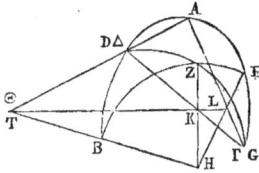

εἶναι ἐπιπέδοις, τῷ τε
τοῦ ΑΓΔ τριγώνου, καὶ τῷ
τῷ ΒΖΕ κύκλου, ἥτις ἐπι-
ζευχθεῖσα ποιεῖ εἰς δύο
εὐθείας τὰς ΘΑ καὶ ΓΑ
διηγμένας τὰς ΘΛ καὶ
ΓΔ, τεμνούσας ἀλλήλας
κατὰ τὸ Κ σημεῖον· ὁ ἄρα τῆς ΓΛ πρὸς
ΛΑ λόγος, συνῆπται ἔκ τε τοῦ τῆς ΓΚ
πρὸς ΚΔ, καὶ τοῦ τῆς ΔΘ πρὸς ΘΑ· ἀλλ'
ὡς μὲν ἡ ΓΛ πρὸς ΛΑ, οὕτως ἡ ὑπὸ
τὴν διπλῆν τῆς ΓΕ πρὸς τὴν ὑπὸ τὴν
διπλῆν τῆς ΕΑ περιφερείας· ὡς δὲ ἡ ΓΚ
πρὸς ΚΔ, οὕτως ἡ ὑπὸ τὴν διπλῆν τῆς
ΓΖ περιφερείας, πρὸς τὴν ὑπὸ τὴν
διπλῆν τῆς ΖΔ· ὡς δὲ ἡ ΔΘ πρὸς ΘΑ,
οὕτως ἡ ὑπὸ τὴν διπλῆν τῆς ΔΒ περιφερείας πρὸς τὴν ὑπὸ τὴν διπλῆν τῆς
ΒΑ· καὶ ὁ λόγος ἄρα ὁ τῆς ὑπὸ τὴν
διπλῆν τῆς ΓΕ πρὸς τὴν ὑπὸ τὴν διπλῆν
τῆς ΕΑ, συνῆπται ἔκ τε τοῦ τῆς ὑπὸ τὴν
διπλῆν τῆς ΓΖ πρὸς τὴν ὑπὸ τὴν διπλῆν τῆς ΖΔ, καὶ τοῦ τῆς ὑπὸ τὴν διπλῆν
τῆς ΔΒ πρὸς τὴν ὑπὸ τὴν διπλῆν τῆς
ΒΑ.

Κατὰ τὰ αὐτὰ δὴ, καὶ ὥσπερ ἐπὶ τῆς
ἐπιπέδου καταγραφῆς τῶν εὐθειῶν, δείκνυται, ὅτι καὶ ὁ τῆς ὑπὸ τὴν διπλῆν τῆς
ΓΑ, πρὸς τὴν ὑπὸ τὴν διπλῆν τῆς ΕΑ
λόγος, συνῆπται ἔκ τε τοῦ τῆς ὑπὸ τὴν
διπλῆν τῆς ΓΔ πρὸς τὴν ὑπὸ τὴν διπλῆν
τῆς ΔΖ, καὶ τοῦ τῆς ὑπὸ τὴν διπλῆν τῆς
ΖΒ πρὸς τὴν ὑπὸ τὴν διπλῆν τῆς ΒΕ,
ἅπερ προέκειτο δεῖξαι.

celui du triangle AGD, l'autre sur celui du cercle BZE. La droite qui les joint, fait que les deux droites TL et GD, menées aux deux TA et GA, se coupent l'une l'autre au point K. Par conséquent, la raison de GL à LA est composée de celle de GK à KD et de celle de DT à TA. Mais comme GL est à LA, de même la soutendante de l'arc double de GE est à la soutendante de l'arc double de EA. Et comme GK est à KD, de même la soutendante du double de l'arc GZ est à celle du double de l'arc DZ. De plus, comme DT est à TA, de même la soutendante du double de l'arc DB est à celle du double de l'arc BA. Donc la raison de la corde du double de l'arc GE à la corde du double de l'arc EA, est composée de la raison de la corde du double de l'arc GZ à la corde du double de l'arc ZD, et de la raison de la corde du double de l'arc DB à la corde du double de l'arc BA.

On démontre aussi, par de semblables raisons et par le moyen de pareilles droites, construites de même sur une surface plane, que la raison de la corde du double de l'arc GA à la corde du double de l'arc EA, est composée de la raison de la corde du double de l'arc GD à la corde du double de l'arc DZ, et de la raison de la corde du double de l'arc ZB à la corde du double de l'arc BE. Ce qu'il falloit démontrer.

CHAPITRE XII.

ΚΕΦΑΛΑΙΟΝ ΙΒ.

DES ARCS COMPRIS ENTRE L'ÉQUATEUR ET
LE CERCLE OBLIQUE (*ÉCLIPTIQUE*).

ΠΕΡΙ ΤΩΝ ΜΕΤΑΞΥ ΤΟΥ ΙΣΗΜΕΡΙΝΟΥ ΚΑΙ
ΤΟΥ ΛΟΞΟΥ ΚΥΚΛΟΥ ΠΕΡΙΦΕΡΕΙΩΝ.

LE théorême précédent nous
conduit à démontrer d'abord,
de la manière suivante, les valeurs des arcs proposés ci-dessus. Soit le grand cercle ABGD
passant par les poles de l'équateur et du cercle oblique qui
ceint le zodiaque ; soit AEG la demi-cir
conférence de l'équateur ; soit BED celle
de l'oblique ; soit le point E leur intersection à l'équinoxe du printemps, ensorte que B soit le point tropique (*solstice*)
d'hiver, et D celui d'été ; et soit, sur l'arc
ABG, le point Z pris pour pole de l'équateur AEG. Prenez sur l'oblique un arc
EH de 3o des degrés dont 36o font la circonférence du grand cercle ; par les points
Z, H, décrivez l'arc ZHT d'un grand cercle, et soit proposé de trouver HT. (Soit
dit ici une fois pour toutes les démonstrations semblables, afin de ne pas le répéter
en chacune, que quand nous disons, des
valeurs des arcs ou des droites, qu'elles
sont d'un certain nombre de degrés ou
parties, nous entendons pour les arcs,
que ces degrés sont de ceux dont le grand
cercle en contient 36o à sa circonférence ;
et pour les droites, que leurs parties sont
de celles dont le diamètre du cercle en
contient 12o).

ΤΟΥΤΟΥ δὴ τᾶ θεωρήματος
προεκτεθειμένου, ποιησόμεθα
πρώτην τὴν τῶν προκειμένων
περιφερειῶν ἀπόδειξιν οὕτως·
ἔσω γὰρ ὁ δι' ἀμφοτέρων τῶν
πόλων, τᾶ τε ἰσημερινοῦ κỳ
τᾶ διὰ μέσων τῶν ζωδίων, κύκλος ὁ
ΑΒΓΔ, κỳ τὸ μὲν τᾶ ἰσημερινοῦ ἡμικύκλιον τὸ ΑΕΓ, τὸ δὲ τᾶ διὰ μέσων τῶν
ζωδίων τὸ ΒΕΔ, τὸ δὲ Ε σημεῖον ἡ
κατὰ τὴν ἐαρινὴν ἰσημερίαν αὐτῶν τομὴ,
ὥστε τὸ μὲν Β χειμερινὸν τροπικὸν εἶναι,
τὸ δὲ Δ θερινόν· εἰλήφθω δὲ, ἐπὶ τῆς
ΑΒΓ περιφερείας, ὁ πόλος τᾶ ΑΕΓ ἰσημερινοῦ, κỳ ἔσω τὸ Ζ σημεῖον· κỳ ἀπειλήφθω ἡ ΕΗ περιφέρεια τᾶ διὰ μέσων
τῶν ζωδίων κύκλου, τμημάτων ὑποκειμένη λ, οἵων ἐςὶν ὁ μέγιςος κύκλος τξ,
διὰ δὲ τῶν Ζ, Η, γεγράφθω μεγίςη κύκλου περιφέρεια ἡ ΖΗΘ, κỳ προκείσθω
τὴν ΗΘ δηλονότι εὑρεῖν. Προειλήφθω δὴ
κỳ ἐνταῦθα κỳ καθόλου ἐπὶ πασῶν τῶν
ὁμοίων δείξεων, ἵνα μὴ καθ' ἑκάςην ταυτολογῶμεν, ὅτι ὅταν τὰς πηλικότητας
λέγωμεν περιφερειῶν ἢ εὐθειῶν, ὅσων
εἰσὶ μοιρῶν ἢ τμημάτων, ἐπὶ μὲν τῶν
περιφερειῶν, τοιούτων φαμὲν, οἵων ἡ τᾶ
μεγίςου κύκλου περιφέρεια τμημάτων
τξ, ἐπὶ δὲ τῶν εὐθειῶν, τοιούτων, οἵων
ἡ τᾶ κύκλου διάμετρος ρκ.

Ἐπεὶ τοίνυν ἐν καταγραφῇ μεγίϛων κύκλων, εἰς δύο τὰς AZ καὶ AE περιφερείας γεγραμμέναι εἰσὶ δύο, ἥτε ZΘ καὶ ἡ EB, τέμνυσαι ἀλλήλας κατὰ τὸ H, ὁ τῆς ὑπὸ τὴν διπλῆν τῆς ZA λόγος πρὸς τὴν ὑπὸ τὴν διπλῆν τῆς AB, συνῆπϊαι ἔκ τε τῶ τῆς ὑπὸ τὴν διπλῆν τῆς ΘZ πρὸς τὴν ὑπὸ τὴν διπλῆν τῆς ΘH, καὶ τῶ τῆς ὑπὸ τὴν διπλῆν τῆς HE, πρὸς τὴν ὑπὸ τὴν διπλῆν τῆς EB. Ἀλλ’ ἡ μὲν τῆς ZA περιφερείας διπλῆ μοιρῶν ἐϛιν ρπ̄, καὶ ἡ ὑπ’ αὐτὴν εὐθεῖα τμημάτων ρκ̄, ἡ δὲ τῆς AB διπλῆ, κατὰ τὸν συμπεφωνημένον ἡμῖν τῶν πγ̄ πρὸς τὰ ιᾱ λόγον, μοιρῶν μζ̄ μβ̄ μ″, ἤδί ὑπ’ αὐτὴν εὐθεῖα τμημάτων μη̄ λά νέ· καὶ πάλιν ἡ μὲν τῆς HE περιφερείας διπλῆ μοιρῶν ξ̄, καὶ ἡ ὑπ’ αὐτὴν εὐθεῖα τμημάτων ξ̄, ἡ δὲ τῆς EB διπλῆ μοιρῶν ρπ̄, καὶ ἡ ὑπ’ αὐτὴν εὐθεῖα τμημάτων ρκ̄· ἐὰν ἄρα ἀπὸ τῶ τῶν ρκ̄ πρὸς τὰ μη̄ λά νέ λόγυ, ἀφέλωμεν τὸν τῶν ξ̄ πρὸς τὰ ρκ̄, καταλείπεται ὁ λόγος τῆς ὑπὸ τὴν διπλῆν τῆς ZΘ πρὸς τὴν ὑπὸ τὴν διπλῆν τῆς ΘH, ὁ τῶν ρκ̄ πρὸς τὰ κδ̄ ιέ νζ″· καὶ ἔϛιν ἡ μὲν διπλῆ τῆς ZΘ περιφερείας μοιρῶν ρπ̄, ἡ δὲ ὑπ’ αὐτὴν εὐθεῖα τμημάτων ρκ̄, κὴ ἡ ὑπὸ τὴν διπλῆν ἄρα τῆς ΘH, τῶν αὐτῶν ἐϛιν κδ̄ ιέ νζ″· ὥστε καὶ ἡ μὲν διπλῆ τῆς ΘH περιφερείας, μοιρῶν ἐϛιν κγ̄ ιθ′ νθ″, αὐτὴ δὲ ἡ ΘH τῶν αὐτῶν ιᾱ μ′ ἔγγιϛα.

Πάλιν ὑποκείσθω ἡ EH περιφέρεια, μοιρῶν ξ̄, ὥϛτε τῶν ἄλλων μενόντων τῶν αὐτῶν, τὴν μὲν διπλῆν τῆς EH γίνεσθαι μοιρῶν ρκ̄, τὴν δὲ ὑπ’ αὐτὴν εὐθεῖαν

Puisque dans cette construction de grands cercles, aux deux arcs AZ et AE sont menés les arcs ZT, EB, qui s'entre-coupent au point H, la raison de la soutendante du double de l'arc ZA à la soutendante du double de l'arc AB, est composée de la raison de la soutendante du double de l'arc TZ à celle du double de l'arc TH, et de la raison de la soutendante du double de l'arc HE à celle du double de l'arc EB. Or le double de l'arc ZA est de 180 degrés, et la droite qui le soutend, est de 120 parties; le double de l'arc AB, suivant le rapport conforme au nôtre, de 83 à 11, est de $47^d 42' 40''$, et sa soutendante vaut $48^p 31' 55''$; en outre, le double de l'arc HE est de 60^d, et sa soutendante vaut 60^p; le double de l'arc EB est de 180^d, et sa soutendante vaut 120^p; donc (a), si de la raison de 120^p à $48^p 31' 55''$, nous retranchons celle de 60 à 120, restera la raison de la soutendante du double de l'arc ZT à la soutendante du double de l'arc TH, laquelle raison est celle de 120^p à $24^p 15' 57''$. Or le double de l'arc ZT est de 180^d, et la droite qui le soutend, a 120^p.; donc la soutendante du double de l'arc TH a $24^p 15' 57''$ de ces mêmes parties du diamètre : par conséquent, le double de l'arc TH contient $23^d 19' 59''$, et l'arc TH lui-même est de $11^d 40'$, à très-peu près (ou $11^d 39' 59'' 5$).

(b) Supposons maintenant l'arc EH de 60 degrés, et tout le reste de même que ci-dessus; le double de l'arc EH est de 120^d, et la soutendante de ce double arc, de

103ᴾ 55′ 23″. Si nous retranchons encore
de la raison de 120 à 48ᴾ 31′ 55″ celle de
103ᴾ 55′ 23″ à 120, il en résultera la
raison de la soutendante du double de ZT
à celle du double de TH, c'est-à-dire, celle
de 120 à 42ᴾ 1′ 48″. Or la corde du
double de l'arc ZT est de 120ᴾ; donc la
corde de double de l'arc TH sera de 42ᴾ 1′
48″, et par conséquent le double de l'arc
TH est de 41ᴾ 0′ 18″, et l'arc TH est de
20ᴾ 30′ 9″. C'est ce que nous voulions
démontrer.

En calculant de même les valeurs de
tous les arcs en particulier, nous dresserons une table des 90 degrés du quart de
cercle, où se trouveront les quantités
que nous venons de démontrer. Nous
donnons ici cette table toute construite.

τμημάτων ρΓ νὲ κγ″· ἐὰν ἄρα πάλιν ἀπὸ
τῦ τῶν ρκ̄ πρὸς τὰ μη̄ λά νε″ λόγυ,
ἀφέλωμεν τὸν τῶν ρϟ νε′ κγ″ πρὸς τὰ
ρκ̄, καταλειφθήσεται ὁ λόγος ὁ τῆς ὑπὸ
τὴν διπλῆν τῆς ΖΘ πρὸς τὴν ὑπὸ τὴν
διπλῆν τῆς ΘΗ, ὁ τῶν ρκ̄ πρὸς τὰ μβ̄
ά μή· καὶ ἔςιν ἡ ὑπὸ τὴν διπλῆν τῆς ΖΘ,
τμημάτων ρκ̄, ὥςε καὶ ἡ ὑπὸ τὴν διπλῆν τῆς ΘΗ τῶν αὐτῶν ἔςαι μβ̄ ά μή,
καὶ ἡ μὲν διπλῆ ἄρα τῆς ΘΗ περιφερείας
μοιρῶν ἐςι μᾱ ό ιή, ἡ δὲ ΘΗ τῶν αὐτῶν
κ̄ λ′ θ″, ἅπερ ἔδει δεῖξαι.

Τὸν αὐτὸν δὲ τρόπον, καὶ ἐπὶ τῶν
κατὰ μέρος περιφερειῶν, ἐπιλογιζόμενοι
τὰς πηλικότητας, ἐκθησόμεθα κανόνιον
τῶν τοῦ τεταρτημορίου μοιρῶν ἐννενήκοντα, παρακειμένας ἔχον τὰς πηλικότητας
τῶν ὁμοίων ταῖς ἀποδεδειγμέναις περι-
φερείαις· καὶ ἔςι τὸ κανόνιον τοιοῦτον.

ΚΑΝΟΝΙΟΝ ΛΟΞΩΣΕΩΣ.

ΠΕΡΙΦΕΡΕΙΑΙ.

Τοῦ διὰ μέσων.	Μεσημβρινῶν.		Τοῦ διὰ μέσων.	Μεσημβρινῶν.	
α	ō κδ	ιϛ	μϛ	ιϛ νδ	μη
β	ō μη	λα	μζ	ιζ ιβ	ιϛ
γ	α ιβ	μϛ	μη	ιζ κθ	κζ
δ	α λζ	ō	μθ	ιζ μϛ	ιθ
ε	β α	ιβ	ν	ιη β	νγ
ϛ	β κε	κβ	να	ιη ιθ	ζ
ζ	β μθ	λα	νβ	ιη λε	γ
η	γ ιγ	λϛ	νγ	ιη ν	λθ
θ	γ λζ	λη	νδ	ιθ ε	νδ
ι	δ α	λη	νε	ιθ κ	ν
ια	δ κε	λγ	νϛ	ιθ λε	κε
ιβ	δ μθ	κδ	νζ	ιθ μθ	λη
ιγ	ε ιγ	ια	νη	κ γ	λ
ιδ	ε λϛ	νγ	νθ	κ ιζ	α
ιε	ϛ ō	λ	ξ	κ λ	θ
ιϛ	ϛ κδ	β	ξα	κ μβ	νε
ιζ	ϛ μζ	κζ	ξβ	κ νε	ιη
ιη	ζ ι	μϛ	ξγ	κα ζ	ιη
ιθ	ζ λγ	νη	ξδ	κα ιη	νε
κ	ζ νζ	γ	ξε	κα λ	θ
κα	η κ	α	ξϛ	κα μ	νη
κβ	η μβ	να	ξζ	κα να	κγ
κγ	θ ε	λβ	ξη	κβ α	κδ
κδ	θ κη	ε	ξθ	κβ ια	ō
κε	θ ν	κθ	ο	κβ κ	ια
κϛ	ι ιβ	μγ	οα	κβ κη	νϛ
κζ	ι λδ	μη	οβ	κβ λζ	ιζ
κη	ι νϛ	μγ	ογ	κβ με	ια
κθ	ια ιη	κζ	οδ	κβ νβ	μ
λ	ια μ	ō	οε	κβ νθ	μβ
λα	ιβ α	κα	οϛ	κγ ϛ	ιη
λβ	ιβ κβ	λβ	οζ	κγ ιβ	κη
λγ	ιβ μγ	λ	οη	κγ ιη	ια
λδ	ιγ δ	ιε	οθ	κγ κγ	κζ
λε	ιγ κδ	μη	π	κγ κη	ιϛ
λϛ	ιγ με	ζ	πα	κγ λβ	λη
λζ	ιδ ε	ιγ	πβ	κγ λϛ	λγ
λη	ιδ κε	ε	πγ	κγ μ	α
λθ	ιδ μδ	μβ	πδ	κγ μγ	α
μ	ιε δ	ε	πε	κγ με	λγ
μα	ιε κγ	ιβ	πϛ	κγ μζ	λη
μβ	ιε μβ	δ	πζ	κγ μθ	ιε
μγ	ιϛ ō	μ	πη	κγ ν	κδ
μδ	ιϛ ιη	νθ	πθ	κγ να	ϛ
με	ιϛ λζ	β	ϟ	κγ να	κ

TABLE D'OBLIQUITÉ
(DES DÉCLINAISONS).

ARCS.

Du C. Oblique.	Des Méridiens.		Du C. Oblique.	Des Méridiens.	
1°	0	24 16	46°	16	54 48
2	0	48 31	47	17	12 16
3	1	12 46	48	17	29 27
4	1	37 0	49	17	46 19
5	2	1 12	50	18	2 53
6	2	25 22	51	18	19 7
7	2	49 31	52	18	35 3
8	3	13 36	53	18	50 39
9	3	37 38	54	19	5 54
10	4	1 38	55	19	20 50
11	4	25 33	56	19	35 25
12	4	49 24	57	19	49 38
13	5	13 11	58	20	3 30
14	5	36 53	59	20	17 1
15	6	0 30	60	20	30 9
16	6	24 2	61	20	42 55
17	6	47 27	62	20	55 18
18	7	10 46	63	21	7 18
19	7	33 58	64	21	18 55
20	7	57 3	65	21	30 9
21	8	20 1	66	21	40 58
22	8	42 51	67	21	51 23
23	9	5 32	68	22	1 24
24	9	28 5	69	22	11 0
25	9	50 29	70	22	20 11
26	10	12 43	71	22	28 56
27	10	34 48	72	22	37 17
28	10	56 43	73	22	45 11
29	11	18 27	74	22	52 40
30	11	40 0	75	22	59 42
31	12	1 21	76	23	6 18
32	12	22 32	77	23	12 28
33	12	43 30	78	23	18 11
34	13	4 15	79	23	23 27
35	13	24 48	80	23	28 16
36	13	45 7	81	23	32 38
37	14	5 13	82	23	36 33
38	14	25 5	83	23	40 1
39	14	44 42	84	23	43 1
40	15	4 5	85	23	45 33
41	15	23 12	86	23	47 38
42	15	42 4	87	23	49 15
43	16	0 40	88	23	50 24
44	16	18 59	89	23	51 6
45	16	37 2	90	23	51 20

CHAPITRE XIII.

DES ASCENSIONS DANS LA SPHÈRE DROITE.

Après ces démonstrations, viennent naturellement celles des valeurs des arcs de l'équateur, que déterminent les cercles qui passent par ses poles et par des points donnés du cercle oblique. Nous saurons ainsi (a) en combien de temps équinoxiaux, les segmens du cercle oblique traverseront le méridien en tous lieux, et l'horizon dans la sphère droite; car ce n'est que dans cette position de la sphère, que l'horizon passe par les poles de l'équateur.

Soit donc donné, dans la figure précédente, l'arc EH de l'oblique, d'abord de 30ᵈ, et qu'il s'agisse de trouver l'arc ET de l'équateur. Suivant ce qui précède, la raison de la soutendante du double de l'arc ZB à celle du double de l'arc BA est composée de la raison de la soutendante du double de l'arc ZH à celle du double de l'arc HT, et de la raison de la soutendante du double de l'arc TE à celle du double de l'arc EA. Mais le double de l'arc ZB est de 132ᵖ 17′ 20″, et sa soutendante est de 109ᵖ 44′ 53″; le double de l'arc AB est de 47ᵖ 42′ 40″, et sa corde est de 48ᵖ 31′ 55″. En outre, le double de l'arc ZH est de 156ᵈ 40′ 1″, et sa corde est de 117ᵖ 31′ 15″. Le double de l'arc HT est de 23ᵈ 19′ 59″; et sa corde est de 24ᵖ 15′ 57″. Si donc, de la raison 109ᵖ 44′ 53″ à 48ᵖ 31′ 55″ (b), nous ôtons celle de 117ᵖ 31′ 15″ à 24ᵖ 15′ 57″, restera la raison de la corde du double de l'arc TE à celle du

ΚΕΦΑΛΑΙΟΝ ΙΓ.

ΠΕΡΙ ΤΩΝ ΕΠ' ΟΡΘΗΣ ΤΗΣ ΣΦΑΙΡΑΣ ΑΝΑΦΟΡΩΝ.

Ἑξῆς δ' ἂν εἴη συναποδεῖξαι, τῶν τῦ ἰσημερινοῦ κύκλου περιφερειῶν τὰς γινομένας πηλικότητας, ὑπὸ τῶν γραφομένων κύκλων, διά τε τῶν πόλων αὐτοῦ καὶ τῶν διδομένων τοῦ λοξοῦ κύκλου τμημάτων· οὕτω γὰρ ἕξομεν ὁπόσοις χρόνοις ἰσημερινοῖς, τὰ τοῦ διὰ μέσων τῶν ζωδίων τμήματα, διελεύσεται τόν τε μεσημβρινὸν πανταχῇ, καὶ τὸν ἐπ' ὀρθῆς τῆς σφαίρας ὁρίζοντα, διὰ τὸ καὶ αὐτὸν τότε μόνον διὰ τῶν πόλων γράφεσθαι τοῦ ἰσημερινοῦ.

Ἐκκείσθω τοίνυν ἡ προδεδειγμένη καταγραφὴ, καὶ δοθείσης πάλιν τῆς ΕΗ περιφερείας τοῦ λοξοῦ κύκλου, πρότερον μοιρῶν λ̄, δέον ἔσω τὴν ΕΘ τοῦ ἰσημερινοῦ περιφέρειαν εὑρεῖν· κατὰ ταυτὰ δὴ τοῖς ἔμπροσθεν, ὁ τῆς ὑπὸ τὴν διπλῆν τῆς ΖΒ πρὸς τὴν ὑπὸ τὴν διπλῆν τῆς ΒΑ λόγος, συνῆπται ἔκ τε τῦ τῆς ὑπὸ τὴν διπλῆν τῆς ΖΗ πρὸς τὴν ὑπὸ τὴν διπλῆν τῆς ΗΘ, καὶ τοῦ τῆς ὑπὸ τὴν διπλῆν τῆς ΘΕ πρὸς τὴν ὑπὸ τὴν διπλῆν τῆς ΕΑ· ἀλλ' ἡ μὲν τῆς ΖΒ περιφερείας διπλῆ μοιρῶν ἐστιν ρλβ̄ ιζ̄′ κ″, καὶ ἡ ὑπ' αὐτὴν εὐθεῖα τμημάτων ρθ μδ′ νγ″· ἡ δὲ τῆς ΑΒ περιφερείας διπλῆ μοιρῶν μζ μβ′ μ′, ἡ δ' ὑπ' αὐτὴν εὐθεῖα τμημάτων μη λα′ νε″· καὶ πάλιν ἡ μὲν τῆς ΖΗ περιφερείας διπλῆ μοιρῶν ρνϛ μ′ α′, καὶ ἡ ὑπ' αὐτὴν εὐθεῖα τμημάτων ριζ λα′ ιε″, ἡ δὲ τῆς ΗΘ μοιρῶν κγ̄ ιθ′ νθ′, καὶ ἡ ὑπ'

αὐτὴν εὐθεῖα τμημάτων κδ̅ ιέ νζ″. ἐὰν
ἄρα ἀπὸ τοῦ τῶν ρθ̅ μδ΄ νγ″ πρὸς τὰ μη̅
λά νέ λόγου, ἀφέλωμεν τὸν τῶν ριζ̅ λά
ιέ″ πρὸς τὰ κδ̅ ιέ νζ″, καταλειφθήσεται
ἡμῖν ὁ τῆς ὑπὸ τὴν διπλῆν τῆς ΘΕ πρὸς
τὴν ὑπὸ τὴν διπλῆν τῆς ΕΑ λόγος, ὁ τῶν
νδ̅ νβ΄ κς″ πρὸς τὰ ριζ̅ λά ιε″· ὁ δ᾽ αὐτὸς
λόγος ἐστὶ καὶ τῶν νς̅ ά κέ πρὸς τὰ ρκ̅.
καὶ ἔστιν ἡ μὲν διπλῆ τῆς ΕΑ μοιρῶν ρπ̅, ἡ
δ᾽ ὑπ᾽ αὐτὴν εὐθεῖα τμημάτων ρκ̅, καὶ
ἡ ὑπὸ τὴν διπλῆν ἄρα τῆς ΘΕ τμημάτων
τῶν αὐτῶν ἐστὶν νς̅ ά κέ″. ὥστε καὶ ἡ μὲν
διπλῆ τῆς ΘΕ περιφερείας ἔσαι μοιρῶν νέ
μ΄ ἔγγιστα, ἡ δὲ ΘΕ τῶν αὐτῶν κζ̅ ν΄.

Πάλιν ὑποκείσθω ἡ ΕΗ περιφέρεια
μοιρῶν ξ̅, ὥστε τῶν ἄλλων μενόντων τῶν
αὐτῶν, τὴν μὲν διπλῆν τῆς ΖΗ περιφερείας γίνεσθαι μοιρῶν ρλη̅ νθ΄ μβ″, καὶ
τὴν ὑπ᾽ αὐτὴν εὐθεῖαν τμημάτων ριβ̅ κγ΄
νς″, τὴν δὲ διπλῆν τῆς ΗΘ περιφερείας
μοιρῶν μά ό ιη″, καὶ τὴν ὑπ᾽ αὐτὴν εὐθεῖαν,
τμημάτων μβ̅ ά μη″· ἐὰν ἄρα ἀπὸ τοῦ
τῶν ρθ̅ μδ΄ νγ″ πρὸς τὰ μη̅ λά νέ λόγȣ,
ἀφέλωμεν τὸν τῶν ριβ̅ κγ΄ νς″, πρὸς τὰ
μβ̅ ά μη″, καταλειφθήσεται ὁ τῆς ὑπὸ
τὴν διπλῆν τῆς ΘΕ λόγος, πρὸς τὴν ὑπὸ
τὴν διπλῆν τῆς ΕΑ, ὁ τῶν ϟε̅ β΄ μ″,
πρὸς τὰ ριβ̅ κγ΄ νς″· ὁ δ᾽ αὐτὸς τούτῳ
λόγος ἐστὶ, καὶ ὁ τῶν ρά κή κ΄, πρὸς τὰ
ρκ̅, καὶ ἔστιν ἡ ὑπὸ τὴν διπλῆν τῆς ΕΑ
περιφερείας εὐθεῖα τμημάτων ρκ̅· ὥ]τε
καὶ ἡ ὑπὸ τὴν διπλῆν τῆς ΘΕ εὐθεῖα
ἔσαι τμημάτων τῶν αὐτῶν ρά κή κ΄, ἡ δὲ
διπλῆ τῆς ΘΕ περιφερείας ἔσαι μοιρῶν
ριε̅ κή ἔγγιστα, αὐτὴ δὲ ἡ ΘΕ, τῶν αὐτῶν νζ̅ μδ΄.

double de l'arc EA, raison qui est celle
de 54ᵖ 52′ 26″ à 117ᵖ 31′ 15″ égale à la
raison de 56ᵖ 1′ 25″ à 120ᵖ. Or le double
de l'arc EA est de 180ᵈ, et sa corde est
de 120ᵖ ; donc la corde du double de
l'arc TE est de 56ᵖ 1′ 25″. Par conséquent le double de l'arc TE sera de
55ᵈ 40′ à très-peu près, et TE de 27ᵈ 50′
degrés.

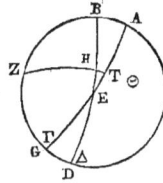

Supposons maintenant l'arc EH de 60ᵖ,
de sorte que tout le reste demeurant
comme ci-dessus, le double de l'arc ZH
devienne de 138ᵈ 59′ 42″, et sa soutendante de 112ᵖ 23′ 56″. Le double de l'arc
HT de 41ᵈ 0′ 18″, et sa soutendante de
42ᵖ 1′ 48″. Si donc (c), de la raison de
109ᵖ 44′ 53″ à 48ᵖ 31′ 55″, nous ôtons la
raison de 112ᵖ 23′ 56″ à 42ᵖ 1′ 48″, restera
la raison de la soutendante du double
de TE à celle du double de la soutendante de EA , laquelle raison est celle
de 95ᵖ 2′ 40″ à 112ᵖ 23′ 56″, la même
que la raison de 101ᵖ 28′ 20″ à 120ᵖ.
Or la soutendante du double de l'arc
EA est de 120ᵖ, par conséquent celle du
double de l'arc TE vaudra ces 101ᵖ 28′
20″. Mais le double de l'arc TE est de
115ᵈ 28′ à très-peu près, donc l'arc TE
est de 57ᵈ 44′.

62 ΜΑΘΗΜΑΤΙΚΗΣ ΣΥΝΤΑΞΕΩΣ ΒΙΒΛΙΟΝ Α.

Il est donc démontré que la première dodécatémorie de l'oblique, depuis le point de l'équinoxe, passe au méridien dans le même temps que les 27ᵈ 5o′ de l'équateur, et que la seconde répond de même à 29ᵈ 54′. Car on a démontré que les deux ensemble passent avec les 57ᵈ 44′ de l'équateur. Donc la troisième dodécatémorie correspondra aux mêmes temps que le reste du quart de l'équateur, c'est-à-dire aux 32ᵗ 16′ restants. En effet, tout le quart de l'oblique emploie à traverser le méridien, le même temps que le quart de l'équateur, puisque l'un et l'autre sont compris entre les mêmes cercles qui passent par les poles de l'équateur.

Nous avons calculé, en suivant cette méthode, les arcs de l'équateur qui passent au méridien avec les arcs du cercle oblique, de dix en dix degrés, attendu que les arcs plus petits croissent sensiblement par des différences presqu'égales entr'elles. Nous donnerons ces arcs, pour qu'on puisse voir du premier coup-d'œil combien de temps chacun emploiera à traverser le méridien partout comme nous avons dit, et l'horizon dans la sphère droite, en commençant, par la dixaine qui répond au point de l'équinoxe.

Or la première met 9 temps 1o′; la seconde, 9ᵗ 15′; la troisième, 9ᵗ 25′: ensorte qu'ensemble elles font pour le premier douzième (dodécatémorie) de l'oblique, la somme de 27 temps 5o′. La quatrième dixaine est de 9ᵗ 4o′; la cinquième, de 9ᵗ 58′; la sixième, de 1oᵗ 16′; ce qui

Καὶ δέδεικ]αι ὅτι τὸ μὲν πρῶτον ἀπὸ τοῦ ἰσημερινοῦ σημείου δωδεκατημόριον τοῦ διὰ μέσων τῶν ζωδίων κύκλου, συγχρονεῖ τοῖς τοῦ ἰσημερινοῦ κατὰ τὸν ἐκκείμενον τρόπον τμήμασιν κζ ν· τὸ δὲ δεύτερον, τμήμασιν κθ νδ, ἐπειδήπερ ἀμφότερα ἀπεδείχθη μοιρῶν νζ μδ· καὶ τὸ τρίτον δὲ δηλονότι δωδεκατημόριον συγχρονήσει ταῖς λοιπαῖς εἰς τὸ τεταρτημόριον μοιρῶν λβ ιϛ, διὰ τὸ καὶ ὅλον τὸ τοῦ λοξοῦ κύκλου τεταρτημόριον, ὅλῳ τῷ τῇ ἰσημερινοῦ συγχρονίζειν, ὡς πρὸς τοὺς διὰ τῶν πόλων τοῦ ἰσημερινοῦ γραφομένους κύκλους.

Τὸν αὐτὸν δὴ τρόπον τῇ προκειμένῃ δείξει κατακολουθοῦντες, ἐπελογισάμεθα καὶ τὰς ἑκάσῃ δεκαμοιρίᾳ τοῦ λοξοῦ κύκλου συγχρονούσας περιφερείας τοῦ ἰσημερινοῦ διὰ τὸ τὰς ἔτι τούτων μικρομερεστέρας μηδενὶ ἀξιολόγῳ διαφέρειν τῶν πρὸς ὁμαλὴν παραύξησιν ὑπεροχῶν. Ἐκθησόμεθα οὖν καὶ ταύτας, ἵνα κατὰ τὸ πρόχειρον ἔχωμεν ἐν ὅσοις χρόνοις αὐτῶν ἑκάστη τόν τε μεσημβρινὸν, ὡς ἔφαμεν, πανταχῇ, καὶ τὸν ἐπ' ὀρθῆς τῆς σφαίρας ὁρίζοντα διελεύσεται, τὴν ἀρχὴν ἀπὸ τῆς πρὸς τῷ ἰσημερινῷ σημείῳ δεκαμοιρίας ποιησάμενοι.

Ἡ μὲν οὖν πρώτη περιέχει χρόνους θ ι, ἡ δὲ δευτέρα χρόνους θ ιέ, ἡ δὲ τρίτη χρόνους θ κέ· ὥστε τοὺς ἐπὶ τὸ αὐτὸ τοῦ πρώτου δωδεκατημορίου συνάγεσθαι χρόνους κζ ν· ἡ δὲ τετάρτη χρόνους θ μ, ἡ δὲ πέμπτη χρόνους θ νή, ἡ δὲ ἕκτη χρόνους ι ιϛ· ὥστε καὶ τοῦ δευτέρου

δωδεκατημορίου τοὺς κθ νδ´ χρόνους συνάγεσθαι ἡ δὲ ἑβδόμη χρόνους ῑ λδ´.
ἡ δὲ ὀγδόη, χρόνους ῑ μζ´· ἡ δὲ ἐνάτη,
χρόνους ῑ νέ· ὥστε πάλιν συνάγεσθαι καὶ
τοῦ μὲν τρίτου καὶ πρὸς τοῖς τξοπικοῖς
σημείοις δωδεκατημορίου, τοὺς λβ ιϛ´
χρόνους, ὅλου δὲ τοῦ τεταρτημορίου
τοὺς ἐννενήκοντα συμφώνως.

Καὶ ἔςιν αὐτόθεν φανερὸν, ὅτι καὶ ἡ
τῶν λοιπῶν τεταρτημορίων τάξις, ἡ αὐτὴ τυγχάνει οὖσα, πάντων καθ᾽ ἕκαςον
τῶν αὐτῶν συμβαινόντων, διὰ τὸ τὴν
σφαῖραν ὀρθὴν ὑποκεῖσθαι, τουτέςι τὸν
ἰσημερινὸν ἀνέγκλιτον πρὸς τὸν ὁρίζοντα.

donne pour les temps qui répondent au
second douzième, 29ᵗ 54′. La septième a
10ᵗ 34′; la huitième, 10ᵗ 47′, et la neuvième, 10ᵗ 55′, faisant ensemble 32 temps
16′ pour le troisième douzième qui se
termine aux points tropiques. Ainsi le
total est de 90 temps pour le quart du
cercle.

Il est évident par ce que nous venons
de dire, que tout se passe dans le même
ordre pour les autres quarts de la circonférence, tout étant disposé de la même
manière en chacun d'eux. Nous supposons toujours que la sphère est droite,
c'est-à-dire que l'équateur n'est pas incliné sur l'horizon.

64

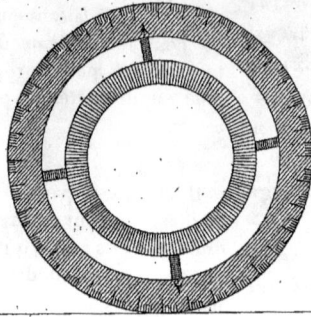

ARMILLES SOLSTICIALES
Pag. 46

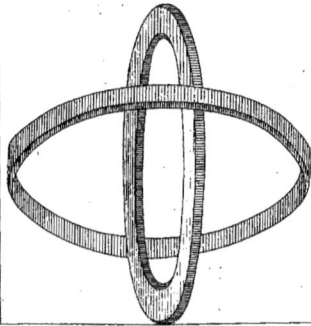

ARMILLES ÉQUINOXIALES
Pag. 153

ΚΛΑΥΔΙΟΥ ΠΤΟΛΕΜΑΙΟΥ

ΜΑΘΗΜΑΤΙΚΗΣ ΣΥΝΤΑΞΕΩΣ

ΒΙΒΛΙΟΝ ΔΕΥΤΕΡΟΝ.

—

SECOND LIVRE

DE LA COMPOSITION MATHÉMATIQUE

DE CLAUDE PTOLÉMÉE.

~~~~~~~~~~~~~~~~~~~~~~~~~

ΚΕΦΑΛΑΙΟΝ Α.

ΠΕΡΙ ΤΗΣ ΚΑΘΟΛΟΥ ΘΕΣΕΩΣ ΤΗΣ ΚΑΘ'ΗΜΑΣ
ΟΙΚΟΥΜΕΝΗΣ.

CHAPITRE I.

DE LA SITUATION, EN GÉNÉRAL, DE LA
PARTIE HABITÉE DE LA TERRE.

ΔΙΕΞΕΛΘΟΝΤΕΣ ἐν τῷ πρώτῳ τῆς συντάξεως τά τε περὶ τῆς τῶν ὅλων σχέσεως κατὰ τὸ κεφαλαιῶδες ὀφείλοντα προληφθῆναι, καὶ ὅσα ἄν τις τῶν ἐπ' ὀρθῆς τῆς σφαίρας χρήσιμα πρὸς τὴν τῶν ὑποκειμένων θεωρίαν ἡγήσαιτο, πειρασόμεθα κατὰ τὸ ἑξῆς καὶ τῶν περὶ τὴν ἐγκεκλιμένην σφαίραν συμβαινόντων τὰ κυριώτερα πάλιν, ὡς ἔνι μάλιϛα, κατὰ τὸν εὐμεταχείριϛον τρόπον ἐφοδεῦσαι.

Καὶ ἐνταῦθα δὴ τὸ μὲν ὁλοσχερῶς ὀφεῖλον προληφθῆναι τοῦτό ἐϛιν· ὅτι τῆς γῆς εἰς τέσσαρα διαιρουμένης τεταρτημόρια, τὰ γινόμενα ὑπό τε τῇ κατὰ τὸν ἰσημερινὸν κύκλον, καὶ ἑνὸς τῶν διὰ τῶν πόλων αὐτοῦ γραφομένων, τὸ τῆς καθ'

Nous avons donné, dans le premier livre de cette composition, les notions générales sur le système de l'univers dont il étoit nécessaire de faire, avant tout, un exposé sommaire; et nous y avons ajouté des démonstrations concernant la sphère droite, dont on sentira l'utilité pour la théorie des matières que nous traitons. Nous tâcherons de même, dans ce qui va suivre, d'expliquer de la manière la plus facile, les propriétés les plus importantes de la sphère oblique.

Et, d'abord, posons en principe, que, la terre étant partagée en quatre par l'équateur et par un des cercles qui passent par les poles de l'équateur, la partie que nous habitons est à très-peu près renfermée dans l'une des deux divisions bo-

réales. Cela est facile à voir par la latitude,
c'est-à-dire, par le chemin fait du midi
vers les ourses, en ce que les ombres des
gnomons, à l'instant de midi, dans les
équinoxes, sont toujours dirigées vers
les ourses, et ne le sont jamais vers le
midi. On le voit aussi par la longitude,
c'est-à-dire, par le chemin fait d'orient en
occident, en ce que les mêmes éclipses,
surtout celles de lune, vues en même
temps par ceux qui habitent l'extrémité
orientale de la terre, et par les habitans
de la partie occidentale la plus reculée,
n'avancent et ne retardent jamais pour
les uns ou les autres, de plus de douze
heures équinoxiales; chaque quart de la
terre, dans le sens de la longitude, em-
brassant un intervalle de douze heures,
attendu que chacun est borné par un
des demi-cercles perpendiculaires à l'é-
quateur. Quant aux particularités qu'il
est utile de connoître, on jugera sans
peine qu'il convient à l'objet que nous
nous proposons, de rechercher, d'abord,
ce qui est propre à chacun des cercles
boréaux parallèles à l'équateur, et aux
habitations situées sous ces parallèles,
c'est-à-dire, la distance des poles du cercle du premier mouvement, à l'horizon,
ou l'intervalle entre l'équateur et le
point vertical pris dans le méridien;
quels sont les points sur lesquels le soleil
devient vertical; quand et combien de
fois cela arrive; quels sont les rapports
des ombres équinoxiales et tropiques
(*solstitiales*) aux gnomons, à l'instant
de midi; quelles sont les longueurs des
plus grands et des plus courts jours comparés à ceux des équinoxes; les accrois-

ἡμᾶς οἰκουμένης μέγεθος ὑπὸ τῦ ἑτέρου
τῶν βορείων ἔγγιςα ἐμπεριέχεται. Τοῦτο
δ᾽ ἂν μάλιςα γένοιτο φανερὸν ἐπὶ μὲν τῦ
πλάτους, τουτέςι τῆς ἀπὸ μεσημβρίας
πρὸς τὰς ἄρκτους παρόδου, διὰ τὸ πανταχῆ τὰς ἐν ταῖς ἰσημερίαις τῶν γνωμόνων
γιγνομένας μεσημβρινὰς σκιὰς, πρὸς ἄρκτους ἀεὶ ποιεῖσθαι τὰς προσνεύσεις, καὶ
μηδέποτε πρὸς μεσημβρίαν· ἐπὶ δὲ τῦ
μήκους, τουτέςι τῆς ἀπὸ ἀνατολῶν πρὸς
δυσμὰς παρόδου, διὰ τὸ τὰς αὐτὰς
ἐκλείψεις, μάλιςα δὲ τὰς σεληνιακὰς,
παρά τε τοῖς ἐπ᾽ ἄκρων τῶν ἀνατολικῶν
μερῶν τῆς καθ᾽ ἡμᾶς οἰκουμένης οἰκοῦσι,
καὶ παρὰ τοῖς ἐπ᾽ ἄκρων τῶν δυτικῶν
κατὰ τὸν αὐτὸν χρόνον θεωρουμένας, μὴ
πλέον δώδεκα προτερεῖν ἢ ὑςερεῖν ὡρῶν
ἰσημερινῶν, αὐτοῦ κατὰ μῆκος τῦ τεταρτημορίου τῆς γῆς δωδεκάωρον διάςημα
περιέχοντος· ἐπειδήπερ ὑφ᾽ ἑνὸς τῶν τῦ
ἰσημερινοῦ ἡμικυκλίων ἀφορίζεται. Τῶν
δὲ κατὰ μέρος ὀφειλόντων θεωρηθῆναι,
μάλιςα ἄν τις ἡγήσαιτο πρὸς τὴν προκειμένην πραγματείαν ἁρμόζειν, τὰ καθ᾽
ἕκαςον τῶν βορειοτέρων τῦ ἰσημερινοῦ
κύκλου παραλλήλων αὐτῷ, καὶ ταῖς
ὑποκειμέναις οἰκήσεσι, κατὰ τὰ κυριώτερα τῶν ἰδιωμάτων συμπίπλοντα. Ταῦτα δ᾽ ἐςὶν ὅσον τε οἱ πόλοι τῆς πρώτης
φορᾶς τῦ ὁρίζοντος ἀφεςήκασιν, ἢ ὅσον
τὸ κατὰ κορυφὴν σημεῖον τῦ ἰσημερινοῦ
κατὰ τὸν μεσημβρινὸν κύκλον ἀφέςηκε.
Καὶ οἷς ὁ ἥλιος κατὰ κορυφὴν γίνεται,
πότε καὶ ποσάκις τὸ τοιοῦτο συμβαίνει,
καὶ τίνες οἱ λόγοι τῶν ἰσημερινῶν καὶ τροπικῶν ἐν ταῖς μεσημβριναῖς σκιῶν πρὸς

τοὺς γνώμονας, καὶ πηλίκαι τῶν μεγίςων ἢ ἐλαχίςων ἡμερῶν παρὰ τὰς ἰσημερινὰς αἱ ὑπεροχαὶ, καὶ ὅσα ἄλλα περὶ τὰς κατὰ μέρος αὐξομειώσεις τῶν νυχθημέρων, ἔτι τε περί τε τὰς συνανατολὰς καὶ συγκαταδύσεις τῶ τε ἰσημερινοῦ καὶ τῶ λοξοῦ κύκλου, καὶ περὶ τὰ ἰδιώματα καὶ τὰ μεγέθη τῶν γινομένων γωνιῶν, ὑπὸ τῶν κυριωτέρων καὶ μεγίςων κύκλων ἐπισυμβαίνοντα, θεωρεῖται.

ΚΕΦΑΛΑΙΟΝ Β.

ΠΩΣ ΔΟΘΕΝΤΟΣ ΤΟΥ ΤΗΣ ΜΕΓΙΣΤΗΣ ΗΜΕΡΑΣ ΜΕΓΕΘΟΥΣ ΑΙ ΑΠΟΛΑΜΒΑΝΟΜΕΝΑΙ ΤΟΥ ΟΡΙΖΟΝΤΟΣ ΠΕΡΙΦΕΡΕΙΑΙ ΥΠΟ ΤΕ ΤΟΥ ΙΣΗΜΕΡΙΝΟΥ ΚΑΙ ΤΟΥ ΛΟΞΟΥ ΚΥΚΛΟΥ ΔΙΔΟΝΤΑΙ.

ΠΡΟΚΕΙΣΘΩ δὴ καθόλου, τῶν ὑποδειγμάτων ἕνεκεν, ὁ διὰ Ῥόδου γραφόμενος παράλληλος τῷ ἰσημερινῷ κύκλος, ὅπου τὸ μὲν ἔξαρμα τῶ πόλου μοιρῶν ἔςι λϛ, ἡ δὲ μεγίςη ἡμέρα ὡρῶν ἰσημερινῶν ιδ ϛ. καὶ ἔςω μεσημβρινὸς μὲν κύκλος ὁ ΑΒΓΔ, ὁρίζοντος δὲ ἀνατολικὸν ἡμικύκλιον τὸ ΒΕΔ· καὶ ἰσημερινὸν μὲν ἡμικύκλιον ὁμοίως τὸ ΑΕΓ, ὁ δὲ νότιος αὐτοῦ πόλος, τὸ Ζ. Ὑποκείσθω δὲ τῶ διὰ μέσων τῶν ζωδίων κύκλου τὸ χειμερινὸν τροπικὸν σημεῖον ἀνατέλλον, διὰ τῶ Η, καὶ γεγράφθω διὰ τῶν Ζ, Η, μεγίςου κύκλου τεταρτημόριον τὸ ΖΗΘ. Δεδόσθω δὲ πρότερον τὸ μέγεθος τῆς μεγίςης ἡμέρας, καὶ προκείσθω τὴν ΕΗ τῶ ὁρίζοντος περιφέρειαν εὑρεῖν. Ἐπεὶ τοίνυν ἡ τῆς σφαίρας

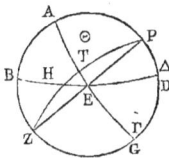

semens et décroissemens des jours et des nuits, avec toutes leurs circonstances; toutes celles des levers et des couchers simultanées de l'équateur et du cercle oblique; et enfin les propriétés et les grandeurs des angles formés par les principaux grands cercles.

CHAPITRE II.

COMMENT, LA GRANDEUR DU PLUS LONG JOUR ÉTANT DONNÉE, LES ARCS DE L'HORIZON, COMPRIS ENTRE L'ÉQUATEUR ET LE CERCLE OBLIQUE, (*AMPLITUDE ORTIVE* OU *OCCASE*) SONT AUSSI DONNÉS (*a*).

PRENONS pour exemple général, le cercle parallèle à l'équateur, qui passe par Rhodes où la hauteur du pole est de 36ᵈ, et le plus long jour de 14 ½ heures équinoxiales. Soit le méridien ABGD, la demi-circonférence orientale de l'horizon BED, la moitié de l'équateur AEG, et son pole méridional Z. Supposons que H est le point tropique (*solstice*) d'hiver du cercle oblique, et décrivons le quart de grand cercle ZHT passant par Z et H. Soit donnée d'abord la grandeur du plus long jour, et proposons-nous de trouver l'arc EH de l'horizon. La révolution de la sphère se faisant autour des poles de l'équateur, il est évident que le point H et le point T seront dans le méridien ABGD au même instant; que le temps depuis le lever H jusqu'au point du milieu du ciel au-dessus de l'horizon, est marqué par

l'arc TA de l'équateur, et que le temps depuis le point médian du ciel, sous terre,
est déterminé par l'arc GT. Il s'ensuit que
la durée du jour est double du temps
désigné par l'arc TA, et celle de la nuit,
double du temps déterminé par TG; car
les arcs de tous les cercles parallèles à
l'équateur, tant ceux qui sont au-dessus
de la terre (de *l'horizon*), que ceux qui
sont au-dessous, sont coupés en deux parties égales par le méridien (b).

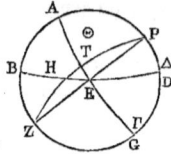

L'arc ET étant donc la moitié de la
différence entre le plus long ou le plus
court jour, et le jour de l'équinoxe,
cet arc est de 1¼ heure sous le parallèle
supposé de Rhodes, et de 18ᵗᵉᵐᵖˢ 45′ (c),
et le reste du quart de cercle ou l'arc TA
contient 71ᵗᵉᵐᵖˢ 15′. Or, d'après ce qui a
été démontré ci-dessus, deux arcs EB, ZT
étant menés à deux autres aussi de grands
cercles AE, AZ, de manière qu'ils se coupent en H, la raison de la (d) soutendante
du double de l'arc AT à la soutendante
du double de l'arc ΛE, est composée
de la raison de la soutendante du double de l'arc TZ à celle du double de
l'arc ZH, et de la raison de celle du
double de l'arc HB à celle du double
de l'arc BE. Mais le double de l'arc TA
est de 142ᵈ 30′, et sa soutendante de
113ᵖ 37′ 54″. Le double de l'arc ΛE est
de 180ᵈ, et sa corde est de 120ᵖ; en

ςροφὴ περὶ τοὺς τῦ ἰσημερινοῦ πόλους
ἀποτελεῖται, φανερὸν ὅτι, ἐν τῷ αὐτῷ
χρόνῳ, τό τε Η σημεῖον καὶ τὸ Θ κατὰ
τὸν ΑΒΓΔ μεσημβρινὸν ἔςαι· καὶ ὁ μὲν
ἀπ' ἀνατολῆς μέχρι τῆς ὑπὲρ γῆν μεσ-
ρανήσεως τῦ Η χρόνος, ὁ περιεχόμενος
ἐςὶν ὑπὸ τῆς ΘΑ τῦ ἰσημερινοῦ περιφε-
ρείας· ὁ δ' ἀπὸ τῆς ὑπὸ γῆν μεσουρανήσεως
μέχρι τῆς ἀνατολῆς, ὁ περιεχόμενος ὑπὸ
τῆς ΓΘ. Ακόλουθον δὲ ἐςὶν ὅτι καὶ ὁ μὲν
τῆς ἡμέρας χρόνος, ὁ διπλασίων ἐςὶ τῦ
ὑπὸ τῆς ΘΑ περιεχομένου· ὁ δὲ τῆς
νυκτὸς, ὁ διπλασίων τῦ ὑπὸ τῆς ΓΘ
περιεχομένου· ἐπειδήπερ καὶ χωρὶς τά
τε ὑπὲρ γῆν καὶ τὰ ὑπὸ γῆν τμήματα
τῶν παραλλήλων τῷ ἰσημερινῷ κύκλων
πάντων διχοτομεῖται ὑπὸ τῦ μεσημβρινοῦ.

Διὰ δὲ τοῦτο καὶ ἡ μὲν ΕΘ περιφέρεια ἡμίσεια οὖσα τῦ διαφόρου τῆς ἐλαχίσης ἢ μεγίσης ἡμέρας, παρὰ τὴν ἰσημερινὴν, μιᾶς μὲν ὥρας καὶ δ'' γίνεται,
κατὰ τὸν ὑποκείμενον παράλληλον,
χρόνων δὲ δηλονότι ιη με'· ἡ δὲ λοιπὴ
εἰς τὸ τεταρτημόριον ἡ ΘΑ τῶν αὐτῶν
οα ιε'. Επειδὴ οὖν κατὰ τὰ αὐτὰ τοῖς
ἔμπροσθεν ἀποδεδειγμένοις, εἰς δύο με-
γίσων κύκλων περιφερείας τὰς ΑΕ καὶ
ΑΖ, δύο γεγραμμέναι εἰσὶν, αἱ ΕΒ καὶ ΖΘ,
τέμνουσαι ἀλλήλας κατὰ τὸ Η, ὁ τῆς
ὑπὸ τὴν διπλῆν τῆς ΘΑ πρὸς τὴν ὑπὸ
τὴν διπλῆν τῆς ΑΕ λόγος, συνῆπται
ἔκ τε τοῦ τῆς ὑπὸ τὴν διπλῆν τῆς ΘΖ
πρὸς τὴν ὑπὸ τὴν διπλῆν τῆς ΖΗ, καὶ
τῦ τῆς ὑπὸ τὴν διπλῆν τῆς ΗΒ πρὸς τὴν
ὑπὸ τὴν διπλῆν τῆς ΒΕ. Αλλὰ ἡ μὲν τῆς

ΘΑ περιφερείας διπλῆ μοιρῶν ἐςιν ρμβ
λ', καὶ ἡ ὑπ' αὐτὴν εὐθεῖα τμημάτων
ριγ‾ λζ' νδ''· ἡ δὲ τῆς ΑΕ μοιρῶν ρπ‾, καὶ
ἡ ὑπ' αὐτὴν εὐθεῖα τμημάτων ρκ‾· καὶ
πάλιν ἡ μὲν τῆς ΘΖ διπλῆ μοιρῶν ρπ‾,
καὶ ἡ ὑπ' αὐτὴν εὐθεῖα τμημάτων ρκ‾· ἡ
δὲ τῆς ΖΗ μοιρῶν ρλβ‾ ιζ' κ'', καὶ ἡ ὑπ'
αὐτὴν εὐθεῖα τμημάτων ρθ‾ μδ' νγ''. Ἐὰν
ἄρα ἀπὸ τοῦ λόγου τῶν ριγ‾ λζ' νδ'' πρὸς
τὰ ρκ‾, ἀφέλωμεν τὸν τῶν ρκ‾ πρὸς
τὰ ρθ‾ μδ' νγ'', καταλειφθήσεται ἡμῖν ὁ
τῆς ὑπὸ τὴν διπλῆν τῆς ΗΒ, πρὸς τὴν
ὑπὸ τὴν διπλῆν τῆς ΒΕ λόγος, ὁ τῶν
ργ‾ νε' κγ'' πρὸς τὰ ρκ‾. Καὶ ἔςιν ἡ ὑπὸ
τὴν διπλῆν τῆς ΒΕ περιφερείας, ἐπεὶ
τεταρτημορίου τυγχάνει, τμημάτων ρκ‾·
καὶ ἡ ὑπὸ τὴν διπλῆν ἄρα τῆς ΗΒ, τῶν
αὐτῶν ἐςιν ργ‾ νε' κγ''. ὥστε καὶ ἡ μὲν
διπλῆ τῆς ΒΗ περιφερείας ἔςαι μοιρῶν
ρκ‾ ἔγγιςα· αὐτὴ δὲ ἡ ΒΗ τῶν αὐτῶν
ξ‾· καὶ λοιπὴ ἄρα ἡ ΗΕ τοιούτων καταλείπεται λ‾, οἵων ἐςὶν ὁ ὁρίζων τξ‾· ὅπερ
ἔδει δεῖξαι.

outre, le double de l'arc TZ est de 180^d
et sa corde est de 120^p. Le double de
l'arc ZH est de 132^d 17' 20'', et sa corde
est de 109^p 44' 53''. Si donc (e), de la
raison 113^p 37' 54'' à 120^p, nous ôtons
celle de 120^p à 109^p 44' 53'', restera la
raison de la corde du double de HB à
celle du double de BE, raison qui est
celle de 103^p 55' 23'' à 120^p; or la corde
du double de l'arc BE est de 120^p,
puisque cet arc est celui du quart de
cercle; donc la corde du double de l'arc
HB est de 103^p 55' 23''; par conséquent,
le double de l'arc BH est de 120^d à très-
peu près, et l'arc BH est de 60^d; ce qui
donne pour le reste HE, 30 des degrés
dont l'horizon en contient 360 : c'est ce
qu'il falloit démontrer.

ΚΕΦΑΛΑΙΟΝ Γ.

ΠΩΣ ΤΩΝ ΑΥΤΩΝ ΥΠΟΚΕΙΜΕΝΩΝ ΤΟ ΕΞΑΡΜΑ
ΤΟΥ ΠΟΛΟΥ ΔΙΔΟΤΑΙ ΚΑΙ ΤΟ ΑΝΑΠΑΛΙΝ.

CHAPITRE III.

COMMENT, LES MÊMES CHOSES ÉTANT SUPPO-
SÉES, ON TROUVE LA HAUTEUR DU POLE,
ET RÉCIPROQUEMENT.

ΠΡΟΚΕΙΣΘΩ δὴ πάλιν, τούτου δεδομένου, καὶ τὸ ἔξαρμα τοῦ πόλου λαβεῖν·
τουτέςι τὴν ΒΖ περιφέρειαν τοῦ μεσημβρινοῦ. Γίνεται τοίνυν, ἐπὶ τῆς αὐτῆς καταγραφῆς, ὁ τῆς ὑπὸ τὴν διπλῆν τῆς ΕΘ
πρὸς τὴν ὑπὸ τὴν διπλῆν τῆς ΘΑ λόγος, συνημμένος ἔκ τε τοῦ τῆς ὑπὸ τὴν

Soit proposé encore, avec ces données, de calculer la hauteur du pole,
c'est-à-dire l'arc BZ du méridien. Dans
cette même (a) figure, la raison de la
soutendante du double de l'arc ET à
celle du double de l'arc TA, est composée de la raison de la soutendante du

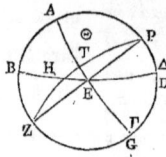

double de l'arc EH à celle du double de l'arc HB, et de la raison de celle du double de l'arc BZ à celle du double de l'arc ZA. Mais le double de l'arc ET est de 37ᵈ 3o', et sa corde est de 38ᵖ 34′ 22″. Le double de l'arc TA est de 142ᵈ 3o', et sa corde est de 113ᵖ 37′ 54″. Le double de l'arc EH est de 6oᵈ, et sa corde est de 6oᵖ. Le double de l'arc HB est de 120ᵈ, et sa corde est de 103ᵖ 55′ 23″. Si donc de la raison 38ᵖ 34′ 22″ à 113ᵖ 37′ 54″, nous ôtons la raison de 6oᵖ à 103ᵖ 55′ 23″, restera la raison de la corde du double de l'arc BZ à celle du double de l'arc ZA, laquelle raison est celle de 7oᵖ 33′ à 120ᵖ à très-peu près. Or la corde du double de l'arc ZA est de 120ᵖ, donc la corde du double de l'arc BZ est de 7oᵖ 33′: c'est pourquoi le double de l'arc BZ sera de 72ᵈ 1′, et l'arc BZ de 36ᵈ, à très-peu près.

Réciproquement, dans la même figure, soit BZ l'arc de la hauteur du pôle, donnée de 36ᵈ, par l'observation, et soit proposé de trouver la différence du plus long ou du plus court jour à celui de l'équinoxe, c'est-à-dire le double de l'arc ET. Pour les mêmes raisons, le rapport de la soutendante du double de l'arc ZB à celle du double de l'arc BA, devient composé du rapport de la soutendante du double de l'arc ZH à la soutendante

διπλῆν τῆς ΕΗ πρὸς τὴν ὑπὸ τὴν διπλῆν τῆς ΗΒ, καὶ τοῦ τῆς ὑπὸ τὴν διπλῆν τῆς ΒΖ πρὸς τὴν ὑπὸ τὴν διπλῆν τῆς ΖΑ. Ἀλλ᾽ ἡ μὲν διπλῆ τῆς ΕΘ μοιρῶν ἐςι λζ λ′, καὶ ἡ ὑπ᾽ αὐτὴν εὐθεῖα τμημάτων λη λδ′ κβ″· ἡ δὲ διπλῆ τῆς ΘΑ μοιρῶν ρμβ λ′, καὶ ἡ ὑπ᾽ αὐτὴν εὐθεῖα τμημάτων ριγ λζ′ νδ″. Καὶ πάλιν ἡ μὲν διπλῆ τῆς ΕΗ μοιρῶν ἐςιν ξ, καὶ ἡ ὑπ᾽ αὐτὴν εὐθεῖα τμημάτων ξ· ἡ δὲ διπλῆ τῆς ΗΒ μοιρῶν ρκ, καὶ ἡ ὑπ᾽ αὐτὴν εὐθεῖα τμημάτων ργ νε′ κγ″. Ἐὰν ἄρα ἀπὸ τοῦ λόγου τῶν λη λδ′ κβ″ πρὸς τὰ ριγ λζ′ νδ″, ἀφέλωμεν τὸν τῶν ξ πρὸς τὰ ργ νε′ κγ″, καταλειφθήσεται ὁ τῆς ὑπὸ τὴν διπλῆν τῆς ΒΖ πρὸς τὴν ὑπὸ τὴν διπλῆν τῆς ΖΑ λόγος, ὁ τῶν ο λγ′ ἔγγιςα, πρὸς τὰ ρκ. Καὶ ἔςαι πάλιν ἡ ὑπὸ τὴν διπλῆν τῆς ΖΑ περιφερείας τμημάτων ρκ, καὶ ἡ ὑπὸ τὴν διπλῆν ἄρα τῆς ΒΖ τῶν αὐτῶν ἐςιν ο λγ′· ὥστε καὶ ἡ μὲν διπλῆ τῆς ΒΖ περιφερείας ἔςαι μοιρῶν οβ α′, ἡ δὲ ΒΖ τῶν αὐτῶν λϛ ἔγγιςα.

Πάλιν ἐπὶ τῆς αὐτῆς καταγραφῆς ἀνάπαλιν, ἡ μὲν ΒΖ περιφέρεια τοῦ ἐξάρματος τοῦ πόλου δεδόσθω τετηρημένη μοιρῶν λϛ, προκείσθω δὲ εὑρεῖν τὸ διάφορον τῆς ἐλαχίστης ἢ μεγίστης ἡμέρας παρὰ τὴν ἰσημερινὴν, τουτέςι τὴν διπλῆν τῆς ΕΘ περιφερείας. Γίνεται τοίνυν διὰ τὰ αὐτὰ ὁ τῆς ὑπὸ τὴν διπλῆν τῆς ΖΒ περιφερείας, πρὸς τὴν ὑπὸ τὴν διπλῆν τῆς ΒΑ λόγος, συνημμένος ἔκ τε τοῦ τῆς

ὑπὸ τὴν διπλῆν τῆς ZH πρὸς τὴν ὑπὸ
τὴν διπλῆν τῆς HΘ, καὶ ἐκ τῦ τῆς ὑπὸ
τὴν διπλῆν τῆς ΘE πρὸς τὴν ὑπὸ τὴν
διπλῆν τῆς EA. Ἀλλ' ἡ μὲν διπλῆ τῆς
ZB μοιρῶν ἐςιν οβ, καὶ ἡ ὑπ' αὐτὴν εὐθεῖα τμημάτων ο λβ' γ'', ἡ δὲ διπλῆ
τῆς BA μοιρῶν ρη, καὶ ἡ ὑπ' αὐτὴν εὐθεῖα
τμημάτων ϟζ δ' νϛ''. Καὶ πάλιν ἡ μὲν
διπλῆ τῆς ZH μοιρῶν ἐςιν ρλβ ιζ' κ'',
καὶ ἡ ὑπ' αὐτὴν εὐθεῖα τμημάτων ρθ
μδ' νγ'', ἡ δὲ διπλῆ τῆς HΘ μοιρῶν μζ
μβ' μ', καὶ ἡ ὑπ' αὐτὴν εὐθεῖα τμημάτων μη λα' νε''. Ἐὰν ἄρα ἀπὸ τῦ τῶν ο
λβ' γ'' πρὸς ϟζ δ' νϛ'' λόγου, ἀφέλωμεν τὸν τῶν ρθ μδ' νγ'' πρὸς τὰ μη λα'
νε'', καταλειφθήσεται ἡμῖν ὁ τῆς ὑπὸ τὴν
διπλῆν τῆς ΘE πρὸς τὴν ὑπὸ τὴν διπλῆν
τῆς EA λόγος, ὁ τῶν λα ια' κϛ'' πρὸς
τὰ ϟζ δ' νϛ''. Καὶ ἐπειδὴ ὁ αὐτὸς λόγος
ἐςιν ἔγγιςα καὶ τῶν λη λδ' πρὸς τὰ ρκ,
ἡ δὲ ὑπὸ τὴν διπλῆν τῆς EA τμημάτων
ἐςιν ρκ, συνάγεται καὶ ἡ ὑπὸ τὴν διπλῆν
τῆς EΘ τῶν αὐτῶν λη λδ'· ὥστε καὶ ἡ
διπλῆ τῆς EΘ περιφερείας μοιρῶν μὲν
ἔςαι λζ λ' ἔγγιςα, ὡρῶν δὲ ἰσημερινῶν
βϛ''· ὅπερ ἔδει δεῖξαι.

Κατὰ τὰ αὐτὰ δὲ δοθήσεται καὶ ἡ
EH τῦ ὁρίζοντος περιφέρεια, διὰ τὸ, καὶ
τὸν τῆς ὑπὸ τὴν διπλῆν τῆς ZA πρὸς
τὴν ὑπὸ τὴν διπλῆν τῆς AB λόγον δεδομένον, συνῆφθαι ἔκ τε τῦ τῆς ὑπὸ τὴν
διπλῆν τῆς ZΘ πρὸς τὴν ὑπὸ τὴν διπλῆν τῆς ΘH, δεδομένου καὶ αὐτῦ, καὶ
ἐκ τῦ τῆς ὑπὸ τὴν διπλῆν τὴν HE πρὸς
τὴν ὑπὸ τὴν διπλῆν τῆς EB· ὥστε καὶ,
τῆς EB δεδομένης, καταλείπεσθαι καὶ τὸ

du double de l'arc HT (b) et du rapport
de la soutendante de l'arc TE à celle du
double de l'arc EA. Mais le double de
l'arc ZB est de 72^d, et sa soutendante est
de 70^p 32' 3'', le double de l'arc BA est
de 108^d, et sa soutendante est de 97^p
4' 56'. En outre, le double de l'arc ZH
est de 132^d 17' 20'', et sa soutendante
est de 109^p 44' 53'', le double de l'arc HT
est de 47^d 42' 40'', et sa soutendante est
de 48^p 31' 55''. Par conséquent, (c) si,
du rapport de 70^p 32' 3'' à 97^p 4' 56''
nous ôtons le rapport de 109^p 44' 53''
à 48^p 31' 55'', il nous restera le rapport
de la soutendante du double de l'arc TE
à celle du double de l'arc EA, lequel
rapport est celui de 31^p 11' 26'' à 97^p
4' 56''; et comme ce rapport est presque
le même que celui de 38^p 34' à 120^p, et
que la soutendante du double de l'arc
EA est de 120^p, on en conclut que la
soutendante du double de l'arc ET est de
38^p 34'. C'est pourquoi le double de l'arc
ET sera à très-peu près de 37^d 30', et de
deux heures et demie équinoxiales. Ce
qui étoit à démontrer.

(d) Par les mêmes moyens encore,
l'arc EH de l'horizon sera donné. En
effet, le rapport donné de la corde du
double de l'arc ZA à celle du double
de l'arc AB est composé du rapport
donné aussi de la corde du double de
l'arc ZT à celle du double de l'arc TH,
et du rapport de la corde du double
de l'arc HE à la corde du double de
l'arc EB. Ainsi, l'arc EB étant donné,
la grandeur de l'arc EH reste connue. Il

est clair que, quand même nous ne supposerions pas le point tropique d'hiver H,
mais tout autre point des divisions du
cercle oblique, on trouveroit toujours
par les mêmes moyens les deux arcs ET,
EH. En effet, nous avons exposé dans la
table d'obliquité, les arcs du méridien
interceptés par chaque division du cercle oblique et de l'équateur, tels que
l'arc HT; et il s'ensuit, que les divisions du cercle oblique faites sous les
mêmes parallèles, c'est-à-dire, à des distances égales prises depuis un même
point tropique, font des divisions égales
de l'horizon et du même côté de l'équateur (e); et qu'elles donnent les grandeurs des jours et des nuits, égales, chacune à chacune de ces deux parties des
nychthémères, qui sont de dénominations semblables. Et il est aussi démontré, que les points placés sous des
parallèles égaux, c'est-à-dire, également
distants du point équinoxial, coupent
dans l'horizon, des arcs égaux de chaque
côté de l'équateur, et donnent les grandeurs des jours et des nuits, réciproquement égales pour celles de ces mêmes
parties, qui sont de dénominations contraires. En effet, soit, dans cette figure,
K le point où le demi-cercle BED de l'horizon est coupé par un cercle égal et
parallèle au cercle qui passe par H, et
prenons sur ces parallèles, les arcs HL
et KM, alternes et égaux. Si par K et par

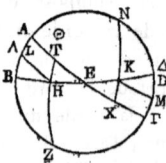

τῆς ΕΗ μέγεθος. Φανερὸν δ᾽ ὅτι κἂν μὴ
τὸ χειμερινὸν τροπικὸν σημεῖον ὑποθώμεθα τὸ Η, τῶν ἄλλων δέ τι τῇ διὰ
μέσων τῶν ζωδίων κύκλου τμημάτων,
κατὰ τὰ αὐτὰ πάλιν ἑκατέρα τῶν ΕΘ
καὶ ΕΗ περιφερειῶν δοθήσεται· προεκτι-
θεμένων τε ἡμῖν διὰ τῆ τῆς λοξώσεως
κανονίου, τῶν ἀπολαμβανομένων τῇ μεσημβρινοῦ περιφερειῶν ὑφ᾽ ἑκάστου τμήματος τῇ διὰ μέσων τῶν ζωδίων κύκλῃ
καὶ τῇ ἰσημερινοῦ, τουτέςι τῶν ὁμοίων
τῇ ΗΘ περιφερείᾳ, καὶ παρακολουθοῦντος μὲν αὐτόθεν τῇ τὰ ὑπὸ τῶν αὐτῶν
παραλλήλων γινόμενα τμήματα τῇ διὰ
μέσων, τουτέςι τὰ ἴσον ἀπέχοντα τῇ
αὐτοῦ τροπικοῦ σημείου, τὰς αὐτὰς καὶ
ἐπὶ τὰ αὐτὰ μέρη τῇ ἰσημερινοῦ ποιεῖν
τὰς τῇ ὁρίζοντος τομὰς, καὶ τὰ τῶν
νυχθημέρων μεγέθη ἴσα ἑκάτερα ἑκάτε-
ροις τῶν ὁμοίων· συναποδεικνυμένου δὲ
τοῦ καὶ τὰ ὑπὸ τῶν ἴσων παραλλήλων
γινόμενα, τουτέςι τὰ ἴσον ἀπέχοντα τῇ
αὐτοῦ ἰσημερινοῦ σημείου, τάς τε τῇ
ὁρίζοντος περιφερείας ἴσας ἑκατέρωθεν τῇ
ἰσημερινοῦ ποιεῖν, καὶ τῶν νυχθημέρων
ἐναλλὰξ ἴσα τὰ μεγέθη τῶν ἀνομοίων.
Ἐὰν γὰρ ἐπὶ τῆς ἐκκειμένης καταγραφῆς
ὑποθώμεθα καὶ τὸ Κ σημεῖον, καθ᾽ ὃ τέμνει
τὸ ΒΕΔ τῇ ὁρίζοντος ἡμικύκλιον ὁ ἴσος
καὶ παράλληλος τῷ διὰ τῇ Η γραφομένῳ,
καὶ συναναπληρώσωμεν τὰ ΗΛ καὶ ΚΜ
τῶν παραλλήλων τμήματα ἐναλλὰξ καὶ
ἴσα δηλονότι γινόμενα· διά τε τῇ Κ καὶ
τῇ βορείῳ πόλῳ τὸ ΝΚΞ γράψωμεν τεταρτημόριον, ἴσαι μὲν ἔσονται ἡ μὲν ΘΑ

περιφέρεια καὶ ἡ ΞΓ, διὰ τὸ ἑκατέραν ἑκατέρᾳ τῶν ΛΗ καὶ ΜΚ ὁμοίαν εἶναι· καταλειφθήσεται δὲ καὶ λοιπὴ ἡ ΕΘ λοιπῇ
τῇ ΕΞ ἴση. Γενήσονται δὲ καὶ δύο τρι-
πλεύρων ὁμοίων τῶν ΕΗΘ καὶ ΕΚΞ, αἱ
δύο μὲν πλευραὶ ταῖς δυσὶν ἴσαι, ἡ μὲν
ΕΘ τῇ ΕΞ, ἡ δὲ ΗΘ τῇ ΚΞ· ὀρθὴ δὲ
ἑκατέρα τῶν πρὸς τοῖς Θ καὶ Ξ γωνιῶν,
ὥστε καὶ βάσιν τὴν ΕΗ βάσει τῇ ΚΕ
γενέσθαι ἴσην.

le pôle boréal, nous décrivons le quart
de cercle NKX, l'arc TA sera égal à l'arc
XG, parceque l'un et l'autre sont semblables à l'un et à l'autre des arcs LH et
MK (f). Donc le reste ET se trouvera égal
au reste EX. Ainsi, dans les deux trilatères semblables EHT, EKX, deux côtés
seront égaux de part et d'autre, ET à EX,
HT à KX; et les angles T et X étant droits
de part et d'autre, il s'ensuit que la
base EH est égale à la base KE.

ΚΕΦΑΛΑΙΟΝ Δ.

ΠΩΣ ΕΠΙΛΟΓΙΣΤΕΟΝ ΤΙΣΙ ΚΑΙ ΠΟΤΕ ΚΑΙ ΠΟΣΑΚΙΣ
Ο ΗΛΙΟΣ ΓΙΝΕΤΑΙ ΚΑΤΑ ΚΟΡΥΦΗΝ.

CHAPITRE IV.

COMMENT ON DOIT CALCULER SUR QUELS
POINTS, QUAND ET COMBIEN DE FOIS, LE
SOLEIL DEVIENT VERTICAL.

ΠΡΟΧΕΙΡΟΝ δέ ἐςι τούτων δεδομένων, τὸ συνεπιλογίζεσθαι τίσι καὶ πότε
καὶ ποσάκις ὁ ἥλιος κατὰ κορυφὴν γίνεται. Φανεροῦ γὰρ ὄντος αὐτόθεν, ὅτι τοῖς
μὲν ὑπὸ τοὺς πλεῖον ἀπέχοντας τοῦ ἰσημερινοῦ παραλλήλους, τῶν τῆς ὅλης
ἀποςάσεως τοῦ θερινοῦ τροπικοῦ σημείου
μοιρῶν κγ να΄ κ΄΄ ἔγγιςα, οὐδόλως ὁ ἥλιος
γίνεται κατὰ κορυφήν, τοῖς δὲ ὑπὸ τοὺς
αὐτὸ τὸ τοσοῦτον ἀφεςῶτας, ἅπαξ, ἐν
αὐτῇ τῇ θερινῇ τροπῇ δηλονότι, γίνεται
κατὰ κορυφὴν, καὶ ὅτι τοῖς ὑπὸ τοὺς ἔλασσον τῶν ἐκκειμένων μοιρῶν ἀπέχοντας,
δίς γίνεται κατὰ κορυφὴν· καὶ τὸ πότε δὲ
πρόχειρον ποιεῖ ἡ τοῦ κανονίου τῆς λοξώσεως ἔκθεσις. Οσας γὰρ ἂν ὁ ἐπιζητούμενος παράλληλος ἀπέχῃ τοῦ ἰσημερινοῦ
μοίρας, τῶν ἐντὸς δηλονότι τοῦ θερινοῦ τροπικοῦ, τὰς τοσαύτας εἰσενεγκόντες εἰς τὰ
δεύτερα μέρη τῶν σελιδίων, τὰς παρακειμένας αὐταῖς ἐκ τοῦ τεταρτημορίου

On parvient aisément, par le moyen de
ces données, à savoir sur quels points de
la terre, en quel temps, et combien de
fois le soleil devient vertical. Car il est
évident que le soleil n'est jamais vertical
sur les points des parallèles plus éloignés
de l'équateur que le point tropique d'été,
qui en est à $23^d\ 51'\ 20''$ de distance à
peu près; il est donc une fois vertical
sur ceux qui sont à cette distance, c'est-à-
dire au point tropique d'été. Il est deux
fois vertical sur ceux qui sont à une
moindre distance. La table d'obliquité
(des déclinaisons) exposée ci-dessus,
donne tout cela bien aisément. En effet,
connoissant les degrés de l'arc compris
depuis l'équateur jusqu'au parallèle en
question, en deça du tropique d'été, por-
tons-les dans les nombres des secondes
colonnes (qui sont celles des méridiens),
nous aurons à côté, dans les premières
(qui sont celles de l'écliptique), les

degrés du quart de cercle qui marquent la distance du soleil à chacun des points équinoxiaux, lorsqu'il est vertical sur les peuples qui habitent sous ce parallèle, du côté du tropique d'été.

CHAPITRE V.

COMMENT, D'APRÈS CE QUI PRÉCÈDE, ON TROUVE LES RAPPORTS DES GNOMONS A LEURS OMBRES ÉQUINOXIALES ET SOLSTICIALES, A MIDI.

Nous allons démontrer que ces rapports proposés des ombres à leurs gnomons se prennent plus simplement, quand on conçoit l'arc entre les tropiques et les arcs compris entre l'horizon et les poles.

Soit le méridien ABGD décrit autour du centre E, et supposant le point vertical en A, soit mené le diamètre AEG; et perpendiculairement à ce diamètre, la droite GKZN dans le plan du méridien, et parallèle à la section commune de l'horizon et du méridien. Puisque la terre entière n'est sensiblement que comme un point et un centre, relativement à la sphère du soleil, en sorte qu'il n'y a pas de différence entre le centre E et l'extrémité supérieure du gnomon, soit GE ce gnomon, et GKZN la droite sur laquelle tomberont les extrémités des ombres aux instants de midi; soient tracés par le point E les rayons que le soleil darde de l'équateur et des tropiques à midi, Soit le rayon équinoxial BEDZ, le

μοίρας ἐν τοῖς πρώτοις μέρεσι τῶν σελιδίων, ἕξομεν ὅσας ἀπέχων ὁ ἥλιος ἀφ' ἑκατέρου τῶν ἰσημερινῶν σημείων, ὡς πρὸς τὸ θερινὸν τροπικὸν, κατὰ κορυφὴν τοῖς ὑπ' ἐκεῖνον τὸν ἐκκείμενον παράλληλον γίνεται.

ΚΕΦΑΛΑΙΟΝ Ε.

ΠΩΣ ΑΠΟ ΤΩΝ ΕΚΚΕΙΜΕΝΩΝ ΟΙ ΛΟΓΟΙ ΤΩΝ ΓΝΩΜΟΝΩΝ ΠΡΟΣ ΤΑΣ ΙΣΗΜΕΡΙΝΑΣ ΚΑΙ ΤΡΟΠΙΚΑΣ ΕΝ ΤΑΙΣ ΜΕΣΗΜΒΡΙΑΙΣ ΣΚΙΑΣ ΛΑΜΒΑΝΟΝΤΑΙ.

ΟΤΙ δὲ καὶ οἱ προκείμενοι λόγοι τῶν σκιῶν πρὸς τοὺς γνώμονας ἁπλούστερον λαμβάνονται, δοθέντων ἅπαξ τῆς τε μεταξὺ τῶν τροπικῶν περιφερείας, καὶ τῆς μεταξὺ τοῦ ὁρίζοντος καὶ τῶν πόλων, οὕτως ἂν γένοιτο δῆλον.

Ἔστω γὰρ μεσημβρινὸς κύκλος ὁ ΑΒΓΔ περὶ κέντρον τὸ Ε, καὶ ὑποκειμένου τοῦ κατὰ κορυφὴν σημείου τοῦ Α, διήχθω ἡ ΑΕΓ διάμετρος, ᾗ πρὸς ὀρθὰς γωνίας ἤχθω ἐν τῷ τοῦ μεσημβρινοῦ ἐπιπέδῳ ἡ ΓΚΖΝ, παράλληλος δηλονότι γινομένη τῇ κοινῇ τομῇ τοῦ τε ὁρίζοντος καὶ τοῦ μεσημβρινοῦ. Καὶ ἐπεὶ ὅλη ἡ γῆ σημείου καὶ κέντρου λόγον ἔχει, πρὸς αἴσθησιν, πρὸς τὴν τοῦ ἡλίου σφαῖραν, ὥστε ἀδιαφορεῖν τὸ Ε κέντρον τῆς τοῦ γνώμονος κορυφῆς, νοείσθω γνώμων μὲν ὁ ΓΕ, ἡ δὲ ΓΚΖΝ εὐθεῖα ἐφ' ἣν ἐν ταῖς μεσημβρίαις πεσεῖται τὰ ἄκρα τῶν σκιῶν, καὶ διήχθωσαν διὰ τοῦ Ε ἥ τε ἰσημερινὴ καὶ αἱ τροπικαὶ μεσημβριναὶ

ἀκτῖνες. Ἔςω δὲ ἰσημερινὴ μὲν ἡ ΒΕΔΖ, θερινὴ δὲ ἡ ΗΕΘΚ, χειμερινὴ δὲ ἡ ΛΕΜΝ, ὥςτε καὶ τὴν μὲν ΓΚ θερινὴν γίνεθαι σκιὰν, τὴν δὲ ΓΖ ἰσημερινὴν, τὴν δὲ ΓΝ χειμερινήν. Ἐπεὶ τοίνυν ἡ μὲν ΓΔ περιφέρεια, ᾗ τὴν ἴσην ἐξήρτηται ὁ βόρειος πόλος τοῦ ὁρίζοντος, ἐπὶ τοῦ ὑποκειμένου κλίματος, τοιούτων ἐςὶ λϛ, οἵων ὁ ΑΒΓ μεσημβρινὸς τξ, ἑκατέρα δὲ τῶν ΘΔ καὶ ΔΜ, τῶν αὐτῶν κγ να κ″, φανερὸν ὅτι καὶ λοιπὴ μὲν ἡ ΓΘ περιφέρεια τμημάτων ἔςαι ιβ ἡ μ″, ὅλη δὲ ἡ ΓΜ τῶν αὐτῶν νθ να κ″. Ὥςε καὶ τῶν ὑπ᾽ αὐτὰς γωνιῶν, οἵων μὲν εἰσιν αἱ δ᾽ ὀρθαὶ τξ, τοιούτων ἡ μὲν ὑπὸ ΚΕΓ γωνία ἐςὶ ιβ ἡ μ″, ἡ δὲ ὑπὸ ΖΕΓ τῶν αὐτῶν λϛ, ἡ δὲ ὑπὸ ΝΕΓ ὁμοίως νθ να κ″. οἵων δὲ αἱ δύο ὀρθαὶ τξ, τοιούτων ἡ μὲν ὑπὸ ΚΕΓ γωνία κδ ιζ κ″, ἡ δὲ ὑπὸ ΖΕΓ τῶν αὐτῶν οβ, ἡ δὲ ὑπὸ ΝΕΓ ὁμοίως ριθ μβ μ″. Καὶ τῶν γραφομένων ἄρα κύκλων περὶ τὰ ΚΕΓ, καὶ ΖΕΓ, καὶ ΝΕΓ τρίγωνα ὀρθογώνια, ἡ μὲν ἐπὶ τῆς ΓΚ εὐθείας περιφέρεια, μοιρῶν ἐςιν κδ ιζ κ″, καὶ ἡ ἐπὶ τῆς ΓΕ, λείπουσα δὲ εἰς τὸ ἡμικύκλιον, τῶν αὐτῶν ρνε μβ μ· ἡ δὲ ἐπὶ τῆς ΓΖ, μοιρῶν οβ, καὶ ἡ ἐπὶ τῆς ΓΕ ὁμοίως τῶν αὐτῶν ρη· ἡ δὲ ἐπὶ τῆς ΓΝ, μοιρῶν ριθ μβ μ″, καὶ ἡ ἐπὶ τῆς ΓΕ τῶν λοιπῶν πάλιν εἰς τὸ ἡμικύκλιον ξ ιζ κ″. Ὥςτε καὶ τῶν ὑπ᾽ αὐτὰς εὐθειῶν ἡ ΓΕ συνάγεται, οἵων μὲν ἡ ΓΚ ἐςὶ κε ιδ μγ″, τοιούτων ριζ ιη να, οἵων δὲ ἡ ΓΖ πάλιν ο λβ δ″, τοιούτων ζζ δ νϛ″, οἵων δὲ ἡ ΓΝ ὁμοίως ργ μϛ ιϛ″, τοιούτων ξ ιε μβ″. Καὶ οἵων ἄρα ἐςὶν ὁ ΓΕ γνώμων ξ, τοιούτων καὶ ἡ

solstitial d'été HETK, celui d'hiver LEMN, de manière que GK soit l'ombre du gnomon en été, GZ celle qu'il jette quand le soleil est dans l'équinoxe, et GN celle du tropique d'hiver. Puisque l'arc GD, auquel est égale l'élévation du pole boréal au-dessus de l'horizon, dans le climat supposé, est de 36 des degrés dont le méridien ABG en contient 360, et que chaque arc TD, DM est de 23ᵈ 51′ 20″ des mêmes degrés, il est clair que le reste GT sera de 12ᵈ 8′ 40″, et que l'arc entier GM sera de 59ᵈ 51′ 20″. C'est pourquoi, tous ces angles, exprimés en degrés dont 360 valent quatre angles droits, auront les valeurs suivantes : l'angle KEG sera de 12ᵈ 8′ 40″; l'angle ZEG, de 36ᵈ; et l'angle NEG, par conséquent, sera de 59ᵈ 51′ 20″. Or (a), si deux angles droits valoient 360 degrés, KEG en auroit 24ᵈ 17′ 20″; ZEG seroit de 72ᵈ; et NEG seroit par conséquent de 119ᵈ 42′ 40″. Dans ce cas, circonscrivant des cercles aux triangles rectangles KEG, ZEG, NEG, l'arc sous-tendu par la droite GK sera de 24ᵈ 17′ 20″; et l'arc sous-tendu par la droite GE, étant le reste de la demi-circonférence, sera de 155ᵈ 42′ 40″ de ces mêmes degrés. L'arc sous-tendu par la droite GZ sera de 72ᵈ, et l'arc sous-tendu par la droite GE aura 108 de ces degrés; l'arc sous-tendu par GN en aura 119ᵈ 42′ 40″, et l'arc sous-tendu par GE aura pour valeur les 60ᵈ 17′ 20″, du reste de la demi-circonférence. Par conséquent, de toutes ces sous-tendantes, GE est de 117ᵖ 18′ 51″ des parties dont GK en contient 25ᵖ 14′ 43″; de 97ᵖ 4′ 56″ des parties dont GZ en contient 70ᵖ 32′ 4″; et de 60ᵖ 15′ 42″ des parties dont GN en contient 103ᵖ 46′ 16″. Donc, faisant le gnomon GE de 60 parties, son ombre GK

au tropique d'été sera de 12ᵖ 55′ de ces mêmes parties ; GZ , son ombre dans l'équinoxe , sera de 43ᵖ 36′ ; et GN, celle d'hiver, de 103ᵖ 20′, à très-peu près.

Réciproquement, il est clair que , si deux quelconques de ces rapports du gnomon aux trois ombres, sont donnés, alors on connoit et la hauteur du pole et l'arc entre les tropiques. En effet, étant donnés deux quelconques des angles en E, le troisième est aussi donné, à cause des arcs DT , DM égaux. Mais, pour donner aux observations toute l'exactitude possible, il vaut mieux déterminer, comme nous l'avons enseigné, *la distance des tropiques et la hauteur du pole*, car le rapport des ombres aux gnomons n'est pas susceptible de la même précision, parce que l'instant de celles des équinoxes n'est pas bien déterminé, ni les extrémités de celles des solstices bien distinctes.

μὲν ΓΚ θερινὴ σκιὰ συναχθήσεται ιβ νέ, ἡ δὲ ΓΖ ἰσημερινὴ μγ̄ λς΄, ἡ δὲ ΓΝ χειμερινὴ ργ̄ κ΄ ἔγγιϛα.

Φανερὸν δὲ αὐτόθεν ὅτι καὶ ἀνάπαλιν, κἂν δύο μόνοι λόγοι δοθῶσιν ὁποιοιοῦν, ἀπὸ τῶν ἐκκειμένων τριῶν τοῦ ΓΕ γνώμονος πρὸς τὰς σκιὰς, τό τε τοῦ πόλου ἔξαρμα δίδοται, καὶ ἡ μεταξὺ τῶν τροπικῶν· ἐπειδήπερ καὶ δύο δοθεισῶν ὁποίων πρὸς τῷ Ε γωνιῶν, δίδοται καὶ ἡ λοιπὴ, διὰ τὸ ἴσας εἶναι τὰς ΘΔ, ΔΜ περιφερείας. Τοῦ μέντοι περὶ τὰς τηρήσεις αὐτὰς ἀκριβοῦς ἕνεκεν, ἐκεῖνα μὲν ἀδιϛάκτως ἂν λαμβάνοιτο καθ᾽ ὃν ὑπεδείξαμεν τρόπον· οἱ δὲ τῶν ἐκκειμένων σκιῶν πρὸς τοὺς γνώμονας λόγοι οὐχ ὁμοίως· διὰ τὸ τῶν μὲν ἰσημερινῶν τὸν χρόνον ἀόριϛόν πως καθ᾽ αὐτὸν εἶναι, τῶν δὲ τροπικῶν τὰ τῶν κορυφῶν ἄκρα δυσδιάκριτα.

CHAPITRE VI.

EXPOSITION DE CE QUI EST PROPRE A CHAQUE PARALLÈLE.

Nous suivrons cette méthode pour expliquer les propriétés les plus importantes des divers parallèles. Il suffira de supposer, de l'un à l'autre, une augmentation d'un quart d'heure dans la durée du plus long jour. Nous en ferons un exposé général, avant que de parler des propriétés particulières de chacun ; et nous commencerons par celui même qui est sous l'équateur. Ce parallèle est à très-peu près la limite méridionale du quart de la sphère terrestre, que nous habitons.

ΚΕΦΑΛΑΙΟΝ Ϛ.

ΕΚΘΕΣΙΣ ΤΩΝ ΚΑΤΑ ΠΑΡΑΛΛΗΛΟΝ ΙΔΙΩΜΑΤΩΝ.

Τὸν αὐτὸν δὴ τρόπον τύτοις, καὶ ἐπὶ τῶν ἄλλων παραλλήλων λαβόντες τὰ ὁλοσχερῆ τῶν ἐκκειμένων ἰδιωμάτων, τετάρτῳ μιᾶς ὥρας ἰσημερινῆς ὡς αὐτάρκει τὰς ὑπεροχὰς τῶν ἐγκλίσεων παραυξήσαντες, ποιησόμεθα τὴν ἔκθεσιν αὐτῶν τὴν καθόλου, πρὸ τῆς τῶν κατὰ μέρος ἐπισυμβαινόντων, τὴν ἀρχὴν ἀπὸ τῦ ὑπ᾽ αὐτὸν τὸν ἰσημερινὸν παραλλήλου ποιησάμενοι. ὃς ἀφορίζει μὲν ἔγγιϛα τὸ πρὸς μεσημβρίαν μέρος, τῦ ὅλου τεταρτημορίου τῆς καθ᾽

ἡμᾶς οἰκουμένης· μόνος δὲ ἔχει τὰς ἡμέρας καὶ τὰς νύκτας πάσας ἴσας ἀλλήλαις, πάντων τῶν ἐν τῇ σφαίρᾳ παραλλήλων τῷ ἰσημερινῷ κύκλῳ, τότε μόνον δίχα ὑπὸ τῦ ὁρίζοντος διαιρουμένων,
ὥστε τὰ ὑπὲρ γῆν αὐτῶν τμήματα ὅμοιά
τε ἀλλήλοις εἶναι, καὶ ἴσα τοῖς ὑπὸ γῆν
καθ᾽ ἕκαςον, τοῦ τοιούτου μὴ συμβαίνον-
τος ἐπὶ μηδεμιᾶς τῶν ἐγκλίσεων· ἀλλὰ
μόνου μὲν πάλιν τοῦ ἰσημερινοῦ πανταχῆ δίχα τε ὑπὸ τοῦ ὁρίζοντος διαιρου-
μένου, καὶ τὰς καθ᾽ αὐτὸν ἡμέρας ταῖς
νυξὶν ἴσας ποιοῦντος, πρὸς αἴϑησιν, ἐπεὶ
καὶ αὐτὸς τῶν μεγίςων ἐςὶ κύκλων· τῶν
δὲ λοιπῶν εἰς ἄνισα διαιρουμένων, καὶ
κατὰ τὸ τῆς ἡμετέρας οἰκουμένης ἔγκλι-
μα, τῶν μὲν νοτιωτέρων αὐτοῦ, τά τε
ὑπὲρ γῆν τμήματα τῶν ὑπὸ γῆν ἐλάτ7ο-
να, καὶ τὰς ἡμέρας τῶν νυκτῶν βραχυ-
τέρας ποιούντων· τῶν δὲ βορειοτέρων
ἀνάπαλιν τά τε ὑπὲρ γῆν τμήματα μείζονα, καὶ τὰς ἡμέρας πολυχρονιωτέρας.

Εςι δὲ καὶ ἀμφίσκιος οὗτος ὁ παράλληλος, τῦ ἡλίου δίς κατὰ κορυφὴν τοῖς
ὑπ᾽ αὐτὸν γινομένου, κατὰ τὰ τοῦ ἰσημερινοῦ καὶ τοῦ λοξοῦ κύκλου τμήματα,
ὥστε τό τε μόνον τοὺς γνώμονας ἐν ταῖς
μεσουρανήσεσιν ἀσκίους γίνεϑαι, τοῦ δὲ
ἡλίου τὸ μὲν βόρειον ἡμικύκλιον διαπορευομένου, τὰς τῶν γνωμόνων σκιὰς
ἀποκλίνειν πρὸς μεσημβρίαν, τὸ δὲ νότιον,
πρὸς τὰς ἄρκ7ους. Καὶ ἔςιν ἐνταῦθα οἵων
ὁ γνώμων ξ, τοιούτων ἑκατέρα ἥ τε ϑερινὴ
καὶ ἡ χειμερινὴ σκιὰ κϛ ϛ´ ἔγγιςα.

Seul, il a tous les jours égaux aux nuits,
parce que ce climat est le seul pour lequel tous les parallèles sont également
coupés par l'horizon, en sorte que la
partie qui est inférieure est toujours
semblable et égale à celle qui est au-
dessus, ce qui n'a lieu dans aucune des
inclinaisons de la sphère. L'équateur est
le seul des cercles parallèles qui soit également coupé par tous les horizons, et
qui fasse, partout, le jour égal à la nuit,
du moins sensiblement, quand le soleil
vient à le traverser, parce qu'il est un
grand cercle de la sphère, au lieu que
tous les autres parallèles sont coupés inégalement, en sorte que, la partie que
nous habitons étant inclinée, la portion
d'un parallèle méridional quelconque,
élevée au-dessus de notre horizon, est
plus petite que celle qui est au-dessous,
ce qui rend les jours moins longs ; et la
portion élevée d'un parallèle boréal relativement à l'équateur, est au contraire
la plus grande, ce qui augmente la durée
du jour.

Ce même parallèle est aussi amphiscien (*à deux ombres*), car le soleil y est
deux fois vertical sur ceux qui l'habitent, lorsque cet astre est dans les intersections du cercle oblique et de l'équateur, en sorte qu'alors seulement, les
gnomons ne jettent point d'ombre à
midi ; mais, quand le soleil parcourt
l'hémisphère boréal, les ombres des gnomons de ce parallèle sont projetées vers
le midi, et, quand il parcourt l'hémisphère méridional, elles se projettent vers
les ourses. Et, sur ce parallèle, le gnomon étant de 60 parties, son ombre,
tant en hiver qu'en été, en contient 26^P
$\frac{1}{2}$ (*30'*), à très-peu près.

Nous disons en général les ombres à midi, et l'erreur ne sera pas bien importante; car ce n'est pas toujours à midi juste, qu'arivent les équinoxes et les solstices.

Les astres qui font leurs révolutions dans l'équateur, sont verticaux pour les habitans de la terre qui sont sous ce grand cercle. Ceux-ci voient tous les astres se lever et se coucher, parce que les poles de la sphère étant dans leur horizon, aucun des parallèles n'est ni toujours visible sous ce même grand cercle, ni toujours invisible, et aucun méridien n'y est colure (*tronqué*) (*a*). On dit que la terre sous l'équateur peut être habitée, parce que la température y est modérée, le soleil n'y demeurant pas long-temps vertical, attendu que, dans les équinoxes, le mouvement en latitude (*en déclinaison*) est rapide, ce qui y rend l'été fort tempéré; et même, le soleil, dans les tropiques, étant peu distant du point vertical, cela est cause que l'hiver n'est pas bien rigoureux. Je ne pourrois pas dire avec certitude quelles sortes d'habitations s'y trouvent; car jusqu'à présent personne de nos contrées n'y a pénétré; et ce qu'on en raconte a plutôt l'air de vraisemblance et de conjecture que d'une description historique et fidèle. Voilà ce que l'on peut dire, en abrégé, des phénomènes propres au parallèle situé sous l'équateur.

Quant aux autres parallèles entre lesquels on croit communément que sont contenues les parties habitées de la terre, pour ne pas répéter à chacun d'eux les

Λέγομεν δὲ καθόλου σκιὰς τὰς ἐν ταῖς μεσημβρίαις γινομένας, καὶ ὡς μηδενὶ ἀξιολόγῳ διαφορούσας, διὰ τὸ μὴ πάντως ἐν αὐταῖς ταῖς μεσημβρίαις τάς τε ἰσημερίας καὶ τὰς τροπὰς ἀποτελεῖσθαι.

Τοῖς δὲ ὑπὸ τὸν ἰσημερινὸν, κατὰ κορυφὴν μὲν γίνονται τῶν ἀςέρων ὅσοι κατ' αὐτοῦ τοῦ ἰσημερινοῦ ποιοῦνται τὰς περιφοράς. Πάντες δὲ καὶ ἀνατέλλοντες καὶ δύνοντες φαίνονται, τῶν τῆς σφαίρας πόλων ἐπ' αὐτοῦ τοῦ ὁρίζοντος ὄντων, καὶ μηδένα κύκλον ποιούντων, μήτε τῶν παραλλήλων ἀεὶ φανερὸν ἢ ἀεὶ ἀφανῆ, μήτε τῶν μεσημβρινῶν κόλουρον. Οἰκήσεις δὲ εἶναι μὲν ὑπὸ τὸν ἰσημερινὸν ἐνδέχεσθαι φασὶν, ὡς πάνυ εὔκρατον, διὰ τὸ τὸν ἥλιον, μήτε τοῖς κατὰ κορυφὴν σημείοις ἐγχρονίζειν, ταχείας γινομένης τῆς περὶ τὰ ἰσημερινὰ τμήματα κατὰ πλάτος παραχωρήσεως, ὅθεν ἂν τὸ θέρος εὔκρατον γένοιτο, μήτ' ἐν ταῖς τροπαῖς πολὺ ἀφίςασθαι τοῦ κατὰ κορυφὴν, ὡς μηδὲ τὸν χειμῶνα σφοδρὸν ποιεῖν. Τίνες δὲ εἰσὶν αἱ οἰκήσεις, οὐκ ἂν ἔχοιμεν πεπεισμένως εἰπεῖν. Ἀτρίπλοί γαρ εἰσὶ μέχρι τοῦ δεῦρο τοῖς ἀπὸ τῆς καθ' ἡμᾶς οἰκουμένης, καὶ εἰκασίαν μᾶλλον ἄν τις ἢ ἱςορίαν ἡγήσαιτο τὰ λεγόμενα περὶ αὐτῶν. Τὰ μὲν οὖν ἴδια τοῦ ὑπὸ τὸν ἰσημερινὸν παραλλήλου, συνελόντι εἰπεῖν, ταῦτα ἂν εἴη.

Περὶ δὲ τῶν λοιπῶν, ἀφ' ὧν καὶ τὰς οἰκήσεις τινὲς οἴονται κατειλῆφθαι, προσθήσομεν ἐκεῖνα κοινότερον, ἵνα μὴ καθ' ἕκαςον ταυτολογῶμεν, ὅτι τε τῶν ἐφεξῆς

ἑκάςῃ κατὰ κορυφὴν γίνονται τῶν ἀςέρων, ὅσοι τὴν ἴσην περιφέρειαν ἀφεςήκασι τοῦ ἰσημερινοῦ, ἐπὶ τοῦ διὰ τῶν πόλων αὐτοῦ κύκλου, ἣν καὶ αὐτὸς ὁ ὑποκείμενος παράλληλος ἀφέςηκε, καὶ ὅτι φανερὸς μὲν ἀεὶ κύκλος γίνεται, ὁ πόλῳ μὲν, τῷ βορείῳ πόλῳ τοῦ ἰσημερινοῦ, διαςήματι δὲ, τῷ τοῦ πόλου ἐξάρματι γραφόμενος, καὶ οἱ ἐμπεριλαμβανόμενοι ὑπὸ τούτῃ ἀςέρες, ἀεὶ φανεροὶ· ἀεὶ δ᾿ ἀφανὴς κύκλος, ὁ πόλῳ μὲν, τῷ νοτίῳ πόλῳ, διαςήματι δὲ τῷ αὐτῷ γραφόμενος, καὶ οἱ ἐντὸς τούτῃ ἀςέρες ἀεὶ ἀφανεῖς.

Δεύτερος γίνεται παράλληλος, καθ᾿ ὃν ἡ μεγίςη ἡμέρα ἐςὶν ὡρῶν ἰσημερινῶν ιβ δ''. Οὗτος δὲ ἀπέχει τοῦ ἰσημερινῦ μοιρῶν δ δ''. Καὶ γράφεται διὰ Ταπροβάνης τῆς νήσῃ. Ἔςι δὲ καὶ οὗτος τῶν ἀμφισκίων, τοῦ ἡλίου πάλιν δὶς τοῖς ὑπ᾿ αὐτὸν γινομένῃ κατὰ κορυφὴν, καὶ τοὺς γνώμονας ἐν ταῖς μεσουρανήσεσι ποιοῦντος ἀσκίους, ὅταν ἀπέχῃ τῆς θερινῆς τροπῆς ἐφ᾿ ἑκάτερα τὰ μέρη μοιρῶν οθ ς', ὥςτε τὰς μὲν ρνθ ταύτας αὐτοῦ διαπορευομένου, τὰς τῶν γνωμόνων σκιὰς ἀποκλίνειν εἰς τὰ νότια, τὰς δὲ λοιπὰς σα εἰς τὰ βόρεια. Καὶ ἔςιν ἐνταῦθα, οἵων ὁ γνώμων ξ, τοιούτων ἡ μὲν ἰσημερινὴ σκιὰ δ γ'' ιβ'', ἡ δὲ θερινὴ κα γ'', ἡ δὲ χειμερινὴ λβ.

Τρίτος δ᾿ ἐςὶ παράλληλος, καθ᾿ ὃν ἂν γένοιτο ἡ μεγίςη ἡμέρα ὡρῶν ἰσημερινῶν ιβ ς''. Οὗτος δ᾿ ἀπέχει τοῦ ἰσημε-

choses qui leur sont communes, nous dirons de tous en général que chacun voit passer à son point vertical les astres qui sont à une distance de l'équateur égale à la latitude du lieu. Cette distance se mesure sur le grand cercle qui passe par les pôles de l'équateur. On y voit toujours au-dessus de l'horizon le cercle qui a pour pole le pole boréal de l'équateur, et dont la distance à ce pole est égale à l'élévation du pole. Tous les astres compris dans ce cercle sont aussi toujours visibles, mais on n'y voit jamais le cercle qui a pour pole le pole austral de l'équateur avec une distance polaire égale à l'abaissement de ce pole, et tous les astres compris dans ce cercle sont toujours invisibles.

Le second parallèle est celui sur lequel le plus long jour est de $12\frac{1}{4}$ heures équinoxiales, il est distant de l'équateur de $4^{d}\frac{1}{4}$, il passe par l'île Taprobane, et il est amphiscien; car le soleil passe deux fois verticalement au-dessus de lui. Alors les gnomons n'y rendent point d'ombre à midi, lorsque sa distance au point tropique d'été est de part et d'autre de $79\frac{1}{2}$ degrés. Ainsi, pendant qu'il parcourt 159 de ces degrés, il fait tomber les ombres des gnomons vers le midi, et quand il parcourt les 201 degrés qui restent, elles tombent vers les ourses. Or, dans ce climat, le gnomon étant de 60 parties, son ombre, quand le soleil est à l'équinoxe, en a $4\frac{1}{3}\frac{1}{12}$ $(= 4^{p} 25')$; quand il est au tropique d'été, elle en a $21\frac{1}{3}$ $(= 21^{p} 20')$; et au tropique d'hiver, 32^{p} (b).

Le troisième parallèle est celui où le plus long jour a $12\frac{1}{2}$ heures équinoxiales. Sa distance à l'équateur est de 8 degrés

25'. On le décrit par le golfe Aualite, et il est amphiscien, le soleil y passant deux fois verticalement et ôtant alors aux gnomons leurs ombres à midi, quand il est éloigné du point tropique d'été de 69 degrés de part et d'autre, de sorte que, tandis qu'il parcourt le double, c'est-à-dire 138^d, les ombres des gnomons se jettent au midi, et tandis qu'il parcourt les 222^d restants, elles se jettent vers les ourses; et, sous ce parallèle, le gnomon étant de 60 parties, l'ombre en a 8^p $\frac{1}{2}$ $\frac{1}{7}$ (= 8^p 50′), quand le soleil est dans l'équinoxe; 16^p $\frac{1}{2}$ $\frac{1}{7}$ (= 16^p 50′), quand il est dans le tropique d'été; et 37^p $\frac{1}{2}$ $\frac{1}{3}$ $\frac{1}{11}$ (= 37^p 54′) quand il est dans le tropique d'hiver.

Le quatrième parallèle sera celui où le plus long jour est de 12^h $\frac{1}{2}$ $\frac{1}{4}$ (= 12^h 45′) à une distance de 12^d $\frac{1}{2}$ de l'équateur. On le décrit par le golfe Adulitique. Il est amphiscien, le soleil y passant deux fois verticalement, et y privant alors les gnomons de leurs ombres, lorsqu'il est éloigné du tropique d'été, de 57 $\frac{1}{2}$ degrés de part et d'autre. Pendant qu'il en parcourt le double 115 $\frac{1}{1}$, les ombres des gnomons sont vers le midi; et pendant les 244 $\frac{1}{1}$ restants, elles tombent vers les ourses. Le gnomon étant toujours de 60 parties, son ombre équinoxiale en a 13 $\frac{1}{7}$; son ombre tropique d'été, 12^p (4′); et celle d'hiver, 44 $\frac{1}{7}$.

Le cinquième parallèle sera celui sur lequel le plus long jour est de 13 heures équinoxiales. Sa distance à l'équateur est de 16 degrés, 27′. On le décrit par l'île Méroë. Il est aussi amphiscien, le soleil

ρινοῦ, μοιρῶν π κέ, καὶ γράφεται διὰ τοῦ Αὐαλίτου κόλπου. Ἐςι δὲ καὶ οὗτος τῶν ἀμφισκίων, τοῦ ἡλίου δὶς τοῖς ὑπ' αὐτὸν γινομένου κατὰ κορυφήν, καὶ τοὺς γνώμονας ἐν ταῖς μεσουρανήσεσιν ἀσκίους ποιοῦντος, ὅταν τῆς θερινῆς τροπῆς ἀπέχῃ ἐφ' ἑκάτερα τὰ μέρη μοιρῶν ξθ· ὥςε τὰς μὲν ρλη ταύτας αὐτοῦ διαπορευομένου, τὰς τῶν γνωμόνων σκιὰς ἀποκλίνειν πρὸς μεσημβρίαν, τὰς δὲ λοιπὰς σκβ, πρὸς ἄρκτους. Καὶ ἔςιν ἐνταῦθα οἵων ὁ γνώμων ξ, τοιούτων ἡ μὲν ἰσημερινὴ σκιὰ η ΄ γ΄΄, ἡ δὲ θερινὴ ιϛ ΄ γ΄΄, ἡ δὲ χειμερινὴ λζ ΄ γ΄΄ ιε΄΄.

Τέταρτος δὲ ἐςι παράλληλος, καθ' ὃν ἂν γένοιτο ἡ μεγίςη ἡμέρα ὡρῶν ἰσημερινῶν ιβ ΄ δ΄΄. Οὗτος δ' ἀπέχει τοῦ ἰσημερινοῦ, μοιρῶν ιβ ΄, καὶ γράφεται διὰ τοῦ Ἀδουλιτιχοῦ κόλπου. Ἐςι δὲ καὶ οὗτος τῶν ἀμφισκίων, τοῦ ἡλίου πάλιν δὶς τοῖς ὑπ' αὐτὸν γινομένου κατὰ κορυφήν, καὶ τοὺς γνώμονας ἐν ταῖς μεσουρανήσεσιν ἀσκίους ποιοῦντος, ὅταν ἀπέχῃ τῆς θερινῆς τροπῆς ἐφ' ἑκάτερα τὰ μέρη μοιρῶν νζ γ΄΄· ὥστε τὰς μὲν ριε γ΄΄ ταύτας αὐτοῦ διαπορευομένου, τὰς τῶν γνωμόνων σκιὰς ἀποκλίνειν πρὸς μεσημβρίαν, τὰς δὲ λοιπὰς σμδ γ΄΄, πρὸς τὰς ἄρκτους. Καὶ ἔςιν ἐνταῦθα οἵων ὁ γνώμων ξ, τοιούτων ἡ μὲν ἰσημερινὴ σκιὰ ιγ γ΄΄, ἡ δὲ θερινὴ ιβ, ἡ δὲ χειμερινὴ μδ ϛ΄΄.

Πέμπῖος ἐςὶ παράλληλος καθ' ὃν ἂν γένοιτο ἡ μεγίςη ἡμέρα ὡρῶν ἰσημερινῶν ιγ. Ἀπέχει δ' οὗτος τοῦ ἰσημερινοῦ, μοιρῶν ιϛ κζ, καὶ γράφεται διὰ Μερόης τῆς νήσου. Ἐςι δὲ καὶ αὐτὸς τῶν ἀμφισκίων,

τοῦ ἡλίου δὶς τοῖς ὑπ᾽ αὐτὸν γινομένου
κατὰ κορυφὴν, καὶ τοὺς γνώμονας ἐν ταῖς
μεσουρανήσεσιν ἀσκίους ποιοῦντος, ὅταν
ἀπέχῃ τῆς θερινῆς τροπῆς ἐφ᾽ ἑκάτερα
τὰ μέρη μοιρῶν με· ὥστε τὰς μὲν ϟ ταύτας αὐτοῦ διαπορευομένᴫ, τὰς τῶν γνωμόνων σκιὰς ἀποκλίνειν πρὸς μεσημβρίαν,
τὰς δὲ λοιπὰς σο, πρὸς τὰς ἄρκτους.
Καὶ ἔςιν ἐνταῦθα οἵων ὁ γνώμων ξ, τοιούτων ἡ μὲν ἰσημερινὴ σκιὰ ιζ ϛ″ δ″, ἡ δὲ
θερινὴ ζ ϛ″ δ″, ἡ δὲ χειμερινὴ να.

Ἕκτος ἐςὶ παράλληλος καθ᾽ ὃν ἂν
γένοιτο ἡ μεγίςη ἡμέρα ὡρῶν ἰσημερινῶν
ιγ δ″. Ἀπέχει δ᾽ οὗτος τοῦ ἰσημερινοῦ
μοιρῶν κ ιδ′· καὶ γράφεται διὰ Ναπά-
των. Ἔςι δὲ καὶ αὐτὸς τῶν ἀμφισκίων,
τοῦ ἡλίου τοῖς καθ᾽ αὑτῶν δὶς γινομένου
κατὰ κορυφὴν, καὶ τοὺς γνώμονας ἐν ταῖς
μεσημβρίαις ἀσκίους ποιοῦντος, ὅταν
ἀπέχῃ τῆς θερινῆς τροπῆς ἐφ᾽ ἑκάτερα
τὰ μέρη μοιρῶν λα· ὥστε, τὰς μὲν ξβ
ταύτας αὐτοῦ διαπορευομένου, τὰς τῶν
γνωμόνων σκιὰς ἀποκλίνειν πρὸς μέ-
σημβρίαν, τὰς δὲ λοιπὰς σϟη πρὸς τὰς
ἄρκτους. Καὶ ἔςιν ἐνταῦθα οἵων ὁ γνώμων
ξ, τοιούτων ἡ μὲν ἰσημερινὴ σκιὰ κβ ϛ″,
ἡ δὲ θερινὴ γ ϛ″ δ″, ἡ δὲ χειμερινὴ νη ϛ″.

Ἕβδομός ἐςι παράλληλος, καθ᾽ ὃν ἂν
γένοιτο ἡ μεγίςη ἡμέρα ὡρῶν ἰσημερινῶν
ιγ ϛ. Ἀπέχει δ᾽ οὗτος τοῦ ἰσημερινοῦ
μοιρῶν κγ να· καὶ γράφεται διὰ Συήνης.
Πρῶτος δέ ἐςιν οὗτος παράλληλος τῶν
καλουμένων ἑτεροσκίων· οὐδέποτε γὰρ
τοῖς ὑπ᾽ αὐτὸν οἰκοῦσιν ἐν ταῖς μεσημβρίαις αἱ τῶν γνωμόνων σκιαὶ πρὸς μεσημβρίαν ἀποκλίνουσιν, ἀλλ᾽ ἐν μὲν αὐτῇ

y devenant deux fois vertical, et privant
les gnomons de leur ombre à midi, quand
il est éloigné du tropique d'été, de 45ᵈ
de part et d'autre. Ainsi, quand il en
parcourt le double 90, les ombres des
gnomons vont vers le midi ; et, pendant
qu'il parcourt le complément 270, elles
tombent vers les ourses ; et là, le gnomon étant de 60 parties, son ombre équi-
noxiale en a 17 $\frac{1}{2}$ $\frac{1}{4}$; celle du tropique
d'été, 7 $\frac{1}{2}$ $\frac{1}{4}$; et celle du tropique d'hiver, 51ᴾ.

Le sixième parallèle est celui où le plus
long jour sera de 13 $\frac{1}{4}$ heures équinoxiales ;
il est à 20 degrés 14′ de l'équateur. On le
fait passer par le pays des Napatéens.
Il est amphiscien, le soleil y étant deux
fois vertical ; et les gnomons n'y rendent
point d'ombre à midi, quand, de chaque
côté, il est à 31 degrés du tropique d'été,
en sorte que, pendant qu'il parcourt
ces 62ᵈ, les ombres des gnomons tombent vers le midi, et, pendant qu'il en
parcourt le complément 298ᵈ, elles
tombent vers les ourses ; et, le gnomon y
étant de 60 parties, son ombre équi-
noxiale est de 22 $\frac{1}{6}$; la solstitiale d'été est
de 3 $\frac{1}{7}$ $\frac{1}{4}$; et celle d'hiver, de 58. $\frac{1}{6}$. (c)

Le septième parallèle aura son plus
long jour de 13 $\frac{1}{2}$ heures équinoxiales.
Il est à 23ᵈ 51′ de l'équateur. Il passe
par Syène. C'est le premier des parallèles
appelés hétérosciens (à ombres d'un seul
côté) les ombres des gnomons ne se pro-
jettant jamais vers le midi pour ses habitans, au milieu du jour, et le soleil n'é-
tant vertical sur eux que quand il est au
tropique d'été. Alors on voit que leurs

I.   11

gnomons ne répandent pas d'ombre, car ils sont à la même distance de l'équateur que le point tropique d'été. Dans tout autre temps, les ombres des gnomons se projettent vers les ourses; et le gnomon y étant de 6o parties, son ombre équinoxiale en a 26 ½ ; celle du solstice d'hiver en a 65 ½ ½ ; quant à celle du solstice d'été, elle est nulle. Tous les parallèles plus boréaux que ce septième, jusqu'à celui qui borne la partie que nous habitons sur la terre, sont hétérosciens; car jamais les gnomons n'y sont sans ombre à midi, et jamais les ombres ne s'y projettent vers le midi, mais elles se dirigent toutes vers les ourses, parce que le soleil n'est jamais vertical sur ces parallèles.

Le huitième parallèle aura son plus long jour de 13 ½ ¼ heures équinoxiales. Il est à 27ᵈ 12′ de l'équateur. On le fait passer par Ptolémaïs, surnommée d'Hermias, dans la Thébaïde; et le gnomon y étant de 6o parties, son ombre, en été, en a 3 ½; dans l'équinoxe, 36 ½ ½; et en hiver, 74. ⅙.

Le neuvième parallèle aura son plus long jour de 14 heures équinoxiales. Il est à 3oᵈ 22′ loin de l'équateur. Il passe par la Basse-Égypte; et le gnomon y étant de 6o parties, son ombre, en été, en a 6 ½ ½; dans les équinoxes, 35 ½½; et en hiver, 83 ½. (*d*)

Le dixième parallèle a son plus long

μόνῃ τῇ θερινῇ τροπῇ κατὰ κορυφὴν αὐτοῖς ὁ ἥλιος γίνεται, καὶ οἱ γνώμονες ἄσκιοι θεωροῦνται· τοσοῦτον γὰρ ἀπέχουσι τοῦ ἰσημερινοῦ, ὅσον καὶ τὸ θερινὸν τροπικὸν σημεῖον. Τὸν δὲ ἄλλον πάντα χρόνον αἱ τῶν γνωμόνων σκιαὶ πρὸς τὰς ἄρκτους ἀποκλίνουσι. Καὶ ἐνταῦθα ἐςὶν οἵων ὁ γνώμων ξ, τοιούτων ἡ μὲν ἰσημερινὴ σκιὰ κϛ ϛ″, ἡ δὲ χειμερινὴ ξε ϛ″ γ″, ἡ δὲ θερινὴ ἄσκιός ἐςι. Καὶ πάντες δὲ οἱ τούτου βορειότεροι παράλληλοι, μέχρι τοῦ τὴν ἡμετέραν οἰκουμένην ἀφορίζοντος, ἑτερόσκιοι τυγχάνουσιν ὄντες· οὐδέποτε γὰρ κατ' αὐτοὺς οἱ γνώμονες ἐν ταῖς μεσημβρίαις, οὔτε ἄσκιοι γίνονται, οὔτε τὰς σκιὰς ποιοῦσι πρὸς μεσημβρίαν, ἀλλὰ πάντες πρὸς ἄρκτους, διὰ τὸ μηδὲ τὸν ἥλιόν ποτε κατὰ κορυφὴν αὐτοῖς γίγνεσθαι.

Ὄγδοός ἐςι παράλληλος καθ' ὃν ἂν γένοιτο ἡ μεγίςη ἡμέρα ὡρῶν ἰσημερινῶν ιγ ϛ″ δ″. Ἀπέχει δ' οὗτος τοῦ ἰσημερινοῦ μοιρῶν κζ ιβ′. καὶ γράφεται διὰ Πτολεμαΐδος τῆς ἐν Θηβαΐδι, καλουμένης δὲ Ἑρμείου. Καὶ ἔςιν ἐνταῦθα οἵων ὁ γνώμων ξ, τοιούτων ἡ μὲν θερινὴ σκιὰ γ ϛ″, ἡ δὲ ἰσημερινὴ λϛ ϛ″ γ″, ἡ δὲ χειμερινὴ οδ ϛ″.

Ἔννατός ἐςι παράλληλος καθ' ὃν ἂν γένοιτο ἡ μεγίςη ἡμέρα ὡρῶν ἰσημερινῶν ιδ. Ἀπέχει δ' οὗτος τοῦ ἰσημερινοῦ μοιρῶν λ κβ′. καὶ γράφεται διὰ τῆς κάτω χώρας τῆς Αἰγύπτου. Καὶ ἔςιν ἐνταῦθα οἵων ὁ γνώμων ξ, τοιούτων ἡ μὲν θερινὴ σκιὰ ϛ ϛ″ γ″, ἡ δὲ ἰσημερινὴ λϛ ιβ″, ἡ δὲ χειμερινὴ πγ ιϛ″.

Δέκατός ἐςι παράλληλος καθ' ὃν ἂν

γένοιτο ἡ μεγίϛη ἡμέρα ὡρῶν ἰσημερινῶν
ιδ̄ δ″. Ἀπέχει δ᾽ οὗτος τοῦ ἰσημερινοῦ
μοιρῶν λγ̄ ιη′· καὶ γράφεται διὰ Φοινίκης
μέσης. Καὶ ἔϛιν ἐνταῦθα οἵων ὁ γνώμων ξ̄,
τοιούτων ἡ μὲν θερινὴ σκιὰ ῑ, ἡ δὲ ἰσημερινὴ λθ̄ ϛ″, ἡ δὲ χειμερινὴ ϟγ̄ ιβ″.

Ἑνδέκατός ἐϛι παράλληλος καθ᾽ ὃν ἂν
γένοιτο ἡ μεγίϛη ἡμέρα ὡρῶν ἰσημερινῶν
ιδ̄ ϛ″. Ἀπέχει δ᾽ οὗτος τοῦ ἰσημερινοῦ
μοιρῶν λϛ̄ καὶ γράφεται διὰ Ῥόδου. Καὶ
ἔϛιν ἐνταῦθα οἵων ὁ γνώμων ξ̄, τοιούτων
ἡ μὲν θερινὴ σκιὰ ιβ̄ ϛ″ γ″ ιβ″, ἡ δὲ ἰσημερινὴ μγ̄ ϛ″ γ″, ἡ δὲ χειμερινὴ ργ̄ γ″.

Δωδέκατός ἐϛι παράλληλος καθ᾽ ὃν
ἂν γένοιτο ἡ μεγίϛη ἡμέρα ὡρῶν ἰσημερινῶν ιδ̄ ϛ″ δ″. Ἀπέχει δ᾽ οὗτος τοῦ ἰσημερινοῦ μοιρῶν λη̄ λε′· καὶ γράφεται διὰ
Σμύρνης. Καὶ ἔϛιν ἐνταῦθα οἵων ὁ γνώμων
ξ̄, τοιούτων ἡ μὲν θερινὴ σκιὰ ιε̄ γ̄″, ἡ δὲ
ἰσημερινὴ μζ̄ ϛ″ γ″, ἡ δὲ χειμερινὴ ριδ̄
ϛ″ γ″ ιβ″.

Τρισκαιδέκατός ἐϛι παράλληλος καθ᾽
ὃν ἂν γένοιτο ἡ μεγίϛη ἡμέρα ὡρῶν ἰσημερινῶν ιε̄. Ἀπέχει δ᾽ οὗτος τοῦ ἰσημερινοῦ
μοιρῶν μ̄ νϛ′· καὶ γράφεται δι᾽ Ἑλλησπόν-
του. Καὶ ἔϛιν ἐνταῦθα οἵων ὁ γνώμων ξ̄,
τοιούτων ἡ μὲν θερινὴ σκιὰ ιη̄ ϛ″, ἡ δὲ
ἰσημερινὴ νβ̄ ϛ″, ἡ δὲ χειμερινὴ ρκζ̄ ϛ″ γ″.

Τεσσαρεσκαιδέκατός ἐϛι παράλληλος
καθ᾽ ὃν ἂν γένοιτο ἡ μεγίϛη ἡμέρα ὡρῶν
ἰσημερινῶν ιε̄ δ″. Ἀπέχει δ᾽ οὗτος τοῦ ἰσημερινοῦ μοιρῶν μγ̄ δ′· καὶ γράφεται διὰ
Μασσαλίας. Καὶ ἔϛιν ἐνταῦθα οἵων ὁ γνώμων ξ̄, τοιούτων ἡ μὲν θερινὴ σκιὰ κ̄ ϛ″ γ″,
ἡ δὲ ἰσημερινὴ νε̄ ϛ″ γ″ ιβ″, ἡ δὲ χειμερινὴ
ρμδ̄.

jour de 14 $\frac{1}{4}$ heures équinoxiales ; il
est éloigné de l'équateur de 33^d 18′. Il
passe par le milieu de la Phénicie; et le
gnomon y étant de 60 parties, son ombre,
en été, en aura 10; dans les équinoxes,
39$\frac{1}{2}$; et en hiver, 93$\frac{1}{12}$.

Le onzième parallèle aura son plus
long jour de 14 $\frac{1}{2}$ heures équinoxiales ; il
est à 36 degrés de l'équateur. On le fait
passer par Rhodes; et le gnomon y étant
de 60 parties, son ombre , en été, en a
12^p $\frac{1}{2}$ $\frac{1}{3}$ $\frac{1}{12}$; dans les équinoxes, 43 $\frac{1}{2}$ $\frac{1}{3}$;
et en hiver, 103 $\frac{1}{3}$.

Le douzième parallèle aura son plus
long jour de 14 $\frac{1}{2}$ $\frac{1}{4}$ heures équinoxiales.
Il est à 38 degrés 35′ de l'équateur. Il
passe par Smyrne; et le gnomon y étant
de 60^p, son ombre d'été en a 15 $\frac{2}{3}$;
l'équinoxiale , 47 $\frac{1}{2}$ $\frac{1}{3}$; et celle d'hiver ,
114 $\frac{1}{2}$ $\frac{1}{3}$ $\frac{1}{12}$.

Le treizième parallèle aura son plus
long jour de 15 heures équinoxiales. Il
est à 40 degrés 56′ de l'équateur. Il passe
par l'Hellespont ; et le gnomon y étant
de 60 parties, son ombre, en été, en
a 18 $\frac{1}{2}$; dans l'équinoxe, 52 $\frac{1}{6}$; et en
hiver, 127 $\frac{1}{2}$ $\frac{1}{3}$.

Le quatorzième aura son plus long jour
de 15$\frac{1}{4}$ heures équinoxiales. Il est à 43^d 4′ de
l'équateur. On le fait passer par Marseille
et le gnomon y étant de 60 parties, son
ombre, l'été , en a 20 $\frac{1}{2}$ $\frac{1}{3}$; dans les équinoxes, 55 $\frac{1}{2}$ $\frac{1}{3}$ $\frac{1}{12}$; et l'hiver, 144.

Le quinzième aura son plus long jour de 15 $\frac{1}{2}$ heures équinoxiales. Il est à 45ᵈ 1′ de l'équateur. Il passe par le milieu de la mer Pontique ; et le gnomon ayant 60 parties de longueur, son ombre, au tropique d'été, est de 23 $\frac{1}{4}$; dans les équinoxes, de 60 ; et au tropique d'hiver, de 155 $\frac{1}{12}$.

Le seizième parallèle aura son plus long jour de 15 $\frac{1}{2}$ $\frac{1}{4}$ heures équinoxiales ; sa distance à l'équateur est de 46 degrés 51′. Il passe par les sources de l'Ister (*Danube*) ; et le gnomon y ayant 60 parties de longueur, son ombre solstitiale d'été y est de 25ᵖ $\frac{1}{2}$; l'équinoxiale, de 63ᵖ $\frac{1}{2}$ $\frac{1}{3}$ $\frac{1}{12}$; et la solstitiale d'hiver, de 171ᵖ $\frac{1}{2}$.

Le dix-septième parallèle aura son plus long jour de 16 heures équinoxiales. Il est à 48ᵈ 32′ de l'équateur. Il passe par les bouches du Borysthène ; et le gnomon y ayant 60ᵖ, son ombre solstitiale d'été en a 27ᵖ $\frac{1}{2}$; dans les équinoxes, 67 $\frac{1}{2}$ $\frac{1}{3}$; et en hiver, 188 $\frac{1}{2}$ $\frac{1}{12}$.

Le dix-huitième aura son plus long jour de 16 $\frac{1}{4}$ heures équinoxiales. Il est à 50ᵈ 4′ de l'équateur. Il passe par le milieu du Palus méotide ; et son gnomon étant de 60ᵈ, l'ombre, en été, est de 29ᵖ $\frac{1}{2}$ $\frac{1}{3}$ $\frac{1}{12}$; en temps d'équinoxe, de 71 $\frac{1}{3}$; et en hiver, 208 $\frac{1}{3}$.

Le dix-neuvième parallèle aura son plus long jour de 16 $\frac{1}{2}$ heures équinoxiales. Il est à 51ᵈ $\frac{1}{2}$ $\frac{1}{6}$ de l'équateur. Il passe par la partie méridionale de la Bretagne ; et

Πεντεκαιδέκατός ἐςι παράλληλος καθ' ὃν ἂν γένοιτο ἡ μεγίςη ἡμέρα ὡρῶν ἰσημερινῶν ιε ϛ''. Ἀπέχει δ' οὗτος τοῦ ἰσημερινοῦ μοιρῶν με α'· καὶ γράφεται διὰ μέσου Πόντου. Καὶ ἔςιν ἐνταῦθα οἵων ὁ γνώμων ξ, τοιούτων ἡ μὲν θερινὴ σκιὰ κγ'', ἡ δὲ ἰσημερινὴ τῶν αὐτῶν ξ, ἡ δὲ χειμερινὴ ϱνε ιβ''.

Ἑκκαιδέκατός ἐςι παράλληλος καθ' ὃν ἂν γένοιτο ἡ μεγίςη ἡμέρα ὡρῶν ἰσημερινῶν, ιε ϛ'' δ''. Ἀπέχει δ' οὗτος τοῦ ἰσημερινοῦ μοιρῶν μϛ να'· καὶ γράφεται διὰ τῶν πηγῶν τοῦ Ἴςρου ποταμοῦ. Ἔςι δὲ ἐνταῦθα οἵων ὁ γνώμων ξ, τοιούτων ἡ μὲν θερινὴ σκιὰ κε ϛ'', ἡ δὲ ἰσημερινὴ ξγ'' ϛ'' γ'' ιβ'', ἡ δὲ χειμερινὴ ϱοα ϛ''.

Ἑπτακαιδέκατός ἐςι παράλληλος καθ' ὃν ἂν γένοιτο ἡ μεγίςη ἡμέρα ὡρῶν ἰσημερινῶν ιϛ. Ἀπέχει δ' οὗτος τοῦ ἰσημερινοῦ μοιρῶν μη λβ'· καὶ γράφεται διὰ τῶν ἐκβολῶν Βορυσθένους. Ἔςι δὲ ἐνταῦθα οἵων ὁ γνώμων ξ, τοιούτων ἡ μὲν θερινὴ σκιὰ κζ'' ϛ'', ἡ δὲ ἰσημερινὴ ξζ ϛ'' γ'', ἡ δὲ χειμερινὴ ϱπη ϛ'' ιβ''.

Ὀκτωκαιδέκατός ἐςι παράλληλος καθ' ὃν ἂν γένοιτο ἡ μεγίςη ἡμέρα ὡρῶν ἰσημερινῶν ιϛ δ''. Ἀπέχει δ' οὗτος τοῦ ἰσημερινοῦ μοιρῶν ν δ'· καὶ γράφεται διὰ μέσης τῆς Μαιώτιδος λίμνης. Ἔςι δὲ ἐνταῦθα οἵων ὁ γνώμων ξ, τοιούτων ἡ μὲν θερινὴ σκιὰ κθ'' ϛ'' γ'' ιβ'', ἡ δὲ ἰσημερινὴ οα γ'', ἡ δὲ χειμερινὴ σπη γ''.

Ἐννεακαιδέκατός ἐςι παράλληλος, καθ' ὃν ἂν γένοιτο ἡ μεγίςη ἡμέρα ὡρῶν ἰσημερινῶν ιϛ ϛ''. Ἀπέχει δ' οὗτος τοῦ ἰσημερινοῦ μοιρῶν ιᾱ ϛ'' ϛ''· καὶ γράφεται

διὰ τῶν νοτιωτάτων τῆς Βρετανίας. Ἔστι δὲ ἐνταῦθα οἵων ὁ γνώμων ξ̄, τοιούτων ἡ μὲν θερινὴ σκιὰ λᾱ γ″ ιβ″, ἡ δὲ ἰσημερινὴ οε̄ γ″ ιβ″, ἡ δὲ χειμερινὴ σκθ̄ γ″.

Εἰκοστός ἐστι παράλληλος καθ᾽ ὃν ἂν γένοιτο ἡ μεγίστη ἡμέρα ὡρῶν ἰσημερινῶν ιϛ̄ ϛ″. Ἀπέχει δ᾽ οὗτος τοῦ ἰσημερινοῦ μοιρῶν νβ̄ ν′· καὶ γράφεται διὰ τῶν τοῦ Ῥήνου ἐκβολῶν. Ἔστι δὲ ἐνταῦθα οἵων ὁ γνώμων ξ̄, τοιούτων ἡ μὲν θερινὴ σκιὰ λγ̄ γ″, ἡ δὲ ἰσημερινὴ οθ̄ ιβ″ ἡ δὲ χειμερινὴ σνγ̄ ϛ″.

Εἰκοστὸς πρῶτός ἐστι παράλληλος καθ᾽ ὃν ἂν γένοιτο ἡ μεγίστη ἡμέρα ὡρῶν ἰσημερινῶν ιζ̄. Ἀπέχει δ᾽ οὗτος τοῦ ἰσημερινοῦ μοιρῶν νδ̄ λ′· καὶ γράφεται διὰ τῶν τοῦ Ταναΐδος ἐκβολῶν. Ἔστι δὲ ἐνταῦθα οἵων ὁ γνώμων ξ̄, τοιούτων ἡ μὲν θερινὴ σκιὰ λδ̄ ϛ″γ″ιβ″, ἡ δὲ ἰσημερινὴ πβ̄ ϛ″ιβ″, ἡ δὲ χειμερινὴ σοη̄ ϛ″ δ″.

Εἰκοστὸς δεύτερός ἐστι παράλληλος καθ᾽ ὃν ἂν γένοιτο ἡ μεγίστη ἡμέρα ὡρῶν ἰσημερινῶν ιζ̄ δ″. Ἀπέχει δ᾽ οὗτος τοῦ ἰσημερινοῦ μοιρῶν νε̄ καὶ γράφεται διὰ Βριγαντίου τῆς μεγάλης Βρετανίας. Ἔστι δὲ ἐνταῦθα οἵων ὁ γνώμων ξ̄, τοιούτων ἡ μὲν θερινὴ σκιὰ λϛ̄ δ″, ἡ δὲ ἰσημερινὴ πε̄ γ″, ἡ δὲ χειμερινὴ τδ̄ ϛ″.

Εἰκοστὸς τρίτος ἐστὶ παράλληλος καθ᾽ ὃν ἂν γένοιτο ἡ μεγίστη ἡμέρα ὡρῶν ἰσημερινῶν ιζ̄ ϛ″. Ἀπέχει δ᾽ οὗτος τοῦ ἰσημερινοῦ μοιρῶν νϛ̄ καὶ γράφεται διὰ μέσης τῆς μεγάλης Βρετανίας. Ἔστι δὲ ἐνταῦθα οἵων ὁ γνώμων ξ̄, τοιούτων ἡ μὲν θερινὴ σκιὰ λζ̄ γ″, ἡ δὲ ἰσημερινὴ πη̄ ϛ″ γ″, ἡ δὲ χειμερινὴ τλε̄ δ″.

Εἰκοστὸς τέταρτός ἐστι παράλληλος

son gnomon ayant 60ᵖ, son ombre d'été en a 31 $\frac{1}{3}\frac{1}{12}$; celle des équinoxes, 75 $\frac{1}{3}\frac{1}{12}$; et celle d'hiver, 229 $\frac{1}{3}$.

Le vingtième aura son plus long jour de 16 $\frac{1}{3}\frac{1}{4}$ heures équinoxiales. Il est à 52ᵈ 50′ de l'équateur. Il passe par les bouches du Rhin; et son gnomon étant de 60ᵖ y jette, au solstice d'été, une ombre de 33ᵖ $\frac{1}{3}$; dans l'équinoxe, de 79ᵖ $\frac{1}{12}$; et au solstice d'hiver, de 253 $\frac{1}{6}$.

Le vingt-unième, dont le plus long jour sera de 17 heures équinoxiales, est à 54ᵈ 30′ de l'équateur. Il passe par les bouches du Tanaïs; et son gnomon de 60ᵖ y rend une ombre de 34ᵖ $\frac{1}{2}\frac{1}{3}\frac{1}{12}$ en été; de 82 $\frac{1}{2}\frac{1}{12}$ dans l'équinoxe; et de 278 $\frac{1}{2}\frac{1}{4}$ en hiver.

Le vingt-deuxième, dont le plus long jour aura 17 $\frac{1}{4}$ heures équinoxiales, est à 55ᵈ de l'équateur. On le fait passer par *Brigantium* dans la Grande-Bretagne; et l'ombre de son gnomon de 60ᵖ, en a 36 $\frac{1}{4}$ en été; 85 $\frac{1}{3}$ dans l'équinoxe; et 304 $\frac{1}{4}$ en hiver.

Le vingt-troisième, dont le plus long jour sera de 17 $\frac{1}{3}$ heures équinoxiales, est à 56ᵈ de l'équateur. Il passe par le milieu de la Grande-Bretagne; et son gnomon de 60ᵖ donne une ombre de 37ᵖ $\frac{2}{3}$ en été; de 88 $\frac{1}{2}\frac{1}{4}$, dans les équinoxes; et de 335 $\frac{1}{4}$ en hiver.

Le vingt-quatrième, dont le plus long

jour sera de 17 ¼ ⅟ heures équinoxiales, est à 57ᵈ. de l'équateur. Il passe par *Caturactonium* en Bretagne; et l'ombre de son gnomon de 60ᵖ en a 39 ⅟₇, en été; 92 ⅟₇ ⅟₁₂, dans les équinoxes; et 372 ⅟₁₂ en hiver.

Le vingt-cinquième parallèle dont le plus long jour sera de 18 heures équi-noxiales, est à 58ᵈ de l'équateur. Il passe par les parties méridionales de la petite Bretagne; et l'ombre de son gnomon de 60ᵖ en a, en été, 40 ⅟; dans l'équinoxe, 96; et en hiver, 419 ⅟₁₂.

Le vingt-sixième parallèle dont le plus long jour est de 18 ¼ heures équinoxiales, est à 59ᵈ ⅟ loin de l'équateur. On le fait passer par le milieu de la *petite* Bretagne (e).

Nous ne nous sommes pas asservis ici à l'accroissement des jours par quart-d'heure, les parallèles étant déjà très-rap-prochés; et la différence dans les hauteurs du pôle n'étant plus d'un degré entier; et, d'ailleurs, nous n'avons pas besoin d'une aussi grande exactitude pour les parties plus boréales. C'est pourquoi nous avons jugé superflu de donner le rapport des ombres à leurs gnomons pour des lieux si éloignés.

Ainsi donc les lieux où le plus long jour est de 19 heures équinoxiales, sont sous un parallèle qui est à 61ᵈ de l'é-quateur. On le fait passer par les parties boréales de la petite Bretagne.

καθ' ὃν ἂν γένοιτο ἡ μεγίςη ἡμέρα ὡρῶν ἰσημερινῶν ιζ̅ ς̅ ″ δ̅ ″. Ἀπέχει δ' οὗτος τοῦ ἰσημερινοῦ μοιρῶν νζ̅ καὶ γράφεται διὰ Κατυρακτονίυ τῆς Βρετ7ανίας. Ἔςι δὲ ἐνταῦθα οἵων ὁ γνώμων ξ̅, τοιύτων ἡ μὲν θερινὴ σκιὰ λθ̅ γ̅ ″, ἡ δὲ ἰσημερινὴ ςβ̅ γ̅ ″ ιβ̅ ″, ἡ δὲ χειμερινὴ τοβ̅ ιβ̅ ″.

Εἰκοςὸς πέμπ7ος ἐςὶ παράλληλος καθ' ὃν ἂν γένοιτο ἡ μεγίςη ἡμέρα ὡρῶν ἰσημερινῶν ιη̅. Ἀπέχει δ' οὗτος τοῦ ἰσημε-ρινοῦ μοιρῶν νη̅ καὶ γράφεται διὰ τῶν νοτίων τῆς μικρᾶς Βρετ7ανίας. Ἔςι δὲ ἐν-ταῦθα οἵων ὁ γνώμων ξ̅, τοιύτων ἡ μὲν θερινὴ σκιὰ μ̅ γ̅ ″, ἡ δὲ ἰσημερινὴ ςς̅, ἡ δὲ χειμερινὴ υιθ̅ ιβ̅ ″.

Εἰκοςὸς ἕκτος ἐςὶ παράλληλος καθ' ὃν ἂν γένοιτο ἡ μεγίςη ἡμέρα ὡρῶν ἰσημε-ρινῶν ιη̅ς̅. Ἀπέχει δ' οὗτος τῦ ἰσημερινοῦ μοιρῶν νθ̅ ς̅ ″. καὶ γράφεται διὰ τῶν μέσων τῆς μικρᾶς Βρετ7ανίας.

Οὐκ ἐχρησάμεθα δὲ ἐνταῦθα τῇ τῦ τε-τάρτου τῶν ὡρῶν παραυξήσει, διά τε τὸ συνεχεῖς ἤδη γίγνεϭαι τοὺς παραλλήλους, καὶ τὴν τῶν ἐξαρμάτων διαφορὰν μηκέτι μηδεμιᾶς ὅλης μοιρῶν συνάγεϭαι, καὶ διὰ τὸ μὴ ὁμοίως ἡμῖν ἐπὶ τῶν ἔτι βο-ρειοτέρων προσήκειν ἐπεξεργάζεϭαι. Διὸ καὶ τοὺς τῶν σκιῶν πρὸς τοὺς γνώμονας λόγους, ὡς ἐπὶ ἀφωρισμένων τόπων, πε-ρισσὸν ἡγησάμεθα παρατιθέναι.

Καὶ ὅσου μὲν τοίνυν ἡ μεγίςη ἡμέρα ὡρῶν ἐςιν ἰσημερινῶν ιθ̅, ἐκεῖνος ὁ παράλ-ληλος ἀπέχει τοῦ ἰσημερινοῦ μοιρῶν ξα̅ καὶ γράφεται διὰ τῶν βορείων τῆς μικρᾶς Βρετ7ανίας.

Ὅπου δὲ ἡ μεγίστη ἡμέρα ὡρῶν ἐςὶν ἰσημερινῶν ιθ ς″, ἐκεῖνος ὁ παράλληλος ἀπέχει τοῦ ἰσημερινοῦ μοιρῶν ξβ· καὶ γράφεται διὰ τῶν καλουμένων Ἐβούδων νήσων.

Ὅπου δὲ ἡ μεγίστη ἡμέρα ὡρῶν ἐςὶν ἰσημερινῶν κ, ἐκεῖνος ὁ παράλληλος ἀπέχει τοῦ ἰσημερινοῦ μοιρῶν ξγ, καὶ γράφεται διὰ Θούλης τῆς νήσου.

Ὅπου δὲ ἡ μεγίστη ἡμέρα ὡρῶν ἐςὶν ἰσημερινῶν κα, ἐκεῖνος ὁ παράλληλος ἀπέχει τοῦ ἰσημερινοῦ μοιρῶν ξδ ς″· καὶ γράφεται διὰ Σκυθικῶν ἐθνῶν ἀγνώςων.

Ὅπου δὲ ἡ μεγίστη ἡμέρα ὡρῶν ἐςὶν ἰσημερινῶν κβ, ἐκεῖνος ὁ παράλληλος ἀπέχει τοῦ ἰσημερινοῦ μοιρῶν ξε ς″.

Ὅπου δὲ ἡ μεγίστη ἡμέρα ὡρῶν ἐςὶν ἰσημερινῶν κγ, ἐκεῖνος ὁ παράλληλος ἀπέχει τῦ ἰσημερινῦ μοιρῶν ξϛ.

Ὅπου δὲ ἡ μεγίστη ἡμέρα ὡρῶν ἐςὶν ἰσημερινῶν κδ, ἐκεῖνος ὁ παράλληλος ἀπέχει τῦ ἰσημερινῦ μοιρῶν ξϛ η′ μ″. Πρῶτος δέ ἐςιν οὗτος τῶν περισκίων· κατὰ γὰρ μόνην τὴν θερινὴν τροπὴν μὴ δύνοντος ἐκεῖ τῦ ἡλίου, αἱ σκιαὶ τῶν γνωμόνων ἐπὶ πάντα τὰ τῦ ὁρίζοντος μέρη τὰς προσνεύσεις ποιῦνται. Καὶ ἔςιν ἐνταῦθα ὁ μὲν θερινὸς τροπικὸς παράλληλος ἀεὶ φανερὸς, ὁ δὲ χειμερινὸς τροπικὸς ἀεὶ ἀφανής, διὰ τὸ ἀμφοτέρους ἐναλλὰξ ἐφάπτεσθαι τῦ ὁρίζοντος. Γίνεται δὲ καὶ ὁ λοξὸς καὶ διὰ μέσων τῶν ζωδίων κύκλος, ὁ αὐτὸς τῷ ὁρίζοντι, ὅταν αὐτῦ τὸ ἐαρινὸν ἰσημερινὸν σημεῖον ἀνατέλλῃ.

Εἰ δέ τις ἄλλως, θεωρίας ἕνεκεν, καὶ περὶ τῶν ἔτι βορειοτέρων ἐγκλίσεων ἐπι-

Où le plus long jour est de 19 ½ heures équinoxiales, le parallèle est à 62ᵈ de l'équateur, et passe par les îles appelées Ébudes.

Où le plus long jour est de 20 heures équinoxiales, le parallèle est à 63ᵈ de l'équateur, et passe par l'île Thulé.

Où le plus long jour est de 21 heures équinoxiales, le parallèle est à 64ᵈ ½ loin de l'équateur, et passe par des nations Scythiques inconnues.

Où le plus long jour est de 22 heures équinoxiales, le parallèle est à 65ᵈ ½ de l'équateur.

Où le plus long jour est de 23 heures équinoxiales, le parallèle est à 66ᵈ loin de l'équateur.

Où le plus long jour est de 24 heures équinoxiales, le parallèle est à 66ᵈ 8′ 40″ de l'équateur. Ce parallèle est le premier des périsciens (à ombre tournante); car, lors du solstice d'été seulement, le soleil ne se couchant pas pour les lieux où ce parallèle passe, les ombres des gnomons se dirigent successivement vers tous les points de l'horizon. Le parallèle tropique d'été y est toujours visible, mais celui d'hiver toujours invisible, parce qu'ils touchent l'horizon, l'un d'un côté, et l'autre du côté opposé; et le cercle oblique qui ceint le zodiaque est l'horizon même pour ces lieux, à l'instant où le point équinoxial du printemps est à l'horizon oriental.

Si l'on vouloit, par curiosité, connoître ce qui est propre aux latitudes plus

éloignées de l'équateur, on trouveroit
que là, où le pole est élevé de 67ᵈ environ, les 15 degrés de chaque còté du
solstice d'été ne se couchent pas ; et que,
pour cette raison, le plus long jour, ou
le temps pendant lequel les ombres ne
cessent de tourner vers tous les points de
l'horizon, y dure presqu'un mois. C'est
ce qu'il est aisé de comprendre par la
seule inspection de la table des déclinaisons. Car, autant nous trouverons de degrés de distance à l'équateur pour un parallèle, pour celui qui intercepte, par
exemple, 15ᵈ de part et d'autre du point
tropique, soit que ce parallèle soit toujours visible ou toujours invisible, avec
l'arc intercepté du cercle oblique, autant il s'en faudra de degrés, que la latitude, ou la hauteur du pole boréal, ne
soit d'un quart de cercle ou de 90ᵖ (f).

Où la hauteur du pòle est de 69ᵈ ¹⁄₂,
on trouveroit qu'il y a de part et d'autre
du point solstitial d'été 30 degrés qui ne
se couchent pas, en sorte que la durée du
plus long jour est de deux mois à peu
près ; et que, pendant tout ce temps, les
gnomons deviennent périsciens.

Où la hauteur du pole est de 73ᵈ ¹⁄₂, on
trouveroit 45ᵈ qui ne se couchent pas de
part et d'autre du point tropique d'été ;
c'est pourquoi la durée du plus long jour
et de la circonvolution des ombres autour de leurs gnomons, en 24 heures,
s'y prolonge jusqu'à près de trois mois.

Où la hauteur du pole est de 78ᵈ ¹⁄₂,
on trouveroit de part et d'autre du même
point tropique 60ᵈ qui ne se couchent

ζητοίη τινὰ τῶν ὁλοσχερεςέρων συμπτωμάτων, εὕροι ἂν ὅπου τὸ ἔξαρμα τῦ βορείου πόλου μοιρῶν ἐςιν ξζ ἔγγιςα, ἐκεῖ
μὴ δυνούσας ὅλως τὰς ἐφ' ἑκάτερα τῆς
Θερινῆς τροπῆς τοῦ διὰ μέσων τῶν ζωδίων
κύκλου μοίρας ιε· ὥστε τὴν μεγίςην ἡμέραν, καὶ τὴν τῶν σκιῶν ἐπὶ πάντα τὰ
μέρη τοῦ ὁρίζοντος περιαγωγὴν, σχεδὸν
μηνιαίαν γίνεςθαι. Εςαι γὰρ καὶ ταῦτα
εὐκατανόητα διὰ τῦ ἐκτεθειμένου κανονίου τῆς λοξώσεως. Ὅσας γὰρ ἂν εὕρωμεν
τοῦ ἰσημερινοῦ μοίρας τὸν παράλληλον
ἀπέχοντα, τὸν ἀπολαμβάνοντα, λόγου
ἕνεκεν, τῶν ἐφ' ἑκάτερα τοῦ τροπικοῦ σημείου μοιρῶν ιε, γινόμενον δὲ τό τε ἤτοι
ἀεὶ φανερὸν ἢ ἀεὶ ἀφανῆ, μετὰ τῦ ἀπολαμ-
βανομένου τμήματος τῦ διὰ μέσων τῶν
ζωδίων κύκλου, ταῖς τοσαύταις μοίραις
λείψει δηλονότι τῶν τῦ τεταρτημορίου
τμημάτων ϛ τὸ ἔξαρμα τῦ βορείου πόλου.

Καὶ ὅπου μὲν τοίνυν τὸ ἔξαρμα τῦ
πόλου μοιρῶν ἐςιν ξθ ϛ'', ἐκεῖ ἄν τις εὕροι μὴ δυνούσας ὅλως τὰς ἐφ' ἑκάτερα τῆς
Θερινῆς τροπῆς μοιρῶν λ· ὥστε σχεδὸν,
ἐπὶ μῆνας ἔγγιςα δύο, τήν τε μεγίςην
ἡμέραν καὶ τοὺς γνώμονας περισκίους
γίνεςθαι.

Ὅπου δὲ τὸ ἔξαρμα τῦ πόλου μοιρῶν
ἐςιν ογ γ', ἐκεῖ ἄν τις εὕροι μὴ δυνούσας
τὰς ἐφ' ἑκάτερα τῆς Θερινῆς τροπῆς μοίρας
με· ὥστε τήν τε μεγίςην ἡμέραν καὶ τοὺς
γνώμονας περισκίους ἐπὶ τρίμηνον ἔγγιςα
παρατείνειν.

Ὅπου δὲ τὸ ἔξαρμα τῦ πόλου μοιρῶν
ἐςιν οη γ'', ἐκεῖ ἄν τις εὕροι μὴ δυνούσας
τὰς ἐφ' ἑκάτερα τῆς αὐτῆς τροπῆς μοίρας

ξ· ὥστε τετραμηνιαίαν σχεδὸν τήν τε
μεγίςην ἡμέραν, καὶ τὴν τῶν σκιῶν περιαγωγὴν ἀποτελεῖϑαι.

Οπου δὲ τὸ ἔξαρμα τῦ πόλου μοι-
ρῶν ἐςιν πδ῀, ἐκεῖ ἄν τις εὕροι μὴ δυνούσας
τὰς ἐφ᾽ ἑκάτερα τῆς ϑερινῆς τροπῆς μοίρας οε῀· ὥστε πενταμηνιαίαν πάλιν σχεδὸν τὴν μεγίςην ἡμέραν γίνεσϑαι, καὶ τοὺς
γνώμονας τὸν ἴσον χρόνον περισκίους.

Οπου δὲ τὰς ὅλου τῦ τεταρτημορίου
μοίρας ৭ ὁ βόρειος πόλος ἀπὸ τῦ ὁρίζοντος ἐξῆρται, ἐκεῖ τὸ μὲν βορειότερον τῦ
ἰσημερινῦ ἡμικύκλιον τῦ διὰ μέσων τῶν
ζωδίων ὅλον οὐδέποτε ὑπὸ γῆν γίνεται,
τὸ δὲ νοτιώτερον ὅλον οὐδέποτε ὑπὲρ γῆν·
ὥστε μίαν μὲν ἡμέραν ἑκάςυ ἔτους γίνεσϑαι, μίαν δὲ νύκτα, ἑκάτεραν ἔγγιςα
ἐξαμηνιαίαν, τοὺς δὲ γνώμονας πάντοτε
περισκίυς τυγχάνειν.

Ιδια δέ ἐςι καὶ τῆς τοιαύτης ἐγκλίσεως
τό τε τὸν βόρειον πόλον κατὰ κορυφὴν γίνεϑαι, καὶ τὸν ἰσημερινὸν, τήν τε τῦ ἀεὶ
φανεροῦ, καὶ τὴν τοῦ ἀεὶ ἀφανοῦς, καὶ ἔτι
τὴν τοῦ ὁρίζοντος ϑέσιν ἀπολαμβάνειν,
ὑπὲρ γῆς μὲν ποιοῦντα πάντοτε τὸ βορειότερον ἑαυτοῦ πᾶν ἡμισφαίριον, ὑπὸ γῆν
δὲ τὸ νοτιώτερον.

jamais ; et la durée du plus long jour, avec celle de la circonvolution des ombres des gnomons, s'y achève en près de quatre mois.

Où la hauteur du pole est de 84ᵈ, on trouvera de chaque côté du tropique d'été 75 degrés qui ne se couchent absolument point, en sorte que la durée du plus long jour, avec celle de la circonvolution des ombres autour de leurs gnomons, remplit presque l'espace de cinq mois.

Enfin, où le pole boréal est distant de l'horizon, de tous les 90 degrés du quart de cercle, la demi-circonférence boréale du cercle oblique est toujours au-dessus de l'horizon, et la méridionale, au-dessous : ce qui est cause que, chaque année, il n'y a qu'un jour et qu'une nuit, l'un et l'autre de près de six mois de durée, et que les gnomons y font parcourir à leurs ombres toute la circonférence de l'horizon.

Et, ce qu'il y a de particulier à ce degré d'obliquité de la sphère, c'est que le pole y est vertical sur l'horizon, et que l'équateur y fait à la fois les fonctions de cercle toujours visible et de cercle toujours invisible, et en même temps aussi, d'horizon ; d'où il résulte, que l'hémisphère qui est boréal par rapport à l'équateur, est toujours visible, et que le méridional est toujours sous l'horizon.

CHAPITRE VII.

KEΦΑΛΑΙΟΝ Z.

DES ASCENSIONS CORRESPONDANTES DE L'É-
QUATEUR ET DU CERCLE QUI CEINT LE ZO-
DIAQUE, DANS LA SPHÈRE OBLIQUE.

ΠΕΡΙ ΤΩΝ ΕΠΙ ΤΗΣ ΕΓΚΕΚΛΙΜΕΝΗΣ ΣΦΑΙΡΑΣ
ΤΟΥ ΔΙΑ ΜΕΣΩΝ ΤΩΝ ΖΩΔΙΩΝ ΚΥΚΛΟΥ
ΚΑΙ ΤΟΥ ΙΣΗΜΕΡΙΝΟΥ ΣΥΝΑΝΑΦΟΡΩΝ.

Des propriétés générales et communes
à toutes les inclinaisons de la sphère oblique, passons à la manière de prendre,
en chaque inclinaison de la sphère, les
temps (arcs) de l'équateur qui montent,
avec les arcs du cercle oblique au-dessus
de l'horizon, et tirons-en des méthodes
générales de calculs applicables à tous les
phénomènes qui en dérivent.

Nous nous conformerons à l'usage
abusif de donner les noms des signes
d'animaux, aux douzièmes (*dodécatémories*) du cercle oblique, comme si leurs
commencemens étoient pris juste des
points tropiques et des points équinoxiaux ; et nous appellerons *Bélier* la
première dodécatémorie, à partir du point
équinoxial du printemps, en allant vers
les points consécutivement suivans de
la révolution du monde (*d'occident en
orient*) ; *Taureau*, le second douzième, et
ainsi de suite selon l'ordre des douze
signes, tel qu'il nous a été transmis.

Nous prouverons d'abord que des arcs
égaux du cercle oblique, qui commencent de part et d'autre au point équinoxial, emploient à monter sur l'horizon,
les mêmes temps que les arcs égaux de
l'équateur qui leur correspondent.

(*a*) Soient le méridien ABGD, la demi-
circonférence de l'horizon BED, celle de
l'équateur AEG ; et les dux　arcs du
cercle oblique, ZH et TK, tels que chacun
des points Z et T soit supposé celui de

ΕΚΤΕΘΕΙΜΕΝΩΝ δὴ τῶν καθόλου
περὶ τὰς ἐγκλίσεις θεωρουμένων, ἑξῆς ἂν
εἴη δεῖξαι, πῶς ἂν λαμβάνοιντο καθ᾿ ἑκάϛην ἔγκλισιν καὴ οἱ συναναφερόμενοι τοῦ
ἰσημερινοῦ χρόνοι, ταῖς τᾶ διὰ μέσων τῶν
ζωδίων κύκλου περιφερείαις, ἀφ᾿ ὧν καὴ
τὰ ἄλλα πάντα τῶν κατὰ μέρος ἀκολούθως ἡμῖν μεθοδευθήσεται.

Καταχρησόμεθα μέντοι ταῖς τῶν ζωδίων ὀνομασίαις καὴ ἐπ᾿ αὐτῶν τῶν τοῦ
λοξοῦ κύκλου δωδεκατημορίων, καὴ ὡς
τῶν ἀρχῶν αὐτῶν, ἀπὸ τῶν τροπικῶν καὴ
ἰσημερινῶν σημείων λαμβανομένων· τὸ μὲν
ἀπὸ τῆς ἐαρινῆς ἰσημερίας, ὡς εἰς τὰ ἑπόμενα τῆς τῶν ὅλων φορᾶς πρῶτον δωδεκατημόριον, κριὸν καλοῦντες, τὸ δὲ δεύτερον ταῦρον· καὴ ἐπὶ τῶν ἑξῆς ὡσαύτως,
κατὰ τὴν παραδεδομένην ἡμῖν τάξιν τῶν
ιβ ζωδίων.

Δείξομεν δὲ πρῶτον ὅτι αἱ ἴσον ἀπέχουσαι τᾶ αὐτοῦ ἰσημερινοῦ σημείου περιφέρειαι, τοῦ διὰ μέσων τῶν ζωδίων
κύκλου, ταῖς ἴσαις ἀεὶ τοῦ ἰσημερινοῦ κύκλου περιφερείαις συναναφέρονται.

Εϛω γὰρ μεσημβρινὸς μὲν κύκλος ὁ
ΑΒΓΔ, ὁρίζοντος δὲ ἡμιχύκλιον τὸ ΒΕΔ,
τᾶ δὲ ἰσημερινοῦ τὸ ΑΕΓ, καὴ τοῦ λοξοῦ
κύκλου δύο τμήματα τό τε ΖΗ, καὴ τὸ
ΘΚ, ὥϛε ἑκάτερον μὲν τῶν Ζ καὴ Θ ση-

μείων, τὸ κατὰ τὴν ἐαρινὴν ἰσημερίαν ὑποκεῖδθαι, ἴσας δὲ ἐφ'
ἑκάτερα αὐτῶ περιφερείας ἀπο-
ληφθείσας, τὰς ΖΗ καὶ ΘΚ,
διὰ τῶν Κ καὶ Η σημείων ἀνα-
φέρεσθαι· λέγω ὅτι καὶ αἱ ἑκά-
τεραι αὐτῶν συναναφερόμεναι
τοῦ ἰσημερινῦ περιφέρειαι, τουτέςιν αἱ ΖΕ καὶ ΘΕ, ἴσαι εἰσίν.

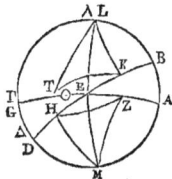

Ἔςωσαν γὰρ ἀντὶ τῶν τοῦ ἰσημερινοῦ
πόλων τὰ Λ καὶ Μ σημεῖα, καὶ γεγράφθωσαν δἰ αὐτῶν μεγίςων κύκλων τμήματα τό τε ΛΕΜ καὶ ΛΘ, καὶ ἔτι τό τε
ΛΚ καὶ ΖΜ καὶ ΜΗ· ἐπεὶ οὖν ἴση ἐςὶν ἡ ΖΗ
τῇ ΘΚ, καὶ οἱ διὰ τῶν Κ καὶ Η γραφόμενοι
παράλληλοι ἴσον ἀπέχουσιν ἐφ' ἑκάτερα
τοῦ ἰσημερινοῦ, ὥςτε καὶ τὴν μὲν ΛΚ τῇ
ΜΗ γίνεσθαι ἴσην, τὴν δὲ ΕΚ τῇ ΕΗ, ἰσό-
πλευρα ἄρα γίνεται τὸ μὲν ΛΚΘ τῷ ΜΗΖ,
τὸ δὲ ΛΕΚ τῷ ΜΕΗ. Καὶ ἡ μὲν ὑπὸ ΚΛΕ
ἄρα γωνία ἴση ἐςὶ τῇ ὑπὸ ΗΜΕ, ἡ δὲ
ὑπὸ ΚΛΘ ὅλη τῇ ὑπὸ ΗΜΖ ὅλη, ὥςτε
καὶ λοιπὴ ἡ ὑπὸ ΕΛΘ λοιπῇ τῇ ὑπὸ ΕΜΖ
ἴση ἔςαι· καὶ βάσις ἄρα ἡ ΕΘ βάσει τῇ
ΕΖ ἴση ἐςίν· ὅπερ ἔδει δεῖξαι.

Πάλιν δὲ δείξομεν ὅτι αἱ συναναφερόμεναι τοῦ ἰσημερινοῦ περιφέρειαι ταῖς ἴσαις
καὶ ἴσον ἀπεχούσαις τοῦ αὐτοῦ τροπικοῦ
σημείου τοῦ διὰ μέσων τῶν ζωδίων κύκλου,
συναμφότεραι συναμφοτέραις αὐταῖς ταῖς
ἐπ' ὀρθῆς τῆς σφαίρας ἀναφοραῖς ἴσαι εἰσίν.
Ἐκκείσθω γὰρ ὁ ΑΒΓΔ μεσημβρινὸς,
καὶ τῶν ἡμικυκλίων τό τε ΒΕΔ τοῦ ὁρίζοντος, καὶ τὸ ΑΕΓ τοῦ ἰσημερινοῦ· καὶ γεγράφθωσαν δύο ἴσαι τε καὶ ἴσον ἀπέχουσαι
τοῦ χειμερινοῦ σημείου, τοῦ λοξοῦ κύκλου

l'équinoxe du printemps, et
que les points H et K soient les
points ascendants des arcs ZH
et TK restés égaux de chaque
côté de cet équinoxe : je dis que
chacun des arcs de l'équateur
qui montent avec eux, c'est-à-
dire, ZE et TE, sont aussi égaux.

Soient en effet, les points L, M, pris
pour les poles de l'équateur, et décrivons
par ces points les arcs de grands cercles,
LEM, et LT, ainsi que LK, ZM et MH.
Puisque ZH est égal à TK, et que les parallèles qui passent par K et par H, sont
également distants de l'équateur, de chaque côté, il s'ensuit que LK est égal à
MH, et EK (b) à EH ; LKT est donc équi-
latère à MHZ, et LEK à MEH. Par conséquent, l'angle KLE est égal à l'angle HME,
et l'angle entier KLT à l'angle entier
HMZ ; c'est pourquoi, l'angle restant ELT
sera égal à l'angle restant EMZ ; donc la
base ET est égale à la base EZ. C'est ce
qu'il falloit démontrer.

Nous allons maintenant prouver que
les arcs de l'équateur, qui montent sur
l'horizon avec les arcs égaux du cercle
mitoyen du zodiaque et également distants du même point tropique, sont égaux
deux à deux, à leurs ascensions dans la
sphère droite. Soient, en effet, ABGD,
(fig. suivante) le méridien, BED la demi-
circonférence de l'horizon, et AEG celle
de l'équateur. Décrivez deux arcs égaux
du cercle oblique, et également distants du point tropique d'hiver, savoir :

ZH, Z étant supposé le point équinoxial d'automne ; et TH, T étant celui du printemps, en sorte que H soit le point commun de leur lever et de l'horizon, parce que les arcs ZH et TH sont dans le même cercle parallèle à l'équateur, TE montant avec TH, et EZ avec ZH. Il est évident, d'après cela, que l'arc entier TEZ est égal aux ascensions de ZH et de TH dans la sphère droite. Car si, supposant K le pole méridional de l'équateur, nous décrivons par ce point et par H, le quart d'un grand cercle KHL qui, dans la sphère droite, représente l'horizon, l'arc TL monte avec l'arc TH dans la sphère droite, et l'arc LZ pareillement monte avec l'arc ZH ; de sorte que la somme TLZ des deux arcs est égale à la somme TEZ des deux autres arcs, et que ces arcs sont compris ensemble dans le seul et même arc TZ. C'est ce qu'il falloit démontrer. Il est donc clairement prouvé que, si nous calculons pour un seul quart de cercle, et pour chaque inclinaison, toutes les ascensions simultanées particulières, nous les aurons pareillement pour les trois autres quarts du cercle.

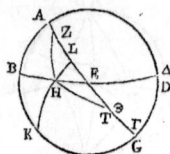

Cela posé, prenons le parallèle qui passe par Rhodes, où le plus long jour est de 14 $\frac{1}{2}$ heures équinoxiales, et où le pole boréal est élevé de 36d au-dessus de l'horizon ; et soient le méridien ABGD, le demi-horizon BED, la

περιφέρειαι, ἥ τε ΖΗ, τοῦ Ζ ὑποκειμένου μετοπωρινοῦ σημείου, καὶ ἡ ΘΗ, τοῦ Θ ὑποκειμένου ἐαρινοῦ σημείου, ὥστε καὶ τὸ μὲν Η σημεῖον κοινὸν τῆς ἀνατολῆς αὐτῶν εἶναι καὶ τῷ ὁρίζοντος, διὰ τὸ ὑπὸ τοῦ αὐτοῦ παραλλήλου κύκλου τῷ ἰσημερινῷ περιλαμβάνεσθαι τὰς ΖΗ καὶ ΘΗ περιφερείας, συναναφέρεσθαι δὲ δηλονότι τὴν μὲν ΘΕ τῇ ΘΗ, τὴν δὲ ΕΖ τῇ ΖΗ. Φανερὸν οὖν γίνεται αὐτόθεν ὅτι καὶ ὅλη ἡ ΘΕΖ ἴση ἐστὶ ταῖς ἐπ' ὀρθῆς τῆς σφαίρας τῶν ΖΗ καὶ ΘΗ ἀναφοραῖς. Ἐὰν γὰρ ὑποθέμενοι τὸν νότιον τοῦ ἰσημερινοῦ πόλον τὸ Κ σημεῖον, γράψωμεν δι' αὐτοῦ καὶ τοῦ Η, μεγίστου κύκλου τεταρτημόριον τὸ ΚΗΛ, ἰσοδυναμοῦν τῷ ἐπ' ὀρθῆς τῆς σφαίρας ὁρίζοντι, γίνεται πάλιν ἡ μὲν ΘΛ ἡ συναναφερομένη τῇ ΘΗ ἐπ' ὀρθῆς τῆς σφαίρας, ἡ δὲ ΛΖ ἡ συναναφερομένη τῇ ΖΗ ὁμοίως· ὥστε καὶ συναμφοτέρας τὰς ΘΛΖ συναμφοτέραις ταῖς ΘΕΖ ἴσας τε εἶναι, καὶ ὑπὸ μιᾶς καὶ τῆς αὐτῆς περιέχεσθαι τῆς ΘΖ· ὅπερ ἔδει δεῖξαι. Καὶ γέγονεν ἡμῖν φανερὸν διὰ τούτων ὅτι κἂν ἐφ' ἑνὸς μόνου τεταρτημορίου, καθ' ἑκάστην ἔγκλισιν, τὰς κατὰ μέρος συναναφορὰς ἐπιλογισώμεθα, προσαποδεδειγμένας ἕξομεν καὶ τὰς τῶν λοιπῶν τριῶν τεταρτημορίων.

Τούτων οὖν οὕτως ἐχόντων, ὑποκείσθω πάλιν ὁ διὰ Ῥόδου παράλληλος, ὅπου ἡ μὲν μεγίστη ἡμέρα ὡρῶν ἐστιν ἰσημερινῶν ιδ ϛ'', ὁ δὲ βόρειος πόλος ἐξήρτηται τοῦ ὁρίζοντος μοίρας λϛ· καὶ ἔστω μεσημβρινὸς

κύκλος ὁ ΑΒΓΔ· καὶ ὁρίζοντος
μὲν ὁμοίως ἡμικύκλιον τὸ ΒΕΔ,
ἰσημερινοῦ δὲ τὸ ΑΕΓ, τοῦ δὲ
διὰ μέσων τῶν ζωδίων τὸ ΖΗΘ,
οὕτως ἔχον, ὥστε τὸ Η ὑποκεῖσθαι τὸ ἐαρινὸν σημεῖον. Καὶ ληφθέντος τοῦ βορείου πόλου τοῦ
ἰσημερινοῦ κατὰ τὸ Κ σημεῖον, γεγράφθω
δι᾽ αὐτοῦ καὶ τῆς κατὰ τὸ Λ τομῆς τοῦ
τε διὰ μέσων τῶν ζωδίων κύκλου, καὶ τοῦ
ὁρίζοντος, μεγίστου κύκλου τεταρτημόριον
τὸ ΚΛΜ. Προκείσθω δὲ, τῆς ΗΛ περιφερείας
δοθείσης, τὴν συναναφερομένην αὐτῇ τοῦ
ἰσημερινοῦ, τουτέστι τὴν ΕΗ εὑρεῖν· καὶ
περιεχέτω πρῶτον ἡ ΗΛ τὸ τοῦ κριοῦ δωδεκατημόριον. Ἐπεὶ τοίνυν πάλιν ἐν καταγραφῇ μεγίστων κύκλων, εἰς δύο τὰς ΕΓ καὶ
ΓΚ γεγραμμέναι εἰσὶν ἥ τε ΕΔ καὶ ἡ ΚΜ,
τέμνουσαι ἀλλήλας κατὰ τὸ Λ, ὁ τῆς ὑπὸ
τὴν διπλῆν τῆς ΚΔ πρὸς τὴν ὑπὸ τὴν
διπλῆν τῆς ΔΓ λόγος, συνῆπται ἔκ τε
τοῦ τῆς ὑπὸ τὴν διπλῆν τῆς ΚΛ πρὸς
τὴν ὑπὸ τὴν διπλῆν τῆς ΛΜ, καὶ τοῦ
τῆς ὑπὸ τὴν διπλῆν τῆς ΜΕ πρὸς τὴν
ὑπὸ τὴν διπλῆν τῆς ΕΓ. Ἀλλ᾽ ἡ μὲν τῆς
ΚΔ διπλῆ μοιρῶν ἐστιν οβ, καὶ ἡ ὑπ᾽ αὐτὴν
εὐθεῖα τμημάτων ο λβ΄ γ΄· ἡ δὲ τῆς ΓΔ
μοιρῶν ρη, καὶ ἡ ὑπ᾽ αὐτὴν εὐθεῖα τμημάτων ϟζ δ΄ νϛ΄· καὶ πάλιν ἡ μὲν διπλῆ τῆς
ΚΛ μοιρῶν ρνϛ μα΄, καὶ ἡ ὑπ᾽ αὐτὴν εὐθεῖα
τμημάτων ριζ λα΄ ιε΄· ἡ δὲ διπλῆ τῆς
ΛΜ μοιρῶν κγ ιθ΄ νθ΄, καὶ ἡ ὑπ᾽ αὐτὴν εὐθεῖα τμημάτων κδ ιε΄ νζ΄· ἐὰν ἄρα ἀπὸ
τοῦ τῶν ο λβ΄ γ΄ πρὸς τὰ ϟζ δ΄ νϛ΄ λόγου
ἀφέλωμεν τὸν τῶν ριζ λα΄ ιε΄ πρὸς τὰ κδ
ιε΄ νζ΄, καταλειφθήσεται ὁ τῆς ὑπὸ τὴν
διπλῆν τῆς ΜΕ πρὸς τὴν ὑπὸ τὴν διπλην

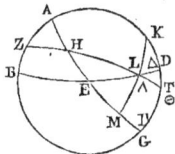

moitié de l'équateur AEG, et la
moitié ZHT du cercle mitoyen
du zodiaque tellement placée,
que H soit supposé l'équinoxe
du printemps. Ayant pris K
pour le pôle boréal de l'équateur, décrivez par ce point et
par le point L, intersection du cercle
mitoyen du zodiaque et de l'horizon, le
quart de grand cercle KLM. L'arc HL étant
donné proposons-nous de trouver l'arc
de l'équateur qui monte avec lui, c'est-
à-dire, EH, et supposons premièrement
que HL renferme la dodécatémorie du
bélier. Puisqu'ici aux deux arcs de grands
cercles EG et GK, sont menés les arcs
ED et KM qui (c) s'entrecoupent en L,
la raison de la soutendante du double
de KD à celle du double de DG, est composée de la raison de la soutendante du double de KL à celle du double de LM, et de
la raison de la soutendante du double de
ME à celle du double de EG. Mais le
double de KD est de 72 degrés, et sa
soutendante est de 70ᵖ 32′ 3″; le double
de GD est de 108ᵈ, et sa soutendante
est de 97ᵖ 4′ 56″; le double de KL est
de 156ᵈ 41′, et sa soutendante est de
117ᵖ 31′ 15″; le double de LM est de
23ᵈ 19′ 59″, et sa soutendante est de
24ᵖ 15′ 57″; donc, si de la raison de 70ᵖ
32′ 3″ à 97ᵖ 4′ 56″, nous retranchons
celle de 117ᵖ 31′ 15″ à 24ᵖ 15′ 57″,
restera la raison de la soutendante du
double de ME à celle du double de EG,

*

raison qui est celle de 18ᵖ o′ 5″ à 120ᵖ.
Or la soutendante du double de EG est
de 120ᵖ; donc la soutendante du double
de ME est de 18ᵖ o′ 5″ de ces mêmes
parties. Par conséquent, le double de l'arc
ME est de 17ᵈ 16′ environ, et l'arc ME
est de 8ᵈ 38′. Mais, puisque l'arc entier
HM monte avec HL dans la sphère droite,
il vaut les 27ᵈ 5o′ démontrés ci-dessus;
donc le restant EH est de 19ᵈ 12′ (d). Et il
est prouvé tout à la fois que le signe des
poissons monte avec les mêmes temps 19
12′, et que chacun des signes de la vierge
et des serres, monte avec les 36 temps 28′
qui restent de l'ascension double de celle
qui a lieu dans la sphère droite : ce
qu'il s'agissoit de démontrer.

Supposons, en second lieu,
que HL contienne les 6o degrés
des deux dodécatémories du
bélier et du taureau : toutes les
autres conditions demeurant
les mêmes que ci-dessus, le
double de l'arc KL est de 138ᵈ
59′ 42″, et sa corde est de 112ᵖ
23′ 56″; le double de l'arc LM est de 41ᵈ
9′ 18″, et sa corde est de 42ᵖ 1′ 48″. Si donc
encore de la raison de 70ᵖ 32′ 3″ à 97ᵖ 4′
56″, nous ôtons la raison de 112ᵖ 23′ 56″ à
42ᵖ 1′ 48″, nous trouverons pour reste la
raison de la corde du double de l'arc ME à
celle du double de l'arc EG, laquelle raison
est celle de 32ᵖ 36′ 4″ à 120. Or la corde
du double de l'arc EG est de 120ᵖ, donc
celle du double de l'arc ME a pour valeur ces 32ᵖ 36′, 4″; c'est pourquoi le
double de l'arc ME est à très-peu près
de 31ᵈ 32′, et l'arc ME est de 15ᵈ 46′.
Mais l'arc entier MH a été démontré
par les mêmes raisons, être de 57ᵈ 44′,

τῆς ΕΓ λόγος, ὁ τῶν ιη̅ ō̅ ε̅″, πρὸς τὰ ρ̅κ̅.
Καὶ ἔςιν ἡ ὑπὸ τὴν διπλῆν τῆς ΕΓ τμημάτων ρ̅κ̅· ἡ ἄρα ὑπὸ τὴν διπλῆν τῆς
ΜΕ τῶν αὐτῶν ἐςι ιη̅ ō̅ ε̅″. ὥστε καὶ ἡ
μὲν διπλῆ τῆς ΜΕ περιφερείας μοιρῶν
ἔςαι ιζ̅ ιϛ̅ ἔγγιςα, αὐτὴ δὲ ἡ ΜΕ τῶν
αὐτῶν η̅ λη′. Ἀλλ' ἐπεὶ ὅλη ἡ ΗΜ περιφέρεια τῇ ΗΛ ἐπ' ὀρθῆς τῆς σφαίρας συναναφέρεται, τῶν προαποδεδειγμένων ἐςὶ
μοιρῶν κζ̅ ν′· καὶ λοιπὴ ἄρα ἡ ΕΗ μοιρῶν ἐςι ιθ̅ ιβ′. Καὶ συναποδέδεικται ὅτι
καὶ τὸ μὲν τῶν ἰχθύων δωδεκατημόριον
τοῖς αὐτοῖς χρόνοις συναναφέρεται ιθ̅ ιβ′,
ἑκάτερον δὲ τό τε τῆς παρθένου καὶ τῶν
χηλῶν τοῖς λείπουσιν εἰς τὴν διπλῆν τῆς
ἐπ' ὀρθῆς τῆς σφαίρας ἀναφορὰν χρόνοις
λϛ̅ κη′· ὅπερ ἔδει δεῖξαι.

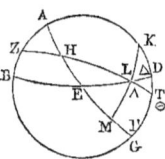

Πάλιν ἡ ΗΛ περιφέρεια περιεχέτω τῶν δύο δωδεκατημο-
ρίων τοῦ τε κριοῦ καὶ τοῦ ταύρου, μοίρας ξ̅· διὰ δὴ τὰ ὑποκείμενα τῶν ἄλλων μενόντων
τῶν αὐτῶν, ἡ μὲν διπλῆ τῆς
ΚΛ μοιρῶν γίνεται ρ̅λη̅ νθ′ μβ′,
καὶ ἡ ὑπ' αὐτὴν εὐθεῖα τμημάτων ρ̅ιβ̅
κγ′ νϛ″, ἡ δὲ διπλῆ τῆς ΛΜ μοιρῶν μα̅ θ′
ιη″, καὶ ἡ ὑπ' αὐτὴν εὐθεῖα τμημάτων μβ̅
α′ μη″. Ἐὰν ἄρα πάλιν ἀπὸ τοῦ τῶν ō̅ λβ̅
γ″ πρὸς τὰ ϟζ̅ δ′ νϛ″ λόγου, ἀφέλωμεν
τὸν τῶν ρ̅ιβ̅ κγ′ νϛ″ πρὸς τὰ μβ̅ α′ μη″,
καταλειφθήσεται ὁ τῆς ὑπὸ τὴν διπλῆν
τῆς ΜΕ πρὸς τὴν ὑπὸ τὴν διπλῆν τῆς
ΕΓ λόγος, ὁ τῶν λβ̅ λϛ′ δ″ πρὸς τὰ ρ̅κ̅.
καὶ ἔςιν ἡ ὑπὸ τὴν διπλῆν τῆς ΕΓ τμημάτων ρ̅κ̅, ἡ ἄρα ὑπὸ τὴν διπλῆν τῆς ΜΕ
τῶν αὐτῶν ἐςι λβ̅ λϛ′ δ″. ὥστε καὶ ἡ μὲν
διπλῆ τῆς ΜΕ περιφερείας μοιρῶν ἐςι λα̅

λβ´ ἔγγιϛα, αὐτὴ δὲ ἡ ΜΕ τῶν αὐτῶν ιϛ
μϛ´. Ἀλλὰ ἡ ΜΗ ὅλη κατὰ τὰ αὐτὰ
προαπεδείχθη μοιρῶν νζ μδ´, ἡ λοιπὴ
ἄρα ἡ ΗΕ μοιρῶν ἐϛι μα νή· ὁ ἄρα κριὸς
ἡ ὁ ταῦρος ἀναφέρονται συναμφότεροι ἐν
χρόνοις μα νή, ὧν ὁ κριὸς ἐδείχθη συνανα-
φερόμενος χρόνοις ιθ ιβ´· καὶ μόνον ἄρα τὸ
τοῦ ταύρου δωδεκατημόριον συναναφέρεται χρόνοις κβ μϛ´.

Διὰ τὰ αὐτὰ δὲ πάλιν ἡ τὸ μὲν τοῦ
ὑδροχόου δωδεκατημόριον συνανενεχθήσεται τοῖς ἴσοις χρόνοις κβ μϛ´. Ἑκάτερον
δὲ, τό τε τῦ λέοντος ἡ τὸ τοῦ σκορπίυ,
τοῖς λείπουσιν εἰς τὴν διπλῆν τοῖς ἐπ᾽ ὀρθῆς τῆς σφαίρας ἀναφορὰν χρόνοις λζ β´.
Ἐπεὶ δὲ καὶ ἡ μὲν μεγίϛη ἡμέρα ὡρῶν ἐϛιν
ἰσημερινῶν ιδ´ ϛ´, ἡ δὲ ἐλαχίϛη θ ϛ´, δῆλον
ὅτι ἡ τὸ μὲν ἀπὸ καρκίνυ μέχρι τοῦ τοξότυ ἡμικύκλιον συνανενεχθήσεται τοῦ ἰσημερινῦ χρόνοις σιζ λ´· τὸ δὲ ἀπὸ αἰγόκερω μέχρι διδύμων, χρόνοις ρμβ λ´. Ὥϛε
ἡ ἑκάτερον μὲν τῶν ἑκατέρωθεν τοῦ ἐα-
ρινῦ σημείου τεταρτημορίων συνανενεχθήσεται χρόνοις οα ιέ· ἑκάτερον δὲ τῶν ἑκατέρωθεν τοῦ μετοπωρινοῦ σημείου χρόνοις ρῆ μέ. Καὶ λοιπὸν μὲν ἄρα, τό τε
τῶν διδύμων ἡ τὸ τοῦ αἰγόκερω δωδεκατημόριον, ἑκάτερον συνανενεχθήσεται
χρόνοις κθ ιζ´ τοῖς λείπουσιν εἰς τοὺς τῦ
τεταρτημορίυ χρόνους οα ιέ· λοιπὸν δὲ, τό
τε τοῦ καρκίνου ἡ τὸ τοῦ τοξότυ ἑκάτερον,
χρόνοις λϛ ιέ τοῖς λείπουσι πάλιν εἰς τοὺς
ἡ τούτυ τῦ τεταρτημορίυ χρόνους ρῆ μέ.

Καὶ φανερὸν ὅτι τὸν αὐτὸν ἂν τρό-

donc le restant EH est de 41ᵈ 58´; donc
le bélier et le taureau montent tous
deux avec ces temps 41 58´, desquels
il a été prouvé que le bélier emploie
19ᵗ 12´ à s'élever. Par conséquent la constellation seule du taureau en emploie
22 46´ (e).

Pour les mêmes raisons encore, le
verseau montera avec les mêmes temps
22ᵗ 46´, et les dodécatémories appelées
lion et scorpion monteront l'une et
l'autre avec les 37 temps 2´ qui restent
du (f) double de l'ascension dans la
sphère droite. Mais (g) puisque le plus
long jour est de 14 heures 30´ équinoxiales, et le plus court de 9ʰ 30´, il
est clair que la demi-circonférence du
cancer au sagittaire montera avec 217
temps 30´ de l'équateur; la demi-circonférence du capricorne aux gémeaux avec
142ᵗ 30´. C'est pourquoi chacun des quarts
de cercle qui sont des deux côtés du
point équinoxial du printemps, montera
avec 71 temps 15´; et chacun de ceux
qui sont des deux côtés de l'équinoxe
d'automne montera avec 108 temps 45´.
Donc le restant, pour chacune des dodécatémories des gémeaux et du capricorne,
montera avec 29 temps 17´ qui, (avec 41
58´), complètent les 71ᵗ 15´ du quart de
cercle. Et le restant, pour le cancer et le
sagittaire, montera avec 35 temps 15´, qui
complètent, avec ceux de la vierge et
du lion, les 108ᵗ 15´ pour ce quart de
cercle.

Il est évident que nous prendrions

de la même manière les levers simultanées des moindres arcs de l'écliptique; mais nous pouvons les calculer de la manière suivante, qui est plus commode et plus méthodique.

Soit, premièrement, ABGD le méridien, BED la demi-circonférence de l'horizon, AEG celle de l'équateur, ZEH celle du cercle qui ceint le zodiaque, l'intersection E étant supposée dans le point équinoxial du printemps. Prenons sur ZEH un arc ET quelconque, décrivons par T l'arc TK d'un parallèle à l'équateur, et marquant de la lettre L le pole de l'équateur, décrivons de ce point les quarts de grands cercles LTM, LKN, et LE. Il est clair, par cette construction, que la portion E du cercle qui ceint le zodiaque, monte dans la sphère droite avec l'arc EM de l'équateur, et dans la sphère oblique avec l'arc égal à MN, parce que l'arc KT du parallèle, avec lequel monte l'arc ET, est semblable à l'arc MN de l'équateur. Or les arcs semblables des parallèles se lèvent toujours dans les mêmes temps; donc l'ascension de ET dans la sphère oblique est moindre (h) de EN, que dans la sphère droite. Ainsi donc, il est prouvé qu'en général, si l'on décrit des arcs de grands cercles, tels que LTM, LKN, l'arc EN sera la différence des ascensions des arcs de l'oblique qui sont compris

πον τάτοις λαμβάνοιμεν κ τὰς τῶν ἐλατ- τόνων τμημάτων, τοῦ διὰ μέσων τῶν ζωδίων κύκλου συνανατολάς. Ετι δ' ἂν εὐχρηςότερον κ μεθοδικώτερον αὐτὰς ἐπι- λογιζοίμεθα κ οὕτως.

Εςω γὰρ πρῶτον μεσημβρι- νὸς κύκλος ὁ ΑΒΓΔ, κ ὁρί- ζοντος μὲν ἡμικύκλιον τὸ ΒΕΔ, ἰσημερινοῦ δὲ τὸ ΑΕΓ, τοῦ δὲ διὰ μέσων τῶν ζωδίων τὸ ΖΕΗ, τῆς Ε τομῆς κατὰ τὸ ἐαρινὸν σημεῖον ὑποκειμένης. Καὶ ἀπο- ληφθείσης ἐπ' αὐτοῦ τῆς ΕΘ περιφερείας τυχούσης, γεγράφθω τμῆμα τῷ διὰ τοῦ Θ παραλλήλῳ τῷ ἰσημερινῷ κύκλῳ τὸ ΘΚ, κ ληφθέντος τῷ Λ πόλου τοῦ ἰσημε- ρινοῦ, γεγράφθω δι' αὐτοῦ τεταρτημόρια μεγίςων κύκλων τὸ ΛΘΜ κ τὸ ΛΚΝ κ ἔτι τὸ ΛΕ. Φανερὸν τοίνυν αὐτόθεν ἐςιν ὅτι τὸ ΕΘ τμῆμα τοῦ διὰ μέσων τῶν ζωδίων, ἐπὶ μὲν ὀρθῆς τῆς σφαίρας, τῇ ΕΜ περιφερείᾳ τοῦ ἰσημερινοῦ συναναφέ- ρεται, ἐπὶ δὲ τῆς ἐγκεκλιμένης, τῇ ἴσῃ τῇ ΜΝ· ἐπειδήπερ ἡ μὲν ΚΘ τοῦ παραλ- λήλω περιφέρεια, ἡ συναναφέρεται τὸ ΕΘ τμῆμα, ὁμοία ἐςὶ τῇ ΜΝ τοῦ ἰσημερινοῦ· αἱ δ' ὅμοιαι περιφέρειαι τῶν παραλλήλων ἐν ἴσοις πανταχῆ χρόνοις ἀναφέρονται. Καὶ τῇ ΕΝ ἄρα περιφερείᾳ ἐλάσσων ἐςὶν ἡ, ἐπὶ τῆς ἐγκεκλιμένης σφαίρας, τοῦ ΕΘ τμήματος ἀναφορὰ, τῆς ἐπ' ὀρθῆς τῆς σφαίρας. Δέδεικται τε ὅτι κ καθόλου, ἐὰν γραφῶσί τινες οὕτω περιφέρειαι με- γίςων κύκλων, ὡς ἡ ΛΘΜ κ ΛΚΝ, τὸ ΕΝ τμῆμα περιέξει τὴν ὑπεροχὴν τῶν ἐπί τε τῆς ὀρθῆς κ τῆς ἐγκεκλιμένης

σφαίρας ἀναφορῶν, τῶν ἀπολαμβανομένων τοῦ διὰ μέσων τῶν ζωδίων κύκλου
περιφερειῶν, ὑπό τε τοῦ Ε κỳ τοῦ γραφομένου διὰ τοῦ Κ παραλλήλυ· ὅπερ
ἔδει δεῖξαι.

Τούτου προθεωρηθέντος, ἐκ-
κείϑω ἡ καταγραφὴ μόνων τοῦ
τε μεσημβρινοῦ, καὶ τῶν τοῦ
ὁρίζοντος, καὶ τοῦ ἰσημερινοῦ
ἡμικυκλίων, καὶ διὰ τοῦ Ζ νοτίου πόλου τοῦ ἰσημερινοῦ γεγράφθω δύο τεταρτημόρια μεγίστων κύκλων, τό τε ΖΗΘ, καὶ τὸ ΖΚΛ· ὑποκείσϑω
δὲ τὸ μὲν Η σημεῖον τὸ κοινὸν τοῦ διὰ τοῦ
χειμερινοῦ τροπικοῦ σημείου γραφομένου
παραλλήλου καὶ τοῦ ὁρίζοντος, τὸ δὲ Κ
τὸ κοινὸν τοῦ γραφομένου διὰ τῆς ἀρχῆς,
λόγου ἕνεκεν, τῶν ἰχθύων, ἢ καὶ ἄλλου
τινὸς τῶν τοῦ τεταρτημορίου τμημάτων
δεδομένου. Εἰς δύο δὴ πάλιν μεγίστων
κύκλων περιφερείας τὰς ΖΘ κỳ ΕΘ, γεγραμμέναι εἰσὶν ἥ τε ΖΚΛ κỳ ἡ ΕΚΗ, τέμνουσαι ἀλλήλας κατὰ τὸ Κ. Καὶ ἔςιν ὁ τῆς
ὑπὸ τὴν διπλῆν τῆς ΘΗ πρὸς τὴν ὑπὸ
τὴν διπλῆν τῆς ΖΗ λόγος, ὁ συνημμένος
ἔκ τε τοῦ τῆς ὑπὸ τὴν διπλῆν τῆς ΘΕ
πρὸς τὴν ὑπὸ τὴν διπλῆν τῆς ΕΛ, καὶ ἐκ
τοῦ τῆς ὑπὸ τὴν διπλῆν τῆς ΚΛ πρὸς
τὴν ὑπὸ τὴν διπλῆν τῆς ΚΖ. Ἀλλ' ἐν πάσαις ταῖς ἐγκλίσεσιν ἥ τε διπλῆ τῆς ΘΗ
περιφερείας ἡ αὐτὴ δέδοται· ἔςι γὰρ ἡ
μεταξὺ τῶν τροπικῶν, καὶ διὰ τοῦτο κỳ ἡ
λοιπὴ ἡ διπλῆ τῆς ΗΖ. Καὶ ὁμοίως ἐπὶ
τῶν αὐτῶν τε διὰ μέσων τῶν ζωδίων
τμημάτων, ἥ τε τῆς ΛΚ περιφερείας διπλῆ κατὰ πάσας τὰς ἐγκλίσεις ἐςὶν ἡ

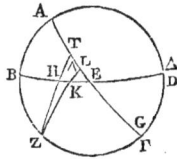

I.

entre le point E et le parallèle qui passe
par K; ce qu'il falloit démontrer.

Cela conçu d'avance, supposons que cette figure représente
seulement les demi-circonfé-
rences de l'horizon, de l'équateur et du méridien, et, par le
pole méridional Z de l'équateur, décrivez les deux quarts
de grands cercles ZHT et ZKL. Supposez le
point H commun au parallèle qui passe
par le point tropique d'hiver et l'horizon,
et le point K commun au parallèle qui
passe par le commencement des poissons, par exemple, ou par tout autre
point donné du quart de cercle, et à
l'horizon. Sur les deux arcs ZT, ET, de
grands cercles, sont menés les arcs ZKL,
EKH, qui s'entrecoupent en K. Or, la raison de la soutendante (i) du double de
l'arc TH à celle du double de ZH, est composée de la raison de la soutendante du
double de l'arc TE à celle du double de
l'arc EL, et de la raison de la soutendante du double de KL à celle du double
de KZ; mais, dans toutes les inclinaisons
quelconques, le double de l'arc TH est
toujours le même et donné, car c'est l'arc
entre les points tropiques. C'est pourquoi le double du reste HZ est aussi
donné pareillement dans les autres portions du cercle du milieu de la largeur
du zodiaque, le double de l'arc LK est
le même pour toutes les inclinaisons, et
se trouve donné par la table d'obliquité;

13

et par-là aussi, le double de KZ est donné, en sorte que le rapport de la soutendante du double de l'arc TE à celle du double de l'arc EL, reste le même dans toutes les inclinaisons, pour les mêmes sections du quart de cercle.

Cela posé, si nous prenons les valeurs successives de KL pour toutes les divisions du quart de cercle de 10 en 10

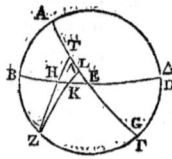

degrés, depuis le point équinoxial du printemps jusqu'au point tropique d'hiver, cette division devant suffire pour l'usage, nous aurons toujours le double de l'arc TH de 47ᵈ 42′ 40″, et sa soutendante de 48ᵖ 31′ 55″; le double de l'arc HZ de 132ᵖ 17′ 20″, et sa soutendante de 109ᵖ 44′ 53″. Pareillement, le double de l'arc KL, pris à la distance de dix degrés du point équinoxial du printemps, en allant vers le tropique d'hiver, sera de 8ᵈ 3′ 16″, et sa soutendante de 8ᵖ 25′ 39″; le double de l'arc KZ de 171ᵈ 56′ 44″, et sa corde de 119ᵖ 42′ 14″. Le double de l'arc KL, pris à la distance de 20 degrés, sera de 15ᵈ 54′ 6″, et sa corde de 16ᵖ 35′ 56″; et le double de l'arc KZ de 164ᵈ 5′ 54″, et sa corde de 118ᵖ 50′ 47″. A la distance de 30 degrés, le double de l'arc LK est de 23ᵈ 19′ 58″, et sa corde de 24ᵖ 15′ 56″;

αὐτὴ, καὶ δίδοται διὰ τῦ τῆς λοξώσεως κανονίε, καὶ λοιπὴ διὰ τοῦτο πάλιν ἡ διπλῆ τῆς ΚΖ· ὥστε καὶ τὸν τῆς ὑπὸ τὴν διπλῆν τῆς ΘΕ πρὸς τὴν ὑπὸ τὴν διπλῆν τῆς ΕΛ καταλείπεϑαι λόγον, τὸν αὐτὸν ἐν πάσαις ταῖς ἐγκλίσεσιν, ἐπὶ τῶν αὐτῶν τοῦ τεταρτημορίε τμημάτων.

Ἐὰν δὴ, τέτων ὅτως ἐχόντων, τὴν τῆς ΚΛ περιφερείας διαφορὰν, διὰ δέκα τμημάτων τοῦ ἀπὸ τῆς ἐαρινῆς ἰσημερίας ὡς πρὸς τὸ χειμερινὸν τροπικὸν σημεῖον τεταρτημορίε παραυξήσωμεν, τῆς μέχρι τῶν τηλικούτων περιφερειῶν διαιρέσεως αὐτάρκες κατὰ τὴν χρῆσιν ἐσομένης, τὴν μὲν τῆς ΘΗ περιφερείας διπλῆν ἕξομεν πάντοτε μοιρῶν μζ μβ′ μ″, καὶ τὴν ὑπ’ αὐτὴν εὐθεῖαν τμημάτων μη λα νε″· τὴν δὲ τῆς ΗΖ διπλῆν μοιρῶν ρλβ ιζ′ κ″, καὶ τὴν ὑπ’ αὐτὴν εὐθεῖαν τμημάτων ρθ μδ′ νγ″. Ὡσαύτως δὲ καὶ ἐπὶ μὲν τῆς δεκαμοιρίαν ἀπεχύσης τοῦ ἐαρινοῦ σημείε ὡς πρὸς τὸ χειμερινὸν τροπικὸν περιφερείας, τὴν μὲν τῆς ΚΛ διπλῆν μοιρῶν η̄ γ′ ιϛ″, καὶ τὴν ὑπ’ αὐτὴν εὐθεῖαν τμημάτωι η̄ κε′ λθ″· τὴν δὲ τῆς ΚΖ διπλῆν μοιρῶν ροα νϛ′ μδ″, καὶ τὴν ὑπ’ αὐτὴν εὐθεῖαν τμημάτων ριθ μβ′ ιδ″. Ἐπὶ δὲ τῆς κ̄ μοίρας ὡσαύτως ἀπεχύσης περιφερείας, τὴν μὲν τῆς ΚΛ διπλῆν μοιρῶν ιε̄ νδ′ ϛ″, καὶ τὴν ὑπ’ αὐτὴν εὐθεῖαν τμημάτων ιϛ λε′ νϛ″· τὴν δὲ τῆς ΚΖ διπλῆν μοιρῶν ρξδ̄ ε′ νδ″, καὶ τὴν ὑπ’ αὐτὴν εὐθεῖαν τμημάτων ριη ν′ μζ″. Ἐπὶ δὲ τῆς λ̄ μοίρας ἀπεχούσης περιφερείας, τὴν μὲν τῆς ΛΚ διπλῆν μοιρῶν κγ̄ ιθ′ νη″, καὶ τὴν ὑπ’ αὐτὴν εὐθεῖαν τμημάτων κδ̄ ιε′ νϛ″· τὴν δὲ τῆς ΚΖ δι-

πλῆν μοιρῶν ρνϛ μα΄, καὶ τὴν ὑπ΄ αὐτὴν εὐθεῖαν τμημάτων ριζ λα΄ ιε΄΄. Ἐπὶ δὲ
τῆς μ̅ μοίρας ἀπεχούσης περιφερείας, τὴν
μὲν τῆς ΛΚ διπλῆν μοιρῶν λ̅ η΄ η΄΄, καὶ
τὴν ὑπ΄ αὐτὴν εὐθεῖαν τμημάτων λα̅
ια΄ μγ΄΄· τὴν δὲ τῆς ΚΖ διπλῆν μοιρῶν
ρμθ να΄ νβ΄΄, καὶ τὴν ὑπ΄ αὐτὴν εὐθεῖαν
τμημάτων ριε̅ νβ΄ ιθ΄΄. Ἐπὶ δὲ τῆς ν̅
μοίρας ἀπεχούσης περιφερείας, τὴν μὲν
τῆς ΛΚ διπλῆν μοιρῶν λϛ̅ ε΄ μϛ΄΄, καὶ
τὴν ὑπ΄ αὐτὴν εὐθεῖαν τμημάτων λζ̅ ι΄
λθ΄΄· τὴν δὲ τῆς ΚΖ διπλῆν μοιρῶν ρμγ̅
νδ΄ ιδ΄΄, καὶ τὴν ὑπ΄ αὐτὴν εὐθεῖαν, τμημάτων ριδ̅ ε΄ μδ΄΄. Ἐπὶ δὲ τῆς ξ̅ μοίρας
ἀπεχούσης περιφερείας, τὴν μὲν τῆς ΛΚ
διπλῆν μοιρῶν μα̅ ο΄ ιη΄΄, καὶ τὴν ὑπ΄ αὐτὴν εὐθεῖαν τμημάτων μβ̅ α΄ μη΄΄· τὴν
δὲ τῆς ΚΖ διπλῆν μοιρῶν ρλη̅ θ΄ μβ΄΄,
καὶ τὴν ὑπ΄ αὐτὴν εὐθεῖαν τμημάτων ριβ̅
κγ΄ νζ΄΄. Ἐπὶ δὲ τῆς ο̅ μοίρας ἀπεχούσης
περιφερείας, τὴν μὲν τῆς ΛΚ διπλῆν
μοιρῶν μδ̅ μ΄ κβ΄΄, καὶ τὴν ὑπ΄ αὐτὴν εὐθεῖαν τμημάτων με̅ λϛ΄ ιη΄΄· τὴν δὲ τῆς
ΚΖ διπλῆν μοιρῶν ρλε̅ ιθ΄ λη΄΄, κ̣ τὴν
ὑπ΄ αὐτὴν εὐθεῖαν τμημάτων ρι̅ νθ΄ μζ΄΄.
Ἐπὶ δὲ τῆς π̅ μοίρας ἀπεχούσης περιφερείας, τὴν μὲν τῆς ΛΚ διπλῆν μοιρῶν μϛ̅
νϛ΄ λβ΄΄, καὶ τὴν ὑπ΄ αὐτὴν εὐθεῖαν τμημάτων μζ̅ μζ΄ μ΄΄· τὴν δὲ τῆς ΚΖ διπλῆν
μοιρῶν ρλγ̅ γ΄ κη΄΄, καὶ τὴν ὑπ΄ αὐτὴν εὐθεῖαν τμημάτων ρι̅ δ΄ ιϛ΄΄. Καὶ διὰ τὰ προκείμενα, ἐὰν ἀπὸ τοῦ τῆς ὑπὸ τὴν διπλῆν
τῆς ΘΗ πρὸς τὴν ὑπὸ τὴν διπλῆν τῆς
ΗΖ λόγου, τουτέστι τοῦ τῶν μη̅ λα΄ νε΄΄
πρὸς τὰ ρθ̅ μδ΄ νγ΄΄, ἀφέλωμεν ἕκαστον
τῶν κατὰ δεκαμοιρίαν ἐκκειμένων τῆς

et le double de l'arc KZ est de 156ᵈ 41′
(i) et sa corde, de 117ᵖ 31′ 15″. A la distance de 40ᵈ, le double de l'arc KL est
de 30ᵈ 8′ 8″, et sa corde de 31ᵖ 11′ 43″; et le
double de l'arc KZ est de 149ᵈ 51′ 52″, et
sa corde de 115ᵖ 52′ 19″. A la distance de
50 degrés, le double de l'arc LK est de
36ᵈ 5′ 46″, et sa corde de 37ᵖ 10′ 39″; le
double de l'arc KZ est de 143ᵈ 54′ 14″, et sa
corde, de 114ᵖ 5′ 44″. A la distance de 60
degrés, le double de l'arc LK est de 41ᵈ 0′
18″, et sa corde de 42ᵖ 1′ 48″; et le double
de KZ est de 138ᵈ 59′ 42″, et sa corde de
112ᵖ 23′ 57″. A la distance de 70 degrés, le
double de l'arc LK est de 44ᵈ 40′ 22′, et sa
corde est de 45ᵖ 36′ 18″; le double de l'arc
KZ est de 135ᵈ 19′ 38″, et sa corde de 110ᵖ
59′ 47″. A la distance de 80 degrés, le double de l'arc LK est de 46ᵈ 56′ 32″, et sa corde
est de 47ᵖ 47′ 40″; le double de l'arc KZ est
de 133ᵈ 3′ 28″, et sa corde de 110ᵖ 4′ 16″.
Or, suivant ce qui est énoncé ci-dessus,
si de la raison de la soutendante du double
de l'arc TH à celle du double de l'arc HZ,
c'est-à-dire, si de la raison de 48 31′ 55″
à 109ᵖ 44′ 53″, nous ôtons chacune des
raisons de la corde du double de LK à la
corde du double de KZ, calculées de dix
en dix degrés, nous trouverons pour
reste la raison de la corde du double de

l'arc TE à la corde du double de l'arc EL, laquelle raison est la même, en toute inclinaison, que celle de 60 à 9 33′ pour l'intervalle de 10ᵈ, comme nous l'avons dit; à 18 57′ pour 20ᵈ; à 28 1′ pour 30ᵈ; à 36ᵖ 33′, pour 40ᵈ; à 44ᵖ 12′ pour 50ᵈ; à 50ᵖ 44′ pour 60ᵈ; à 55ᵖ 45′ pour 70ᵈ; à 58ᵖ 55′ pour 80ᵈ.

Il est évident qu'en chaque inclinaison donnée, ayant le double de l'arc TE, puisqu'il est d'autant de degrés qu'il y a de temps de plus au jour équinoxial qu'au jour le plus court, et que la corde étant aussi donnée, ainsi que la raison de cette corde à la corde du double de l'arc EL, nous aurons cette dernière corde donnée, ainsi que le double de l'arc EL. Retranchant la moitié de cet arc, c'est-à-dire EL, qui est cet excès même, des ascensions de l'arc de l'oblique dans la sphère droite, nous trouverons l'ascension du même arc pour le climat que nous aurons supposé.

Car, prenons encore pour exemple, l'inclinaison du parallèle qui passe par Rhodes, où le double de l'arc ET est de 37ᵖ 30′, (*k*) et sa corde de 38ᵖ 34′, à très-peu près. Puisqu'on a la même raison de 60ᵖ à 38ᵖ 34′, que de 9 33′ à 6 8′; de 18 57′ à 12 11′; de 28 1′ à 18 0′; de 36 33′ à 23 29′; de 44 12′ à 28 25′; de 50 44′ à 32 37′; de 55 45′ à 35 52′, et de 58 55′ à

ὑπὸ τὴν διπλῆν τῆς ΛΚ πρὸς τὴν ὑπὸ τὴν διπλῆν τῆς ΚΖ λόγων, καταλειφθήσεται ἡμῖν καὶ ὁ τῆς ὑπὸ τὴν διπλῆν τῆς ΘΕ πρὸς τὴν ὑπὸ τὴν διπλῆν τῆς ΕΛ λόγος, κατὰ πάσας τὰς ἐγκλίσεις ὁ αὐτὸς τῷ τῶν ξ, ἐπὶ μὲν τῆς δέκα μοίρας ὡς ἔφαμεν ἀπεχούσης περιφερείας, πρὸς τὰ θ λγ′· ἐπὶ δὲ τῆς κ̄, πρὸς τὰ ιη̄ νζ′· ἐπὶ δὲ τῆς λ̄, πρὸς τὰ κη̄ α′· ἐπὶ δὲ τῆς μ̄, πρὸς τὰ λϛ̄ λγ′· ἐπὶ δὲ τῆς ν̄, πρὸς τὰ μδ̄ ιβ′· ἐπὶ δὲ τῆς ξ̄, πρὸς τὰ ν̄ μδ′· ἐπὶ δὲ τῆς ο̄, πρὸς τὰ νε̄ με′· ἐπὶ δὲ τῆς π̄ πρὸς τὰ νη̄ νε′.

Φανερὸν δὲ αὐτόθεν ὅτι καὶ καθ' ἑκάστην τῶν ἐγκλίσεων δεδομένην ἔχοντες τὴν διπλῆν τῆς ΘΕ περιφερείας, ἐπειδήπερ τοσούτων ἐστὶ μοιρῶν, ὅσοις ὑπερέχει χρόνοις τὴν ἐλαχίστην ἡμέραν ἡ ἰσημερινὴ, καὶ τὴν ὑπ' αὐτὴν εὐθεῖαν, τόν τε λόγον ταύτης, τὸν πρὸς τὴν ὑπὸ τὴν διπλῆν τῆς ΕΛ, ἕξομεν καὶ αὐτὴν δεδομένην, καὶ τὴν διπλῆν τῆς ΕΛ περιφερείας· ἧς τὴν ἡμίσειαν, τουτέστιν αὐτὴν τὴν ΕΛ, περιέχουσαν τὴν προειρημένην ὑπεροχὴν, ἀφελόντες ἀπὸ τῶν ἐπ' ὀρθῆς τῆς σφαίρας τῆς ἐκκειμένης τοῦ διὰ μέσων περιφερείας ἀναφορῶν, τὴν κατὰ τὸ ὑποκείμενον κλίμα τῆς αὐτῆς περιφερείας ἀναφορὰν εὑρήσομεν.

Ἐκκείσθω γὰρ ὑπὸ δείγματος ἕνεκεν πάλιν ἡ κλίσις τοῦ διὰ Ῥόδου παραλλήλου, καθ' ὃν ἡ μὲν διπλῆ τῆς ΕΘ περιφερείας μοιρῶν ἐστι λζ̄ λ′, ἡ δ' ὑπ' αὐτὴν εὐθεῖα τμημάτων λη̄ λδ′ ἔγγιστα. Ἐπεὶ οὖν ὁ αὐτὸς λόγος ἐστὶ τῶν ξ πρὸς τὰ λη̄ λδ′, καὶ τῶν μὲν θ λγ′ πρὸς τὰ ϛ̄ η′, τῶν δὲ ιη̄ νζ′ πρὸς τὰ ιβ ια′, τῶν δὲ κη̄ α′ πρὸς τὰ

ιη ο, τῶν δὲ λϛ λγ πρὸς τὰ κγ κθ, τῶν
δὲ μδ ιβ πρὸς τὰ κη κε, τῶν δὲ ν μδ
πρὸς τὰ λβ λζ, τῶν δὲ νε με πρὸς τὰ
λε νβ, τῶν δὲ νη νε πρὸς τὰ λζ νβ,
γίνεται καὶ ἡ μὲν ὑπὸ τὴν διπλῆν τῆς ΕΛ
περιφερείας, καθ' ἑκάστην τῶν δέκα μοιρῶν,
ὑπεροχῶν τῶν ἐκκειμένων οἰκείως τμη-
μάτων· ἡ δὲ ἡμίσεια τῆς ὑπ' αὐτὴν περιφερείας, τουτέστιν αὐτὴ ἡ ΕΛ, μοιρῶν, ἐπὶ
μὲν τῆς πρώτης δεκαμοιρίας, β νϛ· ἐπὶ
δὲ τῆς δευτέρας, ε ν· ἐπὶ δὲ τῆς τρίτης,
η λη· ἐπὶ δὲ τῆς τετάρτης, ια ιζ· ἐπὶ δὲ
τῆς πέμπτης, ιγ μβ· ἐπὶ δὲ τῆς ἕκτης,
ιε μϛ· ἐπὶ δὲ τῆς ἑβδόμης, ιζ κη· ἐπὶ
δὲ τῆς ὀγδόης, ιη κδ· καὶ ἐπὶ τῆς ἐννάτης
δὲ δηλονότι αὐτῶν τῶν ιη με· ὥστε ἐπειδὴ καὶ ἐπ' ὀρθῆς τῆς σφαίρας, ἡ μὲν μέχρι
τῆς πρώτης δεκαμοιρίας περιφέρεια,
συναναφέρεται χρόνοις θ ι, ἡ δὲ μέχρι
τῆς δευτέρας, ιη κε· ἡ δὲ μέχρι τῆς
τρίτης, κζ ν· ἡ δὲ μέχρι τῆς τετάρτης,
λζ λ· ἡ δὲ μέχρι τῆς πέμπτης, μζ κη·
ἡ δὲ μέχρι τῆς ἕκτης, νζ μδ· ἡ δὲ μέχρι
τῆς ἑβδόμης, ξη ιη· ἡ δὲ μέχρι τῆς ὀγδόης, οθ ε· ἡ δὲ μέχρι τῆς ἐννάτης, τοῖς
ὅλου τοῦ τεταρτημορίου χρόνοις ϟ· φανερὸν ὅτι κἂν ἀφέλωμεν ἀφ' ἑκάστης τῶν ἐκκειμένων ἐπ' ὀρθῆς τῆς σφαίρας ἀναφορῶν
τὴν οἰκείαν πηλικότητα, τῆς κατὰ τὴν
ΕΛ περιφέρειαν ὑπεροχῆς, ἕξομεν καὶ τὰς
ἐν τῷ ὑποκειμένῳ κλίματι, τῶν αὐτῶν
ἀναφοράς. Καὶ συναναφερθήσεται ἡ μὲν
μέχρι τῆς πρώτης δεκαμοιρίας περιφέρεια
τοῖς λοιποῖς χρόνοις ϛ ιδ· ἡ δὲ μέχρι τῆς
δευτέρας, ιβ λε· ἡ δὲ μέχρι τῆς τρίτης,
ιθ ιβ· ἡ δὲ μέχρι τῆς τετάρτης, κϛ ιγ· ἡ δὲ

37 52′; (l) il s'ensuit que la corde du double de l'arc EL, répond, pour chacun des
arcs de 10^d, à la différence respective
de leurs ascensions droite et oblique.
Et la moitié de l'arc soutenu par cette
corde, c'est-à-dire, EL, est de 2^d 56′ pour
la première dixaine de degrés; de 5^d 5o′
pour la seconde dixaine; de 8^d 38′ pour la
troisième; de 11^d 17′ pour la quatrième;
de 13^d 42′ pour la cinquième; de 15^d 46′
pour la sixième; de 17^d 28′ pour la septième; de 18^d 24′ pour la huitième; et de
18^d 45′ pour la neuvième. C'est pourquoi,
puisque dans la sphère droite, l'arc de la
première dixaine de degrés monte avec
9 temps 10′; celui de la seconde avec
18^t 25′; celui de la troisième avec 27^t 5o′;
celui de la quatrième avec 37^t 3o′; celui
de la cinquième avec 47^t 28′; celui de la
sixième avec 57^t 44′; celui de la septième
avec 68^t 18′; celui de la huitième avec
79^t 5′; et celui de la neuvième avec les
9o temps de tout le quart de cercle; il
s'ensuit clairement, que si nous retranchons de chacune de ces ascensions de
la sphère droite, la quantité excédente
qui, mesurée par l'arc EL, leur appartient respectivement, nous aurons leurs
ascensions pour le climat en question.
Ainsi, l'arc de la première dixaine montera avec les temps restants 6^t 14′; celui de
la seconde avec 12^t 35′; celui de la troisième avec 19^t 12′; celui de la quatrième
avec 26^t 13′; celui de la cinquième avec

33ᵗ 46ˡ; celui de la sixième avec 41ᵗ 58ˡ; celui de la septième avec 50ᵗ 54ˡ; celui de la huitième avec 60ᵗ 41ˡ; et celui de la neuvième, c'est-à-dire de tout le quart du cercle, avec les 71ᵗ 15ˡ qui font la moitié de la longueur du jour. (m) Donc, de toutes les dixaines, la première montera avec 6 temps 14ˡ; la seconde avec 6 temps 21ˡ; la troisième avec 6 temps 37ˡ; la quatrième avec 7 temps 1ˡ; la cinquième avec 7 temps 33ˡ; la sixième avec 8 temps 12ˡ; la septième avec 8 temps 56ˡ; la huitième avec 9 temps 47ˡ; et la neuvième avec 10 temps 34ˡ.

Tout cela étant prouvé, il suit de ce qui a été exposé ci-dessus, que les ascensions pour les autres quarts du cercle seront conséquemment démontrées. Nous avons calculé de même les ascensions des autres parallèles par chaque dixaine de degrés, ce qui suffit pour la pratique: nous allons les exposer dans une table qui servira pour la suite de ce traité. En partant de l'équateur, nous irons jusqu'au parallèle, où le plus long jour est de dix-sept heures, en augmentant toujours de demi en demi-heure, parce que les différences dans les divisions égales des intervalles sont assez égales entr'elles. Ainsi, mettant d'abord dans la première colonne les trente-six dixaines de la circonférence, nous marquerons à côté, dans les colonnes suivantes, pour chacune de ces dixaines, les temps d'ascension propres à chaque climat; et à la suite, la somme de ces temps, comme on va le voir sur la table même. (n)

μέχρι τῆς πέμπτης, λγ̄ μς̄ʹ· ἡ δὲ μέχρι τῆς ἕκτης, μᾱ νη̄ʹ· ἡ δὲ μέχρι τῆς ἑβδό-μης, ν̄ νδ̄ʹ. ἡ δὲ μέχρι τῆς ὀγδόης, ξ̄ μᾱ· ἡ δὲ μέχρι τῆς ἐννάτης, τουτέςιν ὅλου τοῦ τεταρτημορίου, τοῖς ἐκ τῆς ἡμισείας τοῦ με-γέθους τῆς ἡμέρας συναγομένοις χρόνοις οᾱ ιε̄ʹ. Καὶ αὐτῶν ἄρα τῶν δεκαμοιριῶν, ἡ μὲν πρώτη συνανενεχθήσεται χρόνοις ς̄ ιδ̄ʹ, ἡ δὲ δευτέρα ς̄ κᾱʹ, ἡ δὲ τρίτη ς̄ λζ̄ʹ, ἡ δὲ τετάρτη ζ̄ ᾱʹ, ἡ δὲ πέμπτη ζ̄ λγ̄ʹ, ἡ δὲ ἕκτη η̄ ιβ̄ʹ, ἡ δὲ ἑβδόμη η̄ νς̄ʹ, ἡ δὲ ὀγδόη θ̄ μζ̄ʹ, ἡ δὲ ἐννάτη ῑ λδ̄ʹ.

Ὧν ἀποδεδειγμένων, αὐτόθεν ἔσονται πάλιν διὰ τὰ προτεθεωρημένα συναπο-δεδειγμέναι καὶ αἱ τῶν λοιπῶν τεταρτη-μορίων κατὰ τὸ ἀκόλουθον ἀναφοραί. Τὸν αὐτὸν δὴ τρόπον, ἐπιλογισάμενοι καὶ τὰς τῶν ἄλλων παραλλήλων ἐφ' ἑκάστην δεκα-μοιρίαν ἀναφοράς, ἐφ' ὅσους γε τὴν παρ' ἕκαςα χρῆσιν ἐνδέχεται φθάνειν, ἐκθησό-μεθα ταύτας κανονικῶς πρὸς τὴν ἐπὶ τὰ λοιπὰ μέθοδον, ἀρχόμενοι μὲν ἀπὸ τοῦ ὑπ' αὐτὸν τὸν ἰσημερινὸν, φθάνοντες δὲ μέχρι τοῦ ποιοῦντος ὡρῶν ιζ̄ τὴν μεγίστην ἡμέ-ραν, καὶ τὴν παραύξησιν αὐτῶν ἡμιωρίῳ ποιούμενοι, διὰ τὸ μὴ ἀξιόλογον γίνεσθαι τὴν τῶν μεταξὺ τοῦ ἡμιωρίου παρὰ τὰ ὁμαλὰ διαφοράν. Προτάξαντες οὖν τὰς τοῦ κύκλου λς̄ δεκαμοιρίας, παραθή-σομεν ἑκάςῃ κατὰ τὸ ἑξῆς, τούς τε τῆς οἰκείας ἀναφορᾶς τοῦ κλίματος χρόνους, καὶ τὴν ἐπισυναγωγὴν αὐτῶν τὸν τρόπον τρίτον.

KANONION TΩN KATA ΔΕΚΑΜΟΙΡΙΑΝ ΑΝΑΦΟΡΩΝ.

ΖΩΔΙΑ.	Δεκα- μοι- ρίαι.	ΟΡΘΗ ΣΦΑΙΡΑ. Ὡρῶν ιβ. — Μοιραί / ξ.		ὅ. ὅ. Χρόνοι ἐπισυναγόμενοι.	
Κριός	ι	θ	ι	θ	ι
	κ	θ	ιε	ιη	κε
	λ	θ	κε	κζ	ν
Ταῦρος	ι	θ	μ	λζ	λ
	κ	θ	νη	μζ	κη
	λ	ι	ιϛ	νζ	μδ
Δίδυμοι	ι	ι	λθ	ξη	ιη
	κ	ι	μζ	οθ	ε
	λ	ι	νε	ϙ	ο
Καρκίνος	ι	ι	νε	ρ	νε
	κ	ι	μζ	ρια	μβ
	λ	ι	λθ	ρκβ	ιϛ
Λέων	ι	ι	ιϛ	ρλβ	λβ
	κ	θ	νη	ρμβ	λ
	λ	θ	μ	ρνβ	ι
Παρθένος	ι	θ	κε	ρξα	λε
	κ	θ	ιε	ρο	ν
	λ	θ	ι	ρπ	ο
Ζυγός	ι	θ	ι	ρπθ	ι
	κ	θ	ιε	ρϙη	κε
	λ	θ	κε	σζ	ν
Σκορπίος	ι	θ	μ	σιζ	λ
	κ	θ	νη	σκζ	κη
	λ	ι	ιϛ	σλζ	μδ
Τοξότης	ι	ι	λθ	σμη	ιη
	κ	ι	μζ	σνθ	ε
	λ	ι	νε	σο	ο
Αἰγόκερως	ι	ι	νε	σπ	νε
	κ	ι	μζ	σϙα	μβ
	λ	ι	λθ	τβ	ιϛ
Ὑδροχόος	ι	ι	ιϛ	τιβ	λβ
	κ	θ	νη	τκβ	λ
	λ	θ	μ	τλβ	ι
Ἰχθύες	ι	θ	κε	τμα	λε
	κ	θ	ιε	τν	ν
	λ	θ	ι	τξ	ο

TABLE DES ASCENSIONS DE DIX EN DIX DEGRÉS.

SIGNES.	Dizaines de degrés	SPHÈRE DROITE. Climat de 12 heures — Degrés / Min.		Latitude. 0 0 Sommes des Temps	
Bélier	10	9	10	9	10
	20	9	15	18	25
	30	9	25	27	50
Taureau	10	9	40	37	30
	20	9	58	47	28
	30	10	16	57	44
Gémeaux	10	10	34	68	18
	20	10	47	79	5
	30	10	55	90	0
Cancer	10	10	55	100	55
	20	10	47	111	42
	30	10	34	122	16
Lion	10	10	16	132	32
	20	9	58	142	30
	30	9	40	152	10
Vierge	10	9	25	161	35
	20	9	15	170	50
	30	9	10	180	0
Balance	10	9	10	189	10
	20	9	15	198	25
	30	9	25	207	50
Scorpion	10	9	40	217	30
	20	9	58	227	28
	30	10	16	237	44
Sagittaire	10	10	34	248	18
	20	10	47	259	5
	30	19	55	270	0
Capricorne	10	10	55	280	55
	20	10	47	291	42
	30	10	34	302	16
Verseau	10	10	16	312	32
	20	9	58	322	30
	30	9	40	332	10
Poissons	10	9	25	341	35
	20	9	15	350	50
	30	9	10	360	0

TABLE DES ASCENSIONS DE DIX EN DIX DEGRÉS.

SIGNES.	Dizaines de degré	DU GOLPHE AUALITE.				DE MÉROÉ.			
		Climat de 12 h. ½		Latitude. 8d. 25ʹ		Climat de 13 h.		Latitude. 16d. 27ʹ	
		Degrés	Min.	Sommes des Temps.		Degrés	Min.	Sommes des Temps.	
Bélier.	10	8	35	8	35	7	58	7	58
	20	8	39	17	14	8	5	16	3
	30	8	52	26	6	8	17	24	20
Taureau.	10	9	8	35	14	8	36	32	56
	20	9	29	44	43	9	1	41	57
	30	9	51	54	34	9	27	51	24
Gémeaux.	10	10	15	64	49	9	56	61	20
	20	10	35	75	24	10	23	71	43
	30	10	51	86	15	10	47	82	30
Cancer.	10	10	59	97	14	11	3	93	33
	20	10	59	108	13	11	11	104	44
	30	10	53	119	6	11	12	115	56
Lion.	10	10	41	129	47	11	5	127	1
	20	10	27	140	14	10	55	137	56
	30	10	12	150	26	10	44	148	40
Vierge.	10	9	58	160	24	10	33	159	13
	20	9	51	170	15	10	25	169	38
	30	9	45	180	0	10	22	180	0
Balance.	10	9	45	189	45	10	22	190	22
	20	9	51	199	36	10	25	200	47
	30	9	58	209	34	10	33	211	20
Scorpion.	10	10	12	219	46	10	44	222	4
	20	10	27	230	13	10	55	232	59
	30	10	41	240	54	11	5	244	4
Sagittaire.	10	10	53	251	47	11	12	255	16
	20	10	59	262	46	11	11	266	27
	30	10	59	273	45	11	3	277	30
Capricorne.	10	10	51	284	36	10	47	288	17
	20	10	35	295	11	10	23	298	40
	30	10	15	305	26	9	56	308	36
Verseau.	10	9	51	315	17	9	27	318	3
	20	9	29	324	46	9	1	327	4
	30	9	8	333	54	8	36	335	40
Poissons.	10	8	52	342	46	8	17	343	57
	20	8	39	351	25	8	5	352	2
	30	8	35	360	0	7	58	360	0

ΚΑΝΟΝΙΟΝ ΤΩΝ ΚΑΤΑ ΔΕΚΑΜΟΙΡΙΑΝ ΑΝΑΦΟΡΩΝ.

ΖΩΔΙΑ.	Δεκαμοιριαι.	ΑΥΑΛΙΤΟΥ ΚΟΛΠΟΥ.				ΜΕΡΟΗΣ.			
		Ὡρῶν ιβ̄ ϛ̄		Μοιρ. η̄ κε		Ὡρῶν ιγ		Μοιρ. ι ̄κζ	
		Μοῖραι	ξʹ	Χρόνοι ἐπισυναγόμενοι		Μοῖραι	ξʹ	Χρόνοι ἐπισυναγόμενοι	
Κριός.	ι	η	λε	η	λε	ζ	νη	ζ	νη
	κ	η	λθ	ιζ	ιδ	η	ε	ιϛ	γ
	λ	η	νβ	κϛ	ϛ	η	ιζ	κδ	κ
Ταῦρος.	ι	θ	η	λε	ιδ	η	λϛ	λβ	νϛ
	κ	θ	κθ	μδ	μγ	θ	α	μα	νζ
	λ	θ	να	νδ	λδ	θ	κζ	να	κδ
Δίδυμοι.	ι	ι	ιε	ξδ	μθ	θ	νϛ	ξα	κ
	κ	ι	λε	οε	κδ	ι	κγ	οα	μγ
	λ	ι	να	πϛ	ιε	ι	μζ	πβ	λ
Καρκίνος.	ι	ι	νθ	ϙζ	ιδ	ια	γ	ϙγ	λγ
	κ	ι	νθ	ρη	ιγ	ια	ια	ρδ	μδ
	λ	ι	νγ	ριθ	ϛ	ια	ιβ	ριε	νϛ
Λέων.	ι	ι	μα	ρκθ	μζ	ια	ε	ρκζ	α
	κ	ι	κζ	ρμ	ιδ	ι	νε	ρλζ	νϛ
	λ	ι	ιβ	ρν	κϛ	ι	μδ	ρμη	μ
Παρθένος.	ι	θ	νη	ρξ	κδ	ι	λγ	ρνθ	ιγ
	κ	θ	να	ρο	ιε	ι	κε	ρξθ	λη
	λ	θ	με	ρπ	ο	ι	κβ	ρπ	ο
Ζυγός.	ι	θ	με	ρπθ	με	ι	κβ	ρϙ	κβ
	κ	θ	να	ρϙθ	λϛ	ι	κε	σ	μζ
	λ	θ	νη	σθ	λδ	ι	λγ	σια	κ
Σκορπίος.	ι	ι	ιβ	σιθ	μϛ	ι	μδ	σκβ	δ
	κ	ι	κζ	σλ	ιγ	ι	νε	σλβ	νθ
	λ	ι	μα	σμ	νδ	ια	ε	σμδ	δ
Τοξότης.	ι	ι	νγ	σνα	μζ	ια	ιβ	σνε	ιϛ
	κ	ι	νθ	σξβ	μϛ	ια	ια	σξϛ	κζ
	λ	ι	νθ	σογ	με	ια	γ	σοζ	λ
Αἰγόκερως.	ι	ι	να	σπδ	λϛ	ι	μζ	σπη	ιζ
	κ	ι	λε	σϙε	ια	ι	κγ	σϙη	μ
	λ	ι	ιε	τε	κϛ	θ	νϛ	τη	λϛ
Ὑδροχόυς.	ι	θ	να	τιε	ιζ	θ	κζ	τιη	γ
	κ	θ	κθ	τκδ	μϛ	θ	α	τκζ	δ
	λ	θ	η	τλγ	νδ	η	λϛ	τλε	μ
Ἰχθύες.	ι	η	νβ	τμβ	μϛ	η	ιζ	τμγ	νζ
	κ	η	λθ	τνα	κε	η	ε	τνβ	β
	λ	η	λε	τξ	ο	ζ	νη	τξ	ο

ΝΟΝΙΩΝ ΤΩΝ ΚΑΤΑ ΔΕΚΑΜΟΙΡΙΑΝ ΑΝΑΦΟΡΩΝ.

Δεκα-μοι-ρίαι.	ΣΥΗΝΗΣ. Ὡρῶν ιγ ς''. — Μοῖραι κγ να'.				ΑΙΓΥΠΤΟΥ ΚΑΤΩ ΧΩΡΑΣ. Ὡρῶν ιδ'. — Μοῖραι λ κβ'.			
	Μοῖραι	ξ''.	Χρόνοι ἐπισυν.		Μοῖραι	ξ''.	Χρόνοι ἐπισυν.	
ι	ζ	κγ	ζ	κγ	ς	μη	ς	μη
κ	ζ	κθ	ιθ	νβ	ς	νε	ιγ	μγ
λ	ζ	με	κβ	λς	ζ	ι	κ	νγ
ι	η	δ	λ	μα	ζ	λγ	κη	κς
κ	η	λα	λθ	ιβ	η	β	λς	κη
λ	θ	γ	μη	ιε	η	λζ	με	ε
ι	θ	λς	νζ	μα	θ	ιζ	νδ	κβ
κ	ι	ια	ξη	β	ι	ō	ξδ	κβ
λ	ι	μγ	οη	με	ι	λη	οε	ō
ι	ια	ζ	πθ	νβ	ια	ιβ	πς	ιβ
κ	ια	κγ	ρα	ιε	ια	λδ	Ϟζ	μς
λ	ια	λβ	ριβ	μζ	ια	να	ρθ	λζ
ι	ια	κθ	ρκδ	ις	ια	νε	ρκα	λβ
κ	ια	κε	ρλε	μα	ια	νδ	ρλγ	κς
λ	ια	ις	ρμς	νζ	ια	μζ	ρμε	ιγ
ι	ια	ε	ρνη	β	ια	μ	ρνς	νγ
κ	ια	α	ρξθ	γ	ια	λε	ρξη	κη
λ	ι	νζ	ρπ	ō	ια	λβ	ρπ	ō
ι	ι	νζ	ρϞ	νζ	ια	λβ	ρϞα	λβ
κ	ια	α	σα	νη	ια	λε	σγ	ζ
λ	ια	ε	σιγ	γ	ια	μ	σιδ	μζ
ι	ια	ις	σκθ	ιθ	ια	μζ	σκς	λδ
κ	ια	κε	σλε	μδ	ια	νδ	σλη	κη
λ	ια	κθ	σμζ	ιγ	ια	νε	σν	κγ
ι	ια	λβ	σνη	με	ια	να	σξβ	ιδ
κ	ια	κγ	σο	η	ια	λδ	σογ	μη
λ	ια	ζ	σπα	ιε	ια	ιβ	σπε	ō
ι	ι	μγ	σϞα	νη	ι	λη	σϞε	λη
κ	ι	ια	τβ	θ	ι	ō	τε	λη
λ	θ	λς	τια	με	θ	ιζ	τιδ	νε
ι	θ	γ	τκ	μη	η	λζ	τκγ	λβ
κ	η	λα	τκθ	ιθ	η	β	τλα	λδ
λ	η	δ	τλζ	κγ	ζ	λγ	τλθ	ζ
ι	ζ	με	τμε	η	ζ	ι	τμς	ιζ
κ	ζ	κθ	τνβ	λζ	ς	νε	τνγ	ιβ
λ	ζ	κγ	τξ	ō	ς	μη	τξ	ō

TABLE DES ASCENSIONS DE DIX EN DIX DEGRÉS.

SIGNES.	Dixaines de degrés	PARALLÈLES			
		DE SYÈNE. Climat de 13 h. ½. 23ᵈ. 51'.		DE LA BASSE ÉGYPTE. Climat de 14 h. 30ᵈ. 22'.	
		Climat (Degrés / Min.)	Latitude (Sommes des Temps)	Climat (Degrés / Min.)	Latitude (Sommes des Temps)
Bélier.	10	7 23	7 23	6 48	6 48
	20	7 29	14 52	6 55	13 43
	30	7 45	22 37	7 10	20 53
Taureau.	10	8 4	30 41	7 33	28 26
	20	8 31	39 12	8 2	36 28
	30	9 3	48 15	8 37	45 5
Gémeaux.	10	9 36	57 51	9 17	54 22
	20	10 11	68 2	10 0	64 22
	30	10 43	78 45	10 38	75 0
Cancer.	10	11 7	89 52	11 12	86 12
	20	11 23	101 15	11 34	97 46
	30	11 32	112 47	11 51	109 37
Lion.	10	11 29	124 16	11 55	121 32
	20	11 25	135 41	11 54	133 26
	30	11 16	146 57	11 47	145 13
Vierge.	10	11 5	158 2	11 40	156 53
	20	11 1	169 3	11 35	168 28
	30	10 57	180 0	11 32	180 0
Balance.	10	10 57	190 57	11 32	191 32
	20	11 1	201 58	11 35	203 7
	30	11 5	213 3	11 40	214 47
Scorpion.	10	11 16	224 19	11 47	226 34
	20	11 25	235 44	11 54	238 28
	30	11 29	247 13	11 55	250 23
Sagittaire.	10	11 32	258 45	11 51	262 14
	20	11 23	270 8	11 34	273 48
	30	11 7	281 15	11 12	285 0
Capricorne.	10	10 43	291 58	10 38	295 38
	20	10 11	302 9	10 0	305 38
	30	9 36	311 45	9 17	314 55
Verseau.	10	9 3	320 48	8 37	323 32
	20	8 31	329 19	8 2	331 34
	30	8 4	337 23	7 33	339 7
Poissons.	10	7 45	345 8	7 10	346 17
	20	7 29	352 37	6 55	353 12
	30	7 23	360 0	6 48	360 0

TABLE DES ASCENSIONS DE DIX EN DIX DEGRÉS.

SIGNES.	Dizaines de degrés	PARALLÈLES					
		DE RHODES.			DE L'HELLESPONT.		
		Climat de 14 h. ½.	Latitude. 36ᵈ. o.		Climat de 15 h.	Latitude. 40ᵈ. 56′.	
		Degrés. Min.	Sommes des Temps.		Degrés. Min.	Sommes des Temps.	
Bélier.	10	6 14	6 14		5 40	5 40	
	20	6 21	12 35		5 47	11 27	
	30	6 37	19 12		6 5	17 32	
Taureau.	10	7 1	26 13		6 29	24 1	
	20	7 33	33 46		7 4	31 5	
	30	8 12	41 58		7 46	38 51	
Gémeaux.	10	8 56	50 54		8 38	47 29	
	20	9 47	60 41		9 32	57 1	
	30	10 34	71 15		10 29	67 30	
Cancer.	10	11 16	82 31		11 21	78 51	
	20	11 47	94 18		12 2	90 53	
	30	12 12	106 30		12 30	103 23	
Lion.	10	12 20	118 50		12 46	116 9	
	20	12 23	131 13		12 52	129 1	
	30	12 19	143 32		12 51	141 52	
Vierge.	10	12 13	155 45		12 45	154 37	
	20	12 9	167 54		12 43	167 20	
	30	12 6	180 0		12 40	180 0	
Balance.	10	12 6	192 6		12 40	192 40	
	20	12 9	204 15		12 43	205 23	
	30	12 13	216 28		12 45	218 8	
Scorpion.	10	12 19	228 47		12 51	230 59	
	20	12 23	241 10		12 52	243 51	
	30	12 20	253 30		12 46	256 37	
Sagittaire.	10	12 12	265 42		12 30	269 7	
	20	11 47	277 29		12 2	281 9	
	30	11 16	288 45		11 21	292 30	
Capricorne.	10	10 34	299 19		10 29	302 59	
	20	9 47	309 6		9 32	312 31	
	30	8 56	318 2		8 38	321 9	
Verseau.	10	8 12	326 14		7 46	328 55	
	20	7 33	333 47		7 4	335 59	
	30	7 1	340 48		6 29	342 28	
Poissons.	10	6 37	347 25		6 5	348 33	
	20	6 21	353 46		5 47	354 20	
	30	6 14	360 0		5 40	360 0	

ΚΑΝΟΝΙΟΝ ΤΩΝ ΚΑΤΑ ΔΕΚΑΜΟΙΡΙΑΝ ΑΝΑΦΟΡΩΝ.

ΖΩΔΙΑ.	Δεκαμοιρίαι.	ΡΟΔΟΥ.		ΕΛΛΗΣΠΟΝΤΟΥ.	
		Ὡρῶν ιδ ϛ'' — Μοῖραι λ̄ ο'.		Ὡρῶν ιε — Μοῖραι μ̄ νϛ'.	
		Μοῖραι ξ''.	Χρόνοι ἐπισυναγόμενοι.	Μοῖραι ξ''.	Χρόνοι ἐπισυναγόμενοι.
Κριός.	ι	ϛ ιθ	ϛ ιθ	ε μ	ε μ
	κ	ϛ κα	ιβ λε	ε μζ	ια κ[?]
	λ	ϛ λϛ	ιθ ιβ	ϛ ε	ιϛ λϛ
Ταύρος.	ι	ζ α	κϛ ιγ	ϛ κθ	κδ
	κ	ζ λγ	λγ μϛ	ζ δ	λα
	λ	η ιβ	μα νη	ζ μϛ	λη να
Δίδυμοι.	ι	η νϛ	ν νθ	η λη	μζ κθ
	κ	θ μζ	ξ μα	θ λβ	νζ α
	λ	ι λδ	οα ιε	ι κθ	ξζ λ
Καρκίνος.	ι	ια ιϛ	πβ λα	ια κα	οη να
	κ	ια μζ	4θ ιη	ιβ β	4 νγ
	λ	ιβ ιβ	ρϛ λ	ιβ λ	ργ κγ
Λέων.	ι	ιβ κ	ριη ν	ιβ μϛ	ριϛ θ
	κ	ιβ κγ	ρλα ιγ	ιβ νβ	ρκθ α
	λ	ιβ ιθ	ρμγ λβ	ιβ να	ρμα νβ
Παρθένος.	ι	ιβ ιγ	ρνε με	ιβ με	ρνδ λζ
	κ	ιβ θ	ρξζ νδ	ιβ μγ	ρξζ κ
	λ	ιβ ϛ	ρπ ο	ιβ μ	ρπ ο
Ζυγός.	ι	ιβ ϛ	ρϟβ ϛ	ιβ μ	ρϟβ μ
	κ	ιβ θ	σδ ιε	ιβ μγ	σε κγ
	λ	ιβ ιγ	σιϛ κη	ιβ με	σιη η
Σκορπίος.	ι	ιβ ιθ	σκη μζ	ιβ να	σλ νθ
	κ	ιβ κγ	σμα ι	ιβ νβ	σμγ να
	λ	ιβ κ	σνγ λ	ιβ μϛ	σνϛ λζ
Τοξότης.	ι	ιβ ιβ	σξε μβ	ιβ λ	σξθ ζ
	κ	ια μζ	σοζ κθ	ιβ β	σπα θ
	λ	ια ιϛ	σπη με	ια κα	σϟβ λ
Αἰγόκερως.	ι	ι λδ	σϟθ ιθ	ι κθ	τβ νθ
	κ	θ μζ	τθ ϛ	θ λβ	τιβ λα
	λ	η νϛ	τιη β	η λη	τκα θ
Ὑδροχόος.	ι	η ιβ	τκϛ ιδ	ζ μϛ	τκη νε
	κ	ζ λγ	τλγ μζ	ζ δ	τλε νθ
	λ	ζ α	τμ μη	ϛ κθ	τμβ κη
Ἰχθύες.	ι	ϛ λζ	τμζ κε	ϛ ε	τμη λγ
	κ	ϛ κα	τνγ μϛ	ε μζ	τνδ κ
	λ	ϛ ιθ	τξ ο	ε μ	τξ ο

ΝΟΝΙΟΝ ΤΩΝ ΚΑΤΑ ΔΕΚΑΜΟΙΡΙΑΝ ΑΝΑΦΟΡΩΝ.

Δεκαμοιρίαι	ΜΕΣΟΥ ΠΟΝΤΟΥ. Ωρῶν ιε ϛ''. — Μοῖραι. με α'.				ΒΟΡΥΣΘΕΝΟΥΣ ΕΚΒΟΛΩΝ. Ωρῶν ιϛ. — Μοῖραι μη.			
	Μοῖραι	ξ''	Χρόνοι ἐπισυναγόμενοι Μοῖραι	ξ''	Μοῖραι	ξ''	Χρόνοι ἐπισυναγόμενοι Μοῖραι	ξ''
ι	ε	η	ε	η	δ	λϛ	δ	λϛ
κ	ε	ιδ	ι	κβ	δ	μγ	θ	ιθ
λ	ε	λγ	ιε	νε	ε	α	ιδ	κ
ι	ε	νη	κα	νγ	ε	κϛ	ιθ	μϛ
κ	ϛ	λδ	κη	κζ	ϛ	ε	κε	να
λ	ζ	κ	λε	μζ	ϛ	νβ	λβ	μγ
ι	η	ιε	μδ	β	ζ	νγ	μ	λϛ
κ	θ	ιθ	νγ	κα	θ	ε	μθ	μα
λ	ι	κδ	ξγ	με	ι	ιθ	ξ	ο
ι	ια	κϛ	οε	ια	ια	λα	οα	λα
κ	ιβ	ιε	πζ	κϛ	ιβ	κθ	πδ	ο
λ	ιβ	νγ	ρ	ιθ	ιγ	ιε	ϟζ	ιε
ι	ιγ	ιβ	ριγ	λα	ιγ	μ	ρι	νε
κ	ιγ	κβ	ρκϛ	νγ	ιγ	να	ρκδ	μϛ
λ	ιγ	κβ	ρμ	ιε	ιγ	νδ	ρλη	μ
ι	ιγ	ιζ	ρνγ	λβ	ιγ	μθ	ρνβ	κθ
κ	ιγ	ιϛ	ρξϛ	μη	ιγ	μζ	ρξϛ	ιϛ
λ	ιγ	ιβ	ρπ	ο	ιγ	μδ	ρπ	ο
ι	ιγ	ιβ	ρϟγ	ιβ	ιγ	μδ	ρϟγ	μδ
κ	ιγ	ιϛ	σϛ	κη	ιγ	μζ	σϛ	λα
λ	ιγ	ιζ	σιθ	με	ιγ	μθ	σκα	κ
ι	ιγ	κβ	σλγ	ζ	ιγ	νδ	σλε	ιδ
κ	ιγ	κβ	σμϛ	κθ	ιγ	να	σμθ	ε
λ	ιγ	ιβ	σνθ	μα	ιγ	μ	σξβ	με
ι	ιβ	νγ	σοβ	λδ	ιγ	ιε	σοϛ	ο
κ	ιβ	ιε	σπδ	μθ	ιβ	κθ	σπη	κθ
λ	ια	κϛ	σϟϛ	ιε	ια	λα	τ	ο
ι	ι	κδ	τϛ	λθ	ι	ιθ	τι	ιθ
κ	θ	ιθ	τιε	νη	θ	ε	τιθ	κδ
λ	η	ιε	τκδ	ιγ	ζ	νγ	τκζ	ιζ
ι	ζ	κ	τλα	λγ	ϛ	νβ	τλδ	θ
κ	ϛ	λδ	τλη	ζ	ϛ	ε	τμ	ιδ
λ	ε	νη	τμδ	ε	ε	κϛ	τμε	μ
ι	ε	λγ	τμθ	λη	ε	α	τν	μα
κ	ε	ιδ	τνδ	νβ	δ	μγ	τνε	κδ
λ	ε	η	τξ	ο	δ	λϛ	τξ	ο

TABLE DES ASCENSIONS DE DIX EN DIX DEGRÉS.

SIGNES.	Dizaines de degrés	PARALLÈLES DU MILIEU DE LA MER PONTIQUE — Climat de 15 h. ½. Degrés	Min.	Latitude. 45d 1'. Sommes des Temps. Degrés	Min.	DES BOUCHES DU BORYSTHÈNE — Climat de 16 h. Degrés	Min.	Latitude. 48d. Sommes des Temps. Degrés	Min.
Bélier.	10	5	8	5	8	4	36	4	36
	20	5	14	10	22	4	43	9	19
	30	5	33	15	55	5	1	14	20
Taureau.	10	5	58	21	53	5	26	19	46
	20	6	34	28	27	6	5	25	51
	30	7	20	35	47	6	52	32	43
Gémeaux.	10	8	15	44	2	7	53	40	36
	20	9	19	53	21	9	5	49	41
	30	10	24	63	45	10	19	60	0
Cancer.	10	11	26	75	11	11	31	71	31
	20	12	15	87	26	12	29	84	0
	30	12	53	100	19	13	15	97	15
Lion.	10	13	12	113	31	13	40	110	55
	20	13	22	126	53	13	51	124	46
	30	13	22	140	15	13	54	138	40
Vierge.	10	13	17	153	32	13	49	152	29
	20	13	16	166	48	13	47	166	16
	30	13	12	180	0	13	44	180	0
Balance.	10	13	12	193	12	13	44	193	44
	20	13	16	206	28	13	47	207	31
	30	13	17	219	45	13	49	221	20
Scorpion.	10	13	22	233	7	13	54	235	14
	20	13	22	246	29	13	51	249	5
	30	13	12	259	41	13	40	262	45
Sagittaire.	10	12	53	272	34	13	15	276	0
	20	12	15	284	49	12	29	288	29
	30	11	26	296	15	11	31	300	0
Capricorne.	10	10	24	306	39	10	19	310	19
	20	9	19	315	58	9	5	319	24
	30	8	15	324	13	7	53	327	17
Verseau.	10	7	20	331	33	6	52	334	9
	20	6	34	338	7	6	5	340	14
	30	5	58	344	5	5	26	345	40
Poissons.	10	5	33	349	38	5	1	350	41
	20	5	14	354	52	4	43	355	24
	30	5	8	360	0	4	36	360	0

TABLE DES ASCENSIONS DE DIX EN DIX DEGRÉS.

SIGNES.	Dizaines de degrés	PARALLÈLES							
		DE LA BRETAGNE MÉRIDIONALE.				DES BOUCHES DU TANAIS.			
		Climat de 16 h. ¼.		Latitude. 51d 30'.		Climat de 17 h.		Latitude. 54d 1'.	
		Degrés	Min.	Sommes des Temps.		Degrés	Min.	Sommes des Temps.	
Bélier.	10	4	5	4	5	3	36	3	36
	20	4	12	8	17	3	43	7	19
	30	4	31	12	48	4	0	11	19
Taureau.	10	4	56	17	44	4	26	15	45
	20	5	34	23	18	5	4	20	49
	30	6	25	29	43	5	56	26	45
Gémeaux.	10	7	29	37	12	7	5	33	50
	20	8	49	46	1	8	33	42	23
	30	10	14	56	15	10	7	52	30
Cancer.	10	11	36	67	51	11	43	64	13
	20	12	45	80	36	13	1	77	14
	30	13	39	94	15	14	3	91	17
Lion.	10	14	7	108	22	14	36	105	53
	20	14	22	122	44	14	52	120	45
	30	14	24	137	8	14	54	135	39
Vierge.	10	14	19	151	27	14	50	150	29
	20	14	18	165	45	14	47	165	16
	30	14	15	180	0	14	44	180	0
Balance.	10	14	15	194	15	14	44	194	44
	20	14	18	208	33	14	47	209	31
	30	14	19	222	52	14	50	224	21
Scorpion.	10	14	24	237	16	14	54	239	15
	20	14	22	251	38	14	52	254	7
	30	14	7	265	45	14	36	268	43
Sagittaire.	10	13	39	279	24	14	3	282	46
	20	12	45	292	9	13	1	295	47
	30	11	36	303	45	11	43	307	30
Capricorne.	10	10	14	313	59	10	7	317	37
	20	8	49	322	48	8	33	326	10
	30	7	29	330	17	7	5	333	15
Verseau.	10	6	25	336	42	5	56	339	11
	20	5	34	342	16	5	4	344	15
	30	4	56	347	12	4	26	348	41
Poissons.	10	4	31	351	43	4	0	352	41
	20	4	12	355	55	3	43	356	24
	30	4	5	360	0	3	36	360	0

ΚΑΝΟΝΙΟΝ ΤΩΝ ΚΑΤΑ ΔΕΚΑΜΟΙΡΙΑΝ ΑΝΑΦΟΡΩΝ.

ΖΩΔΙΑ.	Δεκαμοιρίαι.	ΒΡΕΤΤΑΝΙΑΣ ΝΟΤΙΩΤΑΤΗΣ.			ΤΑΝΑΙΔΟΣ ΕΚΒΟΛΩΝ		
		Ὡρῶν ιϛ ϛ''.		Μοῖραι νᾱ λ'.	Ὡρῶν ιζ.		Μοῖραι νδ α'.
		Μοῖραι	ξ''.	Χρόνοι ἐπισυναγόμενοι.	Μοῖραι	ξ''.	Χρόνοι ἐπισυναγόμενοι.
Κριός.	ι	δ	ε	ϑ ε	γ	λϛ	γ λ
	κ	δ	ιβ	η ιζ	γ	μγ	ζ ϛ
	λ	δ	λα	ιβ μη	δ	ὁ	ια ιϛ
Ταῦρος.	ι	δ	νϛ	ιζ μδ	δ	κϛ	ιε μ
	κ	ε	λδ	κγ ιη	ε	δ	κ μ
	λ	ϛ	κε	κϑ μγ	ε	νϛ	κϛ μ
Δίδυμοι.	ι	ζ	κϑ	λζ ιβ	ζ	ε	λγ
	κ	η	μϑ	μϛ α	η	λγ	μβ
	λ	ι	ιδ	νϛ ιε	ι	ζ	νβ
Καρκίνος.	ι	ια	λϛ	ξζ να	ια	μγ	ξδ
	κ	ιβ	με	π λϛ	ιγ	α	οζ
	λ	ιγ	λϑ	ϟδ ιε	ιδ	γ	ϟα
Λέων.	ι	ιδ	ζ	ρη κβ	ιδ	λϛ	ρε
	κ	ιδ	κβ	ρκβ μδ	ιδ	νβ	ρκ
	λ	ιδ	κδ	ρλζ η	ιδ	νδ	ρλε
Παρθένος.	ι	ιδ	ιϑ	ρνα κζ	ιδ	ν	ρν
	κ	ιδ	ιη	ρξε με	ιδ	μζ	ρξε
	λ	ιδ	ιε	ρπ ὁ	ιδ	μδ	ρπ
Ζυγός.	ι	ιδ	ιε	ρϟδ ιε	ιδ	μδ	ρϟδ μ
	κ	ιδ	ιη	ση λγ	ιδ	μζ	σϑ λ
	λ	ιδ	ιϑ	σκβ νβ	ιδ	ν	σκδ
Σκορπίος.	ι	ιδ	κδ	σλϛ ιϛ	ιδ	νδ	σλϑ
	κ	ιδ	κβ	σνα λη	ιδ	νβ	σνδ
	λ	ιδ	ζ	σξε με	ιδ	λϛ	σξη μ
Τοξότης.	ι	ιγ	λϑ	σοϑ κδ	ιδ	γ	σπβ
	κ	ιβ	με	σϟβ ϑ	ιγ	α	σϟε
	λ	ια	λϛ	τγ με	ια	μγ	τζ
Αἰγόκερως.	ι	ι	ιδ	τιγ νϑ	ι	ζ	τιζ λ
	κ	η	μϑ	τκβ μη	η	λγ	τκϛ
	λ	ζ	κϑ	τλ ιζ	ζ	ε	τλγ
Ὑδροχόος.	ι	ϛ	κε	τλϛ μβ	ε	νϛ	τλϑ
	κ	ε	λδ	τμβ ιϛ	ε	δ	τμδ
	λ	δ	νϛ	τμζ ιβ	δ	κϛ	τμη μ
Ἰχθύες.	ι	δ	λα	τνα μγ	δ	ὁ	τνβ μ
	κ	δ	ιβ	τνε νε	γ	μγ	τνϛ κ
	λ	δ	ε	τξ ὁ	γ	λϛ	τξ

ΚΕΦΑΛΑΙΟΝ Θ.

CHAPITRE IX.

ΠΕΡΙ ΤΩΝ ΚΑΤΑ ΜΕΡΟΣ ΤΑΙΣ ΑΝΑΦΟΡΑΙΣ
ΠΑΡΑΚΟΛΟΥΘΟΥΝΤΩΝ.

DES EFFETS PARTICULIERS QUI RÉSULTENT DES
ASCENSIONS.

Ὅτι δὲ τῶν ἀναφορικῶν χρόνων τὸν προκείμενον τρόπον ἡμῖν ἐκτεθειμένων, εὔληπτα τὰ λοιπὰ πάντα γενήσεται τῶν εἰς τοῦτο τὸ μέρος συντεινόντων, καὶ οὔτε γραμμικῶν δείξεων πρὸς ἕκαςα αὐτῶν δεησόμεθα, οὔτε κανονογραφίας περισσῆς, δι᾽ αὐτῶν τῶν ὑποταχθησομένων ἐφόδων φανερὸν ἔςαι.

Πρῶτον μὲν γὰρ τῆς δοθείσης ἡμέρας ἢ νυκτὸς λαμβάνεται τὸ μέγεθος, ἀριθμηθέντων τῶν χρόνων τοῦ οἰκείου κλίματος, ἐπὶ μὲν τῆς ἡμέρας, τῶν ἀπὸ τῆς ἡλιακῆς μοίρας, μέχρι τῆς διαμετρήσης ὡς εἰς τὰ ἑπόμενα δωδεκατημορίων, ἐπὶ δὲ τῆς νυκτὸς, τῶν ἀπὸ τῆς διαμετρήσης τὸν ἥλιον ἐπ᾽ αὐτὴν τὴν ἡλιακὴν μοῖραν· τῶν γὰρ συναχθέντων χρόνων τὸ μὲν ιε″ λαβόντες, ἕξομεν ὅσων ἐςὶν ὡρῶν ἰσημερινῶν τὸ ὑποκείμενον διάςημα· τὸ δὲ ιϛ″ λαβόντες, ἕξομεν ὅσων χρόνων ἐςὶν ἡ καιρικὴ ὥρα τοῦ αὐτῇ διαςήματος.

Εὑρίσκεται δὲ καὶ προχειρότερον τὸ ὡριαῖον μέγεθος, λαμβανομένης ἐκ τοῦ προκειμένου τῶν ἀναφορῶν κανονίου τῆς ὑπεροχῆς τῶν παρακειμένων ἐπισυναγωγῶν, ἡμέρας μὲν, τῇ ἡλιακῇ μοίρᾳ, νυκτὸς δὲ, τῇ διαμετρούσῃ ἔν τε τῷ ὑπὸ τὸν ἰσημερινὸν παραλλήλῳ καὶ ἐν τῷ τοῦ ὑπο-

Cet exposé des temps ascensionnels, rendra plus facile tout le reste de cette théorie, et nous n'aurons besoin ni de figures particulières, ni d'autres tables que de celles qui précèdent, comme on le verra par ce que nous allons ajouter.

D'abord, le jour ou la nuit étant donnés, on en prend la grandeur, en comptant, pour le jour, les temps (*degrés*) d'ascension oblique, compris entre le lieu du soleil et le point diamétralement opposé, suivant l'ordre des signes; et pour la nuit, depuis le lieu opposé au soleil, jusqu'au lieu de cet astre. Le quinzième de la somme des temps (*l'arc diurne*), sera le nombre des heures équinoxiales de la longueur du jour, et le douzième donnera en temps la grandeur de l'heure temporaire de cette même longueur du jour.

On trouve plus aisément, la grandeur de l'heure, par la table précédente des ascensions. En effet, prenons-y la différence entre l'ascension droite et l'ascension oblique du soleil, pour le jour; prenons la différence entre l'ascension droite et l'ascension oblique du lieu op-

posé, pour la nuit; divisons cette différence par 6, ajoutons le quotient à 15
temps, si le soleil est dans les signes boréaux; retranchons-le des mêmes 15
temps, si le soleil est dans les signes
méridionaux, nous ferons ainsi le nombre de temps de l'heure temporaire en
question.

Ensuite nous réduirons les heures
temporaires données, en heures équinoxiales, en multipliant le nombre de
celles de jour par les temps compris dans
une heure temporaire de jour pour le
climat en question, et celles de nuit par
les temps d'une heure nocturne; et, prenant le quinzième de ce produit, nous
aurons le nombre d'heures équinoxiales
correspondantes. Réciproquement, nous
réduirons les heures équinoxiales données en heures temporaires, en les multipliant par 15, et en divisant le produit
par les temps horaires supposés de l'intervalle en question.

Maintenant, le temps et l'heure temporaire quelconques étant donnés, nous
conclurons d'abord le degré du cercle
mitoyen du zodiaque, qui se lève alors,
en multipliant pour le jour, le nombre
des heures écoulées depuis le lever du soleil; et, pour la nuit, le nombre écoulé depuis le coucher; par les temps compris
dans une heure temporaire, nous compterons ensuite ce nombre de degrés sur
l'oblique, selon l'ordre des signes, en
partant du lieu du soleil, pour le jour,
et du lieu opposé pour la nuit; et le point
auquel nous serons conduits de cette ma-

κειμένου κλίματος· τῆς γὰρ εὑρισκομένης
ὑπεροχῆς τὸ ς" λαμβάνοντες, καὶ ἐπὶ
μὲν τοῦ βορείου ἡμικυκλίου τῆς εἰσεννεγ-
μένης μοίρας οὔσης, προστιθέντες αὐτὸ
τοῖς τῆς ἰσημερινῆς μιᾶς ὥρας χρόνοις ιε,
ἐπὶ δὲ τοῦ νοτίου, ἀφαιροῦντες ἀπὸ τῶν
αὐτῶν ιε χρόνων, ποιήσομεν τὸ πλῆθος
τῶν χρόνων τῆς ὑποκειμένης καιρικῆς
ὥρας.

Ἐφεξῆς δὲ τὰς μὲν δεδομένας καιρικὰς ὥρας ἀναλύσομεν εἰς ἰσημερινάς, πολλαπλασιάσαντες τὰς μὲν ἡμερινάς, ἐπὶ
τοὺς τῆς ἡμέρας ἐκείνης τοῦ οἰκείᾳ κλίματος ὡριαίους χρόνους, τάς τε νυκτερι-
νὰς ἐπὶ τοὺς τῆς νυκτός· τῶν γὰρ συναχθέντων τὸ ιε" λαβόντες, ἕξομεν πλῆθος ὡρῶν
ἰσημερινῶν. Ἀνάπαλιν δὲ τὰς δεδομένας
ἰσημερινὰς ὥρας, ἀναλύσομεν εἰς καιρικάς,
πολλαπλασιάσαντες αὐτὰς ἐπὶ τὸν ιε,
καὶ μερίσαντες εἰς τοὺς ὑποκειμένους τοῦ
οἰκείου διαϛήματος ὡριαίους χρόνους.

Πάλιν δοθέντος ἡμῖν χρόνου, καὶ ὥρας
ὁποίας δήποτε καιρικῆς, πρῶτον μὲν
τὴν ἀνατέλλουσαν τότε μοῖραν τοῦ διὰ μέσων τῶν ζωδίων κύκλου, ληψόμεθα, πολλαπλασιάσαντες τὸ πλῆθος τῶν ὡρῶν,
ἡμέρας μὲν, τῶν ἀπὸ ἀνατολῆς ἡλίου, νυκτὸς δὲ, τῶν ἀπὸ δύσεως, ἐπὶ τοὺς οἰκείους
ὡριαίους χρόνους· τὸν γὰρ συναχθέντα
ἀριθμὸν διεκβαλοῦμεν, ἡμέρας μὲν, ἀπὸ
τῆς ἡλιακῆς μοίρας, νυκτὸς δὲ, ἀπὸ τῆς
διαμετρούσης ὡς εἰς τὰ ἑπόμενα τῶν ζωδίων, κατὰ τὰς τοῦ ὑποκειμένου κλίματος ἀναφοράς· καὶ εἰς ἣν δ' ἂν καταντήσῃ

μοιρῶν ὁ ἀριθμὸς, ἐκείνην φήσομεν τότε τὴν μοῖραν ἀνατέλλειν.

Ἐὰν δὲ τὴν μεσουρανοῦσαν ὑπὲρ γῆς θέλωμεν λαβεῖν, τὰς καιρικὰς ὥρας πάντοτε, τὰς ἀπὸ τῆς μεσημβρίας τῆς παρελθούσης μέχρι τῆς δοθείσης πολλαπλασιάσαντες, ἐπὶ τοὺς οἰκείους ὡριαίους χρόνους, τὸν γενόμενον ἀριθμὸν ἐκβαλοῦμεν ἀπὸ τῆς ἡλιακῆς μοίρας εἰς τὰ ἑπόμενα, κατὰ τὰς ἐπ᾽ ὀρθῆς τῆς σφαίρας ἀναφοράς· καὶ εἰς ἣν ἂν ἐκπέσῃ μοιρῶν ὁ ἀριθμὸς, ἐκείνη ἡ μοῖρα τότε ὑπὲρ γῆς μεσουρανήσει.

Ὁμοίως δὲ ἀπὸ μὲν τῆς ἀνατελλούσης μοίρας τὴν μεσουρανοῦσαν ὑπὲρ γῆς ληψόμεθα, σκεψάμενοι τὸν τῇ ἀνατελλούσῃ παρακείμενον τῆς ἐπισυναγωγῆς ἀριθμὸν, ἐν τῷ τοῦ οἰκείου κλίματος κανονίῳ· ἀφελόντες γὰρ ἀπ᾽ αὐτοῦ πάντοτε τοὺς τοῦ τεταρτημορίου χρόνους Ϟ, τὴν παρακειμένην τῷ ἀριθμῷ μοῖραν, ἐκ τῆς ἐπισυναγωγῆς τοῦ ἐπ᾽ ὀρθῆς τῆς σφαίρας σελιδίου, τότε ὑπὲρ γῆς μεσουρανοῦσαν εὑρήσομεν. Ἀνάπαλιν δὲ ἀπὸ τῆς ὑπὲρ γῆν μεσουρανούσης, τὴν ἀνατέλλουσαν πάλιν ληψόμεθα, σκεψάμενοι τὸν τῇ μεσουρανούσῃ μοίρᾳ παρακείμενον τῆς ἐπισυναγωγῆς ἀριθμὸν, ἐν τῷ τῆς ὀρθῆς σφαίρας σελιδίῳ· προσθέντες γὰρ αὐτῷ πάντοτε πάλιν τοὺς αὐτοὺς Ϟ χρόνους, ἐπισκεψόμεθα ἐκ τῆς ἐπισυναγωγῆς, τοῦ ὑποκειμένου κλίματος, ποία μοιρῶν παράκειται τῷ ἀριθμῷ, κἀκείνην τότε ἀνατέλλουσαν εὑρήσομεν.

Φανερὸν δὲ καὶ ὅτι τοῖς μὲν ὑπὸ τὸν αὐτὸν μεσημβρινὸν οἰκοῦσιν, ὁ ἥλιος τὰς

nière, sera le point du cercle oblique qui se levera à l'horizon oriental.

Mais si nous voulons avoir le point qui passe au méridien au-dessus de la terre, multiplions les heures temporaires écoulées depuis midi jusqu'à l'heure donnée, par les temps compris en une heure dans le lieu en question; et comptons ce produit depuis le lieu du soleil, dans l'ascension droite, suivant l'ordre des signes: le point où ce nombre aboutira, sera celui de l'oblique qui sera dans le méridien au-dessus de la terre.

Nous conclurons de même du point orient, celui qui est au méridien au-dessus de la terre, en prenant, dans la table des ascensions obliques, le nombre qui répond au point orient; car en retranchant toujours les 90 temps du quart de cercle, nous aurons un point qui, dans la table de la sphère droite, sera au méridien. Réciproquement, par le moyen du point au méridien supérieur, nous aurons le point orient, en prenant l'ascension droite du point donné dans la table de la sphère droite; car, en y ajoutant toujours 90 temps, nous chercherons par la somme, dans la table des ascensions obliques, pour le climat supposé, le nombre qui y répond: ce sera le point orient.

Il est évident que pour ceux des habitants de la terre qui sont sous un

même méridien, le soleil est à une distance du milieu du jour et du milieu de la nuit, mesurée par un égal nombre d'heures équinoxiales ; mais pour ceux qui n'habitent pas sous le même méridien, la différence est d'autant de temps équinoxiaux, qu'il y a de degrés de distance entre les méridiens respectifs des uns et des autres. (a)

ἴσας ἰσημερινὰς ὥρας ἀπέχει τῆς μεσημβρίας ἢ τοῦ μεσονυκτίε· τοῖς δὲ μὴ ὑπὸ τὸν αὐτὸν μεσημβρινὸν, τοσούτοις ἰσημερινοῖς χρόνοις διοίσει, ὅσαις ἂν μοίραις, ὁ μεσημβρινὸς τοῦ μεσημβρινῶ παρ' ἑκατέροις διαφέρῃ.

CHAPITRE X.

DES ANGLES FORMÉS PAR LE CERCLE MITOYEN DU ZODIAQUE ET LE MÉRIDIEN.

Comme il reste encore, pour compléter cette théorie, à parler des angles que font l'oblique et le méridien, il faut savoir, d'abord, que l'angle formé par deux grands cercles, est droit, lorsqu'ayant décrit un cercle, du point d'intersection comme pole, et d'un intervalle quelconque, l'arc de ce cercle qui est compris entre les deux grands cercles, est de 90^d ; et, en général, que l'angle formé par l'inclinaison de deux plans l'un vers l'autre, est à quatre angles droits, en même raison que l'arc compris est au cercle décrit, comme nous l'avons dit. Par conséquent, supposant la circonférence divisée en 360 degrés ; autant l'arc intercepté contiendra de ces degrés, autant l'angle qui soutend cet arc, en vaudra de ceux dont l'angle droit en vaut 90.

ΚΕΦΑΛΑΙΟΝ I.

ΠΕΡΙ ΤΩΝ ΥΠΟ ΤΟΥ ΔΙΑ ΜΕΣΩΝ ΤΩΝ ΖΩΔΙΩΝ ΚΥΚΛΟΥ ΚΑΙ ΤΟΥ ΜΕΣΗΜΒΡΙΝΟΥ ΓΙΝΟΜΕΝΩΝ ΓΩΝΙΩΝ.

Λοιπου δὲ ὄντος, εἰς τὴν ὑποκειμένην θεωρίαν, τοῦ τὸν περὶ τῶν γωνιῶν ποιήσασθαι λόγον, λέγω δὲ τῶν πρὸς τὸν διὰ μέσων τῶν ζωδίων κύκλον γινομένων, προληπτέον, ὅτι ὀρθὴν γωνίαν ὑπὸ μεγίςων κύκλων λέγομεν περιέχεσθαι, ὅταν πόλῳ τῇ κοινῇ τομῇ τῶν κύκλων καὶ διαςήματι τυχόντι γραφέντος κύκλου, ἡ ἀπολαμβανομένη αὐτοῦ περιφέρεια ὑπὸ τῶν τὴν γωνίαν περιεχόντων τμημάτων, τεταρτημόριον τοῦ γραφέντος κύκλου ποιῆ· καθόλυ τε, ὅτι ὃν ἂν ἔχῃ λόγον ἡ ἀπολαμβανομένη περιφέρεια, πρὸς τὸν γραφέντα κύκλον, καθ' ὃν εἰρήκαμεν τρόπον, τοῦτον ἔχει τὸν λόγον ἡ περιεχομένη γωνία ὑπὸ τῆς κλίσεως τῶν ἐπιπέδων, πρὸς τὰς τέσσαρας ὀρθάς. Ὥστε ἐπειδὴ τὴν περίμετρον ὑποτιθέμεθα τμημάτων τξ, ὅσων ἂν εὑρίσκηται τμημάτων ἡ ἀπολαμβανομένη περιφέρεια, τοσούτων ἔςαι καὶ ἡ ὑποτείνυσα αὐτὴν γωνία, οἵων ἡ μία ὀρθὴ ζ.

Τῶν δὲ πρὸς τὸν λοξὸν κύκλον γενομένων γωνιῶν, αἱ μάλιςα χρήσιμοι πρὸς τὴν
ὑποκειμένην θεωρίαν ἐκεῖναί εἰσιν, αἵ τε
ὑπὸ τῆς τομῆς αὐτοῦ καὶ τοῦ μεσημβρινοῦ
περιεχόμεναι, καὶ αἱ ὑπὸ τῆς τομῆς αὐτοῦ καὶ τοῦ ὁρίζοντος καθ᾽ ἑκάςην θέσιν,
καὶ ὁμοίως αἱ ὑπὸ τῆς τομῆς αὐτοῦ καὶ
τοῦ διὰ τῶν πόλων τοῦ ὁρίζοντος γραφομένου μεγίςου κύκλου· συναποδεικνυμένων
ταῖς τοιαύταις γωνίαις καὶ τῶν ἀπολαμβανομένων τούτου τοῦ κύκλου περιφερειῶν
ὑπό τε τῆς τομῆς καὶ τοῦ πόλου τοῦ ὁρίζοντος, τουτέςι τοῦ κατὰ κορυφὴν σημείου.
Ἑκάςα γὰρ τῶν ἐκκειμένων ἀποδειχθέντα
πρός τε τὴν θεωρίαν αὐτὴν ἱκανωτάτην
ἔχει χώραν, καὶ πρὸς τὰ περὶ τὰς παραλλάξεις τῆς σελήνης ἐπιζητούμενα μάλιςα
συμβάλλεται τὸ πλεῖςον, μηδαμῶς τῆς
τοιαύτης καταλήψεως προχωρεῖν δυναμένης ἄνευ τῆς ἐκείνων προδιαλήψεως.

Ἐπεὶ δὲ καὶ τεσσάρων οὐσῶν γωνιῶν
τῶν περιεχομένων ὑπὸ τῆς τῶν δύο κύκλων
τομῆς, τουτέςι τοῦ διὰ μέσων τῶν ζωδίων καὶ ἑνὸς τῶν συμπλεκομένων αὐτῷ,
περὶ μιᾶς τῆς κατὰ τὴν θέσιν ὁμοίας τὸν
λόγον ποιεῖαι μέλλομεν· προδιοριςέον
ὅτι καθόλου τῶν δύο γωνιῶν, τῶν περὶ
τὴν ἐπομένην τῇ κοινῇ τομῇ τῶν κύκλων
περιφέρειαν τοῦ διὰ μέσων τῶν ζωδίων,
τὴν ἀπ᾽ ἄρκτων ὑπακουςέον, ὥστε τὰ
συμβαίνοντά καὶ τὰς πηλικότητας τὰς
ἀποδειχθησομένας εἶναι τῶν οὕτως ἐχουσῶν γωνιῶν. Ἁπλουςέρας δὲ τῆς δείξεως
οὔσης τῶν πρὸς τὸν μεσημβρινὸν κύκλον
θεωρουμένων τοῦ λοξοῦ γωνιῶν, ἀπὸ τούτων ἀρξόμεθα, καὶ δείξομεν πρῶτον ὅτι

I.

Mais de tous les angles formés sur le cercle oblique, les plus utiles pour cette théorie sont ceux qui sont formés par son intersection avec le méridien, et ceux que forme son intersection avec l'horizon, dans chacune des positions que le cercle oblique peut prendre relativement à ces deux cercles ; et, pareillement, ceux qui sont formés par son intersection avec le grand cercle qui passe par les poles de l'horizon, les arcs de ce grand cercle, qui sont compris entre cette intersection et le pole de l'horizon, ou point vertical, se démontrant avec ces angles. Car les démonstrations de chacun de ces objets seront très-avantageuses pour l'intelligence de notre théorie, et serviront beaucoup dans la recherche de ce qui concerne la parallaxe de la lune dont il est impossible de rien concevoir, si l'on n'a pas auparavant bien saisi ces démonstrations.

Quatre angles étant formés autour de l'intersection des deux cercles, c'est-à-dire du mitoyen du zodiaque et d'un de ceux qui s'entrecoupent avec lui, nous ne parlerons jamais que d'un seul, qui sera toujours le même quant à la position. Convenons donc, d'avance, qu'en général, de deux angles formés sur l'arc du cercle mitoyen du zodiaque, qui est adjacent à la commune section des cercles, il faut sous-entendre celui qui a son ouverture vers le pole boréal (a), ensorte que les circonstances et les valeurs qui seront démontrées appartiendront aux angles ainsi constitués. Mais la démonstration des angles formés par l'oblique et le méridien, étant la plus simple, nous commencerons par eux, et nous

15 *

montrerons d'abord que les points d'intersection de l'oblique, également distants du
même point équinoxial, sont les sommets
d'autant d'angles tous égaux entr'eux.

Soient ABG un arc de l'é-
quateur, DBE un arc de l'o-
blique mitoyen du zodiaque,
et Z le pole de l'équateur. Prenant deux arcs égaux, BH et
BT, des deux côtés du point
équinoxial B, faisons passer
par le pole Z et par les points H, T, les
arcs ZKH et ZTL des cercles méridiens :
je dis que l'angle KHB est égal à l'angle
ZTE. Cela est évident parceque le trilatère BHK est équiangle au trilatère BTL,
puisqu'ils ont leurs trois côtés égaux
chacun à chacun, HB à BT, HK à TL, et
BK à BL. Tout cela a été démontré précédemment. Donc l'angle KHB est égal à
l'angle BTL, c'est-à-dire à l'angle sous
ZTE. Ce qu'il falloit démontrer.

Il faut encore démontrer,
que les angles formés sur le
méridien en des points du cercle mitoyen du zodiaque, également distants d'un même
point tropique, sont tous deux
ensemble égaux à deux angles
droits. Soit donc ABG l'arc du cercle oblique, B étant supposé le point tropique.
Ayant pris de chaque côté les arcs égaux
BD et BE, soient menés par les points D et

τὰ ἴσον ἀπέχοντα τοῦ αὐτοῦ ἰσημερινοῦ σημείου τοῦ διὰ μέσων τῶν ζωδίων
κύκλου σημεῖα τὰς ἐκκειμένας γωνίας
ἴσας ἀλλήλαις ποιεῖ.

Ἔςω γὰρ ἰσημερινοῦ μὲν περιφέρεια ἡ ΑΒΓ, τοῦ δὲ διὰ μέσων τῶν ζωδίων ἡ ΔΒΕ, πό-
λος δὲ τοῦ ἰσημερινοῦ τὸ Ζ σημεῖον, καὶ ἀποληφθεισῶν ἴσων
περιφερειῶν τῆς τε ΒΗ καὶ ΒΘ
ἐφ' ἑκάτερα τοῦ Β ἰσημερινοῦ σημείου, γεγράφθωσαν διὰ τοῦ Ζ πόλου καὶ
τῶν Η, Θ, σημείων, μεσημβρινῶν κύκλων
περιφέρειαι ἥ τε ΖΚΗ καὶ ἡ ΖΘΛ· λέγω
ὅτι ἴση ἐστὶν ἡ ὑπὸ ΚΗΒ γωνία τῇ ὑπὸ
ΖΘΕ· καὶ ἔςιν αὐτόθεν φανερόν· ἰσογώνιον γὰρ γίνεται τὸ ΒΗΚ τρίπλευρον τῷ
ΒΘΛ, ἐπειδήπερ καὶ τὰς τρεῖς πλευρὰς
ταῖς τρισὶ πλευραῖς ἴσας ἔχει ἑκάςην
ἑκάςῃ, τὴν μὲν ΗΒ τῇ ΒΘ, τὴν δὲ ΗΚ τῇ
ΘΛ, τὴν δὲ ΒΚ τῇ ΒΛ· δέδεικται γὰρ
πάντα ταῦτα ἐν τοῖς ἔμπροσθεν· καὶ
γωνία ἄρα ἡ ὑπὸ ΚΗΒ γωνίᾳ τῇ ὑπὸ
ΒΘΛ, τουτέςι τῇ ὑπὸ ΖΘΕ, ἐςὶν ἴση·
ὅπερ ἔδει δεῖξαι.

Πάλιν δεικτέον ὅτι τῶν τὸ
ἴσον ἀπεχόντων σημείων τοῦ
διὰ μέσων τῶν ζωδίων κύκλου,
τοῦ αὐτοῦ τροπικοῦ σημείου,
αἱ πρὸς τὸν μεσημβρινὸν γινόμεναι γωνίαι συναμφότεραι
δυσὶν ὀρθαῖς ἴσαι εἰσίν. Ἔςω
γὰρ τοῦ διὰ μέσων τῶν ζωδίων κύκλου περιφέρεια ἡ ΑΒΓ, τοῦ Β ὑποκειμένου τροπικοῦ σημείου, καὶ ἀποληφθεισῶν ἐφ' ἑκάτερα αὐτοῦ περιφερειῶν ἴσων,

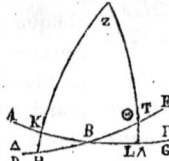

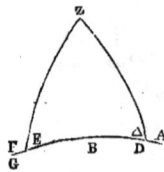

τῆς τε ΒΔ καὶ τῆς ΒΕ, γεγράφθωσαν διὰ τῶν Δ καὶ Ε σημείων καὶ τοῦ Ζ πόλου τοῦ ἰσημερινοῦ, μεσημβρινῶν κύκλων περιφέρειαι, ἥ τε ΖΔ καὶ ἡ ΖΕ· λέγω ὅτι ἡ ὑπὸ ΖΔΒ γωνία καὶ ἡ ὑπὸ ΖΕΓ, συναμφότεραι δυσὶν ὀρθαῖς ἴσαι εἰσίν. Εςι δὲ καὶ τοῦτο δῆλον αὐτόθεν· ἐπεὶ γὰρ τὰ Δ καὶ Ε σημεῖα ἴσον ἀπέχει τοῦ αὐτοῦ τροπικοῦ σημείου, ἴση ἐςὶ καὶ ἡ ΔΖ περιφέρεια τῇ ΖΕ. Καὶ γωνία ἄρα ἡ ὑπὸ ΖΔΒ γωνία τῇ ὑπὸ ΖΕΒ ἴση ἐςίν. Ἀλλ᾽ ἡ ὑπὸ ΖΕΒ καὶ ΖΕΓ, δυσὶν ὀρθαῖς ἴσαι εἰσίν. Καὶ ἡ ὑπὸ ΖΔΒ ἄρα μετὰ τῆς ὑπὸ ΖΕΓ, δυσὶν ὀρθαῖς ἴσαι εἰσίν· ὅπερ ἔδει δεῖξαι.

Τούτων προτεθεωρημένων, ἔςω μεσημβρινὸς μὲν κύκλος ὁ ΑΒΓΔ, τοῦ δὲ διὰ μέσων τῶν ζωδίων ἡμικύκλιον τὸ ΑΕΓ, τοῦ Α σημείου ὑποκειμένου τοῦ χειμερινοῦ τροπικοῦ, καὶ πόλῳ τῷ Α, διαςήματι δὲ τῇ τοῦ τετραγώνου πλευρᾷ γεγράφθω τὸ ΒΕΔ ἡμικύκλιον. Ἐπεὶ τοίνυν ὁ ΑΒΓΔ μεσημβρινὸς διά τε τῶν τοῦ ΑΕΓ πόλων καὶ διὰ τῶν τοῦ ΒΕΔ γέγραπται, τεταρτημορίου ἐςὶν ἡ ΕΔ περιφέρεια· ὀρθὴ ἄρα ἐςὶν ἡ ὑπὸ ΔΑΕ γωνία. Ὀρθὴ δὲ διὰ τὰ προδεδειγμένα καὶ ἡ ὑπὸ τοῦ θερινοῦ τροπικοῦ σημείου γινομένη· ὅπερ ἔδει δεῖξαι.

Πάλιν ἔςω μεσημβρινὸς μὲν κύκλος ὁ ΑΒΓΔ, ἰσημερινοῦ δὲ ἡμικύκλιον τὸ ΑΕΓ, καὶ γεγράφθω διὰ μέσων τῶν ζωδίων τὸ ΑΖΓ ἡμικύκλιον οὕτως, ὥστε τὸ Α σημεῖον εἶναι τὸ μετοπωρινὸν ἰσημερινόν, πόλῳ

E et par le pôle Z de l'équateur, les arcs ZD et ZE des méridiens; je dis que l'angle ZDB et l'angle ZEG sont ensemble égaux à deux angles droits. Ce qui est évident, par la raison que les points D et E étant également distants du même point tropique, l'arc DZ est égal à l'arc ZE; par conséquent, l'angle ZDB est égal à l'angle ZEB. Mais les angles ZEB, ZEG sont égaux à deux droits. Donc l'angle ZDB avec l'angle ZEG ensemble égaux à deux angles droits.

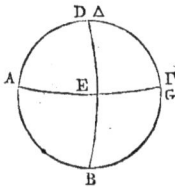

Cela posé, soit ABGD le méridien; AEG la demi-circonférence du cercle mitoyen du zodiaque. Le point tropique d'hiver étant mis en A, soit décrit à une distance de A comme pôle, égale au côté du carré inscrit, la demi-circonférence BED: puisque le méridien ABGD passe par les poles de AEG et par ceux de BED, l'arc ED est le quart de la circonférence entière; donc l'angle DAE est droit. Ainsi, par les raisons démontrées ci-dessus, l'angle au point tropique d'été est également droit: ce qu'il falloit démontrer.

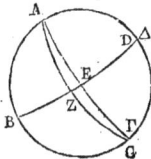

Soient encore le méridien ABGD, la demi-circonférence de l'équateur AEG; et soit décrit le demi-cercle AZG de l'oblique, en sorte que A soit le point équinoxial d'automne, et de ce point comme pôle, et d'un

rayon égal au côté du carré inscrit, décrivez la demi-circonférence BZED. Pour les mêmes raisons, puisque ABGD passe par les poles de AEG et par ceux de BED, AZ et ED sont des quarts de circonférence; donc Z sera le point tropique d'hiver : et l'arc ZE est environ de 23ᵈ 51′ des degrés indiqués ci-dessus. Donc l'arc entier ZED est de 113ᵈ 51′, et l'angle DAZ est de ces 113ᵈ 51′ dont un angle droit en contient 90 ; et encore, pour les raisons déjà démontrées, l'angle au point équinoxial du printemps sera des 66ᵈ 9′, restants pour supplément à deux angles droits. (b)

Soient encore le méridien ABGD, la demi-circonférence de l'équateur AEG, celle du cercle oblique BZD, en sorte que Z soit le point équinoxial d'automne, et que d'abord l'arc BZ soit celui d'une dodécaté-morie, de celle de la vierge,

et que le point B, par conséquent, soit le commencement de la vierge; et avec un rayon égal au côté du carré inscrit, c'est-à-dire, à la distance d'un quart de cercle, décrivons, du point B comme pole, le demi-cercle HTEK, et proposons-nous de trouver l'angle KBT. Puisque le méridien ABGD passe par les poles de AEG, et par ceux de HEK, les arcs BH, BT, EH, sont chacun des quarts de cercles. Mais, dans cette figure, la (c) raison de la sou-tendante du double de BA à la soutendante du double de HA, est composée de

τε τῷ Α καὶ διαϛήματι τῇ τοῦ τετραγώνου πλευρᾷ γεγράφθω τὸ ΒΖΕΔ ἡμικύκλιον· διὰ τὰ αὐτὰ δὴ, ἐπεὶ ὁ ΑΒΓΔ διά τε τῶν τοῦ ΑΕΓ καὶ διὰ τῶν τοῦ ΒΕΔ πόλων γέγραπται, τεταρτημορίου ἐϛὶν ἥ τε ΑΖ καὶ ἡ ΕΔ· ὥϛε καὶ τὸ μὲν Ζ, σημεῖον ἔϛαι τὸ χειμερινὸν τροπικὸν, ἡ δὲ ΖΕ περιφέρεια, τῶν ἀποδεδειγμένων μοιρῶν κγ̄ νά ἔγγιϛα· καὶ ὅλη μὲν ἄρα ἡ ΖΕΔ περιφέρεια, μοιρῶν ἐϛι ριγ̄ νά, ἡ δὲ ὑπὸ ΔΑΖ γωνία τοιούτων ριγ̄ νά, οἵων ἐϛὶν ἡ μία ὀρθὴ ζ. Διὰ δὲ τὰ προδεδειγμένα πάλιν καὶ ἡ ὑπὸ τοῦ ἐαρινοῦ ἰσημερινοῦ σημείου γινομένη γωνία, τῶν λοιπῶν εἰς τὰς δύο ὀρθὰς ἔϛαι μοιρῶν ξϛ θ.

Πάλιν ἔϛω μεσημβρινὸς μὲν κύκλος ὁ ΑΒΓΔ, καὶ ἰσημερινοῦ μὲν ἡμικύκλιον τὸ ΑΕΓ, τοῦ δὲ διὰ μέσων τῶν ζωδίων τὸ ΒΖΔ, ὥϛε τὸ μὲν Ζ σημεῖον ὑποκεῖϛαι τὸ μετοπωρινὸν, τὴν δὲ ΒΖ περιφέρειαν πρῶτον ἑνὸς δωδεκατημορίου, τοῦ τῆς παρθένου, καὶ τὸ Β σημεῖον ἀρχὴν δηλονότι τῆς παρθένου· πόλῳ δὲ πάλιν τῷ Β, διαϛήματι δὲ, τῇ τοῦ τετραγώνου πλευρᾷ γεγράφθω τὸ ΗΘΕΚ ἡμικύκλιον, κ̀ προκείϛω τὴν ὑπὸ ΚΒΘ γωνίαν εὑρεῖν. Ἐπεὶ τοίνυν ὁ ΑΒΓΔ μεσημβρινὸς διά τε τῶν τοῦ ΑΕΓ καὶ διὰ τῶν τοῦ ΗΕΚ πόλων γέγραπται, τεταρτημορίου μὲν ἑκάϛη γίνεται τῶν ΒΗ, καὶ ΒΘ, καὶ ΕΗ περιφερειῶν. Διὰ δὲ τὴν καταγραφὴν, ὁ τῆς ὑπὸ τὴν διπλῆν τῆς ΒΑ πρὸς τὴν ὑπὸ τὴν διπλῆν τῆς ΗΑ λόγος, συνῆπται ἔκ τε

τοῦ τῆς ὑπὸ τὴν διπλῆν τῆς ΒΖ πρὸς
τὴν ὑπὸ τὴν διπλῆν τῆς ΘΖ, καὶ τοῦ
τῆς ὑπὸ τὴν διπλῆν τῆς ΘΕ πρὸς τὴν
ὑπὸ τὴν διπλῆν τῆς ΕΗ. Ἀλλ᾽ ἡ μὲν
διπλῆ τῆς ΒΑ διὰ τὰ προδεδειγμένα
μοιρῶν ἐστιν κγ κ, καὶ ἡ ὑπ᾽ αὐτὴν εὐθεῖα τμημάτων κδ ιϚ, ἡ δὲ διπλῆ τῆς
ΑΗ μοιρῶν ρνϚ μ, καὶ ἡ ὑπ᾽ αὐτὴν εὐθεῖα τμημάτων ριζ λα· καὶ πάλιν ἡ μὲν
διπλῆ τῆς ΖΒ μοιρῶν ξ, καὶ ἡ ὑπ᾽ αὐτὴν εὐθεῖα τμημάτων ξ, ἡ δὲ διπλῆ τῆς
ΖΘ μοιρῶν ρκ, καὶ ἡ ὑπ᾽ αὐτὴν εὐθεῖα
τμημάτων ργ νέ κγ. Ἐὰν ἄρα πάλιν ἀπὸ
τοῦ τῶν κδ ιϚ πρὸς τὰ ριζ λα λόγου
ἀφέλωμεν τὸν τῶν ξ πρὸς τὰ ργ νέ κγ,
καταλειφθήσεται ὁ τῆς ὑπὸ τὴν διπλῆν
τῆς ΘΕ πρὸς τὴν ὑπὸ τὴν διπλῆν τῆς
ΕΗ λόγος, ὁ τῶν μβ νή ἔγγιστα πρὸς
τὰ ρκ. Καὶ ἔστιν ἡ ὑπὸ τὴν διπλῆν τῆς
ΕΗ τμημάτων ρκ, καὶ ἡ ὑπὸ τὴν διπλῆν ἄρα τῆς ΘΕ τῶν αὐτῶν ἐστι μβ νή.
Ὥστε καὶ ἡ μὲν διπλῆ τῆς ΘΕ μοιρῶν ἐστι
μβ ἔγγιστα, αὐτὴ δὲ ἡ ΘΕ τῶν αὐτῶν
κα· καὶ ὅλη μὲν ἄρα ἡ ΘΕΚ αὐτή τε καὶ ἡ
ὑπὸ ΚΒΘ γωνία, μοιρῶν ἐστι ρια. Διὰ δὲ
τὰ προαποδεδειγμένα, καὶ ἡ μὲν ὑπὸ τῆς
ἀρχῆς τοῦ σκορπίου γινομένη γωνία τῶν
ἴσων ἔσαι μοιρῶν ρια, ἑκατέρα δὲ ἡ τε ὑπὸ
τῆς ἀρχῆς τοῦ ταύρου καὶ τῆς ἀρχῆς τῶν
ἰχθύων, τῶν λοιπῶν εἰς τὰς δύο ὀρθὰς
μοιρῶν ξθ, ὅπερ ἔδει δεῖξαι.

Πάλιν ἐπὶ τῆς αὐτῆς καταγραφῆς, ἡ
ΖΒ περιφέρεια ὑποκείσθω δύο δωδεκατημορίων, ὥστε τὸ Β σημεῖον εἶναι τὴν ἀρχὴν τοῦ λέοντος, καὶ τῶν αὐτῶν ὑποκειμένων, τὴν μὲν διπλῆν τῆς ΒΑ μοιρῶν

la raison de la soutendante du double de
BZ à la soutendante du double de TZ, et
de la raison de la soutendante du double
de TE à la soutendante du double de EH.
Mais, d'après ce qui précède, le double
de BA est de 23ᵈ 20′, et sa soutendante
est de 24ᵖ 16′; le double de AH est de
156ᵈ 40′, et sa soutendante est de 117ᵖ
31′. En outre, le double de ZB est de 60ᵈ,
et sa soutendante est de 60ᵖ; le double
de ZT est de 120ᵈ, et sa soutendante de
103ᵖ 55′ 23″. Si donc, de la raison de 24ᵖ
16′ à 117ᵖ 31′, nous ôtons celle de 60 à 103
55′ 23″, restera la raison de la soutendante
du double de TE à la soutendante du
double de EH, laquelle raison est à peu
près de 42′ 58′ à 120; mais la soutendante
du double de EH est de 120ᵖ, donc la
soutendante du double de TE est de 42ᵖ
58′. C'est pourquoi le double de l'arc TE
est à très-peu près de 42 degrés, et l'arc
TE lui-même de 21. Par conséquent,
l'arc entier TEK et l'angle opposé KBT
sont l'un et l'autre de 111ᵈ; (d) mais, d'a-
près ce qui a été dit ci-dessus, l'angle
formé au point où commence le scorpion,
sera de ces mêmes 111ᵈ; de même (e)
chacun des deux angles qui sont, l'un
au commencement du taureau, et l'autre
au commencement des poissons, a pour
valeur ce qui reste, pour faire le supplément à deux angles droits, ou 69ᵖ:
ce qu'il falloit démontrer.

Et encore, dans cette même figure,
si l'arc ZB est supposé être de deux dodécatémories, ensorte que le point B soit le
commencement du lion, les autres suppositions demeurant les mêmes; le double

de l'arc BA sera de 41^d, et sa soutendante, de 42^p 2′, (*à peu près, car la vraie valeur donnée par la table des cordes, est* 42^p 1′ 30″ ;) le double de l'arc AH de 139^d, et sa soutendante de 112^p 24′; le double de BZ sera de 120^d, et sa soutendante, de 103^p 55′ 23″; le double de l'arc ZT de 60^d, et sa soutendante de 60^p. Si de la raison de 42^p 2′ à 112^p 24′, nous ôtons la raison de 103^p 55′ 23″ à 60, restera la raison du double de la soutendante de TE à la soutendante du double de EH, laquelle raison est celle de 25 53′ à 120. Donc la soutendante du double de TE contient ces 25^p 53′; par conséquent, le double de l'arc TE sera à très-peu près de 25^d, et l'arc TE lui-même de 12^d 30′. Ainsi donc, l'arc entier TEK et l'angle sous KBT, sont chacun de 102^d 30′.

Pour les mêmes raisons, l'arc formé au premier point du sagittaire, est également de 102^p 30′, et chacun des deux angles qui sont l'un au premier point des gémeaux, et l'autre à celui du verseau, a pour valeur 77^p 30′ qui restent pour compléter deux angles droits. Ainsi se trouve démontré ce que nous avons énoncé. On suivrait la même méthode pour les portions plus petites du cercle oblique; mais, dans la pratique, il suffit de les avoir pour chacune des dodécatémories.

CHAPITRE XI.

DES ANGLES FORMÉS PAR LE CERCLE OBLIQUE ET L'HORIZON.

Nous allons actuellement montrer comment, dans un climat donné, on prend les

εἶναι μᾱ, καὶ τὴν ὑπ᾽ αὐτὴν εὐθεῖαν τμημάτων μβ β′, τὴν δὲ διπλῆν τῆς AH μοιρῶν ρλθ, καὶ τὴν ὑπ᾽ αὐτὴν εὐθεῖαν τμημάτων ριβ κδ′· καὶ πάλιν τὴν μὲν διπλῆν τῆς BZ μοιρῶν ρκ, καὶ τὴν ὑπ᾽ αὐτὴν εὐθεῖαν τμημάτων ργ νε′ κγ″, τὴν δὲ διπλῆν τῆς ΖΘ μοιρῶν ξ καὶ τὴν ὑπ᾽ αὐτὴν εὐθεῖαν τμημάτων ξ· ἐὰν ἄρα πάλιν ἀπὸ τοῦ τῶν μβ β′ πρὸς τὰ ριβ κδ′ λόγου, ἀφέλωμεν τὸν τῶν ργ νε κγ″ πρὸς τὰ ξ, καταλειφθήσεται ὁ τῆς ὑπὸ τὴν διπλῆν τῆς ΘΕ πρὸς τὴν ὑπὸ τὴν διπλῆν τῆς ΕΗ λόγος, ὁ τῶν κε νγ′ πρὸς τὰ ρκ. Ἡ ἄρα ὑπὸ τὴν διπλῆν τῆς ΘΕ, γίνεται τῶν αὐτῶν κε νγ′. Ὥστε καὶ ἡ μὲν διπλῆ τῆς ΘΕ μοιρῶν ἔσαι κε ἔγγισα, αὐτὴ δὲ ἡ ΘΕ τῶν αὐτῶν ιβ ς″· ὅλη μὲν ἄρα ἡ ΘΕΚ καὶ αὐτή τε καὶ ἡ ὑπὸ ΚΒΘ γωνία, μοιρῶν ἐςὶν ρβ ς″.

Διὰ ταῦτα δὴ καὶ ἡ μὲν ὑπὸ τῆς ἀρχῆς τοῦ τοξότου περιεχομένη γωνία τῶν ἴσων ρβ ς″, ἑκατέρα δὲ ἥ τε ὑπὸ τῆς ἀρχῆς τῆς διδύμων καὶ τῆς ἀρχῆς τοῦ ὑδροχόου τῶν λοιπῶν εἰς τὰς δύο ὀρθὰς μοιρῶν οζ ς″. Καὶ δέδεικται ἡμῖν τὰ προκείμενα, τῆς μὲν αὐτῆς ἐσομένης ἀγωγῆς καὶ ἐπὶ τῶν ἔτι μικρομερεςέρων τοῦ λοξοῦ κύκλου τμημάτων, ἀπαρκούσης δ᾽ ὡς πρὸς αὐτὴν τὴν τῆς πραγματείας χρῆσιν καὶ τῆς καθ᾽ ἕκαςον τῶν δωδεκατημορίων ἐκθέσεως.

ΚΕΦΑΛΑΙΟΝ ΙΑ.

ΠΕΡΙ ΤΩΝ ΥΠΟ ΤΟΥ ΛΟΞΟΥ ΚΥΚΛΟΥ ΚΑΙ ΤΟΥ ΟΡΙΖΟΝΤΟΣ ΓΙΝΟΜΕΝΩΝ ΓΩΝΙΩΝ.

Ἐφεξῆς δὲ δείξομεν πῶς ἂν λαμϐάνοιμεν ἐπὶ τοῦ διδομένου κλίματος

καὶ τὰς πρὸς τὸν ὁρίζοντα τοῦ διὰ μέσων τῶν ζωδίων κύκλε γινομένας γωνίας, ἁπλυστέραν καὶ αὐτὰς ἐχούσας τὴν μέθοδον τῶν λοιπῶν. Ὅτι μὲν οὖν αἱ πρὸς τὸν μεσημβρινὸν γινόμεναι, αἱ αὐταί εἰσι ταῖς πρὸς τὸν ἐπ᾽ ὀρθῆς τῆς σφαίρας ὁρίζοντα, φανερόν· ἕνεκεν δὲ τοῦ καὶ ἐπὶ τῆς ἐγκεκλιμένης σφαίρας λαμβάνεσθαι, δεικτέον πάλιν, πρῶτον, ὅτι τὰ ἴσον ἀπέχοντα σημεῖα τοῦ διὰ μέσων τῶν ζωδίων κύκλου τοῦ αὐτοῦ ἰσημερινῦ σημείε, τὰς γινουένας πρὸς τὸν αὐτὸν ὁρίζοντα γωνίας ἴσας ἀλλήλαις ποιεῖ.

Ἔσω γὰρ μεσημβρινὸς κύκλος ὁ ΑΒΓΔ, καὶ ἰσημερινῦ μὲν ἡμικύκλιον τὸ ΑΕΓ, ὁρίζοντος δὲ τὸ ΒΕΔ, καὶ γεγράφθω τοῦ λοξοῦ κύκλου δύο τμήματα τό τε ΖΗΘ καὶ τὸ ΚΛΜ, ὕτως ἔχοντα, ὥστε ἑκάτερον μὲν τῶν

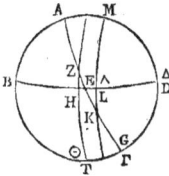

Ζ καὶ Κ σημείων ὑποκεῖσθαι τὸ μετοπωρινὸν ἰσημερινὸν, τὴν δὲ ΖΗ περιφέρειαν τῇ ΚΛ ἴσην· λέγω ὅτι καὶ ἡ ὑπὸ ΕΗΘ γωνία ἴση ἐςὶ τῇ ὑπὸ ΔΛΚ· καὶ ἔςιν αὐτόθεν δῆλον· ἰσογώνιον γὰρ γίνεται πάλιν τὸ ΕΖΗ τρίπλευρον τῷ ΕΚΛ· ἐπεὶ διὰ τὰ προδεδειγμένα, καὶ τὰς τρεῖς πλευρὰς τρισὶ πλευραῖς ἴσας ἔχει ἑκάςην ἑκάςῃ, τὴν μὲν ΖΗ τῇ ΚΛ, τὴν δὲ ΗΕ τῆς τομῆς τοῦ ὁρίζοντος τῇ ΕΛ, τὴν δὲ ΕΖ τῆς ἀναφορᾶς τῇ ΕΚ. Ἴση ἄρα ἐςὶ καὶ ἡ μὲν ὑπὸ ΕΗΖ γωνία τῇ ὑπὸ ΕΛΚ, λοιπὴ δὲ ἡ ὑπὸ ΕΗΘ λοιπῇ τῇ ὑπὸ ΔΛΚ ἴση ἐςὶν, ὅπερ ἔδει δεῖξαι.

Λέγω δὴ ὅτι καὶ τῶν διαμετρούντων σημείων ἡ τοῦ ἑτέρε ἀνατολικὴ, μετὰ τῆς

angles que le cercle milieu du zodiaque fait avec l'horizon, la méthode en est plus simple que pour les autres. Il est évident que les angles qu'il fait avec le méridien, sont les mêmes que ceux qu'il fait avec l'horizon dans la sphère droite. Mais pour les avoir dans la sphère oblique, il faut d'abord montrer que les angles faits aux points du cercle milieu du zodiaque, également distants d'un même point équinoxial sur un même horizon, sont égaux entr'eux.

Car, soit le méridien ABGD, la demi-circonférence de l'équateur AEG, celle de l'horizon BED; soient décrites les deux portions du cercle oblique ZHT, KLM, telles que l'un ou l'autre des deux points Z, K, soit supposé l'équinoxe d'automne, que l'arc ZH soit égal à l'arc KL, je dis que l'angle EHT est égal à l'angle DLK; ce qui est évident : car le trilatère EZH, est équiangle au trilatère EKL, puisqu'il est prouvé que les trois côtés sont respectivement égaux dans chacun, ZH à KL; HE depuis l'intersection de l'horizon, à EL; et EZ, côté de l'ascension, à EK. Donc l'angle EHZ est égal à l'angle ELK, et par conséquent l'angle de supplément EHT à l'angle de supplément DLK : ce qu'il falloit démontrer.

Je dis de plus, que les deux angles faits sur deux points diamétralement op-

posés, l'un à l'orient, l'autre à l'occident, sont ensemble égaux à deux angles droits. Car si nous décrivons le cercle de l'horizon ABGD, et le cercle mitoyen du zodiaque AEGZ, qui s'entrecoupent l'un l'autre aux points A et G, les deux angles ZAD, DAE sont ensemble égaux à deux droits. Mais l'angle ZAD est égal à l'angle ZGD. Donc, ZGD avec DAE font ensemble deux angles droits : ce qu'il falloit démontrer.

En outre, ces choses étant ainsi, puisqu'il est prouvé que les angles formés sur l'horizon en des points également distants du même équinoxe, sont égaux, il s'en suivra que, si deux points sont à égales distances, de part et d'autre, du tropique, l'angle oriental de l'un et l'angle occidental de l'autre, sont égaux à deux droits. C'est pourquoi, ayant trouvé les angles orientaux depuis le bélier jusqu'aux serres, les angles orientaux de l'autre demi-cercle seront aussi donnés par-là, ainsi que les angles occidentaux des deux demi-cercles. Nous allons dire en peu de mots, comment on le démontre, en nous servant, pour l'exemple que nous voulons donner, du même parallèle, (a) c'est-à-dire de celui où le pôle boréal est élevé de 36^d au-dessus de l'horizon.

Les angles formés sur l'horizon aux points équinoxiaux par le cercle oblique, se prendront sans peine ; car si nous décrivons le méridien ABGD, le demi-cercle oriental de l'horizon supposé AED, le

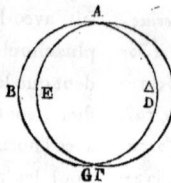

τοῦ ἑτέρου δυτικῆς, δυσὶν ὀρθαῖς ἴσαι ἐσίν. Ἐὰν γὰρ γράψωμεν ὁρίζοντα μὲν κύκλον τὸν ΑΒΓΔ, τὸν δὲ διὰ μέσων τῶν ζωδίων τὸν ΑΕΓΖ, τέμνοντας ἀλλήλους κατὰ τὰ Α καὶ Γ σημεῖα, συναμφότεραι μὲν ἥ τε ὑπὸ ΖΑΔ καὶ ἡ ὑπὸ ΔΑΕ, δυσὶν ὀρθαῖς ἴσαι γίνονται. Ἴση δὲ ἡ ὑπὸ ΖΑΔ, τῇ ὑπὸ ΖΓΔ, ὥστε καὶ συναμφοτέρας τήν τε ὑπὸ ΖΓΔ καὶ τὴν ὑπὸ ΔΑΕ, δύο ὀρθὰς ποιεῖν, ὅπερ ἔδει δεῖξαι.

Ἐπισυμβήσεταί τε, τούτων οὕτως ἐχόντων, ἐπείπερ ἐδείχθησαν καὶ τῶν ἴσων ἀπεχόντων τοῦ αὐτοῦ ἰσημερινοῦ σημεία, αἱ πρὸς τὸν αὐτὸν ὁρίζοντα θεωρούμεναι γωνίαι ἴσαι, τὸ καὶ τῶν τὸ ἴσον ἀπεχόντων τοῦ αὐτοῦ τροπικοῦ σημείου, τὴν τοῦ ἑτέρου ἀνατολικὴν, καὶ τὴν τοῦ ἑτέρου δυτικὴν, συναμφοτέρας δύσιν ὀρθαῖς ἴσας εἶναι. Ὥστε καὶ διὰ τοῦτο, ἐὰν τὰς ἀπὸ κριοῦ μέχρι τῶν χηλῶν γινομένας ἀνατολικὰς γωνίας εὕρωμεν, συναποδεδειγμέναι ἔσονται καὶ αἱ τοῦ ἑτέρου ἡμικυκλίου ἀνατολικαὶ, καὶ ἔτι αἱ τῶν δύο ἡμικυκλίων δυτικαί. Ὃν δὲ τρόπον δείκνυται, διὰ βραχέων ἐκθησόμεθα, χρησάμενοι πάλιν ὑποδείγματος ἕνεκεν τῷ αὐτῷ παραλλήλῳ, τουτέστι καθ' ὃν ὁ βόρειος πόλος ἐξήρτηται τοῦ ὁρίζοντος μοίρας λϛ.

Αἱ μὲν οὖν ὑπὸ τῶν ἰσημερινῶν σημείων τοῦ διὰ μέσων τῶν ζωδίων κύκλου, πρὸς τὸν ὁρίζοντα γινόμεναι γωνίαι, προχείρως δύνανται λαμβάνεσθαι· ἐὰν γὰρ γράψωμεν μεσημβρινὸν μὲν κύκλον τὸν

ΑΒΓΔ, τοῦ δὲ ὑποκειμίνου
ὁρίζοντος τὸ ἀνατολικὸν ἡμικύκλιον τὸ ΑΕΔ, καὴ τοῦ μὲν ἰσημερινοῦ τεταρτημόριον τὸ ΕΖ,
τοῦ δὲ διὰ μέσων τῶν ζωδίων
δύο, τό τε ΕΒ καὴ ΕΓ, οὕτως
ἔχοντα, ὥστε τὸ Ε σημεῖον
πρὸς μὲν τὸ ΕΒ τεταρτημόριον νοεῖσθαι
μετοπωρινὸν, πρὸς δὲ τὸ ΕΓ, ἐαρινὸν, καὴ
τὸ μὲν Β γίνεται χειμερινὸν τροπικὸν, τὸ
δὲ Γ θερινὸν· συνάγεται ὅτι τῆς μὲν ΔΖ
περιφερείας ὑποκειμένης μοιρῶν νδ, ἑκατέρας δὲ τῶν ΒΖ καὴ ΖΓ τῶν ἴσων κγ να'
ἔγγιςα, καὴ ἡ μὲν ΓΔ γίνεται μοιρῶν λ θ',
ἡ δὲ ΒΔ, τῶν αὐτῶν οζ να'. Ὥστε, ἐπεὶ
τὸ Ε πόλος ἐςὴ τοῦ ΑΒΓ μεσημβρινοῦ, καὴ
τὴν μὲν ὑπὸ ΔΕΓ γωνίαν, τὴν γινομένην
ὑπὸ τῆς ἀρχῆς τοῦ κριοῦ, τοιούτων εἶναι
λ θ', οἵων ἐςὴν ἡ μία ὀρθὴ ζ, τὴν δὲ ὑπὸ
ΔΕΒ, τὴν γινομένην ὑπὸ τῆς ἀρχῆς τῶν
χηλῶν, τῶν αὐτῶν οζ να'.

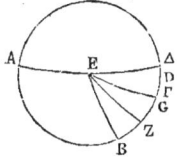

Ἵνα δὲ καὴ ἡ τῶν λοιπῶν
ἔφοδος φανερὰ γένηται, προκείσθω, ὑποδείγματος ἕνεκεν,
εὑρεῖν τὴν γινομένην ἀνατολικὴν γωνίαν ὑπὸ τῆς ἀρχῆς
τοῦ ταύρου καὴ τοῦ ὁρίζοντος·
καὴ ἔςω μεσημβρινὸς μὲν κύ-
κλος ὁ ΑΒΓΔ, τοῦ δ' ὑποκειμένου ὁρίζοντος τὸ ἀνατολικὸν ἡμικύκλιον τὸ ΒΕΔ,
καὴ γεγράφθω τοῦ διὰ μέσων τῶν ζωδίων
τὸ ΑΕΓ ἡμικύκλιον, ὥστε τὸ Ε σημεῖον τὴν
ἀρχὴν εἶναι τοῦ ταύρου· καὴ ἐπεὶ ἐν τούτῳ
τῷ κλίματι, τῆς ἀρχῆς τοῦ ταύρου ἀνατελλούσης, μεσουρανοῦσιν ὑπὸ γῆν αἱ τοῦ
καρκίνου μοῖραι ιζ μα', δεδείχαμεν γὰρ ὡς

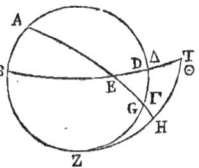

quart de cercle EZ de l'équateur et les deux quarts de cercle EB, EG, du mitoyen du zodiaque, tels que le point E soit regardé, pour le quart de cercle EB, comme étant l'équinoxe d'automne; et pour EG, comme celui du printemps; que B soit le point tropique d'hiver, et G celui d'été : l'arc DZ étant supposé de 54^d (b), et BZ et ZG l'un et l'autre de 23^d 51' à peu près, on en conclut que la différence GD est de 30^d 9', et la somme BD de 77^d 51'. Par conséquent, puisque E est le pole du méridien ABG, il faut que l'angle DEG, au commencement du bélier, soit de 30^d 9' des degrés dont l'angle droit en a 90, et que l'angle DEB au commencement des serres, soit de 77 51' de ces mêmes degrés.

Pour faciliter l'intelligence de ce qui suit, proposons-nous, pour exemple, de trouver l'angle oriental formé par le premier point du taureau et par l'horizon; et soit ABGD, le méridien, BED, le demi-cercle oriental de l'horizon supposé; décrivez la demi-circonférence AEG du cercle mitoyen du zodiaque, de sorte que le point E soit le premier du taureau. Puisque dans ce climat, quand le commencement du taureau se lève, les 17 degrés 41' du cancer passent au méridien sous l'horizon; car nous avons montré

I.

comment on trouve sans peine, par la table des ascensions, le point qui est au
méridien (c); l'arc EG est
donc moindre qu'un quart
de cercle. Décrivez du pole
E et d'un intervalle égal au

côté du carré inscrit, l'arc de grand
cercle THZ, et complétez les quarts de
cercle EGH, et EDT; DGZ et ZHT sont
chacun un quart de cercle, parceque
l'horizon BET passe par les poles du méridien ZGD et du grand cercle ZHT (d).
De plus, puisque les 17 degrés 41' du
cancer sont éloignés de l'équateur, vers
les ourses, de 22ᵈ 40' du grand cercle
qui passe par ses poles, car nous l'avons
ainsi exposé, et que l'équateur est éloigné du pole Z de l'horizon, de 36ᵈ pris
sur le même arc ZGD, on en conclut
l'arc ZG de 58ᵈ 40'; il suit de ces données dans la figure (e) ci-jointe, que la
raison de la soutendante du double de
GD à la soutendante du double de DZ,
est composée de la raison de la soutendante du double de GE à celle du double
de EH, et de la raison de la soutendante
du double de HT à celle du double de
ZT. Mais, suivant ce qui précède, le double de l'arc GD est de 62ᵈ 40', et sa soutendante est de 62ᵖ 24'; le double de
l'arc DZ est de 180ᵈ, et sa soutendante
est de 120ᵖ; en outre, le double de l'arc
GE est de 155ᵈ 22', et sa soutendante de
117ᵖ 14'. Le double de l'arc EH est de

τὰ τοιαῦτα ἐξ εὐχερούς λαμβάνεται διὰ τῶν ἐκτεθειμένων
ἡμῖν ἀναφορῶν, ἐλάσσων γίνεται ἡ ΕΓ περιφέρεια τεταρτημορίου. Γεγράφθω δὴ πόλω
τῷ Ε, καὶ διαστήματι τῇ τοῦ
τετραγώνου πλευρᾷ μεγίςου
κύκλου τμῆμα τὸ ΘΗΖ, καὶ προσαναπε-
πληρώσθω τό τε ΕΓΗ τεταρτημόριον, καὶ
τὸ ΕΔΘ. Γίνεται δὲ καὶ ἥ τε ΔΓΖ καὶ ἡ ΖΗΘ
ἑκατέρα τεταρτημορίου, διὰ τὸ τὸν ΒΕΘ
ὁρίζοντα διὰ τῶν πόλων εἶναι τοῦ τε ΖΓΔ
μεσημβρινοῦ καὶ τοῦ ΖΗΘ μεγίςου κύκλου. Πάλιν ἐπεὶ αἱ μὲν τοῦ καρκίνου
ιζ μα΄ μοῖραι ἀπέχουσι τοῦ ἰσημερινοῦ
πρὸς τὰς ἄρκτους, ἐπὶ τοῦ διὰ τῶν πόλων αὐτοῦ μεγίςου κύκλου, μοίρας κβ
μ΄, ἐκτέθειται γὰρ ἡμῖν καὶ ταῦτα, ὁ δὲ
ἰσημερινὸς ἀπέχει τοῦ Ζ πόλου τοῦ ὁρίζοντος, ἐπὶ τῆς αὐτῆς περιφερείας τῆς
ΖΓΔ, μοίρας λς, συνάγεται καὶ ἡ ΖΓ
περιφέρεια μοιρῶν νη μ΄. Τούτων δὴ δοθέντων, γίνεται λοιπὸν διὰ τὴν καταγραφὴν ὁ τῆς ὑπὸ τὴν διπλῆν τῆς ΓΔ πρὸς τὴν
ὑπὸ τὴν διπλῆν τῆς ΔΖ λόγος, ὁ συνημμένος ἔκ τε τοῦ τῆς ὑπὸ τὴν διπλῆν τῆς
ΓΕ πρὸς τὴν ὑπὸ τὴν διπλῆν τῆς ΕΗ,
καὶ τοῦ τῆς ὑπὸ τὴν διπλῆν τῆς ΗΘ
πρὸς τὴν ὑπὸ τὴν διπλῆν τῆς ΖΘ.
Ἀλλὰ διὰ τὰ προκείμενα, ἡ μὲν διπλῆ
τῆς ΓΔ μοιρῶν ἐςιν ξβ μ΄, καὶ ἡ ὑπ΄ αὐτὴν εὐθεῖα τμημάτων ξβ κδ΄, ἡ δὲ διπλῆ τῆς ΔΖ μοιρῶν ρπ, καὶ ἡ ὑπ΄ αὐτὴν εὐθεῖα τμημάτων ρκ· καὶ πάλιν ἡ
μὲν διπλῆ τῆς ΓΕ μοιρῶν ρνε κβ΄, καὶ
ἡ ὑπ΄ αὐτὴν εὐθεῖα τμημάτων ριζ ιδ΄,

ἡ δὲ διπλῆ τῆς ΕΗ, μοιρῶν ρπ̄, καὶ ἡ ὑπ' αὐτὴν εὐθεῖα τμημάτων ρκ. Ἐὰν ἄρα ἀπὸ τοῦ λόγου τῶν ξβ̄ κδ´ πρὸς τὰ ρκ̄, ἀφέλωμεν τὸν τῶν ριζ ιδ´, πρὸς τὰ ρκ̄, καταλειφθήσεται ἡμῖν ὁ τῆς ὑπὸ τὴν διπλῆν τῆς ΘΗ πρὸς τὴν ὑπὸ τὴν διπλῆν τῆς ΘΖ, λόγος, ὁ τῶν ξγ̄ νβ´ πρὸς τὰ ρκ̄· καὶ ἔστιν ἡ ὑπὸ τὴν διπλῆν τῆς ΘΖ τμημάτων ρκ̄· καὶ ἡ ὑπὸ τὴν διπλῆν ἄρα τῆς ΗΘ τῶν αὐτῶν ἐστιν ξγ̄ νβ´· ὥστε καὶ ἡ μὲν διπλῆ τῆς ΗΘ, μοιρῶν ἐστιν ξδ̄ κ´, ἡ δὲ ΗΘ, αὐτή τε καὶ ἡ ὑπὸ ΗΕΘ γωνία τῶν αὐτῶν λβ̄ ί· ὅπερ ἔδει δεῖξαι.

Ὁ δ' αὐτὸς τρόπος, ἵνα μὴ καθ' ἕκαςον ταυτολογοῦντες μηκύνωμεν τὸν ὑπομνηματισμὸν τῆς συντάξεως, καὶ ἐπὶ τῶν λοιπῶν δωδεκατημορίων τε καὶ κλιμάτων ἡμῖν νοηθήσεται.

ΚΕΦΑΛΑΙΟΝ ΙΒ.

ΠΕΡΙ ΤΩΝ ΠΡΟΣ ΤΟΝ ΑΥΤΟΝ ΚΥΚΛΟΝ ΤΟΥ ΔΙΑ ΤΩΝ ΠΟΛΩΝ ΤΟΥ ΟΡΙΖΟΝΤΟΣ ΓΙΝΟΜΕΝΩΝ ΓΩΝΙΩΝ ΚΑΙ ΠΕΡΙΦΕΡΕΙΩΝ.

ΛΕΙΠΟΜΕΝΗΣ δὴ τῆς ἐφόδου, καθ' ἣν ἂν λαμβάνοιμεν καὶ τὰς πρὸς τὴν διὰ τῶν πόλων τοῦ ὁρίζοντος καθ' ἑκάςην ἔγκλισιν καὶ καθ' ἑκάςην θέσιν γινομένας τοῦ διὰ μέσων τῶν ζῳδίων κύκλου γωνίας, συναποδεικνυμένης, ὡς ἔφαμεν, ἑκάςοτε, καὶ τῆς ἀπολαμβανομένης περιφερείας τοῦ διὰ τῶν πόλων τοῦ ὁρίζοντος κύκλου, ὑπό τε τοῦ κατὰ κορυφὴν σημείου καὶ τῆς πρὸς τὸν λοξὸν κύκλον αὐτοῦ τμήσεως, ἐκθησόμεθα πάλιν καὶ τὰ εἰς τοῦτο τὸ μέρος προλαμβανόμενα, καὶ

180ᵈ, et sa soutendante de 120ᵖ; donc, si de la raison de 62ᵖ 24′ à 120ᵖ, nous ôtons celle de 117ᵖ 14′ à 120, restera la raison de la soutendante du double de l'arc TH à celle du double de TZ, laquelle raison est de 63ᵖ 52′ à 120. Or, la soutendante du double de l'arc TZ est de 120ᵖ; donc celle du double de l'arc TH est de 63ᵖ 52′. Par conséquent, le double de l'arc HT est de 64ᵖ 20′; et l'arc HT lui-même opposé à l'angle HET, est de 32ᵖ 10′: ce qu'il falloit démontrer.

Pour ne pas allonger ce traité par des répétitions inutiles, nous nous bornerons à dire que cette méthode est la même pour tous les autres douzièmes et pour tous les climats.

CHAPITRE XII.

DES ANGLES ET DES ARCS DU CERCLE QUI PASSE PAR LES POLES DE L'HORIZON, FORMÉS SUR LE MÊME CERCLE (*OBLIQUE.*)

IL nous reste encore à exposer comment on pourra trouver les angles que forment le cercle oblique mitoyen du zodiaque et le cercle qui passe par les poles de l'horizon, dans toutes les positions et pour toutes les inclinaisons de la sphère; et comment on déterminera les arcs compris entre le point vertical et l'intersection du cercle oblique avec le cercle qui passe par les poles de l'horizon. Nous commencerons par des propositions qui doivent précéder ces particularités, et nous prouverons d'abord, que si deux

points de l'oblique sont également distants d'un même point tropique, embras-
sant des temps égaux de chaque côté du
méridien, l'un à l'orient et l'autre à
l'occident, les arcs de grands cercles qui
sont compris entre chacun de ces points
et le point vertical, sont égaux entr'eux;
et que les angles qu'ils forment sur ces
points sont égaux ensemble à deux angles droits, quand on les prend dans le
sens que nous avons dit.

Soit, en effet, ABG
une portion du méridien;
supposons que B pris
sur ce méridien soit le
point vertical, et que G
soit le pole de l'équa-
teur. Décrivez les deux
portions de l'oblique ADE, AZH, telles
que les points D et Z soient à égales
distances du même point tropique, et
fassent des arcs égaux sur le parallèle
qui passe par ces points, de chaque côté
du méridien ABG. Décrivez par les points
D, Z, les arcs de grands cercles GD, GZ,
depuis le pole G de l'équateur, et du
point vertical B, les arcs BD et BZ; je
dis que l'arc BD est égal à l'arc BZ, et
que l'angle BDE avec l'angle BZA, sont
ensemble égaux à deux angles droits. Car,
puisque les points D et Z sont également
distants du méridien ABG à cause des
arcs égaux du parallèle qui passe par
ces points, l'angle BGD est égal à l'angle
BGZ. Les deux trilatères BGD et BGZ,
ont le côté GD égal à GZ, et le côté BG

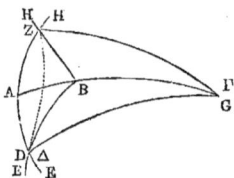

δείξομεν πρῶτον, ὅτι τῶν ἴσον ἀπεχόντων
τοῦ αὐτοῦ τροπικοῦ σημείκ, τοῦ διὰ μέσων τῶν ζωδίων κύκλου σημείων ἴσους
χρόνους ἀπολαμβανόντων ἐφ' ἑκάτερα τοῦ
μεσημβρινοῦ, τοῦ μὲν πρὸς ἀνατολὰς,
τοῦ δ' ἑτέρου πρὸς δυσμὰς, αἵ τε ἀπὸ
τοῦ κατὰ κορυφὴν ἐπ' αὐτὰ περιφέρειαι
τῶν μεγίςων κύκλων, ἴσαι ἀλλήλαις
εἰσὶ, καὶ αἱ πρὸς αὐτὰ γινόμεναι γωνίαι,
καθ' ὃν διεςειλάμεθα τρόπον, δυσὶν ὀρθαῖς
ἴσαι.

Ἔςω γὰρ μεσημβρινοῦ
τμῆμα τὸ ΑΒΓ, καὶ ὑπο-
κείσθω ἐπ' αὐτοῦ, τὸ μὲν
κατὰ κορυφὴν σημεῖον τὸ
Β, ὁ δὲ τοῦ ἰσημερινοῦ πόλος, τὸ Γ, καὶ γεγράφθω
τοῦ διὰ μέσων τῶν ζω-
δίων κύκλου δύο τμήματα, τό τε ΑΔΕ,
καὶ τὸ ΑΖΗ, οὕτως ἔχοντα, ὥστε τὰ Δ
καὶ Ζ σημεῖα, ἴσον τε ἀπέχειν ἀπὸ τοῦ
αὐτοῦ τροπικοῦ, καὶ ἴσας ἀπολαμβάνειν
περιφερείας τοῦ δι' αὐτῶν παραλλήλου
ἐφ' ἑκάτερα τοῦ ΑΒΓ μεσημβρινοῦ. Γεγράφθωσαν δὲ καὶ μεγίςων κύκλων περιφέρειαι, διὰ τῶν Δ Ζ σημείων, ἀπὸ μὲν
τοῦ Γ πόλου τοῦ ἰσημερινοῦ, ἥ τε ΓΔ,
καὶ ἡ ΓΖ, ἀπὸ δὲ τοῦ Β τοῦ κατὰ κορυφὴν σημείου, ἥ τε ΒΔ, καὶ ἡ ΒΖ· λέγω
ὅτι ἡ μὲν ΒΔ περιφέρεια, τῇ ΒΖ ἴση ἐςὶν,
ἡ δὲ ὑπὸ ΒΔΕ γωνία μετὰ τῆς ὑπὸ ΒΖΑ,
δυσὶν ὀρθαῖς ἴση. Ἐπεὶ γὰρ τὰ Δ καὶ Ζ
σημεῖα ἴσας τοῦ δι' αὐτῶν παραλλήλου
περιφερείας ἀπέχει τοῦ ΑΒΓ μεσημβρινοῦ, ἴση ἐςὶν ἡ ὑπὸ ΒΓΔ γωνία, τῇ ὑπὸ
ΒΓΖ· δύο δὴ τρίπλευρά ἐςὶ, τό τε ΒΓΔ,

καὶ τὸ ΒΓΖ, τὰς δύο πλευρὰς ταῖς δυσὶ
πλευραῖς ἴσας ἔχοντα, ἐκατέραν ἐκατέρᾳ,
τὴν μὲν ΓΔ, τῇ ΓΖ, κοινὴν δὲ τὴν ΒΓ, καὶ
γωνίαν γωνίᾳ τὴν ὑπὸ τῶν ἴσων πλευρῶν
περιεχομένην τὴν ὑπὸ ΒΓΔ, τῇ ὑπὸ ΒΓΖ·
καὶ βάσιν ἄρα τὴν ΒΔ, βάσει τῇ ΒΖ ἴσην
ἕξει, καὶ γωνίαν τὴν ὑπὸ ΒΖΓ, τῇ ὑπὸ
ΒΔΓ. Ἀλλ' ἐπεὶ δέδεικται μικρῷ πρόσθεν, ὅτι τῶν ἴσον ἀπεχόντων τοῦ αὐτοῦ τροπικοῦ σημείου, αἱ πρὸς τὸν διὰ
τῶν πόλων τοῦ ἰσημερινοῦ γινόμεναι γωνίαι συναμφότεραι δυσὶν ὀρθαῖς ἴσαι εἰσὶ),
συναμφότεραι ἄρα ἥ τε ὑπὸ ΓΔΕ κỳ ἡ ὑπὸ
ΓΖΑ, δυσὶν ὀρθαῖς ἴσαι εἰσίν. Ἐδείχθη
δὲ καὶ ἡ ὑπὸ ΒΔΓ, τῇ ὑπὸ ΒΖΓ ἴση· καὶ
συναμφότεραι ἄρα, ἥ τε ὑπὸ ΒΔΕ καὶ ἡ
ὑπὸ ΒΖΑ, δυσὶν ὀρθαῖς ἴσαι εἰσίν· ὅπερ
ἔδει δεῖξαι.

Πάλιν δὴ δεικτέον ὅτι τῶν αὐτῶν σημείων τοῦ διὰ μέσων τῶν ζῳδίων κύκλου
ἴσους χρόνους ἀπεχόντων ἐφ' ἑκάτερα τοῦ
μεσημβρινοῦ, αἵ τε ἀπὸ τοῦ κατὰ κορυφὴν
ἐπ' αὐτὰ γραφόμεναι μεγίςων κύκλων
περιφέρειαι, ἴσαι ἀλλήλαις εἰσὶ, καὶ αἱ
πρὸς αὐτὰς γινόμεναι γωνίαι συναμφότεραι, ἥ τε πρὸς ἀνατολὰς καὶ ἡ πρὸς
δυσμὰς, δυσὶ ταῖς ὑπὸ τοῦ μεσημβρινοῦ πρὸς τῷ αὐτῷ σημείῳ γινόμεναι, ἴσαι
εἰσὶν, ὅταν ἐφ' ἑκατέρας θέσεως, τὰ με-
σουρανοῦντα ἀμφότερα, ἤτοι νοτιώτερα,
ἢ βορειότερα. τοῦ κατὰ κορυφὴν σημείου
τυγχάνη. Πρῶτον δ' ὑποκείσθω ἀμφότερα νοτιώτερα, καὶ ἔσω μεσημβρινοῦ
τμῆμα, τὸ ΑΒΓΔ, ἐπ' αὐτοῦ δὲ τὸ μὲν
κατὰ κορυφὴν σημεῖον τὸ Γ, πόλος δὲ
τοῦ ἰσημερινοῦ τὸ Δ, καὶ γεγράφθω δύο

commun, l'angle BGD étant égal à l'angle
BGZ, tous deux compris entre côtés
égaux, chacun à chacun ; la base BD sera
égale à la base BZ, et l'angle BZG égal
à l'angle BDG. Mais nous venons de démontrer que les angles formés de part
et d'autre sur des points du cercle passant par les poles de l'équateur, qui sont
à égales distances d'un même point tropique, sont égaux à deux angles droits,
par conséquent les deux angles GDE,
GZA, sont égaux à deux angles droits.
Mais il vient d'être démontré que l'angle BDG est égal à l'angle BZG, donc les
deux angles BDE, BZA sont égaux à deux
angles droits : ce qu'il falloit démontrer.

Il faut maintenant démontrer que les
deux mêmes points du cercle milieu du
zodiaque, étant à des distances mesurées
par des temps égaux, de chaque côté du
méridien, les arcs de grands cercles décrits par ces points, depuis le point
vertical, sont égaux entr'eux, et que les
deux angles qui les accompagnent l'un à
l'orient, et l'autre à l'occident, sont
égaux aux deux angles formés par le méridien sur le même point, lorsque dans
l'une et l'autre position, les deux points
qui sont dans le méridien, sont ou plus
méridionaux ou plus boréaux que le
point vertical. Supposons d'abord qu'ils
sont tous deux plus méridionaux, et
que ABGD soit une portion du méridien,
que le point G de ce méridien soit le
point vertical, et D le pole de l'équateur.

Décrivez les deux por-
tions AEZ, BHT du
cercle oblique , telles
que le point E et le
point H supposé le mê-
me , soient de part et
d'autre à une distance du
méridien ABGD, mesurée de chaque côté
par un arc égal du parallèle qui passe par
ces points ; et décrivez encore par ces
points les portions de grands cercles
GE et GH, depuis le point G ; et les arcs
DE et DH, depuis le point D. Pour les
raisons déjà rapportées, puisque les
points EH , qui appartiennent au même
parallèle, font de chaque côté du méridien, des arcs égaux sur ce parallèle, le
trilatère GDE est égal et équiangle au
trilatère GDH , de sorte que GE est égal
à GH. Or, je dis que les deux angles GEZ,
GHB, sont égaux aux deux angles DEZ
DHB (a). En effet, puisque l'angle DEZ
est le même que l'angle DHB, et que
l'angle GED est égal à l'angle DHG, les
deux angles GED , GHB sont donc égaux
à l'angle DEZ. Par conséquent, l'angle entier GEZ et l'angle GHB sont égaux aux
deux angles DEZ, DHB : ce qu'il falloit
démontrer.

Décrivons encore les mêmes
arcs de grands cercles , de
manière que A et B soient
plus boréaux que le point
G ; je dis que la même chose
aura lieu, c'est-à-dire, que les
deux angles KEZ, LHB, sont
égaux aux deux angles DEZ,

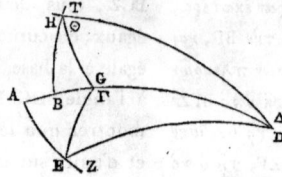

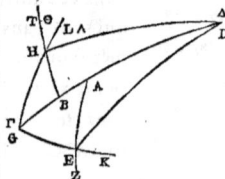

τμήματα τοῦ διαμέσων
τῶν ζωδίων κύκλου, τό
τε ΑΕΖ καὶ τὸ ΒΗΘ ,
οὕτως ἔχοντα, ὥστε τὸ
Ε σημεῖον καὶ τὸ Η, τὸ
αὐτὸ ὑποκείμενον , ἴσην
ἐφ᾽ ἑκάτερα τῦ δι᾽ αὐτῦ
παραλλήλου περιφέρειαν ἀπέχειν τοῦ
ΑΒΓΔ μεσημβρινοῦ. Καὶ γεγράφθω πάλιν
δι᾽ αὐτῶν τμήματα μεγίςων κύκλων ἀπὸ
μὲν τοῦ Γ τό τε ΓΕ, καὶ τὸ ΓΗ, ἀπὸ δὲ
τοῦ Δ τό τε ΔΕ, καὶ τὸ ΔΗ. Διὰ τὰ αὐτὰ δὴ τοῖς ἔμπροσθεν ἐπεὶ τὰ ΕΗ σημεῖα
τὸν αὐτὸν ποιοῦντα παράλληλον, ἴσας
αὐτοῦ περιφερείας, ἐφ᾽ ἑκάτερα ποιεῖ τοῦ
μεσημβρινοῦ, ἰσόπλευρόν τε καὶ ἰσογώνιον
γίνεται τὸ ΓΔΕ τρίπλευρον τῷ ΓΔΗ,
ὥστε καὶ τὴν ΓΕ τῇ ΓΗ ἴσην γίνεδαι·
λέγω δὴ ὅτι καὶ συναμφότεραι ἥ τε ὑπὸ
ΓΕΖ, καὶ ἡ ὑπὸ ΓΗΒ, δυσὶ ταῖς ὑπὸ ΔΕΖ,
ΔΗΒ ἴσαι εἰσίν. Ἐπεὶ γὰρ ἡ μὲν ὑπὸ ΔΕΖ
ἡ αὐτή ἐςι τῇ ὑπὸ ΔΗΒ, ἡ δὲ ὑπὸ ΓΕΔ
ἴση ἐςὶ τῇ ὑπὸ ΔΗΓ, καὶ συναμφότεραι
ἄρα ἥ τε ὑπὸ ΓΕΔ , καὶ ἡ ὑπὸ ΓΗΒ, ἴσαι
εἰσὶ τῇ ὑπὸ ΔΕΖ, ὥστε καὶ συναμφότεραι ἥ τε ὑπὸ ΓΕΖ ὅλη, καὶ ἡ ὑπὸ ΓΗΒ, δυσὶ
ταῖς ὑπὸ ΔΕΖ, ΔΗΒ, ἴσαι εἰσὶν· ὅπερ
ἔδει δεῖξαι.

Καταγεγράφθω πάλιν
τὰ αὐτὰ τμήματα τῶν ἐκ-
κειμένων κύκλων, ὥστε μέντοι τό τε Α σημεῖον καὶ τὸ Β
βορειότερα γίνεσθαι τοῦ Γ ση-
μείου· λέγω ὅτι τὸ αὐτὸ κὴ
οὕτω συμβήσεται , τουτέςι
συναμφότεραι, ἥ τε ὑπὸ ΚΕΖ

γωνία καὶ ἡ ὑπὸ ΛΗΒ, δυσὶ ταῖς ὑπὸ
ΔΕΖ ΑΗΒ ἴσαι εἰσίν. Ἐπεὶ γὰρ ἡ μὲν
ὑπὸ ΔΕΖ ἡ αὐτή ἐςι τῇ ὑπὸ ΔΗΒ,
ἴση δὲ ἡ ὑπὸ ΔΕΚ τῇ ὑπὸ ΔΗΛ, καὶ
ὅλη ἄρα ἡ ὑπὸ ΛΗΒ ἴση ἐςὶ συναμφοτέραις τῇ τε ὑπὸ ΔΕΖ καὶ τῇ ὑπὸ
ΔΕΚ, ὥστε καὶ συναμφότεραι ἥ τε ὑπὸ
ΛΗΒ καὶ ἡ ὑπὸ ΚΕΖ δυσὶ ταῖς ὑπὸ
ΔΕΖ, ΔΗΒ, ἴσαι εἰσιν.

Ἐκκείθω δὴ πάλιν ἡ
ὁμοία καταγραφὴ, ὥστε
μέντοι τὸ μὲν τοῦ ἀνατο-
λικοῦ τμήματος μεσουρα-
νοῦν σημεῖον, τουτέςι τὸ
Α, νοτιώτερον εἶναι τοῦ
Γ κατὰ κορυφὴν σημείου,
τὸ δὲ τοῦ πρὸς δυσμὰς τμήματος
μεσουρανοῦν, τουτέςι τὸ Β, βορειότερον τοῦ αὐτοῦ· λέγω ὅτι συναμφότεραι ἥ τε ὑπὸ ΓΕΖ καὶ ἡ ὑπὸ ΛΗΒ,
δύο τῶν ὑπὸ ΔΕΖ, ΔΗΒ, μείζονές εἰσι
δυσὶν ὀρθαῖς. Ἐπεὶ γὰρ ἡ μὲν ὑπὸ ΔΗΓ
ἴση ἐςὶ τῇ ὑπὸ ΔΕΓ, συναμφότεραι δὲ
ἥ τε ὑπὸ ΔΗΓ καὶ ἡ ὑπὸ ΔΗΛ δυσὶν
ὀρθαῖς ἴσαι εἰσὶ, καὶ συναμφότεραι ἄρα
ἥ τε ὑπὸ ΔΕΓ καὶ ἡ ὑπὸ ΔΗΛ δυσὶν ὀρθαῖς ἴσαι εἰσίν. Ἔςι δὲ καὶ ἡ ὑπὸ ΔΕΖ
γωνία ἡ αὐτὴ τῇ ὑπὸ ΔΗΒ, ὥστε καὶ
συναμφοτέρας τὴν τε ὑπὸ ΓΕΖ καὶ τὴν
ὑπὸ ΛΗΒ, συναμφοτέρων τῶν ὑπὸ ΔΕΖ,
καὶ ΔΗΒ, τουτέςι δὶς τῆς ὑπὸ ΔΕΖ,
μείζονας εἶναι συναμφοτέραις τῇ τε ὑπὸ
ΔΕΓ καὶ τῇ ὑπὸ ΔΗΛ, αἵπερ εἰσὶ δυσὶν
ὀρθαῖς ἴσαι ὅπερ ἔδει δεῖξαι.

Ἐκκείθω δ' ὅπερ ὑπολείπεται, κατὰ
τὴν ὁμοίαν καταγραφὴν, τὸ μὲν τοῦ πρὸς

DHB ; en effet, puisque l'angle DEZ est
le même que l'angle DHB, et que l'angle
DEK est égal à l'angle DHL, donc l'angle
entier LHB est égal aux deux angles DEZ
et DEK. Par conséquent, les deux angles LHB et KEZ sont égaux aux deux
angles DEZ et DHB (*b*).

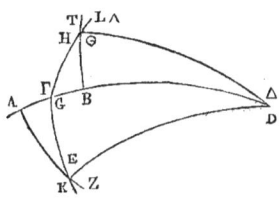

Supposons maintenant
une figure toute pareille,
tellement que le point A,
de l'arc oriental, lequel
est dans le méridien, soit
plus méridional que le
point G vertical ; et que
le point B de l'arc occidental, qui est
aussi dans le méridien, soit plus boréal
que le même point vertical G ; je dis
que les deux angles GEZ, LHB, sont
plus grands de deux angles droits, que
les angles DEZ, DHB. Car, puisque
l'angle DHG est égal à l'angle DEG,
et que les deux angles DHG et DHL
sont égaux à deux angles droits, il s'en
suit que les deux angles DEG, DHL,
sont égaux à deux droits. Mais l'angle
DEZ est le même que l'angle DHB, donc
les deux angles GEZ, LHB, sont plus
grands que les deux angles DEZ, DHB,
c'est à-dire que deux fois DEZ, des deux
angles DEG, DHL, qui sont égaux à
deux angles droits (*c*) : ce qu'il falloit
démontrer.

Enfin, pour le dernier cas, supposons,
dans une figure pareille, le point A de

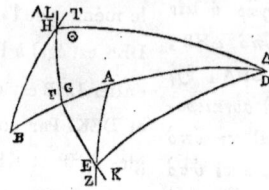

l'arc oriental, dans le méridien, et plus boréal que G; B le point de l'arc occidental, dans le méridien, et plus austral; je dis que les deux angles KEZ, GHB, sont plus petits que le double de l'angle DEZ de deux angles droits. En effet, pour les mêmes raisons que ci-dessus, les deux angles KEZ, GHB, sont plus petits que les deux angles DEZ, DHB, c'est-à-dire, que deux angles DEZ, des deux angles DEK, DHG. Or, ces deux derniers sont égaux à deux droits, parceque les deux angles DEK, DEG sont égaux à deux droits, et que DEG est égal à DHG : ce qu'il falloit démontrer

Qu'il soit toujours possible de prendre, comme nous l'avons dit, les grandeurs des angles et des arcs formés par le cercle oblique sur le grand cercle qui passe par le point vertical, savoir ceux qui sont au méridien et à l'horizon, c'est ce qu'il est aisé de prouver de la manière suivante. Si nous décrivons le méridien ABGD, le demi-cercle de l'horizon BED, et celui du cercle mitoyen du zodiaque ZEH, de quelque manière qu'il soit placé, du point Z qui est dans le méridien, imaginons un grand cercle qui passant par le point vertical A, sera le même que le méridien ABGD, l'angle DZE nous sera donné par là

ἀνατολὰς τμήματος μεσουρανοῦν σημεῖον τὸ Α βορειότερον γινόμενον τοῦ Γ, τὸ δὲ τοῦ πρὸς δυσμὰς τμήματος μεσουρανοῦν τὸ Β νοτιώτερον· λέγω ὅτι συναμφότεραι ἥ τε ὑπὸ ΚΕΖ καὶ ἡ ὑπὸ ΓΗΒ, δύο τῶν ὑπὸ ΔΕΖ ἐλάττονές εἰσι δυσὶν ὀρθαῖς. Διὰ τὰ αὐτὰ γὰρ πάλιν συναμφότεραι μὲν ἥ τε ὑπὸ ΚΕΖ καὶ ἡ ὑπὸ ΓΗΒ, συναμφοτέρων τῆς τε ὑπὸ ΔΕΖ καὶ τῆς ὑπὸ ΔΗΒ, τουτέςι δύο τῶν ὑπὸ ΔΕΖ ἐλάττονες γίνονται, συναμφοτέραις τῇ τε ὑπὸ ΔΕΚ καὶ τῇ ὑπὸ ΔΗΓ· αὗται δὲ δυσὶν ὀρθαῖς ἴσαι, διὰ τὸ καὶ συναμφοτέρας μὲν τήν τε ὑπὸ ΔΕΚ καὶ τὴν ὑπὸ ΔΕΓ δυσὶν ὀρθαῖς ἴσας εἶναι, ἴσην δὲ καὶ τὴν ὑπὸ ΔΕΓ τῇ ὑπὸ ΔΗΓ· ὅπερ ἔδει δεῖξαι.

Ὅτι δὲ ἐκ προχείρου δύνανται λαμβάνεσθαι αἱ πηλικότητες τῶν γινομένων ὑπὸ τοῦ λοξοῦ κύκλου, πρὸς τὸν διὰ τοῦ κατὰ κορυφὴν σημείου μέγιστον κύκλον, γωνιῶν τε καὶ περιφερειῶν, καθ' ὃν εἰρήκαμεν τρόπον, αἵ τε ἐπὶ τοῦ μεσημβρινοῦ καὶ ἐπὶ τοῦ ὁρίζοντος γινόμεναι, αὐτόθεν ἂν οὕτω γένοιτο δῆλον· ἐὰν γὰρ γράψωμεν μεσημβρινὸν κύκλον τὸν ΑΒΓΔ, καὶ ὁρίζοντος μὲν ἡμικύκλιον τὸ ΒΕΔ, τοῦ δὲ διὰ μέσων τῶν ζωδίων κύκλου τὸ ΖΕΗ, ὅπως δήποτε ἔχον, ὅταν μὲν διὰ τοῦ μεσουρανοῦντος αὐτοῦ σημείου τοῦ Ζ νοῶμεν τὸν διὰ τοῦ Α κατὰ κορυφὴν σημείου γραφόμενον μέγιστον κύκλον, ὁ αὐτὸς γενήσεται τῷ ΑΒΓΔ μεσημβρινῷ, καὶ ἔςαι ἥ τε ὑπὸ ΔΖΕ

γωνία, αὐτόθεν ἡμῖν δεδομένη, διὰ τὸ καὶ τὸ Ζ σημεῖον, καὶ τὴν πρὸς τὸν μεσημβρινὸν αὐτοῦ γινομένην γωνίαν δεδόσθαι, καὶ αὐτὴ ἡ ΑΖ περιφέρεια, διὰ τὸ ἔχειν ἡμᾶς πόσας μοίρας ἐπὶ τοῦ μεσημβρινοῦ τό τε Ζ σημεῖον ἀπέχει τοῦ ἰσημερινοῦ, καὶ ὁ ἰσημερινὸς τοῦ Α κατὰ κορυφὴν σημείου. Ὅταν δὲ διὰ τοῦ ἀνατέλλοντος αὐτοῦ σημείου τοῦ Ε, νοῶμεν τὸν διὰ τοῦ Α γραφόμενον μέγιστον κύκλον, ὡς τὸν ΑΕΓ, αὐτόθεν καὶ οὕτω γίνεται δῆλον, ὅτι ἡ μὲν ΑΕ περιφέρεια πάντοτε γενήσεται τεταρτημορίου, διὰ τὸ, τὸ Α σημεῖον πόλον εἶναι τοῦ ΒΕΔ ὁρίζοντος· ὀρθῆς δὲ οὔσης ἀεὶ διὰ τὴν αὐτὴν αἰτίαν τῆς ὑπὸ ΑΕΔ γωνίας, καὶ δεδομένης τῆς τοῦ λοξοῦ κύκλου πρὸς τὸν ὁρίζοντα, τουτέστι τῆς ὑπὸ ΔΕΗ, δοθήσεται καὶ ὅλη ἡ ὑπὸ ΑΕΗ γωνία· ὅπερ ἔδει δεῖξαι.

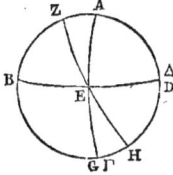

Ὥστε φανερὸν ὅτι τούτων οὕτως ἐχόντων, ἐὰν ἐφ' ἑκάσης ἐγκλίσεως, τὰς πρὸ τοῦ μεσημβρινοῦ μόνας γωνίας τε καὶ περιφερείας, καὶ μόνων τῶν ἀπὸ τῆς ἀρχῆς τοῦ καρκίνου μέχρι τῆς ἀρχῆς τοῦ αἰγόκερω δωδεκατημορίων ἐπιλογισώμεθα, συναποδεδειγμένας ἕξομεν καὶ τάς τε μετὰ τὸν μεσημβρινὸν αὐτῶν γωνίας τε καὶ περιφερείας, καὶ ἔτι τῶν λοιπῶν τάς τε πρὸ τοῦ μεσημβρινοῦ, καὶ τὰς μετὰ τὸν μεσημβρινόν. Ἵνα δὲ καὶ ἐπὶ τούτων ἡ καθ' ἑκάστην θέσιν ἔφοδος φανερὰ γένηται, παραδείγματος πάλιν ἕνεκεν ἐκθησόμεθα τὴν ἐσομένην καθόλου δεῖξιν δι' ἑνὸς θεωρήματος, ὑποθέμενοι κατὰ τὴν αὐτὴν ἔγκλισιν, τουτέστι

même. En effet, le point Z et l'angle qui y est formé au méridien nous sont connus, ainsi que l'arc AZ, parce que nous savons de combien de degrés du méridien, le point Z est distant de l'équateur; et l'équateur, du point vertical A. Si nous imaginons le grand cercle AEG passant par le point vertical A, et par le point orient E, il est évident que l'arc AE sera toujours le quart de la circonférence, puisque le point A est le pole de l'horizon BED; et, pour cette raison, l'angle AED étant toujours droit, et l'angle DEH du cercle oblique et de l'horizon étant donné, l'angle entier AEH sera ainsi connu : ce qu'il falloit démontrer.

Par conséquent, avec l'aide des théorèmes que nous venons de démontrer, pour tous les degrés d'inclinaison de la sphère, nous calculons les seuls angles qui précèdent le méridien, et, seulement pour les douzièmes qui sont depuis le commencement du cancer jusqu'au commencement du capricorne, nous aurons par-là, en même temps, les angles et les arcs qui sont après le méridien, de même que les angles et les arcs des autres douzièmes, tant avant qu'après le méridien. Mais, pour rendre le procédé plus clair pour toutes les situations possibles, par un exemple, nous allons exposer le cas général par le moyen d'un théorème; en supposant dans la même

I.   17

obliquité de la sphère, où le pole boréal est élevé de 36ᵈ au dessus de l'horizon, que le commencement du cancer, par exemple, soit distant du méridien vers le levant, d'une heure équinoxiale, position dans laquelle le point au méridien est le 16ᵈ 12′ des gémeaux, dans le parallèle supposé, et le point orient, le 17ᵉ degré 37′ de la vierge.

Soit ABGD le méridien, la demi-circonférence de l'horizon BED, celle de l'oblique ZHT, ensorte que le point H soit le commencement du cancer, Z la 16ᵖ 12′ des gémeaux, et T la 17ᵖ 37′ de la vierge; décrivez par le point vertical A, et par le point H, l'arc de grand cercle AHEG; et soit proposé d'abord de trouver l'arc AH. Il est évident que l'arc ZT est de 91ᵖ 25′, et l'arc HT de 77ᵖ 37′. De même, puisque les 16ᵖ 12′ des gémeaux coupent les 23ᵖ 7′ du méridien, pris en allant de l'équateur vers les ourses, et que l'équateur est à 36ᵈ du point vertical A, l'arc AZ sera de 12ᵖ 53′; et l'arc ZB vaudra le reste du quart de cercle ou 77ᵈ 7′. Ces quantités étant données, la figure montre que le rapport de la soutendante du double de ZB à la soutendante du double de BA, est composé du rapport de la soutendante du double de ZT à la soutendante du double de TH, et de la soutendante du double de HE à la soutendante du double (ee) de EA; mais le double de ZB est de 154ᵈ 14′, et sa soutendante est de 116ᵖ 59′; le double de

καθ' ἣν ὁ βόρειος πόλος τοῦ ὁρίζοντος ἐξῆρται μοίρας λϛ, τὴν ἀρχὴν τοῦ καρκίνου, λόγου χάριν, μίαν ὥραν ἰσημερινὴν ἀπέχειν πρὸς ἀνατολὰς τοῦ μεσημβρινοῦ, καθ' ἣν θέσιν ἐν τῷ προκειμένῳ παραλλήλῳ, μεσουρανοῦσι μὲν αἱ τῶν διδύμων μοῖραι ιϛ ιβ′, ἀνατέλλουσι δὲ αἱ τῆς παρθένου μοῖραι ιζ λζ′.

Ἔστω δὲ μεσημβρινὸς κύκλος ὁ ΑΒΓΔ, καὶ ὁρίζοντος μὲν ἡμικύκλιον τὸ ΒΕΔ, τοῦ δὲ διὰ μέσων τῶν ζωδίων τὸ ΖΗΘ, οὕτως ἔχον, ὥστε τὸ μὲν Η σημεῖον τὴν ἀρχὴν εἶναι τοῦ καρκίνου, τὸ δὲ Ζ ἐπέχειν διδύμων μοίρας ιϛ ιβ′, τὸ δὲ Θ παρθένου μοίρας ιζ λζ′. καὶ γεγράφθω διά τε τοῦ Α κατὰ κορυφὴν σημείου, καὶ διὰ τοῦ Η τῆς ἀρχῆς τοῦ καρκίνου, μεγίστου κύκλου τὸ τμῆμα ΑΗΕΓ· προκείσθω δὲ πρῶτον τὴν ΑΗ περιφέρειαν εὑρεῖν· φανερὸν δὴ ὅτι ἡ μὲν ΖΘ περιφέρεια μοιρῶν ἐστιν Ϟα κε′, ἡ δὲ ΗΘ μοιρῶν οζ λζ′. Ὁμοίως δὲ ἐπειδήπερ αἱ μὲν τῶν διδύμων μοῖραι ιϛ ιβ′, ἀπολαμβάνουσι τοῦ μεσημβρινοῦ ἀπὸ τοῦ ἰσημερινοῦ πρὸς ἄρκτους μοίρας κγ ζ′, ὁ δὲ ἰσημερινὸς τοῦ Α κατὰ κορυφὴν σημείου μοίρας λϛ, ἔσται καὶ ἡ μὲν ΑΖ περιφέρεια μοιρῶν ιβ νγ′, ἡ δὲ ΖΒ τῶν λοιπῶν εἰς τὸ τεταρτημόριον μοιρῶν οζ ζ′. Τούτων δοθέντων, γίνεται πάλιν διὰ τὴν καταγραφὴν ὁ τῆς ὑπὸ τὴν διπλῆν τῆς ΖΒ πρὸς τὴν ὑπὸ τὴν διπλῆν τῆς ΒΑ λόγος, συνημμένος ἔκ τε τοῦ τῆς ὑπὸ τὴν διπλῆν τῆς ΖΘ πρὸς τὴν ὑπὸ τὴν διπλῆν τῆς ΘΗ, καὶ τοῦ τῆς ὑπὸ τὴν διπλῆν τῆς ΗΕ πρὸς τὴν

ὑπὸ τὴν διπλῆν τῆς ΕΑ. Ἀλλ' ἡ μὲν τῆς
ΖΒ διπλῆ μοιρῶν ἐστιν ρπδ ιδ', καὶ ἡ
ὑπ' αὐτὴν εὐθεῖα τμημάτων ριϛ νθ', ἡ
δὲ τῆς ΒΑ μοιρῶν ρπ, καὶ ἡ ὑπ' αὐτὴν εὐθεῖα τμημάτων ρκ· καὶ πάλιν
ἡ μὲν τῆς ΖΘ διπλῆ μοιρῶν ρπβ ν',
καὶ ἡ ὑπ' αὐτὴν εὐθεῖα τμημάτων ριθ
νη', ἡ δὲ τῆς ΘΗ μοιρῶν ρνε ιδ', καὶ ἡ
ὑπ' αὐτὴν εὐθεῖα τμημάτων ριζ ιβ'. Ἐὰν
ἄρα ἀπὸ τοῦ τῶν ριϛ νθ' πρὸς τὰ ρκ
λόγου, ἀφέλωμεν τὸν τῶν ριθ νη' πρὸς
τὰ ριζ ιβ', καταλειφθήσεται ἡμῖν ὁ τῆς
ὑπὸ τὴν διπλῆν τῆς ΕΗ πρὸς τὴν ὑπὸ
τὴν διπλῆν τῆς ΕΑ λόγος, ὁ τῶν ριδ ιϛ
ἔγγιστα πρὸς τὰ ρκ, καὶ ἔστιν ἡ ὑπὸ τὴν
διπλῆν τῆς ΕΑ τμημάτων ρκ. Καὶ ἡ
ὑπὸ τὴν διπλῆν ἄρα τῆς ΕΗ, τῶν αὐτῶν
ἐστιν ριδ ιϛ'· ὥστε καὶ ἡ μὲν διπλῆ τῆς
ΕΗ περιφερείας μοιρῶν ἐστιν ρμδ κϛ ἔγγιστα, αὐτὴ δὲ ἡ ΕΗ τῶν αὐτῶν οβ ιγ'.
καὶ λοιπὴ ἄρα ἡ ΑΗ τῶν λειπουσῶν ἐστιν
εἰς τὸ τεταρτημόριον μοιρῶν ιζ μζ'.
ὅπερ ἔδει δεῖξαι.

Ἐφεξῆς δὲ καὶ τὴν ὑπὸ ΑΗΘ
γωνίαν εὑρήσομεν οὕτως· ἐκκείσθω γὰρ ἡ αὐτὴ καταγραφή,
καὶ πόλῳ τῷ Η καὶ διαστήματι
τῇ τοῦ τετραγώνου πλευρᾷ, γεγράφθω μεγίστου κύκλου τμῆμα
τὸ ΚΛΜ, ὥστε ἐπεὶ ὁ ΑΗΕ
κύκλος διά τε τῶν τοῦ ΕΘΜ καὶ διὰ
τῶν τοῦ ΚΛΜ πόλων γέγραπται, ἑκατέραν τῶν ΕΜ καὶ ΚΜ τεταρτημορίου
γίνεσθαι. Πάλιν οὖν διὰ τὴν καταγραφὴν
ἔσαι ὁ τῆς ὑπὸ τὴν διπλῆν τῆς ΗΕ πρὸς
τὴν ὑπὸ τὴν διπλῆν τῆς ΕΚ λόγος, συνημμένος ἔκ τε τοῦ τῆς ὑπὸ τὴν διπλῆν τῆς

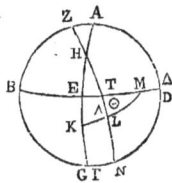

---

l'arc BA est de 180ᵈ, et sa soutendante est
de 120ᵖ; en outre le double de l'arc ZT est
de 182ᵈ 50′, et sa soutendante de 119ᵖ 58′;
le double de l'arc TH est de 155ᵈ 14′, et
sa soutendante de 117ᵖ 12′. Si donc, du
rapport de 116ᵖ 59′ à 120, nous ôtons celui
de 119ᵖ 58′ à 117 12′, il nous restera celui de la soutendante du double de EH à la
soutendante du double de EA, raison qui
est la même que celle de 114ᵖ 16′ à 120ᵖ à
très-peu près. Or la soutendante du double de l'arc EA est de 120ᵖ, donc celle du
double de l'arc EH est de 114ᵖ 16′ de ces
mêmes parties. Par conséquent, le double de l'arc EH est d'environ 144ᵈ 26′, et
l'arc EH lui-même est de 72ᵖ 13′; donc
l'arc restant AH a pour valeur le reste
du quart de cercle, 17ᵖ 47′: ce qu'il falloit démontrer.

Voici comment nous trouverons ensuite l'angle AHT: prenons la même figure, et du pôle
H et de l'intervalle égal au côté
du carré inscrit, décrivons l'arc
KLM de grand cercle, ensorte
que le cercle AHE passant par
les poles de ETM et de KLM, EM et KM
soient chacun un quart de cercle (f).
Par la construction encore, la raison de
de la soutendante du double de l'arc
HE à la soutendante du double de l'arc
EK est composée de la raison de la
soutendante du double de l'arc HT à

la soutendante du double de
l'arc TL, et de la raison de la
soutendante du double de l'arc
LM à la soutendante du double
de l'arc KM. Mais le double de
HE est de 144ᵈ 26′, et sa soutendante est de 114ᵖ 16′; le
double de l'arc EK est de 35ᵈ 34′, et
sa soutendante de 36ᵖ 38′; le double
de TH est de 155ᵈ 14′, et sa soutendante de 117ᵖ 12′; le double de TL est
de 24ᵈ 46′, et sa soutendante de 25ᵖ
44′. Si donc de la raison de 114ᵖ 16′ à
36ᵖ 38′, nous retranchons la raison de
117ᵖ 12′ à 25ᵖ 44′, restera la raison de
la soutendante du double de LM à la
soutendante du double de MK, qui est à
très-peu près la raison de 82ᵈ 11′ à 120;
or la soutendante du double de MK est
de 120ᵖ, donc la soutendante du double
de LM a pour valeur ces 82ᵖ 11′. C'est
pourquoi, le double de l'arc LM est de
86ᵈ 28′, et LM lui-même est de 43ᵈ 14′;
donc l'arc restant LK, ainsi que l'angle
LHK, est de 46ᵈ 46′. Par conséquent
l'angle AHT a pour valeur les 133ᵈ 14′ de
supplément à deux angles droits. Ce qu'il
falloit démontrer.

La manière dont nous avons trouvé
ces quantités doit servir de modèle pour
trouver les autres; mais pour avoir sous
la main ces angles et ces arcs tout prêts
dans tous les cas où l'on peut en avoir besoin, nous avons disposé leurs valeurs
dans des tables qui commencent au parallèle de *Méroé*, où le plus long jour

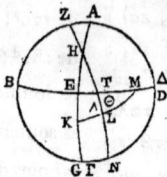

ΗΘ πρὸς τὴν ὑπὸ τὴν διπλῆν
τῆς ΘΛ, καὶ τοῦ τῆς ὑπὸ τὴν
διπλῆν τῆς ΛΜ πρὸς τὴν ὑπὸ
τὴν διπλῆν τῆς ΚΜ. Ἀλλ' ἡ
μὲν τῆς ΗΕ διπλῆ μοιρῶν ἐςιν
ρμδ κϛ′, καὶ ἡ ὑπ' αὐτὴν εὐθεῖα
τμημάτων ριδ ιϛ′. ἡ δὲ τῆς
ΕΚ μοιρῶν λϛ λδ′, καὶ ἡ ὑπ' αὐτὴν εὐθεῖα τμημάτων λϛ λη′· καὶ πάλιν ἡ μὲν
τῆς ΘΗ διπλῆ μοιρῶν ἐςιν ρνε ιδ′, καὶ
ἡ ὑπ' αὐτὴν εὐθεῖα τμημάτων ριζ ιβ′,
ἡ δὲ τῆς ΘΛ μοιρῶν κδ μϛ′, καὶ ἡ ὑπ'
αὐτὴν εὐθεῖα τμημάτων κε μδ′· ὥςτε
ἐὰν ἀπὸ τοῦ λόγου τοῦ τῶν ριδ ιϛ′ πρὸς
τὰ λϛ λη′, ἀφέλωμεν τὸν τῶν ριζ ιβ′ πρὸς
τὰ κε μδ′, καταλειφθήσεται ἡμῖν ὁ τῆς
ὑπὸ τὴν διπλῆν τῆς ΛΜ πρὸς τὴν ὑπὸ
τὴν διπλῆν τῆς ΜΚ λόγος, ὁ τῶν πβ
ια′ ἔγγιςα πρὸς τὰ ρκ. καὶ ἔςιν ἡ ὑπὸ
τὴν διπλῆν τῆς ΜΚ τμημάτων ρκ· καὶ ἡ
ὑπὸ τὴν διπλῆν ἄρα τῆς ΛΜ τῶν αὐτῶν
ἐςιν πβ ια′. Ὥςτε καὶ ἡ μὲν διπλῆ τῆς
ΛΜ περιφερείας μοιρῶν ἐςιν πϛ κη′, αὐτὴ
δὲ ἡ ΛΜ τῶν αὐτῶν μγ ιδ′. Καὶ λοιπὴ
ἄρα ἡ ΛΚ περιφέρεια, αὐτή τε καὶ ἡ ὑπὸ
ΛΗΚ γωνία, τμημάτων ἐςι μϛ μϛ′·
ὥςτε καὶ ἡ ὑπὸ ΑΗΘ γωνία τῶν λοιπῶν εἰς τὰς δύο ὀρθὰς ἔςαι μοιρῶν ρλγ
ιδ′. ὅπερ ἔδει δεῖξαι.

Ὁ μὲν οὖν τρόπος τῆς τῶν προκειμένων εὑρέσεως καὶ ἐπὶ τῶν λοιπῶν ὁ αὐτὸς
συνάγεται· ἡμεῖς δὲ ἵνα καὶ τὰς ἄλλας
γωνίας τε καὶ περιφερείας, ὅσον γε εἰκὸς
χρείαν ἐν ταῖς κατὰ μέρος ἐπισκέψεσιν
ἔσεσθαι, προχείρως ἔχωμεν ἐκτεθειμένας,
ἐπελογισάμεθα καὶ ταύτας γραμμικῶς,
ἀρξάμενοι μὲν ἀπὸ τοῦ διὰ Μερόης πα-

ραλλήλου, καθ᾽ ὃν ἡ μεγίϛη ἡμέρα ὡρῶν
ἐϛιν ἰσημερινῶν ιϛ᾽. Φθάσαντες δὲ μέχρι
τοῦ γραφομένου ὑπὲρ τὸν Πόντον, διὰ
τῶν ἐκβολῶν Βορυσθένυς, ὅπου ἡ μεγίϛη
ἡμέρα ὡρῶν ἐϛιν ἰσημερινῶν ιϛ᾽. Ἐχρησάμεθα δὲ τῇ καθ᾽ ἕκαϛον παραυξήσει, ἐπὶ
μὲν τῶν κλιμάτων τῇ καθ᾽ ἡμιώριον πάλιν,
ὥσπερ καὶ ἐπὶ τῶν ἀναφορῶν· ἐπὶ δὲ τῶν
τοῦ διὰ μέσων τῶν ζωδίων κύκλου τμημάτων, τῇ δι᾽ ἑνὸς δωδεκατημορίου· ἐπὶ
δὲ τῶν πρὸς ἀνατολὰς ἢ καὶ πρὸς δυσμὰς
τοῦ μεσημβρινοῦ θέσεων, τῇ διὰ μιᾶς
ὥρας ἰσημερινῆς. Ποιησόμεθα δὲ καὶ τὴν
τούτων ἔκθεσιν κανονικῶς, καθ᾽ ἕκαϛον
κλίμα τε καὶ δωδεκατημόριον, παρατιθέντες ἐν μὲν τοῖς πρώτοις μέρεσι, τὴν
ποσότητα τῶν τῆς ἐφ᾽ ἑκάτερα τοῦ μεσημβρινοῦ διαϛάσεως, μετὰ τὴν κατ᾽
αὐτὸν θέσιν, ἰσημερινῶν ὡρῶν· ἐν δὲ τοῖς
δευτέροις τὰς πηλικότητας τῶν ἀπὸ τοῦ
κατὰ κορυφὴν σημείου, μέχρι τῆς ἀρχῆς
τοῦ ἐκκειμένου δωδεκατημορίου γινομένων ὡς ἔφαμεν περιφερειῶν· ἐν δὲ τοῖς
τρίτοις καὶ τετάρτοις τὰς πηλικότητας
τῶν ὑπὸ τῆς προκειμένης τομῆς, κατὰ
τὸν διωρισμένον ἡμῖν τρόπον περιεχομένων γωνιῶν, ἐν μὲν τοῖς τρίτοις, τὰς τῶν
πρὸς ἀνατολὰς τοῦ μεσημβρινοῦ θέσεων,
ἐν δὲ τοῖς τετάρτοις τὰς τῶν πρὸς δυσμάς.
Ὡς καὶ ἐν ἀρχῇ μέντοι διεϛειλάμεθα,
μεμνῆσθαι δεῖ ὅτι τῶν δύο τῶν ὑπὸ τοῦ
ἐπομένου τμήματος, τοῦ διὰ μέσων τῶν
ζωδίων κύκλου περιεχομένων γωνιῶν,
τὴν ἀπ᾽ ἄρκτων τοῦ αὐτοῦ τμήματος
ἀεὶ παρειλήφαμεν, τοσούτων ἐφ᾽ ἑκάϛης
αὐτῶν τὴν πηλικότητα παρατιθέντες,
οἵων ἐϛὶν ἡ μία ὀρθὴ ⎖. Καὶ ἔϛιν ἡ τῶν κανονίων ἔκθεσις τοιαύτη.

est de 13 heures équinoxiales. Elles vont
jusqu'au parallèle qui passe par les
Bouches du Borysthène dans la mer
Pontique, où le plus long jour est de
16 heures équinoxiales (gg). Nous avons
employé encore les accroissements par
demi-heures pour chacun, de climats en
climats, comme pour les ascensions.
Mais pour les sections du cercle oblique
mitoyen du zodiaque, nous allons de
douzième en douzième, et enfin pour
les positions du méridien, tant à l'o-
rient qu'à l'occident, nous procédons
d'heure en heure équinoxiale. Cette table donne, dans la première colonne,
par climat et par dodécatémorie, le
nombre des heures équinoxiales des
distances de chaque côté du méridien,
selon la position; dans la seconde, les
valeurs des arcs compris, comme nous
l'avons dit, entre le point vertical et le
commencement de la dodécatémorie en
question; dans les troisième et quatrième
colonnes, les valeurs des angles formés
au point de section dont il s'agit dans le
cas en question, de sorte que dans les
troisièmes colonnes on trouvera les angles à l'orient du méridien, et dans les
quatrièmes ceux à l'occident, comme
nous les avons définis en commençant. Il faut se rappeler que de deux
angles formés consécutivement sur un
point de section de l'oblique, nous
avons toujours pris celui dont l'ouverture est tournée vers les ourses, en ex-
primant la valeur de chacun d'eux par
un nombre convenable des degrés, dont
90 font un angle droit. Suit cette table:

ΕΚΘΕΣΙΣ ΤΩΝ ΚΑΤΑ ΠΑΡΑΛΛΗΛΟΝ ΓΩΝΙΩΝ ΚΑΙ ΠΕΡΙΦΕΡΕΙΩΝ ΤΟΥ ΔΙΑ ΣΥΗΝΗΣ, ΩΡΩΝ ιγ ς'' ΜΟΙΡΩΝ κγ να'.

ΚΑΡΚΙΝΟΥ.

ΩΡΩΝ	ΠΕΡΙΦΕΡΕΙΩΝ		ΓΩΝΙΑΙ Ανατολικαί		Δυτικαί	
	V.	Ξ'.	Μ.	Ξ'.	Μ.	Ξ'.
ΜΕΣ.	ō	ō	4	ō	ō	ō
α	ιγ	μγ	ρος	ιε	γ	με
β	κς	κγ	ρογ	να	ς	θ
γ	μα	κ	ρξη	ιε	ια	με
δ	νθ	κς	ρξς	να	ιγ	θ
ε	ξς	μβ	ρξθ	μς	ις	ιη
ς	π	ις	ρνζ	νθ	κβ	α
ς με	4	ō	ρνγ	μς	κς	ιθ

ΛΕΟΝΤΟΣ.

ΩΡΩΝ	ΠΕΡΙΦΕΡΕΙΩΝ		ΓΩΝΙΑΙ Ανατολικαί		Δυτικαί	
	Μ.	Ξ'.	Μ.	Ξ'.	Μ.	Ξ'.
ΜΕΣ.	γ	κα	ρβ	λ	ō	ō
α	ιδ	ιη	ρος	θ	κη	νς
β	κζ	νς	ρπ	ō	κε	ō
γ	μα	μθ	ροθ	γ	κε	νζ
δ	νε	ιθ	ροζ	ιη	κζ	μδ
ε	ξη	μγ	ρογ	μ	λα	κ
ς	πα	νβ	ρξη	νς	λς	δ
ς λη	4	ō	ρξς	νγ	λη	ζ

ΠΑΡΘΕΝΟΥ.

ΩΡΩΝ	ΠΕΡΙΦΕΡΕΙΩΝ		ΓΩΝΙΑΙ Ανατολικαί		Δυτικαί	
	Μ.	Ξ'.	Μ.	Ξ'.	Μ.	Ξ'.
ΜΕΣ.	ιβ	ια	ρια	ō	ō	ō
α	ιη	μβ	ρνη	μ	ξγ	με
β	λ	νζ	ρογ	μδ	μη	ις
γ	μδ	κβ	ροη	γ	μγ	ιγ
δ	νη	α	ροθ	ιε	μβ	νδ
ε	οα	μγ	ροθ	ιε	μβ	ιθ
ς	πε	κ	ρος	λθ	μδ	κα
ς κα	4	ō	ρος	μα	με	ιθ

ΖΥΓΟΥ.

ΩΡΩΝ	ΠΕΡΙΦΕΡΕΙΩΝ		ΓΩΝΙΑΙ Ανατολικαί		Δυτικαί	
	Μ.	Ξ'.	Μ.	Ξ'.	Μ.	Ξ'.
ΜΕΣ.	κγ	να	ριγ	να	ō	ō
α	κζ	νς	ρμθ	ε	πγ	λβ
β	λς	ις	ρξε	ιγ	ξε	κθ
γ	μβ	μβ	ροα	με	νε	νζ
δ	ξβ	μς	ροζ	νθ	ν	μγ
ε	ος	κ	ροθ	γ	μη	λθ
ς	4	ō	ρπ	ō	μζ	μθ

ΣΚΟΡΠΙΟΥ.

ΩΡΩΝ	ΠΕΡΙΦΕΡΕΙΩΝ		ΓΩΝΙΑΙ Ανατολικαί		Δυτικαί	
	Μ.	Ξ'.	Μ.	Ξ'.	Μ.	Ξ'.
ΜΕΣ.	λε	λα	ρικ	ō	ō	ō
α	λη	κε	ρλγ	ιε	πη	με
β	μς	β	ρν	ιη	οα	μδ
γ	νς	λη	ρξα	ξ	μ	ξ	ιθ
δ	ξη	λα	ρξθ	ε	νθ	νε
ε	πα	κβ	ροθ	λ	μς	λ
ε λθ	4	ō	ρος	μα	με	ιθ

ΤΟΞΟΤΟΥ.

ΩΡΩΝ	ΠΕΡΙΦΕΡΕΙΩΝ		ΓΩΝΙΑΙ Ανατολικαί		Δυτικαί	
	Μ.	Ξ'.	Μ.	Ξ'.	Μ.	Ξ'.
ΜΕΣ.	μδ	κα	ρβ	λ	ō	ō
α	μς	μ	ρκα	λ	πγ	λ
β	νγ	δ	ρλς	ις	ξς	μθ
γ	ξβ	ιη	ρμθ	κε	νε	λε
δ	ογ	κ	ρνζ	νη	μς	λ
ε	πε	κγ	ρξδ	μς	λη	ιδ
ε κβ	4	ō	ρξς	νγ	λη	ιδ

ΑΙΓΟΚΕΡΩ.

ΩΡΩΝ	ΠΕΡΙΦΕΡΕΙΩΝ		ΓΩΝΙΑΙ Ανατολικαί		Δυτικαί	
	Μ.	Ξ'.	Μ.	Ξ'.	Μ.	Ξ'.
ΜΕΣ.	μζ	μδ	4	ō	ō	ō
α	μθ	νβ	ρη	γ	οα	νζ
β	νθ	νβ	ρκη	λα	νς	κθ
γ	ξθ	λζ	ρλε	λζ	μθ	κγ
δ	οε	ιθ	ρμθ	νζ	λε	γ
ε	πς	κθ	ρνβ	ō	κη	ō
ε λη	4	ō	ρνγ	μς	κζ	ιθ

ΥΔΡΟΧΟΟΥ.

ΩΡΩΝ	ΠΕΡΙΦΕΡΕΙΩΝ		ΓΩΝΙΑΙ Ανατολικαί		Δυτικαί	
	Μ.	Ξ'.	Μ.	Ξ'.	Μ.	Ξ'.
ΜΕΣ.	μδ	κα	ος	λ	ō	ō
α	μς	μ	4ς	λ	νη	λ
β	νγ	δ	ριβ	ις	μθ	μθ
γ	ξθ	ιη	ρκθ	κε	λ	λε
δ	ογ	κ	ρλθ	νη	κγ	β
ε	πε	κγ	ρλθ	μς	ιε	ιδ
ε κβ	4	ō	ρμα	νγ	ιγ	ζ

ΙΧΘΥΩΝ.

ΩΡΩΝ	ΠΕΡΙΦΕΡΕΙΩΝ		ΓΩΝΙΑΙ Ανατολικαί		Δυτικαί	
	Μ.	Ξ'.	Μ.	Ξ'.	Μ.	Ξ'.
ΜΕΣ.	λε	λα	ξθ	ō	ō	ō
α	λη	κε	4α	ιε	μς	με
β	μς	β	ρη	ιη	κθ	μδ
γ	νς	λ	ριθ	μα	ιη	ιθ
δ	ξη	λα	ριθ	ε	ι	νε
ε	πα	κβ	ρλθ	λ	ε	λ
ε λθ	4	ō	ρλθ	μα	γ	ιθ

ΚΡΙΟΥ.

ΩΡΩΝ	ΠΕΡΙΦΕΡΕΙΩΝ		ΓΩΝΙΑΙ Ανατολικαί		Δυτικαί	
	Μ.	Ξ'.	Μ.	Ξ'.	Μ.	Ξ'.
ΜΕΣ.	κγ	να	ξς	θ	ō	ō
α	κζ	νς	4ς	κη	λε	ν
β	λς	ις	ριθ	λα	ις	μζ
γ	μθ	μβ	ρκθ	γ	η	ιε
δ	ξθ	κ	ρλα	ις	γ	γ
ε	ος	κ	ρλα	κα	ō	νζ
ς	4	ō	ρλθ	ιη	ō	ō

ΤΑΥΡΟΥ.

ΩΡΩΝ	ΠΕΡΙΦΕΡΕΙΩΝ		ΓΩΝΙΑΙ Ανατολικαί		Δυτικαί	
	Μ.	Ξ'.	Μ.	Ξ'.	Μ.	Ξ'.
ΜΕΣ.	ιβ	ια	ξθ	ō	ō	ō
α	ιη	μβ	ριζ	μ	κα	κ
β	λ	νζ	ρλα	μθ	ς	ις
γ	μδ	κβ	ρλς	γ	α	νζ
δ	νη	α	ρλς	ις	ō	μβ
ε	οα	μγ	ρλζ	ιε	ō	με
ς	πε	κ	ρλε	λθ	β	κα
ς κα	4	ō	ρλδ	μα	γ	ιθ

ΔΙΔΥΜΩΝ.

ΩΡΩΝ	ΠΕΡΙΦΕΡΕΙΩΝ		ΓΩΝΙΑΙ Ανατολικαί		Δυτικαί	
	Μ.	Ξ'.	Μ.	Ξ'.	Μ.	Ξ'.
ΜΕΣ.	γ	κα	ος	λ	ō	ō
α	ιδ	ιη	ρνα	θ	γ	νς
β	κζ	νς	ρνε	ō	ō	ō
γ	μα	μθ	ρνδ	γ	ō	νζ
δ	νε	ιθ	ρνδ	ιη	ς	μδ
ε	ξη	μγ	ρμη	μ	ς	κ
ς	πα	νβ	ρμγ	νς	ια	δ
ς λη	4	ō	ρμα	νγ	ιγ	ζ

EXPOSITION DES ANGLES ET DES ARCS, EN CHAQUE PARALLÈLE.

PARALLÈLE DE SYÈNE, DE 13ʰ 30ᵐ, A 23ᵈ 51′ DE LATITUDE.

CANCER.

HEURES.	ARCS Degrés	Min.	Orientaux Degrés	Min.	Occidentaux Degrés	Min.
Midi.	0	0	90	0	0	0
1	13	43	176	15	3	45
2	27	23	173	51	6	9
3	41	20	168	15	11	45
4	54	27	166	51	13	9
5	67	42	162	42	17	18
6	80	36	157	59	22	1
6 45	90	0	153	46	26	14

LION.

HEURES.	ARCS Degrés	Min.	Orientaux Degrés	Min.	Occidentaux Degrés	Min.
Midi.	3	21	102	30	0	0
1	14	18	176	4	28	56
2	27	56	180	0	25	0
3	41	44	179	3	25	57
4	55	14	177	18	27	42
5	68	43	173	40	31	20
6	81	52	168	56	36	4
6 38	90	0	166	53	38	7

VIERGE.

HEURES.	ARCS Degrés	Min.	Orientaux Degrés	Min.	Occidentaux Degrés	Min.
Midi.	12	11	111	0	0	0
1	18	42	158	40	63	20
2	30	57	173	44	48	16
3	44	22	178	3	43	57
4	58	1	180	0	42	0
5	71	43	179	15	42	45
6	85	20	177	39	44	21
6 21	90	0	176	41	45	19

BALANCE.

HEURES.	ARCS Degrés	Min.	Orientaux Degrés	Min.	Occidentaux Degrés	Min.
Midi.	23	51	113	51	0	0
1	27	56	144	10	83	32
2	37	36	162	13	65	29
3	49	42	171	45	55	57
4	62	47	176	59	50	43
5	76	20	179	3	48	39
6 0	90	0	180	0	47	42

SCORPION.

HEURES.	ARCS Degrés	Min.	Orientaux Degrés	Min.	Occidentaux Degrés	Min.
Midi.	35	31	111	0	0	0
1	38	25	133	15	88	45
2	46	2	150	18	71	42
3	56	38	161	41	60	19
4	68	31	169	5	52	55
5	81	22	174	30	47	30
5 39	90	0	176	41	45	19

SAGITTAIRE.

HEURES.	ARCS Degrés	Min.	Orientaux Degrés	Min.	Occidentaux Degrés	Min.
Midi.	44	21	102	30	0	0
1	46	40	121	30	83	30
2	53	4	137	16	67	44
3	62	18	149	25	55	35
4	73	20	157	58	47	2
5	85	23	164	46	40	14
5 22	90	0	166	53	38	7

CAPRICORNE.

HEURES.	ARCS Degrés	Min.	Orientaux Degrés	Min.	Occidentaux Degrés	Min.
Midi.	47	42	90	0	0	0
1	49	52	108	3	71	57
2	55	52	123	31	56	29
3	64	37	135	37	44	23
4	75	12	144	57	35	3
5	86	54	152	0	28	0
5 15	90	0	153	46	26	14

VERSEAU.

HEURES.	ARCS Degrés	Min.	Orientaux Degrés	Min.	Occidentaux Degrés	Min.
Midi.	44	21	77	30	0	0
1	46	40	96	30	58	30
2	53	4	112	16	42	44
3	62	18	124	25	30	35
4	73	20	132	58	22	2
5	85	23	139	46	15	14
5 22	90	0	141	53	13	7

POISSONS.

HEURES.	ARCS Degrés	Min.	Orientaux Degrés	Min.	Occidentaux Degrés	Min.
Midi.	35	31	69	0	0	0
1	38	25	91	15	46	45
2	46	2	108	18	29	42
3	56	30	119	41	18	19
4	68	31	127	5	10	55
5	81	22	132	30	5	30
5 39	90	0	134	41	3	19

BELIER.

HEURES.	ARCS Degrés	Min.	Orientaux Degrés	Min.	Occidentaux Degrés	Min.
Midi.	23	51	66	9	0	0
1	27	56	96	28	35	50
2	37	36	114	31	17	47
3	49	42	124	3	8	15
4	62	47	129	17	3	1
5	76	20	131	21	0	57
6 0	90	0	132	18	0	0

TAUREAU.

HEURES.	ARCS Degrés	Min.	Orientaux Degrés	Min.	Occidentaux Degrés	Min.
Midi.	12	11	69	0	0	0
1	18	42	116	40	21	20
2	30	57	131	44	6	16
3	44	22	136	3	1	57
4	58	1	138	0	0	0
5	71	43	137	15	0	45
6	85	20	135	39	2	21
6 21	90	0	134	41	3	19

GÉMEAUX.

HEURES.	ARCS Degrés	Min.	Orientaux Degrés	Min.	Occidentaux Degrés	Min.
Midi.	3	21	77	30	0	0
1	14	18	151	4	3	56
2	27	56	155	0	0	0
3	41	44	154	3	0	57
4	55	14	152	18	2	42
5	68	43	148	40	6	20
6	81	52	143	56	11	4
6 38	90	0	141	53	13	7

ΕΚΘΕΣΙΣ ΤΩΝ ΚΑΤΑ ΠΑΡΑΛΛΗΛΟΝ ΓΩΝΙΩΝ ΚΑΙ ΠΕΡΙΦΕΡΕΙΩΝ
ΤΟΥ ΔΙΑ ΤΗΣ ΚΑΤΩ ΧΩΡΑΣ ΑΙΓΥΠΤΟΥ, ΩΡΩΝ ιδ, ΜΟΙΡΩΝ λ κβ'.

ΚΑΡΚΙΝΟΥ.

ΩΡΩΝ	ΠΕΡΙΦΕΡΕΙΩΝ Μ.	Ξ.	Ανατολικαί Μ.	Σ.	Δυτικαί Μ.	Σ.
ΜΕΣ.	ϛ	λα	ζ	ο	ο	ο
α	ιθ	νϛ	ρν	ο	λ	ο
β	κϛ	κγ	ρνθ	λη	κ	κβ
γ	μ	ιθ	ρξ	λ	ιθ	λ
δ	νγ	ιθ	ρνη	να	κα	θ
ε	ξϛ	νε	ρνϛ	ο	κθ	ο
ϛ	οη	ιε	ρνα	μθ	κη	ια
ζ ō	ζ	ο	ρμϛ	κη	λγ	λε

ΛΕΟΝΤΟΣ.

ΩΡΩΝ	ΠΕΡΙΦΕΡΕΙΩΝ Μ.	Ξ.	Ανατολικαί Μ.	Σ.	Δυτικαί Μ.	Σ.
ΜΕΣ.	θ	νβ	ρβ	λ	ο	ο
α	ιϛ	με	ρνγ	ιγ	να	μϛ
β	κη	μθ	ρξζ	κβ	λη	λη
γ	μα	λα	ρξθ	κϛ	λε	λδ
δ	νδ	κϛ	ρξθ	η	λε	νβ
ε	ξζ	ιϛ	ρξϛ	α	λζ	νθ
ϛ	οθ	μη	ρξγ	μϛ	μα	ιθ
ϛ να	ζ	ο	ρνθ	μθ	με	ια

ΠΑΡΘΕΝΟΥ.

ΩΡΩΝ	ΠΕΡΙΦΕΡΕΙΩΝ Μ.	Ξ.	Ανατολικαί Μ.	Σ.	Δυτικαί Μ.	Σ.
ΜΕΣ.	ιη	μβ	ρια	ο	ο	ο
α	κγ	λ	ρμε	ος	μϛ	
β	λγ	λ	ρξϛ	κε	νθ	λε
γ	με	λϛ	ρξθ	λθ	λϛ	ν
δ	νη	κα	ροβ	ι	μθ	ν
ε	οα	ιε	ροβ	κη	μθ	λϛ
ϛ	πθ	ζ	ροα	ε	ν	νε
ϛ κη	ζ	ο	ρξθ	νε	νβ	ε

ΖΥΓΟΥ.

ΩΡΩΝ	ΠΕΡΙΦΕΡΕΙΩΝ Μ.	Ξ.	Ανατολικαί Μ.	Σ.	Δυτικαί Μ.	Σ.
ΜΕΣ.	λ	κβ	ριγ	να	ο	ο
α	λγ	λε	ρλζ	λϛ	ζ	ι
β	μα	λθ	ρνθ	ιθ	ογ	κγ
γ	νϛ	κε	ρξδ	ι	ξγ	λϛ
δ	ξδ	κη	ρξθ	μζ	νϛ	νε
ε	οζ	ϛ	ροθ	κα	νε	κα
ϛ ō	ζ	ο	ρογ	κθ	νθ	ιγ

ΣΚΟΡΠΙΟΥ.

ΩΡΩΝ	ΠΕΡΙΦΕΡΕΙΩΝ Μ.	Ξ.	Ανατολικαί Μ.	Σ.	Δυτικαί Μ.	Σ.
ΜΕΣ.	μϛ	β	ρια	ο	ο	ο
α	μθ	κϛ	ρκθ	λϛ	μϛ	ο
β	ν	μη	ρμθ	λη	οζ	κβ
γ	ξ	ιθ	ρνε	λγ	ξϛ	κζ
δ	οα	κ	ρξϛ	νϛ	νθ	δ
ε	πγ	ιθ	ρξζ	νθ	νθ	ϛ
ε λϛ	ζ	ο	ρξθ	νε	νβ	ε

ΤΟΞΟΤΟΥ.

ΩΡΩΝ	ΠΕΡΙΦΕΡΕΙΩΝ Μ.	Ξ.	Ανατολικαί Μ.	Σ.	Δυτικαί Μ.	Σ.
ΜΕΣ.	ν	νβ	ρβ	λ	ο	ο
α	λϛ	νγ	ριη	λθ	πϛ	κα
β	νη	κζ	ρλϛ	να	οβ	θ
γ	ξϛ	μθ	ρμδ	λϛ	ξ	κγ
δ	ος	να	ρνβ	λζ	νϛ	κγ
ε	πη	θ	ρνη	μγ	μϛ	ιζ
ε θ	ζ	ο	ρνθ	μθ	με	ια

ΑΙΓΟΚΕΡΩ.

ΩΡΩΝ	ΠΕΡΙΦΕΡΕΙΩΝ Μ.	Ξ.	Ανατολικαί Μ.	Σ.	Δυτικαί Μ.	Σ.
ΜΕΣ.	νδ	ιγ	ζ	ο	ο	ο
α	νϛ	ιζ	ρε	λθ	οθ	κϛ
β	ξα	κβ	ριθ	κγ	ξ	λζ
γ	ξθ	ιζ	ρλ	μϛ	μθ	ιθ
δ	οη	νθ	ρλθ	λ	μ	λ
ε ō	ζ	ο	ρμϛ	κη	λγ	λε
	ō	ō	ō	ō	ō	ō

ΥΔΡΟΧΟΟΥ.

ΩΡΩΝ	ΠΕΡΙΦΕΡΕΙΩΝ Μ.	Ξ.	Ανατολικαί Μ.	Σ.	Δυτικαί Μ.	Σ.
ΜΕΣ.	ν	νβ	οζ	λ	ο	ο
α	νϛ	νγ	ρθ	λε	ξα	κα
β	νη	κζ	ρκϛ	να	μϛ	θ
γ	ξϛ	μθ	ρκθ	ο	λε	νθ
δ	ος	να	ρκζ	λϛ	κϛ	κγ
ε	πη	θ	ρλγ	μγ	κα	ιζ
ε θ	ζ	ο	ρλδ	μθ	κ	ια

ΙΧΘΥΩΝ.

ΩΡΩΝ	ΠΕΡΙΦΕΡΕΙΩΝ Μ.	Ξ.	Ανατολικαί Μ.	Σ.	Δυτικαί Μ.	Σ.
ΜΕΣ.	μϛ	β	ξθ	ο	ο	ο
α	μθ	κϛ	πζ	λϛ	ν	κη
β	ν	νη	ρβ	λη	λε	κβ
γ	ξ	ιθ	ριγ	λγ	κθ	κζ
δ	οα	κ	ρκ	ο	ιϛ	δ
ε	πγ	ιθ	ρκε	νθ	ιβ	ϛ
ε λϛ	ζ	ο	ρκζ	νε	ε	ε

ΚΡΙΟΥ.

ΩΡΩΝ	ΠΕΡΙΦΕΡΕΙΩΝ Μ.	Ξ.	Ανατολικαί Μ.	Σ.	Δυτικαί Μ.	Σ.
ΜΕΣ.	λ	κβ	ξζ	θ	ο	ο
α	λγ	λε	πθ	ν	μβ	κη
β	μα	λθ	ρϛ	λζ	κε	μα
γ	με	κε	ριε	εε	ιε	ν
δ	ξδ	κη	ρκϛ	ε	ι	ιγ
ε	οζ	ϛ	ρκθ	ιθ	ζ	ιθ
ϛ ō	ζ	ο	ρκε	μζ	ϛ	λα

ΤΑΥΡΟΥ.

ΩΡΩΝ	ΠΕΡΙΦΕΡΕΙΩΝ Μ.	Ξ.	Ανατολικαί Μ.	Σ.	Δυτικαί Μ.	Σ.
ΜΕΣ.	ιη	μβ	ξθ	ο	ο	ο
α	κγ	λ	ργ	ιη	λδ	μβ
β	λγ	λ	ρκ	κε	ιζ	λϛ
γ	με	λϛ	ρκζ	λδ	ι	κϛ
δ	νη	κα	ρλ	κη	ζ	ν
ε	οα	ιε	ρλ	κη	ζ	λϛ
ϛ	πθ	ζ	ρκθ	ε	η	νε
ϛ κη	ζ	ο	ρκζ	νε	ε	ε

ΔΙΔΥΜΩΝ.

ΩΡΩΝ	ΠΕΡΙΦΕΡΕΙΩΝ Μ.	Ξ.	Ανατολικαί Μ.	Σ.	Δυτικαί Μ.	Σ.
ΜΕΣ.	θ	νβ	οζ	λ	ο	ο
α	ιϛ	με	ρκη	ιγ	κϛ	μζ
β	κη	μθ	ρμα	κβ	ιγ	λη
γ	μα	λα	ρμδ	κϛ	ι	λδ
δ	νδ	κϛ	ρμθ	η	ι	νθ
ε	ξζ	ιϛ	ρμβ	α	ιβ	νθ
ϛ	οθ	μη	ρλη	μϛ	ιϛ	ιθ
ϛ να	ζ	ο	ρλθ	μθ	κ	ια

EXPOSITION DES ANGLES ET DES ARCS, EN CHAQUE PARALLELE.
PARALLÈLE DE LA BASSE ÉGYPTE, DE 14ʰ, A 30ᵈ 22' DE LATITUDE.

CANCER.

HEURES.	ARCS Degrés	ARCS Min.	ANGLES Orientaux Degrés	Orientaux Min.	ANGLES Occidentaux Degrés	Occidentaux Min.
Midi.	6	31	90	0	0	0
1	14	56	150	0	30	0
2	27	23	159	38	20	22
3	40	19	160	30	19	30
4	53	14	158	51	21	9
5	65	55	156	0	24	0
6	78	15	151	49	28	11
7 0	90	0	146	28	33	32

LION.

HEURES.	ARCS Degrés	ARCS Min.	ANGLES Orientaux Degrés	Orientaux Min.	ANGLES Occidentaux Degrés	Occidentaux Min.
Midi.	9	52	102	30	0	0
1	16	45	153	13	51	47
2	27	44	166	22	38	38
3	41	31	169	26	35	34
4	54	27	169	8	35	52
5	67	17	167	1	37	59
6	79	48	163	46	41	14
6 51	90	0	159	49	45	11

VIERGE.

HEURES.	ARCS Degrés	ARCS Min.	ANGLES Orientaux Degrés	Orientaux Min.	ANGLES Occidentaux Degrés	Occidentaux Min.
Midi.	18	42	111	0	0	0
1	23	18	145	18	76	42
2	33	30	162	25	59	35
3	45	36	169	34	52	26
4	58	21	172	10	49	50
5	71	15	172	28	49	32
6	84	7	171	5	50	55
6 28	90	0	169	55	52	5

BALANCE.

HEURES.	ARCS Degrés	ARCS Min.	ANGLES Orientaux Degrés	Orientaux Min.	ANGLES Occidentaux Degrés	Occidentaux Min.
Midi.	30	22	113	51	0	0
1	33	35	137	32	90	10
2	41	39	154	19	73	23
3	52	25	164	10	63	32
4	64	28	169	47	57	55
5	77	6	172	21	55	21
6 0	90	0	173	29	54	13

SCORPION.

HEURES.	ARCS Degrés	ARCS Min.	ANGLES Orientaux Degrés	Orientaux Min.	ANGLES Occidentaux Degrés	Occidentaux Min.
Midi.	42	2	111	0	0	0
1	44	26	129	32	92	28
2	50	48	144	38	77	22
3	60	19	155	33	66	27
4	71	20	162	56	59	4
5	83	19	167	54	54	6
5 32	90	0	169	55	52	5

SAGITTAIRE.

HEURES.	ARCS Degrés	ARCS Min.	ANGLES Orientaux Degrés	Orientaux Min.	ANGLES Occidentaux Degrés	Occidentaux Min.
Midi.	50	52	102	30	0	0
1	52	53	118	39	86	21
2	58	27	132	51	72	9
3	66	44	144	1	60	59
4	76	51	152	37	52	23
5	88	9	158	43	46	17
5 9	90	0	159	49	45	11

CAPRICORNE.

HEURES.	ARCS Degrés	ARCS Min.	ANGLES Orientaux Degrés	Orientaux Min.	ANGLES Occidentaux Degrés	Occidentaux Min.
Midi.	54	13	90	0	0	0
1	56	6	105	34	74	26
2	61	22	119	23	60	37
3	69	17	130	46	49	14
4	78	59	139	30	40	30
5 0	90	0	146	28	33	32
	0	0	0	0	0	0

VERSEAU.

HEURES.	ARCS Degrés	ARCS Min.	ANGLES Orientaux Degrés	Orientaux Min.	ANGLES Occidentaux Degrés	Occidentaux Min.
Midi.	50	52	77	30	0	0
1	52	53	93	35	61	21
2	58	27	107	51	47	9
3	66	44	119	1	35	59
4	76	51	127	37	27	23
5	88	9	133	43	21	17
5 9	90	0	134	49	20	11

POISSONS.

HEURES.	ARCS Degrés	ARCS Min.	ANGLES Orientaux Degrés	Orientaux Min.	ANGLES Occidentaux Degrés	Occidentaux Min.
Midi.	42	2	69	0	0	0
1	44	26	87	32	50	28
2	50	58	102	38	35	22
3	60	19	113	33	24	27
4	71	20	120	56	17	4
5	83	19	125	54	12	6
5 32	90	0	127	55	10	5

BÉLIER.

HEURES.	ARCS Degrés	ARCS Min.	ANGLES Orientaux Degrés	Orientaux Min.	ANGLES Occidentaux Degrés	Occidentaux Min.
Midi.	30	22	66	9	0	0
1	33	35	89	50	42	28
2	41	39	106	37	25	41
3	52	25	116	28	15	50
4	64	28	122	5	10	13
5	77	6	124	39	7	39
6 0	90	0	125	47	6	31
	0	0	0	0	0	0

TAUREAU.

HEURES.	ARCS Degrés	ARCS Min.	ANGLES Orientaux Degrés	Orientaux Min.	ANGLES Occidentaux Degrés	Occidentaux Min.
Midi.	18	42	69	0	0	0
1	23	18	103	18	34	42
2	33	30	120	25	17	35
3	45	36	127	34	10	26
4	58	21	130	10	7	50
5	71	15	130	28	7	32
6	84	7	129	5	8	55
6 28	90	0	127	55	10	5

GÉMEAUX.

HEURES.	ARCS Degrés	ARCS Min.	ANGLES Orientaux Degrés	Orientaux Min.	ANGLES Occidentaux Degrés	Occidentaux Min.
Midi.	9	52	77	30	0	0
1	16	45	128	13	26	47
2	28	44	141	22	13	38
3	41	31	144	26	10	34
4	54	27	144	8	10	52
5	67	17	142	1	12	59
6	79	48	138	46	16	14
6 51	90	0	134	49	20	11

ΕΚΘΕΣΙΣ ΤΩΝ ΚΑΤΑ ΠΑΡΑΛΛΗΛΟΝ ΓΩΝΙΩΝ ΚΑΙ ΠΕΡΙΦΕΡΕΙΩΝ

ΤΟΥ ΔΙΑ ΡΩΔΟΥ ΩΡΩΝ ιθ ς'', ΜΟΙΡΩΝ λς ο'.

ΚΑΡΚΙΝΟΥ.

ΩΡΩΝ	ΠΕΡΙΦΕΡΕΙΩΝ Μ.	Ξ.	Ανατολικαί Μ.	Ξ.	Δυτικαί Μ.	Ξ.
ΜΕΣ.	ιβ	θ	ζ	ο	ο	ο
α	ιζ	μζ	ρλγ	ιθ	μς	μς
β	κη	κβ	ρμζ	με	λβ	ιε
γ	μ	κζ	ρνα	μς	κα	ιθ
δ	νβ	λς	ρνα	νβ	κη	η
ε	ξθ	λς	ρμθ	νθ	λ	ς
ς	ος	ις	ρμς	κε	λγ	λε
ζ	πζ	κγ	ρμα	λ	λη	λ
ζ ιη	∠	ο	ρμ	α	λθ	νθ

ΛΕΟΝΤΟΣ.

ΩΡΩΝ	ΠΕΡΙΦΕΡΕΙΩΝ Μ.	Ξ.	Ανατολικαί Μ.	Ξ.	Δυτικαί Μ.	Ξ.
ΜΕΣ.	ιε	λ	ρβ	λ	ο	ο
α	κ	κ	ρλθ	λβ	ξε	κη
β	λ	κη	ρνε	ιθ	μθ	μα
γ	μδ	ς	ρξ	λζ	μδ	κγ
δ	νθ	ιβ	ρξδ	ια	μδ	μθ
ε	ξς	ιζ	ρξα	ε	μγ	νε
ς	οη	ζ	ρνη	κβ	μζ	η
ζ	πθ	κζ	ρνγ	λθ	να	κα
ζ δ	∠	ο	ρνγ	λς	να	κθ

ΠΑΡΘΕΝΟΥ.

ΩΡΩΝ	ΠΕΡΙΦΕΡΕΙΩΝ Μ.	Ξ.	Ανατολικαί Μ.	Ξ.	Δυτικαί Μ.	Ξ.
ΜΕΣ.	κδ	κ	ρια	ο	ο	ο
α	κζ	νκ	ρλζ	λη	πθ	κβ
β	λς	κθ	ρνγ	νθ	ξη	α
γ	μζ	ιθ	ρξβ	ι	νθ	—
δ	νθ	θ	ρξε	μ	νς	—
ε	οα	ε	ρξς	λθ	νε	κς
ς	πγ	θ	ρξε	λ	νς	λ
ς λε	∠	ο	ρξθ	ς	νζ	νγ

ΖΥΓΟΥ.

ΩΡΩΝ	ΠΕΡΙΦΕΡΕΙΩΝ Μ.	Ξ.	Ανατολικαί Μ.	Ξ.	Δυτικαί Μ.	Ξ.
ΜΕΣ.	λς	ο	ριγ	να	ο	ο
α	λη	λζ	ρλγ	κγ	μθ	ιθ
β	με	λα	ρμη	κγ	θ	ιθ
γ	με	ς	ρνη	μς	ξγ	λγ
δ	ξς	θ	ρξγ	νη	ξγ	μθ
ε	ος	νς	ρξς	λς	ξα	ς
ς ο	∠	ο	ρξζ	να	νθ	να

ΣΚΟΡΠΙΟΥ.

ΩΡΩΝ	ΠΕΡΙΦΕΡΕΙΩΝ Μ.	Ξ.	Ανατολικαί Μ.	Ξ.	Δυτικαί Μ.	Ξ.
ΜΕΣ.	μζ	μ	ρια	ο	ο	ο
α	μθ	μβ	ρκς	ν	ζε	ι
β	νε	κ	ρμ	κ	πα	μ
γ	ξθ	μη	ρν	λδ	οα	κς
δ	ογ	με	ρνζ	να	ξδ	θ
ε	πε	ε	ρξδ	κη	νθ	ιδ
ε κε	∠	ο	ρξδ	ς	νζ	νγ

ΤΟΞΟΤΟΥ.

ΩΡΩΝ	ΠΕΡΙΦΕΡΕΙΩΝ Μ.	Ξ.	Ανατολικαί Μ.	Ξ.	Δυτικαί Μ.	Ξ.
ΜΕΣ.	νς	λ	ρβ	λ	ο	ο
α	νη	ιθ	ρις	λθ	πη	ια
β	ξγ	ιγ	ρκθ	κγ	ος	λς
γ	ο	β	ρλθ	μς	ξε	ιγ
δ	π	β	ρμζ	μς	νδ	ιγ
δ νς	∠	ο	ρνγ	λς	να	κδ

ΑΙΓΟΚΕΡΩ.

ΩΡΩΝ	ΠΕΡΙΦΕΡΕΙΩΝ Μ.	Ξ.	Ανατολικαί Μ.	Ξ.	Δυτικαί Μ.	Ξ.
ΜΕΣ.	νθ	να	∠	ο	ο	ο
α	ξα	λ	ργ	με	ος	ιε
β	ξς	ιβ	ρκς	λς	ξγ	ν
γ	ογ	κβ	ρλδ	νς	με	δ
δ	πβ	κθ	ρλδ	νς	με	δ
δ μι	∠	ο	ρμ	α	λθ	νθ

ΥΔΡΟΧΟΟΥ.

ΩΡΩΝ	ΠΕΡΙΦΕΡΕΙΩΝ Μ.	Ξ.	Ανατολικαί Μ.	Ξ.	Δυτικαί Μ.	Ξ.
ΜΕΣ.	νς	λ	ος	λ	ο	ο
α	νη	ιθ	ζα	λθ	ξγ	κα
β	ξγ	ιγ	ρδ	κγ	ν	λς
γ	ο	β	ριδ	μς	μ	ιζ
δ	π	β	ρκβ	μς	λς	ιγ
δ νς	∠	ο	ρκη	λς	κς	κδ

ΙΧΘΥΩΝ.

ΩΡΩΝ	ΠΕΡΙΦΕΡΕΙΩΝ Μ.	Ξ.	Ανατολικαί Μ.	Ξ.	Δυτικαί Μ.	Ξ.
ΜΕΣ.	μζ	μ	ξθ	ο	ο	ο
α	μθ	μβ	πθ	ν	νγ	ι
β	νε	κς	ζη	κ	λθ	μ
γ	ξγ	μη	ρη	λδ	κς	κς
δ	ογ	νε	ριε	να	κβ	θ
ε	πε	ε	ρκ	κη	ιζ	λδ
ε κε	∠	ο	ρκβ	ς	ιε	νγ

ΚΡΙΟΥ.

ΩΡΩΝ	ΠΕΡΙΦΕΡΕΙΩΝ Μ.	Ξ.	Ανατολικαί Μ.	Ξ.	Δυτικαί Μ.	Ξ.
ΜΕΣ.	λς	ο	ξζ	θ	ο	ο
α	λη	λζ	πε	μα	μς	λζ
β	με	λα	ρ	μζ	λα	λα
γ	νε	ς	ρι	κς	κα	να
δ	ξς	θ	ρις	ις	ιζ	β
ε	ος	ις	ριη	νθ	ιγ	κθ
ς ο	∠	ο	ρκ	θ	ιβ	θ

ΤΑΥΡΟΥ.

ΩΡΩΝ	ΠΕΡΙΦΕΡΕΙΩΝ Μ.	Ξ.	Ανατολικαί Μ.	Ξ.	Δυτικαί Μ.	Ξ.
ΜΕΣ.	κδ	κ	ξθ	ο	ο	ο
α	κζ	να	ζε	λη	μβ	κβ
β	λς	κθ	ρια	νθ	κς	α
γ	μζ	ιθ	ρκ	ι	ιγ	—
δ	νθ	θ	ρκγ	μ	ι	κ
ε	οα	ε	ρκθ	λθ	ιγ	κς
ς	πγ	θ	ρκγ	λ	ιθ	λ
ς λε	∠	ο	ρκβ	ς	ιε	νγ

ΔΙΔΥΜΩΝ.

ΩΡΩΝ	ΠΕΡΙΦΕΡΕΙΩΝ Μ.	Ξ.	Ανατολικαί Μ.	Ξ.	Δυτικαί Μ.	Ξ.
ΜΕΣ.	ιε	λ	ος	λ	ο	ο
α	κ	κ	ριδ	λβ	μ	κη
β	λ	κη	ρλ	ιθ	κδ	μα
γ	μδ	ς	ρλς	λζ	ις	κγ
δ	νθ	ιβ	ρλζ	ια	ιε	νε
ε	ξς	ιζ	ρλς	ε	ιη	νε
ς	οη	ζ	ρλγ	ι	κα	ν
ς δ	∠	ο	ρκη	λς	κς	κθ

EXPOSITION DES ANGLES ET DES ARCS, EN CHAQUE PARALLÈLE.

PARALLÈLE DE RHODES, DE 14ʰ 30′, A 36ᵈ DE LATITUDE.

CANCER.

HEU-RES.	ARCS. Degrés	Min.	ANGLES Orientaux. Degrés	Min.	Occidentaux. Degrés	Min.
Midi.	12	9	90	0	0	0
	17	47	133	14	46	46
2	28	22	147	45	32	15
	40	27	151	46	21	14
	52	36	151	52	28	8
5	64	36	149	54	30	6
	76	16	146	25	33	35
7	87	23	141	30	38	30
7 15	90	0	140	1	39	59

LION.

HEU-RES.	ARCS. Degrés	Min.	ANGLES Orientaux. Degrés	Min.	Occidentaux. Degrés	Min.
Midi.	15	30	102	30	0	0
1	22	20	139	32	65	28
2	30	28	155	19	49	41
3	42	6	160	37	44	23
4	54	12	162	11	42	49
5	66	17	161	5	43	55
6	78	7	158	52	46	8
7	89	27	153	39	51	21
7 4	90	0	153	36	51	24

VIERGE.

HEU-RES.	ARCS. Degrés	Min.	ANGLES Orientaux. Degrés	Min.	Occidentaux. Degrés	Min.
Midi.	24	20	111	0	0	0
1	27	51	137	38	84	22
2	36	24	153	59	68	1
3	47	14	162	19	59	50
4	59	0	165	40	56	20
5	71	5	166	34	55	26
6	83	9	165	30	56	30
6 35	90	0	164	7	57	53

BALANCE.

HEU-RES.	ARCS. Degrés	Min.	ANGLES Orientaux. Degrés	Min.	Occidentaux. Degrés	Min.
Midi.	36	0	113	51	0	0
	38	37	133	23	94	19
2	45	31	148	23	79	19
3	55	6	158	9	69	33
4	66	9	163	58	63	44
5	77	56	166	36	61	6
6 0	90	0	167	51	59	51

SCORPION.

HEU-RES.	ARCS. Degrés	Min.	ANGLES Orientaux. Degrés	Min.	Occidentaux. Degrés	Min.
Midi.	47	40	111	0	0	0
1	49	42	126	50	95	10
2	55	26	140	20	81	40
3	63	48	150	34	71	26
4	73	45	157	51	64	9
5	85	5	162	28	59	32
5 25	90	0	164	7	57	53

SAGITTAIRE.

HEU-RES.	ARCS. Degrés	Min.	ANGLES Orientaux. Degrés	Min.	Occidentaux. Degrés	Min.
Midi.	56	30	102	30	0	0
1	58	14	116	39	88	21
2	63	13	129	23	75	37
3	70	41	139	47	65	13
4	80	2	147	47	57	13
4 56	90	0	153	36	51	24

CAPRICORNE.

HEU-RES.	ARCS. Degrés	Min.	ANGLES Orientaux. Degrés	Min.	Occidentaux. Degrés	Min.
Midi.	59	51	90	0	0	0
1	61	30	103	45	76	15
2	66	12	116	10	63	50
3	73	22	126	36	53	24
4	82	24	134	56	45	4
4 45	90	0	140	1	39	59

VERSEAU.

HEU-RES.	ARCS. Degrés	Min.	ANGLES Orientaux. Degrés	Min.	Occidentaux. Degrés	Min.
Midi.	56	30	77	30	0	0
1	58	14	91	39	63	21
2	63	13	104	23	50	37
3	70	41	114	47	40	13
4	80	2	122	47	32	13
4 56	90	0	128	36	26	24

POISSONS.

HEU-RES.	ARCS. Degrés	Min.	ANGLES Orientaux. Degrés	Min.	Occidentaux. Degrés	Min.
Midi.	47	40	69	0	0	0
1	49	42	84	50	53	10
2	55	26	98	20	59	40
3	63	48	108	34	29	26
4	73	55	115	51	22	9
5	85	5	120	28	17	32
5 25	90	0	122	7	15	53

BELIER.

HEU-RES.	ARCS. Degrés	Min.	ANGLES Orientaux. Degrés	Min.	Occidentaux. Degrés	Min.
Midi.	36	0	66	9	0	0
1	38	37	85	41	46	37
2	45	31	100	47	31	31
3	55	6	110	27	21	51
4	66	9	116	16	16	2
5	77	56	118	54	13	24
6 0	90	0	120	9	12	9

TAUREAU.

HEU-RES.	ARCS. Degrés	Min.	ANGLES Orientaux. Degrés	Min.	Occidentaux. Degrés	Min.
Midi.	24	20	69	0	0	0
1	27	51	95	38	42	22
2	36	24	111	59	26	1
3	47	14	120	10	17	50
4	59	0	123	40	14	20
5	71	5	124	34	13	26
6	83	9	123	30	14	30
6 35	90	0	122	7	15	53

GÉMEAUX.

HEU-RES.	ARCS. Degrés	Min.	ANGLES Orientaux. Degrés	Min.	Occidentaux. Degrés	Min.
Midi.	15	30	77	30	0	0
1	20	20	114	32	40	28
2	30	28	130	19	24	41
3	42	6	135	37	19	23
4	54	12	137	11	17	49
5	66	17	136	5	18	55
6	78	7	133	10	21	50
7	89	27	128	39	26	21
7 4	90	0	128	36	26	24

ΕΚΘΕΣΙΣ ΤΩΝ ΚΑΤΑ ΠΑΡΑΛΛΗΛΟΝ ΓΩΝΙΩΝ ΚΑΙ ΠΕΡΙΦΕΡΕΙΩΝ ΤΟΥ ΔΙΑ ΕΛΛΗΣΠΟΝΤΟΥ ΩΡΩΝ ιᾱ, ΜΟΙΡΩΝ μ̄ νς΄.

ΚΑΡΚΙΝΟΥ.

ΩΡΩΝ	ΠΕΡΙΦΕΡΕΙΩΝ Μ.	Ξ.	Ανατολικαί Μ.	Ξ.	Δυτικαί Μ.	Ξ.
ΜΕΣ.	ιζ	ε	ζ	δ	δ	δ
α	κα	ιη	ρλδ	λδ	μζ	κη
β	λ	ιζ	ρλη	κθ	μα	λα
γ	μα	λζ	ρμδ	ιη	λε	μβ
δ	νβ	κε	ρμε	λη	λδ	κβ
ε	ξγ	μζ	ρμδ	κη	λε	ιζ
ς	οδ	μη	ρμα	λ	λη	λ
ζ	πε	θ	ρλζ	ε	μβ	νε
ζ λ	ϟ	δ	ρλδ	ις	με	μδ

ΛΕΟΝΤΟΣ.

ΩΡΩΝ	ΠΕΡΙΦΕΡΕΙΩΝ Μ.	Ξ.	Ανατολικαί Μ.	Ξ.	Δυτικαί Μ.	Ξ.
ΜΕΣ.	κ	κς	ρβ	λ	δ	δ
α	κθ	ε	ρλα	ς	ογ	νδ
β	λδ	λζ	ρμζ	δ	νη	δ
γ	μγ	η	ρνγ	ν	να	ι
δ	νδ	ιθ	ρνς	ε	μη	νε
ε	ξε	λς	ρνε	η	μθ	νδ
ς	ος	μς	ρνγ	κδ	να	λς
ζ	πζ	κδ	ρμδ	ς	νε	νδ
ζ ις	ϟ	δ	ρμη	ν	νς	νδ

ΠΑΡΘΕΝΟΥ.

ΩΡΩΝ	ΠΕΡΙΦΕΡΕΙΩΝ Μ.	Ξ.	Ανατολικαί Μ.	Ξ.	Δυτικαί Μ.	Ξ.
ΜΕΣ.	κθ	ις	ρια	δ	δ	δ
α	λδ	ιβ	ρλβ	λ	πθ	λ
β	λθ	κδ	ρμζ	λ	οθ	λ
γ	μθ	γ	ρξ	δ	ξε	νγ
δ	νθ	δ	ρξε	ς	ξα	νγ
ε	οα	ε	ρξα	κθ	ξ	λς
ς	πδ	κδ	ρξε	μ	ξα	κ
ς μδ	ϟ	δ	ρνη	νθ	ξγ	α

ΖΥΓΟΥ.

ΩΡΩΝ	ΠΕΡΙΦΕΡΕΙΩΝ Μ.	Ξ.	Ανατολικαί Μ.	Ξ.	Δυτικαί Μ.	Ξ.
ΜΕΣ.	μ	νς	ριγ	να	δ	δ
α	μγ	η	ρκθ	νζ	ζς	με
β	μθ	ζ	ρμγ	λη	πθ	δ
γ	νζ	μβ	ρνγ	η	οθ	λθ
δ	ξς	ν	ρνη	μζ	ξη	νε
ε	οη	με	ρξα	νθ	ξε	μγ
ς δ	ϟ	δ	ρξδ	νε	ξθ	μζ

ΣΚΟΡΠΙΟΥ.

ΩΡΩΝ	ΠΕΡΙΦΕΡΕΙΩΝ Μ.	Ξ.	Ανατολικαί Μ.	Ξ.	Δυτικαί Μ.	Ξ.
ΜΕΣ.	νδ	λς	ρια	δ	δ	δ
α	νθ	κγ	ρκθ	μς	ζς	ιθ
β	νθ	κε	ρλς	νε	πε	ε
γ	ξς	νη	ρμς	οδ	οε	λς
δ	ος	ιε	ρνγ	ι	ξη	ν
ε	πς	λη	ρνζ	με	ξθ	ιε
ς ιη	ϟ	δ	ρνη	νθ	ξγ	α

ΤΟΞΟΤΟΥ.

ΩΡΩΝ	ΠΕΡΙΦΕΡΕΙΩΝ Μ.	Ξ.	Ανατολικαί Μ.	Ξ.	Δυτικαί Μ.	Ξ.
ΜΕΣ.	ξα	κς	ρβ	λ	δ	δ
α	ξγ	δ	ριζ	ε	πθ	νε
β	ξς	κδ	ρκς	κθ	οη	λα
γ	οδ	ιζ	ρλς	ς	ξη	ν
δ	πδ	μη	ρμγ	ν	ξα	ιε
δ μδ	ϟ	δ	ρμη	ς	ν	νθ

ΑΙΓΟΚΕΡΩ.

ΩΡΩΝ	ΠΕΡΙΦΕΡΕΙΩΝ Μ.	Ξ.	Ανατολικαί Μ.	Ξ.	Δυτικαί Μ.	Ξ.
ΜΕΣ.	ξθ	μζ	ϟ	δ	δ	δ
α	ξς	ιε	ρβ	κζ	ς	λγ
β	ο	λ	ριγ	λς	ξς	κε
γ	ος	δ	ρκθ	νε	νζ	ε
δ	πε	ιη	ρλ	νη	μθ	β
δ λ	ϟ	δ	ρλδ	ις	με	μθ

ΥΔΡΟΧΟΟΥ.

ΩΡΩΝ	ΠΕΡΙΦΕΡΕΙΩΝ Μ.	Ξ.	Ανατολικαί Μ.	Ξ.	Δυτικαί Μ.	Ξ.
ΜΕΣ.	ξα	κς	ος	λ	δ	δ
α	ξγ	δ	ϟ	ε	ξθ	νε
β	ξς	κδ	ρα	κθ	νγ	λα
γ	οδ	ιζ	ρια	με	λς	ιε
δ	πς	μη	ριη	με	λς	ιε
δ μδ	ϟ	δ	ρκγ	ς	λα	νδ

ΙΧΘΥΩΝ.

ΩΡΩΝ	ΠΕΡΙΦΕΡΕΙΩΝ Μ.	Ξ.	Ανατολικαί Μ.	Ξ.	Δυτικαί Μ.	Ξ.
ΜΕΣ.	νβ	λς	ξθ	δ	δ	δ
α	νθ	κγ	πδ	μς	νε	ιδ
β	νθ	κς	ϟς	νε	μγ	ε
γ	ξς	νη	ρθ	κδ	λγ	λς
δ	ος	ιε	ρια	με	κς	ν
ε	πς	λη	ριε	με	κδ	ιε
ς ιη	ϟ	δ	ριε	νθ	κα	νδ

ΚΡΙΟΥ.

ΩΡΩΝ	ΠΕΡΙΦΕΡΕΙΩΝ Μ.	Ξ.	Ανατολικαί Μ.	Ξ.	Δυτικαί Μ.	Ξ.
ΜΕΣ.	μ	νς	ξζ	θ	δ	δ
α	μγ	η	πδ	ιε	ν	γ
β	μθ	ζ	ζε	νς	λς	κδ
γ	νζ	μβ	ρε	κς	κς	νδ
δ	ξς	ν	ρια	ε	κα	ιζ
ε	οη	με	ριθ	ις	ιη	α
ς δ	ϟ	δ	ριε	ιζ	ιζ	ε

ΤΑΥΡΟΥ.

ΩΡΩΝ	ΠΕΡΙΦΕΡΕΙΩΝ Μ.	Ξ.	Ανατολικαί Μ.	Ξ.	Δυτικαί Μ.	Ξ.
ΜΕΣ.	κθ	ις	ξθ	δ	δ	δ
α	λδ	ε	ζ	λ	μς	λ
β	λθ	κδ	ρε	λ	κδ	λ
γ	μθ	γ	ριθ	ς	ιθ	δ
δ	νθ	δ	ριη	ζ	ιθ	νγ
ε	οκ	ε	οιθ	κδ	ιη	λς
ς	πε	κβ	ριη	λ	ιθ	κ
ς μδ	ϟ	δ	ρις	νθ	κα	α

ΔΙΔΥΜΩΝ.

ΩΡΩΝ	ΠΕΡΙΦΕΡΕΙΩΝ Μ.	Ξ.	Ανατολικαί Μ.	Ξ.	Δυτικαί Μ.	Ξ.
ΜΕΣ.	κ	κς	ος	λ	δ	δ
α	κθ	ε	ρς	ς	μη	νδ
β	λδ	λζ	ρκβ	δ	θ	λγ
γ	μγ	η	ρλα	ν	κς	ι
δ	νδ	ιθ	ρλα	δ	κζ	νε
ε	ξε	λς	ρλ	δ	κδ	νε
ς	ος	μς	ρκη	κδ	κς	λς
ζ	πζ	κδ	ρκδ	ς	λ	νδ
ζ ις	ϟ	δ	ρκγ	ς	λα	νδ

EXPOSITION DES ANGLES ET DES ARCS, EN CHAQUE PARALLÈLE.
PARALLÈLE DE L'HELLESPONT, DE 15ʰ, A 40ᵈ 56′ DE LATITUDE.

CANCER.

HEURES	ARCS Degrés	ARCS Min.	ANGLES Orientaux Degrés	Orientaux Min.	Occidentaux Degrés	Occidentaux Min.
Midi.	17	5	90	0	0	0
1	21	18	132	32	47	28
2	30	17	138	29	41	31
3	41	37	144	18	35	42
4	52	25	145	38	34	22
5	63	47	144	28	35	32
6	74	48	141	30	38	30
7	85	9	137	5	42	55
7 30	90	0	134	16	45	44

LION.

HEURES	ARCS Degrés	ARCS Min.	ANGLES Orientaux Degrés	Orientaux Min.	Occidentaux Degrés	Occidentaux Min.
Midi.	20	26	102	30	0	0
1	24	5	131	6	73	54
2	32	37	147	0	58	0
3	43	8	153	50	51	10
4	54	19	156	5	48	55
5	65	36	155	8	49	52
6	76	46	153	24	51	36
7	87	24	149	6	55	54
7 16	90	0	148	6	56	54

VIERGE

HEURES	ARCS Degrés	ARCS Min.	ANGLES Orientaux Degrés	Orientaux Min.	Occidentaux Degrés	Occidentaux Min.
Midi.	29	16	111	0	0	0
1	32	5	132	30	89	30
2	39	22	147	30	74	30
3	49	3	156	0	66	0
4	59	50	160	7	61	53
5	71	5	161	24	60	36
6	82	22	160	40	61	20
6 42	90	0	158	59	63	1

BALANCE.

HEURES	ARCS Degrés	ARCS Min.	ANGLES Orientaux Degrés	Orientaux Min.	Occidentaux Degrés	Occidentaux Min.
Midi.	40	56	113	51	0	0
1	43	8	129	57	97	45
2	49	7	143	38	84	4
3	57	42	153	8	74	34
4	67	50	158	47	68	55
5	78	45	161	59	65	43
6 0	90	0	162	55	64	47

SCORPION.

HEURES	ARCS Degrés	ARCS Min.	ANGLES Orientaux Degrés	Orientaux Min.	Occidentaux Degrés	Occidentaux Min.
Midi.	52	36	111	0	0	0
1	54	23	124	46	97	14
2	59	25	136	55	85	5
3	66	58	146	24	75	36
4	76	15	153	10	68	50
5	86	38	157	45	64	15
5 18	90	0	158	59	63	1

SAGITTAIRE.

HEURES	ARCS Degrés	ARCS Min.	ANGLES Orientaux Degrés	Orientaux Min.	Occidentaux Degrés	Occidentaux Min.
Midi.	61	26	102	30	0	0
1	63	0	115	5	89	55
2	67	24	126	29	78	31
3	74	13	136	10	68	50
4	82	48	143	45	61	15
4 44	90	0	148	6	56	54

CAPRICORNE.

HEURES	ARCS Degrés	ARCS Min.	ANGLES Orientaux Degrés	Orientaux Min.	Occidentaux Degrés	Occidentaux Min.
Midi.	64	47	90	0	0	0
1	66	30	102	27	77	33
2	70	30	113	35	66	25
3	77	4	122	55	57	5
4	85	18	130	58	49	2
4 30	90	0	134	16	45	44

VERSEAU.

HEURES	ARCS Degrés	ARCS Min.	ANGLES Orientaux Degrés	Orientaux Min.	Occidentaux Degrés	Occidentaux Min.
Midi.	61	26	77	30	0	0
1	63	0	90	5	64	55
2	67	24	101	29	53	31
3	74	13	111	10	43	50
4	82	48	118	45	36	15
4 44	90	0	123	6	31	54

POISSONS.

HEURES	ARCS Degrés	ARCS Min.	ANGLES Orientaux Degrés	Orientaux Min.	Occidentaux Degrés	Occidentaux Min.
Midi.	52	36	69	0	0	0
1	54	23	82	46	55	14
2	59	25	94	55	43	5
3	66	58	104	24	33	36
4	76	15	111	10	26	50
5	86	38	115	45	22	15
5 18	90	0	116	59	21	1

BELIER.

HEURES	ARCS Degrés	ARCS Min.	ANGLES Orientaux Degrés	Orientaux Min.	Occidentaux Degrés	Occidentaux Min.
Midi.	40	56	66	9	0	0
1	43	8	82	15	50	3
2	49	7	95	56	36	22
3	57	42	105	26	26	52
4	67	50	111	5	21	13
5	78	45	114	17	18	1
6 0	90	0	115	13	17	5

TAUREAU.

HEURES	ARCS Degrés	ARCS Min.	ANGLES Orientaux Degrés	Orientaux Min.	Occidentaux Degrés	Occidentaux Min.
Midi.	29	16	69	0	0	0
1	32	5	90	30	47	30
2	39	22	105	30	32	30
3	49	3	114	0	24	0
4	59	50	118	7	19	53
5	71	5	119	24	18	36
6	82	22	118	40	19	20
6 42	90	0	116	59	21	1

GÉMEAUX.

HEURES	ARCS Degrés	ARCS Min.	ANGLES Orientaux Degrés	Orientaux Min.	Occidentaux Degrés	Occidentaux Min.
Midi.	20	26	77	30	0	0
1	24	5	106	6	48	54
2	32	37	122	0	33	0
3	43	8	128	50	26	10
4	54	19	131	5	23	55
5	65	36	130	8	24	52
6	76	46	128	24	26	36
7	87	24	124	6	30	54
7 16	90	0	123	6	31	54

ΕΚΘΕΣΙΣ ΤΩΝ ΚΑΤΑ ΠΑΡΑΛΛΗΛΟΝ ΓΩΝΙΩΝ ΚΑΙ ΠΕΡΙΦΕΡΕΙΩΝ
ΤΟΥ ΔΙΑ ΜΕΣΟΥ ΠΟΝΤΟΥ ΩΡΩΝ ιε ϛ'', ΜΟΙΡΩΝ με α.

ΚΑΡΚΙΝΟΥ.

ΩΡΩΝ	ΠΕΡΙΦΕΡΕΙΩΝ		ΓΩΝΙΑΙ Ἀνατολικαί.		ΓΩΝΙΑΙ Δυτικαί.	
	Μ.	Ξ'.	Μ.	Ξ'.	Μ.	Ξ'.
ΜΕΣ.	κα	ι	ζ	δ	ō	ō
α	κθ	λϛ	ριϛ	ε	ξγ	νε
β	λϛ	ιϛ	ρλα	λ	μη	λ
γ	μϛ	α	ρλη	ιζ	μα	μγ
δ	νϛ	κθ	ρμ	μ	λθ	κ
ε	ξγ	δ	ρμ	β	λθ	νη
ϛ	ογ	κθ	ρλζ	λϛ	μϛ	κη
ζ	πγ	ιζ	ρλγ	κϛ	μϛ	λδ
ζ με	ζ	ō	ρκθ	κα	ν	λθ

ΛΕΟΝΤΟΣ.

ΩΡΩΝ	ΠΕΡΙΦΕΡΕΙΩΝ		ΓΩΝΙΑΙ Ἀνατολικαί.		ΓΩΝΙΑΙ Δυτικαί.	
	Μ.	Ξ'.	Μ.	Ξ'.	Μ.	Ξ'.
ΜΕΣ.	κθ	λα	ρβ	λ	ō	ō
α	κζ	κθ	ρκδ	μθ	π	ια
β	λθ	μη	ρμ	μϛ	ξθ	ιγ
γ	μθ	κ	ρμη	ε	νϛ	νε
δ	νθ	λζ	ρνα	ε	νγ	νϛ
ε	ξι	ιε	ρύα	ζ	νγ	νγ
ϛ	οϛ	λθ	ρμθ	κ	νϛ	μ
ζ	πϛ	λθ	ρμε	λθ	νϛ	κα
ζ κη	ζ	ō	ρμγ	κε	ξα	λε

ΠΑΡΘΕΝΟΥ.

ΩΡΩΝ	ΠΕΡΙΦΕΡΕΙΩΝ		ΓΩΝΙΑΙ Ἀνατολικαί.		ΓΩΝΙΑΙ Δυτικαί.	
	Μ.	Ξ'.	Μ.	Ξ'.	Μ.	Ξ'.
ΜΕΣ.	λγ	κα	ρια	ō	ō	ō
α	λε	μγ	ρκθ	ιε	μϛ	με
β	μβ	δ	ρμϛ	ν	οθ	ι
γ	ν	μϛ	ρνγ	Θ	ō	να
δ	ξ	ζ	ρνγ	λα	ξϛ	νζ
ε	οα	ιϛ	ρνζ	γ	ξθ	νζ
ϛ	πα	μϛ	ρνϛ	λα	ξϛ	κθ
ϛ μϛ	ζ	ō	ρνθ	μγ	ξϛ	ιϛ

ΧΗΛΩΝ.

ΩΡΩΝ	ΠΕΡΙΦΕΡΕΙΩΝ		ΓΩΝΙΑΙ Ἀνατολικαί.		ΓΩΝΙΑΙ Δυτικαί.	
	Μ.	Ξ'.	Μ.	Ξ'.	Μ.	Ξ'.
ΜΕΣ.	με	α	ριγ	να	ō	ō
α	μϛ	νε	ρκη	ιθ	ζθ	κγ
β	νβ	ιζ	ρμ	κϛ	πζ	ιϛ
γ	ξ	α	ρμθ	δ	οη	λη
δ	ξθ	ιθ	ρνθ	μη	οθ	κθ
ε	οθ	κη	ρνζ	νε	ξθ	μζ
ϛ ō	ζ	ō	ρνη	ν	ξη	νϛ

ΣΚΟΡΠΙΟΥ.

ΩΡΩΝ	ΠΕΡΙΦΕΡΕΙΩΝ		ΓΩΝΙΑΙ Ἀνατολικαί.		ΓΩΝΙΑΙ Δυτικαί.	
	Μ.	Ξ'.	Μ.	Ξ'.	Μ.	Ξ'.
ΜΕΣ.	νϛ	μα	ρια	ō	ō	ō
α	νη	ιθ	ρκγ	λα	ζη	κθ
β	ξϛ	μθ	ρλδ	ιϛ	πζ	μδ
γ	ξθ	με	ρμγ	ιϛ	οη	μη
δ	οη	ιϛ	ρμϛ	λα	οϛ	κθ
ε	πζ	νϛ	ρνδ	ϛ	ξζ	νθ
ε ιϛ	ζ	ō	ρνδ	μγ	ξζ	ιζ

ΤΟΞΟΤΟΥ.

ΩΡΩΝ	ΠΕΡΙΦΕΡΕΙΩΝ		ΓΩΝΙΑΙ Ἀνατολικαί.		ΓΩΝΙΑΙ Δυτικαί.	
	Μ.	Ξ'.	Μ.	Ξ'.	Μ.	Ξ'.
ΜΕΣ.	ξε	λα	ρβ	λ	ō	ō
α	ξϛ	νε	ριγ	ν	ζα	ι
β	ο	νη	ρκδ	κα	π	λθ
γ	οϛ	ιθ	ρλγ	ιθ	οα	μα
δ	πε	ι	ρμ	κ	ξθ	μ
δ λϛ	ζ	ō	ρμγ	κε	ξα	λε

ΑΙΓΟΚΕΡΩ.

ΩΡΩΝ	ΠΕΡΙΦΕΡΕΙΩΝ		ΓΩΝΙΑΙ Ἀνατολικαί.		ΓΩΝΙΑΙ Δυτικαί.	
	Μ.	Ξ'.	Μ.	Ξ'.	Μ.	Ξ'.
ΜΕΣ.	ξη	νϛ	ζ	ō	ō	ō
α	ο	ιθ	ρα	ια	οη	μθ
β	οθ	ε	ρια	λ	ξη	λ
γ	π	ϛ	ρκ	κθ	νθ	λα
δ	πζ	μδ	ρκη	ιζ	να	μϛ
δ ιε	ζ	ō	ρκθ	κα	ν	λθ

ΥΔΡΟΧΟΟΥ.

ΩΡΩΝ	ΠΕΡΙΦΕΡΕΙΩΝ		ΓΩΝΙΑΙ Ἀνατολικαί.		ΓΩΝΙΑΙ Δυτικαί.	
	Μ.	Ξ'.	Μ.	Ξ'.	Μ.	Ξ'.
ΜΕΣ.	ξϛ	λα	οϛ	λ	ō	ō
α	ξϛ	νε	πη	ν	ξϛ	ι
β	ο	νη	ζθ	κα	νε	λθ
γ	οϛ	ιθ	ρη	ιθ	μϛ	μα
δ	πε	ι	ριϛ	κ	λθ	μ
δ λϛ	ζ	ō	ριη	κε	λϛ	λε

ΙΧΘΥΩΝ.

ΩΡΩΝ	ΠΕΡΙΦΕΡΕΙΩΝ		ΓΩΝΙΑΙ Ἀνατολικαί.		ΓΩΝΙΑΙ Δυτικαί.	
	Μ.	Ξ'.	Μ.	Ξ'.	Μ.	Ξ'.
ΜΕΣ.	νϛ	μα	ξθ	ō	ō	ō
α	νη	ιθ	πα	λα	νϛ	κθ
β	ξϛ	μθ	ζϛ	ιζ	με	μδ
γ	ξθ	με	ρα	ιδ	λϛ	μη
δ	οη	ιϛ	ρϛ	λα	λ	κθ
ε	πζ	νϛ	ριβ	ϛ	κι	νθ
ε ιϛ	ζ	ō	ριβ	μγ	κι	ιϛ

ΚΡΙΟΥ.

ΩΡΩΝ	ΠΕΡΙΦΕΡΕΙΩΝ		ΓΩΝΙΑΙ Ἀνατολικαί.		ΓΩΝΙΑΙ Δυτικαί.	
	Μ.	Ξ'.	Μ.	Ξ'.	Μ.	Ξ'.
ΜΕΣ.	με	α	ζϛ	θ	ō	ō
α	μϛ	νε	π	λζ	να	μα
β	νβ	ιζ	ζϛ	μδ	λθ	ιδ
γ	ξ	α	ρα	κδ	λ	νϛ
δ	ξθ	ιθ	ρϛ	ϛ	κε	ιδ
ε	οθ	κη	ρι	ιγ	κδ	ε
ϛ ō	ζ	ō	ρια	η	κα	ι

ΤΑΥΡΟΥ.

ΩΡΩΝ	ΠΕΡΙΦΕΡΕΙΩΝ		ΓΩΝΙΑΙ Ἀνατολικαί.		ΓΩΝΙΑΙ Δυτικαί.	
	Μ.	Ξ'.	Μ.	Ξ'.	Μ.	Ξ'.
ΜΕΣ.	λγ	κα	ξθ	ō	ō	ō
α	λε	μγ	πϛ	ιε	ν	με
β	μβ	δ	ρ	ν	λϛ	ι
γ	ν	μϛ	ρθ	Θ	κη	να
δ	ξ	ζ	ργ	λα	κδ	κθ
ε	οα	ιϛ	ριε	γ	κβ	νζ
ϛ	πα	μϛ	ριθ	λα	κγ	κθ
ϛ μη	ζ	ō	ριε	μγ	κε	ιϛ

ΔΙΔΥΜΩΝ.

ΩΡΩΝ	ΠΕΡΙΦΕΡΕΙΩΝ		ΓΩΝΙΑΙ Ἀνατολικαί.		ΓΩΝΙΑΙ Δυτικαί.	
	Μ.	Ξ'.	Μ.	Ξ'.	Μ.	Ξ'.
ΜΕΣ.	κθ	λα	οϛ	λ	ō	ō
α	κζ	λθ	ζθ	μθ	μθ	ια
β	λδ	μη	ριϛ	κ	μϛ	ιγ
γ	μθ	κ	ρκγ	ε	λα	νε
δ	νθ	λζ	ρκϛ	ιε	κη	νε
ε	ξι	ιε	ρκϛ	ζ	κη	νγ
ϛ	οϛ	λθ	ρκδ	κ	λ	μ
ϛ μη	ζ	ō	ρκ	ιε	λϛ	κα
ϛ κη	ζ	ō	ρκη	ιε	λϛ	λε

EXPOSITION DES ARCS ET DES ANGLES, EN CHAQUE PARALLÈLE.

PARALLÈLE DU MILIEU DE LA MER PONTIQUE, DE 15ʰ 30', A 45ᵈ 1' DE LATITUDE.

CANCER.

HEURES	ARCS Degrés	Min.	Orientaux Degrés	Min.	Occidentaux Degrés	Min.
Midi.	21	10	90	0	0	0
1	24	32	116	5	63	55
2	32	12	131	30	48	30
3	42	1	138	17	41	43
4	52	29	140	40	39	20
5	63	4	140	2	39	58
6	73	24	137	32	42	28
7	83	17	133	26	46	34
7 45	90	0	129	21	50	39

LION.

HEURES	ARCS Degrés	Min.	Orientaux Degrés	Min.	Occidentaux Degrés	Min.
Midi.	24	31	102	30	0	0
1	27	29	124	49	80	11
2	34	48	140	47	64	13
3	44	20	148	5	56	55
4	54	37	151	5	53	55
5	65	15	151	7	53	53
6	75	39	149	20	55	40
7	85	39	145	39	59	21
7 28	90	0	143	25	61	35

VIERGE.

HEURES	ARCS Degrés	Min.	Orientaux Degrés	Min.	Occidentaux Degrés	Min.
Midi.	33	21	111	0	0	0
1	35	43	129	15	92	45
2	42	4	142	50	79	10
3	50	46	151	9	70	51
4	60	44	155	31	66	29
5	71	12	157	3	64	57
6	81	46	156	31	65	29
6 47	90	0	154	43	67	17

SERRES.

HEURES	ARCS Degrés	Min.	Orientaux Degrés	Min.	Occidentaux Degrés	Min.
Midi.	45	1	113	51	0	0
1	46	55	128	19	99	23
2	52	17	140	26	87	16
3	60	1	149	4	78	38
4	69	19	154	48	72	54
5	79	28	157	55	69	47
6 0	90	0	158	50	68	52

SCORPION.

HEURES	ARCS Degrés	Min.	Orientaux Degrés	Min.	Occidentaux Degrés	Min.
Midi.	56	41	111	0	0	0
1	58	19	123	31	98	29
2	62	49	134	16	87	44
3	69	42	143	12	78	48
4	78	16	149	31	72	29
5	87	56	154	6	67	54
5 12	90	0	154	43	67	17

SAGITTAIRE.

HEURES	ARCS Degrés	Min.	Orientaux Degrés	Min.	Occidentaux Degrés	Min.
Midi.	65	31	102	30	0	0
1	66	55	113	50	91	10
2	70	58	124	21	80	39
3	77	14	133	19	71	41
4	85	10	140	20	64	40
4 32	90	0	143	25	61	35

CAPRICORNE.

HEURES	ARCS Degrés	Min.	Orientaux Degrés	Min.	Occidentaux Degrés	Min.
Midi.	68	52	90	0	0	0
1	70	14	101	11	78	49
2	74	5	111	30	68	30
3	80	6	120	29	59	31
4	87	42	128	13	51	47
4 15	90	0	129	21	50	39

VERSEAU.

HEURES	ARCS Degrés	Min.	Orientaux Degrés	Min.	Occidentaux Degrés	Min.
Midi.	65	31	77	30	0	0
1	66	55	88	50	66	10
2	70	58	99	21	55	39
3	77	14	108	19	46	41
4	85	10	115	20	39	40
4 32	90	0	118	25	36	35

POISSONS.

HEURES	ARCS Degrés	Min.	Orientaux Degrés	Min.	Occidentaux Degrés	Min.
Midi.	56	41	69	0	0	0
1	58	19	81	31	56	29
2	62	49	92	16	45	44
3	69	42	101	12	36	48
4	78	16	107	31	30	29
5	87	56	112	6	25	54
5 12	90	0	112	43	25	17

BÉLIER.

HEURES	ARCS Degrés	Min.	Orientaux Degrés	Min.	Occidentaux Degrés	Min.
Midi.	45	1	66	9	0	0
1	46	55	80	37	51	41
2	52	17	92	44	39	34
3	60	1	101	22	30	56
4	69	19	107	6	25	12
5	79	28	110	13	22	5
6 0	90	0	111	8	21	10

TAUREAU.

HEURES	ARCS Degrés	Min.	Orientaux Degrés	Min.	Occidentaux Degrés	Min.
Midi.	33	21	69	0	0	0
1	35	43	87	15	50	45
2	42	4	100	50	37	10
3	50	46	109	9	28	51
4	60	44	113	31	24	29
5	71	12	115	3	22	57
6	81	46	114	31	23	29
6 48	90	0	112	43	25	17

GÉMEAUX.

HEURES	ARCS Degrés	Min.	Orientaux Degrés	Min.	Occidentaux Degrés	Min.
Midi.	24	31	77	30	0	0
1	27	29	99	49	55	11
2	34	48	115	47	39	13
3	44	20	123	5	31	55
4	54	37	126	5	28	55
5	65	15	126	7	28	53
6	75	39	124	20	30	40
7	85	39	120	39	34	21
7 28	90	0	118	25	36	35

ΕΚΘΕΣΙΣ ΤΩΝ ΚΑΤΑ ΠΑΡΑΛΛΗΛΟΝ ΓΩΝΙΩΝ ΚΑΙ ΠΕΡΙΦΕΡΕΙΩΝ
ΤΟΥ ΔΙΑ ΒΟΡΥΣΘΕΝΟΥΣ, ΩΡΩΝ ιϛ, ΜΟΙΡΩΝ μη λβ΄.

ΚΑΡΚΙΝΟΥ.

ΩΡΩΝ	ΠΕΡΙΦΕΡΕΙΩΝ Μ.	Ξ΄.	ΓΩΝΙΑΙ Ανατολικαι Μ.	Ξ΄.	Δυτικαι Μ.	Ξ΄.
ΜΕΣ.	κδ	μα	ϛ	ō	ō	ō
α	κϛ	λ	ρια	μδ	ξη	ιϛ
β	λδ	θ	ρκϛ	ζ	νγ	νγ
γ	μγ	β	ρλγ	ιη	μϛ	μϛ
δ	νβ	μδ	ρλϛ	ϛ	μγ	νδ
ε	ξβ	μ	ρλϛ	δ	μγ	νϛ
ϛ	οβ	κδ	ρλδ	ō	μϛ	ō
ζ	πα	λη	ρλ	ιϛ	μθ	μδ
η ō	ϟ	ō	ρκδ	νη	νε	ϛ

ΛΕΟΝΤΟΣ.

ΩΡΩΝ	ΠΕΡΙΦΕΡΕΙΩΝ Μ.	Ξ΄.	ΓΩΝΙΑΙ Ανατολικαι Μ.	Ξ΄.	Δυτικαι Μ.	Ξ΄.
ΜΕΣ.	κη	β	ρβ	ō	ō	ō
α	λ	ιδ	ρκβ	θ	πε	να
β	λϛ	νε	ρλε	νδ	ξθ	ϛ
γ	με	λ	ρμγ	κη	ξα	ιδ
δ	νε	γ	ρμϛ	νϑ	νη	ι
ε	ξθ	νϑ	ρμϛ	ιϑ	νζ	μα
ϛ	οϑ	μϛ	ρμε	μϛ	νϑ	ιϑ
ζ	πϑ	ι	ρμϛ	κϛ	ξϛ	λγ
ζ μ	ϟ	ō	ρλϑ	κ	ξε	μ

ΠΑΡΘΕΝΟΥ.

ΩΡΩΝ	ΠΕΡΙΦΕΡΕΙΩΝ Μ.	Ξ΄.	ΓΩΝΙΑΙ Ανατολικαι Μ.	Ξ΄.	Δυτικαι Μ.	Ξ΄.
ΜΕΣ.	λϛ	νβ	ρια	ō	ō	ō
α	λη	νϛ	ρκϛ	με	ζε	...
β	μδ	λα	ρλϑ	ζ	πϛ	ϛ
γ	νϛ	κε	ρμϛ	ϑ	οϑ	να
δ	ξα	λε	ρνα	ιϛ	ō	κδ
ε	οα	κβ	ρνγ	κγ	ξη	λζ
ϛ	πα	ιζ	ρνβ	νη	ξϑ	β
ϛ νϛ	ϟ	ō	ρνα	κβ	ō	λη

ΖΥΓΟΥ.

ΩΡΩΝ	ΠΕΡΙΦΕΡΕΙΩΝ Μ.	Ξ΄.	ΓΩΝΙΑΙ Ανατολικαι Μ.	Ξ΄.	Δυτικαι Μ.	Ξ΄.
ΜΕΣ.	μη	λϛ	ριγ	να	ō	ō
α	ν	κα	ρκϛ	λ	ρα	ιβ
β	νδ	νθ	ρλϛ	μ	ϛ	β
γ	ξϛ	ε	ρμϛ	μϛ	πα	νϛ
δ	ο	μα	ρνα	ιη	ος	κδ
ε	π	η	ρνδ	κγ	ογ	ιθ
ϛ ō	ϟ	ō	ρνε	ιθ	οϛ	κγ

ΣΚΟΡΠΙΟΥ.

ΩΡΩΝ	ΠΕΡΙΦΕΡΕΙΩΝ Μ.	Ξ΄.	ΓΩΝΙΑΙ Ανατολικαι Μ.	Ξ΄.	Δυτικαι Μ.	Ξ΄.
ΜΕΣ.	ξ	ιβ	ρια	ō	ō	ō
α	ξα	λη	ρκβ	ε	μϑ	νε
β	ξε	λϛ	ρλϛ	ι	πϑ	ν
γ	οϛ	ε	ρμ	κϛ	πα	λδ
δ	π	γ	ρμϛ	κη	οε	λϛ
ε	πϑ	γ	ρνα	β	ō	νη
ϛ ϛ	ϟ	ō	ρνα	κϛ	ō	λη

ΤΟΞΟΤΟΥ.

ΩΡΩΝ	ΠΕΡΙΦΕΡΕΙΩΝ Μ.	Ξ΄.	ΓΩΝΙΑΙ Ανατολικαι Μ.	Ξ΄.	Δυτικαι Μ.	Ξ΄.
ΜΕΣ.	ξϑ	β	ζϛ	λ	ō	ō
α	ō	κ	ριβ	μϑ	μϛ	ιε
β	ō	θ	ρκϛ	λα	πϛ	κϑ
γ	οϑ	μη	ρλ	μϑ	οϑ	ιδ
δ	πζ	ιδ	ρλϛ	κε	ξϛ	λε
δ κ	ϟ	ō	ρλϑ	κ	ξε	μ

ΑΙΓΟΚΕΡΩ.

ΩΡΩΝ	ΠΕΡΙΦΕΡΕΙΩΝ Μ.	Ξ΄.	ΓΩΝΙΑΙ Ανατολικαι Μ.	Ξ΄.	Δυτικαι Μ.	Ξ΄.
ΜΕΣ.	οϛ	κγ	ϛ	ō	ō	ō
α	ογ	λη	ρ	ιε	οϑ	με
β	οϛ	ι	ρϑ	μϛ	ο	ιγ
γ	πϛ	μϑ	ριη	γ	ξα	νϛ
δ ō	ϟ	ō	ρκϑ	νη	νε	β

ΥΔΡΟΧΟΟΥ.

ΩΡΩΝ	ΠΕΡΙΦΕΡΕΙΩΝ Μ.	Ξ΄.	ΓΩΝΙΑΙ Ανατολικαι Μ.	Ξ΄.	Δυτικαι Μ.	Ξ΄.
ΜΕΣ.	ξϑ	β	οϛ	λ	ō	ō
α	ō	κ	πϛ	μϑ	ξϛ	ια
β	οϛ	β	ζϛ	λα	νϛ	κϑ
γ	οϑ	μη	ρϛ	μϑ	μϑ	ια
δ	πζ	ιϑ	ριβ	κε	μϛ	λε
δ κ	ϟ	ō	ριϑ	κ	μ	μ

ΙΧΘΥΩΝ.

ΩΡΩΝ	ΠΕΡΙΦΕΡΕΙΩΝ Μ.	Ξ΄.	ΓΩΝΙΑΙ Ανατολικαι Μ.	Ξ΄.	Δυτικαι Μ.	Ξ΄.
ΜΕΣ.	ξ	ιβ	ξϑ	ō	ō	ō
α	ξα	λη	π	ε	νϛ	νε
β	ξε	λϛ	ϛ	ιϛ	μϛ	κϑ
γ	οϛ	ε	ζη	κϛ	λϑ	λϑ
δ	π	γ	ρϑ	κη	λγ	λβ
ε	πϑ	γ	ρϑ	β	κη	νη
ϛ ϛ	ϟ	ō	ρϑ	κβ	κη	λη

ΚΡΙΟΥ.

ΩΡΩΝ	ΠΕΡΙΦΕΡΕΙΩΝ Μ.	Ξ΄.	ΓΩΝΙΑΙ Ανατολικαι Μ.	Ξ΄.	Δυτικαι Μ.	Ξ΄.
ΜΕΣ.	μη	λϛ	ξϛ	θ	ō	ō
α	ν	κα	οη	μη	νγ	λ
β	νδ	νθ	πθ	νη	μβ	κ
γ	ξϛ	ε	ζη	δ	λδ	ιϑ
δ	ο	μα	ργ	λϛ	κη	μϛ
ε	π	η	ρϛ	μα	κε	λζ
ϛ ō	ϟ	ā	ρϛ	λζ	κδ	μα

ΤΑΥΡΟΥ.

ΩΡΩΝ	ΠΕΡΙΦΕΡΕΙΩΝ Μ.	Ξ΄.	ΓΩΝΙΑΙ Ανατολικαι Μ.	Ξ΄.	Δυτικαι Μ.	Ξ΄.
ΜΕΣ.	λϛ	νβ	ξϑ	ō	ō	ō
α	ν	νϛ	πϑ	με	νγ	ια
β	μδ	λα	ϛζ	ζ	ō	νγ
γ	νϛ	κε	ρε	ϑ	λϛ	να
δ	ξα	λι	ρϑ	λϛ	κη	κϑ
ε	οα	κβ	ρια	κγ	κϛ	λζ
ϛ	πα	ιζ	ρι	νη	κϛ	β
ϛ νϛ	ϟ	ō	ρϑ	κβ	κη	λη

ΔΙΔΥΜΩΝ.

ΩΡΩΝ	ΠΕΡΙΦΕΡΕΙΩΝ Μ.	Ξ΄.	ΓΩΝΙΑΙ Ανατολικαι Μ.	Ξ΄.	Δυτικαι Μ.	Ξ΄.
ΜΕΣ.	κη	β	οϛ	λ	ō	ō
α	λ	ιδ	ζϛ	ϑ	νϛ	να
β	λϛ	νε	ρϛ	δ	νδ	μϑ
γ	με	λ	ριη	κη	ιϛ	λϛ
δ	νε	γ	ρκα	ν	λγ	ι
ε	ξϑ	νϑ	ρκϛ	ιϑ	ιδ	μα
ϛ	οϑ	μϛ	ρκ	μϛ	λδ	ιϑ
ζ	πϑ	ι	ριϑ	κϛ	λϛ	λγ
ζ μ	ϟ	ō	ριϑ	κ	μ	μ

EXPOSITION DES ANGLES ET DES ARCS, EN CHAQUE PARALLÈLE.

PARALLÈLE DU BORYSTHÈNE, DE 16ʰ, A 48ᵈ 32′ DE LATITUDE.

CANCER.

HEURES.	ARCS Degrés	ARCS Min.	Orientaux Degrés	Orientaux Min.	Occidentaux Degrés	Occidentaux Min.
Midi.	24	41	90	0	0	0
1	27	30	111	44	68	16
2	34	9	126	7	53	53
3	43	2	133	18	46	42
4	52	44	136	6	43	54
5	62	40	136	4	43	56
6	72	24	134	0	46	0
7	81	30	130	16	49	44
8 0	90	0	124	58	55	2

LION.

HEURES.	ARCS Degrés	ARCS Min.	Orientaux Degrés	Orientaux Min.	Occidentaux Degrés	Occidentaux Min.
Midi.	28	2	102	30	0	0
1	30	32	122	9	82	51
2	36	55	135	54	69	6
3	45	30	143	28	61	32
4	55	3	146	50	58	10
5	64	59	147	19	57	41
6	74	47	145	46	59	14
7	84	10	142	27	62	33
7 40	90	0	139	20	65	40

VIERGE.

HEURES.	ARCS Degrés	ARCS Min.	Orientaux Degrés	Orientaux Min.	Occidentaux Degrés	Occidentaux Min.
Midi.	36	52	111	0	0	0
1	38	56	126	45	95	15
2	44	31	139	7	82	53
3	52	25	147	9	74	51
4	61	35	151	36	70	24
5	71	22	153	23	68	37
6	81	17	152	58	69	2
6 54	90	0	151	22	70	38

BALANCE.

HEURES.	ARCS Degrés	ARCS Min.	Orientaux Degrés	Orientaux Min.	Occidentaux Degrés	Occidentaux Min.
Midi.	48	32	113	51	0	0
1	50	21	126	30	101	12
2	54	59	137	40	90	2
3	62	5	145	46	81	56
4	70	41	151	18	76	24
5	80	8	154	23	73	19
6 0	90	0	155	19	72	23

SCORPION.

HEURES.	ARCS Degrés	ARCS Min.	Orientaux Degrés	Orientaux Min.	Occidentaux Degrés	Occidentaux Min.
Midi.	60	12	111	0	0	0
1	61	38	122	5	99	55
2	65	36	132	10	89	50
3	72	5	140	26	81	34
4	80	3	146	28	75	32
5	89	3	151	2	70	58
5 6	90	0	151	22	70	38

SAGITTAIRE.

HEURES.	ARCS Degrés	ARCS Min.	Orientaux Degrés	Orientaux Min.	Occidentaux Degrés	Occidentaux Min.
Midi.	69	2	102	30	0	0
1	70	20	112	49	92	11
2	74	2	122	31	82	29
3	79	48	130	49	74	11
4	87	14	137	25	67	35
4 20	90	0	139	20	65	40

CAPRICORNE.

HEURES.	ARCS Degrés	ARCS Min.	Orientaux Degrés	Orientaux Min.	Occidentaux Degrés	Occidentaux Min.
Midi.	72	23	90	0	0	0
1	73	38	100	15	79	45
2	77	10	109	47	70	13
3	83	44	118	3	61	57
3 0	90	0	124	58	55	2

VERSEAU.

HEURES.	ARCS Degrés	ARCS Min.	Orientaux Degrés	Orientaux Min.	Occidentaux Degrés	Occidentaux Min.
Midi.	69	2	77	30	0	0
1	70	20	87	49	67	11
2	74	2	97	31	57	29
3	79	48	105	49	49	11
4	87	14	112	25	42	35
4 20	90	0	114	20	40	40

POISSONS.

HEURES.	ARCS Degrés	ARCS Min.	Orientaux Degrés	Orientaux Min.	Occidentaux Degrés	Occidentaux Min.
Midi.	60	12	69	0	0	0
1	61	38	80	5	57	55
2	65	36	90	16	47	44
3	72	5	98	26	39	54
4	80	3	104	28	33	32
5	89	3	109	2	28	58
5 6	90	0	109	22	28	38

BÉLIER.

HEURES.	ARCS Degrés	ARCS Min.	Orientaux Degrés	Orientaux Min.	Occidentaux Degrés	Occidentaux Min.
Midi.	48	32	66	9	0	0
1	50	21	78	48	53	30
2	54	59	89	58	42	20
3	62	5	98	4	34	14
4	70	41	103	36	28	42
5	80	8	106	41	25	37
6 0	90	0	107	37	24	41

TAUREAU.

HEURES.	ARCS Degrés	ARCS Min.	Orientaux Degrés	Orientaux Min.	Occidentaux Degrés	Occidentaux Min.
Midi.	36	52	69	0	0	0
1	38	56	84	45	53	15
2	44	31	97	7	40	53
3	52	25	105	9	32	51
4	61	35	109	36	28	24
5	71	22	111	23	26	37
6	81	17	110	58	27	2
6 54	90	0	109	22	28	38

GÉMEAUX.

HEURES.	ARCS Degrés	ARCS Min.	Orientaux Degrés	Orientaux Min.	Occidentaux Degrés	Occidentaux Min.
Midi.	28	2	77	30	0	0
1	30	32	97	9	57	51
2	36	55	110	54	44	6
3	45	30	118	28	36	32
4	55	3	121	50	33	10
5	64	59	122	19	32	41
6	74	47	120	46	34	14
7	84	10	117	27	37	33
7 40	90	0	114	20	40	40

Cette table des angles devroit se terminer par les situations (*a*) des villes les
plus remarquables de toutes les contrées, suivant leurs longitudes et leurs
latitudes calculées d'après les phénomènes célestes observés de chacune de
ces villes. Mais nous traiterons à part ce
sujet intéressant qui appartient à la géographie, et nous nous aiderons pour cela,
des mémoires et des relations des auteurs qui ont écrit sur cette matière. Nous
marquerons de combien de degrés comptés sur son méridien, chacune est distante de l'équateur, et en degrés comptés sur l'équateur, la distance orientale ou
occidentale de chaque méridien, à celui
qui passe par Alexandrie, car c'est au méridien de cette ville que nous rapportons
ceux des autres points de la surface terrestre. Nous ajouterons seulement ici,
comme une conséquence des positions
des lieux, supposées connues, que,
toutes les fois que nous nous proposons de savoir, par l'heure que l'on
compte dans quelqu'un des lieux supposés, l'heure qu'il est au même instant
dans quelqu'autre lieu pour lequel on la
cherche, ces lieux ayant différens méridiens, il faut que nous prenions cette
différence en degrés sur l'équateur, et
autant l'un est plus oriental ou plus occidental que l'autre, autant il faut augmenter ou diminuer de temps équinoxiaux, l'heure du lieu supposé ; pour
faire celle qui est vue dans le lieu pour
lequel on fait cette recherche : augmenter, si ce dernier est plus oriental ; diminuer, s'il est plus occidental.

FIN DU DEUXIÈME LIVRE DE LA COMPOSITION
MATHÉMATIQUE DE CL. PTOLÉMÉE.

Ἐφωδευμένης δὴ καὶ τῆς τῶν γωνιῶν πραγματείας, λείποντος δὲ τοῖς
ὑποτιθεμένοις τοῦ, τὰς ἐποχὰς τῶν καθ᾽
ἑκάστην ἐπαρχίαν ἐπισημασίας ἀξίων
πόλεων ἐπεσκέφθαι, κατὰ μῆκος καὶ
κατὰ πλάτος, πρὸς τοὺς τῶν ἐν αὐταῖς
φαινομένων ἐπιλογισμοὺς, τὴν μὲν τοιαύτην ἔκθεσιν ἐξαίρετον καὶ γεωγραφικῆς
ἐχομένην πραγματείας, κατ᾽ αὐτὴν ὑπ᾽
ὄψιν ποιησόμεθα, ἀκολουθήσαντες ταῖς
τῶν ἐπεξειργασμένων ὡς ἕνι μάλιστα
τοῦτο τὸ εἶδος ἱστορίαις, καὶ παραγρά-
φοντες ὅσας μοίρας ἀπέχει τοῦ ἰσημερινοῦ τῶν πόλεων ἑκάστη, κατὰ τὸν δι᾽ αὐτῆς γραφόμενον μεσημβρινὸν, καὶ πόσας
οὗτος τοῦ δι᾽ Ἀλεξανδρείας γραφομένου
μεσημβρινοῦ, πρὸς ἀνατολὰς ἢ δύσεις, ἐπὶ
τοῦ ἰσημερινοῦ, διὰ τὸ πρὸς τοῦτον ἡμῖν
συνίσασθαι τοὺς τῶν ἐποχῶν χρόνους. Νῦν
δὲ, τὸ τοσοῦτον, ὡς ὑποκειμένων τῶν θέσεων, ἐπειπεῖν ἀκόλουθον ἡγησάμεθα· διότι ὁποσάκις ἐὰν προαιρώμεθα τὴν ἔν τινι
τῶν ὑποκειμένων τόπων ὡρισμένην ὥραν
σκοπεῖν, ἥτις ἦν κατὰ τὸν αὐτὸν χρόνον
ἐφ᾽ ἑτέρου τινὸς τῶν ἐπιζητουμένων, ὅταν
διαφέρωσιν οἱ δι᾽ αὐτῶν μεσημβρινοὶ,
λαμβάνειν ὀφείλομεν ὅσας ἀπέχουσιν ἀλλήλων ἤτοι ἐπὶ τοῦ ἰσημερινοῦ μοίρας, καὶ
πότερος αὐτῶν ἐστιν ἀνατολικώτερος ἢ
δυτικώτερος, τοσούτοις τε χρόνοις ἰσημερινοῖς παραύξειν ἢ μειοῦν τὴν κατὰ τὸν
ὑποκείμενον τόπον ὥραν, ἵνα ποιῶμεν
τὴν ἐν τῷ ἐπιζητουμένῳ κατὰ τὸν αὐτὸν
χρόνον θεωρουμένην, τῆς μὲν αὐξήσεως
συνισαμένης, ὅταν ὁ ἐπιζητούμενος τόπος ἀνατολικώτερος ᾖ, τῆς δὲ μειώσεως,
ὅταν δυσμικώτερος ὁ ὑποκείμενος.

ΚΛΑΥΔΙΟΥ ΠΤΟΛΕΜΑΙΟΥ

ΜΑΘΗΜΑΤΙΚΗΣ ΣΥΝΤΑΞΕΩΣ

ΒΙΒΛΙΟΝ ΤΡΙΤΟΝ.

—

TROISIÈME LIVRE

DE LA COMPOSITION MATHÉMATIQUE

DE CLAUDE PTOLÉMÉE.

~~~~~~~~~~~~~~~~~~~~~~~~~~~~~

ΚΕΦΑΛΑΙΟΝ Α.

ΕΦΩΔΕΥΜΕΝΩΝ ἡμῖν ἐν τοῖς πρὸ
τούτου συντεταγμένοις, τῶν τε ὁλοσχερῶς ὀφειλόντων περί τε οὐρανοῦ καὶ
γῆς μαθηματικῶς προληφθῆναι, καὶ ἔτι
περὶ τῆς ἐγκλίσεως τοῦ διὰ μέσων
τῶν ζωδίων ἡλιακοῦ κύκλου, καὶ τῶν
κατὰ μέρος περὶ αὐτὸν συμβαινόντων,
ἐπί τε τῆς ὀρθῆς σφαίρας, καὶ ἐπὶ τῆς
καθ᾽ ἑκάσην οἴκησιν ἐγκεκλιμένης, ἀκόλουθον ἡγούμεθα καὶ ἐφεξῆς τούτων, τὸν
περὶ τοῦ ἡλίου καὶ τῆς σελήνης ποιήσασθαι λόγον, τά τε περὶ τὰς κινήσεις αὐτῶν ἐπισυμβαίνοντα διεξελθεῖν, μηδενὸς
τῶν περὶ τοὺς ἀςέρας φαινομένων ἄνευ τῆς
τούτων προδιαλήψεως, κατὰ τὸ παντε-
λὲς εὑρεθῆναι δυναμένου. Καὶ τούτων δὲ
αὐτῶν προηγουμένην εὑρίσκομεν τὴν τῆς
ἡλιακῆς κινήσεως πραγματείαν, ἧς ἄνευ

CHAPITRE I.

APRÈS avoir donné, dans les livres ἡμῶν
précédens, les principes mathématiques
de la théorie générale du ciel et de la
terre, de l'obliquité du cercle solaire
mitoyen du zodiaque, des phénomènes
particuliers qu'il présente dans la sphère
droite et dans la sphère oblique, en
chaque climat, nous allons exposer tout
ce qui concerne le soleil et la lune, et
les circonstances de leurs mouvemens ;
aucun des phénomènes présentés par
les astres, ne pouvant nullement s'expliquer sans la connaissance préalable
de ce qui appartient à ces deux premiers. Et, au moyen de ces préliminaires, nous obtiendrons la théorie du mouvement solaire, absolument

nécessaire elle - même pour établir avec
certitude et connaissance de cause, celle
de la lune.

CHAPITRE II.

DE LA GRANDEUR DE L'ANNÉE.

La première recherche à faire dans la
théorie du soleil, c'est celle de la longueur de l'année : nous apprenons par
les ouvrages des anciens leurs différentes
opinions et leurs ~~doutes~~ à cet égard (a),
et surtout par ceux d'Hipparque qui,
plein d'amour pour la vérité, n'a épar-
gné ni recherches ni travaux pour la
trouver. Ce qui le surprend le plus,
c'est qu'en comparant les retours du
soleil aux points solstitiaux et équinoxiaux, l'année lui paroit n'être pas
tout-à-fait de 365 jours ¼, et qu'en
comparant les retours aux mêmes étoiles
fixes, il la trouve plus longue ; d'où il
conjecture que la sphère des étoiles fixes
a elle-même une certaine marche lente
qui lui fait parcourir la suite des points
du ciel, et qui, comme celles des planètes, est en sens contraire du premier
mouvement par lequel tout le ciel est
entraîné perpendiculairement au cercle
qui passe par les poles de l'équateur et
de l'oblique. Nous montrerons, quand
nous parlerons des étoiles fixes, que ce
second mouvement a lieu en effet, et
nous dirons comment il s'exécute ; car
il ne seroit pas possible de traiter à fond
la théorie des étoiles, sans avoir exposé
auparavant celles du soleil et de la lune.

πάλιν οὐδὲ τὰ περὶ τὴν σελήνην οἷον
τ' ἂν γένοιτο διεξοδικῶς καταλαμβά-
νεσθαι.

ΚΕΦΑΛΑΙΟΝ Β.

ΠΕΡΙ ΤΟΥ ΜΕΓΕΘΟΥΣ ΤΟΥ ΕΝΙΑΥΣΙΟΥ ΧΡΟΝΟΥ.

Πρωτου δὴ πάντων τῶν περὶ τὸν
ἥλιον ἀποδεικνυμένων ὑπάρχοντος, τοῦ,
τὸν ἐνιαύσιον χρόνον εὑρεῖν, τὰς μὲν τῶν
παλαιῶν περὶ τὴν ἀπόφανσιν τοῦ τοιούτου διαφωνίας τε κὴ ἀπορίας μάθοιμεν ἂν
ἐκ τῶν συντεταγμένων αὐτοῖς, κὴ μάλιςα
τῷ Ἱππάρχῳ ἀνδρί φιλοπόνῳ τε ὁμοῦ καὶ
φιλαληθει. Αγει γὰρ μάλιςα καὶ τοῦτον
εἰς τὴν τοιαύτην ἀπορίαν, τὸ, διὰ μὲν
τῶν περὶ τὰς τροπὰς κὴ τὰς ἰσημερίας
φαινομένων ἀποκαταςάσεων ἐλάσσονα τὸν
ἐνιαύσιον χρόνον εὑρίσκεσθαι τῆς ἐπὶ ταῖς
τξε ἡμέραις τοῦ τετάρλυ προσθήκης, διὰ δὲ
τῶν περὶ τοὺς ἀπλανεῖς ἀςέρας θεωρουμένων, μείζονα. Ὅθεν ἐπιβάλλει τῷ κὴ
τὴν τῶν ἀπλανῶν σφαῖραν μετάβασίν τινα
πολυχρόνιον ποιεῖσθαι κὴ αὐτὴν, ὥσπερ κὴ
τὰς τῶν πλανωμένων εἰς τὰ ἑπόμενα τῆς
τὴν πρώτην περιαγωγὴν ποιούσης φορᾶς,
κατὰ τὸν διὰ τῶν πόλων ἀμφοτέρων τοῦ
τε ἰσημερινοῦ κὴ τοῦ λόξου γραφόμενον
κύκλον. Ἡμεῖς δὲ τοῦτο μὲν ὅτι οὕτω τε
ἔχει, κὴ τίνα γίνεται τρόπον, ἐν τοῖς
περὶ τῶν ἀπλανῶν ἀςέρων ἐπιδείξομεν.
Οὐ δὲ γὰρ τὰ περὶ ἐκείνους ἄνευ τῆς
ἡλιακῆς κὴ σεληνιακῆς προδιαλήψεως,
οἷον τ' ἂν γένοιτο δι' ὅλου θεωρηθῆναι.

Κατὰ δὲ τὴν παροῦσαν ἐπίσκεψιν, πρὸς
οὐδὲν ἄλλο ἡγούμεθα δεῖν, ἀποβλέποντας
τὸν ἐνιαύσιον τοῦ ἡλίου χρόνον, σκοπεῖν,
ἢ τὴν αὐτοῦ τοῦ ἡλίου πρὸς ἑαυτὸν, τουτέςι πρὸς τὸν γινόμενον ὑπ' αὐτῦ τὸν
λοξὸν κύκλον, ἀποκατάςασιν, ὁρίζεσθαί τε
τὸν ἐνιαύσιον χρόνον, καθ' ὃν ἀπό τινος ἀκινήτου σημείου τούτου τοῦ κύκλου, κατὰ
τὸ ἑξῆς, ἐπὶ τὸ αὐτὸ παραγίνεται, μόνας
ἀρχὰς οἰκείας τῆς τοιαύτης ἀποκαταςάσεως ἡγουμένους, τὰ ὑπὸ τῶν τροπικῶν
κỳ ἰσημερινῶν σημείων ἀφοριζόμενα σημεῖα
τῶ προειρημένου κύκλ8. Ἄν τε γὰρ μαθηματικῶς ἐπιβάλλωμεν τῷ λόγῳ, ὕτε οἰκειοτέραν ἀποκατάςασιν εὑρήσομεν, τῆς
ἐπὶ τὸν αὐτὸν σχηματισμὸν φερύσης τὸν
ἥλιον τοπικῶς τε κỳ χρονικῶς, ἤτοι πρὸς
τοὺς ὁρίζοντας, ἢ τὸν μεσημβρινὸν, ἢ τὰ
μεγέθη τῶν νυχθημέρων τοῦ τοιούτου θεω-
ρουμένου· οὔτε ἄλλας ἀρχὰς ἐν τῷ διὰ
μέσων τῶν ζωδίων κύκλῳ, μόνας δὲ τὰς
κατὰ τὸ συμβεβηκὸς ἀφοριζομένας ὑπό
τε τῶν τροπικῶν κỳ ἰσημερινῶν σημείων.
Ἐάν τε φυσικώτερόν τις ἐπισκοπῇ τὸ οἰκεῖον, οὔτε ἀποκατάςασιν εὐλογωτέραν
εὑρήσει τῆς ἀπὸ τοῦ ὁμοίου περὶ τὸν
ἀέρα καταςήματος ἐπὶ τὸ ὅμοιον, καὶ
τῆς αὐτῆς ὥρας ἐπὶ τὴν αὐτὴν φερούσης
τὸν ἥλιον, οὔτε ἄλλας ἀρχὰς ἢ μόνας
καθ' ἃς αἱ ὧραι μάλιςα διακρίνονται·
μετὰ τοῦ τὴν πρὸς τοὺς ἀπλανεῖς ἀςέρας
θεωρουμένην ἀποκατάςασιν ἄτοπον φαίνεται, διά τε ἄλλα, κỳ μάλιςθ' ὅτι κỳ
ἡ αὐτῶν σφαῖρα ποιουμένη τινὰ τεταγ-
μένην μετάβασιν εἰς τὰ ἑπόμενα τοῦ
οὐρανοῦ θεωρεῖται. Οὐδὲν γὰρ τούτων

Quant à la recherche dont il s'agit ici,
nous estimons que pour avoir la durée
de l'année solaire, il suffit de considérer la restitution du soleil sur lui-
même, c'est à-dire sa révolution dans le
cercle oblique qu'il décrit, et de déterminer l'année par le temps que cet astre,
parti d'un point fixe de ce cercle, emploie à revenir à ce point, tropique ou
équinoxial, les seuls à prendre pour son
départ et son retour. Car, à raisonner ma-
thématiquement, nous ne trouverons pas
de période plus convenable que celle qui
ramène, pour les lieux comme pour les
temps, le soleil à une même situation, soit
que nous le considérions par rapport aux
horizons ou au méridien, soit par rapport à la durée des jours et des nuits ; ni
d'autres points de départ dans le cercle
mitoyen du zodiaque, que ceux qui
dans le fait sont déterminés par les solstices et les équinoxes. Et, à examiner la
chose sous un point de vue plus physique, on ne peut pas assigner de
période plus raisonnable que celle qui
ramène les mêmes températures, et
qui porte le soleil d'une saison à la
saison pareille, ni d'autres points d'où
l'on puisse plus commodément commencer l'année, que ceux qui distin-
guent le plus les saisons. Au lieu que
le retour aux mêmes étoiles ne présente
aucun de ces avantages ; et il seroit absurde de lui donner la préférence, par
plusieurs raisons, mais principalement
parce que la sphère des étoiles ayant
elle-même un mouvement réglé, que l'on

apperçoit suivant l'ordre des signes, rien dans cet état de choses n'empêcheroit de dire que l'année solaire est le temps employé par le soleil à rejoindre Saturne ou une autre planète quelconque, ce qui donneroit des années de longueurs différentes. C'est pourquoi nous jugeons pouvoir donner le nom d'année solaire au temps indiqué par les retours observés du soleil, soit à un même équinoxe, soit à un même point tropique, en choisissant de préférence ceux qui sont séparés par de grands intervalles.

Mais, comme l'inégalité que des observations suivies ont fait reconnoître dans les retours du soleil aux points équinoxiaux ou solstitiaux, paroît inquiéter Hipparque, je vais prouver que cela ne peut causer aucun embarras. Nous nous sommes convaincus par une suite d'observations des solstices et des équinoxes faites à l'aide de nos instruments, que les années solaires ne sont pas inégales ; car nous n'y avons pas trouvé de différence qui fît varier beaucoup le quart en sus des jours entiers, si ce n'est l'erreur qui peut venir de la construction ou de la position des instruments (b). Les expressions mêmes d'Hipparque nous autorisent à rejetter ces différences sur l'observation ; car, après avoir exposé dans son livre de la rétrogradation (métaptose) des points équinoxiaux et solstitiaux, les solstices et les équinoxes qu'il pense avoir observés avec exactitude, et à la suite les uns des autres, il avoue lui-même n'y avoir

οὕτως ἐχόντων, κωλύσει λέγειν τοσοῦτον εἶναι τὸν ἐνιαύσιον τοῦ ἡλίου χρόνον, ἐν ὅσῳ τὸν τοῦ Κρόνου ἀςέρα λόγου ἔνεκεν, ἢ καί τινα τῶν ἄλλων πλανωμένων ὁ ἥλιος περικαταλαμβάνει. Πολλοί τε ἂν οὕτως καὶ διάφοροι γένοιντο οἱ ἐνιαύσιοι χρόνοι. Διὰ μὲν δὴ ταῦτα προσήκειν οἰόμεθα, τὸν εὑρισκόμενον διὰ τῶν τηρήσεων, τῶν ὡς ἔνι μάλιςα ἀπὸ πλείονος διαςάσεως λαμβανομένων ἀπό τινος τροπῆς, ἢ ἰσημερίας, ἐπὶ τὴν αὐτὴν καὶ ἐφεξῆς, χρόνον, τοῦτον ἡγεῖδαι τὸν ἐνιαύσιον τοῦ ἡλίου.

Ἐπεὶ δὲ θορυβεῖ πως τὸν Ἵππαρχον ἡ καὶ περὶ αὐτὴν τὴν τοιαύτην ἀποκατάςασιν ὑποπτευομένη διὰ τῶν κατὰ τὸ ἑξῆς γινομένων συνεχῶν τηρήσεων ανισότης, πειρασόμεθα δεῖξαι διὰ βραχέων, μηδὲ τοῦτο θορυβῶδες ὑπάρχον· πεῖσμα μὲν εἰληφότες περὶ τοῦ μὴ ἀνίσους εἶναι τοὺς χρόνους τούτους, ἐξ ὧν καὶ αὐτοὶ διὰ τῶν ὀργάνων κατὰ τὸ ἑξῆς τυγχάνομεν τετηρηκότες τροπῶν τε καὶ ἰσημεριῶν· οὐδενὶ γὰρ ἀξιολόγῳ διαφέροντας αὐτοὺς εὑρίσκομεν τῆς κατὰ τὸ τέταρτον ἐπουσίας· ἀλλ᾽ ἐνίοτε σχεδὸν ὅσῳ παρά τε τὴν κατασκευὴν καὶ τὴν θέσιν τῶν ὀργάνων ἐνδέχεται διαμαρτάνειν στοχαζόμενοι δὲ καὶ ἐξ αὐτῶν ὧν ὁ Ἵππαρχος ἐπιλογίζεται μᾶλλον τῶν τηρήσεων εἶναι τὴν περὶ τὰς ἀνισότητας ἁμαρτίαν. Ἐκθέμενος γὰρ τὸ πρῶτον ἐν τῷ περὶ τῆς μεταπτώσεως τῶν τροπικῶν καὶ ἰσημερινῶν σημείων, τὰς δοκούσας αὐτῷ ἀκριβῶς καὶ ἐφεξῆς τετηρῆδαι θερινάς τε καὶ χειμερινὰς τροπὰς, ὁμολογεῖ καὶ

αὐτὸς μὴ τοσοῦτον ἐν αὐταῖς εἶναι τὸ διάφωνον, ὥστε δι᾽ αὐτὰς ἀνισότητά ῖινα καταγνῶναι τοῦ ἐνιαυσίου χρόνου· ἐπιλέγει γὰρ αὐταῖς οὕτως· «ἐκ μὲν οὖν τούτων τῶν τηρήσεων, δῆλον ὅτι μικραὶ παντάπασι γεγόνασιν αἱ τῶν ἐνιαυτῶν διαφοραί. Ἀλλ᾽ ἐπὶ μὲν τῶν τροπῶν, οὐκ ἀπελπίζω, καὶ ἡμᾶς, καὶ τὸν Ἀρχιμήδη, καὶ ἐν τῇ τηρήσει, καὶ ἐν τῷ συλλογισμῷ, διαμαρτάνειν, καὶ ἕως τετάρτου μέρους ἡμέρας. Ἀκριβῶς δὲ δύναται κατανοεῖῖαι ἡ ἀνωμαλία τῶν ἐνιαυσίων χρόνων, ἐκ τῶν τετηρημένων ἐπὶ τοῦ ἐν Ἀλεξανδρείᾳ κειμένου χαλκοῦ κρίκου, ἐν τῇ τετραγώνῳ καλουμένῃ ςοᾷ, ὃς δοκεῖ διασημαίνειν τὴν ἰσημερινὴν ἡμέραν, ἐν ᾗ ἂν ἐκ τοῦ ἑτέρου μέρους ἄρχηται τὴν κοίλην ἐπιφάνειαν φωτίζεῖαι. »

Εἶτα παρατίθεται πρῶτον μετοπωρινῶν ἰσημεριῶν χρόνους, ὡς ἀκριβέςατα τετηρημένων, ἐν μὲν τῷ ιζ ἔτει, τῆς τρίτης κατὰ Κάλιππον περιόδου τοῦ μεσορὴ λ περὶ τὴν δύσιν τοῦ ἡλίου· μετὰ δὲ τρία ἔτη ἐν τῷ εἰκοςῷ ἔτει, τῇ νεομηνίᾳ τῶν ἐπαγομένων πρωΐας, δέον τῆς μεσημβρίας, ὥστε διαπεφωνηκέναι δ´ῳ μιᾶς ἡμέρας. Μετὰ δὲ ἐνιαυτὸν ἐν τῷ κα ἔτει, ὥρας ς, ὅπερ καὶ ἦν ἀκόλουθον τῇ πρὸ αὐτῆς τηρήσει. Μετὰ δὲ ια ἔτη, τῷ τριακοστῷ δευτέρῳ ἔτει τοῦ τῆς τρίτης τῶν ἐπαγομένων εἰς τὴν τετάρτην μεσονυκτίου, δέον πρωΐας, ὥστε τῷ δ´ῳ πάλιν διαπεφωνηκέναι. Μετὰ δὲ ἐνιαυτὸν ἕνα, τῷ λγ ἐνιαυτῷ, τῇ δ τῶν ἐπαγομένων, πρωΐας, ὅπερ κὴ ἦν ἀκόλουθον τῇ πρὸ αὐτῆς τηρήσει. Μετὰ δὲ γ ἔτη τῷ λς ἔτει, τῇ τετάρτῃ

pas remarqué de différence assez grande pour condamner l'année d'inégalité; car il termine en disant: «Ces observations prouvent clairement que les variations dans les durées de l'année ont été peu considérables; et quant aux solstices, je ~~ne désespère pas~~ qu'Archimède et moi, nous nous soyons trompés jusqu'à un quart de jour, et dans l'observation et dans le calcul. Mais l'inégalité, s'il en existe réellement dans les durées des années, peut se reconnoître par les observations faites à Alexandrie, au cercle de cuivre placé dans le portique qu'on appelle le portique carré. Ce cercle paroit désigner le moment de l'équinoxe au jour où sa surface concave commence à être éclairée (c) de l'autre côté.»

Ensuite, il donne d'abord les temps des équinoxes d'automne comme exactement observés, la dix-septième année de la troisième période de Calippe, le trentième jour du mois de Mesoré, vers le coucher du soleil, et celui de la vingtième année, trois ans après, ~~dans la Néomenie (d) du~~ premier des épagomènes au matin, tandis qu'il auroit dû arriver à midi; ensorte que la différence étoit d'un quart de jour. Au bout de l'année suivante, dans la vingt-unième, l'équinoxe arriva à six heures, ce qui s'accordoit avec l'observation précédente. Onze ans après, dans la trente-deuxième année, il arriva le troisième jour des épagomènes, à minuit d'avant le quatrième, au lieu d'arriver le matin, ensorte que la différence étoit encore d'un quart de jour Un an après, dans la trente-troisième année, il arriva le matin du

I.

20

quatrième jour des épagomènes ; ce qui cadroit avec l'observation précédente. Trois ans après, dans la trente-sixième année, il arriva le soir du quatrième jour des épagomènes, tandis qu'il auroit dû arriver à minuit ; ainsi la différence n'étoit encore que d'un quart de jour.

Après cela, il expose les équinoxes du printemps observés avec la même exactitude : dans la trente-deuxième année de la troisième période de Calippe, dit-il, l'équinoxe se fit le 27 du mois Méchir au matin (e), et il ajoute : « La circonférence du cercle ou de l'armille d'Alexandrie fut éclairée également sur ses deux bords vers la cinquième heure ; ensorte que mes deux observations différentes de ce même équinoxe ne s'accordent qu'à cinq heures près (f) ; mais les équinoxes suivans, jusqu'à la trente-septième année, s'accordèrent tous avec l'excès d'un quart de jour. Onze ans après, dans la quarante-troisième année, le 29 du mois Méchir, après minuit d'avant le 30, arriva, dit-il encore, l'équinoxe du printemps ; ce qui étoit conséquent à l'observation faite dans la trente-deuxième année, et s'accorde, ajoute-t-il, avec les observations faites dans les années consécutivement suivantes, jusqu'à la cinquantième, où il arriva le premier jour du mois Phamenoth, vers le coucher du soleil, un jour et demi et un quart environ plus tard que dans la quarante-troisième année : ce qui convient aux sept années intermédiaires. Il n'y a donc pas eu de grande différence remarquée dans ces observations, quoiqu'il fût bien possible que l'on eût commis quelque erreur, jusqu'à celle d'un quart de jour, soit dans les observa-

τῶν ἐπαγομένων, ἑσπέρας, δέον τοῦ μεσονυκτίου, ὡς τῷ δ''' μόνῳ πάλιν διαπεφωνηκέναι.

Μετὰ δὲ ταῦτα ἐκτίθεται κỳ τὰς ὁμοίως ἀκριβῶς τετηρημένας ἐαρινὰς ἰσημερίας. Ἐν μὲν τῷ λβ ἔτει τῆς τρίτης κατὰ Κάλιππον περιόδου, μεχὶρ κζ, πρωΐας κỳ ὁ κρίκος δέ, φησιν, ὁ ἐν Ἀλεξανδρείᾳ ἴσον ἐξ ἑκατέρου μέρους σπαρηυγάδη περὶ ε ωραν. Ὥστε ἤδη κỳ τὴν αὐτὴν ἰσημερίαν διαφόρως τετηρημένην ε ωρας ἔγγιςα διενεγκεῖν. Κὰὶ τὰς ἐφεξῆς δέ φησι μέχρι τοῦ λζ ἔτους συμπεφωνηκέναι τῇ πρὸς τὸ δ' ἐπουσίᾳ. Μετὰ δὲ ιᾱ ἔτη, τῷ τεσσαράκοςτῷ κỳ τρίτῳ ἔτει, τοῦ μεχὶρ τῇ κθ μετὰ τὸ μεσονύκτιον τὸ εἰς τὴν λ την, γενέθαι φησὶ τὴν ἐαρινὴν ἰσημερίαν, ὅπερ κỳ ἀκόλουθον ἦν τῇ ἐν τῷ λβ ἔτει τηρήσει, κỳ συμφωνεῖ, φησὶ, πάλιν κỳ πρὸς τὰς ἐν τοῖς ἐχομένοις ἔτεσι τηρήσεις, μέχρι τοῦ ν ου ἔτους· ἐγένετο γὰρ τοῦ φαμενὼθ τῇ πρώτῃ περὶ δύσιν ἡλίῳ, μετὰ μίαν ἡμέραν κỳ ς'' κỳ δ'' ἔγγιςα, τῆς ἐν τῷ μγ ἔτει, ὅπερ κỳ ἐπιβάλλει τοῖς μεταξὺ ζ ἔτεσιν. Οὐδ' ἐν ταύταις ἄρα ταῖς τηρήσεσι γέγονέ τις ἀξιόλογος διαφορά, κỳ τοι δυνατοῦ ὄντος, οὐ μόνον περὶ τὰς τροπικὰς τηρήσεις, ἀλλὰ κỳ περὶ τὰς ἰσημερινὰς γίγνεθαί τι παρ' αὐτὰς διαμάρτημα, κỳ μέχρι δ'' μιᾶς ἡμέρας· κἂν γὰρ τῷ τρισχιλιοςῷ κỳ ἑξακοσιοςῷ μόνῳ μέρει τοῦ διὰ τῶν πόλων τοῦ ἰσημερινοῦ κύκλου

παραλλάξη τῆς ἀκριβείας ἡ θέσις ἢ
καὶ διαίρεσις τῶν ὀργάνων, τὴν τοσαύτην κατὰ πλάτος παραχώρησιν ὁ ἥλιος
διορθοῦται πρὸς τοῖς ἰσημερινοῖς τμήμασι, τέταρτον μιᾶς μοίρας κατὰ μῆκος
ἐπὶ τοῦ λοξοῦ κύκλου κινηθεὶς, ὥστε
καὶ τὴν διαφωνίαν μέχρι δ΄΄ μιᾶς ἡμέρας
ἔγγιϛα διενεγκεῖν. Ἔτι δ᾽ ἂν διαμαρτάνοι πλέον ἐπὶ τῶν μὴ καθάπαξ ἱϛα-
μένων, καὶ μὴ παρ᾽ αὐτὰς τὰς τηρήσεις
ἀκριβουμένων, ἀλλὰ συνεϛηριγμένων ὀργάνων ἀπό τινος ἀρχῆς τοῖς ὑποκειμένοις
ἐδάφεσι, πρὸς τὸ μονίμην ἐπὶ πολὺ τὴν
θέσιν ἔχειν, γιγνομένης τινὸς περὶ αὐτὰ
ὑπὸ τοῦ χρόνου λεληθυίας παρακινήσεως,
ὡς ἐπί γε τῶν παρ᾽ ἡμῖν ἐν τῇ παλαίϛρα
χαλκῶν κρίκων, ἐν τῷ τοῦ ἰσημερινοῦ
ἐπιπέδῳ δοκούντων τὴν θέσιν ἔχειν ἴδοι
τις ἄν· τοσαύτη γὰρ ἡμῖν τηροῦσι κατα-
φαίνεται διαϛροφὴ τῆς θέσεως αὐτῶν,
καὶ μάλιϛα τοῦ μείζονος καὶ ἀρχαιοτέρου,
ὡς ἐνίοτε καὶ δὶς ἐν ταῖς αὐταῖς ἰσημερίαις
μεταφωτίζεϛθαι τὰς κοίλας αὐτῶν ἐπιφανείας.

Ἀλλὰ γὰρ τῶν μὲν τοιούτων οὐδὲν
οὐδ᾽ αὐτὸς ὁ Ἵππαρχος οἴεται τυγχάνειν
ἀξιόπιϛον πρὸς τὴν ὑποψίαν τῆς ἀνισότητος τῶν ἐνιαυσίων χρόνων. Ἀπὸ δέ τινων
τῆς σελήνης ἐκλείψεων ἐπιλογιζόμενος,
εὑρίσκειν φησὶν ὅτι ἡ ἀνωμαλία τῶν ἐνιαυσίων χρόνων πρὸς τὸν μέσον θεωρουμένη,
οὐ μείζονα περιέχει διαφορὰν ς΄΄ καὶ δ΄΄
μέρους μιᾶς ἡμέρας· ὅπερ ἂν ἦν ἤδη τινὸς
ἐπιϛάσεως ἄξιον, εἴπερ οὕτως εἶχε, καὶ

tions des points solsticiaux, soit dans
celles des équinoxes. Car si la situation ou la division des instrumens n'est
exacte qu'à $\frac{1}{1000}$ près du cercle qui passe
par les poles de l'équateur (g), le soleil
dans les nœuds corrige cette erreur de
latitude, en avançant d'un quart de degré
en longitude dans l'écliptique, de sorte
que jamais la différence ne peut aller à
plus d'un quart de jour. L'erreur seroit
bien plus grande, si l'on se servoit
d'instrumens non posés d'abord une fois
tout simplement, ni redressés ensuite
en chaque observation, mais attachés
depuis un certain temps sur les pavés
qui les portent, pour y garder longtemps
la même situation ; attendu qu'il leur
survient toujours avec le temps quelque
dérangement caché, comme on verroit
bien qu'il en est arrivé aux armilles de
cuivre qui sont dans la palestre, et qui
paroissoient être demeurées dans le plan
de l'équateur ; car j'ai trouvé, en observant, un dérangement de cette espèce
dans leur position ; et ce dérangement
étoit tel, et surtout dans le plus grand
et le plus ancien de ces instrumens,
que souvent leur concavité s'est trouvée
éclairée deux fois dans les mêmes équinoxes (h).

Mais Hipparque dans tout cela ne voit
rien qui puisse faire soupçonner les années d'être inégales. Mais il dit qu'en
calculant d'après certaines éclipses de
lune, il a trouvé que l'inégalité (i) dans
les durées des années, considérée relativement à la durée moyenne, ne fait
pas une différence de plus de la moitié et du quart d'un jour : chose qui
mériteroit d'être examinée, si elle étoit
vraie, et si elle n'étoit démentie par

**

ce qu'il dit lui-même. En effet, il calcule par quelques éclipses de lune observées près de certaines étoiles fixes, de combien, en chacune, l'étoile qu'on appelle l'*Épi* précédoit le point équinoxial d'automne, et il croit trouver, par le moyen de ces éclipses, que, de son temps, l'épi en étoit éloigné une fois de 6ᵈ ½ au plus, et une autre fois de 5ᵈ ¼ pour le moins. Il en conclut que, n'étant pas possible que l'épi ait fait autant de chemin en si peu de temps, il est vraisemblable que le soleil par lequel il calcule les lieux des étoiles fixes, ne retourne pas à son point de départ dans un temps égal. Mais il ne s'est pas apperçu que le calcul ne pouvant procéder sans la supposition du lieu du soleil au temps de l'éclipse, en prenant, comme il a fait, pour bases de son calcul en chacune, les solstices et les équinoxes exactement observés par lui-même dans ces mêmes années, il montre par-là que ses observations ne prouvoient dans la longueur de l'année (*j*) aucune différence au-delà du quart de jour en sus (*des 365 jours*).

En effet, pour en donner un exemple par l'observation de l'éclipse de la trente-deuxième année de la troisième période de Calippe, il croit avoir trouvé l'épi à l'occident du point équinoxial d'automne, de 6ᵈ ½ ; et dans l'autre de la quarante-troisième année de cette même période, il l'y trouve seulement à 5ᵈ ¼. Et, comparant également aux calculs précédens les équinoxes de printemps exactement observés dans ces années, pour prendre

μὴ ἐξ αὐτῶν ὧν προφέρεται διεψευσμένον ἐθεωρεῖτο. Ἐπιλογίζεται μὲν γὰρ διά τινων, σύνεγγυς ἀπλανῶν ἀςέρων, τετηρημένων σεληνιακῶν ἐκλείψεων, πόσον καθ' ἑκάςην ὁ καλούμενος ςάχυς προηγεῖται τοῦ μετοπωρινοῦ σημείου, καὶ διὰ τούτων εὑρίσκειν οἴεται, ποτὲ μὲν τὸ πλεῖςον αὐτὸν ἀπέχοντα τοῖς καθ' ἑαυτὸν χρόνοις μοίρας ϛ ϛ″, ποτὲ δὲ τὸ ἐλάχιςον μοίρας ε καὶ δ″. Συνάγει δὲ ἐντεῦθεν ὅτι, ἐπείπερ οὐ δυνατὸν τὸν ςάχυν ἐν οὕτως ὀλίγῳ χρόνῳ τοσοῦτον μετακινηθῆναι, τὸν ἥλιον εἰκός, ἀφ' οὗ τοὺς τόπους τῶν ἀπλανῶν ὁ Ἵππαρχος ἐπισκέπτεται, μὴ ἐν ἴσῳ χρόνῳ ποιεῖσθαι τὴν ἀποκατάςασιν. Λέληθε δὲ αὐτὸν ὅτι, τοῦ ἐπιλογισμοῦ μηδόλως δυναμένου προχωρεῖν, ἄνευ τοῦ τὸν κατὰ τὴν ἔκλειψιν τοῦ ἡλίου τόπον ὑποκεῖσθαι, αὐτὸς εἰς τοῦτο καθ' ἑκάςην παραλαμβάνων τὰς ἀκριβῶς ἐν τοῖς ἔτεσιν ἐκείνοις ὑφ' ἑαυτοῦ τετηρημένας τροπὰς καὶ ἰσημερίας, αὐτόθεν δῆλον ποιεῖ μηδεμίαν περὶ τὴν σύγκρισιν τῶν ἐνιαυτῶν ὑπάρχουσαν, παρὰ τὴν τοῦ δ″ ἐπουσίαν, διαφοράν.

Ὡς γὰρ ἐφ' ἑνὸς ὑποδείγματος, ἐκ μὲν τῆς ἐν τῷ λβʹ ἔτει τῆς τρίτης κατὰ Κάλιππον περιόδου παρατεθειμένης ἐκλειπτικῆς τηρήσεως, εὑρίσκειν οἴεται τὸν ςάχυν προηγούμενον τοῦ μετοπωρινοῦ σημείου μοίρας ϛ ϛ″. διὰ δὲ τῆς ἐν τῷ μγʹ καὶ γʹ ἔτει τῆς αὐτῆς περιόδου, προηγούμενον μοίρας ε δ″. Καὶ ὁμοίως παρατιθέμενος εἰς τοὺς προκειμένους ἐπιλογισμοὺς τὰς ἐν τοῖς ἔτεσι τούτοις τετηρημένας ἀκριβῶς ἐαρινὰς ἰσημερίας, ἵνα διὰ μὲν τούτων

λάβη τοὺς ἐν τοῖς μέσοις χρόνοις τῶν ἐκλείψεων ἡλιακοὺς τόπους, ἀπὸ δὲ τούτων
τοὺς σεληνιακοὺς, ἀπὸ δὲ τῶν τῆς σελήνης τοὺς τῶν ἀστέρων, τὴν μὲν ἐν τῷ λβ̅ῳ
ἔτει φησὶ γενονέναι τοῦ μεχὶρ κζ̅η πρωΐας,
τὴν δ' ἐν τῷ μγ̅ῳ ἔτει, τῇ κθ̅η μετὰ τὸ
μεσονύκτιον τὸ εἰς τὴν λ, μετὰ β̅ ϛ" δ"
ἡμέρας, σχεδὸν τῆς ἐν τῷ λβ̅ῳ ἔτει γε-
γενημένης, ὅσας καὶ ποιεῖ τὸ τέταρτον μόνον
ἐπιλαμβανόμενον ἑκάστῳ τῶν μεταξὺ ια̅
ἐτῶν. Εἴπερ οὖν μήτε ἐν πλείονι μήτε ἐν
ἐλάσσονι χρόνῳ, τῆς κατὰ τὸ δ" ἐπουσίας, ὁ ἥλιος τὴν πρὸς τὰς ὑποκειμένας ἰσημερίας ἀποκατάστασιν πεποίηται, μήτε
τὸν σάχυν ἐν οὕτως ὀλίγοις ἔτεσιν ἐνδέχεται
μίαν μοῖραν καὶ τέταρτον κεκινῆσθαι, πῶς
οὐκ ἄτοπον τὰ διὰ τῶν ὑποκειμένων ἀρχῶν
ἐπιλελογισμένα παραλαμβάνειν πρὸς τὴν
αὐτῶν τῶν συστησαμένων αὐτὰ διαβολὴν,
καὶ τὴν αἰτίαν τοῦ περὶ τὴν τοσαύτην κίνησιν τοῦ σάχυος ἀδυνάτου μηδενὶ μὲν ἄλλῳ
προσάπτειν, πλειόνων γε ὄντων τῶν ἐμ-
ποιῆσαι τὴν τοσαύτην ἁμαρτίαν. δυναμένων, μόναις δὲ ταῖς ὑποκειμέναις ἰσημερίαις, ὡς ἅμα ἀκριβῶς καὶ μὴ ἀκριβῶς τε-
τηρημέναις· δυνατὸν γὰρ ἂν δόξοι μᾶλλον
ἤτοι τὰς ἐν αὐταῖς ταῖς ἐκλείψεσι διαστάσεις τῆς σελήνης, πρὸς τοὺς ἔγγιστα τῶν
ἀστέρων ὁλοσχερέστερον κατεστοχάσθαι, ἢ
τοὺς ἐπιλογισμοὺς, ἤτοι τῶν παραλλάξεων αὐτῆς, πρὸς τὴν τῶν φαινομένων
τόπων ἐπίσκεψιν, ἢ τῆς τοῦ ἡλίου κινήσεως τῆς ἀπὸ τῶν ἰσημεριῶν, ἐπὶ τοὺς
μέσους τῶν ἐκλείψεων χρόνους, ἢ μὴ ἀλη-
θῶς ἢ μὴ ἀκριβῶς εἰλῆφθαι.

Ἀλλ' οἶμαι καὶ τὸν Ἵππαρχον συν-

par leur moyen les lieux du soleil,
au milieu de la durée de chaque éclipse ; et en déduire ceux de la lune,
et de ceux de la lune, ceux des astres,
il dit que l'équinoxe de la trente-
deuxième année est arrivé le matin
du vingt-septième jour du mois Méchir, et celui de la quarante-troisième
année après minuit du vingt-neuvième
au trentième jour, à deux jours et demi
et un quart de différence depuis la trente-
deuxième année : total qui fait un quart
de jour pour chacune des onze années
intermédiaires. Si donc le soleil ne retourne aux équinoxes qu'en vertu de ce
quart en sus ni plus ni moins, et que
l'épi ne puisse avoir eu en si peu d'années un mouvement de $1^d \frac{1}{4}$, n'est-il pas
déraisonnable (k) de se servir de calculs
fondés sur les principes supposés, pour
en détruire les résultats, et d'attribuer
aux seuls équinoxes en question, tout à
la fois bien et mal observés, ce mouvement de l'épi, comme ne pouvant venir d'autres causes, tandis qu'il y en a
plusieurs qui ont pu produire cette erreur ? Il paroîtroit en effet beaucoup
plus probable ou que, dans ces éclipses,
il aura estimé grossièrement les distances
de la lune aux astres les plus voisins,
qu'il n'est à présumer qu'il aura calculé
sans précision ; ou qu'il n'aura pas bien
évalué l'effet de ses parallaxes sur la vue
des lieux apparens, qu'il n'est possible
qu'il ait calculé à faux ou peu exactement le mouvement du soleil depuis les
équinoxes jusqu'aux milieux des durées
des éclipses.(l)

Pour moi, je crois qu'Hipparque lui-

même savoit bien qu'en tout cela il n'y
avoit rien qui l'autorisât à attribuer une
seconde inégalité au soleil, mais que
seulement, par amour pour la vérité, il
a voulu ne rien taire de ce qui pouvoit
lui laisser quelque scrupule. Car il s'est
servi des hypothèses du soleil et de la
lune, comme n'y ayant, pour le soleil,
qu'une seule et même inégalité ou anomalie qui s'évanouit (m) chaque année
aux solstices et aux équinoxes. Nous ne
voyons nullement qu'en supposant que
les révolutions du soleil s'achèvent dans
des temps égaux, les phénomènes des
éclipses aient rien qui les fasse différer
sensiblement des temps calculés d'après
les hypothèses en question. Cependant on
y trouveroit une différence, si l'on n'employoit pas en même-temps la correction
de l'inégalité de l'année, quand elle ne seroit que d'un degré, ou d'environ deux
heures équinoxiales.

De tout cela, et de la série de nos
observations des mouvemens du soleil
en longitude, si nous concluons les
temps de ses retours, nous ne trouvons
pas d'inégalité dans la durée de chaque
année, pourvu qu'on la considère relativement à un seul et même point, et
non tantôt aux solstices et aux équinoxes, tantôt aux étoiles fixes; et nous
ne voyons pas de retour plus naturel
que celui qui ramène le soleil, d'un
point tropique ou équinoxial, ou de tout
autre du cercle mitoyen du zodiaque,
au même point. Nous pensons qu'il con-

ἐγνωκέναι μὲν καὶ αὐτὸν, ὅτι μηδὲν ἐν
τοῖς τοιούτοις ἔνεϛιν ἀξιόπιϛον, πρὸς τὸ
δευτέραν ἵνα τῷ ἡλίῳ προσάπτειν ἀνωμαλίαν, βεβουλῆσθαι δὲ μόνον ὑπὸ φιλαληθείας μὴ σιωπῆσαί τι τῶν ἐνίους εἰς
ὑποψίαν ὅπως δήποτε δυναμένων ἐνεγ-
κεῖν. Κέχρηται γοῦν καὶ αὐτὸς ταῖς ὑποθέσεσιν ἡλίου καὶ σελήνης, ὡς μιᾶς καὶ
τῆς αὐτῆς ὑπαρχούσης περὶ τὸν ἥλιον
ἀνωμαλίας, τῆς συναποκαθιϛαμένης τῷ
πρὸς τὰς τροπὰς, καὶ τὰς ἰσημερίας
ἐνιαυσίῳ χρόνῳ. Καὶ οὐδαμῇ διὰ τὸ ἰσοχρονίους ὑποτίθεσθαι τὰς ἐκκειμένας τοῦ
ἡλίου περιόδους, τὰ περὶ τὰς ἐκλείψεις
φαινόμενα θεωροῦμεν ἀξιολόγῳ ἵνι δια-
φέροντα τῶν κατὰ τὰς ἐκκειμένας ὑποθέσεις ἐπιλογιζομένων χρόνων, ὅπερ ἂν
αἰσθητὸν πάνυ συνέβαινε, μὴ συμπαραλαμβανομένης τῆς περὶ τὴν ἀνισότητα
τοῦ ἐνιαυσίου χρόνου διορθώσεως, εἰ καὶ
μιᾶς μόνον ἦν μοίρας, δύο δὲ ὡρῶν ἔγγιϛα
ἰσημερινῶν.

Ἔκ τε δὴ τούτων ἁπάντων, καὶ ἐξ
ὧν ἡμεῖς αὐτοὶ διὰ τῶν ἐφεξῆς ἡμῖν τετηρημένων τοῦ ἡλίου παρόδων, καταλαμβανόμενοι τοὺς τῶν ἀποκαταϛάσεων χρόνους, οὔτε ἄνισον εὑρίσκομεν τὸ ἐνιαύσιον
μέγεθος, ἐὰν πρὸς ἕν τι, καὶ μὴ ποτὲ
μὲν πρὸς τὰ τροπικὰ καὶ ἰσημερινὰ σημεῖα, ποτὲ δὲ πρὸς τοὺς ἀπλανεῖς ἀϛέ-
ρας θεωρεῖται· οὔτε ἄλλην οἰκειοτέραν
ἀποκατάϛασιν τῆς ἀπό ἵνος τροπικοῦ
ἢ καὶ ἰσημερινοῦ ἢ καὶ ἄλλου τινὸς σημείου, τοῦ διὰ μέσων τῶν ζωδίων κύκλου πάλιν ἐπὶ τὸ αὐτὸ φερούσης τὸν
ἥλιον. Ὅλως δὲ ἡγούμεθα προσήκειν δι'

ἁπλουςέρων ὡς ἕνι μάλιςα ὑποθέσεων, τὰ
φαινόμενα ἀποδεικνύειν, ἐφ᾽ ὅσον ἂν μηδὲν
ἀξιόλογον ἐκ τῶν τηρήσεων ἀντιπίπτον
τῇ τοιαύτῃ προθέσει φαίνηται. Ὅτι μὲν
τοίνυν ὁ πρὸς τὰς τροπὰς καὶ πρὸς τὰς
ἰσημερίας θεωρούμενος ἐνιαύσιος χρόνος,
ἐλάσσων ἐςὶ τῆς ἐπὶ ταῖς τξε ἡμέραις τοῦ
δ᾽᾽ προθήκης, φανερὸν ἡμῖν γέγονε καὶ δι᾽
ὧν ὁ Ἵππαρχος ἀπέδειξε. Πόσῳ δὲ ἐλάσσων ἐςὶν, ἀσφαλέςατα μὲν οὐχ᾽ οἷον τ᾽
ἂν γένοιτο λαβεῖν, τῆς γε τοῦ δ᾽᾽ παραυξήσεως ἐπὶ πλείονα ἔτη πρὸς αἴϲθησιν
ἀπαραλλάκτου μενούσης, διὰ τὸ ἐλάχιςον τῆς διαφορᾶς· καὶ διὰ τοῦτο κατὰ
τὴν διὰ μακροτέρου χρόνου σύγκρισιν,
δυναμένης τῆς εὑρισκομένης τῶν ἡμερῶν
ἐπουσίας, ἣν δεῖ τοῖς μεταξὺ τῆς διαςάσεως ἔτεσιν ἐπιμερίζειν, καὶ ἐν πλείοσι
καὶ ἐν ἐλάττοσιν ἐνιαυτοῖς, τῆς αὐτῆς
θεωρεῖϲϑαι. Λαμβάνοιτο δ᾽ ἂν ἔγγιςα ἀκριβῶς ἡ τοιαύτη ἀποκατάςασις, ὅσῳ ἂν ὁ
μεταξὺ τῶν συγκρινομένων τηρήσεων χρόνος πλείων εὑρίσκηται. Καὶ οὐ μόνον ἐπὶ
ταύτης τὸ τοιοῦτον συμβέβηκεν, ἀλλὰ
καὶ ἐπὶ πασῶν τῶν περιοδικῶν ἀποκαταςάσεων. Τὸ γὰρ παρὰ τὴν αὐτῶν τῶν
τηρήσεων ἀϲϑένειαν, κἂν ἀκριβῶς μεθοδεύωνται, γινόμενον διάψευσμα, βραχὺ καὶ
τὸ αὐτὸ ἐγγιςα ὑπάρχον ὡς πρὸς τὴν παρ᾽
αὐτὰ αἴϲϑησιν, ἐπί τε τῶν διὰ μακροῦ
καὶ ἐπὶ τῶν δι᾽ ὀλίγου χρόνου φαινομένων,
εἰς ἐλάττονα μὲν ἐπιμεριζόμενον ἔτη, μεῖζον ποιεῖ τὸ ἐνιαύσιον ἁμάρτημα, καὶ τὸ
ἐκ τούτου κατὰ τὸν μακρότερον χρόνον
ἐπισυναγόμενον, εἰς πλείονα δὲ, ἔλασσον.

Ὅθεν αὐταρκες προσήκειν νομίζομεν,

vient de démontrer les phénomènes par
les hypothèses les plus simples qu'il soit
possible d'établir, pourvu que ce qu'elles
supposent ne paroisse contredit en rien
d'important par les observations. Or, que
la durée de l'année, considérée relativement aux points tropiques et aux équinoxes, soit plus petite que 365 jours et
un quart de jour, c'est ce qui nous devient évident par les raisonnemens même
d'Hipparque; on ne sauroit dire au juste
de combien elle l'est; l'accroissement du
quart demeurant sensiblement le même
en plusieurs années, tant la différence est
petite; et pour cette raison, en leur
comparant un plus long espace de temps,
le surplus trouvé en jours, qu'il faut dis-
tribuer sur les années de l'intervalle,
pouvant se trouver le même dans un
plus grand ou dans un moindre nombre
d'années, on obtiendra ce retour d'autant plus exactement, que l'intervalle des
observations comparées sera plus grand;
ce qui est vrai de tout retour périodique
comme de celui-ci. Car la faute que l'on
commet par l'imperfection des observations, quoique faites avec le plus de soin,
étant petite et sensiblement la même à
peu près dans les phénomènes séparés
par des espaces de temps plus ou moins
longs, rend l'erreur annuelle plus grande,
si elle est répartie sur un moindre nombre d'années, et la somme en croit avec
le temps, mais cette erreur est moindre
pour chacune des années, si elle est
partagée sur un plus grand nombre.

Nous croirons donc avoir assez fait, si

nous ajoutons ensemble tout ce que l'intervalle depuis les observations les plus anciennes, et cependant exactes, jusqu'à nos jours, nous présente pour approcher autant qu'il est possible, des vraies révolutions, et si nous ne négligeons pas d'y apporter l'attention convenable. Quant aux déterminations pour un temps infini ou très long, nous croyons pouvoir les abandonner au zèle de nos successeurs et à leur amour pour la vérité. Les observations de solstices d'été faites par Méton et Euctémon, ainsi que celles d'Aristarque ensuite, devroient, à cause de leur ancienneté, être comparées aux solstices observés de notre temps. Mais parce que des observations de solstices ne peuvent guères être bien précises, et que celles qu'ils nous ont transmises, paroissent à Hipparque avoir été mal faites, nous les avons omises, et nous leur avons préféré pour cette comparaison les observations des équinoxes, et, à cause de leur exactitude, nous avons choisi celles qu'Hipparque assure avoir faites lui-même avec la plus grande attention, et nous leur avons comparé celles que nous avons faites avec les instrumens décrits au commencement de ce traité. Nous trouvons ainsi qu'en trois cens ans révolus, les solstices et les équinoxes sont arrivés un jour plutôt qu'ils ne devoient, à raison d'un quart de jour d'excès sur 365 jours. Car, dans la trente-deuxième année de la troisième période de Calippe, Hipparque avoit marqué l'équinoxe d'automne principalement, comme ayant été observé avec une attention extrême, et il dit avoir trouvé par son

ἐὰν ὅσον ὁ μεταξὺ χρόνος ἡμῶν τε καὶ ὧν ἔχομεν παλαιῶν ἅμα κ̔ ἀκριβῶν τηρήσεων, δύναται προσποιῆσαι τῇ τῶν περιοδικῶν ὑποθέσεων ἐγγύτητι, τοσοῦτον καὶ αὐτοὶ πειραθῶμεν συνεισενεγκεῖν, κ̔ μὴ ἑκόντες ἀμελήσωμεν τῆς προσηκούσης ἐξετάσεως. Τὰς δὲ περὶ ὅλου τοῦ αἰῶνος ἢ κ̔ τοῦ μακρῷ τινι πολλαπλασίου, τοῦ κατὰ τὰς τηρήσεις χρόνου, διαβεβαιώσεις, ἀλλοτρίας φιλομαθείας τε κ̔ φιλαληθείας ἡγούμεθα. Ἕνεκεν μὲν οὖν παλαιότητος, αἵ τε ὑπὸ τῶν περὶ Μέτωνα κ̔ Εὐκτήμονα τετηρημέναι θεριναὶ τροπαὶ, κ̔ αἱ μετὰ τούτους ὑπὸ τῶν περὶ Ἀρίσταρχον ὀφείλοιεν ἂν εἰς τὴν σύγκρισιν τῶν καθ᾽ ἡμᾶς γεγενημένων παραλαμβάνεσθαι. Ἕνεκεν δὲ τοῦ καθόλου τε τὰς τῶν τροπῶν τηρήσεις δυσδιακρίτους εἶναι, κ̔ πρὸς τούτοις τὰς ὑπ᾽ ἐκείνων παραδεδομένας ὁλοσχερέστερον εἰλημμένας, ὡς κ̔ τῷ Ἱππάρχῳ δοκεῖ φαίνεσθαι, ταύτας μὲν παρητησάμεθα, συγκεχρήμεθα δὲ πρὸς τὴν προκειμένην σύγκρισιν ταῖς τῶν ἰσημεριῶν τηρήσεσι, κ̔ τούτων ἀκριβείας ἕνεκεν, ταῖς τε ὑπὸ τοῦ Ἱππάρχου μάλιςα ἐπισημανθείσαις, ὡς ἀσφαλέςατα εἰλημμέναις ὑπ᾽ αὐτοῦ, κ̔ ταῖς ὑφ᾽ ἡμῶν αὐτῶν, διὰ τῶν εἰς τὰ τοιαῦτα καλὰ τὴν ἀρχὴν τῆς συντάξεως ὑποδεδειγμένων ὀργάνων ἀδιςάκλως μάλιςα τετηρημέναις· ἐξ ὧν εὑρίσκομεν ἐν τοῖς τ̄ ἔγγιςα ἔτεσι μιᾷ ἡμέρᾳ πρότερον γινομένας τὰς τροπὰς κ̔ ἰσημερίας, τῆς κατὰ τὸ δ´´ ἐπὶ ταῖς τξε̄ ἡμέραις ἐπουσίας· ἐν μὲν γὰρ τῷ λβ̄ ἔτει, τῆς γ̄ ᵗᵉ καλὰ Κάλιππον περιόδου, ἐπεσημήνατο μάλιςα τὴν μετο-

πωρινὴν ἰσημερίαν ὁ Ἵππαρχος, ὡς ἀκριβέϛατα τετηρημένην, καὶ ἐπιλελογίσθαι
φησὶν αὐτὴν γεγονέναι τῇ γ ʹ τῶν ἐπαγομένων, τοῦ μεσονυκτίου τοῦ εἰς τὴν δ την
φέροντος. Καὶ ἔϛι τὸ ἔτος ροη ον ἀπὸ τῆς
Ἀλεξάνδρου τελευτῆς. Μετὰ δὲ σπε ἔτη
τῷ τρίτῳ ἔτει Αντωνίνου ὅ ἐϛιν υξγ ον ἀπὸ
τῆς Ἀλεξάνδρου τελευτῆς, ἡμεῖς ἐτηρήσα-
μεν ἀσφαλέϛατα πάλιν τὴν μετοπωρινὴν ἰσημερίαν γεγενημένην τῇ θ ʹ τοῦ ἀθὺρ,
μετὰ μίαν ὥραν ἔγγιϛα τῆς τοῦ ἡλίου ἀνατολῆς. Επέλαβεν ἄρα ἡ ἀποκατάϛασις ἐφ᾽
ὅλοις αἰγυπτιακοῖς σπε ἔτεσι, τουτέϛι
τοῖς ἀνὰ τξε, ἡμέρας τὰς πάσας ο καὶ δ ʹʹ
καὶ κ ʹʹ ἔγγιϛα μιᾶς ἡμέρας, ἀντὶ τῶν κατὰ
τὴν τοῦ δ ʹʹ ἐπουσίαν ἐπιβαλλουσῶν τοῖς
προκειμένοις ἔτεσιν ἡμερῶν οα δ ʹʹ. Ωϛτε
πρότερον γέγονεν ἡ ἀποκατάϛασις τῆς
παρὰ τὸ δ ʹʹ ἐπουσίας ἡμέρᾳ μιᾷ λειπούσῃ τὸ κ ʹʹ μέρος ἔγγιϛα.

Ωσαύτως δὲ πάλιν ὁ μὲν Ἵππαρχος
φησὶ τὴν, ἐν τῷ προκειμένῳ λβ ῳ ἔτει τῆς
γ ης κατὰ Κάλιππον περιόδου, ἐαρινὴν ἰσημερίαν ἀκριβέϛατα τηρηθεῖσαν γεγονέναι
τῇ κζ ῃ τοῦ μεχὶρ πρώϊας. Καὶ ἔϛι τὸ ἔτος
τὸ ροη ον ἀπὸ τῆς Ἀλεξάνδρου τελευτῆς.
Ημεῖς δὲ τὴν, μετὰ τὰ σπε ὁμοίως ἔτη, τῷ
υξγ ῳ ἀπὸ τῆς Ἀλεξάνδρου τελευτῆς, ἐαρινὴν ἰσημερίαν εὑρίσκομεν γεγενημένην τῇ
ζ ῃ τοῦ παχὼν, μετὰ μίαν ὥραν ἔγγιϛα
τῆς μεσημβρίας, ὡς καὶ ταύτην τὴν περίοδον ἐπειληφέναι τὰς ἴσας ἡμέρας ο καὶ

I.

calcul, qu'il arriva à minuit du troisième au quatrième jour des *épagomènes* (n). Or, cette année est la cent
soixante-dix-huitième (o) depuis la
mort d'Alexandre. Deux cent quatre
vingt-cinq ans après, dans la troisième
année d'Antonin, qui est la quatre
cent soixante-troisième depuis la mort
d'Alexandre, nous avons observé avec le
plus grand soin l'équinoxe d'automne,
qui arriva le neuvième jour du mois
athyr, une heure après le lever du soleil,
à très-peu près. Par conséquent en 285
années égyptiennes entières, c'est-à-dire
de 365 jours chacune, l'équinoxe n'a mis
en tout que 70 jours, avec le quart et
le vingtième d'un jour, à revenir, au
lieu de 71 jours un quart qu'il auroit
fallu, si la durée de l'année étoit d'un
quart de jour en sus (des 365 jours en
nombres entiers). Ainsi le retour du soleil à l'équinoxe se fit un jour moins un
vingtième environ plutôt qu'à raison
d'un quart de jour d'excès par année.

Hipparque dit pareillement encore que
dans la trente-deuxième année ci-dessus
rapportée, de la 3ᵉ période de Calippe,
l'équinoxe du printemps, exactement
observé, arriva le 27 du mois méchir
au matin. Or, cette année est la cent
soixante-dix-huitième depuis la mort
d'Alexandre; et deux cent quatre-vingt-
cinq ans après, dans la quatre cent-
soixante-troisième année depuis cette
époque, nous avons trouvé que l'équinoxe du printemps est arrivé le 7 du mois
pachon, vers une heure après midi, ensorte que cet équinoxe mit également de
plus, le nombre de soixante-dix jours un

21 *

quart et un vingtième à peu près, à revenir, au lieu d'y employer soixante-onze
jours un quart pour les deux cent quatre-
vingt-cinq ans, à raison d'un quart de jour
d'excès par an. Le retour de l'équinoxe du
printemps se fit donc alors aussi d'un jour
moins un vingtième plutôt qu'il n'auroit
dû, si l'année avoit un quart de jour de
plus (que trois cent soixante-cinq jours).
Par conséquent (p), puisque trois cents
ans sont à deux cent quatre-vingt-cinq
comme un jour est à un jour moins un
vingtième, il s'ensuit qu'en trois cents ans,
le retour du soleil aux points équinoxiaux,
se fait d'un jour environ plutôt que si
l'année avoit l'excédent d'un quart de jour
(sur trois cent soixante-cinq jours).

Quand même, par égard pour son ancienneté, nous comparerions l'observation du solstice d'été faite un peu trop
grossièrement par Méton et par Euctémon,
à celui que nous avons observé et calculé avec le plus grand soin, nous trouverions encore la même chose. Car il est
dit que cette observation a été faite sous
l'archontat d'Apseude, à Athènes, le 21
du mois phamenoth, au matin. A notre
tour nous avons trouvé, par un calcul
certain, que celui de notre quatre cent
soixante-troisième année depuis la mort
d'Alexandre, est arrivé le onzième jour
du mois mésoré à deux heures après
minuit, du 11 au 12. Or, depuis le
solstice d'été observé sous l'archonte
Apseude, jusqu'à celui qui a été observé
par Aristarque dans la cinquantième année de la première période de Calippe,
comme le dit Hipparque, il s'est écoulé
cent cinquante deux ans. Et depuis cette
cinquantième année, qui étoit la qua-

δ″ καὶ κ″ ἔγγιϛα, ἀντὶ τῶν πρὸς τὸ δ″
ἐπιβαλλουσῶν τοῖς σπε̄ ἔτεσιν ἡμερῶν
οᾱ δ″. Πρότερον ἄρα καὶ ἐνταῦθα γί-
γονεν ἡ τῆς ἐαρινῆς ἰσημερίας ἀποκατάϛασις, τῆς παρὰ τὸ δ″ ἐπουσίας, ἡμέρα μιᾷ
λειπούσῃ τὸ κ″ μέρος. Ὥϛτε ἐπεὶ τὸν αὐτὸν ἔχει λόγον τά τε τ̄ ἔτη πρὸς τοὺς σπε̄,
καὶ ἡ μία ἡμέρα πρὸς τὴν μίαν λείπουσαν
τὸ κ″ μέρος, συνάγεται διότι καὶ ἐν τοῖς
τ̄ ἔτεσιν ἔγγιϛα, πρότερόν ἐϛι τῆς κατὰ
τὸ δ″ ἐπουσίας, ἡ πρὸς τὰ ἰσημερινὰ σημεῖα γινομένη τοῦ ἡλίου ἀποκατάϛασις,
ἡμέρα μιᾷ.

Κἂν πρὸς τὴν ὑπὸ τῶν περὶ Μέτωνά
τε καὶ Εὐκτήμονα τετηρημένην θερινὴν τροπὴν, ὡς ὁλοσχερέϛερον ἀναγεγραμμένην
τὴν σύγκρισιν παλαιότητος ἕνεκεν ποιησώ-
μεθα, τῆς ὑφ' ἡμῶν ὡς ἔνι μάλιϛα ἀδιϛάκτως ἐπιλελογισμένης, τὸ αὐτὸ τοῦτο
εὑρήσομεν. Ἐκείνη μὲν γὰρ ἀναγράφεται
γεγενημένη ἐπὶ Ἀψεύδους ἄρχοντος Ἀθήνησι, κατ' Αἰγυπτίους φαμενὼθ κᾱ, πρωΐας·
ἡμεῖς δὲ τὴν ἐν τῷ προκειμένῳ υξγ̄ῳ ἔτει
ἀπὸ τῆς Ἀλεξάνδρου τελευτῆς, ἀσφαλῶς
ἐπελογισάμεθα γεγονέναι τῇ ιᾱ τοῦ Μεσορῆ μετὰ β̄ ὥρας, ἐγγὺς τοῦ εἰς τὴν
ιβ̄αν μεσονυκτίου. Καὶ ἔϛι τὰ μὲν ἀπὸ τῆς
ἐπὶ τοῦ Ἀψεύδους ἀναγεγραμένης θερινῆς τροπῆς, μέχρι τῆς ὑπὸ τῶν περὶ
Ἀρίϛαρχον τετηρημένης, τῷ ν̄ῳ ἔτει, τῆς
πρώτης κατὰ Κάλιππον περιόδου, καθὼς
καὶ ὁ Ἵππαρχός φησιν, ἔτη ρνβ̄. Τὰ δὲ
ἀπὸ τοῦ προκειμένου ν̄ου ἔτους, ὃ ἦν κατὰ

τὸ μδ´ ον ἔτος ἀπὸ τῆς Ἀλεξάνδρου τελευτῆς, μέχρι τοῦ υξγ´ ου ἔτους τοῦ κατὰ
τὴν ἡμετέραν τήρησιν, ἔτη υιθ. Ἐν τοῖς μεταξὺ ἄρα τῆς ὅλης διαϛάσεως φοα´ ἔτεσιν, ἐὰν ἡ ὑπὸ τῶν περὶ Εὐκτήμονα τετηρημένη θερινὴ τροπὴ, περὶ τὴν ἀρχὴν
τῆς τοῦ φαμενὼθ κα´ ης ἦ γεγενημένη, προσ-
γεγόνασιν ἐφ᾽ ὅλοις Αἰγυπτιακοῖς ἔτεσιν
ἡμέραι ρμ´ ς´´ γ´´ ἔγγιϛα, ἀντὶ ρμβ´ ς´´ δ´´,
τῶν τοῖς φοα´ ἔτεσι, κατὰ τὴν τοῦ δ´´
ἐπουσίαν ἐπιβαλλουσῶν, ὥϛε πρότερον
γέγονεν ἡ ἐκκειμένη ἀποκαταϛασις τῆς
κατὰ τὸ δ´´ ἐπουσίας, ἡμέραις δυσὶ,
λειπούσαις τῷ ιβ´ μιᾶς ἡμέρας. Φανερὸν ἄρα καὶ οὕτω γέγονεν, ὅτι ἐν ὅλοις
τοῖς χ ἔτεσι, τὰς δύο πλήρεις ἔγγιϛα ἡμέρας ὁ ἐνιαύσιος χρόνος προλαμβάνει, τῆς
κατὰ τὸ δ´´ ἐπουσίας. Καὶ δι᾽ ἄλλων δὲ
πλειόνων τηρήσεων ἡμεῖς τε τὸ αὐτὸ
τοῦτο συμβαῖνον εὑρίσκομεν, καὶ τὸν Ἱπ-
παρχον ὁρῶμεν πλεονάκις αὐτῷ συγ-
κατατιθέμενον. Ἔν τε γὰρ τῷ Περὶ ἐνιαυσίου μεγέθους, συγκρίνας τὴν ὑπὸ Ἀριϛάρ-
χου τετηρημένην θερινὴν τροπὴν, τῷ ν´
ἔτει λήγοντι τῆς πρώτης κατὰ Κάλιππον
περιόδου, τῃ ὑφ᾽ ἑαυτοῦ πάλιν ἀκριβῶς
εἰλημμένῃ τῷ μγ´ ῳ ἔτει λήγοντι τῆς τρίτης κατὰ Κάλιππον περιόδου, φησὶν οὕ-
τως· «Δῆλον τοίνυν ὅτι ἐν τοῖς ρμε´ ἔτεσι,
τάχιον γέγονεν ἡ τροπὴ, τῆς κατὰ τὸ δ´´
ἐπουσίας, τῷ ἡμίσει τοῦ συναμφοτέρου
ἐξ-ἡμέρας καὶ νυκτὸς χρόνου»· Πάλιν τε
καὶ ἐν τῷ περὶ ἐμβολίμων μηνῶν τε καὶ
ἡμερῶν προειπὼν ὅτι, κατὰ μὲν τοὺς περὶ
Μέτωνα καὶ Εὐκτήμονα, ὁ ἐνιαύσιος χρόνος περιέχει ἡμέρας τξε´ δ´´ ἢ ος´´ μιᾶς

rante-quatrième depuis la mort d'A-
lexandre jusqu'à la quatre cents soixante-
troisième qui est celle de notre observation, il s'est écoulé quatre cents dix-neuf
ans. Donc, si le solstice d'été observé par
Euctémon, est arrivé au commencement du vingt-unième jour du mois
Phamenoth, il y a eu (q) au bout des
cinq cents soixante-onze années suivan-
tes, cent quarante jours $\frac{1}{7}$ $\frac{1}{7}$ de plus que
les années égyptiennes pleines, au lieu
de cent quarante-deux jours $\frac{1}{7}$ $\frac{1}{4}$ (r)
de jour qu'il auroit fallu pour les cinq
cents soixante-onze ans, suivant la proportion d'un quart de jour par an ; ensorte que le retour dont il s'agit, s'est
fait deux jours moins un douzième de
jour plutôt qu'il n'auroit été à raison
d'un quart de jour d'excès par an. Il
s'ensuit évidemment qu'au bout de six
cents années pleines, la fin de l'année
est arrivée environ deux jours plutôt
que si l'excédent des trois cents soixante-
cinq jours par an, étoit juste un quart
de jour. Nous avons trouvé la même
chose par d'autres observations, et nous
voyons qu'Hipparque est en cela d'accord avec nous. Car dans son Traité de
la grandeur de l'année, comparant le
solstice d'été observé par Aristarque à
la fin de la cinquantième année de la
première période de Calippe, avec celui
qu'il a pris exactement à la fin de la
quarante-troisième année de la troisième
période calippique, il s'exprime en ces
termes : «On ne peut douter que dans
les cent quarante-cinq ans d'intervalle,
le solstice n'ait précédé de la moitié de
la durée d'un jour et d'une nuit consécutifs, le temps où il eût dû arriver si
l'année étoit de trois cents soixante-cinq
jours un quart juste». Et encore, dans
son Livre sur les mois et les jours (em-

bolimes) intercalaires, après avoir dit que Méton et Euctémon font l'année de trois cents soixante-cinq jours $\frac{1}{4}$ et $\frac{1}{76}$ de jour, et que Calippe ne l'a faite que de trois cents soixante-cinq jours $\frac{1}{4}$ (*s*); il poursuit précisément en ces termes : « Nous avons trouvé autant de mois entiers contenus dans les dix neuf années, qu'ils en ont marqué eux-mêmes ; mais aussi nous avons trouvé que l'année contient un trois-centième de jour de moins que le quart : de sorte qu'en trois cents ans, il manque cinq jours qui sont de moins que suivant Méton, mais seulement un jour de moins que suivant Calippe ». Ensuite, récapitulant ses idées en citant ses propres ouvrages, il dit : « Dans le livre que j'ai composé sur la durée de l'année, je montre que l'année solaire qui est le temps que le soleil emploie à revenir d'un solstice au même solstice, ou d'un équinoxe au même équinoxe, contient trois cents soixante-cinq jours et un quart moins le trois-centième, à-peu-près, d'un jour et d'une nuit consécutifs ; et qu'il ne faut pas ajouter, comme les mathématiciens le prescrivent, un quart tout entier de jour, au nombre trois cents soixante-cinq des jours de l'année ».

Je crois avoir ainsi clairement démontré que les observations faites jusqu'à ce jour concernant la longueur de l'année, s'accordent toutes, tant les anciennes que les nouvelles, à confirmer que le soleil emploie ce temps à revenir aux mêmes points solstitiaux ou équinoxiaux d'où il étoit parti. Si donc nous partageons un jour entre trois cents ans, chaque année en aura douze secondes. Si nous retranchons celles-ci

ἡμέρας, κατὰ δὲ Κάλιππον ἡμέρας τξε δ" μόνον, ἐπιλέγει κατὰ λέξιν οὕτως· « Ἡμεῖς δὲ μῆνας μὲν ὅλους εὑρίσκομεν περιεχομένους ἐν τοῖς ιθ ἔτεσιν, ὅσους κἀκεῖνοι· τὸν δ' ἐνιαυτὸν ἔτι κỳ τοῦ δ" ἔλασσον τριακοσιοςῷ ἐπιλαμϐάνοντα μάλιςα μέρει μιᾶς ἡμέρας, ὡς ἐν τοῖς τ ἔτεσιν ἐλλείπειν παρὰ μὲν τὸν Μέτωνα ἡμέρας ε, παρὰ δὲ τὸν Κάλιππον ἡμέραν μίαν ». Καὶ συγκεφαλαιούμενος δὲ τὰς γνώμας ἑαυτοῦ σχεδὸν διὰ τῆς ἀναγραφῆς τῶν ἰδίων συνταγμάτων, φησὶν οὕτως· « Συντέταχα δὲ κỳ περὶ τοῦ ἐνιαυσίου χρόνου ἐν βιϐλίῳ ἑνὶ, ἐν ᾧ ἀποδεικνύω ὅτι ὁ καθ' ἥλιον ἐνιαυτὸς, τοῦτο δὲ γίνεται ὁ χρόνος ἐν ᾧ ὁ ἥλιος ἀπὸ τροπῆς ἐπὶ τὴν αὐτὴν τροπὴν παραγίνεται ἢ ἀπὸ ἰσημερίας ἐπὶ τὴν αὐτὴν ἰσημερίαν, περιέχει ἡμέρας τξε κỳ ἔλαττον ἢ δ" ἡμέρας τῷ τ ἔγγιςα μέρει μιᾶς ἡμέρας κỳ νυκτὸς· καὶ οὐχ' ὡς οἱ μαθηματικοὶ νομίζουσιν αὐτὸ τὸ δ" ἐπάγεϐαι ἐπὶ τῷ εἰρημένῳ πλήθει τῶν ἡμερῶν ».

Ὅτι μὲν οὖν τὰ μέχρι τοῦ δεῦρο φαινόμενα περὶ τὸ μέγεθος τοῦ ἐνιαυσίου χρόνου, τῇ προειρημένῃ πρὸς τὴν τῶν τροπικῶν κỳ ἰσημερινῶν σημείων ἀποκατάςασιν πηλικότητι, συντρέχει κατὰ τὴν τῶν νῦν πρὸς τὰ πρότερον ὁμολογίαν, φανερὸν οἶμαι γεγονέναι. Τούτων δ' οὕτως ἐχόντων, ἐὰν ἐπιμερίσωμεν τὴν μίαν ἡμέραν εἰς τὰ τ ἔτη, ἐπιϐάλλει ἑκάςῳ ἔτει μιᾶς ἡμέρας ἑξηκοςὰ δεύτερα ιβ, ἅπερ ἐὰν ἀφέλωμεν

ἀπὸ τῶν τῆς κατὰ τὸ δ″ ἐπουσίας τξε̄ ιέ, ἕξομεν τὸν ἐπιζητούμενον ἐνιαύσιον χρόνον ἡμερῶν τξε̄ ιδ′ μη″. Τοσοῦτον μὲν δὴ πλῆθος τῶν ἡμερῶν εἴη ἂν ἔγγιςα ἡμῖν ὡς ἔνι μάλιςα ἐκ τῶν παρόντων εἰλημμένον.

Ἕνεκεν δὲ τῆς ἐπί τε τοῦ ἡλίου καὶ τῶν ἄλλων πρὸς τὰς παρ᾽ ἕκαςα γινομένας αὐτῶν παρόδους ἐπισκέψεως, ἣν πρόχειρον καὶ ὥσπερ ἐκκειμένην πέφυκε παρέχειν ἡ σύνταξις τῆς κατὰ μέρος κανονοποιΐας, πρόθεσιν μὲν κὴ σκοπὸν ἡγούμεθα δεῖν ὑπάρχειν τῷ μαθηματικῷ δεῖξαι τὰ φαινόμενα ἐν τῷ οὐρανῷ πάντα, δι᾽ ὁμαλῶν κὴ ἐγκυκλίων κινήσεων ἀποτελούμενα, προσήκουσαν δὲ κὴ ἀκόλουθον τῇ αὐτῇ προθέσει μάλιςα κανονοποιΐαν, τὴν χωρίζουσαν μὲν τὰς κατὰ μέρος ὁμαλὰς κινήσεις, ἀπὸ τῆς διὰ τὰς τῶν κύκλων ὑποθέσεις δοκούσης συμβαίνειν ἀνωμαλίας, πάλιν δὲ ἐκ τῆς μίξεως καὶ τῆς συναγωγῆς τούτων ἀμφοτέρων, τὰς φαινομένας αὐτῶν παρόδους ἀποδεικνύουσαν. Ἵν᾽ οὖν ἡμῖν καὶ τὸ τοιοῦτον εἶδος εὐχρηςότερον, καὶ παρ᾽ αὐτὰς τὰς ἀποδείξεις ὑπὸ χεῖρα λαμβάνηται, ποιησόμεθα ἐντεῦθεν τὴν ἔκθεσιν τῶν κατὰ μέρος ὁμαλῶν τοῦ ἡλίου κινήσεων τρόπῳ τοιῷδε.

Τῆς γὰρ μιᾶς ἀποκαταςάσεως ἀποδεδειγμένης, ἡμερῶν τξε̄ ιδ′ μη″, ἐὰν ἐπιμερίσωμεν εἰς ταύτας τὰς τοῦ ἑνὸς κύκλου μοίρας τξ̄, ἕξομεν τὸ ἡμερήσιον μέσον κί-

des trois cents soixante-cinq jours et quinze minutes de jour ajoutées pour le quart, nous aurons pour la durée cherchée de l'année, 365 jours 14′ 48″ de jour (*365 jours 5 heures 55′ 12″*). Tel est à peu près le nombre des jours et des portions de jour que l'on doit conclure des observations, pour la longueur de l'année en général.

Quant à la recherche des particularités du mouvement du soleil et des autres astres dans chaque point de leurs orbites, comme il est avantageux d'en avoir les détails couchés, pour ainsi dire, dans une table composée pour les donner tout trouvés, nous croyons que l'objet des mathématiciens à cet égard doit être de montrer que tous les phénomènes célestes sont des effets des mouvemens uniformes et circulaires. Il faut, conformément à cette idée, que cette table soit dressée de manière que les mouvemens égaux et uniformes y soient distingués de l'anomalie, qui paroît être une suite des hypothèses des cercles, et qu'elle montre les lieux où les astres paroissent être parvenus par un effet de la combinaison de ces deux mouvemens. Pour nous rendre cette connoissance plus usuelle, et nous en mettre les résultats sous la main, nous allons faire un exposé succinct des monvemens moyens du soleil, jusques dans leurs plus petits détails, de la manière suivante.

Après avoir prouvé que le retour du soleil se fait en 365 14′ 48″ jours, si nous divisons par ce nombre les 360 degrés du cercle, nous trouverons le mouvement diurne du soleil de près

de o^d 59' 8''. 17'''' 13'''' 12''''' 31''''', sans pousser plus loin que cette dernière fraction qui suffira. Ensuite, prenant la vingt-quatrième partie de ce mouvement diurne, nous aurons le mouvement horaire de o^d 2' 27'' 50''' 43'''' 3''''' 1''''' à très-peu près. De même, multipliant le mouvement diurne par le nombre 3o des jours d'un mois, nous aurons pour le mouvement moyen de chaque mois, 29^d 34' 8'' 36''' 36'''' 15''''' 3o'''''. Mais pour l'année égyptienne de trois cents soixante-cinq jours, nous aurons, de mouvement annuel moyen, 359^d 45' 24'' 45''' 21'''' 8''''' 35'''''. Multipliant encore le mouvement annuel par le nombre 18 d'années, pour l'avantage qui en résultera évidemment dans la confection et la disposition de la table, et retranchant du produit les circonférences entières, nous aurons de surplus, pour moyen mouvement en dix-huit ans, 355^d 37' 25'' 36'' 20'''' 34''''' 3o'''''.

Telles sont les trois tables que nous avons construites pour représenter les mouvemens moyens du soleil, chacune en deux parties. La première table de 45 lignes, contiendra les mouvemens moyens de dix-huit en dix-huit ans; la seconde, les mouvemens pour les années simples, et au-dessous pour les heures; et la troisième pour les mois, et au-dessous pour les jours Les nombres qui designent les temps seront placés dans les premières colonnes; et à côté, dans les secondes, seront rangés ceux des portions du cercle qui leur appartiennent. Voici qu'elles sont ces tables.

νημα τοῦ ἡλίου, μοιρῶν ō νθ' ἤ' ιϛ''' ιζ'''' ιβ''''' λα'''''' ἔγγιϛα· ἀρκέσει γὰρ μέχρι τοσούτων ἑξηκοϛῶν τοὺς μερισμοὺς τούτους ποιεῖϑαι. Πάλιν τοῦ ἡμερησίου κινήματος λαμβάνοντες τὸ κδ'', ἕξομεν τὸ ὡριαῖον, μοιρῶν ō β' κζ'' ν''' μγ'''' γ''''' α'''''' ἔγγιϛα. Ὁμοίως τὸ ἡμερήσιον πολλαπλασιάσαντες ἐπὶ μὲν τὰς τοῦ ἑνὸς μηνὸς ἡμέρας λ, ἕξομεν μέσον κίνημα μηνιαῖον μοιρῶν κϑ λδ' η'' λϛ''' λϛ'''' ιε''''' λ''''''. Ἐπὶ δὲ τὰς τοῦ ᾱ Αἰγυπτιακοῦ ἔτους ἡμέρας τξε̅, ἕξομεν ἐνιαύσιον μέσον κίνημα, μοιρῶν τνθ με' κδ'' με''' κα'''' η''''' λε''''''. Πάλιν τὸ ἐνιαύσιον πολλαπλασιάσαντες ἐπὶ ἔτη ῑη, διὰ τὸ φανησόμενον σύμμετρον τῆς κανονογραφίας, καὶ ἀφελόντες ὅλους κύκλους, ἕξομεν ὀκτωκαιδεκαετηρίδος ἐπουσίαν, μοιρῶν τνε̅ λζ' κε'' λϛ''' κ'''' λδ''''' λ''''''.

Ἐτάξαμεν οὖν κανόνια τῆς ὁμαλῆς κινήσεως τοῦ ἡλίου γ̄ ἕκαϛον ἐπὶ ϛίχους μὲν πάλιν με̄· μέρη δὲ δύο· περιέξει δὲ τὸ μὲν πρῶτον κανόνιον, τὰ τῶν ὀκτωκαιδεκαετηρίδων μέσα κινήματα· τὸ δὲ δεύτερον πρῶτα τὰ ἐνιαύσια, κ̣ ὑπ' αὐτὰ τὰ ὡριαῖα· τὸ δὲ τρίτον, πρῶτα μὲν τὰ μηνιαῖα, ὑποκάτω δὲ τὰ ἡμερήσια τῶν μὲν τοῦ χρόνου ἀριθμῶν ἐν τοῖς πρώτοις μέρεσι τασσομένων, τῆς δὲ τῶν μοιρῶν παραϑέσεως ἐν τοῖς δευτέροις κατὰ τὰς οἰκείας ἑκάϛων ἐπισυναγωγὰς· καὶ εἰσὶν οἱ κανόνες τοιοῦτοι. -

ΚΑΝΟΝΙΟΝΤΗΣ ΟΜΑΛΗΣ ΤΟΥ ΗΛΙΟΥ ΚΙΝΗΣΕΩΣ.

ΑΠΟΧΗΣ ΑΠΟ ΤΟΥ ΑΠΟΓΕΙΟΥ Μ σξε ιε
Εποχὴ μέση ἰχθύων με'.

Ο ετων και δι. καιδων	Μοιρ.	Α.	Β.	Γ.	Δ.	Ε.	Σ.
ιη	τνε	λζ	κε	λς	κ	λδ	λ
λς	τνα	ιδ	να	ιβ	μα	θ	ō
νδ	τμς	νβ	ις	μθ	α	μγ	λ
οβ	τμβ	κθ	μβ	κε	κβ	ιη	ō
ϟ	τλη	ζ	η	α	μβ	νβ	λ
ρη	τλγ	μδ	λγ	λη	γ	κζ	ō
ρκς	τκθ	κα	νθ	ιδ	κδ	α	λ
ρμδ	τκδ	νθ	κδ	ν	μδ	λς	ō
ρξβ	τκ	λς	ν	κζ	ε	ι	λ
ρπ	τις	ιδ	ις	γ	κε	με	ō
ρϟη	τια	να	μα	λθ	μς	ιθ	λ
σις	τζ	κθ	ζ	ις	ς	νδ	ō
σλδ	τγ	ς	λβ	νβ	κζ	κη	λ
σνβ	σϟη	μγ	νη	κη	μη	γ	ō
σο	σϟδ	κα	κδ	ε	η	λζ	λ
σπη	σπθ	νη	μθ	μα	κθ	ιβ	ō
τς	σπε	λς	ιε	ιζ	μθ	μς	λ
τκδ	σπα	ιγ	μ	νδ	ι	κα	ō
τμβ	σος	να	ς	λ	λ	νε	λ
τξ	σοβ	κη	λβ	ς	να	λ	ō
τοη	σξη	ε	νζ	μγ	ιβ	δ	λ
τϟς	σξγ	μγ	κγ	ιθ	λβ	λθ	ō
υιδ	σνθ	κ	μη	νε	νγ	ιγ	λ
υλβ	σνδ	νη	ιδ	λβ	ιγ	μη	ō
υν	σν	λε	μ	η	λδ	κβ	λ
υξη	σμς	ιγ	ε	μδ	νδ	νζ	ō
υπς	σμα	ν	λα	κα	ιε	λα	λ
φδ	σλζ	κζ	νς	νζ	λς	ς	ō
φκβ	σλγ	ε	κβ	λγ	νς	μ	λ
φμ	σκη	μβ	μη	ι	ιζ	ιε	ō
φνη	σκδ	κ	ιγ	μς	λζ	μθ	λ
φος	σιθ	νζ	λθ	κβ	νη	κδ	ō
φϟδ	σιε	λε	δ	νθ	ιη	νη	λ
χιβ	σια	ιβ	λ	λε	λθ	λγ	ō
χλ	σς	μθ	νς	ιβ	ō	ζ	λ
χμη	σβ	κζ	κα	μη	κ	μβ	ō
χξς	ρϟη	δ	μζ	κδ	μα	ις	λ
χπδ	ρϟγ	μβ	ιγ	α	α	να	ō
ψβ	ρπθ	ιθ	λη	λζ	κβ	κε	λ
ψκ	ρπδ	νζ	δ	ιγ	μγ	ō	λ
ψλη	ρπ	λδ	κθ	ν	γ	λδ	ō
ψνς	ροϛ	ια	νε	κς	κδ	θ	λ
ωοδ	ροα	μθ	κα	β	μδ	μγ	λ
ωϟβ	ρξζ	κς	μς	λθ	ε	ιη	ō
ωι	ρξγ	δ	ιβ	ιε	κε	νβ	λ

TABLE DU MOUVEMENT MOYEN DU SOLEIL.

DE DISTANCE A L'APOGÉE, 265ᵈ 15'.
Époque moyenne, 0ᵈ 45' des Poissons.

Par 18 années.	Degrés	Min.	Se-condes	Tierc.	Quart.	Quint.	Sixtes.
18	355	37	25	36	20	34	30
36	351	14	51	12	41	9	0
54	346	52	16	49	1	43	30
72	342	29	42	25	22	18	0
90	338	7	8	1	42	52	30
108	333	44	33	38	3	27	0
126	329	21	59	14	24	1	30
144	324	59	24	50	44	36	0
162	320	36	50	27	5	10	30
180	316	14	16	3	25	45	0
198	311	51	41	39	46	19	30
216	307	29	7	16	6	54	0
234	303	6	32	52	27	28	30
252	298	43	58	28	48	3	0
270	294	21	24	5	8	37	30
288	289	58	49	41	29	12	0
306	285	36	15	17	49	46	30
324	281	13	40	54	10	21	0
342	276	51	6	30	30	55	30
360	272	28	32	6	51	30	0
378	268	5	57	43	12	4	30
396	263	43	23	19	32	39	0
414	259	20	48	55	53	13	30
432	254	58	14	32	13	48	0
450	250	35	40	8	34	22	30
468	246	13	5	44	54	57	0
486	241	50	31	21	15	31	30
504	237	27	56	57	36	6	0
522	233	5	22	33	56	40	30
540	228	42	48	10	17	15	0
558	224	20	13	46	37	49	30
576	219	57	39	22	58	24	0
594	215	35	4	59	18	58	30
612	211	12	30	35	39	33	0
630	206	49	56	12	0	7	30
648	202	27	21	48	20	42	0
666	198	4	47	24	41	16	30
684	193	42	13	1	1	51	0
702	189	19	38	37	22	25	30
720	184	57	4	13	43	0	0
738	180	34	29	50	3	34	30
756	176	11	55	26	24	9	0
774	171	49	21	2	44	43	30
792	167	26	46	39	5	18	0
810	163	4	12	15	25	52	30

TABLE DU MOUVEMENT MOYEN DU SOLEIL.

LIEU DE LA DISTANCE A L'APOGÉE DU SOLEIL, GÉMEAUX, 5 degrés 30 minutes.

Années simples.	Degrés	Min.	Secondes	Tierc.	Quart.	Quint.	Sixtes
1	359	45	24	45	21	8	35
2	359	3o	49	3o	42	17	10
3	359	16	14	16	3	25	45
4	359	1	39	1	24	34	20
5	358	47	3	46	45	42	55
6	358	32	28	32	6	51	3o
7	358	17	53	17	28	0	5
8	358	3	18	2	49	8	4o
9	357	48	42	48	10	17	15
10	357	34	7	33	31	25	5o
11	357	19	32	18	52	34	25
12	357	4	57	4	13	43	0
13	356	50	21	49	34	51	35
14	356	35	46	34	56	0	10
15	356	21	11	20	17	8	45
16	356	6	36	5	38	17	20
17	355	52	0	5o	59	25	55
18	355	37	25	36	20	34	3o

Heures.	Degrés	Min.	Secondes	Tierc.	Quart.	Quint	Sixtes
1	0	2	27	5o	43	3	1
2	0	4	55	41	26	6	2
3	0	7	23	32	9	9	3
4	0	9	51	22	52	12	5
5	0	12	19	13	35	15	6
6	0	14	47	4	18	18	7
7	0	17	14	55	1	21	9
8	0	19	42	45	44	24	10
9	0	22	10	36	27	27	11
10	0	24	38	27	10	3o	12
11	0	27	6	17	53	33	14
12	0	29	34	8	36	36	15
13	0	32	1	59	19	39	16
14	0	34	29	5o	2	42	18
15	0	36	57	40	45	45	19
16	0	39	25	31	28	48	20
17	0	41	53	22	11	51	21
18	0	44	21	12	54	54	23
19	0	46	49	3	37	57	24
20	0	49	16	54	21	0	25
21	0	51	44	45	4	3	27
22	0	54	12	35	47	6	28
23	0	56	40	26	3o	9	29
24	0	59	8	17	13	12	31

ΚΑΝΟΝΙΟΝ ΤΗΣ ΟΜΑΛΗΣ ΤΟΥ ΗΛΙΟΥ ΚΙΝΗΣΕΩΣ.

ΕΠΟΥΣΙΑ ΑΠΟΧΗΣ ΑΠΟ ΤΟΥ ΑΠΟΓΕΙΟΥ ΤΟΥ ΗΛΙΟΥ ΔΙΔΥΜΩΝ Μ ε λ'.

Ἔτη ἁπλᾶ.	Μοιρ.	Α.	Β.	Γ.	Δ.	Ε.	Σ.
α	τνθ	με	κδ	με	κα	η	λε
β	τνθ	λ	μθ	λ	μβ	ιζ	ι
γ	τνθ	ις	ιδ	ις	γ	κε	με
δ	τνθ	α	λθ	α	κδ	λδ	κ
ε	τνη	μζ	γ	μς	με	μβ	νε
ς	τνη	λβ	κη	λβ	ς	να	λ
ζ	τνη	ιζ	νγ	ιζ	κη	ο	ε
η	τνη	γ	ιη	β	μθ	η	μ
θ	τνζ	μη	μβ	μη	ι	ιζ	ιε
ι	τνζ	λδ	ζ	λγ	λα	κε	ν
ια	τνζ	ιθ	λβ	ιη	νβ	λδ	κε
ιβ	τνζ	δ	νζ	δ	ιγ	μγ	ο
ιγ	τνς	ν	κα	μθ	λδ	να	λε
ιδ	τνς	λε	μς	λδ	νς	ο	ι
ιε	τνς	κα	ια	κ	ιζ	η	με
ις	τνς	ς	λς	ε	λη	ιζ	κ
ιζ	τνε	νβ	ο	νθ	νθ	κε	νε
ιη	τνε	λζ	κε	λς	κ	λδ	λ

Ὡραὶ.	Μοιρ.	Α.	Β.	Γ.	Δ.	Ε.	Σ.
α	ο	β	κζ	ν	μγ	γ	α
β	ο	δ	νε	μα	κς	ς	β
γ	ο	ζ	κγ	λβ	θ	θ	γ
δ	ο	θ	να	κβ	νβ	ιβ	ε
ε	ο	ιβ	ιθ	ιγ	λε	ιε	ς
ς	ο	ιδ	μζ	δ	ιη	ιη	ζ
ζ	ο	ιζ	ιδ	νε	α	κα	θ
η	ο	ιθ	μβ	με	μδ	κδ	ι
θ	ο	κβ	ι	λς	κζ	κζ	ια
ι	ο	κδ	λη	κζ	ι	λ	ιβ
ια	ο	κζ	ς	ιζ	νγ	λγ	ιδ
ιβ	ο	κθ	λδ	η	λς	λς	ιε
ιγ	ο	λβ	α	νθ	ιθ	λθ	ις
ιδ	ο	λδ	κθ	ν	β	μβ	ιη
ιε	ο	λς	νζ	μ	με	με	ιθ
ις	ο	λθ	κε	λα	κη	μη	κ
ιζ	ο	μα	νγ	κβ	ια	να	κα
ιη	ο	μδ	κα	ιβ	νδ	νδ	κγ
ιθ	ο	μς	μθ	γ	λζ	νζ	κδ
κ	ο	μθ	ις	νδ	κα	ο	κε
κα	ο	να	μδ	με	δ	γ	κζ
κβ	ο	νδ	ιβ	λς	μς	ς	κη
κγ	ο	νς	μ	κς	λ	θ	κθ
κδ	ο	νθ	η	ιζ	ιγ	ιβ	λα

ΚΑΝΟΝΙΟΝ ΤΗΣ ΟΜΑΛΗΣ ΤΟΥ ΗΛΙΟΥ ΚΙΝΗΣΕΩΣ.

ΕΩΣ ΤΗΣ ΚΑΤΑ ΤΟ Α ΕΤΟΣ ΝΑΒΟΝΑΣΣΑΡΟΥ ΜΕΣΗΣ
ΕΠΟΧΗΣ ΤΟΥ ΗΛΙΟΥ ΤΩΝ ΙΧΘΥΩΝ ο με' σ ξε ιε'.

Μῆνες αἰγύπτιοι	Μοιρ.	Α.	Β.	Γ.	Δ.	Ε.	Σ.
λ	κθ	λδ	η	λς	λς	ιε	λ
ξ	νθ	η	ιζ	ιγ	ιβ	λα	ō
ϙ	πη	μβ	κε	μθ	μη	μς	λ
ρκ	ριη	ις	λδ	κς	κε	β	ō
ρν	ρμζ	ν	μγ	γ	α	ιζ	λ
ρπ	ροζ	κδ	να	λθ	λζ	λγ	ō
σι	σς	νθ	ō	ις	ιγ	μη	λ
σμ	σλς	λγ	η	νβ	ν	δ	ō
σο	σξς	ζ	ιζ	κθ	κς	ιθ	λ
τ	σϙε	μα	κς	ς	β	λε	ō
τλ	τκε	ιε	λδ	μβ	λη	ν	λ
τξ	τνδ	μθ	μγ	ιθ	ιε	ς	ō

Ἡμέραι	Μοιρ.	Α.	Β.	Γ.	Δ.	Ε.	Σ.
α	ō	νθ	η	ιζ	ιγ	ιβ	λα
β	α	νη	ις	λδ	κς	κε	β
γ	β	νζ	κδ	να	λθ	λζ	λγ
δ	γ	νς	λγ	η	νβ	ν	δ
ε	δ	νε	μα	κς	ς	β	λε
ς	ε	νδ	μθ	μγ	ιθ	ιε	ς
ζ	ς	νγ	νη	ō	λβ	κζ	λζ
η	ζ	νγ	ς	ιζ	με	μ	η
θ	η	νβ	ιδ	λδ	νη	νβ	λθ
ι	θ	να	κβ	νβ	ιβ	ε	ι
ια	ι	ν	λα	θ	κε	ιζ	μα
ιβ	ια	μθ	λθ	κς	λη	λ	ιβ
ιγ	ιβ	μη	μζ	μγ	να	μβ	μγ
ιδ	ιγ	μζ	νς	α	δ	νε	ιδ
ιε	ιδ	μζ	δ	ιη	ιη	ζ	με
ις	ιε	μς	ιβ	λε	λα	κ	ις
ιζ	ις	με	κ	νβ	μδ	λβ	μζ
ιη	ιζ	μδ	κθ	θ	νζ	με	ιη
ιθ	ιη	μγ	λζ	κζ	ι	νζ	μθ
κ	ιθ	μβ	με	μδ	κδ	ι	κ
κα	κ	μα	νδ	α	λζ	κβ	να
κβ	κα	μα	β	ιη	ν	λε	νβ
κγ	κβ	μ	ι	λε	γ	μζ	νγ
κδ	κγ	λθ	ιη	νγ	ιζ	ō	κδ
κε	κδ	λη	κζ	ι	λ	ιβ	νε
κς	κε	λζ	λε	κζ	μγ	κε	κς
κζ	κς	λς	μγ	μδ	νς	λζ	νζ
κη	κζ	λε	νβ	β	θ	ν	κη
κθ	κη	λε	ō	ιθ	κγ	β	νθ
λ	κθ	λδ	η	λς	λς	ιε	λ

TABLE DU MOUVEMENT MOYEN DU SOLEIL.

JUSQU'A L'ÉPOQUE MOYENNE DU SOLEIL
DANS LA PREMIÈRE ANNÉE DE NABONASSAR,
45 minutes des Poissons, 265 degrés 15 minutes.

Mois égyptiens.	Degrés	Min.	Se-condes	Tierc.	Quart.	Quint.	Sixtes
30	29	34	8	36	36	15	30
60	59	8	17	13	12	31	0
90	88	42	25	49	48	46	30
120	118	16	34	26	25	2	0
150	147	50	43	3	1	17	30
180	177	24	51	39	37	33	0
210	206	59	0	16	13	48	30
240	236	33	8	52	50	4	0
270	266	7	17	29	26	19	30
300	295	41	26	6	2	35	0
330	325	15	34	42	38	50	30
360	354	49	43	19	15	6	0

Jours.	Degrés	Min.	Se-condes	Tierc.	Quart.	Quint.	Sixtes
1	0	59	8	17	13	12	31
2	1	58	16	34	26	25	2
3	2	57	24	51	39	37	33
4	3	56	33	8	52	50	4
5	4	55	41	26	6	2	35
6	5	54	49	43	19	15	6
7	6	53	58	0	32	27	37
8	7	53	6	17	45	40	8
9	8	52	14	34	58	52	39
10	9	51	22	52	12	5	10
11	10	50	31	9	25	17	41
12	11	49	39	26	38	30	12
13	12	48	47	43	51	42	43
14	13	47	56	1	4	55	14
15	14	47	4	18	18	7	45
16	15	46	12	35	31	20	16
17	16	45	20	52	44	32	47
18	17	44	29	9	57	45	18
19	18	43	37	27	10	57	49
20	19	42	45	44	24	10	20
21	20	41	54	1	37	22	51
22	21	41	2	18	50	35	22
23	22	40	10	35	3	47	53
24	23	39	18	53	17	0	24
25	24	38	27	10	30	12	55
26	25	37	35	27	43	25	26
27	26	36	43	44	56	37	57
28	27	35	52	2	9	50	28
29	28	35	0	19	23	2	59
30	29	34	8	36	36	15	30

I.

CHAPITRE III.

DES HYPOTHÈSES QUI EXPLIQUENT LE MOU-
VEMENT MOYEN ET CIRCULAIRE.

Pour expliquer maintenant ce qu'on
entend par anomalie apparente du soleil, il faut admettre d'abord généralement que les mouvements par lesquels
les planètes vont selon l'ordre des signes
ou constellations zodiacales, ainsi que
le mouvement de l'univers en sens contraire, sont tous essentiellement uniformes et circulaires. C'est-à-dire, que les
droites que l'on imagine faire circuler
les astres ou leurs cercles, font toujours
entr'elles aux centres des circonférences
décrites, des angles égaux en temps
égaux. Leurs anomalies apparentes sont
les effets de la position et des arrange-
mens des cercles mêmes où ces mouvemens s'accomplissent; et, dans l'espèce de
désordre que l'on croit remarquer dans
les phénomènes, il n'y a pourtant rien de
contraire à l'immutabilité qui convient à
leur nature. La vraie cause de cette apparence d'irrégularité peut s'expliquer par
deux suppositions premières et simples.
L'une ou l'autre rendra également raison
des phénomènes. En effet, si nous supposons que le mouvement se fait dans
un cercle décrit autour du centre du
monde, et dans le plan de l'écliptique,
ensorte que le point d'où nous regardons ne diffère pas de ce centre, il faut
admettre ou que les astres font leurs
mouvemens égaux dans des cercles non
concentriques au monde, ou que si ces

ΚΕΦΑΛΑΙΟΝ Γ.

ΠΕΡΙ ΤΩΝ ΚΑΘ' ΟΜΑΛΗΝ ΚΑΙ ΕΓΚΥΚΛΙΟΝ
ΚΙΝΗΣΙΝ ΥΠΟΘΕΣΕΩΝ.

Εξης δ' ὄντος καὶ τὴν φαινομένην ἀνωμαλίαν τοῦ ἡλίου δεῖξαι, προληπτέον
καθόλου, διότι καὶ αἱ τῶν πλανωμένων εἰς
τὰ ἑπόμενα τ῏ε οὐρανοῦ μετακινήσεις, ὥσπερ κὴ ἡ εἰς τὰ ἡγούμενα φορὰ τῶν ὅλων,
ὁμαλαὶ μέν εἰσι πᾶσαι, καὶ ἐγκύκλιοι
τῇ φύσει· τουτέςιν αἱ νοούμεναι περι-
άγειν εὐθεῖαι τοὺς ἀςέρας, ἢ καὶ τοὺς
κύκλους αὐτῶν, ἐπὶ πάντων ἁπλῶς ἐν
τοῖς ἴσοις χρόνοις, ἴσας γωνίας ἀπολαμβάνουσι, πρὸς τοῖς κέντροις ἑκάςης τῶν
περιφορῶν. Αἱ δὲ φαινόμεναι περὶ αὐτὰς
ἀνωμαλίαι, παρὰ τὰς θέσεις καὶ τάξεις
τῶν ἐν ταῖς σφαίραις αὐτῶν κύκλων, δι'
ὧν ποιοῦνται τὰς κινήσεις, ἀποτελοῦνται,
καὶ οὐδὲν ἀλλότριον αὐτῶν τῆς ἀϊδιότητος,
περὶ τὴν ὑπονοουμένην τῶν φαινομένων
ἀταξίαν, τῷ ὄντι πέφυκε συμβαίνειν.
Τὸ δ' αἴτιον τῆς ἀνωμάλου φαντασίας,
κατὰ δύο μάλιςα τὰς πρώτας καὶ ἁπλᾶς
ὑποθέσεις ἐνδέχεται γίνεσθαι. Τῆς γὰρ
κινήσεως αὐτῶν θεωρουμένης, πρὸς τὸν
ὁμόκεντρόν τε τῷ κόσμῳ καὶ ἐν τῷ ἐπιπέδῳ τοῦ διὰ μέσων τῶν ζωδίων νοού-
μενον κύκλον, ὡς ἀδιαφορεῖν πρὸς τὸ
κέντρον αὐτοῦ τὴν ἡμετέραν ὄψιν, αὐτούς, ἤτοι κατὰ μὴ ὁμοκέντρων τῷ κόσμῳ
κύκλων, ὁμαλὰς ὑπολητέον ποιεῖσθαι τὰς κινήσεις, ἢ κατὰ ὁμοκέντρων

μὲν, οὐχ ἁπλῶς δὲ ἐπ᾽ αὐτῶν, ἀλλ᾽ ἐπὶ ἑτέρων ὑπ᾽ ἐκείνων φερομένων, καλουμένων δὲ ἐπικύκλων. Καθ᾽ ἑκατέραν γὰρ τούτων τῶν ὑποθέσεων, ἐνδεχόμενον φανήσεται, τὸ, ἐν ἴσοις αὐτοὺς χρόνοις, ἀνίσους φαίνεσθαι ταῖς ὄψεσιν ἡμῶν διερχομένους, τοῦ διὰ μέσων τῶν ζωδίων κύκλου ὁμοκέντρου τῷ κόσμῳ περιφερείας.

Ἐάν τε γὰρ, ἐπὶ τῆς κατ᾽ ἐκκεντρότητα ὑποθέσεως νοήσωμεν τὸν μὲν ἔκκεντρον κύκλον, ἐφ᾽ οὗ ὁμαλῶς ὁ ἀστὴρ κινεῖται, τὸν ΑΒΓΔ περὶ κέντρον τὸ Ε, καὶ διάμετρον τὴν ΑΕΔ, τὸ δὲ Ζ σημεῖον ἐπ᾽ αὐτῆς τὴν ἡμετέραν ὄψιν, ὥς τε καὶ τὸ μὲν Α, τὸ ἀπογειότατον γίνεσθαι σημεῖον, τὸ δὲ Δ περιγειότατον, ἀπολαβόντες τε ἴσας περιφερείας, τήν τε ΑΒ καὶ τὴν ΔΓ, ἐπιζεύξωμεν τὰς ΒΕ, καὶ ΒΖ, καὶ ΓΕ, καὶ ΓΖ, αὐτόθεν δῆλον ἔσαι, διότι, τὰς ΑΒ καὶ ΓΔ περιφερείας, ἑκατέραν ἐν ἴσῳ χρόνῳ κινηθεὶς ὁ ἀστὴρ, ἀνίσους δόξει τοῦ περὶ τὸ Ζ κέντρον γραφομένου κύκλου, διεληλυθέναι περιφερείας· διὰ τὸ ἴσης οὔσης τῆς ὑπὸ ΒΕΑ γωνίας, τῇ ὑπὸ ΓΕΔ, ἐλάσσονα μὲν γίνεσθαι τὴν ὑπὸ ΒΖΑ ἑκατέρας αὐτῶν, μείζονα δὲ τὴν ὑπὸ ΓΖΔ.

Ἐάν τε ἐπὶ τῆς κατ᾽ ἐπίκυκλον ὑποθέσεως νοήσωμεν τὸν μὲν ὁμόκεντρον τῷ διὰ μέσων τῶν ζωδίων κύκλον, τὸν ΑΒΓΔ, περὶ κέντρον τὸ Ε, καὶ διάμετρον τὴν ΑΕΓ, τὸν δὲ ἐπ᾽ αὐτοῦ φερόμενον ἐπίκυκλον, ἐφ᾽ οὗ κινεῖται ὁ ἀστὴρ, τὸν

cercles sont concentriques, ce n'est pas simplement dans ces cercles qu'ils se meuvent, mais dans d'autres appelés *Épicycles*, portés par le concentrique. Dans l'une et l'autre de ces hypothèses, on trouvera. qu'en temps égaux, ils paraissent aux yeux parcourir des arcs inégaux de l'écliptique dont le centre est celui du monde.

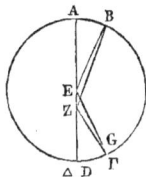

En effet, si, dans la supposition de l'excentricité, nous concevons l'excentrique ABGD où l'astre se meut autour du centre E, son diamètre AED et le point Z de ce diamètre celui d'où nous regardons, de sorte que le point A soit (l'apogée) le plus éloigné de la terre, et le point D le plus proche (périgée) : prenant des arcs égaux AB, DG, joignant BE, et BZ, GE et GZ, il sera clair par là, que l'astre ayant parcouru en temps égal chacun des arcs AB et GD, paroîtra avoir parcouru des arcs inégaux du cercle décrit autour du point Z, parceque l'angle BEA étant égal à l'angle GED, l'angle BZA est plus petit que chacun d'eux, tandis que GZD est plus grand.

Mais si, en supposant un épicycle, nous concevons que ABGD soit l'écliptique décrite autour du centre E, son diamètre AEG, et l'épicycle ZHTK où l'astre se meut autour du centre A, on verra clairement aussi que l'épicycle parcou-

rant uniformément le cercle ABGD, par exemple de A en B, quand l'astre sera en Z ou en T, il paroîtra toujours comme s'il était au centre A de l'épicy-cle, mais non, quand il sera en d'autres points. Car supposons qu'il soit parvenu en H, il pa-roîtra être plus avancé que par le mou-vement uniforme, de tout l'arc AH. Et s'il est en K, il paraîtra pareillement être moins avancé de tout l'arc AK.

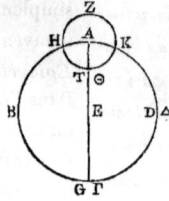

Dans cette supposition du cercle excen-trique, le moindre mouvement est tou-jours une suite de la plus grande dis-tance de la terre, et le plus grand, de sa plus grande proximité, puisque l'an-gle AZB est toujours plus petit que l'angle DZG. Ces deux effets peuvent avoir lieu aussi dans l'hypothèse de l'é-picycle. Car si pendant que ce cercle se meut selon l'ordre des signes, par exem-ple de A en B, l'astre fait son mouve-ment dans ce même cercle, tellement que sa progression depuis l'apogée se fasse suivant le même ordre, comme de Z en H, il fera plus de chemin dans l'a-pogée, parce que l'épicycle et l'astre iront alors dans le même sens. Mais si, depuis l'apogée, le mouvement de l'astre se fait contre l'ordre des signes, dans l'épicycle, c'est-à-dire, de K en Z, son moindre mouvement sera dans l'apogée,

ZΗΘΚ, περὶ κέντρον τὸ Α, φα-νερὸν καὶ ὅτως αὐτόθεν ἔςαι, διότι, τοῦ ἐπικύκλου ὁμαλῶς διερχομένου τὸν ΑΒΓΔ κύκλον, ὡς ἀπὸ τοῦ Α, λόγου ἕνεκα, ἐπὶ τὸ Β, καὶ τοῦ ἀςέρος τὸν ἐπίκυκλον, ὅταν μὲν κατὰ τῶν Ζ καὶ Θ γένηται ὁ ἀςὴρ ἀδιαφό-ρως φανήσεται, τῷ Α κέντρῳ τοῦ ἐπικύ-κλου; ὅταν δὲ κατ' ἄλλων, οὐκέτι· ἀλλὰ κατὰ μὲν τοῦ Η, φέρε εἰπεῖν, γινόμε-νος, πλείονα δόξει πεποιῆσθαι κίνησιν, τῆς ὁμαλῆς, τῇ ΑΗ περιφερείᾳ, κατὰ δὲ τοῦ Κ, ἐλάσσονα ὁμοίως τῇ ΑΚ πε-ριφερείᾳ.

Ἐπὶ μὲν οὖν τῆς τοιαύτης κατ' ἐκκεν-τρότητα ὑποθέσεως, ἀεὶ συμβέβηκε τὴν ἐλαχίςην κίνησιν, κατὰ τὸ ἀπογειότατον παρακολουθεῖν, τὴν δὲ μεγίςην, κατὰ τὸ περιγειότατον. Επεὶ καὶ πάντοτε, ἡ ὑπὸ ΑΖΒ γωνία ἐλάσσων ἐςὶ τῆς ὑπὸ ΔΖΓ. Ἐπὶ δὲ τῆς κατ' ἐπίκυκλον, ἀμφότερα δύ-ναται συμβαίνειν. Τοῦ γὰρ ἐπικύκλου εἰς τὰ ἑπόμενα τοῦ οὐρανοῦ τὴν μετάβασιν ποιουμένου, ὡς λόγου ἕνεκεν, ἀπὸ τοῦ Α ἐπὶ τὸ Β, ἐὰν μὲν ὁ ἀςὴρ, οὕτως ἐν τῷ ἐπικύκλῳ ποιῆται τὴν κίνησιν, ὥςτε τὴν ἀπὸ τοῦ ἀπογείου μετάβασιν εἰς τὰ ἑπόμενα πάλιν ἀποτελεῖσθαι, τουτέςιν ἀπὸ τοῦ Ζ ὡς ἐπὶ τὸ Η, κατὰ τὸ ἀπόγειον τὴν μεγίςην πάροδον γίνεσθαι συμβήσεται, διὰ τὸ ἐπὶ τὰ αὐτὰ, τόν τε ἐπίκυκλον τότε, καὶ τὸν ἀέρα κινεῖσθαι. Ἐὰν δὲ ἡ ἀπὸ τοῦ ἀπογείου τοῦ ἀςέρος μετάβασις εἰς τὰ προηγούμενα τοῦ ἐπι-κύκλου γίνηται, τουτέςιν ἀπὸ τοῦ Ζ ὡς

ἐπὶ τὸ Κ, κατὰ τὸ ἀπόγειον ἀνάπαλιν
ἡ ἐλαχίςη πάροδος ἀποτελεσθήσεται,
διὰ τὸ εἰς τὰ ἐναντία τῆς τοῦ ἐπικύκλου
μεταβάσεως, τὸν ἀςέρα τότε μετακι-
νεῖσθαι.

Τούτων δ᾽ οὕτως ἐχόντων, ἐφεξῆς
κἀκεῖνα προληπτέον, ὅτι τε ἐπὶ μὲν τῶν
τὰς δισσὰς ποιουμένων ἀνωμαλίας, ἀμφοτέρας τὰς ὑποθέσεις ταύτας ἐνδέχεται
συμπεπλέχθαι, ὡς ἐν τοῖς περὶ αὐτῶν
ἀποδείξομεν· ἐπὶ δὲ τῶν μιᾷ κ) τῇ αὐτῇ κεχρημένων ἀνωμαλίᾳ, καὶ μία τῶν
ἐκκειμένων ὑποθέσεων ἀρκέσει, καὶ ὅτι
πάντα τὰ φαινόμενα καθ᾽ ἑκατέραν αὐτῶν
ἀπαραλλάκτως ἀποτελεσθήσεται, τῶν
αὐτῶν λόγων ἐν ἀμφοτέραις περιεχομένων, τουτέςιν, ὅταν ὃν ἔχει λόγον ἡ μεταξὺ
τῶν κέντρων, ἐπὶ τῆς κατ᾽ ἐκκεντρότητα
ὑποθέσεως, τῆς τε ὄψεως καὶ τοῦ ἐκκέντρου κύκλου, πρὸς τὴν ἐκ τοῦ κέντρου τοῦ
ἐκκέντρου, τοῦτον ἔχῃ τὸν λόγον ἐπὶ
τῆς κατ᾽ ἐπίκυκλον ὑποθέσεως ἡ ἐκ τοῦ
κέντρου τοῦ ἐπικύκλου, πρὸς τὴν ἐκ τοῦ
κέντρου τοῦ φέροντος αὐτὸν κύκλου, κ) ἔτι
ἐν ὅσῳ χρόνῳ τὸν ἔκκεντρον κύκλον ὁ ἀςὴρ,
ὡς εἰς τὰ ἑπόμενα ποιούμενος τὴν κίνησιν,
ἀμετάπτωτον ὄντα διαπορεύεται, ἐν τοσούτῳ καὶ ὁ μὲν ἐπίκυκλος τὸν ὁμόκεντρον τῇ ὄψει κύκλον διέρχηται, πάλιν ὡς
εἰς τὰ ἑπόμενα μετακινούμενος, ὁ δ᾽ ἀςὴρ
τὸν ἐπίκυκλον ἰσοταχῶς, ὡς μέντοι τῆς
κατὰ τὸ ἀπόγειον μεταβάσεως εἰς τὰ προηγούμενα γινομένης.

Ὅτι δὲ τούτων οὕτως ὑποκειμένων τὰ
αὐτὰ περὶ ἑκατέραν τῶν ὑποθέσεων φαινόμενα συμβήσεται, διὰ βραχέων ἐφοδεύσο-

parce qu'alors l'astre se meut dans un sens contraire à celui du mouvement de l'épicycle.

D'après cela, il faut d'abord convenir que, dans les astres qui ont de doubles anomalies, ces deux hypothèses se trouvent combinées, comme nous le montrerons quand nous en parlerons. Mais pour ceux qui n'en ont qu'une, et toujours la même, une seule hypothèse suffira ; parce que les mêmes phénomènes peuvent avoir indifféremment lieu dans l'une et l'autre, les mêmes rapports se conservant dans toutes les deux, je veux dire, quand le rapport entre le rayon de l'excentrique et la droite qui joint les centres de l'excentrique et du zodiaque dont l'œil occupe le centre, est le même que celui qui existe entre le rayon du cercle qui porte l'épicycle, et le rayon de cet épicycle ; et, encore, si en même temps que l'astre parcourt l'excentrique immobile, suivant l'ordre des signes, l'épicycle parcourt dans le même sens le cercle homocentrique à l'œil, tandis que l'astre parcourt l'épicycle avec la même vîtesse, comme faisant son mouvement dans l'apogée, contre l'ordre des signes.

Ces suppositions étant établies, nous démontrerons en peu de mots, par le raisonnement d'abord, et ensuite par

les calculs de l'anomalie du soleil, que les mêmes phénomènes existent en chaque hypothèse. Je dis donc d'abord que, dans l'une et l'autre, la plus grande différence entre le mouvement uniforme et celui qui paroît irrégulier, différence par laquelle on connoît le passage des astres dans leurs distances moyennes, a lieu quand la distance apparente depuis l'apogée embrasse un quart de cercle, et que l'astre emploie plus de temps à aller de l'apogée à cette position moyenne, que de celle-ci au perigée; de là il arrive que toujours dans l'hypothèse des excentriques, ainsi que dans celle des épicycles depuis leurs apogées contre l'ordre des signes, le temps et le moindre mouvement jusqu'au moyen, est plus long que celui du moyen au plus grand, parce que dans l'une et l'autre hypothèse, le moindre mouvement est dans l'apogée; mais dans celle des épicycles qui suppose qu'ils font circuler les astres suivant l'ordre des signes depuis l'apogée, le temps depuis le plus rapide mouvement jusqu'au moyen, est au contraire plus grand que celui depuis le moyen jusqu'au plus lent, parce que le plus grand trajet se fait dans l'apogée.

En effet, soit d'abord le cercle excentrique de l'astre ABGD décrit autour du centre E et du diamètre AEG, sur lequel prenez en Z le centre du zodiaque,

μὲν διά τε τῶν λόγων αὐτῶν, ꝝ μετὰ ταῦτα ꝝ, διὰ τῶν ἐφοδευομένων ἐν αὐτοῖς ἐπὶ τῆς τοῦ ἡλίου ἀνωμαλίας ἀριθμῶν. Λέγω δὴ πρῶτον ὅτι καθ᾽ ἑκατέραν αὐτῶν, ἡ μεγίςη διαφορὰ γίνεται τῆς ὁμαλῆς κινήσεως παρὰ τὴν φαινομένην ἀνώμαλον, καθ᾽ ἣν ꝝ ἡ μέση πάροδος τῶν ἀςέρων νοεῖται, ὅταν ἡ φαινομένη διάςασις ἀπὸ τῶ ἀπογείου τεταρτημόριον ἀπολαμβάνῃ, ꝝ ὅτι ἀπὸ τοῦ ἀπογειοτάτου μέχρι τῆς εἰρημένης μέσης παρόδου, χρόνος μείζων ἐςὶ τοῦ ἀπὸ τῆς μέσης ἐπὶ τὸ περιγειότατον. Ὅθεν συμβαίνει κατὰ μὲν τὴν τῶν ἐκκέντρων ὑπόθεσιν ἀεὶ, ꝝ κατὰ τὴν τῶν ἐπικύκλων δὲ, ὅταν αἱ ἀπὸ τῶν ἀπογείων αὐτῶν μεταβάσεις εἰς τὰ προηγούμενα γίνονται, τὸν ἀπὸ τῆς ἐλαχίςης κινήσεως ἐπὶ τὴν μέσην χρόνον, μείζονα γίνεςθαι, τοῦ ἀπὸ τῆς μέσης ἐπὶ τὴν μεγίςην, διὰ τὸ κατὰ τὸ ἀπόγειον ἐν ἑκατέρα τὴν ἐλαχίςην πάροδον ἀποτελεῖςθαι κατὰ δὲ τὴν εἰς τὰ ἑπόμενα, τῶν ἐπικύκλων, τὰς ἀπὸ τοῦ ἀπογείου ποιοῦσαν περιαγωγὰς τῶν ἀςέρων, ἀνάπαλιν τὸν ἀπὸ τῆς μεγίςης κινήσεως ἐπὶ τὴν μέσην χρόνον μείζονα γίνεςθαι τοῦ ἀπὸ τῆς μέσης ἐπὶ τὴν ἐλαχίςην, διὰ τὸ ꝝ ἐνταῦθα κατὰ τὸ ἀπόγειον τὴν μεγίςην πάροδον ἀποτελεῖςθαι.

Ἐςω δὴ πρῶτον ὁ ἔκκεντρος τοῦ ἀςέρος κύκλος ὁ ΑΒΓΔ περὶ κέντρον τὸ Ε ꝝ διάμετρον τὴν ΑΕΓ, ἐφ᾽ ἧς εἰλήφθω τὸ κέντρον τοῦ ζωδιακοῦ, τουτέςι τὸ

καὰ τὴν ὄψιν, καὶ ἔςω τὸ Z,
κὴ διὰ τῦ Z πρὸς ὀρθὰς γωνίας
τῇ ΑΕΓ διαχθείσης τῆς ΒΖΔ,
ὑποκείσθω ὁ ἀςὴρ ἐπὶ τῶν Β κὴ
Δ σημείων, ἵνα δηλονότι τεταρτημόριον ἑκατέρωθεν ἡ φαινομένη
διάςασις ἀπέχῃ τοῦ Α ἀπο-
γείου· δεικτέον ὅτι πρὸς τοῖς Β κὴ Δ
σημείοις ἡ μεγίςη γίνεται διαφορὰ τῆς
ὁμαλῆς κινήσεως, παρὰ τὴν ἀνώμαλον.
Ἐπεζεύχθωσαν γὰρ ἥ τε ΕΒ κὴ ἡ ΕΔ.
Ὅτι μὲν οὖν ὃν ἂν ἔχῃ λόγον ἡ ὑπὸ ΕΒΖ γωνία πρὸς τὰς δ' ὀρθὰς, τοῦτον ἔχει τὸν
λόγον ἡ τοῦ παρὰ τὴν ἀνωμαλίαν διαφόρου περιφέρεια πρὸς τὸν ὅλον κύκλον,
αὐτόθεν γίνεται φανερόν· ἐπειδήπερ ἡ μὲν
ὑπὸ ΑΕΒ γωνία, τὴν τῆς ὁμαλῆς κινήσεως ὑποτείνει περιφέρειαν, ἡ δὲ ὑπὸ
ΑΖΒ, τὴν τῆς φαινομένης ἀνωμάλου.
Ὑπεροχὴ δὲ αὐτῶν ἐςιν ἡ ὑπὸ ΕΒΖ γωνία. Φημὶ δὴ ὅτι τούτων ἑκατέρας ἄλλη
γωνία μείζων οὐ συςαθήσεται πρὸς τῇ
τοῦ ΑΒΓΔ κύκλου περιφερείᾳ ἐπὶ τῆς
ΕΖ εὐθείας. Συνεςάτωσαν γὰρ γωνίαι
πρὸς τοῖς Θ κὴ Κ, ἡ ὑπὸ ΕΘΖ, κὴ ἡ ὑπὸ
ΕΚΖ, κὴ ἐπεζεύχθωσαν ἥ τε ΘΔ, κὴ
ἡ ΚΔ· ἐπεὶ οὖν παντὸς τριγώνου ἡ μείζων πλευρὰ, ὑπὸ τὴν μείζονα γωνίαν
ὑποτείνει, μείζων δέ ἐςιν ἡ ΘΖ τῆς
ΖΔ, μείζων ἔςαι κὴ ἡ ὑπὸ ΘΔΖ γωνία
τῆς ὑπὸ ΔΘΖ, ἴση δέ ἐςιν ἡ ὑπὸ ΕΔΘ
τῇ ὑπὸ ΕΘΔ, ἐπείπερ κὴ ἡ ΕΘ τῇ ΕΔ
ἐςὶν ἴση· κὴ ὅλη ἄρα ἡ ὑπὸ ΕΔΖ γωνία, τουτέςιν ἡ ὑπὸ ΕΒΔ, μείζων ἐςὶ
τῆς ὑπὸ ΕΘΖ. Πάλιν ἐπεὶ μείζων

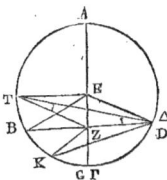

c'est-à-dire le point où l'œil
est situé en Z, et étant menée
par Z la perpendiculaire BZD
à la droite AEG, supposez l'astre
aux points B et D, en sorte
que sa distance depuis l'apogée
A soit de part et d'autre d'un
quart de cercle; il s'agit de démontrer
que, dans les points B et D, se trouve
la plus grande différence entre le mouvement uniforme et le mouvement anomal. En effet, soient joints EB et ED;
il est aisé de voir que la raison de l'angle EBZ (a) à quatre angles droits, est
la même que celle de l'arc de l'anomalie à toute la circonférence. Car l'angle
AEB mesure l'arc du mouvement uniforme, tandis que l'angle AZB mesure
l'arc parcouru par le mouvement irrégulier. Or la différence de ces deux
mouvemens est l'angle EBZ, je dis donc
que, sur la droite EZ, il n'y aura pas
d'autre angle, dans la circonférence
ABGD, plus grand que chacun de
ceux-là. Car, soient formés aux points
T et K l'angle ETZ et l'angle EKZ, et
soient joints TD et KD; puisque, dans
tout triangle, le plus grand côté est opposé au plus grand angle, et que TZ est
plus grand que ZD, l'angle TDZ sera plus
grand que DTZ; mais l'angle EDT est
égal à l'angle ETD, puisque ET est égal
à ED; donc l'angle entier EDZ, c'est-à-dire
l'angle EBD est plus grand que l'angle
ETZ. De plus, puisque la droite DZ est

plus grande que KZ, et l'angle ZKD plus grand que ZDK, l'angle entier EKD étant égal à l'angle EDK, attendu que .la droite EK est égale à ED, il s'ensuit que l'angle restant EDZ, c'est-à-dire l'angle EBZ, est plus grand que l'angle EKZ. Par conséquent il n'est pas possible de faire, nous l'avons déjà dit, d'autres angles plus grands que ceux qui ont leurs sommets aux points B et D. Mais par-là il est démontré en même temps que l'arc AB qui embrasse le temps depuis le moindre mouvement jusqu'au moyen, est plus grand que l'arc BG qui embrasse le temps depuis le moyen mouvement jusqu'au plus grand, des deux arcs qui mesurent la différence qui provient de l'anomalie. En effet, l'angle AEB est plus grand qu'un droit, c'est-à-dire que l'angle EZB, de l'angle EBZ; tandis que l'angle BEG est plus petit du même angle (b).

Pour montrer que la même chose a lieu dans la supposition de l'épicycle, décrivons le cercle concentrique au monde ABG autour du centre D et sur le diamètre AB : soit, dans son plan, l'épicycle qu'il porte EZH décrit autour du centre A, et supposons l'astre en H, quand il paraît éloigné d'un quart de cercle du point de l'apogée. Soit menée AH sur DHG, je dis que la droite DHG touche l'épicycle en H où se trouve la plus grande différence entre le mouvement

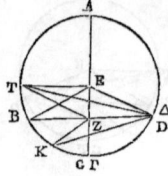

ἐςὶν ἡ ΔΖ τῆς ΚΖ, μείζων ἐςὶ ϗ ἡ ὑπὸ ΖΚΔ τῆς ὑπὸ ΖΔΚ, ἴση δέ ἐςιν ἡ ὑπὸ ΕΚΔ ὅλῃ τῇ ὑπὸ ΕΔΚ, ἐπείπερ ϗ ἡ ΕΚ πάλιν τῇ ΕΔ ἐςὶν ἴση ϗ λοιπὴ ἄρα ἡ ὑπὸ ΕΔΖ, τουτέςιν ἡ ὑπὸ ΕΒΖ, τῆς ὑπὸ ΕΚΖ, ἐςὶ μείζων. Οὐκ ἄρα δυνατὸν ἄλλας μείζονας συςήσαςθαι γωνίας, καθ' ὃν εἰρήκαμεν τρόπον, τῶν πρὸς τοῖς Β ϗ Δ σημείοις. Συναποδείκνυται δ' ὅτι ϗ ἡ ΑΒ περιφέρεια, ἥτις περιέχει τὸν ἀπὸ τῆς ἐλαχίσης κινήσεως, ἐπὶ τὴν μέσην χρόνον, μείζων ἐςὶ τῆς ΒΓ, ἥτις περιέχει τὸν ἀπὸ τῆς μέσης κινήσεως ἐπὶ τὴν μεγίςην, χρόνον, δυσὶ ταῖς τὸ διάφορον τῆς ἀνωμαλίας περιεχούσαις περιφερείαις· ἐπειδήπερ ἡ μὲν ὑπὸ ΑΕΒ γωνία μείζων ἐςὶν ὀρθῆς, τουτέςι τῆς ὑπὸ ΕΖΒ, τῇ ὑπὸ ΕΒΖ γωνία, ἡ δὲ ὑπὸ ΒΕΓ ἐλάσσων τῇ αὐτῇ.

Πάλιν ἕνεκεν τοῦ ϗ ἐπὶ τῆς ἑτέρας ὑποθέσεως δεῖξαι τὸ αὐτὸ συμβαῖνον, ἔςω ὁ μὲν ὁμόκεντρος τῷ κόσμῳ κύκλος ὁ ΑΒΓ περὶ κέντρον τὸ Δ, ϗ διάμετρον τὴν ΑΒ, ὁ δ' ἐν τῷ αὐτῷ ἐπιπέδῳ φερόμενος ἐπ' αὐτοῦ ἐπίκυκλος ὁ ΕΖΗ περὶ κέντρον τὸ Α, ϗ ὑποκείσθω ὁ ἀςὴρ κατὰ τὸ Η, ὅταν τεταρτημόριον ἀπέχων φαίνηται τοῦ κατὰ τὸ ἀπόγειον σημείου, ϗ ἐπεζεύχθωσαν ἥτε ΑΗ, ϗ ΔΗΓ. λέγω ὅτι ἡ ΔΗΓ ἐφάψεται τοῦ ἐπικύκλου. Τότε γὰρ τὸ πλεῖςον γίνεται διάφορον

τῆς ὁμαλῆς κινήσεως παρὰ τὴν
ἀνώμαλον· ἐπεὶ γὰρ ἡ μὲν
ὁμαλὴ ἀπὸ τοῦ ἀπογείου κίνησις περιέχεται ὑπὸ τῆς ὑπὸ
ΕΑΗ γωνίας, ἰσοταχῶς γὰρ ὅ
τε ἀστὴρ τὸν ἐπίκυκλον, καὶ ὁ
ἐπίκυκλος τὸν ΑΒΓ κύκλον
διέρχονται, τὸ δὲ διάφορον
τῆς ὁμαλῆς κινήσεως παρὰ τὴν φαινομένην, ὑπὸ τῆς ὑπὸ ΑΔΗ γωνίας περιέχεται,
φανερὸν ὅτι καὶ ἡ ὑπεροχὴ τῆς ὑπὸ ΕΑΗ
γωνίας πρὸς τὴν ὑπὸ ΑΔΗ, τουτέςιν ἡ
ὑπὸ ΑΗΔ γωνία, τὴν φαινομένην τοῦ ἀστέρος ἀπὸ τοῦ ἀπογείου διάςασιν περιέχει.
Ὥστε ἐπεὶ ὑπόκειται αὕτη τεταρτημορίου, ὀρθὴ μὲν ἔςαι καὶ ἡ ὑπὸ ΑΗΔ γωνία, ἐφαπτομένη δὲ διὰ τοῦτο καὶ ἡ ΔΗΓ
εὐθεῖα τοῦ ΕΖΗ ἐπικύκλου· ἡ ΑΓ ἄρα
περιφέρεια, μεταξὺ τοῦ Α κέντρου καὶ
τῆς ἐφαπτομένης, ἡ μεγίςη ἐςὶ διαφορὰ
τοῦ παρὰ τὴν ἀνωμαλίαν. Καὶ κατὰ τὰ
αὐτὰ ἡ ΕΗ περιφέρεια, ἥτις περιέχει,
κατὰ τὴν ἐνταῦθα ὑποκειμένην ἐπὶ τοῦ
ἐπικύκλου μετάβασιν, τὸν ἀπὸ τῆς ἐλαχίςης κινήσεως ἐπὶ τὴν μέσην χρόνον,
μείζων ἐςὶ τῆς ΗΖ, ἥτις περιέχει τὸν
ἀπὸ τῆς μέσης κινήσεως ἐπὶ τὴν μεγίςην
χρόνον, δυσὶ ταῖς ΑΓ περιφερείαις· ἐπείπερ ἐὰν ἐκβάλωμεν τὴν ΔΗΘ, καὶ ἀγάγωμεν τῇ ΕΖ πρὸς ὀρθὰς γωνίας τὴν
ΑΚΘ, ἴσαι μὲν γίνονται ἥ τε ὑπὸ ΚΑΗ
γωνία τῇ ὑπὸ ΑΔΓ, καὶ ἡ ΚΗ περιφέρεια
τῇ ΑΓ ὁμοία. Ταύτῃ δὲ τοῦ ἑνὸς τεταρτημορίου μείζων μέν ἐςιν ἡ ΕΚΗ, ἐλάσσων δὲ ἡ ΖΗ, ὅπερ ἔδει δεῖξαι.

uniforme et le mouvement inégal. En effet, puisque le mouvement uniforme depuis l'apogée est contenu dans l'angle EAH, car l'astre parcourt l'épicycle, et l'épicycle parcourt le cercle ABG avec une vitesse égale, et que la différence entre le mouvement uniforme et le mouvement apparent, est contenue dans l'angle ADH, il est évident que l'excédent de l'angle EAH sur l'angle ADH, c'est-à-dire l'angle AHD, embrasse la distance apparente de l'astre à l'apogée. Et, puisqu'on la suppose d'un quart de la circonférence, il s'ensuit que cet angle AHD est droit, et que, par conséquent, la droite DHG est tangente à l'épicycle EZH. Donc l'arc AG entre le centre A et cette tangente, est la plus grande différence produite par le mouvement inégal. Et, pour ces raisons, l'arc EH qui embrasse, suivant le mouvement supposé dans l'épicycle, le temps depuis le moindre mouvement jusqu'au moyen, est plus grand que l'arc HZ qui embrasse le temps depuis le moyen mouvement jusqu'au plus grand, de deux arcs AG; car, si nous prolongeons DHT, et que nous menions AKT perpendiculaire sur EZ, l'angle KAH devient égal à l'angle ADG, et l'arc KH semblable à l'arc AG. Ainsi l'arc EKH est plus grand de cet arc, que le quart de la circonférence, et l'arc ZH est moins grand d'autant. C'est ce que je voulois démontrer.

I. 23

On se convaincra sans peine que, dans l'une et l'autre hypothèse, les mouvemens pris en détail, tant moyens qu'apparens, ainsi que leurs excédens, c'est-à-dire leur différence provenant de l'anomalie, sont égaux en temps égaux. En effet, soit ABG un cercle concentrique à l'écliptique, autour du centre D, et un cercle EZH excentrique, mais égal au concentrique ABG, et décrit autour du cercle T, et soit EATD leur diamètre commun passant par les centres T, D, et par l'apogée É. Prenant dans l'homocentrique un arc quelconque AB, soit décrit du point B comme centre, et avec l'intervalle DT, l'épicycle KZ, et joignons KBD, je dis que, par l'un et l'autre mouvement, l'astre parviendra au point Z de l'intersection de l'excentrique et de l'épicycle, dans le même temps précis, c'est-à-dire que les trois arcs EZ de l'excentrique, AB de l'homocentrique, et KZ de l'épicycle seront semblables entr'eux, et que la différence du mouvement uniforme au mouvement inégal, ainsi que la marche apparente de l'astre, se trouvera être semblable et la même dans ces deux hypothèses. Car soient joints ZT et BZ et DZ : puisque les côtés opposés du quadrilatère BDTZ sont égaux chacun à chacun, ZT à BD, et BZ à DT, ce quadrilatère sera un parallélogramme BDTZ, dont les trois angles ETZ, ADB et ZBK seront

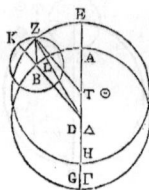

Ὅτι δὲ καὶ ἐπὶ τῶν κατὰ μέρος κινήσεων, ἐφ᾽ ἑκατέρας τῶν ὑποθέσεων, ἐν τοῖς ἴσοις χρόνοις τὰ αὐτὰ γίνεται πάντα περί τε τὰς ὁμαλὰς καὶ τὰς φαινομένας κινήσεις, καὶ ἔτι τὰς ὑπεροχὰς αὐτῶν, τουτέστι τὸ παρὰ τὴν ἀνωμαλίαν διάφορον, ἐντεῦθεν ἄν τις μάλιστα καταμάθοι. Ἔσω γὰρ ὁ μὲν ὁμόκεντρος τῷ διὰ μέσων τῶν ζωδίων κύκλος ὁ ΑΒΓ περὶ κέντρον τὸ Δ, ὁ δὲ ἔκκεντρος μὲν, ἴσος δὲ τῷ ΑΒΓ ὁμοκέντρῳ, ὁ ΕΖΗ περὶ κέντρον τὸ Θ, κοινὴ δ᾽ ἀμφοτέρων διάμετρος, διὰ τῶν Δ καὶ Θ κέντρων, καὶ τοῦ Ε ἀπογείου, ἡ ΕΑΘΔ· καὶ ἀπολειφθείσης ἐπὶ τοῦ ὁμοκέντρου τυχούσης περιφερείας τῆς ΑΒ, κέντρῳ τῷ Β, διαστήματι δὲ τῷ ΔΘ, γεγράφθω ὁ ΚΖ ἐπίκυκλος, καὶ ἐπεζεύχθω ἡ ΚΒΔ· λέγω ὅτι ὁ μὲν ἀστὴρ ὑφ᾽ ἑκατέρας τῶν κινήσεων ἐπὶ τὴν Ζ τομὴν τοῦ ἐκκέντρου κ᾽ τοῦ ἐπικύκλου, πάντως κατὰ τὸν ἴσον χρόνον ἐνεχθήσεται, τουτέστιν αἱ τρεῖς περιφέρειαι ὅμοιαι ἴσονται ἀλλήλαις, ἥ τε ΕΖ τοῦ ἐκκέντρου, καὶ ΑΒ τοῦ ὁμοκέντρου, καὶ ἡ ΚΖ τοῦ ἐπικύκλου· ἡ δὲ διαφορὰ τῆς ὁμαλῆς κινήσεως παρὰ τὴν ἀνώμαλον, καὶ ἡ φαινομένη τοῦ ἀστέρος πάροδος, καθ᾽ ἑκατέραν τῶν ὑποθέσεων, ὁμοία καὶ ἡ αὐτὴ συμβήσεται· ἐπεζεύχθωσαν γὰρ ἥ τε ΖΘ καὶ ἡ ΒΖ, καὶ ἔτι ἡ ΔΖ. ἐπεὶ τετραπλεύρου τοῦ ΒΔΘΖ αἱ ἀπεναντίον πλευραὶ ἴσαι εἰσὶν ἑκατέρα ἑκατέρᾳ, ἡ μὲν ΖΘ τῇ ΒΔ, ἡ δὲ ΒΖ τῇ ΔΘ, παραλληλόγραμμον ἔσαι τὸ ΒΔΘΖ τετράπλευρον· ἴσαι ἄρα εἰσὶν αἱ τρεῖς γω-

νίαι, ἥτε ὑπὸ ΕΘΖ, καὶ ἡ ὑπὸ ΑΔΒ, καὶ
ἡ ὑπὸ ΖΒΚ, ὥστε, ἐπεὶ πρὸς τοῖς κέντροις εἰσὶ, καὶ τὰς ὑποτεινομένας ὑπ'
αὐτῶν περιφερείας ὁμοίας ἀλλήλαις γίνεσθαι, τήν τε ΕΖ τοῦ ἐκκέντρου, καὶ
τὴν ΑΒ τοῦ ὁμοκέντρου, καὶ τὴν ΚΖ
τοῦ ἐπικύκλου κατ' ἀμφοτέρας ἄρα τὰς
κινήσεις ἐν τῷ ἴσῳ χρόνῳ ἐπὶ τὸ αὐτὸ σημεῖον τὸ Ζ ἐνεχθήσεται ὁ ἀστὴρ, καὶ τὴν
αὐτὴν τοῦ διὰ μέσων τῶν ζωδίων κύκλου
περιφέρειαν, ἀπὸ τοῦ ἀπογείου τὴν ΑΛ
φανήσεται διεληλυθὼς, ἔσαι τε ἀκολούθως καὶ τὸ παρὰ τὴν ἀνωμαλίαν διάφορον τὸ αὐτὸ καθ' ἑκατέραν τῶν ὑπο-
θέσεων· ἐπειδὴ τὴν τοιαύτην διαφορὰν,
ἐδείξαμεν περιεχομένην, ἐπὶ μὲν τῆς κατ'
ἐκκεντρότητα ὑποθέσεως, ὑπὸ τῆς ὑπὸ
ΔΖΘ γωνίας, ἐπὶ δὲ τῆς κατ' ἐπίκυκλον, ὑπὸ τῆς ΒΔΖ. Καὶ αὗται δὲ ἴσαι τε
καὶ ἐναλλὰξ γίνονται διὰ τὸ παράλληλον
δεδεῖχθαι τὴν ΘΖ τῇ ΒΔ. Δῆλον δ' ὅτι
κ' ἐπὶ πασῶν τῶν διαστάσεων ταῦτα πα-
ρακολουθήσει, παραλληλογράμμου πάντοτε γινομένου τοῦ ΘΔΒΖ τετραπλεύρου,
καὶ γραφομένου τοῦ ἐκκέντρου κύκλου ὑπ'
αὐτῆς τῆς κατὰ τὸν ἐπίκυκλον τοῦ ἀστέρος μεταβάσεως, ὅταν οἱ λόγοι καθ' ἑκατέραν τῶν ὑποθέσεων, ὁμοίοί τε καὶ ἴσοι
συμβαίνωσιν.

Ὅτι δὲ κἂν ὅμοιοι μόνον ὦσιν, ἄνισοι
δὲ τῷ μεγέθει, τὰ αὐτὰ πάλιν φαινόμενα συμβήσεται, φανερὸν καὶ οὕτω γε-
νήσεται· ἔστω γὰρ ὡσαύτως ὁ μὲν ὁμόκεντρος τῷ κόσμῳ κύκλος ὁ ΑΒΓ περὶ κέντρον τὸ Δ, καὶ διάμετρον, καθ' ἣν ἀπο-
γειότατός τε κ' περιγειότατος ὁ ἀστὴρ

égaux entr'eux; ainsi, puisqu'ils ont leurs
sommets aux centres, ils ont aussi les côtés qui les soutendent, semblables entre
eux, savoir les arcs EZ de l'excentrique,
AB de l'homocentrique, et KZ de l'épicycle. Par conséquent, l'astre parviendra
au même point Z en même temps dans
l'un et l'autre mouvement, et il paroîtra
avoir parcouru le même arc AL du cercle écliptique, depuis l'apogée. Il suit
de-là que la différence pour l'anomalie
sera la même dans les deux hypothèses;
car nous avons démontré que, dans l'hypothèse de l'excentrique, cette différence
est comprise dans l'angle DZT; et dans
l'hypothèse de l'épicycle, dans l'angle
BDZ, et ces deux angles sont égaux et alternes à cause du parallélisme démontré
des deux côtés opposés TZ et BD. Or il est
clair qu'en quelques distances que ce
soit, la même chose aura lieu, le quadrilatère TDBZ étant toujours un parallélogramme, et le cercle excentrique étant
décrit par le mouvement de l'astre dans
son épicycle, pourvu que les rapports
soient égaux et semblables dans l'une et
l'autre hypothèse. (c)

Mais, quand même ils seroient seulement semblables et non égaux en grandeur, les mêmes phénomènes arriveroient toujours, comme je vais le prouver. Soit encore le cercle ABG concentrique au monde, et décrit autour du
centre D et du diamètre ADG ; sur

lequel l'astre est tantôt apogée, et tantôt périgée. Et soit l'épicycle décrit autour du point B, distant de l'apogée A d'un arc quelconque AB. Posons que l'astre a parcouru l'arc EZ semblable à l'arc AB, ces révolutions circulaires se faisant en temps égaux; et soient joints DBE, BZ et DZ. Il est évident par là-même, dans cette hypothèse, que les angles ADE et ZBE sont égaux, et que l'astre paroîtra dans la droite DZ. Je dis d'abord que dans le cas de l'excentrique, soit qu'il soit plus grand, soit qu'il soit plus petit que l'homocentrique ABG, pourvu qu'il y ait similitude entre les arcs avec isochronisme dans les mouvemens, l'astre paroîtra toujours dans la droite DZ. En effet, soient décrits, comme nous l'avons dit, l'excentrique plus grand HT autour du centre K pris sur AG, et l'excentrique plus petit LM autour du centre N pris sur la même droite. Etant menées les droites DMZT, DLAH, soient joints TK et MN. Puisque TK est à KD comme DB est à BZ, et MN à ND, et que l'angle BZD est égal à l'angle MDN à cause du parallélisme de DA, et de BZ, les trois triangles sont équiangles ayant leurs angles soutenus par leurs côtés homologues, égaux, savoir BDZ, DTK et DMN. Donc les droites BD, TK et MN sont parallèles. C'est pourquoi les angles ADB, AKT, ANM sont égaux. Et parce qu'ils

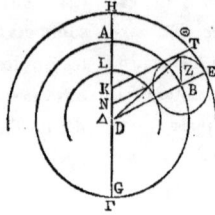

γίνεται, τὴν ΑΔΓ, ὁ δὲ περὶ τὸ Β ἐπίκυκλος ἀπέχων ἀπὸ τοῦ Α ἀπογείου, τὴν ΑΒ τυχοῦσαν περιφέρειαν, κỳ κεκινήσθω ὁ ἀςὴρ τὴν ΕΖ περιφέρειαν, ὁμοίαν γινομένην δηλονότι τῇ ΑΒ, διὰ τὸ ἰσοχρονίους εἶναι τὰς τῶν κύκλων ἀποκαταςάςεις, κỳ ἐπεζεύχθωσαν ἥ τε ΔΒΕ, κỳ ἡ ΒΖ, κỳ ἡ ΔΖ. Ὅτι μὲν οὖν ἴσαι τέ εἰσι πάντοτε, ἥ τε ὑπὸ ΑΔΕ γωνία, κỳ ἡ ὑπὸ ΖΒΕ, κỳ ὅτι ἐπὶ τῆς ΔΖ εὐθείας ὁ ἀςὴρ φανήσεται, κατὰ ταύτην τὴν ὑπόθεσιν, αὐτόθεν ἐςὶ δῆλον. Λέγω δ᾿ ὅτι κỳ διὰ τῆς κατ᾿ ἐκκεντρότητα, ἐάν τε μείζων, ἐάν τε ἐλάττων ᾖ ὁ ἔκκεντρος τοῦ ΑΒΓ ὁμοκέντρου, τῆς τε τῶν λόγων ὁμοιότητος μόνης ὑποκειμένης κỳ τῆς τῶν ἀποκαταςάςεων ἰσοχρονιότητος, ἐπὶ τῆς αὐτῆς πάλιν εὐθείας τῆς ΔΖ φανήσεται ὁ ἀςήρ· γεγράφθω γὰρ μείζων μὲν ὡς ἔφαμεν ἔκκεντρος ὁ ΗΘ, περὶ κέντρον ἐπὶ τῆς ΑΓ τὸ Κ, ἐλάσσων δὲ ὁ ΑΜ περὶ κέντρον ὁμοίως τὸ Ν, κỳ ἐκβληθεισῶν τῆς τε ΔΜΖΘ, κỳ τῆς ΔΛΑΗ, ἐπεζεύχθωσαν ἥ τε ΘΚ κỳ ἡ ΜΝ· ἐπεὶ ἐςιν ὡς ἡ ΔΒ πρὸς ΒΖ, οὕτως ἥ τε ΘΚ πρὸς ΚΔ, κỳ ἡ ΜΝ πρὸς ΝΔ, κỳ γωνία ἡ ὑπὸ ΒΖΔ γωνία τῇ ὑπὸ ΜΔΝ ἴση, διὰ τὸ παράλληλον εἶναι τὴν ΔΑ τῇ ΒΖ, ἰσογώνιά ἐςι τὰ τρία τρίγωνα, κỳ αἱ ὑπὸ τὰς ἀνάλογον πλευρὰς γωνίαι ἴσαι ἥ τε ὑπὸ ΒΑΖ, κỳ ἡ ὑπὸ ΔΘΚ, κỳ ἡ ὑπὸ ΔΜΝ· παράλληλοι ἄρα εἰσὶν αἱ ΒΑ, κỳ ΘΚ, κỳ ΜΝ εὐθεῖαι. Ὥστε κỳ γωνίαι αἱ ὑπὸ ΑΔΒ κỳ ἡ ὑπὸ ΑΚΘ, κỳ ἡ ὑπὸ

ΑΝΜ, ἴσαι εἰσί. Καὶ ἐπεὶ πρὸς τοῖς κέντροις εἰσὶ τῶν κύκλων, ὅμοιαι ἔσονται
καὶ αἱ ἐπ᾽ αὐτῶν περιφέρειαι, ἥ τε ΑΒ,
καὶ ΗΘ, καὶ ΛΜ· ἐν τῷ ἴσῳ ἄρα χρόνῳ,
οὐ μόνον ὅ τε ἐπίκυκλος τὴν ΑΒ περιφέρειαν, καὶ ὁ ἀςὴρ τὴν ΕΖ διεληλύθασιν,
ἀλλὰ καὶ ἐπὶ τῶν ἐκκέντρων ὁ ἀςὴρ τὴν
τε ΗΘ καὶ τὴν ΛΜ διεληλυθὼς ἔςαι,
καὶ ἐπὶ τῆς αὐτῆς εὐθείας πάντοτε τῆς
ΔΜΖΘ διὰ τοῦτο θεωρηθήσεται, κ̣ κατὰ
μὲν τὸν ἐπίκυκλον ἐπὶ τοῦ Ζ σημείου
γινόμενος, κατὰ δὲ τὸν μείζονα ἔκκεντρον ἐπὶ τοῦ Θ, κατὰ δὲ τὸν ἐλάττονα
ἐπὶ τοῦ Μ, κ̣ ἐπὶ πασῶν τῶν θέσεων
ὁμοίως.

Ἐπισυμβαίνει δ᾽, ὅτι, καὶ
ὅταν ἴσην περιφέρειαν ὁ ἀςὴρ
ἀπειληφὼς φαίνηται, ἀπό τε
τοῦ ἀπογείου, καὶ τοῦ περιγείου, ἴσον ἔςαι καθ᾽ ἑκατέραν
θέσιν τὸ παρὰ τὴν ἀνωμαλίαν
διάφορον. Ἐπί τε γὰρ τῆς κατ᾽
ἐκκεντρότητα, ἐὰν γράψωμεν τὸν ΑΒΓΔ
ἔκκεντρον κύκλον, περὶ κέντρον τὸ Ε καὶ
διάμετρον τὴν ΑΕΓ, διὰ τοῦ Α ἀπογείου,
τῆς ὄψεως ὑποκειμένης ἐπ᾽ αὐτῆς κατὰ
τὸ Ζ σημεῖον, καὶ διὰ τοῦ Ζ τὴν ΒΖΔ
τυχοῦσαν διαγαγόντες, ἐπιζεύξωμεν
τὰς ΕΒ καὶ ΕΔ, αἵ τε φαινόμεναι πάροδοι
ἴσαι τε καὶ ἀπεναντίον ἔσονται, τουτέςιν
ἥ τε ὑπὸ ΑΖΒ γωνία τῆς ἀπὸ τοῦ ἀπογείου, καὶ ἡ ὑπὸ ΓΖΔ τῆς ἀπὸ τοῦ περιγείου, τό τε παρὰ τὴν ἀνωμαλίαν διάφορον τὸ αὐτὸ ἔςαι, διὰ τὸ ἴσην εἶναι τὴν
μὲν ΒΕ τῇ ΕΔ, τὴν δὲ ὑπὸ ΕΒΖ γωνίαν
τῇ ὑπὸ ΕΔΖ, ὥστε τῷ αὐτῷ διαφόρῳ τῆς

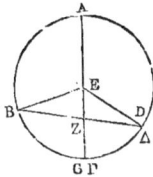

sont au centre des cercles, les arcs qui
leur sont opposés seront semblables, savoir AB, HT, LM. Ainsi donc, dans le
même temps, non seulement l'épicycle
a parcouru AB, et l'astre a parcouru EZ,
mais encore l'astre aura parcouru HT et
LM, sur les cercles excentriques ; et, pour
cette raison, il sera toujours vu dans la
même droite DMZT, lorsqu'il sera parvenu dans l'épicycle en Z, dans le grand
cercle excentrique en T, dans le petit
cercle excentrique en M, et d'une manière semblable dans toutes ces positions.

Il y a plus : c'est que quand
l'astre paroît avoir décrit un
arc égal depuis l'apogée et le
périgée, la différence provenant de l'anomalie sera la
même dans chaque position.
Car dans l'hypothèse de l'excentrique, si nous décrivons le cercle
ABGD autour du centre E du diamètre
AEG qui passe par le point A de l'apogée, l'œil étant supposé en un point Z de
ce diamètre, et que menant par ce point
Z une droite quelconque BZD, nous joignions EB et ED, les mouvemens apparens des astres seront égaux et opposés ;
c'est-à-dire que l'angle AZB du mouvement
depuis l'apogée, égalera l'angle
GZD du mouvement depuis le périgée ; et
la différence causée par l'anomalie, sera
la même, parce que BE est égal à ED,
et que l'angle EBZ est égal à l'angle EDZ ;

ensorte que l'arc du mouvement uniforme depuis l'apogée A, est plus grand de la différence (*d*) qui est entre lui et l'arc apparent, c'est-à-dire compris dans chacun des angles AZB, GZD; et l'arc du mouvement uniforme depuis le périgée G est plus petit de la même différence, paroeque l'angle AEB est plus grand que l'angle AZB (*de l'angle EBZ*), et l'angle GED est plus petit (*d'autant*) que l'angle GZD.

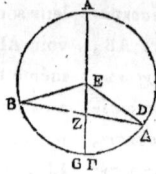

Pareillement, dans l'hypothèse de l'épicycle, si nous décrivons le cercle homocentrique ABG autour du centre D, et du diamètre ADG, et l'épicycle EZH autour du centre A; après avoir tiré la droite quelconque DHBZ, joignons AZ et AH, l'arc AB de la différence causée par l'anomalie, sera toujours le même dans les deux positions, c'est-à-dire que l'astre étant en Z ou en H, il paroitra toujours également distant du point de l'apogée dans l'écliptique s'il est en Z, et du périgée s'il est en H; attendu que l'arc apparent depuis l'apogée est compris dans l'angle DZA; car il a été démontré qu'il est l'excédent entre le mouvement uniforme et la différence causée par l'anomalie. Et l'arc apparent depuis le périgée est compris dans l'angle ZHA, car il est égal au mouvement uniforme

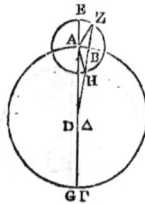

Φαινομένης περιφερείας, τουτέςι τῆς ὑφ' ἑκατέρας τῶν ὑπὸ ΑΖΒ καὶ ΓΖΔ γωνιῶν περιεχομένης, μείζονα μὲν γίνεϑαι τὴν ἀπὸ τοῦ Α ἀπογείου τῆς ὁμαλῆς κινήσεως περιφέρειαν, ἐλάσσονα δὲ τὴν ἀπὸ τοῦ Γ περιγείου τῆς ὁμαλῆς κινήσεως περιφέρειαν, διὰ τὸ καὶ τὴν μὲν ὑπὸ ΑΕΒ γωνίαν μείζονα εἶναι τῆς ὑπὸ ΑΖΒ, τὴν δ' ὑπὸ ΓΕΔ ἐλάσσονα τῆς ὑπὸ ΓΖΔ.

Καὶ ἐπὶ τῆς κατ' ἐπίκυκλον ὑποθέσεως, ἐὰν γράψωμεν τὸν μὲν ὁμόκεντρον ὁμοίως κύκλον τὸν ΑΒΓ περὶ κέντρον τὸ Δ, κ) διάμετρον τὴν ΑΔΓ, τὸν δ' ἐπίκυκλον τὸν ΕΖΗ περὶ κέντρον τὸ Α, κ) διαγαγόντες τὴν ΔΗΒΖ τυχοῦσαν, ἐπιζεύξωμεν τὰς ΑΖ καὶ ΑΗ, ἡ μὲν τοῦ παρὰ τὴν ἀνωμαλίαν διαφόρου περιφέρεια, ἡ ΑΒ, ἡ αὐτὴ πάλιν ἔςαι ὑποκειμένη κατ' ἀμφοτέρας τὰς ϑέσεις, τουτέστιν ἐάν τε κατὰ τὸ Ζ, ἐάν τε κατὰ τὸ Η ᾖ ὁ ἀςὴρ, καὶ ἴσον δὲ ἀπέχων φανήσεται ἀπό τε τοῦ κατὰ τὸ ἀπόγειον σημείου τοῦ διὰ μέσων τῶν ζωδίων, ὅταν ᾖ κατὰ τὸ Ζ, καὶ ἀπὸ τοῦ κατὰ τὸ περίγειον, ὅταν ᾖ κατὰ τὸ Η· ἐπειδήπερ ἡ μὲν ἀπὸ τοῦ ἀπογείου φαινομένη περιφέρεια, περιέχεται ὑπὸ τῆς ὑπὸ ΔΖΑ γωνίας· ὑπεροχὴ γὰρ οὖσα ἐδείχθη τῆς τε ὁμαλῆς κινήσεως καὶ τοῦ παρὰ τὴν ἀνωμαλίαν διαφόρου· ἡ δὲ ἀπὸ τοῦ περιγείου φαινο-

μένη περιέχεται ὑπὸ τῆς ὑπὸ ΖΗΑ γωνίας, ἴση γάρ ἐςι καὶ αὐτὴ τῇ τε ἀπὸ
τοῦ περιγείου ὁμαλῇ κινήσει καὶ τῷ
παρὰ τὴν ἀνωμαλίαν διαφόρῳ. Ἴση δέ ἐςι
καὶ ἡ ὑπὸ ΔΖΑ γωνία τῇ ὑπὸ ΖΗΑ,
διὰ τὸ καὶ τὴν ΑΖ τῇ ΑΗ ἴσην εἶναι·
ὥστε καὶ ἐντεῦθεν συνάγεσθαι πάλιν ὅτι
τῷ αὐτῷ διαφόρῳ, τουτέςι τῇ ὑπὸ ΑΔΗ
γωνίᾳ, μείζων μέν ἐςιν ἡ πρὸς τῷ ἀπογείῳ μέση τῆς φαινομένης, τουτέςιν ἡ
ὑπὸ ΕΑΖ γωνία τῆς ὑπὸ ΑΖΔ, ἐλάσσων
δὲ ἡ πρὸς τῷ περιγείῳ μέση τῆς φαινομένης, τῆς αὐτῆς οὔσης, τουτέςιν ἡ ὑπὸ
ΗΑΔ γωνία τῆς ὑπὸ ΑΗΖ, ὅπερ προέκειτο δεῖξαι.

depuis le périgée et à la différence
produite par l'anomalie. Or l'angle DZA
est égal à l'angle ZHA, parce que AZ est
égal à AH. D'où l'on conclut encore que
le mouvement moyen dans l'apogée est
plus grand que l'apparent, de la même
différence, c'est-à-dire l'angle EAZ plus
grand que l'angle AZD, de l'angle ADH,
dont le moyen mouvement dans le périgée est plus petit que l'apparent, c'est-
à-dire l'angle HAD que l'angle AHZ (e).
Ce qu'il falloit démontrer.

ΚΕΦΑΛΑΙΟΝ Δ.

ΠΕΡΙ ΤΗΣ ΤΟΥ ΗΛΙΟΥ ΦΑΙΝΟΜΕΝΗΣ ΑΝΩ-
ΜΑΛΙΑΣ.

ΤΟΥΤΩΝ δὴ οὕτω προεκτεθειμένων,
προῦπολητέον, καὶ τὴν περὶ τὸν ἥλιον
φαινομένην ἀνωμαλίαν, ἕνεκεν τοῦ μίαν
τε εἶναι, καὶ τὸν ἀπὸ τῆς ἐλαχίςης κινήσεως ἐπὶ τὴν μέσην χρόνον μείζονα
ποιεῖν πάντοτε τοῦ ἀπὸ τῆς μέσης ἐπὶ
τὴν μεγίςην· καὶ τοῦτο γὰρ σύμφωνον
ὂν εὑρίσκομεν τοῖς φαινομένοις, δύναθαι
μὲν καὶ δι' ἑκατέρας τῶν προκειμένων
ὑποθέσεων ἀποτελεῖθαι, διὰ τῆς κατ'
ἐπίκυκλον μέντοι, ὅταν κατὰ τὴν ἀπόγειον αὐτοῦ περιφέρειαν, ἡ τοῦ ἡλίου
μετάβασις εἰς τὰ προηγούμενα γίνηται·
εὐλογώτερον δ' ἂν εἴη περιαφθῆναι τῇ
κατ' ἐκκεντρότητα ὑποθέσει ἁπλουςέρᾳ

CHAPITRE IV.

DE L'INÉGALITÉ (*ANOMALIE*) APPARENTE
DU SOLEIL.

APRÈS ces démonstrations nécessaires, nous traiterons en premier lieu de
l'inégalité (*anomalie*) du soleil, parce
qu'elle est unique, et qu'elle rend le
temps depuis le moindre mouvement
jusqu'au moyen, plus long que celui du
moyen au plus grand ; car nous trouvons
que cet effet conforme aux apparences, peut s'exécuter dans l'une et l'autre hypothèse, et dans celle de l'épicycle
particulièrement, quand, dans l'apogée,
le mouvement du soleil se fait contre
l'ordre des signes. Mais il est plus raisonnable de s'attacher à l'hypothèse de
l'excentrique, parce qu'elle est plus

simple, et qu'elle ne suppose qu'un seul, et non deux mouvemens.

Il s'agit d'abord ici, de trouver le rapport de l'excentricité du cercle solaire, c'est-à-dire, quel rapport a la droite d'entre les centres de l'excentrique et du cercle oblique mitoyen du zodiaque dont l'œil est le centre, au rayon de l'excentrique ; et de plus, en quel point surtout du cercle oblique est l'apogée de l'excentrique : questions qui ont été résolues avec sagacité par Hipparque. Après avoir posé en fait que le temps qui s'écoule depuis l'équinoxe du printemps jusqu'au solstice d'été est de 94 ¹⁄₂ jours, et celui du solstice d'été à l'équinoxe d'automne de 92 ¹⁄₂ jours ; il démontre par ces seules données, que la droite entre ces mêmes centres est à peu près la vingt-quatrième partie du rayon de l'excentrique, et que l'apogée qui précédoit le solstice d'été, est d'environ 24 ¹⁄₂ des degrés dont l'écliptique en contient 360. Nous trouvons à présent encore que ces temps et ces rapports sont toujours les mêmes à très-peu près ; ce qui nous prouve que le cercle excentrique du soleil garde toujours la même position relativement aux solstices et aux équinoxes. Mais pour ne pas passer légèrement sur cet objet, nous allons en soumettre les détails à nos calculs, dans l'hypothèse du cercle excentrique, en nous servant des mêmes phénomènes qui sont, je le répète, que

οὔσῃ, καὶ ὑπὸ μιᾶς, οὐχὶ δὲ ὑπὸ δύο κινήσεων συντελουμένη.

Προηγουμένου τοίνυν τοῦ τὸν λόγον τῆς περὶ τὸν ἡλιακὸν κύκλον ἐκκεντρότητος εὑρεῖν, τουτέςι τίνα λόγον ἔχει ἡ μεταξὺ τῶν κέντρων τοῦ τε ἐκκέντρου, καὶ τοῦ κατὰ τὴν ὄψιν κέντρου τοῦ διὰ μέσων τῶν ζωδίων κύκλου, πρὸς τὴν ἐκ τοῦ κέντρου τοῦ ἐκκέντρου, κ̣ ἔτι κατὰ ποῖον μάλιστα τμῆμα τοῦ διὰ μέσων τῶν ζωδίων κύκλου, τὸ ἀπογειότατόν ἐςι τοῦ ἐκκέντρου σημεῖον, δέδεικται μὲν ταῦτα καὶ τῷ Ἱππάρχῳ μετὰ σπουδῆς· ὑποθέμενος γὰρ τὸν μὲν ἀπὸ ἐαρινῆς ἰσημερίας μέχρι θερινῆς τροπῆς χρόνον, ἡμερῶν ζδ̄ ςʹʹ, τὸν δὲ ἀπὸ θερινῆς τροπῆς μέχρι μετοπωρινῆς ἰσημερίας, ἡμερῶν ζβ̄ ςʹʹ, διὰ μόνων τούτων τῶν φαινομένων ἀποδείκνυσι τὴν μὲν μεταξὺ τῶν προειρημένων κέντρων εὐθεῖαν εἰκοςοτέταρτον ἔγγιςα μέρος οὖσαν τῆς ἐκ τοῦ κέντρου τοῦ ἐκκέντρου, τὸ δ᾽ ἀπόγειον αὐτοῦ προηγούμενον τῆς θερινῆς τροπῆς, τμήμασιν κδ̄ ς᾽ ἔγγιςα, οἵων ἐςὶν ὁ διὰ μέσων τῶν ζωδίων κύκλος τξ̄. Καὶ ἡμεῖς δὲ τοὺς μὲν τῶν προκειμένων τεταρτημορίων χρόνους, καὶ τοὺς λόγους τοὺς προκειμένους, τοὺς αὐτοὺς ἔγγιςα καὶ νῦν ὄντας εὑρίσκομεν, ὡς διὰ τοῦτο, καὶ ὅτι τὴν αὐτὴν ἀεὶ θέσιν ὁ ἔκκεντρος τοῦ ἡλίου κύκλος συντηρεῖ, πρὸς τὰ τροπικὰ καὶ ἰσημερινὰ σημεῖα, φανερὸν ἡμῖν γίνεϣαι. Ἕνεκεν δὲ τοῦ μὴ παραλελειμμένον εἶναι τὸν τοιοῦτον τόπον, ἀλλὰ καὶ διὰ τῶν ἡμετέρων ἀριθμῶν ἐφωδευμένον ἐκκεῖϣαι τὸ θεώρημα, ποιησόμεθα καὶ αὐτοὶ τὴν τῶν προκειμένων δεῖ-

ξιν ὡς ἐπὶ ἐκκέντρου κύκλου, χρησάμενοι
τοῖς αὐτοῖς φαινομένοις, τουτέςιν, ὡς ἔφαμεν, τῷ τὸν μὲν ἀπὸ ἐαρινῆς ἰσημερίας
μέχρι θερινῆς τροπῆς χρόνον περιέχειν
ἡμέρας ϟδ ϛ᾽᾽, τὸν δ᾽ ἀπὸ θερινῆς τροπῆς
μέχρι μετοπωρινῆς ἰσημερίας ϟβ ϛ᾽᾽. Καὶ
γὰρ διὰ τῶν ἀκριβέςατα τηρηθεισῶν ὑφ᾽
ἡμῶν κατὰ τὸ υξγ ἔτος, ἀπὸ τῆς Αλε-
ξάνδρου τελευτῆς, ἐαρινῆς ἰσημερίας τε
καὶ θερινῆς τροπῆς, σύμφωνον τὸ τῶν διαςάσεων πλῆθος τῶν ἡμερῶν εὑρίσκομεν·
ἐπειδήπερ, ὡς ἔφαμεν, ἡ μὲν μετοπωρινὴ
ἰσημερία γέγονε τῇ θ τοῦ ἀθὺρ μετὰ
τὴν τοῦ ἡλίου ἀνατολὴν, ἡ δὲ ἐαρινὴ τῇ
ζ τοῦ παχών μετὰ τὴν μεσημβρίαν, ὡς
συνάγεσθαι τὴν διάςασιν ἡμερῶν ροη δ᾽᾽.
Τὴν δὲ θερινὴν τροπὴν τῇ ια τοῦ μεσορῆ,
μετὰ τὸ εἰς τὴν ιβ μεσονύκτιον· ὡς καὶ
ταύτην μὲν τὴν διάςασιν, τουτέςι τὴν ἀπὸ
ἐαρινῆς ἰσημερίας τῆς ἐπὶ τὴν θερινὴν τροπὴν, ἡμέρας συνάγειν ϟδ ϛ᾽᾽, καταλείπεσθαι δ᾽ εἰς τὴν ἀπὸ τῆς θερινῆς τροπῆς,
ἐπὶ τὴν ἑξῆς μετοπωρινὴν ἰσημερίαν, τὰς
λοιπὰς εἰς τὸν ἐνιαύσιον χρόνον ἡμέρας
ἔγγιςα ϟβ ϛ᾽᾽.

Εςω δὴ ὁ διὰ μέσων τῶν
ζωδίων κύκλος ὁ ΑΒΓΔ περὶ
κέντρον τὸ Ε. καὶ διήχθωσαν
ἐν αὐτῷ δύο διάμετροι πρὸς
ὀρθὰς ἀλλήλαις, διὰ τῶν τροπικῶν καὶ ἰσημερινῶν σημείων,
ἥ τε ΑΓ καὶ ἡ ΒΔ. Υποκείσθω δὲ
τὸ μὲν Α ἐαρινὸν σημεῖον, τὸ δὲ Β
θερινὸν, καὶ τὰ ἑξῆς ἀκολούθως. Οτι
μὲν οὖν τὸ κέντρον τοῦ ἐκκέντρου κύκλου, μεταξὺ τῶν ΕΑ καὶ ΕΒ εὐθειῶν

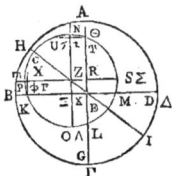

I.

le temps depuis l'équinoxe du printemps jusqu'au solstice d'été, est de
94 ¼ jours ; et depuis ce solstice jusqu'à l'équinoxe d'automne, de 92 ½
jours. Or par nos observations les plus
exactes de l'équinoxe du printemps et
du solstice d'été, faites dans la 463ᵉ année depuis la mort d'Alexandre, nous
trouvons que le nombre de jours des intervalles s'accorde bien ; puisque, comme
nous l'avons déjà dit, l'équinoxe d'automne étant arrivé le 9 d'Athyr après le
lever du soleil, et celui du printemps,
le 7 de Pachon après midi , l'intervalle est ainsi de 178 ¼ jours (a) ; et
le solstice d'été étant arrivé le 11 de
Mésoré après minuit d'avant le 12 , l'intervalle de l'équinoxe du printemps
au solstice d'été, embrasse 94 ¼ jours ;
restent donc pour l'intervalle du solstice d'été à l'équinoxe d'automne suivant, 92 ½ jours à peu près.

Soit ABGD l'écliptique décrite autour du centre E ; menez-y deux diamètres perpendiculaires AG et BD par les solstices et les équinoxes, en prenant le point A pour l'équinoxe du printemps, B pour le
solstice d'été, et les autres en conséquence. Le centre du cercle excentrique
tombe entre EA et EB : cela est évident, parce que le demi-cercle ABG (de

24

l'intervalle des équinoxes) embrasse plus de la moitié d'une année, et, pour cette raison, il coupe un arc de l'excentrique plus grand que le demi-cercle. Le quart de cercle AB (*intervalle de l'équinoxe vernal au solstice d'été*) embrasse aussi plus de temps et intercepte un plus grand arc de l'excentrique, que ne le fait le quart de cercle BG (*intervalle du solstice d'été à l'équinoxe d'automne*). Ainsi, mettons le centre de l'excentrique en Z, et menons par les centres des deux cercles et par l'apogée, le diamètre EZH : du centre Z et d'un intervalle quelconque, soit décrit le cercle excentrique du soleil TKLM, et par Z soient menées les parallèles NXO à AG, et PRS à BD. Abaissez les perpendiculaires TτU du point T sur NXO, et KFC du point K sur PRS. Puisque le soleil, dans sa révolution uniforme sur le cercle TKLM, parcourt l'arc TK en 94 ½ jours, et l'arc KL en 92 ½, il fait uniformément en 94 ½ jours environ 93ᵈ 9′ des degrés dont le cercle en contient 360, et en 92 ½ jours 91ᵈ 11′ de ces degrés. Ainsi l'arc TKL étant de 184 degrés 20′, et les deux arcs NT, LO, de l'excédent du demi cercle NPO, valant 4ᵈ 20′, chacun sera de 2ᵈ 10′, et l'arc TNU double de TN, de 4ᵈ 20′; ainsi sa soutendante TU sera de 4ᵖ 32′ à peu près des parties dont le diamètre de l'excentrique en contient 120. La moitié Tτ,

πεσεῖται, φανερὸν ἐκ τῶ τὸ μὲν ΑΒΓ ἡμικύκλιον πλείονα περιέχειν χρόνον τοῦ ἡμίσους τοῦ ἐνιαυσίου χρόνου, καὶ διὰ τοῦτο μεῖζον ἀπολαμβάνειν τοῦ ἐκκέντρου τμῆμα ἡμικυκλίου, τὸ δὲ ΑΒ τεταρτημόριον καὶ αὐτὸ πλείονα περιέχειν χρόνον καὶ μείζονα περιφέρειαν ἀπολαμβάνειν τοῦ ἐκκέντρου, παρὰ τὸ ΒΓ τεταρτημόριον. Τούτου δὲ οὕτως ἔχοντος, ὑποκείσθω τὸ Ζ σημεῖον, κέντρον τοῦ ἐκκέντρου, καὶ διήχθω μὲν ἡ δι' ἀμφοτέρων τῶν κέντρων καὶ τοῦ ἀπογείου διάμετρος ἡ ΕΖΗ, κέντρῳ δὲ τῷ Ζ καὶ διαστήματι τυχόντι γεγράφθω ὁ ἔκκεντρος τοῦ ἡλίου κύκλος ὁ ΘΚΛΜ, καὶ διὰ τοῦ Ζ ἤχθωσαν παράλληλοι, τῇ μὲν ΑΓ ἡ ΝΞΟ, τῇ δὲ ΒΔ ἡ ΠΡΣ. Καὶ ἔτι ἤχθωσαν κάθετοι, ἀπὸ μὲν τοῦ Θ ἐπὶ τὴν ΝΞΟ ἡ ΘΤΥ, ἀπὸ δὲ τοῦ Κ ἐπὶ τὴν ΠΡΣ ἡ ΚΦΧ. Ἐπεὶ τοίνυν ὁ ἥλιος τὸν ΘΚΛΜ κύκλον ὁμαλῶς διερχόμενος, τὴν μὲν ΘΚ περιφέρειαν διαπορεύεται ἐν ἡμέραις ϟδ ϛ″, τὴν δὲ ΚΛ ἐν ἡμέραις ϟβ ϛ″, κινεῖται δὲ ὁμαλῶς ἐν μὲν ταῖς ϟδ ϛ″ ἡμέραις, μοίρας ϟγ θ′ ἔγγιστα οἵων ἐστὶν ὁ κύκλος τξ, ἐν δὲ ταῖς ϟβ ϛ″ μοίρας ϟα ιά, εἴη ἂν τὸ μὲν ΘΚΛ τμῆμα μοιρῶν ρπδ κ′, συναμφότερα δὲ τό τε ΝΘ καὶ τὸ ΛΟ τῶν λοιπῶν τῶν μετὰ τὸ ΝΠΟ ἡμικύκλιον μοιρῶν δ κ′, καὶ ἑκάτερον μὲν ἄρα αὐτῶν ἔσαι μοιρῶν β ι′, ἡ δὲ διπλῆ περιφέρεια τῆς ΘΝ ἡ ΘΝΥ τῶν αὐτῶν δ κ′. Ὥστε καὶ ἡ μὲν ὑπ' αὐτὴν εὐθεῖα ἡ ΘΥ τοιούτων ἔσαι δ λβ ἔγγιστα, οἵων ἐστὶν ἡ τοῦ ἐκκέντρου διάμετρος ρκ· ἡ δὲ

ἡμίσεια αὐτῆς ἡ ΘΤ, τουτέςιν ἡ ΕΞ, τῶν
αὐτῶν β ιϛʹ. Πάλιν ἐπεὶ τὸ ΘΝΠΚ τμῆμα ὅλον μοιρῶν ἐςὶν ϛζ θʹ, ἔςι δὲ καὶ τὸ
ΘΝ μοιρῶν β ιʹ, τὸ δὲ ΝΠ τεταρτημόριον μοιρῶν ϟ, καὶ λοιπὴ μὲν ἔςαι ἡ ΠΚ
περιφέρεια μοιρῶν ο νθʹ, ἡ δὲ διπλῆ αὐτῆς
ἡ ΚΠΧ περιφέρεια μοιρῶν α νηʹ· ὥςε
καὶ ἡ μὲν ὑπʹ αὐτὴν εὐθεῖα ἡ ΚΦΧ τοιούτων ἔςαι β δʹ, οἵων ἐςὶν ἡ τοῦ ἐκκέντρου
διάμετρος ρκ, ἡ δʹ ἡμίσεια αὐτῆς ἡ ΚΦ,
τουτέςιν ἡ ΖΞ, τμημάτων α βʹ. Τῶν δʹ
αὐτῶν ἐδείχθη καὶ ἡ ΕΖ εὐθεῖα β ιϛʹ· καὶ
ἐπεὶ τὰ ἀπʹ αὐτῶν συντεθέντα ποιεῖ τὸ
ἀπὸ τῆς ΕΖ, ἔςαι καὶ αὐτὴ μήκει τοιούτων β κθʹ ϛʹʹ ἔγγιςα, οἵων ἐςὶν ἡ ἐκ τοῦ
κέντρου τοῦ ἐκκέντρου ξ. ἡ ἄρα ἐκ τοῦ
κέντρου τοῦ ἐκκέντρου κύκλου τετρακαιεικοσαπλασίων ἐςὶν ἔγγιςα τῆς μεταξὺ
τῶν κέντρων αὐτοῦ τε καὶ τοῦ ζωδιακοῦ.

Πάλιν ἐπεὶ οἵων ἡ ΕΖ ἐδείχθη β κθʹ ϛʹʹ,
τοιούτων ἦν καὶ ἡ ΖΞ εὐθεῖα α βʹ· καὶ οἵων
ἄρα ἐςὶν ἡ ΕΖ ὑποτείνουσα ρκ, τοιούτων
ἔςαι καὶ ἡ μὲν ΖΞ εὐθεῖα μθ μϛʹ ἔγγιςα,
ἡ δὲ ἐπʹ αὐτῆς περιφέρεια τοῦ γραφομένου κύκλου περὶ τὸ ΕΖΞ ὀρθογώνιον, τοιούτων μθ ἔγγιςα οἵων ἐςὶν ὁ κύκλος τξ,
καὶ ἡ ὑπὸ ΖΕΞ ἄρα γωνία, οἵων μέν
εἰσιν αἱ δύο ὀρθαὶ τξ, τοιούτων ἔςαι
μθ, οἵων δὲ αἱ δʹ ὀρθαὶ τξ, τοιούτων
κδ λʹ. Ὥςτε ἐπεὶ πρὸς τῷ κέντρῳ
ἐςὶ τοῦ ζωδιακοῦ, καὶ ἡ ΒΗ περιφέρεια,
ἣν προηγεῖται τὸ κατὰ τὸ Η ἀπόγειον
τοῦ Β θερινοῦ τροπικοῦ σημείου, μοιρῶν ἐςιν κδ λʹ· λοιπὸν δὲ ἐπειδὴ τὸ

c'est-à-dire EX, en contient donc 2ᵖ 16′.
Or, puisque l'arc entier TNPK est de
93ᵈ 9′, et que l'arc TN est de 2ᵈ 10′,
et le quart de cercle NP de 90ᵈ, il s'ensuit que l'arc restant PK est de 0ᵈ 59′,
et son double qui est l'arc KPC, de
1ᵈ 58′. Par conséquent sa soutendante
KFC sera de 2ᵖ 4′ des parties dont le
diamètre de l'excentrique en contient
120; et sa moitié KF ou ZX sera de
1ᵖ 2′ de ces mêmes parties. Or il vient
d'être prouvé que EZ en contient 2ᵖ 16′;
et puisque la somme des carrés de ces
droites fait celui de la droite EZ, celle-
ci sera en longueur à peu près de 2ᵖ
29′ ½ des parties dont le rayon de l'excentrique en contient 60. Donc l'intervalle des centres de l'excentrique et du zodiaque est à peu près la vingt-quatrième
partie du rayon de l'excentrique (c).

Maintenant, puisque des 2ᵖ 29′ ½ démontrées de la droite EZ, la droite ZX
en contient 1ᵖ 2′, ZX est par conséquent d'environ 49ᵖ 46′ des 120 parties de l'hypoténuse EZ; et l'arc que
cette droite soutend dans le cercle circonscrit au triangle rectangle EZX, étant
d'environ 49 des 360 degrés du cercle,
l'angle ZEX sera de 49 des degrés dont
deux angles droits en valent 360, et (d)
de 24ᵈ 30′ de ceux dont 360 font quatre
angles droits. Ainsi, puisque cet angle est
au centre du zodiaque, son arc BH, qui
est la quantité dont l'apogée H précède le point tropique d'été B, est de

24 degrés 3o'. Enfin, puisque le quadrant OS et l'autre SN sont chacun de 90ᵈ, et que l'arc OL ainsi que TN sont chacun de 2ᵈ 10', tandis que MS est de 0ᵈ 59', l'arc LM sera de 86ᵈ 51', et l'arc MT de 88ᵈ 49'. Or le soleil parcourt uniformément 86 degrés 51' en 88 jours 8', et 88ᵈ 49' en 90 jours 8' à peu près; donc le soleil paroîtra parcourir l'arc GD qui est depuis l'équinoxe d'automne jusqu'au solstice d'hiver en 88 jours 8'; et l'arc DA qui est entre le solstice d'hiver et l'équinoxe du printemps en 90 jours 8' à peu près. Nous trouvons donc ainsi des résultats conformes aux assertions d'Hipparque (*d bis*).

Par le moyen de ces quantités, nous chercherons d'abord de combien est la plus grande différence entre le mouvement égal et le mouvement inégal, et dans quel point cette différence aura lieu. Soit donc le cercle excentrique ABG, autour du centre D et du diamètre ADG qui passe par l'apogée A, et dans ce diamètre le centre E du zodiaque; menez à AG la perpendiculaire EB, et joignez DB. Puisque la droite DE, qui joint les centres, contient 2ᵖ 30' des parties dont le rayon BD en contient 60, il suit de la raison de 1 à 24 que l'hypoténuse BD étant de 120 parties, la droite DE en vaudra 5, et l'arc soutenu par cette droite sera de 4ᵖ 46' à peu près des parties dont le cercle

μὲν ΟΣ τεταρτημόριον καὶ τὸ ΣΝ ἑκάτερον μοιρῶν ἐςὶν ϟ, ἔςι δὲ καὶ ἡ μὲν ΟΛ περιφέρεια αὐτή τε καὶ ἡ ΘΝ ἑκατέρα μοιρῶν β ι', ἡ δὲ ΜΣ μοιρῶν ο νθ', καὶ ἡ μὲν ΛΜ περιφέρεια ἔςαι μοιρῶν πϛ να', ἡ δὲ ΜΘ μοιρῶν πῆ μθ'. Ἀλλὰ τὰς μὲν πϛ να' μοίρας ὁμαλῶς ὁ ἥλιος διέρχεται ἐν ἡμέραις πῆ κỳ ή', τὰς δὲ πῆ μθ' μοίρας ἐν ἡμέραις ϟ κỳ ή' ἔγγιςα· ὥςτε κỳ τὴν μὲν ΓΔ περιφέρειαν, ἥτις ἐςὶν ἀπὸ μετοπωρινῆς ἰσημερίας ἐπὶ χειμερινὴν τροπὴν, φανήσεται διερχόμενος ὁ ἥλιος ἐν ἡμέραις πῆ κỳ ή', τὴν δὲ ΔΑ, ἥτις ἐςὶν ἀπὸ χειμερινῆς τροπῆς ἐπὶ τὴν ἐαρινὴν ἰσημερίαν, ἐν ἡμέραις ϟ κỳ ή' ἔγγιςα. Καὶ εὕρηται ἡμῖν τὰ προκείμενα συμφώνως τοῖς ὑπὸ τοῦ Ἱππάρχου λεγομένοις.

Κατὰ ταύτας οὖν τὰς πηλικότητας σκεψώμεθα πρότερον πόσον ἐςὶ τὸ πλεῖςον διάφορον τῆς ὁμαλῆς κινήσεως παρὰ τὴν ἀνώμαλον, καὶ πρὸς τίσι σημείοις τὸ τοιοῦτον συμβήσεται. Ἔςω δὴ ἔκκεντρος κύκλος ΑΒΓ, περὶ κέντρον τὸ Δ, καὶ διάμετρον διὰ τοῦ Α ἀπογείου τὴν ΑΔΓ, ἐφ' ἧς ἔςω τὸ κέντρον τοῦ ζωδιακοῦ τὸ Ε, καὶ πρὸς ὀρθὰς γωνίας τῇ ΑΓ ἤχθω ἡ ΕΒ, καὶ ἐπεζεύχθω ἡ ΔΒ. Ἐπεὶ οἴων ἐςὶν ἡ ΒΔ ἐκ τοῦ κέντρου ξ, τοιούτων ἐςὶν ἡ ΔΕ μεταξὺ τῶν κέντρων β λ', κατὰ τὸν τετρακαιεικοσαπλασίονα λόγον, καὶ οἴων ἄρα ἐςὶν ἡ ΒΔ ὑποτείνουσα ρκ, τοιούτων ἔςαι καὶ ἡ μὲν ΔΕ εὐθεῖα ε, ἡ δὲ ἐπ' αὐτῆς περιφέρεια τοιούτων δ μϛ' ἔγγιςα· οἴων ἐςὶν ὁ περὶ τὸ ΒΔΕ ὀρθογώνιον κύκλος τξ.

Ὥστε καὶ ἡ ὑπὸ ΔΒΕ γωνία, ἥτις περιέχει τὸ πλεῖστον διάφορον τῆς ἀνωμαλίας,
οἵων μέν εἰσιν αἱ δύο ὀρθαὶ τξ, τοιούτων
ἔσαι δ̅ μϛ', οἵων δὲ αἱ δ̅ ὀρθαὶ τξ, τοιούτων β̅ κγ'. Τῶν δ' αὐτῶν ἔσι καὶ ἡ μὲν
ὑπὸ ΒΕΔ ὀρθὴ γωνία ζ̅, ἡ δὲ ἴση ταῖς δυσὶν ὑπὸ ΒΔΑ δηλονότι ζβ̅ κγ'· καὶ ἐπεὶ
πρὸς τοῖς κέντροις εἰσὶν, ἡ μὲν ὑπὸ ΒΔΑ
τοῦ ἐκκέντρου, ἡ δὲ ὑπὸ ΒΕΔ τοῦ ζωδιακοῦ, ἕξομεν τὸ μὲν πλεῖστον διάφορον τοῦ
παρὰ τὴν ἀνωμαλίαν μοιρῶν β̅ κγ', τῶν
δὲ περιφερειῶν πρὸς αἷς τοῦτο γίνεται,
τὴν μὲν τοῦ ἐκκέντρου καὶ ὁμαλὴν, μοιρῶν ζβ̅ κγ' ἀπὸ τοῦ ἀπογείου, τὴν δὲ
τοῦ ζωδιακοῦ καὶ ἀνώμαλον φαινομένην
τῶν τοῦ τεταρτημορίου, καθάπερ καὶ
πρότερον ἀπεδείξαμεν, μοιρῶν ζ̅. Φανερὸν δ' ἐκ τῶν προεφωδευμένων, ὅτι κατὰ
τὸ ἀντικείμενον τμῆμα, ἡ μὲν φαινομένη
μέση πάροδος καὶ τὸ πλεῖστον διάφορον
τῆς ἀνωμαλίας ἔσαι κατὰ τὰς σο̅ μοίρας, ἡ δ' ὁμαλὴ καὶ κατὰ τὸν ἔκκεντρον
κατὰ τὰς σξζ̅ λζ'.

Ἵνα δὲ καὶ διὰ τῶν ἀριθμῶν,
ὡς ἔφαμεν, τὰς αὐτὰς πηλικότητας δείξωμεν συναγομένας,
καὶ ἐπὶ τῆς κατὰ τὸν ἐπίκυκλον
ὑποθέσεως, ὅταν οἱ αὐτοὶ λόγοι καθ' ὃν εἰρήκαμεν τρόπον
περιέχωνται, ἔσω ὁ μὲν ὁμόκεντρος τῷ διὰ μέσων τῶν ζωδίων κύκλος ὁ ΑΒΓ περὶ κέντρον τὸ Δ,
καὶ διάμετρον τὴν ΑΔΓ, ὁ δ' ἐπίκυκλος
ὁ ΕΖΗ περὶ κέντρον τὸ Α, καὶ ἤχθω

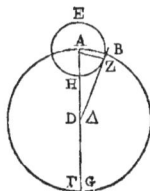

décrit autour du triangle rectangle BDE
en contient 360. Donc l'angle DBE, qui
embrasse la plus grande différence de l'a-
nomalie, vaudra 4 46' de ces parties ou
degrés dont 360 feroient deux angles
droits, et 2ᵈ 23' des degrés dont 360 font
quatre angles droits. Or l'angle droit
BED est de 90 (e) de ces mêmes degrés, et
l'angle BDA égal à la somme de ces deux
angles, vaut 92 23' de ces degrés; donc
puisque l'angle BDA a son sommet au
centre de l'excentrique, et BED le sien au
centre du zodiaque, nous aurons la plus
grande différence produite par l'anomalie
de 2 degrés 23'. Quant aux arcs sur lesquels a lieu cette plus grande différence,
l'arc moyen de l'excentrique depuis l'apogée, est de 92ᵈ 23', et l'arc anomal du
zodiaque vaut les 90 degrés du quart de
cercle, comme nous l'avons démontré plus
haut. Ainsi, d'après ce qui précède, il est
clair que dans la partie opposée, le lieu
moyen apparent et la plus grande différence de l'anomalie seront sur 270ᵈ, et le
lieu moyen dans l'excentrique sur 267ᵖ 37'.

Pour démontrer encore par
les nombres; comme nous l'a-
vons dit, que ces quantités se
trouvent également dans l'hypothèse de l'épicycle, les rapports demeurant tels que nous
les avons exposés, soit ABG le
cercle concentrique à l'écliptique,
tique, décrit autour du centre D et du
diamètre ADG, et l'épicycle EZH décrit
autour du centre A; menez du centre D

*

la droite DZB tangente à l'épicycle, et joignez AZ; dans le
triangle rectangle ADZ, l'hypoténuse AD est, pareillement, à
la droite AZ, dans le rapport de
24 à 1 (*f*); ainsi l'hypoténuse
AD étant de 120 parties, la
droite AZ en contient 5, et l'arc
soutenu par cette droite, est de 4ᵈ 46′
des degrés dont le cercle circonscrit au
triangle rectangle ADZ en contient 360;
donc l'angle ADZ sera de 4ᵈ 46′ des degrés
dont deux angles droits en contiendroient
360, et de 2ᵈ 23′ des degrés dont quatre
angles droits en valent 360. Par conséquent la plus grande différence de l'anomalie, c'est-à-dire l'arc AB, se trouveroit
ici pareillement de 2ᵈ 23′; l'arc anomal,
parcequ'il est embrassé par l'angle droit
AZD, de 90 degrés, et l'arc moyen compris sous l'angle EAZ, de 92ᵈ 23′.

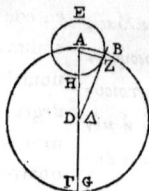

ἀπὸ τοῦ Δ ἐφαπτομένη τοῦ ἐπικύκλου εὐθεῖα ἡ ΔΖΒ, καὶ ἐπεζεύχθω ἡ ΑΖ· γίνεται δὴ ὡσαύτως, ἐν ὀρθογωνίῳ τῷ ΑΔΖ,
τετρακαιεικοσαπλασίων ἡ ΑΔ
τῆς ΑΖ· ὥστε καὶ οἵων ἐςὶν ἡ ΑΔ
ὑποτείνουσα ρκ, τοιούτων πάλιν καὶ τὴν μὲν ΑΖ γίνεσθαι
ε, τὴν δὲ ἐπ' αὐτῆς περιφέρειαν τοιούτων δ μς′, οἵων ἐςὶν ὁ περὶ τὸ ΑΔΖ ὀρθογώνιον γραφόμενος κύκλος τξ. Καὶ ἡ
ὑπὸ ΑΔΖ ἄρα γωνία οἵων μέν εἰσιν αἱ
δύο ὀρθαὶ τξ, τοιούτων ἔςαι δ μς′, οἵων
δὲ αἱ δ ὀρθαὶ τξ, τοιούτων β κγ′. Τὸ
μὲν πλεῖςον ἄρα διάφορον τῆς ἀνωμαλίας,
τουτέςιν ἡ ΑΒ περιφέρεια, καὶ ἐντεῦθεν
εὕρηται συμφώνως μοιρῶν β κγ′, ἡ δὲ ἀνώ-
μαλος περιφέρεια, ἐπείπερ ὑπὸ τῆς ὑπὸ
ΑΖΔ ὀρθῆς γωνίας περιέχεται, μοιρῶν ϛ,
ἡ δὲ ὁμαλὴ, περιεχομένη δὲ ὑπὸ τῆς
ΕΑΖ γωνίας, μοιρῶν πάλιν ϟβ κγ′.

CHAPITRE V.

DE LA RECHERCHE DE L'ANOMALIE APPLI-
QUÉE AUX ARCS PARTICULIERS DU MOU-
VEMENT SOLAIRE.

ΚΕΦΑΛΑΙΟΝ Ε.

ΠΕΡΙ ΤΗΣ ΠΡΟΣ ΤΑ ΚΑΤΑ ΜΕΡΟΣ ΤΜΗΜΑΤΑ.
ΤΗΣ ΑΝΩΜΑΛΙΑΣ ΕΠΙΣΚΕΨΕΩΣ.

Pour mettre en état de discerner les
mouvemens inégaux du soleil dans tous
leurs détails, nous montrerons encore,
dans l'une et l'autre hypothèse, comment un des arcs supposés étant donné,
il nous servira à trouver les autres.

Soit d'abord le cercle ABG concentrique au zodiaque, autour du centre D,

ΕΝΕΚΕΝ δὲ τοῦ καὶ τὰς κατὰ μέρος
ἀνωμάλους κινήσεις ἑκάςοτε δύνασθαι δια-
κρίνειν, δείξομεν πάλιν ἐφ' ἑκατέρας τῶν
ὑποθέσεων, πῶς ἂν, μιᾶς τῶν ἐκκειμένων περιφερειῶν δοθείσης, λαμβάνοιμεν
καὶ τὰς λοιπάς.

Εςω δὴ πρῶτον μὲν ὁμόκεντρος τῷ
ζωδιακῷ κύκλος ὁ ΑΒΓ περὶ κέντρον τὸ

Δ, ὁ δ᾽ ἔκκεντρος ὁ ΕΖΗ περὶ κέντρον τὸ Θ, ἡ δὲ δι᾽ ἀμφοτέρων τῶν κέντρων ἡ καὶ τοῦ Ε ἀπογείου διάμετρος ἡ ΕΛΘΔΗ. Καὶ ἀποληφθείσης τῆς ΕΖ περιφερείας, ἐπεζεύχθωσαν ἥ τε ΖΔ, καὶ ἡ ΖΘ. Δεδόσθω δὲ πρῶτον ἡ ΕΖ περιφέρεια μοιρῶν οὖσα λόγου ἕνεκεν λ͞, καὶ ἐκϐληθείσης τῆς ΖΘ, κάθετος ἐπ᾽ αὐτὴν ἤχθω ἀπὸ τοῦ Δ ἡ ΔΚ. Ἐπεὶ τοίνυν ἡ ΕΖ περιφέρεια ὑπόκειται μοιρῶν λ͞, καὶ ἡ ὑπὸ ΕΘΖ ἄρα γωνία, τουτέϛιν ἡ ὑπὸ ΔΘΚ, οἵων μέν εἰσιν αἱ δ̄ ὀρθαὶ τ͞ξ, τοιούτων ἔϛαι λ͞, οἵων δὲ αἱ β̄ ὀρθαὶ τ͞ξ, τοιούτων ξ͞. Καὶ ἡ μὲν ἐπὶ τῆς ΔΚ ἄρα περιφέρεια τοιούτων ἐϛὶν ξ͞, οἵων ὁ περὶ τὸ ΔΘΚ ὀρθογώνιον κύκλος τ͞ξ· ἡ δὲ ἐπὶ τῆς ΚΘ τῶν λοιπῶν εἰς τὸ ἡμικύκλιον ρ͞κ. Καὶ αἱ ὑπ᾽ αὐτὰς ἄρα εὐθεῖαι ἔσονται ἡ μὲν ΔΚ τοιούτων ξ͞, οἵων ἐϛὶν ἡ ΔΘ ὑποτείνουσα ρ͞κ, ἡ δὲ ΚΘ τῶν αὐτῶν ρ͞γ νε΄. Ὥστε καὶ οἵων ἐϛὶν ἡ μὲν ΔΘ εὐθεῖα β̄ λ΄, ἡ δὲ ΖΘ ἐκ τοῦ κέντρου ξ͞, τοιούτων καὶ ἡ μὲν ΔΚ ἔϛαι ᾱ ιε΄, ἡ δὲ ΘΚ τῶν αὐτῶν β̄ ι΄, ἡ δὲ ΚΘΖ ὅλη ξ͞β ι΄. Καὶ ἐπεὶ τὰ ἀπ᾽ αὐτῶν συντεθέντα ποιεῖ τὸ ἀπὸ τῆς ΖΔ, ἔϛαι καὶ ἡ ΖΔ ὑποτείνουσα τοιούτων ξ͞β ια΄ ἔγγιϛα. Καὶ οἵων ἄρα ἐϛὶν ἡ ΖΔ ρ͞κ, τοιούτων ἔϛαι καὶ ἡ μὲν ΔΚ εὐθεῖα β̄ κε΄, ἡ δὲ ἐπ᾽ αὐτῆς περιφέρεια τοιούτων β̄ ιη΄, οἵων ἐϛὶν ὁ περὶ τὸ ΖΔΚ ὀρθογώνιον κύκλος τ͞ξ. Ὥστε καὶ ἡ ὑπὸ ΔΖΚ γωνία, οἵων μέν

l'excentrique EZH autour du centre T, et le diamètre EATDH passant par ces deux centres et par l'apogée E. Ayant pris l'arc EZ, joignons ZD et ZT. Soit donné d'abord l'arc EZ de 30 degrés, par exemple, et ayant prolongé ZT, abaissons de D la perpendiculaire DK sur le prolongement. L'arc EZ étant supposé de 30 degrés, l'angle ETZ ou DTK sera de 30 des degrés dont 360 font quatre angles droits, et de 60 des degrés dont deux angles droits en valent 360, l'arc soutendu par DK est donc de 60 des degrés dont la circonférence du cercle décrit autour du triangle rectangle DTK en contient 360, et l'arc soutendu par KT vaut les 120 degrés restants de la demi-circonférence. Donc des droites qui soutendent ces arcs, DK sera de 60 des parties dont l'hypoténuse DT de l'angle droit en contient 120, et KT de 103ᵖ 55′. Par conséquent des parties dont la droite DT en contient 2ᵖ 30′, et dont le rayon ZT en contient 60, la droite DK en contiendra 1ᵖ 15′; la droite TK, 2ᵖ 10′; et la droite entière KTZ, 62ᵖ 10′. Et parce que la somme des carrés de ces droites est égale au carré de ZD, il s'ensuit que l'hypoténuse ZD vaudra 62ᵖ 11′ de ces parties à très-peu près. Donc des parties dont ZD en contient 120, la droite DK en aura 2ᵖ 25′, et l'arc qu'elle soutend aura 2ᵈ 18′ des degrés dont le cercle décrit autour du triangle

rectangle ZDK en contient
360. Donc l'angle DZK est de
2^d 18' des degrés dont 360 feroient deux angles droits, et
de 1^d 9' des degrés dont 360
font quatre angles droits. Telle
est la différence provenant
de l'anomalie (a); or l'angle
ETZ vaut 30 de ces degrés, donc l'angle restant ADB, c'est-à-dire l'arc AB
du zodiaque, est de 28 51' degrés.

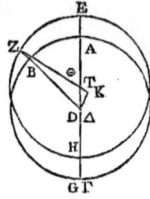

Si c'est un des autres angles (b) qui est donné, il servira
également à trouver ceux qu'on
cherche, en abaissant dans
cette même figure la droite
perpendiculaire TL du point T
sur ZD. Car supposons donné
l'arc AB du zodiaque, c'est-à-dire l'arc
compris dans l'angle TDL, par-là, le rapport de DT à TL sera connu; et celui
de DT à TZ étant donné, celui de TZ à
TL sera aussi donné. Par ce moyen nous
aurons l'angle TZL, c'est-à-dire la différence provenant de l'anomalie, et l'angle
ETZ, c'est-à-dire l'arc EZ de l'excentrique.
Ce sera encore la même chose, si nous
supposons donnée la différence de l'a-
nomalie, c'est-à-dire l'angle TZD. En effet, le rapport de TZ à TL étant par là
donné, et celui de TZ à TD étant déjà
donné, celui de DT à TL sera ainsi donné, et on connoîtra par-là l'angle TDL,

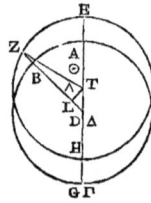

εἰσιν αἱ β̄ ὀρθαὶ τξ, τοιούτων ἐςὶ β̄ ιή, οἵων δὲ αἱ δ̄
ὀρθαὶ τξ, τοιούτων ᾱ θ´.
Τοσούτων ἄρα ἐςὶ τὸ παρὰ
τὴν ἀνωμαλίαν τότε διάφο-
ρον τῶν δι᾽ αὐτῶν ἦν ἡ ὑπὸ
ΕΘΖ γωνία λ̄, καὶ λοιπὴ ἄρα
ἡ ὑπὸ ΑΔΒ γωνία, τουτέςιν
ἡ ΑΒ τοῦ ζωδιακοῦ περιφέρεια, μοιρῶν
ἐςὶ κη̄ να

Ὅτι δὲ κἂν ἄλλη τις τῶν
γωνιῶν δοθῇ, καὶ αἱ λοιπαὶ
δοθήσονται, φανερὸν αὐτόθεν
ἔςαι, καθέτου ἀχθείσης ἐπὶ
τῆς αὐτῆς καταγραφῆς, ἀπὸ
τοῦ Θ ἐπὶ τὴν ΖΔ, τῆς ΘΛ· ἐάν
τε γὰρ τὴν ΑΒ τοῦ ζωδιακοῦ
περιφέρειαν ὑποθώμεθα δε-
δομένην, τουτέςι τὴν ὑπὸ ΘΔΛ γωνίαν,
διὰ τοῦτο ἔςαι καὶ ὁ τῆς ΔΘ πρὸς ΘΛ
λόγος δεδομένος. Δεδομένου δὲ καὶ τοῦ
τῆς ΔΘ πρὸς ΘΖ, δοθήσεται καὶ ὁ τῆς
ΘΖ πρὸς ΘΛ· διὰ τοῦτο δὲ ἕξομεν δεδομένας τήν τε ὑπὸ ΘΖΛ γωνίαν, τουτέςι
τὸ παρὰ τὴν ἀνωμαλίαν διάφορον, καὶ
τὴν ὑπὸ ΕΘΖ, τουτέςι τὴν ΕΖ τοῦ ἐκκέντρου περιφέρειαν. Ἐάν τε τὸ παρὰ τὴν
ἀνωμαλίαν διάφορον ὑποθώμεθα δεδομένον, τουτέςι τὴν ὑπὸ ΘΖΔ γωνίαν, ἀνάπαλιν τὰ αὐτὰ συμβήσεται. Δεδομένου
μὲν διὰ τοῦτο τοῦ τῆς ΘΖ πρὸς ΘΛ λόγου, δεδομένου δὲ ἐξαρχῆς καὶ τοῦ τῆς
ΘΖ πρὸς ΘΔ, ὥστε δεδόσθαι μὲν καὶ
τὸν τῆς ΔΘ πρὸς ΘΛ λόγον, δεδόσθαι
δὲ διὰ τοῦτο καὶ τὴν ὑπὸ ΘΔΛ γωνίαν,

τουτέςι τὴν ΑΒ τοῦ ζωδιακοῦ περιφέρειαν, καὶ τὴν ὑπὸ ΕΘΖ, τουτέςι τὴν
ΕΖ τοῦ ἐκκέντρου περιφέρειαν.

Πάλιν ἔςω ὁ μὲν ὁμόκεν-
τρος τῷ διὰ μέσων κύκλος ὁ
ΑΒΓ, περὶ κέντρον τὸ Δ καὶ
διάμετρον τὴν ΑΔΓ, ὁ δὲ κατὰ
τὸν αὐτὸν λόγον ἐπίκυκλος ὁ
ΕΖΗΘ περὶ κέντρον τὸ Α, καὶ
ἀποληφθείσης τῆς ΕΖ περιφερείας, ἐπεζεύχθωσαν ἥ τε ΖΒΔ,
καὶ ἡ ΖΑ. Ὑποκείσθω δὲ πάλιν ἡ ΕΖ περιφέρεια τῶν αὐτῶν μοιρῶν λ̄, καὶ ἤχθω
ἀπὸ τοῦ Ζ κάθετος ἐπὶ τὴν ΑΕ ἡ ΖΚ.
Ἐπεὶ ἡ ΕΖ περιφέρεια μοιρῶν ἐςι λ̄, εἴη
ἂν καὶ ἡ μὲν ὑπὸ ΕΑΖ γωνία, οἵων μέν εἰσιν αἱ τέσσαρες ὀρθαὶ τ̄ξ̄, τοιούτων λ̄, οἵων
δὲ αἱ δύο ὀρθαὶ τ̄ξ̄, τοιούτων ξ̄. Ὥστε καὶ
ἡ μὲν ἐπὶ τῆς ΖΚ περιφέρεια τοιούτων
ἐςὶν ξ̄, οἵων ὁ περὶ τὸ ΑΖΚ ὀρθογώνιον
κύκλος τ̄ξ̄, ἡ δ' ἐπὶ τῆς ΑΚ, τῶν λοιπῶν εἰς τὸ ἡμικύκλιον ρ̄κ̄. Καὶ αἱ ὑπ' αὐτὰς ἄρα εὐθεῖαι ἔσονται ἡ μὲν ΖΚ τοιούτων ξ̄, οἵων ἐςὶν ἡ ΑΖ διάμετρος ρ̄κ̄, ἡ
δὲ ΚΑ τῶν αὐτῶν ρ̄γ̄ νε΄. Ὥστε καὶ οἵων
ἐςὶν ἡ μὲν ΑΖ ὑποτείνουσα β̄ λ΄, ἡ δὲ
ΑΔ ἐκ τοῦ κέντρου ξ̄, τοιούτων ἔςαι καὶ
ἡ μὲν ΖΚ εὐθεῖα ᾱ ιε΄, ἡ δὲ ΚΑ τῶν αὐτῶν β̄ ι΄, ἡ δὲ ΚΑΔ ὅλη ξ̄β̄ ι΄. Καὶ ἐπεὶ
τὰ ἀπ' αὐτῶν συντεθέντα ποιεῖ τὸ ἀπὸ
τῆς ΖΒΔ, ἔςαι καὶ ἡ ΖΔ μήκει τοιούτων
ξ̄β̄ ια΄, οἵων ἡ ΖΚ ἦν ᾱ ιε΄. Καὶ οἵων
ἄρα ἐςὶν ἡ ΑΖ ὑποτείνουσα ρ̄κ̄, τοιούτων ἔςαι καὶ ἡ μὲν ΖΚ εὐθεῖα β̄ κε΄,

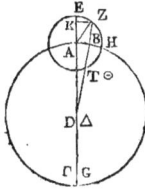

c'est-à-dire l'arc AB du zodiaque, et
l'angle ETZ, c'est-à-dire l'arc EZ de
l'excentrique.

Soit maintenant ABG le
cercle concentrique à l'écliptique autour du centre D et
du diamètre ADG, et tou-
jours suivant le même rapport (c), l'épicycle EZHT autour du centre A ; et ayant pris
l'arc EZ, joignons ZBD et ZA.
Supposons encore l'arc EZ de la même valeur de 3o degrés, et abaissons du point
Z sur AE la perpendiculaire ZK. Puisque
l'arc EZ est de 3o degrés, l'angle EAZ sera
de 3o des degrés dont 36o font quatre
angles droits, et de 6o de ceux dont
36o feroient deux angles droits. Donc
l'arc soutendu par ZK est de 6o des
degrés dont le cercle circonscrit au triangle rectangle AZK en contient 36o, et
l'arc soutendu par AK vaudra les 120 degrés qui restent de la demi-circonférence
du cercle. Les droites qui les soutendent
seront donc : ZK, de 6o des parties dont
le diamètre AZ en contient 120, et
KA de 103ᵖ 55′. Par conséquent l'hypoténuse AZ étant de 2ᵖ 3o′, et le rayon
AD de 6o parties, la droite ZK sera
de 1 15′ de ces parties, la droite KA sera
de 2ᵖ 1o′, et la droite entière KAD de
62ᵖ 1o′. Et puisque les carrés faits sur
ces droites sont égaux ensemble à celui
de l'hypoténuse ZBD, la longueur de
la droite ZD sera de 62ᵖ 11′ des

parties dont ZK en vaut 1ᵖ 15′.
Donc l'hypoténuse DZ étant
de 120 parties, la droite ZK
en vaudra 2ᵖ 25′, et l'arc
qu'elle soutend vaudra 2ᵈ 18′
des degrés dont le cercle circonscrit au triangle rectangle
DZK en contient 36o. Par conséquent l'angle ZDK est de 2ᵈ 18′ des degrés dont 36o font deux angles droits,
et de 1ᵈ 9′ de ceux dont 36o font quatre angles droits. Telle est donc pour
l'arc AB la différence produite par l'anomalie. Or l'angle EAZ vaut 3o de ces
mêmes degrés, donc l'autre angle AZD,
c'est-à-dire l'arc apparent du zodiaque,
est de 28 degrés 51′, quantités qui sont
les mêmes que celles qui ont été démontrées dans l'hypothèse de l'excentrique.

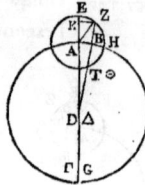

Pareillement ici, quand tout
autre angle seroit donné, les
autres le seroient par là même,
en abaissant dans cette figure
une perpendiculaire AL du
point A sur DZ. En effet, si
c'est l'arc apparent du zodiaque, c'est-à-dire l'angle
AZD qui est donné, il fera connoître le rapport de ZA à AL. Et, connoissant déjà le rapport de ZA à AD,
on connoîtra celui de DA à AL, et par-
là, l'angle ADB sera connu, c'est-à-dire
l'arc AB de la différence provenant de
l'anomalie, ainsi que l'angle EAZ, (d)

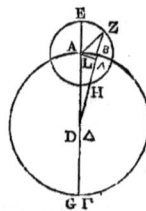

ἢ δ' ἐπ' αὐτῆς περιφέρεια
τοιούτων β ιή, οἵων ὁ περὶ τὸ
ΔΖΚ ὀρθογώνιον κύκλος τξ·
ὥστε καὶ ἡ ὑπὸ ΖΔΚ γωνία,
οἵων μέν εἰσιν αἱ δύο ὀρθαὶ τξ,
τοιούτων ἐςὶ β ιή, οἵων δ' αἱ
τέσσαρες ὀρθαὶ τξ, τοιούτων
ᾱ θ'. Τοσούτων ἄρα ἐςὶ πάλιν τὸ παρὰ τὴν
ἀνωμαλίαν διάφορον τῆς ΑΒ περιφερείας.
Τῶν δ' αὐτῶν ἦν κȣὶ ἡ ὑπὸ ΕΑΖ γωνία λ·
λοιπὴ ἄρα ἡ ὑπὸ ΑΖΔ γωνία, τουτέςιν
ἡ φαινομένη τοῦ ζωδιακοῦ περιφέρεια,
μοιρῶν ἐςιν κη να′, συμφώνως ταῖς ἐπὶ
τῆς ἐκκεντρότητος ἀποδεδειγμέναις πηλικότησιν.

Ὁμοίως δὲ καὶ ἐνθάδε κἂν
ἄλλη δοθῇ γωνία, δεδομέναι
ἔσονται καὶ αἱ λοιπαί, ἀχθείσης καθέτȣ ἐπὶ τῆς αὐτῆς καταγραφῆς ἀπὸ τοῦ Α ἐπὶ τὴν
ΔΖ τῆς ΑΛ. Ἐάν τε γὰρ πάλιν
τὴν φαινομένην τοῦ ζωδιακοῦ
περιφέρειαν δῶμεν, τȣτέςι τὴν
ὑπὸ ΑΖΔ γωνίαν, δεδομένος μὲν διὰ
τοῦτο ἔςαι καὶ ὁ τῆς ΖΑ πρὸς ΑΛ λόγος. Δεδομένου δὲ ἐξ ἀρχῆς κȣὶ τοῦ τῆς
ΖΑ πρὸς ΑΔ, δοθήσεται καὶ ὁ τῆς ΔΑ
πρὸς ΑΛ. Διὰ δὲ τοῦτο κȣὶ ἥ τε ὑπὸ ΑΔΒ
γωνία δοθήσεται, τουτέςιν ἡ ΑΒ περιφέρεια τȣ παρὰ τὴν ἀνωμαλίαν διαφόρȣ,

καὶ ἡ ὑπὸ ΕΑΖ, τουτέςιν ἡ ΕΖ τοῦ ἐπικύκλου περιφέρεια. Ἐάν τε τὸ παρὰ τὴν ἀνωμαλίαν διάφορον ὑποθώμεθα δεδομένον, τουτέςι τὴν ὑπὸ ΑΔΒ γωνίαν, ἀνάπαλιν ὡσαύτως δοθήσεται μὲν διὰ τοῦτο καὶ ὁ τῆς ΑΔ πρὸς ΑΛ λόγος. Δεδομένου δὲ ἐξ ἀρχῆς καὶ τοῦ τῆς ΔΑ πρὸς ΑΖ, δοθήσεται καὶ ὁ τῆς ΖΑ πρὸς ΑΛ, διὰ δὲ τοῦτο καὶ ἥ τε ὑπὸ ΑΖΔ γωνία δεδομένη ἔςαι, τουτέςιν ἡ φαινομένη τοῦ ζωδιακοῦ περιφέρεια, καὶ ἡ ὑπὸ ΕΑΖ τουτέςιν ἡ ΕΖ τοῦ ἐπικύκλου περιφέρεια.

Πάλιν ἐπὶ τῆς προκειμένης τοῦ ἐκκέντρου κύκλου καταγραφῆς, ἀπειλήφθω ἀπὸ τοῦ Η περιγείου τοῦ ἐκκέντρου, ἡ ΗΖ περιφέρεια ὑποκειμένη τῶν αὐτῶν μοιρῶν λ̄, καὶ ἐπεζεύχθωσαν ἥ τε ΔΖΒ, καὶ ἡ ΖΘ, κ̣ κάθετος ἤχθω ἀπὸ τε Δ ἐπὶ τὴν ΘΖ ἡ ΔΚ. Ἐπεὶ ἡ ΖΗ περιφέρεια μοιρῶν ἐςὶ λ̄, εἴη ἂν καὶ ἡ ὑπὸ ΖΘΗ γωνία, οἵων μέν εἰσιν αἱ τέσσαρες ὀρθαὶ τξ, τοιούτων λ̄, οἵων δὲ αἱ δύο ὀρθαὶ τξ, τοιούτων ξ̄. Ὥστε καὶ ἡ μὲν ἐπὶ τῆς ΔΚ εὐθείας περιφέρεια τοιούτων ἐςὶν ξ̄ οἵων ὁ περὶ τὸ ΔΘΚ ὀρθογώνιον κύκλος τξ· ἡ δὲ ἐπὶ τῆς ΚΘ τῶν λοιπῶν εἰς τὸ ἡμικύκλιον τμημάτων ρκ̄· καὶ αἱ ὑποτείνουσαι ἄρα αὐτὰς εὐθεῖαι ἔσονται, ἡ μὲν ΔΚ τοιούτων ξ̄ οἵων ἐςὶν ἡ ΔΘ διάμετρος ρκ̄, ἡ δὲ ΚΘ τῶν αὐτῶν ργ̄ νέ. Καὶ οἵων ἄρα ἐςὶν ἡ μὲν ΔΘ ὑποτείνουσα β̄ λ΄, ἡ δὲ ΘΖ ἐκ τοῦ κέντρου ξ̄, τοιούτων ἐςὶ καὶ ἡ μὲν ΔΚ εὐθεῖα ᾱ ιέ, ἡ δὲ ΘΚ ὁμοίως

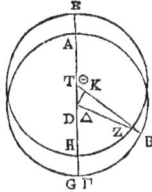

c'est-à-dire l'arc EZ de l'épicycle. Actuellement, supposons donnée la différence produite par l'anomalie, c'est-à-dire l'angle ADB, nous aurons par là le rapport de AD à AL. Or le rapport de DA à AZ étant donné déjà, on connoîtra celui de ZA à AL, et par-là l'angle AZD sera donné, c'est-à-dire l'arc apparent du zodiaque, ainsi que l'angle EAZ, c'est-à-dire l'arc EZ de l'épicycle.

Maintenant, prenons dans la figure qui représente l'excentrique depuis le périgée H, l'arc HZ de l'excentrique supposé toujours de 30 degrés. Joignons DZB et ZT, et abaissons la perpendiculaire DK de D sur TZ. Puisque l'arc ZH est de 30ᵈ; l'angle ZTH sera également de 30 des degrés dont 360 font quatre angles droits, et de 60 de ceux dont 360 font deux angles droits. Ainsi, l'arc soutendu par la droite DK est de 60 des degrés dont le cercle décrit autour du triangle rectangle DTK en contient 360; or l'arc soutendu par la droite KT vaut les 120 degrés qui restent du demi-cercle; donc les soutendantes de ces arcs seront DK de 60 des parties dont le diamètre DT en contient 120, et KT de 103 55′ de ces parties. Ainsi l'hypoténuse DT étant de 2ᵖ 30′, et la droite (rayon) TZ menée du centre, de 60ᵖ, la droite DK est de 1 15′ de ces mêmes parties, la droite TK pareillement de

2^p 10′, et la droite KZ des 57^p 50′ parties restantes. Et, puisque la somme de leurs carrés est égale à celui de DZ, cette droite-ci aura en longueur 57 51′ à peu près des parties dont la droite DK en a 1^p 15′; donc cette droite DK sera de 2^p 34′ 36″ des parties dont l'hypoténuse DZ en contient 120. Mais l'arc soutenu par cette droite DK est de 2^d 27′ des degrés dont le cercle décrit autour du triangle rectangle DZK en contient 360, donc l'angle DZK est de 2^d 27′ des degrés dont 360 font deux angles droits, et de 1^d 14′ à peu près des degrés dont quatre angles droits en valent 360. Telle est la différence produite par l'anomalie. Et comme l'angle ZTH est supposé de 30 degrés, l'angle entier BDG, c'est-à-dire l'arc GB, sera de 31^d 14′.

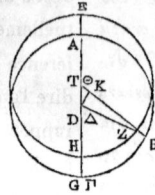

Pour les mêmes raisons, ici, ayant prolongé BD et abaissé la perpendiculaire TL, si l'arc GB du zodiaque, c'est-à-dire l'angle TDL est donné, le rapport de DT à TL sera aussi donné. Et par le rapport déjà donné de TD à TZ, celui de TZ à TL sera aussi donné. Nous aurons donc par là l'angle TZD, c'est-à-dire la différence de l'anomalie, et l'angle ZTD, c'est-à-dire l'arc HZ du cercle excentrique. Mais si nous donnons la

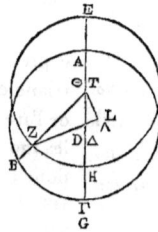

β ι, ἡ δὲ ΚΖ τῶν λοιπῶν νζ ν. Καὶ ἐπεὶ τὰ ἀπ' αὐτῶν συντεθέντα ποιεῖ τὸ ἀπὸ τῆς ΔΖ, ἔςαι καὶ αὐτὴ μήκει τοιούτων νζ να' ἔγγιςα, οἵων ἡ ΔΚ ἦν ᾱ ιε'. Καὶ οἵων ἄρα ἐςὶν ἡ ΔΖ ὑποτείνουσα ρκ, τοιούτων καὶ ἡ μὲν ΔΚ ἔςαι β λδ' λς'', ἡ δὲ ἐπ' αὐτὴν περιφέρεια τοιούτων ἐςὶ β κζ', οἵων ὁ περὶ τὸ ΔΖΚ ὀρθογώνιον κύκλος τξ· ὥστε καὶ ἡ ὑπὸ ΔΖΚ γωνία οἵων μέν εἰσιν αἱ δύο ὀρθαὶ τξ, τοιούτων ἐςὶ β κζ', οἵων δ' αἱ τέσσαρες ὀρθαὶ τξ, τοιούτων ᾱ ιδ' ἔγγιςα. Τοσοῦτον ἄρα ἐςὶ τὸ παρὰ τὴν ἀνωμαλίαν διάφορον. Καὶ ἐπεὶ τῶν αὐτῶν ὑπόκειται καὶ ἡ ὑπὸ ΖΘΗ γωνία λ, ἔςαι καὶ ἡ ὑπὸ ΒΑΓ ὅλη, τουτέςιν ἡ ΓΒ περιφέρεια, μοιρῶν λα ιδ'.

Κατὰ τὰ αὐτὰ δὲ καὶ ἐνθάδε ἐκβληθείσης τῆς ΒΔ, καὶ καθέτυ ἐπ' αὐτὴν ἀχθείσης τῆς ΘΛ, ἐάν τε τὴν ΓΒ τῦ ζωδιακῦ περιφέρειαν δῶμεν, τουτέςι τὴν ὑπὸ ΘΔΛ γωνίαν, δοθήσεται μὲν διὰ τοῦτο καὶ ὁ τῆς ΔΘ πρὸς ΘΛ λόγος· δεδομένου δὲ ἐξ ἀρχῆς καὶ τοῦ τῆς ΘΔ πρὸς ΘΖ, δοθήσεται καὶ ὁ τῆς ΘΖ πρὸς ΘΛ. Διὰ τῦτο δὲ ἕξομεν δεδομένας, τήν τε ὑπὸ ΘΖΔ γωνίαν, τουτέςι τὸ παρὰ τὴν ἀνωμαλίαν διάφορον, καὶ τὴν ὑπὸ ΖΘΔ, τυτέςι τὴν ΗΖ τοῦ ἐκκέντρυ περι-

φέρειαν. Ἐάν τε τὸ ϖαρὰ τὴν ἀνωμαλίαν διάφορον δῶμεν, τυτέςι τὴν ὑπὸ ΘΖΔ γωνίαν, ἀνάπαλιν δοθήσεται μὲν διὰ τοῦτο κỳ ὁ τῆς ΖΘ ϖρὸς ΘΛ λόγος. Δεδομένου δ' ἐξ ἀρχῆς κỳ τοῦ τῆς ΖΘ ϖρὸς ΘΔ, δοθήσεται κỳ ὁ τῆς ΔΘ ϖρὸς ΘΛ. Διὰ δὲ τῦτο δεδομένας ἕξομεν τήν τε ὑπὸ ΘΔΛ γωνίαν, τουτέςι τὴν ΓΒ περιφέρειαν τοῦ ζωδιακοῦ, κỳ τὴν ὑπὸ ΖΘΗ, τουτέςι τὴν ΗΖ τοῦ ἐκκέντρου περιφέρειαν.

Ὡσαύτως ἐπὶ τῆς ϖροκειμένης τοῦ ὁμοκέντρου κỳ τοῦ ἐπικύκλου καταγραφῆς, ἀπολ ηφθείσης ἀπὸ τοῦ Θ ϖεριγείου τῆς ΘΗ περιφερείας, τῶν αὐτῶν μοιρῶν λ̅, ἐπεζεύχθωσαν μὲν ἥ τε ΑΗ κỳ ἡ ΔΗΒ, κάθετος δὲ ἀπὸ τοῦ Η ἐπὶ τὴν ΑΔ ἤχθω ἡ ΗΚ. Ἐπεὶ οὖν πάλιν ἡ ΘΗ περιφέρεια μοιρῶν ἐςι λ̅, ἔιη ἂν κỳ ἡ ὑπὸ ΘΑΗ γωνία, οἵων μέν εἰσιν αἱ τέσσαρες ὀρθαὶ τ̅ξ̅, τοιούτων λ̅, οἵων δὲ αἱ δύο ὀρθαὶ τ̅ξ̅, τοιούτων ξ̅· ὥστε κỳ ἡ μὲν ἐπὶ τῆς ΗΚ ϖεριφέρεια τοιούτων ἐςὶν ξ̅, οἵων ὁ περὶ τὸ ΗΚΑ ὀρθογώνιον κύκλος τ̅ξ̅, ἡ δὲ ἐπὶ τῆς ΑΚ, τῶν λοιπῶν εἰς τὸ ἡμικύκλιον ρ̅κ̅. Καὶ τῶν ὑπ' αὐτὰς ἄρα εὐθειῶν ἡ μὲν ΗΚ ἔςαι τοιούτων ξ̅ οἵων ἐςὶν ἡ ΑΗ ὑποτείνουσα ρ̅κ̅, ἡ δὲ ΑΚ τῶν αὐτῶν ρ̅γ̅ νέ. Καὶ οἵων ἄρα ἐςὶν ἡ μὲν ΑΗ εὐθεῖα β̅ λ', ἡ δὲ ΑΔ ἐκ τοῦ κέντρου ξ̅, τοιούτων κỳ ἡ μὲν ΗΚ ἔςαι α̅ ιε', ἡ δὲ ΑΚ ὁμοίως β̅ ι', ἡ δὲ ΚΔ τῶν λοιπῶν ν̅ζ̅ ν'. Καὶ ἐπεὶ τὰ ἀπ' αὐτῶν συντιθέντα ϖοιεῖ τὸ ἀπὸ τῆς ΔΗ, μήκει ἄρα ἔςαι

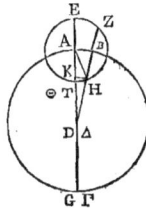

différence qui vient de l'anomalie, c'est-à-dire l'angle TZD, nous donnons par-là le rapport de ZT à TL. Si c'est le rapport de ZT à TD qui est donné, celui de DT à TL s'ensuivra, et nous aurons par ce moyen l'angle TDL, c'est-à-dire l'arc GB du zodiaque, et l'angle ZTH, c'est-à-dire l'arc HZ de l'excentrique.

Pareillement, dans cette même construction du cercle concentrique et de l'épicycle, prenant depuis le périgée T l'arc TH de 3o degrés également, joignez AH et DHB: menez la perpendiculaire HK de H sur AD. Puisque l'arc TH est de 3o degrés, l'angle TAH est de 3o des degrés dont 36o font quatre angles droits, et de 6o de ceux dont 36o font deux angles droits. Ainsi l'arc soutendu par HK est de 6o des degrés dont le cercle décrit autour du triangle rectangle HKA en contient 36o, et l'arc soutendu par AK contient les 12o degrés restans du demi-cercle. Les droites qui les soutendent sont HK de 6o des parties dont l'hypoténuse AH en contient 12o; et AK de 1o3ᵖ 55' de ces parties. Donc la droite AH étant supposée de 2 parties 3o', et le rayon AD de 6o, la droite HK sera de 1 15' de ces parties. La droite AK sera de 2ᵖ 1o', et la droite KD aura les 57 5o' parties restantes. Et parce que les carrés faits sur ces droites

sont égaux à celui de DH, cette dernière sera donc à peu près de 57 51' des parties dont la droite KH en auroit 1 15'. Par conséquent l'hypoténuse DH étant de 120 parties, la droite HK en contiendra 2ᵖ 34' 36", et l'arc soutendu par cette droite sera de 2 27' des degrés dont le cercle circonscrit au triangle rectangle DHK en contient 360. Par conséquent l'angle HDK est de 2 27' des degrés dont 360 font deux angles droits, et de 1 14' à peu près de ceux dont 360 font quatre angles droits. Telle est donc ici la différence produite par l'anomalie, c'est-à-dire l'arc AB. Et puisque l'angle KAH est supposé de 30 degrés, l'angle BHA qui comprend l'arc apparent du zodiaque sera de 31 14', conformément aux quantités trouvées dans la supposition de l'excentrique.

Enfin, suivant les mêmes principes, ici encore, la perpendiculaire AL étant abaissée sur DB, si nous donnons l'arc du zodiaque, c'est-à-dire l'angle AHL, on en conclura le rapport de la droite HA à AL; et de celui de HA à AD, celui de DA à AL. On aura par ce moyen l'angle ADB, c'est-à-dire l'arc AB de la différence de l'anomalie, et l'angle TAH, c'est-à-dire l'arc TH de l'épicycle. Mais si nous donnons l'arc AB de la diffé-

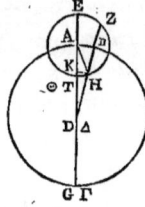

καὶ αὐτὴ τοιούτων νζ νά ἔγγιϛα, οἵων ἡ ΚΗ εὐθεῖα ἦν ᾱ ιέ. Καὶ οἵων ἄρα ἐϛὶν ἡ ΔΗ ὑποτείνουσα ρκ̄, τοιούτων ἔϛαι καὶ ἡ μὲν ΗΚ εὐθεῖα β̄ λδ' λϛ'', ἡ δὲ ἐπ' αὐτῆς περιφέρεια τοιούτων β̄ κζ', οἵων ὁ περὶ τὸ ΔΗΚ κύκλος τξ̄· ὥϛε καὶ ἡ ὑπὸ ΗΔΚ γωνία, οἵων μέν εἰσιν αἱ δύο ὀρθαὶ τξ̄, τοιούτων ἐϛὶ β̄ κζ', οἵων δ̄ αἱ τέσσαρες ὀρθαὶ τξ̄, τοιούτων ᾱ ιδ' ἔγγιϛα. Τοσοῦτον ἄρα ἐϛὶ τὸ παρὰ τὴν ἀνωμαλίαν διάφορον καὶ ἐνταῦθα, τουτέϛιν ἡ ΑΒ περιφέρεια. Καὶ ἐπὶ τῶν αὐτῶν ὑπόκειται ἡ ὑπὸ ΚΑΗ γωνία λ̄, ἔϛαι καὶ ἡ ὑπὸ ΒΗΑ ὅλη, ἥτις περιέχει τὴν φαινομένην τοῦ ζῳδιακοῦ περιφέρειαν, μοιρῶν λᾱ ιδ', συμφώνως ταῖς ἐπὶ τοῦ ἐκκέντρου πηλικότησιν.

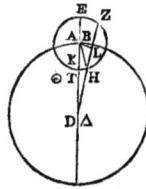

Κατὰ ταῦτα δὲ καὶ ἐνθάδε καθέτου ἀχθείσης ἐπὶ τὴν ΔΒ τῆς ΑΛ, ἐάν τε τὴν τοῦ ζῳδιακοῦ περιφέρειαν δῶμεν, τουτέϛι τὴν ὑπὸ ΑΗΛ γωνίαν, δοθήσεται μὲν διὰ τοῦτο ὁ τῆς ΗΑ πρὸς ΑΛ λόγος, δεδομένου δ' ἐξ ἀρχῆς καὶ τοῦ τῆς ΗΑ πρὸς ΑΔ, δοθήσεται καὶ ὁ τῆς ΔΑ πρὸς ΑΛ. Διὰ δὲ τοῦτο δεδομένας ἕξομεν τήν τε ὑπὸ ΑΔΒ γωνίαν, τουτέϛι τὴν ΑΒ περιφέρειαν τοῦ παρὰ τὴν ἀνωμαλίαν διαφόρου, καὶ τὴν ὑπὸ ΘΑΗ, τουτέϛι

τὴν ΘΗ τοῦ ἐπικύκλου περιφέρειαν. Ἐάν
τε πάλιν τὴν ΑΒ περιφέρειαν δῶμεν τοῦ
παρὰ τὴν ἀνωμαλίαν διαφόρου, τουτέςι
τὴν ὑπὸ ΑΔΒ γωνίαν, ἀνάπαλιν ὡσαύτως
δοθήσεται διὰ τοῦτο ὁ τῆς ΔΑ πρὸς
ΑΛ λόγος. Δεδομένου δ᾽ ἐξ ἀρχῆς κỳ τοῦ
τῆς ΔΑ πρὸς ΑΗ, δοθήσεται κỳ ὁ
τῆς ΗΑ πρὸς ΑΛ. Διὰ δὲ τοῦτο δεδομένας ἕξομεν, τήν τε ὑπὸ ΑΗΛ γωνίαν, τουτέςι τὴν τοῦ ζωδιακοῦ περιφέρειαν, κỳ τὴν ὑπὸ ΘΑΗ, τουτέςι τὴν
ΘΗ τοῦ ἐπικύκλου περιφέρειαν, κỳ δέδεικται ἡμῖν τὰ προτεθέντα.

Ποικίλης δὴ διὰ τούτων τῶν θεωρημάτων δυναμένης συνίςαθαι κανονο-
ποιίας τῶν περιεχόντων τμημάτων
τὰς ἐκ τῆς ἀνωμαλίας τῶν φαινομένων
παρόδων διακρίσεις, πρὸς τὸ ἐξ ἑτοίμου
λαμβάνειν τὰς τῶν κατὰ μέρος διορθώ-
σεων πηλικότητας, ἀρέσκει μᾶλλον ἡμῖν
ἡ ταῖς ὁμαλαῖς περιφερείαις παρακειμένας
ἔχουσα τὰς παρὰ τὴν ἀνωμαλίαν διαφοράς, διά τε τὸ κατ᾽ αὐτὰς τὰς ὑποθέσεις ἀκόλουθον, κỳ διὰ τὸ ἁπλοῦν τε
κỳ εὐεπίβολον τῆς καθ᾽ ἕκαςα ψηφοφο-
ρίας. Ἐνθεν ἀκολουθήσαντες τοῖς πρώτοις
κỳ ἐπὶ τῶν ἀριθμῶν ἐκτεθειμένοις τῶν
θεωρημάτων, κỳ ἐπὶ τῶν κατὰ μέρος
τμημάτων, ἐπελογισάμεθα διὰ τῶν
γραμμῶν ὡσαύτως τοῖς ἀποδεδειγμένοις,
τὰς ἑκάςῃ τῶν ὁμαλῶν περιφερειῶν ἐπιβαλλούσας τῆς ἀνωμαλίας διαφοράς.
Καθόλου δὲ τὰ μὲν πρὸς τοῖς ἀπογείοις
τεταρτημόρια, κỳ ἐπὶ τοῦ ἡλίου κỳ ἐπὶ
τῶν ἄλλων διείλομεν εἰς τμήματα ιε,
ὡς γίνεςθαι τὴν παράθεσιν ἐπ᾽ αὐτῶν

rence de l'anomalie, c'est-à-dire l'angle
ADB, le rapport de DA à AL sera par
ce moyen également donné. Si c'est le
rapport de DA à AH, que nous donnons,
celui de HA à AL sera aussi donné : et
on aura par ce moyen l'angle AHL, c'est-
à-dire l'arc du zodiaque, et l'angle TAH,
c'est-à-dire l'arc TH de l'épicycle. Ainsi
se trouve démontré tout ce que nous
nous proposons.

(e) On peut, à l'aide des théorêmes
précédens, construire diverses sortes de
tables des différences de mouvemens apparens produites par l'anomalie, pour
avoir toutes prêtes sous la main, les
corrections à faire dans tous les cas.
Nous préférons celle qui présente ces
différences à côtés des arcs du mouvement moyen, tant parceque cette manière est conséquente aux suppositions
précédentes, que pour la facilité et la
simplicité du calcul en chaque cas particulier. Nous avons donc calculé par le
moyen de ces théorèmes, les différences
d'anomalie pour tous les arcs parcourus
par le mouvement moyen. Nous avons
divisé chacun des deux quarts de cercle
voisins des apogées, tant pour le soleil
que pour les autres astres, en quinze
portions égales, pour que l'équation s'y
prenne de six en six degrés, et nous
avons partagé les deux quadrans des

périgées, chacun en trente divisions, de sorte que l'équation (*prostaphérèse*, *quantité à ajouter ou à soustraire*), se trouve de trois en trois degrés ; parceque l'anomalie produit sur des arcs égaux, de plus grandes différences dans les périgées que dans les apogées.

Nous disposerons la table de l'anomalie du soleil, sur 45 lignes, et sur trois colonnes, dont les deux premières contiendront les nombres des 360 degrés du mouvement uniforme. Les quinze premières lignes embrasseront les deux quarts voisins de l'apogée, et les 30 lignes suivantes, les deux du périgée. La troisième colonne contiendra les prostaphérèses, de la différence causée par l'anomalie, qui conviennent à chacun des nombres moyens. Voici maintenant cette table toute dressée.

διὰ μοιρῶν ϛ. Τὰ δὲ πρὸς τοῖς περιγείοις εἰς τμήματα λ, ὡς καὶ ἐπὶ τούτων γίνεσθαι τὴν παράθεσιν διὰ μοιρῶν γ. Ἐπειδήπερ μείζονές εἰσιν αἱ πρὸς τοῖς περιγείοις διαφοραὶ τῆς ὑπεροχῆς τῶν παρὰ τὴν ἀνωμαλίαν ἐπιβαλλόντων τοῖς ἴσοις τμήμασι διαφόρων, τῶν πρὸς τοῖς ἀπογείοις γινομένων.

Τάξομεν οὖν καὶ τὸ τῆς τοῦ ἡλίου ἀνωμαλίας κανόνιον ἐπὶ στίχους μὲν πάλιν με̄, σελίδια δὲ γ, ὧν τὰ μὲν πρῶτα δύο, περιέχει τοὺς ἀριθμοὺς τῶν τῆς ὁμαλῆς κινήσεως τξ μοιρῶν, τῶν μὲν πρώτων ιε στίχων περιεχόντων τὰ πρὸς τῷ ἀπογείῳ δύο τεταρτημόρια, τῶν δὲ λοιπῶν λ τὰ πρὸς τῷ περιγείῳ· τὸ δὲ τρίτον τὰς ἑκάστῳ τῶν ὁμαλῶν ἀριθμῶν ἐπιβαλλούσας μοίρας τῆς προσθαφαιρέσεως τοῦ παρὰ τὴν ἀνωμαλίαν διαφόρου. Καὶ ἔστι τὸ κανόνιον τοιοῦτο.

COMPOSITION MATHÉMATIQUE, LIVRE III.

ΚΑΝΟΝΙΟΝ ΤΗΣ ΗΛΙΑΚΗΣ ΑΝΩΜΑΛΙΑΣ.			
ΟΜΑΛΩΝ ΚΙΝΗΣΕΩΝ.	ΑΡΙΘΜΟΙ ΚΟΙΝΟΙ.	ΠΡΟΣΘΑΦΑΙΡΕΣΕΙΣ.	
Μοῖραι.	Μοῖραι.	Μοῖραι.	Ξ.
Απογείου τεταρτημόριον.	ς / τνθ	ο	ιδ
	ιβ / τμη	ο	κη
	ιη / τμβ	ο	μβ
	κδ / τλς	ο	νς
	λ / τλ	α	θ
	λς / τκδ	α	κα
	μβ / τιη	α	λβ
	μη / τιβ	α	μγ
	νδ / τς	α	νγ
	ξ / τ	β	α
	ξς / σϟδ	β	η
	οβ / σπη	β	ιδ
	οη / σπβ	β	ιη
	πδ / σος	β	κα
	ϟ / σο	β	κγ
Περιγείου τεταρτημόριον.	ϟγ / σξζ	β	κγ
	ϟς / σξδ	β	κγ
	ϟθ / σξα	β	κβ
	ρβ / σνη	β	κα
	ρε / σνε	β	κ
	ρη / σνβ	β	ιη
	ρια / σμθ	β	ις
	ριδ / σμς	β	ιγ
	ριζ / σμγ	β	ι
	ρκ / σμ	β	ς
	ρκγ / σλζ	β	β
	ρκς / σλδ	α	νη
	ρκθ / σλα	α	νδ
	ρλβ / σκη	α	μθ
	ρλε / σκε	α	μδ
	ρλη / σκβ	α	λθ
	ρμα / σιθ	α	λγ
	ρμδ / σις	α	κζ
	ρμζ / σιγ	α	κα
	ρν / σι	α	ιδ
	ρνγ / σζ	α	ζ
	ρνς / σδ	α	ο
	ρνθ / σα	ο	νγ
	ρξβ / ρϟη	ο	μς
	ρξε / ρϟε	ο	λθ
	ρξη / ρϟβ	ο	λβ
	ροα / ρπθ	ο	κδ
	ροδ / ρπς	ο	ις
	ροζ / ρπγ	ο	η
	ρπ / ρπ	ο	ο

TABLE DE L'ANOMALIE DU SOLEIL.			
ARCS DES MOUVEMENS MOYENS.	NOMBRES COMMUNS.	PROSTAPHÉRÈSES QUANTITÉS ADDITIVES OU SOUSTRACTIVES.	
Degrés.	Degrés.	Degrés.	Minutes.
Quadrant de l'apogée. 6	354	0	14
12	348	0	28
18	342	0	42
24	336	0	56
30	330	1	9
36	324	1	21
42	318	1	32
48	312	1	43
54	306	1	53
60	300	2	1
66	294	2	8
72	288	2	14
78	282	2	18
84	276	2	21
90	270	2	23
93	267	2	23
96	264	2	23
99	261	2	22
102	258	2	21
105	255	2	20
108	252	2	18
111	249	2	16
114	246	2	13
117	243	2	10
120	240	2	6
123	237	2	2
126	234	1	58
129	231	1	54
132	228	1	49
Quadrant du périgée. 135	225	1	44
138	222	1	39
141	219	1	33
144	216	1	27
147	213	1	21
150	210	1	14
153	207	1	7
156	204	1	0
159	201	0	53
162	198	0	46
165	195	0	39
168	192	0	32
171	189	0	24
174	186	0	16
177	183	0	8
180	180	0	0

26

CHAPITRE VI.

DE L'ÉPOQUE DES MOUVEMENS MOYENS DU SOLEIL.

Il nous reste à fixer l'époque du mouvement moyen du soleil, qui doit servir à trouver en tout temps le lieu moyen que cet astre occupe. Pour cela, nous avons d'abord cherché son lieu par nos observations les plus exactes de ses mouvemens et de ceux des autres astres, et nous l'avons ensuite rapporté à la première année de Nabonassar, en nous servant des moyens mouvemens déterminés par la comparaison de ces observations avec les plus anciennes de toutes celles qui nous ont été conservées depuis le temps d'où nous les avons, jusqu'à présent.

Soit donc ABG un cercle concentrique au cercle mitoyen du zodiaque, autour du centre D, EZH le cercle excentrique du soleil autour du centre T, et le diamètre EAHG passant par ces deux centres et par l'apogée E (a). Supposons que le point B du zodiaque est l'équinoxe d'automne, et joignons BZD et ZT. Menons la perpendiculaire TK de T sur ZD prolongée. Puisque le point B de l'automne est au commencement des serres, et que le périgée G tombe en cinq degrés et demi du sagittaire, il s'ensuit que l'arc BG est de 65ᵈ 3o'. Donc

ΚΕΦΑΛΑΙΟΝ Ϛ.

ΠΕΡΙ ΤΗΣ ΚΑΤΑ ΤΗΝ ΜΕΣΗΝ ΤΟΥ ΗΛΙΟΥ ΠΑΡΟΔΟΝ ΕΠΟΧΗΣ.

Λοιπου δ᾽ ὄντος τοῦ τὴν ἐποχὴν τῆς ὁμαλῆς τῶ ἡλίω κινήσεως συϛήσαϲθαι, πρὸς τὰς τῶν κατὰ μέρος ἑκάϛοτε παρόδων ἐπισκέψεις, ἐποιησάμεθα κỳ τὴν τοιαύτην ἔκθεσιν, ἀκολουθοῦντες μὲν καθόλου πάλιν ἐπί τε τοῦ ἡλίου καὶ τῶν ἄλλων ταῖς ὑφ᾽ ἡμῶν αὐτῶν ἀκριβέϛατα τετηρημέναις παρόδοις, ἀναβιβάζοντες δὲ ἀπ᾽ αὐτῶν τὰς τῶν ἐποχῶν συϛάσεις εἰς τὴν ἀρχὴν τῆς Ναβονασσάρου βασιλείας, διὰ τῶν ἀποδεικνυμένων μέσων κινήσεων, ἀφ᾽ οὗ χρόνου κỳ τὰς παλαιὰς τηρήσεις ἔχομεν ὡς ἐπίπαν μέχρι τοῦ δεῦρο διασωζομένας.

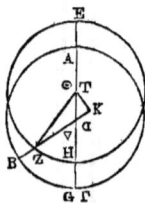

Εϛω δὴ ὁ μὲν ὁμόκεντρος τῷ διὰ μέσων κύκλος ὁ ΑΒΓ περὶ κέντρον τὸ Δ, ὁ δ᾽ ἔκκεντρος τοῦ ἡλίου κύκλος ὁ ΕΖΗ περὶ κέντρον τὸ Θ, ἡ δὲ δι᾽ ἀμφοτέρων τῶν κέντρων καὶ τοῦ Ε ἀπογείου διάμετρος ἡ ΕΑΗΓ. Ὑποκείσθω δὲ τὸ Β σημεῖον τοῦ ζωδιακοῦ τὸ μετοπωρινόν. Καὶ ἐπεζεύχθωσαν μὲν ἥ τε ΒΖΔ, κỳ ἡ ΖΘ. Κάθετος δὲ ἀπὸ τοῦ Θ, ἐπὶ τὴν ΖΔ ἐκβληθεῖσαν, ἤχθω ἡ ΘΚ. Ἐπεὶ τὸ μὲν Β μετοπωρινὸν σημεῖον περιέχει τὴν τῶν χηλῶν ἀρχὴν, τὸ δὲ Γ περίγειον τὰς τοῦ τοξότου μοίρας ε̅ ϛ͵, ἡ ΒΓ ἄρα περιφέρεια μοιρῶν ἐϛιν ξε̅ λ΄.

Καὶ ἡ ὑπὸ ΒΔΓ ἄρα γωνία, τουτέϛιν ἡ ὑπὸ ΘΔΚ, οἵων μέν εἰσιν αἱ τέσσαρες ὀρθαὶ τξ̄, τοιούτων ξε̄ λ΄, οἵων δὲ αἱ δύο ὀρθαὶ τξ̄, τοιούτων ρλᾱ. Ὥϛτε κỳ ἡ μὲν ἐϖὶ τῆς ΘΚ εὐθείας περιφέρεια τοιούτων ἐϛὶν ρλᾱ οἵων ὁ περὶ τὸ ΔΘΚ ὀρθογώνιον κύκλος τξ̄· ἡ δὲ ὑϖοτείνουσα αὐτὴν εὐθεῖα ἡ ΘΚ τοιούτων ρθ̄ ιβ΄ οἵων ἐϛὶν ἡ ΔΘ διάμετρος ρκ̄. Οἵων ἄρα ἐϛὶν ἡ μὲν ΔΘ εὐθεῖα ε̄, ἡ δὲ ΖΘ ὑϖοτείνουσα ρκ̄, τοιούτων κỳ ἡ μὲν ΘΚ ἔϛαι δ̄ λγ΄, ἡ δὲ ἐϖ΄ αὐτῆς περιφέρεια τοιούτων δ̄ κ΄ οἵων ἐϛὶν ὁ περὶ τὸ ΘΖΚ ὀρθογώνιον κύκλος τξ̄. Ὥϛτε κỳ ἡ ὑπὸ ΘΖΚ γωνία, οἵων μέν εἰσιν αἱ δύο ὀρθαὶ τξ̄, τοιὴτων ἐϛὶ δ̄ κ΄, οἵων δὲ αἱ τέσσαρες ὀρθαί τξ̄, τοιούτων β̄ ι΄. Τῶν δ΄ αὐτῶν ἦν ἡ ὑπὸ ΒΔΓ γωνία ξε̄ λ΄, κỳ λοιϖὴ ἄρα ἡ ὑπὸ ΖΘΗ, τουτέϛιν ἡ ΖΗ τοῦ ἐκκέντρου περιφέρεια μοιρῶν ἐϛιν ξγ̄ κ΄. Ὅταν ἄρα ἐϖὶ τῆς μετοπωρινῆς ἰσημερίας ᾖ ὁ ἥλιος, τοῦ μὲν περιγείου, τουτέϛι τῶν τοῦ τοξότου μοιρῶν ε̄ ϛ΄΄, προηγεῖται μέσως κινούμενος μοίρας ξγ̄ κ΄. Τοῦ δὲ ἀϖογείου τᾱτέϛι τῶν κατὰ τοὺς διδύμους μοιρῶν ε̄ λ΄, ἀπέχει μέσως εἰς τὰ ἑϖόμενα μοιρῶν ριϛ̄ μ΄.

Τούτου δὴ θεωρηθέντος, ἐπειδὴ τῶν ἐν ταῖς πρώταις ἡμῖν τετηρημένων ἰσημεριῶν, μίατῶν ἀκριβέϛατα ληφθεισῶν γέγονεν ἰσημερία μετοπωρινὴ τῷ ιζ̄ ἔτει Ἀδριανοῦ,

l'angle BDG, c'est-à-dire l'angle TDK, est de 65p 3o′ des degrés dont 36o font la valeur de quatre angles droits, et de 131 des degrés dont 36o valent deux angles droits. Par conséquent l'arc sou-tendu par la droite TK est de 131 des degrés dont le cercle décrit autour du triangle rectangle DTK en contient 36o. Mais la droite TK qui le soutend est de 109 12′ des parties dont le diamètre DT en contient 120. Donc la droite DT étant de cinq parties, et l'hypoténuse ZT de 120, la droite TK sera de 4 33′ de ces mêmes parties, et l'arc qu'elle sou-tend, sera de 4 2o′ des degrés dont le cercle circonscrit au triangle rectangle TZK en contient 36o. Donc l'angle TZK est de 4 2o′ des degrés dont deux an-gles droits en valent 36o, et de 2 1o′ de ceux dont 36o font quatre angles droits. Mais l'angle BDG étant de 65 3o′ de ces mêmes degrés, il s'ensuit que l'autre angle ZTH, c'est-à-dire l'arc ZH de l'excentrique, est de 63d 2o′. Donc quand le soleil est dans l'équinoxe d'au-tomne, il a précédé le périgée, de 63 degrés 2o′, par son mouvement moyen, c'est-à-dire des 5 degrés 3o′ du sagit-taire. Et il s'est éloigné de l'apogée, c'est-à-dire de 5d 3o′ des gémeaux, de 116d 4o′ suivant l'ordre des signes, par son mouvement moyen.

Cela posé, comme dans les premiers équinoxes que nous avons observés, un de ceux que nous avons pris avec le plus d'exactitude est celui d'automne de la

dix-septième année d'Adrien, le 7 du mois égyptien Athyr, environ à deux heures équinoxiales après midi, la distance du soleil à son apogée sur le cercle excentrique, étoit donc alors de 116ᵈ 40′ selon l'ordre des signes, par son mouvement moyen. Or, depuis le commencement du règne de Nabonassar jusqu'à la mort d'Alexandre, on compte 424 années égyptiennes; et depuis la mort d'Alexandre jusqu'au règne d'Auguste, il s'est écoulé 294 ans. Et depuis la première année égyptienne, du règne d'Auguste, laquelle commence le premier jour du mois Thoth à midi, parce que nous calculons les lieux pris à midi, jusqu'au septième jour de la dix-septième année d'Adrien, à deux heures équinoxiales après midi, il s'est passé 161 ans 66 jours et 2 heures équinoxiales. Donc depuis la première année de Nabonassar commencée suivant les égyptiens le premier du mois de Thoth à midi jusqu'au temps de l'équinoxe d'automne précité, on trouvera une somme de 879 années égyptiennes, 66 jours et deux heures équinoxiales. Mais pendant tout ce temps, le soleil par son mouvement moyen parcourt en sus des circonférences entières, 211ᵈ 25′ à très-peu près. Si donc aux 116ᵈ 40′ de la distance à l'apogée dans le cercle excentrique, lors de ce même équinoxe d'automne, nous ajoutons les 360 degrés d'une circonférence, et que de la somme nous retirions les 211ᵈ 25′ de mouvement de l'intervalle

κατ' Αἰγυπτίους Ἀθὺρ ζ, μετὰ δύο ἔγγιϛα ἰσημερινὰς ὥρας τῆς μεσημβρίας δηλονότι, κατ' ἐκεῖνον τὸν χρόνον ὁ ἥλιος μέσως κινούμενος ἀπεῖχε τοῦ ἀπογείϰ κατὰ τὸν ἔκκεντρον κύκλον εἰς τὰ ἐπόμενα μοίρας ϛιϛ μ΄. Ἀλλ' ἀπὸ μὲν τῆς Ναβονασσάρου βασιλείας μέχρι τῆς Ἀλεξάνδρου τελευτῆς, ἔτη συνάγεται κατ' Αἰγυπτίους υκδ. Ἀπὸ δὲ τῆς Ἀλεξάνδρου τελευτῆς, μέχρι τῆς Αὐγούϛου βασιλείας, ἔτη σϟδ. Ἀπὸ δὲ τοῦ ᾱ ἔτους Αὐγούϛου κατ' Αἰγυπτίϰς τῆς ἐν τῷ Θὼθ ᾱ μεσημβρίας, ἐπειδὴ τὰς ἐποχὰς ἀπὸ μεσημβρίας συνιϛάμεθα, μέχρι τοῦ ιζ ἔτους Ἀδριανοῦ Ἀθὺρ ζ, μετὰ δύο ἰσημερινὰς ὥρας τῆς μεσημβρίας, ἔτη γίνεται ρξα, καὶ ἡμέραι ξϛ, κὴ ὧραι ἰσημεριναὶ β̄. Καὶ ἀπὸ τοῦ ᾱ ἔτους ἄρα Ναβονασσάρου κατ' Αἰγυπτίους τῆς ἐν τῇ τοῦ Θὼθ ᾱ μεσημβρίας, ἕως τῷ χρόνου τῆς ἐκκειμένης μετοπωρινῆς ἰσημερίας, συναχθήσεται ἔτη Αἰγυπτιακὰ ωοθ καὶ ἡμέραι ξϛ, καὶ ὧραι ἰσημεριναὶ β̄. Ἀλλ' ἐν τῷ τοσούτῳ χρόνῳ ὁ ἥλιος μέσως κινεῖται, μεθ' ὅλους κύκλους μοίρας σια κε΄ ἔγγιϛα. Ἐὰν οὖν ταῖς τῆς κατὰ τὴν ἐκκειμένην μετοπωρινὴν ἰσημερίαν ἀποχῆς ἀπὸ τοῦ ἀπογείου τοῦ ἐκκέντρου μοίραις ϛιϛ μ΄, προσθῶμεν ἑνὸς κύκλου μοίρας τξ, κὴ ἀπὸ τῶν γινομένων ἀφέλωμεν τὰς σια κε΄ μοίρας τῆς κατὰ τὸν μεταξὺ χρόνον ἐπουσίας, ἕξομεν εἰς τὴν ἐποχὴν τῆς μέσης κινήσεως τῷ ᾱᵚ ἔτει Ναβονασσάρου κατ' Αἰγυπτίους Θὼθ ᾱ τῆς

μεσημβρίας, ἀφεςῶτα μὲν τοῦ ἀπογείου
τὸν ἥλιον εἰς τὰ ἐπόμενα καθ᾽ ὁμαλὴν κίνησιν μοίρας σξε ιε᾽. ἐπέχοντα δὲ μέσως
τῶν ἰχθύων τῆς ᾱ μοίρας ἐξηκοςὰ με.

de temps, nous aurons pour époque du
mouvement moyen du soleil dans la première année égyptienne de Nabonassar,
à midi du premier du mois égyptien
Thoth, le soleil à 265ᵈ 15′ de l'apogée,
en mouvement moyen, suivant l'ordre
des signes, ou le lieu moyen du soleil sur
45′ du premier degré des poissons.

ΚΕΦΑΛΑΙΟΝ Ζ.

ΠΕΡΙ ΤΗΣ ΗΛΙΑΚΗΣ ΨΗΦΟΦΟΡΙΑΣ.

CHAPITRE VII.

DU CALCUL DU MOUVEMENT DU SOLEIL.

ΟΣΑΚΙΣ οὖν ἐὰν ἐθέλωμεν τὴν καθ᾽
ἕκαςον τῶν ἐπιζητουμένων χρόνων τοῦ
ἡλίου πάροδον ἐπιγιγνώσκειν, τὸν συναγόμενον ἀπὸ τῆς ἐποχῆς χρόνον μέχρι
τοῦ ὑποκειμένου πρὸς τὴν ἐν Ἀλεξανδρείᾳ ὥραν εἰσενεγκόντες εἰς τὰ τῆς ὁμαλῆς κινήσεως κανόνια, τὰς παρακειμένας
τοῖς οἰκείοις ἀριθμοῖς μοίρας ἐπισυνθήσομεν μετὰ τῶν τῆς ἀποχῆς σξε ιε᾽ μοιρῶν, καὶ ἀπὸ τῶν γενομένων ἐκβαλόντες
ὅλους κύκλους, τὰς λοιπὰς ἀφήσομεν
ἀπὸ τῶν ἐν τοῖς διδύμοις μοιρῶν ε̄ λ᾽,
εἰς τὰ ἐπόμενα τῶν ζωδίων. Καὶ ὅπου
ἂν ἐκπέσῃ ὁ ἀριθμὸς, ἐκεῖ τὴν μέσην τοῦ
ἡλίου πάροδον εὑρήσομεν. Εξῆς δὲ τὸν
αὐτὸν ἀριθμὸν, τουτέςι τὸν ἀπὸ τοῦ
ἀπογείου μέχρι τῆς μέσης παρόδου, εἰσενεγκόντες εἰς τὸ τῆς ἀνωμαλίας κανόνιον,
τὰς παρακειμένας τῷ ἀριθμῷ μοίρας ἐν
τῷ τρίτῳ σελιδίῳ, κατὰ μὲν τὸ πρῶτον
σελίδιον τοῦ ἀριθμοῦ πίπτοντος, τουτέςιν ἕως ρπ̄ μοιρῶν ὄντος, ἀφελοῦμεν

(a) Toutes les fois donc que nous voudrons déterminer le mouvement du soleil, pour quelque temps que ce soit,
nous porterons dans la table du mouvement moyen tout le temps écoulé depuis
cette époque, jusqu'au moment en question à Alexandrie, nous prendrons les
degrés et fractions de degré qui sont marqués à côté de leurs nombres respectifs, nous les ajouterons aux 265ᵈ 15′,
de la distance trouvée ci-dessus, et retranchant de cette somme les circonférences entières, nous compterons le reste
depuis les 5 degrés 30′ des gémeaux selon l'ordre des signes; et où ce nombre
restant aboutira, là nous trouverons le
lieu moyen du soleil. Ensuite nous prendrons pour ce même nombre restant, c'est-
à-dire pour celui des degrés et minutes
trouvés depuis l'apogée jusqu'au lieu du
soleil, par son moyen mouvement, les
quantités marquées dans la table de l'anomalie, à la troisième colonne; et si ce
nombre est compris dans la première colonne, c'est-à-dire, s'il ne passe pas 180.

*

degrés, nous les retrancherons du lieu trouvé par le mouvement moyen. Mais si ce nombre tombe dans la seconde colonne, c'est-à-dire s'il excède 180 degrés, nous les ajouterons au mouvement moyen et nous aurons ainsi exactement le lieu vrai et apparent du soleil.

CHAPITRE VIII.

DE L'INÉGALITÉ DES NYCHTHÉMÈRES.

Voila quelle est à peu près la théorie du soleil considéré seul. Il convient d'ajouter ici quelques mots sur ce qui concerne l'inégalité des nychthémères, connoissance qui doit précéder les autres, parceque dans les mouvemens moyens que nous avons donnés, jusqu'à présent, comme simples et sans variation, nous avons supposé qu'ils croissent par quantités uniformes, comme si les nychthémères avoient tous la même durée ; mais il n'en est pas ainsi, et nous allons le faire voir. La révolution de l'univers se faisant uniformément autour des poles du cercle équinoxial, et cette révolution se marquant par quelque terme qui puisse la rendre plus sensible, comme par l'horizon ou le méridien, il est clair qu'une révolution du monde consiste dans un seul retour d'un même point du cercle équinoxial depuis quelque section de l'horizon ou du méridien, jusqu'à cette même section. Mais le nychthémère est simplement le retour du soleil depuis un point de l'horizon ou du méridien, jusqu'à ce même point. Le nychthémère moyen est donc celui qui embrasse les 360 temps (a) d'une révolution de l'équateur, et en outre

ἀπὸ τῆς κατὰ τὴν μέσην πάροδον ἐποχῆς· κατὰ δὲ τὸ δεύτερον σελίδιον τυχόντος τοῦ ἀριθμοῦ, τουτέςιν ὑπερπεσόντος ρπ̄ μοίρας, προσθήσομεν τῇ μέσῃ παρόδῳ, καὶ οὕτω τὸν ἀκριβῆ καὶ φαινόμενον ἥλιον εὑρήσομεν.

ΚΕΦΑΛΑΙΟΝ Η.

ΠΕΡΙ ΤΗΣ ΤΩΝ ΝΥΧΘΗΜΕΡΩΝ ΑΝΙΣΟΤΗΤΟΣ.

Τὰ μὲν οὖν περὶ τὸν ἥλιον μόνον θεωρούμενα σχεδὸν ταῦτ' ἐςίν. Ἀκόλουθον δ' ἂν εἴη τούτοις προσθεῖναι διὰ βραχέων καὶ τὰ περὶ τῆς τῶν νυχθημέρων ἀνισότητος ὀφείλοντα προληφθῆναι, διὰ τὸ τὰ μὲν ἐκτεθειμένα ἡμῖν καθ' ἕκαςον ἁπλῶς μέσα κινήματα πάντα κατ' ἴσας ὑπεροχὰς τὴν παραύξησιν λαμβάνειν, ὡς καὶ τῶν νυχθημέρων πάντων ἰσοχρονίων ὄντων, τοῦτο δὲ μὴ οὕτως ἔχον θεωρεῖσθαι. Τῆς τοίνυν τῶν ὅλων ςροφῆς ὁμαλῶς τε ἀποτελουμένης, καὶ περὶ τοὺς τοῦ ἰσημερινοῦ πόλους, καὶ τῆς τοιαύτης ἀποκαταςάσεως κατὰ τὸ σημειωδέςερον, ἤτοι πρὸς τὸν ὁρίζοντα ἢ πρὸς τὸν μεσημβρινόν, λαμβανομένης, κόσμου μὲν περιςροφὴ δῆλον ὅτι μία ἐςὶν ἡ τοῦ αὐτοῦ σημείου τοῦ ἰσημερινοῦ ἀπό τινος τμήματος, ἤτοι τοῦ ὁρίζοντος ἢ τοῦ μεσημβρινοῦ, ἐπὶ τὸ αὐτὸ ἀποκατάςασις. Νυχθήμερον δὲ ἁπλῶς ἡ τοῦ ἡλίου ἀπό τινος τμήματος, ἤτοι τοῦ ὁρίζοντος ἢ τοῦ μεσημβρινοῦ, πάλιν ἐπὶ τὸ αὐτὸ ἀποκατάςασις. Ὁμαλὸν μὲν

οὖν νυχθήμερον γίνεται διὰ ταῦτα, τὸ περιέχον πάροδον τῶν τῆς μιᾶς περιστροφῆς
τοῦ ἰσημερινοῦ χρόνων τξ, κỳ ἔτι ἑνὸς χρόνου ἑξηκοστῶν νθ ἔγγιϛα, ὅσα ἐν τῷ τοσ8́-
τῳ μέσως ὁ ἥλιος ἐπικινεῖται· ἀνώμαλον
δὲ τὸ περιέχον πάροδον τῶν τε τῆς μιᾶς
στεριϛροφῆς τοῦ ἰσημερινοῦ χρόνων τξ,
κỳ ἔτι τῶν ἤτοι συναναφερομένων, ἢ
συμμεσουρανούντων τῷ ἀνωμάλῳ τοῦ
ἡλίου ἐπικινήματι.

Τοῦτο δὴ τὸ προσδιερχόμενον τοῦ
ἰσημερινοῦ τμῆμα τοῖς τξ χρόνοις ἄνισον
ἀνάγκη γίνεϑαι, διά τε τὴν φαινομένην
τοῦ ἡλίου ἀνωμαλίαν, κỳ διὰ τὸ τὰ ἴσα
τοῦ διὰ μέσων τῶν ζωδίων κύκλου τμήματα μὴ ἐν ἴσοις χρόνοις, μή τε τὸν ὁρίζοντα μή τε τὸν μεσημβρινὸν, διαπορεύε-
ϑαι. Ἑκάτερον μέντοι τούτων τὴν μὲν
ἐπὶ τοῦ ἑνὸς νυχθημέρου διαφορὰν τῆς
ὁμαλῆς ἀποκαταϛάσεως παρὰ τὴν ἀνώμαλον, ἀνεπαίϑητον ποιεῖ, τὴν δὲ ἐκ
στλειόνων νυχθημέρων ἐπισυναγομένην,
κỳ μάλα αἰϑητήν.

Παρὰ μὲν οὖν τὴν ἡλιακὴν ἀνωμαλίαν
τὸ στλεῖϛον γίνεται διάφορον, ἐπὶ τῶν
ἀπὸ μιᾶς τῶν μέσων τοῦ ἡλίου κινήσεων
ἐπὶ τὴν ἑτέραν διαϛάσεων. Τὰ γὰρ οὕτω
συναγόμενα νυχθήμερα διοίσει τῶν μὲν
ὁμαλῶν χρόνοις δ ϛ κỳ δ ἔγγιϛα, ἀλλήλων δὲ τοῖς διπλασίοις χρόνοις θ ϛ, διὰ
τὸ κỳ τὴν τοῦ ἡλίου φαινομένην πάροδον
παρὰ τὴν ὁμαλὴν, κατὰ μὲν τὸ στρὸς τῷ
ἀπογείῳ ἡμικύκλιον δ ϛ κỳ δ μοίρας ἐλλείπειν, κατὰ δὲ τὸ στρὸς τῷ περιγείῳ
στλεονάζειν ταῖς αὐταῖς· παρὰ δὲ τὴν τῶν

les 59′ de temps, ou à fort peu près, dont le soleil s'avance par son moyen mouvement pendant ce nychthémère. Mais le nychthémère inégal est celui qui embrasse le passage des 360 temps d'une révolution du cercle équinoxial, et de plus celui des temps′ qui montent avec le soleil, ou qui passent au méridien avec lui, par un effet de son mouvement inégal.

Or cette portion de l'équateur, laquelle passe en sus des 360 temps, est nécessairement inégale, tant à cause de l'anomalie apparente du soleil, que parce que les sections égales du cercle obliqe mitoyen du zodiaque, ne passent pas dans des temps égaux par l'horizon ni par le méridien. A la vérité, chacune de ces causes ne rend pas bien sensible, d'un jour à l'autre, la différence entre le nychthémère moyen et le nychthémère inégal; mais cette différence se fait sensiblement appercevoir quand elle est accumulée au bout de plusieurs jours et de plusieurs nuits consécutifs.

La plus grande différence, qui vienne de l'anomalie du soleil, a lieu dans les intervalles compris depuis l'un des mouvemens moyens du soleil jusqu'à l'autre. Car les jours et nuits civils ainsi accumulés, différeront des moyens à peu près de 4 temps $\frac{1}{2} \frac{1}{4}$; et (b) entr'eux du double 9 temps $\frac{1}{2}$, parce que le mouvement apparent du soleil, relativement au mouvement égal, est moindre de 4ᵈ $\frac{1}{2} \frac{1}{4}$ dans le demi-cercle supérieur qui contient l'apogée, et qu'au contraire il est plus grand d'autant dans l'inférieur où se trouve le périgée; quant à

l'inégalité des co-ascensions et descensions correspondantes, la plus grande différence a lieu dans les demi-cercles qui sont entre les solstices. En effet, les ascensions de chacun de ces demi-cercles ont pour différences d'avec les 180 temps moyens, les différences du plus long ou du plus court jour à celui de l'équinoxe; et entr'elles, les différences du plus grand jour au plus petit, ou de la plus grande nuit à la plus petite. Mais quant à la différence que produit l'inégalité des passages au méridien, la plus grande a lieu aussi dans les intervalles qui embrassent les deux dodécatémories qui sont de chaque côté des solstices et des équinoxes. Car les deux intervalles autour des solstices différeront des moyens, de 4 temps $\frac{1}{2}$; et comparés aux deux intervalles autour des équinoxes, ils en différeront de 9 temps, parce que ceux-ci sont moindres que suivant les mouvemens moyens, de la même quantité dont ceux-là au contraire sont plus grands (c). C'est pourquoi nous plaçons, dans les époques, (lieux du soleil) les commencemens des nychthémères aux passages du soleil par le méridien, et non aux levers ni aux couchers de cet astre. Car là différence qui se montre dans les divers horizons peut aller jusqu'à plusieurs heures, et n'est pas la même partout. Mais elle varie avec l'excès des plus longs ou des plus courts jours, selon que la sphère est plus ou moins oblique. Au contraire, la différence du temps du passage par le méridien, est la même pour

συνανατολῶν ἢ συγκαταδύσεων ἀνωμαλίαν, τὸ πλεῖσον γίνεται διάφορον ἐπὶ τῶν ὑπὸ τῶν τροπικῶν σημείων ἀφοριζομένων ἡμικυκλίων. Καὶ ἐνθάδε γὰρ αἱ ἑκατέρȣ τούτων τῶν ἡμικυκλίων συναναφοραὶ διοίσȣσι τῶν μὲν ὁμαλῶς θεωρουμένων χρόνων ρπ̄, τοῖς διαφόροις τῆς μεγίσης ἢ ἐλαχίσης ἡμέρας παρὰ τὴν ἰσημερινήν, ἀλλήλων δὲ, οἷς ἡ μεγίςη τῶν ἡμερῶν ἢ νυκτῶν τῆς ἐλαχίςης διαφέρει. Παρὰ δὲ τὴν τῶν συμμεσȣρανήσεων ἀνισότητα, τὸ πλεῖσον πάλιν γίνεται διάφορον, ἐπὶ τῶν δύο μάλιςα δωδεκατημόρια περιεχȣσῶν διαςάσεων, τὰ ἑκατέρωθεν ἅμα ἤτοι τῶν τροπικῶν ἢ τῶν ἰσημερινῶν σημείων. Καὶ τούτων γὰρ τὰ πρὸς τοῖς τροπικοῖς συναμφότερα τῶν μὲν ὁμαλῶς θεωρουμένων διοίσει χρόνοις δ̄ ϛ'' ἔγγιςα, τῶν δὲ πρὸς τοῖς ἰσημερινοῖς συναμφοτέρων, πάλιν χρόνοις θ̄, διὰ τὸ ταῦτα μὲν ἐλλείπειν παρὰ τὴν μέσην ἐπιβολήν, ἐκεῖνα δὲ τῷ ἴσῳ σχεδὸν πλεονάζειν. Ενθεν ᾗ τὰς ἐν ταῖς ἐποχαῖς ἀρχὰς τῶν νυχθημέρων ἀπὸ τῶν μεσȣρανήσεων συνιςάμεθα, ᾗ οὐκ ἀπὸ τῶν ἀνατολῶν ἢ δύσεων τῦ ἡλίου, διὰ τὸ τὴν μὲν πρὸς τοὺς ὁρίζοντας θεωρουμένην διαφοράν, ᾗ μέχρι πολλῶν ὡρῶν δύναϚαι φθάνειν, ᾗ μὴ εἶναι τὴν αὐτὴν πανταχῆ, συμμεταβάλλειν δὲ τῇ καθ' ἑκάϚην ἔγκλισιν τῆς σφαίρας ὑπεροχῇ τῶν μεγίϚων ἢ ἐλαχίϚων ἡμερῶν· τὴν δὲ πρὸς τὸν μεσημβρινὸν, τὴν αὐτήν τε εἶναι κατὰ πᾶσαν οἴκησιν, ᾗ μηδὲ τοὺς ἐκ τῆς ἡλιακῆς ἀνωμαλίας συναγομένους τοῦ διαφόρου χρόνους ὑπερβάλλειν. ΣυνίϚαται δὲ ᾗ ἐκ τῆς ἀμφοτέρων τούτων μίξεως τῆς τε παρὰ τὴν τοῦ ἡλίου

ἀνωμαλίαν καὶ τῆς παρὰ τὰς συμμεσυρανήσεις τὸ διάφορον, ἐπὶ τῶν κατ' ἀμφοτέρας τὰς εἰρημένας διαφορὰς ἤτοι προσθετικῶν ἅμα ἢ ἀφαιρετικῶν διαςάσεων, ἀφαιρετικοῦ μὲν ἑκατέρωθεν μάλιςα γινομένου τοῦ ἀπὸ ὑδροχόου μέσου μέχρι χηλῶν τμήματος, προσθετικοῦ δὲ τοῦ ἀπὸ σκορπίου μέχρι μέσου ὑδροχόου, διὰ τὸ ἑκάτερον τῶν ἐκκειμένων τμημάτων τὸ πλεῖςον ἤτοι προστιθέναι ἢ ἀφαιρεῖν, παρὰ μὲν τὴν ἡλιακὴν ἀνωμαλίαν, μοίρας γ̅ ἔγγιςα καὶ δίτριτον, παρὰ δὲ τὰς συμμεσυρανήσεις, χρόνους δ̅ καὶ δίτριτον ἔγγιςα· ὡς πλεῖςον ἐκ τῆς ἐκκειμένης μίξεως συνάγεςθαι διάφορον τῶν νυχθημέρων καθ' ἑκάτερον τῶν εἰρημένων τμημάτων, πρὸς μὲν τὰ ὁμαλὰ χρόνοις η̅ καὶ γ″, τουτέςι μιᾶς ὥρας ς′ ιη″, πρὸς ἄλληλα δὲ τῶν διπλασίων χρόνων, ις̅ καὶ δίτριτον, τουτέςιν ὥραν α̅ καὶ θ″. Τὸ δὲ τοσοῦτον ἐπὶ μὲν ἡλίου καὶ τῶν ἄλλων παρορωμένων, οὐδενὶ ἂν ἴσως αἰσθητῷ καταβλάπτοι τὴν τῶν περὶ αὐτὰ φαινομένων ἐπίσκεψιν. Ἐπὶ δὲ τῆς σελήνης, διὰ τὸ τῆς κινήσεως αὐτῆς τάχος, ἀξιόλογον ἂν ἤδη τὴν διαφορὰν ἀπεργάζοιτο, καὶ μέχρι τριῶν πεντημορίων μιᾶς μοίρας.

Ἵνα οὖν καὶ τὰ καθ' ὁποιανδήποτε διάςασιν διδόμενα νυχθήμερα, λέγω δὲ τὰ ἀπὸ μεσημβρίας ἢ μεσονυκτίου, ἐπὶ μεσημβρίαν ἢ ἐπὶ μεσονύκτιον, εἰς ὁμαλὰ νυχθήμερα καθάπαξ ἀναλύωμεν, σκεψόμεθα κατά τε τὴν προτέραν ἐποχὴν καὶ τὴν ὑςέραν τῆς διδομένης τῶν νυχθημέρων διαςάσεως, κατὰ ποίων ἐςὶ τοῦ διὰ μέσων τῶν ζῳδίων κύκλου μοιρῶν ὁ ἥλιος

tous les lieux (d) terrestres, et n'excède pas les sommes des temps de la différence provenant de l'inégalité ou mouvement apparent du soleil. La plus grande différence se compose du mélange de ces deux, savoir, de celle qui est produite par l'inégalité du soleil, et de celle des passages simultanés par le méridien, dans les espaces additifs ou soustractifs, l'espace depuis le milieu du verseau jusqu'aux serres, se retranchant de chaque côté, et celui depuis le scorpion jusqu'au milieu du verseau s'ajoutant, parce que chacun de ces espaces augmente ou diminue, dans le mouvement apparent du soleil, d'environ 3^{d} $\frac{1}{3}$ tout au plus ; et dans les passages par le méridien, d'environ 4 $\frac{1}{3}$ temps. De sorte que la plus grande différence des nychthémères qui provient de ce mélange en chacun de ces arcs, comparée au temps moyen, est de 8 $\frac{1}{3}$ temps égaux, c'est-à-dire de la moitié et du dix-huitième d'une heure, et entr'eux du double 16 $\frac{2}{3}$ temps, c'est-à-dire d'une heure et un neuvième. Cette différence négligée pour le soleil et les autres astres, ne nuiroit pas sensiblement aux observations ; mais si on la négligeoit pour la lune, elle deviendroit bientôt considérable, et de $\frac{3}{5}$ d'un degré, à cause de la célérité de son mouvement.

Ainsi donc, pour réduire en nychthémères moyens, les nychthémères temporaires pour un intervalle quelconque de temps donné, j'entends ceux qui commencent et finissent à midi ou à minuit, cherchons pour le commencement et pour la fin de l'intervalle donné, quels lieux le soleil occupe dans le cercle mitoyen du zodiaque, et par son

mouvement égal , et par son mouvement inégal (e). Ensuite prenons la différence entre le premier lieu inégal ou
apparent et le second , portons-la dans
la table des ascensions dans la sphère
droite , cherchons avec combien de temps
de l'équinoxial passe au méridien cette
différence des deux lieux vrais, voyons
de combien les temps trouvés surpasse-
ront les degrés de moyen mouvement ou
en seront surpassés, calculons à quelles
portions d'une heure équinoxiale répond
cet excès, ajoutons cette fraction d'heure
au nombre donné de nychthémères, si
les temps trouvés surpassent le moyen
mouvement, retranchons-la dans le cas
contraire, et nos nychthémères inégaux
seront convertis en nychthémères égaux.
Nous nous en servirons particulièrement pour les sommes des mouvemens
moyens dans les tables de la lune. On voit
par-là que les nychthémères moyens se
réduisent aussi en nychthémères temporaires considérés simplement , par le
moyen de la prostaphérèse des temps
horaires appliquée d'une manière inverse
à celle que nous venons de dire.

Or, selon notre époque, c'est-à-dire
l'an premier de Nabonassar , selon les
Égyptiens le premier jour de Thoth à
midi, le soleil par son moyen mouvement étoit en 0ᵈ 45′ des poissons, comme
nous l'avons montré un peu plus haut ,
et par son mouvement inégal en 3ᵈ 8ʹ
des poissons ; à très peu près.

FIN DU TROISIÈME LIVRE DE LA COMPOSITION
MATHÉMATIQUE DE CL. PTOLÉMÉE.

ὁμαλῶς τε κινούμενος καὶ ἀνωμάλως·
ἔπειτα τὴν ἀπὸ τῆς ἀνωμάλου, τουτέςι
τῆς φαινομένης ἐπὶ τὴν φαινομένην διάςασιν τῶν τῆς ἐπουσίας μοιρῶν, εἰσενεγκόντες εἰς τὰς ἐπ' ὀρθῆς τῆς σφαίρας ἀνα-
φορὰς, ἐπισκεψόμεθα πόσοις συμμεσου-
ρανοῦσι χρόνοις τοῦ ἰσημερινοῦ αἱ τῆς
ἀνωμάλου διαςάσεως ὡς ἔφαμεν μοῖραι,
καὶ λαβόντες τὴν ὑπεροχὴν τῶν τε εὑρεθέντων χρόνων, καὶ τῶν τῆς ὁμαλῆς διαςάσεως μοιρῶν, ἐπιλογισάμενοί τε τὸ περιεχόμενον μέγεθος ὥρας ἰσημερινῆς, ὑπὸ
τῶν τῆς ὑπεροχῆς χρόνων, τοῦτο, πλείονος μὲν εὑρισκομένου τοῦ τῶν χρόνων ἀριθμοῦ τῆς ὁμαλῆς διαςάσεως, προσθήσομεν
τῷ διδομένῳ τῶν νυχθημέρων πλήθει,
ἐλάττονος δὲ, ἀφελοῦμεν ἀπ' αὐτοῦ,
καὶ τὸν γενόμενον χρόνον ἕξομεν εἰς τὰ
ὁμαλὰ νυχθήμερα διακεκριμένον, ᾧ καὶ χρησόμεθα μάλιςα πρὸς τὰς ἐπισυναγω-
γὰς τῶν ἐν τοῖς κανόσι τῆς σελήνης μέσων
κινήσεων. Εὐκατανόητον δ' αὐτόθεν, ὅτι,
καὶ ἀπὸ τῆς τῶν ὁμαλῶν νυχθημέρων ὑπο-
ςάσεως, τὰ καιρικὰ καὶ ἁπλῶς θεωρούμενα λαμβάνεται, τῆς προκειμένης τῶν
ὡριαίων χρόνων προσθαφαιρέσεως ἀνάπαλιν γινομένης.

Ἐπεῖχε μέντοι κατὰ τὴν ἡμετέραν ἐποχὴν ὁ ἥλιος, τυτέςι τῷ α̅ ἔτει Ναβονασσάρου κατ' Αἰγυπτίους Θὼθ α̅ τῆς μεσημβρίας, ὁμαλῶς μὲν κινούμενος, ὡς μικρῷ πρόσθεν ἀπεδείξαμεν, ἰχθύων ὃ μέ,
ἀνωμάλως δὲ γ̅ μοιρῶν καὶ η̅ ἔγγιςα
ἑξηκοςτὰ τῶν ἰχθύων.

ΚΛΑΥΔΙΟΥ ΠΤΟΛΕΜΑΙΟΥ

ΜΑΘΗΜΑΤΙΚΗΣ ΣΥΝΤΑΞΕΩΣ

ΒΙΒΛΙΟΝ ΤΕΤΑΡΤΟΝ.

QUATRIÈME LIVRE

DE LA COMPOSITION MATHÉMATIQUE

DE CLAUDE PTOLÉMÉE.

ΚΕΦΑΛΑΙΟΝ Α.

ΑΠΟ ΠΟΙΩΝ ΔΕΙ ΤΗΡΗΣΕΩΝ ΤΑ ΠΕΡΙ ΤΗΝ
ΣΕΛΗΝΗΝ ΕΞΕΤΑΖΕΙΝ.

CHAPITRE I.

SUR QUELLES OBSERVATIONS IL FAUT ÉTABLIR
LA THÉORIE DE LA LUNE.

Εν τῷ πρὸ τούτε συντάξαντες ὅσα ἄν
τις ἴδοι συμβαίνοντα περὶ τὴν τε ἡλίε κίνησιν, ἀρχόμενοί τε κατὰ τὴν ἐφεξῆς ἀκολουθίαν καὶ τοῦ περὶ τῆς σελήνης λόγου,
πρῶτον ἡγούμεθα προσήκειν μὴ ἁπλῶς
μὴ δ᾽ ὡς ἔτυχε προσιέναι ταῖς τῶν εἰς
τοῦτο τηρήσεων χρήσεσιν, ἀλλὰ πρὸς
μὲν τὰς καθόλου καταλήψεις, ἐκείναις
μάλιστα προσέχειν τῶν ἀποδείξεων, ὅσαι
μὴ μόνον ἐκ τοῦ πλείονος χρόνου, ἀλλὰ
καὶ ἀπ᾽ αὐτῶν τῶν κατὰ τὰς σεληνιακὰς
ἐκκλείψεις τηρήσεων λαμβάνονται. Διὰ
μόνων γὰρ τούτων, ἀκριβῶς ἂν οἱ τόποι
τῆς σελήνης εὑρίσκοιντο, τῶν ἄλλων, ὅσαι
ἤτοι διὰ τῶν πρὸς τοὺς ἀπλανεῖς ἀσέρας
παρόδων, ἢ διὰ τῶν ὀργάνων, ἢ διὰ

APRÈS avoir exposé dans le livre précédent, le mouvement du soleil et ses
particularités, nous continuerons par
l'examen du mouvement de la lune. Et
d'abord nous croyons qu'il est important
de ne pas s'attacher indifféremment et
comme au hasard, à toutes sortes d'observations; mais pour embrasser la théorie générale de cet astre, il est surtout
important de se borner à celles qui
non seulement sont les plus anciennes,
mais encore qui sont fondées sur ses
éclipses. Car c'est par elles seules que
l'on peut trouver ses lieux véritables.
Les autres observations, soit celles des
rencontres de la lune avec les étoiles
fixes, soit celles qui sont faites au moyen

de quelques instrumens, ou celles des éclipses du soleil, peuvent induire en erreur, à cause des parallaxes de la lune. Quant aux circonstances particulières de ses mouvemens, on peut les reconnoître par les autres observations. Car la distance entre l'orbite de la lune et le centre de la terre, n'étant pas assez grande pour que la terre puisse être considérée comme un point en comparaison, ainsi qu'on la regarde relativement au zodiaque, il est nécessaire de ne pas confondre la droite menée du centre de la lune aux points de l'écliptique, et par laquelle on détermine les mouvemens vrais, avec la droite menée de quelque point de la surface de la terre, c'està-dire de l'œil de l'observateur, au centre de la lune, et par laquelle on considère son mouvement apparent. Ce n'est que quand la lune est verticale sur l'observateur, que la droite menée du centre de la terre, et celle qui va des yeux de l'observateur au centre de la lune et du zodiaque, ne font qu'une seule et même ligne. Mais quand la droite menée au centre de la lune s'écarte pour peu que se soit, du point vertical de l'observateur, ces droites doivent être nécessairement inclinées l'une sur l'autre, et pour cette raison le mouvement apparent n'est plus le même que le mouvement vrai, attendu que le lieu de l'œil changeant perpétuellement, le lieu de la lune diffère de ce qu'il seroit, s'il étoit vu du

τῶν τοῦ ἡλίου ἐκκλείψεων θεωροῦνται, πολὺ διαψευσθῆναι δυναμένων, διὰ τὰς παραλλάξεις τῆς σελήνης. Πρὸς δὲ τὰ κατὰ μέρος ἐπισυμβαίνοντα, καὶ ἀπὸ τῶν ἄλλων ἤδη τηρήσεων ποιεῖσθαι τὴν ἐπίσκεψιν. Τοῦ γὰρ ἀποστήματος, ὃ ἀφέστηκεν ἡ σφαῖρα τῆς σελήνης ἀπὸ τοῦ κέντρου τῆς γῆς, μὴ ὄντος ὥσπερ κỳ τοῦ κατὰ τὸν ζωδιακὸν κύκλον τηλικούτου, ὥστε σημείου πρὸς αὐτὸ λόγον ἔχειν τὸ τῆς γῆς μέγεθος, ἀνάγκη τὴν ἀπὸ τοῦ κέντρου τῆς σελήνης ἐκβαλλομένην εὐθεῖαν ἐπὶ τὰ τοῦ διὰ μέσων τῶν ζωδίων κύκλου μέρη, πρὸς ἣν αἱ ἀκριβεῖς πάροδοι πάντων νοοῦνται, μηκέτι μηδὲ πρὸς αἴσθησιν τὴν αὐτὴν γίνεσθαι πάντοτε τῇ ἀπό τινος ἐπιφανείας τῆς γῆς, τουτέςι τῆς ὄψεως τῶν ὁρώντων ἐπὶ τὸ κέντρον τῆς σελήνης ἐκβαλλομένῃ, πρὸς ἣν ἡ φαινομένη πάροδος αὐτῆς θεωρεῖται. Ἀλλ᾽ ὅταν μὲν κατὰ κορυφὴν ᾖ τῷ τηροῦντος ἡ σελήνη, τότε μόνον μίαν κỳ τὴν αὐτὴν εὐθεῖαν γίνεσθαι, τὴν ἀπό τε τοῦ κέντρου τῆς γῆς καὶ τῆς ὄψεως τοῦ θεωροῦντος, ἐπὶ τὸ κέντρον τῆς σελήνης καὶ τὸν ζωδιακὸν ἐκβαλλομένην. Ὅταν δὲ ἀπονενευκυῖα ᾖ ὅπως δήποτε τοῦ κατὰ κορυφὴν τόπου, διαφόρους τε τὰς κλίσεις τῶν προκειμένων εὐθειῶν ἀποτελεῖσθαι, καὶ διὰ τοῦτο τὴν φαινομένην πάροδον, μὴ τὴν αὐτὴν γίνεσθαι τῇ ἀκριβεῖ, πρὸς ἄλλας καὶ ἄλλας θέσεις τῆς ὄψεως καταβαζομένης, τῶν διὰ τοῦ κέντρου τῆς γῆς ἀφοριζομένων ἀνάλογον ταῖς

πηλικότησι τῶν ὑπὸ τῆς ἐγκλίσεως γινομένων γωνιῶν.

Διόπερ συμβέβηκε τῶν μὲν ἡλιακῶν
ἐκλείψεων γινομένων ὑπὸ τῆς σεληνιακῆς
ὑποδρομῆς καὶ ἐπιπροσθήσεως, ἥτις ἐμ-
πίπτουσα εἰς τὸν ἀπὸ τῆς ὄψεως ἡμῶν ἐπὶ
τὸν ἥλιον κῶνον, ποιεῖται τὴν μέχρι τῆς
παρελεύσεως ἐπισκότησιν, μὴ πανταχῆ
ταύτας, μήτε τοῖς μεγέθεσι μήτε τοῖς
χρόνοις ὡσαύτως ἀποτελεῖσθαι, μήτε πᾶσιν ὁμοίως, δι᾽ ἃς εἰρήκαμεν αἰτίας, ἐπι-
σκοτάσης τῆς σελήνης, μήτε κατὰ τῶν αὐτῶν μερῶν τοῦ ἡλίου φαινομένων· ἐπὶ δὲ
τῶν σεληνιακῶν ἐκλείψεων, μηκέτι μηδεμίαν τοιαύτην διαφορὰν ἐκ τῶν παραλλάξεων ἐπακολουθεῖν, τοῦ γινομένου περὶ
τὴν σελήνην ἐκλειπτικοῦ πάθους μὴ
συμπαραλαμβάνοντος τὴν τῶν ὁρώντων
ὄψιν εἰς τὴν αἰτίαν τοῦ συμπτώματος.
Φωτιζομένη γὰρ ἡ σελήνη πάντοτε ὑπὸ
τῆς ἡλιακῆς προσλάμψεως, ἐπειδὰν κατὰ
διάμετρον σχέσιν αὐτῷ γένηται, τὸν μὲν
ἄλλον χρόνον φαίνεται ἡμῖν ὅλη πεφωτι-
σμένη, διὰ τὸ πᾶν τὸ προσλαμπόμενον
αὐτῆς ἡμισφαίριον ἅμα καὶ ἡμῖν τότε
πᾶν προσνεύειν. Ὅταν δὲ οὕτω διαμε-
τρηθῇ ὥστε εἰς τὸν τῆς σκιᾶς τῆς γῆς
κῶνον ἐμπεσεῖν τὸν ἀντιπεριαγόμενον ἀεὶ
τῷ ἡλίῳ, τότε γίνεται ἀφώτιςος, ἀναλόγως ταῖς τῆς ἐμπτώσεως πηλικότησιν,
ἐπισκοτούσης τῆς γῆς ταῖς τῦ ἡλίου προσ-
λάμψεσιν. Ἐνθεν ὁμοίως κατὰ πάντα τὰ
μέρη τῆς γῆς, καὶ τοῖς μεγέθεσι καὶ τοῖς τῶν
διαστάσεων χρόνοις ἐκλείπουσα φαίνεται.

centre de la terre, d'une quantité qui
dépend des angles produits par l'inclinaison (*du rayon visuel*) (*a*).

Aussi arrive-t-il que dans les éclipses
de soleil par l'interposition de la lune
sous le soleil, la lune tombant dans le
cône visuel formé depuis notre œil jusqu'au soleil, produit sur celui-ci pendant son passage, un obscurcissement
qui n'est pas toujours le même ni pour la
grandeur ni pour le temps ; la lune n'obs-
curcissant pas le soleil également pour
tous les points de la terre, par les raisons
que nous avons dites, et ne leur en ca-
chant pas les mêmes parties. Mais dans les
éclipses de lune, les parallaxes ne causent
pas les mêmes variétés, parceque le déplacement de l'œil n'est pour rien dans
l'obscurcissement qu'éprouve la lune
dans tout autre temps. En effet, la lune
n'a d'autre lumière que celle qu'elle re-
çoit du soleil, et lorsqu'elle se trouve en
opposition avec cet astre, elle nous paroît
toute éclairée, parcequ'elle tourne vers
nous son hémisphère éclairé. Mais lorsqu'elle est si diamétralement opposée,
qu'elle tombe dans le cône d'ombre de
la terre, cône qui tourne toujours à l'opposite du soleil, du même mouvement que
lui, la lune devient alors privée de lumière, en proportion de la quantité dont
elle s'enfonce dans l'ombre, la terre lui dé-
robant alors les rayons du soleil. C'est pourquoi elle paroît également éclipsée pour
tous les lieux de la terre, tant en portions
obscurcies, qu'en durées des éclipses.

En conséquence, pour chercher généralement quels sont les lieux vrais de la lune, qui sont les seuls que l'on doit prendre, et non les lieux apparens, par la raison que ce qui est égal et régulier mérite la préférence sur ce qui est inégal et irrégulier : nous disons qu'il ne faut pas se servir des autres observations des lieux qui s'y montrent à la vue des observateurs, mais seulement de celles des éclipses de lune, attendu que l'œil ne contribue en rien au jugement que l'on porte sur le lieu de l'astre dans les éclipses; car en quelque point de l'écliptique que le soleil se trouve, au milieu d'une éclipse, lorsque le centre de la lune est le plus précisément opposé en longitude à celui du soleil, c'est toujours au point de l'écliptique diamétralement opposé au soleil, que la lune répond par sa situation en ce moment.

Διὰ ταῦτα δὴ πρὸς τὴν καθόλου ἐπίσκεψιν τῶν ἀκριβῶν τόπων τῆς σελήνης, ἀλλ' οὐ τῶν φαινομένων, ὀφειλόντων παραλαμβάνεσθαι, ἐπειδήπερ καὶ τὸ τεταγμένον καὶ τὸ ὅμοιον τῶν ἀτάκτων καὶ ἀνομοίων ἀναγκαῖον ἂν εἴη προϋποκεῖσθαι, ταῖς μὲν ἄλλαις τηρήσεσι φαμὲν μὴ δεῖν συγχρῆσθαι τῶν ἐν αὐταῖς τόπων διὰ τῆς ὄψεως τῶν τηρούντων καταλαμβανομένων, μόναις δὲ ταῖς τῶν ἐκλείψεων αὐτῆς, ἐπειδήπερ ἐν αὐταῖς οὐδὲν πρὸς τὴν τῶν τόπων κατάληψιν ἡ ὄψις συμβάλλεται· ὃ γὰρ ἂν τμῆμα τοῦ διὰ μέσων τῶν ζωδίων ὁ ἥλιος ἐπέχων εὑρίσκηται κατὰ τὸν μέσον χρόνον τῆς ἐκλείψεως, ἐν ᾧ τὸ τῆς σελήνης κέντρον ὑπὸ τοῦ τοῦ ἡλίου κατὰ μῆκος ἀκριβῶς, ὡς ἔνι μάλιςα, διαμετρεῖται, τούτου δηλονότι τὸ κατὰ διάμετρον ἐφέξει καὶ τὸ τῆς σελήνης κέντρον πρὸς ἀκρίβειαν κατὰ τὸν αὐτὸν μέσον χρόνον τῆς ἐκλείψεως.

CHAPITRE II.

DES TEMPS PÉRIODIQUES DE LA LUNE.

Nous avons dit en abrégé d'après quelles observations il convient de chercher les circonstances les plus générales du mouvement de la lune. Nous allons actuellement entreprendre d'exposer par quelle méthode les anciens procédoient dans leurs démonstrations, et comment nous pourrons établir les hypothèses les plus conformes aux phénomènes, et en rendre l'application plus commode.

ΚΕΦΑΛΑΙΟΝ Β.

ΠΕΡΙ ΤΩΝ ΠΕΡΙΟΔΙΚΩΝ ΧΡΟΝΩΝ ΤΗΣ ΣΕΛΗΝΗΣ.

Ἀφ' οἵων μὲν οὖν τηρήσεων τὰ περὶ τὴν σελήνην ὀφείλοντα καθόλου λαμβάνεσθαι προσήκει σκοπεῖν, διὰ τούτων κατὰ τὸ τυπῶδες ἡμῖν προεκτεθείσθω. Τὸν δὲ τρόπον καθ' ὅν τε οἱ παλαιοὶ ταῖς τῶν ἀποδείξεων ἐπιβολαῖς ἐχρήσαντο, καὶ καθ' ὃν ἂν ἡμεῖς τὴν τῶν πρὸς τὰ φαινόμενα συμφώνων ὑποθέσεων διάκρισιν εὐχρηστότερον ποιοίμεθα, πειρασόμεθα διεξελθεῖν.

Ἐπεὶ τοίνυν ἀνωμάλως μὲν ἡ σελήνη φαίνεται κινουμένη, κατά τε μῆκος καὶ πλάτος, καὶ μὴ ἰσοχρονίως μήτε τὸν διὰ μέσων τῶν ζωδίων κύκλον ἀεὶ διερχομένη, μήτε πρὸς τὴν κατὰ τὸ πλάτος αὐτοῦ πάροδον ἀποκαθισαμένη, χωρὶς δὲ τῆς εὑρέσεως τοῦ τῆς ἀνωμαλίας αὐτῆς ἀποκαταςατικοῦ χρόνου, κατὰ τὸ ἀναγκαῖον, οὐ δὲ τὰς τῶν ἄλλων περιόδους λαμβάνειν οἷόντ᾽ ἂν γένοιτο· κατὰ πάντα μέντοι τὰ μέρη τοῦ ζωδιακοῦ, τά τε μέσα καὶ τὰ μέγιςα καὶ τὰ ἐλάχιςα, διὰ τῶν κατὰ μέρος τηρήσεων φαίνεται κινουμένη, καὶ κατὰ πάντα μέρη βορειοτάτη καὶ νοτιοτάτη, καὶ κατ᾽ αὐτὸν τὸν διὰ μέσων τῶν ζωδίων κύκλον γινομένη· ἐζήτουν εἰκότως οἱ παλαιοὶ μαθηματικοὶ χρόνον τινὰ, δι᾽ ὅσου πάντοτε ἡ σελήνη τὸ ἴσον κινηθήσεται κατὰ μῆκος, ὡς τούτου μόνου τὴν ἀνωμαλίαν ἀποκαθιςάνειν δυναμένου. Παρατιθέμενοι δὴ τηρήσεις σεληνιακῶν ἐκλείψεων, δι᾽ ἃς εἴπομεν αἰτίας, ἐσκόπουν τίς ἂν πλήθους μηνῶν διάςαςις, ἰσοχρόνιός τε γίνοιτο πάντοτε ταῖς τοῦ ἴσου πλήθους διαςάσεσι, καὶ ἴσους κύκλους περιέχοι κατὰ μῆκος, ἤτοι ὅλους, ἢ μετά τινων ἴσων περιφερειῶν. Ὁλοσχερέςερον μὲν οὖν οἱ ἔτι παλαιότεροι τὸν χρόνον τοῦτον ὑπελάμβανον εἶναι ἡμερῶν ϛϕπε̄ καὶ γ΄. Διὰ τοσούτου γὰρ ἔγγιςα ἑώρων μῆνας, μὲν ἀποτελουμένους σκγ̄, ἀποκαταςάσεις δὲ ἀνωμαλίας μὲν σλθ, πλάτους δὲ σμβ̄, περιδρομὰς δὲ μήκους σμᾱ, καὶ ἔτι ὅσας καὶ ὁ ἥλιος ἐπιλαμβάνει τοῖς ιη̄ κύκλοις ἐν τῷ προειρημένῳ

Puisque la lune paroît se mouvoir d'un mouvement inégal en longitude et en latitude, qu'elle n'emploie pas des temps égaux à revenir traverser l'écliptique, ni à faire ses révolutions en latitude, la connoissance de son inégalité et du temps où celle-ci se restitue, est absolument nécessaire pour que l'on puisse assigner les périodes des autres mouvemens. Des observations suivies prouvent que les mouvemens les plus rapides et les plus lents ont lieu successivement dans tous les points du zodiaque, et qu'il en est de même des plus grandes latitudes soit boréales, soit australes, ainsi que des passages par le cercle mitoyen du zodiaque. Il étoit donc naturel que les anciens mathématiciens cherchassent en quel temps la lune avoit toujours une même somme de mouvement en longitude, puisque ce temps seul pouvoit donner la révolution d'anomalie. En comparant des éclipses de lune, ils cherchèrent le nombre des jours qui contiendroient constamment un même nombre de lunaisons et une même quantité de mouvement en longitude, en nombres soit entiers, soit fractionnaires de circonférences. Les plus anciens avoient estimé que ce temps étoit à peu près de 6585 jours et un tiers. Car en cet espace de temps ils voyoient s'achever environ 223 lunaisons, 239 restitutions d'anomalie,

242 retours à la même latitude, 241 révolutions en longitude, et en outre les
10d ¼ (a) que le soleil a parcourus en sus
de ses dix-huit révolutions, dans le même
temps, en rapportant leur rétablissement
aux étoiles fixes. Ils appellèrent ce temps
période, comme ramenant à leur premier état ces différens mouvemens. Et
pour avoir un nombre entier ils triplè-
rent les 6585 jours un tiers, et ils eu-
rent le nombre 19756 qu'ils appellèrent
évolution (b). Triplant de même les autres quantités, ils trouvèrent 669 mois,
717 restitutions d'anomalie, 726 retours
à la même latitude, 723 révolutions en
longitude, et 32 degrés de plus que
les 54 révolutions complètes du soleil.

Mais Hipparque a déjà prouvé par
des calculs faits d'après les observations des Chaldéens et les siennes, que
ces nombres ne sont pas exacts. En
effet, il démontre par les observations
qu'il nous a transmises, à ce sujet,
que le moindre nombre de jours au
bout duquel le temps des éclipses
revient après un égal nombre de mois,
et dans des mouvemens égaux, est de
126007 jours et une heure équinoxiale.
Il y trouve 4267 mois complets, 4573
retours d'anomalie, 4612 révolutions
dans le zodiaque, moins 7 ½ degrés
environ, dont il s'en faut que le soleil
n'ait parcouru 345 circonférences entières, relativement aux étoiles fixes.
D'où il conclut que la durée moyenne
d'un mois, trouvée par la distribution

χρόνῳ μοίρας ι καὶ δ᾽ίτριτον, ὡς τῆς ἀποκαταςάσεως αὐτῶν πρὸς τοὺς ἀπλανεῖς
ἀςέρας Θεωρυμένης. Ἐκάλεσαν δὲ τὸν χρόνον
τῦτον περιοδικὸν, ὡς πρῶτον εἰς μίαν ἀποκατάςασιν ἄγοντα ἔγγιςα τὰς διαφορὰς
τῶν κινήσεων. Καὶ ἵνα ἐξ ὅλων ἡμερῶν αὐτὸν συςήσωται, ἐτριπλασίασαν τὰς ϛφπε
γ᾽ ἡμέρας, καὶ ἔσχον ἡμερῶν ἀριθμὸν,
Μυριάδα θ ͵ψνϛ, ὃν ἐκάλεσαν ἐξελιγμόν.
Καὶ τὰ ἄλλα δὲ ὁμοίως τριπλώσαντες,
ἔσχον μῆνας μὲν χξθ, ἀποκαταςάσεις
δὲ ἀνωμαλίας μὲν ͵ψιζ, πλάτυς δὲ ͵ψκϛ,
περιδρομὰς δὲ μήκους ͵ψκγ, καὶ ἔτι ὅσας
καὶ ὁ ἥλιος ἐπιλαμβάνει τοῖς νδ κύκλοις
μοίρας λβ.

Ἤδη μέντοι πάλιν ὁ Ἵππαρχος ἤλεγ-
ξεν, ἀπό τε τῶν Χαλδαϊκῶν καὶ τῶν
καθ᾽ ἑαυτὸν τηρήσεων ἐπιλογιζόμενος,
μὴ ἔχοντα ταῦτα ἀκριβῶς. Ἀποδείκνυσι γὰρ δι᾽ ὧν ἐξέθετο τηρήσεων, ὅτι ὁ
πρῶτος ἀριθμὸς τῶν ἡμερῶν, δι᾽ ὅσων
πάντοτε ὁ ἐκλειπτικὸς χρόνος ἐν ἴσοις
μησὶ, καὶ ἐν ἴσοις κινήμασιν ἀνακυκλεῖται,
Μυριάδων ιϛ καὶ ἔτι ϛζ ἡμερῶν καὶ μιᾶς
ὥρας ἰσημερινῆς, ἐν αἷς μῆνας μὲν ἀπαρ-
τιζομένους εὑρίσκει ͵δσξζ, ὅλας δὲ ἀνωμαλίας ἀποκαταςάσεις ͵δφογ, ζωδια-
κοὺς δὲ κύκλυς ͵δχιβ, λείποντας μοίρας
ζ ϛ᾽ ἔγγιςα, ὅσας καὶ ὁ ἥλιος εἰς τοὺς
τμε κύκλους λείπει πάλιν, ὡς τῆς ἀποκαταςάσεως αὐτῶν πρὸς τοὺς ἀπλανεῖς
ἀςέρας Θεωρουμένης. Ὅθεν εὑρίσκει καὶ τὸν
μηνιαῖον μέσον χρόνον, ἐπιμεριζομένου τῦ
προκειμένου τῶν ἡμερῶν πλήθους, εἰς

τοὺς ͞δ͞ο͞ξ͞ζ μῆνας, ἡμερῶν συναγόμενον
͞κ͞θ λα´ν´´ η´´´ κ´´´´ ἔγγιςα. Ἐν μὲν ἂν τῷ τοσᾱ-
τῳ χρόνῳ τὰς ἀπὸ ἐκλείψεως σεληνιακῆς
ἐπὶ ἔκλειψιν ἁπλῶς ἀνταποδιδομένας
ἴσας διαςάσεις ἀποδεικνύει· ὡς δῆλον
γίγνεσθαι τὸ ἀποκαθίσασθαι τὴν ἀνωμαλίαν, ἐκ τᾶ πάντοτε διὰ τᾶ τοσᾱτᾳ χρόνου, τούς τε τοσούτους μῆνας περιέχεσθαι,
καὶ ταῖς ἴσαις κατὰ μῆκος περιόδοις
͞δχια, ἴσας ἐπιλαμβάνεᾰαι μοίρας τνβ̄ ς´´,
ἀκολούθως ταῖς πρὸς τὸν ἥλιον συζυγίαις.

Εἰ δέ τις μὴ τὸν ἀπὸ ἐκλείψεως σεληνιακῆς ἐπὶ ἔκλειψιν ἀριθμὸν τῶν μηνῶν
ἐπιζητοῖ, μόνον δὲ τὸν ἀπὸ συνόδου, ἢ
πανσελήνου, ἐπὶ τὴν ὁμοίαν συζυγίαν,
εὕροι ἂν ἔτι ἥττονα τὸν ἀποκαταςατικὸν
τῆς τε ἀνωμαλίας καὶ τῶν μηνῶν ἀριθμόν, λαβὼν τὸ μόνον αὐτῶν κοινὸν μέτρον
ἑπτακαιδέκατον, ὃς συνάγει μῆνας μὲν
σνᾱ, ἀνωμαλίας δὲ ἀποκαταςάσεις σξθ.
Οὐκέτι μέντοι ὁ προκείμενος χρόνος εὑ-
ρίσκετο καὶ τὴν κατὰ πλάτος ἀπαρτίζων
ἀποκατάςασιν· ἡ γὰρ ἀνταπόδοσις τῶν
ἐκλείψεων πρὸς τὰς διαςάσεις, μόνον τοῦ τε χρόνου καὶ τῶν κατὰ μῆκος
περιόδων ἐφαίνετο σώζουσα τὰς ἰσότη-
τας, οὐκέτι δὲ πρὸς τὰ μεγέθη καὶ τὰς
ὁμοιότητας τῶν ἐπισκοτήσεων ἀφ´ ὧν καὶ
τὸ πλάτος καταλαμβάνεται.

Ἤδη μέντοι προκατειλημμένου τᾶ τῆς
ἀνωμαλίας ἀποκαταςατικοῦ χρόνου, πα-
ραθέμενος πάλιν ὁ Ἵππαρχος διαςάσεις
μηνῶν, ὁμοίας κατὰ πάντα τὰς ἄκρας
ἐκλείψεις ἐχόντων, καὶ τοῖς μεγέθεσι καὶ

du nombre des jours sur les 4267 mois,
est de 29 jours 31′ 50″ 8‴ 20⁗ de jour, à
très-peu près (c). Il prouve que dans cet
espace de temps, les intervalles d'une
éclipse de lune à la suivante sont égaux.
Il est évident par-là que l'anomalie se
rétablit ainsi, attendu que cet intervalle
de temps contient toujours le même
nombre de mois, et qu'au nombre de
4611 révolutions égales en longitude,
se joignent 352^d $\frac{1}{2}$; conséquemment aux
syzygies.

Si l'on ne cherche pas le nombre des
mois entre deux éclipses de lune, mais
seulement depuis une conjonction, ou
depuis une pleine lune, jusqu'à la pareille syzygie suivante, on trouvera des
nombres moindres pour le retour de
l'anomalie et pour les mois. Car en les
divisant l'un et l'autre par un diviseur
commun 17, l'on aura pour leur dix-
septième partie, les nombres 251 mois
et 269 retours d'anomalie. Mais ce temps
ne donne pas le rétablissement parfait de
la même latitude : car le retour des
éclipses n'y paroîtroit conserver que les
égalités des intervalles de temps et des
périodes en longitude ; mais les grandeurs
et les parités d'obscurcissement par lesquelles on connoît la latitude, ne s'y
trouvent pas les mêmes.

Après avoir déterminé le temps du retour de l'anomalie, Hipparque comparant encore les intervalles de mois entre
deux éclipses extrêmes absolument semblables en grandeurs et en durées

I.   28

d'obscurcissement, dans lesquelles il n'y eût aucune différence quant à l'anomalie, ce qui prouvoit en outre le retour à la même latitude, montre que cette période s'achève en 5458 mois, ou en 5923 révolutions quant à la latitude.

Telle est la méthode que nos prédécesseurs ont suivie dans ces recherches. Il est aisé de voir qu'elle n'est ni simple ni facile, mais qu'elle demande beaucoup d'attention. Car quand nous accorderions que les temps des périodes entières se trouvent exactement égaux les uns aux autres, cela ne serviroit à rien pour ce que nous examinons, à moins que le soleil ne produisît pas de différence d'anomalie, ou qu'il ne produisît la même dans l'un et l'autre intervalle. Sans cette condition, et s'il y a, comme je l'ai dit, quelque différence dans l'anomalie, ni le soleil ni la lune ne feront des révolutions égales en temps égaux. En effet, si chacun de ces intervalles comparés comprend, outre les années entières, la moitié d'une année, par exemple, et que pendant ce temps, le mouvement moyen du soleil ait été, dans le premier intervalle, des poissons à la vierge, et dans le second, de la vierge aux poissons : dans le premier il aura parcouru 4ᵈ ¼ environ de moins que le demi-cercle ; et dans le second, autant de plus. Ensorte que la lune dans le premier intervalle, aura fait dans des temps égaux, en sus des

τοῖς χρόνοις τῶν ἐπισκοτήσεων, ἐν αἷς οὐδὲν ἐγίγνετο διάφορον παρὰ τὴν ἀνωμαλίαν, ὡς διὰ τοῦτο καὶ τὴν κατὰ πλάτος πάροδον ἀποκαθισαμένην φαίνεσθαι, δείκνυσι καὶ τὴν τοιαύτην περίοδον ἀπαρτιζομένην ἐν μησὶ μὲν ͵ευνη̅, περιόδοις δὲ πλατικαῖς ͵εϠκγ̅.

Ὁ μὲν οὖν τρόπος ᾧ πρὸς τὰς τοιαύτας καταλήψεις ἐχρήσαντο οἱ πρὸ ἡμῶν, τοιοῦτός τις ἦν. Ὅτι δὲ οὐχ' ἁπλοῦς οὐδ' εὐπόρισος, ἀλλὰ πολλῆς καὶ οὐ τῆς τυχούσης δεόμενος ἐπισάσεως, οὕτως ἂν κατανοήσαιμεν. Ἵνα γὰρ δῶμεν ἀκριβῶς ἴσους ἀλλήλοις τοὺς τῶν διασάσεων χρόνους εὑρίσκεσθαι, πρῶτον μὲν οὐδὲν ὄφελος τοῦ τοιούτου, μὴ καὶ τοῦ ἡλίου τὸ παρὰ τὴν ἀνωμαλίαν διάφορον, ἢ μηδὲν ἢ τὸ αὐτὸ ποιοῦντος, καθ' ἑκατέραν τῶν διασάσεων. Εἰ γὰρ μὴ τοῦτο συμβαίνοι, γίγνοιτο δέ τι, ὡς ἔφην, παρὰ τὴν ἀνωμαλίαν αὐτοῦ διάφορον, οὔτε αὐτὸς ἔσαι ἐν τοῖς ἴσοις χρόνοις ἴσας περιδρομὰς πεποιημένος, οὔτε δηλονότι ἡ σελήνη. Ἐὰν γὰρ, λόγου ἕνεκεν, ἑκατέρα μὲν τῶν συγκρινομένων διασάσεων, μεθ' ὅλους καὶ τοὺς ἴσους ἐνιαυσίους χρόνους ἐπιλαμβάνη τὸ ἥμισυ τοῦ ἐνιαυσίου χρόνου, ἐν δὲ τῷ τοσούτῳ ἐπικεκινημένος ὁ ἥλιος τυγχάνη, κατὰ μὲν τὴν πρώτην διάσασιν ἀπὸ τῆς κατὰ τοὺς ἰχθύας μέσης παρόδου, κατὰ δὲ τὴν δευτέραν ἀπὸ τῆς κατὰ τὴν παρθένον, κατὰ μὲν τὴν προτέραν ἔλασσον ἐπειληφὼς ὁ ἥλιος ἔσαι τοῦ ἡμικυκλίου μοιρῶν δ̅ ϛ̅'' δ̅ᴺ ἔγγιστα, κατὰ δὲ τὴν δευτέραν μεῖζον ἡμικύκλου ταῖς αὐταῖς μοίραις· ὥστε καὶ τὴν σελήνην ἐν τοῖς ἴσοις χρόνοις

μεθ᾽ ὅλες κύκλες κατὰ μὲν τὴν προτέραν διάςασιν ἐπειληφέναι μοίρας ροε̄ δ″, κατὰ δὲ τὴν δευτέραν ρπδ̄ ϛ″ δ″. Δεῖν οὖν φαμὲν τοῦτο πρῶτον ἔχειν τὰς διαςάσεις περὶ τὸν ἥλιον συμβεβηκός, τὸ ἤτοι ὅλους αὐτὸν κύκλους περιέχειν, ἢ κατὰ μὲν τὴν ἑτέραν τῶν διαςάσεων τὸ ἀπὸ τοῦ ἀπογείου ἡμικύκλιον ἐπιλαμβάνειν, κατὰ δὲ τὴν ἑτέραν τὸ ἀπὸ τοῦ περιγείου, ἢ ἀπὸ τοῦ αὐτοῦ τμήματος ἄρχεϑαι καθ᾽ ἑκατέραν τῶν διαςάσεων, ἢ τὸ ἴσον ἀπέχειν ἑκατέρωθεν ἤτοι τοῦ ἀπογείου ἢ τοῦ περιγείου, κατά τε τὴν προτέραν ἔκλειψιν τῆς ἑτέρας διαςάσεως, καὶ κατὰ τὴν δευτέραν τῆς ἑτέρας. Οὕτω γὰρ ἂν μόνως ἢ οὐδὲν ἢ τὸ αὐτὸ γίγνοιτο διάφορον παρὰ τὴν ἀνωμαλίαν αὐτοῦ καθ᾽ ἑκατέραν τῶν διαςάσεων, ὥστε καὶ ἴσας τὰς ἐπιλαμβανομένας γίνεϑαι περιφερείας, ἤτοι ἀλλήλαις, ἢ καὶ ἀλλήλαις καὶ ταῖς ὁμαλαῖς.

Δεύτερον δὲ ἡγύμεθα δεῖν κỳ περὶ τὰς δρόμους τῆς σελήνης, τὴν ὁμοίαν ἐπίςασιν ποιεῖσθαι. Τούτου γὰρ ἀδιακρίτου μένοντος, ἐνδεχόμενον πάλιν φανήσεται τὸ καὶ τὴν σελήνην πολλάκις ἴσας περιφερείας κατὰ μῆκος ἐν τοῖς ἴσοις χρόνοις ἐπιλαμβάνειν δύνασθαι, μὴ πάντως καὶ τῆς ἀνωμαλίας αὐτῆς ἀποκαθιςαμένης. Συμβήσεται δὲ τὸ τοιοῦτον, ἐάν τε καθ᾽ ἑκατέραν τῶν διαςάσεων ἀπὸ τοῦ αὐτοῦ κατὰ πρόσθεσιν, ἢ τοῦ αὐτοῦ κατὰ ἀφαίρεσιν δρόμου ποιήσηται τὴν ἀρχὴν, καὶ μὴ ἐπὶ τὸν αὐτὸν καταλήγη, ἐάν τε κατὰ μὲν τὴν ἑτέραν ἀπὸ τοῦ μεγίςου δρόμου ἀρχομένη, ἐπὶ τὸν ἐλάχιςον δρόμον

circonférences entières, 175 ¼ degrés, et dans le second 184ᵈ ¼. Je dis donc qu'il est de toute nécessité que les intervalles, quant au soleil, soient tels qu'ils contiennent des cercles entiers, ou dans l'un des intervalles, un demi-cercle depuis l'apogée, et dans l'autre, depuis le périgée, ou que dans l'un et l'autre intervalle ils commencent au même point, ou qu'ils soient à égale distance de part et d'autre de l'apogée ou du périgée, dans la première éclipse d'un des intervalles, et dans la seconde de l'autre. Car de cette manière seulement, il n'y aura dans le mouvement aucune différence qui provienne de l'anomalie, ou elle sera la même dans l'un et l'autre des intervalles; et alors les arcs en sus des cercles entiers seront égaux ou entr'eux, ou entr'eux et à des arcs de mouvement moyen et uniforme.

En second lieu, nous pensons qu'il faut apporter la même attention aux mouvemens de la lune : car si cet objet n'est pas bien déterminé, il paroîtra certain que la lune peut avoir parcouru en longitude, des arcs égaux en temps égaux, sans que son anomalie se soit entièrement restituée. C'est ce qui arrivera si, dans chacun des deux intervalles, elle commence du même demi-cercle additif ou du même soustractif, sans y finir sa révolution, soit que dans un intervalle elle commence à la plus grande vîtesse et finisse à la plus petite, et que dans l'autre elle commence à celle-ci et

finisse à la plus grande ; soit que de part
et d'autre le premier mouvement dans
un intervalle et le dernier dans l'autre
soient également éloignés du point de la
plus petite vitesse ou de celui de la plus
grande. Dans tous ces cas, il n'y aura
aucune différence causée par l'anomalie,
ou bien elle sera la même. C'est pourquoi
elle fait alors des arcs égaux en longitude, mais elle ne restitue jamais l'anomalie. Il faut donc qu'aucune de ces circonstances ne se trouve dans ces intervalles, s'ils doivent aussi contenir le
temps du retour de l'anomalie. Nous devons au contraire choisir ce qui est le
plus propre à manifester l'inégalité, si
les rétablissemens ou retours entiers d'a-
nomalie n'y sont pas compris, c'est-
à-dire quand ils commencent à des demi-
cercles, non seulement différens (d)
en grandeur, mais encore différens
en puissance : en grandeur, comme
quand, dans un intervalle, elle commence à l'apogée et ne finit pas au périgée ; et que dans l'autre, elle commence au périgée et ne finit pas à
l'apogée. La différence en longitude
sera ainsi la plus grande, parceque l'a-
nomalie n'aura pas achevé des retours
entiers, surtout s'il y a un quart ou trois
quarts de révolution d'anomalie ; car
alors les intervalles ou distances en longitude différeront entr'elles de deux différences provenant de l'anomalie. En
puissance, comme quand dans l'un et
l'autre intervalle, elle commencera au

καταλήγῃ, κατὰ δὲ τὴν ἑτέραν ἀπὸ τοῦ
ἐλαχίςου δρόμου ἐπὶ τὸν μέγιςον, ἐάν τε
τὸ ἴσον ἀπέχωσιν ἑκατέρωθεν ἀπὸ τοῦ
αὐτοῦ ἐλαχίςου ἢ μεγίςου δρόμου, ὅ, τε
τῆς ἑτέρας διαςάσεως πρῶτος δρόμος,
καὶ ὁ τῆς ἑτέρας ἔσχατος. Ἑκαςον γὰρ τούτων ἐὰν συμβαίνῃ, ἢ οὐδὲν πάλιν, ἢ τὸ
αὐτὸ ποιήσει παρὰ τὴν ἀνωμαλίαν αὐτῆς διάφορον, κỳ διὰ τοῦτο τὰς μὲν κατὰ
μῆκος ἐπιλήψεις ἴσας ἀπεργάζεται, τὴν
δὲ ἀνωμαλίαν οὐδαμῶς ἀποκαταςήσει.
Οὐδὲν ἄρα οὐδὲ τούτων τῶν συμπτωμάτων ἔχειν δεῖ τὰς παραλαμβανομένας
διαςάσεις, εἰ μελλήσουσιν αὐτόθεν τὸν
ἀποκαταςατικὸν τῆς ἀνωμαλίας χρόνον
περιέξειν. Τουναντίον δ' ἂν ὀφείλοιμεν ἐκ-
λέγειν τὰς μάλιςα τὴν ἀνισότητα ἐμφανίσαι δυναμένας, ἐὰν μὴ ὅλαι περιέχωνται
τῆς ἀνωμαλίας ἀποκαταςάσεις, τουτέςιν
ὅταν μὴ μόνον ἀπὸ διαφόρων δρόμων
τὰς ἀρχὰς ἔχωσιν, ἀλλὰ καὶ σφόδρα
διαφόρων, ἢ κατὰ μέγεθος, ἢ κατὰ δύ-
ναμιν· κατὰ μέγεθος μὲν, ὡς ὅταν κατὰ
μὲν τὴν ἑτέραν διάςασιν ἀπὸ τοῦ ἐλαχίςου δρόμου ἄρχηται καὶ μὴ ἐπὶ τὸν μέγιςον καταλήγῃ, κατὰ δὲ τὴν ἑτέραν,
ὅταν ἀπὸ τοῦ μεγίςου ἄρχηται καὶ μὴ
ἐπὶ τὸν ἐλάχιςον καταλήγῃ. Πλείςη γὰρ
οὕτως ἔςαι τῆς κατὰ μῆκος ἐπιλήψεως
διαφορά, μὴ ὅλων κύκλων ἀπαρτιζομέ-
νων τῆς ἀνωμαλίας, ὅταν μάλιςα τεταρτημόριον ἓν ἢ καὶ τρία μιᾶς ἀνωμαλίας ἐπι-
λαμβάνηται, δυσὶ τότε τοῖς παρὰ τὴν
ἀνωμαλίαν διαφόροις, ἀνίσων τῶν διαςάσεων ἐσομένων. Κατὰ δύναμιν δὲ, ὡς
ὅταν καθ' ἑκατέραν μὲν τῶν διαςάσεων

ἀπὸ τοῦ μέσου δρόμου ἄρχηται, μὴ
ἀπὸ τοῦ αὐτοῦ δὲ μέσου, ἀλλὰ κατὰ
μὲν τὴν ἑτέραν ἀπὸ τῶ κατὰ πρόθεσιν,
κατὰ δὲ τὴν ἑτέραν ἀπὸ τοῦ κατὰ ἀφαίρεσιν. Καὶ οὕτω γὰρ τὸ πλεῖςον διοίσου-
σιν ἀλλήλων αἱ τοῦ μήκους ἐπουσίαι,
μάλιςα μὴ ἀποκαθιςαμένης τῆς ἀνωμαλίας, τεταρτημορίου μὲν ἑνὸς πάλιν ἢ
καὶ τριῶν ἐπιλαμβανομένων μιᾶς ἀνωμαλίας, δυσὶ τοῖς παρὰ τὴν ἀνωμαλίαν διαφόροις, ἡμικυκλίω δὲ τέσσαρσι. Διὰ ταῦτα
δὴ καὶ τὸν Ἵππαρχον ὁρῶμεν παρατηρητι-
κώτατα, ὡς μάλιςα ἐνόμιζε, κεχρημένον
τῇ τῶν παρειλημμένων εἰς τὴν τοιαύτην
ἐπίσκεψιν διαςάσεων ἐκλογῇ· καὶ συγκεχρημένον μὲν, τῷ τὴν σελήνην κατὰ
μὲν τὴν ἑτέραν διάςασιν ἀπὸ τοῦ μεγίςου
δρόμου πεποιῆσθαι τὴν ἀρχὴν, καὶ μὴ ἐπὶ
τὸν ἐλάχιςον καταπεπαῦσθαι· κατὰ δὲ
τὴν ἑτέραν ἀπὸ τοῦ ἐλαχίςου δρόμου πεποιῆσθαι τὴν ἀρχὴν, καὶ μὴ ἐπὶ τὸν μέγιςον καταπεπαῦσθαι· διορθώσαντα δὲ κ
τὸ παρὰ τὴν τοῦ ἡλίου ἀνωμαλίαν γενόμενον διάφορον, καί τοι βραχὺ ὂν διὰ τὸ
δ'' ἔγγιςα ἑνὸς δωδεκατημορίου, καὶ μὴ
τοῦ αὐτοῦ ἢ τοῦ τὸ ἴσον ποιοῦντος διάφορον τῆς ἀνωμαλίας, καθ' ἑκατέραν τῶν
διαςάσεων, εἰς ὅλους κύκλους ἐλλελοιπέ-
ναι τὴν τοῦ ἡλίου ἀποκατάςασιν.

Ταῦτα δὲ εἴπομεν, οὐ διαβάλλοντες
τὴν προκειμένην ἐπιβολὴν τῆς τῶν περιοδικῶν ἀποκαταςάσεων καταλήψεως, ἀλλὰ
παριςάντες, ὅτι μετὰ μὲν τῆς προσηκύσης

point de moyen mouvement, non pas
au même, mais dans l'un à celui qui est
additif, et dans l'autre à celui qui est
soustractif. Car ainsi elles différeront le
plus entr'elles, c'est-à-dire de la double
inégalité de la plus grande longitude
causée par l'anomalie, quand celle-ci ne
se sera pas rétablie, et s'il n'y a encore de
parcouru qu'un seul ou trois quadrans
d'une anomalie. Mais s'il y a un demi-
cercle d'anomalie qui soit parcouru, elles
différeront entr'elles du quadruple de
l'anomalie. Aussi, nous voyons qu'Hipparque, suivant ce qu'il jugeoit le plus
convenable à ses vues, apportoit la plus
grande attention au choix des intervalles
qu'il prenoit pour cet objet, et qu'il
employoit de préférence le temps où la
lune, dans un intervalle, ayant commencé au périgée, ne finissoit pas à l'apogée, et où, dans l'autre, elle ne finissoit
pas au périgée après avoir commencé à
l'apogée ; mais qu'il corrigeoit la différence qui provenoit de l'anomalie du
soleil, quelque petite qu'elle fût, puisqu'il ne s'en falloit que d'environ un
quart de signe, que le soleil n'eut parcouru des cercles entiers, cet arc n'étant
pas toujours le même, et ne produisant
pas toujours la même différence d'anomalie en chaque intervalle (e).

Notre intention, dans ce que nous
disons ici, n'est pas de blâmer la méthode par laquelle on parvient à la connoissance des mouvemens périodiques ;

mais d'avertir qu'étant employée convenablement et avec le calcul nécessaire, elle peut rectifier ce dont il s'a-
git. Toutefois, si l'on y omet la moindre
circonstance, il s'ensuivra une erreur
et des fautes dans le résultat que l'on
cherche. Mon dessein est aussi de montrer combien il est difficile de rassembler
toutes les circonstances qui doivent se
rencontrer ensemble, pour faire un bon
choix.

Entre tous ces retours périodiques exposés suivant la méthode d'Hipparque,
il s'est trouvé, comme nous avons dit,
que celui des mois a été aussi justement
calculé qu'il étoit possible; mais celui de
l'anomalie et de la latitude n'est pas
juste: nous nous en sommes convaincus
en recommençant cet examen par une
méthode plus simple et plus facile, que
nous démontrerons bientôt, avec la quantité de l'anomalie lunaire. Mais auparavant, pour faciliter ce qui suit, nous
allons donner les mouvemens moyens
de longitude, d'anomalie et de latitude
qui résultent des périodes rapportées ci-
dessus. A quoi nous ajouterons les corrections qui résultent de la méthode
que nous aurons démontrée et expliquée.

CHAPITRE III.

DES MOYENS MOUVEMENS DE LA LUNE, DANS LEURS DÉTAILS.

Sı maintenant nous multiplions le mouvement moyen diurne du soleil, qui est

ἐπιϛάσεως, καὶ τοῦ κατὰ τὸ ἀκόλουθον
ἐπιλογισμοῦ γινομένη, κατορθοῦν δύναται τὸ προκείμενον· εἰ δέ τινα καὶ τὸ
τυχὸν τῶν ἐκτεθειμένων συμπτωμάτων
παρέλθοι, διαψευσθήσεται παντάπασι
τῆς ἐπιζητουμένης καταλήψεως· καὶ ὅτι
δυσπόριϛός· ἐϛι τοῖς διορατικῶς ποιουμέ-
νοις τὴν τῶν τοιούτων τηρήσεων ἐκλογὴν
ἡ πρὸς τὸ ἀκριβὲς πάντων τῶν ὀφειλόντων
αὐταῖς ὑπάρχειν ἀνταπόδοσις.

Τῶν γοῦν ἐκτεθειμένων περιοδικῶν ἀποκαταϛάσεων, κατὰ τὰς ὑπὸ τῆ Ἱππάρχου
γεγενημένας ἐπιλογισμὰς, ἡ μὲν τῶν μηνῶν,
ὡς ἔφαμεν, ὑγειῶς ὡς μάλιϛα ἐνῆν ἐπιλε-
λογισμένη, ἐδενὶ αἰσθητῷ φαίνεται διε-
ψευσμένη τῆς ἀληθείας, ἡ δὲ τῆς ἀνωμαλίας
καὶ τῆ πλάτες ἀξιολόγῳ τινὶ διημαρτημέ-
νη· ὥϛε καὶ ἡμῖν εὐσύνοπτον γεγονέναι, ἐκ
τῶν εἰς τὴν τοιαύτην διάκρισιν κατὰ τὸ
ἁπλύϛερον καὶ εὐπορισότερον παρειλημμένων ἐφόδων, ἃς εὐθὺς ἀποδείξομεν ἅμα
τῇ πηλικότητι τῆς σεληνιακῆς ἀνωμαλίας,
προεκτεθειμένοι πρῶτον, διὰ τὸ πρὸς τὰ
ἑξῆς εὔχρηϛον, τὰ κατὰ μέρος γινόμενα μέσα κινήματα, μήκες τε καὶ ἀνωμαλίας καὶ
πλάτες, ἀκολύθως τοῖς προκειμένοις τῶν
περιοδικῶν κινήσεων ἀποκαταϛατικοῖς
χρόνοις, καὶ τὰ ἐκ τῆς ἀποδειχθησομένης
αὐτῶν διορθώσεως ἐπισυναγόμενα.

ΚΕΦΑΛΑΙΟΝ Γ.

ΠΕΡΙ ΤΩΝ ΚΑΤΑ ΜΕΡΟΣ ΟΜΑΛΩΝ ΚΙΝΗΣΕΩΝ ΤΗΣ ΣΕΛΗΝΗΣ.

ΕΑΝ τοίνυν τὸ ἀποδεδειγμένον μέσον
τοῦ ἡλίου κίνημα ἡμερήσιον ὃ ιθ′ η″ ιζ‴

ιγ'''' ιβ''''' λα'''''' ἔγγιϛα, πολλαπλασιά-
σωμεν ἐπὶ τὰς τοῦ ἑνὸς μηνὸς ἡμέρας
κθ λα' ν'' η''' κ'''', καὶ τοῖς γενομένοις
προσθῶμεν ἑνὸς κύκλου μοίρας τξ, ἕξομεν ἃς ἐν τῷ ἑνὶ μηνὶ μέσως ἡ σελήνη
κινεῖται κατὰ μῆκος, μοίρας τπθ ϛ' κγ''
α''' κδ'''' β''''' λ'''''' νζ''''''' ἔγγιϛα. Ταύτας
ἐπιμερίσαντες εἰς τὰς προκειμένας τοῦ
μηνὸς ἡμέρας, ἕξομεν ἡμερήσιον μέσον
κίνημα μήκους, μοίρας ι͞γ ι' λδ'' νη''' λγ''''
λ''''' λ'''''' ἔγγιϛα.

Πάλιν τοὺς σξθ κύκλους τῆς ἀνωμαλίας πολλαπλασιάσαντες ἐπὶ τὰς τοῦ
ἑνὸς κύκλου μοίρας τξ, ἕξομεν πλῆθος
μοιρῶν θ Μυριάδας ϛωμ. Ταύτας μερίσαντες εἰς τὰς γενομένας ἡμέρας τῶν σνα
μηνῶν ζυιβ ι' μδ'' να''' μ'''', ἕξομεν καὶ
ἀνωμαλίας ἡμερήσιον μέσον κίνημα, μοίρας ι͞γ γ' νγ'' ϛ''' κθ'''' λη''''' λη''''''.

Ὁμοίως τὰς ε͞ϡκγ τοῦ πλάτους ἀποκαταϛάσεις πολλαπλασιάσαντες ἐπὶ τὰς
τῇ ἑνὸς κύκλῳ μοίρας τξ, ἕξομεν πλῆθος
μοιρῶν σιγ Μυριάδας βσπ. Ταύτας μερίσαντες εἰς τὰς τῶν ευπη μηνῶν γινομένας
ἡμέρας ι͞ϛ Μυριάδας αροζ νη' νη'' γ''' κ'''',
ἕξομεν καὶ πλάτους ἡμερήσιον μέσον κί-
νημα μοίρας ι͞γ ιγ' με'' λθ''' μ'''' ιζ''''' ιθ''''''.

Πάλιν ἀπὸ τοῦ τῆς σελήνης κατὰ μῆκος ἡμερησίου κινήματος ἀφελόντες τὸ τῇ
ἡλίου μέσον ἡμερήσιον κίνημα, ἕξομεν ἀποχῆς μέσον ἡμερήσιον κίνημα, μοίρας ιβ ια'
κϛ'' μα''' κ'''' ιζ''''' νθ'''''''. Διὰ μέντοι τῶν
ἐφεξῆς, ὡς ἔφαμεν, ἡμῖν παραληφθησομένων

d'environ 0^d 59' 8" 17''' 13'''' 12''''' 31'''''', par les 29^j 31' 50" 8''' 20'''' de jour, d'un mois, et qu'au produit nous ajoutions les 360^d d'une circonférence, nous aurons 389^d 6' 23" 1''' 24'''' 2''''' 30'''''' 57''''''', qui sont le nombre des degrés et fractions de degrés à peu près, que la lune parcourt en longitude par son mouvement moyen pendant un mois. Si nous divisons ce nombre par celui des jours d'un mois, nous aurons 13^d 10' 34" 58''' 33'''' 30''''' 30'''''' à peu près, pour le mouvement journalier de la lune en longitude.

Ensuite, multipliant les 269 circonférences de l'anomalie par les 360 degrés d'une circonférence, le produit nous donnera 96840^d. Divisant ce produit par les 7412 jours 10' 44" 51''' 40'''' des 251 mois, nous trouverons 13^d 3' 53" 56''' 29'''' 38''''' 38'''''' pour le moyen mouvement de l'anomalie, par jour.

De même, multipliant les 5923 révolutions en latitude par les 360 degrés de la circonférence, le produit sera 2132280^d qui, divisés par le nombre 161177 jours 58' 58" 3''' 20'''' de 5458 mois, donneront 13^d 13' 45" 39''' 40'''' 17''''' 19'''''' pour le mouvement en latitude par jour.

Retranchant du mouvement diurne de la lune en longitude, le mouvement diurne du soleil, nous aurons pour le moyen mouvement diurne de la distance (*angulaire, élongation*), 12^d 11' 26" 41''' 20'''' 17''''' 59'''''', les démonstrations

suivantes dont nous avons dit que nous nous servirons, nous donnerons à peu près les mêmes résultats, pour le mouvement diurne en longitude, et celui de l'élongation ; mais celui de l'anomalie sera moindre de 11''' 46'''' 39''''', ensorte qu'il sera de 13ᵖ 3' 53" 56''' 17'''' 51''''' 59''''', et celui de latitude plus grand de 8'''' 39''''' 18''''''; par conséquent il sera de 13ᵈ 13' 45' 39'' 48''' 56'''' 37'''''.

Si de chacun de ces mouvemens diurnes nous prenons la vingt-quatrième partie, nous aurons pour le mouvement horaire, moyen en longitude, 0ᵈ 32' 56" 27''' 26'''' 23''''' 46'''''' 15'''''''; pour celui de l'anomalie, 0ᵈ 32' 39" 44''' 50'''' 44''''' 39'''''' 57''''''' 30''''''''; pour la latitude, 0ᵈ 33' 4" 24''' 9'''' 32''''' 21'''''' 32''''''' 30''''''''; et pour l'élongation, 0ᵈ 30' 28" 36''' 43'''' 20''''' 44'''''' 57''''''' 30''''''''.

Multipliant tous les mouvemens diurnes par 30, et retranchant du produit les circonférences entières, nous aurons de surplus pour le mouvement pendant un mois, de longitude 35ᵈ 17' 29" 16''' 45'''' 15'''''; d'anomalie, 31ᵈ 56' 58" 8''' 55''' 59'''' 30'''''; de latitude, 36ᵈ 52' 49" 54" 28'''' 18''''' 31''''''; et d'élongation, 5ᵈ 43' 20' 40''' 8'''' 59''''' 30''''''.

Multipliant encore les mouvemens diurnes par les 365 jours de l'année égyptienne, et retranchant du produit les circonférences entières, nous aurons de surplus pour mouvement moyen annuel en longitude, 129ᵖ 22' 46" 13''' 50'''' 32''''' 30''''''

εἰς τὴν τοιαύτην ἐπίσκεψιν ἐφόδων, τὸ μὲν τοῦ μήκους ἡμερήσιον κίνημα σχεδὸν ἀπαράλλακτον εὑρίσκομεν τῷ προκειμένῳ, καὶ τὸ τῆς ἀποχῆς δηλονότι, τὸ δὲ τῆς ἀνωμαλίας ἔλαττον μοιρῶν ō ō ō ō ια''' μεˉ''' λθ''', ὡς γίνεσθαι μοιρῶν ιγˉ γ' νγ''' ϛˉ''' ιϛ' να'''' ιθ''''', τὸ δὲ τοῦ πλάτους πλεῖον μοιρῶν ō ō ō ō η'''' λθ'''' ιη''', ὡς καὶ αὐτὸ γίνεσθαι μοιρῶν ιγˉ ιγ' μεˉ' λθ'' μη''' νϛ'''' λζ'''''.

Καὶ ταῦτα δὴ τὰ ἡμερήσια λαβόντες μὲν, ἑκάστου τὸ εἰκοστοτέταρτον, ἕξομεν ὡριαῖον μέσον κίνημα, μήκους μὲν μοίρας ō λβ' νϛ'' κζ''' ϛˉ''' κγ'''' μϛ''''' ιε'''''', ἀνωμαλίας δὲ μοίρας ō λβ' λθ'' μδˉ''' ν' μδ'''' λθ''' νϛ'''' λ''''', πλάτους δὲ μοίρας ō λγ' δ' κδ'' θ''' λβ'''' κα''''' λβ'''''' λ''''''', ἀποχῆς δὲ μοίρας ō λ' κη'' λϛ''' μγ''' κ''' μδ'''' νϛ''''' λ''''''.

Τριακοντάκις δὲ ποιήσαντες τὰ ἡμερήσια, κỷ ἀφελόντες κύκλους, ἕξομεν μηνιαίαν μέσην ἐπουσίαν, μήκους μὲν μοίρας λεˉ ιζ' κθ'' ιϛ''' μεˉ''' ιε''''', ἀνωμαλίας δὲ μοίρας λαˉ νϛ' νη'' η''' νεˉ''' νθ''' λ''''', πλάτους δὲ μοίρας λϛˉ νβ' μθ'' νδ''' κη''' ιη'''' λα''''', ἀποχῆς δὲ μοίρας εˉ μγ' κ'' μ''' η''' νθ'''' λ'''''.

Πάλιν τὰ ἡμερήσια πολλαπλασιάσαντες ἐπὶ τὰς τοῦ Αἰγυπτιακοῦ ἐνιαυτοῦ ἡμέρας τξεˉ, κỷ ἀφελόντες ὅλας κύκλους, ἕξομεν ἐνιαύσιον μέσην ἐπουσίαν μήκους μὲν, μοίρας ρκθˉ κβ' μϛ'' ιγ''' ν''' λβ'''' λ''''', ἀνωμαλίας δὲ μοίρας

πῑ μγ´ ζ´´ κῆ´´´ μα´´´´ ιγ´´´´´ νε´´´´´´, πλάτους δὲ μοίρας ρμῆ μβ´ μζ´´ ιβ´´´ μδ´´´´ κε´´´´´ ε´´´´´´, ἀποχῆς δὲ μοίρας ρκθ̄ λζ´ κα´´ κῆ´´´ κθ´´´´ κγ´´´´´ νε´´´´´´.

Ἑξῆς ὀτωκαιδεκάκις ποιήσαντες τὰ ἐνιαύσια, διὰ τὸ τῆς κανονογραφίας ὡς ἔφαμεν εὔχρησον, καὶ ἀφελόντες ὅλους κύκλους, ἕξομεν ὀκτωκαιδεκαετηρίδος μέσην ἐπουσίαν, μήκους μὲν μοίρας ρξῆ μθ´ νβ´´ θ´´´ θ´´´´ με´´´´´, ἀνωμαλίας δὲ μοίρας ρνϛ̄ ιϛ´ ιδ´´ λϛ´´´ κβ´´´´ ι´´´´´ λ´´´´´´, πλάτους δὲ μοίρας ρνϛ̄ ν´ θ´´ μθ´´´ ιθ´´´´ λα´´´´´ λ´´´´´´, ἀποχῆς δὲ μοίρας ροῦ ιβ´ κϛ´´ λβ´´´ μθ´´´´ ι´´´´´ λ´´´´´´.

Διαγράψομεν οὖν ὥσπερ καὶ ἐπὶ τοῦ ἡλίου κανόνας τρεῖς, ἐπὶ ςίχους μὲν πάλιν μῑ, σελίδια δὲ καθ᾽ ἕκαςον ε̄. Τῶν δὲ σελιδίων τὰ μὲν πρῶτα περιέξει τοὺς οἰκείους χρόνους, ἐπὶ μὲν τοῦ πρώτου κανόνος τὰς ὀκτωκαιδεκαετηρίδας, ἐπὶ δὲ τοῦ δευτέρου τὰ ἔτη, καὶ ἐφεξῆς πάλιν τὰς ὥρας, ἐπὶ δὲ τοῦ τρίτου τοὺς μῆνας, καὶ ἐφεξῆς πάλιν τὰς ἡμέρας, τὰ δὲ λοιπὰ τέσσαρα τὰς οἰκείας τῶν μοιρῶν παραθέσεις, τὰ μὲν δεύτερα τὰς τῦ μήκυς, τὰ δὲ τρίτα τὰς τῆς ἀνωμαλίας, τὰ δὲ τέταρτα τὰς τοῦ πλάτους, τὰ δὲ πέμπτα τὰς τῆς ἀποχῆς· καὶ ἔςιν ἡ ἔκθεσις τῶν κανονίων τοιαύτη.

pour celui de l'anomalie, 88ᵈ 43′ 7″ 28‴ 41⁗ 13⁗′ 55⁗″; pour celui de la latitude, 148ᵈ 42′ 47″ 12‴ 44⁗ 25⁗′ 5⁗″; et pour (*l'élongation*) 129ᵈ 37′ 21″ 28‴ 29⁗ 23⁗′ 55⁗″.

Ensuite, multipliant les mouvemens annuels par 18, pour la commodité des tables, comme nous avons déjà dit, et retranchant du produit les circonférences entières, nous aurons en mouvement moyen pour 18 années, 168ᵈ 49′ 52″ 9‴ 9⁗ 45⁗′ de longitude, 156ᵈ 56′ 14″ 36‴ 22⁗ 10⁗′ 30⁗″ d'anomalie, 156ᵈ 50′ 9″ 49‴ 19⁗ 31⁗′ 30⁗″ de latitude, 173ᵈ 12′ 26″ 32‴ 49⁗ 10⁗′ 30⁗″ de distance angulaire.

Nous ferons donc, comme pour le soleil, trois tables de 45 lignes chacune, disposées en cinq colonnes. Les premières de ces colonnes contiendront les temps propres à chaque table : dans la première table, les octodécaétérides (*espaces de dix-huit années*); dans la seconde, les années simples et ensuite les heures; et dans la troisième, les mois et ensuite les jours. Les quatre autres colonnes présenteront les nombres des degrés qui appartiennent à chacun des temps indiqués dans la première colonne de chaque table, savoir : les secondes, ceux de la longitude; les troisièmes, ceux de l'anomalie; les quatrièmes, ceux de la latitude; et les cinquièmes, ceux de la l'élongation. Voici ces tables toutes dressées.

TABLES DES MOYENS MOUVEMENS DE LA LUNE.							
SURPLUS POUR LA LONGITUDE, 11ᵈ 22′ du Taureau.							
Par les années.	Degrés	Min.	Secondes	Tierc.	Quart.	Quint.	Sixtes.
18	168	49	52	9	9	45	0
36	337	39	44	18	19	30	0
54	146	29	36	27	29	15	0
72	315	19	28	36	39	0	0
90	124	9	20	45	48	45	0
108	292	69	12	54	58	30	0
126	101	49	5	4	8	15	0
144	270	38	57	13	18	0	0
162	79	28	49	22	27	45	0
180	248	18	41	31	37	30	0
198	57	8	33	40	47	15	0
216	225	58	25	49	57	0	0
234	34	48	17	59	6	45	0
252	203	38	10	8	16	30	0
270	12	28	2	17	26	15	0
288	181	17	54	26	36	0	0
306	350	7	46	35	45	45	0
324	158	57	38	44	55	30	0
342	327	47	50	54	5	15	0
360	136	37	23	3	15	0	0
378	305	27	15	12	24	45	0
596	114	17	7	21	34	30	0
414	283	6	59	30	44	15	0
432	91	56	51	39	54	0	0
450	260	46	43	49	3	45	0
468	69	36	35	58	13	30	0
486	238	26	28	7	23	15	0
504	47	16	20	16	33	0	0
522	216	6	12	25	42	45	0
540	24	56	4	34	52	30	0
558	193	45	56	44	2	15	0
576	2	35	48	53	12	0	0
594	171	25	41	2	21	45	0
612	340	15	33	11	31	30	0
630	149	5	25	20	41	15	0
648	317	55	17	29	51	0	0
666	126	45	9	39	0	45	0
684	295	35	1	48	10	30	0
702	104	24	53	57	20	15	0
720	273	14	46	6	30	0	0
738	82	4	38	15	39	45	0
756	250	54	30	24	49	30	0
774	59	44	22	33	59	15	0
792	228	34	14	43	9	0	0
810	37	24	6	52	18	45	0

ΚΑΝΟΝΕΣ ΤΩΝ ΤΗΣ ΣΕΛΗΝΗΣ ΜΕΣΩΝ ΚΙΝΗΣΕΩΝ.							
ΜΗΚΟΥΣ ΕΠΟΥΣΙΑ ΤΑΥΡΟΥ ιᾱ κβ.							
Ολιτὰ καὶ δίκαια ἴσα.	Μοιρ.	Α.	Β.	Γ.	Δ.	Ε.	Σ.
ιη	ρξη	μθ	νβ	θ	θ	με	ō
λς	τλζ	λθ	μδ	ιη	ιθ	λ	ō
νδ	ρμς	κθ	λς	κζ	κθ	ιε	ō
οβ	τιε	ιθ	κη	λς	λθ	ō	ō
ϟ	ρκδ	θ	κ	με	μη	με	ō
ρη	σϙβ	νθ	ιβ	νδ	νη	λ	ō
ρκς	ρα	μθ	ε	δ	η	ιε	ō
ρμδ	σο	λη	νζ	ιγ	ιη	ō	ō
ρξβ	οθ	κη	μθ	κβ	κζ	με	ō
ρπ	σμη	ιη	μα	λα	λς	λ	ō
ρϟη	νζ	η	λγ	μ	μζ	ιε	ō
σις	σκε	νη	κε	μθ	νζ	ō	ō
σλδ	λδ	μη	ιζ	νθ	ς	με	ō
σνβ	σογ	λη	ι	η	ις	λ	ō
σο	ιβ	κη	β	ιζ	κς	ιε	ō
σπη	ρπα	ιζ	νδ	κς	λς	ō	ō
τς	τν	ζ	μς	λε	με	με	ō
τκδ	ρνη	νζ	λη	μδ	νε	λ	ō
τμβ	τκζ	μζ	λ	νδ	ε	ιε	ō
τξ	ρλς	λζ	κγ	γ	ιε	ō	ō
τοη	τε	κζ	ιε	ιβ	κδ	με	ō
τϟς	ριδ	ιζ	ζ	κα	λδ	λ	ō
υιδ	σπγ	ς	νθ	λ	μδ	ιε	ō
υλβ	ϟα	νς	να	λθ	νδ	ō	ō
υν	σξ	μς	μγ	μθ	γ	με	ō
υξη	ξθ	λε	λε	νη	ιγ	λ	ō
υπς	σλη	κς	κη	ζ	κγ	ιε	ō
φδ	μζ	ις	κ	ις	λγ	ō	ō
φκβ	σις	ς	ιβ	κε	μβ	με	ō
φμ	κδ	νς	δ	λδ	νβ	λ	ō
φνη	ρϟγ	με	νς	μδ	β	ιε	ō
φος	β	λε	μη	νγ	ιβ	ō	ō
φϟδ	ροα	κε	μα	β	κα	με	ō
χιβ	τμ	ιε	λγ	ια	λα	λ	ō
χλ	ρμθ	ε	κε	κ	μα	ιε	ō
χμη	τιζ	νε	ιζ	κθ	να	ō	ō
χξς	ρκς	με	θ	λθ	ō	με	ō
χπδ	σϟε	λε	α	μη	ι	λ	ō
ψβ	ρδ	κδ	νγ	νζ	κ	ιε	ō
ψκ	σογ	ιδ	μς	ς	λ	ō	ō
ψλη	πβ	δ	λη	ιε	λθ	με	ō
ψνς	σν	νδ	λ	κδ	μθ	λ	ō
ϡοδ	νθ	μδ	κβ	λγ	νθ	ιε	ō
ϡϟβ	σκη	λδ	ιδ	μγ	θ	ō	ō
ωι	λζ	κδ	ς	νβ	ιη	με	ō

ΚΑΝΟΝΕΣ ΤΩΝ ΤΗΣ ΣΕΛΗΝΗΣ ΜΕΣΩΝ ΚΙΝΗΣΕΩΝ.

ΑΝΩΜΑΛΙΑΣ ΕΠΟΥΣΙΑ σξη μθ'.

Ὀκτὼ καὶ δι- καὶ ἴσι.	Μοιρ.	Α.	Β.	Γ.	Δ.	Ε.	Σ.
ιη	ρμς	νς	ιθ	λς	κβ	ι	λ
λς	τιγ	νβ	κθ	ιβ	μδ	κα	ō
νδ	μι	μη	μγ	μθ	ς	λκ	λ
οβ	οξε	μθ	νη	κε	κη	μβ	ō
ϟ	ξδ	μα	ιζ	α	ν	νβ	λ
ρη	σκα	λζ	κζ	λη	ιγ	γ	ō
ρκς	ιη	λγ	μβ	ιθ	λε	ιγ	λ
ρμδ	ροε	κθ	νς	ν	νζ	κδ	ō
ρξβ	τλβ	κς	ια	κζ	ιθ	λδ	λ
ρπ	ρκθ	κβ	κς	γ	μα	με	ō
ρϟη	σπς	ιη	μ	μ	γ	νε	λ
σις	πγ	ιδ	νε	ις	κς	ς	ō
σλδ	σμ	ια	θ	νβ	μη	ις	λ
σνβ	λζ	ζ	κδ	κθ	ι	κζ	ō
σο	ρϟδ	γ	λθ	ε	λβ	λζ	λ
σπη	τν	νθ	νγ	μα	νδ	μη	ō
τς	ρμζ	νς	η	ιη	ις	νη	λ
τκδ	τδ	νβ	κβ	νδ	λθ	θ	ō
τμβ	ρα	μη	λζ	λα	α	ιθ	λ
τξ	σνη	μδ	νβ	ζ	κγ	λ	ō
τοη	νε	μα	ς	μγ	με	μ	λ
τϟς	σιβ	λζ	κα	κ	ζ	να	ō
υιδ	θ	λγ	λε	νς	λ	α	λ
υλβ	ρξς	κθ	ν	λβ	νβ	ιβ	ō
υν	τκγ	κς	ε	θ	ιδ	κβ	λ
υξη	ρκ	κβ	ιθ	με	λς	λγ	ō
υπς	σοζ	ιη	λδ	κα	νη	μγ	λ
φδ	οδ	ιδ	μη	νη	κ	νδ	ō
φκβ	σλα	ια	γ	λδ	μγ	δ	λ
φμ	κη	ζ	ιη	ια	ε	ιε	ō
φνη	ρπε	γ	λβ	μζ	κζ	κε	λ
φος	τμα	νθ	μζ	κγ	μθ	λς	ō
φϟδ	ρλη	νς	β	ō	ια	μς	λ
χιβ	σϟε	νβ	ις	λς	λγ	νζ	ō
χλ	ϟβ	μη	λα	ιβ	νς	ζ	λ
χμη	σμθ	μδ	με	μθ	ιη	ιη	ō
χξς	μς	μα	ō	κε	μ	κη	λ
χπδ	σγ	λζ	ιε	β	β	λθ	ō
ψβ	ō	λγ	κθ	λη	κδ	μθ	λ
ψκ	ρνζ	κθ	μδ	ιδ	μζ	ō	ō
ψλη	τιδ	κε	νη	να	θ	ι	λ
ψνς	ρια	κβ	ιγ	κζ	λα	κα	ō
ψοδ	σξη	ιη	κη	γ	νγ	λα	λ
ψϟβ	ξε	ιδ	μβ	μ	ιε	μβ	ō
ωι	σκβ	ι	νζ	ις	λζ	νβ	λ

TABLES DES MOYENS MOUVEMENS DE LA LUNE.

SURPLUS POUR L'ANOMALIE, 268ᵈ 49'.

Par 18 années.	Degrés	Min.	Se-condes	Tierce.	Quart.	Quint.	Sixtes.
18	156	56	14	36	22	10	30
36	313	52	29	12	44	21	0
54	110	48	43	49	6	31	30
72	267	44	58	25	28	42	0
90	64	41	13	1	50	52	30
108	221	37	27	38	13	3	0
126	18	33	42	14	35	13	30
144	175	29	56	50	57	24	0
162	332	26	11	27	19	34	30
180	129	22	26	3	41	45	0
198	286	18	40	40	3	55	30
216	83	14	55	16	26	6	0
234	240	11	9	52	48	16	30
252	37	7	24	29	10	27	0
270	194	3	39	5	32	37	30
288	350	59	53	41	54	48	0
306	147	56	8	18	16	58	30
324	304	52	22	54	39	9	0
342	101	48	37	31	1	19	30
360	258	44	52	7	23	30	0
378	55	41	6	43	45	40	30
396	212	37	21	20	7	51	0
414	9	33	35	56	30	1	30
432	166	29	50	32	52	12	0
450	323	26	5	9	14	22	30
468	120	22	19	45	36	33	0
486	277	18	34	21	58	43	30
504	74	14	48	58	20	54	0
522	231	11	3	34	43	4	30
540	28	7	18	11	5	15	0
558	185	3	32	47	27	25	30
576	341	59	47	23	49	36	0
594	138	56	2	0	11	46	30
612	295	52	16	36	33	57	0
630	92	48	31	12	56	7	30
648	249	44	45	49	18	18	0
666	46	41	0	25	40	28	30
684	203	37	15	2	2	39	0
702	0	33	29	38	24	49	30
720	157	29	44	14	47	0	0
738	314	25	58	51	9	10	30
756	111	22	13	27	31	21	0
774	268	18	28	3	53	31	30
792	65	14	42	40	15	42	0
810	222	10	57	16	37	52	30

TABLES DES MOYENS MOUVEMENS DE LA LUNE.

SURPLUS POUR LA LATITUDE, 554ᵈ 15'.

Par 18 années.	Degrés	Min.	Secondes	Tierc.	Quart.	Quint.	Sixtes.
18	156	50	9	49	19	31	30
36	313	40	19	38	39	3	0
54	110	30	29	27	58	34	30
72	267	20	39	17	18	6	0
90	64	10	49	6	37	37	30
108	221	0	58	55	57	9	0
126	17	51	8	45	16	40	30
144	174	41	18	34	36	12	0
162	331	31	28	23	55	43	30
180	128	21	38	13	15	15	0
198	285	11	48	2	34	46	30
216	82	1	57	51	54	18	0
234	238	52	7	41	13	49	30
252	35	42	17	30	33	21	0
270	192	32	27	19	52	52	30
288	349	22	37	9	12	24	0
306	146	12	46	58	31	55	30
324	303	2	56	47	51	27	0
342	99	53	6	37	10	58	30
360	256	43	16	26	30	30	0
378	53	33	26	15	50	1	30
396	210	23	36	5	9	33	0
414	7	13	45	54	29	4	30
432	164	3	55	43	48	36	0
450	320	54	5	33	8	7	30
468	117	44	15	22	27	39	0
486	274	34	25	11	47	10	30
504	71	24	35	1	6	42	0
522	228	14	44	50	26	13	30
540	25	4	54	39	45	45	0
558	181	55	4	29	5	16	30
576	338	45	14	18	24	48	0
594	135	35	24	7	44	19	30
612	292	25	33	57	3	51	0
630	89	15	43	46	23	22	30
648	246	5	53	35	42	54	0
666	42	56	3	25	2	25	30
684	199	46	13	14	21	57	0
702	356	36	23	3	41	28	30
720	153	26	32	53	1	0	0
738	310	16	42	42	20	31	30
756	107	6	52	31	40	3	0
774	263	57	2	20	59	34	30
792	60	47	12	10	19	6	0
810	217	37	21	59	38	37	30

ΚΑΝΟΝΕΣ ΤΩΝ ΤΗΣ ΣΕΛΗΝΗΣ ΜΕΣΩΝ ΚΙΝΗΣΕΩΝ.

ΠΛΑΤΟΥΣ ΕΠΟΥΣΙΑ τνδ̄ ιε΄

Ὀκτὼ καὶ δε-κα ἔτ.	Μοιρ.	Α.	Β.	Γ.	Δ.	Ε.	Σ.
ιη	ρνς	ν	θ	μθ	ιθ	λα	λ
λς	τιγ	μ	λθ	λη	λθ	γ	ō
νδ	ρι	λ	κθ	κς	νη	λθ	λ
οβ	σξζ	κ	λθ	ις	ιη	ς	ō
ϙ	ξθ	ι	μθ	ς	λζ	λζ	λ
ρη	σκα	ō	νη	νε	νζ	θ	ō
ρκς	ιζ	να	η	με	ις	μ	λ
ρμδ	ροδ	μα	ιη	λδ	λς	ιβ	ō
ρξβ	τλα	λα	κη	κγ	νε	μγ	λ
ρπ	ρκη	κα	λη	ιγ	ιε	ιε	ō
ρϙη	σπε	ια	μη	β	λθ	μς	λ
σις	πβ	α	νζ	να	νδ	ιη	ō
σλδ	σλη	νβ	ζ	μα	ιγ	μθ	λ
σνβ	λε	μβ	ις	λ	λγ	κα	ō
σο	ρϙβ	λβ	κς	ιθ	νβ	νβ	λ
σπη	τμθ	κβ	λζ	θ	ιβ	κδ	ō
τς	ρμς	ιβ	μς	νη	λα	νε	λ
τκδ	τγ	β	νς	μζ	να	κζ	ō
τμβ	ϙθ	νγ	ς	λζ	ι	νη	λ
τξ	σνς	μγ	ις	κς	λ	λ	ō
τοη	νγ	λγ	κς	ιε	ν	α	λ
τϙς	σι	κγ	λς	ε	θ	λγ	ō
υιδ	ζ	ιγ	με	νδ	κθ	δ	λ
υλβ	ρξδ	γ	νε	μγ	μη	λς	ō
υν	τκ	νδ	ε	λγ	η	ζ	λ
υξη	ριζ	μδ	ιε	κβ	κζ	λθ	ō
υπς	σοδ	λδ	κε	ια	μζ	ι	λ
φδ	οα	κδ	λε	α	ς	μβ	ō
φκβ	σκη	ιδ	μδ	ν	κς	ιγ	λ
φμ	κε	δ	νδ	λθ	με	με	ō
φνη	ρπα	νε	δ	κθ	ε	ις	λ
φος	τλη	με	ιδ	ιη	κδ	μη	ō
φϙδ	ρλε	λε	κδ	ζ	μδ	ιθ	λ
χιβ	σϙβ	κε	λγ	νζ	γ	να	ō
χλ	πθ	ιε	μγ	μς	κγ	κβ	λ
χμη	σμς	ε	νγ	λε	μβ	νδ	ō
χξς	μβ	νς	γ	κε	β	κε	λ
χπδ	ρϙθ	μς	ιγ	ιδ	κα	νζ	ō
ψβ	τνς	λς	κγ	γ	μα	κη	λ
ψκ	ρνγ	κς	λβ	νγ	α	ō	ō
ψλη	τι	ις	μβ	μβ	κ	λα	λ
ψνς	ρζ	ς	νβ	λα	μ	γ	ō
ψοδ	σξγ	νζ	β	κ	νθ	λδ	λ
ψϙβ	ξ	μζ	ιβ	ι	ιθ	ς	ō
ωι	σιζ	λζ	κα	νθ	λη	λζ	λ

ΚΑΝΟΝΕΣ ΤΩΝ ΤΗΣ ΣΕΛΗΝΗΣ ΜΕΣΩΝ ΚΙΝΗΣΕΩΝ.

ΑΠΟΧΗΣ ΕΠΟΥΣΙΑ ō λζ'.

Ὠκιὼ καὶ δι κα ἴτη	Μοιρ.	Α.	Β.	Γ.	Δ.	Ε.	Σ.
ι.ιη	ρογ	ιβ	κς	λβ	μθ	ι	λ
λς	τμς	κδ	νγ	ε	λη	κα	ō
νθ	ρνθ	λζ	ιθ	λη	κζ	λα	λ
οβ	τλβ	μθ	μς	ια	ις	μβ	ō
ζ	ρμς	β	ιβ	μδ	ε	νβ	λ
ρη	τιθ	ιδ	λθ	ις	νε	γ	ō
ρκς	ρλβ	κζ	ε	μθ	μδ	ιγ	λ
ρμδ	τε	λθ	λβ	κβ	λγ	κδ	ō
ρξβ	ριη	να	νη	νε	κβ	λδ	λ
ρπ	σϞβ	δ	κε	κη	ια	με	ō
ρϞη	ρε	ις	νβ	ιη	α	νε	λ
σις	σοη	κθ	ιη	λγ	ν	ς	ō
σλδ	Ϟα	μα	με	ς	λθ	ις	λ
σνβ	σξδ	νδ	ια	λθ	κη	κζ	ō
σο	οη	ς	λη	ιβ	ιζ	λζ	λ
σπη	σνα	ιθ	δ	με	ς	μη	ō
τς	ξδ	λα	λα	ιζ	νε	νη	λ
τκδ	σλζ	μγ	νζ	ν	με	θ	ō
τμβ	ν	νς	κδ	κγ	λδ	ιθ	λ
τξ	σκδ	η	ν	νς	κγ	λ	ō
τοη	λζ	κα	ιζ	κθ	ιβ	μ	λ
τϞς	σι	λγ	μδ	β	α	να	ō
υιδ	κγ	μς	ι	λδ	να	α	λ
υλβ	ρϞς	νη	λζ	ζ	μ	ιβ	ō
υν	ι	ια	γ	μ	κθ	κβ	λ
υξη	ρπγ	κγ	λ	ιγ	ιη	λγ	ō
υπς	τνς	λε	νς	μς	ζ	μγ	λ
φδ	ρξθ	μη	κγ	ιη	νς	νδ	ō
φκβ	τμγ	ō	μθ	να	μς	δ	λ
φμ	ρνς	ιγ	ις	κδ	λε	ιε	ō
φνη	τκθ	κε	μβ	νζ	κδ	κε	λ
φος	ρμβ	λη	θ	λ	ιγ	λς	ō
φϞδ	τιε	ν	λς	γ	β	μς	λ
χιβ	ρκθ	γ	β	λε	να	νζ	ō
χλ	τβ	ιε	κθ	η	μα	ζ	λ
χμη	ριε	κζ	νε	μα	λ	ιη	ō
χξς	σπη	μ	κβ	ιδ	ιθ	κη	λ
χπδ	ρα	νβ	μη	μζ	η	λθ	ō
ψβ	σοε	ε	ιε	ιθ	νζ	μθ	λ
ψκ	πη	ιζ	μα	νβ	μζ	ō	ō
ψλη	σξα	λ	η	κε	λς	ι	λ
ψνς	οδ	μβ	λδ	νη	κε	κα	ō
ψοδ	σμζ	νε	α	λα	ιδ	λα	λ
ψϞβ	ξα	ζ	κη	δ	γ	μβ	ō
αιι	σλδ	ιθ	νδ	λς	νβ	νβ	λ

TABLES DES MOYENS MOUVEMENS DE LA LUNE.

SURPLUS POUR L'ÉLONGATION, 70ᵈ 37'.

Par 18 années.	Degrés	Min.	Secondes	Tierce.	Quart.	Quint.	Sixtes.
18	173	12	26	32	49	10	30
36	346	24	53	5	38	21	0
54	159	37	19	38	27	31	30
72	332	49	46	11	16	42	0
90	146	2	12	44	5	52	30
108	319	14	39	16	55	3	0
126	132	27	5	49	44	13	30
144	305	39	32	22	33	24	0
162	118	51	58	55	22	34	30
180	292	4	25	28	11	45	0
198	105	16	52	1	0	55	30
216	278	29	18	33	50	6	0
234	91	41	45	6	39	16	30
252	264	54	11	39	28	27	0
270	78	6	38	12	17	37	30
288	251	19	4	45	6	48	0
306	64	31	31	17	55	58	30
324	237	43	57	50	45	9	0
342	50	56	24	23	34	19	30
360	224	8	50	56	23	30	0
378	37	21	17	29	12	40	30
396	210	33	44	2	1	51	0
414	23	46	10	34	51	1	30
432	196	58	37	7	40	12	0
450	10	11	3	40	29	22	30
468	183	23	30	13	18	33	0
486	356	35	56	46	7	43	30
504	169	48	23	18	56	54	0
522	343	0	49	51	46	4	30
540	156	13	16	24	35	15	0
558	329	25	42	57	24	25	30
576	142	38	9	30	13	36	0
594	315	50	36	3	2	46	30
612	129	3	2	35	51	57	0
630	302	15	29	8	41	7	30
648	115	27	55	41	30	18	0
666	288	40	22	14	19	28	30
684	101	52	48	47	8	39	0
702	275	5	15	19	57	49	30
720	88	17	41	52	47	0	0
738	261	30	8	25	36	10	30
756	74	42	34	58	25	21	0
774	247	55	1	31	14	31	30
792	61	7	28	4	3	42	0
810	234	19	54	36	52	52	30

TABLES DES MOYENS MOUVEMENS DE LA LUNE.

SURPLUS POUR LA LONGITUDE.

Années simples.	Degrés	Min.	Secondes	Tierc.	Quart.	Quint.	Sixtes.
1	129	22	46	13	50	32	30
2	258	45	32	27	41	5	0
3	28	8	18	41	31	37	30
4	157	31	4	55	22	10	0
5	286	53	51	9	12	42	30
6	56	16	37	23	3	15	0
7	185	39	23	36	53	47	30
8	315	2	9	50	44	20	0
9	84	24	56	4	34	52	30
10	213	47	42	18	25	25	0
11	343	10	28	32	15	57	30
12	112	33	14	46	6	30	0
13	241	56	0	59	57	2	30
14	11	18	47	13	47	35	0
15	140	41	33	27	38	7	30
16	270	4	19	41	28	40	0
17	39	27	5	55	19	12	30
18	168	49	52	9	9	45	0

Heures.	Degrés	Min.	Secondes	Tierc.	Quart.	Quint.	Sixtes.
1	0	32	56	27	26	23	46
2	1	5	52	54	52	47	32
3	1	38	49	22	19	11	18
4	2	11	45	49	45	35	5
5	2	44	42	17	11	58	51
6	3	17	38	44	38	22	37
7	3	50	35	12	4	46	23
8	4	23	31	39	31	10	10
9	4	56	28	6	57	33	56
10	5	29	24	34	23	57	42
11	6	2	21	1	50	21	28
12	6	35	17	29	16	45	15
13	7	8	13	56	43	9	1
14	7	41	10	24	9	32	47
15	8	14	6	51	35	56	33
16	8	47	3	19	2	20	20
17	9	19	59	46	28	44	6
18	9	52	56	13	55	7	52
19	10	25	52	41	21	31	38
20	10	58	49	8	47	55	25
21	11	31	45	36	14	19	11
22	12	4	42	3	40	42	57
23	12	37	38	31	7	6	43
24	13	10	34	58	33	30	30

ΚΑΝΟΝΕΣ ΤΩΝ ΤΗΣ ΣΕΛΗΝΗΣ ΜΕΣΩΝ ΚΙΝΗΣΕΩΝ.

ΜΗΚΟΥΣ ΕΠΟΥΣΙΑ.

Ετη ἁπλᾶ.	Μοιρ.	Α.	Β.	Γ.	Δ.	Ε.	Σ.
α	ρκθ	κβ	μϛ	ιγ	ν	λβ	λ
β	σνη	με	λβ	κζ	μα	ε	ō
γ	κη	η	ιη	μα	λα	λζ	λ
δ	ρνζ	λα	δ	νε	κβ	ι	ō
ε	σπϛ	νγ	να	θ	ιβ	μβ	λ
ϛ	νϛ	ιϛ	λζ	κγ	γ	ιε	ō
ζ	ρπε	λθ	κγ	λϛ	νγ	μζ	λ
η	τιε	β	θ	ν	μδ	κ	ō
θ	πδ	κδ	νϛ	δ	λδ	νβ	λ
ι	σιγ	μζ	μβ	ιη	κε	κε	ō
ια	τμγ	ι	κη	λβ	ιε	νζ	λ
ιβ	ριβ	λγ	ιδ	μϛ	ϛ	λ	ō
ιγ	σμα	νϛ	ō	νθ	νζ	β	λ
ιδ	ια	ιη	μζ	ιγ	μζ	λε	ō
ιε	ρμ	μα	λγ	κζ	λη	ζ	λ
ιϛ	σο	δ	ιθ	μα	κη	μ	ō
ιζ	λθ	κζ	ε	νε	ιθ	ιβ	λ
ιη	ρξη	μθ	νβ	θ	θ	με	ō

Ωραι.	Μοιρ.	Α.	Β.	Γ.	Δ.	Ε.	Σ.
α	ō	λβ	νϛ	κζ	κϛ	κγ	μϛ
β	α	ε	νβ	νδ	νβ	μζ	λβ
γ	α	λη	μθ	κβ	ιθ	ια	ιη
δ	β	ια	με	μθ	με	λε	ε
ε	β	μδ	μβ	ιζ	ια	νη	να
ϛ	γ	ιζ	λη	μδ	λη	κβ	λζ
ζ	γ	ν	λε	ιβ	δ	μϛ	κγ
η	δ	κγ	λα	λθ	λα	ι	ι
θ	δ	νϛ	κη	ϛ	νζ	λγ	νϛ
ι	ε	κθ	κδ	λδ	κγ	νζ	μβ
ια	ϛ	β	κα	α	ν	κα	κη
ιβ	ϛ	λε	ιζ	κθ	ιϛ	με	ιε
ιγ	ζ	η	ιγ	νϛ	μγ	θ	α
ιδ	ζ	μα	ι	κδ	θ	λβ	μζ
ιε	η	ιδ	ϛ	να	λε	νϛ	λγ
ιϛ	η	μζ	γ	ιθ	β	κ	κ
ιζ	θ	ιθ	νθ	μϛ	κη	μδ	ϛ
ιη	θ	νβ	νϛ	ιγ	νε	ζ	νβ
ιθ	ι	κε	νβ	μα	κα	λα	λη
κ	ι	νη	μθ	η	μζ	νε	κε
κα	ια	λα	με	λϛ	ιδ	ιθ	ια
κβ	ιβ	δ	μβ	γ	μ	μβ	νζ
κγ	ιβ	λζ	λη	λα	ζ	ϛ	μγ
κδ	ιγ	ι	λδ	νη	λγ	λ	λ

ΚΑΝΟΝΕΣ ΤΩΝ ΤΗΣ ΣΕΛΗΝΗΣ ΜΕΣΩΝ ΚΙΝΗΣΕΩΝ.

ΑΝΩΜΑΛΙΑΣ ΕΠΟΥΣΙΑ.

Ἔτη ἀπλᾶ	Μοιρ.	A.	B.	Γ.	Δ.	E.	Σ.
α	πη	μγ	ζ	κη	μα	ιγ	νε
β	ροζ	κς	ιδ	νζ	κβ	κζ	ν
γ	σξς	θ	κβ	κς	γ	μα	με
δ	τνδ	νβ	κθ	νδ	μδ	νε	μ
ε	πγ	λε	λζ	κγ	κς	θ	λε
ς	ροβ	ιη	μδ	νβ	ζ	κγ	λ
ζ	σξα	α	νβ	κ	μη	λζ	κε
η	τμθ	μδ	νθ	μθ	κθ	να	κ
θ	οη	κη	ζ	ιη	ια	ε	ιε
ι	ρξζ	ια	ιδ	μς	νβ	ιθ	ι
ια	σνε	νδ	κβ	ιε	λγ	λγ	ε
ιβ	τμδ	λζ	κθ	μδ	ιδ	μζ	ō
ιγ	ογ	κ	λζ	ιβ	νς	ō	νε
ιδ	ρξβ	γ	μδ	μα	λζ	ιδ	ν
ιε	σν	μς	νβ	ι	ιη	κη	με
ις	τλθ	κθ	νθ	λη	νθ	μβ	μ
ιζ	ξη	ιγ	ζ	ζ	μ	νς	λε
ιη	ρνς	νς	ιδ	λς	κβ	ι	λ

Ὡραι	Μοιρ.	A.	B.	Γ.	Δ.	E.	Σ.
α	ō	λβ	λθ	μδ	ν	μδ	μ
β	α	ε	ιθ	κθ	μα	κθ	κ
γ	α	λζ	νθ	ιδ	λβ	ιδ	ō
δ	β	ι	λη	νθ	κβ	νη	μ
ε	β	μγ	ιη	μδ	ιγ	μγ	κ
ς	γ	ιε	νη	κθ	δ	κη	ō
ζ	γ	μη	λη	ιγ	νε	ιβ	μ
η	δ	κα	ιζ	νη	με	νζ	κ
θ	δ	νγ	νζ	μγ	λς	μβ	ō
ι	ε	κς	λζ	κη	κζ	κς	μ
ια	ε	νθ	ιζ	ιγ	ιη	ια	κ
ιβ	ς	λα	νς	νη	η	νς	ō
ιγ	ζ	δ	λς	μβ	νθ	μ	λθ
ιδ	ζ	λζ	ις	κζ	ν	κε	ιθ
ιε	η	θ	νς	ιβ	μα	θ	νθ
ις	η	μβ	λε	νζ	λα	νδ	λθ
ιζ	θ	ιε	ιε	μβ	κβ	λθ	ιθ
ιη	θ	μζ	νε	κζ	ιγ	κγ	νθ
ιθ	ι	κ	λε	ιβ	δ	η	λθ
κ	ι	νγ	ιδ	νς	νδ	νβ	ιθ
κα	ια	κε	νδ	μα	με	λζ	νθ
κβ	ια	νη	λδ	κς	λς	κβ	λθ
κγ	ιβ	λα	ιδ	ια	κζ	ζ	ιθ
κδ	ιγ	γ	νγ	νς	ιζ	να	νθ

TABLES DES MOYENS MOUVEMENS DE LA LUNE.

SURPLUS POUR L'ANOMALIE.

Années simples.	Degrés	Min.	Secondes	Tierc.	Quart.	Quint.	Sixtes.
1	88	43	7	28	41	13	55
2	177	26	14	57	22	27	50
3	266	9	22	26	3	41	45
4	354	52	29	54	44	55	40
5	83	35	37	23	26	9	35
6	172	18	44	52	7	23	30
7	261	1	52	20	48	37	25
8	349	44	59	49	29	51	20
9	78	28	7	18	11	5	15
10	167	11	14	46	52	19	10
11	255	54	22	15	33	33	5
12	344	37	29	44	14	47	0
13	73	20	37	12	56	0	55
14	162	3	44	41	37	14	50
15	250	46	52	10	18	28	45
16	339	29	59	38	59	42	40
17	68	13	7	7	40	56	35
18	156	56	14	36	22	10	30

Heures.	Degrés	Min.	Secondes	Tierc.	Quart.	Quint.	Sixtes.
1	0	32	39	44	50	44	40
2	1	5	19	29	41	29	20
3	1	37	59	14	32	14	0
4	2	10	38	59	22	58	40
5	2	43	18	44	13	43	20
6	3	15	58	29	4	28	0
7	3	48	38	13	55	12	40
8	4	21	17	58	45	57	20
9	4	53	57	43	36	42	0
10	5	26	37	28	27	26	40
11	5	59	17	13	18	11	20
12	6	31	56	58	8	56	0
13	7	4	36	42	59	40	39
14	7	37	16	27	50	25	19
15	8	9	56	12	41	9	59
16	8	42	35	57	31	54	39
17	9	15	15	42	22	39	19
18	9	47	55	27	13	23	59
19	10	20	35	12	4	8	39
20	10	53	14	56	54	53	19
21	11	25	54	41	45	37	59
22	11	58	34	26	36	22	39
23	12	31	14	11	27	7	19
24	13	3	53	56	17	51	59

TABLES DES MOYENS MOUVEMENS DE LA LUNE.

SURPLUS POUR LA LATITUDE.

Années simples.	Degrés	Min.	Secondes	Tierc.	Quart.	Quint.	Sixtes
1	148	42	47	12	44	25	5
2	297	25	34	25	28	50	10
3	86	8	21	38	13	15	15
4	234	51	8	50	57	40	20
5	23	33	56	3	42	5	25
6	172	16	43	16	26	30	30
7	320	59	30	29	10	55	35
8	109	42	17	41	55	20	40
9	258	25	4	54	39	45	45
10	47	7	52	7	24	10	50
11	195	50	39	20	8	35	55
12	344	33	26	32	53	1	0
13	133	16	13	45	37	26	5
14	281	59	0	58	21	51	10
15	70	41	48	11	6	16	15
16	219	24	35	23	50	41	20
17	8	7	22	36	35	6	25
18	156	50	9	49	19	31	30

Heures.	Degrés	Min.	Secondes	Tierc.	Quart.	Quint.	Sixtes
1	0	33	4	24	9	32	22
2	1	6	8	48	19	4	43
3	1	39	13	12	28	37	5
4	2	12	17	36	38	9	26
5	2	45	22	0	47	41	48
6	3	18	26	24	57	14	9
7	3	51	30	49	6	46	31
8	4	24	35	13	16	18	52
9	4	57	39	37	25	51	14
10	5	30	44	1	35	23	35
11	6	3	48	25	44	55	56
12	6	36	52	49	54	28	18
13	7	9	57	14	4	0	40
14	7	43	1	38	13	33	1
15	8	16	6	2	23	5	23
16	8	49	10	26	32	37	44
17	9	22	14	50	42	10	6
18	9	55	19	14	51	42	27
19	10	28	23	39	1	14	49
20	11	1	28	3	10	47	11
21	11	34	32	27	20	19	32
22	12	7	36	51	29	51	54
23	12	40	41	15	39	24	15
24	13	13	45	39	48	56	37

ΚΑΝΟΝΕΣ ΤΩΝ ΤΗΣ ΣΕΛΗΝΗΣ ΜΕΣΩΝ ΚΙΝΗΣΕΩΝ.

ΠΛΑΤΟΥΣ ΕΠΟΥΣΙΑ.

Ετη απλᾶ	Μοιρ.	Α.	Β.	Γ.	Δ.	Ε.	Σ.
α	ρμη	μβ	μζ	ιβ	μδ	κε	ε
β	σϙζ	κε	λδ	κε	κη	ν	ι
γ	πϛ	η	κα	λη	ιγ	ιε	ιε
δ	σλδ	να	η	ν	νζ	μ	κ
ε	κγ	λγ	νϛ	γ	μβ	ε	κε
ϛ	ροβ	ιϛ	μγ	ιϛ	κϛ	λ	λ
ζ	τκ	νθ	λ	κθ	ι	νε	λε
η	ρθ	μβ	ιζ	μα	νε	κ	μ
θ	σνη	κε	δ	νδ	λθ	με	με
ι	μζ	ζ	νβ	ζ	κθ	ι	ν
ια	ρϙε	ν	λθ	κ	η	λε	νε
ιβ	τμθ	λγ	κϛ	λβ	νγ	α	ō
ιγ	ρλγ	ιϛ	ιγ	με	λζ	κϛ	ε
ιδ	σπα	νθ	ō	νη	κα	να	ι
ιε	ο	μα	μη	ια	ϛ	ιϛ	ιε
ιϛ	σιδ	κδ	λε	κγ	ν	μα	κ
ιζ	η	ζ	κβ	λϛ	λε	ϛ	κε
ιη	ρνϛ	ν	θ	μθ	ιθ	λα	λ

Ωραι	Μοιρ.	Α.	Β.	Γ.	Δ.	Ε.	Σ.
α	ō	λγ	δ	κδ	θ	λβ	κβ
β	α	ϛ	η	μη	ιθ	δ	μγ
γ	α	λθ	ιγ	ιβ	κη	λζ	ε
δ	β	ιβ	ιζ	λϛ	λη	θ	κϛ
ε	β	με	κβ	ō	μζ	μα	μη
ϛ	γ	ιη	κϛ	κδ	νζ	ιδ	θ
ζ	γ	να	λ	μθ	ϛ	μϛ	λα
η	δ	κδ	λε	ιγ	ιϛ	ιη	νβ
θ	δ	νζ	λθ	λζ	κε	να	ιδ
ι	ε	λ	μδ	α	λε	κγ	λε
ια	ϛ	γ	μη	κε	μδ	νε	νϛ
ιβ	ϛ	λϛ	νβ	μθ	νδ	κη	ιη
ιγ	ζ	θ	νζ	ιδ	δ	ō	μ
ιδ	ζ	μγ	α	λη	ιγ	λγ	α
ιε	η	ιϛ	ϛ	β	κγ	ε	κγ
ιϛ	η	μθ	ι	κϛ	λβ	λζ	μδ
ιζ	θ	κβ	ιδ	ν	μβ	ι	ϛ
ιη	θ	νε	ιθ	ιδ	να	μβ	κζ
ιθ	ι	κη	κγ	λθ	α	ιδ	μθ
κ	ια	α	κη	γ	ι	μζ	ια
κα	ια	λδ	λβ	κζ	κ	ιθ	λβ
κβ	ιβ	ζ	λϛ	να	κθ	να	νδ
κγ	ιβ	μ	μα	ιε	λθ	κδ	ιε
κδ	ιγ	ιγ	με	λθ	μη	νϛ	λζ

ΚΑΝΟΝΕΣ ΤΩΝ ΤΗΣ ΣΕΛΗΝΗΣ ΜΕΣΩΝ ΚΙΝΗΣΕΩΝ.

ΑΠΟΧΗΣ ΕΠΟΥΣΙΑ.

Ετη απλα̃.	Μοιρ.	Α.	Β.	Γ.	Δ.	Ε.	Σ.
α	ρκθ	λζ	κα	κη	κθ	κγ	νε
β	σνθ	ιδ	μβ	νϛ	νη	μζ	ν
γ	κη	νβ	δ	κε	κη	ια	με
δ	ρνη	κθ	κε	νγ	νζ	λε	μ
ε	σπη	ϛ	μζ	κβ	κϛ	νθ	λε
ϛ	νζ	μδ	η	ν	νϛ	κγ	λ
ζ	ρπζ	κα	λ	ιθ	κε	μζ	κε
η	τιϛ	νη	να	μζ	νε	ια	κ
θ	πϛ	λϛ	ιγ	ιϛ	κδ	λε	ιε
ι	σιϛ	ιγ	λδ	μδ	νγ	νθ	ι
ια	τμε	ν	νϛ	ιγ	κγ	κγ	ε
ιβ	ριε	κη	ιζ	μα	νβ	μζ	ο
ιγ	σμε	ε	λθ	ι	κβ	ι	νε
ιδ	ιδ	μγ	ο	λη	να	λδ	ν
ιε	ρμδ	κ	κβ	ζ	κ	νη	με
ιϛ	σογ	νζ	μγ	λε	ν	κβ	μ
ιζ	μγ	λε	ε	δ	ιθ	μϛ	λε
ιη	ροζ	ιβ	κϛ	λβ	μθ	ι	λ

Ωραι.	Μοιρ.	Α.	Β.	Γ.	Δ.	Ε.	Σ.
α	ο	λ	κη	λϛ	μγ	κ	με
β	α	ο	νϛ	ιγ	κϛ	μα	λ
γ	α	λα	κε	ν	ι	β	ιε
δ	β	α	νδ	κϛ	νγ	κγ	ο
ε	β	λβ	κγ	γ	λϛ	μγ	με
ϛ	γ	β	να	μ	κ	δ	λ
ζ	γ	λγ	κ	ιζ	γ	κε	ιε
η	δ	γ	μη	νγ	μϛ	μϛ	ο
θ	δ	λδ	ιζ	λ	λ	ϛ	με
ι	ε	δ	μϛ	ζ	ιγ	κζ	λ
ια	ε	λε	ιδ	μγ	νϛ	μη	ιε
ιβ	ϛ	ε	μγ	κ	μ	θ	ο
ιγ	ϛ	λϛ	ια	νζ	κγ	κθ	μδ
ιδ	ζ	ϛ	μ	λδ	ϛ	ν	κθ
ιε	ζ	λζ	θ	ι	ν	ια	ιδ
ιϛ	η	ζ	λζ	μζ	λγ	λα	νθ
ιζ	η	λη	ϛ	κδ	ιϛ	νβ	μδ
ιη	θ	η	λε	α	ο	ιγ	κθ
ιθ	θ	λθ	γ	λζ	μγ	λδ	ιδ
κ	ι	θ	λβ	ιδ	κϛ	νδ	νθ
κα	ι	μ	ο	να	ι	ιε	μδ
κβ	ια	ι	κθ	κϛ	νγ	λϛ	κθ
κγ	ια	μ	νη	δ	λϛ	νϛ	ιδ
κδ	ιβ	ια	κϛ	μα	κ	ιϛ	νθ

TABLES DES MOYENS MOUVEMENS DE LA LUNE.

SURPLUS POUR L'ÉLONGATION.

Années simples.	Degrés	Min.	Secondes	Tierc.	Quart.	Quint.	Sixtes.
1	129	37	21	28	29	23	55
2	259	14	42	56	58	47	50
3	28	52	4	25	28	11	4
4	158	29	25	53	57	35	40
5	288	6	47	22	26	59	35
6	57	44	8	50	56	23	30
7	187	21	30	19	25	47	25
8	316	58	51	47	55	11	20
9	86	36	13	16	24	35	15
10	216	13	34	44	53	59	10
11	345	50	56	13	23	23	5
12	115	28	17	41	52	47	0
13	245	5	39	10	22	10	55
14	14	43	0	38	51	34	50
15	144	20	22	7	20	58	45
16	273	57	43	35	50	22	40
17	43	35	5	4	19	46	35
18	173	12	26	32	49	10	30

Heures.	Degrés	Min.	Secondes	Tierc.	Quart.	Quint.	Sixtes.
1	0	30	28	36	43	20	45
2	1	0	57	13	26	41	30
3	1	31	25	50	10	2	15
4	2	1	54	26	53	23	0
5	2	32	23	3	36	43	45
6	3	2	51	40	20	4	30
7	3	33	20	17	3	25	15
8	4	3	48	53	46	46	0
9	4	34	17	30	30	6	45
10	5	4	46	7	13	27	30
11	5	35	14	43	56	48	15
12	6	5	43	20	40	9	0
13	6	36	11	57	23	29	44
14	7	6	40	34	6	50	29
15	7	37	9	10	50	11	14
16	8	7	37	47	33	31	59
17	8	38	6	24	16	52	44
18	9	8	35	1	0	13	29
19	9	39	3	37	43	34	14
20	10	9	32	14	26	54	59
21	10	40	0	51	10	15	44
22	11	10	29	27	53	36	29
23	11	40	58	4	36	57	14
24	12	11	26	41	20	17	59

TABLES DES MOYENS MOUVEMENS DE LA LUNE.

SURPLUS POUR LA LONGITUDE.

Mois égyptiens.	Degrés	Min.	Secondes	Tierc.	Quart.	Quint.	Sixtes.
30	35	17	29	16	45	15	0
60	70	34	58	33	30	30	0
90	105	52	27	50	15	45	0
120	141	9	57	7	1	0	0
150	176	27	26	23	46	15	0
180	211	44	55	40	31	30	0
210	247	2	24	57	16	45	0
240	282	19	54	14	2	0	0
270	317	37	23	30	47	15	0
300	352	54	52	47	32	30	0
330	28	12	22	4	17	45	0
360	63	29	51	21	3	0	0

Jours.	Degrés	Min.	Secondes	Tierc.	Quart.	Quint.	Sixtes.
1	13	10	34	58	33	30	30
2	26	21	9	57	7	1	0
3	39	31	44	55	40	31	30
4	52	42	19	54	14	2	0
5	65	52	54	52	47	32	30
6	79	3	29	51	21	3	0
7	92	14	4	49	54	33	30
8	105	24	39	48	28	4	0
9	118	35	14	47	1	34	30
10	131	45	49	45	35	5	0
11	144	56	24	44	8	35	30
12	158	6	59	42	42	6	0
13	171	17	34	41	15	36	30
14	184	28	9	39	49	7	0
15	197	38	44	38	22	37	30
16	210	49	19	36	56	8	0
17	223	59	54	35	29	38	30
18	237	10	7	34	3	9	0
19	250	21	4	32	36	39	30
20	263	31	39	31	10	10	0
21	276	42	14	29	43	40	30
22	289	52	52	28	17	11	0
23	303	3	24	26	50	41	30
24	316	13	59	25	24	12	0
25	329	24	34	23	57	42	30
26	342	35	9	22	31	13	0
27	355	45	44	21	4	43	30
28	8	56	19	19	38	14	0
29	22	6	54	18	11	44	30
30	35	17	29	16	45	15	0

ΚΑΝΟΝΕΣ ΤΩΝ ΤΗΣ ΣΕΛΗΝΗΣ ΜΕΣΩΝ ΚΙΝΗΣΕΩΝ.

ΜΗΚΟΥΣ ΕΠΟΥΣΙΑ.

Μῆνες αἰγύπτιοι	Μοιρ.	Δ.	Β.	Γ.	Δ.	Ε.	Σ.
λ	λε	ιζ	κθ	ιϛ	με	ιε	ō
ξ	ο	λδ	νη	λγ	λ	λ	ō
ϟ	ρε	νβ	κζ	ν	ιε	με	ō
ρκ	ρμα	θ	νζ	ζ	α	ō	ō
ρν	ροϛ	κζ	κϛ	κγ	μϛ	ιε	ō
ρπ	σια	μδ	νε	μ	λα	λ	ō
σι	σμϛ	β	κδ	νζ	ιϛ	με	ō
σμ	σπβ	ιθ	νδ	ιδ	β	ō	ō
σο	τιζ	λζ	κγ	λ	μζ	ιε	ō
τ	τνβ	νδ	νβ	μζ	λβ	λ	ō
τλ	κη	ιβ	κβ	δ	ιζ	με	ō
τξ	ξγ	κθ	να	κα	γ	ō	ō

Ἡμέραι.	Μοιρ.	Δ.	Β.	Γ.	Δ.	Ε.	Σ.
α	ιγ	ι	λδ	νη	λγ	λ	λ
β	κϛ	κα	θ	νζ	ζ	α	ō
γ	λθ	λα	μδ	νε	μ	λα	λ
δ	νβ	μβ	ιθ	νδ	ιδ	β	ō
ε	ξε	νβ	νδ	νβ	μζ	λβ	λ
ϛ	οθ	γ	κθ	να	κα	γ	ō
ζ	4β	ιδ	δ	μθ	νδ	λγ	λ
η	ρε	κδ	λθ	μη	κη	δ	ō
θ	ριη	λε	ιδ	μζ	α	λδ	λ
ι	ρλα	με	μθ	με	λε	ε	ō
ια	ρμδ	νϛ	κδ	μδ	η	λε	λ
ιβ	ρνη	ϛ	νθ	μβ	μβ	ϛ	ō
ιγ	ροα	ιζ	λδ	μα	ιε	λϛ	λ
ιδ	ρπδ	κη	θ	λθ	μθ	ζ	ō
ιε	ρϟζ	λη	μδ	λη	κβ	λζ	λ
ιϛ	σι	μθ	ιθ	λϛ	νϛ	η	ō
ιζ	σκγ	νθ	νδ	λε	κθ	λη	λ
ιη	σλζ	ι	κθ	λδ	γ	θ	ō
ιθ	σν	κα	δ	λβ	λϛ	λθ	λ
κ	σξγ	λα	λθ	λα	ι	ι	ō
κα	σοϛ	μβ	ιδ	κθ	μγ	μ	λ
κβ	σπθ	νβ	μθ	κη	ιζ	ια	ō
κγ	τγ	γ	κδ	κϛ	ν	μα	λ
κδ	τιϛ	ιγ	νθ	κε	κδ	ιβ	ō
κε	τκθ	κδ	λδ	κγ	νζ	μβ	λ
κϛ	τμβ	λε	θ	κβ	λα	ιγ	ō
κζ	τνε	με	μδ	κα	δ	μγ	λ
κη	η	νϛ	ιθ	ιθ	λη	ιδ	ō
κθ	κβ	ϛ	νδ	ιη	ια	μδ	λ
λ	λε	ιζ	κθ	ιϛ	με	ιε	ō

COMPOSITION MATHÉMATIQUE, LIVRE IV.

ΚΑΝΟΝΕΣ ΤΩΝ ΤΗΣ ΣΕΛΗΝΗΣ ΜΕΣΩΝ ΚΙΝΗΣΕΩΝ.							
ΑΝΩΜΑΛΙΑΣ ΕΠΟΥΣΙΑ.							
Μῆνες αἰγύπτιοι.	Μοιρ.	Α.	Β.	Γ.	Δ.	Ε.	Σ.
λ	λα	νϛ	νη	η	νε	νθ	λ
ξ	ξγ	νγ	νϛ	ιζ	να	νθ	ō
ϟ	ϟε	ν	νδ	κϛ	μζ	νη	λ
ρκ	ρκζ	μζ	νβ	λε	μγ	νη	ō
ρν	ρνθ	μδ	ν	μδ	λθ	νζ	λ
ρπ	ρϟα	μα	μη	νγ	λε	νζ	ō
σι	σκγ	λη	μζ	β	λα	νϛ	λ
σμ	σνε	λε	με	ια	κϛ	νϛ	ō
σο	σπζ	λβ	μγ	κ	κγ	νε	λ
τ	τιθ	κθ	μα	κθ	ιθ	νε	ō
τλ	τνα	κϛ	λθ	λη	ιε	νδ	λ
τξ	κγ	κγ	λϛ	μϛ	ια	νδ	ō

Ἡμέραι.	Μοιρ.	Α.	Β.	Γ.	Δ.	Ε.	Σ.
α	ιγ	γ	νγ	νϛ	ιζ	να	νθ
β	κϛ	ζ	μϛ	νβ	λε	μγ	νη
γ	λθ	ια	μα	μη	νγ	λε	νζ
δ	νβ	ιε	λε	με	ια	κζ	νϛ
ε	ξε	ιθ	κθ	μα	κθ	ιθ	νε
ϛ	οη	κγ	κγ	λϛ	μζ	ια	νδ
ζ	ϟα	κζ	ιζ	λδ	ε	γ	νγ
η	ρδ	λα	ια	λ	κβ	νε	νβ
θ	ριζ	λε	ε	κϛ	μ	μζ	να
ι	ρλ	λη	νθ	κβ	νη	λθ	ν
ια	ρμγ	μβ	νγ	ιθ	ιϛ	λα	μθ
ιβ	ρνϛ	μϛ	μϛ	ιε	λδ	κγ	μη
ιγ	ρξθ	ν	μα	ια	νβ	ιε	μζ
ιδ	ρπβ	νδ	λε	η	ι	ζ	μϛ
ιε	ρϟε	νη	κθ	δ	κζ	νθ	με
ιϛ	σθ	β	κγ	ō	με	να	μδ
ιζ	σκβ	ϛ	ιϛ	νζ	γ	μγ	μγ
ιη	σλε	ι	ι	νγ	κα	λε	μβ
ιθ	σμη	ιδ	δ	μθ	λθ	κζ	μα
κ	σξα	ιζ	νη	με	νζ	ιθ	μ
κα	σοδ	κα	νβ	μβ	ιε	ια	λθ
κβ	σπζ	κε	μϛ	λη	λγ	γ	λη
κγ	τ	κθ	μ	λδ	ν	νε	λζ
κδ	τιγ	λγ	λδ	λα	η	μζ	λϛ
κε	τκϛ	λζ	κη	κζ	κϛ	λθ	λε
κϛ	τλθ	μα	κβ	κγ	μδ	λα	λδ
κζ	τνβ	με	ιϛ	κ	β	κγ	λγ
κη	ε	μθ	ι	ιϛ	κ	ιε	λβ
κθ	ιη	νγ	δ	ιβ	λη	ζ	λα
λ	λα	νϛ	νη	η	νε	νθ	λ

TABLES DES MOYENS MOUVEMENS DE LA LUNE.							
SURPLUS POUR L'ANOMALIE.							
Mois égyptiens.	Degrés	Min.	Secondes	Tierc.	Quart.	Quint.	Sixtes
30	31	56	58	8	55	59	30
60	63	53	56	17	51	59	0
90	95	50	54	26	47	58	30
120	127	47	52	35	43	58	0
150	159	44	50	44	39	57	30
180	191	41	48	53	35	57	0
210	223	38	47	2	31	56	30
240	255	35	45	11	27	56	0
270	287	32	43	20	23	55	30
300	319	29	41	29	19	55	0
330	351	26	39	38	15	54	30
360	23	23	37	47	11	54	0

Jours.	Degrés	Min.	Secondes	Tierc.	Quart.	Quint.	Sixtes
1	13	3	53	56	17	51	59
2	26	7	47	52	35	43	58
3	39	11	41	48	53	35	57
4	52	15	35	45	11	27	56
5	65	19	29	41	29	19	55
6	78	23	23	37	47	11	54
7	91	27	17	34	5	3	53
8	104	31	11	30	22	55	52
9	117	35	5	26	40	47	51
10	130	38	59	22	58	39	50
11	143	42	53	19	16	31	49
12	156	46	47	15	34	23	48
13	169	50	41	11	52	15	47
14	182	54	35	8	10	7	46
15	195	58	29	4	27	59	45
16	209	2	23	0	45	51	44
17	222	6	16	57	3	43	43
18	235	10	10	53	21	35	42
19	248	14	4	49	39	27	41
20	261	17	58	45	57	19	40
21	274	21	52	42	15	11	39
22	287	25	46	38	33	3	38
23	300	29	40	34	50	55	37
24	313	33	34	31	8	47	36
25	326	37	28	27	26	39	35
26	339	41	22	23	44	31	34
27	352	45	16	20	2	23	33
28	5	49	10	16	20	15	32
29	18	53	4	12	38	7	31
30	31	56	58	8	55	59	30

TABLES DES MOYENS MOUVEMENS DE LA LUNE.

SURPLUS POUR LA LATITUDE.

Mois égyptiens	Degrés	Min.	Secondes	Tierc.	Quart.	Quint.	Sixtes.
30	36	52	49	54	28	18	30
60	73	45	39	48	56	37	0
90	110	58	29	43	24	55	30
120	147	31	19	37	53	14	0
150	184	24	9	32	21	32	30
180	221	16	59	26	49	51	0
210	258	9	49	21	18	9	30
240	295	2	39	15	46	28	0
270	331	55	29	10	14	46	30
300	8	48	19	4	43	5	0
330	45	41	8	59	11	23	30
360	82	33	58	53	39	42	0

Jours.	Degrés	Min.	Secondes	Tierc.	Quart.	Quint.	Sixtes.
1	13	13	45	39	48	56	37
2	26	27	31	19	37	53	14
3	39	41	16	59	26	49	51
4	52	55	2	39	15	46	28
5	66	8	48	19	4	43	5
6	79	22	33	58	53	39	42
7	92	36	19	38	42	36	19
8	105	50	5	18	31	32	56
9	119	3	50	58	20	29	33
10	132	17	36	38	9	26	10
11	145	31	22	17	58	22	47
12	158	45	7	57	47	19	24
13	171	58	53	37	36	16	1
14	185	12	39	17	25	12	38
15	198	26	24	57	14	9	15
16	211	40	10	37	3	5	52
17	224	53	56	16	52	2	29
18	238	7	41	56	40	59	6
19	251	21	27	36	29	55	43
20	264	35	13	16	18	52	20
21	277	48	58	56	7	48	57
22	291	2	44	35	56	45	34
23	304	16	30	15	45	42	11
24	317	30	15	55	34	38	48
25	330	44	1	35	23	35	25
26	343	57	47	15	12	32	2
27	357	11	32	55	1	28	39
28	10	25	18	34	50	25	16
29	23	39	4	14	39	21	53
30	36	52	49	54	28	18	30

ΚΑΝΟΝΕΣ ΤΩΝ ΤΗΣ ΣΕΛΗΝΗΣ ΜΕΣΩΝ ΚΙΝΗΣΕΩΝ

ΠΛΑΤΟΥΣ ΕΠΟΥΣΙΑ.

Μῆνες αἰγύπτιοι	Μοιρ.	Α.	Β.	Γ.	Δ.	Ε.	Σ.
λ	λϛ	νβ	μθ	νδ	κη	ιη	λ
ξ	ογ	με	λθ	μη	νϛ	λϛ	δ
ϟ	ρι	λη	κθ	μγ	κδ	νε	λ
ρκ	ρμζ	λα	ιθ	λϛ	νγ	ιδ	δ
ρν	ρπδ	κδ	θ	λβ	κα	λβ	λ
ρπ	σκα	ιϛ	νθ	κϛ	μθ	να	δ
σι	σνη	θ	μθ	κα	ιη	θ	λ
σμ	σϟϛ	β	λθ	ιϛ	μϛ	κη	δ
σο	τλα	νε	κθ	ι	ιδ	μϛ	λ
τ	η	μη	ιθ	δ	μγ	ε	δ
τλ	με	μα	η	νθ	ια	κγ	λ
τξ	πβ	λγ	νη	νγ	λθ	μβ	δ

Ἡμέραι.	Μοιρ.	Α.	Β.	Γ.	Δ.	Ε.	Σ.
α	ιγ	ιγ	με	λθ	μη	νϛ	λζ
β	κϛ	κζ	λα	ιθ	λζ	νγ	ιδ
γ	λθ	μα	ιϛ	νθ	κϛ	μθ	να
δ	νβ	νε	β	λθ	ιε	μϛ	κη
ε	ξϛ	η	μη	ιθ	δ	μγ	ε
ϛ	οθ	κβ	λγ	νη	νγ	λθ	μβ
ζ	ϟβ	λϛ	ιθ	λη	μβ	λϛ	ιθ
η	ρε	ν	ε	ιη	λα	λβ	νϛ
θ	ριθ	γ	ν	νη	κ	κθ	λγ
ι	ρλβ	ιζ	λϛ	λη	θ	κϛ	ι
ια	ρμε	λα	κβ	ιζ	νη	κβ	μϛ
ιβ	ρνη	με	ζ	νζ	μζ	ιθ	κδ
ιγ	ροα	νη	νγ	λζ	λϛ	ιϛ	α
ιδ	ρπε	ιβ	λθ	ιζ	κε	ιβ	λη
ιε	ρϟη	κϛ	κδ	νζ	ιδ	θ	ιε
ιϛ	σια	μ	ι	λζ	γ	ε	νβ
ιζ	σκδ	νγ	νϛ	ιϛ	νβ	β	κθ
ιη	σλη	ζ	μα	νϛ	μ	νθ	ϛ
ιθ	σνα	κα	κζ	λϛ	κθ	νε	μγ
κ	σξδ	λε	ιγ	ιϛ	ιη	νβ	κ
κα	σοζ	μη	νη	νϛ	ζ	μη	νζ
κβ	σϟα	β	μδ	λε	νϛ	με	λδ
κγ	τδ	ιϛ	λ	ιε	με	μβ	ια
κδ	τιζ	λ	ιε	νε	λδ	λη	μη
κε	τλ	μθ	α	λε	κγ	λε	κε
κϛ	τμγ	νζ	μζ	ιε	ιβ	λβ	β
κζ	τνζ	ια	λβ	νε	α	κη	λθ
κη	ι	κε	ιη	λδ	ν	κε	ιϛ
κθ	κγ	λθ	δ	ιδ	λθ	κα	νγ
λ	λϛ	νβ	μθ	νδ	κη	ιη	λ

COMPOSITION MATHÉMATIQUE, LIVRE IV. 237

ΚΑΝΟΝΕΣ ΤΩΝ ΤΗΣ ΣΕΛΗΝΗΣ ΜΕΣΩΝ ΚΙΝΗΣΕΩΝ.							
ΑΠΟΧΗΣ ΕΠΟΥΣΙΑ.							
Μῆνες αἰγύπτιοι	Μοιρ.	Α.	Β.	Γ.	Δ.	Ε.	Σ.
λ	ε	μγ	κ	μ	η	νθ	λ
ξ	ια	κϛ	μα	κ	ιζ	νθ	ō
ϟ	ιζ	ι	β	ō	κϛ	νη	λ
ρκ	κβ	νγ	κβ	μ	λε	νη	ō
ρν	κη	λϛ	μγ	κ	μδ	νζ	λ
ρπ	λδ	κ	δ	ō	νγ	νζ	ō
σι	μ	γ	κδ	μα	β	νϛ	λ
σμ	με	μϛ	με	κα	ια	νϛ	ō
σο	να	λ	ϛ	α	κ	νε	λ
τ	νζ	ιγ	κϛ	μα	κθ	νε	ō
τλ	ξβ	νϛ	μζ	κα	λη	νδ	λ
τξ	ξη	μ	η	α	μζ	νδ	ō

Ἡμέραι	Μοιρ.	Α.	Β.	Γ.	Δ.	Ε.	Σ.
α	ιβ	ια	κϛ	μα	κ	ιζ	νθ
β	κδ	κβ	νγ	κβ	μ	λε	νη
γ	λϛ	λδ	κ	δ	ō	νγ	νζ
δ	μη	με	μϛ	με	κα	ια	νϛ
ε	ξ	νζ	ιγ	κϛ	μα	κθ	νε
ϛ	ογ	η	μ	η	α	μζ	νδ
ζ	πε	κ	ϛ	μθ	κβ	ε	νγ
η	ϟζ	λα	λγ	λ	μβ	κγ	νβ
θ	ρθ	μγ	ō	ιβ	β	μα	να
ι	ρκα	νδ	κϛ	νγ	κβ	νθ	ν
ια	ρλδ	ε	νγ	λδ	μγ	ιζ	μθ
ιβ	ρμϛ	ιζ	κ	ιϛ	γ	λε	μη
ιγ	ρνη	κη	μϛ	νζ	κγ	νγ	μζ
ιδ	ρο	μ	ιγ	λη	μδ	ια	μϛ
ιε	ρπβ	να	μ	κ	δ	κθ	με
ιϛ	ρϟε	γ	ζ	α	κδ	μζ	μδ
ιζ	σζ	ιδ	λγ	μβ	με	ε	μγ
ιη	σιθ	κϛ	ō	κδ	ε	κγ	μβ
ιθ	σλα	λζ	κζ	ε	κε	μα	μα
κ	σμγ	μη	νγ	μϛ	με	νθ	μ
κα	σνϛ	ō	κ	κη	ϛ	ιζ	λθ
κβ	σξη	ια	μζ	θ	κϛ	λε	λη
κγ	σπ	κγ	ιγ	ν	μϛ	νγ	λζ
κδ	σϟβ	λδ	μ	λβ	ζ	ια	λϛ
κε	τδ	μϛ	ζ	ιγ	κζ	κθ	λε
κϛ	τιϛ	νζ	λγ	νδ	μζ	μζ	λδ
κζ	τκθ	θ	ō	λϛ	η	ε	λγ
κη	τμα	κ	κζ	ιζ	κη	κγ	λβ
κθ	τνγ	λα	νγ	νη	μη	μα	λα
λ	ε	μγ	κ	μ	η	νθ	λ

TABLES DES MOYENS MOUVEMENS DE LA LUNE.							
SURPLUS POUR L'ÉLONGATION.							
Mois égyptiens	Degrés	Min.	Secondes	Tierc.	Quart.	Quint.	Sixtes.
30	5	43	20	40	8	59	30
60	11	26	41	20	17	59	0
90	17	10	2	0	26	58	30
120	22	53	22	40	35	58	0
150	28	36	43	20	44	57	30
180	34	20	4	0	53	57	0
210	40	3	24	41	2	56	30
240	45	46	45	21	11	56	0
270	51	30	6	1	20	55	30
300	57	13	26	41	29	55	0
330	62	56	47	21	38	54	30
360	68	40	8	1	47	54	0

Jours.	Degrés	Min.	Secondes	Tierc.	Quart.	Quint.	Sixtes.
1	12	11	26	41	20	17	59
2	24	22	53	22	40	35	58
3	36	34	20	4	0	53	57
4	48	45	46	45	21	11	56
5	60	57	13	26	41	29	55
6	73	8	40	8	1	47	54
7	85	20	6	49	22	5	53
8	97	31	33	30	42	23	52
9	109	43	0	12	2	41	51
10	121	54	26	53	22	59	50
11	134	5	53	34	43	17	49
12	146	17	20	16	3	35	48
13	158	28	46	57	23	53	47
14	170	40	13	38	44	11	46
15	182	51	40	20	4	29	45
16	195	3	7	1	24	47	44
17	207	14	33	42	45	5	43
18	219	26	0	24	5	23	42
19	231	37	27	5	25	41	41
20	243	48	53	46	45	59	40
21	256	0	20	28	6	17	39
22	268	11	47	9	26	35	38
23	280	23	13	50	46	53	37
24	292	34	40	32	7	11	36
25	304	46	7	13	27	29	35
26	316	57	33	54	47	47	34
27	329	9	0	36	8	5	33
28	341	20	27	17	28	23	32
29	353	31	53	58	48	41	31
30	5	43	20	40	8	59	30

CHAPITRE IV.

LES PHÉNOMÈNES DE LA LUNE SONT LES MÊMES DANS L'HYPOTHÈSE SIMPLE SOIT D'UN EXCENTRIQUE OU D'UN ÉPICYCLE.

ΚΕΦΑΛΑΙΟΝ Δ.

ΟΤΙ ΚΑΙ ΕΠΙ ΤΗΣ ΑΠΛΗΣ ΥΠΟΘΕΣΕΩΣ ΤΗΣ ΣΕΛΗΝΗΣ ΤΑ ΑΥΤΑ ΦΑΙΝΟΜΕΝΑ ΠΟΙΟΥΣΙΝ ΗΤΕ ΚΑΤ' ΕΚΚΕΝΤΡΟΤΗΤΑ ΚΑΙ Η ΚΑΤ' ΕΠΙΚΥΚΛΟΝ.

Exposons maintenant le mode et la grandeur de l'anomalie de la lune. Nous raisonnerons d'abord comme si cette inégalité étoit unique. C'est la seule du moins qui ait été apperçue par les astronomes qui nous ont précédés , et elle se rétablit dans le temps que nous avons dit. Ensuite nous ferons voir que la lune a encore une autre anomalie dans ses distances au soleil ; que cette seconde est la plus grande lorsque cet astre est dans ses deux quadratures , mais qu'elle disparoît deux fois par mois dans les nouvelles et pleines lunes (*conjonctions et oppositions*).

Nous nous conformerons à cet ordre pour la démonstration de ces phénomènes , parceque ce dernier ne peut se trouver ni s'expliquer sans le premier qui est combiné avec lui ; tandis que le premier peut s'entendre sans l'autre , parcequ'il vient des éclipses de lune , dans lesquelles la seconde inégalité ne produit aucun effet sensible. Nous suivrons donc , pour cette démonstration , la méthode dont nous voyons qu'Hipparque s'est servi ; car en prenant comme lui trois éclipses , nous montrerons la quantité de la plus

ΕΠΟΜΕΝΟΥ δὲ τούτοις τοῦ δεῖξαι τόν τε τρόπον καὶ τὴν πηλικότητα τῆς σεληνιακῆς ἀνωμαλίας, νῦν μὲν ποιησόμεθα τὸν περὶ τούτου λόγον, ὡς μιᾶς ταύτης ὑπαρχούσης, ἣ μόνη καὶ πάντες σχεδὸν οἱ πρὸ ἡμῶν ἐπιβεβληκότες φαίνονται, λέγω δὲ τῇ κατὰ τὸν ἐκκείμενον ἀποκαταϛατικὸν χρόνον ἀπαρτιζομένῃ. Μετὰ δὲ ταῦτα δείξομεν ὅτι ποιεῖταί τινα καὶ δευτέραν ἀνωμαλίαν ἡ σελήνη, παρὰ τὰς πρὸς τὸν ἥλιον ἀποϛάσεις, μεγίϛην μὲν γινομένην παρὰ τὰς διχοτόμους ἀμφοτέρας, ἀποκαθιϛαμένην δὲ δὶς ἐν τῷ μηνιαίῳ χρόνῳ περὶ αὐτάς τε τὰς συνόδους καὶ τὰς πανσελήνους.

Οὕτω δὲ τῇ τάξει τῆς ἀποδείξεως χρησόμεθα, διὰ τὸ, ταύτην μὲν ἄνευ τῆς πρώτης, συμπεπλεγμένης γε αὐτῇ, πάντοτε μηδαμῶς εὑρεϛῆναι δύναϛαι· ἐκείνην δὲ καὶ ἄνευ τῆς δευτέρας, ἐπειδήπερ ἀπὸ τῶν σεληνιακῶν ἐκλείψεων λαμβάνεται, καθ' ἃς οὐδὲν αἰϛητὸν γίνεται διάφορον ἐκ τῆς παρὰ τὸν ἥλιον συμβαινούσης. Ἐπὶ δὲ τῆς προηγουμένης ἀποδείξεως ἀκολουθήσομεν ταῖς τοῦ θεωρήματος ἐφόδοις, αἷς καὶ τὸν Ἵππαρχον ὁρῶμεν συγκεχρημένον. Λαμβάνοντες γὰρ καὶ αὐτοὶ τρεῖς ἐκλείψεις σεληνιακάς, δείξομεν ὅσον τε τὸ πλεῖϛον διάφορον

γίνεται παρὰ τὴν μέσην κίνησιν καὶ τὴν
κατὰ τὸ ἀπογειότατον ἐποχήν, ὡς τῆς
τοιαύτης ἀνωμαλίας καθ᾽ ἑαυτὴν θεωρουμένης, καὶ διὰ τῆς κατ᾽ ἐπίκυκλον ὑποθέσεως ἀποτελουμένης, τῶν μὲν αὐτῶν
πάλιν ἐσομένων φαινομένων, καὶ διὰ τῆς
κατ᾽ ἐκκεντρότητα ὑποθέσεως, οἰκειότε-
ρον δ᾽ ἂν προσαφθησομένης τῆς τοιαύτης, κατὰ τὴν μίξιν ἀμφοτέρων τῶν ἀνωμαλιῶν τῇ δευτέρᾳ καὶ παρὰ τὸν ἥλιον
συμβαινούσῃ. Ὅτι μέντοι τὰ αὐτὰ πάλιν καὶ ἐνταῦθα γίνεται φαινόμενα, δι᾽
ἑκατέρας τῶν ἐκκειμένων ὑποθέσεων,
κἂν μὴ ἴσοι ὦσιν ἀλλήλοις, ὥσπερ ἐπὶ
τοῦ ἡλίου δεδείχαμεν, οἱ χρόνοι τῶν ἀπο-
καταστάσεων ἀμφοτέρων, τῆς τε κατὰ
τὴν ἀνωμαλίαν καὶ τῆς πρὸς τὸν διὰ μέσων τῶν ζωδίων κύκλον θεωρουμένης,
ἀλλὰ καὶ ὥσπερ ἐπὶ τῆς σελήνης ἄνισοι,
τῶν λόγων πάλιν μόνων ὑποκειμένων τῶν
αὐτῶν, οὕτως ἂν κατανοήσαιμεν ἐπ᾽ αὐτῆς τῆς ἐκκειμένης ἁπλῆς ἀνωμαλίας τῆς
σελήνης ποιούμενοι τὴν ἐπίσκεψιν. Ἐπειδὴ
τοίνυν τάχιον ἡ σελήνη ποιεῖται τὴν πρὸς
τὸν διὰ μέσων τῶν ζωδίων κύκλον ἀποκατάστασιν, τῆς πρὸς τὴν ὑποκειμένην
ἀνωμαλίαν, ἐν τοῖς ἴσοις χρόνοις δηλονότι, κατὰ μὲν τὴν κατ᾽ ἐπίκυκλον ὑπόθεσιν μείζονα ἢ κατὰ τὸ ὅμοιον περιφέρειαν ὁ ἐπίκυκλος ἀεὶ κινηθήσεται, ἐπὶ
τοῦ ὁμοκέντρου τῷ ζωδιακῷ κύκλου, τῆς
ὑπὸ τῆς σελήνης κατὰ τὸν ἐπίκυκλον
ἀπολαμβανομένης. Ἐπὶ δὲ τῆς κατ᾽ ἐκκεντρότητα, ἡ μὲν σελήνη τὴν ὁμοίαν τῇ
ἐπὶ τοῦ ἐπικύκλου καὶ τοῦ ἐκκέντρου
κινηθήσεται περιφέρειαν· ὁ δὲ ἔκκεντρος

grande différence dans le mouvement moyen et dans l'apogée. Nous pourrions également expliquer la première inégalité par l'épicycle et par l'excentrique ; mais comme nous avons deux inégalités, nous jugeons plus convenable d'employer l'une des hypothèses pour la première inégalité, et l'autre pour la seconde. Quand même les temps des deux restitutions ne seroient pas égaux entr'eux, comme nous les avons trouvés pour le soleil, savoir celui du retour de l'anomalie, et celui du retour au même point de l'écliptique, il suffit que les rapports soient les mêmes, et nous nous convaincrons qu'ils le sont, en ne considérant que l'inégalité simple. Car puisque la lune revient plus promptement au cercle mitoyen du zodiaque, qu'elle ne revient au même point de l'anomalie, l'épicycle, si c'est lui qu'on suppose, parcourra toujours en temps égaux sur le cercle concentrique au zodiaque, un arc trop grand pour être semblable à celui que la lune parcourt sur son épicycle. Dans la supposition de l'excentrique, la lune parcourra un arc du cercle excentrique, semblable à celui de l'épicycle, mais l'excentrique tournera autour du centre du zodiaque, dans le même sens que la lune, d'une quantité égale à l'excès du mouvement en

longitude sur celui de l'anomalie, c'est
à-dire que l'arc du cercle concentrique
sera plus grand de cette quantité, que
celui de l'épicycle. Car ainsi, non seulement il y aura égalité dans les rapports, mais encore les similitudes des
temps de l'un et l'autre mouvement,
seront sauvées dans les deux hypothèses.

Tout cela supposé comme
conséquence nécessaire des premières suppositions, soit ABG
le cercle concentrique à l'écliptique décrit autour du centre D
et sur le diamètre AD, et l'épicycle EZ autour du centre G.
Supposons que l'épicycle étant en A, et la
lune en E, celle-ci étoit dans l'apogée de
l'épicycle; que dans un même temps l'é-
picycle ait parcouru l'arc AG, et la
lune l'arc EZ; joignons ED et GZ.
Puisque l'arc AG est trop grand pour
être semblable à l'arc EZ, prenez BG
semblable à EZ, et joignez BD. Il est
évident que dans un temps égal, l'excentrique a fait un mouvement angulaire ADB différence des deux (AG et
BG), et que son centre et son apogée
sont devenus dans la droite BD. Car soit
GZ égale prise DH, et joignez ZH, et du
centre H et de la distance HZ, décrivez l'excentrique ZT. Je dis que le rapport de ZH
à HD sera le même que celui de DG à GZ;
et, dans cette hypothèse, la lune sera
sur le point Z, c'est-à-dire que l'arc ZT
sera semblable à l'arc EZ. Car puisque

ἐπὶ τὰ αὐτὰ τῇ σελήνῃ περὶ τὸ κέντρον
τοῦ ζωδιακοῦ τηλικαύτην, ἡλίκη μείζων
ἐςὶν ἡ κατὰ μῆκος πάροδος τῆς κατὰ
τὴν ἀνωμαλίαν, τουτέςιν ἡ γινομένη τοῦ
ὁμοκέντρου σπεριφέρεια τῆς τοῦ ἐπικύκλῳ.
Οὕτω γὰρ ἂν οὐ μόνον αἱ τῶν λόγων,
ἀλλὰ καὶ αἱ τῶν χρόνων ἑκατέρας τῶν
κινήσεων ὁμοιότητες ἐν ἀμφοτέραις ταῖς
ὑποθέσεσι διασώζοιντο.

Τούτων δὴ κατὰ τὸ ἀκό-
λουθον αὐτόθεν ἀναγκαίως ὑποκειμένων, ἔςω ὁ μὲν ὁμόκεντρος
τῷ διὰ μέσων τῶν ζωδίων
κύκλος ὁ ΑΒΓ περὶ κέντρον τὸ
Δ καὶ διάμετρον τὴν ΑΔ, ὁ δὲ
ἐπίκυκλος ὁ ΕΖ περὶ κέντρον τὸ
Γ. Ὑποκείσθω δὲ ὅτι μὲν ᾖ ὁ ἐπίκυκλος
κατὰ τὸ Α, καὶ ἡ σελήνη κατὰ τὸ Ε,
ἀπόγειον τοῦ ἐπικύκλου γεγενημένη ἐν
τῷ ἴσῳ δὲ χρόνῳ, ὁ μὲν ἐπίκυκλος τὴν
ΑΓ περιφέρειαν διεληλυθὼς, ἡ δὲ σελήνη
τὴν ΕΖ, καὶ ἐπεζεύχθωσαν αἱ ΕΔ ΓΖ.
Καὶ ἐπεὶ μείζων ἐςὶν ἡ κατὰ τὸ ὅμοιον ἡ
ΑΓ περιφέρεια τῆς ΕΖ, ἀπειλήφθω ἡ
ΒΓ ὁμοία τῇ ΕΖ, καὶ ἐπεζεύχθω ἡ ΒΔ.
Ὅτι μὲν οὖν ἐν τῷ ἴσῳ χρόνῳ καὶ ὁ ἔκκεντρος τὴν ὑπὸ ΑΔΒ γωνίαν τῆς τῶν παρόδων ἀμφοτέρων ὑπεροχῆς κεκίνηται, καὶ
γέγονεν αὐτοῦ τό τε κέντρον καὶ τὸ ἀπόγειον ἐπὶ τῆς ΒΔ, φανερόν. Τούτου δ᾽ οὕτως
ἔχοντος, κείσθω τῇ ΓΖ ἴσῃ ἡ ΔΗ, καὶ ἐπεζεύχθω ἡ ΖΗ, καὶ κέντρῳ τῷ Η, διαςήματι δὲ τῷ ΗΖ, γεγράφθω ὁ ἔκκεντρος
κύκλος ὁ ΖΘ· λέγω ὅτι καὶ ὁ μὲν τῆς
ΖΗ πρὸς ΗΔ λόγος, ὁ αὐτὸς ἔςαι τῷ τῆς
ΔΓ πρὸς ΓΖ· καὶ κατὰ ταύτην δὲ τὴν

ὑπόθεσιν ἡ σελήνη κατὰ τὸ Ζ σημεῖον
ἔςαι, τουτέςιν ὁμοία καὶ ἡ ΖΘ περιφέρεια ἔςαι τῇ ΕΖ. Ἐπεὶ γὰρ ἴση ἐςὶν ἡ ὑπὸ
ΒΔΓ γωνία τῇ ὑπὸ ΕΓΖ, παράλληλός
ἐςιν ἡ ΓΖ τῇ ΔΗ, καὶ ἔςιν ἴση ἡ ΓΖ τῇ
ΔΗ, καὶ ἡ ΖΗ ἄρα τῇ ΓΔ ἴση τέ ἐςι καὶ
παράλληλος, καὶ ὁ τῆς ΖΗ πρὸς ΗΔ λόγος ὁ αὐτὸς τῷ τῆς ΔΓ πρὸς ΓΖ. Πάλιν
ἐπεὶ παράλληλός ἐςιν ἡ ΔΓ τῇ ΗΖ, ἴση
ἐςὶν ἡ ὑπὸ ΓΔΒ γωνία τῇ ὑπὸ ΖΗΘ,
ὑπέκειτο δὲ καὶ ἡ ὑπὸ ΓΔΒ τῇ ὑπὸ ΕΓΖ
ἴση, ὥστε καὶ ἡ ΖΘ περιφέρεια τῇ ΕΖ
ὁμοία ἐςίν· ἐν τῷ ἴσῳ ἄρα χρόνῳ καθ'
ἑκατέραν τῶν ὑποθέσεων κατὰ τὸ Ζ σημεῖον γέγονεν ἡ σελήνη, ἐπειδήπερ αὐτὴ
μὲν τήν τε ΕΖ τοῦ ἐπικύκλου καὶ τὴν ΘΖ
τοῦ ἐκκέντρου περιφερείας ὁμοίας δεδειγ-
μένας κεκίνηται, τὸ δὲ τοῦ ἐπικύκλου
κέντρον τὴν ΑΓ, τὸ δὲ τοῦ ἐκκέντρου τὴν
ΑΒ, ὑπεροχὴν τῆς ΑΓ πρὸς τὴν ΕΖ· ὅπερ
ἔδει δεῖξαι.

Ὅτι κἂν ὅμοιοι μόνον ὦσιν
οἱ λόγοι, καὶ μὴ ἴσοι, μήτε
αὐτοὶ μήτε ὁ ἔκκεντρος τῷ
ὁμοκέντρῳ, τὸ αὐτὸ πάλιν συμβαίνει, καὶ οὕτως ἡμῖν ἔςαι δῆ-
λον· διαγεγράφθω γὰρ χωρὶς
ἑκατέρα τῶν ὑποθέσεων, καὶ
ἔςω ὁ μὲν ὁμόκεντρος τῷ διὰ μέσων τῶν
ζωδίων κύκλος ὁ ΑΒΓ, περὶ κέντρον τὸ Δ
καὶ διάμετρον τὴν ΑΔ, ὁ δὲ ἐπίκυκλος
ὁ ΕΖ περὶ κέντρον τὸ Γ, ἡ δὲ σελήνη
κατὰ τὸ Ζ· καὶ πάλιν ὁ μὲν ἔκκεντρος
κύκλος ὁ ΗΘΚ περὶ κέντρον τὸ Λ καὶ
διάμετρον τὴν ΘΛΜ, ἐφ' ἧς τὸ τοῦ

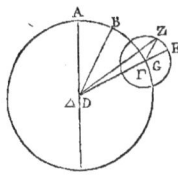

I.

l'angle BDG est égal à l'angle EGZ, GZ
est parallèle à DH, et GZ est égale à DH,
donc ZH est égale et parallèle à GD, et
le rapport de ZH à HD est le même que
celui de DG à GZ. De plus, puisque DG
est parallèle à HZ, l'angle GDB est égal à
l'angle ZHT, mais l'angle GDB a été supposé égal à l'angle EGZ, et par conséquent
l'arc ZT est semblable à l'arc EZ; donc
dans l'une et l'autre hypothèse, la lune
est arrivée au point Z dans le même
temps, parceque dans le même temps
elle a parcouru l'arc EZ de l'épicycle et
l'arc TZ de l'excentrique, tous deux
démontrés semblables, et que le centre
de l'épicycle a parcouru l'arc AG, et celui
de l'excentrique l'arc AB, excès de AG
sur EZ. C'est ce qu'il falloit démontrer.

Il est évident aussi, que si
les rapports ne sont que semblables, et non égaux ni les
mêmes, et si l'excentrique
n'est pas égal au concentrique, la même chose a lieu
encore. Voici comment je le
prouve, en figurant chacune des deux
hypothèses à part : soit ABG le cercle
concentrique au cercle mitoyen du zodiaque, décrit autour du centre D et
sur le diamètre AD, l'épicycle EZ autour du centre G, et supposons la lune
en Z. Soit encore le cercle excentrique

31

HTK autour du centre L et sur le diamètre TLM, sur lequel soit M le centre du zodiaque, la lune étant au point K. Joignez DGE, GZ, DZ dans la première de ces figures; et HM, KM, KL, dans celle-ci. Supposez le rapport de DG à GE le même que celui de TL à LM; et, dans un temps égal, que l'épicycle fasse le mouvement angulaire ADG, tandis que la lune se meut sous l'angle EGZ; et que l'excentrique fasse le mouvement angulaire HMT, tandis que la lune se meut sous l'angle TLK. A cause des rapports supposés égaux des mouvemens, l'angle EGZ sera égal à l'angle TLK, et l'angle ADG aux deux angles HMT et TLK. Cela étant, je dis que dans ces deux hypothèses, la lune paroîtra encore avoir parcouru un arc égal, dans le même temps, c'est-à-dire que l'angle ADZ égalera l'angle HMK. Car au commencement de l'intervalle, la lune étant dans les apogées, paroissoit suivant les droites DA et MH; et étant à la fin dans les points Z et K, elle paroît suivant les droites ZD, MK. Prenez BG semblable à chacun des arcs TK et EZ, et joignez BD : puisque KL est à LM comme DG est à GZ, et que les côtés des angles égaux en G et en L sont proportionnels, le triangle GDZ est équiangle au triangle KLM, et les angles opposés aux côtés homologues sont égaux; donc l'angle GZD est égal à l'angle LMK. Mais l'angle BDZ est égal à l'angle GZD à cause du parallélisme des

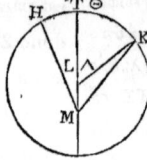

ζωδιακοῦ κέντρου ἔσω τὸ Μ, τὸ δὲ Κ σημεῖον ἡ σελήνη· καὶ ἐπεζεύχθωσαν ἐκεῖ μὲν αἱ ΔΓΕ, ΓΖ, ΔΖ, ἐνθάδε αἱ ΗΜ, ΚΜ, ΚΛ· ὑποκείσθω δὲ ὁ τῆς ΔΓ πρὸς ΓΕ λόγος ὁ αὐτὸς τῷ τῆς ΘΛ πρὸς ΛΜ, κ, κεκινήσθωσαν ἐν τῷ ἴσῳ χρόνῳ, ὁ μὲν ἐπίκυκλος τὴν ὑπὸ ΑΔΓ γωνίαν, καὶ ἡ σελήνη πάλιν τὴν ὑπὸ ΕΓΖ, ὁ δὲ ἔκκεντρος τὴν ὑπὸ ΗΜΘ γωνίαν, καὶ ἡ σελήνη πάλιν τὴν ὑπὸ ΘΛΚ. Ἴση ἄρα ἐςὶ, διὰ τὰς ὑποκειμένας τῶν κινήσεων λόγους, ἡ μὲν ὑπὸ ΕΓΖ γωνία τῇ ὑπὸ ΘΛΚ, ἡ δὲ ὑπὸ ΑΔΓ συναμφοτέραις τῇ τε ὑπὸ ΗΜΘ, καὶ τῇ ὑπὸ ΘΛΚ. Τούτου δὲ οὕτως ἔχοντος, λέγω ὅτι πάλιν καθ' ἑκατέραν τῶν ὑποθέσεων, ἐν τῷ ἴσῳ χρόνῳ, τὴν ἴσην περιφέρειαν ἡ σελήνη φανήσεται διεληλυθυῖα, τουτέςιν ὅτι ἴση ἐςὶν ἡ ὑπὸ ΑΔΖ γωνία τῇ ὑπὸ ΗΜΚ. Ἐπειδὴ κατὰ μὲν τὴν ἀρχὴν τῆς διαςάσεως, ἐπὶ τῶν ἀπογείων οὖσα ἡ σελήνη, κατὰ τῶν ΔΑ καὶ ΜΗ εὐθειῶν ἐφαίνετο, κατὰ δὲ τὸ τέλος ἐπὶ τῶν Ζ καὶ Κ σημείων οὖσα, διὰ τῶν ΖΔ, ΜΚ. Κείσθω δὴ ἑκατέρα τῶν ΘΚ καὶ ΕΖ περιφερειῶν ὁμοία πάλιν ἡ ΒΓ, καὶ ἐπεζεύχθω ἡ ΒΔ. Ἐπεὶ τοίνυν ἐςὶν ὡς ἡ ΔΓ πρὸς ΓΖ, ἡ ΚΛ πρὸς ΛΜ, καὶ περὶ ἴσας γωνίας τὰς πρὸς τοῖς Γ, Λ σημείοις αἱ πλευραὶ ἀνάλογον, ἰσογώνιόν ἐςι τὸ ΓΔΖ τρίγωνον τῷ ΚΛΜ τριγώνῳ, καὶ ὑπὸ τὰς ἀνάλογον πλευρὰς αἱ γωνίαι ἴσαι. Ἴση ἄρα ἐςὶν ἡ ὑπὸ ΓΖΔ γωνία τῇ ὑπὸ ΛΜΚ. Ἀλλὰ καὶ ἡ ὑπὸ ΒΔΖ τῇ ὑπὸ ΓΖΔ ἴση, διὰ τὸ παραλλήλους εἶναι τὰς

ΓΖ, ΒΔ, ἴσων ὑποκειμένων τῶν ὑπὸ ΖΓΕ, ΒΔΓ γωνιῶν, ἴση ἄρα καὶ ἡ ὑπὸ ΖΔΒ γωνία τῇ ὑπὸ ΛΜΚ. Ὑπόκειται δὲ καὶ ἡ ὑπὸ ΑΔΒ τῆς ὑπεροχῆς τῶν κινήσεων τῇ ὑπὸ ΗΜΘ τοῦ ἐκκέντρου παρόδῳ ἴση· καὶ ὅλη ἄρα ἡ ὑπὸ ΑΔΖ ἴση ἐςὶν ὅλη τῇ ὑπὸ ΚΜΗ· ὅπερ προέκειτο δεῖξαι.

droites GZ et BD, donc, les angles ZGE, BDG, étant égaux, l'angle ZDB sera égal à l'angle LMK. Or l'angle ADB de l'excès des mouvemens est supposé égal au mouvement angulaire HMT de l'excentrique; donc l'angle entier ADZ est égal à l'angle entier KMH. C'est ce qu'il falloit démontrer.

ΚΕΦΑΛΑΙΟΝ Ε.

ΑΠΟΔΕΙΞΙΣ ΤΗΣ ΠΡΩΤΗΣ ΚΑΙ ΑΠΛΗΣ ΑΝΩΜΑΛΙΑΣ ΤΗΣ ΣΕΛΗΝΗΣ.

CHAPITRE V.

DÉMONSTRATION DE LA PREMIÈRE ET SIMPLE ANOMALIE DE LA LUNE.

ΤΑΥΤΑ μὲν οὖν μέχρι τοσούτων ἡμῖν προτεθεωρήσθω. Ποιησόμεθα δὲ τὴν ἀπόδειξιν τῆς ἐκκειμένης σεληνιακῆς ἀνωμαλίας, ἐπὶ τῆς κατ' ἐπίκυκλον ὑποθέσεως δι' ἣν εἴπομεν αἰτίαν· τὸ μὲν πρῶτον ἀφ' ὧν ἔχομεν ἀρχαιοτάτων ἐκλείψεων, τρισὶ ταῖς ἀδιςάκτως δοκúσαις ἀναγεγράφθαι συγχρησάμενοι· ἐφεξῆς δὲ καὶ ἀπὸ τῶν ἐν τῷ νῦν χρόνῳ τρισὶ πάλιν ταῖς ὑφ' ἡμῶν αὐτῶν ἀκριβέςατα τετηρημέναις. Οὕτω γὰρ ἂν ἥτε ἐξέτασις ἡμῖν ὑπάρξει, δι' ὅσου τε μάλιςα δυνατὸν ἦν μακροῦ χρόνου, καὶ ἄλλως φανερὸν ἔςαι, διότι τό τε παρὰ τὴν ἀνωμαλίαν διάφορον τὸ αὐτὸ ἐξ ἀμφοτέρων τῶν δείξεων ἔγγιςα ἀποβήσεται, καὶ ἡ τῶν μέσων κινήσεων ἐπουσία σύμφωνος ἀεὶ εὑρεθήσεται τῇ κατὰ τοὺς ἐκκειμένους περιοδικοὺς χρόνους, κατὰ τὴν ἡμετέραν διόρθωσιν ἐπισυναγομένη. Πρὸς δὴ τὴν δεῖξιν τῆς πρώτης καὶ ὡς καθ' αὐτὴν θεωρουμένης ἀνωμαλίας, ἡ κατ' ἐπίκυκλον ὑπόθεσις, ὡς ἔφαμεν, περιεχέτω τὸν τρόπον τῦτον.

APRÈS ces propositions générales, nous allons exposer l'anomalie de la lune, dans l'hypothèse de l'épicycle, pour la raison que nous avons dite. Nous choisirons d'abord trois éclipses qui paroissent avoir été bien observées par les anciens : ensuite parmi celles qui sont arrivées de notre temps, nous en prendrons trois que nous avons observées nous-mêmes avec la plus grande attention. En prenant ainsi les plus grands intervalles possibles, on verra que la différence que présente l'anomalie, est la même dans les uns et dans les autres, et que la somme des mouvemens moyens se trouvera d'accord avec le résultat de notre correction pour la somme des mouvemens qui se font dans les temps périodiques que nous avons exposés. Voici donc, pour la démonstration de la première anomalie considérée en elle-même, comment j'établis l'hypothèse de l'épicycle que j'ai choisie de préférence.

Imaginons dans la sphère de la lune, un cercle concentrique à l'écliptique ou cercle mitoyen du zodiaque et dans le même plan ; et un autre cercle incliné à ce cercle concentrique, de la quantité dont la lune s'écarte en latitude, et emporté uniformément contre l'ordre des signes autour du centre de l'écliptique, d'une vitesse égale à l'excès du mouvement en latitude sur le mouvement en longitude (a). Nous supposons que sur ce cercle incliné est porté le cercle appelé épicycle qui se meut uniformément aussi, mais selon l'ordre des signes, suivant la restitution en latitude qui, rapporté à l'écliptique, constitue le mouvement en longitude ; et enfin sur cet épicycle, la lune quelque part dans l'arc apogée, avançant contre l'ordre des signes, conformément à la restitution de l'anomalie. Nous n'avons pas besoin, pour cette explication, de nous embarrasser du mouvement en latitude, ni de l'inclinaison de l'orbite de la lune, qui n'affecte que d'une manière insensible le mouvement en longitude (b).

Des trois éclipses anciennes que nous avons choisies parmi celles qui ont été observées à Babylone, il est écrit que la première arriva dans la première année de Mardocempad, du 29 au 30 du mois égyptien Thoth. Elle commença, est-il dit, à s'éclipser, lorsqu'il y avoit déjà plus

Νοείσθω γὰρ ἐν τῇ τῆς σελήνης σφαίρᾳ κύκλος ὁμόκεντρός τε καὶ ἐν τῷ αὐτῷ ἐπιπέδῳ κείμενος τῷ διὰ μέσων τῶν ζωδίων, πρὸς δὲ τοῦτον ἕτερος ἐγκεκλιμένος ἀναλόγως τῇ πηλικότητι τῆς κατὰ πλάτος παρόδου τῆς σελήνης, περιφερόμενος ὁμαλῶς εἰς τὰ προηγούμενα περὶ τὸ κέντρον τοῦ διὰ μέσων τῶν ζωδίων κύκλου τοσοῦτον, ὅσον ἡ κατὰ πλάτος κίνησις ὑπερέχει τῆς κατὰ μῆκος. Ἐπὶ μὲν οὖν τοῦ λοξοῦ τούτου κύκλου φερόμενον ὑποτιθέμεθα τὸν καλούμενον ἐπίκυκλον, ὁμαλῶς πάλιν εἰς τὰ ἑπόμενα τοῦ κόσμου, ἀκολούθως τῇ κατὰ πλάτος ἀποκαταστάσει, ἥτις δηλονότι πρὸς αὑτὸν τὸν διὰ μέσων τῶν ζωδίων θεωρουμένη, τὴν κατὰ μῆκος ποιεῖται κίνησιν· ἐπὶ δὲ αὐτοῦ τοῦ ἐπικύκλου τὴν σελήνην ὡς κατὰ τὴν ἀπόγειον περιφέρειαν εἰς τὰ προηγούμενα τοῦ κόσμου τὴν μετάβασιν ποιουμένην ἀκολούθως τῇ τῆς ἀνωμαλίας ἀποκαταστάσει. Πρὸς μέντοι τὴν ὑποκειμένην δεῖξιν οὐδὲν ἂν παραποδιζοίμεθα, μήτε τῆς διὰ τὸ πλάτος προηγήσεως, μήτε τῆς λοξώσεως τοῦ σεληνιακοῦ κύκλου συμπαραλαμβανομένης, οὐδεμιᾶς ἀξιολόγου διαφορᾶς τῇ κατὰ μῆκος παρόδῳ προσγινομένης ἐκ τῆς ἐπὶ τοσοῦτον ἐγκλίσεως.

Ὧν τοίνυν εἰλήφαμεν παλαιῶν τριῶν ἐκλείψεων ἐκ τῶν ἐν Βαβυλῶνι τετηρημένων, ἡ μὲν πρώτη ἀναγέγραπται γεγονυῖα τῷ πρώτῳ ἔτει Μαρδοκεμπάδου, κατ' Αἰγυπτίους Θωθ κθ εἰς τὴν λ. Ἤρξατο δέ, φησιν, ἐκλείπειν μετὰ τὴν ἀνατολὴν, μιᾶς ὥρας ἱκανῶς παρελθούσης,

καὶ ἐξέλιπεν ὅλη. Ἐπειδὴ οὖν ὁ ἥλιος περὶ τὰ ἔσχατα τῶν ἰχθύων ἦν, καὶ ἡ νὺξ ὡρῶν ἰσημερινῶν ιβ ἔγγιϛα, ἡ μὲν ἀρχὴ τῆς ἐκλείψεως ἐγένετο δηλονότι πρὸ δ̄ ϛ̄" ὡρῶν ἰσημερινῶν τοῦ μεσονυκτίου· ὁ δὲ μέσος χρόνος, ἐπειδήπερ τελεία ἦν ἡ ἔκλειψις, πρὸ β̄ ϛ̄" ὡρῶν. Ἐν Ἀλεξανδρείᾳ ἄρα, ἐπειδήπερ πρὸς τὸν δι' αὐτῆς μεσημβρινὸν τὰς ὡριαίας ἐποχὰς συνιϛάμεθα, προηγεῖται δὲ ὁ δι' αὐτῆς μεσημβρινὸς τοῦ διὰ Βαβυλῶνος ἡμίσει καὶ τρίτῳ ἔγγιϛα μιᾶς ὥρας ἰσημερινῆς, ὁ μέσος χρόνος γέγονε τῆς προκειμένης ἐκλείψεως πρὸ τριῶν καὶ τρίτου ὡρῶν ἰσημερινῶν τοῦ μεσονυκτίου, καθ' ἣν ὥραν ὁ ἥλιος κατὰ τοὺς ἐκτεθειμένους ἡμῖν ἐπιλογισμοὺς ἐπεῖχεν ἀκριβῶς τῶν ἰχθύων μοίρας κδ̄ ϛ̄" ἔγγιϛα.

Ἡ δὲ δευτέρα τῶν ἐκλείψεων ἀναγέγραπται γεγονυῖα τῷ δευτέρῳ ἔτει τοῦ αὐτοῦ Μαρδοκεμπάδου κατ' Αἰγυπτίους Θωθ ῑη̄ εἰς τὴν ῑθ̄. Ἐξέλιπε δέ, φησιν, ἀπὸ νότου δακτύλους τρεῖς αὐτοῦ τοῦ μεσονυκτίου. Ἐπεὶ οὖν ὁ μέσος χρόνος ἐν Βαβυλῶνι φαίνεται γεγονὼς κατ' αὐτὸ τὸ μεσονύκτιον, ἐν Ἀλεξανδρείᾳ ὀφείλει γεγονέναι πρὸ ϛ̄ καὶ γ̄" μέρους μιᾶς ὥρας τοῦ μεσονυκτίου, καθ' ἣν ὥραν ὁ ἥλιος ἐπεῖχεν ἀκριβῶς τῶν ἰχθύων μοίρας ῑγ̄ ϛ̄ δ̄".

Ἡ δὲ τρίτη τῶν ἐκλείψεων ἀναγέγραπται γεγονυῖα τῷ αὐτῷ δευτέρῳ ἔτει τῦ Μαρδοκεμπάδου κατ' Αἰγυπτίους Φαμενὼθ ῑε̄ εἰς τὴν ῑϛ̄. Ἤρξατο δέ, φησιν, ἐκλείπειν μετὰ τὴν ἀνατολὴν, καὶ ἐξέλιπεν ἀπ' ἄρκτων πλεῖον τῦ ἡμίσυς. Ἐπειδὴ οὖν ὁ

d'une heure qu'elle étoit levée (c), et l'éclipse fut totale. Puisqu'alors le soleil étoit à l'extrémité des poissons, et que la nuit étoit de douze heures équinoxiales à peu près, l'éclipse commença donc quatre heures et demie équinoxiales avant minuit; et le milieu de l'éclipse, puisqu'elle fut totale, eut lieu à deux heures et demie avant minuit (d). Par conséquent pour Alexandrie, puisque c'est au méridien de cette ville que nous rapportons les temps, et que ce méridien est d'environ une demie et un tiers d'heure équinoxiale à l'occident de celui de Babylone, ce milieu répond à trois heures $\frac{1}{3}$ équinoxiales avant minuit, heure à laquelle, suivant le calcul que nous avons fait, le lieu vrai du soleil étoit sur 24d $\frac{1}{6}$ environ, des poissons.

La seconde éclipse arriva la seconde année du même Mardocempad, dans la nuit du 18 au 19 du mois égyptien Thoth. On rapporte qu'elle fut de trois doigts du côté austral. Ainsi, puisque le milieu paroît être arrivé à minuit même à Babylone, il doit avoir été vu à (e) Alexandrie à une demie et un tiers d'heure avant minuit, le soleil étant précisément sur 13d $\frac{1}{2}$ $\frac{1}{4}$ des poissons.

(f) La troisième de ces éclipses est attribuée à la même seconde année de Mardocempad, dans la nuit du 15 au 16 du mois égyptien Phamenoth. On dit qu'elle commença après le lever, et qu'elle fut de plus de la moitié du côté des ourses. Comme le soleil étoit alors

au commencement de la vierge, la longueur de la nuit se trouvoit donc être à Babylone de onze heures équinoxiales à peu près, et la moitié de la nuit, de 5 heures et demie. Donc l'éclipse commença 5 heures tout au plus avant minuit, puisqu'elle commença après le lever, et son milieu fut à 3 heures $\frac{1}{2}$ avant minuit. Tout le temps de l'obscurcissement devant avoir été de trois heures à très-peu près, pour une éclipse de cette grandeur, il s'ensuit que pour Alexandrie, le milieu de cette éclipse fut à 4 $\frac{1}{4}$ heures équinoxiales avant minuit, heure où le soleil se trouvoit réellement sur 3^{d} $\frac{1}{4}$ à peu près, de la vierge.

(g) Il est clair maintenant que du milieu de la première éclipse à celui de la seconde, le soleil, et aussi la lune, ont parcouru en outre des circonférences entières, 349^{d} $15'$; et du milieu de la seconde éclipse à celui de la troisième (h), 169^{d} $30'$. Mais les (i) intervalles de temps sont, du milieu de la première éclipse à celui de la seconde, de 354 jours 2 heures $\frac{1}{2}$ équinoxiales, ou de 2 heures $\frac{1}{2} \frac{1}{15}$ de nychthémères moyens; et du milieu de la seconde à celui de la troisième, de 176 jours et 20 $\frac{1}{2}$ heures équinoxiales estimées grossièrement, ou exactement de 20 heures $\frac{4}{5}$. Or, en 354 jours et 2 heures $\frac{1}{2} \frac{1}{15}$ équinoxiales, le mouvement moyen de la lune, (car en suivant les mouvemens vrais, on n'y trouvera, pour cet espace de temps, aucune différence sensible), lui fait parcourir 306^{d} $25'$ d'anomalie, en

ἥλιος περὶ τὴν ἀρχὴν ἦν τῆς παρθένε, τὸ μὲν τῆς νυκτὸς μέγεθος ἐν Βαβυλῶνι ιαʹ ἔγγιϛα ὡρῶν ἐτύγχανεν ἰσημερινῶν, τὸ δὲ ἥμισυ τῆς νυκτός εʹ ϛʹ ὡρῶν. Καὶ ἡ μὲν ἀρχὴ ἄρα τῆς ἐκλείψεως γίγονε πρὸ πέντε μάλιϛα ὡρῶν ἰσημερινῶν τοῦ μεσονυκτίου, διὰ τὸ μετὰ τὴν ἀνατολὴν ἦρχθαι, ὁ δὲ μέσος χρόνος πρὸ γ̄ ϛʹ ὡρῶν. Ἐπειδήπερ ὁ πᾶς χρόνος τῷ τηλικύτῃ μεγέθους τῆς ἐπισκοτήσεως τριῶν ἔγγιϛα ὡρῶν ὀφείλει γεγονέναι· ἐν Ἀλεξανδρείᾳ πάλιν ἄρα ὁ μέσος χρόνος τῆς ἐκλείψεως ἀπετελέϑη πρὸ δ̄ καὶ γ̄ ὡρῶν ἰσημερινῶν τοῦ μεσονυκτίου, καθ᾽ ἣν ὥραν ὁ ἥλιος ἐπεῖχεν ἀκριβῶς τῆς παρθένου μοίρας γ̄ δ῀ ἔγγιϛα.

Φανερὸν οὖν ὅτι ἀπὸ μὲν τοῦ μέσου χρόνου τῆς πρώτης ἐκλείψεως ἐπὶ τὸν τῆς δευτέρας κεκίνηται ὁ ἥλιος, τουτέϛι καὶ ἡ σελήνη μεθ᾽ ὅλους κύκλους μοίρας τμθ ιεʹ, ἀπὸ δὲ τοῦ τῆς δευτέρας ἐκλείψεως μέσου χρόνου ἐπὶ τὸν τῆς τρίτης, μοίρας ρξθ λʹ. Ἀλλὰ κὴ ἡ τῶν μεταξὺ χρόνων διάϛασις, ἀπὸ μὲν τοῦ πρώτου ἐπὶ τὸν δεύτερον ἡμέρας περιέχει τνδ καὶ ὥρας ἰσημερινάς, ἁπλῶς μὲν οὕτω θεωροῦσι, δύο ἥμισυ, πρὸς δὲ τὸν τῶν ὁμαλῶν νυχϑημέρων ἐπιλογισμὸν δύο ἥμισυ πεντεκαιδέκατον· ἀπὸ δὲ τῷ δευτέρῳ ἐπὶ τὸν τρίτον, ἡμέρας ροϛ καὶ ὥρας ἰσημερινὰς ἁπλῶς μὲν πάλιν κ̄ ϛʹ, ἀκριβῶς δὲ κ̄ καὶ πέμπτον. Κινεῖται δὲ ὁμαλῶς ἡ σελήνη· πρὸς γὰρ τὸν τοσοῦτον χρόνον οὐδὲν αἰσθητῷ διοίσει, κἂν ταῖς σύνεγγυς τῶν ἀκριβῶν περιόδων τις ἀκολουθήσῃ, ἐν μὲν ταῖς τνδ ἡμέραις καὶ ὥραις ἰσημεριναῖς β̄ ϛʹ ιεʹ, ἀνωμαλίας μὲν

μεθ' ὅλους κύκλους μοίρας τϛ κε΄, μήκους
δὲ μοίρας τμε να΄· ἐν δὲ ταῖς ροϛ ἡμέραις
καὶ ὥραις ἰσημεριναῖς κ καὶ ε΄΄, ἀνωμαλίας
μὲν μοίρας ρν κϛ΄, μήκους δὲ μοίρας ρο ζ΄
ἔγγιστα. Δῆλον οὖν ὅτι αἱ μὲν τῆς πρώτης
διαϛάσεως τοῦ ἐπικύκλου μοῖραι τϛ κε΄
προστεθείκασι τῇ μέσῃ κινήσει τῆς σελήνης μοίρας γ κδ΄, αἱ δὲ τῆς δευτέρας
διαϛάσεως μοῖραι ρν κϛ΄ ἀφηρήκασι τῆς
μέσης κινήσεως μοίρας ο λζ΄.

Τούτων ὑποκειμένων, ἔϛω
ὁ τῆς σελήνης ἐπίκυκλος ὁ ΑΒΓ,
καὶ τὸ μὲν Α σημεῖον ἔϛω καθ'
οὗ ἦν ἡ σελήνη ἐν τῷ μέσῳ χρόνῳ
τῆς πρώτης ἐκλείψεως, τὸ δὲ Β
καθ' οὗ ἦν ἐν τῷ μέσῳ χρόνῳ
τῆς δευτέρας ἐκλείψεως, τὸ δὲ
Γ καθ' οὗ ἦν ἐν τῷ μέσῳ χρόνῳ
τῆς τρίτης ἐκλείψεως. Νοείϛω
δὲ ἡ τῆς σελήνης ἐπὶ τοῦ ἐπικύκλου μετάβασις, ὡς ἀπὸ
τοῦ Β ἐπὶ τὸ Α, καὶ ἀπὸ
τοῦ Α ἐπὶ τὸ Γ γινομένη,
ὥϛε τὴν μὲν ΑΓΒ περιφέρειαν,
ἣν ἐπικεκίνηται ἀπὸ τῆς πρώ-
της ἐκλείψεως ἐπὶ τὴν δευτέραν, μοιρῶν
οὖσαν τϛ κε΄, προστιθέναι τῇ μέσῃ μοίρας γ κδ΄, τὴν δὲ ΒΑΓ, ἣν κεκίνηται ἀπὸ
τῆς δευτέρας ἐκλείψεως ἐπὶ τὴν τρίτην,
μοιρῶν οὖσαν ρν κϛ΄, ἀφαιρεῖν τῆς μέσης,
μοίρας ο λζ΄, διὰ τοῦτο δὲ καὶ τὴν μὲν
ἀπὸ τοῦ Β ἐπὶ τὸ Α πάροδον, μοιρῶν
οὖσαν νγ λε΄, ἀφαιρεῖν τῆς μέσης τὰς
αὐτὰς μοίρας γ κδ΄, τὴν δὲ ἀπὸ τοῦ Α
ἐπὶ τὸ Γ, μοιρῶν οὖσαν ϟϛ να΄, προστιθέναι τῇ μέσῃ μοίρας β μζ΄. Ὅτι μὲν οὖν

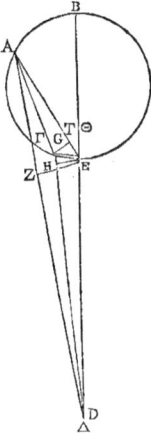

outre des circonférences entières, et
345ᵈ 51′ de longitude; et pendant 176
jours 20 ½ heures équinoxiales, 150ᵈ
26′ d'anomalie, et 170ᵈ 7′ environ de
longitude (*j*). Il est donc évident que
les 306ᵈ 25′ de l'épicycle ont ajouté au
moyen mouvement de la lune, 3ᵈ 24′
dans le premier intervalle, et que les 150ᵈ
26′ dans le second, en ont ôté 0ᵈ 37′.

Cela posé, soit ABG l'épicycle de la lune; A, le point
où se trouvoit la lune au milieu de la première éclipse, B,
celui où elle étoit au milieu
de la seconde, et G dans la
troisième. Concevez la lune allant de B en A et de A en G,
ensorte que l'arc AGB qu'elle
a parcouru depuis la première
éclipse jusqu'à la seconde,
étant de 306ᵈ 25′, ajoute 3ᵈ 24′
au mouvement moyen, et que
l'arc BAG parcouru depuis la seconde
éclipse jusqu'à la troisième, étant de
150ᵖ 26′, en retranche 0ᵈ 37′ (*k*). Pour
cette raison, aussi, le mouvement de
B en A étant de 53ᵈ 35′′ (*l*), retranche du moyen mouvement 3ᵈ 24′;
et celui de A en G, qui est de 96ᵈ
51′, ajoute au moyen mouvement 2ᵈ
47′. Il est clair que le point le plus
périgée de l'épicycle ne peut pas être

sur l'arc ABG, parceque cet arc est soustractif (m) et plus petit que la demi-circonférence, le plus grand mouvement étant censé être au périgée.

Puis donc qu'il faut absolument que le périgée soit dans l'arc BEG, soit D le centre du cercle mitoyen du zodiaque, et de celui qui porte sur sa circonférence le centre de l'épicycle, et joignons les droites DA, DEB, DG, partant du même centre et passant par les éclipses des trois points. Et pour faciliter en général, l'application de ce théorême à toutes ces démonstrations, dans l'hypothèse, soit de l'épicycle, comme nous faisons ici; soit de l'excentrique, en prenant alors le centre D en dedans, prolongeons l'une des trois droites joignantes, comme dans la figure précédente; DEB jusqu'à l'arc opposé, par là, elle se trouve passer par le point E, étant menée du point B de la seconde (n) éclipse. Quant aux deux autres points des éclipses, joignons les par une droite comme ici AG, et du point E de la section faite par la droite prolongée, menons des droites telles que EA, EG, à ces deux auttres points. Abaissons des perpendiculaires sur les

οὐ δυνατὸν ἐπὶ τῆς ΒΑΓ περιφερείας τὸ περιγειότατον εἶναι τοῦ ἐπικύκλου, φανερὸν ἐκ τοῦ ἀφαιρετικήν τε ὑπάρχειν, καὶ ἐλάσσονα ἡμικυκλίου, τῆς μεγίστης κινήσεως κατὰ τὸ περίγειον ὑποκειμένης.

Ἐπεὶ δὲ πάντως ἐπὶ τῆς ΒΕΓ, εἰλήφθω τὸ κέντρον τοῦ τε διὰ μέσων τῶν ζωδίων κύκλου, καὶ τῦ φέροντος τὸ κέντρον τοῦ ἐπικύκλου, καὶ ἔσω τὸ Δ, καὶ ἐπεζεύχθωσαν ἀπ᾽ αὐτοῦ ἐπὶ τὰ τῶν τριῶν ἐκλείψεων σημεῖα εὐθεῖαι αἱ ΔΑ, ΔΕΒ, ΔΓ. Καθόλου τοίνυν, ἵνα καὶ πρὸς τὰς ὁμοίας δείξεις εὐεπίβολον τὴν μεταγωγὴν τοῦ θεωρήματος ποιώμεθα, ἐάν τε διὰ τῆς κατ᾽ ἐπίκυκλον ὑποθέσεως αὐτὰς ὡς νῦν δεικνύωμεν, ἐάν τε διὰ τῆς κατ᾽ ἐκκεντρότητα, τοῦ Δ κέντρου τότε ἐντὸς λαμβανομένου, μία μὲν τῶν ἐπιζευγνυμένων τριῶν εὐθειῶν ἐκβαλλέθω ἐπὶ τὴν ἀντικειμένην περιφέρειαν, ὡς ἐνθάδε τὴν ΔΕΒ, αὐτόθεν ἔχομεν διεκβεβλημένην ἐπὶ τὸ Ε σημεῖον ἀπὸ τοῦ Β τῆς δευτέρας ἐκλείψεως, τὰ δὲ λοιπὰ δύο σημεῖα τῶν ἐκλείψεων ἐπιζευγνύτω εὐθεῖα ὡς ἐνθάδε ἡ ΑΓ, καὶ ἀπὸ τῆς γενομένης τομῆς ὑπὸ τῆς ἐκβεβλημένης, οἷον τοῦ Ε, ἐπιζευγνύδωσαν μὲν ἐπὶ τὰ λοιπὰ δύο σημεῖα εὐθεῖαι ὡς ἐνθάδε αἱ ΕΑ, ΕΓ· κάθετοι δὲ ἀγέθωσαν ἐπὶ τὰς ἀπὸ τῶν λοιπῶν δύο

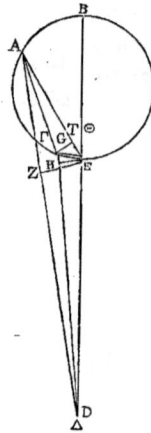

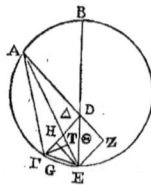

σημείων ἐπὶ τὸ τοῦ ζωδιακοῦ κέντρον
ἐπιζευγνυμένας εὐθείας, ἐπὶ μὲν τὴν ΑΔ
ἡ ΕΖ, ἐπὶ δὲ τὴν ΓΔ ἡ ΕΗ, καὶ ἔτι ἀπὸ
τοῦ ἑτέρου τῶν εἰρημένων δύο σημείων,
ὡς ἐνθάδε ἀπὸ τοῦ Γ, κάθετος ἀγέσθω
ἐπὶ τὴν, ἀπὸ τοῦ ἑτέρου αὐτῶν οἷον τοῦ
Α ἐπὶ τὴν γενομένην ὑπὸ τῆς διεκβολῆς
περισσὴν τομήν, οἷον τὸ Ε, ἐπιζευχθεῖσαν
εὐθεῖαν ὡς ἐνθάδε ἐπὶ τὴν ΑΕ ἡ ΓΘ.
Ὁπόθεν γὰρ ἂν χρησώμεθα τῇ τῆς καταγραφῆς ἀγωγῇ, τοὺς αὐτοὺς εὑρήσομεν ἐκβαίνοντας λόγους διὰ τῶν τῆς δείξεως ἀριθμῶν, τῆς ἐκλογῆς πρὸς τὸ
εὔχρηστον μόνον καταλειπομένης. Ἐπεὶ
τοίνυν ἡ ΒΑ περιφέρεια ὑποτείνουσα
ἐδείχθη τοῦ διὰ μέσων τῶν ζωδίων κύκλου μοίρας γ̅ κδ΄, εἴη ἂν καὶ ἡ ὑπὸ ΒΔΑ
γωνία πρὸς τῷ κέντρῳ αὐτοῦ οὖσα, οἵων
μέν εἰσιν αἱ τέσσαρες ὀρθαὶ τξ̅, τοιούτων
γ̅ κδ΄, οἵων δὲ αἱ δύο ὀρθαὶ τξ̅, τοιούτων ς̅ μη΄. Ὥστε καὶ ἡ μὲν ἐπὶ τῆς ΕΖ
εὐθείας περιφέρεια, τοιούτων ς̅ μη΄, οἵων
ὁ περὶ τὸ ΔΕΖ ὀρθογώνιον γραφόμενος κύκλος τξ̅· αὐτὴ δὲ ἡ ΕΖ εὐθεῖα τοιούτων ζ̅ ζ΄, οἵων ἐστὶν ἡ ΔΕ ὑποτείνουσα
ρκ̅. Ὁμοίως ἐπεὶ ἡ ΒΑ περιφέρεια μοιρῶν
ἐστι νγ̅ λε΄, εἴη ἂν καὶ ἡ ὑπὸ ΒΕΑ γωνία
πρὸς τῇ περιφερείᾳ οὖσα, τοιούτων νγ̅
λε΄, οἵων εἰσὶν αἱ δύο ὀρθαὶ τξ̅· τῶν δ᾽
αὐτῶν ἦν καὶ ἡ ὑπὸ ΒΔΑ γωνία ς̅ μη΄,
καὶ λοιπὴ ἄρα ἡ ὑπὸ ΕΑΖ γωνία τῶν αὐτῶν ἐστι μς̅ μζ΄. Ὥστε καὶ ἡ μὲν ἐπὶ τῆς
ΕΖ περιφέρεια τοιούτων ἐστὶ μς̅ μζ΄, οἵων
ὁ περὶ τὸ ΑΕΖ ὀρθογώνιον κύκλος τξ̅·
αὐτὴ δὲ ἡ ΕΖ εὐθεῖα τοιούτων μζ̅ λη΄ λ΄΄,
οἵων ἐστὶν ἡ ΕΑ ὑποτείνουσα ρκ̅, καὶ οἵων

τ.

droites qui menées de ces autres points,
passent par le centre du zodiaque, savoir EZ sur AD, et EH sur GD; et d'un
de ces deux mêmes points, comme ici
du point G, abaissons une perpendiculaire sur la droite menée de l'autre point,
comme de A, à la section principale E du
prolongement, comme ici GT sur AE. Car
de quelque manière que l'on s'y prenne,
on trouvera toujours les mêmes nombres
en prolongeant celle qu'on voudra de ces
lignes, et on choisira celle qui paroîtra
la plus commode suivant les circonstances. Puisqu'il a été démontré que
l'arc BA soutend 3ᵈ 24′ de l'écliptique,
l'angle BDA au centre de ce cercle,
sera de 3ᵈ 24′ des degrés dont 360 font
quatre angles droits, et de 6ᵈ 48′ de
ceux dont 360 font deux angles droits.
Donc l'arc soutendu par la droite EZ
contient 6ᵈ 48′ des degrés dont le cercle
décrit autour du triangle rectangle DEZ
en contient 360 ; et la droite EZ contient
7ᵖ 7′ des parties dont l'hypoténuse DE en
contient 120. Pareillement, l'arc BA étant
de 53ᵈ 35′, l'angle BEA à la circonférence
est de 53ᵈ 35′ des degrés dont 360 font
deux angles droits (o), or nous venons de
voir que l'angle BDA est de 6ᵈ 48′ de ces
degrés ; par conséquent l'angle restant
EAZ vaut 46ᵈ 47′ de ces mêmes degrés.
Et l'arc soutendu par EZ est de 46ᵈ 47′
des degrés dont le cercle décrit autour du
triangle rectangle AEZ en contient 360.
Mais la droite EZ est de 47ᵖ 38′ 30″ des

32

parties dont l'hypoténuse EA en contient 120 ; donc la droite AE contient 17ᵖ 55′ 32″ des parties dont la droite EZ en contient 7ᵖ 7′, et la droite ED 120. Et encore , puisque l'arc BAG contient 0ᵈ 37′ du zodiaque, l'angle BDG au centre de ce cercle, est de 0ᵈ 37′ des degrés dont 360 valent quatre angles droits, et de 1ᵈ 14′ des degrés dont 360 font la valeur de deux angles droits (p). Donc l'arc soutendu par EH est de 1ᵈ 14′ des degrés dont le cercle décrit autour du triangle DEH en contient 360, et la droite EH est de 1ᵖ 17′ 30″ des parties dont l'hypoténuse DE en contient 120. De même, puisque l'arc BAG est de 150ᵈ 26′, l'angle BEG inscrit à la circonférence , est de 150ᵈ 26′ des degrés dont 360 font deux angles droits. Or l'angle BDG étoit tout-à-l'heure de 1ᵈ 14′ de ces degrés; donc l'angle restant EGD est de 149ᵈ 12′ des mêmes degrés. Par conséquent l'arc appuyé sur EH est de 149ᵈ 12′ des degrés dont le cercle circonscrit au triangle rectangle GEH en contient 360. Et la droite EH est de 115ᵖ 41′ 21″ des parties dont l'hypoténuse GE en contient 120. Donc la droite EH étant de 1ᵖ 17′ 30″, et la droite DE de 120, la droite GE contient 1ᵖ 20′ 23″ de ces mêmes parties dont on a prouvé que la droite EA contient 17ᵖ 55′ 32″.

De plus, puisqu'il est démontré que l'arc AG est de 96ᵈ 51′, l'angle AEG inscrit sera de 96ᵈ 51′ des degrés dont 360

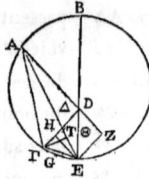

ἐςὶν ἄρα ἡ μὲν EZ εὐθεῖα ζ̄ ζ′, ἡ δὲ ED ρκ̄, τοιούτων ἔσαι καὶ ἡ AE εὐθεῖα ιζ̄ νε′ λβ″. Πάλιν ἐπεὶ ἡ BAG περιφέρεια ὑποτείνει τοῦ ζω-διακοῦ μοίρας ō λζ′, εἴη ἂν καὶ ἡ ὑπὸ BAG γωνία πρὸς τῷ κέν-τρῳ τοῦ αὐτοῦ οὖσα, οἵων μὲν εἰσιν αἱ τέσσαρες ὀρθαὶ τξ̄, τοιούτων ō λζ′, οἵων δὲ αἱ δύο ὀρθαὶ τξ̄, τοιούτων ā ιδ′. Ὥστε καὶ ἡ μὲν ἐπὶ τῆς EH περιφέρεια τοιούτων ἐςὶν ā ιδ′, οἵων ὁ περὶ τὸ DEH τρίγωνον κύκλος τξ̄· αὐτὴ δὲ ἡ EH εὐθεῖα τοιούτων ā ιζ′ λ″, οἵων ἐςὶν ἡ DE ὑποτείνουσα ρκ̄. Ὁμοίως ἐπεὶ ἡ BAG περιφέρεια μοιρῶν ἐςὶν ρν̄ κς′, εἴη ἂν καὶ ἡ ὑπὸ BEG γωνία, πρὸς τῇ περιφερείᾳ οὖσα, τοιούτων ρν̄ κς′, οἵων εἰσὶν αἱ δύο ὀρθαὶ τξ̄· τῶν δὲ αὐτῶν ἦν καὶ ἡ ὑπὸ BDG γωνία ā ιδ′, καὶ λοιπὴ ἄρα ἡ ὑπὸ EGD τῶν αὐτῶν ἐςὶν ρμθ̄ ιβ′. Ὥστε καὶ ἡ μὲν ἐπὶ τῆς EH περιφέρεια τοιούτων ἐςὶν ρμθ̄ ιβ′, οἵων ὁ περὶ τὸ GEH ὀρθογώνιον κύκλος τξ̄· αὐτὴ δὲ ἡ EH εὐθεῖα τοιούτων ριε̄ μα′ κα″, οἵων ἐςὶν ἡ GE ὑποτείνουσα ρκ̄. Καὶ οἵων ἐςὶν ἄρα ἡ μὲν EH εὐθεῖα ā ιζ′ λ″, ἡ δὲ DE ρκ̄, τοιούτων ἐςὶν ἡ GE εὐθεῖα ā κ′ κγ″· τῶν δὲ αὐτῶν ἐδείχθη καὶ ἡ EA εὐθεῖα ιζ̄ νε′ λβ″.

Πάλιν ἐπεὶ ἡ AG περιφέρεια μοιρῶν ἐδείχθη ϙ̄ να′, εἴη ἂν καὶ ἡ ὑπὸ AEG γω-νία πρὸς τῇ περιφερείᾳ οὖσα, τοιούτων ϙ̄ να′,

οἵων εἰσὶν αἱ δύο ὀρθαὶ τξ̄.
Ὥστε καὶ ἡ μὲν ἐπὶ τῆς ΓΘ περιφέρεια τοιούτων ἐστὶν ϛτ̄ να᾽, οἵων
ὁ περὶ τὸ ΓΕΘ τρίγωνον τξ̄ ,
ἡ δὲ ἐπὶ τῆς ΕΘ περιφέρεια
τῶν λοιπῶν εἰς τὸ ἡμικύκλιον
πγ̄ θ᾽. Καὶ αἱ ὑποτείνουσαι ἄρα
αὐτὰς εὐθεῖαι ἔσονται, ἡ μὲν
ΓΘ τοιούτων π̄θ μϛ᾽ ιδ᾽᾽, οἵων
ἐστὶν ἡ ΓΕ ὑποτείνουσα ρκ̄, ἡ δὲ
ΕΘ τῶν αὐτῶν οθ̄ λζ̄ νε᾽᾽. Καὶ
οἵων ἄρα ἐστὶν ἡ ΓΕ εὐθεῖα ᾱ
κ᾽ κγ᾽᾽, τοιούτων ἔϛαι καὶ ἡ
μὲν ΓΘ εὐθεῖα ᾱ ο̄ η᾽᾽, ἡ δὲ
ΕΘ ὁμοίως ο̄ νγ᾽ κα᾽᾽. Τῶν
δὲ αὐτῶν ἦν ἡ ΕΑ ὅλη ιζ̄ νε᾽ λβ᾽, καὶ
λοιπὴ ἄρα ἡ ΘΑ τοιούτων ἐϛὶ ιζ̄ β᾽ ια᾽,
οἵων ἡ ΓΘ ἐδείχθη ᾱ ο̄ η᾽᾽. Καὶ ἔϛι τὸ μὲν
ἀπὸ τῆς ΑΘ τετράγωνον σϙ̄ ιδ᾽ ιθ᾽᾽, τὸ
δὲ ἀπὸ τοῦ ΓΘ ὁμοίως ᾱ ο̄ ιζ᾽, ἃ συντεθέντα ποιεῖ τὸ ἀπὸ τῆς ΑΓ τετράγωνον σϙ̄α ιδ᾽ λϛ᾽. Μήκει ἄρα ἐϛὶν ἡ ΑΓ τοιούτων ιζ̄ γ᾽ νζ᾽᾽, οἵων ἐϛὶν ἡ μὲν ΔΕ εὐθεῖα
ρκ̄, ἡ δὲ ΓΕ τῶν αὐτῶν ᾱ κ᾽ κγ᾽᾽. Ἔϛι δὲ
καὶ οἵων ἡ τοῦ ἐπικύκλου διάμετρος ρκ̄,
τοιούτων ἡ ΑΓ εὐθεῖα π̄θ μϛ᾽ ιδ᾽᾽. ὑποτείνει γὰρ τὴν ΑΓ περιφέρειαν μοιρῶν
οὖσαν ϛτ̄ να᾽. Καὶ οἵων ἄρα ἐϛὶν ἡ μὲν ΑΓ
εὐθεῖα π̄θ μϛ᾽ ιδ᾽᾽, ἡ δὲ τοῦ ἐπικύκλου
διάμετρος ρκ̄, τοιούτων ἔϛαι καὶ ἡ μὲν
ΔΕ εὐθεῖα χλ̄α ιγ᾽ μη᾽᾽, ἡ δὲ ΓΕ τῶν
αὐτῶν ζ̄ β᾽ ν᾽᾽. ὥστε καὶ ἡ μὲν ἐπ᾽ αὐτῆς
περιφέρεια ἡ ΓΕ τοιούτων ϛ̄ μδ᾽ α᾽,
οἵων ἐϛὶν ὁ ἐπίκυκλος τξ̄. Τῶν δὲ αὐτῶν

font deux angles droits. Donc
l'arc appuyé sur la droite GT
est de 96ᵈ 51′ des degrés
dont le cercle décrit autour du
triangle GET en contient 360,
et l'arc appuyé sur la droite ET
a pour valeur le restant 83ᵈ 9′
des degrés de la demi-circonférence. Donc les soutendantes
de ces arcs seront : GT de 89ᵖ
46′ 14″ des parties dont l'hypoténuse GE en contient 120, et
ET de 79ᵖ 37′ 55″ de ces mêmes
parties. Donc la droite GE étant
de 1ᵖ 20′ 23″, la droite GT est
de 1ᵖ 0′ 8″ de ces mêmes parties, et
pareillement ET sera de 0ᵖ 53′ 21″. Mais
la droite entière EA étant de 17ᵖ 55′
32″, il s'ensuit que sa portion TA est de
17ᵖ 2′ 11″ des parties dont il a été
prouvé que GT en contient 1ᵖ 0′ 8″.
Or le carré de AT est de 290ᵖ 14′ 19″,
et celui de GT est de 1ᵖ 0′ 17″. Leur
somme donne le carré de l'hypoténuse
AG égal à 291ᵖ 14′ 36″. Donc AG a en
longueur 17ᵈ 3′ 57″ des parties dont la
droite DE en contient 120, et la droite
GE en a 1ᵖ 20′ 23″. D'ailleurs la droite AG
est de 89ᵖ 46′ 14″ des parties dont le
diamètre de l'épicycle en contient 120 ;
car elle soutend l'arc AG qui est de 96ᵈ 51′;
donc la droite AG étant de 89ᵖ 46′ 14″,
et le diamètre de l'épicycle étant de 120ᵖ,
la droite DE en contiendra 631ᵖ 13′ 48″,
et GE 7ᵖ 2′ 50″ ; donc aussi l'arc GE que
celle-ci soutend est de 6ᵈ 44′ 1″ des degrés dont l'épicycle en contient 360.

Mais on à supposé l'arc BAG de 150^d 26', donc l'arc entier BGE est de 157^d 10' 1", et sa soutendante BE contient 117^P 37' 32" des parties dont le diamètre de l'épicycle en contient 120, et la droite ED 631^P 13' 48". Si donc la droite BE étoit trouvée égale au diamètre de l'épicycle, le centre de celui-ci seroit sur cette droite, et on verroit bientôt par là quel seroit le rapport des diamètres. Mais comme elle est plus petite que ce diamètre, l'arc BGE est plus petit que le demi-cercle, c'est-à-dire que le centre de l'épicycle tombera en dehors du segment BAGE.

Supposons donc que le centre soit K ; et du centre D de l'écliptique menons par ce point K la droite DMKL, ensorte que le point L soit l'apogée de l'épicycle et le point M le périgée. Puisque le rectangle fait sur BD et DE est égal à celui de LD par DM, et que nous avons prouvé que le diamètre de l'épicycle, c'est-à-dire la droite LKM étant de 120 parties, la droite BE est de 117^P 37' 32" de ces parties, la droite ED de 631^P 13' 48", et la droite BD entière de 748^P 51' 20"; le rectangle de BD par DE, c'est-à-dire celui de LD par DM, contient 472700^P 5' 32".

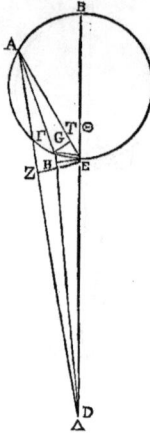

ὑπόκειται κ̣ ἡ ΒΑΓ περιφέρεια ρ̄ν̄ κϛ', κ̣ ὅλη μὲν ἄρα ἡ ΒΓΕ περιφέρεια μοιρῶν ἐστιν ρ̄ν̄ζ ι' α", ἡ δὲ ὑπ' αὐτὴν εὐθεῖα ἡ ΒΕ τοιούτων ρ̄ῑζ λζ' λβ", οἵων ἐςὶν ἡ μὲν τοῦ ἐπικύκλου διάμετρος ρ̄κ, ἡ δὲ ΕΔ εὐθεῖα χλᾱ ιγ' μη". Εἰ μὲν οὖν ἡ ΒΕ εὐθεῖα ἴση ἦν εὑρημένη τῇ διαμέτρῳ τοῦ ἐπικύκλου, ἐπ' αὐτῆς ἂν ἐτύγχανε δηλονότι τὸ κέντρον αὐτοῦ, κ̣ αὐτόθεν ἂν ἐφαίνετο τῶν διαμέτρων ὁ λόγος. Επεὶ δὲ ἐλάσσων ἐςὶν αὐτῆς, ἐλάσσων δὲ κ̣ ἡ ΒΓΕ περιφέρεια ἡμικυκλίε, δηλονότι τὸ κέντρον τε̄ ἐπικύ- κλου ἐκτὸς πεσεῖται τε̄ ΒΑΓΕ τμήματος.

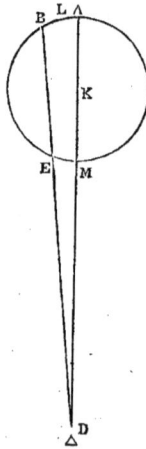

Ὑποκείσθω δὴ τὸ Κ σημεῖ- ον, κ̣ ἐπεζεύχθω ἀπὸ τοῦ Δ κέντρου τοῦ διὰ μέσων τῶν ζῳδίων κύκλου, διὰ τοῦ Κ εὐ- θεῖα ἡ ΔΜΚΛ, ὥστε τὸ μὲν Λ σημεῖον γίνεσθαι τὸ ἀπογειότατον τοῦ ἐπικύκλου, τὸ δὲ Μ τὸ περιγειότατον. Επεὶ οὖν τὸ ὑπὸ τῶν ΒΔ κ̣ ΔΕ περιεχόμε- νον ὀρθογώνιον ἴσον ἐςὶ τῷ ὑπὸ τῶν ΛΔ κ̣ ΔΜ περιεχο- μένῳ ὀρθογωνίῳ, δέδεικται δ' ἡμῖν ὅτι οἵων ἐςὶ τοῦ ἐπικύκλε ἡ διάμετρος, τουτέςιν ἡ ΛΚΜ εὐθεῖα ρ̄κ, τοιούτων ἐςὶν ἡ μὲν ΒΕ εὐθεῖα ρ̄ῑζ λζ' λβ", ἡ δὲ ΕΔ τῶν αὐ- τῶν χλᾱ ιγ' μη", ἡ δὲ ΒΔ ὅλη δηλονότι ψμη να' κ", γίνεται τὸ ὑπὸ τῶν ΒΔ κ̣

ΔE, τουτέςι τὸ ὑπὸ τῶν ΛΔ καὶ ΔM περιεχόμενον ὀρθογώνιον τῶν αὐτῶν M ςψ, καὶ ἑξήκοςῶν έ λβ". Πάλιν δὲ ἐπεὶ καὶ τὸ ὑπὸ ΛΔ καὶ ΔM μετὰ τοῦ ἀπὸ τῆς KM ποιεῖ τὸ ἀπὸ ΔK τετράγωνον, ἡ δὲ KM ἐκ τοῦ κέντρου οὖσα τοῦ ἐπικύκλου, τῶν αὐτῶν ἐςιν ξ, ἐὰν τὰ γχ τοῦ ἀπ᾽ αὐτῆς τετραγώνε προσῶμεν ταῖς M ςψ έ λβ', ἕξομεν τὸ ἀπὸ ΔK τετράγωνον τῶν αὐτῶν M ςτ έ λβ". καὶ μήκει ἄρα ἔςαι ἡ ΔK ἐκ τοῦ κέντρου οὖσα τοῦ φέροντος τὸν ἐπίκυκλον ὁμοκέντρου τοῦ διὰ μέσων τῶν ζωδίων κύκλου τοιούτων χϞ καὶ ἑξήκοςῶν ή μβ", οἵων ἐςὶν ἡ KM ἐκ τοῦ κέντρου οὖσα τοῦ ἐπικύκλου ἑξήκοντα. Ὥστε καὶ οἵων ἐςὶν ἡ ἐκ τοῦ κέντρου τοῦ φέροντος τὸν ἐπίκυκλον ὁμοκέντρου τῇ ὄψει κύκλου ξ, τοιούτων ἔςαι καὶ ἡ ἐκ τῦ κέντρου τοῦ ἐπικύκλυ έ ιγ' ἔγγιςα.

Ἤχθω δὴ ἐπὶ τῆς ὁμοίας καταγραφῆς ἀπὸ τοῦ K κέντρου κάθετος ἐπὶ τὴν BE ἡ KNΞ, καὶ ἐπεζεύχθω ἡ BK. Ἐπεὶ τοίνυν οἵων ἐςὶν ἡ ΔK χϞ ή μβ", τοιούτων ἦν καὶ ἡ μὲν ΔE εὐθεῖα χλᾱ ιγ' μη", ἡ δὲ NE ἡμίσεια οὖσα τῆς BE τῶν αὐτῶν νη μη' μς", ὥστε καὶ ὅλην τὴν ΔEN τῶν αὐτῶν γίνεσθαι χϞ καὶ ἑξήκοςῶν β λδ", καὶ οἵων ἄρα ἡ ΔK ὑποτείνουσά ἐςιν ρκ, τοιούτων καὶ ἡ μὲν ΔN ἔςαι ριθ νη' νζ", ἡ δὲ ἐπ' αὐτῆς περιφέρεια τοιούτων ροη β' ἔγγιςα, οἵων ἐςὶν ὁ περὶ τὸ ΔNK ὀρθογώνιον κύκλος τξ. Ὥστε καὶ ἡ ὑπὸ ΔKN

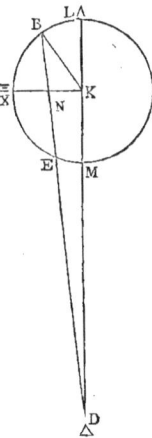

Ensuite le rectangle de LD par DM avec le carré de KM, égalant le carré de DK, et KM rayon de l'épicycle étant de 60ᴾ, si nous ajoutons son carré 3600 aux 472700ᴾ 5' 32", nous aurons pour carré de DK 476300ᴾ 5' 32". Donc la droite DK, rayon du cercle concentrique à l'écliptique, lequel porte l'épicycle, est longue de 690ᴾ 8' 42" des parties dont KM rayon de l'épicycle en contient soixante dans sa longueur. Ainsi donc le rayon du cercle concentrique à l'œil, et qui porte l'épicyle, étant de 60 parties, le rayon de l'épicycle sera de 5ᴾ 13' à peu près.

Menons, dans une pareille figure, du centre K la perpendilaire KNX sur BE, et joignons BK. Puisque DK étant de 690ᴾ 8' 42", la droite DE étoit de 631ᴾ 13' 48", et la droite NE qui est la moitié de BE, de 58ᴾ 48' 46" des mêmes parties, ensorte que toute la droite DEN est de 690ᴾ 2' 34"; il s'ensuit que l'hypoténuse DK étant de 120 parties, la droite DN en aura 119ᴾ 58' 57", et l'arc soutenu par cette droite aura à peu près 178ᵈ 2' des degrés dont le cercle décrit autour du rectangle DNK en contient 360. Ainsi,

l'angle DKN est de 178^d 2' des
degrés dont deux angles droits
en valent 360, et de 89^d 1'
de ceux dont quatre angles
droits en valent 360. Donc l'arc
XM de l'épicycle est de 89^d
1', et l'arc LBX restant du
demi-cercle, de 90^d 59'; or
l'arc BX, moitié de l'arc BXE
est de 78^d 35', car l'arc entier
BE a été démontré de 157 10'
à tres-peu près. Donc l'arc restant LB de l'épicycle, dont
la lune étoit éloignée de l'apogée au milieu de la seconde
éclipse, est de 12 degrés 24'. Pareillement, puisqu'il est prouvé que l'angle
DKN est de 89^d 1' des degrés dont 360
font quatre angles droits, l'angle restant KDN qui mesure l'arc du mouvement moyen en longitude, retranché
de l'anomalie qui est LB de l'épicycle,
donne le complément 0^d 59' de l'angle
droit. Donc la longitude moyenne de
la lune au temps du milieu de la seconde éclipse, étoit en 14^d 44' de la
vierge, puisqu'elle étoit réellement à
13^d 45' qui répondent juste au même
nombre de degrés que le soleil occupoit
alors dans les poissons.

Maintenant, des trois éclipses que nous
avons observées avec le plus grand soin
à Alexandrie, la première est arrivée la
dix-septième année d'Adrien, dans la nuit
du 20 au 21 du mois égyptien Payni.

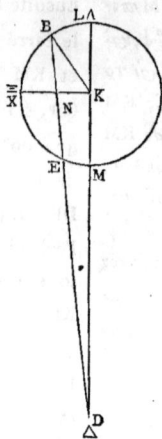

γωνία, οἵων μέν εἰσιν αἱ δύο ὀρθαὶ τξ, τοιούτων ἐςὶν ροη β̄,
οἵων δὲ αἱ τέσσαρες ὀρθαὶ τξ,
τοιούτων πθ ἀ. Καὶ ἡ μὲν ΞΜ
ἄρα τοῦ ἐπικύκλου περιφέρεια
μοιρῶν ἐςιν πθ ἀ, ἡ δὲ ΛΒΞ
τῶν λοιπῶν εἰς τὸ ἡμικύκλιον
ϛ νθ· τῶν δὲ αὐτῶν ἐςιν ἡ ΒΞ,
περιφέρεια ἡμίσεια οὖσα τῆς
ΒΞΕ, μοιρῶν οη λε, ἐπειδήπερ
ἡ ΒΕ ὅλη ἀπεδείχθη μοιρῶν
ρνζ ι ἔγγιςα· καὶ λοιπὴ ἄρα
ἡ ΛΒ τοῦ ἐπικύκλου περιφέρεια,
ἣν ἀπεῖχεν ἡ σελήνη τοῦ ἀπογειοτάτου κατὰ τὸν ἐκκείμενον
μέσον χρόνον τῆς δευτέρας ἐκλείψεως, μοιρῶν ἐςι ιβ κδ. Ὁμοίως δὲ ἐπεὶ ἡ ὑπὸ ΔΚΝ
γωνία ἐδείχθη τοιούτων πθ ἀ, οἵων εἰσὶν
αἱ τέσσαρες ὀρθαὶ τξ, καὶ λοιπὴ ἔςαι
ἡ ὑπὸ ΚΔΝ γωνία, ἥτις ὑποτείνει τὴν
ἀφαιρουμένην τῆς μέσης κατὰ μῆκος
παρόδου περιφέρειαν, ἐκ τῆς παρὰ
τὴν ΛΒ τοῦ ἐπικύκλου γινομένης ἀνωμαλίας, τῶν λοιπῶν εἰς τὴν μίαν ὀρθὴν μοιρῶν ο νθ. Καὶ κατὰ μῆκος ἄρα
μέσως ἐπεῖχεν ἡ σελήνη, κατὰ τὸν μέσον
χρόνον τῆς δευτέρας ἐκλείψεως, παρθένου μοίρας ιδ μδ, ἐπειδήπερ ἀκριβῶς
ἐπεῖχε μοίρας ιγ μέ, ὅσας καὶ ὁ ἥλιος
ἐν τοῖς ἰχθύσι.

Πάλιν ὧν εἰλήφαμεν τριῶν ἐκλείψεων
ἐκ τῶν ἐπιμελέςατα ἡμῖν ἐν Ἀλεξανδρείᾳ τετηρημένων, ἡ μὲν πρώτη γέγονε τῷ ιζ ἔτει Ἀδριανοῦ, κατ' Αἰγυπτίους Παῦνι κ̄ εἰς τὴν κᾱ. Τὸν δὲ μέσον

χρόνον ἀκριβῶς ἐπελογισάμεθα γεγονέναι
πρὸ ἡμίσους καὶ τετάρτου μιᾶς ὥρας ἰσημερινῆς τοῦ μεσονυκτίου· καὶ ἐξέλιπεν
ὅλη, καθ᾽ ἣν ὥραν ἀκριβῶς ἐπεῖχεν ὁ ἥλιος
τοῦ ταύρου μοίρας ιγ δ´´ ἔγγιςα.

Ἡ δὲ δευτέρα γέγονε τῷ ιθ ἔτει Ἀδριανοῦ κατ᾽ Αἰγυπτίους Χοϊὰκ β εἰς τὴν γ.
Τὸν δὲ μέσον χρόνον ἐπελογισάμεθα γεγονέναι πρὸ ᾱ ὥρας ἰσημερινῆς τοῦ
μεσονυκτίου. Καὶ ἐξέλιπεν ἀπ᾽ ἄρκτων
τὸ ς´ καὶ γ´´ τῆς διαμέτρου, καθ᾽ ἣν ὥραν
ἐπεῖχεν ὁ ἥλιος ἀκριβῶς τῶν χηλῶν
μοίρας κε̄ ς´´ ἔγγιςα.

Ἡ δὲ τρίτη τῶν ἐκλείψεων γέγονε τῷ
κ̄ ἔτει Ἀδριανοῦ κατ᾽ Αἰγυπτίους Φαρμουθὶ ιθ εἰς τὴν κ̄. Τὸν δὲ μέσον χρόνον
ἐπελογισάμεθα γεγονέναι μετὰ δ̄ ὥρας
ἰσημερινὰς τοῦ μεσονυκτίου· καὶ ἐξέλιπε
τὸ ἥμισυ τῆς διαμέτρου ἀπ᾽ ἄρκτων.
Ἐπεῖχε δὲ καὶ κατὰ ταύτην τὴν ὥραν ὁ
ἥλιος τῶν ἰχθύων μοίρας ιδ ιβ´ ἔγγιςα.

Φανερὸν οὖν ὅτι καὶ ἐνταῦθα κεκίνηται
ἡ σελήνη μεθ᾽ ὅλους κύκλους, ἀπὸ μὲν
τοῦ μέσου χρόνου τῆς πρώτης ἐκλείψεως
ἐπὶ τὸν μέσον χρόνον τῆς δευτέρας ἐκλείψεως, ὅσας καὶ ὁ ἥλιος μοίρας ρξα νε´,
ἀπὸ δὲ τοῦ τῆς δευτέρας ἐπὶ τὸν τῆς τρίτης μοίρας ρλη νε´. Ἔςι δὲ καὶ ὁ μεταξὺ
χρόνος τῆς μὲν πρώτης διαςάσεως ἐνιαυτοῦ αἰγυπτιακοῦ ἑνὸς καὶ ἡμερῶν ρξς,
καὶ ὡρῶν ἰσημερινῶν ἁπλῶς μὲν κγ ς´
δ´´, ἀκριβῶς δὲ κγ̄ ς´´ η´´. Τῆς δὲ δευτέρας
διαςάσεως ἐνιαυτοῦ πάλιν αἰγυπτιακοῦ

Un calcul exact nous a donné le milieu de cette éclipse à trois quarts d'heure avant minuit ; et l'éclipse a été totale quand le lieu vrai du soleil fut sur 13ᵈ ¼ du taureau, à peu près.

La seconde est arrivée la dix-neuvième année d'Adrien, dans la nuit du 2 au 3 du mois égyptien Choïac. Un calcul exact nous en a donné le milieu à une heure équinoxiale avant minuit. La lune n'a été obscurcie vers les ourses que jusqu'à la moitié et au tiers de son diamètre, dans le temps que le lieu vrai du soleil étoit sur 25ᵈ ⅙ des serres, à peu près.

La troisième de ces éclipses est arrivée la vingtième année d'Adrien, dans la nuit du 19 au 20 du mois égyptien Pharmouthi. Notre calcul nous a donné pour le temps du milieu de cette éclipse, quatre heures équinoxiales après minuit ; il n'y eut d'éclipsé que la moitié du diamètre, du côté des ourses, lorsque le soleil étoit sur 14ᵈ 12′ des poissons, environ.

Il est évident qu'ici la lune a parcouru depuis le milieu de la première éclipse jusqu'à celui de la seconde, en outre des circonférences entières, 161ᵈ 55′, autant que le soleil ; et depuis le milieu de la seconde jusqu'à celui de la troisième, 138ᵈ 55′. Or la durée du premier intervalle est d'une année égyptienne 166 jours et 23 ½ ¼ heures équinoxiales à peu près, ou plus exactement 23 heures ½ ⅛ (q). Celle du second est d'une année égyptienne de 137 jours et

5 heures équinoxiales environ, ou juste 5 heures 30'. D'ailleurs le mouvement moyen de la lune, pendant un an 166 jours et 23 heures 30' 8" équinoxiales, lui fait parcourir en sus des circonférences entières, à peu près 110ᵈ 21' d'anomalie, et 169ᵈ 37' en longitude; et dans un an 137 jours 5 heures 30' équinoxiales, 81ᵈ 36' d'anomalie, et 137ᵈ 34' environ en longitude. Il est donc clair que les 110ᵈ 21' du premier intervalle, de l'épicycle, ont retranché du moyen mouvement en longitude, 7ᵈ 42', et que les 81ᵈ 36' du second intervalle ont ajouté au moyen mouvement en longitude, 1ᵈ 21'.

D'après cela, soit encore ABG l'épicycle de la lune, et A le point de la première éclipse où étoit la lune, B celui de la seconde, G celui de la troisième. Concevez la lune allant de A en B et de là en G, ensorte que l'arc AB, étant de 110ᵈ 21', ôte 7ᵈ 42' du mouvement moyen en longitude, suivant ce que nous avons dit, et que l'arc BG qui est de 81ᵈ 36', ajoute 1ᵈ 21' à la longitude, et qu'enfin l'arc GA qui est de 168ᵈ 3' ajoute à la longitude les 6ᵈ 21' qui restent. Il est clair que l'apogée doit être dans l'arc AB, parce qu'il ne peut être ni dans BG, ni dans GA, l'un et l'autre de ceux-ci étant additifs et

ἑνὸς καὶ ἡμερῶν ρλζ, καὶ ὡρῶν ἰσημερινῶν ἁπλῶς μὲν ε̄, ἀκριϐῶς δὲ ε̄ ς''. Κινεῖται δὲ πάλιν ἡ σελήνη μέσως μεθ' ὅλους κύκλους, ἐν μὲν τῷ ἑνὶ ἔτει καὶ ἡμέραις ρξϛ̄ καὶ ὡραις ἰσημεριναῖς κγ ς'' η'', ἀνωμαλίας μὲν μοίρας ρ̄ κα', μήκους δὲ μοίρας ρξθ λζ' ἔγγιϛα. Ἐν δὲ τῷ ἑνὶ ἔτει καὶ ἡμέραις ρλζ καὶ ὡραις ἰσημεριναῖς ε̄ ς'', ἀνωμαλίας μὲν μοίρας πᾱ λϛ', μήκους δὲ μοίρας ρλζ λδ' ἔγγιϛα. Δῆλον οὖν ὅτι καὶ αἱ μὲν τῆς πρώτης διαϛάσεως τᾶ ἐπικύκλꝭ μοῖραι ρ̄ κα' ἀφῃρήκασι τῆς κατὰ μῆκος μέσης παρόδου, μοίρας ζ̄ μβ', αἱ δὲ τῆς δευτέρας διαϛάσεως μοῖραι πᾱ λϛ' προϛεθείκασι τῇ κατὰ μῆκος μέση παρόδῳ μοίρας ᾱ κα'.

Τούτων οὖν ὑποκειμένων, ἔϛω πάλιν ὁ ἐπίκυκλος τῆς σελήνης ὁ ΑΒΓ, καὶ τὸ μὲν Α σημεῖον ὑποκείϛω καθ' οὗ ἦν ἡ σελήνη ἐν τῷ μέσῳ χρόνῳ τῆς πρώτης ἐκλείψεως, τὸ δὲ Β τὸ τῆς δευτέρας ἐκλείψεως, τὸ δὲ Γ τὸ τῆς τρίτης. Νοείϛω δὲ ὡσαύτως ἡ μετάϐασις τῆς σελήνης ὡς ἀπὸ τοῦ Α ἐπὶ τὸ Β, εἶτα ἐπὶ τὸ Γ γινομένη, ὥϛε τὴν μὲν ΑΒ περιφέρειαν μοιρῶν οὖσαν ρ̄ κα', ἀφαιρεῖν, ὡς ἐφαμεν, τῆς κατὰ μῆκος μέσης παρόδου μοίρας ζ̄ μβ', τὴν δὲ ΒΓ μοιρῶν οὖσαν πᾱ λϛ' προϛιθέναι τῷ μήκει μοίραν ᾱ κα', λοιπὴν δὲ τὴν ΓΑ μοιρῶν οὖσαν ρξη̄ γ' προϛιθέναι τῷ μήκει τὰς λοιπὰς μοίρας ϛ̄ κα'. Ὅτι μὲν οὖν

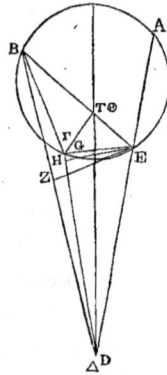

ἐπὶ τῆς ΑΒ περιφερείας τὸ ἀπογειότατον εἶναι δεῖ, φανερὸν ἐκ τοῦ μή τε
ἐπὶ τῆς ΒΓ εἶναι δύνασθαι μή τε ἐπὶ τῆς
ΓΑ, διὰ τὸ ἑκατέραν αὐτῶν προσθετι-
κήν τε εἶναι καὶ ἐλάσσονα ἡμικυκλίου. Εἰλήφθω δὲ ὅμως, ὡς μὴ ὑποκειμένου
τούτου, τὸ κέντρον τοῦ ζωδιακοῦ, καὶ
τοῦ κύκλου ἐφ' οὗ φέρεται ὁ ἐπίκυκλος,
καὶ ἔσω τὸ Δ, ἐπεζεύχθωσάν τε ἀπ' αὐτοῦ ἐπὶ τὰ τῶν τριῶν ἐκλείψεων σημεῖα
εὐθεῖαι αἱ ΔΕΑ, ΔΒ, ΔΓ· καὶ ἐπιζευχθείσης τῆς ΒΓ, ἤχθωσαν ἀπὸ τοῦ Ε σημείου εὐθεῖαι ἐπὶ μὲν τὰ Β, Γ αἱ ΕΒ, ΕΓ,
ἐπὶ δὲ τὰς ΒΔ, ΔΓ εὐθείας κάθετοι αἱ
ΕΖ καὶ ΕΗ· καὶ ἔτι ἀπὸ τοῦ Γ ἐπὶ τὴν
ΒΕ, κάθετος ἤχθω ἡ ΓΘ. Ἐπεὶ τοίνυν ἡ
ΑΒ περιφέρεια ὑποτείνει τοῦ διὰ μέσων
τῶν ζωδίων κύκλου μοίρας ζ μβʹ, εἴη ἂν καὶ
ἡ ὑπὸ ΑΔΒ γωνία, πρὸς τῷ κέντρῳ οὖσα
τοῦ ζωδιακοῦ, οἵων μέν εἰσιν αἱ τέσσαρες
ὀρθαὶ τξ τοιούτων ζ μβʹ, οἵων δὲ αἱ
δύο ὀρθαὶ τξ τοιούτων ιε κδʹ. Ὥστε καὶ
ἡ μὲν ἐπὶ τῆς ΕΖ περιφέρεια τοιούτων
ἐςὶ ιε κδʹ, οἵων ὁ περὶ τὸ ΔΕΖ τρίγωνον
κύκλος τξ, αὐτὴ δὲ ἡ ΕΖ εὐθεῖα τοιούτων
ιϛ δʹ μβʹ, οἵων ἐςὶν ἡ ΔΕ ὑποτείνουσα ρκ.
Ὁμοίως, ἐπεὶ ἡ ΑΒ περιφέρεια μοιρῶν ἐςιν
ρι καʹ, εἴη ἂν καὶ ἡ ὑπὸ ΑΕΒ γωνία,
πρὸς τῇ περιφερείᾳ οὖσα, τοιούτων ρι
καʹ, οἵων εἰσὶν αἱ δύο ὀρθαὶ τξ· τῶν δʹ
αὐτῶν ἦν καὶ ἡ ὑπὸ ΑΔΒ ιε κδʹ, λοιπὴ
ἄρα ἡ ὑπὸ ΕΒΔ γωνία τῶν αὐτῶν ἐςιν
ϟδ νζʹ. Ὥστε καὶ ἡ μὲν ἐπὶ τῆς ΕΖ περιφέρεια τοιούτων ἐςιν ϟδ νζʹ, οἵων ὁ περὶ
τὸ ΒΕΖ κύκλος τξ. Αὐτὴ δὲ ἡ ΕΖ

I.

moindres que le demi-cercle. Prenons donc, comme s'il n'étoit pas supposé, le centre du zodiaque et du cercle sur lequel l'épicycle est porté, en D, joignons-le aux points des trois éclipses par les droites DEA, DB, DG; et, après avoir joint BG, menons du point E les droites EB, EG, aux points B, G, et les perpendiculaires EZ, EH, sur les droites BD, DG; et du point G soit abaissée la perpendiculaire GT sur BE. Puisque l'arc AB mesure 7ᵈ 42′ de l'écliptique, l'angle ADB au centre du zodiaque vaudra 7ᵈ 42′ des degrés dont 360 font la valeur de quatre angles droits, et 15ᵈ 24′ des degrés dont deux angles droits en valent 360. Ainsi l'arc soutendu par EZ est de 15ᵈ 24′ des degrés dont le cercle circonscrit au triangle DEZ en contient 360, et la droite EZ elle-même est de 16ᵖ 4′ 42″ des parties dont l'hypoténuse DE en contient 120. Pareillement, puisque l'arc AB est de 110ᵈ 21′, l'angle AEB inscrit sera de 110ᵈ 21′ des degrés dont 360 font deux angles droits; or l'angle ADB étoit de 15ᵈ 24′ de ces mêmes degrés, donc l'autre angle EBD est de 94ᵈ 57′ de ces mêmes degrés. Par conséquent l'arc soutendu par la droite EZ contient 94ᵈ 57′ des degrés dont le cercle circonscrit au triangle BEZ en contient 360. Mais la droite EZ est de 88ᵈ 26′ 17″ des parties

33

dont l'hypoténuse BE en a 120; donc la droite BE contient 21ᵖ 48′ 59″ des parties dont la droite EZ en contient 16ᵖ 4′ 42″, et DE 120ᵖ (r).

En outre, puisque l'on a prouvé que l'arc GEA contient 6ᵈ 21′ de l'écliptique, l'angle ADG au centre du zodiaque sera de 6ᵈ 21′ des degrés dont 360 font la valeur de quatre angles droits, et de 12ᵈ 42′ de ceux dont 360 font deux angles droits; de sorte que l'arc soutendu par la corde EH est de 12ᵈ 42′ des degrés dont le cercle décrit autour du rectangle DEH en contient 360, et la droite EH contient 13ᵖ 16′ 19″ des parties dont l'hypoténuse DE en contient 120. Pareillement, puisque l'arc ABG contient 191ᵈ 57′, l'angle AEG inscrit aura 191ᵖ 57′ des degrés dont 360 font deux angles droits. Or l'angle ADG est de 12ᵈ 42′, donc l'angle EGD a pour valeur 179ᵈ 15′ de ces mêmes degrés, de sorte que l'arc soutendu par la droite EH contient 179ᵈ 15′ des degrés dont le cercle décrit autour du triangle GEH en contient 360. Mais la droite EH est de 119ᵈ 59′ 50″ des parties dont l'hypoténuse GE en contient 120, donc la droite GE sera de 13ᵈ 16′ 20″ des parties dont la droite EH en contient 13ᵈ 16′ 19″, et dont il est prouvé que la droite DE en contient 120, et la droite BE 21ᵖ 48′ 59″. De plus, puisque l'arc BG est de 81ᵈ 36′; l'angle BEG inscrit

εὐθεῖα τοιούτων πη κϛʹ ιζʺ, οἵων ἐστὶν ἡ ΒΕ ὑποτείνουσα ρκ̅· καὶ οἵων ἄρα ἐστὶν ἡ μὲν ΕΖ εὐθεῖα ιϛ δʹ μβʺ, ἡ δὲ ΔΕ ρκ̅, τοιούτων ἐστὶ καὶ ἡ ΒΕ εὐθεῖα κα̅ μηʹ νθʺ.

Πάλιν ἐπεὶ ἡ ΓΕΑ περιφέρεια ὑποτείνουσα ἐδείχθη τοῦ διὰ μέσων τῶν ζωδίων κύκλου μοιρῶν ϛ καʹ, εἴη ἂν καὶ ἡ ὑπὸ ΑΔΓ γωνία, πρὸς τῷ κέντρῳ οὖσα τοῦ ζωδιακοῦ, οἵων μέν εἰσιν αἱ τέσσαρες ὀρθαὶ τξ̅ τοιούτων ϛ καʹ, οἵων δὲ αἱ δύο ὀρθαὶ τξ̅ τοιούτων ιβ μβʹ· ὥστε καὶ ἡ μὲν ἐπὶ τῆς ΕΗ περιφέρεια τοιούτων ἐστὶ ιβ μβʹ, οἵων ὁ περὶ τὸ ΔΕΗ ὀρθογώνιον κύκλος τξ̅, αὐτὴ δὲ ἡ ΕΗ εὐθεῖα τοιούτων ιγ ιϛʹ ιθʺ, οἵων ἐστὶν ἡ ΔΕ ὑποτείνουσα ρκ̅. Ὁμοίως ἐπεὶ ἡ ΑΒΓ περιφέρεια συνάγεται μοιρῶν ρϙα̅ νζʹ, εἴη ἂν καὶ ἡ ὑπὸ ΑΕΓ γωνία, πρὸς τῇ περιφερείᾳ οὖσα, τοιούτων ρϙα νζʹ οἵων εἰσὶν αἱ δύο ὀρθαὶ τξ̅· τῶν δὲ αὐτῶν ἦν καὶ ἡ ὑπὸ ΑΔΓ γωνία ιβ μβʹ· καὶ λοιπὴ ἄρα ἡ ὑπὸ ΕΓΔ τῶν αὐτῶν ἐστιν ροθ ιεʹ. Ὥστε καὶ ἡ μὲν ἐπὶ τῆς ΕΗ περιφέρεια τοιούτων ἐστὶν ροθ ιεʹ, οἵων ὁ περὶ τὸ ΓΕΗ τρίγωνον κύκλος τξ̅· Αὐτὴ δὲ ἡ ΕΗ εὐθεῖα τοιούτων ἐστὶν ριθ νθʹ νʺ οἵων ἐστὶν ἡ ΓΕ ὑποτείνουσα ρκ̅. Καὶ οἵων ἄρα ἐστὶν ἡ μὲν ΕΗ εὐθεῖα ιγ ιϛʹ ιθʺ, ἡ δὲ ΔΕ ἐδείχθη ρκ̅, τοιούτων ἔσται καὶ ἡ ΓΕ εὐθεῖα ιγ ιϛʹ κʺ. τῶν δὲ αὐτῶν ἐδείχθη καὶ ἡ ΒΕ εὐθεῖα κα̅ μηʹ νθʺ. Πάλιν ἐπεὶ ἡ ΒΓ περιφέρεια μοιρῶν ἐστιν πα̅ λςʹ, εἴη ἂν καὶ ἡ ὑπὸ ΒΕΓ γωνία πρὸς τῇ

περιφερεία ἔσα, τοιήτων πᾱ λς΄, οἵων εἰσὶν
αἱ δύο ὀρθαὶ τξ· ὥστε καὶ ἡ μὲν ἐπὶ τῆς
ΓΘ περιφέρεια τοιήτων ἐςὶν πᾱ λς΄, οἵων
ἐςὶν ὁ περὶ τὸ ΓΕΘ τρίγωνον κύκλος τξ· ἡ
δὲ ἐπὶ τῆς ΕΘ τῶν λοιπῶν εἰς τὸ ἡμικύκλιον ζη κδ΄. Καὶ τῶν ὑπ᾽ αὐτὰς ἄρα
εὐθειῶν ἡ μὲν ΓΘ ἔςαι τοιούτων οη κδ΄
λζ΄΄, οἵων ἐςὶν ἡ ΕΓ ὑποτείνεσα ρκ· ἡ δὲ
ΕΘ τῶν αὐτῶν ϟ ν΄κβ΄΄. Καὶ οἵων ἄρα ἐςὶν ἡ
ΓΕ εὐθεῖα ιγ ιϛ΄ κ΄΄, τοιούτων καὶ ἡ μὲν
ΓΘ ἔςαι η μ΄ κ΄΄, ἡ δὲ ΕΘ ὁμοίως ι β΄
μθ΄΄· τῶν δὲ αὐτῶν ἦν ἡ ΕΒ ὅλη κα μη΄ νθ΄΄.
Καὶ λοιπὴ ἄρα ἡ ΘΒ τοιούτων ἔςαι ια
μϛ΄ ι΄΄, οἵων καὶ ἡ ΓΘ ἦν η μ΄ κ΄΄. Καὶ ἔςι
τὸ μὲν ἀπὸ τῆς ΘΒ τετράγωνον ρλη λα΄
ια΄΄, τὸ δὲ ἀπὸ τῆς ΓΘ τῶν αὐτῶν οε ιβ΄
κζ΄΄, ἃ συντεθέντα ποιεῖ τὸ ἀπὸ τῆς ΒΓ
τετράγωνον σιγ μγ΄ λη΄΄. Μήκει ἄρα ἐςὶν
ἡ ΒΓ τοιούτων ιδ λζ΄ ι΄΄, οἵων ἐςὶν ἡ μὲν
ΔΕ εὐθεῖα ρκ, ἡ δὲ ΓΕ ὁμοίως ιγ ιϛ΄ κ΄΄.
Ἐςι δὲ καὶ οἵων ἡ τοῦ ἐπικύκλου διάμετρος ρκ, τοιούτων ἡ ΓΒ εὐθεῖα οη κδ΄ λζ΄΄.
Ὑποτείνει γὰρ τὴν ΒΓ περιφέρειαν μοιρῶν οὖσαν πᾱ λς΄. Καὶ οἵων ἄρα ἐςὶν ἡ
μὲν ΒΓ εὐθεῖα οη κδ΄ λζ΄΄, ἡ δὲ τοῦ ἐπικύκλου διάμετρος ρκ, τοιούτων ἔςαι καὶ
ἡ μὲν ΔΕ εὐθεῖα χμγ λϛ΄ λθ΄΄, ἡ δὲ ΓΕ τῶν
αὐτῶν οα ια΄ δ΄΄· ὥστε καὶ ἡ ἐπ᾽ αὐτῆς
περιφέρεια ἡ ΓΕ τοιούτων ἐςὶν οβ μϛ΄ ι΄΄,
οἵων ὁ ἐπίκυκλος τξ· τῶν δὲ αὐτῶν ἡ
ΓΕΑ ὑπόκειται ρξη γ΄· καὶ λοιπὴ μὲν ἄρα
ἡ ΕΑ περιφέρεια μοιρῶν ἐςὶν ϟε ιϛ΄ ν΄΄, ἡ
δὲ ὑπ᾽ αὐτὴν εὐθεῖα ἡ ΑΕ τοιούτων πη
μ΄ ιζ΄΄, οἵων ἐςὶν ἡ μὲν τοῦ ἐπικύκλου διάμετρος ρκ, ἡ δὲ ΕΔ εὐθεῖα χμγ λϛ΄ λθ΄΄.

est de 81ᵖ 36′ des degrés dont 360 feroient deux angles droits ; ensorte que
l'arc soutendu par GT contient 81ᵖ 36′
des degrés dont le cercle décrit autour
du triangle GET en contient 360. Or
l'arc soutendu par ET contient les 98ᵈ
24′ qui restent pour compléter la demi-
circonférence ; donc la droite GT qui
soutend l'un de ces arcs sera de 78 24′
37″ des parties dont l'hypoténuse EG
en contient 120 ; et ET qui soutend
l'autre arc, sera de 90ᵖ 50′ 22″. Donc
la droite GE étant de 13ᵖ 16′ 20″, GT
sera de 8ᵖ 40′ 20″, et ET de 10ᵖ 2′ 49″.
Or la droite entière EB est de 21ᵖ 48′ 59″,
donc la portion TB sera de 11ᵖ 46′ 10″
des parties dont GT en auroit 8ᵖ 40′ 20″.
Mais le carré de TB est de 138ᵈ 31′ 11″, celui de GT est de 75ᵈ 12′ 27″, et leur somme
égale au carré de BG est 213ᵈ 43′ 38″.
Donc la droite BG est de 14ᵈ 37′ 10″ des
parties dont la droite DE en contient
120, et dont la droite GE en a 13ᵖ 16′
20″ (s). On a d'ailleurs la droite GB de
78ᵖ 24′ 37″ des parties dont le diamètre
de l'épicycle en contient 120, car elle
soutend l'arc BG qui est de 81ᵈ 36′.
Donc, la droite BG étant de 78ᵖ 24′ 37″,
et le diamètre de l'épicycle de 120ᵖ,
la droite DE en aura 643ᵖ 36′ 39″, et
la droite GE 71ᵖ 11′ 4″. Ainsi l'arc
soutendu GE est de 72ᵈ 46′ 10″ des
degrés dont l'épicycle en contient 360.
Or l'arc GEA est de 168ᵈ 3′, donc l'arc
restant EA est de 95ᵈ 16′ 50″ ; et la
droite AE qui le soutend, est de 88ᵖ 40′
17″ des parties dont le diamètre de l'épicycle en contient 120, et dont la droite
ED en contient 643ᵖ 36′ 39″.

Maintenant, puisqu'il est prouvé que l'arc EA est plus petit que le demi-cercle, il est clair que le centre de l'épicycle tombera en dehors du segment EA. Soit pris K pour ce centre, et joignez DMKL, ensorte que le point L soit l'apogée, et M le périgée. Puisque le rectangle de AD par DE est égal à celui de LD par DM, et que nous avons prouvé que le diamètre LKM de l'épicycle étant de 120 parties, la droite AE en a 88ᵖ 40' 17"; et la droite ED, 643ᵖ 36' 39". Il est clair que la droite entière AD contient 732ᵖ 16' 56", et que par conséquent le rectangle de AD par DE, c'est-à-dire celui de LD par DM, contient 471304ᵖ 46' 17". D'ailleurs le rectangle de LD par DM, avec le carré de KM, fait le carré de DK; mais la droite KM, rayon de l'épicycle, vaut 60 parties, et son carré est de 3600 parties; si donc aux 471304ᵖ 46' 17" ci-dessus, nous ajoutons ces 3600 parties, nous aurons le carré de DK de 474904ᵖ 46' 17", et la droite DK rayon du cercle concentrique à l'écliptique, sur lequel l'épicycle est porté, aura en longueur 689ᵖ 8' des parties dont KM, rayon de l'épicycle, en contient 60 (t). Ainsi, l'intervalle entre le centre de l'écliptique et celui de l'épicycle étant de 60 parties, le rayon de l'épicycle en aura 5ᵖ 14'. Donc ici encore se trouve à très-peu près le même rapport que

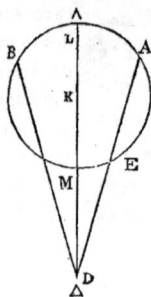

Ἐπεὶ οὖν πάλιν ἡ ΕΑ περιφέρεια ἐλάσσων ἐδείχθη ἡμικυκλίω, δῆλον ὅτι τὸ κέντρον τῶ ἐπικύκλω ἐκτὸς πεσεῖται τῶ ΕΑ τμήματος. Εἰλήφθω δὴ καὶ ἔσω τὸ Κ, καὶ ἐπεζεύχθω ἡ ΔΜΚΛΑ, ὥστε πάλιν τὸ μὲν Λ σημεῖον γίνεθαι τὸ ἀπογειότατον, τὸ δὲ Μ τὸ περιγειότατον. Ἐπεὶ οὖν τὸ ὑπὸ ΑΔ καὶ ΔΕ περιεχόμενον ὀρθογώνιον ἴσον ἐϛὶ τῷ ὑπὸ τῶν ΛΔ καὶ ΔΜ, δέδεικται δ᾽ ἡμῖν ὅτι οἵων ἐϛὶν ἡ ΛΚΜ τοῦ ἐπικύκλου διάμετρος ρκ̄, τοιούτων ἐϛὶν ἡ μὲν ΑΕ εὐθεῖα πη̄ μ' ιζ', ἡ δὲ ΕΔ τῶν αὐτῶν χμγ̄ λϛ' λθ', ἡ δὲ ΑΔ ὅλη δηλονότι ψλβ ιϛ' νϛ", γίνεται τὸ ὑπὸ τῶν ΑΔ καὶ ΔΕ, τουτέϛι τὸ ὑπὸ ΑΔ καὶ ΔΜ, τῶν αὐτῶν Μ̄ ατδ̄ μϛ' ιζ'. Πάλιν τὸ ὑπὸ ΑΔ καὶ ΔΜ μετὰ τῶ ἀπὸ ΚΜ, ποιεῖ τὸ ἀπὸ τῆς ΔΚ τετράγωνον, ἡ δὲ ΚΜ ἐκ τοῦ κέντρου οὖσα τοῦ ἐπικύκλου ξ̄, ποιεῖ τὸ ἀπ᾽ αὐτῆς γχ̄. ἐὰν τὰ γχ̄ προσθῶμεν ταῖς προκειμέναις Μ̄ ατδ̄ μϛ' ιζ', ἕξομεν τὸ ἀπὸ ΔΚ τετράγωνον τῶν αὐτῶν Μ̄ δψδ̄ μϛ' ιζ'. Καὶ μήκει ἄρα ἔϛαι ἡ ΔΚ ἐκ τοῦ κέντρου οὖσα τοῦ φέροντος τὸν ἐπίκυκλον ὁμοκέντρου τῷ διὰ μέσων, τοιούτων χπθ̄ η', οἵων ἐϛὶν ἡ ΚΜ ἐκ τοῦ κέντρου οὖσα τοῦ ἐπικύκλου ξ̄· ὥστε καὶ οἵων ἐϛὶν ἡ μεταξὺ τῶν κέντρων τοῦ τε διὰ μέσων τῶν ζωδίων καὶ τοῦ ἐπικύκλου, ἑξήκοντα, τοιούτων ἔϛαι καὶ ἡ ἐκ τοῦ κέντρου τοῦ ἐπικύκλου ε̄ ιδ'. Καὶ ἔϛιν ὁ αὐτὸς ἔγγιϛα

λόγος τῷ διὰ τῶν παλαιοτέρων ἐκλείψεων μικρῷ πρόσθεν ἀποδεδειγμένῳ.

Ἤχθω δὴ πάλιν ἐπὶ τῆς αὐτῆς καταγραφῆς ἀπὸ τοῦ Κ κέντρου κάθετος ἐπὶ τὴν ΔΕΑ ἡ ΚΝΞ, καὶ ἐπεζεύχθω ἡ ΑΚ. Ἐπεὶ οὖν οἵων ἡ ΔΚ ἐδείχθη χ̄π̄θ η΄, τοιούτων ἦν καὶ ἡ μὲν ΔΕ εὐθεῖα χμγ λϛ΄ λθ΄΄, ἡ δὲ ΝΕ ἡμίσεια οὖσα τῆς ΑΕ, τῶν αὐτῶν ἐστι μδ κ΄ η΄΄, ὥστε καὶ ὅλην τὴν ΔΕΝ τῶν αὐτῶν χ̄π̄ζ ϛ΄ μζ΄΄· καὶ οἵων ἐστὶν ἄρα ἡ ΔΚ ὑποτείνουσα ρκ, τοιούτων καὶ ἡ ΔΝ ἔσται ριθ μζ΄ λϛ΄΄· ἡ δὲ ἐπ' αὐτῆς περιφέρεια τοιούτων ρογ ιζ΄ ἔγγιστα, οἵων ἐστὶν ὁ περὶ τὸ ΔΚΝ ὀρθογώνιον κύκλος τξ· ὥστε καὶ ἡ ὑπὸ ΔΚΝ γωνία, οἵων μὲν εἰσιν αἱ δύο ὀρθαὶ τξ, τοιούτων ἐστὶν ρογ ιζ΄, οἵων δὲ αἱ τέσσαρες ὀρθαὶ τξ, τοιούτων ἐστὶν π̄ϛ λη΄ ϛ΄΄. Καὶ ἡ μὲν ΜΕΞ ἄρα τοῦ ἐπικύκλου περιφέρεια μοιρῶν ἐστιν π̄ϛ λη΄ λ΄, ἡ δὲ ΛΑΞ τῶν λοιπῶν εἰς τὸ ἡμικύκλιον ϟγ κα΄ λ΄· τῶν δὲ αὐτῶν ἐστιν ἡ ΑΞ περιφέρεια, ἡμίσεια οὖσα τῆς ΑΕ, μοιρῶν μζ λη΄ λ΄ ἔγγιστα, καὶ λοιπὴ ἄρα ἡ ΑΛ περιφέρεια μοιρῶν ἐστι με μγ΄. Ὑπέκειτο δὲ καὶ ἡ ΑΒ ὅλη τῶν αὐτῶν ρι κα΄, καὶ λοιπὴ ἄρα ἡ ΛΒ περιφέρεια, ἣν ἀπεῖχεν ἡ σελήνη τοῦ ἀπογειοτάτου, κατὰ τὸν ἐκκείμενον μέσον χρόνον τῆς δευτέρας ἐκλείψεως, μοιρῶν ἐστιν ξδ λη΄.

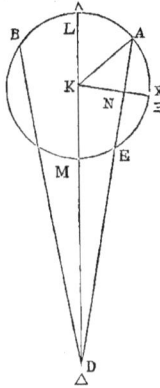

Ὁμοίως ἐπεὶ ἡ μὲν ὑπὸ ΔΚΝ γωνία ἀπεδείχθη τοιούτων π̄ϛ λη΄ ἔγγιστα, οἵων αἱ τέσσαρες ὀρθαὶ τξ, ἡ δὲ ὑπὸ ΚΑΝ

celui que nous avons démontré un peu plus haut par les anciennes éclipses.

Soit menée encore dans la même figure, une perpendiculaire KNX du centre K sur la droite DEA, et joignez AK. Puisqu'il est démontré que DK étant de 689^p 8', la droite DE en contient (u) 643^p 36' 39'', et la moitié NE de AE, 44^p 20' 8'', il suit de-là que la droite entière DEN est de 687^p 56' 47''. Donc l'hypoténuse DK étant de 120 parties, la droite DN sera de 119^p 47' 36''; or l'arc soutendu par cette droite sera de 173^p 17' environ des degrés dont le cercle circonscrit au triangle rectangle DKN en contient 360; ensorte que l'angle DKN est de 173^p 17' des degrés dont 360 font deux angles droits, et de 86 38' ½ de ceux dont 360 font quatre angles droits. Donc l'arc MEX de l'épicycle est de 86^p 38' 30'', et LAX qui complète la demi-circonférence, est de 93^d 21' 30''. Or l'arc AX, moitié de AE, contient 47^d 38' 30'' de ces degrés à très-peu près, donc l'arc restant AL est de 45^d 43'. Mais l'arc entier AB a été supposé de 110^d 21' de ces mêmes degrés, donc l'arc restant LB dont la lune étoit distante de l'apogée, dans le temps dont il s'agit, du milieu de la seconde éclipse, est de 64^d 38'.

Pareillement, puisqu'on a démontré que l'angle DKN étoit de 86^d 38' à peu près, des degrés dont 360 font quatre

angles droits, et que l'angle KDN a pour valeur le complément 3^d 22' à un angle droit, l'angle entier ADB étant supposé de 7^d 42' de ces mêmes degrés, il s'ensuit que l'angle restant LDB qui soutend l'arc de l'écliptique, retranché du mouvement moyen en longitude, à cause de l'anomalie LB de l'épicycle, sera de 4^d 20'. Donc la lune par son moyen mouvement étoit dans le temps du milieu de la seconde éclipse aux 29^d 30' du bélier, car son lieu vrai étoit sur 25^d 10' qui répondent au même nombre que le soleil occupoit alors dans les serres.

γίνεται τῶν λοιπῶν εἰς τὴν μίαν ὀρθὴν γ̅ κβ, ὑπέκειτο δὲ καὶ ἡ ὑπὸ ΑΔΒ ὅλη τῶν αὐτῶν ζ̅ μβ, καὶ λοιπὴ ἄρα ἡ ὑπὸ ΛΔΒ γωνία, ἥτις ὑποτείνει τὴν ἀφαιρουμένην τῆς μέσης κατὰ μῆκος παρόδου τοῦ διὰ μέσων τῶν ζωδίων κύκλου περιφέρειαν, ἐκ τῆς παρὰ τὴν ΛΒ γινομένης τοῦ ἐπικύκλου ἀνωμαλίας, μοιρῶν ἔςαι δ̅ κ'. Καὶ κατὰ μῆκος ἄρα μέσως ἐπεῖχεν ἡ σελήνη, κατὰ τὸν μέσον χρόνον τῆς δευτέρας ἐκλείψεως, τοῦ κριοῦ μοίρας κθ̅ λ', ἐπειδήπερ ἀκριβῶς ἐπεῖχε μοίρας κε̅ ι', ὅσας καὶ ὁ ἥλιος τῶν χηλῶν.

CHAPITRE VI.

DE LA CORRECTION DES MOUVEMENS MOYENS DE LONGITUDE ET D'ANOMALIE DE LA LUNE.

Puisque nous avons prouvé qu'au milieu de la seconde des anciennes éclipses, la lune étoit par son mouvement moyen sur 14^d 44' de la vierge, et à 12^d 24' d'anomalie depuis l'apogée ; et que dans la seconde des trois éclipses que nous avons observées, nous avons trouvé que par son mouvement moyen elle étoit en 29 30' du bélier, et à 64^d 38' d'anomalie loin de l'apogée, il est évident que pendant l'espace de temps qui s'est écoulé entre ces deux éclipses, la lune a parcouru par son moyen mouvement, en

ΚΕΦΑΛΑΙΟΝ ϛ.

ΠΕΡΙ ΤΗΣ ΔΙΟΡΘΩΣΕΩΣ ΤΩΝ ΜΕΣΩΝ ΠΑΡΟΔΩΝ ΤΗΣ ΣΕΛΗΝΗΣ ΜΗΚΟΥΣ ΤΕ ΚΑΙ ΑΝΩΜΑΛΙΑΣ.

ΕΠΕΙ τοίνυν ἐν μὲν τῇ δευτέρᾳ τῶν παλαιῶν ἐκλείψεων ἀπεδείξαμεν τὴν σελήνην κατὰ τὸν μέσον χρόνον ἐπέχουσαν ὁμαλῶς κατὰ μῆκος μὲν παρθένου μοίρας ιδ̅ μδ, ἀνωμαλίας δὲ ἀπὸ τοῦ ἀπογείου τοῦ ἐπικύκλου μοίρας ιβ κδ· ἐν δὲ τῇ δευτέρᾳ τῶν καθ' ἡμᾶς τριῶν ἐκλείψεων ὁμοίως ἐπέχουσα μέσως ἀπεδείχθη, κατὰ μῆκος μὲν τοῦ κριοῦ μοίρας κθ̅ λ, ἀνωμαλίας δὲ ἀπὸ τοῦ ἀπογείου μοίρας ξδ̅ λη, φανερὸν ὅτι καὶ ἐν τῷ μεταξὺ χρόνῳ τῶν προκειμένων ἐκλείψεων ἐπέλαβε μέσως ἡ σελήνη μεθ' ὅλους

κύκλυς, μήκυς μὲν μοίρας σκδ̄ μϛ', ἀνωμαλίας δὲ μοίρας νβ ιδ'. Ἀλλ' ὁ μεταξὺ
χρόνος τοῦ τε δευτέρου ἔτους Μαρδοκεμπάδου Θωθ ῑη εἰς τὴν ιθ̄ πρὸ ϛ" καὶ
γ" μιᾶς ὥρας ἰσημερινῆς τοῦ μεσονυκτίυ,
καὶ τοῦ ῑθ ου ἔτους Ἀδριανοῦ, Χοϊὰκ β̄ εἰς
τὴν γ̄ πρὸ μιᾶς ὥρας ἰσημερινῆς τοῦ μεσονυκτίου, περιέχει αἰγυπτιακὰ ἔτη
.ωνδ̄ καὶ ἡμέρας ογ̄ καὶ ὥρας ἰσημερινὰς
ἁπλῶς μὲν πάλιν κγ̄ ϛ" γ", ἀκριβῶς
δὲ καὶ πρὸς τὰ ὁμαλὰ νυχθήμερα κγ̄
γ", πάσας δὲ ἡμέρας Μ καὶ ͵ατπγ καὶ
ὥρας ἰσημερινὰς κγ̄ γ", αἷς εὑρίσκομεν
ἐπιβαλλούσας μεθ' ὅλους κύκλους ἐπουσίας ἐκ τῶν προεκτεθειμένων ἡμερησίων
κινημάτων, κατὰ τὰς πρὸ τῆς διορθώσεως ὑποθέσεις, μήκους μὲν μοίρας σκδ̄
μϛ', ἀνωμαλίας δὲ μοίρας νβ λα' ὡς τὴν
μὲν τοῦ μήκυς ἐπουσίαν ἀπαράλλακτον,
ὡς ἔφαμεν, εὑρῆσθαι τῇ διὰ τῶν ἐκκειμένων τηρήσεων ὑφ' ἡμῶν συναχθείσῃ, τὴν
δὲ τῆς ἀνωμαλίας πλεονάζειν ἑξηκοστοῖς
ιζ. Ὅθεν πρὸ τῆς τῶν κανονίων ἐκθέσεως, ἕνεκεν τῆς τῶν ἡμερησίων δρόμων
διορθώσεως, τὰ ιζ ἑξηκοστὰ ἐπιμερίσαντες εἰς τὸ προκείμενον τῶν ἡμερῶν
πλῆθος, τὰ ἑκάστῃ ἡμέρᾳ ἐπιβάλλοντα
ο̅ ο̅ ο̅ ο̅ ια'''' μϛ''''' λθ'''''' ἀφελόντες
τοῦ πρὸ τῆς διορθώσεως κατειλημμένου τῆς ἀνωμαλίας ἡμερησίου μέσου κινήματος, εὕρομεν τὸ διωρθωμένον μοι-
ρῶν ιγ̄ γ' νγ'' νϛ''' ιζ'''' να''''' νθ'''''', αἷς
ἀκολούθως καὶ τὰς λοιπὰς τῶν κανο-
νίων ἐπισυνθέσεις ἐποιησάμεθα.

sus des circonférences entières, 224ᵈ 46'
en longitude, et 52ᵈ 14' d'anomalie.
Mais le temps écoulé depuis la deuxième
année de Mardocempad à ½ et ⅓ d'heure
équinoxiale avant minuit du dix-huitième au dix-neuvième jour du mois de
Thoth, jusqu'à une heure équinoxiale
avant minuit du 2 au 3 du mois de
Choïac de la 19ᵉ année d'Adrien, renferme 854 années égyptiennes 73 jours
et 23 ½ ⅓ heures, ou plus exactement en
nychthémères égaux, 23 heures ⅓; c'est-
à-dire en tout 311783 jours et 23 heures
⅓ équinoxiales, auquel espace de temps
nous trouvons, qu'en sus des circonférences entières, répondent d'après les
mouvemens que nous avons exposés
pour chaque jour, suivant les hypothèses établies avant cette correction,
224ᵈ 46' degrés en longitude, et 52ᵈ 31'
d'anomalie. Ainsi le mouvement en longitude se trouve être le même que celui
qui résulte de nos observations, mais
celui de l'anomalie le surpasse de 17
soixantièmes. C'est pourquoi, avant d'exposer les tables, pour la correction des
mouvemens diurnes, nous avons distri-
bué ces 17 soixantièmes sur le nombre
de jours en question, en ôtant à chaque
jour 11''' 46'''' 39''''' du mouvement
diurne de l'anomalie pris avant la correction, et nous avons trouvé 13ᵈ 3' 53"
56''', 17'''', 51''''' 59'''''', après la correction faite; et d'après cela nous avons
fait les additions successives de ces tables.

CHAPITRE VII.   ΚΕΦΑΛΑΙΟΝ Z.

DE L'ÉPOQUE DES MOYENS MOUVEMENS DE   ΠΕΡΙ ΤΗΣ ΕΠΟΧΗΣ ΤΩΝ ΟΜΑΛΩΝ ΤΗΣ ΣΕΛΗΝΗΣ
LONGITUDE ET D'ANOMALIE DE LA LUNE.   ΚΙΝΗΣΕΩΝ ΜΗΚΟΥΣ ΤΕ ΚΑΙ ΑΝΩΜΑΛΙΑΣ.

Pour réduire ces époques au midi du premier jour du mois égyptien Thoth de la première année de Nabonassar, nous avons pris l'intervalle de temps écoulé de ce jour au milieu de la seconde des trois premières et plus proches éclipses, laquelle est arrivée, comme nous l'avons dit, la seconde année de Mardocempad, du 18 au 19 du mois égyptien de Thoth, à $\frac{1}{3}$ et $\frac{1}{7}$ d'une heure équinoxiale avant minuit, ce qui fait une espace de 27 années égyptiennes 17 jours et 11 $\frac{1}{6}$ heures à très-peu près, tant simplement qu'exactement; et en rejettant les circonférences entières, 123^d 22′ de longitude, et 103^d 35′ d'anomalie. Si nous retranchons respectivement ces quantités, des lieux du milieu de la seconde éclipse, nous aurons pour la première année de Nabonassar au premier jour du mois égyptien de Thoth à midi, le lieu moyen de la lune sur 11^d 22′ du taureau en longitude, et à 268^d 49′ d'anomalie depuis l'apogée de l'épicycle, c'est-à-dire à 70^d 37′ d'élongation, le soleil, comme il a été prouvé, étant alors sur 0^d 45′ des poissons.

Ἵνα δὲ καὶ τὰς ἐποχὰς αὐτῶν συςησώμεθα εἰς τὸ αὐτὸ πρῶτον ἔτος Ναβονασσάρου κατ' Αἰγυπτίους Θωθ ᾱ τῆς μεσημβρίας, ἐλάβομεν τὸν ἐντεῦθεν χρόνον μέχρι τοῦ μέσου τῆς δευτέρας ἐκλείψεως τῶν πρώτων καὶ ἐγγυτέρων τριῶν, ἥτις, ὡς ἔφαμεν, γέγονε τῷ δευτέρῳ ἔτει Μαρδοκεμπάδου κατ' Αἰγυπτίους Θωθ ιη̄ εἰς τὴν ιθ̄ πρὸ ϛ″ καὶ γ″ μιᾶς ὥρας ἰσημερινῆς τοῦ μεσονυκτίου. Συνάγεται δὲ οὗτος ἐτῶν αἰγυπτιακῶν κζ̄ καὶ ἡμερῶν ιζ̄ καὶ ὡρῶν ἁπλῶς τε καὶ ἀκριβῶς ἔγγιςα ιᾱ ϛ″. καὶ παράκεινται τῷ τοσούτῳ χρόνῳ μεθ' ὅλους κύκλους ἐπουσίας μήκους μὲν μοῖραι ρκγ̄ κβ″, ἀνωμαλίας δὲ μοῖραι ργ̄ λε″· ἃς ἐὰν ἀφέλωμεν τῶν ἐν τῷ μέσῳ χρόνῳ τῆς δευτέρας ἐκλείψεως ἐποχῶν, ἑκατέραν ἀφ' ἑκατέρας οἰκήσεως, ἕξομεν εἰς τὸ πρῶτον ἔτος Ναβονασσάρου κατ' Αἰγυπτίους Θωθ ᾱ τῆς μεσημβρίας, ἐπέχουσαν μέσως τὴν σελήνην, κατὰ μὲν μῆκος, ταύρου μοίρας ιᾱ κβ″, ἀνωμαλίας δὲ ἀπὸ τοῦ ἀπογείου τοῦ ἐπικύκλου μοίρας σξη̄ μθ″, ἀποχῆς δὲ δηλονότι μοιρῶν ο̄ λζ″, ἐπειδήπερ καὶ ὁ ἥλιος εἰς τὸν αὐτὸν χρόνον ἀπεδείχθη τῶν ἰχθύων ἐπέχων μοίρας ο̄ με″.

ΚΕΦΑΛΑΙΟΝ Η.

ΠΕΡΙ ΤΗΣ ΔΙΟΡΘΩΣΕΩΣ ΤΩΝ ΚΑΤΑ ΠΛΑΤΟΣ
ΜΕΣΩΝ ΠΑΡΟΔΩΝ ΤΗΣ ΣΕΛΗΝΗΣ ΚΑΙ ΤΩΝ
ΕΠΟΧΩΝ ΑΥΤΩΝ.

Τ ΑΣ μὲν οὖν τοῦ μήκους καὶ τῆς ἀνωμαλίας περιοδικὰς κινήσεις, καὶ ἔτι τὰς
ἐποχὰς αὐτῶν, διὰ τῶν τοιούτων ἐφόδων συνεστησάμεθα· ἐπὶ δὲ τῶν κατὰ
πλάτος, πρότερον μὲν διημαρτάνομεν
καὶ αὐτοὶ συγχρώμενοι κατὰ τὸν Ἵππαρχον
τῷ τὴν σελήνην ἑξακοσιάκις μὲν καὶ πεν-
τηκοντάκις ἔγγιστα καταμετρεῖν τὸν ἴδιον
κύκλον, δὶς δὲ καὶ ἡμισάκις τὸν τῆς
σκιᾶς καταμετρεῖν κατὰ τὸ ἐν ταῖς συζυγίαις μέσον ἀπόστημα. Τούτων γὰρ
ὑποκειμένων, καὶ τῆς πηλικότητος τῆς
ἐγκλίσεως τοῦ λοξοῦ κύκλου τῆς σελήνης, οἱ τῶν κατὰ μέρος αὐτῆς ἐκλείψεων
ὅροι δίδονται. Λαμβάνοντες οὖν διαστάσεις
ἐκλειπτικὰς, καὶ ἀπὸ τοῦ μεγέθους τῶν
κατὰ τοὺς μέσους χρόνους ἐπισκοτήσεων
τὰς ἀκριβεῖς κατὰ πλάτος ἐπὶ τοῦ λοξοῦ κύκλου παρόδους, ἀφ' ὁποτέρου τῶν
συνδέσμων ἐπιλογιζόμενοι, διά τε τῆς
ἀποδεδειγμένης κατὰ τὴν ἀνωμαλίαν
διαφορᾶς, ἀπὸ τῶν ἀκριβῶν παρόδων
τὰς περιοδικὰς διακρίνοντες, οὕτω τάς
τε κατὰ τοὺς μέσους χρόνους τῶν ἐκλείψεων ἐποχὰς τοῦ περιοδικοῦ πλάτους
εὑρίσκομεν, καὶ τὴν ἐν τῷ μεταξὺ χρόνῳ
μεθ' ὅλους κύκλους ἐπουσίαν.

Νῦν δὲ χρησάμενοι χαριεστέραις ἐφόδοις, καὶ μηδενὸς τῶν πρότερον ὑπο-
τεθειμένων ἐπιδεομέναις, πρὸς τὴν τῶν

I.

CHAPITRE VIII.

DE LA CORRECTION DES MOYENS MOUVE-
MENS DE LA LUNE EN LATITUDE ET DE
LEURS ÉPOQUES.

Nous avons établi tout à la fois par
ces méthodes les mouvemens périodiques
tant de longitude que d'anomalie, ainsi
que leurs époques ; mais pour celles de
la latitude, nous avons mal fait de supposer avec Hipparque, que le disque de
la lune est la 650e partie de l'orbite de
cet astre, et qu'il est contenu deux fois
et demie dans le cercle de l'ombre,
quand elle est à sa moyenne distance
lors des conjonctions. Car cela supposé, ainsi que la quantité de l'inclinaison
de l'orbite de la lune, les limites de ses
éclipses sont données. En prenant donc
les intervalles des éclipses, et en calculant par la grandeur des obscurations
au milieu de chaque éclipse les mouvemens vrais en latitude sur l'orbite inclinée depuis l'un des nœuds, et distinguant par la différence que donne l'a-
nomalie, les mouvemens périodiques
d'avec les mouvemens vrais, nous trouvons les lieux de la latitude périodique,
au milieu du temps de la durée de
chaque éclipse, ainsi que le point où la
lune s'est avancée dans l'intervalle d'une
éclipse à l'autre, en outre des circonférences entières qu'elle a parcourues.

Aujourd'hui par des méthodes plus faciles qui n'ont pas besoin des suppositions
précédentes, pour obtenir ce que l'on

54

cherche, nous avons trouvé que le mouvement en latitude calculé par ces moyens
étoit fautif, et d'après celle que nous
avons obtenue sans ces moyens, nous
avons corrigé ce que nous sommes convaincus qu'il y avoit de défectueux tant
dans les hypothèses mêmes que dans les
grandeurs des distances.

Nous avons fait la même chose pour
Saturne et Mercure, en y changeant ce
qu'on n'y avoit pas anciennement bien
déterminé. Des observations plus ré-
centes et mieux faites, nous ont mis en
état de faire ces changemens. Car ceux
qu'un ardent et sincère amour de la vérité porte à se livrer à telles recherches,
non seulement doivent y employer les
méthodes les plus sûres et les plus nouvellement trouvées pour la correction des
anciennes, mais il faut encore que persuadés de l'importance et de l'origine céleste de leur profession, ils ne rougissent
pas de corriger eux-mêmes leurs propres
fautes, s'il en est besoin, et qu'ils y
fassent servir les moyens les plus exacts
qu'eux ou d'autres auront trouvés. Nous
donnerons dans la suite de ce traité, en
leurs lieux, les moyens par lesquels nous
procédons dans chacun de ces objets.

Actuellement, pour suivre toujours
l'ordre que nous nous sommes prescrit,
nous allons montrer en quoi consiste le
véritable mouvement en latitude. D'a-
bord, pour la correction du mouvement
moyen, nous avons cherché les éclipses de
lune les plus exactement décrites, et depuis
les temps les plus anciens que nous avons

ἐπιζητουμένων κατάληψιν, τήν τε δι᾽ ἐκείνων ἐπιλελογισμένην τῇ πλάτους πάροδον
εὕρομεν διεψευσμένην, καὶ ἀπὸ τῆς νῦν χωρὶς ἐκείνων κατειλημμένης, καὶ τὰς ὑποθέσεις αὐτὰς τὰς περὶ τὰ μεγέθη καὶ τὰ ἀπο-
στήματα, μὴ οὕτως ἐχούσας ἐλέγξαντες,
διωρθωσάμεθα.

Τὸ δὲ ὅμοιον πεποιήκαμεν ἐπί τε
τῶν τοῦ Κρόνου καὶ τοῦ Ἑρμοῦ ὑποθέσεων, κινήσαντές τινα τῶν προτέρων οὐ
πάνυ ἀκριβῶς εἰλημμένων, διὰ τὸ ὕστερον
ἀδιστακτοτέραις τηρήσεσι περιτετυχηκέ-
ναι. Προσήκει γὰρ τοῖς τῷ ὄντι φιλαλήθως
καὶ ζητητικῶς τῇ τοιαύτῃ θεωρίᾳ προσ-
ερχομένοις, μὴ πρὸς μόνην τὴν τῶν
παλαιῶν ὑποθέσεων διόρθωσιν συγχρῆσθαι τῇ καινότητι τῶν ἐπὶ τὸ ἀδιστα-
κτότερον εὑρισκομένων ἐφόδων, ἀλλὰ καὶ
πρὸς τὴν τῶν ἰδίων, ἂν οὕτως ἔχωσι, μηδὲ
αἰσχρὸν ἡγεῖσθαι, μεγάλης τινὸς καὶ θείας
οὔσης τῆς ἐπαγγελίας, κἂν ὑπ᾽ ἄλλων,
καὶ μὴ μόνον ὑφ᾽ αὑτῶν τῆς ἐπὶ τὸ ἀκρι-
βέστερον τύχωσι διορθώσεως. Τίνα μὲν
οὖν τρόπον ἕκαστα τούτων ἀποδείκνυμεν,
ἐν τοῖς ἐφεξῆς τῆς συντάξεως κατὰ τοὺς
οἰκείους τόπους ἀποδώσομεν.

Τρεψόμεθα δὲ ἐν τῷ παρόντι, τῆς ἀκο-
λουθίας ἕνεκεν, ἐπὶ τὴν τῆς κατὰ πλάτος παρόδου δεῖξιν, ἥτις ἔχει τὴν ἔφοδον τοιαύτην. Πρῶτον μὲν οὖν εἰς τὴν
αὐτῆς τῆς μέσης παρόδου διόρθωσιν,
ἐζητήσαμεν ἐκλείψεις σεληνιακὰς ἀπὸ τῶν
ἀδιστάκτως ἀναγεγραμμένων, δι᾽ ὅσου μάλιστα ἐνῆν πλείστου χρόνου, καθ᾽ ἃς τά τε

μεγέθη τῶν ἐπισκοτήσεων ἴσα γέγονε, καὶ περὶ τὸν αὐτὸν σύνδεσμον, καὶ ἀμφοτέρας ἤτοι ἀπ' ἄρκτων ἢ ἀπὸ μεσημβρίας, καὶ ἔτι ἡ σελήνη περὶ τὸ ἴσον ἦν ἀπόσημα. Τούτων δὴ οὕτως ἐχόντων, ἀνάγκη τὸ κέντρον τῆς σελήνης ἴσον ἀπέχειν καθ' ἑκατέραν τῶν ἐκλείψεων, ἐπὶ τὰ αὐτὰ μέρη τοῦ αὐτοῦ συνδέσμου, καὶ διὰ τοῦτο τὴν ἀκριβῆ πάροδον αὐτῆς ὅλους κατὰ πλάτος κύκλους ἐν τῷ μεταξὺ τῶν τηρήσεων χρόνῳ περιέχειν.

Ἐλάβομεν δὴ πρώτην μὲν ἔκλειψιν τὴν ἐπὶ Δαρείου τοῦ πρώτου τετηρημένην ἐν Βαβυλῶνι τῷ πρώτῳ καὶ τριακοςῷ αὐτοῦ ἔτει, κατ' Αἰγυπτίους Τυβὶ γ̄ εἰς τὴν δ̄, ὥρας ϛ̄ μέσης, καθ' ἣν διασαφεῖται ὅτι ἐξέλειπεν ἡ σελήνη ἀπὸ νότου δακτύλους β̄.

Δευτέραν δὲ τὴν τετηρημένην ἐν Ἀλεξανδρείᾳ, τῷ θ̄ ἔτει Ἀδριανοῦ, κατ' Αἰγυπτίους Παχὼν ιζ̄ εἰς τὴν ιη̄, πρὸ τριῶν ὡρῶν ἰσημερινῶν καὶ τριῶν πέμπτων μιᾶς ὥρας τοῦ μεσονυκτίου, καθ' ἣν ὁμοίως ἐξέλειπεν ἡ σελήνη τὸ ἕκτον μέρος τῆς διαμέτρου ἀπὸ μεσημβρίας.

Ἦν δὲ καὶ ἡ μὲν κατὰ πλάτος πάροδος τῆς σελήνης, περὶ τὸν καταβιβάζοντα σύνδεσμον ἐν ἑκατέρᾳ τῶν ἐκλείψεων· τὸ γὰρ τοιοῦτον καὶ ἐκ τῶν ὁλοσχερεςτέρων ὑποθέσεων καταλαμβάνεται. Τὸ δὲ ἀπόσημα ἔγγιςα ἴσον καὶ μικρῷ τοῦ μέσου περιγειότερον. Καὶ τοῦτο γὰρ ἐκ τῶν προαποδεδειγμένων περὶ τῆς ἀνωμαλίας γίνεται δῆλον. Ἐπειδὴ ἐν, ὅταν ἀπὸ νότου ἐκλείπῃ ἡ σελήνη, βορειότερόν ἐςι τὸ κέντρον αὐτῆς τοῦ διὰ μέσων, φανερὸν ὅτι καὶ καθ' ἑκατέραν τῶν ἐκλείψεων

pu, et où les grandeurs des obscurations fussent égales, près du même nœud, et toutes deux du côté des ourses, ou du côté du midi, et où enfin la lune fût à une distance égale. De tout cela, il suit que le centre de la lune dans les deux éclipses, est à des distances égales et du même côté du même nœud, et que la lune a fait des révolutions entières de latitude dans l'intervalle de temps entre les deux observations.

Nous avons pris pour première éclipse celle qui a été observée à Babylone, la trente-unième année du règne de Darius premier, dans la nuit du trois au quatre du mois égyptien Tybi, au milieu de la sixième heure. On y vit la lune obscurcie de deux doigts du côté du midi.

La seconde éclipse est celle qui a été observée à Alexandrie (a), la neuvième année d'Adrien, dans la nuit du 17 au 18 du mois égyptien Pachon, à 3 ½ heures équinoxiales avant minuit. La lune y fut également obscurcie de la sixième partie de son diamètre du côté du midi.

Dans chacune de ces deux éclipses, le mouvement de la lune en latitude l'avoit portée auprès du nœud descendant ; car c'est ce qu'on trouve absolument par les hypothèses générales. Or sa distance à la terre étoit à peu près égale dans l'une et dans l'autre, et un peu plus périgée que dans la moyenne, ce qui est évident par les démonstrations précédentes qui concernent l'anomalie. Ainsi, puisque quand la lune est éclipsée du côté du midi, son centre est plus boréal que l'écliptique, il

est clair que dans l'une et l'autre éclipse, le centre de la lune (précédoit) étoit à égale distance en deçà du nœud descendant. Mais dans la première éclipse la lune étoit éloignée de l'apogée de l'épicycle, de 100^d $19'$; car son milieu fut pour Babylone à une demi-heure, et pour Alexandrie à une heure et un tiers d'heure équinoxiale avant minuit. Or l'intervalle de temps depuis l'époque de Nabonassar comprend 256 ans 122 jours et absolument $10\frac{1}{5}$ heures équinoxiales, ou 10 heures $\frac{1}{4}$ en nychthémères moyens. Le mouvement vrai fut donc plus petit de cinq degrés que le mouvement périodique. Dans la seconde éclipse la lune étoit à 251^d $53'$ de l'apogée de l'épicycle. L'intervalle de temps depuis l'époque jusqu'au milieu de cette éclipse, comprend 871 ans 256 jours et absolument $8\frac{2}{5}$ heures équinoxiales, mais exactement 8 heures $\frac{1}{12}$. Par conséquent le mouvement vrai eut 4^d $53'$ de plus que le moyen. Donc dans l'espace de temps entre ces deux éclipses, qui fut de 615 années égyptiennes 133 jours et $21\frac{1}{2}\frac{1}{3}$ heures, le mouvement vrai de la lune en latitude embrasse des circonférences entières, et le mouvement périodique a 9^d $53'$ de moins que les cercles entiers, nombre qui est la somme des deux anomalies. Or il y a environ 10^d $2'$ de moins que les restitutions entières, pour cet espace de temps, dans les tables de moyen mouvement construites d'après les hypothèses d'Hipparque. Par conséquent, le moyen mouvement en latitude est plus grand de 9 soixantièmes que celui qu'Hipparque a assigné pour le retour à une même latitude.

Divisant donc cette quantité par les

τῷ ἴσῳ προηγεῖτο τοῦ καταβιβάζοντος συνδέσμου τὸ κέντρον τῆς σελήνης. Ἀλλὰ κατὰ μὲν τὴν πρώτην ἔκλειψιν ἀπεῖχεν ἡ σελήνη τοῦ ἀπογείου τοῦ ἐπικύκλου μοίρας ρ̅ καὶ ἑξηκοστὰ ι̅θ̅· ὁ γὰρ μέσος χρόνος ἐν Βαβυλῶνι γέγονε πρὸ ἡμιωρίου τοῦ μεσονυκτίου, ἐν Ἀλεξανδρείᾳ δὲ πρὸ μιᾶς καὶ τρίτου ὥρας ἰσημερινῆς. Καὶ ὁ ἀπὸ τῆς ἐποχῆς τῆς ἐπὶ Ναβονασσάρου χρόνος συνάγει ἔτη σν̅ϛ̅ καὶ ἡμέρας ρκβ̅ καὶ ὥρας ἰσημερινὰς ἁπλῶς μὲν ι̅ γ″, πρὸς δὲ τὰ ὁμαλὰ νυχθήμερα ι̅ δ″. Καὶ διὰ τοῦτο ἐλάττων ἦν ἡ ἀκριβὴς πάροδος τῆς περιοδικῆς πέντε μοίραις. Κατὰ δὲ τὴν δευτέραν ἔκλειψιν ἀπεῖχεν ἡ σελήνη τοῦ ἀπογείου τοῦ ἐπικύκλου, μοίρας σνα̅ νγ΄. Καὶ ἐνθάδε γὰρ ὁ ἀπὸ τῆς ἐποχῆς χρόνος, μέχρι τοῦ μέσου τῆς ἐκλείψεως, συνάγει ἔτη ωοα̅ καὶ ἡμέρας σνϛ̅ καὶ ὥρας ἰσημερινὰς ἁπλῶς μὲν η̅ καὶ δύο πέμπτα, ἀκριβῶς δὲ η̅ καὶ δωδέκατον. Διὰ τοῦτο δὲ καὶ ἡ ἀκριβὴς πάροδος πλείων ἦν τῆς μέσης μοιρῶν δ̅ νγ΄. Ἐν τῷ μεταξὺ ἄρα χρόνῳ τῶν δύο ἐκλείψεων περιέχοντι ἔτη αἰγυπτιακὰ χιϛ̅ καὶ ἡμέρας ρλγ̅ καὶ ὥρας ἰσημερινὰς κα̅ ϛ′ γ′, ἡ μὲν ἀκριβὴς κατὰ πλάτος πάροδος τῆς σελήνης ὅλους περιέχει κύκλους, ἡ δὲ περιοδικὴ ἐνέλειπεν εἰς ὅλους κύκλους ταῖς ἐξ ἀμφοτέρων τῶν ἀνωμαλιῶν συναγομέναις μοίραις θ̅ νγ΄. Ἐλλείπει δὲ ἐκ τῶν προεκτεθειμένων κατὰ τὰς τοῦ Ἱππάρχου ὑποθέσεις μέσων παρόδων. ἐν τῷ τοσούτῳ χρόνῳ εἰς ὅλας ἀποκατατάσεις μοίρας ι̅ καὶ ἑξηκοστὰ ἔγγιστα β̅. Πλείων ἄρα γέγονε παρὰ τὰς ὑποθέσεις ἡ μέση κατὰ πλάτος πάροδος ἑξηκοστοῖς θ̅.

Ταῦτα οὖν ἐπιμερίσαντες εἰς τὸ

πλῆθος τῶν ἐκ τοῦ προκειμένου χρόνου συναγομένων ἡμερῶν Μ ͞δχ͞θ ἔγγιϛα, καὶ τὰ ἐκ τῆς παραβολῆς γεγενη-
μένα ο͂ ο͂ ο͂ ο͂ η‴‴ λθ‴‴‴ ιη‴‴‴‴, προθέντες
τῷ κατ᾽ ἐκείνας τὰς ὑποθέσεις προαπο-
δεδειγμένῳ ἡμερησίῳ μέσῳ κινήματι, εὕρομεν τὸ διωρθωμένον μοιρῶν ι͞γ ιγ′ με′
λθ‴ μη‴‴ ιϛ‴‴‴ λζ‴‴‴‴, αἷς πάλιν ἀκολούθως καὶ τὰς λοιπὰς τῶν κανονίων
ἐπισυνθέντες εἰσεπραγματευσάμεθα.

Δεδειγμένης δὲ ἅπαξ τὸν τρόπον
τοῦτον τῆς περιοδικῆς κατὰ πλάτος κινήσεως, ἑξῆς καὶ εἰς τὴν τῶν ἐποχῶν αὐτῆς σύςασιν ἐζητήσαμεν πάλιν διάςασιν
ἀδιάκτων ἐκλείψεων δύο, καθ᾽ ἃς τὰ
μὲν ἄλλα τὰ αὐτὰ τοῖς πρότερον συνέβαινε, τουτέςι τά τε ἀποςήματα τῆς
σελήνης ἔγγιςα ἴσα ἐγίνετο, καὶ αἱ ἐπι-
σκοτήσεις ἴσαι τε καὶ ἤτοι πρὸς ἄρκτους
ἢ πρὸς μεσημβρίαν ἀμφότεραι. Ὁ δὲ σύνδεσμος οὐκέτι ὁ αὐτὸς ἀλλὰ ὁ ἐναντίος.

Καὶ τούτων δὲ τῶν ἐκλείψεων, πρώτη
μέν ἐςιν ἣ κεχρήμεθα καὶ πρὸς τὴν τῆς
ἀνωμαλίας ἀπόδειξιν, γενομένη δὲ τῷ
β̄ ἔτει Μαρδοκεμπάδου, κατ᾽ Αἰγυπτίους Θὼθ ι͞η εἰς τὴν ι͞θ, ἐν μὲν Βαβυλῶνι τοῦ μεσονυκτίου, ἐν δὲ Ἀλεξανδρείᾳ πρὸ ϛ′ γ′ μιᾶς ὥρας ἰσημερινῆς,
καθ᾽ ἣν διασαφεῖται ἡ σελήνη ἐκλελοι-
πυῖα ἀπὸ νότου δακτύλους γ̄.

Δευτέρα δὲ, ἣ καὶ Ἵππαρχος συνεχρήσατο, γενομένη τῷ κ̄ ἔτει Δαρείου
τοῦ μετὰ Καμβύσην, κατ᾽ Αἰγυπτίους
Ἐπιφὶ κ͞η εἰς τὴν κ͞θ, τῆς νυκτὸς προε-
λθούσης ἰσημερινὰς ὥρας ϛ̄ γ′′, καθ᾽ ἣν

224609 jours compris dans cet intervalle de temps, et ajoutant le quotient
8‴‴ 39‴‴‴ 18‴‴‴‴ au moyen mouvement
diurne résultant de ces hypothèses,
nous avons trouvé que le mouvement
corrigé étoit de 13^d 13′ 45″ 39‴ 48‴‴
56‴‴‴ 37‴‴‴‴, sur quoi nous avons composé le reste dès tables, par des additions successives.

Du mouvement périodique en latitude, ainsi démontré, passant à ses
époques, nous avons encore cherché
l'intervalle de deux éclipses bien déterminées, dans lesquelles se rencontroit tout
ce qui s'est trouvé dans ces premières,
c'est-à-dire les distances à très-peu près
égales de la lune, les obscurcissemens
égaux, et dans toutes deux vers les
ourses ou vers le midi; et le nœud non
plus le même, mais l'opposé.

La première de ces éclipses est celle
dont nous nous sommes déjà servis pour
la démonstration de l'anomalie; elle est
arrivée la seconde année de Mardocempad, pour Babylone à minuit du 18
au 19 du mois égyptien Thoth, mais
pour Alexandrie à ½ ⅓ d'une heure
équinoxiale avant minuit. On y vit la
lune éclipsée de trois doigts du côté du
midi.

La seconde éclipse employée par Hipparque, est arrivée la vingtième année
de Darius successeur de Cambyse, dans
la nuit du 28 au 29 du mois égyptien
Epiphi, à 6 ⅓ heures équinoxiales de

cette nuit. La lune y fut également éclipsée du quart de son diamètre du côté
du midi, et le milieu de cette seconde
éclipse fut à ⅕ d'heure avant minuit
pour Babylone, puisque la moitié de la
nuit étoit alors de 6 ½ ¼ heures, mais
pour Alexandrie il fut à une heure un
quart avant minuit.

Ainsi chacune de ces éclipses est arrivée lorsque la lune étoit dans sa plus
grande distance; mais la première, près
du nœud ascendant, et la seconde près du
nœud descendant, ensorte que le centre
de la lune fut ici encore dans ces éclipses,
plus boréal de la même quantité, que le
cercle mitoyen du zodiaque.

Soit donc ABG l'orbite inclinée de la lune, et son diamètre
AG, sur lequel prenez l'extrémité A pour le nœud ascendant,
et G pour le descendant, et soit
B le point le plus boréal. Prenez depuis chacun des nœuds
A, G, vers le point boréal B, des
arcs égaux AD, GE, ensorte que dans
la première éclipse, le centre de la lune
soit en D, et dans la seconde, en E. Pour
la première, l'espace de temps écoulé depuis l'époque, est de 27 années égyptiennes 17 jours et 11 ½ heures équinoxiales tant absolument qu'exactement.
La lune étoit donc à 12ᵈ 24′ de distance
de l'apogée de l'épicycle, et son mouvement périodique surpassoit le vrai de
59 soixantièmes. Pareillement il s'est
écoulé depuis la même époque jusqu'à la
seconde éclipse, 245 années égyptiennes.

ὁμοίως ἐξέλιπεν ἡ σελήνη ἀπὸ νότου τὸ
δ'' τῆς διαμέτρου, καὶ ἦν ὁ μέσος χρόνος ἐν
μὲν Βαβυλῶνι πρὸ δύο πέμπτων μιᾶς ὥρας
ἰσημερινῆς τοῦ μεσονυκτίου, ἐπεὶ τὸ ἡμι-
νύκτιον ἦν τότε ὡρῶν ἰσημερινῶν ϛ ϛ δ''
ἔγγιστα, ἐν Ἀλεξανδρείᾳ δὲ πρὸ ᾱ δ''
ὥρας ἰσημερινῆς τοῦ μεσονυκτίου.

Γέγονε δὲ καὶ τούτων τῶν ἐκλείψεων
ἑκατέρα, τῆς σελήνης περὶ τὸ μέγιστον
οὔσης ἀπόστημα· ἀλλὰ ἡ μὲν προτέρα
περὶ τὸν ἀναβιβάζοντα σύνδεσμον, ἡ δὲ
δευτέρα περὶ τὸν καταβιβάζοντα, ὡς καὶ
ἐνταῦθα τῷ ἴσῳ βορειότερον εἶναι τοῦ
διὰ μέσων τῶν ζωδίων ἐν αὐταῖς τὸ κέντρον τῆς σελήνης.

Εστω δὴ ὁ λοξὸς αὐτῆς κύ-
κλος ὁ ΑΒΓ περὶ διάμετρον
τὴν ΑΓ, καὶ ὑποκείσθω τὸ μὲν
Α σημεῖον ὁ ἀναβιβάζων σύνδεσμος, τὸ δὲ Γ ὁ καταβιβά-
ζων, τὸ δὲ Β βορειότατον πέρας. Καὶ ἀπειλήφθωσαν ἴσαι
περιφέρειαι ἀφ' ἑκατέρου τῶν Α, Γ συνδέσμων ὡς πρὸς τὸ Β βόρειον πέρας αἱ
ΑΔ καὶ ΓΕ, ὥστε κατὰ μὲν τὴν προτέραν ἔκλειψιν κατὰ τὸ Δ εἶναι τὸ κέντρον τῆς σελήνης, κατὰ δὲ τὴν δευτέραν κατὰ τὸ Ε. Ἀλλ' ὁ μὲν ἐπὶ τὴν
προτέραν ἔκλειψιν ἀπὸ τῆς ἐποχῆς χρόνος ἐτῶν ἐστιν αἰγυπτιακῶν κζ καὶ ἡμερῶν
ιζ καὶ ὡρῶν ἰσημερινῶν ἁπλῶς τε καὶ
ἀκριβῶς ιᾱ ϛ. Καὶ διὰ τοῦτο ἀπεῖχεν ἡ
σελήνη ἀπὸ τοῦ ἀπογείου τοῦ ἐπικύκλου μοίρας ιβ κδ', πλείων τε ἦν ἡ περιοδικὴ πάροδος τῆς ἀκριβοῦς ἑξηκοστοῖς
νθ. Ὁ δὲ ἐπὶ τὴν δευτέραν ἔκλειψιν

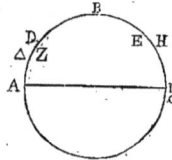

ὁμοίως ἐτῶν αἰγυπτιακῶν σμε καὶ ἡμερῶν τκζ καὶ ὡρῶν ἰσημερινῶν ἁπλῶς
μὲν ῑ ϛ ′′ δ′′, ἀκριβῶς δὲ ῑ δ′′. Καὶ διὰ
τοῦτο ἀπεῖχεν ἡ σελήνη ἀπὸ τοῦ ἀπογείου
τοῦ ἐπικύκλου μοιρῶν β̅ μδ′, πλείων τε
ἦν ἡ περιοδικὴ πάροδος τῆς ἀκριβοῦς ἑξηκοστοῖς ιγ̅. Καὶ ὁ μεταξὺ δὲ τῶν τηρήσεων
χρόνος περιέχων αἰγυπτιακὰ ἔτη σιη
καὶ ἡμέρας τθ καὶ ὡρας ἰσημερινὰς κγ
ιβ′′ συνάγει, κατὰ τὴν ἀποδεδειγμένην
τοῦ πλάτους μέσην κίνησιν ἐπουσίαν,
μοίρας ρξ καὶ ἑξηκοστὰ δ′. Ἔϛω οὖν διὰ
τὰ ἐκκείμενα καὶ ἡ μέση πάροδος τοῦ
κέντρου τῆς σελήνης ἐπὶ μὲν τῆς προτέρας ἐκλείψεως κατὰ τὸ Ζ, ἐπὶ δὲ τῆς
δευτέρας κατὰ τὸ Η. Καὶ ἐπεὶ ἡ μὲν
ΖΒΗ περιφέρεια μοιρῶν ἐϛιν ρξ καὶ ἑξηκοστῶν δ, ἡ δὲ ΔΖ ἑξηκοστῶν νθ, ἡ δὲ
ΕΗ ἑξηκοστῶν ιγ, συναχθήσεται καὶ ἡ ΔΕ
περιφέρεια μοιρῶν ρξ ν′. Καὶ συναμφότεραι
μὲν ἄρα αἱ ΑΔ, ΕΓ, τῶν λοιπῶν εἰσιν εἰς
τὸ ἡμικύκλιον μοιρῶν ιθ ι′. Ἑκατέρα δὲ
αὐτῶν, ἐπεὶ ἴσαι εἰσὶ, τῶν αὐτῶν θ λε′,
ὅσοις ἡ ἀκριβὴς πάροδος τῆς σελήνης,
κατὰ μὲν τὴν προτέραν ἔκλειψιν ὑπελείπετο τοῦ ἀναβιβάζοντος συνδέσμου,
κατὰ δὲ τὴν δευτέραν τοῦ καταβιβάζοντος προηγεῖτο. Καὶ ὅλη μὲν ἄρα ἡ ΑΖ
περιφέρεια μοιρῶν ἐϛι ῑ λδ′, λοιπὴ δὲ
ἡ ΗΓ μοιρῶν θ κβ′. Ὥϛε καὶ ἡ περιοδικὴ
πάροδος τῆς σελήνης κατὰ μὲν τὴν προτέραν ἔκλειψιν ὑπελείπετο τοῦ ἀναβιβάζοντος συνδέσμου μοιρῶν ῑ λδ′, καὶ ἀπεῖχεν
ἀπὸ τοῦ Β βορείου πέρατος μοίρας σπ
λδ′· κατὰ δὲ τὴν δευτέραν, προηγεῖτο τῦ
καταβιβάζοντος μοίρας θ κβ′, καὶ ἀπεῖχε
τοῦ αὐτοῦ βορείου πέρατος μοίρας π̅ λη′.

327 jours et 10 $\frac{1}{4}$ $\frac{1}{4}$ heures équinoxiales
à peu près; mais exactement 10 heures
$\frac{1}{4}$. La lune étoit donc éloignée de l'a-
pogée de l'épicycle de 2^d 44′, et le mouvement périodique moyen surpassoit le
vrai de 13 soixantièmes. En outre l'intervalle de ces deux observations comprend
218 années égyptiennes 309 jours et
23 $\frac{1}{12}$ heures équinoxiales qui font 160^d
4′ de moyen mouvement en latitude,
tel que nous l'avons démontré, en sus
des circonférences. Soit donc pour ces
raisons, le lieu moyen du centre de
la lune en Z dans la première éclipse,
et en H dans la seconde. Puisque l'arc
ZBH est de 160^d 4′, (b) l'arc DZ de 59′,
et l'arc EH de 13′, on en conclura l'arc
DE de 160^d 50′. Donc les deux arcs
AD, EG contiennent les 19^d 10′ restant
du demi-cercle, et chacun d'eux, puisqu'ils sont égaux, contient les 9^d 35′
dont le mouvement vrai de la lune,
dans la première éclipse, étoit plus
avancé en longitude que le nœud ascendant, et dont il l'étoit moins que le
nœud descendant dans la seconde. Donc
l'arc entier AZ est de 10^d 34′, et l'autre
HG est de 9^d 22′. Ainsi, par son mouvement moyen, la lune, dans la première
éclipse, avoit outre passé de 10^d 34′ le
nœud ascendant, et elle étoit à (c) la
distance 280^d 34′ du point B terme de
la latitude boréale; et dans la seconde
elle étoit moins avancée que le nœud
descendant, de 9^d 22′, et éloignée du
même terme boréal, de 80^p 38′ (d).

Enfin puisque l'intervalle depuis l'époque jusqu'au milieu de la première éclipse, contient 286ᵈ 19′ de surplus en latitude, si nous les ôtons des 280ᵈ 34′ du lieu de la première éclipse, après avoir ajouté une circonférence à ces degrés-ci, nous aurons pour la première année de Nabonassar à midi du premier jour du mois égyptien Thoth, 354ᵈ 15′ d'époque de la latitude moyenne depuis le terme boréal. Comme pour les calculs qui servent aux conjonctions et aux pleines lunes, nous n'aurons aucun besoin de la seconde inégalité qui sera bientôt démontrée, nous placerons ici la table des degrés d'anomalie exposés par lignes, comme nous avons fait pour le soleil en nous servant du rapport de 60 à 5 ¼; et en partageant de même de 6 en 6 degrés les quarts de cercle de l'apogée, et de 3 en 3 ceux du périgée. Cette table est, comme celle du soleil, de 45 lignes et en trois colonnes, dont les deux premières contiennent les nombres de l'anomalie, et la troisième les prostaphérèses ou nombres qu'il convient d'ajouter à chaque quantité ou d'en soustraire : d'en soustraire, tant de la longitude que de la latitude, si la somme des nombres de l'anomalie depuis l'apogée de l'épicycle, ne passe pas 180ᵈ; d'y ajouter, si elle excède 180ᵈ. Voici quelle est cette table.

Λοιπὸν δὲ, ἐπειδὴ ὁ ἀπὸ τῆς ἐποχῆς χρόνος μέχρι τοῦ μέσου τῆς προτέρας ἐκλείψεως ἐπουσίαν περιέχει πλάτους μοίρας σπϛ ιθ′, ταύτας ἐὰν ἀφέλωμεν τῶν κατὰ τὴν ἐποχὴν τῆς προτέρας ἐκλείψεως μοιρῶν σπ λδ′, προσθέντες αὐταῖς ἕνα κύκλον, ἕξομεν καὶ εἰς τὸ πρῶτον ἔτος Ναβονασσάρου, κατ' Αἰγυπτίους Θωθ ᾱ τῆς μεσημβρίας, τὴν τοῦ περιοδικοῦ πλάτους ἐποχὴν, ἀπὸ τοῦ βορείου πέρατος, μοίρας τνδ ιε′. Καὶ πρὸς τὰς διακρίσεις δὲ τῶν περὶ τὰς συνόδους καὶ πανσελήνους γινομένων ψηφοφοριῶν, ἐπειδὴ κατὰ τὰς τοιαύτας παρόδους οὐδὲν προσδεηθησόμεθα τῆς ἀποδειχθησομένης δευτέρας ἀνωμαλίας, ἐκθησόμεθα τῶν κατὰ μέρος τμημάτων κανόνιον, διὰ τῶν γραμμῶν πάλιν ὥσπερ καὶ ἐπὶ τοῦ ἡλίου τὴν πραγματείαν αὐτῶν ποιησάμενοι, καὶ συγχρησάμενοι μὲν τῷ τῶν ἑξήκοντα πρὸς τὰ ε̄ καὶ δ″ λόγῳ, διελόντες δὲ ὡσαύτως τὰ μὲν πρὸς τῷ ἀπογείῳ τεταρτημόρια διὰ μοιρῶν ϛ, τὰ δὲ πρὸς τῷ περιγείῳ διὰ μοιρῶν γ· ὡς πάλιν τὴν τοῦ κανονίου διαγραφὴν ὁμοίαν γίνεσθαι τῇ ἐπὶ τοῦ ἡλίου στίχων μὲν με, σελιδίων δὲ τριῶν, τῶν μὲν πρώτων δύο περιεχόντων τοὺς ἀριθμοὺς τῶν τῆς ἀνωμαλίας μοιρῶν, τοῦ δὲ τρίτου τὰς οἰκείως ἑκάστῳ τμήματι παρακειμένας προσθαφαιρέσεις, τῆς μὲν ἀφαιρέσεως γινομένης κατὰ τὴν ψηφοφορίαν ἐπί τε τοῦ μήκους καὶ τοῦ πλάτους, ὅταν ὁ τῆς ἀνωμαλίας ἀπὸ τῦ ἀπογείυ τοῦ ἐπικύκλυ συναγόμενος ἀριθμὸς ἕως ρπ μοιρῶν ᾖ, τῆς δὲ προσθέσεως, ὅταν τὰς ρπ μοίρας ὑπερπίπτῃ· καὶ ἔτι τὸ κανόνιον τοιοῦτα.

ΚΑΝΟΝΙΟΝ ΤΗΣ ΠΡΩΤΗΣ ΚΑΙ ΑΠΛΗΣ ΑΝΩΜΑΛΙΑΣ ΤΗΣ ΣΕΛΗΝΗΣ.

ΑΡΙΘΜΟΙ ΚΟΙΝΟΙ.		ΠΡΟΣΘΑΦΑΙΡΕΣΕΙΣ.	
Μοῖραι.	Μοῖραι.	Μοῖραι.	Ξ''
ς	τνθ	ō	κ.θ
ιβ	τμη	ō	νζ
ιη	τμβ	α	κε
κδ	τλς	α	νγ
λ	τλ	β	ιθ
λς	τκθ	β	μδ
μβ	τιη	γ	η
μη	τιβ	γ	λα
νδ	τς	γ	να
ξ	τ	δ	η
ξς	σ4δ	δ	κδ
οβ	σπη	δ	λη
οη	σπβ	δ	μθ
πδ	σος	δ	νς
4	σο	δ	νθ
4γ	αξζ	ε	ō
4ς	σξθ	ε	α
4θ	σξα	ε	ō
ρβ	σνη	δ	νθ
ρε	σνε	δ	νζ
ρη	σνβ	δ	νγ
ρια	σμθ	δ	μθ
ριδ	σμς	δ	μδ
ριζ	σμγ	δ	λη
ρκ	σμ	δ	λα
ρκγ	σλζ	δ	κδ
ρκς	σλδ	δ	ις
ρκθ	σλα	δ	ζ
ρλβ	σκη	γ	νζ
ρλε	σκε	γ	μς
ρλη	σκβ	γ	λε
ρμα	σιθ	γ	κγ
ρμδ	σις	γ	ι
ρμζ	σιγ	β	νζ
ρν	σι	β	μγ
ρνγ	σζ	β	κη
ρνς	σδ	β	ιγ
ρνθ	σα	α	νζ
ρξβ	ρ4η	α	μα
ρξε	ρ4ε	α	κε
ρξη	ρ4β	α	θ
ροα	ρπθ	ō	νβ
ροδ	ρπς	ō	λε
ροζ	ρπγ	ō	ιη
ρπ	ρπ	ō	ō

TABLE DE LA PREMIÈRE ET SIMPLE ANOMALIE DE LA LUNE.

NOMBRES COMMUNS.		PROSTAPHÉRÈSES.	
Degrés.	Degrés.	Degrés.	Soixantièmes
6	354	0	29
12	348	0	57
18	342	1	25
24	336	1	53
30	330	2	19
36	324	2	44
42	318	3	8
48	312	3	31
54	306	3	51
60	300	4	8
66	294	4	24
72	288	4	38
78	282	4	49
84	276	4	56
90	270	4	59
93	267	5	0
96	264	5	1
99	261	5	0
102	258	4	59
105	255	4	57
108	252	4	53
111	249	4	49
114	246	4	44
117	243	4	38
120	240	4	31
123	237	4	24
126	234	4	16
129	231	4	7
132	228	3	57
135	225	3	46
138	222	3	35
141	219	3	23
144	216	3	10
147	213	2	57
150	210	2	43
153	207	2	28
156	204	2	13
159	201	1	57
162	198	1	41
165	195	1	25
168	192	1	9
171	189	0	52
174	186	0	35
177	183	0	18
180	180	0	0

I.

CHAPITRE X.

LA QUANTITÉ DONT HIPPARQUE S'ÉLOIGNE DE
NOUS POUR L'ANOMALIE DE LA LUNE, NE
PROVIENT PAS DE LA DIFFÉRENCE DES HY-
POTHÈSES, MAIS DES CALCULS MÊMES.

Après ces démonstrations, quelqu'un
demandera probablement pour quelle raison les éclipses employées par Hipparque
pour le calcul de l'anomalie ne donnent
pas le même résultat que celui que nous
avons trouvé, et pourquoi le premier
rapport dans l'hypothèse de l'excentrique, ne s'accorde pas avec le second
démontré dans l'hypothèse de l'épicycle.
En effet, il trouve par la première démonstration, que le rapport du rayon
de l'excentrique à la distance entre son
centre et celui de l'écliptique, est à peu
près de 3144 à 327 $\frac{2}{3}$, raison qui est la
même que celle de 60 à 6 15'; et par
la seconde, que le rapport de l'intervalle
des centres de l'écliptique et de l'épicycle au rayon de l'épicycle, est celui
de 3122 $\frac{1}{2}$ à 247 $\frac{1}{2}$, raison qui est celle
de 60 à 4 46'. Or le rapport de 60 à
6 $\frac{1}{4}$, fait la plus grande différence d'a-
nomalie de 5d 49', et celui de 60 à 4
46' la fait de 4 34', tandis que, selon
nous, le rapport de 60 à 5 $\frac{1}{4}$, porte cette
différence à 5d à très-peu près.

ΚΕΦΑΛΑΙΟΝ Ι.

ΟΤΙ ΟΥ ΠΑΡΑ ΤΑΣ ΔΙΑΦΟΡΑΣ ΤΩΝ ΥΠΟΘΕΣΕΩΝ
ΑΛΛΑ ΠΑΡΑ ΤΟΥΣ ΕΠΙΛΟΓΙΣΜΟΥΣ ΔΙΗΝΕΓΚΕ
ΚΑΤΑ ΤΟΝ ΙΠΠΑΡΧΟΝ Η ΠΗΛΙΚΟΤΗΣ ΤΗΣ ΣΕ-
ΛΗΝΙΑΚΗΣ ΑΝΩΜΑΛΙΑΣ.

Τουτων ουτως αποδεδειγμένων, εἰκότως ἄν τις ἐπιζητήσειε, διὰ ποίαν αἰτίαν ἐκ τῶν ὑπὸ τοῦ Ἱππάρχου παρατε-
θειμένων σεληνιακῶν ἐκλείψεων, πρὸς τὴν
τῆς τοιαύτης ἀνωμαλίας ἐπίσκεψιν, οὔτε
ὁ αὐτὸς γίνεται λόγος τῷ ὑφ' ἡμῶν ἀποδεδειγμένῳ, οὔτε σύμφωνος ὁ πρῶτος
καὶ διὰ τῆς κατ' ἐκκεντρότητα ὑποθέσεως δειχθεὶς τῷ δευτέρῳ καὶ διὰ τῆς
κατ' ἐπίκυκλον ὑποθέσεως ἐπιλελογισ-
μένῳ. Κατὰ μὲν γὰρ τὴν πρώτην δεῖξιν,
συνάγει τὸν λόγον τῆς ἐκ τοῦ κέντρου τοῦ
ἐκκέντρου πρὸς τὴν μεταξὺ τῶν κέντρων
αὐτοῦ τε καὶ τοῦ διὰ μέσων τῶν ζωδίων
κύκλου, ὃν ἔχει τὰ $\overline{γρμδ}$ πρὸς τὰ τκζ
γ" ἔγγιστα· ᾧ λόγῳ ὁ αὐτός ἐστιν ὁ τῶν $\overline{ξ}$
πρὸς τὰ $\overline{ς}$ ιε'· κατὰ δὲ τὴν δευτέραν,
συνάγει τὸν λόγον τῆς ἐκ τοῦ κέντρου
τοῦ διὰ μέσων τῶν ζωδίων μέχρι τοῦ
κέντρου τοῦ ἐπικύκλου, πρὸς τὴν ἐκ τοῦ
κέντρου τοῦ ἐπικύκλου, ὃν ἔχει τὰ $\overline{γρκβ}$ ς",
πρὸς σμζ ς"· ᾧ λόγῳ ὁ αὐτός ἐστιν ὁ τῶν $\overline{ξ}$
πρὸς τὰ $\overline{δ}$ μς'. Ποιεῖ δὲ τὸ πλεῖστον τῆς
ἀνωμαλίας διάφορον ὁ μὲν τῶν $\overline{ξ}$ πρὸς τὰ
$\overline{ς}$ δ" λόγος μοιρῶν $\overline{ε}$ μθ', ὁ δὲ τῶν $\overline{ξ}$ πρὸς
τὰ $\overline{δ}$ μς' μοιρῶν $\overline{δ}$ λδ', καθ' ἡμᾶς τῦ τῶν
$\overline{ξ}$ πρὸς τὰ $\overline{ε}$ δ" λόγου $\overline{ε}$ μοιρῶν ἔγγιστα
ποιοῦντος τὴν ἐκκειμένην διαφοράν.

Οτι μὲν οὖν οὐ παρὰ τὴν τῶν ὑποθέσεων ἀσυμφωνίαν, ὡς οἴονταί τινες,
ἡ τοιαύτη παρηκολούθησεν ἁμαρτία, καὶ
τῷ λόγῳ μικρῷ πρόσθεν φανερὸν ἡμῖν γέγονεν ἐκ τοῦ καθ' ἑκατέραν αὐτῶν τὰ αὐτὰ
φαινόμενα συμβαίνειν ἀπαραλλάκτως. Καὶ
διὰ τῶν ἀριθμῶν δὲ εἰ θελήσαιμεν τοὺς
ἐπιλογισμοὺς ποιεῖσθαι, τὸν αὐτὸν ἂν εὕ-
ροιμεν γινόμενον λόγον ἐξ ἀμφοτέρων
τῶν ὑποθέσεων, εἰ τοῖς αὐτοῖς μέντοι
φαινομένοις ἀκολουθήσαιμεν ἐφ' ἑκατέρας,
καὶ μὴ διαφόροις, ὥσπερ ὁ Ἵππαρχος.
Δυνατὸν γὰρ οὕτως ἔσται μὴ τῶν αὐτῶν
ὑποτεθεισῶν ἐκλείψεων, ἢ παρ' αὐτὰς
τὰς τηρήσεις, ἢ παρὰ τοὺς τῶν διαςάσεων ἐπιλογισμοὺς, τὴν ἁμαρτίαν συμβεβηκέναι. Εὑρήσομεν γῦν, καὶ ἐπ' ἐκείνων τῶν
ἐκλείψεων, τὰς μὲν συζυγίας ὑγιῶς τετηρημένας, καὶ συμφώνως γεγενημένας ταῖς
ὑφ' ἡμῶν ἀποδεδειγμέναις τῆς τε ὁμαλῆς
καὶ τῆς ἀνωμάλου κινήσεως ὑποθέσεσι,
τοὺς δὲ τῶν διαςάσεων ἐπιλογισμοὺς,
δι' ὧν ἡ πηλικότης τοῦ λόγου δείκνυται,
μὴ ἐπιμελῶς, ὡς ἕνι μάλιςα, γεγενη-
μένους. Δείξομεν δὲ τούτων ἑκάτερον, ἀπὸ
τῶν πρώτων τριῶν ἐκλείψεων ἀρξάμενοι.

Ταύτας μὲν δὴ τὰς τρεῖς ἐκλείψεις πα-
ρατεθεῖσθαί φησιν ἀπὸ τῶν ἐκ Βαβυλῶνος
διακομισθεισῶν, ὡς ἐκεῖ τετηρημένας· γεγονέναι δὲ τὴν πρώτην ἄρχοντος Ἀθήνησι
Φανοστράτου, μηνὸς Ποσειδεῶνος, καὶ
ἐκλελοιπέναι τὴν σελήνην βραχὺ μέρος τοῦ
κύκλου, ἀπὸ θερινῆς ἀνατολῆς, τῆς νυκτὸς λοιποῦ ὄντος ἡμιωρίου. Καὶ ἔτι, φησὶν, ἐκλείπουσα ἔδυ. Γίνεται τοίνυν οὗτος

Cette erreur ne provient pas de la différence des hypothèses comme quelques personnes se l'imaginent, puisque nous avons évidemment montré que l'on obtient les mêmes résultats par l'une et l'autre hypothèse, en partant toutes fois des mêmes phénomènes, et en employant les mêmes données, au lieu d'en prendre de différentes pour bases des calculs, comme a fait Hipparque. Car il est possible qu'ayant supposé différentes éclipses, il se soit glissé quelque erreur dans les observations ou dans les calculs. Et effectivement nous trouverons dans ces éclipses, que les syzygies ont été bien observées et sont parfaitement d'accord avec les hypothèses que nous avons démontrées pour les mouvemens moyen et vrai; mais que les calculs des intervalles par lesquels on montre le rapport des deux rayons, n'ont pas été aussi bien faits qu'il eut été possible. Nous allons prouver chacune de ces choses, en commençant par les trois premières éclipses.

Hipparque dit que ces trois éclipses ont été prises d'entre celles qui ont été apportées de Babylone, comme y ayant été observées; que la première arriva sous l'archonte Phanostrate à Athènes, dans le mois Posidéôn, qu'il n'y eut qu'un peu du disque de la lune qui fût éclipsé du côté du levant d'été, lorsqu'il ne restoit plus qu'une demi-heure de la nuit; et, dit-il, « la lune se coucha lorsqu'elle étoit encore éclipsée ». Or ce temps

tombe à la 366e (a) année depuis Nabonassar, dans la nuit du 26 au 27 du mois
égyptien Thoth, comme il le dit lui-même,
à 5 heures $\frac{1}{2}$ temporaires (b) après minuit, puisqu'il restoit encore une demi-
heure de nuit. Mais quand le soleil est à
l'extrémité du sagittaire, cette heure de la
nuit à Babylone, est de dix-huit temps, car
la nuit est de 14 $\frac{2}{5}$ heures équinoxiales.
Donc 5 $\frac{1}{2}$ heures temporaires font 6 $\frac{1}{5}$
heures équinoxiales. Par conséquent
l'éclipse commença à dix-huit heures
équinoxiales et trois cinquièmes d'heure
après midi du 26e jour. Puisqu'il n'y a eu
qu'une petite partie d'éclipsée, toute la
durée de l'éclipse doit avoir été de 1 heure
$\frac{1}{7}$ environ, et elle fut à moitié à 19
heures $\frac{1}{7}$: le milieu de cette éclipse a
donc été pour (c) Alexandrie à 18 heures
et demie équinoxiales passées et comptées
depuis midi du 26. Or l'espace de temps
écoulé depuis l'époque de la première
année de Nabonassar jusqu'au temps dont
il s'agit, est de 365 années égyptiennes
25 jours et à peu près 18 $\frac{1}{4}$ heures,
mais plus exactement 18 heures $\frac{1}{4}$. Si
d'après ce temps nous calculons suivant
les hypothèses que nous avons posées,
nous trouverons le soleil sur 28d 18′ du
sagittaire, et la lune par son mouvement
moyen sur 24d 20′, mais par son mouvement vrai sur 28d 17′, des gémeaux.
Car par son anomalie, elle étoit éloignée
de l'apogée de l'épicycle, de 227p 43′.

Hipparque dit ensuite que la seconde
éclipse est arrivée lorsque Phanostrate

ὁ χρόνος κατὰ τὸ τξϛ ἔτος ἀπὸ Να-
βοναςσάρου, κατ᾽ Αἰγυπτίους δὲ, ὡς αὐτός φησι, Θὼθ κϛ εἰς τὴν κζ, μετὰ ϛ̄
ϛ ὥρας καιρικὰς τοῦ μεσονυκτίου, ἐπειδήπερ λοιπὸν ἦν τῆς νυκτὸς ἡμιώριον.
Ἀλλὰ τοῦ ἡλίου ὄντος περὶ τὰ ἔσχατα
τοῦ τοξότου, ἐν Βαβυλῶνι ἡ τῆς νυκτὸς ὥρα
χρόνων ἐςὶ ιη· ἡ γὰρ νὺξ ἐςιν ἰσημερινῶν
ὡρῶν ιδ̄ καὶ β πέμπτων. Αἱ ε̄ ϛ″ ἄρα ὥρας
καιρικαὶ συνάγουσιν ἰσημερινὰς ὥρας ϛ̄ καὶ
γ̄ πέμπτα. Ἡ ἀρχὴ ἄρα τῆς ἐκλείψεως γέγονε μετὰ ιη ὥρας ἰσημερινὰς καὶ γ̄ πέμπτα τῆς ἐν τῇ κϛ μεσημβρίας. Ἐπεὶ δὲ βραχὺ
μέρος ἐπεσκιάθη, ὁ μὲν πᾶς χρόνος τῆς
ἐκλείψεως ὀφείλει γεγονέναι ᾱ ϛ″ ὥρας
ἔγγιςα, ὁ δὲ μέσος δηλονότι μετὰ ιθ̄ γ″
ὥρας ἰσημερινάς. Ἐν Ἀλεξανδρείᾳ πάλιν
ἄρα γέγονεν ὁ μέσος χρόνος τῆς ἐκλείψεως
μετὰ ιη ϛ″ ὥρας ἰσημερινὰς τῆς ἐν τῇ
κϛ μεσημβρίας. Καὶ ἔςιν ὁ ἀπὸ τῆς κατὰ
τὸ πρῶτον ἔτος Ναβονασσάρου ἐποχῆς
χρόνος μέχρι τοῦ ὑποκειμένου, ἐτῶν αἰγυπτιακῶν τξϛ καὶ ἡμερῶν κε καὶ ὡρῶν
ἁπλῶς μὲν ιη ϛ, ἀκριβῶς δὲ ιη δ″.
πρὸς ὃν χρόνον ἐπιλογιζόμενοι κατὰ
τὰς ἐκκειμένας ἡμῶν ὑποθέσεις, τὸν μὲν
ἥλιον εὑρίσκομεν ἀκριβῶς ἐπίχοντα τοξότου μοίρας κη̄ ιη′, τὴν δὲ σελήνην μέσως μὲν διδύμων μοίρας κδ̄ κ′, ἀκριβῶς
δὲ κη̄ ιζ′, ἐπειδήπερ καὶ κατὰ τὴν ἀνωμαλίαν ἀπέχει τοῦ ἀπογείου τοῦ ἐπικύκλου
μοίρας σκζ̄ μγ′.

Πάλιν τὴν ἑξῆς ἔκλειψίν φησι γεγονέναι ἄρχοντος Ἀθήνησι Φανοςράτου,

Σκιροφοριῶνος μηνὸς, κατ᾽ Αἰγυπτίους δὲ
Φαμενὼθ κδ εἰς τὴν κε. Ἐξέλιπε δέ φησιν
ἀπὸ θερινῆς ἀνατολῆς τῆς πρώτης ὥρας
προεληλυθυίας. Γίνεται δὴ καὶ οὗτος ὁ
χρόνος κατὰ τὸ τξϛ ἔτος ἀπὸ Ναβονασσάρου, Φαμενὼθ κδ εἰς τὴν κε, πρὸ
ε ϛ ὡρῶν μάλιϛα καιρικῶν τοῦ μεσονυκ-
τίκ. Ἀλλὰ τοῦ ἡλίκ ὄντος περὶ τὰ ἔσχατα
τῶν διδύμων, ἡ τῆς νυκτὸς ὥρα ἐν Βαβυλῶνι χρόνων ἐϛὶ ιβ· αἱ ἄρα ε ϛ καιρικαὶ
ὥραι ποιῦσιν ἰσημερινὰς δ καὶ β πέμπτα·
ἡ ἀρχὴ ἄρα τῆς ἐκλείψεως γέγονε μετὰ ζ
ὥρας ἰσημερινὰς καὶ τρία πέμπτα τῆς ἐν τῇ
κδ μεσημβρίας. Ἀλλ᾽ ἐπεὶ ὁ πᾶς χρόνος τῆς
ἐκλείψεως ὡρῶν τριῶν ἀναγράφεται, ὁ μέσος δηλονότι γέγονε μετὰ ἐννέα καὶ δέκα-
τον ὥρας ἰσημερινάς. Ἐν Ἀλεξανδρείᾳ ἄρα
ὀφείλει γεγονέναι μετὰ η δ ἔγγιϛα ὥρας
ἰσημερινάς τῆς ἐν τῇ κδ μεσημβρίας. Καὶ
ἔϛι πάλιν ὁ ἀπὸ τῶν ἐποχῶν χρόνος
ἐτῶν αἰγυπτιακῶν τξϛ καὶ ἡμερῶν σγ
καὶ ὡρῶν ἰσημερινῶν ἁπλῶς μὲν η δ,
ἀκριβῶς δὲ ζ ϛ γ· πρὸς ὃν χρόνον εὑρίσκομεν τὸν μὲν ἥλιον ἀκριβῶς ἐπέχοντα
διδύμων μοίρας κα μϛ, τὴν δὲ σελήνην
μέσως μὲν τοξότου μοίρας κγ νη, ἀκριβῶς δὲ μοίρας κα μη· ἐπειδήπερ κατὰ
τὴν ἀνωμαλίαν ἀπεῖχε τοῦ ἀπογείου
τοῦ ἐπικύκλου μοίρας κζ λζ. Συνάγεται
δὲ καὶ ἡ διάϛασις ἡ ἀπὸ τῆς πρώτης
ἐκλείψεως ἐπὶ τὴν δευτέραν, ἡμερῶν ροζ
καὶ ὡρῶν ιγ καὶ τριῶν πέμπτων ἰσημερινῶν, μοιρῶν δὲ ἃς ὁ ἥλιος κεκίνηται ρογ
κη, τοῦ Ἱππάρχου ποιησαμένου τὴν δεῖξιν

étoit archonte d'Athènes, dans le mois
Scirophorion, la nuit du 24 au 25 du
mois égyptien Phamenoth. «La lune, dit-
il, s'éclipsa du côté du levant d'été lorsque
la première heure de la nuit étoit déjà
passée». Or cette année répond à la trois
cent soixante-sixième de Nabonassar et à
5 ½ heures temporaires tout au plus avant
minuit du 24 au 25 Phamenoth. Mais le
soleil étant alors à l'extrémité des gémeaux, l'heure de la nuit étoit donc
pour Babylone de douze temps (d). Par
conséquent 5 ½ heures temporaires font
alors 4 ⅖ heures équinoxiales. Donc l'é-
clipse a commencé à 7 ⅗ heures après
midi du vingt-quatrième jour. Et puisque l'éclipse a duré trois heures (e), son
milieu fut à 9 ¹⁄₁₀ heures équinoxiales.
Donc il doit avoir eu lieu pour Alexandrie à environ 8 ¼ heures équinoxiales
après midi du vingt-quatrième jour.
Or le temps écoulé depuis les époques
est de 365 années égyptiennes 203 jours
et à peu près 8 heures ¼, ou exactement 7
½ ⅓ heures équinoxiales; temps où nous
trouvons le lieu vrai du soleil sur 21ᵈ
46′ des gémeaux, et la lune par son mouvement moyen sur 23ᵈ 58′ du sagittaire,
mais en longitude vraie sur 21ᵈ 48′ puisque suivant l'anomalie elle étoit à 27ᵈ
37′ loin de l'apogée de l'épicycle. Or l'intervalle de temps entre la première et la seconde éclipse est de 177 jours 13 ⅗ heures
équinoxiales ; le nombre des degrés
dont le soleil s'est avancé, est donc de
173ᵈ 28′, tandis qu'Hipparque a fait sa démonstration comme si l'intervalle de

temps eut été de 177 jours (*f*) 13 ½ ¼ heures équinoxiales, et l'intervalle des degrés de 173ᵈ moins un tiers.

Hipparque rapporte enfin que la troisième éclipse est arrivée pendant qu'Evandre étoit archonte d'Athènes, le premier jour du mois Posidéon, du 16 au 17 du mois égyptien Thoth. Cette éclipse, dit-il, commença du côté du levant d'été après quatre heures de nuit. Or ce temps répond à la 367ᵉ année depuis Nabonassar à 2 ½ heures au plus avant minuit du 16 au 17 de Thoth. Mais le soleil étant alors au deuxième degré du sagittaire, pour Babylone l'heure de la nuit est de 18 temps à très-peu près. Donc 2 ½ heures temporaires en font trois équinoxiales. Ensorte que l'éclipse commença passé neuf heures équinoxiales après midi du 16.ᵉ jour de ce mois. Mais parceque l'éclipse a été totale, tout le temps de sa durée a été de quatre heures équinoxiales environ, et son milieu fut à onze heures après midi. Donc le milieu de cette éclipse doit avoir été pour Alexandrie à 10 ⅙ heures équinoxiales après midi du 16. Or l'espace de temps depuis les époques est de 366 années égyptiennes 15 jours et 10 ⅙ heures équinoxiales encore absolument, ou exactement 9 heures ½ ¼. Nous trouvons qu'alors le soleil occupoit les 17ᵈ 30′ du sagittaire, et la lune par son moyen mouvement les 17ᵈ 21′ des gémeaux, mais plus exactement les 17ᵈ 28′, parce qu'en vertu de l'anomalie elle étoit à 181ᵈ 12′

ὡς τῆς διαϛάσεως ἡμερῶν μὲν οὔσης ροζ καὶ ὡρῶν ἰσημερινῶν ιγ ϛ "δ", μοιρῶν δὲ ρογ λειπουσῶν τὸ ὄγδοον μέρος μιᾶς μοίρας.

Τὴν δὲ τρίτην φησὶ γεγονέναι ἄρχοντος Ἀθήνησιν Εὐάνδρου, μηνὸς Ποσειδεῶνος τοῦ προτέρου, κατ' Αἰγυπτίους Θὼθ ιϛ εἰς τὴν ιζ. Ἐξέλιπε δέ, φησιν, ὅλη ἀρξαμένη ἀπὸ θερινῶν ἀνατολῶν δ ὡρῶν παρεληλυθυιῶν. Γίνεται δὴ καὶ οὗτος ὁ χρόνος κατὰ τὸ τξζ ἔτος ἀπὸ Ναβονασσάρου, Θὼθ ιϛ εἰς τὴν ιζ, πρὸ β ϛ " μάλιϛα ὡρῶν τοῦ μεσονυκτίου. Ἀλλὰ τοῦ ἡλίου ὄντος περὶ τὰ δύο μέρη τοῦ τοξότου, ἐν Βαβυλῶνι ἡ τῆς νυκτὸς ὥρα χρόνων ἐϛὶ ιη ἔγγιϛα. Αἱ ἄρα β ϛ " ὧραι καιρικαὶ ποιοῦσιν ἰσημερινὰς ὥρας γ. Ὥστε ἡ ἀρχὴ τῆς ἐκλείψεως γέγονε μετὰ θ ὥρας ἰσημερινὰς τῆς ἐν τῇ ιϛ μεσημβρίας. Ἀλλ' ἐπειδὴ ὅλη ἐξέλιπεν, ὁ μὲν πᾶς χρόνος ἔγγιϛα γέγονεν ὡρῶν δ ἰσημερινῶν, ὁ δὲ μέσος χρόνος δηλονότι μετὰ ια ὥρας τῆς μεσημβρίας. Ἐν Ἀλεξανδρείᾳ ἄρα ὁ μέσος χρόνος τῆς ἐκλείψεως ὀφείλει γεγονέναι μετὰ ι ϛ " ὥρας ἰσημερινὰς τῆς ἐν τῇ ιϛ μεσημβρίας. Καὶ ἔϛιν ὁ ἀπὸ τῶν ἐποχῶν χρόνος ἐτῶν αἰγυπτιακῶν τξϛ καὶ ἡμερῶν ιε καὶ ὡρῶν ἰσημερινῶν ἁπλῶς μὲν πάλιν ι ϛ ", ἀκριβῶς δὲ θ ϛ "γ ". πρὸς δὲ χρόνον εὑρίσκομεν τὸν μὲν ἥλιον ἐπέχοντα ἀκριβῶς τοῦ τοξότου μοίρας ιζ λ', τὴν δὲ σελήνην μέσως μὲν διδύμων μοίρας ιζ κα', ἀκριβῶς δὲ ιζ κη', διὰ τὸ κατὰ τὴν ἀνωμαλίαν ἀπέχειν τοῦ ἀπογείου τοῦ ἐπικύκλου μοίρας ρπα ιβ'.

Συνάγεται δὲ καὶ ἡ ἀπὸ τῆς δευτέρας ἐπὶ τὴν τρίτην ἔκλειψιν διάςασις ἡμερῶν μὲν ροζ καὶ ἰσημερινῶν ὡρῶν β̄, μοιρῶν δὲ ροε μδʹ, τοῦ Ἱππάρχου πάλιν ὑποθεμένου καὶ ταύτην τὴν διάςασιν ἡμερῶν μὲν ροζ, καὶ ὥρας ᾱ γʹʹ, μοιρῶν δὲ ροε ηʹ. Φαίνεται οὖν ἐν τοῖς τῶν διαςάσεων ἐπιλογισμοῖς διεψευσμένος, ἐπὶ μὲν τῶν ἡμερῶν, γʹʹ μιᾶς ὥρας ἰσημερινῆς, ἐπὶ δὲ τῶν μοιρῶν τρισὶ πέμπτοις ἔγγιςα καθʹ ἑκατέραν μιᾶς μοίρας, ἅπερ οὐ τὴν τυχοῦσαν ἐν τῇ πηλικότητι τοῦ λόγου διαφωνίαν ἀπεργάσαςθαι δύναται.

Μεταβησόμεθα δὴ καὶ ἐπὶ τὰς ὕςερον ἐκτεθειμένας αὐτῷ τρεῖς ἐκλείψεις, ἃς φησιν ἐν Ἀλεξανδρείᾳ τετηρῆςθαι. Τούτων δὲ τὴν πρώτην φησὶ γεγονέναι τῷ νδʹ ἔτει τῆς δευτέρας κατὰ Κάλιππον περιόδου, κατʹ Αἰγυπτίους Μεσορὴ ῑϛ, καθʹ ἢν ἤρξατο μὲν ἐκλείπειν ἡ σελήνη πρὸ ἡμιωρίου τῆς ἀνατολῆς, ἔσχατον δὲ ἀνεπληρώθη τρίτης ὥρας μέσης. Ὁ μέσος ἄρα χρόνος γέγονεν ὥρας μὲν δευτέρας ἀρχομένης, πρὸ ε̄ δὲ ὡρῶν καιρικῶν τοῦ μεσονυκτίου, πρὸ τοσούτων δὲ καὶ ἰσημερινῶν· ἐπειδήπερ ὁ ἥλιος περὶ τὰ τελευταῖα ἦν τῆς παρθένου. Ὥςτε μετὰ ζ̄ ὥρας ἰσημερινὰς τῆς ἐν τῇ ῑϛ μεσημβρίας ἐν Ἀλεξανδρείᾳ γέγονεν ὁ μέσος χρόνος τῆς ἐκλείψεως. Ἔςι δὲ ὁ ἀπὸ τῶν κατὰ τὸ πρῶτον ἔτος Ναβονασσάρου ἐποχῶν χρόνος ἐτῶν αἰγυπτιακῶν φμϛ καὶ ἡμερῶν τμε̄ καὶ ὡρῶν ἰσημερινῶν ἁπλῶς μὲν ζ̄, ἀκριβῶς δὲ ϛ̄ ϛʹʹ· καθʹ ὃν χρόνον

de distance de l'apogée de l'épicycle. Or l'intervalle de la seconde à la troisième éclipse est de 177 jours et deux heures équinoxiales; et le mouvement du soleil de 175^d 44′; tandis qu'Hipparque encore suppose cet intervalle de 177 jours et 1 heure $\frac{1}{3}$ d'heure équinoxiale, et le mouvement de 175^d 8′. Il y a donc apparence que dans les calculs des intervalles il s'est trompé de $\frac{1}{3}$ d'heure équinoxiale sur les jours, et de $\frac{1}{5}$^{d} environ sur les degrés; erreur assez forte pour produire la différence qui se rencontre dans la grandeur du rapport (g).

Passons maintenant aux trois dernières éclipses dont il a rendu compte, d'après les observations qu'il dit en avoir faites à Alexandrie. Il rapporte que la première est arrivée dans la 54e année (h) de la seconde période Calippique, le 16 du mois égyptien Mesoré, que la lune commença à être éclipsée une demi-heure avant son lever, et qu'elle recouvra entièrement sa lumière à la moitié de la 3e heure. Le milieu de l'éclipse coïncide donc avec le commencement de la 2e heure, à cinq heures tant équinoxiales que temporaires avant minuit; car le soleil étoit alors à l'extrémité de la vierge (i). Par conséquent le milieu de l'éclipse eut lieu pour Alexandrie à 7 heures équinoxiales après midi du 16. Or le temps écoulé depuis les époques prises de la première année de Nabonassar, est de 546 années égyptiennes 345 jours et environ 7 heures équinoxiales ou exactement 6 heures $\frac{1}{5}$,

temps où nous trouvons que le lieu vrai
du soleil étoit sur 26^d 6′ de la vierge; et
celui de la lune par son mouvement
moyen sur les 22^d des poissons, et par
son mouvement vrai sur 26 7′, à cause
de sa distance de 300^d 13′ à l'apogée de
l'épicycle par son anomalie.

Il dit que l'éclipse suivante est arrivée dans la 55e (k) année de la même
période, le 9 du mois égyptien Méchir.
Or elle commença passé cinq heures et
un tiers de la nuit, et elle fut totale.
Ainsi cette éclipse commença à onze
heures un tiers équinoxiales après midi
du 9 le soleil étant à l'extrémité des
poissons; et le milieu de l'éclipse tomba
à 13 $\frac{1}{3}$ heures équinoxiales, puisque
la lune fut entièrement éclipsée. Or l'espace de temps écoulé depuis les époques
jusqu'à celui-ci, est de 547 années égyptiennes 158 jours et environ 13 $\frac{1}{3}$ heures
équinoxiales par le mouvement moyen
et vrai; temps où nous trouvons pareillement le lieu vrai du soleil sur 26^d
17′ des poissons; et la lune sur 1^d 7′ des
serres par son mouvement moyen, mais
par son mouvement vrai sur 26^d 16′ de
la vierge; attendu que par l'anomalie elle
étoit à 109^d 28′ de l'apogée. Ainsi l'intervalle depuis la première éclipse jusqu'à
la seconde est de 178 jours 6 $\frac{1}{2}$ $\frac{1}{3}$ heures
équinoxiales, et de 180 degrés 11′; tandis
qu'Hipparque a fait sa démonstration
comme s'il y avoit eu 178 jours et 6
heures équinoxiales, et 180^d 20′. (Ce
qui fait une différence de 0 heure 50′
de moins, et de 0 degré 9′ de plus).

πάλιν εὑρίσκομεν τὸν μὲν ἥλιον ἐπέχοντα
ἀκριβῶς παρθένου μοίρας κϛ ϛʹ, τὴν
δὲ σελήνην μέσως μὲν ἰχθύων μοίρας κβ,
ἀκριβῶς δὲ μοίρας κϛ ζʹ, διὰ τὸ κατὰ
τὴν ἀνωμαλίαν ἀπέχειν τοῦ ἀπογείου τοῦ
ἐπικύκλου μοίρας τ καὶ ἑξηκοστὰ ιγʹ.

Τὴν δὲ ἑξῆς ἔκλειψίν φησι γεγονέναι
τῷ τε ῳ ἔτει τῆς αὐτῆς περιόδου, κατ᾽
Αἰγυπτίους μεχεὶρ θ. Ἤρξατο δὲ τῆς νυκτὸς προελθουσῶν ὡρῶν ε καὶ τριτημο-
ρίου, καὶ ἐξέλιπεν ὅλη. Γέγονεν ἄρα ἡ
μὲν ἀρχὴ τῆς ἐκλείψεως μετὰ ιαʹ καὶ γʺ
ὥρας ἰσημερινὰς τῆς ἐν τῇ θ μεσημβρίας·
ἐπειδήπερ πάλιν ὁ ἥλιος περὶ τὰ ἔσχατα
ἦν τῶν ἰχθύων· ὁ δὲ μέσος χρόνος μετὰ
ιγ καὶ γʺ ὥρας ἰσημερινὰς, διὰ τὸ τὴν
σελήνην ὅλην ἐκλελοιπέναι. Καὶ ἔστιν ὁ ἀπὸ
τῶν ἐποχῶν μέχρι τούτου χρόνος ἐτῶν
αἰγυπτιακῶν φμζ καὶ ἡμερῶν ρνη καὶ
ὡρῶν ἰσημερινῶν ἁπλῶς τε καὶ ἀκριβῶς
ἔγγιστα ιγ γʺ· πρὸς ὃν χρόνον ὡσαύτως
εὑρίσκομεν τὸν μὲν ἥλιον ἀκριβῶς ἐπέχοντα
τῶν ἰχθύων μοίρας κϛ ιζʹ, τὴν δὲ σελήνην
μέσως μὲν χηλῶν μοίραν α ζʹ, ἀκριβῶς
δὲ παρθένου μοίρας κϛ ιϛʹ· ἐπειδήπερ
κατὰ τὴν ἀνωμαλίαν ἀπεῖχε τοῦ ἀπογείου μοίρας ρθ κηʹ. Συνάγεται δὲ καὶ ἡ
ἀπὸ τῆς πρώτης ἐκλείψεως ἐπὶ τὴν δευτέραν διάστασις ἡμερῶν ρоη καὶ ὡρῶν
ἰσημερινῶν ϛ ϛʹ γʺ, μοιρῶν δὲ ρπ ιαʹ,
τοῦ Ἱππάρχου ποιησαμένου τὴν δεῖξιν,
ὡς τῆς διαστάσεως ταύτης ἡμερῶν μὲν οὔσης ρоη καὶ ὡρῶν ἰσημερινῶν ϛ, μοιρῶν
δὲ ρπ κʹ.

Τὴν δὲ τρίτην φησὶν ἔκλειψιν γεγονέναι τῷ αὐτῷ ν̅ε̅ ἔτει τῆς δευτέρας περιόδου, κατ' Αἰγυπτίους Μεσορὴ ε̅. Ηρξατο δὲ τῆς νυκτὸς προελθουσῶν ὡρῶν ς̅ γ°'', καὶ ἐξέλιπεν ὅλη. Καὶ τὸν μέσον δὲ τῆς ἐκλείψεως χρόνον φησὶ γεγονέναι περὶ ὥρας μάλιστα η̅ καὶ τριτημόριον, τουτέστι μετὰ δύο γ'' ὥρας καιρικὰς τοῦ μεσονυκτίου. Αλλὰ τοῦ ἡλίου ὄντος περὶ τὰ μέσα τῆς παρθένου ἐν Αλεξανδρείᾳ, ἡ τῆς νυκτὸς ὥρα χρόνων ἐστὶ ι̅δ̅ καὶ δύο πέμπτων· αἱ β̅ γ'' ἄρα ὧραι καιρικαὶ ποιοῦσιν ἰσημερινὰς ἔγγιστα δύο καὶ τέταρτον· ὥστε γέγονεν ὁ μέσος χρόνος μετὰ ι̅δ̅ δ'' ὥρας ἰσημερινὰς τῆς ἐν τῇ ε̅ μεσημβρίας. Καὶ ἔστι πάλιν ὁ ἀπὸ τῶν ἐποχῶν μέχρι τούτου χρόνος ἐτῶν Αἰγυπτιακῶν φμ̅ζ̅ καὶ ἡμερῶν τλ̅δ̅ καὶ ὡρῶν ἰσημερινῶν ἁπλῶς μὲν ι̅δ̅ δ'', ἀκριβῶς δὲ ι̅γ̅ ς'' δ''· πρὸς ὃν χρόνον εὑρίσκομεν τὸν μὲν ἥλιον ἐπέχοντα ἀκριβῶς παρθένου μοίρας ι̅ε̅ ιβ', τὴν δὲ σελήνην μέσως μὲν ἰχθύων μοίρας ι̅ κδ', ἀκριβῶς δὲ μοίρας ι̅ε̅ ιγ'· ἐπειδήπερ κατὰ τὴν ἀνωμαλίαν ἀπεῖχε τοῦ ἀπογείου τοῦ ἐπικύκλου μοίρας σμ̅θ̅ θ'. Συνάγεται δὲ καὶ ἡ ἀπὸ τῆς δευτέρας ἐκλείψεως ἐπὶ τὴν τρίτην διάστασις ἡμερῶν μὲν ρο̅ς̅ καὶ δύο πέμπτων μιᾶς ὥρας ἰσημερινῆς, μοιρῶν δὲ ρξ̅η̅ νε', τοῦ Ιππάρχου πάλιν ὑποθεμένου καὶ ταύτην τὴν διάστασιν ἡμερῶν ρο̅ς̅ καὶ μιᾶς τρίτου ὥρας ἰσημερινῆς, μοιρῶν δὲ ρξ̅η̅ λγ'. Καὶ ἐνθάδε ἄρα φαίνεται διεψευσμένος, ἐπὶ μὲν τῶν μοιρῶν ε'' καὶ ς'' μιᾶς μοίρας, ἐπὶ δὲ τῶν ἡμερῶν ἡμίσει καὶ τρίτῳ καὶ δεκάτῳ ἔγγιστα μιᾶς ὥρας ἰσημερινῆς· ἃ καὶ αὐτὰ δύναται διαφορὰν

Il dit enfin que la troisième éclipse est arrivée la cinquante-cinquième année de la seconde période de Calippe, le cinquième jour du mois égyptien de Mesorê. Elle commença à 6 $\frac{2}{3}$ heures passées de la nuit, et fut totale. Il ajoute que le milieu de l'éclipse fut à 8 $\frac{1}{3}$ au plus, c'est-à-dire à 2 $\frac{1}{3}$ heures temporaires après minuit. Mais le soleil étant alors pour Alexandrie au milieu de la vierge, l'heure de la nuit est de quatorze $\frac{2}{5}$ temps et les 2 $\frac{1}{3}$ heures temporaires font donc à peu près 2 $\frac{1}{4}$ heures équinoxiales ; ainsi le milieu de l'éclipse fut à 14 $\frac{1}{4}$ heures après midi du 5 de ce mois. Or depuis les époques il s'étoit écoulé 547 années égyptiennes 334 jours et environ 14 $\frac{1}{4}$ heures ou réellement 13 heures $\frac{1}{2}$ $\frac{1}{4}$, temps où nous trouvons le soleil exactement à 15^d 12′ de la vierge, et la lune par son moyen mouvement à 10^d 24′ des poissons, et par son mouvement vrai à 15^d 13′; puisque par l'anomalie elle étoit éloignée de l'apogée de l'épicycle, de 249^d 9′ ; ainsi l'intervalle de la seconde à la troisième éclipse est de 176 jours $\frac{2}{5}$ d'heure équinoxiale, et de 168^d 55′ degrés ; tandis qu'Hipparque encore le fait de 176 jours et 1 heure $\frac{1}{3}$ d'heure équinoxiale, et de 168^d 33′. Il paroît donc s'être trompé ici sur les degrés, de $\frac{1}{5}$ et $\frac{1}{6}$ de degré ; et sur les jours, de $\frac{1}{2}$ $\frac{1}{3}$ $\frac{1}{10}$ d'heure à peu près ; erreurs qui peuvent

faire une différence considérable dans le rapport résultant de l'hypothèse.

Nous venons de mettre sous les yeux la cause de la différence énoncée, et cette cause nous autorise à choisir de préférence la quantité anomalistique que nons avons démontrée, pour l'appliquer au syzygies de la lune ; d'autant plus que ces éclipses se trouvent concorder parfaitement avec nos hypothèses (i).

FIN DU QUATRIÈME LIVRE DE LA COMPOSITION MATHÉMATIQUE DE CL. PTOLÉMÉE.

ἀξιόλογον περὶ τὸν τῆς ὑποθέσεως λόγον ἀπεργάσαϑαι.

Γέγονεν οὖν ἡμῖν ὑπ᾽ ὄψιν τό τε τῆς προκειμένης διαφωνίας αἴτιον, καὶ ὅτι ϑαῤῥοῦντες ἂν ἔτι μᾶλλον συγχρησαίμεϑα τῷ καϑ᾽ ἡμᾶς ἀποδεδειγμένῳ λόγῳ τῆς ἀνωμαλίας ἐπὶ τῶν συζυγιῶν τῆς σελήνης, καὶ αὐτῶν τούτων τῶν ἐκλείψεων συμφώνων μάλιϛα ταῖς ἡμετέραις ὑποϑέσεσιν εὑρεϑεισῶν.

ΚΛΑΥΔΙΟΥ ΠΤΟΛΕΜΑΙΟΥ ΜΑΘΗΜΑΤΙΚΗΣ ΣΥΝΤΑ- ΞΕΩΣ ΤΟΥ ΤΕΤΑΡΤΟΥ ΒΙΒΛΙΟΥ ΤΕΛΟΣ.

ΚΛΑΥΔΙΟΥ ΠΤΟΛΕΜΑΙΟΥ

ΜΑΘΗΜΑΤΙΚΗΣ ΣΥΝΤΑΞΕΩΣ

ΒΙΒΛΙΟΝ ΠΕΜΠΤΟΝ.

—

CINQUIÈME LIVRE

DE LA COMPOSITION MATHÉMATIQUE

DE CLAUDE PTOLÉMÉE.

~~~~~~~~~~~~~~~~~~~~~~~~

ΚΕΦΑΛΑΙΟΝ Α.

ΠΕΡΙ ΚΑΤΑΣΚΕΥΗΣ ΑΣΤΡΟΛΑΒΟΥ ΟΡΓΑΝΟΥ.

ΕΝΕΚΕΝ μὲν δὴ τῶν πρὸς τὸν ἥλιον
συζυγιῶν συνοδικῶν τε καὶ πανσεληνιακῶν καὶ τῶν κατ' αὐτὰς ἀποτελουμένων ἐκλείψεων, ἐξαρκοῦσαν εὑρίσκομεν
τὴν ἐκτεθειμένην ἐπὶ τῆς πρώτης καὶ
ἁπλῆς ἀνωμαλίας ὑπόθεσιν, κἂν αὐτὸ
μόνον οὕτως ἡμῖν λαμβάνηται. Πρὸς μέντοι τὰς κατὰ μέρος ἐπὶ τῶν ἄλλων πρὸς
τὸν ἥλιον σχηματισμῶν παρόδους οὐ-
κέτ' ἂν αὐτάρκη τις αὐτὴν εὕροι, διὰ τὸ
καὶ δευτέραν, ὡς ἔφαμεν, καταλαμβάνε-
σθαι τῆς σελήνης ἀνωμαλίαν παρὰ τὰς
πρὸς τὸν ἥλιον ἀποστάσεις, ἀποκαθιστα-
μένην μὲν εἰς τὴν πρώτην κατ' ἀμφοτέρας
τὰς συζυγίας, μεγίστην δὲ γινομένην κατ'
ἀμφοτέρας τὰς διχοτόμους. Κατηνέχθη-
μεν δὲ εἰς τὴν τοιαύτην ἐπίστασίν τε καὶ

CHAPITRE I.

DE LA CONSTRUCTION DE L'ASTROLABE.

L'HYPOTHÈSE que nous avons exposée pour la première et simple anomalie de la lune, suffisant, à notre avis,
pour les syzygies synodiques et celle des
pleines lunes, et par conséquent pour
toutes les éclipses, on n'a nul besoin d'y
faire entrer aucune autre considération.
Mais on pourroit ne pas la trouver suffisante pour les mouvemens particuliers
dans les autres positions de la lune
relativement au soleil, parceque l'on
découvre, comme nous l'avons dit, une
seconde anomalie dans les distances
angulaires de cet astre au soleil. Cette
seconde anomalie rentre bien dans la
première lors des deux syzygies ; mais
elle est la plus grande dans les positions
où cet astre est dichotôme. Nous avons été
conduits à le conjecturer et à nous en

assurer, tant par les observations qu'Hipparque à faites des mouvemens de la lune, et par les descriptions qu'il en a données, que par nos propres observations à l'aide d'un instrument dont je vais décrire la construction.

Prenant deux cercles bien façonnés autour, (a) à quatre faces perpendiculaires, de mêmes proportions dans leur grandeur, parfaitement égaux et semblables entr'eux, nous les disposons de manière qu'ils se coupent à angles droits par un diamètre commun. L'un représente l'écliptique, et l'autre le méridien qui passe par les poles de l'écliptique et par ceux de l'équateur. Sur ce méridien, prenant avec le côté du carré inscrit, les points qui fixent les poles de l'écliptique; et mettant dans ces points, des cylindres qui sortent en dehors et en dedans, par ceux du dehors nous faisons passer un autre cercle dont la concavité s'adapte parfaitement à la courbure convexe des deux cercles qui y sont enfermés, et qui puisse se mouvoir dans le sens de la longitude, en tournant sur les poles de l'écliptique. Aux cylindres du dedans, nous attachons également un autre cercle dont la convexité est embrassée par la concavité des deux premiers, et qui tourne aussi en longitude autour des mêmes poles avec le cercle extérieur. Ce cercle extérieur et celui qui représente l'écliptique, étant divisés en 360 degrés ordinaires de la circonférence, et chacun

πίςιν ἀπό τε τῶν ὑπὸ τοῦ Ἱππάρχου τετηρημένων καὶ ἀναγεγραμμένων τῆς σελήνης παρόδων, καὶ ἀπὸ τῶν ἡμῖν αὐτοῖς εἰλημμένων διὰ τοῦ πρὸς τὰ τοιαῦτα ἡμῖν κατασκευασθέντος ὀργάνου, περιέχοντος δὲ τὸν τρόπον τοῦτον.

Δύο γὰρ κύκλους λαβόντες ἀκριβῶς τετορνευμένους, τετραγώνους ταῖς ἐπιφανείαις, καὶ συμμέτρους μὲν τῷ μεγέθει, πανταχόθεν δὲ ἴσους καὶ ὁμοίους ἀλλήλοις, συνηρμόσαμεν κατὰ διάμετρον πρὸς ὀρθὰς γωνίας ἐπὶ τῶν αὐτῶν ἐπιφανειῶν, ὥστε τὸν μὲν ἕτερον αὐτῶν νοεῖσθαι τὸν διὰ μέσων τῶν ζωδίων, τὸν δὲ ἕτερον τὸν διὰ τῶν πόλων αὐτοῦ τε καὶ τοῦ ἰσημερινοῦ γινόμενον μεσημβρινόν· ἐφ' οὗ λαβόντες ἀπὸ τῆς τοῦ τετραγώνου πλευρᾶς τὰ τοὺς τοῦ διὰ μέσων τῶν ζωδίων κύκλου πόλους ἀφορίζοντα σημεῖα, καὶ ἐμπολίσαντες ἀμφότερα κυλινδρίοις, ἐξέχουσι πρός τε τὴν ἐκτὸς καὶ τὴν ἐντὸς ἐπιφάνειαν, κατὰ μὲν τῶν ἐκτὸς ἐνεπολίσαμεν ἄλλον κύκλον, ἁπτόμενον πανταχόθεν ἀκριβῶς τῇ κοίλῃ αὐτοῦ ἐπιφανείᾳ τῆς κυρτῆς τῶν συνηρμοσμένων δύο κύκλων, καὶ δυνάμενον περιάγεσθαι κατὰ μῆκος περὶ τοὺς εἰρημένους πόλους τοῦ διὰ μέσων τῶν ζωδίων· κατὰ δὲ τῶν ἐντὸς ὁμοίως ἄλλον κύκλον ἐνεπολίσαμεν ἁπτόμενον πανταχόθεν ἀκριβῶς τῇ κυρτῇ αὐτοῦ ἐπιφανείᾳ τῆς κοίλης τῶν δύο κύκλων, περιαγόμενον δὲ ὁμοίως κατὰ μῆκος περὶ τοὺς αὐτοὺς πόλους τῷ ἔξωθεν. Διελόντες δὲ τοῦτόν τε τὸν ἐντὸς κύκλον καὶ ἔτι τὸν ἀντὶ τοῦ διὰ μέσων τῶν ζωδίων γινόμενον εἰς τὰς ὑποκειμένας τῆς

περιμέτρου μοίρας τξ, καὶ ὅσα ἐνεδέχετο
τούτων μέρη, ὑφηρμόσαμεν ἀκριβῶς ἕτερον λεπτὸν κυκλίσκον, ὀπὰς ἔχοντα κατὰ
διάμετρον ἐξεχούσας, ὑπὸ τὸν ἐντὸς τῶν
δύο κύκλων, ὅπως δύνηται παραφέρεσθαι
κατὰ τὸ αὐτὸ ἐκείνῳ ἐπίπεδον, ὡς πρὸς
ἑκάτερον τῶν ἐκκειμένων πόλων, ἕνεκεν τῆς
κατὰ πλάτος παρατηρήσεως. Τούτων δ᾽
οὕτω γενομένων, ἀποστήσαντες ἐπὶ τοῦ
δι᾽ ἀμφοτέρων τῶν πόλων νοουμένου κύκλου ἀφ᾽ ἑκατέρου τῶν τοῦ ζωδιακοῦ
πόλων τὴν μεταξὺ δεδειγμένην περιφέρειαν τῶν δύο πόλων, τοῦ τε διὰ μέσων
τῶν ζωδίων καὶ τοῦ ἰσημερινοῦ, τὰ γενόμενα πέρατα κατὰ διάμετρον πάλιν
ἀλλήλοις ἐνεπολίσαμεν καὶ αὐτὰ πρὸς
τὸν ὅμοιον μεσημβρινὸν τῶν ἐν ἀρχῇ τῆς
συντάξεως ὑποδεδειγμένων, πρὸς τὰς
τῆς μεταξὺ τῶν τροπικῶν τοῦ μεσημβρινοῦ περιφερείας τηρήσεις, ὥστε τούτου
κατὰ τὴν αὐτὴν θέσιν ἐκείνῳ καταστα-
θέντος, τουτέστιν ὀρθοῦ τε πρὸς τὸ τοῦ
ὁρίζοντος ἐπίπεδον, καὶ κατὰ τὸ οἰκεῖον ἔξαρμα τοῦ πόλου τῆς ὑποκειμένης
οἰκήσεως, καὶ ἔτι παραλλήλου τῷ τοῦ
φύσει μεσημβρινοῦ ἐπιπέδῳ, τὴν τῶν
ἐντὸς κύκλων περιαγωγὴν ἀποτελεῖσθαι
περὶ τοὺς τοῦ ἰσημερινοῦ πόλους, ἀπ᾽
ἀνατολῶν ἐπὶ δυσμὰς ἀκολούθως τῇ
τῶν ὅλων πρώτῃ φορᾷ.

Τοῦτον δὴ τὸν τρόπον καθιστάντες
τὸ ὄργανον, ὁποσάκις ὑπὲρ γῆν ἅμα
φαίνεσθαι ἠδύναντο ὅ τε ἥλιος καὶ ἡ

de ces degrés en autant de subdivisions
qu'il en peut recevoir, (b) nous avons
adapté au dedans de ce cercle intérieur,
un autre cercle plus petit qui glisse par
son bord convexe dans la concavité de ce
cercle intérieur, et qui porte deux pinnules éminentes et diamétralement placées, de sorte qu'il peut être mis en mouvement dans le plan du cercle intérieur
vers l'un et l'autre pole pour l'observation des latitudes. Tout cela ainsi disposé, sur le cercle que l'on conçoit passer par les poles de l'écliptique, prenant
depuis chacun des poles du zodiaque,
l'intervalle qui a été démontré entre les
poles de l'écliptique et ceux de l'équateur,
les points extrêmes de ces intervalles diamétralement opposés aussi l'un à l'autre,
nous les avons fixés, comme au commencement de ce traité sur un méridien semblable pour les observations de l'arc du
méridien entre les tropiques, de sorte que
notre astrolabe étant mis dans la même
position que cet instrument, c'est-à-dire
perpendiculairement au plan de l'horizon, et dressé suivant la hauteur du pole
pour l'habitation terrestre supposée, et
tout à la fois parallèlement au plan du
méridien naturel, les cercles intérieurs
peuvent tourner autour des poles de l'é-
quateur d'orient en occident, conformément au premier mouvement de l'u-
nivers.

L'instrument étant ainsi placé, toutes
les fois que le soleil et la lune pouvoient
être vus en même temps au-dessus de

l'horizon, nous mettions le cercle extérieur sur le degré où nous trou-
vions à peu près que le soleil étoit en
cet instant, et nous faisions tourner le
cercle qui passe par les poles, de façon que l'intersection des cercles étant
tournée juste vers le degré du soleil,
les deux cercles, savoir celui de l'écliptique et celui qui passe par les poles de
celle-ci, se fissent ombre ; (c) ou de façon
que, si c'étoit une étoile que nous vis-
sions, en appliquant un des yeux sur
l'un des côtés du cercle extérieur dirigé
vers le dégré en question de l'écliptique,
cette étoile nous paroissoit au côté opposé
et dans le même plan du cercle, comme
collée aux surfaces des deux cercles. (d)
Alors nous dirigions le cercle intérieur
vers la lune, ou vers l'astre, quel qu'il fût,
pour lequel nous faisions cette recherche,
afin que tout en appercevant le soleil ou
l'astre en question, nous pussions voir en
même temps la lune ou l'astre, objet de
nos recherches, par les deux pinnules
du plus petit cercle enchâssé dans le
cercle intérieur.

Nous trouvons ainsi le lieu que le
soleil, ou un autre astre occupe en longitude sur l'écliptique, au point de
l'intersection de ce cercle par le cercle
intérieur de l'astrolabe correspondant
au point analogue du cercle extérieur ;
et en degrés de ce cercle, la distance de
la lune ou de l'autre astre à l'écliptique,
soit vers les ourses ou vers le midi,
comme sur le cercle extérieur, au moyen
de la division du cercle intérieur de

σελήνη, τὸν μὲν ἔξωθεν τῶν ἀστρολάβων κύκλον καθίσαμεν ἐπὶ τὴν κατ᾽
ἐκείνην τὴν ὥραν εὑρισκομένην ἔγγιστα τῇ
ἡλίου μοῖραν, καὶ περιήγομεν τὸν διὰ
τῶν πόλων κύκλον, ὅπως τῆς κατὰ τὴν
ἡλιακὴν μοῖραν τῶν κύκλων τομῆς πρὸς
τὸν ἥλιον ἀκριβῶς τρεπομένης, σκιάζωσιν
αὐτοὺς ἅμα οἱ κύκλοι ἀμφότεροι, ὅ τε
διὰ μέσων τῶν ζωδίων, καὶ ὁ διὰ τῶν
πόλων αὐτῷ, ἢ ἐάν περ ἀστὴρ ᾖ ὁ διοπτευ-
όμενος, ὅπως τοῦ ἑτέρου τῶν ὀφθαλμῶν παρατεθέντος τῇ ἑτέρᾳ τῶν πλευρῶν τοῦ καθεσαμένου ἔξωθεν κύκλου ὑπὸ
τὴν ὑποκειμένην αὐτοῦ κατὰ τὸν διὰ μέσων τῶν ζωδίων κύκλον μοῖραν, καὶ διὰ
τῆς ἀπεναντίον καὶ παραλλήλου τοῦ κύκλου πλευρᾶς, ὥσπερ κεκολλημένος ἀμφοτέραις αὐτῶν ταῖς ἐπιφανείαις ὁ ἀστὴρ
ἐν τῷ δι᾽ αὐτῶν ἐπιπέδῳ διοπτεύηται.
Τὸν δὲ ἕτερον καὶ ἐντὸς τῶν ἀστρολάβων
κύκλον παρεφέρομεν πρὸς τὴν σελήνην, ἢ
καὶ πρὸς ἄλλο τι τῶν ζητουμένων, ὅπως
ἅμα τῇ τοῦ ἡλίου ἢ καὶ ἄλλου του
ὑποκειμένου διοπτεύσει καὶ ἡ σελήνη ἢ
καὶ ἄλλο τι τῶν ζητουμένων διὰ τῶν
κατὰ τὸν ὑφηρμοσμένον κυκλίσκον ὀπῶν
ἀμφοτέρων διοπτεύηται.

Οὕτω γὰρ ποῖόν τε κατὰ μῆκος
ἐπέχει τοῦ διὰ μέσων τῶν ζωδίων τμῆμα
ἐπιγινώσκομεν ἐκ τῆς κατὰ τὴν τοῦ ἰσο-
δυναμοῦντος αὐτῷ κύκλου διαίρεσιν γινομένης τοῦ ἐντὸς κύκλου τομῆς· καὶ πόσας αὐτοῦ μοίρας ἀφέστηκεν, ἤτοι πρὸς
ἄρκτους ἢ πρὸς μεσημβρίαν, ὡς ἐπὶ τοῦ
διὰ τῶν πόλων αὐτοῦ κύκλου, διά τε
τῆς αὐτοῦ τοῦ ἐντὸς ἀστρολάβου διαιρέσεως,

καὶ τῆς εὑρισκομένης διαςάσεως ἀπὸ μέσης τῆς ὑπὲρ γῆν ὀπῆς τοῦ ὑπ᾽ αὐτὸν
παραγομένου κυκλίσκου ἐπὶ τὴν μέσην
γραμμὴν τῷ διὰ μέσων τῶν ζωδίων κύκλϣ.

ΑΠΛΩΣ μὲν οὖν γινομένης τῆς τοιαύτης
παρατηρήσεως, αἱ τῆς σελήνης πρὸς τὸν
ἥλιον διαςάσεις, ἔκ τε ὧν ὁ Ἵππαρχος
ἀναγέγραφε, καὶ ἐξ ὧν ἡμεῖς ἐτηροῦμεν
ποτὲ μὲν σύμφωνοι κατελαμβάνοντο τοῖς
κατὰ τὴν ἐκκειμένην ὑπόθεσιν ἐπιλογισμοῖς, ποτὲ δὲ διάφωνοι καὶ διάφοροι,
ποτὲ μὲν ὀλίγϣ, ποτὲ δὲ πολλῷ. Πλείονος δ᾽ ἡμῖν καὶ περιεργοτέρας τῆς ἐπιστά-
σεως κατὰ τὸ συνεχὲς γινομένης περὶ
τὴν τάξιν τῆς τοιαύτης ἀνωμαλίας, κατελαμβανόμεθα ὅτι περὶ μὲν τὰς συνόδους αἰεὶ καὶ τὰς πανσελήνους, ἢ οὐδὲν
αἰσθητὸν διαμαρτάνεται, ἢ βραχὺ, καὶ
ὅσον ἂν αἱ παραλλάξεις τῆς σελήνης δύναιντο ποιεῖν διάφορον· περὶ δὲ τὰς διχοτόμους ἀμφοτέρας ἐλάχιςον μὲν ἢ οὐδὲν
διαμαρτάνεται, τῆς σελήνης κατὰ τὸ
ἀπόγειον ἢ περίγειον τοῦ ἐπικύκλου τυγχανούσης, πλεῖςον δ᾽ ὅταν περὶ τοὺς μέσους δρόμους οὖσα, πλεῖςον καὶ τὸ παρὰ
τὴν πρώτην ἀνωμαλίαν διάφορον ποιῇ·
καὶ ὅτι ἀφαιρετικῆς μὲν οὔσης τῆς πρώτης ἀνωμαλίας, ἐν ὁποτέρᾳ τῶν διχο-
τόμων ἔτι ἐλάσσων ὁ τόπος αὐτῆς εὑρίσκεται τοῦ ἐκ τῆς πρώτης ἀφαιρέσεως

l'astrolabe; et par l'intervalle depuis le
milieu de la pinnule du plus petit cercle
qu'on fait glisser dans ce cercle intérieur
jusqu'au milieu de la ligne d'intersection
de ce cercle, et de l'écliptique.

CHAPITRE II.

DE L'HYPOTHÈSE POUR LA DOUBLE ANOMALIE DE LA LUNE.

LES distances de la lune au soleil, soit
celles qu'Hipparque a rapportées, soit
celles que nous avons observées nous-
mêmes, se sont trouvées, par l'observation faite ainsi simplement, tantôt conformes aux résultats des calculs faits
suivant l'hypothèse que nous avons exposée, tantôt différentes, quelquefois de
peu, quelquefois de beaucoup. Mais
en étudiant avec plus d'attention et
d'assiduité l'ordre de cette variation,
nous avons remarqué que dans les conjonctions et les oppositions, elle ne
s'écarte pas sensiblement, ou du moins
que très-peu, de la première et simple
anomalie, et seulement autant que les
parallaxes de la lune peuvent en être la
cause. Nous avons remarqué aussi que
cette différence est nulle ou la plus
petite dans les deux quadratures, quand
la lune est alors dans l'apogée ou le
périgée de l'épicycle; qu'au contraire
elle est la plus grande lorsque cet astre
est dans les parties moyennes de sa révolution, et qu'alors elle s'écarte le
plus de la première anomalie; que la

première anomalie étant soustractive, le lieu de la lune se trouve moindre dans l'une ou l'autre quadrature, que par le résultat de la première soustraction ; et que quand elle est additive, il se trouve plus fort qu'il ne devroit être relativement à la grandeur de la première. Cette loi nous fait voir qu'il faut supposer que l'épicycle de la lune est porté sur un cercle excentrique, et qu'il est le plus apogée dans les conjonctions et les pleines lunes, mais le plus périgée dans chaque quadrature. C'est ce qui se trouveroit par la première hypothèse en y introduisant cette correction.

Concevons en effet le cercle concentrique à l'écliptique allant contre l'ordre des signes dans le plan incliné de la lune, comme ci-dessus, pour la latitude, autour des poles de l'écliptique, d'une quantité de mouvement égale à l'excès du mouvement en latitude sur le mouvement en longitude ; et la lune parcourant le cercle nommé épicycle, de manière que dans l'arc apogée de cet épicycle, elle aille contre l'ordre des signes conformément au rétablissement de la première anomalie. Nous supposons donc dans ce plan incliné, deux mouvemens uniformes contraires l'un à l'autre, et tous deux autour du centre du zodiaque : l'un qui entraîne le centre de l'épicycle suivant l'ordre des signes conformément au mouvement en latitude, l'autre qui fait tourner contre l'ordre des signes le centre

ἐπιλογιζομένου, προθετικῆς δὲ, ἔτι πλείων, ὡσαύτως καὶ ἀναλόγως τῷ μεγέθει τῆς πρώτης προσαφαιρέσεως, ὡς διὰ ταύτην τὴν τάξιν ἤδη συνορᾷν ἡμᾶς ὅτι καὶ τὸν ἐπίκυκλον τῆς σελήνης ἐπὶ ἐκκέντρου κύκλου φέρεσθαι ὑποληπτέον, ἀπογειότατον μὲν γινόμενον περὶ τὰς συνόδους καὶ τὰς πανσελήνους, περιγειότατον δὲ περὶ ἀμφοτέρας τὰς διχοτόμους. Συμβαίνοι δ᾽ ἂν τὸ τοιοῦτο, τῆς πρώτης ὑποθέσεως τοιαύτην τινὰ τὴν διόρθωσιν λαμβανούσης.

Νοείσθω γὰρ ὁ μὲν ὁμόκεντρος τῷ διὰ μέσων τῶν ζωδίων κύκλος ἐν τῷ λοξῷ τῆς σελήνης ἐπιπέδῳ προηγούμενος, ὥσπερ καὶ πρότερον, ἕνεκεν τοῦ πλάτους περὶ τοὺς τοῦ διὰ μέσων τῶν ζωδίων πόλυς, τοσοῦτον ὅσῳ ὑπερέχει τῆς κατὰ μῆκος κινήσεως ἡ κατὰ πλάτος, ἡ δὲ σελήνη τὸν καλούμενον ἐπίκυκλον περιερχομένη πάλιν, ὡς κατὰ τὴν ἀπόγειον αὐτοῦ περιφέρειαν εἰς τὰ προηγούμενα τὴν μετάβασιν ποιουμένη, ἀκολούθως τῇ τῆς πρώτης ἀνωμαλίας ἀποκαταστάσει. Εν δὴ τούτῳ τῷ λοξῷ ἐπιπέδῳ, δύο κινήσεις ἐναντίας ἀλλήλαις ὑποτιθέμεθα ὁμαλάς, καὶ περὶ τὸ τοῦ διὰ μέσων τῶν ζωδίων κέντρον ἀμφοτέρας, ὧν μίαν μὲν τὴν περιάγουσαν τὸ τοῦ ἐπικύκλου κέντρον εἰς τὰ ἑπόμενα τῶν ζωδίων ἀκολούθως τῇ κατὰ πλάτος κινήσει, μίαν δὲ τὴν περιάγουσαν τὸ κέντρον καὶ τὸ ἀπόγειον τοῦ

ἐν τῷ αὐτῷ ἐπιπέδῳ λαμβανομένου ἐκκέντρου κύκλου, ἐφ' οὗ πάντοτε τὸ κέντρον ἔςαι τοῦ ἐπικύκλου· περιάγουσαν δὲ εἰς τὰ προηγούμενα τῶν ζωδίων, καὶ τοσοῦτον ὅσῳ ὑπερέχει τῆς κατὰ πλάτος κινήσεως διπλωθεῖσα ἡ ἀποχὴ, τουτέςιν ἡ ὑπεροχὴ τῆς κατὰ μῆκος σεληνιακῆς μέσης κινήσεως πρὸς τὴν ἡλιακήν· ὥστε ἐν τῇ μιᾷ ἡμέρᾳ λόγου ἕνεκεν, τὸ μὲν τῦ ἐπικύκλυ κέντρον κινούμενον τὰς τῦ πλάτυς μοίρας ιγ ιδ′ ἔγγιςα, εἰς τὰ ἑπόμενα τῶν ζωδίων, ἐπὶ τοῦ διὰ μέσων τῶν ζωδίων φαίνεσθαι παρωδευκὸς τὰς τοῦ μήκους μοίρας ιγ ια′, διὰ τὸ ὅλον τὸν λοξὸν κύκλον ἀνθυποφέρειν εἰς τὰ προηγούμενα τὰ τῆς ὑπεροχῆς ἑξηκοςὰ τρία· τὸ δὲ ἀπόγειον τοῦ ἐκκέντρου ἀντιπεριάγεσθαι πάλιν εἰς τὰ προηγούμενα μοίρας ια θ′, ὅσαις ὑπερέχουσιν αἱ διπλασίονες τῆς ἀποχῆς μοῖραι κδ κγ′ τὰς τοῦ πλάτους μοίρας ιγ ιδ′. Οὕτω γὰρ ἐκ τῆς ἀμφοτέρων τῶν κινήσεων ἀντιπεριαγωγῆς, περὶ τὸ κέντρον ὡς ἔφαμεν τοῦ διὰ μέσων τῶν ζωδίων γινομένης, ἡ διὰ τοῦ κέντρου τοῦ ἐπικύκλου τῆς διὰ τοῦ κέντρου τοῦ ἐκκέντρου προσαποςήσεται, τὴν συντιθεμένην ἔκ τε τῶν ιγ ιδ′ καὶ τῶν ια θ′ μοιρῶν περιφέρειαν, διπλῆν γινομένην τῶν ἀπὸ τῆς ἀποχῆς μοιρῶν ιβ ια′ ς′ ἔγγιςα. Καὶ διὰ τοῦτο δὶς ἐν τῷ μέσῳ μηνιαίῳ χρόνῳ τὸν ἔκκεντρον ὁ ἐπίκυκλος περιλεύσεται, τῆς πρὸς τὸ ἀπόγειον τοῦ ἐκκέντρου νοουμένης ἀποκαταςάσεως ἐν ταῖς μέσως θεωρυμέναις συνόδοις τε καὶ πανσελήνοις ὑποτιθεμένης ἀποτελεῖσθαι.

et l'apogée du cercle excentrique pris dans ce même plan, et sur lequel sera toujours le centre de l'épicycle, d'un mouvement égal à la quantité dont la distance doublée surpasse le mouvement en latitude (*le mouvement de l'argument de latitude*), c'est-à-dire de la quantité d'excès du moyen mouvement de la lune en longitude sur celui du soleil ; de sorte que, par exemple, le centre de l'épicycle ayant parcouru en un jour 13d 14′ environ en latitude suivant l'ordre des signes, il paroisse s'être avancé sur l'écliptique, de 13d 11′ en longitude, parceque tout le cercle oblique s'est porté en arrière contre l'ordre des signes des trois soixantièmes excédens ; mais que l'apogée de l'excentrique recule contre l'ordre des signes, des 11d 9′ qui sont l'excès dont 24d 23′, double de la distance de la lune au soleil en longitude, surpassent les 13d 14′ de latitude. Car ainsi, par cette direction contraire des deux mouvemens, qui s'exécute, comme nous l'avons dit, autour du centre du zodiaque, celui que fait le centre de l'épicycle différera de celui que fait le centre de l'excentrique, de l'arc composé de la somme de 13d 14′ et de 11d 9′, laquelle est à peu près double de 12d 11′ 30″ de cette distance. C'est pourquoi l'épicycle fera deux fois par mois le tour de l'excentrique, le retour à l'apogée de l'excentrique étant supposé s'achever dans les conjonctions et les pleines lunes considérées suivant le mouvement moyen.

Mais pour nous faire une image plus sensible de cette hypothèse, soit le cercle ABGD concentrique à l'écliptique, dans le plan oblique de la lune, autour du centre E sur le diamètre AEG. Supposez aussi que le point A soit l'apogée de l'excentrique et tout ensemble le centre de l'épicycle, ainsi que la limite boréale de la lune, le commencement du bélier et le lieu moyen du soleil. Maintenant, que tout le plan se meuve contre l'ordre des signes dans le mouvement diurne, de A en D, autour du centre E d'environ 3 soixantièmes, ensorte que la limite boréale A arrive sur les 29^d 57′ des poissons, pendant que les deux mouvemens contraires se font uniformément par la droite EA autour du centre E de l'écliptique : je dis que dans le mouvement journalier, une droite semblable à EA, laquelle passe par le centre de l'excentrique, s'étant mue uniformément contre l'ordre des signes comme jusqu'à la droite ED, porte vers D le centre Z de l'excentrique, décrit autour de ce centre l'excentrique DH, et fait l'arc AD de 11^d 9′; mais que la droite qui passe par le centre de l'épicycle, èt qui se meut uniformément encore autour de E suivant l'ordre des signes, comme EB, porte vers H le centre de l'épicycle, et fait l'arc AB de 13^d 14′, ensorte que le

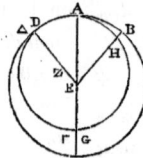

Ἵνα δὲ μᾶλλον ἡμῖν ὑπ' ὄψιν γένηται τὰ τῆς ὑποθέσεως, νοείσθω πάλιν ὁ ἐν τῷ λοξῷ τῆς σελήνης ἐπιπέδῳ τῷ διὰ μέσων τῶν ζωδίων ὁμόκεντρος κύκλος ὁ ΑΒΓΔ, περὶ κέντρον τὸ Ε καὶ διάμετρον τὴν ΑΕΓ. Ὑποκείσθω δὲ ἅμα κατὰ τὸ Α σημεῖον τό τε ἀπόγειον τοῦ ἐκκέντρου, καὶ τὸ κέντρον τοῦ ἐπικύκλου, καὶ τὸ βόρειον πέρας, καὶ ἡ ἀρχὴ τοῦ κριοῦ καὶ ὁ μέσος ἥλιος. Ἐν τοίνυν τῇ ἡμερησίᾳ παρόδῳ τὸ μὲν ὅλον ἐπίπεδον φημι κινεῖσθαι εἰς τὰ προηγούμενα, ὡς ἀπὸ τοῦ Α ἐπὶ τὸ Δ, περὶ τὸ Ε κέντρον ἑξηκοςὰ γ̄ ἔγγιςα, ὥστε τὸ Α βόρειον πέρας γίνεσθαι κατὰ τὰς τῶν ἰχθύων μοίρας κθ̄ νζ'. τῶν δὲ δύο ὑπεναντίων κινήσεων ὑπὸ τῆς ὁμοίας τῇ ΕΑ εὐθείας περὶ τὸ Ε πάλιν τοῦ διὰ μέσων τῶν ζωδίων κέντρον ὁμαλῶς ἀποτελουμένων, ἐπὶ τῆς ἡμερησίας ὡσαύτως φημὶ παρόδου τὴν μὲν διὰ τοῦ κέντρου τοῦ ἐκκέντρου, ὁμοίαν τῇ ΕΑ, περιαχθεῖσαν ὁμαλῶς εἰς τὰ προηγούμενα τῶν ζωδίων ὡς ἐπὶ τὴν ΕΔ, τὸ μὲν ἀπόγειον τοῦ ἐκκέντρου φέρειν ἐπὶ τὸ Δ, καὶ γράφειν περὶ τὸ Ζ κέντρον τὸ ΔΗ ἔκκεντρον, τὴν δὲ ΑΔ περιφέρειαν ποιεῖν μοιρῶν ιᾱ θ'· τὴν δὲ διὰ τοῦ κέντρου τοῦ ἐπικύκλου περὶ τὸ Ε πάλιν ὁμαλῶς περιαχθεῖσαν εἰς τὰ ἑπόμενα τῶν ζωδίων, ὡς τὴν ΕΒ, φέρειν μὲν ἐπὶ τὸ Η τὸ κέντρον τοῦ ἐπικύκλου, τὴν δὲ ΑΒ περιφέρειαν ποιεῖν μοιρῶν ιγ̄ ιδ', ὥστε τὸ Η κέντρον τοῦ ἐπικύκλου ἀπὸ μὲν τοῦ Α βορείου

πέρατος ἀπέχον φαίνεϑαι τὰς ιγ̄ ιδ´
μοίρας τοῦ πλάτους, ἀπὸ δὲ τῆς ἀρχῆς
τοῦ κριοῦ τὰς ιγ̄ ια´ μοίρας τοῦ μήκους,
διὰ τὸ, τὸ Α βόρειον πέρας ἐν τοσούτῳ
γεγονέναι κατὰ τὰς τῶν ἰχθύων μοίρας
κϑ̄ νζ´· ἀπὸ δὲ τοῦ Δ ἀπογείου τοῦ ἐκκέντρου, τὰς συναγομένας συναμφοτέρων
τῆς τε ΑΔ καὶ ΑΒ περιφερειῶν, κδ̄ κγ´
μοίρας, αἵ εἰσι διπλασίονες τῶν τῆς
ἡμερησίας μέσης ἀποχῆς. Οὕτως οὖν
ἐπειδὴ συναμφότεραι ἥτε διὰ τοῦ Β καὶ
ἡ διὰ τοῦ Δ κίνησις ἐν τῷ ἡμίσει τοῦ μέσου μηνιαίου χρόνου τὴν μίαν ἀποκατάςασιν ποιοῦνται πρὸς ἀλλήλας, δῆλον ὅτι
ἐν τῷ τετάρτῳ τοῦ αὐτοῦ χρόνου, καὶ ἔτι
ἐν τῷ ἡμίσει καὶ τετάρτῳ πάντως διαμε-
τρήσουσιν ἀλλήλας, τουτέςιν ἐν ταῖς
μέσως ϑεωρουμέναις διχοτόμοις. Τὸ δὲ
διὰ τῆς ΕΒ κέντρον τοῦ ἐπικύκλου, δια-
μετρήσαν τὸ διὰ τῆς ΕΔ ἀπόγειον τοῦ
ἐκκέντρου, κατὰ τὸ περίγειον αὐτοῦ γενήσεται.

Φανερὸν δὲ ὅτι καὶ τούτων οὕτως ἐχόντων, παρὰ μὲν αὐτὸν τὸν ἔκκεντρον, τουτέςι τὴν ἀνομοιότητα τῆς ΔΒ περιφερείας
πρὸς τὴν ΔΗ οὐδὲν ἔςαι διάφορον παρὰ
τὴν ὁμαλὴν κίνησιν τῆς ΕΒ εὐθείας. Οὐ
γὰρ τὴν ΔΗ τοῦ ἐκκέντρου περιφέρειαν,
ἀλλὰ τὴν ΔΒ τοῦ διὰ μέσων τῶν ζῳδίων
ὁμαλῶς περιερχομένης, διὰ τὸ μὴ περὶ
τὸ Ζ κέντρον τοῦ ἐκκέντρου, περὶ δὲ τὸ
Ε ποιεῖϑαι τὴν περιαγωγήν, παρὰ δὲ
μόνην τὴν κατ᾽ αὐτὸν τὸν ἐπίκυκλον γινομένην διαφοράν, ἐκ τοῦ περιγειότερον
αὐτὸν γινόμενον, αὔξειν ἀεὶ τὸ παρὰ τὴν
ἀνωμαλίαν διάφορον ἐξ ἴσου κατά τε

centre H de l'épicycle paroît distant de
la limite boréale A, des 13ᵈ 14′ de latitude; et du commencement du bélier,
des 13ᵈ 11′ de la longitude, parceque dans
cet espace de temps la limite boréale A est
arrivée sur 29ᵈ 57′ des poissons; et à une
distance de l'apogée D de l'excentrique,
égale à la somme 24ᵈ 23′ des arcs AD et AB,
qui sont le double de la distance diurne
moyenne. Ainsi donc puisque les deux
mouvemens, savoir celui vers B et celui
vers D, font un seul retour l'un à l'autre
dans la moitié de la durée d'un mois, il est
clair que, dans le quart de cette durée,
et encore dans la moitié et le quart, ou
les ¼ c'est-à-dire dans les dichotomies ou
quadratures moyennes, ils seront diamétralement opposés l'un à l'autre; et le
centre de l'épicycle, qui est dans EB,
étant diamétralement opposé à l'apogée
de l'excentrique, qui est dans ED, sera
dans son périgée.

Il est évident que, dans cette disposition de l'excentrique, c'est-à-dire dans
la dissimilitude de l'arc DB à l'arc DH,
il n'y aura aucune (a) différence quant
au mouvement uniforme de la droite
EB. Car elle ne parcourt pas l'arc DH
de l'excentrique, mais l'arc DB de l'é-
cliptique uniformément, attendu que
ce n'est pas autour du centre Z de l'excentrique, mais autour de E, que se
fait la révolution; la seule différence
viendra de l'épicycle lui-même, en ce
que devenant périgée, il augmente toujours la différence de l'anomalie (*de*

l'équation du centre) soit additive , soit soustractive , parceque l'angle à l'œil est toujours plus grand dans les positions périgées. Il n'y a absolument aucune différence d'avec la première hypothèse , quand le centre de l'épicycle est dans l'apogée A , l'épicycle étant dans les conjonctions et oppositions moyennes.

Car si nous décrivons l'épicycle MN autour du point A, le rapport de la droite AE à AM étant le même que celui qui a été précédemment démontré par le moyen des éclipses, la plus grande différence aura lieu quand l'épicycle passera par le point H , périgée de l'excentrique, comme dans la position où ce cercle passe par les points X, O. C'est ce qui arrive encore dans les dichotomies ou quadratures moyennes ; car la raison de XH à HE est plus grande que dans toutes les autres positions, parceque le rayon XH de l'épicycle étant constant, la droite EH, menée du centre de la terre, est plus petite que toutes les autres droites menées à l'excentrique.

ἀφαίρεσιν καὶ πρόσθεσιν τῆς ἀπολαμβανούσης αὐτὸν πρὸς τῇ ὄψει γωνίας, ἐν ταῖς περιγειοτέραις θέσεσι μείζονος ἀποτελουμένης. Οὐδὲν μὲν οὖν ἔςαι παρὰ τὴν πρώτην ὑπόθεσιν καθόλου διάφορον, ὅταν κατὰ τὸ Α ἀπόγειον ᾖ τὸ κέντρον τοῦ ἐπικύκλου, γινομένου τοῦ τοιούτου περὶ τὰς μέσως θεωρουμένας συνόδους καὶ πανσελήνους.

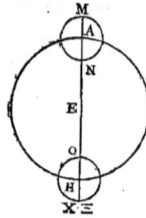

Ἐὰν γὰρ γράψωμεν περὶ τὸ Α τὸν ΜΝ ἐπίκυκλον, ὁ τῆς ΑΕ πρὸς τὴν ΑΜ λόγος ὁ αὐτὸς γίνεται τῷ διὰ τῶν ἐκλείψεων ἀποδεδειγμένῳ· τὸ δὲ πλεῖςον ἔςαι διάφορον, ὅταν κατὰ τὸ Η τοῦ ἐκκέντρου περιγειότατον σημεῖον ὁ ἐπίκυκλος ποιῆται τὴν πάροδον, ὡς ὁ γραφόμενος διὰ τῶν Ξ, Ο, σημείων· ὅπερ πάλιν συμβαίνει κατὰ τὰς μέσως θεωρημένας διχοτόμους· μείζων γὰρ ὁ τῆς ΞΗ πρὸς τὴν ΗΕ λόγος γίγνεται πάντων τῶν κατὰ τὰς ἄλλας θέσεις συναγομένων· ἐπειδήπερ ἴσης ἀεὶ καὶ τῆς αὐτῆς οὔσης τῆς ΞΗ ἐκ τοῦ κέντρου τοῦ ἐπικύκλου, ἡ ΕΗ ἐκ τοῦ κέντρου τῆς γῆς πασῶν τῶν ἄλλων ἐπὶ τὸν ἔκκεντρον ἐπιζευγνυμένων ἐςὶν ἐλάσσων.

ΚΕΦΑΛΑΙΟΝ Γ.

ΠΕΡΙ ΤΗΣ ΠΗΛΙΚΟΤΗΤΟΣ ΤΗΣ ΠΑΡΑ ΤΟΝ ΗΛΙΟΝ
ΑΝΩΜΑΛΙΑΣ ΤΗΣ ΣΕΛΗΝΗΣ.

CHAPITRE III.

DE LA QUANTITÉ DE L'ANOMALIE DE LA
LUNE QUI DÉPEND DE SA POSITION RE-
LATIVEMENT AU SOLEIL.

ΙΝΑ δὴ θεασώμεθα πηλίκον γίνεται τὸ πλεῖςον παρὰ τὴν ἀνωμαλίαν διάφορον, ὅταν κατὰ τὸ περιγειότατον τοῦ ἐκκέντρȣ φερόμενος ὁ ἐπίκυκλος τυγχάνη, παρετηρήσαμεν τὰς τοιαύτας τῶν πρὸς τὸν ἥλιον διοπτευομένων τῆς σελήνης διαςάσεων, ἐν αἷς οἵ τε δρόμοι αὐτῆς μέσοι ἔγγιςα ἐτύγχανον· τότε γὰρ ἡ πλείςη διαφορὰ γίνεται τῆς ἀνωμαλίας· καὶ ἡ πρὸς τὸν ἥλιον αὐτῆς ἀποχὴ μέσως λαμβανομένη τεταρτημόριον ἔγγιςα ἐποίει, ὅτε καὶ ὁ ἐπίκυκλος περὶ τὸ περιγειότατον ἐγίνετο τȣ ἐκκέντρȣ, καὶ ἔτι ἐν αἷς τȣτων ὑπαρχόντων, οὐδὲ παρήλλασσέ τι κατὰ μῆκος ἡ σελήνη. Τούτων γὰρ συμβαινόντων, καὶ τῆς φαινομένης ἐν τῇ διοπτεύσει κατὰ μῆκος ἀποςάσεως τῆς αὐτῆς γινομένης τῇ ἀκριβεῖ, λαμβάνοιτο ἂν ἀσφαλῶς καὶ ἡ ζητουμένη διαφορὰ τῆς δευτέρας ἀνωμαλίας. Ἐκ τῶν τοιούτων τοίνυν τηρήσεων ποιούμενοι τὴν ἐπίσκεψιν εὑρίσκομεν, ὅταν κατὰ τὸ περιγειότατον ἦν ὁ ἐπίκυκλος, τὴν πλείςην διαφορὰν τῆς ἀνωμαλίας γινομένην πρὸς μὲν τὴν μέσην πάροδον μοίρας ζ καὶ γ‚ ἔγγιςα, πρὸς δὲ τὴν πρώτην ἀνωμαλίαν μοίρας β ιβ′.

Ὑποδείγματος γὰρ ἕνεκεν, ἵνα ἐπὶ μιᾶς ἢ δύο τηρήσεων ὑπ' ὄψιν ἡμῖν ἡ τοιαύτη διάκρισις γένηται, διωπτεύσαμεν τόν τε ἥλιον καὶ τὴν σελήνην τῷ δευτέρῳ ἔτει Ἀντωνίνου

Pᴏᴜʀ chercher la quantité de la plus grande différence d'anomalie, quand l'épicycle se trouve placé sur le périgée de l'excentrique, nous avons observé et comparé celles des distances apperçues entre le soleil et la lune, dans lesquelles les mouvemens de ce dernier astre étoient à très-peu près moyens; car c'est alors que la plus grande différence d'anomalie a lieu; et celles où sa distance moyenne au soleil, étoit d'environ un quart de cercle, quand l'épicycle étoit dans le périgée de l'excentrique, et que dans ces circonstances la lune n'avoit pas de parallaxe en longitude. Car tout cela se rencontrant, et la distance apparente étant égale à la vraie, on trouve sans erreur la valeur cherchée de la seconde anomalie. Calculant donc d'après ces observations, nous avons trouvé que quand l'épicycle étoit dans sa plus grande proximité ou périgée, la plus grande différence d'anomalie étoit de $7^{d}\frac{2}{3}$ (a) environ, comparée au mouvement moyen, et de 2^{d} 12′, comparée à la première anomalie.

Pour en donner un exemple, fourni par une ou deux observations, nous avons observé avec le secours de notre instrument, le soleil et la lune dans

la seconde année d'Antonin, le 25 du mois
égyptien Phamenoth, après le lever du
soleil, à 5 heures équinoxiales un quart
avant midi. Car le soleil se voyant alors
en 18^d $\frac{1}{2}$ $\frac{1}{3}$ du verseau, et le quatrième
degré du sagittaire étant au méridien,
la lune paroissoit occuper les 9^d $\frac{2}{7}$ (b) du
scorpion où étoit effectivement son lieu
vrai, parcequ'à Alexandrie, étant dans
les premiers degrés du scorpion, à une
heure et demie environ de distance vers
l'occident du méridien, elle ne produit
aucune parallaxe sensible en longitude (c).
Or le temps écoulé depuis les époques
de la première année de Nabonassar jusqu'à l'observation, est de 885 années
égyptiennes 203 jours et 18 heures $\frac{1}{2}$ $\frac{1}{4}$
tant équinoxiales que vraies : au bout
duquel temps nous trouvons que le soleil devoit, par son mouvement moyen,
être en 16 degrés 27' du verseau, mais
réellement sur 18^d 50', comme il a été
vu par le moyen de l'astrolabe. Et dans
le même instant, la lune se trouvoit,
suivant la première hypothèse, par son
mouvement moyen en longitude, sur
les 17^d 20' du scorpion, de manière
que sa distance moyenne au soleil étoit
à peu près du quart de la circonférence,
et à 87^d 19' de l'apogée de l'épicycle,
ce qui fait le plus grand angle de différence anomalistique. Donc le mouvement vrai étoit plus petit que le mouve-
ment moyen, de 7^d $\frac{2}{3}$ au lieu des 5 degrés
donnés par la première anomalie.

Actuellement, pour montrer clairement

κατ᾽ Αἰγυπτίους Φαμενὼθ κε, μετὰ μὲν
τὴν ἀνατολὴν τὴν τοῦ ἡλίου, πρὸ ε̄ δὲ καὶ
δ᾿᾿ ὡρῶν ἰσημερινῶν τῆς μεσημβρίας. Τοῦ
γὰρ ἡλίου διοπτευομένου κατὰ ὑδροχόου
μοίρας ῑη ϛ̄ γϛ̄, καὶ μεσουρανούσης τοξότου
μοίρας τετάρτης, ἡ σελήνη ἐφαίνετο ἐπέχουσα σκορπίου μοίρας θ̄ γϛ̄ καὶ ἀκριβῶς δὲ τοσαύτας ἐπεῖχεν, ἐπειδὴ περὶ
τὰ πρῶτα μέρη τοῦ σκορπίου ἐν Ἀλεξανδρείᾳ ᾱ ϛ᾿᾿ ὥραν ἔγγιστα ἀπέχουσα πρὸς
δυσμὰς τοῦ μεσημβρινοῦ κατὰ μῆκος
οὐθὲν αἰσθητὸν παραλλάσσει. Καὶ ἔϛιν ὁ
ἀπὸ τῶν ἐποχῶν τῶν κατὰ τὸ πρῶτον ἔτος Ναβονασσάρου μέχρι τῆς τηρήσεως χρόνος ἐτῶν Αἰγυπτιακῶν ωπε̄
καὶ ἡμερῶν σγ̄ καὶ ὡρῶν ἰσημερινῶν ἀκριβῶς τε καὶ ἁπλῶς ῑη ϛ᾿᾿ δ᾿᾿. πρὸς ὃν χρόνον
τὸν ἥλιον εὑρίσκομεν μέσως μὲν ἐπέχοντα
ὑδροχόου μοίρας ῑϛ κζ᾿, ἀκριβῶς δὲ μοίρας ῑη ν᾿, καθὼς καὶ ἐν τῷ ἀϛρολάβῳ
διωπτεύετο. Καὶ ἡ σελήνη δὲ κατ᾽ ἐκείνην τὴν ὥραν ἐκ τῆς πρώτης ὑποθέσεως
εὑρίσκεται ἐπέχουσα μέσως κατὰ μῆκος
μὲν σκορπίου μοίρας ῑζ κ᾿, ὡς τεταρτημορίου τυγχάνειν ἔγγιστα τὴν μέσην ἀποχὴν τοῦ ἡλίου, ἀνωμαλίας δ᾿ ἀπὸ τοῦ
ἀπογείου τοῦ ἐπικύκλου, μοίρας πζ̄ ιθ᾿,
περὶ ἃς πάλιν τὸ πλεῖϛον γίνεται διάφορον τῆς ἀνωμαλίας. Ἐλάσσων ἄρα ἡ
ἀκριβὴς πάροδος ἐγένετο τῆς ὁμαλῆς
μοίραις ζ̄ γϛ̄, ἀντὶ ε̄ τῶν κατὰ τὴν πρώτην ἀνωμαλίαν.

Πάλιν ἵνα καὶ ἐκ τῶν ὑπὸ τῶ Ἱππάρχω

τετηρημένων τοιούτων παρόδων φανερὸν ἡμῖν τὸ ἐπὶ τῶν ὁμοίων διάφορον γένηται, παραθησόμεθα καὶ τούτων μίαν, ἥν φησι τετηρηκέναι τῷ νβ' ἔτει τῆς τρίτης κατὰ Κάλιππον περιόδου, κατ' Αἰγυπτίους Ἐπιφὶ ιϛ, τοῦ διμοίρου τῆς πρώτης ὥρας παρεληλυθότος. Δρόμος μὲν οὖν φησιν ἦν μέσος, τοῦ δὲ ἡλίου διοπτευομένου κατὰ λέοντος μοίρας η ϛ'' ιβ'', ἡ σελήνη ἐφαίνετο ἐπέχουσα ταύρου μοίρας ιβ γ'', καὶ ἀκριβῶς δὲ ἐπεῖχεν ἔγγιστα τὰς αὐτάς. Γίνεται ἄρα ἡ μεταξὺ τοῦ ἡλίου καὶ τῆς σελήνης ἀκριβῶς θεωρουμένη διάστασις μοιρῶν πϛ ιε'. Ἀλλὰ τοῦ ἡλίου ὄντος περὶ τὰ πρῶτα μέρη τοῦ λέοντος ἐν Ῥόδῳ ὅπου ἡ τήρησις ἐγένετο, ἡ τῆς ἡμέρας ὥρα χρόνων ἐστὶ ιζ γ''· αἱ πρὸ τῆς μεσημβρίας ἄρα ε γ'' ὧραι καιρικαὶ, ποιοῦσιν ἰσημερινὰς ϛ ϛ'', ὥστε γεγονέναι τὴν τήρησιν πρὸ ϛ ϛ'' ὡρῶν ἰσημερινῶν τῆς ἐν τῇ ιϛ μεσημβρίας, μεσουρανούσης ταύρου μοίρας ἐννάτης. Συνάγεται τοίνυν καὶ ἐνταῦθα ὁ ἀπὸ τῶν ἐποχῶν ἐπὶ τὴν τήρησιν χρόνος ἐτῶν Αἰγυπτιακῶν χιθ καὶ ἡμερῶν τιδ καὶ ὡρῶν ἰσημερινῶν ἁπλῶς μὲν ιζ ϛ'' γ'', ἀκριβῶς δὲ ιζ ϛ'' δ''· πρὸς ὃν χρόνον εὑρίσκομεν τὸν ἥλιον κατὰ τὰς ἡμετέρας ὑποθέσεις, ἐπειδήπερ ὁ αὐτός ἐστιν ὁ μεσημβρινὸς διὰ Ῥόδου καὶ Ἀλεξανδρείας, μέσως μὲν ἐπέχοντα λέοντος μοίρας ι κζ', ἀκριβῶς δὲ μοίρας η κ'· καὶ τὴν σελήνην δὲ μέσως κατὰ μῆκος μὲν ἐπέχουσαν ταύρου μοίρας δ κε', ὡς ἐγγὺς εἶναι πάλιν τὴν μέσην ἀποχὴν τεταρτημορίου, ἀνωμαλίας δ' ἀπὸ τοῦ ἀπογείου τοῦ ἐπικύκλου μοίρας

par les mouvemens mêmes qu'Hipparque a observés, que la différence est la même dans les positions semblables, Nous en prendrons une qu'il dit avoir observée dans la 52.e (*d*) année de la 3e période de Calippe, le 16 du mois égyptien Epiphi les deux tiers de la première heure étant déjà passés (*e*). Or, dit-il, la lune étoit vers le milieu entre les syzygies, et le soleil se voyant sur 8^d (*f*) $\frac{1}{2}$ $\frac{1}{12}$ du lion, la lune paroissoit sur 12^d $\frac{1}{3}$ du taureau, où étoit son lieu vrai, à très-peu près. La distance vraie apperçue entre le soleil et la lune, étoit donc de 86^d 15'. Mais le soleil ayant été dans les premiers degrés du lion, à Rhodes, où l'observation a été faite, et le jour y étant alors de 17 $\frac{1}{3}$ temps, il s'ensuit que les 5 $\frac{1}{3}$ heures temporaires en font 6 $\frac{1}{6}$ équinoxiales, ensorte que l'observation a été faite à 6^h $\frac{1}{6}$ heures équinoxiales avant midi du 16, lorque le 9e degré du taureau étoit au méridien. Or le temps écoulé depuis les époques jusqu'à l'observation, est de 619 années égyptiennes 314 jours et 17 $\frac{1}{2}$ $\frac{1}{3}$ heures équinoxiales à peu près, mais réellement 17 heures $\frac{1}{2}$ $\frac{1}{4}$; au bout duquel temps nous trouvons le soleil, suivant nos hypothèses, (attendu que c'est le même méridien qui passe par Rhodes et Alexandrie), sur 10^d 27' du lion par son mouvement moyen, mais par son mouvement vrai, sur 8^d 20'; et la lune en vertu de son mouvement moyen en longitude, sur 4^d 25' du taureau, ensorte que sa distance moyenne approchoit encore beaucoup d'être égale à un

quart de cercle; et par son anomalie, à 257ᵈ 47′ de l'apogée de l'épicycle (g), dans lesquels est encore la plus grande différence d'anomalie dans l'épicycle. On en conclut donc que la distance depuis le lieu moyen de la lune jusqu'au lieu vrai du soleil, est de 93ᵈ 55′ (h). Or on avoit observé exactement 86ᵈ 15′ d'intervalle entre les lieux vrais du soleil et de la lune; donc la lune par son mouvement vrai se voyoit encore de 7ᵈ ½ plus avancée que par son mouvement moyen, au lieu de l'être des 5ᵈ donnés par la première hypothèse. Or il est certain que ces deux observations s'étant faites dans les deux dichotomies (quadratures), la nôtre s'est trouvée plus petite de 2ᵈ ½, et celle d'Hipparque plus grande d'autant; car toute notre différence d'anomalie étoit soustractive, et celle d'Hipparque additive. Enfin plusieurs autres observations pareilles nous ont montré que la plus grande différence d'anomalie étoit de 7 ½ degrés à trèspeu près, quand l'épicycle étoit dans le point le plus périgée de l'excentrique.

CHAPITRE IV.

PROPORTION DE L'EXCENTRICITÉ DE L'ORBITE LUNAIRE.

Cela posé, soit ABG le cercle excentrique de la lune autour du centre D, et sur le diamètre ADG, sur lequel supposons le centre E de l'écliptique, ensorte que le point A soit le plus apogée

σνζ μζ′, πρὸς αἷς πάλιν ἔγγιϛα γίνεται τὸ πλεῖϛον διάφορον τῆς παρὰ τὸν ἐπίκυκλον ἀνωμαλίας. Συνάγεται ἄρα ἡ διάϛασις ἡ ἀπὸ τῆς μέσης σελήνης ἐπὶ τὸν ἀκριβῆ ἥλιον μοιρῶν ϟγ νε′. Ἐτετήρητο δὲ ἡ ἀπὸ τῆς ἀκριβοῦς σελήνης ἐπὶ τὸν ἀκριβῆ ἥλιον μοιρῶν πϛ ιε′. Πλείονας ἄρα ἐπεῖχεν ἡ σελήνη ἀκριβῶς θεωρουμένη τῆς ὁμαλῆς παρόδου μοίρας πάλιν ζ γ″, ἀντὶ ε̄ τῶν κατὰ τὴν πρώτην ὑπόθεσιν. Φανερὸν δὲ γέγονεν ὅτι καὶ τῶν δύο τούτων τηρήσεων περὶ τὰς δευτέρας διχοτόμους γεγενημένων, ἡ μὲν καθ' ἡμᾶς ἐλλείπουσα εὑρέθη τῆς κατὰ τὴν πρώτην ἀνωμαλίαν διακρίσεως δυσὶ μοίραις καὶ δίμοιρῳ, ἡ δὲ κατὰ τὸν Ἵππαρχον ὑπερβάλλουσα ταῖς αὐταῖς· ἐπειδὴ καὶ ὅλον τὸ παρὰ τὴν ἀνωμαλίαν καθ' ἡμᾶς μὲν ἀφαιρετικὸν ἐτύγχανε, κατὰ δὲ τὸν Ἵππαρχον προϛθετικόν. Καὶ ἐξ ἄλλων δὲ πλειόνων τοιούτων τηρήσεων, ζ μοιρῶν καὶ γ″ ἔγγιϛα εὑρίσκομεν τὸ πλεῖϛον παρὰ τὴν ἀνωμαλίαν διάφορον, ὅταν ὁ ἐπίκυκλος κατὰ τὸ περιγειότατον ἦ τμῆμα τοῦ ἐκκέντρου.

ΚΕΦΑΛΑΙΟΝ Δ.

ΠΕΡΙ ΤΟΥ ΛΟΓΟΥ ΤΗΣ ΕΚΚΕΝΤΡΟΤΗΤΟΣ ΤΟΥ ΣΕΛΗΝΙΑΚΟΥ ΚΥΚΛΟΥ.

Τουτου οὖν οὕτως ἔχοντος, ἔϛω ὁ ἔκκεντρος τῆς σελήνης κύκλος ὁ ΑΒΓ περὶ κέντρον τὸ Δ καὶ διάμετρον τὴν ΑΔΓ, ἐφ' ἧς ὑποκείσθω τὸ κέντρον τοῦ διὰ μέσων τῶν ζωδίων τὸ Ε, ὥϛτε τὸ μὲν Α

γίνεϐαι τὸ ἀπογειότατον
τοῦ ἐκκέντρου σημεῖον, τὸ δὲ
Γ τὸ περιγειότατον. Κέντρῳ
δὲ τῷ Γ γεγράφϐω ὁ ἐπί-
κυκλος τῆς σελήνης ὁ ΖΗΘ,
καὶ ἤχϐω ἐφαπτομένη αὐ-
τοῦ ἡ ΕΘΒ, καὶ ἐπεζεύχϐω
ἡ ΓΘ. Ἐπεὶ τοίνυν κατὰ τὴν
ἐφαπτομένην τοῦ ἐπικύκλου τῆς σελήνης
γινομένης, τὸ πλεῖϛον τῆς ἀνωμαλίας διάφορον συνίϛαται, τοῦτο δ' ἐδείχϐη συναγόμενον μοιρῶν ζ γ¿, εἴη ἂν καὶ ἡ
ὑπὸ ΓΕΘ γωνία πρὸς τῷ κέντρῳ οὖϲα
τοῦ διὰ μέσων τῶν ζωδίων, οἵων μέν
εἰσιν αἱ τέσσαρες ὀρϐαὶ τξ τοιούτων ζ
μ', οἵων δ' αἱ δύο ὀρϐαὶ τξ, τοιούτων ιε
κ'. Καὶ ἡ μὲν ἄρα ἐπὶ τῆς ΓΘ περιφέρεια
τοιούτων ἐϛὶ ιε κ' οἵων ὁ περὶ τὸ ΓΕΘ
ὀρϐογώνιον κύκλος τξ, ἡ δ' ὑπ' αὐτὴν
εὐϐεῖα ἡ ΓΘ τοιούτων ιϛ ἔγγιϛα οἵων
ἐϛὶν ἡ ΓΕ ὑποτείνουσα ρκ. Ὥϛτε καὶ οἵων
ἡ μὲν ΓΘ ἐκ τοῦ κέντρου τοῦ ἐπικύκλου
ἐδείχϐη ε ιε', ἡ δὲ ΕΑ ἡ ἀπὸ τοῦ κέντρου τοῦ διὰ μέσων τῶν ζωδίων ἐπὶ τὸ
ἀπόγειον τοῦ ἐκκέντρου ξ, τοιούτων ἔϛαι
καὶ ἡ ΕΓ ἡ ἀπὸ τοῦ αὐτοῦ κέντρου ἐπὶ
τὸ περίγειον τοῦ ἐκκέντρου, λϐ κβ'. Καὶ
ὅλη μὲν ἄρα ἡ ΑΓ διάμετρος τῶν αὐτῶν
ἔϛαι ϟϐ κβ', ἡ δὲ ΔΑ ἐκ τοῦ κέντρου τοῦ
ἐκκέντρου μϐ μα', ἡ δὲ ΕΔ μεταξὺ τῶν
κέντρων τοῦ τε διὰ μέσων τῶν ζωδίων
καὶ τοῦ ἐκκέντρου, ι ιϐ'· καὶ δέδεικται
ἡμῖν καὶ ὁ ὑπὸ τῆς ἐκκεντρότητος περιεχόμενος λόγος.

de l'excentrique, et le point G le plus périgée. Sur le point G comme centre, soit décrit l'épicycle ZHT de la lune : menez-y la tangente ETB, et joignez GT. Puisque la plus grande différence d'anomalie a lieu quand la lune est dans la tangente de l'épicycle, et qu'on a prouvé que cette différence est de 7 ⅓ degrés, l'angle GET au centre du zodiaque est de 7^d 40′ des degrés dont 360 font quatre angles droits, et de 15^d 20′ de ceux dont 360 font deux angles droits. Donc l'arc soutenu par la droite GT est de 15^d 20′ des degrés dont le cercle décrit autour du triangle rectangle GET en contient 360 (a), et la soutendante GT contient à très-peu près 16 des parties dont l'hypoténuse GE en contient 120. Par conséquent, des parties dont la droite GT, rayon de l'épicycle, a été démontrée en avoir 5^p 15′, et la droite EA menée du centre du zodiaque à l'apogée de l'excentrique, 60 (b), EG menée du même centre au périgée de l'excentrique, en contiendra 39^p 22′. Donc tout le diamètre AG sera de 99^p 22′ de ces mêmes parties ; la droite DA menée du centre de l'excentrique, de 49^p 41′ ; et la droite ED qui joint les centres de l'écliptique et de l'excentrique, de 10^p 19′ : ce qui nous donne la proportion de l'excentricité.

I.

38

CHAPITRE V.

DE LA DIRECTION DE L'ÉPICYCLE DE LA LUNE.

La théorie qu'on vient d'exposer suffit pour tous les phénomènes que présente la lune dans les syzygies et dans les quadratures ; mais dans les élongations particulières où la lune paroit en faucille ou biconvexe, quand l'épicycle est entre l'apogée et le périgée de l'excentrique, nous trouvons qu'il se passe quelque chose de particulier dans la direction de l'épicycle de la lune, (*dans la ligne des apsides*). Car puisqu'en général il faut supposer dans les épicycles, un point unique et toujours le même, autour duquel doivent nécessairement se rétablir les inégalités des planètes, nous appelons ce point, apogée égal, ou moyen, duquel nous partons pour commencer les supputations du mouvement dans l'épicycle, comme est le point Z dans la figure précédente. Ce point se détermine par la position de l'épicycle sur l'apogée et le périgée des excentriques, en tirant une droite comme DEG qui passe par tous les centres.

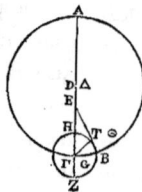

Quant aux autres hypothèses, (*pour les planètes*), nous ne voyons absolument rien qui s'oppose de la part des

ΚΕΦΑΛΑΙΟΝ Ε.

ΠΕΡΙ ΤΗΣ ΠΡΟΣΝΕΥΣΕΩΣ ΤΟΥ ΤΗΣ ΣΕΛΗΝΗΣ ΕΠΙΚΥΚΛΟΥ.

Ἕνεκεν μὲν οὖν τῶν περί τε τὰς συζυγίας καὶ ἔτι περὶ τοὺς διχοτόμους τῆς σελήνης σχηματισμοὺς φαινομένων, μέχρι τοσούτων ἄν τις ἐπιβάλοι ταῖς τῶν ἐκκειμένων αὐτῆς κύκλων ὑποθέσεσιν. Ἐκ δὲ τῶν κατὰ μέρος περὶ τὰς μηνοειδεῖς καὶ ἀμφικύρτους ἀποστάσεις θεωρουμένων παρόδων, καθ᾽ ἃς μάλιστα μεταξὺ γίνεται τοῦ τε ἀπογείου καὶ τοῦ περιγείου τοῦ ἐκκέντρου ὁ ἐπίκυκλος, ἴδιόν τι περὶ τὴν τοῦ ἐπικύκλου πρόσνευσιν ἐπὶ τῆς σελήνης εὑρίσκομεν συμβεβηκός. Ἐπειδὴ γὰρ ἕν τι καὶ τὸ αὐτὸ καθόλου τῶν ἐπικύκλων ὑποκεῖσθαι δεῖ σημεῖον, πρὸς ὃ πάντοτε τὰς τῶν ἐν αὐτοῖς κινουμένων ἀποκαταστάσεις ἀναγκαῖόν ἐστιν ἀποτελεῖσθαι, τοῦτο δὲ καλοῦμεν ἀπόγειον ὁμαλὸν, ἀφ᾽ οὗ καὶ τὰς ἀρχὰς τῶν τῆς κατὰ τὸν ἐπίκυκλον κινήσεως ἀριθμῶν ὑφιστάμεθα, ὡς ἐπὶ τῆς προκειμένης καταγραφῆς τὸ Ζ· καὶ ἀφορίζεται τὸ τοιοῦτο σημεῖον κατὰ τὴν ἐπὶ τῶν ἀπογείων καὶ τῶν περιγείων τῶν ἐκκέντρων τοῦ ἐπικύκλου θέσιν, ὑπὸ τῆς διὰ πάντων τῶν κέντρων ἐκβαλλομένης εὐθείας, ὡς τῆς ΔΕΓ.

Ἐπὶ μὲν τῶν ἄλλων ὑποθέσεων ἁπλῶς πασῶν οὐδὲν ὁρῶμεν ἐκ τῶν φαινομένων ἀντιπῖπτον τῷ, καὶ κατὰ τὰς ἄλλας τῶν

ἐπικύκλων παρόδους, τὴν διὰ τοῦ προκειμένου ἀπογείου τοῦ ἐπικύκλου διάμετρον,
τουτέϛι τὴν ΖΓΗ, τὴν αὐτὴν θέσιν ἀεὶ
συντηρεῖν τῇ τὸ κέντρον αὐτοῦ ὁμαλῶς
περιαγούσῃ εὐθείᾳ, ὡς ἐνθάδε τῇ ΕΓ,
καὶ νεύειν, ὅπερ ἄν τις καὶ ἀκόλουθον
ἡγήσαιτο, πάντοτε πρὸς τὸ κέντρον τῆς
περιαγωγῆς, πρὸς ᾧ καὶ ἐν τοῖς ἴσοις
χρόνοις ἴσαι γωνίαι τῆς ὁμαλῆς κινήσεως ἀπολαμβάνονται. Ἐπὶ δὲ τῆς σελήνης ἐνίϛαται τὰ φαινόμενα, τῷ, καὶ
ἐν ταῖς μεταξὺ τῶν Α καὶ Γ παρόδοις
τοῦ ἐπικύκλου, τὴν ΖΗ διάμετρον μὴ
πρὸς τὸ Ε κέντρον τῆς περιαγωγῆς νεύειν,
καὶ τὴν αὐτὴν τῇ ΕΓ θέσιν διασώζειν.
Εὑρίσκομεν γὰρ πρὸς ἓν μέν τι καὶ τὸ αὐτὸ
σημεῖον τῶν ἐπὶ τῆς ΑΓ διαμέτρου τὴν
ἐκκειμένην πρόσνευσιν ἀεὶ συντηρουμένην,
οὔτε μέντοι πρὸς τὸ Ε κέντρον τοῦ διὰ
μέσων τῶν ζωδίων, οὔτε πρὸς τὸ Δ τοῦ
ἐκκέντρου, ἀλλὰ πρὸς τὸ τὴν ἴσην τῇ ΔΕ
μεταξὺ τῶν κέντρων ἀπέχον τοῦ Ε, ὡς
πρὸς τὸ περίγειον τοῦ ἐκκέντρου. Καὶ
ὅτι τοῦθ᾽ οὕτως ἔχει, δείξομεν πάλιν ἀπὸ
πλειόνων τηρήσεων, ἐκθέμενοι δύο τὰς μάλιϛα τὸ προκείμενον ἐμφανίσαι δυναμένας, τουτέϛι καθ᾽ ἃς ὅ τε ἐπίκυκλος περὶ
τὰς μέσας ἀποϛάσεις ἦν, καὶ ἡ σελήνη
περὶ τὸ ἀπόγειον ἢ τὸ περίγειον τοῦ
ἐπικύκλου, διὰ τὸ περὶ τὰς τοιαύτας
παρόδους τὴν πλείϛην διαφορὰν συμβαίνειν τῶν ἐκκειμένων προσνεύσεων.

Ἀναγράφει τοίνυν ὁ Ἵππαρχος ἐν Ῥόδῳ
τετηρηκέναι διὰ τῶν ὀργάνων, τόν τε ἥλιον
καὶ τὴν σελήνην τῷ ρμζ´ ἔτει ἀπὸ τῆς
Ἀλεξάνδρου τελευτῆς, κατ᾽ Αἰγυπτίους

phénomènes, à ce que dans les autres tra-
jets des épicycles, le diamètre de l'épicycle qui passe par cet apogée, c'est-à-dire
la ligne ZGH, conserve toujours la même
position que la droite, qui, comme ici
EG, fait tourner uniformément le centre
de l'épicycle, et se dirige, comme on verra
bien que c'est une conséquence nécessaire, vers le centre autour duquel le
mouvement égal, ou moyen, fait des
angles égaux en temps égaux. Mais la
lune montre des phénomènes par lesquels il semble que dans les positions de
l'épicycle entre A et G, le diamètre ZH
ne se dirige pas constamment vers le
centre E de la révolution, mais qu'il s'é-
carte au contraire de EG. Nous trouvons
bien que la ligne des apsides se dirige toujours vers un seul et même point du diamètre AG, mais nous trouvons aussi que
ce n'est ni vers E, centre de l'écliptique,
ni vers D, centre de l'excentrique, mais
vers le point qui est éloigné de E, d'une
quantité égale à l'excentricité DE, comme
vers le périgée de l'excentrique. Nous allons le prouver par plusieurs observations, et nous en choisirons deux qui peuvent mieux que toutes les autres le démontrer. L'épicycle en effet y étoit dans
les distances moyennes, et la lune dans
l'apogée ou dans le périgée de l'épicycle;
la plus grande différence de ces directions ayant lieu dans ces positions (a).

Hipparque rapporte qu'il a observé à
Rhodes, à l'aide des instrumens, le soleil
et la lune, au commencement de la
deuxième heure, le onzième jour du mois

égyptien Pharmouthi, dans la 197ᵉ année
depuis la mort d'Alexandre, et il dit que le
soleil étant apperçu dans les 7 ¹⁄₂ ¹⁄₄ degrés
du taureau, le centre de la lune paroissoit
dans les 21ᵈ ²⁄₃ (b) des poissons, mais qu'elle
étoit réellement dans les 21ᵈ ¹⁄₃ ¹⁄₂. Donc,
dans le temps dont il s'agit, le vrai lieu de
la lune étoit exactement à la distance de
313ᵈ 42′ à peu près, du vrai lieu du
soleil, suivant l'ordre des signes. Mais
puisque l'observation a été faite au commencement de la deuxième heure, à 5
heures temporaires environ avant midi
du onze, et que ces heures en font alors à
peu près 5 ¹⁄₃ (c) équinoxiales à Rhodes,
le temps depuis notre époque jusqu'à
l'observation, est de 620 années égyptiennes, 219 jours et 18 ¹⁄₂ environ, ou
18 heures équinoxiales exactement. Or
nous trouvons qu'au bout de cet espace
de temps, par son mouvement moyen il
est sur 6ᵈ 41′ du taureau, et par son mouvement vrai, sur 7ᵈ 45′, tandis que la
lune, par son mouvement moyen en
longitude, étoit sur 22ᵈ 13′ des poissons, et par l'anomalie à 185ᵈ 30′ de
l'apogée moyen de l'épicycle; ensorte
que la distance du lieu moyen de la lune
au lieu vrai du soleil, étoit de 314 degrés 28′.

Tout cela supposé, soit ABG le cercle
excentrique de la lune, décrit autour du
centre D et sur le diamètre ADG, sur
lequel je prends le centre E du zodiaque, et autour du point B comme centre je décris l'épicycle ZHT de la lune.
Je fais mouvoir l'épicycle suivant l'ordre

Φαρμουθὶ ιᾱ ὥρας β̄ ἀρχομένης· καὶ φησὶν, ὅτι, τοῦ ἡλίου διοπτευομένου κατὰ
ταύρου μοίρας ζ ϛ″δ″, τὸ τῆς σελήνης κέντρον ἐφαίνετο ἐπέχον ἰχθύων μοίρας κᾱ
γ ϛ, ἐπεῖχε δὲ ἀκριβῶς κᾱ γ″ η″. Κατὰ
τὸν ἐκκείμενον ἄρα χρόνον ἀπεῖχεν ἡ ἀκριβὴς σελήνη τοῦ ἀκριβοῦς ἡλίου, εἰς τὰ
ἑπόμενα μοίρας τιγ̄ μβ′ ἔγγιστα. Ἀλλ'
ἐπειδὴ δευτέρας ὥρας ἀρχομένης γέγονεν
ἡ τήρησις, πρὸ πέντε δὲ ὡρῶν ἔγγιστα καιρικῶν τῆς ἐν τῇ ιᾱ μεσημβρίας, αὗται δὲ
ποιοῦσιν ἐν Ῥόδῳ τότε ἰσημερινὰς ὥρας
ε̄ γ ϛ ἔγγιστα, συνάγεται ὁ ἀπὸ τῆς ἐποχῆς ἡμῶν μέχρι τῆς τηρήσεως χρόνος ἐτῶν
αἰγυπτιακῶν χκ̄ καὶ ἡμερῶν σιθ̄ καὶ ὡρῶν
ἰσημερινῶν ἁπλῶς μὲν πάλιν ιη̄ γ″, ἀκριβῶς δὲ ιη̄ μόνων· εἰς ὃν χρόνον εὑρίσκομεν
τὸν μὲν ὁμαλὸν ἥλιον ἐπέχοντα τοῦ ταύρου μοίρας ϛ̄ μα′, τὸν δ' ἀκριβῆ μοίρας
ζ̄ με′· τὴν δὲ ὁμαλὴν σελήνην κατὰ μῆκος μὲν ἐπέχουσαν τῶν ἰχθύων μοίρας
κβ̄ ιγ′, ἀνωμαλίας δ' ἀπὸ τοῦ μέσου
ἀπογείου τοῦ ἐπικύκλου μοίρας ρπε̄ λ′,
ὥστε καὶ τὴν τῆς ὁμαλῆς σελήνης ἀπὸ
τοῦ ἀκριβοῦς ἡλίου διάστασιν συνάγεσθαι
μοιρῶν τιδ̄ κη′.

Τούτων οὖν ὑποκειμένων, ἔστω ὁ ἔκκεντρος τῆς σελήνης κύκλος ὁ ΑΒΓ περὶ
κέντρον τὸ Δ καὶ διάμετρον τὴν ΑΔΓ,
ἐφ' ἧς ἔστω τὸ κέντρον τοῦ διὰ μέσων τῶν
ζωδίων κύκλου τὸ Ε, καὶ κέντρῳ τῷ Β
γεγράφθω ὁ ἐπίκυκλος τῆς σελήνης ὁ
ΖΗΘ. Περιαγέσθω δ' ὁ μὲν ἐπίκυκλος

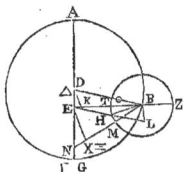

τὴν εἰς τὰ ἐπόμενα τῶν ζωδίων κίνησιν ὡς ἀπὸ τοῦ Β
ἐπὶ τὸ Α, ἡ δὲ σελήνη τὴν
κατὰ τὸν ἐπίκυκλον, ὡς
ἀπὸ τοῦ Ζ ἐπὶ τὸ Η καὶ
τὸ Θ, καὶ ἐπεζεύχθωσαν
ἥτε ΔΒ καὶ ΕΘΒΖ. Επεὶ τοί-
νυν ἐν τῷ μέσῳ μηνιαίῳ χρόνῳ, δύο περιέχονται ἀποκαταϛάσεις τοῦ ἐπικύκλου
πρὸς τὸν ἔκκεντρον, κατὰ δὲ τὴν ἐκκειμένην θέσιν ἀπεῖχεν ἡ μέση σελήνη τοῦ
μέσου ἡλίου μοίρας τιε λβʹ, ἐὰν διπλασιάσαντες ταύτας ἀφέλωμεν κύκλον, ἕξομεν τὴν ἀπὸ τοῦ ἀπογείου τοῦ ἐκκέντρου
γεγενημένην ἀποχὴν τότε τοῦ ἐπικύκλου,
εἰς τὰ ἐπόμενα μοιρῶν σοα δʹ. ὥϛε καὶ
ἡ ὑπὸ ΑΕΒ γωνία τῶν λοιπῶν εἰς τὰς
τέσσαρας ὀρθὰς, ἔϛαι μοιρῶν πη νϛʹ.
Ηχθω δὲ κάθετος ἀπὸ τοῦ Δ ἐπὶ τὴν
ΕΒ ἡ ΔΚ. Επεὶ οὖν ἡ ὑπὸ ΔΕΒ γωνία,
οἵων μέν εἰσιν αἱ τέσσαρες ὀρθαὶ τξ, τοιούτων ἐϛὶν πη νϛʹ, οἵων δ᾽ αἱ δύο ὀρθαὶ
τξ τοιούτων ροζ νβʹ, εἴη ἂν καὶ ἡ μὲν
ἐπὶ τῆς ΔΚ περιφέρεια τοιούτων ροζ
νβʹ, οἵων ἐϛὶν ὁ περὶ τὸ ΔΕΚ ὀρθογώνιον
κύκλος τξ, ἡ δ᾽ ἐπὶ τῆς ΕΚ τῶν λοιπῶν
εἰς τὸ ἡμικύκλιον β ηʹ. καὶ τῶν ὑπ᾽ αὐτὰς ἄρα εὐθειῶν, ἡ μὲν ΔΚ ἔϛαι τοιούτων ριθ νθʹ οἵων ἐϛὶν ἡ ΔΕ διάμετρος ρκ,
ἡ δὲ ΕΚ τῶν αὐτῶν β ιδʹ. Καὶ οἵων ἐϛὶν
ἄρα ἡ μὲν ΔΕ μεταξὺ τῶν κέντρων ι ιθʹ,
ἡ δὲ ΔΒ ἐκ τοῦ κέντρου τοῦ ἐκκέντρου
μθ μαʹ, τοιούτων καὶ ἡ μὲν ΔΚ ἔϛαι ι
ιθʹ πάλιν ἔγγιϛα, ἡ δὲ ΕΚ ὁμοίως
ο ιβʹ. Καὶ ἐπεὶ τὸ ἀπὸ τῆς ΔΚ λειφθὲν
ὑπὸ τοῦ ἀπὸ τῆς ΔΒ ποιεῖ τὸ ἀπὸ

des signes, comme de B en A,
et la lune dans cet épicycle,
comme de Z en H et en T, et
je joins DB et ETBZ. Puisque
pendant un mois moyen il
s'opère deux restitutions de
l'épicycle relativement à l'excentrique, et que dans la position en question, la lune moyenne étoit à 315ᵈ 32ʹ
du soleil moyen; si, après avoir doublé
ce nombre, nous en retranchons la circonférence entière, nous aurons pour la distance de l'épicycle depuis l'apogée de l'excentrique (d), suivant l'ordre des signes,
271 degrés 4ʹ. Ainsi l'angle AEB qui complète les quatre angles droits, sera de 88ᵈ
56ʹ. J'abaisse la perpendiculaire DK, de D
sur EB. Puisque l'angle DEB est de 88ᵈ 56ʹ
des degrés dont 360 font quatre angles
droits, et de 177ᵈ 52ʹ des degrés dont
360 font deux angles droits, l'arc soutendu par DK sera de 177ᵈ 52ʹ des degrés dont le cercle décrit autour du
triangle rectangle DEK en contient 360,
et l'arc soutendu par la corde du supplément au demi-cercle, sera de 2ᵈ 8ʹ :
donc la droite DK sera de 119ᵖ 59ʹ des
parties dont le diamètre DE en contient
120, et EK en contiendra 2ᵖ 14ʹ. Par conséquent la droite DE entre les centres
étant de 10ᵖ 19ʹ, et la droite DB menée
du centre de l'excentrique étant de 49ᵖ
41ʹ, la droite DK en aura aussi 10ᵖ 19ʹ
à très-peu près; et pareillement, la droite
EK en contiendra 0ᵖ 12ʹ. Et puisque la
différence des carrés de DK et de DB

donne celui de BK, nous aurons BK de 48ᵖ 36' et la droite
entière BKE de 48ᵖ 48'. De
plus, puisque la distance entre le lieu moyen de la lune
et le lieu vrai du soleil, étoit
de 314ᵈ 28', et que la dis-
tance entre le lieu vrai de la lune et celui du soleil, étoit de 313ᵈ 42', ensorte
que la différence provenant de son anomalie lui ôte 0ᵈ 46', et que la position
de la ligne EB indique le lieu moyen de
la lune : soit supposée la lune au point
H, puisqu'elle étoit au périgée de l'épicycle ; et joignant EH et BH, abaissons
une perpendiculaire BL de B sur EH prolongée. Puisque l'angle BEL embrasse la
différence provenant de l'anomalie de la
lune, il sera de 0ᵈ 46' des degrés dont 360
font quatre angles droits, et de 1ᵈ 32' de
ceux dont 360 feroient deux angles droits.
Donc l'arc soutendu par la droite BL sera
de 1ᵈ 32' des degrés dont le cercle décrit
autour du triangle rectangle EBL, en
contient 360, et sa soutendante BL de
1ᵖ 36' des parties dont l'hypoténuse EB
en contient 120. Donc la droite BL sera
de 0ᵖ 39' des parties dont la droite BE
en contient 48ᵈ 48', et dont le rayon
BH de l'épicycle en a 5ᵖ 15'. Par conséquent le rayon BH de l'épicycle étant de
120 parties, la droite BL en contiendra
14ᵖ 52', et l'arc que celle-ci soutend sera
de 14ᵈ 14' des degrés dont le cercle décrit autour du rectangle BHL en contient 360. Ensorte que l'angle BHL est
de 14 14' des degrés dont 360 font deux
angles droits. Donc l'angle restant EBH

τῆς BK, ἕξομεν καὶ τὴν μὲν
BK τῶν αὐτῶν μη̄ λϛ', τὴν
δὲ BKE ὅλην, μη̄ μη'. Πά-
λιν ἐπεὶ ἡ μὲν τῆς ὁμαλῆς σελήνης ἀπὸ τοῦ ἀκριβοῦς ἡλίου
διάςασις μοιρῶν ἦν τιδ̄ κη',
ἡ δὲ τῆς ἀκριβοῦς τῶν ἐκ τῆς
τηρήσεως μοιρῶν τιγ̄ μβ', ὥστε ἀφαιρεῖν τὸ παρὰ τὴν ἀνωμαλίαν αὐτῆς
διάφορον μοίρας ο̄ μϛ', θεωρεῖται δ' ἡ
ὁμαλὴ πάροδος τῆς σελήνης ἐπὶ τῆς
EB εὐθείας, ὑποκείσθω ἡ σελήνη, ἐπειδὴ
περὶ τὸ περίγειον ἦν τοῦ ἐπικύκλου,
κατὰ τὸ H σημεῖον, καὶ ἐπιζευχθεισῶν
τῆς τε EH καὶ τῆς BH, κάθετος ἀπὸ τοῦ
B ἤχθω ἐπὶ τὴν EH ἐκβληθεῖσαν ἡ BΛ.
Ἐπεὶ οὖν ἡ ὑπὸ BEΛ γωνία περιέχει τὸ
παρὰ τὴν ἀνωμαλίαν τῆς σελήνης διάφορον, εἴη ἂν οἵων μέν εἰσιν αἱ τέσσαρες ὀρθαὶ
τξ̄ τοιούτων ο̄ μϛ', οἵων δ' αἱ δύο ὀρθαὶ
τξ̄ τοιούτων ᾱ λβ· ὥστε καὶ ἡ μὲν ἐπὶ
τῆς BΛ εὐθείας περιφέρεια τοιούτων ἐσὶν
ᾱ λβ' οἵων ὁ περὶ τὸ EBΛ ὀρθογώνιον κύκλος τξ̄, ἡ δὲ ὑπ' αὐτὴν εὐθεῖα ἡ BΛ
τοιούτων ᾱ λϛ' οἵων ἐσὶν ἡ EB ὑποτείνουσα ρκ̄. Ὥστε καὶ οἵων ἐσὶν ἡ μὲν BE
εὐθεῖα μη̄ μη', ἡ δὲ BH ἐκ τοῦ κέντρου
τοῦ ἐπικύκλου ε̄ ιε', τοιούτων ἔςαι καὶ ἡ
BΛ εὐθεῖα ο̄ λθ'. Καὶ οἵων ἐσὶν ἄρα ἡ BH
ἐκ τοῦ κέντρου τοῦ ἐπικύκλου ρκ̄, τοιούτων καὶ ἡ μὲν BΛ εὐθεῖα ἔςαι ιδ̄ νβ', ἡ
δ' ἐπ' αὐτῆς περιφέρεια τοιούτων ιδ̄
ιδ', οἵων ἐσὶν ὁ περὶ τὸ BHΛ ὀρθογώνιον
κύκλος τξ̄. Ὥστε καὶ ἡ μὲν ὑπὸ BHΛ
γωνία τοιούτων ἐσὶν ιδ̄ ιδ' οἵων εἰσὶν αἱ
δύο ὀρθαὶ τξ̄, λοιπὴ δὲ ἡ ὑπὸ EBH

τῶν μὲν αὐτῶν ιβ μβ', οἵων δ' αἱ τέσσαρες
ὀρθαὶ τ͞ξ, τοιούτων ͞ϛ κα'· τοσούτων ἄρα
ἔϛαι μοιρῶν ἡ ΗΘ τοῦ ἐπικύκλου περιφέρεια τὴν ἀπὸ τῆς σελήνης ἐπὶ τὸ
ἀκριβὲς περίγειον περιέχουσα διάϛασιν.
Ἀλλ' ἐπειδὴ τοῦ μέσου ἀπογείου ἀπεῖχεν
ἡ σελήνη κατὰ τὸν χρόνον τῆς τηρήσεως
μοίρας ρπ͞ε λ', δῆλον ὅτι καὶ τὸ περίγειον
τὸ μέσον προηγεῖται τῆς σελήνης, τουτέϛι τοῦ Η σημείου. Εϛω δὴ τὸ Μ, καὶ
διήχθω ἡ ΒΜΝ, καὶ ἀπὸ τοῦ Ε κάθετος ἐπ' αὐτὴν ἤχθω ἡ ΕΞ. Ἐπεὶ τοίνυν ἡ
μὲν ΘΗ περιφέρεια ἐδείχθη μοιρῶν ͞ϛ κα',
ἡ δὲ ΗΜ ὑπόκειται τῶν ἀπὸ τοῦ περιγείου μοιρῶν ͞ε λ', ὥϛτε ὅλην τὴν ΘΜ συ-
νάγεϛθαι μοιρῶν ι͞α να', εἴη ἂν καὶ ἡ ὑπὸ
ΕΒΞ γωνία οἵων μέν εἰσιν αἱ τέσσαρες
ὀρθαὶ τ͞ξ τοιούτων ι͞α να', οἵων δ' αἱ δύο
ὀρθαὶ τ͞ξ τοιούτων κ͞γ μβ'. Ὥϛτε καὶ ἡ
μὲν ἐπὶ τῆς ΕΞ περιφέρεια τοιούτων ἐϛὶν
κ͞γ μβ' οἵων ὁ περὶ τὸ ΒΕΞ ὀρθογώνιον
κύκλος τ͞ξ, αὐτὴ δὲ ἡ ΕΞ εὐθεῖα τοιούτων κ͞δ λθ' οἵων ἐϛὶν ἡ ΒΕ ὑποτείνουσα
ρ͞κ. Καὶ οἵων ἐϛὶν ἄρα ἡ ΒΕ εὐθεῖα μ͞η μη',
τοιούτων ἔϛαι καὶ ἡ ΕΞ εὐθεῖα ͞ι β'. Πάλιν
ἐπεὶ ἡ μὲν ὑπὸ ΑΕΒ γωνία τοιούτων ἦν
ρο͞ζ νβ' οἵων αἱ δύο ὀρθαὶ τ͞ξ, ἡ δὲ
ὑπὸ ΕΒΝ γωνία τῶναὐτῶν κ͞γ μβ', εἴη ἂν
καὶ λοιπὴ ἡ ὑπὸΕΝΒ γωνία τῶν αὐτῶν
ρν͞δ ι'. Ὥϛτε καὶ ἡ μὲν ἐπὶ τῆς ΕΞ περιφέρεια τοιούτων ἐϛὶν ρν͞δ ι' οἵων ὁ περὶ τὸ
ΕΝΞ ὀρθογώνιον κύκλος τ͞ξ, αὐτὴ δὲ ἡ
ΕΞ εὐθεῖα τοιούτων ρι͞ϛ νη' οἵων ἐϛὶν ἡ

est de 12 42' degrés, et de 6 21' de ceux
dont 36o font quatre angles droits; valeur, par conséquent, de l'arc HT de
l'épicycle qui comprend l'intervalle depuis la lune jusqu'au périgée vrai. Mais
puisque dans le temps de l'observation,
la lune étoit à 185 degrés 3o' loin de l'a-
pogée moyen, il est clair que le périgée
moyen étoit moins avancé que la lune
en longitude, c'est-à-dire que le point
H. Supposons-le en M, et menons BMN;
abaissons-y de E la perpendiculaire EX.
Puisque l'arc TH a été démontré de 6
degrés 21', et que HM est supposé
avoir les 5 degrés 3o' depuis le périgée, ensorte que l'arc entier TM est de
11^d 51', l'angle EBX sera de 11^d 51' des
degrés dont 36o font quatre angles
droits, et de 23^d 42' de ceux dont 36o
font deux angles droits; de sorte que
l'arc soutenu par EX contient 23^d 42'
des degrés dont le cercle décrit autour
du rectangle BEX en contient 36o, et la
droite EX vaut 24^p 39' des parties dont
l'hypotenuse BE en contient 120. Parconséquent la droite BE valant 48 48',
la droite EX en vaudra 10^p 2'. En
outre l'angle AEB étant de 177^d 52' des
degrés dont deux angles droits en contiennent 36o, et l'angle EBN de 23^d
42', l'angle restant EBN sera de 154
10' de ces mêmes degrés. Donc l'arc
supporté par EX est de 154^d 10' des degrés dont le cercle décrit autour du triangle rectangle ENX en contient 36o, et
la droite EX vaut 116^p 58' des parties

dont l'hypoténuse EN en vaut 120. Donc, des parties dont la droite EX en a 10ᵖ 2′, et la droite DE entre les centres, 10ᵖ 19′, la droite EN en aura 10ᵖ 18′. Par conséquent la direction vers N, du rayon BM de l'épicycle, qui passe par le périgée moyen, a intercepté la droite EN à très-peu près égale à l'excentricité DE.

Pour montrer également que la même chose a lieu dans les parties opposées de l'excentrique et de l'épicycle, nous avons choisi parmi les distances observées à Rhodes par Hipparque dans cette même 197ᵉ année depuis la mort d'Alexandre, à 9 ½ heures du 17ᵉ jour du mois égyptien Paÿni, celle dont il dit que, le soleil étant apperçu dans les onze degrés, moins un dixième, du cancer, la lune paroissoit dans les 29ᵈ du lion au plus: elle y étoit en effet, puisqu'à Rhodes vers l'extrémité du lion à environ une heure après midi, il n'y a pas de parallaxe de la lune en longitude; il s'en suit que le lieu vrai de la lune étoit à 48 degrés 6′ du lieu vrai du soleil, suivant l'ordre des signes. L'observation s'étant faite à 3 ½ heures temporaires après midi du 17 Paÿni, qui font à Rhodes environ 4 heures équinoxiales, le temps depuis notre époque ordinaire jusqu'à l'observation, est encore de 620 années égyptiennes 286 jours et environ 4 heures équinoxiales, ou exactement 3 heures ⅔, temps où nous trouvons par la même méthode le soleil moyen sur 12ᵈ 5′ du cancer,

ΕΝ ὑποτείνουσα ρκ· καὶ οἵων ἐςὶν ἄρα ἡ μὲν ΕΞ εὐθεῖα ⊤ καὶ ἑξηκοστῶν δύο, ἡ δὲ ΔΕ μεταξὺ τῶν κέντρων ⊤ ιθ′, τοιούτων καὶ ἡ ΕΝ ἔςαι ⊤ ιη′. Ἴσην ἄρα ἔγγιςα τῇ ΔΕ τὴν ΕΝ ἀπείληφεν ἡ διὰ τοῦ μέσου περιγείου τῆς ΒΜ εὐθείας ἐπὶ τὸ Ν γενομένη πρόσνευσις.

Ὡσαύτως δὲ ἵνα καὶ ἐκ τῶν ἀντικειμένων μερῶν τοῦ τε ἐκκέντρου καὶ τοῦ ἐπικύκλου τὸ αὐτὸ συμβαῖνον δείξωμεν, εἰλήφαμεν πάλιν, ἐκ τῶν ὑπὸ τοῦ Ἱππάρχου τετηρημένων, ὡς ἔφαμεν, ἐν Ῥόδῳ διασάσεων, τὴν διωπτευμένην τῷ αὐτῷ ρϟζῳ ἔτει ἀπὸ τῆς Ἀλεξάνδρου τελευτῆς, κατ' Αἰγυπτίους Παῦνὶ ιζ, ὥρας θ καὶ γ″, καθ' ἥν, φησι, τοῦ ἡλίου διοπτευομένου κατὰ καρκίνου μοίρας ιᾱ λειπούσας δεκάτῳ μέρει, ἡ σελήνη ἐφαίνετο ἐπέχουσα τοῦ λέοντος κθ μάλιςα μοίρας· τοσαύτας δὲ καὶ ἀκριβῶς ἐπεῖχεν, ἐπειδήπερ ἐν Ῥόδῳ περὶ τὰ τελευταῖα τοῦ λέοντος, μετὰ μίαν ὥραν ἔγγιςα τοῦ μεσημβρινοῦ, κατὰ μῆκος οὐδὲν ἡ σελήνη παραλλάσσει. Ἀπεῖχεν ἄρα κατὰ τὸν ἐκκείμενον χρόνον ἡ ἀκριβὴς σελήνη τοῦ ἀκριβοῦς ἡλίου μοίρας εἰς τὰ ἑπόμενα μῆ ς′. Ἀλλ' ἐπεὶ γέγονεν ἡ τήρησις μετὰ γ̄ καὶ γ″ ὥρας καιρικὰς τῆς ἐν τῇ ιζ τοῦ Παῦνὶ μεσημβρίας, αὗται δὲ ποιοῦσιν ἐν Ῥόδῳ τότε ἰσημερινὰς ὥρας δ ἔγγιςα, γίνεται ὁ ἀπὸ τῆς ἐποχῆς ἡμῶν μέχρι τῆς τηρήσεως χρόνος ἐτῶν αἰγυπτιακῶν πάλιν χκ̄ καὶ ἡμερῶν σπϛ̄ καὶ ὡρῶν ἰσημερινῶν ἁπλῶς μὲν δ, ἀκριβῶς δὲ γ̄ γϛ″ εἰς ὃν χρόνον ὡσαύτως εὑρίσκομεν τὸν μὲν ὁμαλὸν ἥλιον ἐπέχοντα

καρκίνου μοίρας ιβ ε', τὸν δὲ ἀκριβῆ ῑ
μ'· τὴν δὲ ὁμαλὴν σελήνην κατὰ μῆκος
μὲν ἐπέχουσαν λέοντος μοίρας κζ κ'·
ὥστε καὶ τὴν τῆς ὁμαλῆς σελήνης ἀπὸ
τοῦ ἀκριβοῦς ἡλίου διάςασιν συνάγεςαι
μοιρῶν μς μ', ἀνωμαλίας δ' ἀπὸ τοῦ
μέσου ἀπογείου τοῦ ἐπικύκλου, μοιρῶν
τλγ ιβ'.

Τούτων ὑποκειμένων, ἔςω
πάλιν ὁ ἔκκεντρος τῆς σε-
λήνης κύκλος ὁ ΑΒΓ, περὶ
κέντρον τὸ Δ καὶ διάμετρον
τὴν ΑΔΓ, ἐφ' ἧς ἔςω τὸ κέντρον τοῦ διὰ μέσων τῶν ζωδίων κύκλου τὸ Ε, καὶ γε-
γράφθω περὶ τὸ Β σημεῖον ὁ ΖΗΘ ἐπίκυκλος τῆς σελήνης, καὶ ἐπεζεύχθωσαν
ἥ τε ΔΒ καὶ ἡ ΕΘΒΖ. Ἐπεὶ τοίνυν ἡ μέση
ἀποχὴ τοῦ ἡλίου καὶ τῆς σελήνης διπλα-
σιαςθεῖσα, περιέχει μοίρας ζ λ', εἴη ἂν
διὰ τὰ προτεθεωρημένα ἡ ὑπὸ ΑΕΒ
γωνία, οἵων μέν εἰσιν αἱ τέσσαρες ὀρθαὶ
τξ τοιούτων ζ λ', οἵων δ' αἱ δύο ὀρθαὶ
τξ τοιούτων ρπα· ἐὰν ἐκβαλόντες ἄρα
τὴν ΒΕ κάθετον ἐπ' αὐτὴν ἀγάγωμεν ἀπὸ
τοῦ Δ τὴν ΔΚ, γίνεται καὶ ἡ ὑπὸ ΔΕΚ
γωνία τῶν λοιπῶν εἰς τὰς δύο ὀρθὰς
ροθ· ὥστε καὶ ἡ μὲν ἐπὶ τῆς ΔΚ περιφέρεια τοιούτων ἐςὶν ροθ, οἵων ὁ περὶ τὸ
ΔΕΚ ὀρθογώνιον κύκλος τξ, ἡ δ' ἐπὶ τῆς
ΕΚ τῆς λοιπῆς εἰς τὸ ἡμικύκλιον μοίρας ᾱ.
Καὶ τῶν ὑπ' αὐτὰς ἄρα εὐθειῶν, ἡ μὲν ΔΚ
ἔςαι τοιούτων ριθ νθ', οἵων ἐςὶν ἡ ΔΕ ὑποτείνουσα ρκ, ἡ δὲ ΕΚ τῶν αὐτῶν ᾱ γ'.
Ὥστε καὶ οἵων ἐςὶν ἡ μὲν ΔΕ μεταξὺ

mais le soleil vrai sur 10ᵈ 40', et la lune
par son mouvement moyen en longitude , sur 27ᵈ 20' du lion ; ensorte
que la distance de la lune moyenne
au lieu vrai du soleil , se trouvoit
de 46ᵈ 40', et que son anomalie depuis l'apogée moyen de l'épicycle étoit
de 333ᵈ 12'.

Cela posé, soit encore
ABG le cercle excentrique
de la lune , décrit autour du
centre D et sur le diamètre
ADG , sur lequel je prends
le centre E du cercle mitoyen
du zodiaque. Je décris autour
du point B l'épicycle ZHT de la lune, et je
joins DB et ETBZ. Maintenant, puisque la
moyenne distance du soleil et de la lune
étant doublée, est de 90ᵈ 30' : on aura
ainsi , d'après ce qu'on a vu précédemment , l'angle AEB de 90ᵈ 30' des degrés dont 360 font quatre angles droits,
et de 181ᵈ de ceux dont 360 font deux
angles droits. Donc , si prolongeant là
droite BE , nous abaissons la perpendiculaire DK du centre D , l'angle DEK
vaut les 179 degrés de complément
à deux angles droits ; de sorte que
l'arc supporté par DK est de 179 des
degrés dont le cercle décrit autour du
rectangle DEK en contient 360 ;
et l'arc décrit sur EK contient 1 degré restant du demi-cercle. Donc , des
soutendantes de ces arcs, DK sera de
119 59' des parties dont l'hypoténuse
DE en contient 120, et EK de 1ᵖ 3'.
Ensorte que l'intervalle DE des centres

étant de 10ᵖ 19′, et BD rayon de l'excentrique étant de 49 41′, la droite DK sera de 10 parties 19′ à très-peu près, et EK de 0ᵖ 5′. Or, puisque la différence des carrés de BD et DK est égale au carré de BK, nous aurons toute cette droite BK de 48 36′ parties, et EB de 48 31′. En outre, puisque la distance entre le lieu moyen de la lune et le lieu vrai du soleil est de 46ᵈ 40′; et celle de son lieu vrai 48ᵈ 6′; ensorte que la différence d'anomalie est additive de 1ᵈ 26′; supposons la lune au point H, puisqu'elle étoit près de l'apogée de l'épicycle; et ayant joint EH et BH, abaissons la perpendiculaire BL de B sur EH. Puisque l'angle BEL est de 1ᵖ 26′ des degrés dont 360 sont égaux à quatre angles droits, et de 2ᵖ 52′ de ceux dont 360 font la valeur de deux angles droits, l'arc soutendu par BL vaudra 2ᵖ 52′ des degrés dont le cercle décrit autour du rectangle BEL en vaut 360, et la droite BL est de 2 59′ des parties dont l'hypoténuse EB en contient 120. Donc la droite EB étant de 48 31′ parties, et la droite BH, rayon de l'épicycle, étant de 5ᵖ 15′, la droite BL en aura 1ᵖ 12′ pour sa longueur. De sorte que l'hypoténuse BH étant de 120 parties, la droite BL en contiendra 27 34′; et l'arc qu'elle soutend, 26ᵖ 34′ des degrés dont le cercle décrit autour du rectangle BHL en contient

τῶν κέντρων ῑ ιβ′, ἡ δὲ ΒΔ ἐκ τοῦ κέντρου τοῦ ἐκκέν-τρου μῑ μα′, καὶ ἡ μὲν ΔΚ εὐθεῖα ἔςαι ῑ ιθ′ ἔγγιςα, ἡ δὲ ΕΚ ὁμοίως ὅ ε′. Καὶ ἐπεὶ τὸ ἀπὸ τῆς ΒΔ λείψων τὸ ἀπὸ τῆς ΔΚ ποιεῖ τὸ ἀπὸ τῆς ΒΚ, ἕξομεν. καὶ ὅλην μὲν τὴν ΒΚ εὐθεῖαν μῑ λϛ′, λοιπὴν δὲ τὴν ΕΒ τῶν αὐτῶν μῑ λα′. Πάλιν ἐπεὶ ἡ μὲν τῆς ὁμα-λῆς σελήνης ἀπὸ τοῦ ἀκριβοῦς ἡλίου διά-ςασις μοιρῶν ἦν μϛ μ′, ἡ δὲ τῆς ἀκριβοῦς μοιρῶν μῑ ϛ′, ὥςτε προςτιθέναι τὸ παρὰ τὴν ἀνωμαλίαν διάφορον μοιρᾶν ᾱ κϛ′, ὑποκείσθω ἡ σελήνη, ἐπειδὴ περὶ τὸ ἀπό-γειον ἦν τοῦ ἐπικύκλου, κατὰ τὸ Η ση-μεῖον, καὶ ἐπιζευχθεισῶν τῆς τε ΕΗ καὶ τῆς ΒΗ, κάθετος ἀπὸ τοῦ Β ἤχθω ἐπὶ τὴν ΕΗ ἡ ΒΛ. Ἐπεὶ οὖν ἡ ὑπὸ ΒΕΛ γω-νία, οἵων μέν εἰσιν αἱ τέσσαρες ὀρθαὶ τξ̄, τοιούτων ἐςὶν ᾱ κϛ′, οἵων δ΄ αἱ δύο ὀρ-θαὶ τξ̄ τοιούτων β̄ νβ′, εἴη ἂν καὶ ἡ μὲν ἐπὶ τῆς ΒΛ περιφέρεια τοιούτων β̄ νβ′, οἵων ἐςὶν ὁ περὶ τὸ ΒΕΛ ὀρθογώνιον κύ-κλος τξ̄, αὐτὴ δὲ ἡ ΒΛ εὐθεῖα τοιού-των β̄ νθ′, οἵων ἐςὶν ἡ ΕΒ ὑποτείνουσα ρκ̄. Καὶ οἵων ἄρα ἐςὶν ἡ μὲν ΕΒ εὐθεῖα μῑ λα′, ἡ δὲ ΒΗ ἐκ τοῦ κέντρου τοῦ ἐπι-κύκλου ε̄ ιε′, τοιούτων ἔςαι καὶ ἡ ΒΛ εὐ-θεῖα ᾱ ιβ′. Ὥςτε καὶ οἵων ἐςὶν ἡ ΒΗ ὑποτείνουσα ρκ̄, τοιούτων καὶ ἡ μὲν ΒΛ ἔςαι κζ̄ λδ′, ἡ δ΄ ἐπ΄ αὐτῆς περιφέρεια τοιούτων κϛ λδ′, οἵων ἐςὶν ὁ περὶ τὸ ΒΗΛ ὀρθογώνιον κύκλος τξ̄. Καὶ ἡ μὲν ὑπὸ ΒΗΛ ἄρα γωνία τοιούτων ἐςὶν κϛ

λδ΄, οίων εἰσὶν αἱ δύο ὀρθαὶ τξ̄· ἡ δ΄
ὑπὸ ΖΒΗ ὅλη τῶν μὲν αὐτῶν κθ̄ κϛ΄,
οίων δ΄ αἱ τέσσαρες ὀρθαὶ τξ̄, τοιούτων
ιδ̄ μγ΄. Τοσούτων ἄρα ἐϛὶ μοιρῶν ἡ ΗΖ
τοῦ ἐπικύκλου περιφέρεια, τὴν ἀπὸ τῆς
σελήνης ἐπὶ τὸ ἀκριβὲς ἀπόγειον περιέχουσα διάϛασιν.

Ἀλλ᾽ ἐπεὶ τοῦ μέσου ἀπογείου ἀπεῖχε
κατὰ τὸν χρόνον τῆς τηρήσεως μοίρας
τλγ̄ ιβ΄, ἐὰν ὑποθώμεθα τὸ μέσον ἀπόγειον κατὰ τὸ Μ, καὶ ἐπιζεύξαντες τὴν
ΜΒΝ, κάθετον δ᾽ ἐπ᾽ αὐτὴν ἀγάγωμεν
ἀπὸ τοῦ Ε τὴν ΕΞ, ἔϛαι ἡ μὲν ΗΖΜ ὅλη
περιφέρεια τῶν λοιπῶν εἰς τὸν κύκλον
μοιρῶν κϛ̄ μη΄, λοιπὴ δὲ ἡ ΖΜ μοιρῶν
ιβ̄ ε΄· ὥϛτε καὶ ἡ μὲν ὑπὸ ΜΒΖ γωνία,
τουτέϛιν ἡ ὑπὸ ΕΒΞ, οίων μέν εἰσιν αἱ
τέσσαρες ὀρθαὶ τξ̄ τοιούτων ἐϛὶ ιβ̄ ε΄,
οίων δ᾽ αἱ δύο ὀρθαὶ τξ̄ τοιούτων κδ̄
ι΄. Καὶ ἡ μὲν ἐπὶ τῆς ΕΞ περιφέρεια
τοιούτων ἐϛὶν κδ̄ ι΄, οίων ὁ περὶ τὸ ΒΕΞ
ὀρθογώνιον κύκλος τξ̄· αὐτὴ δὲ ἡ ΕΞ
εὐθεῖα τοιούτων κϛ̄ ζ΄, οίων ἐϛὶν ἡ ΒΕ
ὑποτείνουσα ρκ̄. Καὶ οίων ἐϛὶν ἄρα ἡ μὲν
ΒΕ εὐθεῖα μη̄ λα΄, ἡ δὲ ΔΕ μεταξὺ
τῶν κέντρων ῑ ιθ΄, τοιούτων καὶ ἡ ΕΞ ἔϛαι
ῑ καὶ ἑξηκοϛῶν η΄. Πάλιν ἐπεὶ ἡ μὲν
ὑπὸ ΑΕΒ γωνία ὑπόκειται τοιούτων ρπᾱ
οίων εἰσὶν αἱ δύο ὀρθαὶ τξ̄, ἡ δὲ ὑπὸ
ΕΒΝ ἐδείχθη κδ̄ ι΄, ὥϛτε καὶ λοιπὴν τὴν
ὑπὸ ΕΝΒ καταλείπεϛθαι τῶν αὐτῶν
ρνϛ̄ ν΄, γίνεται καὶ ἡ μὲν ἐπὶ τῆς ΕΞ
περιφέρεια τοιούτων ρνϛ̄ ν΄ οίων ἐϛὶν ὁ
περὶ τὸ ΕΝΞ ὀρθογώνιον κύκλος τξ̄,
αὐτὴ δὲ ἡ ΕΞ τοιούτων ριζ̄ λγ΄ οίων

360. Donc l'angle BHL est de 26ᵈ 34′
des degrés dont 360 font deux angles
droits ; et l'angle entier ZBH vaut 29ᵈ
26′ de ces mêmes degrés, ou 14ᵈ 43′
de ceux dont 360 valent quatre angles
droits. Par conséquent l'arc HZ de l'é-
picycle, qui est la distance de la lune
à l'apogée vrai, est de 14ᵈ 43′.

Mais puisqu'elle étoit à 333ᵈ 12′ de
l'apogée moyen, dans le temps de l'observation ; si nous y supposons l'apogée moyen en M, et qu'après avoir joint
MBN nous abaissions du point E la perpendiculaire EX, l'arc entier HZM vaudra les 26ᵈ 48′ qui complètent le cercle,
et l'arc restant ZM sera de 12ᵈ 5′ ; de
sorte que l'angle MBZ ou son égal EBX
est de 12ᵈ 5′ des degrés dont quatre
angles droits en valent 360, et 24ᵈ 10′
de ceux dont 360 font deux angles
droits. Or l'arc soutendu par la droite EX
contient 24ᵈ 10′ des degrés dont le cercle décrit autour du rectangle BEX en
contient 360, et la droite EX est de
25ᵖ 7′ des parties dont l'hypoténuse BE
en contient 120. Donc des parties dont la
droite BE en a 48ᵖ 31′, et la droite DE
entre les centres 10ᵖ 19′, la droite EX en
aura 10ᵖ 8′. En outre, puisque l'angle AEB
est supposé valoir 181 des degrés dont
deux angles droits en valent 360, et
qu'il a été prouvé que l'angle EBN en
vaut 24ᵈ 10′, de sorte qu'il reste l'angle
ENB de 156ᵈ 50′, l'arc soutendu sur EX
est de 156ᵈ 50′ des degrés dont le cercle
décrit autour du rectangle ENX en vaut
360; et la droite EX vaut 117ᵈ 33′ des parties dont l'hypoténuse EN en vaut 120.

Donc la droite EX étant de 10ᵖ 8′, et la droite DE entre les centres étant de 10ᵖ 19′, la droite EN en aura 10ᵖ 20′. Ainsi donc encore, la direction de la droite MB qui passe par l'apogée moyen M, sur le point N, a coupé la droite EN à peu près égale à la droite DE des centres.

Nous trouvons aussi à très-peu près les mêmes rapports résultant de plusieurs autres observations. Toutes ensemble confirment donc, dans notre hypothèse, cette propriété de la direction de l'épicycle de la lune : que la révolution du centre E de l'épicycle se fait bien autour du centre E du cercle mitoyen du zodiaque, mais que le diamètre de l'épicycle qui détermine la position du périgée et de l'apogée moyen, ne se dirige pas vers le centre E du mouvement moyen, comme pour les autres astres, mais toujours vers un point N placé sur le prolongement de DE, et à une distance égale à l'intervalle des centres.

ἐςὶν ἡ EN ὑποτείνουσα ρκ. Καὶ οἵων ἐςὶν ἄρα ἡ μὲν EΞ εὐθεῖα ῑ καὶ ἑξηκοςῶν η΄, ἡ δὲ ΔΕ μεταξὺ τῶν κέντρων ῑ ιθ΄, τοιούτων καὶ ἡ EN ἔςαι ῑ κ΄. Καὶ ἐκ τούτων ἴσην ἄρα ἔγγιςα τῇ ΔΕ μεταξὺ τῶν κέντρων τὴν EN πάλιν ἀπείληφεν ἡ διὰ τοῦ M μέσου ἀπογείου τῆς MB εὐθείας ἐπὶ τὸ N πρόσνευσις.

Καὶ ἐξ ἄλλων δὲ πλειόνων τηρήσεων τοὺς αὐτοὺς λόγους ἔγγιςα συναγομένους εὑρίσκομεν· ὡς ἐκ τούτων βεβαιοῦσθαι τὸ, περὶ τὴν ὑπόθεσιν, τῆς σελήνης κατὰ τὴν τοῦ ἐπικύκλου πρόσνευσιν ἴδιον, τῆς μὲν τοῦ κέντρου τοῦ ἐπικύκλου περιαγωγῆς περὶ τὸ E κέντρον τοῦ διὰ μέσων τῶν ζωδίων ἀποτελουμένης, τῆς δὲ τὸ αὐτὸ καὶ κατὰ τὸ μέσον ἀπόγειον τοῦ ἐπικύκλου σημεῖον ἀφοριζούσης αὐτοῦ διαμέτρου, μηκέτι πρὸς τὸ E κέντρον τῆς ὁμαλῆς περιαγωγῆς τὴν πρόσνευσιν ὥσπερ ἐπὶ τῶν ἄλλων ποιουμένης, ἀλλὰ πάντοτε πρὸς τὸ N, κατὰ τὴν ἴσην ἐπὶ τὰ ἕτερα διάςασιν τῆς ΔΕ μεταξὺ τῶν κέντρων εὐθείας.

CHAPITRE VI.

COMMENT, PAR UNE FIGURE ON CONCLUT EXACTEMENT DES MOUVEMENS PÉRIODIQUES DE LA LUNE SON MOUVEMENT VRAI.

Ces démonstrations nous mènent naturellement à dire comment en chaque point particulier de l'espace parcouru par la lune, les lieux de ses mouvemens moyens nous font trouver par

ΚΕΦΑΛΑΙΟΝ Ϛ.

ΠΩΣ ΔΙΑ ΤΩΝ ΓΡΑΜΜΩΝ ΑΠΟ ΤΩΝ ΠΕΡΙΟΔΙΚΩΝ ΚΙΝΗΣΕΩΝ Η ΑΚΡΙΒΗΣ ΤΗΣ ΣΕΛΗΝΗΣ ΠΑΡΟΔΟΣ ΛΑΜΒΑΝΕΤΑΙ.

Τουτων δὲ οὕτως ἀποδεδειγμένων, ἀκολούθου τε ὄντος συνάψαι τίνα ἂν τρόπον καὶ ἐπὶ τῶν κατὰ μέρος τῆς σελήνης παρόδων τὰς τῶν μέσων κινήσεων ἐποχὰς λαμβάνοντες εὑρίσκοιμεν, ἀπό τε τοῦ

τῆς ἀποχῆς ἀριθμοῦ καὶ ἀπὸ τοῦ κατὰ
τὸν ἐπίκυκλον τῆς σελήνης, τὴν γινομένην πρόσθεσιν ἢ ἀφαίρεσιν, τῇ κατὰ μῆκος
μέσῃ παρόδῳ, τοῦ παρὰ τὴν ἀνωμαλίαν
διαφόρου, διὰ μὲν τῶν γραμμῶν ἡ τοιαύτη καταλαμβάνεται διάκρισις ἀπὸ τῶν
ὁμοίων τοῖς ἐκτεθειμένοις θεωρημάτων.

Ἐὰν γὰρ ὑποδείγματος
ἕνεκεν ἐπὶ τῆς ὑστέρας τῶν
προκειμένων καταγραφῶν,
τὰς αὐτὰς ὑποθώμεθα
περιοδικὰς κινήσεις ἀποχῆς
καὶ ἀνωμαλίας, τουτέστιν
ἀποχῆς μὲν τὰς ἐκ τοῦ δι-
πλασιασμοῦ συνηγμένας μοίρας $\overline{ϙ}$ λ', ἀνωμαλίας δ' ἀπὸ τοῦ μέσου ἀπογείου τοῦ
ἐπικύκλου μοίρας $\overline{τλγ}$ ιβ', καὶ ἀντὶ μὲν τῆς
ΕΞ καθέτου τὴν ΝΞ ἄγωμεν, ἀντὶ δὲ
τῆς ΒΛ τὴν ΗΛ, διὰ μὲν τῶν αὐτῶν πάλιν ἐκ τοῦ δεδόσθαι τὰς πρὸς τῷ Ε κέντρῳ γωνίας, καὶ τὰς ΔΕ καὶ ΕΝ ὑποτεινούσας ἴσας οὔσας, ἑκατέρα μὲν τῶν ΔΚ καὶ
ΝΞ εὐθειῶν, τοιούτων δειχθήσεται $\overline{ι}$ ιθ'
ἔγγιστα οἵων ἐστὶν ἡ μὲν ΔΒ ἐκ τοῦ κέντρου
τοῦ ἐκκέντρου μθ μα', ἡ δὲ ΒΗ ἐκ τοῦ
κέντρου τοῦ ἐπικύκλου $\overline{ε}$ ιε'. Ἑκατέρα δὲ
τῶν ΕΚ καὶ ΕΞ, τῶν αὐτῶν ō ε', καὶ διὰ
τοῦτο ἡ μὲν ΒΚ ὅλη ἔσται, καθάπερ ἐδείξαμεν ἔμπροσθεν, τῶν αὐτῶν $\overline{μη}$ λς', ἡ
δὲ ΒΕ ὁμοίως $\overline{μη}$ λα', ἡ δὲ ΒΞ τῶν λοιπῶν $\overline{μη}$ κς'. Ὥστε ἐπεὶ καὶ τὰ ἀπὸ ΒΞ
καὶ ΞΝ συντεθέντα ποιεῖ τὸ ἀπὸ τῆς
ΒΝ, καὶ ταύτην ἕξομεν μήκει τοιούτων
μθ λα', οἵων ἦν ἡ ΝΞ εὐθεῖα $\overline{ι}$ ιθ'. Καὶ
οἵων ἐστὶν ἄρα ἡ ΒΝ ὑποτείνουσα $\overline{ρκ}$,
τοιούτων ἔσται καὶ ἡ μὲν ΝΞ εὐθεῖα $\overline{κε}$

l'élongation, et par la place qu'occupe
l'épicycle de la lune, la (a) prostaphérèse que l'inégalité du mouvement nous
oblige d'appliquer au mouvement moyen
en longitude. Il suffit pour cela d'une
construction graphique exécutée d'après
les théorèmes précédens.

Si, en effet, dans la dernière figure, par exemple,
nous supposons les mêmes
mouvemens périodiques de
distance et d'anomalie, c'est-
à-dire les 90^p 30' du double
de la distance, et les 333^p
12' pour l'anomalie comptée de l'apogée
moyen, et qu'au lieu de la perpendiculaire EX, nous menions NX aussi
perpendiculairement, et HL au lieu de
BL pour les mêmes raisons, les angles
au centre étant donnés, ainsi que les hypoténuses DE et EN qui sont égales, chacune des droites DK et NX sera démontrée
être à très-peu près de 10 19' des parties
dont le rayon DB de l'excentrique en contient 49^p 41', et BH rayon de l'épicycle,
5^p 15'. L'une et l'autre des droites EK, EX,
sera de 0^p 5'; c'est pourquoi la droite
entière BK sera comme nous l'avons
démontrée auparavant, de 48^p 36' de
ces mêmes parties; la droite BE de 48^p
31', et la droite BX des 48 26' parties
restantes. Ainsi, puisque la somme des
carrés de BX et XN est égale au carré
de BN, nous aurons la longueur de
celle-ci de 49 31' des parties dont la
droite NX en contient 10^p 19'. Et

l'hypoténuse BN étant de 120 parties, la droite NX en aura 25 à peu près, et l'arc soutenu par cette droite aura 24ᵈ 3′ des degrés dont le cercle décrit autour du rectangle BNX en contient 36o. De sorte que l'angle NBX ou ZBM sera de 24ᵈ 3′ des degrés dont 36o font deux angles droits, et d'environ 12ᵈ 1′ de ceux dont 36o font quatre angles droits. Par conséquent l'arc ZM de l'épicycle a cette même valeur.

Mais puisque le point H de la lune est éloigné de l'apogée M des 26 degrés 48′ qui complètent le cercle, nous aurons l'arc HZ restant, de 14ᵖ 47′ ; ensorte que l'angle HBZ est de 14ᵈ 47′ des degrés dont 36o font quatre angles droits ; et de 29ᵖ 34′ de ceux dont 36o font deux angles droits. L'arc soutendu par la droite HL est de 29 34′ des degrés dont le cercle décrit autour du rectangle HBL en contient 36o, et l'arc décrit sur LB vaut les 150ᵈ 26′ de complément du demi-cercle. Enfin, des deux soutendantes de ces arcs, HL sera de 30 37′ des parties dont l'hypoténuse BH en contient 120, et LB de 116 2′ de ces mêmes parties : ensorte que la droite BH, rayon de l'épicycle, étant de 5 15′ parties ; et étant prouvé que la droite BE en contient 48 31′, la droite HL en aura 1 20′, et la droite LB 5 5′. Donc la droite entière EBL est de 53ᵖ 36′ des parties dont la droite LH en contient 1 20′. En outre, puisque la somme de

ἔγγιϛα, ἡ δὲ ἐπ᾽ αὐτῆς περιφέρεια τοιούτων κδ̅ γ΄, οἵων ἐϛὶν ὁ περὶ τὸ ΒΝΞ ὀρθογώνιον κύκλος τξ̅. Ὥστε καὶ ἡ ὑπὸ ΝΒΞ γωνία, τουτέϛιν ἡ ὑπὸ ΖΒΜ, οἵων μέν εἰσιν αἱ δύο ὀρθαὶ τξ̅ τοιούτων ἔϛαι κδ̅ γ΄, οἵων δ᾽ αἱ τέσσαρες ὀρθαὶ τξ̅ τοιούτων ιβ̅ α΄ ἔγγιϛα. Τοιούτων ἐϛὶν ἄρα ἡ ΖΜ τοῦ ἐπικύκλου περιφέρεια.

Ἀλλ᾽ ἐπεὶ τὸ Η σημεῖον τῆς σελήνης ἀπέχει τοῦ Μ μέσου ἀπογείου τὰς λοιπὰς εἰς τὸν ἕνα κύκλον μοίρας κϛ̅ μη΄, καὶ λοιπὴν ἕξομεν τὴν ΗΖ περιφέρειαν μοιρῶν ιδ̅ μζ΄. Ὥστε καὶ ἡ ὑπὸ ΗΒΖ γωνία, οἵων μέν εἰσιν αἱ τέσσαρες ὀρθαὶ τξ̅, τοιούτων ἐϛὶ ιδ̅ μζ΄, οἵων δ᾽ αἱ δύο ὀρθαὶ τξ̅ τοιούτων κθ̅ λδ΄. Καὶ ἡ μὲν ἐπὶ τῆς ΗΛ περιφέρεια τοιούτων ἐϛὶν κθ̅ λδ΄, οἵων ὁ περὶ τὸ ΗΒΛ ὀρθογώνιον κύκλος τξ̅, ἡ δ᾽ ἐπὶ τῆς ΛΒ τῶν λοιπῶν εἰς τὸ ἡμικύκλιον ρν̅ κϛ΄. Καὶ τῶν ὑπ᾽ αὐτὰς ἄρα εὐθειῶν ἡ μὲν ΗΛ ἔϛαι τοιούτων λ̅ λζ΄, οἵων ἐϛὶν ἡ ΒΗ ὑποτείνουσα ρκ̅, ἡ δὲ ΛΒ τῶν αὐτῶν ριϛ̅ β΄. Ὥστε καὶ οἵων ἐϛὶν ἡ μὲν ΒΗ ἐκ τοῦ κέντρου τοῦ ἐπικύκλου ιε̅, ἡ δὲ ΒΕ ἐδείχθη μη̅ λα΄, τοιούτων καὶ ἡ μὲν ΗΛ ἔϛαι ᾱ κ΄, ἡ δὲ ΛΒ ὁμοίως ε̅ ε΄. Καὶ ὅλη ἄρα ἡ ΕΒΛ τοιούτων ἐϛὶ νγ̅ λϛ΄, οἵων καὶ ἡ ΛΗ ἦν ᾱ κ΄. Καὶ

ἐπεὶ πάλιν τὰ ἀπ' αὐτῶν συντεθέντα,
ποιεῖ τὸ ἀπὸ τῆς EH τετράγωνον, ἕξομεν καὶ τὴν EH μήκει τῶν αὐτῶν νγ̅ λζ'
ἔγγιϛα. Ὥστε καὶ οἵων ἐϛὶν ἡ EH ὑποτείνουσα ρκ̅, τοιούτων καὶ ἡ μὲν HΛ ἔϛαι β̅
ιθ', ἡ δ' ἐπ' αὐτῆς περιφέρεια τοιούτων
β̅ νβ', οἵων ἐϛὶν ὁ περὶ τὸ EHΛ ὀρθογώνιον κύκλος τ̅ξ̅. Καὶ ἡ ὑπὸ HEΛ ἄρα γωνία τοῦ παρὰ τὴν ἀνωμαλίαν διαφόρου
οἵων μέν εἰσιν αἱ δύο ὀρθαὶ τ̅ξ̅ τοιούτων
ἐϛὶ β̅ νβ', οἵων δ' αἱ τέσσαρες ὀρθαὶ τ̅ξ̅
τοιούτων ᾱ κϛ'· ὅπερ προέκειτο δεῖξαι.

ΚΕΦΑΛΑΙΟΝ Ζ.

ΚΑΝΟΝΟΣ ΠΡΑΓΜΑΤΕΙΑ ΤΗΣ ΚΑΘΟΛΟΥ ΣΕΛΗ-
ΝΙΑΚΗΣ ΑΝΩΜΑΛΙΑΣ.

Ἵνα δὲ πάλιν καὶ διὰ τῆς κανονικῆς ἐκθέσεως μεθοδεύωμεν τὴν ἐξ ἑτοίμου διάκρισιν τῶν κατὰ μέρος προϛαφαιρέ-
σεων, προσανεπληρώσαμεν τὸ κατὰ τὴν
ἁπλῆν ὑπόθεσιν προεκτεθειμένον ἡμῖν
κανόνιον, τοῖς καὶ τὴν διπλῆν ἀνωμαλίαν
προχείρως διορθοῦϲθαι δυναμένοις σελιδίοις, διὰ τῶν αὐτῶν γραμμῶν πάλιν
χρησάμενοι ταῖς ἐφόδοις. Μετὰ μὲν γὰρ
τὰ πρῶτα δύο σελίδια τὰ περιέχοντα
τοὺς ἀριθμοὺς, ἐνεθήκαμεν τρίτον σελίδιον περιέχον τὰς γινομένας προϛαφαι-
ρέσεις τῷ τῆς ἀνωμαλίας ἀριθμῷ, πρὸς
τὸ, τὸν ἀπὸ τοῦ μέσου ἀπογείου, τουτέϛι τοῦ M, συναγόμενον ἐκ τῶν μέσων παρόδων, μεταφέρεσϑαι πρὸς τὸ ἀκριβὲς
ἀπόγειον, τουτέϛι τὸ Z. Ὃν περ γὰρ

leurs carrés est égale à celui de EH, nous
aurons la droite EH égale en longueur
à 53ᵖ 37′ à peu près. Ensorte que l'hypoténuse EH étant de 120 parties, HL
en aura 2ᵖ 59′, et l'arc qu'elle soutend
sera de 2ᵖ 52′ des degrés dont le cercle
décrit autour du rectangle EHL en contient 360. Donc l'angle HEL de la différence produite par l'anomalie, est de 2ᵈ
52′ des degrés dont 360 font deux angles
droits, et de 1ᵈ 26′ de ceux dont 360 font
quatre angles droits. Ce qu'il falloit démontrer.

CHAPITRE VII.

CONSTRUCTION DE LA TABLE DE L'ANOMALIE
GÉNÉRALE DE LA LUNE.

Pour aider à déterminer les prostaphérèses particulières, c'est-à-dire les
quantités à ajouter, ou à retrancher en
chaque cas, au moyen d'une table calculée, nous avons complété celle de l'anomalie simple que nous avions déjà donnée,
en y ajoutant d'autres colonnes qui serviront à corriger la double anomalie, d'après
les résultats que nous ont donnés les calculs faits par le moyen des mêmes constructions géométriques. A la suite des
deux colonnes qui renferment les nombres, c'est-à-dire l'argument de la table,
nous en ajoutons une troisième qui contient la correction à faire au nombre de
l'anomalie (à l'argument). De manière
que la quantité composée des mouvemens
moyens depuis l'apogée moyen, c'est-à-dire

depuis le point M, soit transportée à l'apogée vrai ou point Z. En effet, pour la distance proposée de 91^d, nous avons démontré que l'arc ZM étoit de 12^d 1′ pour faire voir que quand la lune étoit à 333^d 12′ de distance de l'apogée moyen M, sa distance à l'apogée vrai Z devenoit par l'addition de ces nombres, 345^d 13′, pour lesquels il faut calculer la prostaphérèse, c'est-à-dire la correction des mouvemens moyens en longitude, dans l'épicycle. Pour ne pas entrer dans de trop longs détails, nous dirons seulement qu'ayant calculé de la même manière pour tous les autres nombres les corrections convenables, nous les avons mises dans la troisième colonne. Quant aux colonnes suivantes, la quatrième contiendra les différences d'anomalie produites par l'épicycle, déjà exposées dans la première table, (*l'équation du centre*) en supposant 5^d 1′ pour la plus grande, comme elle résulte du rapport de 60 à 5^d 15′. La cinquième colonne contient les différences toujours additives à la première et simple anomalie, la plus grande somme des prostaphérèses y étant de 7^d 40′, telle qu'elle résulteroit du rapport de 60 à 8. Ainsi, la quatrième colonne contient la position de l'épicycle dans l'apogée de l'excentrique, ce qui a lieu dans les syzygies; et la cinquième contient les sommes des excédens provenant de l'anomalie, qui ont lieu dans les quadratures ou dichotômies, lors du périgée de l'excentrique. Pour prendre proportionellement

τρόπον ἐπὶ τῆς ἐκκειμένης ἀποχῆς τῶν ϟα μοιρῶν, ἐδείξαμεν τὴν ΖΜ περιφέρειαν μοιρῶν οὖσαν ιβ α′, ἵνα ἐπειδήπερ τοῦ Μ μέσου ἀπογείου ἀπεῖχεν ἡ σελήνη μοίρας τλγ ιβ′, τὴν ἀπὸ τοῦ Ζ ἀκριβοῦς ἀπογείου διάστασιν αὐτῆς εὕρωμεν συναγομένην μοιρῶν δηλονότι τμε ιγ′, πρὸς ἃς ἡ διὰ τὸν ἐπίκυκλον προσθαφαίρεσις τῆς κατὰ μῆκος μέσης κινήσεως ὀφείλει λαμβάνεσθαι· οὕτως καὶ ἐπὶ τῶν ἄλλων τῆς ἀποχῆς ἀριθμῶν, δι' ὅσων σύμμετρον ἦν τμημάτων, τὰς γινομένας τῆς προκειμένης προσθαφαιρέσεως πηλικότητας, διὰ τῶν αὐτῶν λαμβάνοντες, ἵνα μὴ καθ' ἕκαστον μακρολογῶμεν, παρεθήκαμεν οἰκείως ἑκάστῳ τῶν ἀριθμῶν ἐν τῷ τρίτῳ σελιδίῳ. Τῶν δ' ἐφεξῆς σελιδίων τὸ μὲν τέταρτον περιέξει τὰς προεκτεθειμένας ἐπὶ τοῦ πρώτου κανονίου διαφορὰς τῆς παρὰ τὸν ἐπίκυκλον ἀνωμαλίας, ὡς τῆς μεγίστης προσθαφαιρέσεως μέχρι τῶν ε α′ μοιρῶν ἔγγιστα φθανούσης κατὰ τὸν τῶν ξ πρὸς τὰ ε ιε λόγον· τὸ δὲ πέμπτον, τὰς ὑπεροχὰς τῶν γινομένων διαφορῶν ἐκ τῆς δευτέρας ἀνωμαλίας παρὰ τὴν πρώτην, ὡς καὶ ἐνταῦθα τῆς μεγίστης προσθαφαιρέσεως συναγομένης μοιρῶν ζ γ″ κατὰ τὸν τῶν ξ πρὸς τὰ η λόγον, ἵνα τὸ μὲν τέταρτον σελίδιον ᾖ τῆς κατὰ τὸ ἀπόγειον τοῦ ἐκκέντρου περὶ τὰς συζυγίας γινομένης θέσεως τοῦ ἐπικύκλου, τὸ δὲ πέμπτον τῶν συναγομένων ὑπεροχῶν ἐκ τῆς κατὰ τὸ περίγειον τοῦ ἐκκέντρου περὶ τὰς διχοτόμους ἀποτελουμένης ἀνωμαλίας. Ἕνεκεν δὲ τοῦ, καὶ

κατὰ τὰς μεταξὺ τῶν δύο τούτων θέσεων
παρόδους τοῦ ἐπικύκλου τὰ ἐπιβάλλοντα
μέρη τῶν παρακειμένων ὑπεροχῶν ἀναλόγως λαμβάνεσθαι, παρεθήκαμεν ἕκτον
σελίδιον περιέχον τὰ ἑξηκοςὰ, ὅσα δεῖ
καθ᾽ ἕκαςον τῆς ἀποχῆς ἀριθμὸν τοῦ πα-
ρακειμένου διαφόρου λαμβανόμενα προσ-
τίθεσθαι, τῇ παρὰ τὴν πρώτην ἀνωμαλίαν ἐκκειμένῃ κατὰ τὸ τέταρτον σελίδιον προσθαφαιρέσει. Καὶ ταῦτα δὲ ἡμῖν
συντέτακται τὸν τρόπον τοῦτον.

Εςω γὰρ πάλιν ὁ ἔκκεν-
τρος τῆς σελήνης κύκλος ὁ
ΑΒΓ, περὶ κέντρον τὸ Δ
καὶ διάμετρον τὴν ΑΔΓ, ἐφ᾽
ἧς ὑποκείσθω τὸ κέντρον
τοῦ διὰ μέσων τῶν ζωδίων
τὸ Ε· καὶ ἀποληφθείσης
τῆς ΑΒ περιφερείας, γραφέντος τε περὶ
τὸ Β τοῦ ΖΗΘΚ ἐπικύκλου, διήχθω ἡ
ΕΒΖ. Δεδόσθωσαν δὲ λόγου ἕνεκεν ἀποχῆς
μοῖραι ξ, ὥστε διὰ τὰ αὐτὰ τοῖς προαποδεδειγμένοις εἶναι πάλιν τὴν ὑπὸ ΑΕΒ
γωνίαν τῶν διαπλασιόνων τῆς ὑποκειμένης ἀποχῆς μοιρῶν ρκ, καὶ ἤχθω μὲν κάθε-
θετος ἐπὶ τὴν ΒΕ ἐκβληθεῖσαν ἀπὸ τοῦ Δ, ἡ
ΔΛ· διήχθω δὲ καὶ ἡ ΗΒΚΔ, καὶ ὑποκείσθω
ἡ ἀπὸ τοῦ Ε κέντρου ἐπὶ τὴν σελήνην ἐκ-
βαλλομένη εὐθεῖα ἐφαπτομένη τοῦ ἐπικύκλου, ἵνα τὸ πλεῖςον διάφορον γένηται τῆς
ἀνωμαλίας, ὡς ἡ ΕΜΝ, ἐπεζεύχθω τε ἡ
ΒΜ. Ἐπεὶ τοίνυν ἡ ὑπὸ ΑΕΒ γωνία, οἵων
μέν εἰσιν αἱ τέσσαρες ὀρθαὶ τξ, τοιούτων
ὑπόκειται ρκ, οἵων δὲ αἱ δύο ὀρθαὶ τξ,
τοιούτων σμ, εἴη ἂν καὶ ἡ ὑπὸ ΔΕΛ τῶν λοιπῶν εἰς τὰς δύο ὀρθὰς ρκ. Ὥστε καὶ ἡ μὲν
ἐπὶ τῆς ΔΛ εὐθείας περιφέρεια, τοιούτων
ἐςὶν ρκ, οἵων ὁ περὶ τὸ ΔΕΛ ὀρθογώνιον

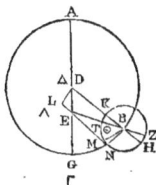

les portions de différences qui appartiennent aux positions intermédiaires entre
ces points, nous avons ajouté une sixième
colonne qui contient les soixantièmes
(*fractions de l'unité*) qu'il faut prendre
pour chaque nombre de la distance,
avec la différence mise à côté, pour l'a-
jouter à la prostaphérèse de la première anomalie contenue dans la quatrième colonne. C'est ce que j'ai fait par
le procédé dont je vais rendre compte.

Soit donc encore ABG le
cercle excentrique de la lune,
autour du centre D et sur le
diamètre ADG sur lequel je
suppose le centre E du zodiaque ; et après avoir pris
l'arc AB et décrit autour de
B l'épicycle ZHTK, je mène EBZ. Soit
donnée, par exemple, la distance de 60
degrés, ensorte que pour les mêmes raisons que celles que nous avons démontrées plus haut, l'angle AEB soit du
double, 120ᵈ, de la distance supposée ; et soit abaissée la perpendiculaire
DL du point D sur BE prolongée. Je tire
la droite HBKD, et soit supposée une
droite menée du centre E, telle que EMN
prolongée jusqu'à la lune dans l'épicycle
auquel elle est tangente, pour avoir la
plus grande différence d'anomalie, et joignons BM. Puisque l'angle AEB est supposé de 120 des degrés dont 360 font
quatre angles droits, et de 240 de ceux
dont 360 font deux angles droits, l'angle
DEL aura pour valeur les 120 degrés
restants de complément à deux angles
droits. Ensorte que l'arc soutenu par la
droite DL vaut 120 des degrés dont le

cercle décrit autour du rectangle DEL en contient 36o, et l'arc soutendu par la droite EL vaut les 6o degrés restants du demi-cercle. Donc, de ces soutendantes, EL sera de 6o des parties dont l'hypoténuse DE en contient 12o, et DL sera de 1o3 55' de ces mêmes parties. Donc la droite DE étant de 1o^p 19', et pareillement la droite DB de 49^p 41', la droite EL sera à très-peu près de 5^p 1o', et la droite DL pareillement de 8^p 56'. Mais comme la différence des carrés de BD et de DL est égale à celui de BL, la longueur de la droite entière BEL sera de 48 parties 53'. Et par conséquent sa portion EB sera de 43^d 43' des parties dont la droite MB menée du centre de l'épicycle, en contient 5 15'. Donc l'hypoténuse EB étant de 12o parties, la droite BM en aura 14 25', et l'arc qu'elle soutend contiendra 13 48' des degrés dont le cercle décrit autour du rectangle BEM en contient 36o. Ainsi l'angle BEM qui embrasse la plus grande différence de l'anomalie, vaut 13^d 48' des degrés dont 36o font deux angles droits, et 6^d 54' de ceux dont 36o font quatre angles droits. Donc, à cette distance d'élongation, l'excès provenant de l'anomalie différoit des 5^d 1' de l'apogée, d'un degré 53 soixantièmes. Mais la différence entière jusqu'au périgée est de 2^d 39'; donc, la plus grande différence étant supposée de 6o (*a*), la différence 1^d 53' deviendra 42' 38" que nous mettrons dans la ligne du nombre 12o de l'élongation, dans la sixième colonne.

Raisonnant de même pour les autres portions, nous avons pris également les différences des deux anomalies : nous avons mis à côté des nombres de ces

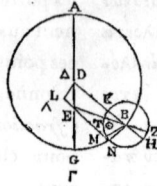

κύκλος τξ, ἡ δὲ ἐπὶ τῆς ΕΛ τῶν λοιπῶν εἰς τὸ ἡμικύκλιον ξ. Καὶ τῶν ὑπ' αὐτὰς ἄρα εὐθειῶν, ἡ μὲν ΕΛ τοιούτων ἔςαι ξ οἵων ἡ ΔΕ ὑποτείνουσα ρκ, ἡ δὲ ΔΛ τῶν αὐτῶν ργ νε'. Καὶ οἵων ἄρα ἐςὶν ἡ μὲν ΔΕ εὐθεῖα ῑ ιθ', ἡ δὲ ΔΒ ὁμοίως μθ μα', τοιούτων ἔςαι καὶ ἡ μὲν ΕΛ εὐθεῖα ε̄ ι' ἔγγιςα, ἡ δὲ ΔΛ ὁμοίως η̄ νϛ'. Καὶ ἐπεὶ τὸ ἀπὸ τῆς ΒΔ λεῖψαν τὸ ἀπὸ τῆς ΔΛ ποιεῖ τὸ ἀπὸ τῆς ΒΛ, μήκει ἄρα ἔςαι καὶ ὅλη μὲν ἡ ΒΕΛ εὐθεῖα μῆ νγ', λοιπὴ δὲ ἡ ΕΒ τοιούτων μγ̄ μγ' οἵων ἐςὶν ἡ ΜΒ ἐκ τοῦ κέντρου τοῦ ἐπικύκλου ε̄ ιε'. Καὶ οἵων ἄρα ἐςὶν ἡ ΕΒ ὑποτείνουσα ρκ, τοιούτων ἔςαι καὶ ἡ μὲν ΒΜ εὐθεῖα ῑδ κε', ἡ δ' ἐπ' αὐτῆς περιφέρεια τοιούτων ῑγ μη' οἵων ἐςὶν ὁ περὶ τὸ ΒΕΜ ὀρθογώνιον κύκλος τξ. Καὶ ἡ ὑπὸ ΒΕΜ ἄρα γωνία, ἥ τις περιέχει τὴν πλείςην διαφορὰν τῆς ἀνωμαλίας, οἵων μέν εἰσιν αἱ δύο ὀρθαὶ τξ, τοιούτων ἐςὶ ῑγ μη', οἵων δ' αἱ τέσσαρες ὀρθαὶ τξ, τοιούτων ϛ νδ'. Διήνεγκεν ἄρα κατὰ ταύτην τὴν τῆς ἀποχῆς ἀπό-ςασιν τὸ παρὰ τὴν ἀνωμαλίαν διάφορον, τῶν κατὰ τὸ ἀπόγειον γινομένων μοιρῶν ε̄ α', μιᾷ μοίρᾳ καὶ ἑξηκος οῖς νγ'. Εςι δὲ τὸ ὅλον τὸ μέχρι τοῦ περιγείου διάφορον μοιρῶν β̄ λθ'. Καὶ οἵων ἄρα ἐςὶ τὸ μέγιστον διάφορον ξ, τοιούτων ἔςαι τὸ τῆς μιᾶς μοίρας καὶ τῶν νγ' ἑξηκος ῶν, μβ̄ λη'', ἃ καὶ παραθήσομεν τῷ τῶν ρκ ἀριθμῷ τῆς ἀποχῆς, ἐν τῷ ἕκτῳ σελιδίῳ.

Ὡσαύτως δὲ καὶ ἐπὶ τῶν λοιπῶν τμημάτων ἐπιλογισάμενοι πάλιν διὰ τῶν αὐτῶν, τὰ οὕτω λαμβανόμενα μέρη τῆς τῶν β̄ ἀνωμαλιῶν ὑπεροχῆς παρεθήκαμεν

τοῖς οἰκείοις ἀριθμοῖς τὰ ἐπιβάλλοντα ἑκάςῳ τῆς παρακειμένης ὑπεροχῆς ἑξηκοςὰ
τῶν ὅλων ξ̄, δηλονότι παρατιθεμένων τῷ
διπλασίόνι τῶν ⊓̄ μοιρῶν τῆς ἀποχῆς ἀριθμῷ, ὅς ἐςι κατὰ τὰς ρπ̄ τοῦ περιγείου τοῦ
ἐκκέντρου. Καὶ ἕβδομον δὲ προσεθήκαμεν
σελίδιον περιέχον τὰς κατὰ πλάτος γινομένας παρόδους τῆς σελήνης ἐφ' ἑκάτερα
τὰ μέρη τοῦ διὰ μέσων τῶν ζῳδίων, ὡς ἐπὶ
τοῦ διὰ τῶν πόλων αὐτοῦ κύκλου, τουτέςι
τὰς ἀπολαμβανομένας τούτου τοῦ κύκλου
περιφερείας, μεταξὺ τοῦ τε διὰ μέσων τῶν
ζῳδίων, καὶ τοῦ περὶ τὸ αὐτὸ κέντρον
λοξοῦ τῆς σελήνης κύκλου, καθ' ἑκάςην τῶν
κατὰ μέρος ἐπὶ τοῦ λοξοῦ παρόδων. Κεχρήμεθα δὲ καὶ πρὸς τοῦτο δείξει τῇ αὐτῇ,
δι' ἧς καὶ τὰς μεταξὺ τοῦ τε ἰσημερινοῦ
καὶ τοῦ διὰ μέσων τῶν ζῳδίων περιφερείας
τοῦ διὰ τῶν πόλων τοῦ ἰσημερινοῦ ἐπελογισάμεθα. Ἐνθάδε μέντοι ὡς τῆς μεταξὺ
τοῦ διὰ μέσων τῶν ζῳδίων καὶ τοῦ βορείου
ἢ νοτίου πέρατος τοῦ λοξοῦ κύκλου περιφερείας, τοῦ δι' ἀμφοτέρων τῶν πόλων αὐτῶν γραφομένου μεγίςου κύκλου πέντε μοιρῶν ὑπαρχούσης· ἐπειδήπερ καὶ ἡμῖν καθάπερ καὶ τῷ Ἱππάρχῳ διὰ τῶν περὶ τὰς βο-
ρειοτάτας καὶ νοτιωτάτας παρόδους φαινομένων ἐπιλογιζομένοις, τηλικαύτη ἔγγιςα ἐφ' ἑκάτερα τοῦ ζῳδιακοῦ ἡ πλείςη
πάροδος τῆς σελήνης καταλαμβάνεται.
Καὶ πάντα σχεδὸν τὰ περὶ τὰς τηρήσεις
αὐτῆς, τάς τε πρὸς τοὺς ἀςέρας καὶ τὰς
διὰ τῶν ὀργάνων θεωρουμένας, συμφώνως
ἐφαρμόζεται ταῖς τηλικαύταις κατὰ πλάτος μεγίςαις παρόδοις, ὡς καὶ διὰ τῶν ἐφεξῆς ἀποδειχθησομένων ὁμολογηθήσεται.
Καὶ ἔςι τὸ τῆς καθόλου σεληνιακῆς ἀνωμαλίας κανόνιον τοιοῦτον.

portions, ces différences en soixantièmes, l'entier 60 placé avec le double de la distance de 90ᵈ, répondant aux 180ᵈ du périgée de l'excentrique (b). Et nous avons ajouté une septième colonne qui contient les quantités dont la lune s'écarte en latitude de part et d'autre du cercle mitoyen du zodiaque, comptées sur le cercle qui passe par les poles de ce dernier, c'est-à-dire les arcs de ce cercle qui sont compris entre l'écliptique et l'orbite inclinée de la lune décrite autour du même centre, pour chaque degré de la marche de la lune dans cette orbite. Nous avons pour cela suivi la même méthode qui nous a servi à calculer les arcs (de déclinaison du soleil), interceptés entre l'équateur et le cercle mitoyen du zodiaque, sur le cercle qui passe par les poles de l'équateur. Mais ici l'arc (d'inclinaison de l'orbite de la lune) du grand cercle qui passe par les deux poles du cercle mitoyen du zodiaque, intercepté entre ce cercle et la limite boréale ou australe de l'orbite inclinée de la lune, est de cinq degrés ; car les calculs que nous avons faits, Hipparque et moi, d'après nos observations sur les quantités dont la lune s'avance vers les ourses et vers le midi, nous ont démontré que son plus grand écart de part et d'autre du zodiaque, ne monte qu'à cette quantité à très-peu près. Et en effet, tout ce que nous avons découvert par les observations, tant des étoiles, que de la lune même, à l'aide des instrumens, s'accorde à prouver que tel est le plus grand éloignement de la lune en latitude ; ce qui sera encore confirmé par les démonstrations suivantes. Voici maintenant cette table de l'anomalie générale de la lune (c).

TABLE DE L'ANOMALIE GÉNÉRALE DE LA LUNE.

NOMBRES COMMUNS OU ARGUMENS.		PROSTAPHÉRÈSES DE L'APOGÉE de L'EXCENTRIQUE.		PROSTAPHÉRÈSES DE LATITUDE ET DE LONGITUDE DE L'ÉPICYCLE.		DIFFÉRENCES de L'ÉPICYCLE.		DIFFÉRENCES des SOIXANTIÈMES.		LATITUDE de LA LUNE.	
Degrés	Degrés	Degrés	Min.	Degrés	Min.	Degrés	Min.	Min.	Secondes	Degrés	Min.
6	354	0	53	0	29	0	14	0	12	4	58
12	348	1	46	0	57	0	28	0	24	4	54
18	342	2	39	1	25	0	42	1	20	4	45
24	336	3	31	1	53	0	56	2	16	4	34
30	330	4	23	2	19	1	10	3	24	4	20
36	324	5	15	2	44	1	23	4	32	4	3
42	318	6	7	3	8	1	35	6	25	3	43
48	312	6	58	3	31	1	45	8	18	3	20
54	306	7	48	3	51	1	54	10	22	2	56
60	300	8	36	4	8	2	3	12	26	2	30
66	294	9	22	4	24	2	11	15	5	2	2
72	288	10	6	4	38	2	18	17	44	1	33
78	282	10	48	4	49	2	25	20	34	1	3
84	276	11	27	4	56	2	31	23	24	0	32
90	270	12	0	4	59	2	35	26	36	0	0
93	267	12	15	5	0	2	37	28	12	0	16
96	264	12	28	5	1	2	38	29	49	0	32
99	261	12	39	5	0	2	39	31	25	0	48
102	258	12	48	4	59	2	39	33	1	1	3
105	255	12	56	4	57	2	39	34	37	1	17
108	252	13	3	4	53	2	38	36	14	1	33
111	249	13	6	4	49	2	38	37	50	1	48
114	246	13	9	4	44	2	37	39	26	2	2
117	243	13	7	4	38	2	35	41	2	2	16
120	240	13	4	4	32	2	32	42	38	2	30
123	237	12	59	4	25	2	28	44	3	2	43
126	234	12	50	4	16	2	24	45	28	2	56
129	231	12	36	4	7	2	20	46	53	3	8
132	228	12	16	3	57	2	16	48	18	3	20
135	225	11	54	3	46	2	11	49	32	3	32
138	222	11	29	3	35	2	5	50	45	3	43
141	219	11	2	3	23	1	58	51	59	3	53
144	216	10	33	3	10	1	51	53	12	4	3
147	213	10	0	2	57	1	43	54	3	4	11
150	210	9	22	2	43	1	35	54	54	4	20
153	207	8	38	2	28	1	27	55	45	4	27
156	204	7	48	2	13	1	19	56	36	4	34
159	201	6	56	1	57	1	11	57	15	4	40
162	198	6	3	1	41	1	2	57	55	4	45
165	195	5	8	1	25	0	52	58	35	4	50
168	192	4	11	1	9	0	42	59	4	4	54
171	189	3	12	0	52	0	31	59	26	4	56
174	186	2	11	0	35	0	21	59	37	4	58
177	183	1	7	0	18	0	10	59	49	4	59
180	180	0	0	0	0	0	0	60	0	5	0

Limite boréale.

Limite australe.

ΚΑΝΟΝΙΟΝ ΤΗΣ ΚΑΘΟΛΟΥ ΣΕΛΗΝΙΑΚΗΣ ΑΝΩΜΑΛΙΑΣ.

ΑΡΙΘΜΟΙ ΚΟΙΝΟΙ.		ΕΚΚΕΝΤΡΟΥ ΠΡΟΣΘΑΦΑΙΡΕΣΕΙΣ ΑΠΟΓΕΙΟΥ.		ΠΛΑΤΟΥΣ ΚΑΙ ΜΗΚΟΥΣ ΠΡΟΣΘΑΦΑΙΡΕΣΕΙΣ ΕΠΙΚΥΚΛΟΥ.		ΕΠΙΚΥΚΛΟΥ ΔΙΑΦΟΡΑ.		ΔΙΑΦΟΡΑ ΕΞΗΚΟΣΤΩΝ.		ΠΛΑΤΟΥΣ.	
Α	**Β**	**Γ**		**Δ**		**Ε**		**Ϛ**		**Ζ**	
Μοιρ.	Μοιρ.	Μοιρ.	Ξ'.	Μοιρ.	Ξ'.	Μοιρ.	Ξ'.	Ξ'.	Ξ''.	Μοιρ.	Ξ'.
ς	τνθ	ō	νγ	ō	κθ	ō	ιθ	ō	ιβ	δ	νη
ιβ	τμη	α	μϛ	ō	νζ	ō	κη	ō	κδ	δ	νδ
ιη	τμβ	β	λθ	α	κε	ō	μβ	α	κ	δ	με
κδ	τλϛ	γ	λα	α	νγ	ō	νϛ	β	ιϛ	δ	λθ
λ	τλ	δ	κγ	β	ιθ	α	ι	γ	κδ	δ	κ
λϛ	τκδ	ε	ιε	β	μδ	α	κγ	δ	λβ	δ	γ
μβ	τιη	ς	ζ	γ	η	α	λε	ς	κε	γ	μγ
μη	τιβ	ς	νη	γ	λα	α	με	η	ιη	γ	κ
νδ	τς	ζ	μη	γ	να	α	νδ	ι	κβ	β	νς
ξ	τ	η	λϛ	δ	η	β	γ	ιβ	κϛ	β	λ
ξϛ	σϟδ	θ	κβ	δ	κδ	β	ια	ιε	ε	β	β
οβ	σπη	ι	ϛ	δ	λη	β	ιη	ιζ	μδ	α	λγ
οη	σπβ	ι	μη	δ	μθ	β	κε	κ	λδ	α	νη
πδ	σος	ια	κζ	δ	νϛ	β	λα	κγ	κθ	ō	νϛ
ϟ	σο	ιβ	ō	δ	νθ	β	λε	κϛ	λϛ	ō	ō
ϟγ	σξζ	ιβ	ιε	ε	ō	β	λζ	κη	ιβ	ō	ιϛ
ϟϛ	σξδ	ιβ	κη	ε	α	β	λη	κθ	μθ	ō	λβ
ϟθ	σξα	ιβ	λθ	ε	ō	β	λθ	λα	κε	ō	μη
ρβ	σνη	ιβ	μη	δ	νθ	β	λθ	λγ	α	α	γ
ρε	σνε	ιβ	νϛ	δ	νζ	β	λθ	λδ	λζ	α	ιϛ
ρη	σνβ	ιγ	γ	δ	νγ	β	λη	λϛ	ιδ	α	λγ
ρια	σμθ	ιγ	ϛ	δ	μθ	β	λη	λθ	κϛ	β	μη
ριδ	σμϛ	ιγ	θ	δ	μδ	β	λζ	μα	β	β	β
ριζ	σμγ	ιγ	ζ	δ	λη	β	λε	μα	β	β	ιϛ
ρκ	σμ	ιγ	δ	δ	λβ	β	λβ	μβ	λη	β	λ
ρκγ	σλζ	ιβ	νθ	δ	κε	β	κη	μδ	γ	β	μγ
ρκϛ	σλδ	ιβ	ν	δ	ιϛ	β	κδ	με	κη	β	νϛ
ρκθ	σλα	ιβ	λϛ	δ	ζ	β	κ	μϛ	νγ	γ	η
ρλβ	σκη	ιβ	ιϛ	γ	νζ	β	ιϛ	μη	ιη	γ	κ
ρλε	σκε	ια	νδ	γ	μϛ	β	ια	μθ	λβ	γ	λβ
ρλη	σκβ	ια	κθ	γ	λε	β	ε	ν	με	γ	μγ
ρμα	σιθ	ια	β	γ	κγ	α	νη	να	νθ	γ	νγ
ρμδ	σιϛ	ι	λγ	γ	ι	α	να	νγ	ιβ	δ	γ
ρμζ	σιγ	ι	ō	β	νζ	α	μγ	νϛ	λε	δ	ια
ρν	σι	θ	κβ	β	μγ	α	λε	νϛ	με	δ	κ
ρνγ	σζ	η	λη	β	κη	α	κϛ	νϛ	με	δ	κζ
ρνϛ	σδ	ζ	μη	β	ιγ	α	ιθ	νϛ	λϛ	δ	λδ
ρνθ	σα	ς	νϛ	α	νϛ	α	ια	νζ	ιε	δ	μ
ρξβ	ρϟη	ς	γ	α	μα	α	β	νϛ	νε	δ	με
ρξε	ρϟε	ε	η	α	κε	ō	νβ	νη	λε	δ	ν
ρξη	ρϟβ	δ	ια	α	θ	ō	μβ	νθ	δ	δ	νδ
ροα	ρπθ	γ	ιβ	ō	νβ	ō	λα	νθ	κϛ	δ	νϛ
ροδ	ρπϛ	β	ια	ō	λε	ō	κα	νθ	λζ	δ	νη
ροζ	ρπγ	α	ζ	ō	ιη	ō	ι	νθ	μθ	δ	νθ
ρπ	ρπ	ō	ō	ō	ō	ō	ō	ξ	ō	ε	ō

Βόρειον πέρας.

Νότιον πέρας.

CHAPITRE VIII.

DU CALCUL GÉNÉRAL DU MOUVEMENT DE LA LUNE.

Toutes les fois donc, que nous voudrons calculer l'anomalie de la lune par le moyen de cette table, nous prendrons ses mouvemens moyens, pour le temps en question à Alexandrie, tant de longitude que de distance et d'anomalie et de latitude, de la manière qui a été décrite, en doublant toujours le premier nombre qui exprime l'élongation et retranchant le cercle entier s'il s'y trouve. Avec ce nombre, nous entrerons dans l'une des deux premières colonnes de la table; et si ce nombre ne passe pas 180ᵈ, nous ajouterons aux degrés de l'anomalie moyenne, le nombre qui se trouve dans la troisième colonne à côté du nombre double de la distance; mais si ce nombre passe 180, les nombres de la troisième colonne se retrancheront de ces mêmes degrés. Avec l'anomalie corrigée de cette manière, entrant de nouveau dans la même table, nous la porterons dans les colonnes de l'argument; puis nous prendrons la prostaphérèse qui lui répond dans la quatrième colonne, ainsi que la différence qui est sur la même ligne dans la cinquième colonne, et nous l'écrirons à part.

Après cela, portant le double du nombre de la distance moyenne, dans les mêmes colonnes, nous prendrons autant

ΚΕΦΑΛΑΙΟΝ Η.

ΠΕΡΙ ΤΗΣ ΚΑΘΟΛΟΥ ΣΕΛΗΝΙΑΚΗΣ ΨΗΦΟΦΟΡΙΑΣ.

Ὁσάκις οὖν ἐὰν προαιρώμεθα τὴν διὰ τῆς ἐκθέσεως τοῦ κανονίου ψηφοφορίαν τῆς σεληνιακῆς ἀνωμαλίας ποιήσασθαι, λαβόντες τὰ κατὰ τὸν ὑποκείμενον ἐν Ἀλεξανδρείᾳ χρόνον μέσα κινήματα τῆς σελήνης, μήκους τε καὶ ἀποχῆς καὶ ἀνωμαλίας καὶ πλάτους, κατὰ τὸν ὑποδεδειγμένον τρόπον, τὸν συναχθέντα πρῶτον τῆς ἀποχῆς ἀριθμὸν διπλασιάσαντες πάντοτε, καὶ ἀφελόντες, ἐὰν ἔχωμεν, κύκλον, εἰσενεγκόντες τε εἰς τὸ τῆς ἀνωμαλίας κανόνιον τὰς παρακειμένας αὐτῷ μοίρας ἐν τῷ τρίτῳ σελιδίῳ, τοῦ μὲν ἀριθμοῦ τοῦ διπλασιασθέντος ἕως ρπ̅ μοιρῶν ὄντος, προσθήσομεν ταῖς τῆς ἀνωμαλίας μέσαις μοίραις, ὑπερπίπτοντος δὲ τὰς ρπ̅, ἀφελοῦμεν ἀπ᾽ αὐτῶν, καὶ τὸν γενόμενον ἀκριβῆ τῆς ἀνωμαλίας ἀριθμὸν εἰσοίσομεν εἰς τὸ αὐτὸ κανόνιον, καὶ τὴν παρακειμένην αὐτῷ προσθαφαίρεσιν ἐν τῷ τετάρτῳ σελιδίῳ καὶ ἔτι τὸ παρακείμενον ἐν τῷ πέμπτῳ σελιδίῳ διάφορον ἀπογραψόμεθα χωρίς.

Μετὰ δὲ ταῦτα καὶ τὸν δεδιπλασιασμένον τῆς μέσης ἀποχῆς ἀριθμὸν εἰσενεγκόντες εἰς τὰ αὐτὰ σελίδια, ὅσα ἂν

παρακέηται αὐτῷ ἑξηκοςὰ ἐν τῷ ἕκτῳ σελιδίῳ, τὰ τοσαῦτα ἑξηκοςὰ λαβόντες
οὗ ἀπεγραψάμεθα διαφόρου, προθήσομεν ἀεὶ τῇ ἐκτεθειμένῃ τοῦ τετάρτου
σελιδίου προσθαφαιρέσει. Καὶ τὰς συναχ-
θείσας μοίρας, ἐὰν μὲν ὁ τῆς ἀνωμαλίας
ἀκριβὴς ἀριθμὸς ἕως ρπ̅ μοιρῶν ᾖ, ἀφελοῦμεν ἀπὸ τῶν τοῦ μήκους καὶ τῶν τοῦ
πλάτους μέσων μοιρῶν, ἐὰν δ᾽ ὑπὲρ τὰς
ρπ̅, προσθήσομεν αὐταῖς. Καὶ τῶν γενομένων ἀριθμῶν, τὸν μὲν τοῦ μήκους ἐκβαλόντες ἀπὸ τῆς κατὰ τὴν ἐποχὴν μοι-
ροθεσίας, ὅπου ἂν καταλήξῃ, ἐκεῖ τὴν
σελήνην φήσομεν εἶναι ἀκριβῶς· τὸν δὲ
τοῦ πλάτους τὸν ἀπὸ τοῦ βορείου πέρατος εἰσοίσομεν εἰς τὸ αὐτὸ κανόνιον καὶ
ὅσαι ἂν ὦσιν αἱ παρακείμεναι αὐτῷ μοῖραι ἐν τῷ ἑβδόμῳ σελιδίῳ τοῦ πλάτους,
τοσαύτας ἀφέξει τοῦ διὰ μέσων τῶν ζωδίων τὸ κέντρον τῆς σελήνης, ἐπὶ τοῦ διὰ
τῶν πόλων αὐτοῦ γραφομένου μεγίςου κύ-
κλου· καὶ ἐὰν μὲν ὁ εἰσενηνεγμένος ἀριθμὸς ἐν τοῖς πρώτοις ᾖ ιε̅ ςίχοις, ὡς πρὸς
τὰς ἄρκτους· ἐὰν δ᾽ ἐν τοῖς ὑπ᾽ αὐτούς,
ὡς πρὸς μεσημβρίαν· τοῦ μὲν πρώτου τῶν
ἀριθμῶν σελιδίου περιέχοντος τὴν ἀπ᾽
ἄρκτων πρὸς μεσημβρίαν αὐτῆς πάροδον,
τοῦ δὲ δευτέρου τὴν ἀπὸ μεσημβρίας
πρὸς τὰς ἄρκτους.

de soixantièmes de la différence que nous aurons écrite, qu'il y en a qui lui correspondent dans la sixième colonne, et nous les ajouterons toujours à la prostaphérèse trouvée dans la quatrième colonne. Nous retrancherons cette somme ainsi formée soit de la longitude, soit de l'argument de latitude, si l'anomalie corrigée ne passe pas 180^d. Nous l'ajouterons, au contraire, si l'anomalie passe 180^d. Ces quantités ainsi préparées, nous appliquerons celle de la longitude au nombre que nous aurons trouvé par les mouvemens moyens, et nous dirons que la lune est exactement là où le résultat aboutira. Quant à la latitude, nous porterons dans la colonne de l'argument, dans la même table, sa quantité comptée depuis la limite boréale, et le nombre de degrés qui lui répondront dans la septième colonne qui est celle de la latitude, sera la distance du centre de la lune au cercle mitoyen du zodiaque, comptée sur le grand cercle qui passe par les poles de l'écliptique. Cette distance sera boréale, si la quantité qui a été portée dans la table, tombe dans les quinze premières lignes; mais si elle tombe dans les lignes inférieures, elle sera australe; la première colonne des nombres contenant le mouvement de la lune en latitude, des ourses au midi; et la seconde, celui du midi aux ourses.

CHAPITRE IX.

L'EXCENTRIQUE DE LA LUNE NE PRODUIT AUCUNE DIFFÉRENCE SENSIBLE DANS LES SYZYGIES.

ON pourroit craindre que l'excentrique de la lune ne causât quelque différence notable dans les nouvelles et pleines lunes, et dans les éclipses, ce qui viendroit de ce que le centre de l'épicycle n'y est pas toujours au point précis de l'apogée, et qu'il peut s'en écarter d'un arc assez considérable, en raison de ce que les retours à l'apogée s'accomplissent dans les syzygies moyennes, au lieu que les nouvelles et pleines lunes vraies suivent les mouvemens inégaux des deux luminaires. Nous allons essayer de prouver que cette différence ne peut produire aucune erreur sensible dans les circonstances visibles des syzygies, quand même on ne feroit pas entrer dans le calcul la différence produite par l'excentricité.

Soit en effet ABG le cercle excentrique de la lune, décrit autour du centre D, et sur le diamètre ADG, sur lequel je prends le point E pour centre du cercle mitoyen du zodiaque, et Z pour le point de la direction opposé à D; et ayant pris depuis l'apogée A l'arc AB,

ΚΕΦΑΛΑΙΟΝ Θ.

ΟΤΙ ΜΗΔΕΝ ΑΞΙΟΛΟΓΟΝ ΓΙΝΕΤΑΙ ΔΙΑΦΟΡΟΝ ΕΝ ΤΑΙΣ ΣΥΖΥΓΙΑΙΣ ΠΑΡΑ ΤΟΝ ΕΚΚΕΝΤΡΟΝ ΤΗΣ ΣΕΛΗΝΗΣ ΚΥΚΛΟΝ.

ΕΠΕΙ δ' ἀκόλουθόν ἐστι διστάσαι τινὰς, μή ποτε καὶ περὶ τὰς συνόδους καὶ τὰς πανσελήνους καὶ τὰς ἐν ταύταις ἐκλείψεις, ἀξιόλογός τις διαφορὰ παρακολουθήσῃ, καὶ διὰ τὸν ἔκκεντρον τῆς σελήνης κύκλον, τῷ μὴ πάντοτε καὶ πάντως ἐν αὐταῖς ἐπ' αὐτοῦ τοῦ ἀπογειοτάτου τὸ κέντρον τοῦ ἐπικύκλου τυγχάνειν, ἀλλὰ καὶ ἀφεστάσαι αὐτοῦ περιφέρειαν ἱκανὴν δύνασθαι, διὰ τὸ τὰς μὲν κατ' αὐτὸ τὸ ἀπόγειον θέσεις ἐν ταῖς μέσως θεωρουμέναις συζυγίαις ἀποτελεῖσθαι, τὰς δ' ἀκριβεῖς συνόδους καὶ πανσελήνους, μετὰ τῆς ἑκατέρου τῶν φώτων ἀνωμαλίας λαμβάνεσθαι, πειρασόμεθα παραστῆσαι τὴν τοιαύτην διαφορὰν μηδεμίαν ἀξιόλογον ἁμαρτίαν περὶ τὰ φαινόμενα κατὰ τὰς συζυγίας δυναμένην ἀπεργάσασθαι, κἂν μὴ συνεπιλογίζηται τὸ παρὰ τὴν ἐκκεντρότητα τοῦ κύκλου διάφορον.

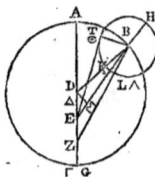

Εστω γὰρ ὁ ἔκκεντρος τῆς σελήνης κύκλος ὁ ΑΒΓ περὶ κέντρον τὸ Δ, καὶ διάμετρον τὴν ΑΔΓ, ἐφ' ἧς εἰλήφθω τὸ μὲν τοῦ διὰ μέσων τῶν ζωδίων κέντρον κατὰ τὸ Ε σημεῖον, τὸ δ' ἀντικείμενον τῷ Δ τῆς προσνεύσεως σημεῖον κατὰ τὸ Ζ, καὶ ἀπολnφθείσης ἀπὸ τοῦ Α ἀπογείου τῆς ΑΒ περιφερείας, γεγράφθω

μὲν περὶ τὸ Β ὁ ΗΘΚΛ ἐπίκυκλος, ἐπεζεύχθωσαν δὲ ἥ τε ΒΔ καὶ ἡ ΗΒΚΕ καὶ
ἔτι ἡ ΒΛΖ. Ἐπεὶ τοίνυν κατὰ δύο τρόπους δύναται διαφέρειν τὸ παρὰ τὴν ἀνωμαλίαν μέγεθος τῆς κατὰ τὸ Α ἀπόγειον θέσεως τοῦ ἐπικύκλου, διά τε τὸ
περιγειότερον αὐτὸν γινόμενον μείζονα
πρὸς τῷ Ε γωνίαν ἀπολαμβάνειν, καὶ διὰ
τὸ τὴν πρόσγευσιν τῆς κατὰ τὸ μέσον
ἀπόγειον καὶ περίγειον διαμέτρου μηκέτι
πρὸς τὸ Ε κέντρον, ἀλλὰ πρὸς τὸ Ζ σημεῖον γίνεσθαι, πλεῖσον δὲ συνίσαται τὸ
μὲν παρὰ τὴν πρώτην αἰτίαν διάφορον,
ὅταν καὶ τὸ παρὰ τὴν ἀνωμαλίαν τῆς σελήνης πλεῖσον ᾖ· τὸ δὲ κατὰ τὴν δευτέραν, ὅταν περὶ τὸ ἀπόγειον ἢ τὸ περίγειον ἡ σελήνη ᾖ τοῦ ἐπικύκλου, δῆλον ὅτι
ὅταν μὲν τὸ παρὰ τὴν πρώτην αἰτίαν διάφορον πλεῖσον συμβαίνῃ, τότε τὸ μὲν
παρὰ τὴν δευτέραν ἀνεπαίσθητον ἔσαι
παντελῶς, διὰ τὸ τὴν σελήνην ἐπὶ τῶν
ἐφαπτομένων εὐθειῶν οὖσαν τοῦ ἐπικύκλου, ἐπὶ πολὺ τὴν προσθαφαίρεσιν διάφορον ποιεῖν.

Δυνατὸν δ᾽ ἔσαι τὴν ἀκριβῆ συζυγίαν
τῆς μέσης διενεγκεῖν συναμφοτέροις τοῖς
παρὰ τὴν ἀνωμαλίαν διαφόροις, ἑκατέρου
τῶν φώτων, τοῦ μὲν κατὰ πρόσθεσιν
ὄντος, τοῦ δὲ κατ᾽ ἀφαίρεσιν. Ὅταν δὲ
τὸ κατὰ τὴν δευτέραν τὸ τῆς προσνεύσεως διάφορον πλεῖσον συμβαίνῃ, τότε τὸ
μὲν παρὰ τὴν πρώτην πάλιν ἀνεπαίσθη-
τόν ἐσι, διὰ τὸ καὶ ὅλον τὸ παρὰ τὴν
ἀνωμαλίαν ἢ μηδὲν ἢ βραχὺ παντάπασι
γίνεσθαι, τῆς σελήνης περὶ τὸ ἀπόγειον ἢ
τὸ περίγειον τοῦ ἐπικύκλου τυγχανούσης.

je décris autour de B l'épicycle HTKL,
et je joins BD, HBKE, et BLZ. Maintenant, puisque la grandeur de l'anomalie
peut différer en deux manières, de ce
qu'elle est quand l'épicycle est placé précisément au point apogée, soit que devenant plus périgée, l'épicycle soutende
en E un angle plus grand, soit que par
l'effet de la direction, le diamètre apogée
au périgée moyen, c'est-à-dire la ligne
des apsides ne se dirige plus au point E,
mais au point Z : par la première de
ces causes, la différence est la plus
grande (a) quand l'anomalie de la lune
est la plus grande ; et par la seconde,
quand la lune est dans l'apogée ou le périgée de l'épicycle ; parcequ'il est évident
que, lorsqu'en conséquence de la première cause, il arrive que la différence
est la plus grande, alors celle qui provient de la seconde sera insensible, par
la raison que la lune, étant dans les tangentes de l'épicycle, rend la quantité additive ou soustractive très-différente (b).

Il seroit possible que la syzygie vraie
différât de la moyenne, des deux différences de (l'équation du centre) l'anomalie
de ces deux astres, l'une étant additive, et
l'autre soustractive. Si au contraire par l'effet de la seconde cause, la différence provenant de la direction est la plus grande,
alors à son tour celle qui est produite par
la première devient insensible, parcequ'il
n'y a absolument aucune différence (d'é-
quation du centre) d'anomalie, ou au moins
elle est extrémement petite, lorsque la

lune est dans l'apogée ou le périgée de l'épicycle. En ce cas, la différence entre la syzygie vraie et moyenne ne peut venir que de (*l'équation du centre*) l'anomalie du soleil. Supposons que le soleil fasse la plus grande addition de 2ᵈ 23′, et que la lune fasse d'abord la plus grande soustraction de 5ᵈ 1′, de sorte que l'angle AEB soit de 14 degrés 48′, double de la somme 7ᵈ 24′ : après avoir mené du point E la tangente ET à l'épicycle, j'abaisse la perpendiculaire au point de contact, et du point D sur BE la perpendiculaire DM. L'angle AEB étant de 14ᵈ 48′ des degrés dont 360 font quatre angles droits, et de 29ᵈ 36′ de ceux dont 360 font deux angles droits, l'arc soutenu par DM vaudra 29ᵈ 36′ des degrés dont le cercle décrit autour du rectangle DEM en contient 360, et l'arc soutendu par EM vaudra les 150 degrés 24′ restants du demi-cercle. Donc, de leurs deux soutendantes, DM sera de 30ᵖ 39′ des parties dont l'hypoténuse DE en contient 120, et EM sera de 116 1′ de ces mêmes parties. Par conséquent la droite DE entre les centres étant de 10 parties 19′, et BD, rayon de l'excentrique, de 49ᵖ 41′, DM sera de 2ᵖ 38′, et EM de 9ᵖ 59′. Et puisque la différence des carrés de BD et DM est égale au carré de BM, la droite BM se trouve être de 49 parties 37′, et la ligne entière BME est de 59ᵖ 36′ des parties dont le rayon BT de l'épicycle

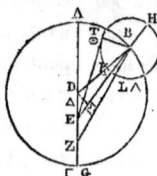

Διοίσει δ᾽ ἡ ἀκριβὴς συζυγία τῆς μέσως θεωρουμένης μόνῳ τῷ παρὰ τὴν ἡλιακὴν ἀνωμαλίαν διαφόρῳ. Ὑποκείσθω δὴ ὁ μὲν ἥλιος τὴν πλείστην πρόσθεσιν ποιούμενος τῶν β̅ κγ′ μοιρῶν, ἡ δὲ σελήνη πρῶτον καὶ αὐτὴ τὴν πλείστην ἀφαίρεσιν ποιουμένη τῶν ε̅ α′ μοιρῶν, ἵνα καὶ ἡ ὑπὸ ΑΕΒ γωνία τὰς συναμφοτέρων τῶν ζ̅ κδ′ μοιρῶν διπλασίονας περιέχῃ ιδ̅ μη′· καὶ ἀχθείσης ἀπὸ τοῦ Ε ἐφαπτομένης τοῦ ἐπικύκλου τῆς ΕΘ, ἐπιζεύχθω ἡ ΒΘ κάθετος, καὶ ἔτι ἀπὸ τοῦ Δ ἐπὶ τὴν ΒΕ κάθετος ἤχθω ἡ ΔΜ. Ἐπεὶ οὖν ἡ ὑπὸ ΑΕΒ γωνία, οἵων μέν εἰσιν αἱ τέσσαρες ὀρθαὶ τξ̅, τοιούτων ἐςὶ ιδ̅ μη′, οἵων δ᾽ αἱ δύο ὀρθαὶ τξ̅ τοιούτων κθ̅ λς′, εἴη ἂν καὶ ἡ μὲν ἐπὶ τῆς ΔΜ περιφέρεια, τοιούτων κθ̅ λς′ οἵων ἐςὶν ὁ περὶ τὸ ΔΕΜ ὀρθογώνιον κύκλος τξ̅, ἡ δ᾽ ἐπὶ τῆς ΕΜ τῶν λοιπῶν εἰς τὸ ἡμικύκλιον ρν̅ κδ′. Καὶ τῶν ὑπ᾽ αὐτὰς ἄρα εὐθειῶν, ἡ μὲν ΔΜ τοιούτων λ̅ λθ′ οἵων ἐςὶν ἡ ΔΕ ὑποτείνουσα ρκ̅, ἡ δὲ ΕΜ τῶν αὐτῶν ριϛ̅ α′. Ὥστε καὶ οἵων ἐςὶν ἡ ΔΕ μεταξὺ τῶν κέντρων ῑ ιθ′, ἡ δὲ ΒΔ ἐκ τοῦ κέντρου τοῦ ἐκκέντρου μθ̅ μα′, τοιούτων καὶ ἡ μὲν ΔΜ ἔςαι β̅ λη′, ἡ δὲ ΕΜ ὁμοίως θ̅ νθ′. Καὶ ἐπεὶ τὸ ἀπὸ τῆς ΒΔ λεῖψαν ἀπὸ τῆς ΔΜ ποιεῖ τὸ ἀπὸ τῆς ΒΜ, γίνεται καὶ ἡ μὲν ΒΜ εὐθεῖα μθ̅ λζ′, ἡ δὲ ΒΜΕ ὅλη τοιούτων νθ̅ λς′ οἵων ἐςὶ καὶ ἡ ΒΘ ἐκ τοῦ κέντρου τοῦ ἐπικύκλου

ε ιε'. Καὶ οἵων ἐςὶν ἄρα ἡ ΕΒ ὑποτείνουσα ρκ̅, τοιούτων καὶ ἡ μὲν ΒΘ εὐθεῖα ἔςαι ῑ λδ', ἡ δ' ἐπ' αὐτῆς περιφέρεια τοιούτων ῑ καὶ ἑξηκοςῶν ϛ οἵων ἐςὶν ὁ περὶ τὸ ΒΕΘ ὀρθογώνιον κύκλος τξ. Καὶ ἡ ὑπὸ ΒΕΘ ἄρα γωνία τοῦ πλείςου διαφόρου τῆς ἀνωμαλίας, οἵων μέν εἰσιν αἱ δύο ὀρθαὶ τξ, τοιούτων ἔςαι ῑ καὶ ἑξηκοςῶν ϛ, οἵων δ' αἱ τέσσαρες ὀρθαὶ τξ τοιούτων ε̅ γ', ἀντὶ ε̅ α' τῶν γινομένων, κατὰ τὸ Α ἀπόγειον ὄντος τοῦ ἐπικύκλου. Διήνεγκεν ἄρα παρὰ ταύτην τὴν αἰτίαν τὸ παρὰ τὴν ἀνωμαλίαν διάφορον ἑξηκοςοῖς δυσὶ μιᾶς μοίρας, ἅπερ οὐδὲ ιϛ" δύναται μιᾶς ὥρας διαψεύσασθαι.

Πάλιν ὑποκείσθω κατὰ τὸ Λ μέσον περίγειον ἡ σελήνη, ἵνα δηλονότι ἡ ὑπὸ ΑΕΒ γωνία τὰς διπλασίονας ἔγγιςα περιέχῃ μόνης τῆς ἡλιακῆς ἀνωμαλίας μοίρας δ̅ μϛ' καὶ ἐπιζευχθείσης, ἐπὶ τῆς ὁμοίας καταγραφῆς, τῆς ΕΛ εὐθείας, κάθετοι ἤχθωσαν ἐπὶ τὴν ΒΕ ἀπὸ μὲν τοῦ Λ ἡ ΛΝ, ἀπὸ δὲ τοῦ Δ ἡ ΔΜ, ἀπὸ δὲ τοῦ Ζ ἐπὶ τὴν ΒΕ ἐκβληθεῖσαν ἡ ΖΕ. Κατὰ ταυτὰ δὴ τοῖς ἔμπροςθεν, ἐπειδήπερ ἡ πρὸς τῷ Ε γωνία, οἵων μέν εἰσιν αἱ τέσσαρες ὀρθαὶ τξ τοιούτων ἐςὶ δ̅ μϛ', οἵων δ' αἱ δύο ὀρθαὶ τξ τοιούτων θ̅ λβ', εἶεν ἂν καὶ αἱ μὲν ἐφ' ἑκατέρας τῶν ΔΜ καὶ ΖΕ περιφέρειαι τοιούτων θ̅ λβ' οἵων εἰσὶν οἱ περὶ τὰ ΕΔΜ καὶ ΕΖΞ ὀρθογώνια κύκλοι τξ, αἱ δ' ἐφ' ἑκατέρας τῶν ΕΜ

perpendiculaire sur la tangente, en vaut 5ᵖ 15'. Donc l'hypoténuse EB étant de 120 parties, la droite BT en vaudra 10ᵖ 34', et l'arc qu'elle soutend vaudra 10ᵈ 6' des degrés dont le cercle décrit autour du rectangle BET en contient 360. Par conséquent l'angle BET de la plus grande différence d'anomalie sera de 10ᵈ 6' des degrés dont 360 font deux angles droits, et de 5ᵈ 3' de ceux dont 360 font quatre angles droits, au lieu de 5ᵈ 1' qu'il avoit lorsque l'épicycle étoit dans l'apogée A. Donc, par l'effet de cette cause, la différence dans l'anomalie seroit de deux soixantièmes d'un seul degré, ce qui ne peut pas faire une erreur de la seizième partie d'une heure (c).

Ensuite, supposant la lune au périgée moyen L, ensorte que l'angle AEB embrasse 4 degrés 46' qui font à peu près le double de l'anomalie du soleil ; et ayant joint, dans la même figure, la droite EL, je mène sur BE les perpendiculaires LN abaissée du point L, DM abaissée du point D, et sur BE prolongée, ZX abaissée du point Z. Pour les mêmes raisons que précédemment, puisque l'angle en E est de 4ᵈ 46' des degrés dont 360 font quatre angles droits, et de 9ᵈ 32' de ceux dont 360 font deux angles droits, les arcs soutendus par DM et par ZX seront de 9ᵈ 32' des degrés dont les cercles décrits sur les triangles rectangles EDM, EZX, en contiennent chacun

360, et les arcs EM et EX de sup-
pléments des demi-cercles vaudront chacun 170ᵈ 28′. Donc
de leurs soutendantes, DM et
ZX seront chacune de 9ᵖ 58′ des
parties dont l'une et l'autre des
hypoténuses DE et EZ en contiennent chacune 120. Et l'une et l'autre
des droites ME et EX vaudront chacune
119ᵖ 35′ de ces mêmes parties. Ainsi,
chacune des droites DE et EZ étant de
10 parties 19′, et DB rayon de l'excentrique, de 49ᵖ 41′, chacune des droites
DM, ZX, vaudra 0ᵖ 51′, et chacune des
droites ME, EX, 10ᵖ 17′ de ces parties.
Or, puisque le carré de BD moins celui
de DM fait celui de BM, la droite BM sera
en longueur à peu près de 49 parties 41′.
De sorte que la droite BE sera de 59 parties 58′, et la droite entière BX de 70 15′
des parties dont la ligne ZX en vaut 0ᵖ
51′. Et pour les mêmes raisons, l'hypoténuse BZ sera de 70 parties 15′ environ.
Or comme la droite BZ est à l'une et à
l'autre des droites ZX et BX, ainsi la droite
BL est à l'une et à l'autre des droites LN et
BN; donc BL, rayon de l'épicycle, étant
de 5 parties 15′, et la droite BE ayant
été démontrée de 59ᵖ 58′, la droite
LN sera de 0ᵖ 4′ de ces parties, BN en
contiendra à peu près 5ᵖ 15′, et le reste
NE sera de 54ᵖ 43′ des parties dont LN en
contient 0ᵖ 4′. Mais comme pour les raisons précédentes, l'hypoténuse EL ne
diffère pas de ces mêmes 54ᵖ 43′, il s'ensuit que l'hypoténuse EL étant de 120
parties, la droite LN en aura 0ᵖ 8′ à

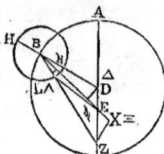

καὶ ΕΞ τῶν λοιπῶν εἰς τὰ ἡμι-
κύκλια ρō κη′. Καὶ τῶν ὑπ'
αὐτὰς ἄρα εὐθειῶν, ἑκατέρα μὲν
τῶν ΔΜ καὶ ΖΕ τοιούτων ἔςαι
θ νη′ οἵων ἐςὶν ἑκατέρα τῶν
ΔΕ καὶ ΕΖ ὑποτεινουσῶν ρκ,
ἑκατέρα δὲ τῶν ΜΕ καὶ ΕΞ εὐθειῶν τῶν αὐτῶν ριθ λε′. ὥστε καὶ οἵων
ἐςὶν ἑκατέρα μὲν τῶν ΔΕ καὶ ΕΖ εὐθειῶν
ī ιθ′, ἡ δὲ ΔΒ ἐκ τοῦ κέντρου τοῦ ἐκκέντρου μθ μα′, ἔςαι καὶ ἑκατέρα μὲν τῶν
ΔΜ καὶ ΖΕ εὐθειῶν ō να′, ἑκατέρα δὲ τῶν
ΜΕ καὶ ΕΞ τῶν αὐτῶν ī ιζ′. Καὶ ἐπεὶ
τὸ ἀπὸ τῆς ΒΔ λεῖψαν τὸ ἀπὸ τῆς ΔΜ
ποιεῖ τὸ ἀπὸ τῆς ΒΜ, ἔςαι καὶ ἡ ΒΜ
μήκει τῶν αὐτῶν ἔγγιστα μθ μα′. Ωστε
καὶ ἡ μὲν ΒΕ εὐθεῖα ἔςαι νθ νη′, ἡ δὲ
ΒΧ ὅλη τοιούτων ō ιε′ οἵων καὶ ἡ ΖΞ ἦν
ō να′. Διὰ τὰ αὐτὰ δὲ καὶ ἡ ΒΖ ὑποτείνουσα τῶν ἴσων ἔγγιστα ἔςαι ō ιε′. Καὶ
ἔςιν ὡς ἡ ΒΖ πρὸς ἑκατέραν τῶν ΖΞ καὶ
ΒΞ, οὕτως ἡ ΒΛ πρὸς ἑκατέραν τῶν ΛΝ
καὶ ΒΝ. Ωστε καὶ οἵων ἐςὶν ἡ μὲν ΒΛ ἐκ
τοῦ κέντρου τοῦ ἐπικύκλου ē ιε′, ἡ δὲ
ΒΕ ἐδείχθη νθ νη′, τοιούτων καὶ ἡ μὲν ΛΝ
ἔςαι ō δ′, ἡ δὲ ΒΝ τῶν αὐτῶν ἔγγιστα ē
ιε′, λοιπὴ δὲ ἡ ΝΕ τοιούτων νδ μγ′ οἵων
ἡ ΛΝ ἦν ō δ′. Επεὶ δὲ διὰ τὰ προκείμενα, καὶ ἡ ΕΛ ὑποτείνουσα ἀδιαφορεῖ τῶν
αὐτῶν νδ μγ′, συνάγεται ὅτι καὶ οἵων
ἐςὶν ἡ ΕΛ ὑποτείνουσα ρκ, τοιούτων
καὶ ἡ μὲν ΛΝ εὐθεῖα ἔςαι ō η′ ἔγγιστα, ἡ
δ' ἐπ' αὐτῆς περιφέρεια τοιούτων ō η′
πάλιν, οἵων ἐςὶν ὁ περὶ τὸ ΕΛΝ ὀρθογώνιον

κύκλος τξ. Καὶ ἡ ὑπὸ ΒΕΛ ἄρα γωνία ἣν διήνεγκεν ἡ σελήνη παρὰ τὴν ἐπὶ τὸ
Ζ πρόσνευσιν, οἵων μέν εἰσιν αἱ δύο ὀρθαὶ
τξ τοιούτων ὅ η΄, οἵων δ᾽ αἱ τέσσαρες
ὀρθαὶ τξ, τοιούτων ὅ δ΄. Ὥστε καὶ ἐνθάδε
τὸ παρὰ τὴν ἀνωμαλίαν τῆς σελήνης διήνεγκεν ἑξηκοςοῖς δ, ἅπερ οὐδ᾽ αὐτὰ ποιεῖ
τινα ἀξιόλογον ἁμαρτίαν περὶ τὰ κατὰ
τὰς συζυγίας φαινόμενα, μηδ᾽ ὄγδοον
ἔγγιςα δυνάμενα μιᾶς ὥρας, ὅσον καὶ
παρ᾽ αὐτὰς τὰς τηρήσεις οὐ παράδοξον
ἔςαι πλεονάκις διαπεσεῖν.

Ταῦτα μέντοι παρεθέμεθα, οὐχ᾽ ὡς
μὴ ὄντος δυνατοῦ καὶ πρὸς τὰς τῶν συζυγιῶν ἐπισκέψεις συνεπιλογίζεσθαι καὶ
αὐτὰς ταύτας τὰς διαφοράς, κἂν βραχύ-
ταται τυγχάνωσιν, ἀλλ᾽ ὡς μηδενὸς
ἡμῖν αἰσθητοῦ διημαρτημένου, κατὰ τὰς
διὰ τῶν ἐκτεθειμένων σεληνιακῶν ἐκλείψεων ἀποδείξεις, παρὰ τὸ μὴ συγκεχρῆ-
σθαι τῇ διὰ τῆς ἐκκεντρότητος ἀναπε-
πληρωμένῃ διὰ τῶν ἑξῆς ὑποθέσει.

ΚΕΦΑΛΑΙΟΝ ΙΑ.

ΠΕΡΙ ΤΩΝ ΤΗΣ ΣΕΛΗΝΗΣ ΠΑΡΑΛΛΑΞΕΩΝ.

ΤΑ μὲν οὖν πρὸς τὰς καταλήψεις τῶν
ἀκριβῶν τῆς σελήνης παρόδων παραλαμ-
βανόμενα, σχεδὸν ταῦτα ἂν εἴη. Συμβαί-
νοντος δ᾽ ἐπὶ τῆς σελήνης καὶ τοῦ, μηδὲ
πρὸς αἴσθησιν τὴν αὐτὴν γίνεσθαι τὴν

très-peu près, et aussi l'arc qu'elle soutend sera de 0^d 8′ des degrés dont le
cercle décrit autour du rectangle ELN en
contient 360. Donc l'angle BEL dont la
lune différoit de la direction vers Z, est de
0^d 8′ des degrés dont deux angles droits en
contiennent 360, et de 0^d 4′ de ceux dont
360 font quatre angles droits. Donc ici
encore la différence dans l'anomalie de
la lune, n'est que de 4 soixantièmes qui
ne font pas une erreur assez forte dans
les phénomènes des syzygies, puisqu'ils
ne valent pas un huitième d'heure dont
il n'est pas rare que l'on se trompe dans
les observations.

Nous avons exposé toutes ces particularités, non qu'il soit impossible de faire
entrer ces différences dans les calculs
des syzygies, quelque petites qu'elles
soient, mais pour faire voir que nous
n'avons pas fait de faute digne d'attention en les négligeant dans les démonstrations que nous avons données des
éclipses de lune, sans y employer l'hypothèse de l'excentricité, telle que nous
l'avons complétée par ce qui suit.

CHAPITRE XI.

DES PARALLAXES DE LA LUNE.

TELS sont les moyens qu'on emploie pour
trouver les mouvemens vrais de la lune.
Mais comme il arrive à cet astre que son
mouvement apparent n'est pas le même
que le vrai, parceque la terre n'est pas

comme un point à l'égard de la distance de l'orbite lunaire, comme je l'ai déjà dit. Il s'ensuit nécessairement qu'il faut, pour le calcul des phénomènes, et surtout des éclipses du soleil, tenir compte des parallaxes de la lune, par le moyen desquelles on pourra se servir des mouvemens vrais rapportés au centre de la terre et de l'écliptique pour déterminer ceux qui ne sont qu'apparens, c'est-à-dire qui sont apperçus de quelque point de la surface terrestre ; et réciproquement on pourra par ces mouvemens apparens, connoître les vrais. Mais comme pour cet objet il est impossible d'assigner les quantités particulières des parallaxes, si l'on ne connoît pas le rapport de la distance ; ni ce rapport, si l'on ne connoît pas une de ces parallaxes ; on ne peut pas avoir la distance des astres qui n'ont pas de parallaxe sensible, c'est-à-dire à l'égard desquels la terre n'est qu'un point. Quant à ceux qui en ont une bien visible, comme la lune, il ne s'agit que de trouver le rapport de la distance par le moyen d'une parallaxe connue, attendu que l'observation de cette parallaxe quelconque peut se faire immédiatement, au lieu qu'on ne peut pas trouver la grandeur de la distance par elle-même. Hipparque a bien fait cette recherche par le moyen du soleil surtout : car comme de quelques particularités du soleil et de la

φαινομένην αὐτῆς πάροδον τῇ ἀκριβεῖ, διὰ τὸ μὴ σημείου λόγον ἔχειν, ὡς ἔφαμεν, τὴν γῆν πρὸς τὸ ἀπόστημα τῆς σφαίρας αὐτῆς, ἀναγκαῖον ἂν εἴη καὶ ἀκόλουθον τῶν τε ἄλλων φαινομένων ἕνεκεν, καὶ μάλιςα τῶν περὶ τὰς τοῦ ἡλίου ἐκλείψεις θεωρουμένων, τὸν περὶ τῶν παραλλάξεων αὐτῆς ποιήσασθαι λόγον, ἐξ' ὧν δυνατὸν ἔςαι διὰ τῶν πρὸς τὸ κέντρον τῆς γῆς, καὶ τοῦ διὰ μέσων τῶν ζωδίων κύκλου νοουμένων ἀκριβῶν παρόδων, καὶ τὰς ἀπὸ τῆς ὄψεως τῶν ὁρώντων, τουτέςιν ἀπό τινος ἐπιφανείας τῆς γῆς θεωρουμένας διακρίνειν· καὶ πάλιν τὸ ἐναντίον ἀπὸ τῶν φαινομένων, τὰς ἀκριβεῖς. Παρακολουθοῦντος δὲ τῇ τοιαύτῃ ἐπισκέψει τοῦ μήτε τὰς κατὰ μέρος πηλικότητας τῶν παραλλάξεων, ἄνευ τοῦ δοθῆναι τὸν τοῦ ἀποςήματος λόγον, δύνασθαι πραγματευθῆναι, μήτε αὐτὸν τὸν τοῦ ἀποςήματος λόγον ἄνευ τοῦ δοθῆναί τινα παράλλαξιν, ἐπὶ μὲν τῶν μηδὲν αἰσθητὸν παραλλασσόντων, τουτέςι πρὸς ἃ ἡ γῆ σημείου λόγον ἔχει, οὐδὲ τὸν τοῦ ἀποςήματος λόγον δηλονότι δυνατὸν ἂν γένοιτο λαβεῖν. Ἐπὶ δὲ τῶν παραλλασσόντων ὥσπερ ἐπὶ τῆς σελήνης, ἁρμόζοι ἂν μόνως τὸ διά τινος πρῶτον δοθείσης παραλλάξεως τὸν τοῦ ἀποςήματος λόγον εὑρεῖν, διὰ τὸ τοιαύτην μέν τινα παραλλακτικὴν τήρησιν καὶ καθ' ἑαυτὴν δύνασθαι καταληφθῆναι, τὴν δὲ τοῦ ἀποςήματος πηλικότητα μηδαμῶς. Ὁ μὲν οὖν Ἵππαρχος ἀπὸ τοῦ ἡλίου μάλιςα τὴν τοιαύτην ἐξέτασιν πεποίηται ἐπειδὴ γὰρ ἀπό τινων ἄλλων περὶ τὸν ἥλιον

καὶ τὴν σελήνην συμβεβηκότων, ὑπὲρ ὧν
ἐν τοῖς ἑξῆς ποιησόμεθα τὸν λόγον, ἀκο-
λουθεῖ τὸ, τοῦ κατὰ τὸ ἕτερον τῶν φώτων ἀποσήματος δοθέντος, καὶ τὸ κατὰ
τὸ ἕτερον δίδοσθαι, πειρᾶται τὸ τοῦ
ἡλίου καταςοχαζόμενος οὕτω καὶ τὸ
τῆς σελήνης ἀποδεικνύειν· τὸ μὲν πρῶτον
ὑποτιθέμενος τὸν ἥλιον τὸ ἐλάχιςον αἰσθητὸν μόνον παραλλάσσειν, ἵνα καὶ τὸ ἀπόςημα αὐτοῦ λάβῃ· μετὰ δὲ ταῦτα καὶ
διὰ τῆς ὑπ' αὐτοῦ παρατιθεμένης ἡλιακῆς ἐκλείψεως, ποτὲ μὲν ὡς μηδὲν
αἰσθητόν, ποτὲ δὲ καὶ ὡς ἱκανὸν τοῦ
ἡλίου παραλλάσσοντος· ἔνθεν αὐτῷ καὶ
οἱ λόγοι τοῦ τῆς σελήνης ἀποσήματος
διάφοροι καθ' ἑκάςην τῶν ἐκτεθειμένων
ὑποθέσεων κατεφαίνοντο, διςαζομένου
παντάπασι τοῦ κατὰ τὸν ἥλιον, οὐ μόνον ἐν τῷ πόσον, ἀλλὰ καὶ εἰ ὅλως τι
παραλλάσσει.

ΚΕΦΑΛΑΙΟΝ ΙΒ.

ΠΕΡΙ ΚΑΤΑΣΚΕΥΗΣ ΟΡΓΑΝΟΥ ΠΑΡΑΛ-
ΛΑΚΤΙΚΟΎ.

ΗΜΕΙΣ δὲ ἵνα μηδὲν τῶν ἀδήλων εἰς
τὴν τοιαύτην ἐπίσκεψιν παραλαμβάνω-
μεν, κατεσκευάσαμεν ὄργανον δι' οὗ
δυνηθείημεν ἂν, ὡς ἕνι μάλιςα, ἀκριβῶς τηρῆσαι πόσον καὶ ἀπὸ πηλίκης
τοῦ κατὰ κορυφὴν ἀποςάσεως ἡ σελήνη
παραλλάσσει, ὡς ἐπὶ τοῦ διὰ τῶν πόλων
τοῦ ὁρίζοντος καὶ αὐτῆς γραφομένου μεγίςου κύκλου.

lune, desquelles nous parlerons dans la suite, il suit que la distance de l'un des deux luminaires étant donnée, celle de l'autre s'en conclut, il essaie par des conjectures sur celle du soleil, de démontrer celle de la lune. Il suppose d'abord au soleil la plus petite parallaxe possible pour en déduire la distance; après quoi par le moyen d'une éclipse solaire, il fait son calcul avec cette petite parallaxe comme insensible, et ensuite avec une plus grande. De cette manière il trouve deux valeurs différentes pour la distance de la lune; mais il est difficile de choisir entre ces valeurs, puisque non seulement on ignore la vraie parallaxe solaire, mais même si le soleil a une parallaxe.

CHAPITRE XII.

CONSTRUCTION DE L'INSTRUMENT A OBSERVER
LES PARALLAXES.

QUANT à nous, pour ne rien admettre d'incertain dans le sujet que nous agitons actuellement, nous avons construit un instrument à l'aide duquel nous pussions observer le plus exactement qu'il seroit possible, de combien pour chaque distance au point vertical est la parallaxe de la lune, en la mesurant sur le grand cercle qui passe par les poles de l'horizon et par la lune même.

Nous avons fabriqué deux règles à quatre faces, qui n'avoient pas moins de quatre coudées de longueur chacune, pour que les divisions y pussent être subdivisées en plusieurs fractions, et qui étoient assez bien proportionnées dans leur épaisseur pour ne pas se courber dans leur longueur, mais se maintenir exactement droites sur chacune de leurs faces. Ensuite, ayant tracé des lignes droites le long du milieu de la largeur de chaque face la plus large, nous avons implanté sur l'une de ces règles vers ses extrémités, de petites pinnules prismatiques, droites, égales, parallèles entr'elles, perpendiculaires à l'axe ou ligne du milieu, et percées chacune d'un trou juste en leur centre, l'un plus petit pour l'œil, l'autre plus grand vers la lune; de manière que quand on applique l'œil au plus petit, on peut voir la lune entière directement vis-à-vis par le plus grand. Après quoi, ayant perforé également chacune de ces deux règles dans leurs lignes du milieu ou axes, à l'une de leurs extrémités, vers la pinnule dont le trou est le plus grand, nous avons adapté à ce trou de chacune des deux règles, une cheville qui retient les faces des règles dont les axes sont ainsi posés l'un sur l'autre, de sorte que la règle à pinnules peut tourner autour de cette cheville comme sur un centre; et ayant fixé invariablement l'autre règle qui est sans pinnules, debout sur sa base, nous avons pris sur chaque ligne du milieu

Ἐποιήσαμεν γὰρ κανόνας δύο τετραπλεύρους, τὸ μὲν μῆκος οὐκ ἐλάσσονας τεσσάρων πήχεων, πρὸς τὸ τὰς διαιρέσεις εἰς πλείονα μέρη δύνασθαι γενέσθαι, τὴν δὲ περιοχὴν συμμέτρους, ὥστε μὴ διαστραφῆναι διὰ τὸ μῆκος, ἀλλ' ἀποτετάσθαι σφόδρα ἀκριβῶς, καὶ ἐπ' εὐθείας καθ' ἑκάστην τῶν πλευρῶν. Ἔπειτα παραγράψαντες εὐθείας γραμμὰς ἐφ' ἑκατέρου κατὰ μέσης τῆς πλατυτέρας πλευρᾶς, προσεθήκαμεν τῷ ἑτέρῳ τῶν κανόνων, ἐπὶ τῶν ἄκρων ἀμφοτέρων, ὀρθὰ πρισμάτια τετράγωνα περὶ μέσην τὴν γραμμὴν, ἴσα τε καὶ παράλληλα, ὀπὴν ἔχον ἑκάτερον κατὰ τὸ μέσον ἠκριβωμένην, τὸ μὲν πρὸς τῇ ὄψει ἐσόμενον λεπτὴν, τὸ δὲ πρὸς τῇ σελήνῃ μείζονα, οὕτως, ὥστε παρατιθεμένου τοῦ ἑνὸς τῶν ὀφθαλμῶν τῷ τὴν ἐλάττονα ὀπὴν ἔχοντι πρισματίῳ, διὰ τῆς τοῦ ἑτέρου καὶ ἐπ' εὐθείας ὀπῆς τὴν σελήνην ὅλην δύνασθαι καταφαίνεσθαι. Διατρήσαντες οὖν ἐξ ἴσου ἑκάτερον τῶν κανόνων κατὰ μέσων τῶν γραμμῶν, ἐπὶ τοῦ ἑτέρου τῶν περάτων, πρὸς τῷ τὴν μείζονα ὀπὴν ἔχοντι πρισματίῳ, καὶ ἐναρμόσαντες δι' ἀμφοτέρων ἀξόνιον, ὥστε συνδεθῆναι μὲν ὑπ' αὐτοῦ τὰς πρὸς ταῖς γραμμαῖς τῶν κανόνων πλευρὰς ὥσπερ ὑπὸ κέντρου, περιάγεσθαι δὲ δύνασθαι τὸν τὰ πρισμάτια ἔχοντα πανταχῆ καὶ ἀδιαστρόφως διασφηνώσαντες τῇ βάσει τὸν ἕτερον τῶν κανόνων, τὸν μὴ ἔχοντα τὰ πρισμάτια, ἐλάβομεν ἐπὶ τῆς ἑκατέρου μέσης γραμμῆς σημεῖά τινα, πρὸς τοῖς παρὰ τῇ βάσει πέρασι τὸ ἴσον καὶ

ὅτι πλεῖςον ἀπὸ τοῦ κατὰ
τὸ ἀξόνιον κέντρον ἀφεςη-
κότα· καὶ διείλομεν τὴν
ἀφωρισμένην γραμμὴν τοῦ
τὴν βάσιν ἔχοντος κανόνος
εἰς μέρη ξ, καὶ τούτων ἔτι
ἕκαςον εἰς ὅσα ἐδυνάμεθα
τμήματα. Παρεθήκαμεν δὲ
καὶ ὄπιθεν τοῦ αὐτοῦ κα-
νόνος πρὸς τοῖς πέρασι πρισμάτια, τὰς
ἐπὶ τὰ αὐτὰ μέρη πλευρὰς πρὸς τῇ
αὐτῇ γραμμῇ ἐπ' εὐθείας ἀλλήλαις ἔχοντα, καὶ τὸ ἴσον ἀφεςηκότα πανταχόθεν
τῆς αὐτῆς καὶ μέσης γραμμῆς, πρὸς τὸ,
δι' αὐτῶν καθετίου κριμναμένου, δύνασθαι τὸν κανόνα ὀρθὸν καὶ ἀπαρέγκλι-
τον πρὸς τὸ τοῦ ὁρίζοντος ἐπίπεδον ἵςα-
σθαι. Ἔχοντες δὲ καὶ μεσημβρινὴν γραμμὴν
προδιαβεβλημένην ἐν ἐπιπέδῳ παραλλήλῳ τῷ τοῦ ὁρίζοντος, ἐπί τινος ἀν-
επισκοτήτου χωρίου, ἵςαμεν τὸ ὄργανον
ὀρθὸν, ὥστε τὰς πλευρὰς τῶν κανόνων,
καθ' ἃς ἥνωνται ἀλλήλοις ὑπὸ τοῦ ἀξο-
νίου, πρὸς μεσημβρίαν τετράφθαι, παραλλήλους γινομένας τῇ παρακειμένῃ
μεσημβρινῇ γραμμῇ, καὶ τὸν μὲν τὴν
βάσιν ἔχοντα κανόνα ὀρθὸν ἀκλινῶς καὶ
ἀδιαςρόφως ἔτι τε ἀσφαλῶς ἑςάναι·
τὸν δὲ ἕτερον περιάγεσθαι συμμέτρως
τῇ σφίγξει περὶ τὸ ἀξόνιον ἐν τῷ τοῦ
μεσημβρινοῦ ἐπιπέδῳ. Προσεθήκαμεν δὲ
καὶ ἕτερον κανόνιον λεπτὸν καὶ εὐθὺ, προσ-
ηρμοσμένον μὲν, ἕνεκεν τοῦ καὶ αὐτὸ
περιάγεσθαι, περονίῳ βραχεῖ, κατὰ τοῦ

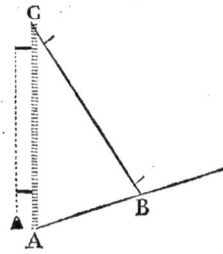

I.

des points à égale distance
des extrémités vers la base,
et les plus éloignés qu'il étoit
possible, du centre qui est à
la cheville, et nous avons divisé la ligne ainsi déterminée
de la règle fixe sur la base, en
60 portions, et chaque portion en autant de subdivi-
sions que nous avons pu. A chacune des
deux extrémités de cette règle fixe, nous
avons attaché par derrière deux prismes
qui ont leurs faces parallèles, et qui se
terminent l'un et l'autre à une distance
égale de la ligne du milieu de la verge,
pour qu'au moyen d'un fil-à-plomb qui
passe par ces prismes, on puisse dresser la
règle fixe perpendiculairement au plan
de l'horizon. La ligne méridienne étant
tracée sur le plan parallèle à celui de
l'horizon, nous plaçons cet instrument
debout, dans un lieu sans ombre, ensorte que les faces des règles qui sont
jointes par la cheville, regardent le midi,
étant parallèles à la méridienne tracée,
et que la règle fixe sur sa base soit perpendiculaire, ferme, inflexible et sans inclinaison, afin qu'on puisse faire tourner
dans le plan du méridien l'autre règle autour de la cheville jusqu'à la hauteur où on
l'arrête en la serrant. A ces règles, nous en
avons adapté une autre, mince, droite, et
disposée de manière qu'en tournant par
un bout autour d'une petite cheville
placée près de l'extrémité inférieure de

42 *

la ligne graduée, et aboutissant jusqu'à la plus grande hauteur de l'extrémité également éloignée de la ligne de l'autre règle, elle puisse, en tournant d'un mouvement commun, montrer l'intervalle des deux extrémités, en ligne droite.

Voici maintenant comment nous faisions usage de cet instrument pour observer la lune dans ses passages au méridien, et par les points tropiques de l'écliptique : comme dans ces positions, les grands cercles qui passent par les poles de l'horizon et par le centre de la lune, sont à peu près les mêmes que ceux qui passent par les poles de l'écliptique, (car c'est sur leurs circonférences que l'on mesure les écarts de la lune en latitude, et l'on peut prendre ainsi facilement et sans autre secours, la distance juste depuis le point vertical); dirigeant la règle qui porte les prismes, vers la lune, lorsque cet astre passe au méridien, au moment où son centre paroît dans celui de la plus grande ouverture d'une des pinnules, nous marquons sur la règle mince l'intervalle des extrémités des lignes droites tracées sur les règles, et portant cet intervalle sur la ligne graduée de la verge droite fixe, divisée en 60 portions, nous trouvons combien cet intervalle en ligne droite contient des 60 parties du rayon du cercle décrit dans le plan du

πρὸς τῇ βάσει πέρατος τῆς διῃρημένης γραμμῆς, φθάνον δὲ μέχρι τῆς πλείςης παραφορᾶς τοῦ τὸ ἴσον ἀφεςῶτος πέρατος τῆς τοῦ ἑτέρου κανόνος γραμμῆς, ὥστε δύνασθαι συμπεριαγόμενον αὐτῷ τὸ μεταξὺ τῶν δύο περάτων γινόμενον ἐπ᾽ εὐθείας διάςημα δεικνύειν.

Ἐποιούμεθα δὴ τοῦτον τὸν τρόπον τὰς τῆς σελήνης τηρήσεις, κατὰ τὰς ἐπ᾽ αὐτοῦ τοῦ μεσημβρινοῦ καὶ περὶ τὰ τροπικὰ σημεῖα τοῦ διὰ μέσων τῶν ζωδίων κύκλου γινομένας παρόδους· ἐπειδὴ κατὰ τὰς τοιαύτας σχέσεις, οἵ τε διὰ τῶν πόλων τοῦ ὁρίζοντος καὶ τοῦ κέντρου τῆς σελήνης γραφόμενοι μέγιςοι κύκλοι, οἱ αὐτοὶ ἔγγιςα γίνονται τοῖς διὰ τῶν πόλων τοῦ διὰ μέσων τῶν ζωδίων γραφομένοις, πρὸς οὓς αἱ κατὰ πλάτος πάροδοι τῆς σελήνης θεωροῦνται, καὶ ἡ ἀκριβὴς ἀποχὴ τοῦ κατὰ κορυφὴν σημείου διὰ τούτου αὐτόθεν καὶ προχείρως δύναται λαμβάνεσθαι· παραφέροντες οὖν τὸν τὰ πρισμάτια ἔχοντα κανόνα πρὸς τὴν σελήνην, κατ᾽ αὐτὰς τὰς ἐπὶ τοῦ μεσημβρινοῦ παρόδους, ἕως ἂν δι᾽ ἀμφοτέρων τῶν ὀπῶν κατὰ τὸ μέσον τῆς μείζονος ὀπῆς τὸ κέντρον αὐτῆς διοπτευθῇ, καὶ σημειούμενοι ἐπὶ τοῦ λεπτοῦ κανονίου τὴν μεταξὺ τῶν ἄκρων τῶν ἐν τοῖς κανόσιν εὐθειῶν διάςασιν, προσβάλλοντές τε αὐτὴν τῇ διῃρημένῃ εἰς τὰ ξ τμήματα γραμμῇ τοῦ ὀρθοῦ κανόνος, εὑρίσκομεν πόσων ἐςὶ τμημάτων ἡ τῆς προειρημένης διαςάσεως εὐθεῖα, οἵων ἐςὶν ἡ ἐκ τοῦ κέντρου τοῦ ὑπὸ τῆς περιαγωγῆς

γραφομένης ἐν τᾷ τοῦ μεσημβρινοῦ ἐπιπέδῳ
κύκλου, δηλονότι ξ. Καὶ λαβόντες τὴν
ὑπὸ τῆς τηλικαύτης εὐθείας ὑποτεινομέ-
νην περιφέρειαν, ταύτην ἔχομεν, ἣν ἀπεῖχε
τότε τοῦ κατὰ κορυφὴν σημείου τὸ φαινόμενον κέντρον τῆς σελήνης, ἐπὶ τοῦ διὰ
τῶν πόλων τοῦ ὁρίζοντος καὶ αὐτοῦ γραφομένου μεγίςου κύκλου, ὃς ὁ αὐτὸς ἐγίνετο τότε καὶ τῷ διὰ τῶν πόλων τοῦ
τε ἰσημερινοῦ καὶ τοῦ διὰ μέσων τῶν ζωδίων γραφομένῳ μεσημβρινῷ.

Ἕνεκεν μὲν οὖν τοῦ τὴν γινομένην κατὰ
πλάτος πλείςην πάροδον τῆς σελήνης
ἀκριβῶς ἐπιγιγνώσκειν, συνεχρώμεθα τῇ
διοπτεύσει, περί τε τὸ θερινὸν τροπικὸν
σημεῖον μάλιςα αὐτῆς ὑπαρχούσης, καὶ
ἔτι περὶ αὐτὸ τὸ τοῦ λοξοῦ αὐτῆς κύκλου βορειότατον πέρας, διά τε τὸ περὶ
ταῦτα τὰ σημεῖα ἐφ᾽ ἱκανὸν διάςημα
τὴν αὐτὴν πρὸς αἴσθησιν κατὰ πλάτος
πάροδον ἀφορίζεσθαι καὶ διὰ τὸ πρὸς
αὐτῷ τῷ κατὰ κορυφὴν σημείῳ τότε τὴν
σελήνην γινομένην, ἐν τῷ δι᾽ Ἀλεξανδρείας
παραλλήλῳ, καθ᾽ ὃν ἐποιούμεθα τὰς
τηρήσεις, τὴν αὐτὴν ἔγγιςα ποιεῖν τὴν
φαινομένην θέσιν τῇ ἀκριβεῖ. Κατελαμβά-
νετο δὲ περὶ τὰς τοιαύτας παρόδους ἀπέχον αἰεὶ τὸ κέντρον τῆς σελήνης τοῦ κατὰ
κορυφὴν σημείου β καὶ η" ἔγγιςα μοίρας,
ὡς καὶ ἐκ τῆς τοιαύτης ἐξετάσεως ε̄ μοιρῶν ἀποδείκνυςθαι τὴν πλείςην αὐτῆς
κατὰ πλάτος ἐφ᾽ ἑκάτερα τοῦ διὰ μέσων
τῶν ζωδίων πάροδον, ὅσαις σχεδὸν ὑπερέχουσιν αἱ ἀπὸ τοῦ κατὰ κορυφὴν σημείου ἐπὶ τὸν ἰσημερινὸν ἐν Ἀλεξανδρείᾳ
δεδειγμέναι μοῖραι λ̄ νη', λείπουσαι τὰς

méridien par la circonvolution de la règle mobile. Ensuite, prenant l'arc indiqué par le nombre qui marque l'intervalle, nous avons pour mesure de la distance entre le centre alors apparent de la
lune et le point vertical, un arc qui fait
partie du grand cercle qui passe par le
centre de la lune et par les pôles de l'horizon, et qui est alors le même que le
méridien passant par les pôles de l'équateur et par ceux de l'écliptique.

Actuellement, pour connoître exactement la plus grande latitude de la lune,
nous l'avons observée avec cet instrument, principalement lorsqu'elle avoit
lieu dans le solstice d'été, et à la limite la
plus boréale de l'orbite inclinée de cet
astre, tant parceque dans ces points on
trouve la latitude de la lune sensiblement
la même à une assez grande distance, que
parceque la lune étant alors peu éloignée
du point vertical, elle a, dans le parallèle d'Alexandrie, sous lequel nous faisions nos observations, une position apparente très-approchée de la vraie. Nous
trouvâmes dans ces positions de la lune,
que son centre étoit toujours éloigné
d'environ 2ᵈ ⅛ du point vertical ; de
sorte que par cette recherche, il est démontré que son plus grand éloignement
en latitude, de chaque côté de l'écliptique, est de 5 degrés (a), dont les 30ᵈ
58' de latitude d'Alexandrie comptés depuis le point vertical de cette ville,

moins les 2^d ½ de la distance apparente, surpassent les 23^p 51′ de distance
entre l'équateur et le point solstitial
d'été (c).

Pour observer les parallaxes, nous re-
gardions de même la lune, lorsqu'elle
étoit dans le solstice d'hiver, tant pour
ce qui a été dit ci-dessus, que parcequ'alors sa distance du point vertical est
la plus grande, puisqu'elle résulte du
même mouvement dans le même méridien. Alors sa parallaxe est la plus
grande et la plus aisée à appercevoir.
De plusieurs parallaxes que nous avons
observées dans ces positions de la lune,
nous en exposerons une seule qui nous
servira à donner un exemple du calcul
à faire dans ces sortes d'observations,
et nous démontrerons le reste dans la
suite, à mesure que les objets se présenteront.

CHAPITRE XIII.

DÉMONSTRATION DES DISTANCES DE LA LUNE.

Nous avons en effet observé la lune
au méridien, dans la 20e année d'Adrien,
à 5 ½ ⅓ heures équinoxiales après midi,
le treizième jour du mois égyptien Athyr,
lorsque le soleil alloit se coucher. Il nous
parut, par l'instrument, que son centre
étoit à 50^d ½ ⅓ 1/12 (50^d 55′) loin du point
vertical : car la distance marquée sur la
règle mince, étoit de 51 ½ 1/12 (51^d 35′)
des parties desquelles la verge fixe de l'instrument en contenoit 60. Mais une droite

τῆς φαινομένης ἀποςάσεως μοίρας β̄ καὶ
η″, τῶν ἀπὸ τοῦ ἰσημερινοῦ ἐπὶ τὸ
θερινὸν τροπικὸν σημεῖον δεδειγμένων
μοιρῶν κγ̄ να΄.

Ενεκεν δὲ τοῦ καὶ τὴν πρὸς τὰς παραλλάξεις ἐπίσκεψιν ποιεῖσθαι, παρετη-
ροῦμεν πάλιν κατὰ τὸν αὐτὸν τρόπον
τὴν σελήνην περὶ μὲν τὸ χειμερινὸν τροπικὸν σημεῖον τυγχάνουσαν, διά τε τὰ
προειρημένα, καὶ διὰ τὸ πλεῖστον τότε
αὐτὴν ἀφεςῶσαν, ὡς ἐπὶ τῆς ὁμοίας κατὰ
τὸν μεσημβρινὸν παρόδου τοῦ κατὰ κορυφὴν σημείου, καὶ τὴν παράλλαξιν μείζονα καὶ εὐσημαντοτέραν παρέχειν. Απὸ
πλειόνων δὴ τῶν κατὰ τὰς τοιαύτας παρόδους τετηρημένων ἡμῖν παραλλάξεων,
μίαν πάλιν ἐκθησόμεθα, δι᾽ ἧς τόν τε
τοῦ ἐπιλογισμοῦ τρόπον ἅμα παραςήσο-
μεν, καὶ τὴν τῶν λοιπῶν ἀπόδειξιν κατὰ
τὴν ἐφεξῆς ἀκολουθίαν ποιησόμεθα.

ΚΕΦΑΛΑΙΟΝ ΙΓ.

ΑΠΟΔΕΙΞΙΣ ΤΩΝ ΤΗΣ ΣΕΛΗΝΗΣ ΑΠΟΣΤΗΜΑΤΩΝ.

Ετηρησαμεν γὰρ τῷ κ̄ῳ ἔτει Αδρια-
νοῦ, κατ᾽ Αἰγυπτίους Αθὺρ ιγ̄, μετὰ ε̄
ς γ″ ὥρας ἰσημερινὰς τῆς μεσημβρίας,
μέλλοντος τοῦ ἡλίου καταδύνειν, τὴν σελήνην ἐπὶ τοῦ μεσημβρινοῦ γεγενημένην,
καὶ ἐφαίνετο ἡμῖν διὰ τοῦ ὀργάνου τὸ κέντρον αὐτῆς ἀπέχον τοῦ κατὰ κορυφὴν
σημείου μοίρας ν̄ ς″ γ″ ιβ″· ἡ γὰρ ἐπὶ
τοῦ λεπτοῦ κανονίου διάςασις τοιούτων
ἦν νᾱ ς″ ιβ″, εἰς οἷα διῄρητο ἡ ἐκ τοῦ κέντρου τοῦ τῆς περιαγωγῆς κύκλου ξ̄. Η

δὲ τηλικαύτη εὐθεῖα ὑποτείνει περιφέρειαν τοιούτων ν̅ ς″ γ″ ιβ″, οἵων ἐςὶν ὁ
κύκλος τξ̅. Ἀλλ᾽ ὁ ἀπὸ τῶν ἐν τῷ πρώτῳ
ἔτει Ναβονασσάρου ἐποχῶν χρόνος μέχρι
τοῦ κατὰ τὴν ἐκκειμένην τήρησιν, ἐτῶν
ἐςὶν Αἰγυπτιακῶν ωπβ̅ καὶ ἡμερῶν οβ̅
καὶ ὡρῶν ἰσημερινῶν ἀπλῶς μὲν ε̅ ς″ γ″,
ἀκριβῶς δὲ ε̅ γ″· εἰς ὃν χρόνον τὸν μὲν
ἥλιον εὑρίσκομεν μέσως μὲν ἐπέχοντα τῶν
χηλῶν μοίρας ζ̅ λα′, ἀκριβῶς δὲ ε̅ κη′,
τὴν δὲ σελήνην μέσως ἐπέχουσαν τοξότου
μοίρας κε̅ μδ′· καὶ τὴν μὲν ἀποχὴν μοιρῶν οη̅ ιγ′, τὰς δ᾽ ἀπὸ τοῦ μέσου ἀπογείου τοῦ ἐπικύκλου μοίρας σξβ̅ κ′, τὰς
δ᾽ ἀπὸ τοῦ βορείου πέρατος τοῦ πλάτους μοίρας τνδ̅ μ′. Προςτίθει δὲ διὰ
ταῦτα καὶ τὸ παρὰ τὴν ἀνωμαλίαν διάφορον, πανταχόθεν ἐκ τοῦ οἰκείου κανόνος διακριθὲν μοίρας ζ̅ κς′· ὡς καὶ
τὴν ἀκριβῆ τῆς σελήνης θέσιν, κατ᾽ ἐκείνην τὴν ὥραν ἐπέχειν κατὰ μὲν τὸ μῆκος αἰγόκερω μοίρας γ̅ ι′, κατὰ δὲ
τὸ πλάτος ἐπὶ μὲν τοῦ λοξοῦ κύκλου
ἀπὸ τοῦ βορείου πέρατος μοίρας β̅
ς′, ἐπὶ δὲ τοῦ διὰ τῶν πόλων τοῦ διὰ
μέσων τῶν ζωδίων, ὃς ὁ αὐτὸς ἔγγιςα
ἦν τότε τῷ μεσημβρινῷ, ἀπὸ τοῦ διὰ
μέσων τῶν ζωδίων πρὸς τὰς ἄρκτους
μοίρας δ̅ νθ′. Ἀπέχουσι δὲ καὶ αἱ μὲν
τοῦ αἰγόκερω μοῖραι γ̅ ι′ τοῦ ἰσημερινοῦ
πρὸς μεσημβρίαν ἐπὶ τοῦ αὐτοῦ κύκλου
μοίρας κγ̅ μθ′, ὁ δὲ ἰσημερινὸς τοῦ ἐν Ἀλεξανδρείᾳ κατὰ κορυφὴν σημείου πρὸς μεσημβρίαν ὁμοίως μοίρας λ̅ νη′. Τὸ ἄρα

de cette longueur est la soutendante
d'un arc de 50 $\frac{1}{2}$ $\frac{1}{3}$ $\frac{1}{12}$ des degrés dont
la circonférence du cercle en contient
360. Et d'ailleurs le temps écoulé depuis
les époques prises dans la première (a)
année de Nabonassar, jusqu'à celui de
l'observation dont je parle, est de 882
années égyptiennes, 72 jours et en gros
5 $\frac{1}{2}$ $\frac{1}{3}$ heures, ou exactement 5 heures $\frac{1}{3}$,
temps où nous trouvons que le soleil
étoit par son mouvement moyen dans
les 7 parties 31′ des serres ; mais par
son mouvement vrai dans les 5ᵖ 28′ ;
et que la lune étoit par son moyen mouvement dans les 25ᵖ 44′ du sagittaire (b).
Son élongation ou sa distance angulaire
moyenne au soleil étoit donc de 78ᵖ 13′ ;
de 262ᵖ 20′ depuis l'apogée moyen de
l'épicycle ; et de 354ᵈ 40′ depuis la
limite boréale de la latitude. Or tout
cela donne pour différences d'anomalie 7 degrés 26′ additifs suivant la table : la position exacte de la lune étoit
donc à cette heure-là, pour la longitude,
dans les 3ᵈ 10′ du capricorne (c), et
pour la latitude, dans les 2 degrés 6′
comptés sur l'orbite inclinée depuis la
limite boréale ; mais de 4ᵈ 59′ comptés
depuis l'écliptique en allant vers l'ourse,
sur le cercle qui passe par les poles de ce
cercle mitoyen du zodiaque, lequel cercle alors étoit le même à très-peu près que
le méridien. Or les 3ᵈ 10′ du capricorne
sont à 23ᵈ 49′ depuis l'équateur vers le
midi, comptés sur le même cercle, et
l'équateur est à 30ᵈ 58′ au midi du point

vertical d'Alexandrie. Donc le centre de
la lune étoit exactement à 49 degrés 48′
loin du point vertical ; mais il en paroissoit éloigné de 50ᵈ 55′ : donc la parallaxe de la lune dans sa distance lors de
ce passage, étoit de 1ᵈ 7′ comptés sur le
cercle qui passoit par la lune et par les
poles de l'horizon, étant elle-même à
49ᵈ 48′ loin du point vertical.

 Cela bien éclairci, décrivez
dans le plan du cercle qui passe
par les poles de l'horizon et
par la lune et autour du même
centre, les grands cercles AB
de la terre, et GD qui passe
par le centre de la lune, lors
de l'observation, et le cercle EZHT en
comparaison duquel la terre n'est que
comme un point. Soit K le centre commun de tous ces cercles, et KAGE la
droite qui passe par les points verticaux.
Supposons la lune en D aux 49 degrés
48′ supposés de distance juste depuis
le point vertical G, et joignons KDH,
ADT. Du point A qui étoit le lieu d'où
l'on observoit, abaissons la perpendiculaire AL sur KB, et menons la parallèle
AZ à KH. Il est évident qu'il y a eu pour
les spectateurs qui regardoient du point
A, une parallaxe de la lune, marquée
par l'arc HT, qui fut de 1ᵈ 7′ pris par l'observation. Mais l'arc ZT (d) n'est guère
plus grand que l'arc HT, parceque la
terre entière n'est que comme un point
en raison du cercle EZHT, donc l'arc

κέντρον τῆς σελήνης ἀπεῖχεν ἀκριϐῶς ἀπὸ
τοῦ κατὰ κορυφὴν σημείου μοίρας μϑ μη΄.
Ἐφαίνετο δὲ ἀπέχον μοίρας ν νε· παρήλλαξεν ἄρα ἡ σελήνη κατὰ τὸ περὶ τὴν
ἐκκειμένην πάροδον ἀπόσημα μοίραν ᾱ
καὶ ἑξηκοσὰ ζ ἐπὶ τοῦ δι' αὐτῆς καὶ
τῶν πόλων τοῦ ὁρίζοντος γραφομένου
μεγίστου κύκλου, ἀπέχουσα ἀκριϐῶς τοῦ
κατὰ κορυφὴν σημείου μοίρας μϑ μη΄.

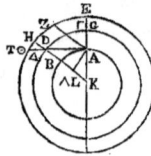

 Τούτου δηλωθέντος, γε-
γράφϑωσαν ἐν τῷ ἐπιπέδῳ τοῦ
διὰ τῶν πόλων τοῦ ὁρίζοντος
καὶ τῆς σελήνης μέγιςοι κύκλοι περὶ τὸ αὐτὸ κέντρον,
ὁ μὲν τῆς γῆς μέγιςος κύκλος
ὁ ΑΒ, ὁ δὲ διὰ τοῦ κατὰ τὴν
τήρησιν κέντρου τῆς σελήνης ὁ ΓΔ, πρὸς ὃν
δὲ ἡ γῆ σημείου λόγον ἔχει ὁ ΕΖΗΘ· καὶ
κέντρον μὲν ἔσω κοινὸν πάντων τὸ Κ, ἡ δὲ
διὰ τῶν κατὰ κορυφὴν σημείων εὐϑεῖα ἡ
ΚΑΓΕ. Ὑποκείσθω δὲ ἡ σελήνη κατὰ τὸ Δ
σημεῖον ἀπέχουσα ἀκριϐῶς τοῦ κατὰ κορυφὴν σημείου τοῦ Γ τὰς προκειμένας
μοίρας μϑ μη΄· καὶ ἐπεζεύχϑωσαν ἥ τε
ΚΔΗ, καὶ ἡ ΑΔΘ· καὶ ἔτι ἀπὸ τοῦ Α, ὁ
γίνεται ὄψις τῶν ὁρώντων, κάϑετος μὲν
ἤχϑω ἐπὶ τὴν ΚΒ ἡ ΑΛ, παράλληλος
δὲ τῇ ΚΗ ἡ ΑΖ. Ὅτι μὲν οὖν τὴν ΗΘ
περιφέρειαν τοῖς ἀπὸ τοῦ Α ϑεωροῦσι
παρήλλαξεν ἡ σελήνη φανερόν, ὥστε εἴη
ἂν μιᾶς μοίρας καὶ ἑξηκοςῶν ζ τῶν ἐκ
τῆς τηρήσεως κατειλημμένων. Ἐπεὶ δὲ
ἀδιαφόρῳ μείζων ἐςὶν ἡ ΖΘ περιφέρεια
τῆς ΗΘ, διὰ τὸ τὴν γῆν ὅλην σημείου λόγον ἔχειν πρὸς τὸν ΕΖΗΘ κύκλον, εἴη ἂν

καὶ ἡ ΖΗΘ περιφέρεια τῶν αὐτῶν ἔγγιςα
ᾱ ζ'. Ὥστε καὶ ἡ ὑπὸ ΖΑΘ γωνία, διὰ
τὸ πάλιν ἀδιαφορεῖν τὸ Α σημεῖον τοῦ
κέντρου πρὸς τὸν ΖΘ κύκλον, οἵων μέν
εἰσιν αἱ τέσσαρες ὀρθαὶ τξ τοιούτων
ἐςὶν ᾱ ζ', οἵων δ' αἱ δύο ὀρθαὶ τξ τοιούτων β ιδ'. Τῶν δ' αὐτῶν ἐςι καὶ ἡ ἴση
αὐτῇ γωνία ἡ ὑπὸ ΑΔΛ, β ιδ'· καὶ ἡ
μὲν ἐπὶ τῆς ΑΛ ἄρα εὐθείας περιφέρεια
τοιούτων ἐςὶ β ιδ' οἵων ὁ περὶ τὸ ΑΔΛ
ὀρθογώνιον κύκλος τξ, αὐτὴ δὲ ἡ ΑΛ
εὐθεῖα τοιούτων β κα', οἵων ἐςὶν ἡ ΑΔ
ὑποτείνουσα ρκ. Ταύτης δὲ ἀδιαφόρῳ
ἐλάσσων ἐςὶν ἡ ΛΔ· καὶ οἵων ἄρα ἐςὶν ἡ
ΛΑ εὐθεῖα β κα', τοιούτων ἐςὶν ἡ ΛΔ
εὐθεῖα ρκ ἔγγιςα. Πάλιν, ἐπεὶ ἡ ΓΔ
περιφέρεια ὑπόκειται μοιρῶν μθ μη', εἴη
ἂν καὶ ἡ ὑπὸ ΓΚΔ γωνία, πρὸς τῷ κέντρῳ
οὖσα τοῦ κύκλου, οἵων μέν εἰσιν αἱ τέσσαρες ὀρθαὶ τξ τοιούτων μθ μη', οἵων
δ' αἱ δύο ὀρθαὶ τξ, τοιούτων ϙθ λς'.
Ὥστε καὶ ἡ μὲν ἐπὶ τῆς ΑΛ εὐθείας περιφέρεια τοιούτων ἐςὶν ϙθ λς' οἵων ὁ
περὶ τὸ ΑΛΚ ὀρθόγωνιον κύκλος τξ, ἡ
δ' ἐπὶ τῆς ΛΚ τῶν λοιπῶν εἰς τὸ ἡμικύκλιον π κδ'. Καὶ τῶν ὑποτεινουσῶν ἄρα
αὐτὰς εὐθειῶν, ἡ μὲν ΑΛ ἔςαι τοιούτων
ϙα λθ' οἵων ἐςὶν ἡ ΑΚ ὑποτείνουσα ρκ,
ἡ δὲ ΛΚ τῶν αὐτῶν οζ κζ'. Ὥστε καὶ
οἵου ἑνός ἐςιν ἡ ΑΚ ἐκ τοῦ κέντρου τῆς
γῆς, τοιούτων καὶ ἡ μὲν ΑΛ ἔςαι ο μϛ',
ἡ δὲ ΚΛ ὁμοίως ο λθ'. Ἀλλ' οἵων ἦν ἡ ΑΛ
εὐθεῖα β κα', τοιούτων ἡ ΛΔ ἐδέδεικτο
ρκ· καὶ οἵων ἄρα ἐςὶν ἡ ΑΛ εὐθεῖα ο
μϛ', τοιούτων ἔςαι καὶ ἡ ΛΔ εὐθεῖα λθ
ϛ'. Τῶν δ' αὐτῶν ἦν καὶ ἡ μὲν ΚΛ εὐθεῖα

ZHT seroit à très-peu près de 1^d 7'; donc l'angle ZAT, à cause que le point A n'est pas sensiblement différent du centre relativement au cercle ZT, est de 1^d 7' des degrés dont 360 font quatre angles droits, et de 2^d 14' de ceux dont 360 font deux angles droits (e). Mais l'angle ADL lui est égal; donc l'arc AL vaut 2^d 14' des 360 du cercle circonscrit au triangle rectangle ADL. Et AL vaut 2^p 21' des parties dont l'hypoténuse AD en vaut 120. Or LD égale presque AD; donc LD est presque de 120 des 2^p 21' de LA. Mais l'arc GD est supposé être de 49 degrés 48'; donc l'angle central GKD sera de 49 48' des degrés dont 360 font quatre angles droits, et de 99 36' de ceux dont 360 font deux angles droits. Donc l'arc soutendu par la droite AL est de 99 36' des degrés dont le cercle décrit autour du rectangle ALK en contient 360. Et l'arc soutendu par LK a pour valeur les 80 degrés 24' restants du demi-cercle. Par conséquent, des deux droites qui soutendent ces arcs, l'une AL sera de 91 39' des parties dont l'hypoténuse AK en contient 120, et l'autre LK vaudra 77^p 27' de ces mêmes parties. Ainsi donc, si la droite AK, rayon de la terre, est 1, AL sera 0 46', et KL 0 39'. Mais AL étant de 2 parties 21', la droite LD a été prouvée en contenir 120; par conséquent la droite AL étant de 0^p 46', la droite LD contiendra 39^p 6'; mais KL en contenoit·

o^p 39', et le rayon de la terre KA, 1; donc, le rayon de la terre KA étant 1, toute la droite KLD qui est la distance de la lune lors de l'observation, sera de 39 45' rayons terrestres.

Cela démontré, soit ABG le cercle excentrique de la lune, décrit autour du centre D et sur le diamètre ADG dans lequel je prens le centre E du cercle écliptique, et le point Z de la direction de l'épicycle.

Et après avoir décrit cet épicycle HTKL autour du point B, je joins HBTE, BD et BKZ. Supposons, pour cette observation, la lune en L, et joignons LE et LB; puis abaissons sur BE prolongée les perpendiculaires DM du point D, et ZN du point Z. Puisque dans le temps de l'observation, le nombre de la distance de la lune au soleil étoit de 78^d 13', l'angle AEB sera, pour les raisons déduites ci-dessus, de 156^d 26' des dégrés dont 360 font quatre angles droits, et chacun des angles ZEN, DEM, contiendra le reste 23^d 34', dans le cas de 360^d pour quatre angles droits; mais 47^d 8', dans le cas de 360 degrés pour deux angles droits. Ainsi l'arc soutenu par chacune des droites DM et ZN sera de 47^d 8' des degrés dont les cercles décrits autour des rectangles dont il s'agit, en contiennent 360, à cause de la droite DE égale à la droite EZ, et l'arc soutenu par chacune des droites EM, EN, sera de 132^d 52' de

ὅ λθ, ἡ δὲ ΚΑ ἐκ τοῦ κέντρου τῆς γῆς ἑνὸς, Καὶ οἵου ἄρα ἐςὶν ἡ ΚΑ ἐκ τοῦ κέντρου τῆς γῆς ἑνὸς, τοιούτων ἔςαι καὶ ἡ ΚΛΔ ὅλη, περιέχουσα δὲ τὸ κατὰ τὴν τήρησιν τῆς σελήνης, ἀπόςημα, λθ μϵ'.

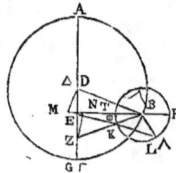

Τούτου δεδειγμένου, ἔςω ὁ τῆς σελήνης ἔκκεντρος κύκλος ὁ ΑΒΓ, περὶ κέντρον τὸ Δ καὶ διάμετρον τὴν ΑΔΓ, ἐφ' ἧς εἰλήφθω τὸ μὲν τοῦ διὰ μέσων τῶν ζωδίων κύκλου κέντρον τὸ Ε, τὸ δὲ τῆς προσνεύσεως τοῦ ἐπικύκλου σημεῖον τὸ Ζ, καὶ γραφέντος περὶ τὸ Β σημεῖον τοῦ ΗΘΚΛ ἐπικύκλου, ἐπεζεύχθωσαν ἥ τε ΗΒΘΕ, καὶ ἡ ΒΔ, καὶ ἡ ΒΚΖ. Ὑποκείσθω δ' ἐπὶ τῆς προκειμένης τηρήσεως ἡ σελήνη κατὰ τὸ Λ σημεῖον, καὶ ἐπεζεύχθωσαν μὲν αἱ ΛΕ καὶ ΛΒ, κάθετοι δ' ἤχθωσαν ἐπὶ τὴν ΒΕ ἐκβληθεῖσαν, ἀπὸ μὲν τοῦ Δ ἡ ΔΜ, ἀπὸ δὲ τοῦ Ζ ἡ ΖΝ. Ἐπεὶ τοίνυν κατὰ τὸν χρόνον τῆς τηρήσεως ὁ τῆς ἀποχῆς ἀριθμὸς ἦν οη ιγ, εἴη ἂν διὰ τὰ προτεθεωρημένα ἡ μὲν ὑπὸ ΑΕΒ γωνία, οἵων εἰσὶν αἱ τέσσαρες ὀρθαὶ τξ τοιούτων ρνϛ κϛ', ἑκατέρα δὲ τῶν ὑπὸ ΖΕΝ καὶ ΔΕΜ τῶν μὲν λοιπῶν εἰς τὰς τέσσαρας ὀρθὰς κγ λδ', οἵων δ' εἰσὶν αἱ δύο ὀρθαὶ τξ τοιούτων μζ η'· ὥστε καὶ ἡ μὲν ἐφ' ἑκατέρας τῶν ΔΜ καὶ ΖΝ περιφέρεια τοιούτων ἔςαι μζ η' οἵων εἰσὶν οἱ περὶ τὰ ἐκκείμενα ὀρθογώνια κύκλοι τξ, διὰ τὸ ἴσην εἶναι τὴν ΔΕ τῇ ΕΖ. Ἡ δ' ἐφ' ἑκατέρας τῶν ΕΜ καὶ ΕΝ, τῶν αὐτῶν

ρλβ̄ νβ΄. Καὶ τῶν ὑπ᾽ αὐτὰς ἄρα εὐθειῶν ἑκατέρα μὲν τῶν ΔΜ κỳ ΖΝ τοιούτων ἐςὶ μζ̄ νθ΄, οἵων ἑκατέρα τῶν ΔΕ κỳ ΕΖ ὑποτεινουσῶν ρκ̄· ἑκατέρα δὲ τῶν ΕΜ κỳ ΕΝ, τῶν αὐτῶν ρῑ΄. ὥστε κỳ οἵων ἐςὶν ἑκατέρα μὲν τῶν ΔΕ κỳ ΕΖ εὐθειῶν ῑ ιθ΄, ἡ δὲ ΔΒ ἐκ τοῦ κέντρου τοῦ ἐκκέντρου μθ̄ μα΄ γ τοιούτων ἑκατέρα μὲν τῶν ΔΜ καὶ ΖΝ ἔςαι δ̄ η΄, ἑκατέρα δὲ τῶν ΕΜ κỳ ΕΝ τῶν αὐτῶν θ̄ κζ΄. Καὶ ἐπεὶ τὸ ἀπὸ τῆς ΒΔ, λεῖψαν τὸ ἀπὸ τῆς ΔΜ ποιεῖ τὸ ἀπὸ τῆς ΒΜ τετράγωνον, ἕξομεν κỳ τὴν μὲν ΒΜ ὅλην μήκει τῶν αὐτῶν μθ̄ λα΄, τὴν δὲ ΒΕ ὁμοίως μ̄ δ΄, λοιπὴν δὲ τὴν ΒΝ τοιούτων λ̄ λζ΄, οἵων κỳ ἡ ΖΝ ἦν δ̄ η΄. Καὶ ἐπεὶ τὰ ἀπ᾽ αὐτῶν συντεθέντα, ποιεῖ τὸ ἀπὸ τῆς ΒΖ, ἕξομεν κỳ τὴν ΒΖ ὑποτείνουσαν μήκει τῶν αὐτῶν λ̄ νδ΄. Ὥστε κỳ οἵων ἐςὶν ἡ ΒΖ ὑποτείνουσα ρκ̄, τοιούτων κỳ ἡ μὲν ΖΝ ἔςαι ιϛ̄ β΄, ἡ δ᾽ ἐπ᾽ αὐτῆς περιφέρεια τοιούτων ῑε κα΄, οἵων ἐςὶν ὁ περὶ τὸ ΒΖΝ ὀρθογώνιον κύκλος τξ̄. Καὶ ἡ ὑπὸ ΖΒΝ ἄρα γωνία, οἵων μέν εἰσιν αἱ δύο ὀρθαὶ τξ̄, τοιούτων ἐςὶ ῑε κα΄, οἵων δ᾽ αἱ τέσσαρες ὀρθαὶ τξ̄, τοιούτων ζ̄ μ΄ ἔγγιςα. Τοσούτων ἄρα μοιρῶν ἐςιν ἡ ΘΚ τοῦ ἐπικύκλου περιφέρεια.

Πάλιν ἐπειδὴ κατὰ τὸν χρόνον τῆς τηρήσεως ἀπεῖχεν ἡ σελήνη τοῦ μὲν μέσου ἀπογείου τοῦ ἐπικύκλου μοίρας σξβ̄ κ΄, τοῦ δὲ Κ τοῦ μέσου περιγείου τὰς λοιπὰς δηλονότι μετὰ τὸ ἡμικύκλιον μοίρας πβ̄ κ΄, ἔςαι κỳ ἡ μὲν ΚΛ

I.

ces mêmes degrés. Donc chacune des soutendantes de ces arcs DM et ZN seront de 47 59′ des parties dont chacune des hypoténuses DE et EZ en contient 120 ; et chacune des soutendantes EM et EN en aura 110. De sorte que chacune des droites DE et EZ étant de 10ᵖ 19′, et DB, rayon de l'excentrique, de 49ᵖ 41′, chacune des droites DM et ZN sera de 4 parties 8′, et chacune des droites EM, EN, de 9 27′ de ces mêmes parties. Et puisque le carré de BD moins le carré de DM fait le carré de BM, nous aurons la ligne entière BM de 49 parties 31′ en longueur, et BE de 40 4′ de ces mêmes parties. Et l'autre portion BN sera de 30 37′ des parties dont ZN en avoit 4ᵖ 8′. Maintenant, puisque la somme des carrés de ces droites est égale à celui de BZ, nous aurons l'hypoténuse BZ, longue de 30 54′ de ces parties. Ainsi l'hypoténuse BZ étant de 120 parties, la droite ZN en aura 16 2′, et l'arc qu'elle soutend, sera de 15 21′ des degrés dont le cercle décrit autour du rectangle BZN en contient 360. Donc l'angle ZBN est de 15 21′ des degrés dont 360 font deux angles droits, et de 7 40′ à peu près de ceux dont 360 font quatre angles droits. Par conséquent l'arc TK de l'épicycle vaut ces 7ᵈ 40′.

De plus, puisqu'au moment de l'observation, la longitude de la lune étoit de 262ᵈ 20′ depuis l'apogée moyen de l'épicycle, et de 82ᵈ 20′ depuis le périgée moyen K, (en ôtant 180ᵈ de la 1ʳᵉ longitude), l'arc KL sera de 82ᵈ 20′, et l'arc entier

43

TKL sera de 90 degrés. Donc l'angle TBL sera droit. Ainsi, DB, rayon de l'excentrique, étant de 49 41 parties, et BL, rayon de l'épicycle, de 5ᵖ 15′ des parties dont on a prouvé que EB en contenoit 40 4′; et la somme des carrés faits sur ces droites, donnant le carré de EL, nous aurons la longueur de cette droite EL, de 40 25′ de ces mêmes parties; donc la distance de la lune en longitude lors de l'observation, étoit de 40 25′ des parties dont on suppose que BL, rayon de l'épicycle, en contient 5ᵖ 15′, et que EA menée du centre de la terre à l'apogée de l'excentrique, en contient 60, et que EG menée du centre de la terre au périgée de l'excentrique, en contient 39ᵖ 22′. Mais on a prouvé que la distance de la lune lors de l'observation, c'est-à-dire la droite EL étoit de 39 45′ des parties dont le rayon de la terre en est une: donc la droite EL de la distance de la lune lors de l'observation, étant de 39ʳ 45′, et le rayon de la terre étant 1, la droite EA de la distance moyenne dans les syzygies sera de 59 rayons terrestres; EG de la distance moyenne dans les dichotomies (*quadratures*) en aura 38ʳ 43′, et le rayon de l'épicycle 5ʳ 10′. C'est ce que je m'étois proposé de démontrer.

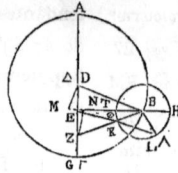

Après avoir ainsi démontré les distances de la lune, il seroit naturel de faire suivre immédiatement celle du soleil ; chose facile par le moyen des

περιφέρεια μοιρῶν πβ κ′, ἡ δὲ ΘΚΛ ὅλη μοιρῶν ζ. Ὀρθὴ ἄρα ἐςὶν ἡ ὑπὸ ΘΒΛ γωνία. Ὥστε ἐπεὶ οἵων ἐςὶν ἡ μὲν ΔΒ ἐκ τοῦ κέντρου τοῦ ἐκκέντρου μθ μα′, ἡ δὲ ΒΛ ἐκ τοῦ κέντρου τοῦ ἐπικύκλου ε ιε′, τοιούτων καὶ ἡ ΕΒ ἐδέδεικτο μ δ′· τὰ δ' ἀπ' αὐτῶν συντεθέντα ποιεῖ τὸ ἀπὸ τῆς ΕΛ τετράγωνον, ἕξομεν καὶ τὴν ΕΛ μήκει τῶν αὐτῶν μ κε′. Τὸ ἄρα κατὰ τὴν τήρησιν ἀπόςημα τῆς σελήνης τοιούτων ἐςὶ μ κε′, οἵων καὶ ἡ μὲν ΒΛ ἐκ τοῦ κέντρου τοῦ ἐπικύκλου ὑπόκειται ε ιε′, ἡ δὲ ΕΑ ἀπὸ τοῦ κέντρου τῆς γῆς ἐπὶ τὸ ἀπόγειον τοῦ ἐκκέντρου ξ, ἡ δὲ ΕΓ ἡ ἀπὸ τοῦ κέντρου τῆς γῆς ἐπὶ τὸ περίγειον τοῦ ἐκκέντρου λθ κβ′. Ἀλλ' ἐδείχθη τὸ κατὰ τὴν τήρησιν τῆς σελήνης ἀπόςημα, τουτέςιν ἡ ΕΛ εὐθεῖα, τοιούτων λθ με′, οἵων ἐςὶν ἑνὸς ἡ ἐκ τοῦ κέντρου τῆς γῆς. Καὶ οἵων ἄρα ἐςὶν ἡ μὲν ΕΛ εὐθεῖα τοῦ κατὰ τὴν τήρησιν τῆς σελήνης ἀπόςηματος λθ με′, ἡ δ' ἐκ τοῦ κέντρου τῆς γῆς ἑνός, τοιούτων ἔςαι καὶ ἡ μὲν ΕΑ εὐθεῖα τοῦ κατὰ τὰς συζυγίας μέσου ἀπόςηματος νθ ο, ἡ δὲ ΕΓ τοῦ κατὰ τὰς διχοτόμους μέσου ἀπόςηματος λη μγ′, ἡ δ' ἐκ τοῦ κέντρου τοῦ ἐπικύκλου τῶν αὐτῶν ε ι′· ἅπερ προέκειτο δεῖξαι.

Δεδειγμένων δ' ἡμῖν κατὰ τὸν ἐκτεθειμένον τρόπον τῶν τῆς σελήνης ἀπόςημάτων, ἀκόλουθον ἂν εἴη καὶ τὸ τοῦ ἡλίου συναποδεῖξαι, προχείρου γινομένου καὶ

τοῦ τοιούτου διὰ τῶν γραμμῶν, εἰ προσ- δοθεῖεν τοῖς κατὰ τὰς συζυγίας τῆς σε- λήνης ἀποςήμασιν αἱ σπηλικότητες τῶν ἐν αὐταῖς συνιςαμένων πρὸς τῇ ὄψει γω- νιῶν, ὑπό τε τῶν διαμέτρων ἡλίου καὶ σελήνης καὶ σκιᾶς.

figures, pourvu qu'avec les distances de la lune, dans les syzygies, les quantités des angles formés alors par leurs sommets à l'œil, et leurs bases sur les diamètres du soleil, de la lune et de l'ombre, soient aussi donnés.

ΚΕΦΑΛΑΙΟΝ ΙΔ.

ΠΕΡΙ ΤΗΣ ΠΗΛΙΚΟΤΗΤΟΣ ΤΩΝ ΕΝ ΤΑΙΣ ΣΥΖΥ-
ΓΙΑΙΣ ΦΑΙΝΟΜΕΝΩΝ ΔΙΑΜΕΤΡΩΝ ΗΛΙΟΥ ΚΑΙ
ΣΕΛΗΝΗΣ ΚΑΙ ΣΚΙΑΣ.

CHAPITRE XIV.

GRANDEURS DES DIAMÈTRES APPARENTS DU
SOLEIL, DE LA LUNE ET DE L'OMBRE,
DANS LES SYZYGIES.

ΤΩΝ δὴ πρὸς τὴν τοιαύτην ἐπίσκεψιν ἐφόδων τὰς μὲν ἄλλας, ὅσαι δι' ὑδρομε- τριῶν ἢ τῶν κατὰ τὰς ἰσημερινὰς ἀνατο- λὰς χρόνων δοκοῦσι τὴν τῶν φώτων ποιεῖ- θαι καταμέτρησιν, παρητησάμεθα, διὰ τὸ μὴ ὑγιῶς δύναθαι διὰ τῶν τοιούτων τὸ προκείμενον λαμβάνεθαι· κατασκευάσαν- τες δὲ καὶ αὐτοὶ τὴν ὑποδεδειγμένην ὑπὸ τοῦ Ἱππάρχου διὰ τοῦ τετραπήχους κα- νόνος διόπτραν, καὶ διὰ ταύτης ποιούμε- νοι τὰς παρατηρήσεις, τὴν μὲν τοῦ ἡλίου διάμετρον ὑπὸ τῆς αὐτῆς ἔγγιςα γωνίας πανταχῆ περιεχομένην εὑρίσκομεν, μηδε- μιᾶς ἀξιολόγου γινομένης διαφορᾶς ἐκ τῶν ἀποςημάτων αὐτοῦ· τὴν δὲ τῆς σε- λήνης τότε μόνον καὶ αὐτὴν ὑπὸ τῆς αὐ- τῆς τῷ ἡλίῳ γωνίας περιεχομένην, ὅταν ἐν ταῖς πανσελήνοις τὸ μέγιςον ἀπόςημα τῆς γῆς ἀπέχῃ κατὰ τὸ ἀπογειότατον οὖσα τοῦ ἐπικύκλου, καὶ οὐχ ὅταν τὸ μέσον, ἀκολούθως ταῖς τῶν προτέρων ὑποθέσεσι. Πρὸς δὲ τούτοις καὶ τὰς γωνίας αὐτὰς ἀξιολόγῳ τινὶ ἐλάττους

Nous avons rejetté toutes les manières usitées de procéder dans cette recherche, tant celle (*des clepsydres*) qui mesure par l'écoulement de l'eau, que celle qui emploie les temps dans les levers équi- noxiaux, pour mesurer la grandeur du soleil et de la lune, parceque ces moyens ne peuvent pas en donner une con- noissance exacte. Nous avons construit l'instrument décrit par Hipparque, (*avec pinnules*) (a) qui consiste en une règle de quatre coudées de longueur, et nous y avons toujours trouvé le dia- mètre du soleil sous le même angle, sans que ses distances y (b) fissent un chan- gement sensible. Mais aussi le diamètre de la lune n'y paroît sous le même an- gle que le soleil, que lors des pleines lunes, à son apogée de l'épicycle et dans son plus grand éloignement de la terre, et non quand elle est dans la distance moyenne, comme l'avoient supposé ceux

qui nous ont précédés. En outre, nous
avons trouvé les angles plus petits que
ceux qu'on avoit donnés, non en calculant d'après la mesure que donnoit l'instrument, mais d'après quelques éclipses
de lune. Car quand les diamètres des
deux astres soutendent un angle égal,
cela se voyoit aisément par le moyen de
l'instrument, parcequ'il n'y a alors aucune mesure réelle. Quant à la grandeur
absolue de ces diamètres, elle nous a toujours paru fort incertaine, la pinnule en
parcourant la longueur de la règle depuis
l'œil, pouvant causer une erreur par l'effet de la plus grande dimension (c). Au
contraire, quand la lune dans son plus
grand éloignement paroissoit faire à l'œil
le même angle que le soleil, alors en
calculant par le moyen des éclipses de
lune observées lors de cet éloignement,
la grandeur de l'angle que la lune soutend, nous avions par-là même le diamètre du soleil donné avec celui de la
lune. Nous allons faire comprendre cette
méthode, par le moyen des deux éclipses
suivantes :

L'an cinq de Nabopolassar, qui est la
127ᵉ année de l'ère de Nabonassar, à la fin
de la onzième heure du 27 au 28 du mois
égyptien Athyr, on vit à Babylone la lune
commencer à s'éclipser ; et la plus grande
phase de cette éclipse fut du quart du
diamètre dans la partie méridionale de
l'astre. Puisque l'éclipse commença à 5
heures temporaires après minuit, et que
le milieu arriva à 6 heures environ qui

κατελαμβανόμεθα τῶν παραδεδομένων,
οὐκέτι μέντοι διὰ τῆς ἐν τῷ κανόνι κατα-
μετρήσεως ἐπιλογιζόμενοι τὸ τοιοῦτον,
ἀλλὰ διά τινων σεληνιακῶν ἐκλείψεων.
Τὸ μὲν γὰρ πότε ἴσην ὑποτείνει γωνίαν
ἑκατέρα τῶν διαμέτρων, πρόχειρον ἐκ
τῆς τοῦ κανόνος κατασκευῆς ἠδύνατο γίνεσθαι, διὰ τὸ μηδεμίαν ἐπακολουθεῖν
ἐπὶ τοῦ τοιούτου καταμέτρησιν· τὸ δὲ
καὶ πηλίκην, πάνυ ἡμῖν κατεφαίνετο
δυσδιάξιον, τῆς ἐν ταῖς ἐπιβολαῖς τοῦ
ἐπιπροσθήσαντος πλάτους ἐπὶ τὸ μῆκος
τοῦ κανόνος τὸ ἀπὸ τῆς ὄψεως ἐπὶ τὸ
πρισμάτιον, πλείστης οὔσης παραμετρή-
σεως, διαψευσθῆναι τῆς ἀκριβείας δυναμένης. Ἐπεὶ δ' ἅπαξ ἡ σελήνη κατὰ τὸ
μέγιστον ἑαυτῆς ἀπόσημα, τὴν ἴσην τῷ
ἡλίῳ πρὸς τῇ ὄψει γωνίαν ἐφαίνετο ποιοῦσα, διὰ τῶν περὶ τοῦτο τὸ ἀπόσημα
τετηρημένων σεληνιακῶν ἐκλείψεων, τῆς
ὑποτεινομένης ὑπ' αὐτῆς γωνίας τὸ μέγεθος ἐπιλογιζόμενοι, καὶ τὴν τοῦ ἡλίου
συναποδεδειγμένην εἴχομεν αὐτόθεν. Τὸν
δὲ τρόπον τῆς τοιαύτης ἐπιβολῆς, διὰ
δύο πάλιν τῶν ὑποτεταγμένων ἐκλείψεων εὐκατανόητον ποιήσομεν.

Τῷ γὰρ πέμπτῳ ἔτει Ναβοπολασσά-
ρου, ὅ ἐστιν ρκζ´ ἔτος ἀπὸ Ναβονασσάρου,
κατ' Αἰγυπτίους Ἀθὺρ κζ´ εἰς τὴν κη´ ὥρας
ια´ ληγούσης, ἐν Βαβυλῶνι ἤρξατο ἡ σελήνη
ἐκλείπειν, καὶ ἐξέλιπε τὸ πλεῖστον ἀπὸ
νότου δ´´ τῆς διαμέτρου. Ἐπεὶ οὖν ἡ μὲν
ἀρχὴ τῆς ἐκλείψεως γέγονε μετὰ ε̄ ὥρας
τοῦ μεσονυκτίου καιρικὰς, ὁ δὲ μέσος
χρόνος μετὰ ϛ̄ ἔγγιστα, αἳ ἦσαν ἐν Βαβυλῶνι τότε ἰσημεριναὶ ε̄ ϛ´´ γ´´, διὰ τὸ

τὸν ἥλιον ἀκριβῶς ἐπέχειν κριοῦ μοίρας κζ
γ΄, δῆλον ὅτι γέγονεν ὁ μέσος χρόνος τῆς
ἐκλείψεως, ὅτε τὸ πλεῖςον εἰς τὴν σκιὰν
ἐμπεπτώκει τῆς διαμέτρου, ἐν μὲν Βαβυλῶνι μετὰ ε̄ ϛ΄΄ γ΄΄ ὥρας ἰσημερινὰς τοῦ
μεσονυκτίου, ἐν δὲ Ἀλεξανδρείᾳ πάλιν
μετὰ ε̄ μόνας. Καὶ συνάγει ὁ ἀπὸ τῆς ἐποχῆς χρόνος ἔτη Αἰγυπτιακὰ ρκϛ, καὶ ἡμέρας πϛ, καὶ ὥρας ἰσημερινὰς, ἁπλῶς μὲν
ιζ, πρὸς δὲ τὰ ὁμαλὰ νυχθήμερα ιϛ ϛ΄΄
δ΄΄. Ὥστε καὶ ἡ μὲν μέση κατὰ μῆκος πάροδος τῆς σελήνης ἐπεῖχε χηλῶν μοίρας
κε̄ λβ΄, ἡ δ΄ ἀκριβὴς μοίρας κζ ε΄· ἡ δ΄
ἀπὸ τοῦ ἀπογείου τοῦ ἐπικύκλου μοίρας τμ̄ ζ΄, ἡ δ΄ ἀπὸ τοῦ βορείου πέρατος
ἐπὶ τοῦ λοξοῦ κύκλου, μοίρας π̄ μ΄. Καὶ
φανερὸν ὅτι, ὅταν θ̄ καὶ γ΄΄ μοίρας ἀφεςήκῃ τῶν συνδέσμων τὸ κέντρον, τῆς σελήνης ἐπὶ τοῦ λοξοῦ κύκλου περὶ τὸ μέγιςον οὔσης ἀπόςημα, καὶ ἡ ἐπὶ τοῦ
γραφομένου δι΄ αὐτοῦ πρὸς ὀρθὰς τῷ
λοξῷ μεγίςου κύκλου τὸ κέντρον τῆς σκιᾶς,
καθ΄ ἣν θέσιν αἱ μέγιςαι γίνονται ἐπισκο-
τήσεις, τὸ τέταρτον αὐτῆς εἰς τὴν σκιὰν
ἐμπίπτει τῆς διαμέτρου.

Πάλιν δὴ τῷ ζ̄ῳ ἔτει Καμβύσου, ὅ
ἐςι σκε΄΄ ἔτος ἀπὸ Ναβονασσάρου, κατ΄
Αἰγυπτίους Φαμενὼθ ιζ εἰς τὴν ιη̄ πρὸ
μιᾶς ὥρας τοῦ μεσονυκτίου, ἐν Βαβυλῶνι
ἐξέλιπεν ἡ σελήνη ἀπ΄ ἄρκτων τὸ ἥμισυ
τῆς διαμέτρου. Γέγονεν ἄρα καὶ αὕτη ἡ
ἔκλειψις ἐν Ἀλεξανδρείᾳ πρὸ ᾱ ϛ΄ γ΄΄

faisoient alors à Babylone 5 ½ ⅓ heures,
le soleil étant exactement dans les 27ᵈ
3′ du bélier, il est clair que le temps du
milieu de l'éclipse, dans le moment de
la plus grande quantité de l'obscuration, fut pour Babylone à 5 ½ ⅓ heures
équinoxiales, et pour Alexandrie, à 5
heures seulement après minuit. Or le
temps depuis l'époque est de 126 années égyptiennes, 86 jours, 17 heures
équinoxiales grossièrement estimées, ou
plus exactement 16 ¼ ¼ heures de temps
moyen. Ensorte que par son mouvement
moyen en longitude, la lune occupoit
les 25ᵈ 32′ des serres, mais par son mouvement vrai les 27ᵈ 5′ ; or elle étoit à
340ᵖ 7′ de l'apogée de l'épicycle, et à 80ᵖ
40′ depuis la limite boréale sur son orbite inclinée. Et il est évident que quand
le centre étoit à 9 ⅓ (d) degrés d'un des
nœuds, la lune étant alors dans sa plus
grande distance sur l'orbite inclinée,
et que le centre de l'ombre étoit sur le
grand cercle qui passe par la lune perpendiculairement à cette orbite, (position dans laquelle arrivent les plus
grandes phases des éclipses) le quart
du diamètre tomboit dans l'ombre.

(e) Dans l'autre éclipse, arrivée l'an 7
de Cambyse, qui est la 225ᵉ année de
Nabonassar, à une heure avant minuit du
17 au 18 du mois égyptien Phamenoth,
on vit à Babylone la lune s'éclipser de
la moitié de son diamètre dans la partie boréale. Donc cette éclipse arriva

pour Alexandrie, à 1 $\frac{1}{2}$ $\frac{1}{7}$ heure équinoxiale avant minuit à très-peu près. Or le temps depuis l'époque, comprend 224 années égyptiennes, 196 jours et 10 $\frac{1}{8}$ heures équinoxiales approximativement, mais 9 heures $\frac{1}{2}$ $\frac{1}{7}$ réellement, parceque le soleil étoit dans les 18 degrés 12' du cancer. Ensorte que la lune, par son mouvement moyen en longitude, étoit dans les 20 degrés 22' du capricorne, mais par son mouvement vrai dans les 18^d 14'. Elle étoit à 28^d 5' loin de l'apogée de l'épicycle, et à 262^d 12' loin de la limite boréale de l'orbite inclinée. Il est donc évident qu'alors que le centre est à 7 $\frac{4}{7}$ degrés loin de l'un des nœuds, la lune étant encore dans son plus grand éloignement sur son orbite, et le centre de l'ombre étant aussi dans cette distance, la moitié du diamètre est dans l'ombre.

Or quand le centre de la lune est à 9 $\frac{1}{7}$ degrés loin des nœuds sur l'orbite inclinée, elle est à 48' $\frac{1}{2}$ loin de l'écliptique, sur le grand cercle qui passe perpendiculairement par l'orbite inclinée. Quand au contraire il est à 7 $\frac{4}{7}$ degrés loin des nœuds sur l'orbite inclinée, alors elle est à 40 $\frac{1}{7}$ soixantièmes d'un degré loin de l'écliptique sur le grand cercle qui passe à angles droits par l'orbite. Donc, puisque la différence des deux éclipses comprend le quart du diamètre de la lune, et que celle des deux distances de son centre depuis l'écliptique, c'est-à-dire depuis le centre de l'ombre est de 7 $\frac{1}{2}$ $\frac{1}{7}$

ὥρας ἰσημερινῆς ἔγγιςα τοῦ μεσονυκτίου. Καὶ συνάγει ὁ ἀπὸ τῆς ἐποχῆς χρόνος ἔτη αἰγυπτιακὰ σκδ, καὶ ἡμέρας ρϟϛ, καὶ ὥρας ἰσημερινὰς ἁπλῶς μὲν ῑ καὶ ϛ, ἀκριβῶς δὲ θ ϛ γ, διὰ τὸ τὸν ἥλιον ἐπέχειν καρκίνου μοίρας ῑη ιβ. Ὥστε καὶ ἡ σελήνη κατὰ μῆκος, μέσως μὲν ἐπεῖχεν αἰγόκερω μοίρας κ κβ, ἀκριβῶς δὲ ῑη ιδ. Ἀφειςήκει δὲ καὶ ἀπὸ μὲν τοῦ ἀπογείου τοῦ ἐπικύκλου, μοίρας κη ε, ἀπὸ δὲ τοῦ βορείου πέρατος τοῦ λοξοῦ κύκλου, μοίρας σξβ ιβ. Καὶ ἐντεῦθεν ἄρα δῆλον ὅτι, ὅταν ζ μοίρας καὶ τέσσαρα πέμπτα τῶν συνδέσμων ἀπέχει τὸ κέντρον, τῆς σελήνης ἐπὶ τοῦ λοξοῦ κύκλου περὶ τὸ αὐτὸ μέγιςον οὔσης ἀπόςημα, τοῦ κέντρου τῆς σκιᾶς τὴν εἰρημένην ἔχοντος πρὸς αὐτὸ θέσιν, τὸ ἥμισυ μέρος εἰς τὴν σκιὰν ἐμπίπτει τῆς σεληνιακῆς διαμέτρου.

Ἀλλ' ἐὰν μὲν θ γ μοίρας ἀπέχῃ τῶν συνδέσμων ἐπὶ τοῦ λοξοῦ κύκλου τὸ κέντρον τῆς σελήνης, μη ϛ ἑξηκοςὰ μιᾶς μοίρας ἀπέχει τοῦ διὰ μέσων τῶν ζωδίων, ἐπὶ τοῦ πρὸς ὀρθὰς τῷ λοξῷ δι' αὐτοῦ γραφομένου μεγίςου κύκλου. Ὅταν δὲ ζ μοίρας καὶ τέσσαρα πέμπτα ἀπέχῃ τῶν συνδέσμων ἐπὶ τοῦ λοξοῦ κύκλου, μ καὶ γ ἑξηκοςὰ τοῦ διὰ μέσων ἀπέχει μιᾶς μοίρας ἐπὶ τοῦ πρὸς ὀρθὰς τῷ λοξῷ δι' αὐτοῦ γραφομένου μεγίςου κύκλου. Ἐπεὶ οὖν ἡ μὲν τῶν δύο ἐκλείψεων ὑπεροχὴ τὸ δ περιέχει τῆς σεληνιακῆς διαμέτρου, ἡ δὲ τῶν ἐκκειμένων τοῦ κέντρου αὐτῆς δύο διαςάσεων ἀπὸ τοῦ διὰ μέσων τῶν

ζωδίων, τουτέςιν ἀπὸ τοῦ κέντρου τῆς σκιᾶς, ἑξηκοςὰ μιᾶς μοίρας ζ ς" γ", φανερὸν ὅτι καὶ ὅλη ἡ διάμετρος τῆς σελήνης ὑποτείνει μεγίςου κύκλου περιφέρειαν ἑξηκοςῶν μιᾶς μοίρας λᾱ γ".

Εὐκατανόητον δ' αὐτόθεν ὅτι καὶ ἐκ τοῦ κέντρου τῆς σκιᾶς τῆς κατὰ τὸ αὐτὸ μέγιςον ἀπόςημα τῆς σελήνης, ὑποτείνει μὲν μιᾶς μοίρας ἑξηκοςὰ μ̄ καὶ γ", ἐπειδήπερ ὅτε τὰ τοσαῦτα ἑξηκοςὰ τὸ κέντρον τῆς σελήνης τοῦ κέντρου τῆς σκιᾶς ἀπεῖχεν, ἐφήπτετο τοῦ κύκλου τῆς σκιᾶς, διὰ τὸ τὸ ἥμισυ τῆς σεληνιακῆς διαμέτρου ἐκλελοιπέναι. Ἀδιαφόρῳ δὲ ἐλάττων ἐςὶν ἢ διπλασίων καὶ ἔτι τοῖς τρισὶ πέμπτοις μείζων, τῆς ἐκ τοῦ κέντρου τῆς σελήνης ἑξηκοςῶν οὔσης ιε̄ γ". Καὶ διὰ πλειόνων δὲ τοιούτων τηρήσεων συμφώνους ἔγγιςα τὰς ἐκκειμένας πηλικότητας καταλαμβανόμενοι πρός τε τὰ ἄλλα τὰ περὶ τὰς ἐκλείψεις θεωρούμενα, συγκεχρήμεθα αὐταῖς, καὶ νῦν γε πρὸς τὴν δεῖξιν τοῦ ἡλιακοῦ ἀποςήματος κατὰ τὰ αὐτὰ ἐσομένην, ᾗ καὶ ὁ Ἵππαρχος ἠκολούθησε, καὶ ὡς τῶν περιλαμβανομένων ὑπὸ τῶν κώνων κύκλων ἡλίου καὶ σελήνης καὶ γῆς, ἀδιαφόρῳ ἐλαττόνων ὄντων τῶν ἐν ταῖς σφαίραις αὐτῶν γραφομένων μεγίςων κύκλων αὐτῶν τε καὶ τῶν διαμέτρων.

ΚΕΦΑΛΑΙΟΝ ΙΕ.

ΠΕΡΙ ΤΟΥ ΗΛΙΑΚΟΥ ΑΠΟΣΤΗΜΑΤΟΣ ΚΑΙ ΤΩΝ ΣΥΝΑΠΟΔΕΙΚΝΥΜΕΝΩΝ ΑΥΤΩ.

ΤΟΥΤΩΝ τοίνυν δεδομένων, καὶ ὅτι

---

soixantièmes d'un degré, il s'ensuit que le diamètre entier de la lune soutend un arc de grand cercle de $31\frac{1}{3}$ soixantièmes d'un degré (f).

Il est aisé de conclure de ceci que le rayon de l'ombre, lors du plus grand éloignement de la lune, soutend $40'\frac{2}{3}$ de 1^d: car quand le centre de la lune étoit éloigné du centre de l'ombre, de ce nombre de soixantièmes, il touchoit le cercle de l'ombre, puisque la moitié du diamètre de la lune étoit éclipsée. Ainsi, le rayon de l'ombre est de très-peu moindre que le double et $\frac{1}{5}$ du rayon de la lune, celui-ci étant de $15'\frac{2}{3}$. Nous avons toujours trouvé par plusieurs observations semblables, des quantités à très-peu près d'accord avec celles-ci, et nous nous en sommes servi tant pour ce qui concerne les éclipses que pour la démonstration de la distance où sera alors le soleil, comme Hipparque l'a fait; les cercles du soleil, de la lune et de la terre qui sont compris dans les cônes d'ombre étant de très-peu plus petits que les grands cercles décrits sur les surfaces de ces globes, et les diamètres de ces cercles interceptés par l'ombre, différant très-peu des diamètres de ces corps (g).

CHAPITRE XV.

DE LA DISTANCE DU SOLEIL ET DES CONSÉQUENCES QUI S'EN DÉMONTRENT.

AVEC ces données, et persuadés que

la plus grande distance de la lune dans les syzygies est de 64 ⅐ fois le rayon de la terre regardé comme unité, la distance moyenne ayant été démontrée de 59 de ces rayons, et le rayon de l'épicycle de 5ᵉ 10′, évaluons actuellement la distance du soleil.

Soient les grands cercles décrits dans un même plan : ABG sur le globe du soleil autour du centre D ; EZH sur le globe de la lune dans sa plus grande distance, autour du centre T ; KLM sur le globe terrestre autour du centre N. Quant aux plans qui passent par les centres, soient AXG le plan qui passe par les centres de la terre et du soleil, et ANG celui qui passe par les centres du soleil et de la lune, et supposons l'axe commun DTNX. Soient encore les droites qui passent par les contacts, et qui sont parallèles et sensiblement égales aux diamètres, ADG pour le soleil, ETH pour la lune, KNM pour la terre ; et OPR pour l'ombre où la lune tombe dans sa plus grande distance, ensorte que TN soit égale à NP, et que chacune de ces droites soit de 64 10′ des parties dont NL rayon de la terre n'en fait qu'une. Il s'agit de trouver quelle est la raison entre la droite ND de la distance du soleil, et le rayon NL de la terre.

τὸ κατὰ τὰς συζυγίας μέγιστον ἀπόστημα τῆς σελήνης τοιούτων ἐστὶ ξδ ι′, οἵου ἐστὶν ἑνὸς ἡ ἐκ τοῦ κέντρου τῆς γῆς, διὰ τὸ τὸ μὲν μέσον δεδεῖχθαι τῶν αὐτῶν νθ, τὴν δ' ἐκ τοῦ κέντρου τοῦ ἐπικύκλου ε ι′, ἴδωμεν πηλίκον συνάγεται καὶ τὸ τοῦ ἡλίου ἀπόστημα.

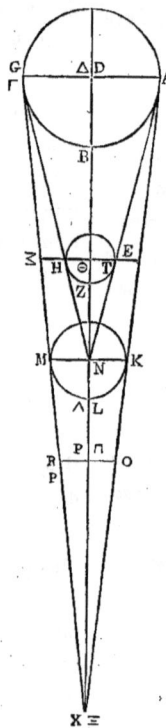

Ἐστωσαν γὰρ οἱ μέγιστοι καὶ ἐν τῷ αὐτῷ ἐπιπέδῳ τῶν σφαιρῶν κύκλοι, τῆς μὲν ἡλιακῆς ὁ ΑΒΓ περὶ κέντρον τὸ Δ, τῆς δὲ σεληνιακῆς κατὰ τὸ μέγιστον αὐτῆς ἀπόστημα ὁ ΕΖΗ περὶ κέντρον τὸ Θ, τῆς δὲ κατὰ τὴν γῆν ὁ ΚΛΜ περὶ κέντρον τὸ Ν· τῶν δὲ διὰ τῶν κέντρων ἐπιπέδων, τὸ μὲν τὴν γῆν καὶ τὸν ἥλιον περιλαμβάνον τὸ ΑΞΓ, τὸ δὲ τὸν ἥλιον καὶ τὴν σελήνην τὸ ΑΝΓ, καὶ ἄξων μὲν κοινὸς ὁ ΔΘΝΞ· αἱ δὲ διὰ τῶν ἐπαφῶν εὐθεῖαι παράλληλοι δηλονότι γιγνόμεναι, καὶ ταῖς διαμέτροις ἴσαι πρὸς αἴσθησιν, τοῦ μὲν ἡλιακοῦ κύκλου ἡ ΑΔΓ, τοῦ δὲ σεληνιακοῦ ἡ ΕΘΗ, τοῦ δὲ τῆς γῆς ἡ ΚΝΜ, τοῦ δὲ τῆς σκιᾶς εἰς ἣν ἐμπίπτει κατὰ τὸ μέγιστον ἀπόστημα ἡ σελήνη, ἡ ΟΠΡ, ὥστε ἴσην εἶναι τὴν ΘΝ τῇ ΝΠ, καὶ ἑκατέραν τοιούτων ξδ ι′, οἵου ἐστὶν ἡ ΝΛ ἐκ τοῦ κέντρου τῆς γῆς ἑνός. Δεῖ δὴ εὑρεῖν ὃν ἔχει λόγον ἡ ΝΛ εὐθεῖα τοῦ ἡλιακοῦ ἀποστήματος πρὸς τὴν ΛΝ ἐκ τοῦ κέντρου τῆς γῆς.

Ἐκβεβλήσθω τοίνυν ἡ ΕΗΣ· καὶ ἐπειδὴ ἐδείξαμεν, ὅτι ἡ τῆς σελήνης διάμετρος κατὰ τὸ ἐκκείμενον ἐν ταῖς συζυγίαις μέγιστον ἀπόστημα ὑποτείνει περιφέρειαν τοῦ κατ' αὐτὴν γραφομένου περὶ τὸ κέντρον τῆς γῆς κύκλου, τοιούτων ō λα′ κ″ οἵων ἐστὶν ὁ κύκλος τξ, εἴη ἂν ἡ μὲν ὑπὸ ΕΝΗ γωνία τοιούτων ō λα′ κ″ οἵων αἱ τέσσαρες ὀρθαὶ τξ, ἡ δὲ ἡμίσεια αὐτῆς ἡ ὑπὸ ΘΝΗ τοιούτων πάλιν ō λα′ κ″, οἵων εἰσὶν αἱ δύο ὀρθαὶ τξ. Ὥστε καὶ ἡ μὲν ἐπὶ τῆς ΘΗ περιφέρεια τοιούτων ἐστὶν ō λα′ κ″ οἵων ὁ περὶ τὸ ΝΗΘ ὀρθογώνιον κύκλος τξ, ἡ δ' ἐπὶ τῆς ΘΝ τῶν λοιπῶν εἰς τὸ ἡμικύκλιον ροθ κη′ μ″. Καὶ τῶν ὑπ' αὐτὰς ἄρα εὐθειῶν ἡ μὲν ΗΘ ἔσται τοιούτων ō λβ′ μη″ οἵων ἐστὶν ἡ ΝΗ διάμετρος ρκ, ἡ δὲ ΝΘ τῶν αὐτῶν ρκ ἔγγιστα. Ὥστε καὶ οἵων ἐστὶν ἡ ΝΘ εὐθεῖα ξδ ι′, τοιούτων καὶ ἡ ΘΗ ἔσται ō ιζ′ λγ″, τοῦ δι' αὐτοῦ ἐστι καὶ ἡ ΝΜ ἐκ τοῦ κέντρου τῆς γῆς ἑνός. Ἀλλ' ἐπεὶ λόγος ἐστὶ τῆς ΠΡ πρὸς τὴν ΘΗ, ὃν ἔχει τὰ β λϛ′ ἔγγιστα πρὸς τὸ ἕν, γίνεται καὶ ἡ ΠΡ τῶν αὐτῶν ō με′ λη″. Συναμφότεραι ἄρα ἥ τε ΘΗ καὶ ἡ ΠΡ τοιούτων εἰσὶν ā γ′ ια″, οἵου ἐστὶν ἡ ΝΜ ἑνός. Ἀλλὰ συναμφότεραι ἥ τε ΠΡ καὶ ἡ ΘΣ ὅλη τῶν αὐτῶν εἰσι δύο, διὰ τὸ ἴσας αὐτὰς εἶναι δυσὶ ταῖς ΝΜ. Παράλληλοί τε γὰρ ὥς ἐφαμέν εἰσι πᾶσαι, καὶ ἴση ἡ ΝΠ τῇ ΝΘ. Καὶ λοιπὴ ἄρα ἡ ΗΣ καταλείπεται τοιούτων ō νϛ′ μθ″, οἵου ἐστὶν ἡ ΝΜ εὐθεῖα ἑνός. Καὶ ἔστιν ὡς ἡ ΝΜ πρὸς τὴν ΗΣ, οὕτως ἡ

Prolongez donc EHS, et puisque nous avons prouvé que dans la plus grande distance qui a lieu lors des syzygies, le diamètre de la lune soutend dans son orbite décrite autour du centre de la terre, un arc de 0^d 31′ 20″ des degrés dont 360 font la circonférence du cercle, l'angle ENH sera de 0^d 31′ 20″ des degrés dont 360 font quatre angles droits, et sa moitié TNH vaut aussi 0^p 31′ 20″, des degrés dont 360 font deux angles droits. Ensorte que l'arc soutendu par l'angle TH a pour valeur 0^d 31′ 20″ des degrés dont le cercle décrit autour du triangle rectangle NHT en contient 360, et l'arc soutendu par TN vaut les 179^p 28′ 40″ degrés restants du demi-cercle. Donc la soutendante HT sera de 0^p 32′ 48″ des parties dont le diamètre NH en contient 120, et la droite NT en vaudra à peu près 120^p. Ainsi la droite NT étant de 64 10′ rayons de la terre, TH en aura 0^t 17′ 33″, la droite NM rayon de la terre, étant l'unité (a). Mais puisque PR est à TH comme 2^p 36′ à 1^p à très-peu près, il s'ensuit que PR vaut 0^p 45′ 38″ de ces parties. Donc TH et PR valent ensemble 1^p 3′ 11″ des parties dont NM en vaut une. Mais les deux droites PR et TS entière valent deux de ces parties, parcequ'elles sont égales à deux NM. Car toutes ces droites sont parallèles, comme nous l'avons dit, et NP est égale à NT. Donc le reste HS se trouve être de 0^p 56′ 49″ des parties dont la droite NM en contient une. Or comme NM est à HS,

I.

ainsi NG est à HG, et ND à TD. Donc ND étant 1, TD sera o 56′ 49″; et le reste TN sera o 3′ 11″. Ensorte que la droite NT étant de 64 16′, et la droite NM de 1, nous aurons pour la droite ND de la distance du soleil, 1210, à très-peu près.

Pareillement, puisque la droite NM étant 1, on démontre que la droite PR est o 45′ 38″, et NX étant à XP comme NM est à PR, il s'ensuit que la droite NX étant 1, la droite XP sera o 45′ 38″, et le reste PN sera de o 14′ 22″; donc la droite PN étant de 64 16′, et la droite NM menée du centre de la terre étant 1, la droite XP sera de 203 5o′ à peu près, et la droite entière NX de 268.

De tout cela nous concluons que le rayon de la terre étant 1, la moyenne distance de la lune dans les syzygies est de 59 rayons de la terre; celle du soleil de 1210 (b), et celle du centre de la terre au sommet du cône d'ombre, de 268 de ces rayons.

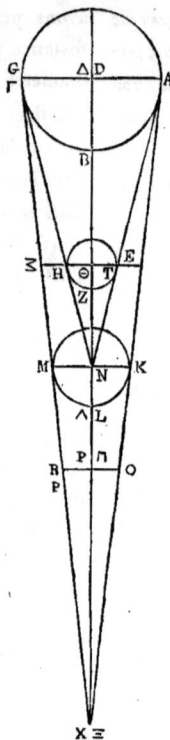

μὲν ΝΓ πρὸς τὴν ΗΓ, ἡ δὲ ΝΔ πρὸς τὴν ΘΔ. Οἵου ἄρα ἐςὶν ἡ ΝΔ ἑνὸς, τοιούτων καὶ ἡ μὲν ΔΘ ἔςαι ο νς′ μθ″, λοιπὴ δὲ ἡ ΘΝ τῶν αὐτῶν ο γ′ ια″. Ὥςτε καὶ οἵων ἐςὶν ἡ μὲν ΝΘ εὐθεῖα ξδ ι′, ἡ δὲ ΝΜ ἑνὸς, τοιούτων ἕξομεν καὶ τὴν ΝΔ τοῦ ἡλιακοῦ ἀποςήματος, αςι ἔγγιςα.

Ὡσαύτως δὲ, ἐπεὶ οἵου ἐςὶν ἡ ΝΜ εὐθεῖα ἑνὸς, τοιούτων ἡ ΠΡ ἐδείχθη ο με′ λη″, ὡς δὲ ἡ ΝΜ πρὸς τὴν ΠΡ, οὕτως ἡ ΝΞ πρὸς τὴν ΞΠ, καὶ οἵου ἄρα ἡ ΝΞ εὐθεῖα ἑνὸς, τοιούτων ἡ μὲν ΞΠ ἔςαι ο με′ λη″, λοιπὴ δὲ ἡ ΠΝ τῶν αὐτῶν ο ιδ′ κβ″. Καὶ οἵων ἐςὶν ἄρα ἡ μὲν ΠΝ εὐθεῖα ξδ ι′, ἡ δὲ ΝΜ ἐκ τοῦ κέντρου τῆς γῆς, ἑνὸς, τοιούτων καὶ ἡ μὲν ΞΠ ἔςαι σγ ν′ ἔγγιςα, ἡ δὲ ΝΞ ὅλη σξη.

Συνῆκται ἡμῖν ἄρα, ὅτι οἵου ἐςὶν ἡ ἐκ τοῦ κέντρου τῆς γῆς ἑνὸς, τοιούτων ἐςὶ τὸ μὲν τῆς σελήνης ἐν ταῖς συζυγίαις μέσον ἀπόςημα νθ, τὸ δὲ τοῦ ἡλίου αςι, τὸ δ' ἀπὸ τοῦ κέντρου τῆς γῆς μέχρι τῆς κορυφῆς τοῦ κώνου τῆς σκιᾶς σξη.

ΚΕΦΑΛΑΙΟΝ ΙϚ.

ΠΕΡΙ ΜΕΓΕΘΩΝ ΗΛΙΟΥ ΚΑΙ ΣΕΛΗΝΗΣ ΚΑΙ ΓΗΣ.

ΕΥΚΑΤΑΝΟΗΤΟΣ δ' αὐτόθεν γίνεται καὶ ὁ τῶν ἑτέρων μεγεθῶν λόγος, ἀπὸ τοῦ τῶν διαμέτρων ἡλίου τε καὶ σελήνης καὶ γῆς. Επεὶ γὰρ δέδεικται μὲν ὅτι οἵου ἑνός ἐςιν ἡ ΝΜ ἐκ τοῦ κέντρου τῆς γῆς, τοιούτων ἐςὶν ἡ μὲν ΘΗ ἐκ τοῦ κέντρου τῆς σελήνης ō ιζ' λγ'', ἡ δὲ ΝΘ εὐθεῖα ξδ̄ ι', ἔςι δὲ καὶ ὡς ἡ ΝΘ πρὸς ΘΗ οὕτως ἡ ΝΔ πρὸς τὴν ΔΓ, τῶν αὐτῶν καὶ τῆς ΝΔ δεδειγμένης ᾳσῑ, ἕξομεν καὶ τὴν ΔΓ ἐκ τοῦ κέντρου τοῦ ἡλίου, τῶν αὐτῶν ε̄ ς'' ἔγγιςα· καὶ τῶν διαμέτρων ἄρα οἱ αὐτοὶ ἔσονται λόγοι. Ωστε καὶ οἵου ἐςὶν ἡ τῆς σελήνης διάμετρος ἑνὸς, τοιούτων καὶ ἡ μὲν τῆς γῆς ἔςαι γ̄ καὶ δύο πέμπτων ἔγγιςα, ἡ δὲ τοῦ ἡλίου ιη̄ καὶ τεσσάρων πέμπτων. Η μὲν τῆς γῆς ἄρα διάμετρος τῆς σεληνιακῆς τριπλασίων ἐςὶ καὶ ἔτι τοῖς δυσὶ πέμπτοις μείζων, ἡ δὲ τοῦ ἡλίου τῆς μὲν σεληνιακῆς ὀκτωκαιδεκαπλασίων καὶ ἔτι τοῖς τέσσαρσι πέμπτοις μείζων, τῆς δὲ γῆς πενταπλασίων καὶ ἔτι τῷ ἡμίσει ἔγγιςα μείζων. Καὶ ταῦτα δ' ἐπεὶ καὶ ὁ μὲν ἀπὸ τοῦ ἑνὸς κύβος τοῦ αὐτοῦ ἐςὶν ἑνὸς, ὁ δ' ἀπὸ τῶν γ̄ καὶ δύο πέμπτων, τῶν αὐτῶν ἔγγιςα λθ̄ δ'', ὁ δ' ἀπὸ τῶν ιη̄ καὶ τεσσάρων πέμπτων ὁμοίως ϛχμδ̄ ς'' ἔγγιςα, συνῆκται ἡμῖν ὅτι καὶ οἵου ἑνός ἐςι τὸ τῆς σελήνης ςερεὸν μέγεθος, τοιούτων ἐςὶ τὸ μὲν τῆς γῆς λθ δ'', τὸ δὲ τοῦ

CHAPITRE XVI.

GRANDEURS DU SOLEIL, DE LA LUNE ET DE LA TERRE.

Le rapport des autres grandeurs devient, d'après ce que nous avons déjà dit jusqu'à présent, facile à déterminer par les diamètres du soleil, de la lune et de la terre. Car étant démontré que si le rayon de la terre NM est 1, le rayon TH de la lune est 0 17′ 33″, et la droite NT, 64 10′, NT étant à TH comme ND est à DG, et la droite ND étant prouvée de 1210 rayons terrestres, nous aurons le rayon DG du soleil de 5r $\frac{1}{2}$ à très-peu près; et les rapports des diamètres seront par conséquent les mêmes. Ainsi le diamètre de la lune étant 1, celui de la terre sera de 3 $\frac{2}{5}$ environ, et celui du soleil de 18 $\frac{4}{5}$. Le diamètre de la terre est donc triple de celui de la lune avec $\frac{2}{5}$ de plus; et celui du soleil est dix-huit fois aussi grand avec $\frac{4}{5}$ de plus; ainsi il est le quintuple de celui de la terre avec encore $\frac{1}{2}$ de plus à très-peu près. Or le cube de 1 étant 1, celui de 3 $\frac{2}{5}$ étant 39 $\frac{1}{4}$ à peu près, et celui de 18 $\frac{4}{5}$ étant 6644 $\frac{1}{2}$ environ, on conclut que la grandeur solide, (le volume) de la lune étant 1, le volume de la terre est 39 $\frac{1}{4}$, et celui du soleil 6644 $\frac{1}{2}$.

Donc le soleil est environ cent soixante et dix fois aussi gros que la terre.

ἡλίου ςχμδ´ ς´´. Ἑκατοντακαιεβδομηκονταπλάσιον ἄρα ἔγγιςα τὸ τοῦ ἡλίου τῆς γῆς.

CHAPITRE XVII.

DÉTAILS DES PARALLAXES DU SOLEIL ET DE LA LUNE.

ΚΕΦΑΛΑΙΟΝ ΙΖ.

ΠΕΡΙ ΤΩΝ ΚΑΤΑ ΜΕΡΟΣ ΠΑΡΑΛΛΑΞΕΩΝ ΗΛΙΟΥ ΚΑΙ ΣΕΛΗΝΗΣ.

PASSONS de ces démonstrations à celle de la méthode que l'on suit pour calculer par les distances du soleil et de la lune, leurs parallaxes dans toutes leurs particularités, et d'abord celles que l'on voit sur le grand cercle qui passe par le point vertical et par ces astres.

ΤΟΥΤΩΝ τοίνυν οὕτως ὑποκειμένων, ἀκόλουθον ἂν εἴη προσαποδεῖξαι πάλιν διὰ βραχέων, τίνα ἄν τις τρόπον ἐκ τῆς τῶν ἀποςημάτων πηλικότητος ἡλίου τε καὶ σελήνης, καὶ τὰς κατὰ μέρος αὐτῶν γινομένας παραλλάξεις ἐπιλογίζοιτο, καὶ πρῶτον τὰς ἐπὶ τοῦ διὰ τοῦ κατὰ κορυφὴν σημείου καὶ αὐτῶν γραφομένου μεγίςου κύκλου θεωρουμένας.

Soient, dans le plan de ce grand cercle, le grand cercle AB de la terre, l'orbite du soleil ou de la lune GD, et le cercle à l'égard duquel la terre n'est qu'un point, EZHT; soit K le centre de tous ces cercles,

Ἐςωσαν δὴ ἐν τῷ τοῦ εἰρημένου μεγίςου κύκλου ἐπιπέδῳ ὁ μὲν τῆς γῆς πάλιν μέγιςος κύκλος ὁ ΑΒ, ὁ δὲ κατὰ τὸν ἥλιον ἢ τὴν σελήνην ὁ ΓΔ, πρὸς ὃν δὲ ἡ γῆ σημείου λόγον ἔχει, ὁ ΕΖΗΘ, καὶ κέντρον μὲν πάν

et KAGE le diamètre qui passe par les points verticaux. Ayant pris depuis le point vertical G l'arc GD supposé par exemple de 30 des degrés dont le cercle GD en contient 360, joignez KDH et ADT, du point A menez AZ parallèle à KH, et AL perpendiculaire sur la même ligne, puisque les deux astres ne restant pas toujours à la même distance, la différence des parallaxes qui aura lieu pour le soleil, sera si petite, qu'elle sera insensible, parceque l'excentricité de son orbite est très-petite, tandis que sa distance

των τὸ Κ, ἡ δὲ διὰ τῶν κατὰ κορυφὴν σημείων διάμετρος ἡ ΚΑΓΕ. Καὶ ἀπολιφθείσης ἀπὸ τοῦ Γ κατὰ κορυφὴν σημείου τῆς ΓΔ περιφερείας, τοιούτων λόγου ἕνεκεν ὑποκειμένης λ οἵων ἐςὶν ὁ ΓΔ κύκλος τξ, ἐπεζεύχθωσαν μὲν πάλιν ἥ τε ΚΔΗ καὶ ἡ ΑΔΘ, ἀπὸ δὲ τοῦ Α παράλληλος μὲν ἤχθω τῇ ΚΗ ἡ ΑΖ, κάθετος δ᾽ ἐπ᾽ αὐτὴν ἡ ΑΛ. Ἐπεὶ τοίνυν μὴ μένοντος ἀεὶ τοῦ αὐτοῦ ἀποςήματος περὶ ἑκάτερον τῶν φώτων, ἡ μὲν περὶ τὸν ἥλιον ἐσομένη διὰ τοῦτο τῶν παραλλάξεων διαφορὰ βραχεῖα παντάπασι καὶ ἀνεπαίσθητος

ἔςαι, τῷ καὶ τὴν ἐκκεντρότητα τοῦ
κύκλου αὐτοῦ μικρὰν εἶναι, καὶ τὸ ἀπόςημα μέγα, ἡ δὲ περὶ τὴν σελήνην
καὶ πάνυ ἂν γένοιτο αἰσθητὴ, καὶ τῆς
κατὰ τὸν ἐπίκυκλον αὐτῆς κινήσεως ἕνεκεν, καὶ τῆς αὐτοῦ τοῦ ἐπικύκλου κατὰ
τὸν ἔκκεντρον, οὐ μικρὰν ποιούσης περὶ τὰς
ἀποςάσεις διαφορὰν ἑκατέρας, τὰς μὲν
τοῦ ἡλίου παραλλάξεις ἐπὶ μόνου τοῦ
ἑνὸς λόγου δείξομεν, λέγω δὲ τοῦ τῶν
αοῑ πρὸς τὸ ᾱ, τὰς δὲ τῆς σελήνης ἐπὶ
τεσσάρων τῶν μάλιςα εἰς τὰς ἑξῆς ἐφόδους
εὐοδωτέρων ἐσομένων. Εἰλήφαμεν δὲ τῶν
δ̄ τούτων ἀποςημάτων πρῶτα μὲν δύο
τὰ γινόμενα, τοῦ ἐπικύκλου κατὰ τὸ ἀπογειότατον τοῦ ἐκκέντρου τυγχάνοντος.
Καὶ τούτων πρότερον μὲν τὸ μέχρι τοῦ
ἀπογείου τοῦ ἐπικύκλου, ὃ συνῆκται διὰ
τῶν προαποδεδειγμένων τοιούτων ξδ̄ ι′,
οἵου ἐςὶν ἡ ἐκ τοῦ κέντρου τῆς γῆς ἑνός.
Δεύτερον δὲ τὸ μέχρι τοῦ περιγείου τοῦ
ἐπικύκλου συναγόμενον, καὶ τοῦτο τῶν αὐτῶν νγ̄ ν′. Τὰ δὲ λοιπὰ δύο γινόμενα,
τοῦ ἐπικύκλου κατὰ τὸ περιγειότατον
τοῦ ἐκκέντρου τυγχάνοντος. Καὶ τούτων
δὲ πάλιν πρότερον μὲν τὸ μέχρι τοῦ ἀπογείου τοῦ ἐπικύκλου συναγόμενον διὰ
τὰ προαποδεδειγμένα τοιούτων μγ̄ νγ′,
οἵου ἐςὶν ἡ ἐκ τοῦ κέντρου τῆς γῆς ἑνός.
Δεύτερον δὲ τὸ μέχρι τοῦ περιγείου τοῦ
ἐπικύκλου συναγόμενον καὶ αὐτὸ τῶν αὐτῶν λγ̄ λγ′.

Ἐπεὶ τοίνυν ἡ ΓΔ περιφέρεια ὑπόκειται μοιρῶν λ̄, εἴη ἂν καὶ ἡ ὑπὸ ΓΚΔ γωνία οἵων μέν εἰσιν αἱ τέσσαρες ὀρθαὶ τξ̄

est très-grande, au lieu que la différence des parallaxes de la lune est
très-sensible, tant à cause de son mouvement dans l'épicycle, que parceque
celui de l'épicycle dans l'excentrique ne
fait pas une petite différence dans l'une
et l'autre distance. Nous ne montrerons
les parallaxes du soleil, que dans le
rapport de 1210 à 1; mais pour démontrer celles de la lune, nous emploierons
quatre termes qui rendront plus faciles
les calculs que nous aurons à faire dans
la suite. Nous avons déjà pris les deux
distances qui ont lieu lorsque l'épicycle
se trouve dans l'apogée de l'excentrique;
et de ces deux, nous choisissons premièrement celle qui se prolonge jusqu'à l'a-
pogée de l'épicycle, laquelle, suivant ce
qui a été ci-dessus, est de 64 10′ des parties dont le rayon de la terre n'en est
qu'une seule. Secondement, celle qui est
bornée au périgée de l'épicycle, laquelle
est de 53 50′ des mêmes parties. Les deux
autres ont lieu lorsque l'épicycle se trouve
dans le périgée de l'excentrique. Et de
ces deux dernières, l'une s'étend jusqu'à
l'apogée de l'épicycle, et pour les raisons
précédentes elle est de 43 53′ rayons
terrestres. L'autre qui va jusqu'au périgée de l'épicycle, est de 33 33′ de ces
mêmes rayons.

Or puisque l'arc GD est supposé de 30
degrés, l'angle GKD sera de 30 des degrés
dont 360 font quatre angles droits, et

de 60 de ceux dont 360 font deux angles droits. L'arc sou-tendu par AL est donc de 60 des degrés dont le cercle dé-crit autour du rectangle AKL en contient 360 ; et l'arc soutendu par KL vaut les 120 degrés restants du demi-cercle. Ainsi, de leurs soutendantes, AL sera de 60 des parties dont le diamètre AK en contient 120, et KL sera de 103 55' de ces mêmes parties. Donc AK étant 1, AL sera 0 30', et la droite KL, 0 52'. Or la droite KLD pour la distance du soleil, est de 1210 de ces parties, et pour les distances de la lune, elle est dans le premier terme, de 64ᵖ 10'; dans le second, de 53ᵖ 50'; dans le troisième, de 43ᵖ 53', et dans le qua-trième, de 33ᵖ 33'. Donc la portion LD, c'est-à-dire AD, puisqu'elles sont à peu près égales, sera pour la distance du soleil, de 1209 parties 8'; et pour celles de la lune, dans le premier terme, de 63ᵖ 18'; dans le second, de 52ᵖ 58'; dans le troisième, de 43ᵖ 1'; et dans le qua-trième, de 32ᵖ 41'. Ainsi l'hypoténuse AD étant de 120 parties, la droite AL sera (en raisonnant toujours de même, pour ne pas nous répéter), de 0ᵖ 2' 59'', de 0ᵖ 56' 52'', de 1ᵖ 7' 58'', de 1ᵖ 23' 41'', et de 1ᵖ 50' 9''. Donc l'arc qu'elle soutend sera de 0ᵈ 2' 50'', de 0ᵈ 54' 18'', de 1ᵈ 4' 54'', de 1ᵈ 20', et de 1ᵈ 45' à très-peu près des degrés dont le cercle décrit autour du rectangle DLA en con-tient 360; mais l'angle ADB, c'est-à-dire

τοιούτων λ, οἵων δ᾽ αἱ δύο ὀρ-θαὶ τξ τοιούτων ξ. Ὥστε καὶ ἡ μὲν ἐπὶ τῆς ΑΛ περιφέρεια τοιούτων ἐςὶν ξ οἵων ὁ περὶ τὸ ΑΚΛ ὀρθογώνιον κύκλος τξ, ἡ δ᾽ ἐπὶ τῆς ΚΛ τῶν λοιπῶν εἰς τὸ ἡμικύκλιον ρκ. Καὶ τῶν ὑπ᾽ αὐτὰς ἄρα εὐθειῶν, ἡ μὲν ΑΛ τοιούτων ἔςαι ξ οἵων ἐςὶν ἡ ΑΚ διάμετρος ρκ, ἡ δὲ ΚΛ τῶν αὐτῶν ργ νε΄. Καὶ οἵου ἄρα ἐςὶν ἡ ΑΚ ἑνός, τοιούτων καὶ ἡ μὲν ΑΛ ἔςαι ο λ΄, ἡ δὲ ΚΛ εὐθεῖα ο νβ΄. Τῶν δ᾽ αὐτῶν ἐςι καὶ ἡ ΚΛΔ εὐθεῖα, ἐπὶ μὲν τοῦ ἡλιακοῦ ἀποςήματος, ͵αςῑ, ἐπὶ δὲ τῶν σεληνια-κῶν κατὰ μὲν τὸν πρῶτον ὅρον ξδ ι΄, κατὰ δὲ τὸν δεύτερον νγ ν΄, κατὰ δὲ τὸν τρίτον μγ νγ΄, κατὰ δὲ τὸν τέταρ-τον λγ λγ΄. Καὶ λοιπὴ ἄρα ἡ ΛΔ, τουτ-έςιν ἡ ΑΔ, ἐπεὶ ἀδιαφόρῳ εἰσὶν ἄνισοι, ἐπὶ μὲν τοῦ ἡλιακοῦ ἀποςήματος ἔςαι ͵αςθ η΄· ἐπὶ δὲ τῶν σεληνιακῶν, κατὰ μὲν τὸν πρῶτον ὅρον ξγ ιη΄, κατὰ δὲ τὸν δεύτερον νβ νη΄, κατὰ δὲ τὸν τρίτον μγ α΄, κατὰ δὲ τὸν τέταρτον λβ μα΄. Ὥστε καὶ οἵων ἐςὶν ἡ ΑΔ ὑποτείνουσα ρκ, τοιούτων ἔςαι ἡ ΑΛ εὐθεῖα, ὑπακουο-μένης, ἵνα μὴ ταυτολογῶμεν, τῆς αὐτῆς τάξεως ο β΄ νθ΄΄, καὶ ο νϛ΄ νβ΄΄, καὶ ᾱ ζ΄ νη΄΄, καὶ ᾱ κγ΄ μα΄΄, καὶ ᾱ ν΄ θ΄΄. Καὶ ἡ μὲν ἐπ᾽ αὐτῆς ἄρα περιφέρεια τοιούτων ἔςαι ο β΄ ν΄΄, καὶ ο νδ΄ ιη΄΄, καὶ ᾱ δ΄ νδ΄΄, καὶ ᾱ κ΄, καὶ ᾱ με΄΄ ἔγγιςα, οἵων ἐςὶν ὁ περὶ τὸ ΔΛΑ ὀρθογώνιον κύκλος τξ· ἡ δ᾽ ὑπὸ ΑΔΒ γωνία, τουτέςιν ἡ ὑπὸ ΖΑΘ,

οἵων μέν εἰσιν αἱ δύο ὀρθαὶ τ ξ̄, τοιούτων
ὅ β̄ ν̄ʹʹ, καὶ ο̄ νδʹ ιη̄ʹʹ, καὶ ᾱ δʹ νδ̄ʹʹ, καὶ
ᾱ κ̄ʹ, καὶ ᾱ με̄ʹ· οἵων δ᾽ αἱ τέσσαρες ὀρθαὶ τ ξ̄, τοιούτων ο̄ αʹ κε̄ʹʹ, καὶ ο̄ κζʹ θ̄ʹʹ, καὶ
ο̄ λβʹ κζ̄ʹʹ, καὶ ο̄ μʹ, καὶ ο̄ νβʹ λ̄ʹʹ. Ὥστε
ἐπεὶ καὶ τὸ μὲν Α σημεῖον ἀδιαφορεῖ τοῦ
Κ κέντρου, ἡ δὲ ΖΗΘ περιφέρεια ἀδιαφόρῳ
μείζων ἐςὶ τῆς ΗΘ, διὰ τὸ τὴν γῆν ὅλην
σημείου λόγον ἔχειν πρὸς τὸν ΕΖΗΘ κύκλον, καὶ ἡ ΗΘ τῆς παραλλάξεως περιφέρεια, οἵων ἐςὶν ὁ ΕΖΗΘ κύκλος τ ξ̄,
τοιούτων, ἐπὶ μὲν τοῦ ἡλιακοῦ ἀποςήματος, ἔςαι ο̄ αʹ κε̄ʹʹ, ἐπὶ δὲ τῶν σεληνιακῶν κατὰ μὲν τὸν πρῶτον ὅρον ο̄ κζʹ θ̄ʹʹ,
κατὰ δὲ τὸν δεύτερον ο̄ λβʹ κζ̄ʹʹ, κατὰ
δὲ τὸν τρίτον ο̄ μʹ ο̄ʹʹ, κατὰ δὲ τὸν τέταρτον ο̄ νβʹ λ̄ʹʹ· ἅπερ προέκειτο δεῖξαι.

Τὸν αὐτὸν δὲ τρόπον καὶ ἐπὶ τῶν λοιπῶν ἀποςάσεων τοῦ κατὰ κορυφὴν σημείου, τὰς γινομένας καθ᾽ ἕκαςον ὅρον
παραλλάξεις ἐπιλογισάμενοι διὰ μοιρῶν ϛ̄, μέχρι τῶν τοῦ τεταρτημορίου μοιρῶν ϟ̄, διεγράψαμεν κανόνα πρὸς τὰς διακρίσεις τῶν παραλλάξεων, ἐπὶ ςίχους
μὲν πάλιν με̄, σελίδια δὲ θ̄, ὧν ἐν μὲν
τῷ πρώτῳ παρεθήκαμεν τὰς τοῦ τεταρτημορίου μοίρας ϟ̄, διὰ δύο δηλονότι τὴν
παραύξησιν αὐτῶν ποιησάμενοι· ἐν δὲ τῷ
δευτέρῳ τὰ ἐπιβάλλοντα ἑκάςῳ τμήματι
ἑξηκοςὰ τῶν ἡλιακῶν παραλλάξεων, ἐν
δὲ τῷ τρίτῳ τὰς κατὰ τὸν πρῶτον ὅρον
τῆς σελήνης παραλλάξεις, ἐν δὲ τῷ τετάρτῳ τὰς ὑπεροχὰς τῶν τοῦ δευτέρου
ὅρου παραλλάξεων παρὰ τὰς τοῦ πρώτου,

ZAT, est de 0^d 2′ 50″, de 0^d 54′ 18″,
de 1^d 4′ 54″, de 1^d 20′, et de 1^d 45′ des
degrés dont 360 font deux angles droits;
et de 0 1′ 25″, de 0 27′ 9″, de 0 32′
27″, de 0 40′, et de 0 52′ 30″ des degrés dont quatre angles droits en contiennent 360. C'est pourquoi le point A
se confondant avec le centre K, et l'arc
ZHT n'étant presque pas différent de
l'arc HT, parceque la terre entière n'est
que comme un point relativement au
cercle EZHT, l'arc HT de la parallaxe
sera, pour la distance du soleil, de 0^d 1′
25″ des 360^d du cercle EZHT; et pour les
distances de la lune, dans le premier
terme, de 0^d 27′ 9″; dans le second, de
0^d 32′ 27″; dans le troisième, de 0^d 40′;
et dans le quatrième, de 0^d 52′ 30″: c'est
ce qu'il s'agissoit de démontrer.

Après avoir calculé de même pour les
autres distances au point vertical, les
parallaxes en chaque terme, de 6 en 6
degrés jusqu'au 90e du *quadrans*, nous
avons dressé une table des diverses parallaxes, en 45 lignes et en 9 colonnes,
dans la première desquelles nous avons
marqué les 90 parties du *quadrans*, de
deux en deux; dans la seconde, les
soixantièmes des parallaxes du soleil,
qui correspondent à chaque portion du
quadrans; dans la troisième, les différences des parallaxes du second terme,
comparées à celle du premier; dans
la cinquième, les parallaxes dans le
troisième terme, dans la sixième, les

différences de celles du quatrième comparées à celles du troisième, comme par
exemple à la distance verticale des 3o
parties on trouve d'abord les 0ᵖ 1′ 25″
du soleil, ensuite les 0ᵖ 27′ 9″ suivantes
du premier terme de la lune, et puis les
0ᵖ 5′ 18″ dont le second terme surpasse
le premier. Ensuite les 0ᵖ 4o′ du troisième, et puis les 0ᵖ 12′ 3o″ dont le
quatrième terme surpasse le troisième.
Et pour qu'on trouve sans peine les parallaxes intermédiaires aux distances
entre les apogées et les périgées, proportionnellement aux portions prises depuis les points de ces quatre termes,
nous avons ajouté les trois dernières
colonnes pour y marquer les différences
que nous avons calculées comme il suit :

Soit ABGD l'épicycle de la lune décrit autour du centre E, et soit Z le
centre de l'écliptique et de la terre ;
après avoir joint AEDZ, menez ZGB,
et joignez BE et GE ; abaissez sur AD les
perpendiculaires BH du point B, et GT
du point G. Supposons d'abord la lune
à une distance de l'apogée vrai A considéré relativement au centre Z, marquée
par l'arc AB, qui est, par exemple, de
6o degrés. Ensorte que l'angle BEH soit
de 6o des degrés dont 36o font quatre
angles droits, et de 120 de ceux dont
36o font deux angles droits, et qu'ainsi
l'arc BH soit de 120 des degrés dont le
cercle décrit autour du rectangle BEH

ἐν δὲ τῷ πέμπτῳ τὰς κατὰ τὸν τρίτον ὅρον παραλλάξεις, ἐν δὲ τῷ ἕκτῳ
τὰς ὑπεροχὰς τῶν τοῦ τετάρτου ὅρου
παραλλάξεων παρὰ τὰς τοῦ τρίτου, οἷον,
ὡς ἐπὶ τῆς τῶν λ μοιρῶν παραθέσεως
τὰ ō α′ κε″ τοῦ ἡλίου, ἔπειτα ἑξῆς τὰ ō
κζ′ θ″ τοῦ πρώτου ὅρου τῆς σελήνης,
καὶ ἑξῆς τὰ ō ε′ ιη″ οἷς ὑπερέχει ὁ δεύτερος ὅρος τὸν πρῶτον. Εἶτα πάλιν τὰ ō μ′
τοῦ τρίτου ὅρου, καὶ ἑξῆς τὰ ō ιβ′ λ″,
οἷς ὑπερέχει καὶ ὁ τέταρτος ὅρος τὸν τρίτον. Ἕνεκεν δὲ τοῦ καὶ τὰς ἐν τοῖς μεταξὺ τῶν ἀπογείων καὶ τῶν περιγείων
ἀποστήμασι παραλλάξεις, ἀναλόγως
τοῖς κατὰ μέρος τμήμασιν ἀπὸ τῶν κατὰ
τοὺς ἐκκειμένους δ′ ὅρους, προχείρως με-
θοδεύειν διὰ τῆς τῶν ἑξηκοστῶν παραθέσεως, τὰ λοιπὰ ἡμῖν τρία σελίδια συνῆπται πρὸς τὴν παράθεσιν τῶν τοιούτων
διαφορῶν, ὧν καὶ αὐτῶν τὸν ἐπιλογισμὸν
πεποιήμεθα τὸν τρόπον τοῦτον.

Ἔσω γὰρ ὁ μὲν τῆς σελήνης ἐπίκυκλος
ὁ ΑΒΓΔ περὶ κέντρον τὸ Ε, τὸ δὲ τοῦ διὰ
μέσων τῶν ζῳδίων καὶ τῆς γῆς κέντρον
τὸ Ζ, καὶ ἐπιζευχθείσης τῆς ΑΕΔΖ, διήχθω ἡ ΖΓΒ, καὶ ἐπεζεύχθωσαν μὲν ἥ τε
ΒΕ καὶ ἡ ΓΕ, κάθετοι δὲ ἤχθωσαν ἐπὶ τὴν
ΑΔ, ἀπὸ μὲν τοῦ Β ἡ ΒΗ, ἀπὸ δὲ τοῦ Γ ἡ
ΓΘ. Καὶ ὑποκείσθω πρῶτον ἡ σελήνη τὴν
ΑΒ περιφέρειαν ἀφεςῶσα, τοῦ κατὰ τὸ Α
ἀκριβοῦς καὶ πρὸς τὸ Ζ κέντρον θεωρουμένου ἀπογείου, μοιρῶν λόγου ἕνεκεν
οὖσαν ξ, ὥστε καὶ τὴν ὑπὸ ΒΕΗ γωνίαν,
οἵων μέν εἰσιν αἱ τέσσαρες ὀρθαὶ τξ,
τοιούτων εἶναι ξ, οἵων δ' αἱ δύο ὀρθαὶ τξ,
τοιούτων ρκ· καὶ διὰ τοῦτο τὴν μὲν ἐπὶ

τῆς ΒΗ περιφέρειαν τοιούτων. γίνεσθαι ρκ̄ οἵων ἐςὶν ὁ περὶ τὸ ΒΕΗ ὀρθογώνιον κύκλος τξ̄, τὴν δ' ἐπὶ τῆς ΕΗ τῶν λοιπῶν εἰς τὸ ἡμικύκλιον ξ̄. Καὶ τῶν ὑποτεινουσῶν ἄρα αὐτὰς εὐθειῶν, ἡ μὲν ΒΗ ἔςαι τοιούτων ργ̄ νε' οἵων ἐςὶν ἡ ΕΒ διάμετρος ρκ̄, ἡ δὲ ΕΗ τῶν αὐτῶν ξ̄. Ἀλλ' ὅταν τὸ Ε κέντρον τοῦ ἐπικύκλου ἐπὶ τοῦ ἀπογείου ᾖ τοῦ ἐκκέντρου, λόγος ἐςὶ τῆς ΖΕ πρὸς τὴν ΕΒ ὁ τῶν ξ̄ πρὸς τὰ ε̄ ιε'. Καὶ οἵων ἄρα ἐςὶν ἡ ΕΒ εὐθεῖα ε̄ ιε', τοιούτων καὶ ἡ μὲν ΒΗ ἔςαι τοιούτων δ̄ λγ', ἡ δὲ ΕΗ εὐθεῖα β̄ λη', ἡ δὲ ΗΕΖ ὅλη ξβ̄ λη'. Καὶ ἐπεὶ τὸ ἀπὸ τῆς ΖΗ μετὰ τοῦ ἀπὸ τῆς ΗΒ ποιεῖ τὸ ἀπὸ τῆς ΖΒ, ἔςαι καὶ αὐτὴ τοιούτων ξβ̄ μη', οἵων ἐςὶ τὸ μὲν ΖΑ τοῦ πρώτου ὅρου ἀπόςημα ξε̄ ιε', τὸ δὲ ΖΔ τοῦ δευτέρου ὅρου νδ̄ με'', τὸ δὲ ΑΔ διάφορον τῆς τῶν δύο τούτων ὅρων ὑπεροχῆς ῑ λ'. Καὶ τὸ κατὰ τὸ δεύτερον ἄρα διάφορον πρὸς τὸν πρῶτον ὅρον, τοιούτων ἐςὶ β̄ κζ' οἵων ὅλον τὸ διάφορον ῑ λ'. Ὥστε καὶ οἵων ἐςὶ τὸ ὅλον διάφορον ξ̄, τοιούτων ἔςαι καὶ τὸ τότε διάφορον ιδ̄ ο'. Ταῦτα ἄρα παραθήσομεν ἐν τῷ ζ̄ῳ σελιδίῳ, τῷ ςίχῳ τῷ περιέχοντι τὸ ἥμισυ τοῦ τῶν ξ̄ ἀριθμοῦ, τουτέςι πρὸς τοῖς λ̄, διὰ τὸ καὶ ὅλας τὰς ἐκκειμένας ἐν τῷ πρώτῳ σελιδίῳ τοῦ κανόνος ζ̄ μοίρας τὸ ἥμισυ περιέχειν τῶν ἀπὸ τοῦ Α ἐπὶ τὸ Δ μοιρῶν ρπ̄.

en contient 360, et l'arc EH des 60 degrés restants du demi-cercle. Donc l'un des côtés opposés BH sera de 103 55' des parties dont le diamètre EB en contient 120; et l'autre EH en aura 60. Mais quand le centre de l'épicycle est dans l'apogée de l'excentrique, on a ZE à EB comme 60^p à 5^p 15'. Donc la droite EB étant de 5^p 15', la droite BH sera de 4^p 33'; la droite EH de 2^p 38', et la droite HEZ entière de 62^p 38'. Or puisque le carré de ZH avec celui de HB donne celui de ZB, celle-ci sera de 62^p 48' des parties dont ZA, distance du premier terme, contient 65^p 15'; ZD, distance du second terme, 54^p 45'; et AD, différence entre ces deux termes, 10^p 30'. Donc la différence du second au premier terme, est de 2^p 27' des parties dont toute la différence en contient 10^p 30'. Ainsi, toute la différence étant faite de 60, la différence dont il s'agit sera de 14 0'. Par conséquent nous les mettrons à la septième colonne dans la ligne qui contient la moitié du nombre 60, c'est-à-dire à côté de 30, parceque les 90 degrés qui composent la première colonne, contiennent la moitié des 180 de A en D.

I.

45

Par les mêmes raisons, si nous supposons l'arc GD de ces 60 degrés, on démontrera que GT est de 4ᵖ 33′ des parties dont EG menée du centre, en contient 5ᵖ 15′, et ET pareillement de 2ᵖ 38′, et le reste ZT, de 57ᵈ 22′. C'est pourquoi l'hypoténuse ZG en vaut 57ᵖ 33′. Si nous retranchons celles-ci du premier terme 65ᵖ 15′, nous trouverons que le reste 7ᵖ 42′ est les 44 soixantièmes de toute la différence. Nous les placerons dans la même colonne au nombre 60, parceque l'arc ABG est de 120 parties.

Supposant encore les mêmes arcs, concevons le centre E dans le périgée de l'excentrique, position dans laquelle sont le troisième et le quatrième terme; puisque dans cette position ZE est à EB comme 60 à 8, EB étant de 8 parties, il s'ensuit que chacune des droites BH et GT, quand chacun des arcs AB et GD est de 60 degrés, vaut 6ᵖ 56′ des parties dont la droite ZE en a 60, et que chacune des droites EH, ET, est de 4ᵖ o′ de ces mêmes parties. Ainsi ZH étant de 64 de ces parties, et ZT de 56, il s'ensuit que l'hypoténuse ZB est de 64ᵖ 23′, et ZG de 56ᵖ 26′ des parties dont la droite ZA du troisième terme, en contient 68, et la droite AD de la différence du troisième au quatrième, 16ᵖ. Si donc nous retranchons les 64 23′ des

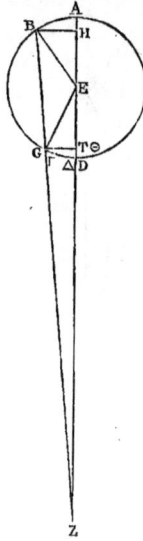

Κατὰ τὰ αὐτὰ δὲ κἂν τὴν ΓΔ περιφέρειαν ὑποθώμεθα τῶν αὐτῶν ξ̄, ἡ μὲν ΓΘ δειχθήσεται τοιούτων δ̄ λγ′ οἵων ἐςὶν ἡ ΕΓ ἐκ τοῦ κέντρου ε̄ ιε′, ἡ δὲ ΕΘ ὁμοίως β̄ λη′, λοιπὴ δὲ ἡ ΖΘ τῶν αὐτῶν νζ̄ κβ′. Καὶ διὰ τὰ αὐτὰ ἡ ΖΓ ὑποτείνουσα νζ̄ λγ′. Ἅπερ ἀφελόντες πάλιν ἀπὸ τῶν τοῦ πρώτου ὅρου ξε̄ ιε′, τὰ λοιπὰ ζ̄ μβ′ εὑρήσομεν ἐξηκοςὰ ὄντα τοῦ ὅλου διαφόρου μδ̄. Ἃ καὶ αὐτὰ παραθήσομεν ἐν τῷ αὐτῷ σελιδίῳ πρὸς τῷ τῶν ξ̄ ἀριθμῷ, διὰ τὸ καὶ τὴν ΑΒΓ περιφέρειαν εἶναι μοιρῶν ρκ̄.

Πάλιν ὑποκειμένων τῶν αὐτῶν περιφερειῶν, νοείσθω τὸ Ε κέντρον ἐπὶ τοῦ περιγείου τοῦ ἐκκέντρου, καθ' ἣν θέσιν ὅ τε τρίτος ὅρος περιέχεται καὶ ὁ τέταρτος. Ἐπεὶ οὖν κατὰ τὴν τοιαύτην θέσιν, λόγος ἐςὶ τῆς ΕΖ πρὸς τὴν ΕΒ ὁ τῶν ξ̄ πρὸς τὰ η̄, καὶ οἵων ἄρα ἡ ΒΕ γίνεται η̄, συναχθήσεται καὶ ἑκατέρα μὲν τῶν ΒΗ καὶ ΓΘ εὐθειῶν, ὅταν καὶ ἑκατέρα τῶν ΑΒ καὶ ΓΔ περιφερειῶν ξ̄ μοιρῶν ὑποκέηται, τοιούτων ϛ̄ νϛ′ οἵων ἐςὶν ἡ ΖΕ εὐθεῖα ξ̄, ἑκατέρα δὲ τῶν ΕΗ καὶ ΕΘ τῶν αὐτῶν δ̄ ο′. Ὥστε καὶ τῆς μὲν ΖΗ γινομένης τῶν αὐτῶν ξδ̄, τῆς δὲ ΖΘ ὁμοίως νϛ̄, διὰ τὰ αὐτὰ καὶ τὴν μὲν ΖΒ ὑποτείνουσαν συνάγεσθαι ξδ̄ κγ′, τὴν δὲ ΖΓ τοιούτων νϛ̄ κϛ′, οἵων ἐςὶν ἡ μὲν τοῦ τρίτου ὅρου ἡ ΖΑ εὐθεῖα ξη̄, ἡ δὲ τοῦ τρίτου πρὸς τὸν τέταρτον διαφόρου,

ή ΑΔ εὐθεῖα ιϛ. Ἐὰν μὲν ἄρα τὰ ξδ´ κγ´
ἀφέλωμεν ἀπὸ τῶν ξη, καταλειφθήσεται ἡμῖν γ̄ λζ´, ἄπερ τῶν ιϛ τοῦ ὅλου
διαφόρου ἑξηκοστὰ γινόμενα ιγ̄ λγ´ παραθήσομεν ὡσαύτως τῷ τῶν λ ἀριθμῷ
ἐν τῷ ὀγδόῳ σελιδίῳ. Ἐὰν δὲ τὰ νϛ κϛ´
ἀφέλωμεν ἀπὸ τῶν αὐτῶν ξη, καταλειφθήσεται ιᾱ λδ´, ἃ καὶ αὐτὰ τῶν ιϛ
τοῦ ὅλου διαφόρου ἑξηκοστὰ γινόμενα μγ̄
κδ´. παραθήσομεν ὁμοίως τῷ τῶν ξ
ἀριθμῷ ἐν τῷ αὐτῷ ὀγδόῳ σελιδίῳ. Τὰ
μὲν οὖν διὰ τὴν ἐν τῷ ἐπικύκλῳ γινομένην
μετάβασιν τῆς σελήνης συναγόμενα διά-
φορα, τοῦτον ἡμῖν τὸν τρόπον ἐκτεθήσε-
ται· τὰ δὲ διὰ τὴν αὐτοῦ τοῦ ἐπικύκλου
κατὰ τὸν ἔκκεντρον πάροδον μεθοδεύ-
σομεν οὕτως.

Ἔσω γὰρ ὁ ἔκκεντρος τῆς
σελήνης κύκλος ὁ ΑΒΓΔ περὶ
κέντρον τὸ Ε καὶ διάμετρον
τὴν ΑΕΓ, ἐφ᾽ ἧς νοείσθω τὸ κέντρον τοῦ διὰ μέσων τῶν ζωδίων
κύκλου τὸ Ζ, καὶ διαχθείσης
τῆς ΒΖΔ, ὑποκείσθω πάλιν ἑκατέρα τῶν ὑπὸ ΑΖΒ καὶ ΓΖΔ γωνιῶν
τοιούτων ξ̄, οἵων εἰσὶν αἱ τέσσαρες ὀρθαὶ τξ· ὅπερ συμβαίνει, τῆς ἀποχῆς,
ὅταν μὲν ἐπὶ τοῦ Β ᾖ τὸ κέντρον τοῦ
ἐπικύκλου, λ̄ μοιρῶν ὑπαρχούσης, ὅταν
δ᾽ ἐπὶ τοῦ Δ, μοιρῶν ρκ̄. Καὶ ἐπιζευχθεισῶν τῶν ΒΕ καὶ ΕΔ, κάθετος
ἤχθω ἀπὸ τοῦ Ε ἐπὶ τὴν ΒΖΔ ἡ ΕΗ.
Ἐπεὶ τοίνυν ἡ ὑπὸ ΒΖΑ γωνία τοιούτων ἐστὶν ρκ̄ οἵων αἱ δύο ὀρθαὶ τξ, εἴη
ἂν καὶ ἡ μὲν ἐπὶ τῆς ΕΗ περιφέρεια
τοιούτων ρκ̄ οἵων ἐστὶν ὁ περὶ τὸ ΕΖΗ

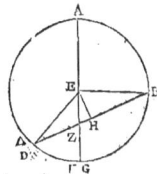

68 parties, nous trouverons pour reste 3ᵖ 37′ qui étant les 13 33′ soixantièmes de la différence entière 16ᵖ, seront placées aussi à côté du nombre 3o dans la huitième colonne. Et si nous retranchons les 56ᵖ 26′ des 68ᵖ, nous aurons 11ᵖ 34′ qui étant les 43 24′ soixantièmes de la différence entière 16ᵖ, seront également placées à côté du nombre 6o dans la huitième colonne. C'est ainsi que nous marquerons les différences résultantes de la marche de la lune dans l'épicycle ; mais nous disposerons de la manière suivante celles qui résultent de la progression de l'épicycle dans l'excentrique.

Soit ABGD le cercle excentrique de la lune autour du centre E et du diamètre AEG dans lequel concevons le point Z comme centre du zodiaque, et, y faisant passer la droite BZD, supposons encore chacun des angles AZB, GZD de 6o des degrés dont 36o font quatre angles droits ; ce qui arrive quand le centre de l'épicycle est en B, la distance étant de 3o degrés, mais elle est de 120, quand ce centre est en D. Après avoir joint BE et ED, j'abaisse une perpendiculaire EH de E sur BZD. Maintenant, puisque l'angle BZA est de 120 des degrés dont 36o font deux angles droits, l'arc soutenu par EH sera de 120 des degrés dont le cercle décrit autour du rectangle EZH en contient 36o ; et l'arc

sur ZH aura les 60 degrés restants du demi-cercle. Donc, de
ces soutendantes, EH sera de
103ᵖ 55′ des parties dont l'hypoténuse EZ en contient 120, et
HZ en aura 60. Ainsi la droite
EZ de l'excentricité étant de
10ᵖ 19′, et le rayon étant de 49ᵖ 41′
la droite EH en aura 8ᵖ 56′, et ZH, 5ᵖ 10′.
Et puisque la différence des carrés de BE
et de EH est égale au carré de BH, chacune des droites BH, HD, sera de 48 53′
parties. Ainsi, la droite entière ZB est de
54ᵖ 3′ des parties dont la droite ZA des
premiers termes, en contient 60 ; la
droite ZG des seconds, 39ᵖ 22′, et la différence de celles-ci, 20ᵖ 38′ ; ce qui laisse
pour la portion ZD, 43ᵖ 43′. Or puisque
60 surpassent 54ᵖ 3′, de 5ᵖ 57′ qui sont
les 17 18′ soixantièmes des 20ᵖ 38′ de la
différence entière, et surpassent 43ᵖ 43′,
de 16ᵖ 17′ qui sont les 47 21′ soixantièmes de 20ᵖ 38′, nous mettrons ces 17′
18″ (a) dans la neuvième colonne sur la
ligne du nombre 30 de la distance, et les
47′ 21″ sur celle du nombre 120ᵖ, c'est-
à-dire encore de 60ᵖ, parceque le périgée
étant dans les 90ᵖ, la distance de 60 équivaut à celle de 120.

En calculant de cette manière, pour
les autres arcs, les soixantièmes provenant des différences, suivant les trois
excès exposés, de 12 en 12 divisions qui
deviennent des 6 divisions pour les nombres de la table, parceque les 180 degrés

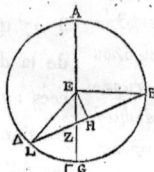

ὀρθογώνιον κύκλος τξ, ἡ δ′
ἐπὶ τῆς ΖΗ τῶν λοιπῶν εἰς
τὸ ἡμικύκλον ξ. Καὶ τῶν ὑπ′
αὐτὰς ἄρα εὐθειῶν, ἡ μὲν ΕΗ,
ἔσαι τοιούτων ργ νε′ οἵων ἐςὶν
ἡ ΕΖ ὑποτείνουσα ρκ, ἡ δὲ
ΗΖ τῶν αὐτῶν ξ. Ὥστε καὶ
οἵων ἐςὶν ἡ μὲν ΕΖ μεταξὺ τῶν κέντρων ῑ
ιθ′, ἡ δὲ ἐκ τοῦ κέντρου τοῦ ἐκκέντρου
μθ μα′, τοιούτων ἔσαι καὶ ἡ μὲν ΕΗ εὐθεῖα η̄ νϛ′, ἡ δὲ ΖΗ τῶν αὐτῶν ε̄ ι′. Καὶ
ἐπεὶ τὸ ἀπὸ τῆς ΒΕ λεῖψαν τὸ ἀπὸ τῆς
ΕΗ, ποιεῖ τὸ ἀπὸ τῆς ΒΗ, ἔσαι καὶ ἑκατέρα
τῶν ΒΗ, ΗΔ μη̄ νγ′. Ὥστε καὶ ὅλη μὲν
ἡ ΖΒ τοιούτων ἐςὶ νδ̄ γ′ οἵων ἐςὶν ἡ
μὲν ΖΑ τῶν πρώτων ὅρων ξ, ἡ δὲ ΖΓ
τῶν δευτέρων ὅρων λθ κβ′, ἡ δ′ ὑπεροχὴ αὐτῶν κ̄ λη′, λοιπὴ δὲ ἡ ΖΔ τῶν
αὐτῶν μγ̄ μγ′. Ἐπεὶ οὖν τὰ ξ τῶν μὲν
νδ̄ γ′ ὑπερέχει ε̄ νζ′, ἅπερ τῶν κ̄ λη′
τοῦ ὅλου διαφόρου ἑξηκοςὰ γίνεται ιζ̄
ιη′, τῶν δὲ μγ̄ μγ′ τοῖς ιϛ̄ ιζ′, ἅπερ καὶ
αὐτὰ τῶν κ̄ λη′ ἑξηκοςὰ γίνεται μζ̄
κα′, τὰ μὲν ιϛ̄ ιη″ δηλονότι παραθήσομεν ἐν τῷ ἐννάτῳ σελιδίῳ, τῷ τῶν λ
ἀριθμῷ τῆς ἀποχῆς, τὰ δὲ μζ̄ κα″
τῷ τῶν ρκ̄, τουτέςι πάλιν τῷ τῶν ξ̄,
διὰ τὸ πρὸς τὰς ϛ̄ ὄντος τοῦ περιγείου,
ἰσοδυναμεῖν κατὰ τὸ ἀπόςημα τὴν τῶν
ξ̄ ἀποχὴν τῇ τῶν ρκ̄.

Τὸν αὐτὸν δὴ τρόπον καὶ ἐπὶ τῶν ἄλλων περιφερειῶν τὰ γινόμενα ἑξηκοςὰ
τῶν διαφορῶν ἐπιλογισάμενοι, κατὰ τὰς
ἐκτεθειμένας τρεῖς ὑπεροχὰς, διὰ ιβ̄
τμημάτων, ἃ γίνεται πάλιν ϛ̄ τμήματα
ἐπὶ τῶν ἐν τῷ κανόνι ἀριθμῶν, διὰ τὸ

καὶ τὰς ἀπὸ τῶν ἀπογείων ἐπὶ τὰ περί-
γεια μοίρας ρπ̅ πρὸς ταῖς τοῦ κανόνος
ζ̅ μοίραις ἀπαρτίζεθαι, παρεθήκαμεν ἐφ᾽
ἑκάςου τῶν δεδειγμένων ἀριθμῶν οἰκείως
τὰ συνηγμένα διὰ τῶν γραμμῶν ἑξη-
κοςά. Τὴν μέντοι τῶν μεταξὺ τμημάτων
παράθεσιν καθ᾽ ὁμαλὴν παραύξησιν τῆς
τῶν ἑξαμοιριαίων ὑπεροχῆς πεποιήμεθα,
μηδεμιᾶς ἐν αὐτοῖς ἀξιολόγου γινομένης
διαφορᾶς παρὰ τὰ γραμμικὰ, μέχρι
τῶν διὰ τοσούτου λαμβανομένων ὑπεροχῶν, μήτ᾽ ἐπὶ τῶν ἑξηκοςῶν, μήτ᾽ ἐπ᾽
αὐτῶν τῶν παραλλάξεων. Καὶ ἔςιν ὁ
κανὼν τοιοῦτος.

des apogées aux périgées, sont répartis
sur les 90 de la table, nous avons ajouté
à chacun des nombres trouvés par le calcul, les soixantièmes qui leur conviennent d'après leur valeur trouvée géomé-
triquement. Quant aux divisions intermédiaires, nous les laissons à remplir
par de simples parties proportionnelles
en raison de la différence qu'on peut
prendre dans la table pour 6^d; car on
ne trouveroit aucune différence considérable entre leurs valeurs prises de
cette manière, et leurs véritables valeurs absolues, ni dans les soixantièmes,
ni dans les parallaxes mêmes (*a*). Or
voici quelle est cette table.

ΚΑΝΩΝ ΠΑΡΑΛΛΑΚΤΙΚΟΣ.

Α. ΑΡΙΘΜΟΙ	Β. ΗΛΙΟΥ ΠΑΡΑΛΛΑΞΕΙΣ			Γ. ΣΕΛΗΝΗΣ ΠΡΩΤΟΥ ΟΡΟΥ ΠΑΡΑΛΛΑΞΕΙΣ			Δ. ΣΕΛΗΝΗΣ ΔΕΥΤΕΡΟΥ ΟΡΟΥ ΔΙΑΦΟΡΑ			Ε. ΣΕΛΗΝΗΣ ΤΡΙΤΟΥ ΟΡΟΥ ΠΑΡΑΛΛΑΞΕΙΣ			ς. ΣΕΛΗΝΗΣ ΤΕΤΑΡΤΟΥ ΟΡΟΥ ΔΙΑΦΟΡΑ			Ζ. ΑΠΟΓΕΙΟΥ ΕΠΙΚΥΚΛΟΥ ΕΞΗΚΟΣΤΑ		Η. ΠΕΡΙΓΕΙΟΥ ΕΠΙΚΥΚΛΟΥ ΕΞΗΚΟΣΤΑ		Θ. ΕΚΚΕΝΤΡΟΥ ΕΞΗΚΟΣΤΑ	
Μοιρ.	Α.	Β.	Γ.	Μοιρ.	Α.	Β.	Μοιρ.	Α.	Β.	Μοιρ.	Α.	Β.	Μοιρ.	Α.	Β.	Α.	Β.	Α.	Β.	Α.	Β.
β	ō	ō	ζ	ō	α	νθ	ō	ō	κγ	ō	γ	ō	ō	ō	ν	ō	ιθ	ō	ια	ō	
δ	ō	ō	ιζ	ō	γ	μη	ō	ō	με	ō	ς	ō	ō	α	μ	ō	κη	ō	κβ	ō	
ς	ō	ō	ιθ	ō	ε	μα	ō	α	ζ	ō	θ	ō	ō	β	λ	ō	μβ	ō	λγ	ō	
η	ō	ō	κε	ō	ζ	λδ	ō	α	κθ	ō	ια	μ	ō	γ	κ	α	κβ	α	ζ	α	λγ
ι	ō	ō	λα	ō	θ	κζ	ō	α	να	ō	ιδ	ιθ	ō	δ	ō	β	μα	β	α	β	μα
ιβ	ō	ō	λζ	ō	ια	ιθ	ō	β	ιβ	ō	ις	ō	ō	ε	ō	β	μβ	β	ιε	γ	
ιδ	ō	ō	μβ	ō	ιγ	ι	ō	β	λγ	ō	ιθ	μ	ō	ε	ν	γ	λε	γ	ιγ	δ	
ις	ō	ō	μη	ō	ιε	ō	ō	β	νθ	ō	κβ	κ	ō	ς	μ	δ	κη	δ	ια	ε	
ιη	ō	ō	νγ	ō	ις	μθ	ō	γ	ιε	ō	κε	ō	ō	ζ	λ	ε	κα	ε	β	ς	
κ	ō	ō	νη	ō	ιη	λς	ō	γ	λς	ō	κς	μ	ō	η	ō	ς	λθ	ς	κε	η	
κβ	ō	α	δ	ō	κ	κβ	ō	γ	νς	ō	κθ	ō	ō	θ	ō	ζ	νς	ζ	μα	ια	
κδ	ō	α	θ	ō	κβ	ς	ō	δ	ιη	ō	λβ	ō	ō	λγ	ō	η	ιε	η	νζ	ια	
κς	ō	α	ιδ	ō	κγ	μθ	ō	δ	λθ	ō	λε	ō	ō	ια	μ	ιβ	κε	ιβ	ō	ιγ	
κη	ō	α	κ	ō	κε	λ	ō	δ	νθ	ō	λζ	ō	ō	ια	μ	ιβ	κε	ιβ	ō	ιε	
λ	ō	α	κε	ō	κζ	θ	ō	ε	ιη	ō	μ	ō	ō	ιβ	λ	ιδ	ō	ιγ	λγ	ιζ	
λβ	ō	α	λ	ō	κη	μς	ō	ε	λζ	ō	μβ	κ	ō	ιγ	κ	ιε	νβ	ιε	κβ	ιθ	
λδ	ō	α	λε	ō	λ	κα	ō	ς	νε	ō	μδ	μ	ō	ιδ	ō	ις	νβ	ις	ια	κα	
λς	ō	α	μ	ō	λα	νδ	ō	ς	ιγ	ō	μς	ō	ō	ιε	ō	ιθ	λς	ιθ	λς	κγ	
λη	ō	α	μδ	ō	λγ	κδ	ō	ς	λ	ō	μθ	ō	ō	ιε	μ	κα	λς	κ	νθ	κε	
μ	ō	α	μθ	ō	λδ	να	ō	ς	μζ	ō	να	ō	ō	ις	ō	κγ	λς	κβ	νη	κζ	
μβ	ō	α	νδ	ō	λς	ιζ	ō	ζ	δ	ō	νγ	ō	ō	ις	ō	κε	ō	κδ	νζ	κθ	
μδ	ō	α	νη	ō	λζ	λζ	ō	ζ	κ	ō	νε	ō	ō	ιζ	ō	κζ	μ	κζ	α	λβ	
μς	ō	β	γ	ō	λη	νζ	ō	ζ	λε	ō	νζ	ō	ō	ιη	ō	κθ	μθ	κθ	ō	λδ	
μη	ō	β	η	ō	μ	ιθ	ō	ζ	μθ	ō	νθ	ō	ō	ιθ	ō	λα	μη	λα	ō	λς	
ν	ō	β	ιβ	ō	μα	κη	ō	η	γ	α	ō	μ	ō	ιθ	μ	λγ	νβ	λγ	ιθ	λη	
νβ	ō	β	ις	ō	μβ	λθ	ō	η	ις	α	β	κ	ō	κ	ō	λε	νς	λε	κθ	μ	
νδ	ō	β	κ	ō	μγ	με	ō	η	κθ	α	δ	ō	ō	κα	ō	λη	ō	λζ	κθ	μβ	
νς	ō	β	κγ	ō	μδ	μη	ō	η	μβ	α	ε	ō	ō	κα	ō	μ	ō	λθ	κδ	μγ	
νη	ō	β	κς	ō	με	μη	ō	η	νγ	α	ζ	ō	ō	κα	ō	μβ	ō	μα	κδ	με	
ξ	ō	β	κθ	ō	μς	μς	ō	θ	γ	α	η	ō	ō	κα	ō	μδ	ō	μγ	κδ	μζ	
ξβ	ō	β	λβ	ō	μζ	μ	ō	θ	ιγ	α	θ	ō	ō	κα	ō	με	ō	με	ιγ	μη	
ξδ	ō	β	λδ	ō	μη	λ	ō	θ	κβ	α	ι	ō	ō	κα	ō	μς	ō	μς	ō	ν	
ξς	ō	β	λς	ō	μθ	ιε	ō	θ	λα	α	ιβ	ō	ō	κγ	ō	μη	ō	μη	να	να	
ξη	ō	β	λη	ō	ν	ō	ō	θ	λθ	α	ιγ	ō	ō	κγ	ō	ν	ō	να	νς	νβ	
ο	ō	β	μ	ō	ν	λς	ō	θ	με	α	ιδ	ō	ō	κγ	κ	νβ	κβ	νβ	να	νς	
οβ	ō	β	μβ	ō	να	ια	ō	θ	νγ	α	ιε	ō	ō	κγ	λ	νγ	μη	νε	νβ	νε	
οδ	ō	β	μδ	ō	να	μδ	ō	θ	νθ	α	ιε	ō	ō	κγ	ō	νδ	νζ	νζ	νδ	μα	νς
ος	ō	β	με	ō	νβ	ιβ	ō	ι	δ	α	ις	ō	ō	κγ	ō	νε	ō	νθ	νε	μγ	νε
οη	ō	β	μς	ō	νβ	λδ	ō	ι	η	α	ις	ō	ō	κδ	ō	νς	ō	ξ	γ	μς	νζ
π	ō	β	μη	ō	νβ	νγ	ō	ι	ια	α	ις	κ	ō	κδ	ō	νζ	νς	νζ	νς	μζ	νη
πβ	ō	β	μθ	ō	νγ	θ	ō	ι	ιδ	α	ις	μ	ō	κδ	ō	νη	λθ	νη	λα	νη	νθ
πδ	ō	β	ν	ō	νγ	κα	ō	ι	ις	α	ις	ō	ō	κδ	λ	νθ	ιδ	νθ	κη	νθ	ō
πς	ō	β	νγ	ō	νγ	κθ	ō	ι	ις	α	ις	ō	ō	κδ	ō	νθ	νβ	νθ	λδ	νθ	
πη	ō	β	να	ō	νγ	λγ	ō	ι	ις	α	ιζ	ō	ō	κε	ō	ξ	ō	ξ	μς	νθ	ō
ϟ	ō	β	να	ō	νγ	λδ	ō	ι	ιζ	α	ιθ	ō	ō	ō	ō	ξ	ō	ξ	ō	ξ	ō

TABLE DES PARALLAXES.

2. PARALLAXES DU SOLEIL.			3. PARALLAXES DE LA LUNE, PREMIER TERME.			4. DIFFÉRENCE, SECOND TERME.			5. PARALLAXES DE LA LUNE, TROISIÈME TERME.			6. DIFFÉRENCE, QUATRIÈME TERME.			7. SOIXANTIÈMES DE L'APOGÉE DE L'ÉPICYCLE.		8. SOIXANTIÈMES DU PÉRIGÉE DE L'ÉPICYCLE.		9. SOIXANTIÈMES DE L'EXCENTRIQUE.	
Min.	Secondes	Tierc.	Degrés	Min.	Secondes	Degrés	Min.	Secondes	Degrés	Min.	Secondes	Degrés	Min.	Secondes	Min.	Secondes	Min.	Secondes	Min.	Secondes
0	0	7	0	1	54	0	0	23	0	3	0	0	0	50	0	14	0	11	0	15
0	0	13	0	3	48	0	0	45	0	6	0	0	1	40	0	28	0	22	0	30
0	0	19	0	5	41	0	1	7	0	9	0	0	2	30	0	42	0	33	0	45
0	0	25	0	7	34	0	1	29	0	11	40	0	3	20	1	22	1	7	1	53
0	0	31	0	9	27	0	1	51	0	14	20	0	4	10	2	2	1	41	2	21
0	0	37	0	11	19	0	2	12	0	17	0	0	5	0	2	42	2	15	3	9
0	0	42	0	13	10	0	2	33	0	19	40	0	5	50	3	35	3	13	4	22
0	0	48	0	15	0	0	2	54	0	22	20	0	6	40	4	28	4	11	5	35
0	0	53	0	16	49	0	3	15	0	25	0	0	7	30	5	21	5	9	6	48
0	0	58	0	18	36	0	3	36	0	27	40	0	8	20	6	39	6	25	8	25
0	1	4	0	20	22	0	3	57	0	30	20	0	9	10	7	57	7	41	10	2
0	1	9	0	22	6	0	4	18	0	33	0	0	10	0	9	15	8	57	11	39
0	1	14	0	23	49	0	4	39	0	35	20	0	10	50	10	50	10	29	13	32
0	1	20	0	25	30	0	4	59	0	37	40	0	11	40	12	25	12	1	15	25
0	1	25	0	27	9	0	5	18	0	40	0	0	12	30	14	0	13	33	17	18
0	1	30	0	28	46	0	5	37	0	42	20	0	13	20	15	52	15	22	19	23
0	1	35	0	30	21	0	5	55	0	44	40	0	14	10	17	42	17	11	21	28
0	1	40	0	31	54	0	6	13	0	47	0	0	15	0	19	36	19	0	23	33
0	1	44	0	33	24	0	6	30	0	49	0	0	15	40	21	36	20	59	25	40
0	1	49	0	34	51	0	6	47	0	51	0	0	16	20	23	36	22	58	27	47
0	1	54	0	36	14	0	7	4	0	53	0	0	17	0	25	36	24	57	29	54
0	1	58	0	37	37	0	7	20	0	55	0	0	17	40	27	40	27	1	32	0
0	2	3	0	38	57	0	7	35	0	57	0	0	18	0	29	44	29	5	34	6
0	2	8	0	40	14	0	7	49	0	59	0	0	19	0	31	48	31	9	36	12
0	2	12	0	41	28	0	8	3	1	0	40	0	19	40	33	52	33	11	38	9
0	2	16	0	42	39	0	8	16	1	2	20	0	20	20	35	56	35	19	40	6
0	2	20	0	43	45	0	8	29	1	4	0	0	21	0	38	0	37	24	42	3
0	2	23	0	44	48	0	8	42	1	5	20	0	21	20	40	0	39	24	43	49
0	2	26	0	45	48	0	8	53	1	6	40	0	21	40	42	0	41	24	45	35
0	2	29	0	46	46	0	9	3	1	8	0	0	22	0	44	0	43	24	47	21
0	2	32	0	47	40	0	9	13	1	9	20	0	22	20	45	50	45	13	49	49
0	2	34	0	48	50	0	9	22	1	10	40	0	22	40	47	40	47	2	50	17
0	2	36	0	49	15	0	9	31	1	12	0	0	23	0	49	30	48	51	51	45
0	2	38	0	49	57	0	9	39	1	13	0	0	23	10	50	56	50	24	52	57
0	2	40	0	50	36	0	9	46	1	14	0	0	23	20	52	22	51	57	54	9
0	2	42	0	51	11	0	9	53	1	15	0	0	23	30	53	48	53	30	55	41
0	2	44	0	51	44	0	9	59	1	15	40	0	23	40	54	57	54	41	56	12
0	2	46	0	52	12	0	10	4	1	16	20	0	23	50	56	6	55	52	57	3
0	2	47	0	52	34	0	10	8	1	17	0	0	24	0	57	15	57	3	57	54
0	2	48	0	52	53	0	10	11	1	17	20	0	24	10	57	57	57	47	58	26
0	2	49	0	53	9	0	10	14	1	17	40	0	24	20	58	39	58	31	58	58
0	2	50	0	53	21	0	10	16	1	18	0	0	24	30	59	21	59	15	59	30
0	2	50	0	53	29	0	10	16	1	18	20	0	24	40	59	34	59	30	59	40
0	2	51	0	53	33	0	10	17	1	18	40	0	24	50	59	47	59	45	59	50
0	2	51	0	53	34	0	10	17	1	19	0	0	25	0	60	0	60	0	60	0

CHAPITRE XIX.

DE LA DÉTERMINATION DES PARALLAXES.

Nous nous proposons de déterminer par chaque point de l'orbite de la lune, la quantité de sa parallaxe, et d'abord nous cherchons celles qui se font dans le plan du cercle vertical où cet astre se trouve. Commençons par déterminer le nombre d'heures équinoxiales, dont il est éloigné du méridien, dans le climat supposé : ensuite, portant les heures trouvées dans la table des angles du climat et de la dodécatémorie du zodiaque en question, nous aurons dans la seconde colonne, la distance de la lune au point vertical, en degrés sur le grand cercle qui passe par ce point et par l'astre, correspondans aux heures entières ou proportionnés aux fractions d'heure. Nous les porterons dans la table des parallaxes, sur la colonne des degrés ; nous verrons à quelle ligne ils y tombent, et nous écrirons à part les quantités qui seront sur la même ligne dans les quatre colonnes qui suivent celles des parallaxes du soleil, c'est-à-dire dans la troisième, la quatrième, la cinquième et la sixième. Après quoi prenant le nombre de l'anomalie pour cette heure, par rapport à l'apogée vrai, c'est-à-dire ce nombre lui-même s'il ne passe pas 180, ou s'il surpasse 180, son excédent jusqu'à 360, nous en porterons toujours la moitié dans la première colonne

ΚΕΦΑΛΑΙΟΝ ΙΘ.

ΠΕΡΙ ΤΗΣ ΤΩΝ ΠΑΡΑΛΛΑΞΕΩΝ ΔΙΑΚΡΙΣΕΩΣ.

ΟΤΑΝ οὖν προαιρώμεθα λαμβάνειν πόσον ἡ σελήνη καθ' ἑκάστην τῶν παρόδων παραλλάσσει, πρῶτον ἐπὶ τοῦ δι' αὐτῆς καὶ τοῦ κατὰ κορυφὴν σημείου γραφομένου μεγίστου κύκλου, ἐπισκεψόμεθα πόσας ἰσημερινὰς ὥρας ἀπέχει τοῦ μεσημβρινοῦ κατὰ τὸ ὑποκείμενον κλίμα, καὶ τὰς εὑρεθείσας εἰσενεγκόντες εἰς τὸν τῶν γωνιῶν κανόνα τοῦ οἰκείου κλίματος καὶ τοῦ οἰκείου δωδεκατημορίου, τὰς παρακειμένας τῇ ὥρᾳ μοίρας ἐν τῷ δευτέρῳ σελιδίῳ, ἢ ὅλας ἢ τὰς ἐπιβαλλούσας τῷ μέρει τῆς ὥρας, ἕξομεν ἃς ἀπέχει τοῦ κατὰ κορυφὴν σημείου ἡ σελήνη, ἐπὶ τοῦ δι' αὐτῶν γραφομένου μεγίστου κύκλου, ἃς εἰσενεγκόντες εἰς τὸν τῶν παραλλάξεων κανόνα, σκεψόμεθα κατὰ ποῖόν ἐστι στίχον τοῦ πρώτου σελιδίου, καὶ τὰ παρακείμενα τῷ ἀριθμῷ ἐν τοῖς ἐφεξῆς, μετὰ τὸ τῶν ἡλιακῶν παραλλάξεων τέσσαρσι σελιδίοις, τουτέστι τῷ τε τρίτῳ καὶ τῷ τετάρτῳ καὶ τῷ πέμπτῳ καὶ τῷ ἕκτῳ, χωρὶς ἕκαστον ἀπογραψόμεθα. Ἔπειτα τὸν κατ' ἐκείνην τὴν ὥραν διακεκριμένον τῆς ἀνωμαλίας ἀριθμὸν πρὸς τὸ ἀκριβὲς ἀπόγειον λαβόντες, ἢ αὐτὸν, ἢ ἐὰν ὑπερπίπτῃ τὰς ρπ μοίρας, τὸν λείποντα εἰς τὰς τξ, τὸ ἥμισυ πάντοτε τῶν οὕτως εἰλημμένων μοιρῶν εἰσενεγκόντες εἰς τοὺς αὐτοὺς ἀριθμούς, σκεψόμεθα

πόσα ἑξηκοςὰ παράκειται τῷ ἀριθμῷ
χωρὶς ἔν τε τῷ ζ̅ῳ, καὶ η̅ῳ σελιδίῳ. Καὶ
ὅσα μὲν ἂν ἐν τῷ ζ̅ῳ σελιδίῳ εὑρεθῇ, τὰ
τοσαῦτα ἑξηκοςὰ λαβόντες τοῦ ἐν τῷ τετάρτῳ σελιδίῳ διαφόρου, προσθήσομεν
αἰεὶ τῇ τοῦ τρίτου σελιδίου παραλλάξει. Ὅσα δ᾽ ἂν ἐν τῷ η̅ῳ σελιδίῳ εὑρεθῇ, τὰ τοσαῦτα ἑξηκοςὰ λαβόντες
τοῦ ἐν τῷ ϛ̅ῳ σελιδίῳ διαφόρου, προσθήσομεν αἰεὶ πάλιν τῇ τοῦ πέμπτου σελιδίου παραλλάξει. Καὶ τῶν οὕτω γενομένων δύο παραλλάξεων ἐκθησόμεθα
τὴν ὑπεροχήν. Ἑξῆς δὲ λαβόντες ὅσας
ἀπέχει μέσως ἡ σελήνη μοίρας ἤτοι τῆς
ἡλιακῆς, ἢ τῆς ταύτην διαμετρούσης,
κατὰ τὴν ἐγγυτέραν ὁποτέρας αὐτῶν
διάςασιν, εἰσοίσομεν καὶ ταύτας εἰς τοὺς
ἐν τῷ α̅ῳ σελιδίῳ ἀριθμούς. Καὶ ὅσα ἐὰν
παρακέηται πάλιν ἑξηκοςὰ ἐν τῷ θ̅ῳ καὶ
τελευταίῳ σελιδίῳ, τὰ τοσαῦτα ἑξηκοςὰ λαβόντες ἧς ἐξεθέμεθα τῶν δύο.
παραλλάξεων ὑπεροχῆς, τὰ γενόμενα
προσθήσομεν αἰεὶ τῇ ἐλάσσονι, τουτέςι
τῇ ἐκ τοῦ τρίτου καὶ τετάρτου σελιδίου
διακεκριμένῃ, καὶ τὰ συναχθέντα ἕξομεν
ἃ παραλλάσσει ἡ σελήνη, ἐπὶ τοῦ δι᾽
αὐτῆς καὶ τοῦ κατὰ κορυφὴν σημείου γραφομένου μεγίςου κύκλου· θεωρουμένης
αὐτόθεν ἁπλῶς καὶ τῆς ἡλιακῆς παραλλάξεως, κατὰ τὴν ὁμοίαν θέσιν, ἕνεκα
τῶν ἡλιακῶν ἐκλείψεων, ἐκ τῶν ἐν τῷ
δευτέρῳ σελιδίῳ παρακειμένων μοιρῶν
τῇ πηλικότητι τῆς ἀπὸ τοῦ κατὰ κορυφὴν περιφερείας.

I.

(de l'argument), pour voir combien de
soixantièmes correspondent à ce nombre dans les septième et huitième colonnes. Autant nous trouverons de
soixantièmes dans la septième, autant
nous en prendrons de la différence de
la troisième (a) à la quatrième, pour
les ajouter toujours à la parallaxe de
la troisième. Et autant nous en aurons
trouvé dans la huitième colonne, autant
nous en prendrons de la différence dans
la sixième colonne, pour les ajouter pareillement à la parallaxe de la
cinquième colonne. Puis, nous marquerons la différence des deux parallaxes
ainsi formées. Enfin prenant le nombre
de degrés dont la lune est, par son mouvement moyen, distante du soleil, ou
du point diamétralement opposé, en
prenant toujours la moindre de ces deux
distances, nous le porterons dans les
nombres de la première colonne; et autant il y a eu de soixantièmes dans la
neuvième colonne, autant nous en
prendrons de la différence que nous
aurons trouvée entre les deux parallaxes,
et nous les ajouterons toujours à la
moindre, c'est-à-dire à celle qui a été
déterminée par le moyen de la troisième
et de la quatrième colonne, et nous aurons les grandeurs des parallaxes de la
lune sur le grand cercle qui passe par
cet astre et par le point vertical; en considérant par là simplement la parallaxe
solaire, en semblable position, pour les
éclipses du soleil, on aura, par les degrés de la seconde colonne, celle qui
convient à la distance au point vertical.

46

Pour trouver aussi les parallaxes de la lune relativement à l'écliptique, c'est-à-dire en longitude et en latitude, nous entrerons dans la table des angles, avec les mêmes heures équinoxiales dont la lune est distante du méridien ; et nous remarquerons les degrés qui sont à côté du nombre de ces heures, savoir : les degrés qui sont dans la troisième colonne, si la lune est avant le méridien ; mais si elle est après, ce seront ceux de la quatrième. Si ces degrés sont moindres que 90, nous les écrirons ; s'ils sont au-dessus, nous écrirons leur supplément à 180. Car ce sera la valeur du moindre des deux angles formés autour de l'intersection, en degrés dont 90 font un angle droit. Ensuite, après avoir doublé ces degrés écrits, nous les chercherons dans la table des cordes, ou droites inscrites dans le cercle, ainsi que les degrés de leurs supplémens à 180, et le rapport qu'a la droite soutendante des parties doubles à la soutendante du reste du demi-cercle sera aussi la raison de la parallaxe en latitude à celle en longitude ; car de tels arcs ne sont guères différens de leurs soutendantes. Puis, multipliant le nombre donné par ces droites, par la parallaxe trouvée sur le grand cercle qui passe par le point vertical, et divisant le produit par 120, le quotient de la division nous donnera les fractions qui exprimeront la parallaxe.

En général, pour les parallaxes en latitude, si le point vertical dans le

Ἵνα οὖν καὶ τὴν πρὸς τὸν διὰ μέσων τῶν ζωδίων τότε γινομένην παράλλαξιν διακρίνωμεν, κατά τε μῆκος καὶ κατὰ πλάτος, τὰς αὐτὰς πάλιν ἰσημερινὰς ὥρας ἃς ἀπέχει τοῦ μεσημβρινοῦ ἡ σελήνη, εἰσενεγκόντες εἰς τὸ αὐτὸ μέρος τοῦ τῶν γωνιῶν κανόνος, ἐπισκεψόμεθα τὰς παρακειμένας τῷ ἀριθμῷ τῶν ὡρῶν μοίρας· ἐὰν μὲν πρὸ τοῦ μεσημβρινοῦ ᾖ ἡ σελήνη, τὰς ἐν τῷ τρίτῳ σελιδίῳ, ἐὰν δὲ μετὰ τὸν μεσημβρινὸν, τὰς ἐν τῷ τετάρτῳ. Κἂν μὲν ἐν τοῖς τῶν ϛ μοιρῶν ὦσιν, αὐτὰς ἀπογραψόμεθα, ἐὰν δ᾽ ὑπὲρ τὰς ϛ, τὰς λειπούσας εἰς τὰς ρπ. Τοσούτων γὰρ ἔσται ἡ ἐλάσσων τῶν περὶ τὴν ἐκκειμένην τομὴν γωνιῶν, οἵων ἡ μία ὀρθὴ ϛ. Τὰς ἀπογεγραμμένας οὖν μοίρας διπλώσαντες, εἰσοίσομεν εἰς τὸ τῶν ἐν κύκλῳ εὐθειῶν κανόνιον, αὐτάς τε καὶ τὰς λειπούσας εἰς τὰς ρπ. Καὶ ὃν ἂν ἔχῃ λόγον ἡ τὴν τῶν δεδιπλωμένων μοιρῶν περιφέρειαν ὑποτείνουσα εὐθεῖα πρὸς τὴν ὑποτείνουσαν τὴν λείπουσαν εἰς τὸ ἡμικύκλιον, τοῦτον ἕξει τὸν λόγον ἡ κατὰ πλάτος παράλλαξις πρὸς τὴν κατὰ μῆκος· ἐπειδήπερ αἱ τηλικαῦται τῶν κύκλων περιφέρειαι ἀδιαφοροῦσιν εὐθειῶν. Πολυπλασιάζοντες οὖν τὸν ἀριθμὸν τῶν παρακειμένων εὐθειῶν, ἐπὶ τὴν εὑρισκομένην ὡς ἐπὶ τοῦ διὰ τοῦ κατὰ κορυφὴν σημείου γραφομένου κύκλου παράλλαξιν, καὶ τὰ γινόμενα μερίζοντες εἰς τὸν ρκ, χωρὶς τὰ ἐκ τοῦ μερισμοῦ συναγόμενα μόρια ἕξομεν τῆς οἰκείας παραλλάξεως.

Καθόλου δὲ ἐπὶ μὲν τῶν κατὰ πλάτος παραλλάξεων, ὅταν μὲν τὸ κατὰ

κορυφὴν σημεῖον ἐπὶ τοῦ μεσημβρινοῦ βορειότερον ἢ τοῦ τότε μεσουρανοῦντος τοῦ
διὰ μέσων τῶν ζωδίων κύκλου, ἡ παράλλαξις ἔςαι πρὸς μεσημβρίαν αὐτοῦ.
Ὅταν δὲ νοτιώτερον ἦ τὸ κατὰ κορυφὴν
τοῦ μεσουρανοῦντος, πρὸς τὰς ἄρκτους
ἡ κατὰ πλάτος ἔςαι παράλλαξις. Ἐπὶ
δὲ τῶν κατὰ μῆκος, ἐπειδὴ αἱ πηλικότητες τῶν ἐν τῷ κανόνι παρακειμένων
γωνιῶν τὴν ἀπ᾿ ἄρκτων περιέχουσι τῶν
δύο τῶν ὑπὸ τοῦ ἑπομένου τμήματος
τοῦ διὰ μέσων ἑκατέρωθεν περιεχομένων,
τῆς μὲν κατὰ πλάτος παραλλάξεως
πρὸς ἄρκτους γινομένης, ἐὰν μὲν μείζων
ἦ ὀρθῆς ἡ ἐκκειμένη γωνία, εἰς τὰ προηγούμενα τῶν ζωδίων ἡ κατὰ μῆκος ἔςαι
παράλλαξις· ἐὰν δὲ ἐλάσσων ὀρθῆς, εἰς
τὰ ἑπόμενα. Τῆς δὲ κατὰ πλάτος παραλλάξεως πρὸς μεσημβρίαν γινομένης,
ἀνάπαλιν, ἐὰν μὲν μείζων ἦ ὀρθῆς ἐκκειμένη γωνία, εἰς τὰ ἑπόμενα τῶν ζωδίων
ἡ κατὰ μῆκος ἔςαι παράλλαξις· ἐὰν δὲ
ἐλάσσων ὀρθῆς, εἰς τὰ προηγούμενα.

Συνεχρησάμεθα μέντοι τοῖς προαποδεδειγμένοις περὶ τὸν ἥλιον, ὡς μηδὲν
αἰσθητὸν αὐτοῦ παραλλάσσοντος, οὐκ
ἀγνοοῦντες ὅτι ποιήσει τινὰ περὶ αὐτὰ
διαφορὰν ἡ κατανενοημένη καὶ περὶ αὐτὸν
ἐκ τῶν ἐφεξῆς παράλλαξις· ἀλλ᾿ ἐπεὶ
μὴ οὕτως ἀξιόλογον ἡγούμεθα περὶ τὰ
φαινόμενα διὰ τοῦτο παρακολουθήσειν
ἁμαρτίαν, ὥστ᾿ ἀναγκαῖον εἶναι κινῆσαί
τινα τῶν ἄνευ τῆς τοιαύτης ἐπιςάσεως,
βραχείας γε οὔσης προδιειλημμένων,
ὁμοίως δὲ καὶ πρὸς τὰς παραλλάξεις

méridien est plus boréal que le point culminant de l'écliptique, la parallaxe sera
au midi de ce cercle. Mais si le point vertical est plus méridional que ce même
point culminant, la parallaxe sera vers
les ourses. Mais pour les parallaxes en
longitude, puisque la table donne toujours celui des deux angles formés de
chaque côté sur la section suivante de
l'écliptique, qui est vers les ourses, lorsque la parallaxe en latitude est boréale,
si l'angle qu'elle fait est plus grand qu'un
angle droit, la parallaxe en longitude sera
contre l'ordre des signes du zodiaque ;
mais s'il est plus petit, elle sera suivant
l'ordre de ces signes. Au contraire, lorsque la parallaxe en latitude est méridionale, si l'angle pris dans la table est
plus grand qu'un droit, la parallaxe en
longitude sera suivant l'ordre des signes ;
mais s'il est plus petit, elle sera contre
l'ordre des signes.

Dans toute cette explication, nous
avons procédé comme si le soleil n'avoit
aucune parallaxe sensible : nous n'ignorons pourtant pas qu'il y auroit quelque
différence ; mais nous avons pensé qu'elle
ne seroit pas assez grande pour que nous
dussions déranger quelque chose dans
ce que nous venons d'exposer brièvement
sans avoir égard à cette particularité. Et
de même, pour les parallaxes de la lune
nous nous sommes contentés des arcs et
des angles formés sur l'écliptique par le

grand cercle qui passe par les poles de
l'horizon, au lieu de ceux que l'on auroit
sur l'orbite inclinée de la lune, parceque
la différence qu'il y auroit entre les uns
et les autres dans les syzygies écliptiques, est insensible. En faisant entrer
ces variations dans les démonstrations et
dans les calculs, on rendroit les unes
très-compliquées, et les autres très-difficiles, attendu que les distances au nœud
n'étant point fixes dans une certaine
partie du zodiaque, et pouvant correspondre successivement à toutes, on
y découvre bien des variations, soit
dans leurs grandeurs, soit dans leurs
positions.

Pour faire comprendre
ce que je dis, soit ABG
une portion de l'éclipti-
que ; AD une portion de
l'orbite inclinée de la lune.
Que A soit le nœud, et D
le centre de la lune. Me-
nez de D sur le cercle milieu du zodiaque,
l'arc perpendiculaire DB. Supposez le pole
de l'horizon en E; et décrivez par ce
pole l'arc EDZ du grand cercle qui passe
par le centre de la lune ; et par B, l'arc
EB. Que l'arc DH soit la parallaxe de la
lune ; et menez du point H, les arcs
perpendiculaires HT et HK sur BD et
BZ. Par cette construction, des distances
en longitude depuis les nœuds, la vraie
est AB, et l'apparente est AK ; et de celles
en latitude, depuis l'écliptique, la vraie

τῆς σελήνης, ἠρκέσθημεν ταῖς πρὸς τὸν
διὰ μέσων τῶν ζωδίων κύκλον γινομέ-
ναις ὑπὸ τοῦ διὰ τῶν πόλων τοῦ ὁρίζοντος γραφομένου μεγίςου κύκλου περιφερείαις τε καὶ γωνίαις, ἀντὶ τῶν πρὸς
τὸν λοξὸν τῆς σελήνης θεωρουμένων· ἐπεὶ
τὸ μὲν ἐν ταῖς ἐκλειπτικαῖς συζυγίαις
ἐσόμενον παρὰ τοῦτο διάφορον ἀνεπαίσθητον ἦν· τὸ δὲ καὶ ταύτας ἐκθέσθαι
πολύχουν τε ταῖς δείξεσι, καὶ ἐργῶδες ἐν
τοῖς ἐπιλογισμοῖς, μὴ ὡρισμένων καθ'
ἑκάςην τῶν ἐπὶ τοῦ ζωδιακοῦ παρόδων
τῆς σελήνης καὶ τῶν ἀπὸ τοῦ συνδέσμου
διαςάσεων, ἀλλὰ καὶ τοῖς μεγέθεσι καὶ
ταῖς θέσεσιν αὐταῖς ποικίλας μεταβάσεις λαμβανουσῶν.

Ἵνα δ' εὐκατανόητον
γένηται τὸ λεγόμενον, ἐκ-
κείσθω τὸ μὲν τοῦ διὰ μέ-
σων τῶν ζωδίων κύκλου
τμῆμα τὸ ΑΒΓ, τοῦ δὲ
λοξοῦ τῆς σελήνης τὸ ΑΔ,
καὶ σύνδεσμος μὲν ὑπο-
κείσθω τὸ Α σημεῖον, τῆς δὲ σελήνης κέντρον τὸ Δ. Καὶ γεγράφθω ἀπὸ τοῦ Δ ἐπὶ
τὸν διὰ μέσων τῶν ζωδίων κύκλον ὀρθὴ ἡ
ΔΒ. Ἔςω δὲ πόλος τοῦ ὁρίζοντος τὸ Ε
σημεῖον, καὶ γεγράφθω δι' αὐτοῦ μεγίςου κύκλου τμῆμα, διὰ μὲν τοῦ κέντρου τῆς σελήνης τὸ ΕΔΖ, διὰ δὲ τοῦ Β
τὸ ΕΒ. Παραλασσέτω τε ἡ σελήνη τὴν
ΔΗ περιφέρειαν, καὶ γεγράφθωσαν δι'
αὐτοῦ Η πρὸς τὰς ΒΔ καὶ ΒΖ ὀρθαὶ αἱ
ΗΘ καὶ ΗΚ· ὥστε τῶν μὲν κατὰ μῆκος
ἀποχῶν τοῦ συνδέσμου, τὴν μὲν ἀκριβῆ

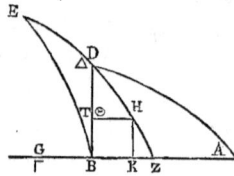

γίνεσθαι τὴν ΑΒ, τὴν δὲ φαινομένην τὴν
ΑΚ· τῶν δὲ κατὰ πλάτος ἀπὸ τοῦ διὰ
μέσων, τὴν μὲν ἀκριβῆ τὴν ΒΔ, τὴν δὲ φαινομένην τὴν ΚΗ· καὶ τῶν ἀπὸ τῆς ΔΗ πρὸς
τὸν ζωδιακὸν θεωρουμένων παραλλάξεων,
κατὰ μῆκος μὲν τὴν ἴσην τῇ ΘΗ, κατὰ
πλάτος δὲ τὴν ἴσην τῇ ΔΘ. Ἐπεὶ οὖν ἡ
μὲν ΔΗ παράλλαξις εὑρίσκεται διὰ τῶν
προεκτεθειμένων, τῆς ΕΔ περιφέρειας δοθείσης, ἑκατέρα δὲ τῶν ΔΤ καὶ ΘΗ παραλλάξεων, τῆς ὑπὸ ΓΖΕ γωνίας δοθείσης, ἡμεῖς δὲ ἐν τοῖς ἔμπροσθεν ἀπεδείξαμεν τὰς πρὸς τὰ δοθέντα τοῦ ζωδιακοῦ σημεῖα γινομένας τοῦ διὰ τοῦ κατὰ
κορυφὴν γωνίας τε καὶ περιφερείας, μόνον
δὲ ἔχομεν ἐνταῦθα δεδομένον τοῦ διὰ
μέσων σημεῖον τὸ Β, φανερὸν ὅτι τῇ μὲν
ΕΒ περιφερείᾳ συγχρώμεθα ἀντὶ τῆς
ΕΔ, τῇ δὲ ὑπὸ ΓΒΕ γωνίᾳ ἀντὶ τῆς
ὑπὸ ΓΖΕ.

Ὁ μὲν οὖν Ἵππαρχος ἐπεχείρησε μὲν
καὶ τὴν τοιαύτην διόρθωσιν ποιήσασθαι,
πάνυ δὲ ἀνεπιςάτως καὶ παρὰ τὸν λόγον
αὐτῇ φαίνεται προσβεβληκώς. Πρῶτον
μὲν γὰρ μιᾷ διαςάσει τῆς ΑΔ συγκέχρη-
ται καὶ οὐχὶ πάσαις ἢ πλείοσιν, ὅπερ
ἦν ἀκόλουθον τῷ καὶ περὶ τῶν μικρῶν
ἀκριβολογεῖσθαι προελομένῳ. Ἔπειτα καὶ
πλείοσι τοῖς ἀτοπωτέροις ἔλαθε περιπε-
σών. Ἐπεὶ γὰρ καὶ αὐτὸς τάς τε περιφερείας καὶ τὰς γωνίας τὰς πρὸς τὸν διὰ
μέσων τῶν ζωδίων θεωρουμένας ἐτύγχανε
προαποδεδειχὼς, καὶ ὅτι τῆς ΕΔ δοθείσης, ἡ ΔΗ λαμβάνεται, τοῦτο γὰρ ἐν τῷ
πρώτῳ τῶν παραλλακτικῶν ἀποδείκνυσι,

est BD, et l'apparente est KH. Et des
parallaxes rapportées de DH sur le
zodiaque, celle en longitude est égale à
TH, et celle en latitude est égale à DT.
Mais puisque la parallaxe DH se trouve,
par les moyens exposés ci-dessus, quand
l'arc ED est donné, et chacune des parallaxes DT et TH par le moyen de l'angle
GZE donné, et que nous avons donné
plus haut la tadle des angles et des arcs
du cercle qui passe par le point vertical
et sur les points donnés du zodiaque, et
que nous n'avons ici de donné que le
point B de l'écliptique ou cercle milieu
du zodiaque, il s'ensuit que nous nous
sommes servis de l'arc EB au lieu de
l'arc ED, et de l'angle GBE au lieu de
l'angle GZE.

Il est vrai qu'Hipparque a tenté de
corriger cette erreur; mais sans y avoir
beaucoup réussi. Car d'abord il n'a pris
qu'une distance AD au lieu de toutes
ou de plusieurs, comme il le devoit pour
remplir son objet d'entrer, pour plus
de justesse, dans les plus petits détails.
Ensuite il ne s'est pas apperçu qu'il
tomboit dans plusieurs inconvéniens. Car
après avoir démontré les arcs et les angles considérés relativement à l'écliptique, et, dans le premier livre de son
traité des parallaxes, que ED étant donné, on a DH, il emploie l'arc EZ et

l'angle EZG comme donnés avec l'arc ED. Après avoir ainsi calculé ZD dans le second livre de son traité, il suppose le reste ED, et il s'est trompé en ce qu'il n'a pas vu que c'est B et non pas Z qui est le point donné sur l'écliptique ; et pour cette raison, c'est l'arc EB qui est donné et non l'arc EZ, ainsi que l'angle EBG, et non l'angle EZG. Ainsi, pour faire une correction partielle, il a tout bouleversé et tout confondu, puisqu'il peut y avoir une très-grande différence entre les arcs EZ et ED, parceque les uns sont bien plutôt donnés que les autres, et que BE étant véritablement donné, ne différera souvent de ED, que par la quantité BD, suivant les différentes distances de la lune à son nœud. Au reste, je vais mettre sous les yeux une manière plus exacte de procéder pour cette correction.

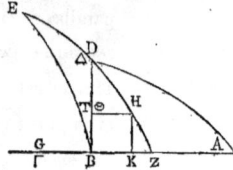

Soit le zodiaque ABG, et le cercle DBE qui le coupe à angles droits. La lune étant en D, ou en E, distante en latitude, de l'écliptique ABG, d'un arc donné tel que BD ou BE, de sorte que les arcs et les angles au point B du zodiaque, depuis le point vertical, soient donnés, et que l'on cherche les arcs et les angles en D ou en E. Si le

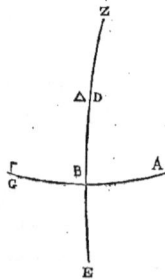

συγχρῆται πρὸς τὴν τῆς ΕΔ περιφέρειας δόσιν τῇ τε ΕΖ περιφερείᾳ καὶ τῇ ὑπὸ ΕΖΓ γωνίᾳ, ὡς δεδομέναις. Οὕτω γὰρ ἐν τῷ δευτέρῳ τὴν ΖΔ ἐπιλογισάμενος, καὶ λοιπὴν τὴν ΕΔ ὑποτίθεται· παρήγαγεν αὐτὸν μέντοι τὸ μὴ ἐπιϛῆσαι διότι τὸ Β καὶ οὐχὶ τὸ Ζ σημεῖόν ἐϛι τοῦ διὰ μέσων τὸ δεδομένον, καὶ διὰ τοῦτο τῶν τε περιφερειῶν ἡ ΕΒ δέδοται, καὶ οὐχὶ ἡ ΕΖ, καὶ τῶν γωνιῶν ἡ ὑπὸ ΕΒΓ, καὶ οὐχὶ ἡ ὑπὸ ΕΖΓ. Ενθεν καὶ πρὸς τὸ ποιήσασθαί τινα κἂν μερικὴν διόρθωσιν κεκίνηνται πολλαχῆ, γινομένης αἰσθητῆς πάνυ διαφορᾶς τῶν ΕΔ περιφερειῶν πρὸς τὰς ΕΖ, διὰ τὸ πολὺ μᾶλλον ἐκείνων αὐτὰς μὴ δεδόσθαι, τῆς δὲ ΒΕ τῆς τῷ ὄντι δεδομένης, ἡ πρὸς τῇ ΕΔ διαφορὰ, τὸ πλεῖϛον διοίσει μόνῳ τῷ τῆς ΒΔ καθ' ἑκάϛην τῶν ἀπὸ τοῦ συνδέσμου διαϛάσεων μεγέϑει. Τὸ μέντοι τῆς κατὰ τὸν ὑγιῆ τρόπον ἐσομένης διορθώσεως ἀκόλουθον γένοιτ' ἂν ἡμῖν ὑπ' ὄψιν οὕτως.

Εϛω γὰρ ζωδιακὸς ὁ ΑΒΓ, καὶ πρὸς ὀρθὰς αὐτῷ ὁ ΔΒΕ· ἡ δὲ σελήνη, ἤτοι κατὰ τὸ Δ ἢ κατὰ τὸ Ε ἀπέχουσα, κατὰ πλάτος τοῦ ΑΒΓ διὰ μέσων τῶν ζωδίων κύκλου δεδομένην περιφέρειαν οἷον τὴν ΒΔ καὶ τὴν ΒΕ, ὥστε τὰς μὲν πρὸς τὸ Β σημεῖον τοῦ ζωδιακοῦ περιφερείας ἀπὸ τοῦ κατὰ κορυφὴν καὶ γωνίας δεδόσθαι, ζητεῖσθαι δὲ τὰς πρὸς τὸ

Δ ἢ τὸ Ε γινομένας. Ἐὰν μὲν δὴ τοιαύτην ἔχῃ θέσιν ὁ ζωδιακὸς, ὥστε πρὸς ὀρθὰς γωνίας εἶναι τῷ διὰ τοῦ Ζ σημείου, ὃ ὑποκείσθω πόλος τοῦ ὁρίζοντος, καὶ διὰ τοῦ Β γραφομένῳ μεγίστῳ κύκλῳ, οἷον τῷ ΖΒ, συμπεσεῖται οὕτω δηλονότι τῇ ΔΕ περιφερείᾳ. Καὶ ἡ μὲν γωνία ἡ πρὸς τὰ Δ καὶ Ε θεωρουμένη, ἀδιάφορος ἔσται τῆς πρὸς τὸ Β ὑποκειμένης· ὀρθαὶ γὰρ καὶ διὰ τούτων πρὸς τὸν ζωδιακὸν γινόμεναι· τῆς δὲ ΖΒ περιφερείας, ἡ μὲν ΖΔ ἐλάσσων ἔσται τῇ ΒΔ, ἡ δὲ ΖΕ μείζων τῇ ΒΕ, δεδομέναις καὶ αὐταῖς.

Ἐὰν δὲ συμπίπτῃ ὁ ΑΒΓ ζωδιακὸς τῷ διὰ τοῦ κατὰ κορυφὴν σημείου γραφομένῳ μεγίστῳ κύκλῳ, καὶ ὑποθέμενοι πόλον τοῦ ὁρίζοντος τὸ Α, ἐπιζεύξωμεν τὰς ΑΔ καὶ ΑΕ, καὶ αὗται διοίσουσι τῆς ΑΒ περιφερείας, καὶ αἱ ὑπὸ ΒΑΔ καὶ ΒΑΕ γωνίαι τῆς μὴ οὔσης πρότερον. Δίδονται δὲ αἱ μὲν ΑΔ καὶ ΑΕ τοῦ λόγου ὄντος ὡς ἐπ᾿ εὐθειῶν διὰ τὸ ἀδιάφορον, ἀπό τε τῆς ΑΒ καὶ τῶν ΒΔ καὶ ΒΕ δεδομένων· τὰ γὰρ ἀπ᾿ αὐτῶν συντεθέντα ποιεῖ τὰ ἀπὸ τῶν ΑΔ καὶ ΑΕ, ἀκολούθως δὲ αὐταῖς καὶ αἱ ὑπὸ ΒΑΔ καὶ ΒΑΕ γωνίαι.

Τῆς δὲ τοῦ ζωδιακοῦ θέσεως ἐγκεκλιμένης, ἐὰν ἀπὸ τοῦ Ζ πόλου τοῦ ὁρίζοντος ἐπιζεύξωμεν τὰς ΖΒ καὶ ΖΗΔ καὶ ΖΕΘ, δεδομένη μὲν ἔσται ἥ τε ΖΒ περιφέρεια, καὶ ἡ ὑπὸ ΑΒΖ γωνία, καὶ πάλιν δηλονότι αἱ ΒΔ καὶ ΒΕ. Ὀφείλουσι δὲ δοθῆναι αἵ τε ΖΔ καὶ ΖΕ περιφέρειαι,

zodiaque a une position telle qu'il soit perpendiculaire sur le cercle qui passe par le point Z qui est supposé être le pole de l'horizon , et sur le grand cercle tel que ZB qui passe par le point B, ce cercle se confondra avec DE, et l'angle considéré en D ou en E , ne sera pas différent de celui qui est supposé en B : car ils sont droits, et pour cela se rapportent au zodiaque. ZD sera plus petit que ZB, de tout l'arc BD , et ZE plus grand de l'arc BE, lesquels arcs BD et BE sont aussi donnés.

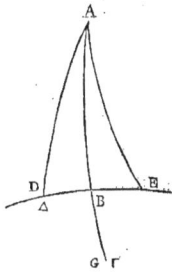

Mais si le zodiaque ABG se confonde avec le grand cercle qui passe par le point vertical , et que supposant A le pole de l'horizon , nous joignions AD et AE ; ces lignes différeront de AB, et les angles BAD, BAE, de celui qui n'existoit pas dans le premier cas. Or AD et AE, si on les considère comme des lignes droites dont ces arcs diffèrent très-peu, sont donnés par AB et par BD et BE qui sont donnés ; car les carrés de ces lignes sont égaux à ceux de AD et de AE, et conséquemment les angles BAD et BAE sont donnés.

La position du zodiaque étant inclinée ; si du pole Z de l'horizon nous menons ZB, ZHD et ZET, l'arc ZB sera donné ainsi que l'angle ABZ, et aussi les lignes ou arcs BD et BE. Les arcs ZD et ZE, et les angles AHZ et ATZ, devant être donnés,

on les trouve par le moyen des perpendiculaires DK et EL menées sur ZB : car l'angle ABZ étant donné, et l'angle ABE étant toujours droit, les triangles rectangles BKD et BLE sont donnés, ainsi que le rapport de BZ aux côtés adjacens à l'angle droit, puisqu'il est donné relativement aux hypoténuses DB et BE. Ainsi les hypoténuses DZ et ZE seront données, et par conséquent aussi les angles DZK et EZL qui sont les excès de ceux que l'on cherche. Car l'angle AHZ (a) est plus grand que l'angle ABZ, de l'angle DZB; et l'angle ATZ est plus petit que l'angle ABZ, de l'angle EZL. Or il est évident que la plus grande différence a lieu, pour les angles, la distance en latitude étant supposée la même, quand le point B est le point vertical même ; car alors n'y ayant point d'angle en B, les lignes menées du point vertical sur D et E font des angles droits sur le zodiaque ; et pour les arcs, quand la position est la même ; car alors n'y ayant point d'arc en B, les arcs en D et en E seront égaux à la latitude de la lune ; et quand le cercle mené par le point vertical est perpendiculaire sur le zodiaque ; car alors les arcs ZD, ZE différeront de l'arc ZB, de toute la latitude. Mais dans les

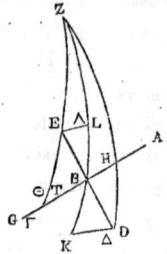

καὶ αἱ ὑπὸ ΑΗΖ καὶ ὑπὸ ΑΘΖ γωνίαι· δίδονται δὲ καὶ αὐταὶ, καθέτων ἀχθεισῶν ἐπὶ τὴν ΖΒ τῶν ΔΚ, καὶ ΕΛ. Επειδὴ γὰρ ἡ ὑπὸ ΑΒΖ γωνία δίδοται, ὀρθὴ δὲ πάντοτε ἡ ὑπὸ ΑΒΕ, δίδοται τὰ ΒΚΔ καὶ ΒΛΕ ὀρθογώνια, καὶ λόγος τῆς ΒΖ πρὸς τὰς περὶ τὴν ὀρθὴν, ἐπεὶ καὶ πρὸς τὰς ΔΒ καὶ ΒΕ ὑποτεινούσας. Ωστε καὶ αἱ ΔΖ, ΖΕ ὑποτείνουσαι δοθήσονται, διὰ τοῦτό τε, καὶ αἱ ὑπὸ ΔΖΚ καὶ ὑπὸ ΕΖΛ γωνίαι, ὑπεροχαὶ οὖσαι τῶν ἐπιζητουμένων· ἡ μὲν γὰρ ὑπὸ ΑΗΖ μείζων ἐσὶ τῆς ὑπὸ ΑΒΖ τῇ ὑπὸ ΔΖΒ, ἡ δὲ ὑπὸ ΑΘΖ ἐλάσσων τῆς ὑπὸ ΑΒΖ τῇ ὑπὸ ΕΖΛ. Φανερὸν δ' ὅτι καὶ πλείστη γίνεται διαφορὰ, τῆς αὐτῆς κατὰ πλάτος ἀποχῆς ὑποκειμένης, τῶν μὲν γωνιῶν, ὅταν τὸ Β σημεῖον αὐτὸ ᾖ τὸ κατὰ κορυφήν· μηδεμιᾶς γὰρ πρὸς τὸ Β γινομένης γωνίας, αἱ ἐπὶ τὰ Δ καὶ Ε ἀπὸ τοῦ κατὰ κορυφὴν ὀρθὰς ποιοῦσι πρὸς τῷ ζωδιακῷ γωνίας· τῶν δὲ περιφερειῶν ὅταν ἡ αὐτὴ θέσις ᾖ· μηδεμιᾶς γὰρ πάλιν γινομένης πρὸς τῷ Β περιφερείας, αἱ πρὸς τὰ Δ καὶ Ε τηλικαῦται ἔσονται, ἡλίκαι ἂν ὦσι καὶ αἱ τῆς κατὰ πλάτος παρόδου τῆς σελήνης· καὶ ὅταν ὀρθὸς ᾖ πρὸς τὸν ζωδιακὸν ὁ διὰ τοῦ κατὰ κορυφήν· ὅλη γὰρ πάλιν τῇ κατὰ πλάτος παρόδῳ διοίσουσι τῆς ΖΒ αἱ ΖΔ καὶ ΖΕ περιφέρειαι. Εν δὲ ταῖς ἄλλαις θέσεσιν ἐγκλινομένης

τῆς ΔΕ πρὸς τὴν ΖΒ, αἵ τε τῶν περιφερειῶν καὶ τῶν γωνιῶν ὑπεροχαὶ ἐπὶ τὸ
ἔλαττον συναχθήσονται. Ὥστε καὶ ὅταν
μὲν ε̄ μοίρας ἡ σελήνη κατὰ πλάτος ἀπέχῃ τοῦ διὰ μέσων, ἡ πλείςη διαφορὰ
τῶν παραλλάξεων ἔςαι δέκα ἔγγιςα
ἑξηκοςῶν. Αἱ γὰρ τοῦ μεγίςου διαφόρου
τῶν περιφερειῶν μοῖραι ε̄ τοσαῦτα ποιοῦσιν ἑξηκοςὰ παραλλάξεως ἐπὶ τῶν
μεγίςων ὑπεροχῶν καὶ ἐλαχίςων ἀποςημάτων. Ὅταν δὲ τὴν ἐν ταῖς ἡλιακαῖς ἐκλείψεσι μεγίςην πάροδον ἀπέχῃ,
αὕτη δὲ γίνεται μιᾶς μοίρας ἔγγιςα καὶ
ϛ", τὰ ἴσα ἑξηκοςὰ ᾱ ϛ" διάφορον ἔςαι τῆς
παραλλάξεως, τοῦ τοιούτου σπανίως
συμπίπτοντος.

Ἡ μέντοι μέθοδος πρὸς τὴν τοιαύτην
διόρθωσιν τῶν τε γωνιῶν καὶ τῶν περιφερειῶν γένοιτο ἂν πρόχειρος τοῖς βουλο-
μένοις, ὡς ἐν οὕτω μικροῖς λόγοις, τὸν
τρόπον τοῦτον. Καθόλου γὰρ τὸν τῶν γωνιῶν ἀριθμὸν διπλώσαντες, καὶ εἰσενεγκόντες εἰς τὸ τῶν ἐν κύκλω εὐθειῶν κανόνιον, τὰ παρακείμενα αὐτῷ τε καὶ τῷ
λείποντι εἰς τὰς τῶν δύο ὀρθῶν μοίρας
ρπ̄ χωρὶς πολυπλασιάσαντες ἐπὶ τὰς
τοῦ πλάτους μοίρας, τὸ ρκ" ἑκατέρων
ἀπογραψόμεθα, καὶ τὰ ἐκ τῆς πρώτης γωνίας γενόμενα ἀφελοῦμεν μὲν ἀπὸ
τῆς ὑποκειμένης ἀπὸ τοῦ κατὰ κορυφὴν
περιφερείας, ὅταν ἐπὶ τὰ αὐτὰ ᾖ τῷ
κατὰ κορυφὴν ἡ σελήνη, προσθήσομεν δὲ,
ὅταν ἐπὶ τὰ ἐναντία· καὶ τὰ γενόμενα
ποιήσαντες ἐφ' ἑαυτὰ, συνθέντες τε

Ι.

autres positions, DE étant incliné sur ZB,
les excédens des arcs et des angles se
trouveront moindres, ensorte que la
lune étant à 5 degrés loin du zodiaque
en latitude, la plus grande différence
des parallaxes sera de dix soixantièmes
environ. Car les 5 degrés de la plus
grande différence des arcs font ce nombre de soixantièmes de parallaxe dans
les plus grands excès et dans les moindres distances. Mais quand, dans les
éclipses de soleil, la distance étant la
plus grande, est alors d'environ un degré et demi, la différence de parallaxe
sera du même nombre de 1 $\frac{1}{4}$ mais en
soixantièmes : chose qui arrive rarement.

La méthode à suivre pour la correction des angles et des arcs, sera donc
facile, en l'employant de cette manière,
quand on voudra faire le calcul pour
de si petites quantités. Car en doublant
toujours le nombre des angles, et le
portant dans la table des droites inscrites au cercle, ensuite multipliant les
quantités qui lui répondent à côté, ainsi
qu'à leur supplément à 180 degrés de
deux angles droits, par les degrés de
la latitude; nous écrirons la 120e partie
des uns et des autres, et nous retrancherons la quantité provenant du premier angle, de l'arc qui est supposé
passer par le point vertical, si la lune
est du même côté que le point vertical; mais nous les ajouterons, si elle

47

est du côté opposé. Après ces opérations, nous carrerons les nombres qui en proviendront ; nous y ajouterons les carrés des nombres de l'angle restant ; et cherchant le côté, nous aurons ainsi l'arc compris entre ces angles. Ensuite nous multiplierons par 120, les quantités de l'angle restant, et après avoir divisé ce produit par les angles trouvés, nous ajouterons aux degrés du premier angle, les moitiés des arcs qui sont à côté de ces nombres, dans la table des droites inscrites, si l'arc corrigé est plus grand que le premier; s'il est plus petit nous le retrancherons, et nous aurons ainsi l'angle corrigé.

Supposons pour en donner un exemple, dans cette dernière figure, l'arc ZB de 45 degrés, l'angle ABZ de 30 de ceux dont un angle droit en contient 90, et chacune des lignes DB et BE de 5 parties en latitude, puisqu'au double de 30, c'est-à-dire à 60 degrés, répond la droite de 60ᵖ, et qu'au reste 120 qui est le supplément à deux angles droits, répond la droite de 104ᵖ à peu près, on a la raison de BL à LE égale à celle de 60 à 104 ; mais celle de BK à KD est la même en parties dont l'hypoténuse en contient 120. Multipliant donc chacun de ces nombres par les 5 parties de

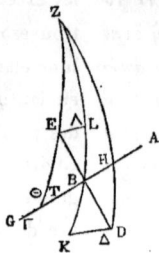

τοῖς ἐκ τῆς λειπούσης γωνίας γενομένοις τετραγωνισθεῖσι καὶ αὐτοῖς, τῶν συναχθέντων τὴν πλευρὰν, ἕξομεν οἰκείως τὴν ἐπιζητουμένην περιφέρειαν. Ἔπειτα τὰ ἐκ τῆς λειπούσης γωνίας ἀπογεγραμμένα ἑκατοντακιςκαιεικοσάκις ποιήσαντες, καὶ μερίσαντες χωρὶς εἰς τὰς εὑρημένας περιφερείας, τῶν τοῖς γενομένοις παρακειμένων περιφερειῶν ἐν τῷ κανόνι τῶν εὐθειῶν τὰς ἡμισείας, ἐὰν μὲν μείζων ᾖ ἡ διωρθωμένη περιφέρεια τῆς πρώτης, προσθήσομεν ταῖς τῆς πρώτης γωνίας, ἐὰν δὲ ἐλάσσων, ἀφελοῦμεν αὐτῶν, καὶ ἕξομεν καὶ τὴν γωνίαν διωρθωμένην.

Ὑποδείγματος δὲ ἕνεκεν ὑποκείσθω ἐπὶ τῆς προκειμένης καταγραφῆς, ἡ μὲν ΖΒ περιφέρεια μοιρῶν με̅, ἡ δὲ ὑπὸ ΑΒΖ γωνία τοιούτων λ̅, οἵων ἡ μία ὀρθὴ ϙ̅, ἑκατέρα δὲ τῶν ΔΒ καὶ ΒΕ τοῦ πλάτους μοιρῶν ε̅. Ἐπεὶ τοίνυν ταῖς μὲν διπλαῖς τῶν λ̅ μοιρῶν, τουτέστι ταῖς ξ̅, παράκειται εὐθεῖα τμημάτων ξ̅, ταῖς δὲ λειπούσαις εἰς τὰς δύο ὀρθὰς, τουτέστι ταῖς ρκ̅, παράκειται εὐθεῖα τμημάτων ρδ̅ ἔγγιςα, γίνεται λόγος τῆς ΒΛ πρὸς ΛΕ, ὁ τῶν ξ̅ πρὸς τὰ ρδ̅. Ὁ δ᾽ αὐτὸς καὶ τῆς ΒΚ πρὸς ΚΔ, οἵων ἡ ὑποτείνουσα ρκ̅. Πολυπλασιάσαντες οὖν ἑκάτερον τῶν ἀριθμῶν ἐπὶ τὰς ε̅ μοίρας

τῆς ὑποτεινούσης, καὶ τὸ ρκ" αὐτῶν
λαβόντες, ἕξομεν ἑκατέραν μὲν τῶν ΚΒ
καὶ ΒΛ τῶν αὐτῶν β λ', ἑκατέραν δὲ
τῶν ΔΚ καὶ ΕΛ ὁμοίως δ´ κ'. Τὰ δὴ
β λ' πρῶτον, ἐὰν μὲν κατὰ τὸ Ε σημεῖον
ἡ σελήνη ὑποκέηται, ἀφελόντες τῶν τῆς
ΖΒ περιφερείας μοιρῶν μέ, διὰ τὸ ἐπὶ
τὰ αὐτὰ τῷ κατὰ κορυφὴν εἶναι τὴν
κατὰ πλάτος ἀποχὴν τῆς σελήνης, τουτέςι διὰ τὸ ἀμφότερα ἢ νοτιώτερα ἢ βορειότερα εἶναι τοῦ ζωδιακοῦ, ἕξομεν τὴν
ΖΛ μοιρῶν μβ λ', ἐὰν δὲ κατὰ τὸ Δ ἦ
ἡ σελήνη, προσθέντες αὐταῖς διὰ τὸ ἐναντίον, ἕξομεν τὴν ΖΚ μοιρῶν μζ λ'. Συνθέντες οὖν τὸ ἀπὸ ἑκατέρας τῶν ΖΛ καὶ
ΖΚ χωρὶς, μετὰ τοῦ ἀπὸ ἑκατέρας τῶν
ΔΚ καὶ ΕΛ, τουτέςι τὸ ἀπὸ τῶν δ´ κ'
μετά τε τοῦ ἀπὸ τῶν μβ λ', καὶ μετὰ
τοῦ ἀπὸ τῶν μζ λ', καὶ τῶν συναχθέντων χωρὶς λαβόντες τὴν πλευρὰν, ἕξομεν καὶ τὴν μὲν ΖΕ περιφέρειαν μοιρῶν
μβ μς' ἔγγιςα, τὴν δὲ ΖΔ ὁμοίως
μζ μδ'. Λοιπὸν δὲ τὰ δ´ κ' ἑκατοντα-
καιεικοσάκις ποιήσαντες, καὶ παραβα-
λόντες χωρὶς παρά τε τὰ μβ μς'
καὶ παρὰ τὰ μζ νδ', ἕξομεν τὴν μὲν
ΕΛ τοιούτων ιβ η' ἔγγιςα, οἵων ἐςὶν
ἡ ΖΕ ὑποτείνουσα ρκ, τὴν δὲ ΔΚ τοιούτων ῑ ς" γ" ἔγγιςα οἵων ἐςὶν ἡ ΖΔ
ὑποτείνουσα ρκ. Παράκειται δὲ τῇ μὲν
τῶν ιβ η' εὐθείᾳ περιφέρεια μοιρῶν
ῑα καὶ γ πέμπτων, τῇ δὲ τῶν ῑ ς"
γ" περιφέρεια μοιρῶν ῑ γ" ἔγγιςα, ὧν
τὰ ἡμίση λαβόντες, τὰ μὲν ε̄ καὶ δ̄

l'hypoténuse, et en prenant la 120ᵉ partie, nous aurons chacune des droites KB et BL de 2^p 3o' de ces mêmes parties, et chacune des lignes DK et EL de 4^p 2o'. Et d'abord, si la lune est supposée au point E, retranchons les 2e 3o' des 45 parties de l'arc ZB, parceque l'éloignement de la lune en latitude est du même côté que le point vertical, c'est-à-dire que l'un et l'autre sont ou plus boréaux ou plus méridionaux que le zodiaque, nous aurons ZL de 42^p 3o'. Mais si la lune est en D, ajoutant ces mêmes quantités ensemble, nous aurons ZK de 47 parties 3o'. Carrant donc à part ZL et ZK, et les joignant aux carrés de DK et de EL, c'est-à-dire celui de de 4^p 2o' avec celui de 42^p 3o', et puis avec celui de 47^p 3o', et de leur somme extrayant la racine qui est le côté, nous aurons l'arc ZE de 42^p 46' à peu près, et ZD de 47 parties 54'. Multipliant ensuite par 120 les 4^p 2o', et divisant le produit par 42^p 46' et par 47^p 54', nous aurons EL d'environ 12^p 8' des parties dont l'hypoténuse ZE en contient 120, et DK d'environ 10 ½ ⅓ des parties dont l'hypoténuse ZD en contient 120. Or à la soutendante 12^p 8', répond l'arc de 11^d ⅕; et à celle de 10^d ½ ⅓, répond celui de 10^d ⅓ à peu près; prenant les moitiés de ces quantités,

nous retranchons $5^d \frac{4}{7}$, valeur de l'angle EZL, des 30^d de l'angle ABZ, parceque l'arc ZE est plus petit que l'arc ZB; et nous avons l'angle ATZ de $24^d \frac{1}{5}$. Mais nous ajoutons $5^d \frac{1}{5}$ de l'angle DZK aux mêmes 30^d, parceque l'arc ZD est plus grand que l'arc ZB : ce qui nous donne l'arc AHZ, de $35^p \frac{1}{5}$. C'est là ce que nous nous proposions de rechercher.

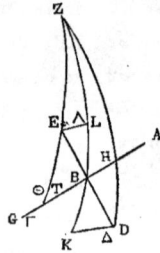

πέμπτα τῆς ὑπὸ ΕΖΛ γωνίας ἀφείλομεν τῶν τῆς ὑπὸ ΑΒΖ γωνίας μοιρῶν λ, διὰ τὸ καὶ τὴν ΖΕ περιφέρειαν ἐλάσσονα εἶναι τῆς ΖΒ, καὶ ἔσχομεν τὴν ὑπὸ ΑΘΖ γωνίαν μοιρῶν κδ ε". Τὰ δὲ ε ς" τῆς ὑπὸ ΔΖΚ γωνίας προσθέντες τοῖς αὐτοῖς λ, διὰ τὸ καὶ τὴν ΖΔ περιφέρειαν μείζονα εἶναι τῆς ΖΒ, ἔσχομεν καὶ τὴν ὑπὸ ΑΗΖ γωνίαν μοιρῶν λε ς". ἅπερ προέκειτο μεθοδεῦσαι.

FIN DU CINQUIÈME LIVRE DE LA COMPOSITION MATHÉMATIQUE DE CL. PTOLÉMÉE.

ΚΛΑΥΔΙΟΥ ΠΤΟΛΕΜΑΙΟΥ ΜΑΘΗΜΑΤΙΚΗΣ ΣΥΝΤΑΞΕΩΣ ΤΟΥ ΠΕΜΠΤΟΥ ΒΙΒΛΙΟΥ ΤΕΛΟΣ.

ΚΛΑΥΔΙΟΥ ΠΤΟΛΕΜΑΙΟΥ

ΜΑΘΗΜΑΤΙΚΗΣ ΣΥΝΤΑΞΕΩΣ

ΒΙΒΛΙΟΝ ΕΚΤΟΝ.

—

SIXIEME LIVRE

DE LA COMPOSITION MATHÉMATIQUE

DE CLAUDE PTOLÉMÉE.

~~~~~~~~~~~~~~~~~~~~~~~~~~

ΚΕΦΑΛΑΙΟΝ Α.   CHAPITRE I.

ΠΕΡΙ ΣΥΝΟΔΩΝ ΚΑΙ ΠΑΝΣΕΛΗΝΩΝ.   DES CONJONCTIONS ET DES OPPOSITIONS.

Ἐφεξῆς δὴ τυγχανούσης τῆς περὶ τὰς ἐκλειπτικὰς συζυγίας ἡλίου καὶ σελήνης πραγματείας, ἧς προηγεῖται πάλιν ἡ τῶν ἀκριβῶς θεωρουμένων συνόδων καὶ πανσελήνων ἐπίσκεψις, ἀπαρκεῖν μὲν ἡγούμεθα πρὸς τὴν τῶν τοιούτων πρώτην κατάληψιν τὰς ἀποδεδειγμένας καθ' ἑκάτερον τῶν φώτων περιοδικάς τε καὶ ἀνωμάλους κινήσεις· δυνατοῦ τε διὰ τούτων γινομένου τοῖς μὴ κατοικοῦσι τὰς κατὰ μέρος αὐτῶν ἐποχὰς ἑκάστοτε συγκρίνειν, ἐπιλογίζεσθαι τούς τε τόπους καὶ τοὺς χρόνους τῶν ἐσομένων συζυγιῶν, τῶν τε πρὸς τὰ μέσα κινήματα λαμβανομένων καὶ τῶν μετὰ τῆς ἀνωμαλίας ἀκριβῶν. Ὅμως δὲ ἵνα προχειρότερον ἡμῖν καὶ αὗται μεθοδεύωνται,

Comme il s'agit maintenant de traiter des syzygies *écliptiques*, il faut auparavant, bien expliquer la théorie des conjonctions et oppositions vraies ; à la vérité, il suffit pour la saisir, d'avoir bien compris les mouvemens périodiques et inégaux de chacun de ces deux astres. Par leur moyen, ceux qui voudront en prendre la peine, pourront en déterminer les époques pour l'un et l'autre, et calculer les lieux et les temps des syzygies futures, tant de celles qui résultent des mouvemens moyens, que de celles que l'on trouvera être les vraies à raison de l'anomalie. Toutefois, pour nous rendre ces recherches plus expéditives, après avoir exposé les

temps et les lieux des conjonctions périodiques et des pleines lunes , ainsi que les lieux d'anomalie et de latitude de la lune pour le milieu de l'éclipse , conditions d'où dépend la correction nécessaire pour trouver les syzygies vraies , et par suite celles qui sont écliptiques , nous avons calculé les tables suivantes, de la manière que je vais exposer.

CHAPITRE II.

CONSTRUCTION DES TABLES DES SYZYGIES MOYENNES.

D'ABORD pour fixer les époques des mois, comme nous avons fait pour les autres époques, à la première année de Nabonassar : en divisant l'excédent (a) d'élongation démontrée ci-dessus, de 70 37' degrés, à midi du 1er jour du mois de Thoth de cette année , par le mouvement moyen de distance de la lune au soleil en un jour, nous avons trouvé 5 47' 33" jours, dont la conjonction moyenne avoit précédé la néoménie de Thoth. Elle est donc arrivée à peu près 23 44' 17" jours après ce même midi, c'est-à-dire à 44 17' soixantièmes d'un jour après midi du 24. Et dans ces 23 44' 17" jours, le mouvement moyen du soleil a été de 23ᵖ 23' 50"; celui de l'anomalie de la lune, de (b) 310ᵖ 8' 15"; et en latitude, de 314ᵖ 2' 21". Or le soleil, à midi de la nouvelle lune de Thoth , étoit par son mouvement moyen sur 0ᵖ 45' des poissons,

προεκτεθειμένων ἐξ ἑτοίμου τῶν τε κατὰ τὰς περιοδικὰς συνόδους καὶ πανσελήνους χρόνων καὶ τόπων, καὶ τῶν κατὰ τοὺς μέσους χρόνους ἐποχῶν ἀνωμαλίας τε καὶ πλάτους τῆς σελήνης, δι' ὧν ἥ τε πρὸς τὰς ἀκριβεῖς συζυγίας διόρθωσις γίνεται, καὶ ἀπὸ τούτων ἡ πρὸς τὰς ἐκλειπτικὰς, ἐπραγματευσάμεθα πρὸς τὴν τοιαύτην ἐπίσκεψιν κανόνια περιέχοντα τὸν τρόπον τοῦτον.

ΚΕΦΑΛΑΙΟΝ Β.

ΠΡΑΓΜΑΤΕΙΑ ΚΑΝΟΝΙΩΝ ΜΕΣΩΝ ΣΥΖΥΓΙΩΝ.

ΠΡΩΤΟΝ μὲν γὰρ, ἵνα πάλιν καὶ τὰς τῶν μηνῶν ἐποχὰς, ὥσπερ καὶ τὰς ἄλλας, ἀπὸ τοῦ πρώτου ἔτους Ναβονασσάρου συστησώμεθα, τὴν ἀποδεδειγμένην ἐν τῷ ἔτει τούτῳ Θὼθ νεομηνίᾳ κατ' Αἰγυπτίους τῆς μεσημβρίας ἐπιουσίαν ἀποχῆς μοιρῶν οὖσαν ο λζ', παραβάλλοντες παρὰ τὸ ἡμερήσιον μέσον κίνημα τῆς ἀποχῆς, εὕρομεν ἡμέρας ε μζ' λγ", ὡς πρὸ τοσούτων γεγονέναι τὴν τῆς ἐν τῇ νεομηνίᾳ τοῦ Θὼθ μεσημβρίας προγεγονυῖαν μέσην σύνοδον. Καὶ ἡ ἑξῆς ἄρα γέγονε μετὰ ἡμέρας κγ μδ' ιζ" ἔγγιστα τῆς αὐτῆς μεσημβρίας, τουτέστι μετὰ ἑξήκοντα ἡμέρας μιᾶς μδ' ιζ" τῆς ἐν τῇ κδ μεσημβρίας. Ἐν δὲ ταῖς κγ μδ' ιζ" ἡμέραις, ὁ μὲν ἥλιος μέσως κινεῖται μοίρας κγ κγ' ν", ἡ δὲ σελήνη ἀνωμαλίας μὲν μοίρας τι η' ιε", πλάτους δὲ μοίρας τιδ β' κα". Ἐπεῖχε δὲ καὶ ἐν τῇ τῆς νεομηνίας μεσημβρίᾳ τοῦ Θὼθ μέσως ὁ μὲν ἥλιος ἰχθύων μοίρας ο με', ἀπὸ δὲ τοῦ ἀπογείου

τοῦ ἰδίου διὰ τὸ εὔχρηςον μοίρας σξε
ιε΄· ἡ δὲ σελήνη ἀνωμαλίας μὲν ἀπὸ τοῦ
ἀπογείου τοῦ ἐπικύκλου μοίρας σξη
μθ΄, πλάτους δ᾽ ἀπὸ τοῦ βορείου πέρατος τοῦ λοξοῦ κύκλου μοίρας τνδ ιε΄.
Καὶ ἐν τῷ προκειμένῳ ἄρα χρόνῳ τῆς
μετὰ τὴν νεομηνίαν μέσης συνόδου, ὁ μὲν
ἥλιος καὶ ἡ σελήνη μέσως ἀπεῖχον ἀμφότεροι τοῦ ἡλιακοῦ ἀπογείου, τουτέςι τῶν
ἐν τοῖς διδύμοις μοιρῶν ε λ΄, μοίρας σπη
λη΄ ν΄΄· ἡ δὲ σελήνη ἀνωμαλίας μὲν ἀπὸ
τοῦ ἀπογείου μοίρας σιη νζ΄ ιε΄΄, πλάτους δ᾽ ἀπὸ τοῦ βορείου πέρατος μοίρας
τη ιζ΄ κα΄΄.

Τάξομεν οὖν πρῶτον κανόνιον συνοδι-
κὸν, ςίχων μὲν πάλιν με, σελιδίων δὲ ε.
Καὶ παραθήσομεν ἐν τοῖς πρώτοις ςίχοις,
ἐπὶ μὲν τοῦ πρώτου σελιδίου τὸ πρῶτον ἔτος Ναβονασσάρου, ἐπὶ δὲ τοῦ δευτέρου τὰς τοῦ Θωθ ἡμέρας κδ μδ΄ ιζ΄΄,
ἐπειδὴ τὰ ἐπόντα ἑξήκοςὰ τῆς ἐν τῇ κδ
ἐςὶ μεσημβρίας, ἐπὶ δὲ τοῦ τρίτου τὰς
τῆς μέσης ἐποχῆς ἀπὸ τοῦ ἀπογείου τοῦ
ἡλίου μοίρας σπη λη΄ ν΄΄, ἐπὶ δὲ τοῦ τετάρτου τὰς ἀπὸ τοῦ ἀπογείου τῆς σεληνιακῆς ἀνωμαλίας μοίρας σιη νζ΄ ιε΄΄, ἐπὶ
δὲ τοῦ πέμπτου τὰς ἀπὸ τοῦ βορείου
πέρατος τοῦ πλάτους μοίρας τη ιζ΄ κα΄΄.
Ἐπειδὴ δὲ καὶ ἐν τῷ ἡμίσει τοῦ μέσου μηνιαίου χρόνου ἡμέραι μὲν περιέχονται ιδ
με΄ νε΄΄ ἔγγιςα, μοῖραι δὲ τῆς μὲν ἡλιακῆς ἐποχῆς ιδ λγ΄ ιβ΄΄, τῆς δὲ σεληνιακῆς ἀνωμαλίας ρϟβ νδ΄ λ΄΄, τοῦ δὲ πλάτους ρϟε κ΄ ς΄΄, ἀφελόντες τούτους τοὺς
ἀριθμοὺς ἀπὸ τῶν τῆς ἐκκειμένης συνόδου, τοὺς λοιποὺς προτάξομεν καὶ αὐτοὺς

et, pour plus de facilité, à 265^p 15′
de son apogée propre ; la lune à 268^p
49′ d'anomalie depuis l'apogée de l'épicycle, et à 354^p 15′ de latitude depuis
la limite boréale de l'orbite inclinée.
Donc au temps, dont il s'agit, de la conjonction moyenne après la nouvelle lune,
le soleil et la lune étoient l'un et l'autre
à 288^p 38′ 50″ de l'apogée du soleil,
par leur mouvement moyen, c'est-à-dire
dans les 5^d 30′ des gémeaux ; et la lune
à (c) 218^p 57′ 15″ d'anomalie loin de
l'apogée, et à (d) 308^p 17′ 21″ de latitude depuis la limite boréale.

Nous dresserons donc d'abord une table synodique de 45 lignes et de 5 colonnes. Nous mettrons dans la première
ligne, la première année de Nabonassar;
dans la seconde, les 24 44′ 17″ jours du
mois de Thoth, parceque les soixantièmes
sont après midi du 24e jour; dans la
troisième, les 288^p 38′ 50″ du mouvement moyen depuis l'apogée du soleil;
dans la quatrième, les 218^p 57′ 15″ d'a-
nomalie de la lune depuis l'apogée de
l'épicycle; dans la cinquième, les 308^p
17′ 21″ de latitude depuis la limite boréale. Et parceque la moitié du mois
lunaire est de 14 45′ 55″ jours à peu
près, et renferme 14 degrés 33′ 12″ du
mouvement solaire, et 192^p 54′ 30″ d'a-
nomalie de la lune, et 195^p 20′ 6″ de latitude, retranchant ces quantités de la
conjonction en question, nous en placerons les restes dans la seconde table
dressée sur le même plan, et qui sera

celle des pleines lunes. Or de 24 44′ 17″ jours, il reste 9 58′ 22″ jours; 274ᵈ 5′ 38″ depuis l'apogée du soleil; 26ᵈ 2′ 45″ d'anomalie depuis l'apogée de la lune, et 112ᵈ 57′ 15″ de latitude depuis la limite boréale. Et comme en ôtant sur 25 années égyptiennes, 2 47′ 5″ soixantièmes d'un jour, les mois sont à très-peu près complets, le soleil par son mouvement moyen pendant cet espace de temps, étant arrivé, en sus des circonférences entières, sur 353ᵈ 52′ 34″ 13‴, la lune à 57ᵖ 21′ 44″ 1‴ degrés d'anomalie, et à 117ᵖ 12′ 49″ 54‴ de latitude, nous dresserons la première colonne de ces deux tables, de 25 en 25 années, et nous diminuerons chaque ligne de la seconde, celle des jours dans ces deux tables, de ces o 2′ 47″ 5″. Dans les colonnes suivantes, nous augmenterons les troisièmes, de 353ᵖ 52′ 34″ 13‴; les quatrièmes, de 57ᵖ 21′ 44″ 1‴, et les cinquièmes, de 117ᵖ 12′ 49″ 54‴.

A ces tables nous en ajouterons une annuelle de 24 années, en 24 lignes: elle sera suivie d'une autre de 12 mois et autant de lignes, et qui auront chacune autant de colonnes que les précédentes. Dans la table des mois, nous mettrons à la première ligne de la première colonne, le premier mois; à la seconde ligne, les 29 31′52″8‴20‴ jours du mois; à la troisième, les 29 degrés 6′ 23″ 1‴ parcourus par le soleil pendant ce temps-là; à la quatrième, les 25ᵖ 49′ 0″ 8‴ d'anomalie de la lune; et à la cinquième,

ἐν τῷ δευτέρῳ καὶ ὁμοίως ἔχοντι κανονίῳ, πανσεληνιακῷ δὲ ἐσομένῳ, κατὰ τὸν αὐτὸν τοῖς προτέροις τρόπον. Καταλείπονται δὲ ἡμέραι μὲν θ νη′ κβ″, μοῖραι δὲ ἀπὸ μὲν τοῦ ἀπογείου τοῦ ἡλιακοῦ σοδ̄ ε′ λη″, ἀνωμαλίας δ′ ἀπὸ τοῦ ἀπογείου τῆς σελήνης κϚ β′ με″, πλάτους δ′ ἀπὸ τοῦ βορείου πέρατος ριβ νζ′ ιε″. Ἐπεὶ δὲ καὶ ἐν κε̄ ἔτεσιν αἰγυπτιακοῖς λείπουσι μιᾶς ἡμέρας ἑξηκοςοῖς δυσὶ μζ″ ε′, ὅλοι τε μῆνες ἔγγιςα ἀπαρτίζονται, καὶ ἐπιλαμβάνει μεθ′ ὅλους κύκλους μέσως ὁ μὲν ἥλιος μοίρας τνγ̄ νβ′ λδ″ ιγ‴, ἡ δὲ σελήνη ἀνωμαλίας μὲν μοίρας νζ κα′ μδ″ α‴, πλάτους δὲ μοίρας ριζ̄ ιβ′ μθ″ νδ‴, τὰ μὲν πρῶτα σελίδια τῶν δύο κανονίων παραυξήσομεν τοῖς κε ἔτεσι, τὰ δὲ δεύτερα ὑπομειώσομεν τοῖς ο̄ β′ μζ″ ε‴. τῶν δὲ λοιπῶν, τὰ μὲν τρίτα παραυξήσομεν τοῖς τνγ̄ νβ′ λδ″ ιγ‴, τὰ δὲ τέταρτα τοῖς νζ κα′ μδ″ α‴, τὰ δὲ πέμπτα τοῖς ριζ̄ ιβ′ μθ″ νδ‴.

Τούτοις δ′ ἐφεξῆς τάξομεν κανόνιον ἐνιαύσιον ἐπὶ ςίχους κδ̄, καὶ ἄλλο ὑπ′ αὐτὸ μηνιαῖον ἐπὶ ςίχους ιβ̄, σελιδίων δὲ ἑκάτερον τῶν ἴσων τοῖς πρώτοις. Καὶ ἐπὶ μὲν τοῦ μηνιαίου παραθέντες ἐν τοῖς πρώτοις ςίχοις, ἐπὶ μὲν τοῦ πρώτου σελιδίου τὸν πρῶτον μῆνα, ἐπὶ δὲ τοῦ δευτέρου τὰς τοῦ μηνὸς ἡμέρας κθ λα′ νη″ κ‴, ἐπὶ δὲ τοῦ τρίτου τὰς ἐν τῷ τοσούτῳ χρόνῳ συναγομένας τοῦ ἡλίου μοίρας κθ Ϛ′ κγ″ α‴, ἐπὶ δὲ τοῦ τετάρτου τὰς τῆς ἀνωμαλίας τῆς σελήνης κε μθ′ ο″ η‴, ἐπὶ δὲ τοῦ πέμπτου τὰς τοῦ

πλάτους μοίρας λ̄ μ′ ιδ″ θ‴. Παραυξήσομεν δὲ καὶ ταῦτα τοῖς αὐτοῖς ἀριθμοῖς
καὶ ἐπὶ τῶν πρώτων ςίχων ἐκκειμένοις.
Ἐπὶ δὲ τοῦ ἐνιαυσίου παραθέντες ἐν τοῖς
πρώτοις ςίχοις ἐπὶ μὲν τοῦ πρώτου σελιδίου τὸ πρῶτον ἔτος, ἐπὶ δὲ τοῦ δευτέρου
τὰς ἐπιλαμβανομένας ἐν τοῖς ιγ̄ μησὶν
ἡμέρας ῑη νγ′ νβ″ μη‴, ἐπὶ δὲ τοῦ τρίτου τὰς ἐν τῷ τοσούτῳ χρόνῳ τῆς ἡλιακῆς ἐπουσίας μοίρας ῑη κβ′ νθ″ ιη‴, ἐπὶ δὲ
τοῦ τετάρτου τὰς τῆς σεληνιακῆς ἀνωμαλίας μοίρας τλε̄ λζ′ α″ να‴, ἐπὶ δὲ
τοῦ πέμπτου τὰς τοῦ πλάτους μοίρας
λῆ μγ′ γ″ να‴. Παραυξήσομεν δὲ καὶ
ταῦτα ποτὲ μὲν ταῖς ἐκκειμέναις τρισ-
καιδεκαμήνοις ἐπουσίαις, ποτὲ δὲ ταῖς
δωδεκαμήνοις· αἱ συνάγουσιν ἡμέρας μὲν
τνδ̄ κβ′ α″ μ‴, μοίρας δὲ τῆς μὲν ἡλιακῆς ἐποχῆς τμθ̄ ιϛ′ λϛ″ ιϛ‴, τῆς δὲ σεληνιακῆς ἀνωμαλίας τθ̄ μη′ α″ μβ‴, τοῦ
δὲ πλάτους η̄ β′ μθ″ μβ‴, πρὸς τὸ τὴν
πρώτην ἐφ′ ὅλοις αἰγυπτιακοῖς ἔτεσι συζυγίαν ἡμῖν ἐκτίθεσθαι. Τὰς μέντοι παραθέσεις ἀρκέσει μέχρι τῶν δευτέρων
ἑξηκοςῶν ποιήσασθαι. Καὶ ἔςιν ἡ τῶν κανονίων καταγωγὴ τοιαύτη.

les 30^p 40′ 14″ 9‴ de latitude. Nous les augmenterons de jour en jour par l'addition continuelle des quantités qui se trouvent dans les premières lignes. Quant à la table des années, nous mettrons dans la première colonne, à la première ligne, l'année 1 ; dans la seconde colonne, les 18 53′ 52″ 48‴ jours restants de 13 lunes (e) ; dans la troisième, les 18^d 22′ 59″ 18‴ parcourus par le soleil pendant ce temps là ; dans la quatrième, les 335^p 37′ 1″ 51‴ d'anomalie de la lune, et dans la cinquième, les 38^p 43′ 3″ 51‴ de la latitude. Nous les augmenterons, pour les autres années de ligne en ligne, tantôt des quantités dont l'astre se sera avancé pendant 13 mois, et tantôt de celles qui auront été parcourues pendant 12 mois. Ces quantités rassemblées composent une somme de 354 22′ 1″ 40‴ jours; de 349 16′ 36″ 16‴ degrés de mouvement du soleil ; de 309 48′ 1″ 42‴ d'anomalie de la lune ; et de 8^d 2′ 49″ 42‴ de latitude ; (*qui sont écrits au* 12e *mois*, *dans la dernière ligne de la table des mois*, *à leurs colonnes respectives*) pour nous servir à trouver la première syzygie suivante qui viendra toujours après des années égyptiennes entières révolues. Il suffit au reste, dans ces tables, d'aller jusqu'aux secondes. Voici maintenant quelle est la disposition de ces tables.

ΣΥΝΟΔΩΝ ΚΑΝΟΝΙΟΝ.

Α. ΕΠΙΩΣΙ ΠΕΝΤΑΕΤΗΡΙΔΕΣ.	Β. ΗΜΕΡΑΙ ΘΩΘ.			Γ. ΑΠΟ ΤΟΥ ΑΠΟΓΕΙΟΥ ΤΟΥ ΗΛΙΟΥ ΑΠΟΧΗΣ.			Δ. ΑΠΟ ΤΟΥ ΑΠΟΓΕΙΟΥ ΤΟΥ ΕΠΙΚΥΚΛΟΥ ΑΝΩΜΑΛΙΑΣ ΣΕΛΗΝΗΣ.			Ε. ΑΠΟ ΤΟΥ ΒΟΡΕΙΟΥ ΠΕΡΑΤΟΣ ΠΛΑΤΟΥΣ ΣΕΛΗΝΗΣ.		
Ἔτη.	Ἡμέραι.	Α.	Β.	Μοῖραι.	Α.	Β	Μοῖραι.	Α.	Β.	Μοῖραι.	Α.	Β.
α	κδ	μδ	ιζ	σπη	λη	ν	σιη	νζ	ιε	τη	ιζ	κα
κϛ	κδ	μα	λ	σπβ	λαϛ	κδ	σοϛ	ιη	νθ	ξε	λ	ια
να	κδ	λη	μγ	σοϛ	κγ	νη	τλγ	μ	μγ	ρπβ	μγ	α
οϛ	κδ	λε	νϛ	συ	ιϛ	λγ	λα	β	κζ	σϟθ	νε	να
ρα	κδ	λγ	θ	σξδ	θ	ζ	πη	κδ	ια	νζ	η	μα
ρκϛ	κδ	λ	κβ	σνη	α	μα	ρμε	με	νε	ροδ	κα	λα
ρνα	κδ	κζ	λε	σνα	νδ	ιε	σγ	ζ	λθ	σϟα	λδ	κ
ροϛ	κδ	κδ	μϛ	σμε	μϛ	ν	σξ	κθ	κγ	μη	μϛ	ι
σα	κδ	κβ	ō	σλθ	λθ	κδ	τιζ	να	ζ	ρξϛ	ō	ō
σκϛ	κδ	ιθ	ιγ	σλγ	λα	νη	ιε	ιβ	να	σπγ	ιβ	ν
σνα	κδ	ιϛ	κϛ	σκϛ	κδ	λβ	οβ	λδ	λε	μ	κε	μ
σοϛ	κδ	ιγ	λθ	σκα	ιϛ	ϛ	ρκθ	νϛ	ιθ	ρνζ	λη	λ
τα	κδ	ι	νβ	σιε	θ	μα	ρπζ	ιη	γ	σοδ	να	κ
τκϛ	κδ	η	ε	σθ	β	ιε	σμδ	λθ	μζ	λβ	δ	ι
τνα	κδ	ε	ιη	σβ	νδ	μθ	τβ	α	λα	ρμθ	ιζ	ō
τοϛ	κδ	β	λα	ρϟϛ	μζ	κγ	τνθ	κγ	ιε	σξϛ	κθ	ν
υα	κγ	νθ	μδ	ρϟ	λθ	νζ	νζ	μδ	νθ	κγ	μβ	λθ
υκϛ	κγ	νζ	νζ	ρπδ	λβ	λβ	ριδ	ϛ	μγ	ρμ	νε	κθ
υνα	κγ	νδ	ι	ροη	κε	ϛ	ροα	κη	κζ	σνη	η	ιθ
υοϛ	κγ	να	κγ	ροβ	ιζ	μ	σκη	ν	ια	ϛ	κα	θ
φα	κγ	μη	λϛ	ρξϛ	ι	ιδ	σπϛ	ια	νε	ρλβ	λγ	νθ
φκϛ	κγ	με	μθ	ρξ	β	μθ	τμγ	λγ	λθ	σμθ	μϛ	μθ
φνα	κγ	μγ	α	ρνγ	νε	κγ	μ	νε	κγ	ϛ	νθ	λθ
φοϛ	κγ	μ	ιδ	ρμζ	μζ	νζ	ιη	ιϛ	ζ	ρκδ	ιβ	κθ
χα	κγ	λζ	κζ	ρμα	μ	λα	ρνε	να	λη	σμα	κε	ιθ
χκϛ	κγ	λδ	μ	ρλε	λγ	ε	σιγ	ō	λε	τνη	λη	θ
χνα	κγ	λα	νγ	ρκθ	κε	μ	σο	κβ	ιθ	ριε	ν	νη
χοϛ	κγ	κθ	ϛ	ρκγ	ιη	ιδ	τκζ	μδ	γ	σλγ	γ	μη
ψα	κγ	κϛ	ιθ	ριϛ	ι	μη	κε	ε	μζ	τν	ιϛ	λη
ψκϛ	κγ	κγ	λβ	ριχ	γ	κβ	πβ	κζ	λα	ρϛ	κθ	κη
ψνα	κγ	κ	με	ρδ	νε	νϛ	ρλθ	μθ	ιϛ	σκδ	μβ	ιη
ψοϛ	κγ	ιζ	νζ	Ϟη	μη	λα	ρϟζ	ια	ō	τμα	νε	η
ωα	κγ	ιε	ι	Ϟβ	μα	ε	σνδ	λβ	μδ	Ϟθ	ζ	νη
ωκϛ	κγ	ιβ	κγ	πϛ	λγ	λθ	τια	νδ	κη	σιϛ	κ	μη
ωνα	κγ	θ	λϛ	π	κϛ	ιγ	θ	ιϛ	ιβ	τλγ	λγ	λη
ωοϛ	κγ	ϛ	μθ	οδ	ιη	μη	ξζ	λζ	νϛ	ζ	μϛ	κη
Ϡα	κγ	δ	β	ξη	ια	κβ	ρκγ	νθ	μ	σϛ	νθ	ιζ
Ϡκϛ	κγ	α	ιε	ξβ	γ	νϛ	ρπα	κα	κδ	τκε	ιβ	ζ
Ϡνα	κβ	νη	κη	νϛ	νϛ	λ	σλη	μγ	η	πβ	κδ	νζ
Ϡοϛ	κβ	νε	μα	μθ	μθ	δ	σϟϛ	νβ	νβ	ρϟθ	λϛ	μϛ
͵αα	κβ	νβ	νδ	μγ	μα	λθ	τνγ	κϛ	λϛ	τιϛ	ν	λϛ
͵ακϛ	κβ	ν	ζ	λζ	λδ	ιγ	ν	μη	κ	οδ	γ	κϛ
͵ανα	κβ	μζ	κ	λα	κϛ	μζ	ρη	ι	δ	ρϟα	ιϛ	ιϛ
͵αοϛ	κβ	μδ	λβ	κε	ιθ	κα	ρξϛ	λβ	μη	τη	κθ	ϛ
͵αρα	κβ	μα	με	ιθ	ια	νϛ	σκβ	νγ	λβ	ξε	μα	νϛ

TABLE DES CONJONCTIONS.

1. ESPACES de 25 ANNÉES.	2. JOURS DU MOIS THOTH.			3. DEGRÉS DE LA DISTANCE DU SOLEIL DEPUIS L'APOGÉE.			4. DEGRÉS DE L'ANOMALIE DE LA LUNE DEPUIS L'APOGÉE DE L'ÉPICYCLE.			5. DEGRÉS DE LA LATITUDE DE LA LUNE DEPUIS LA LIMITE BORÉALE.		
Années.	Jours.	Minutes.	Secondes.	Degrés.	Minutes.	Secondes.	Degrés.	Minutes.	Secondes.	Degrés.	Minutes.	Secondes.
1	24	44	17	288	38	50	218	57	15	308	17	21
26	24	41	30	282	31	24	276	18	59	65	30	11
51	24	36	43	276	23	58	333	40	43	182	43	1
76	24	35	56	270	16	33	31	2	27	299	55	51
101	24	33	9	264	9	7	88	24	11	57	8	41
126	24	30	22	258	1	41	145	45	55	174	21	31
151	24	27	35	251	54	15	203	7	39	291	34	20
176	24	24	47	245	46	50	260	29	23	48	47	10
201	24	22	0	239	39	24	317	51	7	166	0	0
226	24	19	13	233	31	58	15	12	51	283	12	50
251	24	16	26	227	24	32	72	34	35	40	25	40
276	24	13	39	221	17	6	129	56	19	157	38	30
301	24	10	52	215	9	41	187	18	3	274	51	20
326	24	8	5	209	2	15	244	39	47	32	4	10
351	24	5	18	202	54	49	302	1	31	149	17	0
376	24	2	31	196	47	23	359	23	15	266	29	50
401	23	59	44	190	59	57	56	44	59	23	42	39
426	23	56	57	184	32	32	114	6	43	140	55	29
451	23	54	10	178	25	6	171	28	27	258	8	19
476	23	51	23	172	17	40	228	50	11	15	21	9
501	23	48	35	166	10	14	286	11	55	132	33	59
526	23	45	48	160	2	49	343	33	39	249	46	49
551	23	43	1	153	55	23	40	55	23	6	59	39
576	23	40	14	147	47	57	18	17	7	124	12	29
601	23	37	27	141	40	31	155	38	51	241	25	19
626	23	34	40	135	33	5	213	0	35	358	38	9
651	23	31	53	129	25	40	270	22	19	115	50	58
676	22	29	6	123	18	14	327	44	3	233	3	48
701	23	26	19	117	10	48	25	5	47	350	16	38
726	23	23	32	111	3	22	82	27	31	107	29	28
751	23	20	45	104	55	57	139	49	16	224	42	18
776	23	17	57	98	48	31	197	11	0	341	55	8
801	23	15	10	92	41	5	254	32	44	99	7	58
826	23	12	23	86	33	39	311	54	28	216	20	48
851	23	9	36	80	26	13	9	16	12	333	33	38
876	23	6	49	74	18	48	66	37	56	90	46	28
901	23	4	2	68	11	22	123	59	40	207	59	17
926	23	1	15	62	3	56	181	21	24	325	12	7
951	22	58	28	55	56	30	238	43	8	82	24	57
976	22	55	41	49	49	4	296	4	52	199	37	47
1001	22	52	54	43	41	39	353	26	36	316	50	37
1026	22	50	7	37	34	13	50	48	20	74	3	27
1051	22	47	20	31	26	47	108	10	4	191	16	17
1076	22	44	32	25	19	21	165	31	48	308	29	7
1101	22	41	45	19	11	56	222	53	32	65	41	57

ΠΑΝΣΕΛΗΝΩΝ ΚΑΝΟΝΙΟΝ.

Α. ΕΙΚΟΣΙΠΕΝΤΑ-ΕΤΗΡΙΔΕΣ.	Β. ΗΜΕΡΑΙ ΘΩΘ.			Γ. ΑΠΟ ΤΟΥ ΑΠΟΓΕΙΟΥ ΤΟΥ ΗΛΙΟΥ ΑΠΟΧΗΣ.			Δ. ΑΠΟ ΤΟΥ ΑΠΟΓΕΙΟΥ ΤΟΥ ΕΠΙΚΥΚΛΟΥ ΤΗΣ ΣΕΛΗΝΗΣ ΑΝΩΜΑΛΙΑΣ.			Ε. ΑΠΟ ΤΟΥ ΒΟΡΕΙΟΥ ΠΕΡΑΤΟΣ ΣΕΛΗΝΗΣ ΠΛΑΤΟΥΣ.		
Ἔτη.	Ἡμέραι.	Α.	Β.	Μοῖραι.	Α.	Β.	Μοῖραι.	Α.	Β.	Μοῖραι.	Α.	Β.
α	θ	νη	κβ	σοδ	ε	λη	κϛ	β	με	ριβ	νζ	ιε
κϛ	θ	νε	λε	σξζ	νη	ιβ	πγ	κδ	κθ	σλ	ι	ε
να	θ	νβ	μη	σξα	ν	μϛ	ρμ	μϛ	ιγ	τμζ	κβ	νε
οϛ	θ	ν	α	σνε	μγ	κα	ρϟη	ζ	νζ	ρθ	λε	με
ρα	θ	μζ	ιθ	σμθ	λε	νε	σνε	κθ	μα	σκα	μη	λε
ρκϛ	θ	μδ	κζ	σμγ	κη	κθ	τιβ	να	κε	τλθ	α	κϛ
ρνα	θ	μα	μ	σλϛ	κα	γ	ι	ιγ	θ	ϛϛ	ιθ	ιθ
ροϛ	θ	λη	νβ	σλα	ιγ	λη	ξζ	λθ	νγ	σιγ	κζ	δ
σα	θ	λϛ	ε	σκε	ϛ	ιβ	ρκδ	νϛ	λζ	τλ	λθ	νθ
σκϛ	θ	λγ	ιη	σιη	νη	μϛ	ρπβ	ιη	κα	πζ	νβ	μθ
σνα	θ	λ	λα	σιβ	να	κ	σλθ	μ	ε	σε	ε	λθ
σοϛ	θ	κζ	μδ	σϛ	μγ	νδ	αζ	α	μθ	τκβ	ιη	κδ
τα	θ	κδ	νζ	σ	λϛ	κθ	τνθ	κγ	λγ	οθ	λα	ιθ
τκϛ	θ	κβ	ι	ρϟδ	κθ	γ	να	με	ιζ	ρϟϛ	μθ	δ
τνα	θ	ιθ	κγ	ρπη	κα	λζ	ρθ	ζ	α	τιγ	νϛ	νθ
τοϛ	θ	ιϛ	λϛ	ρπβ	ιθ	ια	ρξζ	κη	με	οα	θ	μθ
υα	θ	ιγ	μθ	ροϛ	ϛ	με	σκγ	ν	κθ	ρπη	κβ	λγ
υκϛ	θ	ια	β	ρξθ	νθ	κ	σπα	ιβ	ιγ	τε	λε	κγ
υνα	θ	η	ιε	ρξγ	να	νθ	τλη	λγ	νζ	ξβ	μη	ιγ
υοϛ	θ	ε	κζ	ρνζ	μδ	κη	λε	νε	μα	ρπ	α	γ
φα	θ	β	μ	ρνα	λζ	β	ϛγ	ιϛ	κε	σϛζ	ιγ	νγ
φκϛ	η	νθ	νγ	ρμε	κθ	λζ	ρν	λθ	θ	νδ	κϛ	μγ
φνα	η	νζ	ϛ	ρλθ	κβ	ια	ση	ο	νγ	ροα	λθ	λγ
φοϛ	η	νδ	ιθ	ρλγ	ιδ	με	σξε	κβ	λζ	σπη	νβ	κγ
χα	η	να	λβ	ρκζ	ζ	ιθ	τκβ	μδ	κα	μϛ	ε	ιγ
χκϛ	η	μη	με	ρκ	νθ	νγ	κ	ϛ	ε	ρξγ	ιη	γ
χνα	η	με	νη	ριδ	νβ	κη	οϛ	κζ	μθ	σπ	λ	νβ
χοϛ	η	μγ	ια	ρπη	με	β	ρλδ	μθ	λγ	λϛ	μγ	μβ
ψα	η	μ	κδ	ρβ	λζ	λϛ	ρϟβ	ια	ιζ	ρνθ	νϛ	λβ
ψκϛ	η	λζ	λζ	ϛϛ	λ	ι	σμθ	λγ	α	σοβ	θ	κβ
ψνα	η	λδ	ν –	ϛ	κβ	με	τϛ	νδ	με	κθ	κβ	ιβ
ψοϛ	η	λβ	β	πδ	ιε	ιθ	ιϛ	ιϛ	κθ	ρμϛ	λε	κθ
ωα	η	κθ	ιε	οη	ζ	νγ	ξα	λη	ιθ	σξγ	μζ	νβ
ωκϛ	η	κϛ	κη	οβ	ο	κζ	ριη	νθ	νη	κα	δ	μβ
ωνα	η	κγ	μα	ξε	νγ	α	ροϛ	κα	μγ	ρλη	ιζ	λβ
ωοϛ	η	κ	νδ	νθ	με	λϛ	σλγ	μγ	κϛ	σνε	κϛ	κβ
Ϡα	η	ιη	ζ	νγ	λη	ι	σϟα	ε	ι	ιβ	λθ	ια
Ϡκϛ	η	ιε	κ	μζ	λ	μδ	τμη	κϛ	νδ	ρκθ	νβ	α
Ϡνα	η	ιβ	λγ	μα	κγ	ιη	με	μη	λη	σμζ	δ	να
Ϡοϛ	η	θ	με	λε	ιε	νβ	ργ	ι	κβ	δ	ιζ	μα
͵αα	η	ϛ	νθ	κθ	η	κϛ	ρξ	λβ	ϛ	ρκα	λ	λα
͵ακϛ	η	δ	ιβ	κγ	α	α	σιϛ	νγ	ν	σλη	μγ	κα
͵ανα	η	α	κε	ιϛ	νγ	λε	σοε	ιε	λδ	τνε	νϛ	ια
͵αοϛ	ζ	νη	λζ	ι	μϛ	θ	τλβ	λζ	ιη	ριγ	θ	α
͵αρα	ζ	νε	ν	δ	λη	μδ	κθ	νθ	β	σλ	κα	να

TABLE DES PLEINES LUNES.

1. ESPACES de 25 ANNÉES.	2. JOURS DU MOIS THOTH.			3. DEGRÉS DE LA DISTANCE DU SOLEIL DEPUIS L'APOGÉE.			4. DEGRÉS DE L'ANOMALIE DE LA LUNE DEPUIS L'APOGÉE DE L'ÉPICYCLE.			5. DEGRÉS DE LA LATITUDE DE LA LUNE DEPUIS LA LIMITE BORÉALE.		
Années.	Jours.	Minutes.	Secondes.	Degrés.	Minutes.	Secondes.	Degrés.	Minutes.	Secondes.	Degrés.	Minutes.	Secondes.
1	9	58	22	274	5	38	26	2	45	112	57	15
26	9	55	35	267	58	12	83	24	29	230	10	5
51	9	52	48	261	50	46	140	46	13	347	22	55
76	9	50	1	255	43	21	198	7	57	104	35	45
101	9	47	14	249	35	55	255	29	41	221	48	35
126	9	44	27	243	28	29	312	51	25	339	1	25
151	9	41	40	237	21	3	10	13	9	96	14	14
176	9	38	52	231	13	38	67	34	53	213	27	4
201	9	36	5	225	6	12	124	56	37	330	39	54
226	9	33	18	218	58	46	182	18	21	87	52	44
251	9	30	31	212	51	20	239	40	5	205	5	34
276	9	27	44	206	43	54	297	1	49	322	18	24
301	9	24	57	200	36	29	354	23	33	79	31	14
326	9	22	10	194	29	3	51	45	17	196	44	4
351	9	19	23	188	21	37	109	7	1	313	56	54
376	9	16	36	182	14	11	166	28	45	71	9	44
401	9	13	49	176	6	45	223	50	29	188	22	33
426	9	11	2	169	59	20	281	12	13	305	35	23
451	9	8	15	163	51	54	338	33	57	62	48	13
476	9	5	27	157	44	28	35	55	41	180	1	3
501	9	2	40	151	37	2	93	17	25	297	13	53
526	8	59	53	145	29	37	150	39	9	54	26	43
551	8	57	6	139	22	11	208	0	53	171	39	33
576	8	54	19	133	14	45	265	22	37	288	52	23
601	8	51	32	127	7	19	322	44	21	46	5	13
626	8	48	45	120	59	53	20	6	5	163	18	3
651	8	45	58	114	52	28	77	27	49	280	30	52
676	8	43	11	108	45	2	134	29	33	37	43	42
701	8	40	24	102	37	36	192	11	17	154	56	32
726	8	37	37	96	30	10	249	33	1	272	9	22
751	8	34	50	90	22	45	306	54	45	29	22	12
776	8	32	2	84	15	19	4	16	29	146	35	2
801	8	29	15	78	7	53	61	38	14	263	47	52
826	8	26	28	72	0	27	118	59	58	21	0	42
851	8	23	41	65	53	1	176	21	42	138	13	32
876	8	20	54	59	45	36	233	43	26	255	26	22
901	8	18	7	53	38	10	291	5	10	12	39	11
926	8	15	20	47	30	44	348	26	54	129	52	1
951	8	12	33	41	23	18	45	48	38	247	4	51
976	8	9	46	35	15	52	103	10	22	4	17	41
1001	8	6	59	29	8	27	160	32	6	121	30	31
1026	8	4	12	23	1	1	217	53	50	238	43	21
1051	8	1	25	16	53	35	275	15	34	355	56	11
1076	7	58	37	10	46	9	332	37	18	113	9	1
1101	7	55	50	4	38	44	29	59	2	230	21	51

ΕΝΙΑΥΣΙΟΙ ΕΠΟΥΣΙΑΙ ΣΥΝΟΔΟΙ ΠΑΝΣΕΛΗΝΙΑΚΑΙ.

Α. ΕΤΗ ΑΠΛΑΝΩΝ.	Β. ΗΜΕΡΑΙ ΘΩΘ.			Γ. ΑΠΟΧΗΣ ΗΛΙΟΥ.			Δ. ΑΝΩΜΑΛΙΑΣ ΣΕΛΗΝΗΣ.			Ε. ΠΛΑΤΟΥΣ ΣΕΛΗΝΗΣ.		
Ἔτη.	Ἡμέραι.	Α.	Β.	Ἡμέραι.	Α.	Β.	Μοῖραι.	Α.	Β.	Μοῖραι.	Α.	Β.
α	ιη	νγ	κβ	ιη	κβ	νθ	τλε	λζ	β	λη	μγ	δ
β	η	ει	νγ	ζ	λθ	λϛ	σπε	κε	δ	μϛ	με	νδ
γ	κϛ	θ	με	κϛ	β	λε	σξα	β	ε	πε	κη	νζ
δ	ιϛ	λα	μϛ	ιε	ιθ	ια	οι	ν	ζ	λγ	λα	μϛ
ε	ε	νγ	μθ	δ	λε	μϛ	ρξ	θ	θ	ρα	λθ	λϛ
ϛ	κθ	μϛ	μ	κβ	νη	μϛ	ρλϛ	ιε	ια	ρμ	ιϛ	μα
ζ	ιθ	θ	μβ	ιβ	ιε	κγ	πϛ	γ	ιβ	ρμη	κ	α
η	γ	λα	μθ	α	λα	νθ	λε	να	ιθ	ρνϛ	κγ	κ
θ	κβ	κε	λϛ	ιθ	νδ	νθ	ια	κη	ιϛ	ρξε	ϛ	κθ
ι	ια	μζ	λζ	θ	ια	λε	τκα	ιϛ	ιη	σγ	θ	ιθ
ια	α	θ	λθ	τνη	κη	ια	σοα	δ	ιθ	σιχ	κβ	γ
ιβ	κ	γ	λα	ιϛ	να	ε	σμϛ	μα	κα	σμθ	νε	ζ
ιγ	θ	κε	λγ	ϛ	ζ	μϛ	ρμϛ	κθ	κγ	σνϛ	νϛ	νζ
ιδ	κη	ιθ	κθ	κθ	λ	μϛ	ροβ	ϛ	κε	σϛϛ	μα	α
ιε	ιζ	μα	κϛ	ιγ	μϛ	κβ	ρκα	νθ	κϛ	σπδ	μγ	ν
ιϛ	ζ	γ	κη	γ	γ	νθ	οα	μβ	κη	τιβ	μϛ	μ
ιζ	κε	νζ	ιθ	κα	κϛ	νη	μϛ	ιθ	λβ	τνα	κθ	μθ
ιη	ιε	ιθ	κα	ι	μγ	ιδ	τνϛ	ζ	λβ	τνθ	λβ	λθ
ιθ	δ	μα	κγ	ō	ō	ι	τϛ	νε	λγ	ζ	λε	κγ
κ	κγ	λε	ιθ	ιη	κγ	ια	σπβ	λβ	λε	μϛ	ιη	κϛ
κα	ιβ	νζ	ιϛ	ζ	λθ	μϛ	σλβ	κ	λϛ	ρδ	κα	ιϛ
κβ	β	ιθ	ιη	σχϛ	νϛ	κβ	ρπβ	η	λθ	ξβ	κδ	ϛ
κγ	κα	ιγ	θ	ιε	ιγ	κβ	ρνϛ	με	μα	ρα	ζ	ι
κδ	ι	λε	ιε	δ	λε	δ	ρϛ	λγ	μβ	ρθ	ι	ō

Ἡλίου ὅροι ἀπὸ ξδ ιθ΄ ἕως ρα κβ΄
Καὶ ἀπὸ σνη λη΄ ἕως σζ μα΄
Σελήνης ὅροι ἀπὸ οδ μη΄ ἕως ρε ιβ΄ } Καθ' ὁμαλὰς παρόδους.
Καὶ ἀπὸ σνδ μη΄ ἕως σπε ιβ΄

Α. ΜΗΝΕΣ.	Β. ΗΜΕΡΑΙ.			Γ. ΕΠΟΧΗΣ ΗΛΙΟΥ.			Δ. ΑΝΩΜΑΛΙΑΣ.			Ε. ΠΛΑΤΟΥΣ.		
Μῆνες.	Ἡμέραι.	Α.	Β.	Μοῖραι.	Α.	Β.	Μοῖραι.	Α.	Β.	Μοῖραι.	Α.	Β.
α	κθ	λα	ν	κθ	ϛ	κγ	κε	μθ	ō	λ	μ	ιδ
β	νθ	γ	μ	νη	ιβ	μϛ	να	λη	ō	ξα	κ	κθ
γ	πη	λε	λ	πξ	ιθ	θ	οϛ	κζ	ō	ϟβ	ō	μβ
δ	ριη	ζ	κα	ριϛ	κε	λβ	ργ	ιϛ	α	ρκβ	μ	νζ
ε	ρμζ	λθ	ια	ρμε	λα	νε	ρκθ	ε	α	ρνγ	κα	ια
ϛ	ροζ	ια	α	ροθ	λη	ιη	ρνδ	νδ	α	ρπδ	α	κε
ζ	σϛ	μβ	να	σογ	μδ	μα	ρπ	μγ	α	σιθ	μα	λθ
η	σλϛ	ιδ	μα	σλβ	να	δ	σϛ	λβ	α	σμε	κα	νγ
θ	σξε	μϛ	λα	σξα	νζ	κζ	σλα	κα	α	σος	β	ζ
ι	σϟε	ιη	κα	σϟα	γ	να	σνη	ι	α	τϛ	μβ	κα
ια	τκδ	ν	ια	τκ	ι	ιγ	σπγ	νθ	α	τλζ	κβ	λϛ
ιβ	τνδ	κβ	β	τμθ	ιϛ	λϛ	τθ	μη	β	η	β	ν

MOUVEMENS ANNUELS POUR LES CONJONCTIONS ET LES OPPOSITIONS.

1. ANNÉES SIMPLES.	2. JOURS DE THOTH.			3. DISTANCE DU SOLEIL.			4. ANOMALIE DE LA LUNE.			5. LATITUDE DE LA LUNE.		
Années.	Jours.	Minutes.	Secondes.	Degrés.	Minutes.	Secondes.	Degrés.	Minutes.	Secondes.	Degrés.	Minutes.	Secondes.
1	18	53	52	18	22	59	335	37	2	38	43	4
2	8	15	53	7	39	36	285	25	4	46	45	54
3	27	9	45	26	2	35	261	2	5	85	28	57
4	16	31	47	15	19	11	210	50	7	93	31	47
5	5	53	49	4	35	47	160	38	9	101	34	37
6	24	47	40	22	58	47	136	15	11	140	17	41
7	14	9	42	12	15	23	86	3	12	148	20	1
8	3	31	44	1	31	59	35	51	14	156	23	20
9	22	25	36	19	54	59	11	28	16	195	6	24
10	11	47	37	9	11	35	321	16	18	203	9	14
11	1	9	39	358	28	11	271	4	19	211	12	3
12	20	3	31	16	51	10	246	41	21	249	55	7
13	9	25	33	6	7	47	196	29	23	257	57	57
14	28	19	24	24	30	46	172	6	25	296	41	1
15	17	41	26	13	47	22	121	54	26	304	43	50
16	7	3	28	3	3	59	71	42	28	312	46	40
17	25	57	19	21	26	58	47	19	30	351	29	44
18	15	19	21	10	43	34	357	7	32	359	32	34
19	4	41	23	0	0	10	306	55	33	7	35	23
20	23	35	14	18	23	10	282	32	35	46	18	27
21	12	57	16	7	39	46	232	20	37	54	21	17
22	2	19	18	356	56	22	182	8	39	62	24	7
23	21	13	9	15	19	22	157	45	41	101	7	10
24	10	35	11	4	35	58	107	33	42	109	10	0

Limites du soleil depuis 69 degrés 19 minutes jusqu'à 101 degrés 22 minutes,　⎫
　　　　et... depuis 258　38　jusqu'à 290　41　　　　　　　　⎬ En mouvemens moyens.
Limites de la lune depuis 74　48　jusqu'à 105　12　　　　　　⎭
　　　　et... depuis 254　48　jusqu'à 285　12

1. MOIS.	2. JOURS.			3. LIEU DU SOLEIL.			4. ANOMALIE.			5. LATITUDE.		
Mois.	Jours.	Minutes.	Secondes.	Degrés.	Minutes.	Secondes.	Degrés.	Minutes.	Secondes.	Degrés.	Minutes.	Secondes.
1	29	31	50	29	6	23	25	49	0	30	40	14
2	59	3	40	58	12	46	51	38	0	61	20	28
3	88	35	30	87	19	9	77	27	0	92	0	42
4	118	7	21	116	25	32	103	16	1	122	40	57
5	147	39	11	145	31	55	129	5	1	153	21	11
6	177	11	1	174	38	18	154	54	1	184	1	25
7	206	42	51	203	44	41	180	43	1	214	41	39
8	236	14	41	232	51	4	206	32	1	245	21	53
9	265	46	31	261	57	27	232	21	1	276	2	7
10	295	18	21	291	3	50	258	10	1	306	42	21
11	324	50	12	320	10	13	283	59	2	337	22	36
12	354	22	2	349	16	36	309	48	2	8	2	50

CHAPITRE IV.

ΚΕΦΑΛΑΙΟΝ Δ.

USAGE DE LA TABLE PRÉCÉDENTE POUR
TROUVER LES SYZYGIES PÉRIODIQUES
ET LES VRAIES.

ΠΩΣ ΔΕΙ ΤΑΣ ΤΕ ΠΕΡΙΟΔΙΚΑΣ ΚΑΙ ΤΑΣ ΑΚΡΙΒΕΙΣ
ΣΥΖΥΓΙΑΣ ΕΠΙΣΚΕΠΤΕΣΘΑΙ.

Sι nous nous proposons de prendre pour quelqu'une des années demandées, les syzygies d'après le mouvement moyen, comptons d'abord le nombre dont cette année est postérieure à la première de *Nabonassar* ; cherchons à quelle ligne est ce nombre des années dans la colonne des 25 années, qui est la première des deux premières tables, et dans celle des années simples de la troisième ; et prenant dans les colonnes suivantes les quantités pour ce nombre, nous ajouterons ensemble celles de la première table, et celles de la troisième pour les conjonctions; et pareillement celles de la seconde et de la troisième pour les pleines lunes. La somme des nombres de la seconde colonne nous donnera le temps de la syzygie depuis le commencement de cette année. Par exemple, si l'on a pour somme 24 44′ jours, il sera à 44 soixantièmes après midi du 24e jour de Thoth ; mais si l'on a 34 44′, il sera à autant de soixantièmes après midi du 4e jour de Phaophi. Les nombres de la 3e colonne nous donneront les degrés parcourus par le soleil depuis son apogée ; ceux de la 4e les degrés de l'anomalie de la lune depuis l'apogée ; et ceux de la 5e, les degrés de

ΟΤΑΝ οὖν προαιρώμεθα κατά τινα τῶν ἐπιζητουμένων ἐνιαυτῶν τὰς μέσως θεωρουμένας συζυγίας λαβεῖν, λογισάμενοι πόσον ἐςὶ τὸ ὑποκείμενον ἔτος ἀπὸ τοῦ πρώτου ἔτους Ναβονασσάρου, καὶ σκεψάμενοι ποῖοι τὸν ἀριθμὸν τῶν ἐτῶν ςίχοι περιέχουσιν, ἔκτε τῶν ἐν ὁποτέρῳ τῶν πρώτων δύο κανονίων εἰκοσιπενταετηρίδων, καὶ ἐκ τῶν κατὰ τὸ τρίτον κανόνιον ἐνιαυσίων, τὰ παρακείμενα τοῖς ςίχοις ἀμφοτέροις ἐν τοῖς ἑξῆς σελιδίοις ἐπισυνθήσομεν οἰκείως, ἐπὶ μὲν τῶν συνοδικῶν συζυγιῶν, τὰ ἐκ τοῦ πρώτου κανόνος καὶ τὰ ἐκ τοῦ τρίτου· ἐπὶ δὲ τῶν πανσεληνιακῶν τὰ ἐκ τοῦ δευτέρου καὶ τὰ ἐκ τοῦ τρίτου ὁμοίως. Καὶ ἐκ μὲν τῶν κατὰ τὸ δεύτερον σελίδιον συντεθειμένων, ἕξομεν τὸν ἀπὸ τῆς ἀρχῆς ἐκείνου τοῦ ἔτους τῆς συζυγίας χρόνον· οἷον ἐὰν συναχθῶσιν ἡμέραι κδ̅ μδ̅΄ μετὰ μδ̅ ἑξηκοςὰ τῆς ἐν τῇ κδ̅ τοῦ Θὼθ μεσημβρίας· καὶ πάλιν ἐὰν λδ̅ μδ̅΄, μετὰ τὰ ἴσα ἑξηκοςὰ τῆς ἐν τῇ δ̅ τοῦ Φαωφὶ μεσημβρίας. Ἐκ δὲ τῶν κατὰ τὸ τρίτον τὰς ἀπὸ τοῦ ἀπογείου τοῦ ἡλίου μοίρας, ἐκ δὲ τῶν κατὰ τὸ τέταρτον τὰς ἀπὸ τοῦ ἀπογείου τῆς ἀνωμαλίας τῆς σελήνης, ἐκ δὲ τῶν κατὰ τὸ πέμπτον τὰς ἀπὸ τοῦ βορείου πέρατος τοῦ πλάτους, καὶ τὰς

ἐφεξῆς δὲ ἀκολούθως, ἐάν τε πάσας, ἐάν τέ τινας λαμβάνειν προαιρώμεθα, διὰ τῶν ἐν τῷ μηνιαίῳ καὶ τετάρτῳ κανονίῳ κατὰ τὸ οἰκεῖον ἐπισυνθέσεων ἐξ ἑτοίμου συνεπιλογιούμεθα, μεταφερομένων ἐφ᾽ ἑκάςου τῶν χρόνων διὰ τὸ εὔχρηςον τῶν τῆς ἡμέρας ἑξηκοςῶν εἰς ὥρας ἰσημερινάς. Ἔςαι μέντοι ἡ συνηγμένη τῶν ὡρῶν ἐπουσία ὡς τῶν νυχθημέρων ὁμαλῶν ὄντων, μὴ ταύτης οὔσης ἀεὶ τῆς καιρικῶς καταλαμβανομένης, ἀλλὰ τῆς ὡς ἀνωμάλων γινομένων τῶν νυχθημέρων. Διορθωσόμεθα οὖν καὶ τὸ τοιοῦτον, ἐξετάζοντες ὡς ὑποδέδεικται, τὸ παρὰ τοῦτο διάφορον· καὶ ἐὰν μὲν μείζων ᾖ ἡ πρὸς τὴν ἀνώμαλον διάςασιν ἐπουσία τῶν χρόνων, ἀφαιροῦντες αὐτὸ ἀπὸ τῆς ὁμαλῶς συνηγμένης· ἐὰν δὲ ἐλάσσων, προστιθέντες αὐτῇ.

Ληφθέντος δὴ τὸν τρόπον τοῦτον τοῦ πρὸς τὰς μέσας παρόδους θεωρουμένου συνοδικοῦ ἢ πανσεληνιακοῦ χρόνου, καὶ τῶν κατ᾽ αὐτὸν ἀνωμαλιῶν ἐφ᾽ ἑκατέρου τῶν φώτων, εὐμεταχείριςος ἔςαι καὶ ὁ τῆς ἀκριβοῦς συζυγίας χρόνος τε καὶ τόπος, καὶ ἔτι ἡ κατὰ πλάτος τῆς σελήνης πάροδος, ἐκ τῆς συγκρίσεως ἀμφοτέρων τῶν ἀνωμαλιῶν. Καθ᾽ ἑκατέραν γὰρ αὐτῶν ἐπισκεψάμενοι τὴν ἐν τῷ ἐκκειμένῳ περιοδικῷ χρόνῳ, διὰ τῆς εὑρισκομένης προσθαφαιρέσεως, ἀκριβῆ πάροδον ἡλίου τε καὶ σελήνης καὶ πλάτους, ἐὰν μὲν καὶ οὕτως ἰσόμοιροι ἢ διάμετροι εὑρίσκωνται, τὸν αὐτὸν ἕξομεν χρόνον καὶ τῆς ἀκριβοῦς

la latitude depuis la limite boréale; et conséquemment, les degrés suivans, soit que nous les voulions prendre tous, ou que nous n'en voulions prendre que quelques-uns, se calculeront bientôt par les nombres de la quatrième table, qui est celle des mois, en transformant, pour chaque temps et pour plus de facilité, les soixantièmes du jour en heures équinoxiales; et alors la somme des heures sera une somme d'heures des nychthémères égaux; car l'heure (a) temporaire n'est pas toujours la même, tandis que celle des nychthémères est toujours égale. Nous ferons la correction, en cherchant la différence, comme nous l'avons déjà expliqué, c'est-à-dire, en retranchant l'excès, si le nombre qui exprime les heures temporaires, est plus grand; mais en l'ajoutant, s'il est plus petit.

Après avoir pris ainsi en mouvemens moyens le temps de la conjonction et celui de l'opposition, ainsi que les anomalies de l'un et de l'autre astre, le lieu et le temps de la syzygie vraie sera facile à avoir, ainsi que le mouvement de la lune en latitude, par la comparaison des deux anomalies. Car après avoir cherché pour le temps périodique, d'après l'une et l'autre, en employant la prostaphérèse trouvée, le mouvement vrai du soleil, de la lune et de la latitude, si nous trouvons ces deux astres en conjonction dans le même point, ou diamétralement opposés, ce sera le temps

I.

de la syzygie vraie; mais si nous ne les
y trouvons plus, alors prenant les degrés
de leur distance, et y ajoutant leur douzième (*b*) qui est la quantité du mouvement du soleil, nous chercherons en
combien d'heures équinoxiales la lune
parcourra, par son mouvement inégal
et vrai, ce même nombre de degrés;
et si véritablement la lune est moins
avancée que le soleil, nous ajouterons
ces heures au temps périodique; mais
si elle est plus avancée, nous les en
retrancherons. Nous ajouterons encore
les degrés de la distance des deux astres,
avec le douzième du nombre de ces degrés, au lieu vrai de la lune, s'il est
moins avancé que celui du soleil; mais
s'il est plus avancé, nous l'en retrancherons, et nous aurons le temps de la syzygie vraie en longitude et en latitude,
ainsi que le lieu vrai de la lune dans
son orbite inclinée, à peu de chose près.

Voici comment on prend le mouvement horaire inégal de la lune dans
l'une et l'autre syzygie : portant le
nombre des degrés de l'anomalie de la
lune, qui appartiennent au temps en
question dans la table de l'anomalie, nous
tirerons de la différence des prostaphérèses qui sont marquées à côté, la différence qui convient à une partie de
l'anomalie; et la multipliant par le mouvement horaire moyen de l'anomalie,

συζυγίας· ἐὰν δὲ μὴ, λαβόντες τὰς τῆς διαστάσεως αὐτῶν μοίρας, καὶ προσθέντες αὐταῖς τὸ δωδέκατον αὐτῶν, ἀνθ' οὗ ὁ ἥλιος
ἔγγιστα ἐπικινεῖται, σκεψόμεθα ἐν πόσαις
ὥραις ἰσημεριναῖς ἡ σελήνη τὰς τοσαύτας μοίρας, τότε ἀνωμάλως κινηθήσεται
καὶ τὰς γινομένας ὥρας, ἐὰν μὲν ἐλάσσων ᾖ ἡ ἀκριβὴς τῆς σελήνης πάροδος
τῆς τοῦ ἡλίου, προσθήσομεν τῷ χρόνῳ τῷ
περιοδικῷ, ἐὰν δὲ πλείων, ἀφελοῦμεν ἀπ'
αὐτοῦ. Ὡσαύτως δὲ καὶ αὐτὰς τὰς τῆς
διαστάσεως αὐτῶν μοίρας μετὰ τοῦ δωδεκάτου πάλιν αὐτῶν, ἐὰν μὲν ἐλάσσων
ᾖ ἡ κατὰ τὸν περιοδικὸν χρόνον ἀκριβὴς
πάροδος τῆς σελήνης τῆς ἡλιακῆς, προσθέντες αὐτῇ· ἐὰν δὲ πλείων, ἀφελόντες
ἀπ' αὐτῆς, κατά τε τὸ μῆκος καὶ πλάτος τόν τε τῆς ἀκριβοῦς συζυγίας χρόνον
ἕξομεν, καὶ τὴν ἐπὶ τοῦ λοξοῦ κύκλου
τῆς σελήνης ἀκριβῆ πάροδον ἔγγιστα.

Λαμβάνεται μέν τοι ἑκάστοτε τὸ κατὰ
τὰς συζυγίας τῆς σελήνης ὡριαῖον ἀνώμαλον κίνημα τὸν τρόπον τοῦτον· εἰσφέ-
ροντες γὰρ τὸν κατὰ τὸν ὑποκείμενον
χρόνον τῶν τῆς ἀνωμαλίας μοιρῶν ἀριθμὸν εἰς τὸ τῆς ἀνωμαλίας τῆς σελήνης
κανόνιον, ληψόμεθα ἐκ τῆς τῶν παρακειμένων αὐτῷ προσθαφαιρέσεων ὑπεροχῆς τὴν ἐπιβάλλουσαν διαφορὰν τῷ ἐν
τῆς ἀνωμαλίας τμήματι, καὶ πολυπλασιάσαντες αὐτὴν ἐπὶ τὸ ὡριαῖον τῆς ἀνωμαλίας μέσον κίνημα, τὰ ō λβ′ μ″ τὰ

γενόμενα, ἐὰν μὲν ὁ τῆς ἀνωμαλίας ἀριθμὸς ἐν τοῖς ἐπάνω τῆς μεγίστης προσθαφαιρέσεως ςίχοις ᾖ, ἀφελοῦμεν ἀπὸ τοῦ κατὰ μῆκος ὡριαίου μέσου κινήματος τῶν ο λβ΄ ιϛ΄΄· ἐὰν δὲ ἐν τοῖς ὑποκάτω, προσθήσομεν τοῖς αὐτοῖς, καὶ τὰ γενόμενα ἕξομεν ἃ τότε ἡ σελήνη κατὰ μῆκος ἀνωμάλως κινηθήσεται, ἐν τῇ μιᾷ ὥρᾳ ἰσημερινῇ.

Ὁ μὲν οὖν ἐν Ἀλεξανδρείᾳ γινόμενος χρόνος τῶν ἀκριβῶν συζυγιῶν οὕτως ἡμῖν μεθοδευθήσεται, διὰ τὸ καὶ τὰς ἐποχὰς ἁπάσας πρὸς τὸν δι᾽ Ἀλεξανδρείας μεσημβρινὸν τὴν τῶν ὡριαίων χρόνων σύςασιν εἰληφέναι. Ῥᾴδιον δὲ ἀπὸ τῶν ἐν Ἀλεξανδρείᾳ χρόνων καὶ τοὺς ἐν ὁποιῳδήποτε κλίματι γενησομένους τῆς αὐτῆς συζυγίας εὑρίσκειν, δοθέντος τοῦ κατ᾽ αὐτὴν πλήθους τῶν ἰσημερινῶν ὡρῶν τῆς ἀπὸ τοῦ μεσημβρινοῦ ἀποχῆς. Ἀπὸ γὰρ τῆς τῶν οἰκήσεων διαφορᾶς σκεψάμενοι τὸν διὰ τῆς ἐπιζητουμένης χώρας μεσημβρινὸν, πόσαις μοίραις διαφέρει τοῦ δι᾽ Ἀλεξανδρείας, ἐὰν μὲν ὁ διὰ τῆς ἐπιζητουμένης χώρας μεσημβρινὸς ἀπ᾽ ἀνατολῶν ᾖ τοῦ δι᾽ Ἀλεξανδρείας, τοσούτοις χρόνοις ὕςερον ἐκεῖ δόξει τετηρῆσθαι τὸ φαινόμενον· ἐὰν δὲ ἀπὸ δυσμῶν, πρότερον τοῖς αὐτοῖς, τῶν δεκαπέντε χρόνων πάλιν μίαν δηλονότι ποιούντων ὥραν ἰσημερινήν.

c'est-à-dire par o^p 32′ 40″, si le nombre de l'anomalie tombe dans les lignes au-dessus de la plus grande prostaphérèse, nous retrancherons le produit, du mouvement horaire moyen o^p 32′ 56″ en longitude; mais s'il tombe au-dessous, nous l'y ajouterons, et nous aurons la quantité dont alors la lune se meut inégalement en longitude, en une heure équinoxiale.

Nous chercherons de cette manière à Alexandrie le temps des syzygies vraies, parceque nous avons déterminé tous les mouvemens et les temps horaires relativement au méridien de cette ville. Il sera donc facile de trouver par les temps où une syzygie se voit à Alexandrie, ceux où elle paroît dans tout autre climat, étant donné, pour les connoître, le nombre des heures équinoxiales de la distance de ce méridien. Car, en comptant suivant la différence des lieux d'où l'on observe, de combien de degrés le méridien du lieu pour lequel on cherche, est distant de celui d'Alexandrie, le phénomène paroîtra arriver d'autant plus tard dans ce lieu qu'à Alexandrie, si ce lieu est plus oriental qu'Alexandrie; et d'autant plus tôt, s'il est plus occidental, à raison de 15 temps par heure équinoxiale.

CHAPITRE V.

DES LIMITES DES ÉCLIPSES DE SOLEIL
ET DE LUNE.

J'AJOUTERAI à ce qui précède, la manière de fixer les limites éntre lesquelles
le soleil et la lune peuvent se rencontrer,
de manière à produire une éclipse. Ainsi,
sans entreprendre de calculer toutes les
syzygies périodiques, mais seulement
celles qui peuvent tomber dans les points
où se font les éclipses, nous les déterminerons aisément par le mouvement
moyen de la lune en latitude, propre à
chacune des syzygies périodiques.

Nous avons démontré, dans le livre
précédent, que le diamètre de la lune
soutend un arc de 31 20′ soixantièmes
d'un degré de la circonférence du grand
cercle décrit, dans le plus grand éloignement de cet astre, autour du centre du
zodiaque, suivant le calcul que nous en
avons fait au moyen de deux éclipses
arrivées dans l'apogée de son épicycle.
Maintenant, puisque nous nous proposons de prendre les plus grandes limites
des syzygies écliptiques, et qu'elles ont
lieu lorsque la lune est dans le périgée
de son épicycle, nous démontrerons encore par deux éclipses observées dans
le périgée, quel arc le diamètre de la
lune y soutend pareillement, car il est
toujours plus sûr de se servir, pour

ΚΕΦΑΛΑΙΟΝ Ε.

ΠΕΡΙ ΤΩΝ ΕΚΛΕΙΠΤΙΚΩΝ ΟΡΩΝ ΗΛΙΟΥ ΚΑΙ
ΣΕΛΗΝΗΣ.

ΤΟΥΤΩΝ δ᾽ οὕτως ἐφωδευμένων,
ἀκόλουθον ἂν εἴη προσθεῖναι τὰ συντεί-
νοντα πρὸς τοὺς ἐκλειπτικοὺς ὅρους τῶν
τε τοῦ ἡλίου καὶ τῶν τῆς σελήνης ἐπι-
προσθήσεων, ἵνα κἂν μὴ πάσας τὰς
περιοδικὰς συζυγίας ἐπιλογίζεσθαι προαιρώμεθα, μόνας δὲ τὰς δυναμένας εἰς
τὰς ἐκλειπτικὰς ἐπισημασίας ἐμπεσεῖν,
πρόχειρος ἡμῖν ἡ τοιαύτη γίνηται διάκρισις, ἐκ τῆς παρακειμένης ἑκάστης τῶν
περιοδικῶν συζυγιῶν μέσης κατὰ πλάτος παρόδου τῆς σελήνης.

Ἐν μὲν οὖν τῷ πρὸ τούτου συντάγ-
ματι δεδείχαμεν, ὅτι τῆς σελήνης ἡ διάμετρος ὑποτείνει περιφέρειαν τοῦ κατὰ
τὸ μέγιστον αὐτῆς ἀπόστημα γραφομένου
περὶ τὸ κέντρον τοῦ ζωδιακοῦ μεγίστου
κύκλου, μιᾶς μοίρας ἑξηκοστῶν λᾱ κ΄,
διὰ δύο ἐκλείψεων γεγενημένων περὶ
τὸ ἀπόγειον αὐτῆς τοῦ ἐπικύκλου τὸ
τοιοῦτον ἐπιλογισάμενοι. Καὶ νῦν δ᾽
ἐπεὶ τοὺς μεγίστους τῶν ἐκλειπτικῶν
συζυγιῶν ὅρους προαιρούμεθα λαβεῖν,
οὗτοι δ᾽ εἰσὶν οἱ γινόμενοι, τῆς σελήνης
περὶ τὸ περιγειότατον οὔσης τοῦ ἐπικύκλου, δείξομεν διὰ δύο πάλιν τῶν
περὶ τὸ περίγειον τετηρημένων ἐκλεί-ψεων,
ἐπειδὴ διὰ τῶν φαινομένων αὐτῶν ἀσφα-
λέστερον ἂν εἴη τὰ τοιαῦτα δεικνύειν,

πηλίκην καὶ ἐνταῦθα περιφέρειαν ὁμοίως ἡ τῆς σελήνης διάμετρος ἀπολαμβάνει.

Τῷ τοίνυν ζ⁹ ἔτει Φιλομήτορος, ὅ ἐςι φοδ̄ᵒ" ἀπὸ Ναβονασσάρου, κατ᾽ Αἰγυπτίους φαμενὼθ κζ̄ εἰς τὴν κη̄, ἀπὸ ὥρας η̄ ἀρχομένης ἕως ῑ ληγούσης, ἐν Ἀλεξανδρείᾳ ἐξέλιπεν ἡ σελήνη τὸ πλεῖςον ἀπ᾽ ἄρκτων δακτύλους ζ̄. Ἐπεὶ οὖν ὁ μέσος χρόνος γέγονε μετὰ β̄ ϛ´´ ὥρας καιρικὰς τοῦ μεσονυκτίου, αἳ ἦσαν ἰσημεριναὶ β̄ γ´´, διὰ τὸ τὸν ἥλιον ἀκριβῶς ἐπέχειν ταύρου μοίρας ϛ̄ δ´· καὶ συνάγεται ὁ ἀπὸ τῆς ἐποχῆς χρόνος μέχρι τοῦ μέσου τῆς ἐκλείψεως ἐτῶν Αἰγυπτιακῶν φογ καὶ ἡμερῶν σϛ̄ καὶ ὡρῶν ἰσημερινῶν ἁπλῶς μὲν ιδ̄ γ´´, πρὸς δὲ τὰ ὁμαλὰ νυχθήμερα ιδ̄ μόνων· καθ᾽ ὃν χρόνον τὸ κέντρον τῆς σελήνης μέσως μὲν ἐπεῖχε σκορπίου μοίρας ζ̄ μθ´, ἀκριβῶς δὲ μοίρας ϛ̄ ιϛ´, καὶ ἀπὸ μὲν τοῦ ἀπογείου τοῦ ἐπικύκλου μοίρας ρξ (γ̄) μ´, ἀπὸ δὲ τοῦ βορείου πέρατος τοῦ λοξοῦ κύκλου μοίρας ϙη̄ κ´· φανερὸν ὅτι ὅταν η̄ κ´ μοίρας ἀφεςήκῃ τῶν συνδέσμων τὸ κέντρον τῆς σελήνης ἐπὶ τοῦ λοξοῦ κύκλου, περὶ τὸ ἐλάχιςον οὔσης ἀπόςημα, καὶ ἣ ἐπὶ τοῦ γραφομένου δι᾽ αὐτοῦ πρὸς ὀρθὰς τῷ λοξῷ κύκλῳ μεγίςου κύκλου τὸ κέντρον τῆς σκιᾶς, καθ᾽ ἣν πάροδον αἱ μέγιςαι τῶν ἐπισκοτήσεων ἀποτελοῦνται, τὸ ϛ´´ καὶ δωδέκατον αὐτῆς εἰς τὴν σκιὰν ἐμπίπτει τῆς διαμέτρου.

ces démonstrations, des phénomènes mêmes.

La septième (a) année, donc, de Ptolémée Philometor, qui est la 574ᵉ de l'ère de Nabonassar, depuis le commencement de la huitième heure jusqu'à la fin de la dixième, du 27 au 28 du mois Phamenoth des Égyptiens, on vit à Alexandrie la lune s'éclipser de sept doigts en tout, depuis le bord boréal. Le milieu (ou la moitié du temps) de l'éclipse coïncidoit à $2\frac{1}{2}$ heures temporaires après minuit, (b) qui étoient $2\frac{1}{3}$ heures équinoxiales, parceque, par son mouvement, le soleil vrai étoit sur 6 degrés 4' du taureau. Le temps depuis l'époque jusqu'au milieu de l'éclipse est de 573 années égyptiennes, 206 jours et $14\frac{1}{3}$ heures équinoxiales simplement, mais de 14 heures seulement en nychthémères égaux. Or au bout de ce temps, le centre de la lune, par son mouvement moyen, occupoit les 7ᵈ 49' du scorpion, mais par son mouvement vrai les 6ᵈ 16', ou les (160ᵈ) 163ᵈ 40' (c) depuis l'apogée de l'épicycle, et les 98ᵈ 20' sur son orbite inclinée, depuis la limite boréale. Il est évident que le centre de la lune dans l'orbite inclinée étant à 8 degrés 20', loin des nœuds, dans sa moindre distance et le centre de l'ombre étant dans le grand cercle qui passe par le centre de la lune perpendiculairement à l'orbite, la plus grande phase de l'éclipse est de la moitié et du douzième du diamètre qui étoient plongés dans l'ombre.

*

Ensuite, la 37ᵉ année de la 3ᵉ période de Calippe, qui est la 607ᵉ de l'ère de Nabonassar au commencement de la 5ᵉ heure (d) pour Rhodes dans la nuit du 2 au 3 du mois égyptien Tybi, la lune commença à s'éclipser de trois doigts en tout depuis son bord méridional. Or puisqu'ici l'éclipse a commencé à 2 heures temporaires avant minuit, qui faisoient 2 heures 20′ équinoxiales à Rhodes et à Alexandrie, le soleil étant alors réellement sur 5 degrés 8′ du verseau; le milieu de la durée de l'éclipse, ou le moment de la plus grande phase, fut à 1 ½ ¼ heure équinoxiale avant minuit à très-peu près. Le temps écoulé depuis l'époque jusqu'au milieu de l'éclipse, contient 606 années égyptiennes, 121 jours, et 10ʰ 6′ tant équinoxiales qu'en nychthémères moyens. Et au bout de ce temps, le centre de la lune étoit par son mouvement moyen sur les 5ᵈ 16′ du lion, et par son mouvement vrai sur les 5ᵈ 8′, à 178ᵈ 46′ de l'apogée de l'épicycle, et à (2) 80ᵈ 36′ (e) depuis la limite boréale, sur l'orbite inclinée. Il en résulte clairement que, quand le centre de la lune est à 10ᵈ 36′ loin des nœuds, lorsqu'elle est dans sa moindre distance sur son orbite inclinée, le centre de l'ombre étant dans l'intersection même de l'écliptique et du grand cercle qui passe par le centre de la lune à angles droits sur l'écliptique, alors le quart du diamètre de la lune est dans l'ombre.

Or quand le centre de la lune est à 8ᵈ 3′ loin des nœuds dans son orbite

Πάλιν δὴ τῷ λζ᾽ ἔτει τῆς τρίτης κατὰ Κάλιππον περιόδου, ὅ ἐϛιν χζ ἀπὸ Ναϐο-νασσάρου, κατ᾽ Αἰγυπτίους Τυϐὶ β εἰς τὴν γ, ὥρας ε ἀρχομένης, ἐν Ρόδῳ ἤρξατο ἐκλείπειν ἡ σελήνη καὶ ἐπεσκοτήθη τὸ πλεῖϛον ἀπὸ νότου δακτύλους γ. Ἐπεὶ οὖν πάλιν καὶ ἐνταῦθα ἡ μὲν ἀρχὴ τῆς ἐκλείψεως γέγονε πρὸ δύο ὡρῶν καιρικῶν τοῦ μεσονυκτίου, αἳ ἦσαν ἰσημεριναὶ ἐν Ρόδῳ τε καὶ ἐν Ἀλεξανδρείᾳ β ″, διὰ τὸ τὸν ἥλιον ἐπέχειν ἀκριϐῶς ὑδροχόου μοίρας ε η᾽, ὁ δὲ μέσος χρόνος ἐν ᾧ τὸ πλεῖϛον ἐπεσκοτήθη πρὸ ᾱ ϛ᾽ γ᾽ ἔγγιϛα ὥρας ἰσημερινῆς τοῦ μεσονυκτίου· καὶ συν-άγεται ὁ ἀπὸ τῆς ἐποχῆς μέχρι τοῦ μέσου τῆς ἐκλείψεως χρόνος ἐτῶν Αἰγυπ-τιακῶν χϛ καὶ ἡμερῶν ρκα καὶ ὡρῶν ἰση-μερινῶν ἁπλῶς τε καὶ πρὸς τὰ ὁμαλὰ νυχθήμερα ῑ καὶ ϛ᾽. καθ᾽ ὃν χρόνον τὸ κέντρον τῆς σελήνης μέσως μὲν ἐπεῖχε λέοντος μοίρας ε ιϛ᾽, ἀκριϐῶς δὲ ε η᾽. καὶ ἀπὸ μὲν τοῦ ἀπογείου τοῦ ἐπικύκλου μοίρας ροη μϛ᾽, ἀπὸ δὲ τοῦ βορείου πέ-ρατος ἐπὶ τοῦ λοξοῦ κύκλου μοίρας (σ)π λϛ᾽. φανερὸν καὶ ἐντεῦθεν ὅτι, ὅταν ῑ λϛ᾽ μοίρας ἀφεϛήκῃ τῶν συνδέσμων τὸ κέν-τρον τῆς σελήνης, ἐπὶ τοῦ λοξοῦ κύκλου περὶ τὸ αὐτὸ ἐλάχιϛον οὔσης ἀπόϛημα, τοῦ κέντρου τῆς σκιᾶς τὴν κοινὴν τομὴν ἐπέχοντος, τοῦ τε διὰ μέσων καὶ τοῦ διὰ τοῦ κέντρου τῆς σελήνης πρὸς ὀρθὰς τῷ λοξῷ γραφομένου μεγίϛου κύκλου, τότε τὸ τέταρτον μέρος εἰς τὴν σκιὰν ἐμπε-σεῖται τῆς σεληνιακῆς διαμέτρου.

Ἀλλ᾽ ἐὰν μὲν η καὶ γ μοίρας ἀπέχῃ τῶν συνδέσμων ἐπὶ τοῦ λοξου κύκλου

τὸ κέντρον τῆς σελήνης, μγ καὶ κ" ἐξηκοσὰ μιᾶς μοίρας ἐπὶ τοῦ διὰ τῶν πόλων αὐτοῦ γραφομένου μεγίστου κύκλου
δἵςαται τοῦ διὰ μέσων· ὅταν δὲ δέκα
μοίρας καὶ τρία πέμπτα τῶν συνδέσμων
ἀπέχῃ κατὰ τὸν λοξὸν κύκλον, νδ ς" γ"
ἐξηκοσὰ μιᾶς μοίρας ἐπὶ τοῦ διὰ τῶν
πόλων αὐτοῦ γραφομένου μεγίστου κύκλου δἵςαται τοῦ διὰ μέσων. Ἐπεὶ οὖν
ἡ μὲν τῶν δύο ἐκλείψεων ὑπεροχὴ τὸ
τρίτον περιέχει τῆς σεληνιακῆς διαμέτρου
ἡ δὲ τῶν ἐκκειμένων τοῦ κέντρου αὐτῆς,
ἐπὶ τοῦ αὐτοῦ μεγίστου κύκλου δύο διαςάσεων ἀπὸ τοῦ αὐτοῦ σημείου τοῦ διὰ
μέσων, τουτέςι τοῦ κέντρου τῆς σκιᾶς ἐξηκοσὰ μιᾶς μοίρας ιᾱ μζ', δῆλον ὅτι καὶ
ἡ διάμετρος ὅλη τῆς σελήνης ὑποτείνει
τοῦ κατὰ τὸ ἐλάχιςον αὐτῆς ἀπόςημα
γραφομένου περὶ τὸ κέντρον τοῦ ζῳδιακοῦ μεγίστου κύκλου, περιφέρειαν ἐξηκοςῶν μοίρας μιᾶς λε̄ γ" ἔγγιςα. Ἐπεὶ δὲ
καὶ ἐν τῇ δευτέρᾳ τῶν ἐκλείψεων, καθ'
ἣν τὸ δ" ἐκλελοίπει τῆς σεληνιακῆς διαμέτρου, ἀφεςήκει τὸ κέντρον τῆς σελήνης,
τοῦ μὲν κέντρου τῆς σκιᾶς ἐξηκοσὰ νδ ς
γ", τοῦ δὲ σημείου, καθ' ὃ τέμνει τὴν
τῆς σκιᾶς περιφέρειαν ἡ ἐπιζευγνύουσα
αὐτῶν τὰ κέντρα, τὸ δ" τῆς διαμέτρου
τῆς σεληνιακῆς, ὅ ἐςιν ἐξηκοςῶν η̄ ς γ",
φανερὸν αὐτόθεν ὅτι καὶ ἡ ἐκ τοῦ κέντρου
τῆς σκιᾶς κατὰ τὸ ἐλάχιςον τῆς σελήνης
ἀπόςημα καταλείπεται ἐξηκοςῶν μϛ.
Καὶ ἔςιν ἀδιαφόρῳ μείζων ἢ διπλασίων,
καὶ τοῖς τρισὶ πέμπτοις μείζων, τῆς ἐκ
τοῦ κέντρου τῆς σελήνης ἐξηκοςῶν οὔσης
ιζ γ". Ἀλλὰ καὶ ἡ ἐκ τοῦ κέντρου τοῦ

inclinée, il est à 43 $\frac{1}{10}$ soixantièmes d'un degré loin de l'écliptique, sur le grand cercle qui passe par ses poles; et quand le centre de la lune est à 10^d $\frac{1}{5}$ loin des nœuds sur cette orbite inclinée; il est à 54 $\frac{1}{2}$ $\frac{1}{3}$ soixantièmes d'un degré loin de l'écliptique, sur le grand cercle qui passe par les poles de ce dernier. Donc, puisque la différence des deux éclipses est du tiers du diamètre de la lune, et que celle des deux distances de son centre, sur le même grand cercle, depuis le même point de l'écliptique, c'est-à-dire depuis le centre de l'ombre, est de 11 47' soixantièmes d'un seul degré, il est évident que le diamètre entier de la lune soutend un arc d'à-peu-près 35 $\frac{1}{5}$ soixantièmes d'un degré de la circonférence du grand cercle décrit autour du centre du zodiaque, dans le périgée de cet astre. Mais comme dans la seconde de ces éclipses, dans laquelle le quart du diamètre étoit éclipsé, le centre de la lune étoit à 54 $\frac{1}{2}$ $\frac{1}{3}$ soixantièmes loin du centre de l'ombre, et qu'il étoit éloigné du point où la droite qui joint leurs centres coupe l'arc de l'ombre, du quart du diamètre de la lune, c'est-à-dire de 8 $\frac{1}{2}$ $\frac{1}{3}$ soixantièmes, il est clair que le rayon de l'ombre, dans la plus petite distance de la lune, se trouve de 46 soixantièmes. Ainsi il s'en faut peu ($\frac{1}{15}$) qu'il ne soit plus grand que le double et les trois cinquièmes du rayon de la lune, qui est de 17 $\frac{2}{3}$ soixantièmes. Mais le rayon du soleil

soutend un arc de 15 40′ soixantièmes
d'un degré de la circonférence du grand
cercle qui passe par cet astre et qui est
décrit autour du centre du zodiaque;
car il est démontré que le soleil et la
lune, lors de leur plus grande distance
dans les syzygies, mesurent des arcs
égaux dans leurs orbes respectifs. Donc,
quand le centre de la lune paroîtra
éloigné du centre du soleil, de 0ᵈ 33′
20″ de part ou d'autre de l'écliptique,
alors il sera possible que la lune, par sa
position apparente, commence à être en
contact avec le soleil.

Supposons AB un arc de
l'écliptique; GD celui de l'orbite inclinée de la lune; tous
deux parallèles entr'eux, sensiblement au moins pendant le
temps (f) des passages où arrivent les éclipses, et décrivons
l'arc AEG du grand cercle qui

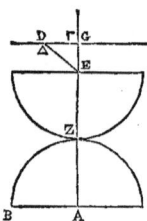

passe par les poles de l'écliptique : imaginons le demi-disque du soleil décrit autour du point A, et autour du point E le
demi-disque apparent de la lune, ensorte
qu'il entre en contact avec celui du soleil,
au point Z, l'arc AE, dont le centre apparent E de la lune est distant du centre
A du soleil, peut devenir de 0ᵈ 33′ 20″
énoncés ci-dessus. Or dans les lieux compris depuis Méroë où le plus long jour
est de 13 heures équinoxiales, jusqu'aux
bouches du Borysthène où le plus long
jour est de 16 heures équinoxiales, la
plus grande parallaxe de la lune, du
côté des ourses, dans la moindre

ἡλίου ὑποτείνει περιφέρειαν ὁμοίως τοῦ
κατ' αὐτὸν γραφομένου περὶ τὸ κέντρον
τοῦ ζωδιακοῦ μεγίστου κύκλου ἑξηκοστῶν
ιε μ′· ἰσάκις γὰρ ἐδείχθησαν καταμε-
τροῦντες τοὺς ἰδίους κύκλους ὅ τε ἥλιος
καὶ ἡ σελήνη κατὰ τὸ ἐν ταῖς συζυγίαις
μέγιστον ἀπόστημα. Ὅταν ἄρα τὸ φαινόμενον κέντρον τῆς σελήνης ἀφεστήκῃ τοῦ
κέντρου τοῦ ἡλίου ἐφ' ἑκάτερα τοῦ διὰ
μέσων μιᾶς μοίρας ὅ λγ′ κ″, τότε πρῶτον δυνατὸν ἔσαι τὴν φαινομένην θέσιν
τῆς σελήνης κατὰ τὴν ἐπαφὴν γενέσθαι
τοῦ ἡλίου.

Οἷον ἐὰν νοήσωμεν τοῦ μὲν
διὰ μέσων τῶν ζωδίων κύκλου
περιφέρειαν τὴν ΑΒ, τοῦ δὲ
λοξοῦ τῆς σελήνης τὴν ΓΔ,
παραλλήλους πρὸς αἴσθησιν
γινομένας μέχρι γε τῶν κατὰ
τοὺς ἐκλειπτικοὺς χρόνους παρόδων, καὶ διὰ τῶν τοῦ λοξοῦ
πόλων γράψωμεν μεγίστου κύκλου περιφέρειαν τὴν ΑΕΓ, νοήσωμεν δὲ καὶ περὶ
τὸ Α σημεῖον τὸ τοῦ ἡλίου ἡμικύκλιον,
περὶ δὲ τὸ Ε τὸ φαινόμενον τῆς σελήνης,
ὥστε ἐφάπτεσθαι πρώτως τοῦ ἡλιακοῦ
κατὰ τὸ Ζ σημεῖον, ἡ ΑΕ περιφέρεια, ἣν
ἀφέστηκε τὸ Ε φαινόμενον κέντρον τῆς σελήνης τοῦ Α ἡλιακοῦ, δύναταί ποτε γενέσθαι τῶν ἐκκειμένων ὅ λγ′ κ″. Ἀλλ' ἐν
τοῖς ἀπὸ Μερόης τόποις ὅπου ἡ μεγίστη
ἡμέρα ὡρῶν ἐστιν ἰσημερινῶν ιγ, μέχρι τῶν
ἐκβολῶν Βορυσθένους ὅπου ἡ μεγίστη ἡμέρα
ὡρῶν ἐστιν ἰσημερινῶν ιϛ, πρὸς μὲν ἄρκτους
τὸ πλεῖστον ἡ σελήνη παραλλάσσει, κατὰ

τὸ τῶν συζυγιῶν ἐλάχιςον ἀπόςημα, ὑπολογουμένης τῆς τοῦ ἡλίου παραλλά- ξεως ὅ ή ἔγγιςα, πρὸς μεσημβρίαν δ' ὁμοίως τὸ πλεῖςον ὅ νη'. Παραλλάσσει δὲ καὶ κατὰ μῆκος τὸ πλεῖςον, ὅταν μὲν τὰ ὅ ή' πρὸς τὰς ἄρκτους παραλλάσση, περὶ τὸν λέοντα καὶ τοὺς διδύμους ὅ λ' ἔγγιςα· ὅταν δὲ τὰ ὅ νη' πρὸς μεσημ- βρίαν, περὶ τὸν σκορπίον καὶ τοὺς ἰχθύας ὅ ιε' ἔγγιςα. Ἐὰν ἄρα τὸ ἀκριβὲς τῆς σε- λήνης κέντρον ὑποθώμεθα κατὰ τὸ Δ, καὶ ἐπιζεύξωμεν τὴν ΔΕ τῆς ὅλης παραλ- λάξεως, ἡ μὲν ΔΓ τῆς κατὰ μῆκος ἔγ- γιςα ἔςαι παραλλάξεως, ἡ δὲ ΓΕ τῆς κατὰ πλάτος. Ὥστε ὅταν μὲν ἀπ' ἄρκτων ἦ ή σελήνη τοῦ ἡλίου, καὶ παραλλάσση τὸ πλεῖςον πρὸς μεσημβρίαν, ἡ μὲν ΔΓ ἔςαι τῶν ὅ ιε', ἡ δὲ ΑΕΓ μοίρας ᾱ λα' ἔγγιςα. Καὶ ἐπεὶ λόγος ἐςὶ τῆς ἀπὸ τοῦ συνδέσμου ἐπὶ τὸ Γ περιφερείας πρὸς τὴν ΓΑ κατὰ τὸ μεταξὺ τῶν ἐκλειπτι- κῶν ὅρων διάςημα, ὃν ἔχει τὰ ιᾱ ϛ'' πρὸς τὸ ᾱ, εὐκατανόητον γὰρ ἡμῖν τοῦ- το γίνεται διὰ τῶν προαποδεδειγμέ- νων ἐπὶ τῆς ἐγκλίσεως τοῦ σεληνιακοῦ κύκλου, καὶ αὐτὴ μὲν ἡ ἀπὸ τοῦ συνδέσ- μου ἐπὶ τὸ Γ ἔςαι μοιρῶν ιζ κϛ', μετὰ δὲ τῆς ΓΔ τῶν αὐτῶν ιζ μα'. Ὅταν δ' ἀπὸ μεσημβρίας οὖσα τοῦ ἡλίου τὸ πλεῖ- ςον πρὸς ἄρκτους παραλλάσση, ἡ μὲν ΔΓ ἔςαι τῶν ὅ λ', ἡ δὲ ΑΕΓ ὅλη τῶν ὅ μα'· καὶ διὰ τὰ αὐτὰ ἡ μὲν ἀπὸ τοῦ συνδέσμου ἐπὶ τὸ Γ μοιρῶν ζ νβ', ἡ δὲ μετὰ τῆς ΓΔ ὅλη τῶν αὐτῶν ῆ κβ'. Ὅταν ἄρα τὸ κέντρον τῆς σελήνης ἀκρι- βῶς ἀπέχῃ ὁποτέρου τῶν συνδέσμων ἐπὶ

distance des syzygies, en y tenant compte de la parallaxe du soleil, est à très-peu près de 0ᵈ 8′; et du côté opposé, de 0ᵈ 58′. Sa plus grande parallaxe en longi- tude, quand celle vers les ourses est de 0ᵈ 8′, est d'environ 0ᵈ 30′ dans le lion et les gémeaux; et quand celle en latitude vers le midi est de 0ᵈ 58′, celle en longi- tude est d'environ 0ᵈ 15′ dans le scor- pion et les poissons. Si donc nous sup- posons le centre vrai de la lune en D, et que nous menions la ligne DE de la parallaxe entière, la ligne DG sera à peu près celle de la parallaxe en longitude, et GE celle de la parallaxe en latitude. Ainsi quand la lune est plus boréale que le soleil, et que sa plus grande parallaxe est vers le midi, DG sera de 0ᵈ 15′, et AEG d'environ 1ᵈ 31′. Or le rapport de l'arc compris entre le nœud et le point G, à l'arc GA de la distance entre les limites des éclipses étant comme ce- lui de 11 ½ à 1, ce dont il est aisé de se convaincre d'après ce qui a été dé- montré concernant l'inclinaison (g) de l'orbite de la lune, l'arc depuis le nœud jusqu'au point G, sera de 17ᵈ 26′, et avec GD, de 17ᵈ 41′. Mais si la lune est au midi du soleil, et que sa plus grande parallaxe se fasse vers les ourses, DG sera de 0ᵖ 30′, et tout l'arc AEG de 0ᵈ 41′; et pour ces raisons, l'arc depuis le nœud jusqu'en G, sera de 7ᵈ 52′, et avec GD il sera en tout de 8ᵈ 22′. Par conséquent, si le centre de la lune est à la distance vraie depuis l'un ou

I.

l'autre des nœuds dans l'orbite inclinée, de 17ᵈ 41′ vers les ourses, ou de 8ᵈ 22′ vers le midi, alors la lune dans cette position pourra paroître aux lieux terrestres dont je viens de parler, commencer à toucher le soleil. De plus, la plus grande différence de l'anomalie du soleil ayant été prouvée de 2ᵈ 23′, et celle de la lune de 5ᵈ 1′, il sera possible qu'alors la lune soit véritablement écartée du soleil de 7ᵈ 24′ dans les syzygies périodiques ; mais pendant que la lune parcourra cet intervalle, le soleil s'avancera d'environ le treizième de ces quantités, c'est-à-dire de 0 34′, et encore, pendant que la lune parcourra ces 0ᵖ 34′, le soleil en fera le treizième, ou 0ᵖ 3′ à peu près, dont ensuite le treizième est trop petit pour qu'on en tienne compte. Donc si nous ajoutons ces 0ᵈ 37′ qui sont le douzième des 7ᵈ 24′ ci-dessus, aux 2ᵈ 23′ de l'anomalie du soleil, nous aurons 3 degrés pour somme, lesquels font à très-peu près la plus grande différence entre les zyzygies vraies et les moyennes des mouvemens périodiques, tant en longitude qu'en latitude. Par conséquent, lorsque le mouvement moyen du centre de la lune est sur son orbite à une distance des nœuds de 20ᵈ 41′ vers les ourses, ou de 11ᵈ 22′ vers le midi, alors dans cette position apparente la lune pourra paroître aux pays dont j'ai parlé, commencer à entrer en contact avec le soleil. Voilà pourquoi,

τοῦ λοξοῦ κύκλου πρὸς μὲν ἄρκτους μοίρας ιζ μα΄, πρὸς μεσημβρίαν δὲ μοίρας η κβ΄, τότε πρῶτον ἐν τοῖς ἐκκειμένοις τόποις τῆς καθ᾽ ἡμᾶς οἰκουμένης δυνατὸν ἔςαι τὴν φαινομένην αὐτῆς θέσιν κατὰ τὴν ἐπαφὴν γενέϑαι τοῦ ἡλίου. Πάλιν ἐπεὶ τὸ μὲν τῆς ἡλιακῆς ἀνωμαλίας πλεῖςον διάφορον ἀπεδείχϑη μοιρῶν β κγ΄, τὸ δὲ τῆς σεληνιακῆς τὸ περὶ τὰς συζυγίας μοιρῶν ε α΄, δυνατὸν ἔςαι ποτὲ τὴν σελήνην ἀφεςάναι τοῦ ἡλίου κατὰ τὰς περιοδικὰς συζυγίας ἀκριβῶς μοίρας ζ κδ΄. ἀλλ᾽ ἐν ὅσῳ διέρχεται ταύτας ἡ σελήνη, ὁ μὲν ἥλιος προσδιελεύσεται τὸ ιγ″ αὐτῶν ἔγγιςα, τουτέςιν ὃ λδ΄· ἐν ὅσῳ δὲ πάλιν ἡ σελήνη τὰ ὃ λδ΄ ἐπικινεῖται, προσδιελεύσεται καὶ ὁ ἥλιος τὸ ιγ″ αὐτῶν, τὰ ὃ γ΄ ἔγγιςα, ὧν οὐκέτι γίνεται τὸ ιγ″ ἀξιόλογον. Ἐὰν ἄρα τὰ ἐπὶ τὸ αὐτὸ ὃ λζ΄, ἃ γίνεται τῶν ἐξ ἀρχῆς ζ κδ΄ μέρος ιβ″, προσϑῶμεν ταῖς τῆς ἡλιακῆς ἀνωμαλίας μοίραις β κγ΄, ἕξομεν μοίρας γ, αἷς τὸ πλεῖςον διοίσουσι τῶν ἐν ταῖς περιοδικαῖς συζυγίαις μέσων παρόδων μήκους τε καὶ πλάτους ἔγγιςα αἱ ἀκριβεῖς. Καὶ ὅταν ἄρα ἡ μέση πάροδος τοῦ κέντρου τῆς σελήνης ἀφεςήκῃ τῶν συνδέσμων ἐπὶ τοῦ λοξοῦ κύκλου πρὸς μὲν ἄρκτους μοίρας κ μα΄, πρὸς μεσημβρίαν δὲ μοίρας ια κβ΄, τότε πρῶτον ἐν τοῖς ἐκκειμένοις τόποις δυνατὸν ἔςαι τὴν φαινομένην αὐτῆς θέσιν κατὰ τὴν ἐπαφὴν γενέσθαι τοῦ ἡλίου. Καὶ διὰ τὰ αὐτά, ὅταν ὁ ἀπὸ τοῦ βορείου

πέρατος τοῦ λοξοῦ κύκλου τῆς σελήνης ὁ παρακείμενος ταῖς περιοδικαῖς συζυγίαις τῶν μοιρῶν ἀριθμός, ἤτοι ταῖς ἀπὸ ξθ ιθ′ μέχρις ρᾱ κβ′, ἢ ταῖς ἀπὸ σνῆ λη′ μέχρι σϟ μα′ συνεμπίπτῃ, τότε μόνον ἐν τοῖς ἐκκειμένοις τόποις δυνατὸν ἔςαι συμβῆναι τὸ προκείμενον.

Πάλιν καὶ τῶν τῆς σελήνης ἐκλειπτικῶν ὅρων ἕνεκεν, ἐπεὶ ἡ μὲν ἐκ τοῦ κέντρου τῆς σελήνης κατὰ τὸ ἐλάχιςον αὐτῆς ἀπόςημα ὑποτείνουσα ἐδείχθη περιφέρειαν μοιρῶν ο ιζ′ μ′′, ἡ δὲ ἐκ τοῦ κέντρου τῆς σκιᾶς διπλασίων οὖσα καὶ ἔτι τοῖς τρισὶ πέμπτοις ἔγγιςα μείζων τῆς ἐκ τοῦ κέντρου τῆς σελήνης, συνάγεται τῶν αὐτῶν ο μέ ͵ς′′, δῆλον ὅτι καὶ ὅταν τὸ κέντρον τῆς σελήνης, ἀκριβῶς ἀπέχῃ τοῦ κέντρου τῆς σκιᾶς, ἐπὶ μὲν τοῦ δι′ αὐτῶν καὶ τῶν πόλων τοῦ λοξοῦ γραφομένου μεγίςου κύκλου ἐφ′ ἑκάτερα τοῦ διὰ μέσων μοῖραν ᾱ γ′ λς′′, ἐπὶ δὲ τοῦ λοξοῦ κύκλου τῆς σελήνης ἀφ′ ὁποτέρου τῶν συνδέσμων κατὰ τὸν τοῦ ἑνὸς πρὸς τὰ ιᾱ ς′′ λόγον μοίρας ιβ ιβ′ ἔγγιςα, τότε πρῶτον δυνατὸν ἔςαι τὴν σελήνην ἅπτεσθαι τῆς σκιᾶς. Διὰ τὰ αὐτὰ δὲ, τοῖς περὶ τὴν ἀνωμαλίαν ἀποδεδειγμένοις, καὶ ὅταν τὸ κατὰ τὴν μέσην πάροδον λαμβανόμενον κέντρον τῆς σελήνης ἀφεςήκῃ τῶν συνδέσμων ἐπὶ τοῦ λοξοῦ κύκλου μοίρας ῑε ιβ′, ὥστε πάλιν ἐμπίπτειν κατὰ τοὺς ἀπὸ τοῦ βορείου πέρατος ἀριθμοὺς εἴς τε τοὺς ἀπὸ οδ̄ μη′ μέχρις ρ῱ ιβ′, καὶ εἰς τοὺς ἀπὸ σνδ̄ μη′ μέχρι

quand le nombre des degrés depuis la limite boréale de l'orbite inclinée de la lune, correspondant aux syzygies périodiques, tombe ou entre 69^d 19′, et 101^d 22′, ou entre 258^d 38′, (*f*) et 290^d 41′, (*marqués dans la table précédente en tête des mouvemens pour les jours*) alors seulement pour les lieux indiqués, pourra arriver le contact dont nous avons parlé.

Pour ce qui concerne les limites des éclipses de lune ; comme j'ai démontré que le rayon de la lune dans sa moindre distance soutend un arc de 0^d 17′ 40′′, et que le rayon de l'ombre est environ du double et des $\frac{1}{5}$ plus grand que celui de la lune, il s'ensuit qu'il est de 0^d 45′ 56′′. Or il est clair que le centre de la lune étant réellement éloigné du centre de l'ombre de 1^d 3′ 36′′ comptés sur le cercle qui passe par ces centres et par les poles de l'écliptique de part et d'autre, ou de 12^d 12′ comptés sur l'orbite inclinée de la lune, à une distance de l'un ou de l'autre nœud, dans la proportion de 1 à 11 $\frac{1}{2}$, alors il commencera à être possible que la lune touche l'ombre. Ainsi, pour les raisons qui viennent d'être déduites de l'anomalie, quand le centre de la lune dans son mouvement moyen sera à 15^d 12′ de distance des nœuds sur l'orbite, ensorte que ce nombre tombe hors de l'espace de 74^d 48′ à 105^p 12′, et de 254. 48′ à 285^p 12′ (*g*) ; il sera possible alors, mais dans ces cas

seulement, que la lune entre en contact avec l'ombre. C'est pourquoi, aux tables précédentes des syzygies, nous avons ajouté les nombres des limites solaires et lunaires de la latitude de la lune, pour faire distinguer promptement quelles sont les bornes entre lesquelles elle est susceptible d'être éclipsée.

CHAPITRE VI.

DE L'INTERVALLE ENTRE LES MOIS OU LES ÉCLIPSES PEUVENT ARRIVER.

Il sera utile d'ajouter ici le nombre des mois après lesquels les syzygies peuvent se rétablir de manière à produire des éclipses. En partant d'une syzygie où sera arrivée une éclipse, nous ne prendrons pas toutes les syzygies suivantes, mais seulement celles des mois dans lesquels la rencontre des deux astres peut se faire, pour juger par là des intervalles entre les termes.

Il n'est pas impossible que le soleil et la lune soient éclipsés après un intervalle de six mois (a). En effet, le mouvement moyen de la lune en latitude après un intervalle de six mois, est de 184ᵖ 1′ 25″. Or les arcs entre les limites écliptiques tant pour le soleil que pour la lune, ne contiennent pas ce nombre, mais ceux qui sont moindres que le demi-cercle en contiennent moins, et ceux qui sont plus grands en contiennent plus. Car les limites solaires vers les ourses étant contenues depuis

σπε ιβ′, τότε πρῶτον δυνατὸν ἔςαι τὴν σελήνην ἅπτεσθαι τῆς σκιᾶς. Παραθήσομεν οὖν τοῖς προκειμένοις τῶν συζυγιῶν κανονίοις καὶ τοὺς τῶν τε ἡλιακῶν καὶ τῶν σεληνιακῶν ὅρων τοῦ πλάτους τῆς σελήνης ἀριθμοὺς, ἵνα καὶ τὴν τῶν δυναμένων εἰς ἔκλειψιν ἐμπεσεῖν διάκρισιν ἐξ ἑτοίμου ποιώμεθα.

ΚΕΦΑΛΑΙΟΝ ϛ.

ΠΕΡΙ ΤΗΣ ΔΙΑΣΤΑΣΕΩΣ ΤΩΝ ΕΚΛΕΙΠΤΙΚΩΝ ΜΗΝΩΝ.

Καὶ διὰ πόσων δ' ὡς ἐπίπαν μηνῶν δυνατὸν ἔςαι τὰς συζυγίας ἐκλειπτικὰς γίνεσθαι, χρήσιμον ἂν εἴη τούτοις προσθεῖναι, πρὸς τὸ λαβόντας μίαν ἐποχὴν ἐκλειπτικῆς συζυγίας, μὴ πάσας πάλιν τὰς ἐφεξῆς, ἀλλὰ τὰς δι' ὅσων ἂν ἐνδεχόμενον ἢ μηνῶν ἔκλειψιν γενέσθαι, πρὸς τὴν τῶν ὅρων ἐπίσκεψιν παραλαμβάνειν.

Τὸ μὲν οὖν δι' ἐξ μηνῶν δυνατὸν εἶναι τόν τε ἥλιον καὶ τὴν σελήνην ἐκλείπειν, αὐτόθεν ἂν εἴη δῆλον. Ἐπειδήπερ ἡ μὲν μέση κατὰ πλάτος πάροδος τῆς σελήνης ἐν τοῖς ϛ μησὶ συνάγει μοίρας ρπδ α′ κε″, αἱ δὲ μεταξὺ τῶν ἐκλειπτικῶν ὅρων περιφέρειαι καὶ ἐπὶ τοῦ ἡλίου καὶ ἐπὶ τῆς σελήνης, αἱ μὲν ἐντὸς ἡμικυκλίου ἐλάττονας αὐτῶν μοίρας περιέχουσιν, αἱ δ' ὑπὲρ τὸ ἡμικύκλιον πλείονας. Τῶν τε γὰρ ἡλιακῶν ὅρων, πρὸς μὲν τὰς ἄρκτους ἀπολαμβανόντων ἀφ' ὁποτέρου τῶν συνδέσμων ἐπὶ τοῦ λοξοῦ κύκλου τῆς

σελήνης τὰς ἀποδεδειγμένας μοίρας κ̄
μα′, πρὸς δὲ μεσημβρίαν μοίρας ιᾱ κβ′,
καὶ ἡ μὲν ἀπ′ ἄρκτων ἀνέκλειπτος περιφέρεια γίνεται μοιρῶν ρλῆ λη′, ἡ δ′ ἀπὸ
μεσημβρίας μοιρῶν ρνζ̄ ιϛ′. Τῶν τε σεληνιακῶν ἀπολαμβανόντων εἰς ἑκάτερα τὰ μέρη τοῦ διὰ μέσων ἐπὶ τοῦ
αὐτοῦ κύκλου μοίρας ἀπὸ τῶν συνδέσμων
ιε̄ ιβ′, καὶ ἑκατέρα τῶν ἀνεκλείπτων περιφερειῶν συνάγεται μοιρῶν ρμθ̄ λϛ′. Ὅτι
δὲ καὶ διὰ τούτων τῶν ὑποθέσεων δυνατὸν ἔσαι σελήνης ἔκλειψιν ἀποτελεσθῆναι
διὰ τῆς μεγίσης πενταμήνου, τουτέσι
καθ′ ἣν ὁ μὲν ἥλιος τὴν μεγίσην ποιῆται
πάροδον, ἡ δὲ σελήνη τὴν ἐλαχίσην, ἴδοι-
μεν ἂν οὕτως.

Ἐπειδὴ γὰρ ἐν τῇ μέσῃ πενταμήνῳ,
τὴν μὲν κατὰ μῆκος ἑκατέρου τῶν φώτων
πάροδον εὑρίσκομεν ἐπιλαμβάνουσαν μέσως μοίρας ρμε̄ λβ′, τὴν δὲ σελήνην ἀνωμαλίας ἐπὶ τοῦ ἐπικύκλου μοίρας ρκθ̄
ε′, τούτων δὲ αἱ μὲν ρμε̄ λβ′ τοῦ ἡλίου
μοῖραι κατὰ τὴν ἐφ′ ἑκάτερα τοῦ περιγείου μεγίσην πάροδον ἐπιλαμβάνουσι
παρὰ τὴν μέσην μοίρας δ̄ λη′, αἱ δὲ τοῦ
ἐπικύκλου τῆς σελήνης ρκθ̄ ε′ μοῖραι κατὰ
τὴν ἐφ′ ἑκάτερα τοῦ ἀπογείου ἐλαχίσην
πάροδον ἀφαιροῦσι τῆς μέσης μοίρας η̄
μ′, ἐν τῷ χρόνῳ ἄρα τῆς μέσης πενταμήνου, ὅταν ὁ μὲν ἥλιος τὴν μεγίσην ποιῆται πάροδον, ἡ δὲ σελήνη τὴν ἐλαχίσην,
ἔτι προηγουμένη ἔσαι τοῦ ἡλίου ἡ σελήνη
ταῖς ἐξ ἀμφοτέρων τῶν ἀνωμαλιῶν συναγομέναις μοίραις ιγ̄ ιη′. Ὧν πάλιν τὸ
ιβ″ λαβόντες διὰ τὰ προαποδεδειγμένα,
ἕξομεν μοίραν ᾱ καὶ ἑξηκοσὰ ϛ̄ ἔγγισα,

chacun des nœuds sur l'orbite inclinée
de la lune, dans les 20ᵈ 41′ démontrés,
et vers le midi dans 11ᵈ 22′, l'arc non
écliptique depuis les ourses est de 138ᵈ
38′, et depuis le midi de 157ᵈ 16′. Les
limites lunaires étant contenues de part
et d'autre de l'écliptique sur la même
orbite inclinée, dans 15ᵈ 12′ depuis les
nœuds, chacun des arcs non écliptiques
est de 149ᵈ 36′. Or je vais prouver qu'en
conséquence, la lune peut encore éprouver une éclipse en cinq grand mois,
c'est-à-dire pendant le temps où le mouvement du soleil est le plus rapide, et
celui de la lune le plus lent.

Puisque nous trouvons qu'en cinq
mois moyens (*b*) le mouvement des deux
astres en longitude a fait parcourir 145ᵈ
32′, et à la lune 129ᵖ 5′ d'anomalie sur
l'épicycle, et que ces 145ᵈ 32′ du soleil
ajoutent 4ᵈ 38′ au mouvement moyen,
dans la plus grande progression de chaque côté du périgée, tandis que les 129ᵈ
5′ de l'épicycle de la lune retranchent 8ᵈ
40′ du moyen mouvement, dans la moindre portion de l'orbite, de chaque côté
de l'apogée, il s'ensuit que pendant cinq
mois moyens, lorsque le soleil parcourt
la plus grande portion de son orbite,
et la lune la moindre portion de la
sienne, la lune sera moins avancée que
le soleil, des 13ᵈ 18′ provenant des deux
anomalies. Prenant le douzième de ces
quantités pour les raisons démontrées
plus haut, nous aurons à peu près 1ᵈ 6′

que le soleil parcourra avant que d'être
atteint par la lune. Ainsi puisque son
anomalie propre lui a ajouté 4^d 38', et
qu'il a 1^d 6' d'avance jusqu'à la syzygie
vraie, l'intervalle de cinq grands mois
aura de plus que le moyen, 5^d 44' en
longitude; donc le mouvement en latitude de la lune sera avancé d'environ
autant de degrés dans l'orbite au-delà
des 153^d 21' en latitude provenant de
cinq mois moyens : ensorte que le mouvement vrai en latitude, au bout de
l'espace de cinq grands mois, sera de
159^d 5'. Mais les limites des éclipses,
de chaque côté de l'écliptique, dans la
distance moyenne de la lune, sont d'un
degré à peu près du grand cercle qui
passe par les poles de l'écliptique, puisque dans la plus grande distance elles
sont de 0^p 56' 24", et dans la plus petite, de 1^p 3' 36"; et, sur l'orbite inclinée, de 11^d 30' (c), depuis les nœuds.
C'est pourquoi l'arc non écliptique entre
ces limites, contient 157^d qui sont de
2^d 5' moindres que les 159^d 5' pris sur
l'orbite inclinée au bout de cinq grands
mois. Il est donc évident par là qu'il sera
possible que la lune soit éclipsée dans
l'intervalle ou l'espace de cinq grands
mois à la première pleine lune, quand
elle s'éloigne de l'un ou de l'autre nœud,
et qu'elle s'éclipse de nouveau à la pleine
lune suivante, quand elle se rapproche
du nœud opposé ; l'obscurcissement,

ἣν ὁ ἥλιος ἐπικινηθήσεται μέχρι τοῦ καταληφθῆναι ὑπὸ τῆς σελήνης. Ἐπεὶ δὴ οὖν
ἐκ μὲν τῆς ἰδίας ἀνωμαλίας ἐπειλήφει
μοίρας δ̅ καὶ ἑξηκοςὰ λη̅, ἐκ δὲ τῆς
μέχρι τῆς ἀκριβοῦς συζυγίας περὶ καταλήψεως ἄλλην μοίραν α̅ καὶ ἑξηκοςὰ ϛ̅,
ἔςαι καὶ ἡ μεγίςη πεντάμηνος παρὰ τὴν
μέσην ἐπειληφυῖα κατὰ μῆκος μοίρας ε̅ καὶ
ἑξηκοςὰ μδ̅. Τοσαύτας ἄρα ἔγγιςα καὶ
κατὰ πλάτος ἐπὶ τοῦ λοξοῦ κύκλου πάροδος τῆς σελήνης ἐπειληφυῖα ἔςαι μοίρας, τοῖς κατὰ τὴν μέσην πεντάμηνον συναγομένοις πλατικοῖς τμήμασιν, ρνγ̅ κα΄
ἔγγιςα· ὥςτε καὶ ἡ ἀκριβῶς θεωρουμένη
κατὰ πλάτος πάροδος, ἐν τῇ μεγίςῃ
πενταμήνῳ, συναχθήσεται μοιρῶν ρνθ̅
καὶ ἑξηκοςῶν ε̅. Ἀλλ᾽ οἱ μὲν ἐφ᾽ ἑκάτερα
τοῦ διὰ μέσων ἐκλειπτικοὶ κατὰ τὸ
μέσον ἀπόςημα τῆς σελήνης ὅροι περιέχουσιν, ἐπὶ μὲν τοῦ διὰ τῶν πόλων
τοῦ λοξοῦ γραφομένου μεγίςου κύκλου
μοίραν μίαν ἔγγιςα, διὰ τὸ τὴν μὲν κατὰ
τὸ ἐλάχιςον εἶναι μοίραν α̅ γ΄ λϛ΄΄, τὴν
δὲ κατὰ τὸ μέγιςον συνάγεςθαι ο̅ νϛ΄
κδ΄΄· ἐπὶ δὲ τοῦ λοξοῦ κύκλου ἀπὸ τῶν
συνδέσμων τμήματα ια̅ λ΄. Ἡ δὲ μεταξὺ
αὐτῶν καὶ ἀνέκλειπτος περιφέρεια, διὰ
τοῦτο συνάγεςται μοιρῶν ρνζ̅ ο̅, αἵ τινες
ἐλάττους εἰσὶ τῶν κατὰ τὴν μεγίςην
πεντάμηνον ἐπιλαμβανομένων τοῦ λοξοῦ
κύκλου μοιρῶν ρνθ̅ καὶ ε̅ ἑξηκοςῶν, τμήμασι β̅ καὶ ἑξηκοςοῖς ε̅. Φανερὸν οὖν ἐκ
τούτων ὅτι δυνατὸν ἔςαι τὴν σελήνην, ἐν
τῇ μεγίςῃ πενταμήνῳ κατὰ τὴν πρώτην
πανσέληνον ἐκλείπουσαν, κατὰ τὴν ἀφ᾽
ἀποτέρου τῶν συνδέσμων ἀποχώρησιν,

καὶ ἐν τῇ τελευταίᾳ πανσελήνῳ πάλιν
ἐκλείπειν, κατὰ τὴν ἐπὶ τὸν ἐναντίον
σύνδεσμον πρόσοδον, ἀπὸ τῶν αὐτῶν
μερῶν τοῦ διὰ μέσων, ἐν ἀμφοτέραις
ταῖς ἐκλείψεσι τῆς ἐπισκοτήσεως γινομένης, καὶ οὐδέποτε ἀπὸ τῶν ἐναντίων.
Ὅτι μὲν οὖν ἡ μεγίστη πεντάμηνος δύναται δύο ποιῆσαι σεληνιακὰς ἐκλείψεις,
οὕτως ἡμῖν γέγονε δῆλον.

Ὅτι δὲ δι᾽ ἑπτὰ μηνῶν ἀδύνατον ἔσαι
τοῦτο συμβῆναι, κἂν τὴν ἐλαχίστην ἑπτάμηνον ὑποθώμεθα, τουτέςι, καθ᾽ ἣν
ὁ μὲν ἥλιος τὴν ἐλαχίστην ποιήσεται πάροδον, ἡ δὲ σελήνη τὴν μεγίστην, ἴδοι-
μεν ἂν τὸν αὐτὸν τρόπον ἐφοδεύοντες τοῖς
προεκτεθειμένοις. Ἐπειδὴ γὰρ πάλιν ἐν
τῇ μέσῃ ἑπταμήνῳ, ἡ μὲν ἑκατέρου τῶν
φώτων κατὰ μῆκος μέση πάροδος ἐπιλαμβάνει μοίρας σγ με᾽, ἡ δ᾽ ἐν τῷ
ἐπικύκλῳ τῆς σελήνης μοίρας ρπ μγ᾽,
τούτων δ᾽ αἱ μὲν σγ με᾽ μοῖραι τοῦ
ἡλίου, κατὰ τὴν ἐφ᾽ ἑκάτερα τοῦ ἀπογείου
ἐλαχίστην πάροδον, ἀφαιροῦσι τῆς μέσης
κινήσεως μοίρας δ μβ᾽, αἱ δὲ τοῦ ἐπικύκλου τῆς σελήνης ρπ μγ᾽ μοῖραι,
κατὰ τὴν ἐφ᾽ ἑκάτερα τοῦ περιγείου μεγίστην πάροδον, προσάγουσι τῇ μέσῃ
μοίρας θ νη᾽, ἐν τῷ χρόνῳ ἄρα τῆς μέσης
ἑπταμήνου, ὅταν ὁ μὲν ἥλιος τὴν ἐλάχι-
ςην ποιῆται πάροδον, ἡ δὲ σελήνη τὴν
μεγίστην, παρεληλυθυῖα ἔσαι τὸν ἥλιον ἡ
σελήνη ταῖς ἐξ ἀμφοτέρων τῶν ἀνωμαλιῶν συναγομέναις μοίραις ιδ μ᾽. Ὧν διὰ
τὰ αὐτὰ τὸ ιβ᾽᾽ λαβόντες, καὶ προσθέντες
ταῖς ἐκ τῆς ἡλιακῆς ἀνωμαλίας ἐκλελοι-
πυίαις μοίραις δ μβ᾽, τὰς συναγομένας

dans ces deux éclipses, arrivant du
même côté de l'écliptique, et non du
côté opposé. Nous avons donc prouvé
qu'il peut y avoir deux éclipses de lune
à cinq grands mois de distance l'une
de l'autre.

Nous allons prouver à présent qu'il
est impossible que cela arrive en sept
mois, quand même nous supposerions
ces sept mois les moindres possibles,
c'est-à-dire où le mouvement du soleil
seroit le moindre et celui de la lune le
plus grand : c'est ce dont nous nous
assurerons en procédant dans cet examen, comme je viens de le faire. Puisque pendant sept mois moyens, le mouvement moyen de l'un et de l'autre de ces
deux astres en longitude comprend 203^d
45′, et sur l'épicycle de la lune 180^d 43′;
les 203^d 45′ du soleil dans le moindre
mouvement à chaque côté de l'apogée,
ôtent 4^d 42′ du moyen mouvement, et
les 180^d 43′ sur l'épicycle de la lune,
dans le plus grand mouvement en chaque côté du périgée, ajoutent 9^d 58′
au mouvement moyen, il s'ensuit que
dans le temps des sept mois moyens,
lorsque le soleil fait le moins et la lune
le plus de chemin, la lune sera en
avance sur le soleil, des 14^d 40′ résultant des deux anomalies. J'en prends le
douzième et je l'ajoute aux 4^d 42′ en défaut, provenant de l'anomalie du soleil :

j'aurai à peu près la somme de 5.^d 55′
dont le mouvement en longitude pen-
dant les moindres sept mois, sera en
retard sur le moyen, et de même le
mouvement en latitude sera d'autant en
défaut sur les 214^d 42′ provenant des
sept mois moyens; donc dans les moindres sept mois, la lune sera avancée
de 208^d 47′ en latitude sur l'orbite inclinée. Mais le plus grand arc entier
de l'orbite entre les limites des éclipses
lors de la plus grande distance de la
lune à l'approche d'un des nœuds ou à
l'éloignement de l'autre, étant de 203^d
0′, il s'ensuit qu'il ne sera pas possible
que la lune s'éclipse pendant les moindres sept mois dans la dernière pleine
lune, comme elle peut avoir été éclipsée dans la première.

Il faut encore prouver que le soleil
pourra s'éclipser pour les mêmes peuples dans toutes les parties de la terre,
deux fois pendant cinq grands mois
pleins. En effet, puisque nous avons démontré que dans ces cinq grands mois,
le mouvement de la lune en latitude
étoit de 159^d 5′, et l'arc non écliptique du soleil de 167^d 36′ lors de la
moyenne distance de la lune, parce-
que les limites de ses éclipses sont dis-
tantes de l'écliptique, de 0^d 32′ 20″ sur
le cercle qui passe par ses poles, et
d'environ 6^d 12′ de l'orbite de la lune :
il est évident que s'il n'y a pas de
parallaxe de lune, toute éclipse sera

μοίρας ε νε′ ἔγγιςα ἕξομεν, ὅσαις ἥ τε
κατὰ μῆκος πάροδος ἐν τῇ ἐλαχίςῃ ἑπταμήνῳ ὑςερήσει τῆς ἐν τῇ μέσῃ, καὶ ἡ
κατὰ πλάτος ὡσαύτως ἐκλείψει τῶν
κατὰ τὴν μέσην ἑπτάμηνον συναγομένων τμημάτων σιδ μβ′. ἐν τῇ ἐλαχίςῃ
ἄρα ἑπταμήνῳ ἐπειληφυῖα ἔςαι κατὰ
πλάτος ἡ σελήνη ἐπὶ τοῦ λοξοῦ κύκλου
τμήματα ση μζ′. ὅλης τῆς μεταξὺ τῶν
ἐκλειπτικῶν κατὰ τὸ μέσον ἀπόςημα
τῶν τῆς σελήνης ὅρων τοῦ λοξοῦ κύκλου
μεγίςης περιφερείας, τοῦ τε κατὰ τὴν
προσαγωγὴν τοῦ ἑτέρου τῶν συνδέσμων,
καὶ τοῦ κατὰ τὴν ἀποχώρησιν τοῦ ἐναντίου συνδέσμου τμημάτων οὔσης σγ ο′.
Οὐκ ἄρα δυνατὸν ἔςαι τὴν σελήνην οὐδ᾽
ἐν τῇ ἐλαχίςῃ ἑπταμήνῳ ἐκλείπουσαν,
κατὰ τὴν πρώτην πανσέλινον ὅπως δήποτε, καὶ κατὰ τὴν τελευταίαν πανσέλινον ἔτι ἐκλείπειν.

Δεικτέον δὴ πάλιν ὅτι καὶ τὸν ἥλιον
δυνατὸν ἔςαι παρὰ τοῖς αὐτοῖς δὶς ἐκλείπειν ἐν τῇ μεγίςῃ πενταμήνῳ, καὶ κατὰ
πάντα τὰ μέρη τῆς καθ᾽ ἡμᾶς οἰκουμένης.
Ἐπειδὴ γὰρ ἐν τῇ μεγίςῃ πενταμήνῳ,
τὴν κατὰ πλάτος πάροδον τῆς σελήνης
ἀπεδείξαμεν τμημάτων ρνθ ε′, τῆς
ἀνεκλείπτου περιφερείας ἐπὶ τοῦ ἥλιου
κατὰ τὸ μέσον ἀπόςημα τῆς σελήνης τῶν
αὐτῶν γινομένης ρξζ λς′, διὰ τὸ καὶ
τοὺς ἐκλειπτικοὺς ὅρους αὐτοῦ τοῦ διὰ
μέσων ἀπέχειν, ἐπὶ μὲν τοῦ διὰ τῶν
πόλων αὐτοῦ κύκλου τμήματα ο λβ′
κ″, ἐπὶ δὲ τοῦ λοξοῦ τῆς σελήνης μοίρας
ς ιβ′ ἔγγιςα, δῆλον ὅτι μηδὲν μὲν παραλλασσούσης τῆς σελήνης, ἀδύνατον ἔςαι

τὸ προκείμενον, διὰ τὸ μείζονα εἶναι τὴν ἀνέκλειπτον περιφέρειαν τῆς ἐν τῇ μεγίςῃ πενταμήνῳ παρόδου, τμήμασιν ἐπὶ μὲν τοῦ λοξοῦ κύκλου η̅ λα′, ἐπὶ δὲ τοῦ πρὸς ὀρθὰς τῷ διὰ μέσων ο̅ με′ ἔγγιςα. Ὅπου δ᾽ ἂν δύνηται παραλλάσσειν οὕτως, ὥστε τὰς ἐν ὁποτέρᾳ τῶν ἄκρων συνόδων, ἢ καὶ τὰς συναμφοτέρων ἅμα παραλλάξεις, τὰ ο̅ με′ ὑπερβάλλειν, ἐκεῖ δυνατὸν ἔςαι καὶ τὰς ἄκρας συνόδους ἀμφοτέρας ἐκλειπτικὰς γίνεσθαι.

Ἐπειδὴ οὖν ἐδείξαμεν ἐν τῷ χρόνῳ τῆς μεγίςης πενταμήνου, ὅταν ἡ μὲν σελήνη τὴν ἐλαχίςην ποιῆται πάροδον, ὁ δὲ ἥλιος τὴν μεγίςην, ἀπὸ τῶν δύο μερῶν τῆς παρθένου, μέχρι τῶν δύο μερῶν τοῦ ὑδροχόου προηγουμένην ἔτι τοῦ ἡλίου τὴν σελήνην, ταῖς ἐκ τῆς ἀμφοτέρων τῶν ἀνωμαλιῶν μοίραις ιγ̅ ιη′, ταύτας δὲ καὶ ἔτι τὸ ιβ″ αὐτῶν ἡ σελήνη κινεῖται μέσως ἐν ἡμέρᾳ α̅, καὶ ὥραις β̅ δ″, φανερὸν ὅτι τοῦ χρόνου τῆς μέσης πενταμήνου τυγχάνοντος ἡμερῶν ρμζ̅ καὶ ὡρῶν ἔγγιςα ιε̅ ς″ δ″, ὁ τῆς μεγίςης πενταμήνου χρόνος ἔςαι ἡμερῶν ρμη̅, ὡρῶν ιη̅. Καὶ διὰ τοῦτο τῆς πρώτης καὶ περὶ τὰ δύο μέρη τῆς παρθένου γινομένης συνόδου, ἡ τελευταία καὶ περὶ τὰ δύο μέρη τοῦ ὑδροχόου γινομένη πρότερον, ἔςαι ταῖς εἰς ὅλας ἡμέρας λειπούσαις ὥραις ς̅. Ζητητέον ἄρα ποῦ καὶ πότε δύναται ἡ σελήνη παραλλάσσειν, ἤτοι ἐν τῷ ἑτέρῳ τῶν προκειμένων δωδεκατημορίων, ἢ ἐν ἀμφοτέροις, κατὰ τὴν ἐν τῷ ὑδροχόῳ τῆς ἐν τῇ παρθένῳ πρὸ ς̅ ὡρῶν ςάσιν, πλεῖον τῶν ἐκκειμένων με̅ ἑξηκοςῶν.

impossible, parceque l'arc non écliptique sera plus grand que le trajet fait pendant les plus longs cinq mois, de 8ᵈ 31′ pris sur l'orbite, et de 0ᵈ 45′ à très-peu près sur le cercle perpendiculaire à l'écliptique. Mais dans les lieux où il peut y avoir une parallaxe, telle qu'elle surpasse les 0ᵈ 45′, dans l'une ou l'autre des conjonctions extrêmes ou dans les deux à la fois, il pourra se faire alors qu'il y arrive une éclipse dans les conjonctions extrêmes.

Puisque nous avons prouvé que dans le temps des plus grands cinq mois, lorsque la lune fait son moindre mouvement, et le soleil son plus grand, la lune est moins avancée que le soleil depuis les deux tiers de la vierge jusqu'aux deux du verseau, de 13ᵈ 18′ provenant des deux anomalies, et comme la lune parcourt cet arc et son douzième par son mouvement moyen en un jour et 2 ¼ heures, il est clair que le temps des cinq mois moyens étant de 147 jours et environ 15 ¼ ¼ heures, le temps des cinq grands mois sera de 148 jours 18 heures. C'est pourquoi la première conjonction se faisant dans ces deux portions de la vierge, la dernière qui se fait dans les deux du verseau, arrivera six heures plutôt : il faut donc chercher où et quand la lune peut éprouver ou dans l'un de ces signes, ou dans les deux, une parallaxe qui lui fasse passer de plus de 45′, lors de sa position dans le verseau, celle qu'elle avoit six heures auparavant dans la vierge.

Il n'est aucune partie de notre terre, vers les ourses, où la lune ne se trouve avoir une telle parallaxe, comme nous l'avons dit : il est donc impossible que le soleil s'éclipse deux fois pendant les plus grands cinq mois, dans le trajet de la lune au midi de l'écliptique, c'est-à-dire quand dans la première conjonction elle s'éloigne du nœud descendant, et quand dans la seconde elle s'approche du nœud ascendant. Mais au midi, à commencer pour ainsi dire, aux habitans de l'équateur en allant vers les ourses, elle peut avoir une parallaxe de cette grandeur dans les deux dodécatémories du zodiaque énoncées ci-dessus, dans la position qui précède de 6 heures, telle que les deux tiers de la vierge, étant supposés être sur le point de se coucher dans la première conjonction, les deux du verseau soient supposés dans le méridien, lors de la seconde conjonction. Car dans ces positions, nous trouvons que la lune dans sa moyenne distance, souffre vers le midi une parallaxe qui, déduction faite de celle du soleil, pour ceux qui habitent l'équateur, est d'environ 0 22′ dans la vierge et de 0 14′ dans le verseau. Mais pour les pays où le plus long jour est de 12 ½ heures, cette parallaxe est de 0ᵈ 27′ lorsque la lune est dans la vierge, et de 0ᵈ 22′ quand elle est dans le verseau ; ensorte qu'alors la somme des deux parallaxes surpasse de quatre soixantièmes les 0ᵈ 45 soixantièmes

Πρὸς ἄρκτους μὲν οὖν οὐδαμῆ τῆς καθ' ἡμᾶς οἰκουμένης, καθ' ὃν εἰρήκαμεν τρόπον, εὑρίσκεται τοσοῦτον παραλλάσσουσα ἡ σελήνη. Ὅθεν ἀδύνατον γίνεται τὸ ἐν τῇ μεγίστῃ πενταμήνῳ δὶς ἐκλείπειν τὸν ἥλιον, κατὰ τὴν ἀπὸ μεσημβρίας τοῦ διὰ μέσων τῆς σελήνης πάροδον, τουτέςιν ὅταν κατὰ μὲν τὴν πρώτην σύνοδον ἀποχωρῇ τοῦ καταβιβάζοντος συνδέσμου, κατὰ δὲ τὴν τελευταίαν προσάγῃ τῷ ἀναβιβάζοντι. Πρὸς μεσημβρίαν δὲ σχεδὸν ἀπὸ τῶν μετὰ τὸν ἰσημερινὸν οἰκούντων, ὡς πρὸς τὰς ἄρκτους, δύναται τὸ τοσοῦτον ἐν ἀμφοτέροις τοῖς ἐκκειμένοις δωδεκατημορίοις κατὰ τὴν πρὸ ἓξ ὡρῶν θέσιν παραλλάσσειν, ὅταν τὰ μὲν τῆς παρθένου δύο μέρη κατὰ τὴν πρώτην σύνοδον ἐπὶ τῆς καταδύσεως ὑποκέηται, τὰ δὲ τοῦ ὑδροχόου κατὰ τὴν δευτέραν σύνοδον ἐπὶ τοῦ μεσημβρινοῦ. Κατὰ γὰρ τὰς τοιαύτας θέσεις εὑρίσκομεν τὴν σελήνην ἐπὶ τοῦ μέσου ἀποςήματος πρὸς μεσημβρίαν παραλλάσσουσαν, ὑπολογουμένης τῆς ἡλιακῆς παραλλάξεως, ὑπὸ μὲν τὸν ἰσημερινὸν ἐν τῇ τῆς παρθένου θέσει μοίρας ō κβ′ ἔγγιςα, ἐν δὲ τῇ τοῦ ὑδροχόου ō ιδ′. Ὅπου δὲ ἡ μεγίστη ἡμέρα ὡρῶν ἐςὶ ιβ ϛ, κατὰ μὲν τὴν τῆς παρθένου θέσιν μοίρας ō κζ′, κατὰ δὲ τὴν τοῦ ὑδροχόου μοίρας ō κβ′, ὡς ἐντεῦθεν ἤδη συναμφοτέρας τὰς παραλλάξεις ἑξηκοςοῖς τέσσαρσιν ὑπερβάλλειν τὰ προκείμενα ō με′. Πλείονος δὴ κατὰ τοὺς βορειοτέρους ἀεὶ τόπους τῆς πρὸς μεσημβρίαν παραλλάξεως

γινομένης, φανερὸν ὅτι καὶ μᾶλλον ἂν δυνατὸν ἔςαι τοῖς ἐν αὐτοῖς οἰκοῦσι δὶς ἐν τῇ μεγίςῃ πενταμήνῳ φανῆναι τὸν ἥλιον ἐκλείποντα, κατὰ μόνην μέντοι τὴν ἀπ᾽ ἄρκτων τοῦ διὰ μέσων τῆς σελήνης πάροδον, τουτέςιν ὅταν ἐπὶ μὲν τῆς πρώτης ἐκλείψεως ἀποχωρῇ τοῦ ἀναβιβάζοντος συνδέσμου, ἐπὶ δὲ τῆς δευτέρας προσάγῃ τῷ καταβιβάζοντι.

Λέγω δὴ πάλιν, ὅτι καὶ ἐν τῇ ἐλαχίςῃ ἑπταμήνῳ δυνατὸν ἔςαι δὶς τὸν ἥλιον παρὰ τοῖς αὐτοῖς ἐκλείπειν. Ἐπειδὴ γὰρ ἐν τῇ ἐλαχίςῃ ἑπταμήνῳ, τὴν κατὰ πλάτος τῆς σελήνης πάροδον ἀπεδείξαμεν τμημάτων σῆ μζ, μεγίςης δ᾽ ἀπολαμβανομένης μεταξὺ τῶν ἐκλειπτικῶν ὅρων περιφερείας τοῦ λοξοῦ κύκλου, τῆς ἀπὸ τοῦ κατὰ τὴν προσαγωγὴν τοῦ ἑτέρου συνδέσμου μέχρι τοῦ κατὰ τὴν ἀποχώρησιν τοῦ ἐναντίου συνδέσμου, συνάγεται καὶ ἐπὶ τοῦ ἡλίου ἡ τοιαύτη διάςασις ἐπὶ τοῦ μέσου τῆς σελήνης ἀποςήματος τμημάτων ρϟβ κδ, δῆλον ὅτι μηδὲν μὲν πάλιν παραλλασσούσης τῆς σελήνης, ἀδύνατον ἔςαι τὸ προκείμενον, διὰ τὸ μείζονα εἶναι τὴν τῆς ἐλαχίςης ἑπταμήνου τοῦ λοξοῦ κύκλου περιφέρειαν, τῆς ὑπὸ τῶν ἐκλειπτικῶν ὅρων τοῦ ἡλίου μεγίςης ἀπολαμβανομένης, τμήμασιν ἐπὶ μὲν τοῦ λοξοῦ κύκλου ιϛ κγ, ἐπὶ δὲ τοῦ διὰ τῶν πόλων τοῦ ζωδιακοῦ ᾱ κε. Ὅπου δ᾽ ἂν δύνηται παραλλάσσειν οὕτως, ὥςτε τὰς ἐν ὁποτέρα τῶν ἄκρων

mentionnés plus haut. Or la parallaxe étant toujours plus grande pour l'hémisphère boreal que pour le méridional, il est évident qu'il est plus possible au premier qu'au second, de voir le soleil éclipsé deux fois en cinq grands mois, pendant la marche de la lune dans l'hémisphère boréal au-dessus du cercle mitoyen du zodiaque, c'est-à-dire quand dans la première éclipse elle s'écarte du nœud ascendant, et que dans la seconde elle s'approche du nœud descendant.

Je dis de plus, qu'il est possible que le soleil s'éclipse pour ces mêmes parties de la terre deux fois en sept mois, même les plus courts. En effet, puisqu'il a été démontré que dans ces moindres sept mois le mouvement de la lune en latitude est de 208^d 47′, (d) le plus grand arc de l'orbite inclinée, entre les limites écliptiques, se trouvant depuis le point de la proximité de l'un des nœuds, jusqu'au point où le nœud opposé est le plus éloigné, la distance, pour le soleil, lors de l'éloignement moyen de la lune, se trouve être de 192^d 24′, il est évident que s'il n'y a point de parallaxe de lune, il sera impossible qu'il se fasse deux éclipses du soleil, parceque l'arc de l'orbite, pendant ces sept moindres mois est plus grand que le plus grand compris entre les limites des éclipses du soleil, de 16^d 23′ de l'orbite, et de 1^d 25′ du cercle qui passe par les poles du zodiaque. Mais où la parallaxe peut être telle qu'elle surpasse celles de l'une ou de l'autre des conjonctions extrêmes, ou

celles de ces deux ensemble, de 1ᵈ 25′, là il sera possible que dans les deux conjonctions extrêmes il arrive des éclipses. Or puisque nous avons prouvé que dans le temps des sept mois moyens, lorsque la lune fait son plus grand mouvement, et le soleil son plus petit, depuis l'extrémité du verseau jusqu'au milieu de la vierge, la lune a déjà passé le soleil de 14ᵈ 40′ réellement, et que la lune parcourt ces degrés et minutes et leur douzième par son mouvement moyen en un jour et cinq heures, il est évident que le temps des sept mois moyens renfermant 206 jours et 17 heures environ, le temps des moindres sept mois sera de 205 jours et 12 heures : et par conséquent le temps de la dernière conjonction dans le milieu de la vierge, sera de 12 heures plus tardif que celui de la première, et à l'extrémité du verseau. Il faut donc chercher où et quand la lune peut avoir une parallaxe de plus de 1ᵈ 25′, soit dans l'une (e) ou l'autre des dodécatémories du zodiaque ci-dessus nommées, soit dans les deux ensemble lors de la position à 12 heures (*de distance des deux astres*) c'est-à-dire lorsque l'un se couche et que l'autre se lève ; car il est absolument impossible que l'une et l'autre éclipse se montre autrement au-dessus de l'horizon. Or du côté des ourses on ne trouvera pas que la lune ait une parallaxe aussi forte en aucune position relativement à quelque partie que ce soit de notre terre; et pour l'équateur même,

συνόδων, ἢ καὶ τὰς συναμφοτέρων ἅμα παραλλάξεις ὑπερβάλλειν τὴν α̅ κε̅′ μοῖραν, ἐκεῖ δυνατὸν ἔςαι καὶ τὰς ἄκρας συνόδους ἀμφοτέρας ἐκλειπτικὰς γίνεσθαι. Ἐπειδὴ οὖν ἐδείξαμεν ἐν τῷ χρόνῳ τῆς μέσης ἑπταμήνου, ὅταν ἡ μὲν σελήνη τὴν μεγίςην ποιῆται πάροδον, ὁ δὲ ἥλιος τὴν ἐλαχίςην, ἀπὸ τῶν ἐσχάτων τοῦ ὑδροχόου μέχρι τῶν μέσων τῆς παρθένου, παρεληλυθυῖαν ἤδη τὴν σελήνην τὸν ἥλιον ἀκριβῶς μοίρας ιδ̅ μ′, τὰς δὲ τοσαύτας μοίρας καὶ ἔτι τὸ ιβ̅″ αὐτῶν ἡ σελήνη κινεῖται μέσως ἐν ἡμέρᾳ α̅ καὶ ὥραις ε̅, φανερὸν ὅτι τοῦ χρόνου τῆς μέσης ἑπταμήνου περιέχοντος ἡμέρας σϛ̅ καὶ ὥρας ιζ̅ ἔγγιςα, ὁ τῆς ἐλαχίςης ἑπταμήνου χρόνος ἔςαι ἡμερῶν σε̅ καὶ ὡρῶν ιβ̅· καὶ διὰ τοῦτο ὁ τῆς τελευταίας καὶ περὶ τὰ μέσα τῆς παρθένου συνόδου χρόνος μετὰ ιβ̅ ὥρας ἔςαι τοῦ τῆς πρώτης καὶ περὶ τὰ ἔσχατα τοῦ ὑδροχόου. Ζητητέον ἄρα ποῦ καὶ πότε δύναται ἡ σελήνη πλεῖον τῆς α̅ κε̅ μοίρας παραλλάσσειν, ἤτοι ἐν τῷ ἑτέρῳ τῶν προκειμένων δωδεκατημορίων, ἢ ἐν ἀμφοτέροις κατὰ τὴν διὰ ιβ̅ ὡρῶν θέσιν, τουτέςιν ὅταν τὸ μὲν ἕτερον δύνῃ, τὸ δὲ ἕτερον ἀνατέλλῃ, διὰ τὸ μηδαμῶς ἄλλως δύνασθαι τὰς ἐκλείψεις ἀμφοτέρας ὑπὲρ γῆς γίνεσθαι. Πρὸς ἄρκτους μὲν οὖν πάλιν οὐδαμῇ τῆς καθ' ἡμᾶς οἰκουμένης κατ' οὐδεμίαν θέσιν τοσοῦτον εὑρίσκεται παραλλάσσουσα ἡ σελήνη, μηδ' αὐτοῖς τοῖς ὑπὸ τὸν ἰσημερινὸν μεῖζον ἑξηκοςῶν κγ̅ τῆς κατὰ τὸ μέγι-

ςον ἀπόςημα γινομένης κατὰ τὸ πλάτος
παραλλάξεως. Οθεν ἀδύνατον γίνεται ἐν
τῇ ἐλαχίςῃ ἑπταμήνῳ δὶς ἐκλείπειν τὸν
ἥλιον, κατὰ τὴν ἀπὸ μεσημβρίας τοῦ
διὰ μέσων τῆς σελήνης πάροδον, τουτέςιν
ὅταν κατὰ μὲν τὴν προτέραν σύνοδον προσάγῃ τῷ ἀναβιβάζοντι συνδέσμῳ, κατὰ
δὲ τὴν τελευταίαν ἀποχωρῇ τοῦ καταβιβάζοντος. Πρὸς μεσημβρίαν δὲ τὴν τοσαύτην παράλλαξιν εὑρίσκομεν ἀποτελου-
μένην σχεδὸν ἀπὸ τοῦ διὰ Ῥόδου παραλ-
λήνου, ὅταν τὰ μὲν ἔσχατα τοῦ ὑδροχόου ἀνατέλλῃ, τὰ δὲ μέσα τῆς παρθένου δύνῃ. Παραλλάσσει γὰρ ἐν Ῥόδῳ καὶ
τοῖς ὑπὸ τὸν αὐτὸν παράλληλον τόποις
καθ' ἑκατέραν τούτων τῶν θέσεων ἡ σελήνη, κατὰ τὸ μέσον ἀπόςημα τῆς ἡλιακῆς παραλλάξεως ὑφαιρουμένης πρὸς
μεσημβρίαν, ἀνὰ ο̄ μϛʹ ἔγγιςα, ὡς τὰς
ἐν ἀμφοτέραις ταῖς συνόδοις παραλλάξεις
ἐντεῦθεν ἤδη μείζους γίνεσθαι τῆς μιᾶς
μοίρας καὶ τῶν κ̄ε̄ ἑξηκοςῶν. Πλείονος δὴ
γινομένης τῆς πρὸς μεσημβρίαν παραλλάξεως ἐν τοῖς ἔτι τούτου τοῦ παραλλήλου βορειοτέροις, φανερὸν ὅτι δυνατὸν ἔςαι
τοῖς κατ' αὐτοὺς οἰκοῦσι δὶς ἐν τῇ ἐλαχίςῃ ἑπταμήνῳ ἔκλειψιν ἡλίου φανῆναι,
κατὰ μόνην μέντοι πάλιν τὴν ἀπ' ἄρκτων
τοῦ διὰ μέσων τῆς σελήνης πάροδον, τουτέςιν ὅταν ἐπὶ μὲν τῆς πρώτης ἐκλείψεως
προσάγῃ τῷ καταβιβάζοντι συνδέσμῳ,
ἐπὶ δὲ τῆς δευτέρας ἀποχωρῇ τοῦ ἀναβιβάζοντος.

Καταλείποιτο δ' ἂν ἐπιδεῖξαι καὶ ὅτι

la parallaxe ne sera jamais de plus de
23 soixantièmes en latitude, dans la plus
grande distance. C'est pourquoi il est
impossible que le soleil s'éclipse deux
fois en sept mois les plus courts, lors
du trajet de la lune depuis le midi de
l'écliptique, c'est-à-dire quand dans la
première conjonction elle s'approche du
nœud ascendant, et quand dans la seconde elle s'éloigne du nœud descendant. Mais du côté du midi, nous trouvons qu'une aussi grande parallaxe a
lieu à peu près depuis le parallèle de
Rhodes, lorsque l'extrémité du verseau
se lève, et que la moitié de la vierge se
couche. Car pour Rhodes et pour tous
les lieux qui sont sous le même parallèle, la lune souffre une parallaxe d'environ o^d 46′ vers le midi, dans l'une et
l'autre de ces positions, lors de sa distance moyenne, déduction faite de la
parallaxe du soleil; ensorte que les parallaxes dans les deux conjonctions sont,
de plus de 1 degré 25′. La parallaxe
vers le midi devenant plus grande pour
les contrées plus boréales que ce parallèle, il est clair qu'il sera possible que
leurs habitans voient deux éclipses de
soleil dans les sept mois les plus courts,
mais seulement dans le trajet de la lune
depuis les points plus boréaux que l'é-
cliptique, c'est-à-dire quand dans la
première éclipse, elle s'approche du
nœud descendant, et quand dans la seconde elle s'écarte du nœud ascendant.

Il reste maintenant à démontrer qu'il

n'est pas possible que le soleil paroisse à notre terre s'éclipser deux fois en un mois, ni dans le même climat ni dans des climats différents, quand même on supposeroit que tout ce qui ne peut pas se rencontrer ensemble pour opérer ce phénomène, concourroit cependant à le produire deux fois en aussi peu de temps ; je veux dire quand nous supposerions la lune dans sa moindre distance, pour lui faire souffrir la plus grande parallaxe ; et quand le mois seroit le plus court, et tel que le trajet de la lune en latitude pendant ce mois, fût le moins possible plus grand que l'arc compris entre les limites des éclipses du soleil, en employant même indifféremment les heures et les dodécatémories du cercle, dans lesquelles la lune paroît avoir les plus grandes parallaxes.

Puis donc que dans le mois moyen, le trajet fait en longitude par l'un et l'autre de ces deux astres en vertu de leur mouvement moyen, comprend 29^d 6′, tandis que sur l'épicycle de la lune il est de 25^d 49′, mais que les 29^d 6′ du soleil dans le moindre mouvement de chaque côté de l'apogée retranchent 1^d 8′ du moyen, et les 25^d 49′ sur l'épicycle, dans le plus grand mouvement de chaque côté du périgée ajoutent au moyen 2^d 28′ ; si, d'après ce qui a été démontré, rassemblant ces quantités à ajouter et à retrancher provenant des deux anomalies, nous ajoutons le douzième 0^d 18′ de la somme 3^d 36′, à ce dont le soleil s'est éclipsé, nous en ferons une somme 1^d 26′, et

διὰ μηνὸς ἑνὸς οὐ δυνατὸν ἔςαι δὶς τὸν ἥλιον ἐκλείπειν ἐν τῇ καθ' ἡμᾶς οἰκουμένῃ, οὔτ' ἐν τῷ αὐτῷ κλίματι, οὔτ' ἐν διαφόροις, κἂν πάντα τις ἅμα ὑπόθηται τὰ μὴ δυνάμενα μὲν συνδραμεῖν, συλλαμβανόμενα δ' ἄλλως τῷ δυνατὸν ποιῆσαι τὸ προκείμενον· λέγω δὲ κἂν τὴν μὲν σελήνην κατὰ τὸ ἐλάχιςον ἀπόςημα ὑποθώμεθα, ἵνα πλεῖον παραλλάσσῃ, τὸν δὲ μῆνα ἐλάχιςον, ἵνα ὅσῳ δυνατὸν ἐλαχίςῳ μείζων ἡ κατὰ πλάτος μηνιαία πάροδος γίνηται τῆς ὑπὸ τῶν ἐκλειπτικῶν ὅρων τοῦ ἡλίου περιεχομένης, κἂν ἀδιαφόρως ταῖς τε ὥραις καὶ τοῖς δωδεκατημορίοις καταχρησώμεθα, καθ' ὧν τὰς μεγίςας φαίνεται παραλλάξεις ποιουμένη.

Ἐπεὶ τοίνυν ἐν τῷ μέσῳ μηνὶ, ἡ μὲν κατὰ μῆκος ἑκατέρου τῶν φώτων πάροδος ἐπιλαμβάνει μέσως μοίρας κθ ς′, ἡ δὲ κατὰ τὸν ἐπίκυκλον τῆς σελήνης μοίρας κε̄ μθ′, τούτων δ' αἱ μὲν κθ ς′ τοῦ ἡλίου κατὰ τὴν ἐφ' ἑκάτερα τοῦ ἀπογείου ἐλαχίςην πάροδον ἀφαιροῦσι τῆς μέσης μοίραν ᾱ η′, αἱ δὲ τοῦ ἐπικύκλου τῆς σελήνης κε̄ μθ′ μοῖραι κατὰ τὴν ἐφ' ἑκάτερα τοῦ περιγείου μεγίςην πάροδον προςτιθέασι τῇ μέσῃ μοίρας β̄ κη′, ἐὰν ἀκολούθως τοῖς προαποδεδειγμένοις συνθέντες τὰς ἐξ ἀμφοτέρων τῶν ἀνωμαλιῶν προςαφαιρέσεις, τῶν γινομένων γ̄ λς′ τὸ ιβ″, τὰ ο̄ ιη′ προςθῶμεν οἷς ὁ ἥλιος ἐκλελοίπει, ποιήσομεν τμήματα ᾱ κς′, καὶ τοσούτοις ἕξομεν ἐλάσσονα τὴν τοῦ ἐλαχίςου μηνὸς

πάροδον τῆς ἐν τῷ μέσῳ μηνὶ κατά τε
μῆκος καὶ κατὰ πλάτος· ὥστ᾽ ἐπειδήπερ
ἡ τοῦ μέσου μηνὸς κατὰ πλάτος πάροδος μοιρῶν ἐςὶ λ̄ μ΄, τὴν τοῦ ἐλαχίςου
πάροδον γίνεσθαι μοιρῶν κθ̄ ιδ΄, αἵ τινες
ποιοῦσιν ἐπὶ τοῦ πρὸς ὀρθὰς τῷ ζωδιακῷ
μεγίςου κύκλου τμήματα β̄ λγ΄ ἔγγιςα.
Ἀλλ᾽ ἡ πᾶσα τῶν ἐκλειπτικῶν ὅρων τοῦ
ἡλίου πάροδος συνάγεται κατὰ τὸ ἐλάχιςον ἀπόςημα τῆς σελήνης οὔσης, τμημάτων ᾱ ς΄· ὡς μείζονα γίνεσθαι τὴν τοῦ
ἐλαχίςου μηνὸς πάροδον τμήμασιν ᾱ κζ΄.
Δέον οὖν ἂν εἴη πάντως, εἴπερ ἐν τῷ ἑνὶ
μηνὶ δὶς ὁ ἥλιος ἐκλείποι, ἤτοι κατὰ
μὲν τὴν ἑτέραν τῶν συνόδων μηδὲν παραλλάσσειν τὴν σελήνην, κατὰ δὲ τὴν ἑτέραν
πλεῖον τῶν ᾱ κζ΄· ἢ καθ᾽ ἑκατέραν μὲν
τῶν συνόδων ἐπὶ τὰ αὐτὰ παραλλάσσειν,
τὴν δ᾽ ὑπεροχὴν τῶν παραλλάξεων μείζονα εἶναι τῶν ᾱ κζ΄· ἢ συναμφοτέρας τὰς
παραλλάξεις πλείονα τῶν αὐτῶν συνάγειν τμημάτων, ὅταν ἡ μὲν τῆς ἑτέρας
συνόδου γίνηται πρὸς ἄρκτους, ἡ δὲ τῆς
ἑτέρας πρὸς μεσημβρίαν. Ἀλλ᾽ οὐδαμῆ
τῆς γῆς ἐν ταῖς συζυγίαις, οὐδὲ κατὰ
τὸ ἐλάχιςον ἀπόςημα πλεῖον ἡ σελήνη
κατὰ πλάτος παραλλάσσει τῆς ἡλιακῆς
παραλλάξεως, ὑπολογουμένης μιᾶς μοίρας. Οὐκ ἄρα ἔςαι δυνατὸν ἐν τῷ ἐλαχίςῳ μηνὶ δὶς ἐκλείπειν τὸν ἥλιον, ὅταν
ἤτοι κατὰ μὲν τὴν ἑτέραν τῶν συνόδων
μηδὲν ἡ σελήνη παραλλάσσῃ, ἢ κατ᾽ ἀμφοτέρας ἐπὶ τὰ αὐτὰ παραλλάσσῃ, τῆς
ὑπεροχῆς αὐτῶν μὴ πλείονος γινομένης
τῆς μιᾶς μοίρας, δέον καὶ τῶν ᾱ κζ΄.
Μόνως ἂν οὖν τὸ προκείμενον δύναιτο

nous aurons le trajet fait pendant le
moindre mois, plus petit de cette quantité, que celui qui se fait en longitude
et en latitude pendant le mois moyen.
Or l'espace parcouru en longitude pendant le mois moyen étant de 30^d 40′,
le trajet pendant le moindre mois est de
29^d 14′ qui font à très-peu près 2^d 33′
sur le grand cercle qui coupe le zodiaque
à angles droits. Mais tout l'intervalle des
éclipses du soleil comprend, quand la
lune est dans la moindre distance, 1^d 6′ ;
ensorte que le trajet pendant le moindre
mois est plus grand de 1^p 27′. Il faudroit
donc absolument que, si le soleil s'éclip-
soit deux fois en un mois, la parallaxe de
la lune fût nulle dans l'une des conjonctions, et que dans l'autre elle ne fût que
de 1^d 27′ ; ou que dans l'une et l'autre
des conjonctions, ses parallaxes fussent
du même côté, et que leur différence fût
plus grande que 1^d 27′ ; ou que les deux
ensemble continssent une quantité plus
grande que ces 1^d 27′, quand la parallaxe de l'une des conjonctions se feroit
vers l'ourse, et celle de l'autre vers le midi.
Mais pour aucun lieu de la terre, lors
des syzygies, ni dans la moindre distance,
la lune ne souffre de parallaxe en latitude plus grande que de 1^d, celle du soleil en étant soustraite. Il ne sera donc
pas possible que dans l'espace d'un mois
le soleil s'éclipse deux fois, soit que la
lune n'ait pas de parallaxe dans l'une
des conjonctions, ou que sa parallaxe
dans les deux, soit du même côté, leur
différence n'excédant pas 1^d, tandis qu'il
faudroit qu'elle fût aussi de 1^{d}27′. Donc la

chose en question ne pourroit arriver que dans le cas où l'une et l'autre paral-laxe se faisant dans les points opposés, leur somme donneróit plus que 1ᵈ 27′. A la vérité cela pourra être pour diverses parties de la terre, parceque la lune, peut, pour l'hémisphère boréal relative-ment à l'équateur de notre terre, éprou-ver vers le midi, ou pour l'hémisphère antarctique dans les parties appellées *an-tichthones* (*f*) éprouver vers les ourses, une parallaxe qui, déduction faite de celle du soleil, seroit de 0ᵈ 25′ à 1ᵈ. Mais cela ne pourroit jamais être pour une même contrée de la terre, par-ceque la plus grande parallaxe de la lune, de même qu'elle ne peut être de plus de 0ᵈ 25′ vers l'ourse et vers le midi pour les habitans de l'équateur, ne peut pas être pour les contrées plus boréales ou plus méridionales, de plus de 1ᵈ comme je l'ai dit déjà, vers les points opposés; de sorte qu'ainsi les deux pa-rallaxes ensemble sont plus petites que 1ᵖ 27′; et comme l'une et l'autre des parallaxes contraires est plus petite pour les contrées situées entre l'équateur et l'une ou l'autre des limites, il s'ensuit que la chose en question y sera encore plus impossible. Par conséquent le soleil ne peut pour aucun lieu de la terre être éclipsé deux fois en un mois, relative-ment à ce même lieu, et il ne le peut pas plus pour divers lieux, dans ce même espace de temps. C'est ce qu'il s'agissoit de démontrer (*g*).

συμβαίνειν, εἰ ἐπὶ τὰ ἐναντία γινομένης ἑκατέρας τῶν παραλλάξεων, ἐξ ἀμφο-τέρων πλείονα τῶν ā κζ´ τμήματα συν-άγοιτο. Τοῦτον δ᾽ ἐπὶ διαφόρου μὲν οἰκουμένης ἐνδεχόμενον ἔςαι, διὰ τὸ δύ-νασθαι παρὰ μὲν τοῖς βορειοτέροις τοῦ ἰσημερινοῦ τῶν ἐν τῇ καθ᾽ ἡμᾶς οἰκουμέ-νῃ πρὸς μεσημβρίαν παραλλάσσειν τὴν σελήνην, παρὰ δὲ τοῖς νοτιωτέροις τοῦ ἰσημερινοῦ τῶν ἀντιχθόνων καλουμένων πρὸς ἄρκτους παραλλάσσειν, μετὰ τὴν τοῦ ἡλίου παράλλαξιν, ἀπὸ ō κε´ μέχρι μοίρας ā. Ἐπὶ δὲ τῆς αὐτῆς οἰκουμένης οὐκ ἄν ποτε συμβαίνοι, διὰ τὸ πλεῖςον τὴν σελήνην παραλλάσσειν ὡσαύτως παρὰ μὲν τοῖς ὑπ᾽ αὐτὸν τὸν ἰσημερινὸν οὐ πλεῖον ἑξηκοςῶν κε̄ πρὸς ἄρκτους τε καὶ μεσημ-βρίαν, παρὰ δὲ τοῖς βορειοτάτοις ἢ νο-τιωτάτοις αὐτῶν μὴ πλεῖον ἐπὶ τὰ ἀντι-κείμενα τῆς προκειμένης μιᾶς μοίρας· ὡς καὶ οὕτως ἔτι ἐλάσσονας συνάγεσθαι συν-αμφοτέρας τὰς παραλλάξεις τῶν ā κζ´ τμημάτων. Πολλῷ δὲ ἐλάσσονος ἐπὶ τῶν μεταξὺ τοῦ τε ἰσημερινοῦ καὶ του ἑτέρου πέρατος ἑκατέρας τῶν ἀντικειμέ-νῶν παραλλάξεων ἀεὶ γινομένης, προκόπ-τοι ἂν ἔτι μᾶλλον παρ᾽ αὐτοῖς τὸ ἀδύνα-τον. Παρὰ μὲν τοῖς αὐτοῖς ἄρα οὐδαμῆ τῆς γῆς δὶς ἐν τῷ ἑνὶ μηνὶ δυνατὸν ἔςαι τὸν ἥλιον ἐκλείπειν, παρὰ δὲ διαφόροις οὐδαμῆ τῆς αὐτῆς οἰκουμένης. Ἅπερ ἡμῖν προέκειτο δεῖξαι.

ΚΕΦΑΛΑΙΟΝ Ζ́.

ΠΡΑΓΜΑΤΕΙΑ ΚΑΝΟΝΙΩΝ ΕΚΛΕΙΠΤΙΚΩΝ.

CHAPITRE VII.

CONSTRUCTION DES TABLES DES ÉCLIPSES.

ΠΟΙΑΣ μὲν οὖν διαςάσεις τῶν συζυ-γιῶν εἰς τὴν ἐπίσκεψιν τῶν ἐκλείψεων ὀφείλομεν παραλαμβάνειν, διὰ τούτων ἡμῖν γέγονε δῆλον· ὅπως δὲ τῶν τε κατ' αὐτὰς μέσων χρόνων διακριθέντων, κỳ τῶν ἐν αὐτοῖς παρόδων τῆς σελήνης ἐπι-λογιθεισῶν, ἐπὶ μὲν τῶν συνοδικῶν συ-ζυγιῶν τῶν φαινομένων, ἐπὶ δὲ τῶν παν-σεληνιακῶν τῶν ἀκριβῶν, διὰ τῶν κατὰ πλάτος ἐποχῶν τῆς σελήνης προχείρως ἐπισκέπτεθαι δυνώμεθα, τάς τε πάντως ἐσομένας ἐκλειπτικὰς τῶν συζυγιῶν, κỳ τούτων τά τε μεγέθη κỳ τοὺς χρόνους τῶν ἐπισκοτήσεων, ἐπραγματευσάμεθα κανόνια πρὸς τὴν τοιαύτην διάκρισιν, δύο μὲν τῶν ἡλιακῶν ἐκλείψεων ἕνεκεν, δύο δὲ τῶν σεληνιακῶν, κατά τε τὸ μέγιστον κỳ τὸ ἐλάχιστον τῆς σελήνης ἀπόςημα, ὑποθέμενοι τὴν παραύξησιν τῶν ἐπισκοτή-σεων διὰ δωδεκάτου μέρους τῆς ἐπισκο-τουμένης διαμέτρου ἑκατέρου τῶν φώτων.

Τὸ μὲν οὖν πρῶτον κανόνιον τῶν ἡλια-κῶν ἐκλείψεων, ὃ περιέχει τοὺς κατὰ τὸ μέγιστον ἀπόςημα τῆς σελήνης ἐκλειπτι-κοὺς ὅρους, τάξομεν ἐπὶ ςίχους μὲν κε σελίδια δὲ δ́. Τούτων δὲ τὰ μὲν δύο τὰ πρῶτα περιέξει τὴν κατὰ πλάτος τῆς σελήνης ἐπὶ τοῦ λοξοῦ κύκλου φαινομένην πάροδον ἐφ' ἑκάςης τῶν ἐπισκοτήσεων.

I.

Nous venons de voir par ce qui pré-cède, quels intervalles nous devons pren-dre entre les syzygies pour la recherche des éclipses : mais le milieu de leur du-rée étant déterminé, et les lieux de la lune dans les syzygies étant calculés, pour avoir facilement, dans les syzy-gies synodiques ou conjonctions appa-rentes et dans les pleines lunes vraies, par les lieux de la lune en latitude, celles des syzygies qui produiront réel-lement des éclipses, les grandeurs de celles-ci et leurs durées entières, nous avons dressé des tables qui contien-nent ces divers objets bien détermi-nés. Les deux premières sont pour les éclipses de soleil, et les deux autres pour celles de lune ; nous supposons pour la plus grande et la plus petite dis-tance de la lune, l'augmentation de l'obs-curcissement, exprimée en douzièmes du diamètre éclipsé de l'un et de l'autre astre.

La première table des éclipses du so-leil, qui comprend les limites de ses éclipses dans la plus grande distance de la lune, sera de 25 lignes et de 4 colonnes. Les deux premières de celles-ci contien-dront le lieu (a) apparent de la lune en latitude sur son orbite inclinée pour chaque éclipse ; car puisque le diamètre

52

du soleil, est de 31 20′ soixantièmes, et qu'il est démontré que celui de la lune dans sa plus grande distance, est aussi de 31′ 20″; et que pour cette raison, quand le centre apparent de la lune est éloigné de celui du soleil, de 31 20′ soixantièmes sur le cercle qui passe par ces deux centres, et qu'il est à 6 degrés du nœud, sur l'orbite inclinée alors, suivant la proportion énoncée ci-dessus de 11 30′ à 1, elle commence à entrer en contact avec le soleil. Nous mettrons dans les premières lignes de la première colonne, 84 degrés; et de la seconde, 276 degrés; dans la dernière ligne de la première colonne, 96 degrés; et dans celles de la seconde, 264ᵈ. Et, comme à un douzième du diamètre solaire, répondent environ 30 soixantièmes d'un degré du cercle oblique, nous augmenterons ou nous diminuerons d'autant les deux colonnes, en commençant depuis leurs extrémités jusqu'à la moitié de leurs lignes dans lesquelles nous placerons les 90ᵈ et les 270 degrés. La troisième colonne contiendra les grandeurs des obscurcissemens, en y mettant 0 pour marques du contact, dans les lignes extrêmes; et suivant la proportion d'un doigt par douzième du diamètre, dans les autres lignes, en augmentant d'un doigt en chacune de ces lignes jusqu'à celle du milieu sur laquelle tombera le nombre de douze doigts. La quatrième colonne contiendra les mouvemens du centre de la lune pendant chaque éclipse, sans y tenir

Ἐπεὶ γὰρ ἡ μὲν τοῦ ἡλίου διάμετρος ἑξηκοςῶν ἐςι λᾱ κ′, ἡ δὲ τῆς σελήνης καὶ αὐτὴ κατὰ τὸ μέγιςον ἀπόςημα ἐδείχθη τῶν αὐτῶν λᾱ κ′, καὶ διὰ ταῦτα ὅταν τὸ φαινόμενον κέντρον τῆς σελήνης ἀφεςήκη τοῦ μὲν ἡλιακοῦ κέντρου ἐπὶ τοῦ διὰ τῶν κέντρων ἀμφοτέρων μεγίςου κύκλου ἑξηκοςὰ λᾱ κ′, τοῦ δὲ συνδέσμου ἐπὶ τοῦ λοξοῦ κύκλου μοίρας ϛ̄, κατὰ τὸν προεκτεθειμένον λόγον τὸν τῶν ιᾱ λ′ πρὸς τὸ ᾱ, τότε πρῶτον κατὰ τὴν ἐπαφὴν ἔςαι τοῦ ἡλίου, κατὰ μὲν τῶν πρώτων ςίχων τῶν σελιδίων τάξομεν τοῦ μὲν πρώτου τὰς πδ̄ μοίρας, τοῦ δὲ δευτέρου τὰς σος̄· κατὰ δὲ τῶν ἐσχάτων, τοῦ μὲν πρώτου πάλιν τὰς ϟϛ̄, τοῦ δὲ δευτέρου τὰς σξδ̄. Καὶ ἐπεὶ τῷ δωδεκάτῳ τῆς ἡλιακῆς διαμέτρου ἐπιβάλλει τοῦ λοξοῦ κύκλου μιᾶς μοίρας ἑξηκοςὰ λ̄ ἔγγιςα, τοῖς τοσούτοις αὐξομειώσομεν τὰ προκείμενα δύο σελίδια, ἀπὸ τῶν ἄκρων ἀρξάμενοι μέχρι τῶν περὶ τοὺς μέσους ςίχους. Ἐπὶ γὰρ τῶν μέσων τάξομεν τάς τε ϟ̄ μοίρας καὶ τὰς σο̄. Τὸ δὲ τρίτον σελίδιον περιέξει τὰ μεγέθη τῶν ἐπισκοτήσεων, ἐπὶ μὲν τῶν ἄκρων ςίχων, παρατιθεμένων τῶν τῆς ἐπαφῆς ὅ ὅ. ἐπὶ δὲ τῶν ἐφεξῆς αὐτῶν τοῦ ἑνὸς δακτύλου ἀντὶ τοῦ δωδεκάτου τῆς διαμέτρου, καὶ οὕτως ἐπὶ τῶν λοιπῶν τῷ ἑνὶ δακτύλῳ τῆς παραυξήσεως γινομένης, μέχρι τοῦ μέσου ςίχου, εἰς ὃν ὁ τῶν ιβ δακτύλων ἀριθμὸς καταντήσει. Τὸ δὲ τέταρτον σελίδιον περιέξει τὰς γινομένας τοῦ κέντρου τῆς σελήνης παρόδους καθ' ἑκάςην ἐπισκότησιν, ὡς μὴ συνεπιλογιζομένων

μέν τοι μηδέπω μήτε τῶν ἐπικινήσεων τοῦ ἡλίου, μήτε τῶν ἐπιπαραλλάξεων τῆς σελήνης.

Τὸ δὲ δεύτερον κανόνιον τῶν ἡλιακῶν ἐκλείψεων, ὃ περιέχει τοὺς κατὰ τὸ ἐλάχιστον ἀπόστημα τῆς σελήνης ἐκλειπτικοὺς ὅρους, τάξομεν τὰ μὲν ἄλλα ὡσαύτως τῷ πρώτῳ, ἐπὶ ϛίχους δὲ κζ καὶ σελίδια δ, διὰ τὸ τὴν μὲν ἐκ τοῦ κέντρου τῆς σελήνης ἐπὶ τοῦ ἐλαχίϛου ἀποϛήματος τοιούτων δεδεῖχθαι ιζ καὶ ἑξηκοϛῶν μ̄, οἵων ἐϛὶν ἡ ἐκ τοῦ κέντρου τοῦ ἡλίου ιε καὶ ἑξηκοϛῶν μ̄. Ὅταν δὲ πρώτως κατὰ τὴν ἐπαφὴν γίνηται τοῦ ἡλίου ἡ σελήνη, τότε τὸ φαινόμενον κέντρον αὐτῆς ἀφεϛηκέναι τοῦ μὲν ἡλιακοῦ κέντρου πάλιν μοίρας μιᾶς ἑξηκοϛὰ λγ καὶ δεύτερα κ̄, τῶν δὲ συνδέσμων ἐπὶ τοῦ λοξοῦ κύκλου μοίρας ϛ̄ κδ. Γίνονται γὰρ οἱ μὲν ἐπὶ τῶν ἄκρων ϛίχων τοῦ φαινομένου πλάτους ἀριθμοὶ, ὅ τε τῶν πγ λϛ, καὶ ὁ τῶν σοϛ κδ, καὶ πάλιν ὁ τῶν ϛζ κδ, καὶ ὁ τῶν σξγ λϛ. Ὁ δ' ἐπὶ τοῦ μέσου τῶν δακτύλων, διὰ τὴν ὁμοίαν ὑπεροχὴν ιβ δακτύλων καὶ ἔτι τοῦ ἑνὸς πεμπτημορίων δ, καθ' ὃν καὶ μόνης γίνεται πάροδος.

Τῶν δὲ σεληνιακῶν κανονίων ἑκάτερον τάξομεν ἐπὶ ϛίχους μὲν με σελίδια δὲ ε, καὶ τῷ μὲν πρώτῳ τοὺς τοῦ πλάτους ἀριθμοὺς παραθήσομεν, ὡς ἐπὶ τοῦ μεγίϛου ἀποϛήματος οὔσης τῆς σελήνης. Ἐπεὶ γὰρ ἡ μὲν ἐκ τοῦ κέντρου τῆς σελήνης ἐδείχθη κατὰ τὸ μέγιϛον ἀπόϛημα ἑξηκοϛῶν ιε μ', ἡ δ' ἐκ τοῦ κέντρου τῆς σκιᾶς τῶν αὐτῶν μ̄ μδ, ὥϛτε, ὅταν πρώτως ἅπτηται τῆς σκιᾶς ἡ σελήνη,

compte pourtant des mouvemens du soleil ni des parallaxes de la lune (*en sus pendant l'éclipse*) (*b*).

La seconde table des éclipses du soleil qui contient leurs limites dans la plus petite distance de la lune, sera dressée de la même manière que la première, mais sur 27 lignes et 4 colonnes, parceque le rayon de la lune dans sa plus petite distance a été démontré de 17 40′ des soixantièmes dont le rayon du soleil en contient 15 40′. Mais quand la lune commence à toucher le soleil, son centre apparent est distant de celui du soleil de 33 soixantièmes et de 20 secondes de soixantièmes d'un degré, et elle est à 6^d 24′ loin des nœuds, sur l'orbite inclinée. Dans les lignes extrêmes se trouvent les nombres de la latitude 83^d 36′ avec 276^d 24′, et encore 263^d 36′ avec 96^d 24′. Mais la ligne du milieu, dans la colonne des doigts, est de 12 $\frac{4}{5}$ doigts, parceque le diamètre de la lune surpasse celui du soleil, de cette fraction qui est la demeure dans l'ombre (*c*).

Quant aux tables des éclipses de lune, nous les composerons de cinq colonnes, chacune de 45 lignes. Nous mettrons dans la première les nombres de la latitude, la lune étant supposée dans sa plus grande distance. Car puisqu'il a été prouvé que le rayon de la lune dans sa plus grande distance, est de 15 40′ soixantièmes, et le rayon de l'ombre de 40 44′ des mêmes soixantièmes, ensorte

que quand la lune commence à toucher l'ombre, son centre est éloigné de celui de l'ombre de 56 24′ soixantièmes comptés sur le grand cercle qui passe par ces centres, et en 10 degrés 48 soixantièmes sur l'orbite depuis les nœuds, nous mettrons dans les premières lignes les nombres 79ᵈ 12′ et 280ᵈ 48′, et dans les dernières 100ᵈ 48′, et 259ᵈ 12′; et pour les mêmes raisons que ci-dessus, nous y ferons les augmentations ou les diminutions par trente soixantièmes pour chaque douzième du diamètre de la lune. Nous mettrons dans la seconde table les nombres de la latitude de la lune dans sa moindre distance où son rayon est de 17 40′ soixantièmes comme on l'a prouvé; et celui de l'ombre, de 45 56′ des mêmes soixantièmes; de sorte que quand la lune commence à toucher l'ombre, son centre est encore pareillement à 1 degré 3′.36″ de celui de l'ombre, et à 12 degrés 12′ du nœud. C'est pourquoi nous avons placé dans les premières lignes les nombres 77 degrés 48′ et 282 degrés 12′; et dans les dernières, les nombres 102 degrés 12′ et 257 degrés 48′, et nous les augmenterons ou diminuerons encore par 34 soixantièmes sur chaque douzième du diamètre de la lune, tel qu'il paroît alors. Les troisièmes colonnes qui sont celles des doigts seront comme celles des parties éclipsées du soleil, et de même, les suivantes qui contiennent les mouvemens de la lune pendant chaque éclipse, tant pour le temps qu'elle met à se plonger dans

τότε τὸ κέντρον αὐτῆς ἀφεστηκέναι, τοῦ μὲν κέντρου τῆς σκιᾶς ἐπὶ τοῦ δι᾽ ἀμφοτέρων τῶν κέντρων μεγίστου κύκλου ἑξηκοστὰ νϚ κδ΄, τῶν δὲ συνδέσμων ἐπὶ τοῦ λοξοῦ κύκλου μοίρας ι καὶ ἑξηκοστὰ μη̄, κατὰ μὲν τῶν πρώτων ϛίχων τάξομεν τόν τε τῶν οθ ιβ΄ ἀριθμὸν καὶ τὸν τῶν σπ μη΄, κατὰ δὲ τῶν ἐσχάτων τόν τε τῶν ρ μη΄ καὶ τῶν σνθ ιβ΄. Καὶ διὰ τὰ αὐτὰ τοῖς πρώτοις τὴν αὐξομείωσιν αὐτῶν ποιησόμεθα τοῖς ἐπιβάλλουσι τῷ δωδεκάτῳ τῆς τότε σεληνιακῆς διαμέτρου τριάκοντα ἑξηκοϛοῖς. Τῷ δὲ δευτέρῳ κανονίῳ τοὺς τοῦ πλάτους ἀριθμοὺς παραθήσομεν, ὡς ἐπὶ τοῦ ἐλαχίϛου ἀποϛήματος οὔσης τῆς σελήνης, καθ᾽ ὃ ἀπόϛημα ἡ μὲν ἐκ τοῦ κέντρου αὐτῆς ἐδείχθη ἑξηκοστῶν ιζ μ΄, ἡ δὲ ἐκ τοῦ κέντρου τῆς σκιᾶς τῶν αὐτῶν με νϛ΄. ὥϛε, ὅταν πρώτως ἅπτηται τῆς σκιᾶς ἡ σελήνη, τότε τὸ κέντρον αὐτῆς ἀφεστηκέναι τοῦ μὲν κέντρου τῆς σκιᾶς πάλιν ὁμοίως μοίραν ᾱ καὶ ἑξηκοϛὰ γ λϛ΄, τοῦ δὲ συνδέσμου ἐπὶ τοῦ λοξοῦ κύκλου μοίρας ιβ καὶ ἑξηκοϛὰ ιβ̄. Διὰ τοῦτο δὴ κατὰ μὲν τῶν πρώτων ϛίχων τάξαντες τόν τε τῶν οζ μη΄ ἀριθμόν, καὶ τὸν τῶν σπβ̄ ιβ΄, κατὰ δὲ τῶν ἐσχάτων τόν τε τῶν ρβ ιβ΄, καὶ τὸν τῶν σνζ μη΄, πάλιν τὴν αὐξομείωσιν αὐτῶν ποιησόμεθα τοῖς ἐπιβάλλουσι τῷ δωδεκάτῳ τῆς τότε σεληνιακῆς διαμέτρου λδ ἑξηκοϛοῖς. Τὰ δὲ τῶν δακτύλων τρίτα σελίδια τὸν αὐτὸν τρόπον περιέξει τοῖς ἡλιακοῖς, καὶ ὁμοίως τὰ ἐφεξῆς καὶ περιέχοντα τὰς παρόδους τῆς σελήνης καθ᾽

ἑκάστην τῶν ἐπισκοτήσεων, τάς τε ἑκατέρας
τῆς τε ἐμπτώσεως καὶ τῆς ἀναπληρώσεως, καὶ ἔτι τὰς τοῦ ἡμίσους τῆς μονῆς.

Ἐπελογισάμεθα δὲ καθ᾽ ἑκάστην τῶν
ἐπισκοτήσεων τὰς ἐκκειμένας παρόδους
τῆς σελήνης γραμμικῶς, συγχρησάμενοι
μέν τοι ταῖς δείξεσιν ὡς ἐφ᾽ ἑνὸς ἐπιπέδου,
καὶ ὡς ἐπ᾽ εὐθειῶν, διὰ τὸ τὰς μέχρι τοῦ
τηλικούτου μεγέθους περιφερείας ἀδιαφορεῖν πρὸς αἴσθησιν τῶν ὑπ᾽ αὐτὰς εὐθειῶν,
καὶ ἔτι ὡς μηδενὶ πάλιν ἀξιολόγῳ δια-
φορούσης τῆς ἐπὶ τοῦ λοξοῦ κύκλου παρόδου τῆς σελήνης, παρὰ τὴν πρὸς τὸν
διὰ μέσων τῶν ζωδίων θεωρουμένην. Μὴ
γὰρ ὑπολάβῃ τις ἡμᾶς ἠγνοηκέναι, διότι
καὶ καθόλου πρὸς τὴν κατὰ μῆκος πάροδον τῆς σελήνης γίνεταί τις διαφορὰ,
παρὰ τὸ συγχρᾶσθαι ταῖς τοῦ λοξοῦ κύκλου περιφερίαις ἀντὶ τῶν τοῦ διὰ μέσων,
καὶ ἔτι τοὺς τῶν συζυγιῶν χρόνους οὐκ
ἐξακολουθεῖ τοὺς αὐτοὺς ἀπαραλλάκτως εἶναι τοῖς μέσοις τῶν ἐκλείψεων.

Ἐὰν γὰρ ἀπολάβωμεν ἀπὸ
τοῦ Α συνδέσμου δύο τῶν προκειμένων κύκλων ἴσας περιφερείας τήν τε ΑΒ καὶ τὴν ΑΓ,
καὶ ἐπιζεύξαντες τὴν ΒΓ ὀρθὴν
ἀπὸ τοῦ Β πρὸς τὴν ΑΓ γράψωμεν τὴν ΒΔ, φανερὸν αὐτόθεν
ἔσται τῆς μὲν σελήνης ἐπὶ τοῦ Β ὑποτιθεμένης, ὅτι τῇ ΑΓ τοῦ διὰ μέσων περιφερείᾳ συγχρησαμένων ἡμῶν ἀντὶ τῆς ΑΔ,
διὰ τὸ πρὸς τοὺς διὰ τῶν πόλων τοῦ
ζωδιακοῦ κύκλου τὰς πρὸς αὐτὸν παρόδους θεωρεῖσθαι, τῇ ΓΔ διοίσει τὸ
παρὰ τὴν ἔγκλισιν τοῦ σεληνιακοῦ κύκλου

l'ombre, que pour celui qu'elle met à en
sortir, et enfin la moitié de la demeure
dans l'ombre.

Nous avons calculé géometriquement
les mouvemens donnés de la lune pour
chaque éclipse, en employant des plans
et des lignes droites, parceque des arcs
de cette grandeur ne diffèrent pas sensiblement de leurs sontendantes, et que
le mouvement de la lune dans son orbite
inclinée, ne diffère presqu'en rien de ce
qu'il seroit, considéré relativement à l'é-
cliptique. J'espère toutefois que personne
ne s'imaginera, d'après cela, que j'ignore
combien il est différent de prendre, pour
le mouvement de la lune en longitude,
les arcs de l'orbite, au lieu de ceux de
l'écliptique, ni que je ne sache très-bien
que les temps des syzygies vraies ne sont
pas exactement les mêmes que les temps
du milieu des éclipses.

Si nous prenons depuis le
point A les deux arcs AG et
AB, et qu'ayant joint la droite
BG nous menions la perpendiculaire BD de B sur AG, il sera
évident que la lune étant supposée en B au temps de la
syzygie, si nous prenons l'arc AG de
l'écliptique au lieu de AD, parceque
nous rapportons au zodiaque, par le
moyen du cercle qui passe par ses
poles, les mouvemens qui se font au-
dessus de lui; la différence causée par l'inclinaison de l'orbite de la lune sera l'arc

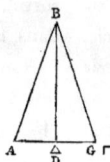

GD. Mais le soleil ou le centre de l'ombre étant conçu en B, le temps de la syzygie aura lieu, vû le peu de différence des cercles, quand la lune sera en G, et le milieu de l'éclipse quand elle sera en D, parceque l'on rapporte encore les milieux des obscurcissemens aux cercles qui passent par les poles de l'orbite de la lune; et le temps de la syzygie différera du milieu de l'éclipse, de l'arc GD. Mais la raison qui nous fait négliger ces différences dans les détails, c'est qu'elles sont insensibles, et quoiqu'il fût peu raisonnable de les ignorer, c'est à dessein qu'on les omet dans les calculs et les méthodes : car quoiqu'il soit utile en général de les connoître, néanmoins l'erreur qu'elles causent est nulle ou presque nulle (b). Or nous avons trouvé que l'arc semblable GD n'excédoit pas 5 soixantièmes d'un degré; ce qui se démontre par le théorême qui nous a servi à calculer les différences des arcs de l'équateur d'avec ceux de l'écliptique, sur des cercles qui passent par les poles de l'équateur. Mais pour les éclipses, nous ne l'avons pas trouvé de plus de 2′ (il est de 2′ 36″) : car chacun des arcs AB et AG étant de 12ᵈ, ce qui est à peu près ce que parcourt la lune dans les éclipses, l'arc BD sera

διάφορον. Τοῦ δὲ ἡλίου πάλιν ἢ τοῦ κέντρου τῆς σκιᾶς ἐπὶ τοῦ Β νοηθέντος, ὁ μὲν τῆς συζυγίας χρόνος ἔςαι κατὰ τὸ ἀδιάφορον τῶν κύκλων, ὅταν καὶ ἡ σελήνη κατὰ τὸ Γ γένηται, ὁ δὲ μέσος τῆς ἐκλείψεως, ὅταν κατὰ τὸ Δ, διὰ τὸ πάλιν τοὺς μέσους χρόνους τῶν ἐπισκοτήσεων πρὸς τοὺς διὰ τῶν πόλων τοῦ σεληνιακοῦ κύκλου θεωρεῖσθαι. Καὶ διοίσει ὁ τῆς συζυγίας χρόνος τοῦ μέσου τῆς ἐκλείψεως τῇ ΓΔ περιφερείᾳ. Ἀλλ᾽ αἴτιον τοῦ μὴ καὶ ταύτας ἡμᾶς συνεπιλογίζεσθαι τὰς περιφερείας ἐν ταῖς κατὰ μέρος πραγματείαις, τὸ μικρὰς εἶναι καὶ ἀνεπαισθήτους αὐτῶν τὰς διαφορὰς, καὶ ὅτι τὸ μὲν ἀγνοῆσαί τι τῶν τοιούτων ἄτοπον. Τὸ δ᾽ ἕνεκεν τῆς ἐν ταῖς παρ᾽ ἕκαςα μεθόδοις κατασκελείας ἑκόντα καταφρονῆσαί τινος τῶν τηλικούτων, ἡλίκα καὶ παρὰ τὰς ὑποθέσεις καὶ παρὰ τὰς τηρήσεις αὐτὰς ἐνδέχεται παραθεωρεῖσθαι, τοῦ μὲν κατὰ τὸ ἁπλούςερον χρησίμου πλείςην αἴσθησιν ἐμποιεῖ, τοῦ δὲ περὶ τὰ φαινόμενα διαμαρτανομένου, ἢ οὐδεμίαν, ἢ πανταπασι βραχεῖαν. Τὴν γοῦν ὁμοίαν τῇ ΓΔ περιφερείᾳ, καθόλου μὲν οὐ μείζονα εὑρίσκομεν ἑξηκοςῶν ε̄ μιᾶς μοίρας· δείκνυται γὰρ τοῦτο διὰ τοῦ αὐτοῦ θεωρήματος, δι᾽ οὗ καὶ τὰς διαφορὰς ἐπελογισάμεθα τῶν τοῦ ἰσημερινοῦ περιφερειῶν, πρὸς τὰς τοῦ διὰ μέσων τῶν ζωδίων, ὡς ἐπὶ τῶν διὰ τῶν πόλων τοῦ ἰσημερινοῦ γραφομένων κύκλων. Ἐπὶ δὲ τῶν ἐκλείψεων, οὐ μείζονα δύο ἑξηκοςῶν, ἐπειδήπερ

οἵων μέν ἐϛιν ἑκατέρα τῶν ΑΒ καὶ ΑΓ περιφερειῶν ιβ, σχεδὸν γὰρ μέχρι τηλικούτων φθάνουσιν αἱ κατὰ τὰς ἐκλείψεις τῆς σελήνης πάροδοι, τοιούτου ἐϛὶν ἡ ΒΔ ἑνὸς ἔγγιϛα. Διὰ τοῦτο δὲ καὶ ἡ ΑΔ τῶν αὐτῶν ιᾱ νη´ ἔγγιϛα. Καὶ καταλείπεται ἡ ΓΔ λοιπὴ δύο ἑξηκοϛῶν, ἅπερ οὐδὲ ἐκκαιδέκατον ποιεῖ μιᾶς ὥρας ἰσημερινῆς. Περὶ δὲ τὸ τοσοῦτον ἀκριβεύεσθαι, κενοδόξου μᾶλλον ἢ φιλαλήθους ἂν εἴη. Διὰ μὲν δὴ ταῦτα καὶ τὰς ἐκκειμένας τῶν ἐπισκοτήσεων παρόδους τῆς σελήνης, ὡς ἀδιαφορούντων πρὸς αἴσθησιν τῶν κύκλων πεπραγματεύμεθα. Γέγονε δ᾽ ἡμῖν ὁ τοιοῦτος ἐπιλογισμὸς ὡς ἐφ᾽ ἑνὸς ἢ δύο πάλιν ὑποδειγμάτων, περιέχων οὕτως.

Ἔϛω γὰρ τὸ μὲν τοῦ ἡλίου ἢ τὸ τῆς σκιᾶς κέντρον τὸ Α, ἡ δ᾽ ἀντὶ τῆς περιφερείας τοῦ σεληνιακοῦ κύκλου εὐθεῖα ἡ ΒΓΔ· καὶ ὑποκείσθω τὸ μὲν Β κέντρον τῆς σελήνης, ὅταν προσάγουσα πρώτως ἅπτηται τοῦ ἡλίου ἢ τῆς σκιᾶς, τὸ δὲ Δ, ὅταν ἀποχωροῦσα. Καὶ ἐπιζευχθεισῶν τῶν ΑΒ καὶ ΑΔ, ἤχθω ἀπὸ τοῦ Α ἐπὶ τὴν ΒΔ κάθετος ἡ ΑΓ. Ὅτι μὲν οὖν, ὅταν κατὰ τὸ Γ γένηται τὸ κέντρον τῆς σελήνης, ὅ τε μέσος χρόνος γίνεται τῆς ἐκλείψεως, καὶ ἡ μεγίϛη ἐπισκότησις, φανερὸν ἔκ τε τοῦ τὴν μὲν ΑΒ τῇ ΑΔ ἴσην εἶναι, διὰ τοῦτο δὲ καὶ τὴν ΒΓ πάροδον τῇ ΓΔ, καὶ ἐκ τοῦ τὴν ΑΓ πασῶν ἐλάσσονα εἶναι τῶν ἐπὶ τῆς ΒΔ τὰ δύο κέντρα ἐπιζευγνυουσῶν. Δῆλον δ᾽ ὅτι καὶ ἑκατέρα μὲν τῶν ΑΒ καὶ ΑΔ συναμφοτέρας περιέχει

de 1^d environ. C'est pourquoi l'arc AD sera d'environ 11 58′ de ces degrés (d): reste l'arc GD de deux soixantièmes qui ne font pas la seizième partie d'une heure équinoxiale. Il y auroit plus de pédanterie que de véritable esprit de recherche, à vouloir disputer pour si peu de chose. Nous avons donc considéré les mouvemens donnés par la lune pendant les obscurcissemens, en supposant que les cercles n'avoient pas de différence sensible entr'eux, et nous avons été autorisés à cette manière de raisonner, par un ou deux exemples que j'en vais exposer.

Soit encore A le centre du soleil ou de l'ombre, et que BGD représente l'arc de l'orbite de la lune; supposons en B le centre de la lune, lorsqu'en s'approchant elle commence à toucher le soleil ou l'ombre, et en D quand elle s'en éloigne. Et étant jointes AB et AD, abaissons de A sur BD la perpendiculaire AG. On voit clairement que quand le centre de la lune est en G, c'est le milieu de l'éclipse et la plus grande obscuration, car AB est égale à AD, et pour cette raison l'arc BG est égal au mouvement GD; et d'ailleurs AG est la plus courte des lignes qui joignent les deux centres sur BD. Il est clair que les lignes AB et AD

sont égales à la somme des
deux rayons de la lune et du
soleil, ou de l'ombre, et que
AG est plus petite que cette
somme, de la partie du diamètre éclipsée et comprise dans
l'obscurcissement. Cela posé,
soit par exemple l'obscurcissement de
trois doigts, et supposons d'abord le centre du soleil en A. Il s'ensuit que la lune
étant dans sa plus grande distance, AB est
de 31 20′ soixantièmes (d), et son carré est
de 981″ 47‴; AG est de 23 30′ des mêmes
soixantièmes, car elle est plus petite que
AB, des trois douzièmes du diamètre du
soleil, c'est-à-dire de 7′ 50″, et son carré
est de 552″ 15‴; de sorte que le carré de BG
sera de 429″ 32‴, et BG aura tout près de
20 43′ soixantièmes de longueur. Nous
les placerons dans la première table des
éclipses du soleil, à côté des trois doigts
dans la quatrième colonne. Dans la
moindre distance de la lune, AB devient de
33 20′ soixantièmes, et son carré, de 1111″
7‴; AG de 25 30′ des mêmes soixantièmes,
et son carré, de 650″ 15‴. Donc leur différence, qui est le carré de BG, est de
460″ 52‴, et par conséquent BG aura en
longueur 21′ 28″ de ces mêmes soixantièmes. Nous les placerons dans la seconde table des éclipses du soleil, à côté
des trois doigts, à la quatrième colonne.

Supposons actuellement le centre de
l'ombre en A, et le quart du diamètre de
la lune dans l'ombre; il s'ensuit que dans
la plus grande distance de la lune, AB est

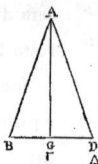

τὰς ἐκ τῶν κέντρων τῆς σελήνης καὶ τοῦ ἡλίου ἢ τῆς σκιᾶς,
ἡ δὲ ΑΓ ἐλάττων ἐσὶν ἑκα-
τέρας αὐτῶν, τῷ ὑπὸ τῆς
ἐπισκοτήσεως ἀπολαμβανομέ-
νῳ μέρει τῆς τοῦ ἐκλείποντος
διαμέτρου. Τούτων οὖν οὕ-
τως ἐχόντων, γινέσθω παραδείγματος
ἕνεκεν ἡ ἐπισκότησις δακτύλων γ̄, καὶ
ὑποκείσθω πρῶτον τὸ Α τὸ τοῦ ἡλίου κέντρον. Ἐπὶ μὲν οὖν ἄρα τοῦ μεγίστου ἀποσήματος οὔσης τῆς σελήνης, ἡ μὲν ΑΒ γίνεται ἑξηκοσῶν λᾱ κ′, καὶ τὸ ἀπ᾽ αὐτῆς
ϡπα″ μζ‴, ἡ δὲ ΑΓ τῶν αὐτῶν κγ λ′,
ἐλάσσων γάρ ἐςι τῆς ΑΒ τοῖς τρισὶ δω-
δεκάτοις τῆς ἡλιακῆς διαμέτρου, τουτέστι
τοῖς ζ′ ν″, τὸ δὲ ἀπ᾽ αὐτῆς φνβ″ ιε‴· ὥστε
καὶ τὸ μὲν ἀπὸ τῆς ΒΓ ἔςαι τῶν αὐτῶν υκθ″ λβ‴, αὐτὴ δὲ ἡ ΒΓ μήκει κ′ μγ″
ἔγγιςα, ἃ καὶ παραθήσομεν τῷ πρώτῳ
κανονίῳ τῶν ἡλιακῶν τοῖς γ̄ δακτύλοις
κατὰ τοῦ τετάρτου σελιδίου. Ἐπὶ δὲ τοῦ
ἐλαχίςου ἀποσήματος τῆς σελήνης, ἡ μὲν
ΑΒ πάλιν γίνεται ἑξηκοσῶν λγ κ″, καὶ
τὸ ἀπ᾽ αὐτῆς ͵αρια″ ζ‴, ἡ δὲ ΑΓ τῶν αὐτῶν κε λ′, καὶ τὸ ἀπ᾽ αὐτῆς χγ″ ιε‴.
Λοιπὸν δὲ τὸ ἀπὸ τῆς ΒΓ ἑξηκοσῶν υξ″
νβ‴, καὶ μήκει ἄρα ἡ ΒΓ ἔςαι τῶν αὐτῶν
κα′ κη″, ἃ καὶ αὐτὰ παραθήσομεν ἐν τῷ
δευτέρῳ κανονίῳ τῶν ἡλιακῶν τοῖς γ̄ δακτύλοις κατὰ τοῦ τετάρτου σελιδίου.

Πάλιν ὑποκείσθω τὸ Α κέντρον τῆς
σκιᾶς, καὶ ἡ ἐπισκότησις τοῦ αὐτοῦ τέταρτον τῆς σεληνιακῆς διαμέτρου· ἐπὶ μὲν
ἄρα τοῦ μεγίςου ἀποςήματος τῆς σελήνης ἡ

μὲν ΑΒ γίνεται ἑξηκοςῶν νϛ κδ΄, καὶ τὸ
ἀπ᾿ αὐτῆς γρπ΄ νη΄΄, ἡ δὲ ΑΓ τῶν αὐτῶν
μη λδ΄. Ἐλάσσων γάρ ἐςι τῆς ΑΒ τῷ τετάρτῳ τῆς σεληνιακῆς διαμέτρου, τουτέςι
τοῖς ἐπὶ τοῦ μεγίςου ἀποςήματος ἑξηκοςοῖς ζ ν΄, τὸ δ΄ ἀπ᾿ αὐτῆς βτνη΄ μγ΄΄.
Ὥστε καὶ τὸ μὲν ἀπὸ τῆς ΒΓ καταλειφθήσεται ωκβ΄ ιε΄΄, αὐτὴ δὲ ἡ ΒΓ ἔςαι μήκει τῶν αὐτῶν κη μα΄, ἃ καὶ παραθήσομεν ἐν τῷ πρώτῳ τῶν σεληνιακῶν κανονίων
τοῖς τρισὶ δακτύλοις κατὰ τοῦ τετάρτου
σελιδίου, περιέχοντα τὴν τῆς ἐμπτώσεως
πάροδον, τὴν αὐτὴν οὖσαν πρὸς αἴσθησιν
τῇ τῆς ἀναπληρώσεως. Ἐπὶ δὲ τοῦ ἐλαχίςου ἀποςήματος, ἡ μὲν ΑΒ γίνεται
ἑξηκοςῶν ξγ λϛ΄, καὶ τὸ ἀπ᾿ αὐτῆς δμδ΄
νη΄΄, ἡ δὲ ΑΓ τῶν αὐτῶν νδ μϛ΄. Τὰ γὰρ
τῆς ὑπεροχῆς η΄ ν΄΄, τέταρτόν ἐςι πάλιν
τῆς κατὰ τὸ ἐλάχιςον ἀπόςημα σεληνιακῆς διαμέτρου, τὸ δ΄ ἀπ᾿ αὐτῆς βϡϙθ΄
κγ΄΄. Ὥστε καὶ τὸ μὲν ἀπὸ τῆς ΒΓ καταλείπεται αμε΄ λε΄΄, αὐτὴ δὲ ἡ ΒΓ μήκει
τῶν αὐτῶν λβ κα΄, ἃ καὶ αὐτὰ παραθήσομεν ὡσαύτως τοῖς τρισὶ δακτύλοις κατὰ
τοῦ τετάρτου σελιδίου τοῦ ἐν τῷ δευτέρῳ τῶν σεληνιακῶν κανονίων.

Πάλιν ἕνεκεν τῶν καὶ μονῆς
χρόνον ἐχουσῶν σεληνιακῶν ἐπισκοτήσεων, ἔςω τὸ μὲν κέντρον
τῆς σκιᾶς τὸ Α σημεῖον, ἡ δ΄
ἀντὶ τῆς περιφερείας τοῦ λοξοῦ τῆς σελήνης κύκλου εὐθεῖα
ἡ ΒΓΔΕΖ· καὶ τὸ μὲν Β ὑποκείσθω καθ᾿ οὗ τὸ κέντρον ἔςαι
τῆς σελήνης, ὅταν προσάγουσα
πρώτως ἔξωθεν ἅπτηται τῆς σκιᾶς, τὸ

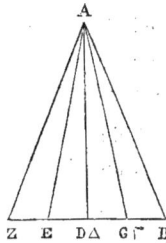

de (g) 56 24' soixantièmes, son carré de
3180' 58'', et AG, de 48 34' des mêmes
soixantièmes; car elle est plus petite que
AB du quart du diamètre de la lune, c'est-
à-dire des 7 50' soixantièmes qui sont la
valeur de ce quart dans la plus grande distance; et son carré est de 2358' 43''. Il restera donc pour le carré de BG 822' 15''; et
pour la longueur de BG 28 41' des mêmes
soixantièmes. Nous les placerons dans la
première table des éclipses de lune à côté
des trois doigts dans la quatrième colonne.
Ils donnent le trajet de l'astre dans l'ombre pendant l'immersion, lequel est sensiblement le même que celui de l'émersion.
Dans la moindre distance, AB est de 63 36'
soixantièmes, son carré est de 4044' 58'',
et AG de 54 46' de ces soixantièmes; car
8' 50'' de différence sont le quart du
diamètre de la lune dans sa plus courte
distance; et son carré est de 2999' 23'';
ainsi, reste pour le carré de BG, 1045'
35'', et BG a en longueur 32 21' que
nous placerons pareillement aux trois
doigts dans la quatrième colonne de la
seconde des tables de la lune.

Maintenant, pour les éclipses
qui sont avec demeure dans
l'ombre, soit le centre de l'ombre en A, et soit la droite BGDEZ
pour l'arc de l'orbite oblique de
la lune; et supposons le centre
de la lune au point B, quand en
s'approchant elle commence à
toucher l'ombre en dehors; et
au point G, quand étant entièrement

I.

éclipsée, elle touche en dedans
le cercle de l'ombre ; soit aussi
le point E, où sera encore le
centre de la lune, quand en s'é-
loignant elle commence à toucher l'ombre en dedans ; et enfin le point Z où sera encore le
centre de la lune, quand en
sortie. Et abaissons de A sur BZ la perpendiculaire AD. Tout ce qui a été démontré jusqu'ici, restant de même, il est évident que chacune des droites AG, AE contient la différence dont le rayon de l'ombre surpasse le rayon de la lune, ensorte que le trajet GD est égal à celui qui est marqué par DE, que chacun comprend la moitié de la demeure, et que le reste BG qui est le trajet de l'entrée, est égal au reste EZ qui est celui de la sortie. Supposons donc l'éclipse de 15 doigts de la lune, c'est-à-dire où son centre D entre d'un diamètre et un quart de la lune, plus avant que la limite des termes écliptiques, c'est-à-dire quand AD est moindre que chacune des lignes AB et AZ, d'un diamètre et un quart de la lune, et plus petite que AG et AE du quart seulement de ce diamètre. Il s'ensuit que la lune étant dans sa plus grande distance, AB est de 56 24' soixantièmes ; son carré est de 3180' 58", et AG est de 25 4'

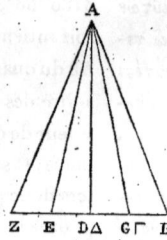

δὲ Γ καθ' οὗ ἔςαι τὸ κέντρον
τῆς σελήνης, ὅταν πρώτως ὅλη
ἐκλείπουσα ἔσωθεν ἅπτηται
τοῦ κύκλου τῆς σκιᾶς· τὸ δὲ Ε
καθ' οὗ πάλιν ἔςαι τὸ κέντρον
τῆς σελήνης, ὅταν ἀποχωροῦσα πρώτως ἔσωθεν ἅπτηται
τῆς σκιᾶς· τὸ δὲ Ζ καθ' οὗ
τὸ κέντρον ἔςαι τῆς σελήνης,
ὅταν ἐκβαίνουσα τὸ ἔσχατον ἅπτηται
ἔξωθεν τῆς σκιᾶς. Καὶ ἤχθω πάλιν ἀπὸ
τοῦ Α ἐπὶ τὴν ΒΖ κάθετος ἡ ΑΔ. Μενόντων δὴ καὶ ἐνθάδε τῶν προαποδεδειγμένων, ἔτι καὶ τοῦτο φανερὸν, ὅτι καὶ
ἑκατέρα τῶν ΑΓ καὶ ΑΕ εὐθειῶν περιέχει τὴν ὑπεροχὴν, ᾗ ὑπερέχει τὴν ἐκ τοῦ
κέντρου τῆς σελήνης ἡ ἐκ τοῦ κέντρου τῆς
σκιᾶς, ὥστε καὶ τὴν μὲν ΓΔ πάροδον ἴσην
τῇ ΔΕ γίνεσθαι, καὶ περιέχειν ἑκατέραν
τὸ ἥμισυ τῆς μονῆς, λοιπὴν δὲ τὴν ΒΓ
τῆς ἐμπτώσεως λοιπῇ τῇ ΕΖ τῆς ἀναπληρώσεως ἴσην εἶναι. Ὑποκείσθω οὖν ἔκλειψις καθ' ἣν παράκεινται ιε δάκτυ-
λοι τῆς σελήνης, τουτέςι καθ' ἣν τὸ Δ
κέντρον αὐτῆς ἐνδοτέρω γίνεται τοῦ κατὰ
τοὺς ἐκλειπτικοὺς ὅρους πέρατος μιᾷ
σεληνιακῇ διαμέτρῳ, καὶ ἔτι τετάρτῳ
μέρει αὐτῆς, τουτέςιν ὅταν ἡ ΑΔ ἐλάσσων
ᾖ ἑκατέρας μὲν τῶν ΑΒ καὶ ΑΖ τῇ προκειμένῃ μιᾷ σεληνιακῇ διαμέτρῳ, καὶ ἔτι
τετάρτῳ αὐτῆς μέρει, ἑκατέρας δὲ τῶν
ΑΓ καὶ ΑΕ τετάρτῳ μέρει μιᾶς διαμέτρου σεληνιακῆς. Ἐπὶ μὲν ἄρα τοῦ μεγίςου ἀπ̓σήματος οὔσης τῆς σελήνης, ἡ μὲν
ΑΒ γίνεται τῶν προκειμένων ἑξηκοςῶν
νϛ κδ', καὶ τὸ ἀπ' αὐτῆς γρπ' νη", ἡ

δὲ ΑΓ τῶν αὐτῶν κε δ΄· ἡ γὰρ τῆς σελήνης διάμετρος ἐπὶ τοῦ μεγίστου ἀποσήματος ἑξηκοςῶν ἐςι λα κ΄, καὶ τὸ ἀπ᾽ αὐτῆς χκη κ΄. ἡ δὲ ΑΔ ὁμοίως ιζ ιδ΄,
καὶ τὸ ἀπ᾽ αὐτῆς σ϶ϛ νθ΄. Ὥστε καὶ τὸ
μὲν ἀπὸ τῆς ΒΔ καταλειφθήσεται ἑξηκοςῶν ͵βωπγ νθ΄, καὶ αὐτὴ μήκει ἔςαι τῶν
αὐτῶν νγ μϛ΄, τὸ δὲ ἀπὸ τῆς ΓΔ καταλειφθήσεται τλα κα΄, καὶ αὐτὴ μήκει
ἔςαι τῶν αὐτῶν ιη ιβ΄, λοιπὴ δὲ καὶ ἡ
ΒΓ τῶν αὐτῶν λε λ΄. Παραθήσομεν οὖν
τῷ τῶν ιε δακτύλων ἀριθμῷ τοῦ πρώτου κανονίου τῶν σεληνιακῶν ἐκλείψεων,
κατὰ μὲν τοῦ τετάρτου σελιδίου τὰ τῆς
ἐμπτώσεως ἑξηκοςὰ λε λ΄, ἴσα ὄντα τοῖς
τῆς ἀναπληρώσεως, κατὰ δὲ τοῦ πέμ-
του τὰ τοῦ ἡμίσους χρόνου τῆς μονῆς
ιη ιβ΄. Ἐπὶ δὲ τοῦ ἐλαχίςου ἀποσήματος
οὔσης τῆς σελήνης, ἡ μὲν ΑΒ γίνεται πάλιν τῶν προκειμένων ξγ λϛ΄, καὶ τὸ ἀπ᾽
αὐτῆς τετράγωνον ͵δμδ νη΄, ἡ δὲ ΑΓ τῶν
αὐτῶν κη ιϛ΄· ἡ γὰρ τῆς σελήνης διάμετρος ἐπὶ τοῦ ἐλαχίςου ἀποσήματος ἐδείχθη
ἑξηκοςῶν λε κ΄, καὶ τὸ ἀπ᾽ αὐτῆς ψϟθ
ο΄. ἡ δὲ ΑΔ ὁμοίως ιθ κϛ΄, καὶ τὸ ἀπ᾽
αὐτῆς τοζ λθ΄. Ὥστε καὶ τὸ μὲν ἀπὸ τῆς
ΒΔ καταλειφθήσεται τρισχιλίων χξϛ ιθ΄,
καὶ αὐτὴ ἡ ΒΔ μήκει ἔςαι τῶν αὐτῶν ξ
λδ΄, τὸ δ΄ ἀπὸ τῆς ΓΔ καταλειφθήσεται
υκα κα΄, καὶ αὐτὴ μήκει ἔςαι τῶν αὐτῶν κ λβ΄, λοιπὴ δὲ καὶ ἡ ΒΓ τῶν αὐτῶν μ β΄. Παραθήσομεν ἄρα καὶ ἐν τῷ
δευτέρῳ κανονίῳ τῶν σεληνιακῶν ἐκλείψεων τῷ τῶν ιε δακτύλων ἀριθμῷ, κατὰ
μὲν τοῦ τετάρτου σελιδίου τὰ τῆς ἐμπτώσεως ἑξηκοςὰ μ β΄, ἴσα πάλιν ὄντα

de ces soixantièmes; car le diamètre de
la lune, dans sa plus grande distance,
est de 31 20′ soixantièmes; son carré
est de 628′ 20″; AD est de 17 14′; et son
carré de 296′ 59′. Ainsi le carré restant fait sur BD est de 2883′ 59″, et
BD elle-même sera de 53 42′ des mêmes
soixantièmes; le carré de GD en aura
331′ 21″, cette ligne elle-même 18 12′
de longueur, et BG 35 30′. Nous placerons donc près du nombre de 15 doigts
dans la quatrième colonne de la première table des éclipses de la lune, ces
35′ 30″ de l'immersion de cet astre dans
l'ombre, qui sont égaux à ceux de son
émersion; et dans la cinquième, les 18′
12″ de la moitié de la demeure dans l'ombre (h). Mais la lune étant dans sa plus
petite distance, AB est de 63 36′ soixantièmes, et son carré est de 4044′ 58″, et AG
de 28′ 16′ de ces soixantièmes, car le diamètre de la lune dans sa moindre distance
a été démontré de 35 20′ soixantièmes, et
son carré est de 799′ 0″; donc AD est de 19
26′, et son carré est de 377′ 39″. Restera
donc le carré de BD égal à 3667′ 19″, et
BD elle-même aura en longueur 60 34′
et le carré de la ligne GD restera de 421
21″, et sa longueur sera de 20 32′ des
mêmes soixantièmes; donc le restant BG
aura 40 2′. Nous mettrons dans la quatrième colonne de la seconde table des
éclipses de lune, à côté du nombre de
15 doigts, ces 40 2′ soixantièmes de
l'incidence de l'astre dans l'ombre, qui

sont encore égaux à ceux de son rétablissement; et dans la cinquième colonne les 20′ 32″ de la moitié de la demeure.

Pour avoir sous la main par le moyen des soixantièmes, les différences proportionnelles en portions de la différence totale qui appartiennent à chaque instant des mouvemens de la lune sur l'épicycle entre la plus grande et la plus petite distance; après ces tables, nous en avons ajouté une plus courte qui renferme les nombres de la marche de la lune dans l'épicycle, et les soixantièmes qui appartiennent à chacune des différences apparentes, d'après les premières et secondes tables des éclipses. Nous avons placé tous ces soixantièmes exposés dans la table des parallaxes de la lune, à la septième colonne, l'épicycle étant supposé dans l'apogée de l'excentrique, pour les syzygies.

Mais comme la plupart de ceux qui observent les éclipses ne mesurent pas par les diamètres des disques les grandeurs des obscurcissemens, mais par leurs plans entiers, distinguant grossièrement à la vue ce qu'on apperçoit de l'astre d'avec ce qu'on n'en voit pas, nous avons joint à ces tables une autre table plus courte encore, composée de douze lignes et de trois colonnes, dans la première desquelles nous avons placé les douze doigts du diamètre, ensorte que chacun répond, comme dans les tables des éclipses, à la douzième partie du diamètre de chaque astre; et dans les colonnes

τοῖς τῆς ἀναπληρώσεως· κατὰ δὲ τοῦ πέμπτου σελιδίου τὰ τοῦ ἡμίσους τῆς μονῆς κ′ λβ″.

Ἵνα δὲ καὶ ἐπὶ τῶν μεταξὺ τοῦ τε μεγίϛου καὶ τοῦ ἐλαχίϛου ἀποϛήματος τῆς σελήνης ἐπὶ τοῦ ἐπικύκλου παρόδων, τὰς ἐπιβαλλούσας ἑκάϛαις ὑπεροχὰς τοῦ ὅλου διαφόρου διὰ τῆς τῶν ἑξηκοϛῶν μεθόδου προχείρως λαμβάνωμεν, ὑπετάξαμεν τοῖς προκειμένοις κανονίοις ἄλλο κανόνιον βραχὺ, περιέχον τούς τε τῆς παρόδου τῆς κατὰ τὸν ἐπίκυκλον ἀριθμοὺς, καὶ τὰ ἐπιβάλλοντα ἑξηκοϛὰ ἑκάϛῃ τῶν φαινομένων ὑπεροχῶν ἐκ τῶν πρώτων καὶ δευτέρων κανονίων τῶν ἐκλείψεων. Πεπραγμάτευται δ᾽ ἡμῖν ἡ τούτων τῶν ἑξηκοϛῶν ποσότης, ἐπὶ τοῦ παραλλακτικοῦ τῆς σελήνης κανόνος ἐκτεθειμένη, κατὰ τὸ ἕβδομον σελίδιον, ὡς τοῦ ἐπικύκλου κατὰ τὸ ἀπόγειον τοῦ ἐκκέντρου διὰ τὰς συζυγίας ὑποκειμένου.

Ἐπειδὴ δὲ οἱ πλεῖϛοι τῶν τηρούντων τὰς ἐκλειπτικὰς ἐπισημασίας, οὐ ταῖς διαμέτροις τῶν κύκλων παραμετροῦσι τὰ μεγέθη τῶν ἐπισκοτήσεων, ἀλλ᾽ ὡς ἐπίπαν τοῖς ὅλοις αὐτῶν ἐπιπέδοις τῆς ὄψεως, κατὰ τὸ ἁπλοῦν τῆς προσβολῆς τὸ φαινόμενον αὐτὸ πᾶν τῷ μὴ φαινομένῳ συγκρινούσης, προσεθήκαμεν τούτοις καὶ ἄλλο βραχὺ κανόνιον ἐπὶ ϛίχους μὲν ιβ, σελίδια δὲ γ, τούτων δ᾽ ἐν μὲν τῷ πρώτῳ τοὺς ιβ δακτύλους ἐτάξαμεν, ὡς ἑκάϛου δακτύλου περιέχοντος, καθάπερ καὶ ἐν αὐτοῖς τοῖς ἐκλειπτικοῖς κανονίοις, τὸ δωδέκατον τῆς διαμέτρου ἑκατέρου τῶν φώτων. Ἐν δὲ τοῖς ἑξῆς, τὰ ἐπιβάλλοντα αὐτοῖς πάλιν

δωδέκατα τῶν ὅλων ἐμβαδῶν, ἐν μὲν τῷ δευτέρῳ τὰ τοῦ ἡλιακοῦ, ἐν δὲ τῷ τρίτῳ τὰ τοῦ σεληνιακοῦ. Ἐπελογισάμεθα δὲ καὶ τὰς τοιαύτας ἐπιβολὰς, ἐπὶ μόνων τῶν γινομένων μεγεθῶν, κατὰ τὸ μέσον ἀπόςημα τῆς σελήνης οὔσης· ὁ γὰρ αὐτὸς ἔγγιςα λόγος ἐπί γε τῆς τηλικαύτης τῶν διαμέτρων αὐξομειώσεως συνίςαται, καὶ ὡς τοῦ λόγου τῶν περιμέτρων πρὸς τὰς διαμέτρους ὄντος, ὃν ἔχει τὰ γ̅ η´ λ´´ πρὸς τὸ α̅· οὗτος γὰρ ὁ λόγος μεταξύ ἐςιν ἔγγιςα τοῦ τε τριπλασίου πρὸς τῷ ἑβδόμῳ μέρει, καὶ τοῦ τριπλασίου πρὸς τοῖς δέκα ἑβδομηκοςοῖς μόνοις, οἷς ὁ Ἀρχιμήδης κατὰ τὸ ἁπλούςερον συνεχρήσατο.

Ἐςω δὴ πρῶτον ἕνεκεν τῶν ἡλιακῶν ἐκλείψεων, ὁ μὲν τοῦ ἡλίου κύκλος ὁ ΑΒΓΔ περὶ κέντρον τὸ Ε, ὁ δὲ κατὰ τὸ μέσον ἀπόςημα τῆς σελήνης ὁ ΑΖΓΗ περὶ κέντρον τὸ Θ, τέμνων τὸν τοῦ ἡλίου κύκλον κατὰ τὰ Α καὶ Γ σημεῖα. Καὶ ἐπιζευχθείσης τῆς ΒΕΘΗ, ὑποκείσθω τὸ τέταρτον ἐκλελοιπέναι τῆς διαμέτρου τῆς ἡλιακῆς, ὥστε τὴν μὲν ΖΔ τοιούτων εἶναι γ̅ οἵων ἐςὶν ἡ ΒΔ διάμετρος ιβ̅, τὴν δὲ ΖΗ τῆς σελήνης διάμετρον τῶν αὐτῶν ιβ̅ κ´ ἔγγιςα, κατὰ τὸν τῶν ιε̅ μ´ πρὸς τὰ ι̅ϛ´ μ´ λόγον, διὰ τοῦτο δὲ καὶ τὴν ΕΘ συνάγεςθαι τῶν αὐτῶν θ̅ ι´. Καὶ τῶν περιμέτρων ἄρα κατὰ τὸν τοῦ α̅ πρὸς τὰ γ̅ η´ λ´´ λόγον, ἡ μὲν τοῦ ἡλιακοῦ κύκλου γίνεται τμημάτων λζ̅ μβ´, ἡ δὲ τοῦ σεληνιακοῦ τῶν αὐτῶν λη̅ μϛ´. Ὁμοίως δὲ καὶ τῶν ὅλων ἐμβαδῶν,

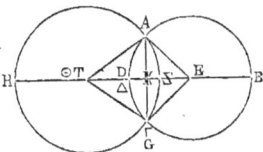

suivantes, les douzièmes des surfaces correspondantes, savoir : dans la seconde, celles du soleil ; et dans la troisième, celles de la lune. Nous avons calculé ces quantités sur les grandeurs apparentes quand la lune est dans sa moyenne distance ; car de si petits accroissemens de diamètres gardent entr'eux presque la même raison, et en supposant que le rapport des circonférences aux diamètres est celui de 3 8′ 30″ à 1 ; car ce rapport tombe entre le triple joint à un septième, et le triple joint à dix soixante-onzièmes, dont Archimède s'est servi pour plus de simplicité (i).

Soit d'abord pour les éclipses de soleil, ABGD son disque décrit autour du centre E ; AZGH celui de la lune dans sa moyenne distance, décrit autour du centre T et qui coupe celui du soleil dans les points A et G. Ayant joint BETH, supposons que le quart du diamètre du soleil est éclipsé, en sorte que ZD soit de trois des parties dont le diamètre BD en contient 12, et le diamètre ZH de la lune d'environ 12 20′ suivant le rapport de 15 40′ à 16 40′ ; d'où il suit que ET égale 9 10′ (k). Donc en suivant la raison de 1 à 3 8′ 30″, la circonférence du disque solaire est de 37 42′ parties, et celle du disque lunaire, de 38 46′. Et de même, pour les aires entières, puisque le rayon multiplié par la

circonférence., fait deux surfaces du cercle, celle du disque solaire sera de 113ᵖ 6′, et celle de la lune, de 119 32′. Cela établi, proposons-nous de trouvér combien l'espace renfermé dans ADGZ contient des parties dont tout le disque solaire en contient 12. Joignez AE et AT, GE et GT, et menez la perpendiculaire AKG. Puisque AE et EG sont supposées chacune de 6 des parties dont la droite ET en contient 9 10′, et que chacune des droites AT et TG en contient 6 10′, l'angle en K étant droit, si nous divisons par ET le nombre dont le carré de TA surpasse le carré de AE, c'est-à-dire 2ᵖ 2′, nous aurons pour la différence entre EK et KT, 13 ⅓ soixantièmes, en sorte que EK sera de 4ᵖ 28′, et KT de 4ᵖ 42′, et chacune des droites AK, KG, aura à peu près 4 de ces parties, parcequ'elles sont égales entr'elles. Par conséquent nous aurons la surface du triangle AEG égale à 17ᵖ 52′; celle de ATG égale à 18ᵖ 48′. Ensuite, puisque le diamètre BD étant de 12 parties, et ZH de 12ᵖ 20′, AG en a 8; le diamètre BD étant de 120 parties, AG en aura 80; et le diamètre ZH contenant 120 parties, AG en aura 77ᵖ 50′. Donc l'arc ADG, l'un des deux soutenus sur AG, est de 83ᵈ 37′ des degrés dont le cercle ABGD en contient 360; et

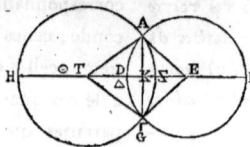

ἐπειδήπερ ἡ ἐκ τοῦ κέντρου ἐπὶ τὴν περίμετρον πολλαπλασιασθεῖσα δύο ἐμβαδὰ τοῦ κύκλου ποιεῖ, τὸ μὲν τοῦ ἡλιακοῦ κύκλου συναχθήσεται μοιρῶν ριγ Ϛ′, τὸ δὲ τοῦ τῆς σελήνης τῶν αὐτῶν ριθ λβ′. Τούτων δὴ οὕτως ἐχόντων, προκείσθω εὑρεῖν πόσων ἐϛὶ τὸ περιεχόμενον ὑπὸ τῶν ΑΔΓΖ ἐμβαδὸν, οἵων ἐϛὶ τὸ ὅλον τοῦ ἡλιακοῦ κύκλου ἐμβαδὸν ιβ. Ἐπεζεύχθωσαν δὴ αἱ ΑΕ καὶ ΑΘ, καὶ ΓΕ καὶ ΓΘ, καὶ ἔτι ἡ ΑΚΓ κάθετος. Ἐπεὶ οὖν οἵων ἐϛὶν ἡ ΕΘ εὐθεῖα θ ι′, τοιούτων ἑκατέρα μὲν τῶν ΑΕ καὶ ΕΓ ὑπόκειται Ϛ, ἑκατέρα δὲ τῶν ΑΘ καὶ ΘΓ τῶν αὐτῶν Ϛ ι′, καὶ ὀρθή ἐϛιν ἡ πρὸς τῷ Κ γωνία, ἐὰν τὴν ὑπεροχὴν, ᾗ ὑπερέχει τὸ ἀπὸ ΘΑ τοῦ ἀπὸ τῆς ΑΕ, τουτέϛι τὰ β καὶ ἑξηκοϛὰ β παραβάλωμεν παρὰ τὴν ΕΘ, ἕξομεν τὴν τῶν ΕΚ καὶ ΚΘ ὑπεροχὴν, τῶν αὐτῶν ἑξηκοϛῶν ιγ γ″· ὥϛτε καὶ τὴν μὲν ΕΚ συνάγεϑαι δ κη′, τὴν δὲ ΚΘ τῶν αὐτῶν δ μβ′, διὰ τοῦτο δὲ καὶ ἑκατέραν τῶν ΑΚ καὶ ΚΓ, ἐπεὶ ἴσαι εἰσὶ, τῶν αὐτῶν δ ἔγγιϛα. Τούτοις δ' ἀκολούθως καὶ τὸ μὲν τοῦ ΑΕΓ τριγώνου ἐμβαδὸν ἕξομεν ιζ νβ′, τὸ δὲ τοῦ ΑΘΓ τῶν αὐτῶν ιπ μη′. Πάλιν ἐπεὶ οἵων ἐϛὶν ἡ μὲν ΒΔ διάμετρος ιβ, ἡ δὲ ΖΗ ὁμοίως ιβ κ′, τοιούτων καὶ ἡ ΑΓ συνάγεται π, καὶ οἵων μέν ἐϛιν ἡ ΒΔ διάμετρος ρκ, τοιούτων ἡ ΑΓ ἔϛαι π, οἵων δὲ ἡ ΖΗ διάμετρος ρκ, τοιούτων οζ ν′· καὶ τῶν ἐπ' αὐτῆς ἄρα περιφερειῶν, ἡ μὲν ΑΔΓ τοιούτων ἐϛὶν πγ λζ′ οἵων ὁ

ΑΒΓΔ κύκλος τ ξ, ἡ δὲ ΑΖΓ τοιούτων π ιβ, οἵων ὁ ΑΖΓΗ κύκλος τ ξ. Ὥστ᾽ ἐπεὶ ὁ αὐτὸς λόγος ἐςὶ τῶν κύκλων πρὸς τὰς περιφερείας, καὶ τῶν ἐμβαδῶν αὐτῶν πρὸς τὰ τῶν ὑπὸ τὰς περιφερείας τομέων, καὶ τὸ μὲν τοῦ ΑΕΓΔ τομέως ἐμβαδὸν ἕξομεν τοιούτων κϛ ιϛ, οἵων ἐδείχϑη τὸ τοῦ ΑΒΓΔ κύκλου ριγ ϛ, τὸ δὲ τοῦ ΑΘΓΖ τομέως τῶν αὐτῶν κϛ να, ἐπεὶ καὶ τὸ τοῦ ΑΗΓΖ κύκλου τῶν αὐτῶν ἦν ριθ λβ. Ἐδέδεικτο δὲ καὶ τὸ μὲν τοῦ ΑΕΓ τριγώνου ἐμβαδὸν τῶν αὐτῶν ιζ νβ, τὸ δὲ τοῦ ΑΘΓ ὁμοίως ιη μη. Καὶ λοιπὸν ἄρα τὸ μὲν τοῦ ΑΔΓΚ τμήματος ἐμβαδὸν ἕξομεν η κδ, τὸ δὲ τοῦ ΑΖΓΚ τῶν αὐτῶν η γ. Καὶ ὅλον ἄρα τὸ ὑπὸ τῶν ΑΖΓΔ περιεχόμενον ἐμβαδὸν τοιούτων ἐςὶ ιϛ κζ, οἵων τὸ τοῦ ΑΒΓΔ κύκλου ὑπόκειται ριγ ϛ. Ὥστε καὶ οἵων ἐςὶ τὸ τοῦ ἡλιακοῦ κύκλου ἐμβαδὸν ιβ, τοιούτων τὸ περιεχόμενον ὑπὸ τοῦ ἐκλείποντος ἐςὶν ᾱ ϛ δ ἔγγιςα, ἃ καὶ παραϑήσομεν ἐν τῷ εἰρημένῳ κανονίῳ τῷ ςίχῳ τῶν τριῶν δακτύλων ἐν τῷ δευτέρῳ τῶν σελιδίων.

Πάλιν ὑποκείσϑω καὶ τῶν σεληνιακῶν ἐκλείψεων ἕνεκεν, ἐπὶ τῆς αὐτῆς καταγραφῆς, ὁ μὲν τῆς σελήνης κύκλος ὁ ΑΒΓΔ, ὁ δὲ τῆς κατὰ τὸ μέσον ἀπόςημα σκιᾶς ὁ ΑΖΓΗ, καὶ ἐκλειπέτω τὸ δ ὡσαύτως τῆς σεληνιακῆς διαμέτρου, ὥστε οἵαν ἐςὶν ἡ ΒΔ διάμετρος ιβ, τοιούτων τὴν μὲν ΖΔ τῆς ἐκλείψεως εἶναι γ, τὴν δὲ ΖΗ τῆς σκιᾶς διάμετρον, κατὰ τὸν τοῦ ἑνὸς πρὸς τὰ β λϛ λόγον, τῶν αὐτῶν λα ιβ,

l'autre arc AZG est de 80 52′ des degrés dont le cercle AZGH en contient 360. Ainsi les circonférences étant aux arcs comme les aires (ou *surfaces*) de ces cercles sont aux aires des secteurs terminés par ces arcs, nous aurons celle du secteur AEGD de 26 16′ des parties dont on a prouvé que l'aire du cercle ABGD en contient 113ᵖ 6′; et l'aire du secteur ATGZ contiendra 26 51′ des parties dont la surface du cercle AHGZ en a 119 32′. Mais on a démontré que la surface du triangle AEG contient 17 52′ de ces parties, et celle du triangle ATG, 18ᵖ 48′: nous aurons donc pour la surface restante du segment ADGK 8ᵖ 24′, et pour celle du segment AZGK 8ᵖ 3′. Par conséquent tout l'espace compris dans AZGD sera de 16 27′ des parties dont la surface du cercle ABGD est supposée en avoir 113ᵖ 6′. C'est pourquoi la surface du disque solaire étant comme 12, son segment éclipsé sera comme 1 ½ ¼ à peu près, que nous placerons dans la table à côté de la ligne des trois doigts, à la seconde colonne.

Supposons à présent pour les éclipses de lune dans la même figure, ABGD le disque de la lune; AZGH le cercle de l'ombre dans la moyenne distance de cet astre, et supposons de même que le quart du diamètre est éclipsé, en sorte que le diamètre BD étant comme 12, sa partie ZD éclipsée soit de 3, et que le diamètre ZH de l'ombre, selon le rapport de 1 à 2ᵖ 36′, ait 31ᵖ 12′, et

qu'en conséquence EKT en contienne 18 36'. La circonférence du disque lunaire est donc de 37 42' parties ; et celle du cercle de l'ombre, de 98 1' de ces parties ; et des deux aires, celle du disque lunaire contient 113ᵖ 6', et celle du cercle de l'ombre, 764ᵖ 32'. Puis donc qu'ici la droite ET étant de 18ᵖ 36', AE et EG sont supposées en avoir chacune 6, et AT et TG chacune 15 36', si pareillement nous divisons par ET l'excès dont le carré de AT surpasse celui de AE, nous aurons la' différence des droites EK et KT de 11 8' des mêmes parties ; en sorte que EK contiendra 3ᵖ 44', et KT en contiendra 14 52' ; et pour cette raison, chacune des droites AK, KG. sera de 4 42' de ces . parties. Par conséquent nous en aurons 17 parties 33' pour la surface du triangle AEG, et 69ᵖ 52' pour celle du triangle ATG. Or puisque des parties dont le diamètre BD en contient 12, et la droite ZH 31ᵖ 12', la droite AG se trouve en avoir 9 24, et 94 des parties dont le diamètre BD en a 120, et aussi 36 9' de celles dont le diamètre ZH en a 120 ; il s'ensuit que des arcs qu'elle soutend, ADG a 103 8' des degrés dont le cercle ABGD

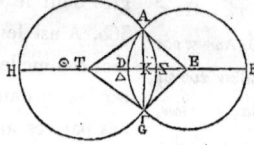

διὰ τοῦτο δὲ καὶ τὴν ΕΚΘ συνάγεσθαι ιη̄ λϛ'. Καὶ τῶν μὲν περιμέτρων ἄρα πάλιν ἡ μὲν τοῦ σεληνιακοῦ κύκλου γίνεται τμημάτων λζ̄ μβ', ἡ δὲ τοῦ τῆς σκιᾶς τῶν αὐτῶν ϙη̄ α'. τῶν δ' ἐμβαδῶν, τὸ μὲν τοῦ σεληνιακοῦ κύκλου ριγ̄ ϛ', τὸ δὲ τοῦ τῆς σκιᾶς τῶν αὐτῶν ψξδ̄ λβ'. Ἐπεὶ τοίνυν καὶ ἐνταῦθα, οἵων ἐςὶν ἡ ΕΘ εὐθεῖα ιη̄ λϛ', τοιούτων ἑκατέρα μὲν τῶν ΑΕ καὶ ΕΓ ὑπόκειται ϛ̄, ἑκατέρα δὲ τῶν ΑΘ καὶ ΘΓ τῶν αὐτῶν ιε̄ λϛ', ἐὰν ὡσαύτως τὴν ὑπεροχὴν, ἣν ὑπερέχει τὸ ἀπὸ τῆς ΑΘ τοῦ ἀπὸ τῆς ΑΕ, παραβάλωμεν παρὰ τὴν ΕΘ, ἕξομεν τὴν τῶν ΕΚ καὶ ΚΘ ὑπεροχὴν τῶν αὐτῶν ιᾱ η', ὥστε καὶ τὴν μὲν ΕΚ συνάγεσθαι γ̄ μδ', τὴν δὲ ΚΘ τῶν αὐτῶν ιδ̄ νβ', διὰ τοῦτο δὲ καὶ ἑκατέραν τῶν ΑΚ καὶ ΚΓ τῶν αὐτῶν δ̄ μβ'. Ἀκολούθως δὲ τούτοις, καὶ τὸ μὲν τοῦ ΑΕΓ τριγώνου ἐμβαδὸν ἕξομεν ιζ̄ λγ', τὸ δὲ τοῦ ΑΘΓ τῶν αὐτῶν ξθ̄ νβ'. Πάλιν ἐπεὶ οἵων ἐςὶν ἡ μὲν ΒΔ διάμετρος ιβ̄, ἡ δὲ ΖΗ ὁμοίως λᾱ ιβ', τοιούτων καὶ ἡ ΑΓ συνάγεται θ̄ κδ', καὶ οἵων μὲν ἐςιν ἡ ΒΔ διάμετρος ρκ̄, τοιούτων ἡ ΑΓ ἔςαι ϙδ̄, οἵων δὲ ἡ ΖΗ διάμετρος ρκ̄, τοιούτων λϛ̄ θ', καὶ τῶν ἐπ' αὐτῆς ἄρα περιφερειῶν ἡ μὲν ΑΔΓ τοιούτων ἐςὶν ργ̄ η', οἵων ὁ ΑΒΓΔ κύκλος τξ̄, ἡ δὲ ΑΖΓ τοιούτων

λε̄ δ´, οἵων ὁ ΑΖΓΗ κύκλος τξ̄. Ὥστε διὰ τὰ προειρημένα, καὶ τὸ μὲν τοῦ ΑΕΓΔ τομέως ἐμβαδὸν τοιούτων ἕξομεν λβ̄ κδ´, οἵων ἐδείχϑη τὸ τοῦ ΑΒΓΔ κύκλου ριγ̄ ϛ´, τὸ δὲ τοῦ ΑΓΘΖ τομέως τῶν αὐτῶν οδ̄ κη´· ἐπεὶ καὶ τὸ τοῦ ΑΖΓΗ κύκλου τῶν αὐτῶν ἦν ψξδ̄ λβ´. Ἐδέδεικτο δὲ καὶ τὸ μὲν τοῦ ΑΕΓ τριγώνου ἐμβαδὸν τῶν αὐτῶν ιζ̄ λγ´, τὸ δὲ τοῦ ΑΘΓ ὁμοίως ξϑ̄ νβ´· καὶ λοιπὸν ἄρα τὸ μὲν τοῦ ΑΔΓΚ τμήματος ἐμβαδὸν ἕξομεν ιδ̄ να´, τὸ δὲ τοῦ ΑΖΓΚ τῶν αὐτῶν δ̄ λϛ´. Καὶ ὅλον ἄρα τὸ ὑπὸ τῶν ΑΖ, ΓΔ περιεχόμενον ἐμβαδὸν τοιούτων ἐςὶ ιϑ̄ κζ´, οἵων τὸ τοῦ ΑΒΓΔ κύκλου ὑπόκειται ριγ̄ ϛ´. Ὥστε καὶ οἵων ἐςὶ τὸ τοῦ σεληνιακοῦ κύκλου ἐμβαδὸν ιβ̄, τοιούτων τὸ περιεχόμενον ὑπὸ τοῦ ἐκλείποντος αὐτῆς τμήματος ἔςαι β̄ καὶ ἔτι ιε̄ου μέρους ἔγγιςα, ἃ καὶ παραϑήσομεν ἐπὶ τοῦ αὐτοῦ κανονίου τῷ ςίχῳ τῶν τριῶν δακτύλων, ἐν τῷ τρίτῳ καὶ σεληνιακῷ σελιδίῳ. Καὶ ἔςιν ἡ τῶν κανονίων ἔκϑεσις τοιαύτη.

en contient 360 ; et AZG a 35 4′ des degrés dont le cercle AZGH en contient 360. Ainsi donc pour les raisons précédentes, l'aire du secteur AEGD sera de 32 24′ des parties dont on a démontré que le cercle ABGD en contient 113ᴾ 6′; et celle du secteur AGTZ aura 74ᴾ 28′ des parties dont la surface du cercle AZGH en a 764 32′. Or il a été prouvé que la surface du triangle AEG est de 17ᴾ 33′ de ces parties, et celle de ATG de 69 52′ : donc nous aurons pour la surface du segment restant ADGK, 14ᴾ 51′, et pour celle du segment AZGK, 4ᴾ 36′. Par conséquent tout l'espace compris dans AZ, GD, est de 19 27′ des parties dont la surface du cercle ABGD est supposée en contenir 113ᴾ 6′. C'est pourquoi la surface du disque lunaire étant comme 12, l'espace de son segment éclipsé sera de 2 ¹⁄₁₁ à très-peu près, que nous mettrons aussi dans la même table, à côté des trois doigts, à la troisième colonne (l). Voici quelle est l'exposition de ces tables.

TABLE DES ÉCLIPSES DE SOLEIL.						
PLUS GRANDE DISTANCE.						
1. ARGUMENT DE LATITUDE.		2.		3. DOIGTS	4. PARTIES D'INCIDENCE.	
Degrés	Min.	Degrés	Min.	D.	Min.	Se-condes
84	0	276	0	0	0	0
84	30	275	30	1	12	32
85	0	275	0	2	17	19
85	30	274	30	3	20	43
86	0	274	0	4	23	27
86	30	273	30	5	25	38
87	0	273	0	6	27	8
87	30	272	30	7	28	29
88	0	272	0	8	29	32
88	30	271	30	9	30	20
89	0	271	0	10	30	54
89	30	270	30	11	31	13
90	0	270	0	12	31	20
90	30	269	30	11	31	13
91	0	269	0	10	30	54
91	30	268	30	9	30	20
92	0	268	0	8	29	32
92	30	267	30	7	28	29
93	0	267	0	6	27	8
93	30	266	30	5	25	38
94	0	266	0	4	23	27
94	30	265	30	3	20	43
95	0	265	0	2	17	19
95	30	264	30	1	12	32
96	0	264	0	0	0	0
0	0	0	0	0	0	0
0	0	0	0	0	0	0

ΚΑΝΟΝΙΟΝ ΗΛΙΟΥ ΕΚΛΕΙΨΕΩΝ.						
ΜΕΓΙΣΤΟΥ ΑΠΟΣΤΗΜΑΤΟΣ.						
Α. ΠΛΑΤΟΥΣ ΑΡΙΘΜΟΙ.		Β.		Γ. ΔΑΚΤΥΛΟΙ.	Δ. ΕΜΠΤΩΣΕΩΣ ΜΟΡΙΑ.	
Μοιρ.	Α.	Μοιρ.	Α.	Δ	Α.	Β.
πδ	ō	ςος	ō	ō	ō	ō
πδ	λ	ςοε	λ	α	ιβ	λβ
πε	ō	ςοε	ō	β	ιζ	ιθ
πε	λ	ςοδ	λ	γ	κ	μζ
πς	ō	ςοδ	ō	δ	κγ	κζ
πς	λ	ςογ	λ	ε	κε	λη
πζ	ō	ςογ	ō	ς	κζ	η
πζ	λ	ςοβ	λ	ζ	κη	κθ
πη	ō	ςοβ	ō	η	κθ	λβ
πη	λ	ςοα	λ	θ	λ	κ
πθ	ō	ςοα	ō	ι	λ	νδ
πθ	λ	ςο	λ	ια	λα	ιγ
ϟ	ō	ςο	ō	ιβ	λα	κ
ϟ	λ	σξθ	λ	ια	λα	ιγ
ϟα	ō	σξθ	ō	ι	λ	νδ
ϟα	λ	σξη	λ	θ	λ	κ
ϟβ	ō	σξη	ō	η	κθ	λβ
ϟβ	λ	σξζ	λ	ζ	κη	κθ
ϟγ	ō	σξζ	ō	ς	κζ	η
ϟγ	λ	σξς	λ	ε	κε	λη
ϟδ	ō	σξς	ō	δ	κγ	κζ
ϟδ	λ	σξε	λ	γ	κ	μζ
ϟε	ō	σξε	ō	β	ιζ	ιθ
ϟε	λ	σξδ	λ	α	ιβ	λβ
ϟς	ō	σξδ	ō	ō	ō	ō
ō	ō	ō	ō	ō	ō	ō
ō	ō	ō	ō	ō	ō	ō

ΚΑΝΟΝΙΟΝ ΗΛΙΟΥ ΕΚΛΕΙΨΕΩΝ.						
ΕΛΑΧΙΣΤΟΥ ΑΠΟΣΤΗΜΑΤΟΣ.						
A. Δ. ΠΛΑΤΟΥΣ ΑΡΙΘΜΟΙ.				Γ. ΔΑΚΤΥΛΟΙ.	Δ. ΕΜΠΤΩΣΕΩΣ ΜΟΡΙΑ.	
Μοιρ.	Λ.	Μοιρ.	Λ.	Δ.	Λ.	Δ.
πγ	λϛ	σοϛ	κδ	ō	ō	ō
πδ	ϛ	σοε	νδ	α	ιβ	νζ
πδ	λϛ	σοε	κδ	β	ιζ	νδ
πε	ϛ	σοδ	νδ	γ	κα	κη
πε	λϛ	σοδ	κδ	δ	κδ	ιδ
πϛ	ϛ	σογ	νδ	ε	κϛ	κζ
πϛ	λϛ	σογ	κδ	ϛ	κη	ιϛ
πζ	ϛ	σοβ	νδ	ζ	κθ	μϛ
πζ	λϛ	σοβ	κδ	η	λ	νε
πη	ϛ	σοα	νδ	θ	λα	να
πη	λϛ	σοα	κδ	ι	λβ	λγ
πθ	ϛ	σο	νδ	ια	λγ	α
πθ	λϛ	σο	κδ	ιβ	λγ	ιϛ
ϟ	ō	σο	ō	ιβ δ'	λγ	κθ
ϟ	κδ	σξθ	ϛ	ιβ	λγ	ιϛ
ϟ	νδ	σξθ	ϛ	ια	λγ	α
ϟα	κδ	σξη	λϛ	ι	λβ	λγ
ϟα	νδ	σξη	ϛ	θ	λα	να
ϟβ	κδ	σξζ	λϛ	η	λ	νε
ϟβ	νδ	σξζ	ϛ	ζ	κθ	μϛ
ϟγ	κδ	σξϛ	λϛ	ϛ	κη	ιϛ
ϟγ	νδ	σξϛ	ϛ	ε	κϛ	κζ
ϟδ	κδ	σξε	λϛ	δ	κδ	ιδ
ϟδ	νδ	σξε	ϛ	γ	κα	κη
ϟε	κδ	σξδ	λϛ	β	ιζ	νδ
ϟε	νδ	σξδ	ϛ	α	ιβ	νζ
ϟϛ	κδ	σξγ	λϛ	ō	ō	ō

TABLE DES ÉCLIPSES DE SOLEIL.						
MOINDRE DISTANCE.						
1. 2. ARGUMENT DE LATITUDE.				3. DOIGTS	4. PARTIES D'INCIDENCE.	
Degrés	Min.	Degrés	Min.	D.	Min.	Seconde.
83	36	276	24	0	0	0
84	6	275	54	1	12	57
84	36	275	24	2	17	54
85	6	274	54	3	21	28
85	36	274	24	4	24	14
86	6	273	54	5	26	27
86	36	273	24	6	28	16
87	6	272	54	7	29	45
87	36	272	24	8	30	55
88	6	271	54	9	31	51
88	36	271	24	10	32	33
89	6	270	54	11	33	1
89	36	270	24	12	33	16
90	0	270	0	12 4/3	33	29
90	24	269	6	12	33	16
90	54	269	6	11	33	1
91	24	268	36	10	32	33
91	54	268	6	9	31	51
92	24	267	36	8	30	55
92	54	267	6	7	29	45
93	24	266	36	6	28	16
93	54	266	6	5	26	27
94	24	265	36	4	24	14
94	54	265	6	3	21	28
95	24	264	56	2	17	54
95	54	264	6	1	12	57
96	24	265	36	0	0	0

TABLES DES ÉCLIPSES DE LUNE.
PLUS GRANDE DISTANCE.

1. ARGUMENT DE LATITUDE				3. DOIGTS	4. PARTIES D'INCIDENCE		5. MOITIÉ de la DEMEURE	
Degrés	Min.	Degrés	Min.	D.	Min.	Secondes	Min.	Secondes
79	12	280	48	0	0	0	0	0
79	42	280	18	1	16	59	0	0
80	12	279	48	2	23	43	0	0
80	42	279	18	3	28	41	0	0
81	12	278	48	4	32	42	0	0
81	42	278	18	5	36	6	0	0
82	12	277	48	6	39	1	0	0
82	42	277	18	7	41	34	0	0
83	12	276	48	8	43	50	0	0
83	42	276	18	9	45	48	0	0
84	12	275	48	10	47	35	0	0
84	42	275	18	11	49	9	0	0
85	12	274	48	12	50	31	0	0
85	42	274	18	13	40	35	11	9
86	12	273	48	14	37	28	15	20
86	42	273	18	15	35	30	18	12
87	12	272	48	16	34	6	20	22
87	42	272	18	17	33	7	22	0
88	12	271	48	18	32	23	23	14
88	42	271	18	19	31	51	24	8
89	12	270	48	20	31	32	24	43
89	42	270	18	21	31	22	25	1
90	0	270	0	compl.	31	20	25	4
90	18	269	42	21	31	22	25	1
90	48	269	12	20	31	32	24	43
91	18	268	42	19	31	51	24	8
91	48	268	12	18	32	23	23	14
92	18	267	42	17	33	7	22	0
92	48	267	12	16	34	6	20	22
93	18	266	42	15	35	30	18	12
93	48	266	12	14	37	28	15	20
94	18	265	42	13	40	35	11	9
94	48	265	12	12	50	31	0	0
95	18	264	42	11	49	9	0	0
95	48	264	12	10	47	35	0	0
96	18	263	42	9	45	48	0	0
96	48	263	12	8	43	50	0	0
97	18	262	42	7	41	34	0	0
97	48	262	12	6	39	1	0	0
98	18	261	42	5	36	6	0	0
98	48	261	12	4	32	42	0	0
99	18	260	42	3	28	41	0	0
99	48	260	12	2	23	43	0	0
100	18	259	42	1	16	59	0	0
100	48	259	12	0	0	0	0	0

ΣΕΛΗΝΙΑΚΩΝ ΕΚΛΕΙΨΕΩΝ.
ΜΕΓΙΣΤΟΥ ΑΠΟΣΤΗΜΑΤΟΣ.

Α. ΠΛΑΤΟΥΣ ΑΡΙΘΜΟΙ		Β.		Γ. ΔΑΚΤΥΛΟΙ	Δ. ΕΜΠΤΩΣΕΩΣ ΜΟΡΙΑ		Ε. ΜΟΝΗΣ ΗΜΙΣΥ	
Μοιρ.	Α.	Μοιρ.	Α.	Δ.	Α.	Β.	Α.	Β.
οθ	ιβ	σπ	μη	ō	ο	ō	ō	ō
οθ	μβ	σπ	ιη	α	ιϛ	νθ	ō	ō
π	ιβ	σοθ	μη	β	κγ	μγ	ō	ō
π	μβ	σοθ	ιη	γ	κη	μα	ο	ō
πα	ιβ	σοη	μη	δ	λβ	μβ	ō	ō
πα	μβ	σοη	ιη	ε	λϛ	ϛ	ō	ō
πβ	ιβ	σοζ	μη	ϛ	λθ	ō	ō	ō
πβ	μβ	σοϛ	ιη	ζ	μα	λδ	ō	ō
πγ	ιβ	σοϛ	μη	η	μγ	ν	ō	ō
πγ	μβ	σος	ιη	θ	με	μη	ō	ō
πδ	ιβ	σοε	μη	ι	μζ	λε	ō	ō
πδ	μβ	σοε	ιη	ια	μθ	θ	ō	ō
πε	ιβ	σοδ	μη	ιβ	ν	λα	ō	ō
πε	μβ	σοδ	ιη	ιγ	μ	λε	ια	θ
πϛ	ιβ	σογ	μη	ιδ	λζ	κη	ιε	κ
πϛ	μβ	σογ	ιη	ιε	λε	λ	ιη	ιβ
πζ	ιβ	σβ	μη	ιϛ	λδ	ϛ	κ	κβ
πζ	μβ	σοβ	ιη	ιζ	λγ	ζ	κβ	ō
πη	ιβ	σοα	μη	ιη	λβ	κγ	κγ	ιδ
πη	μβ	σοα	ιη	ιθ	λα	να	κδ	η
πθ	ιβ	σο	μη	κ	λα	λβ	κδ	μγ
πθ	μβ	σο	ιη	κα	λα	κβ	κε	α
Ϟ	ō	σο	ō	τέλει.	λα	κ	κε	δ
Ϟ	ιη	σξθ	μβ	κα	λα	κβ	κε	α
Ϟ	μη	σξθ	ιβ	κ	λα	λβ	κδ	μγ
Ϟα	ιη	σξη	μβ	ιθ	λα	να	κδ	η
Ϟα	μη	σξη	ιβ	ιη	λβ	κγ	κγ	ιδ
Ϟβ	ιη	σξζ	μβ	ιζ	λγ	ζ	κβ	ō
Ϟβ	μη	σξζ	ιβ	ιϛ	λδ	ϛ	κ	κβ
Ϟγ	ιη	σξϛ	μβ	ιε	λε	λ	ιη	ιβ
Ϟγ	μη	σξϛ	ιβ	ιδ	λζ	κη	ιε	κ
Ϟδ	ιη	σξε	μβ	ιγ	μ	λε	ια	θ
Ϟδ	μη	σξε	ιβ	ιβ	ν	λα	ō	ō
Ϟε	ιη	σξδ	μβ	ια	μθ	θ	ō	ō
Ϟε	μη	σξδ	ιβ	ι	μζ	λε	ō	ō
Ϟϛ	ιη	σξγ	μβ	θ	με	μη	ō	ō
Ϟϛ	μη	σξγ	ιβ	η	μγ	ν	ō	ō
Ϟζ	ιη	σξβ	μβ	ζ	μα	λδ	ō	ō
Ϟζ	μη	σξβ	ιβ	ϛ	λθ	α	ō	ō
Ϟη	ιη	σξα	μβ	ε	λϛ	ϛ	ō	ō
Ϟη	μη	σξα	ιβ	δ	λβ	μβ	ō	ō
Ϟθ	ιη	σξ	μβ	γ	κη	μα	ō	ō
Ϟθ	μη	σξ	ιβ	β	κγ	μγ	ō	ō
ρ	ιη	σνθ	μβ	α	ιϛ	νθ	ō	ō
ρ	μη	σνθ	ιβ	ō	ō	ō	ō	ō

ΣΕΛΗΝΙΑΚΩΝ ΕΚΛΕΙΨΕΩΝ.
ΕΛΑΧΙΣΤΟΥ ΑΠΟΣΤΗΜΑΤΟΣ.

A.		B.		Γ. ΔΑΚΤΥΛΟΙ.	Δ. ΕΜΠΤΩΣΕΩΣ ΜΟΡΙΑ.		Ε. ΜΟΝΗΣ ΗΜΙΣΥ.	
ΠΛΑΤΟΥΣ ΑΡΙΘΜΟΙ.								
Μοιρ.	Α.	Μοιρ.	Α.	Δ.	Α.	Β.	Α.	Β.
οζ	μη	σπβ	ιβ	ο̄	ο̄	ο̄	ο̄	ο̄
οη	κβ	σπα	λη	α	ιθ	θ	ο̄	ο̄
οη	νζ	σπα	δ	β	κζ	με	ο̄	ο̄
οθ	λ	σπ	λ	γ	λβ	κ	ο̄	ο̄
π	δ	σοθ	νζ	δ	λζ	νγ	ο̄	ο̄
π	λη	σοθ	κβ	ε	μ	μβ	ο̄	ο̄
πα	ιβ	σοη	μη	ζ	μγ	νθ	ο̄	ο̄
πα	μζ	σοη	ιδ	ζ	μζ	νγ	ο̄	ο̄
πβ	κ	σοζ	μ	η	μθ	κε	ο̄	ο̄
πβ	νδ	σοζ	ζ	θ	να	μ	ο̄	ο̄
πγ	κη	σος	λβ	ι	νγ	λθ	ο̄	ο̄
πδ	β	σοε	νη	ια	νε	κε	ο̄	ο̄
πδ	λε	σοε	κδ	ιβ	νζ	νθ	ο̄	ο̄
πε	ι	σοδ	ν	ιγ	με	μζ	ιβ	λδ
πε	μθ	σοδ	ιζ	ιδ	μβ	ιε	ιζ	ιζ
πζ	ιη	σογ	μβ	ιε	μ	β	κ	λβ
πζ	νβ	σογ	η	ιζ	λη	κη	κβ	νη
πζ	κζ	σοβ	λδ	ιζ	λζ	κ	κδ	μθ
πη	ο̄	σοβ	ο̄	ιη	λζ	λζ	κζ	α
πη	λδ	σοα	κζ	ιθ	λε	νε	κζ	ιγ
πθ	η	σο	νβ	κ	λε	λδ	κζ	μβ
πθ	μβ	σο	ιη	κα	λε	κβ	κη	ιβ
ϟ	ο̄	σο	ο̄	τέλει.	λε	κ	κη	ϛ
ϟ	ιη	σξθ	μβ	κα	λε	κβ	κη	ιβ
ϟ	νβ	σξθ	η	κ	λε	λδ	κζ	μβ
ϟα	κζ	σξη	λδ	ιθ	λε	νε	κζ	ιγ
ϟβ	ο̄	σξη	ο̄	ιη	λζ	λζ	κζ	α
ϟβ	λδ	σξζ	κζ	ιζ	λζ	κ	κδ	μθ
ϟγ	η	σξζ	νβ	ιζ	λη	κη	κβ	νη
ϟγ	μβ	σξζ	ιη	ιε	μ	β	κ	λβ
ϟδ	ιζ	σξε	μδ	ιδ	μβ	ιε	ιζ	ιζ
ϟδ	ν	σξε	ι	ιγ	με	μζ	ιβ	λδ
ϟε	κδ	σξδ	λζ	ιβ	νζ	νθ	ο̄	ο̄
ϟε	νη	σξδ	β	ια	νε	κε	ο̄	ο̄
ϟϛ	λβ	σξγ	κη	ι	νγ	λθ	ο̄	ο̄
ϟϛ	ϛ	σξβ	νδ	θ	να	μ	ο̄	ο̄
ϟϛ	μ	σξβ	κ	η	μθ	κε	ο̄	ο̄
ϟη	ιδ	σξα	μζ	ζ	μζ	νγ	ο̄	ο̄
ϟη	μη	σξα	ιβ	ϛ	μγ	νθ	ο̄	ο̄
ϟθ	κβ	σξ	λη	ε	μ	μβ	ο̄	ο̄
ϟθ	νϛ	σξ	δ	δ	λϛ	νγ	ο̄	ο̄
ρ	λ	σνθ	λ	γ	λβ	κ	ο̄	ο̄
ρα	δ	σνη	νζ	β	κϛ	με	ο̄	ο̄
ρα	λη	σνη	κβ	α	ιθ	θ	ο̄	ο̄
ρβ	ιβ	σνζ	μη	ο̄	ο̄	ο̄	ο̄	ο̄

TABLES DES ÉCLIPSES DE LUNE.
MOINDRE DISTANCE.

1. 2. ARGUMENT DE LATITUDE.				3. DOIGTS	4. PARTIES D'INCIDENCE.		5. MOITIÉ de la DEMEURE.	
Degrés	Min.	Degrés	Min.	D.	Min.	Secondes	Min.	Secondes
77	48	282	12	0	0	0	.0	0
78	22	281	38	1	19	9	0	0
78	56	281	4	2	26	45	0	0
79	30	280	30	3	32	20	0	0
80	4	279	56	4	36	53	0	0
80	38	279	22	5	40	42	0	0
81	12	278	48	6	43	59	0	0
81	46	278	14	7	46	53	0	0
82	20	277	40	8	49	25	0	0
82	54	277	6	9	51	40	0	0
83	28	276	32	10	53	39	0	0
84	2	275	58	11	55	25	0	0
84	36	275	24	12	56	59	0	0
85	10	274	50	13	45	47	12	34
85	44	274	16	14	42	15	17	17
86	18	273	42	15	40	2	20	32
86	52	273	8	16	38	28	22	58
87	26	272	34	17	37	20	24	49
88	0	272	0	18	36	37	26	1
88	34	271	26	19	35	55	27	13
89	8	270	52	20	35	34	27	42
89	42	270	18	21	35	22	28	12
90	0	270	0	compl.	35	20	28	16
90	18	269	42	21	35	22	28	12
90	52	269	8	20	35	34	27	42
91	26	268	34	19	35	55	27	13
92	0	368	0	18	36	37	26	1
92	34	267	26	17	37	20	24	49
93	8	266	52	16	38	28	22	58
93	42	266	18	15	40	2	20	32
94	16	265	44	14	42	15	17	17
94	50	265	10	13	45	47	12	34
95	24	264	36	12	56	59	0	0
95	58	264	2	11	55	25	0	0
96	32	263	28	10	53	39	0	0
97	6	262	54	9	51	40	0	0
97	40	262	20	8	49	25	0	0
98	14	261	46	7	46	53	0	0
98	48	261	12	6	43	59	0	0
99	22	260	38	5	40	42	0	0
99	56	260	4	4	36	53	0	0
100	30	259	30	3	32	20	0	0
101	4	258	56	2	26	45	0	0
101	38	258	22	1	19	9	0	0
102	12	257	48	0	0	0	0	0

TABLE DE LA CORRECTION.

1. NOMBRES DE L'ANOMALIE.		3. SOIXANTIÈMES DES DIFFÉRENCES.	
Degrés.	Degrés.	Minutes.	Secondes.
6	354	0	21
12	348	0	42
18	342	1	42
24	336	2	42
30	330	4	1
36	324	5	21
42	318	7	18
48	312	9	15
54	306	11	37
60	300	14	0
66	294	16	48
72	288	19	36
78	282	22	36
84	276	25	36
90	270	28	42
96	264	31	48
102	258	34	54
108	252	38	0
114	246	41	0
120	240	44	0
126	234	46	45
132	228	49	30
138	222	51	39
144	216	53	48
150	210	55	32
156	204	57	15
162	198	58	18
168	192	59	21
174	186	59	41
180	180	60	0

ΚΑΝΟΝΙΟΝ ΔΙΟΡΘΩΣΕΩΣ.

Α. ΑΡΙΘΜΟΙ ΑΝΩΜΑΛΙΑΣ.		Γ. ΔΙΑΦΟΡΩΝ ΕΞΗΚΟΣΤΑ.	
Μοῖραι.	Μοῖραι.	Α.	Β.
ς	τμδ	δ	κα
ιβ	τμη	δ	μβ
ιη	τμβ	α	μβ
κδ	τλς	β	μβ
λ	τλ	δ	α
λς	τκδ	ε	κα
μβ	τιη	ζ	ιη
μη	τιβ	θ	ιε
νδ	τς	ια	λζ
ξ	τ	ιδ	ο
ξς	σϟδ	ις	μη
οβ	σπη	ιθ	λς
οη	σπβ	κβ	λς
πδ	σος	κε	λς
ϟ	σο	κη	μβ
ϟς	σξδ	λα	μη
ρβ	σνη	λδ	νδ
ρη	σνβ	λη	ο
ριδ	σμς	μα	ο
ρκ	σμ	μδ	ο
ρκς	σλδ	μς	με
ρλβ	σκη	μθ	λ
ρλη	σκβ	να	λθ
ρμδ	σις	νγ	μη
ρν	σι	νε	λβ
ρνς	σδ	νζ	ιε
ρξβ	ρϟη	νη	ιη
ρξη	ρϟβ	νθ	κα
ροδ	ρπς	νθ	μα
ρπ	ρπ	ξ	ο

TABLE DE LA GRANDEUR DU SOLEIL ET DE LA LUNE.

1. DOIGTS.	2. DOIGTS DU SOLEIL.	3. DOIGTS DE LA LUNE.
1	0....$\frac{1}{3}$	0....$\frac{1}{6}$
2	1.....0	1.....$\frac{1}{8}$
3	1....$\frac{1}{4}\frac{1}{4}$	2....$\frac{1}{15}$
4	2....$\frac{1}{7}$	3....$\frac{1}{8}$
5	3....$\frac{2}{7}$	4....$\frac{1}{7}$
6	4....$\frac{2}{7}$	5....$\frac{1}{7}$
7	5....$\frac{1}{2}\frac{1}{7}$	6....$\frac{1}{2}\frac{1}{4}$
8	7.....0	8.....0
9	8....$\frac{1}{7}$	9.....$\frac{1}{5}$
10	9....$\frac{2}{7}$	10...$\frac{1}{7}$
11	10...$\frac{1}{2}\frac{1}{7}$	11...$\frac{1}{7}$
12	12.....0	12.....0

ΚΑΝΟΝΙΟΝ ΜΕΓΕΘΟΥΣ ΗΛΙΟΥ ΚΑΙ ΣΕΛΗΝΗΣ.

Α. ΔΑΚΤΥΛΟΙ.	Β. ΔΑΚΤΥΛΟΙ ΗΛΙΟΥ.	Γ. ΔΑΚΤΥΛΟΙ ΣΕΛΗΝΗΣ.
α	δ.....γ''	δ....ς''
β	α.....δ''	α....ς''
γ	α....ς''δ''	β....ιι''
δ	β....γ₀''	γ....ς''
ε	γ....γ₀''	δ....γ''
ς	δ....γ₀''	ε....ς''
ζ	ε....ς''γ''	ς...ς''δ''
η	ζ.....δ''	η....δ''
θ	η.....γ''	θ....ς''
ι	θ....γ₀''	ι....γ''
ια	ι....ς''γ''	ια...γ''
ιβ	ιβ...δ''	ιβ...δ''

ΚΕΦΑΛΑΙΟΝ Θ.

CHAPITRE IX.

ΣΕΛΗΝΙΑΚΩΝ ΕΚΛΕΙΨΕΩΝ ΔΙΑΚΡΙΣΙΣ.

CALCUL DES ÉCLIPSES DE LUNE.

ΤΟΥΤΩΝ δὴ προεκτεθειμένων, τὴν μὲν τῶν σεληνιακῶν ἐκλείψεων ἐπίσκεψιν ποιησόμεθα τὸν τρόπον τοῦτον. Ἐκθέμενοι γὰρ τῆς ἐπιζητουμένης πανσελήνου τὸν συναγόμενον ἀριθμὸν, κατὰ τὴν ἐν Ἀλεξανδρείᾳ τοῦ μέσου χρόνου τῆς συζυγίας ὥραν, τῶν τε ἀπὸ τοῦ ἀπογείου τοῦ ἐπικύκλου τῆς καλουμένης ἀνωμαλίας μοιρῶν, καὶ τῶν ἀπὸ τοῦ βορείου πέρατος τοῦ πλάτους, μετὰ τὴν ἐκ τῆς προσαφαιρέσεως διάκρισιν, τὸν τοῦ πλάτους πρῶτον εἰσοίσομεν εἰς τὰ τῶν σεληνιακῶν ἐκλείψεων κανόνια· κἂν συνεμπίπτῃ τοῖς τῶν δύο πρώτων σελιδίων ἀριθμοῖς, τὰ παρακείμενα τῷ τοῦ πλάτους ἀριθμῷ καθ᾽ ἑκάτερον τῶν κανονίων ἔν τε τοῖς τῶν παρόδων σελιδίοις καὶ ἐν τοῖς τῶν δακτύλων ἀπογραψόμεθα χωρὶς ἑκάστα. Ἔπειτα καὶ τὸν τῆς ἀνωμαλίας ἀριθμὸν εἰσενεγκόντες εἰς τὸ τῆς διορθώσεως κανόνιον, ὅσα ἐὰν ᾖ τὰ παρακείμενα αὐτῷ ἑξηκοστὰ, τοσαῦτα λαβόντες τῆς ὑπεροχῆς τῶν καθ᾽ ἑκάτερον κανόνιον ἀπογεγραμμένων δακτύλων τε καὶ ἑξηκοστῶν, προσθήσομεν τοῖς ἐκ τοῦ πρώτου κανονίου κατειλημμένοις. Ἐὰν μέντοι συμβαίνῃ τὸν τοῦ πλάτους ἀριθμὸν εἰς τὸ δεύτερον μόνον κανόνιον πίπτειν, τῶν ἐν αὐτῷ μόνῳ παρακειμένων δακτύλων καὶ μορίων τὰ εὑρισκόμενα ἑξηκοστὰ ἐκθησόμεθα· καὶ ὅσους μὲν ἐὰν εὕρωμεν ἐκ τῆς τοιαύτης

Après tous ces préliminaires, voici comment nous parviendrons à prédire les éclipses : prenant la longitude de la pleine lune en question, pour l'heure du milieu de l'éclipse, à Alexandrie, et les degrés de l'anomalie de l'épicycle depuis l'apogée, ainsi que les degrés de la latitude depuis la limite boréale après la correction par la prostaphérèse, nous porterons d'abord le nombre de la latitude dans les tables des éclipses de lune ; et s'il tombe parmi les nombres des deux premières colonnes, nous écrirons à part les nombres placés à côté de celui de la latitude, dans l'une et l'autre table tant aux colonnes des mouvemens qu'à celles des doigts. Ensuite, portant le nombre de l'anomalie dans la table de la correction, autant il s'y trouvera de soixantièmes à côté, autant nous en prendrons de différence des doigts et des soixantièmes transcrits de chaque table ; et nous les ajouterons à ceux qui auront été pris de la première table. S'il arrive que le nombre de la latitude tombe dans la seconde table seule, nous en tirerons les soixantièmes des doigts et des degrés qui s'y trouveront à coté ; et autant nous trouverons qu'il résulte de doigts de cette correction, autant nous dirons que l'obscurcissement couvre de

douzièmes du diamètre de la lune au milieu de l'éclipse. Et aux soixantièmes résultant de cette correction, ajoutant toujours leurs douzièmes pour le mouvement du soleil pendant ce temps-là; puis divisant par le mouvement horaire inégal de la lune dans ce même temps, le quotient nous donnera autant d'heures équinoxiales pour chacun des temps de l'éclipse, les unes tirées de la quatrième colonne outre le temps de l'immersion et celui de l'émersion ou rétablissement de l'astre (*hors de l'ombre*), les autres de la cinquième, pour la moitié de la durée. On connoîtra ainsi les positions horaires lors du commencement et de la fin des immersions et des émersions par le moyen de l'addition ou de la soustraction de chaque quantité particulière trouvée dans l'espace de la durée, c'est-à-dire au temps de la pleine lune vraie à très-peu près; après quoi portant les douzièmes du diamètre dans la plus petite table qui est la dernière, nous y trouverons les douzièmes des surfaces ou aires entières, par le moyen des quantités marquées dans la troisième colonne, et de même les douzièmes du soleil, par les quantités de la seconde colonne. Il est vrai qu'on ne voit pas que le temps depuis le commencement de l'éclipse jusqu'à son milieu, soit toujours exactement égal à celui depuis le milieu jusqu'à la fin, à cause que l'anomalie des mouvemens du soleil et de la lune les rend inégaux

διορθώσεως ἐκβεβηκότας δακτύλους, τοσαῦτα δωδέκατα περιέξειν φήσομεν τὴν ἐπισκότησιν τῆς σεληνιακῆς διαμέτρου κατὰ τὸν μέσον χρόνον τῆς ἐκλείψεως. Τοῖς δ' ἑξηκοςοῖς τοῖς γινομένοις κατὰ τὴν αὐτὴν διόρθωσιν προσθέντες πάντοτε τὸ δωδέκατον αὐτῶν, ἀνθ' ὧν ὁ ἥλιος ἐπικινεῖται, καὶ μερίσαντες εἰς τὸ τότε τῆς σελήνης ἀνώμαλον ὡριαῖον κίνημα, ὁσάκις ἐὰν ἐκπέσῃ ὁ μερισμὸς, τοσαύτας ἰσημερινὰς ὥρας ἕξομεν ἑκάςου τῶν παροδικῶν χρόνων τῆς ἐκλείψεως, τὰς μὲν ἐκ τοῦ τετάρτου σελιδίου συναγομ'νας χωρὶς τοῦ τε τῆς ἐμπτώσεως καὶ τοῦ τῆς ἀναπληρώσεως χρόνου, τὰς δ' ἐκ τοῦ πέμπτου τῆς ἡμισείας τοῦ τῆς μονῆς χρόνου, φανερῶν αὐτόθεν γινομένων τῶν τε κατὰ τὰς ἀρχὰς καὶ τὰ τέλη τῶν ἐμβάσεων καὶ ἀνακαθάρσεων ὡριαίων ἐποχῶν, ἐκ τῆς πρὸς τὸν μεταξὺ τῆς μονῆς, τουτέςι τὸν τῆς ἀκριβοῦς ἔγγιςα πανσελήνου χρόνον ἑκάςου τῶν κατὰ μέρος εὑρισκομένων, προσαφαιρέσεως. Αὐτόθεν δὲ καὶ τῶν τῆς διαμέτρου δυοδεκάτων εἰσενεχθέντων εἰς τὸ ἐπὶ πᾶσι βραχὺ κανόνιον, καὶ τὰ δωδέκατα τῶν ὅλων ἐμβαδῶν εὑρήσομεν, ἐκ τῶν παρακειμένων ἐν τῷ τρίτῳ σελιδίῳ, ὁμοίως δὲ καὶ τὰ τῶν ἡλιακῶν, ἐκ τῶν ἐν τῷ δευτέρῳ σελιδίῳ παρακειμένων. Ὁ μὲν οὖν λόγος αἱρεῖ μὴ πάντοτε τὸν ἀπὸ τῆς ἀρχῆς τῆς ἐκλείψεως χρόνον μέχρι τοῦ μέσου, ἴσον γίνεσθαι τῷ ἀπὸ τοῦ μέσου μέχρι τοῦ τῆς τελευτῆς, διά τε τὴν περὶ τὸν ἥλιον καὶ τὴν σελήνην ἀνωμαλίαν τῶν ἴσων παρόδων, διὰ τὸ τοιοῦτον ἐν ἀνίσοις χρόνοις ἀποτελουμένων. Τῆς δὲ αἰσθήσεως ἕνεκεν

οὐδὲν ἀξιόλογον ἀπεργάσαιτο πρὸς τὰ φαινόμενα διαμάρτημα, τὸ μὴ ἀνίσους τοὺς χρόνους τούτους ὑποτίθεσθαι, τῷ, κἂν περὶ τοὺς μέσους δρόμους ὦσιν, ὅπου μείζους εἰσὶν αἱ τῶν παραυξήσεων ὑπερ-οχαὶ, τήν τε μέχρι τῶν τοσούτων ὡρῶν πάροδον, ὅσων ἐστὶν ὁ πᾶς τῆς τελείας ἐκλείψεως χρόνος, μηδεμίαν παντάπασιν αἰσθητὴν ποιεῖν τὴν τῆς ὑπεροχῆς διαφο-ράν. Ὅτι δὲ καὶ εἰκότως διημαρτημένην εὑρίσκομεν τὴν ὑπὸ τοῦ Ἱππάρχου δεδειγ-μένην τοῦ πλάτους τῆς σελήνης περίοδον, κατ' ἐκείνην μὲν τὴν ὑπόθεσιν, ἐλάττο-νος φανείσης τῆς μεταξὺ τῶν ἐκτεθειμέ-νων ἐκλείψεων ἐπουσίας, πλείονος δὲ τῆς κατὰ τοὺς ἡμετέρους ἐπιλογισμοὺς κατει-λημμένης, ἀπὸ τῶν αὐτῶν ἂν πάλιν ἐπι-στήσαντες κατανοήσαιμεν.

Λαβὼν γὰρ εἰς τὴν τοιαύτην ἀπόδειξιν ἐκλείψεις δύο σεληνιακὰς διὰ μηνῶν ͵ζρξ͞ γεγενημένας, ἐν αἷς ἀμφοτέραις τὸ τέταρ-τον τῆς σεληνιακῆς διαμέτρου κατὰ τὴν αὐτὴν ἀπὸ τοῦ ἀναβιβάζοντος συνδέσμου πάροδον ἐκλειπὸς ἐτύγχανεν, ὧν πρώ-την μὲν ἐν τῷ δευτέρῳ ἔτει Μαρδοκεμπά-δου τετηρημένην, δευτέραν δὲ τὴν ἐν τῷ λζ͞ ἔτει τῆς τρίτης κατὰ Κάλιππον περι-όδου, συγχρῆται μὲν τῷ τὴν αὐτὴν κατὰ πλάτος πάροδον ἐν ἑκατέρᾳ τῶν ἐκλεί-ψεων ἐξ ὁμαλοῦ περιέχεσθαι, πρὸς τὴν τῆς ἀποκαταστάσεως ἀπόδειξιν, ἐκ τοῦ τὴν μὲν προτέραν ἔκλειψιν γεγονέναι, κατὰ τὸ ἀπογειότατον τοῦ ἐπικύκλου τῆς σελή-νης οὔσης, τὴν δὲ δευτέραν κατὰ τὸ περι-γειότατον· καὶ διὰ τοῦτο μηδὲν, ὥς γε

en temps égaux ; mais on ne commettra aucune erreur qui mérite quelqu'atten-tion quant à ces phénomènes, en sup-posant que ces temps sont égaux en-tr'eux ; parceque quand on les considé-reroit au milieu du passage où les diffé-rences des augmentations sont les plus grandes, le mouvement pendant les heures de la durée de l'éclipse jusqu'à sa fin, ne fait pas une différence assez sensible dans l'excédent de l'une sur l'autre. Or nous trouvons qu'Hipparque s'est vraisemblablement trompé, dans la démonstration de la période de la lune en latitude, car en la supposant telle qu'il la fait, elle paroîtroit plus petite que la période des éclipses exposées, tandis qu'elle se trouve plus grande suivant nos calculs, comme nous le reconnoîtrons par les mêmes moyens.

En effet, prenant pour cette démonstra-tion deux éclipses de lune arrivées à 7160 mois l'une de l'autre, dans chacune des-quelles le quart du diamètre fut éclipsé lorsqu'elle étoit dans le même point de son mouvement depuis le nœud ascendant, la première ayant été observée la seconde an-née de Mardocempad, et la seconde la 37e année de la troisième période de Calippe, il s'est appuyé sur ce que la latitude étoit la même en l'une et l'autre éclipse, pour démontrer le retour de la pleine lune, parceque dans la première, la lune étoit à l'apogée de l'épicycle, et dans la seconde au périgée ; et il en a conclu que l'ano-malie n'y causoit aucune différence. Mais son erreur en cela étoit d'abord : que

I.

55

l'anomalie y produisoit une différence qui n'étoit pas à négliger, en ce que le mouvement moyen ne se trouve pas également plus grand que le vrai, dans les deux éclipses, mais d'environ un degré dans la première, et du huitième d'un degré dans la seconde. Ensorte que pour cette raison, le mouvement en latitude est en moins sur les restitutions entières, de $\frac{1}{2}$ $\frac{1}{4}$ $\frac{1}{8}$ d'un des degrés dont l'orbite inclinée de la lune en contient 360.

Ensuite Hipparque n'a pas tenu compte de la différence dans les obscurcissemens, qui varie avec les distances, et qui se trouvoit très-grande dans ces éclipses, parceque dans la première, la lune étoit à sa plus grande distance, et dans la seconde à la moindre. Car il est de toute nécessité que l'obscurcissement du même quart du diamètre soit arrivé, dans la première éclipse, à une moindre distance du nœud ascendant, et dans la seconde, à une plus grande. Or nous avons prouvé que leur différence monte à un degré et un cinquième; en sorte que dans le cas présent, la révolution en latitude est plus grande d'autant après les restitutions entières. Quant à la quantité à laquelle monte ici l'erreur, le retour à la latitude auroit été de près de deux degrés différent du vrai, si les deux éclipses eussent eu leur différences toutes deux en plus, ou toutes

ᾤετο, συμβεβηκέναι διάφορον ἐκ τῆς ἀνωμαλίας. Διαμαρτάνει δὲ καὶ κατ᾽ αὐτὸ τοῦτο πρῶτον, ἐπειδήπερ καὶ ἐκ τῆς ἀνωμαλίας ἐγίνετό τις ἀξιόλογος διαφορὰ, παρὰ τὸ μὴ τῷ ἴσῳ μείζονα τὴν ὁμαλὴν πάροδον εὑρίσκεσθαι τῆς ἀκριβοῦς, κατ᾽ ἀμφοτέρας τὰς ἐκλείψεις, ἀλλ᾽ ἐπὶ μὲν τῆς προτέρας μιᾷ μοίρᾳ ἔγγιϛα, ἐπὶ δὲ τῆς δευτέρας ὀγδόῳ μιᾶς μοίρας. Ὡς κατά γε τοῦτο ἐλλείπειν τὴν τοῦ πλάτους περίοδον εἰς ὅλας ἀποκαταϛάσεις ἡμίσει καὶ τετάρτῳ καὶ ὀγδόῳ μιᾶς μοίρας, οἵων ἐϛὶν ὁ λοξὸς τῆς σελήνης κύκλος τ ξ.

Ἔπειτα οὐδὲ τὴν διὰ τὰ τῆς σελήνης ἀποϛήματα συμβαίνουσαν περὶ τὰ μεγέθη τῶν ἐπισκοτήσεων διαφορὰν συνεπελογίσατο, τὴν πλείϛην μάλιϛα γεγενημένην ἐπὶ τούτων τῶν ἐκλείψεων, διὰ τὸ τὴν μὲν προτέραν κατὰ τὸ μέγιϛον ἀπόϛημα τῆς σελήνης οὔσης γεγονέναι, τὴν δὲ δευτέραν κατὰ τὸ ἐλάχιϛον. Ἀνάγκη γὰρ τὴν τοῦ αὐτοῦ τετάρτου μέρους ἐπισκότησιν παρηκολουθηκέναι, κατὰ μὲν τὴν προτέραν ἔκλειψιν ἀπὸ ἐλάσσονος διαϛάσεως τοῦ ἀναβιβάζοντος συνδέσμου, κατὰ δὲ τὴν δευτέραν ἀπὸ μείζονος, ὧν τὴν διαφορὰν ἀπεδείξαμεν μιᾶς μοίρας καὶ πεμπτημορίου συναγομένην, ὡς καὶ ἐντεῦθεν τῷ τοσούτῳ πλεονάζειν τὴν τοῦ πλάτους περίοδον μεθ᾽ ὅλας ἀποκαταϛάσεις. Τὸ μὲν οὖν, ὅσον ἐπ᾽ αὐτῇ τῇ πλάνῃ ταῖς ἐξ ἀμφοτέρων τῶν ἁμαρτιῶν συναγομέναις δυσὶν ἔγγιϛα μοίραις, ἐσφάλη ἂν ἡ περιοδικὴ τοῦ πλάτους ἀποκατάϛασις, εἰ ἔτυχον ἀμφότεραι πρὸς τὸ ἔλαττον ἢ πρὸς τὸ πλεῖον φέρουσαι τὴν

διαφοράν· ἐπεὶ δ᾽ ἡ μὲν ἐλλείπειν ἐποίει
τὴν ἀποκατάςασιν, ἡ δὲ πλεονάζειν κατά
τινα συντυχίαν, ἣν ἴσως καὶ ὁ Ἵππαρχος ἀνταναπληρουμένην πως κατενοήκει
μόνῳ τῷ τῆς ὑπεροχῆς τῶν ἁμαρτιῶν
τρίτῳ μέρει μιᾶς μοίρας, ἐφάνη πλείων
οὖσα ἡ ἐπίληψις τῆς ἀποκαταςάσεως.

deux en moins ; mais l'une rendant le
retour plus court, et l'autre le rendant
plus long, de quelque chose, Hipparque
a cru pouvoir y suppléer au moins par le
seul tiers de degré pour l'excédent qui faisoit les erreurs, et son résultat s'est trouvé
plus fort que la véritable période.

ΚΕΦΑΛΑΙΟΝ Ι.

ΗΛΙΑΚΩΝ ΕΚΛΕΙΨΕΩΝ ΔΙΑΚΡΙΣΙΣ.

CHAPITRE X.

CALCUL DES ÉCLIPSES DU SOLEIL.

Ἡ μὲν οὖν τῶν σεληνιακῶν ἐκλείψεων
ἐπίσκεψις μόνως ἂν διὰ ταῦτα γίνοιτο
ὑγιῶς, καθ᾽ οὓς ἐκτεθείμεθα τρόπους
τῶν ἐπιλογισμῶν ἀκριβουμένων· ἑξῆς δὲ
τὴν τῶν ἡλιακῶν ἐκλείψεων διάκρισιν
κατασκελεςέραν οὖσαν διὰ τὰς παραλλάξεις τῆς σελήνης ποιησόμεθα τὸν τρόπον
τοῦτον. Σκεψάμενοι γὰρ τὸν ἐν Ἀλεξανδρείᾳ τῆς ἀκριβοῦς συνόδου χρόνον, πρὸ
πόσων ἢ μετὰ πόσας ὥρας ἐξέπεσεν ἰσημερινὰς τῆς μεσημβρίας, ἔπειτα ἐὰν ἕτερον
ᾖ τὸ ὑποκείμενον κλίμα τῆς ἐπιζητουμένης οἰκήσεως, τουτέςιν ἐὰν μὴ ὑπὸ τὸν
αὐτὸν ᾖ μεσημβρινὸν τῷ διὰ τῆς Ἀλεξανδρείας, προσθαφελόντες τὸ κατὰ μῆκος
διάφορον ἐν τοῖς δυσὶ μεσημβρινοῖς τῶν
ἰσημερινῶν ὡρῶν, καὶ μαθόντες πρὸ πόσων ἢ μετὰ πόσας ἰσημερινὰς ὥρας καὶ
παρ᾽ ἐκείνοις ἐξέπεσεν ὁ τῆς ἀκριβοῦς συνόδου χρόνος, διακρινοῦμεν πρῶτον καὶ τὸν
τῆς φαινομένης συνόδου χρόνον ἐν τῷ ἐπιζητουμένῳ κλίματι, τὸν αὐτὸν ἔγγιςα
ἐσόμενον τῷ μέσῳ τῆς ἐκλείψεως, ἀπὸ
τῆς περὶ τὰς παραλλάξεις ἐκτεθειμένης

La seule manière de calculer exactement les éclipses de lune, est donc, d'a-
près ces raisons, celle qui ne néglige
aucune des attentions scrupuleuses que
nous avons recommandées. Nous trouverons plus de difficulté aux éclipses
de soleil, à cause des parallaxes de la
lune ; mais voici comment on peut s'y
prendre. Avec le temps de la conjonction
vraie pour Alexandrie, c'est-à-dire sachant à quelle heure équinoxiale avant
ou après midi elle est arrivée ; si ensuite
nous voulons l'avoir pour le climat supposé d'une contrée habitée pour laquelle
nous la cherchons, je veux dire pour
un lieu qui ne soit pas sous le méridien
d'Alexandrie, ajoutant ou retranchant la
différence de longitude entre les deux méridiens, comptée en heures équinoxiales,
et sachant ainsi à combien de ces heures,
avant ou après et dans quel pays est arrivé
le temps de la conjonction vraie, nous
déterminerons d'abord par la méthode
que nous avons exposée plus haut, en
traitant des parallaxes, le temps de la

conjonction apparente dans le climat pour lequel nous cherchons, et qui sera à peu près le même que le milieu de l'éclipse. Car prenant dans la table des angles et dans celle des parallaxes, convénablement au climat et à la distance du méridien, ainsi qu'à la portion du zodiaque, et à la distance de la lune, la parallaxe qui se fait d'abord dans le grand cercle qui passe par le point vertical et par le centre de cet astre, et en retranchant toujours la parallaxe du soleil marquée à côté dans la même ligne, nous déterminerons par le restant, comme il a été démontré, au moyen de l'angle formé à l'intersection du zodiaque et du grand cercle qui passe par le point vertical, la parallaxe qui en résulte pour le mouvement en longitude. Ensuite, y ajoutant toujours l'excédent qui appartient aux temps équinoxiaux qu'embrasse la différence pour la sur-parallaxe, c'est-à-dire la différence qui se trouve dans la même table entre les deux parallaxes voisines qui conviennent et à la première distance du point vertical, et à celle qu'on trouve après l'addition des temps équinoxiaux, après avoir ajouté les quantités qui appartiennent à la seule parallaxe en longitude, avec leur fraction, si elle est considérable, suivant la proportion qu'elles ont avec la première parallaxe, nous ajouterons encore à cette somme de fractions pour la parallaxe entière en longitude, leur douzième pour le mouvement du soleil pendant ce temps-là. Puis nous réduirons ces sommes en heures équinoxiales, par les mouvemens horaires

ἡμῖν ἐν τοῖς ἔμπροσθεν ἐφόδου. Λαβόντες γὰρ ἔκ τε τοῦ τῶν γωνιῶν κανόνος καὶ τοῦ τῶν παραλλάξεων οἰκείως τῷ τε κλίματι καὶ τῇ τῶν ὡρῶν ἀποστάσει τοῦ μεσημβρινοῦ, καὶ ἔτι τῷ συνοδικῷ μέρει τοῦ ζωδιακοῦ, καὶ πρὸς τούτοις τῷ τῆς σελήνης ἀποστήματι, τὴν γινομένην πρῶτον αὐτῆς παράλλαξιν, ὡς ἐπὶ τοῦ διὰ τοῦ κατὰ κορυφὴν σημείου καὶ τοῦ κέντρου τῆς σελήνης γραφομένου μεγίστου κύκλου, καὶ ἀπὸ ταύτης ἀφελόντες πάντοτε τὴν κατὰ τοῦ αὐτοῦ στίχου παρακειμένην ἡλιακὴν παράλλαξιν, ἀπὸ τῆς λοιπῆς διακρινοῦμεν, ὡς ὑποδέδεικται, διὰ τῆς εὑρισκομένης περὶ τὴν τομὴν τοῦ ζωδιακοῦ, καὶ τοῦ διὰ τοῦ κατὰ κορυφὴν σημείου γραφομένου μεγίστου κύκλου γωνίας, τὴν συναγομένην ὡς πρὸς μόνην τὴν κατὰ μῆκος πάροδον παράλλαξιν καὶ ταύτῃ προσθέντες πάντοτε τὸ ἐπιβάλλον τοῖς περιεχομένοις ὑπ᾽ αὐτῆς χρόνοις ἰσημερινοῖς τῆς ἐπιπαραλλάξεως διάφορον, τουτέστι τῆς ἐν τῷ αὐτῷ κανόνι καταλαμβανομένης ὑπεροχῆς τῶν παρακειμένων δύο παραλλάξεων, τῇ τε πρώτῃ τοῦ κατὰ κορυφὴν σημείου διαστάσει, καὶ τῇ μετὰ τῆς προσθήκης τῶν ἰσημερινῶν χρόνων, τὰ τῇ κατὰ μῆκος μόνῃ πάλιν ἐπιβάλλοντα παραλλάξει μετὰ τοῦ τοσούτου μέρους αὐτῶν, ἐὰν αἰσθητὸν ᾖ, ὅσον καὶ αὐτὰ μέρος ἐστὶ τῆς πρώτης παραλλάξεως, καὶ τοῖς οὕτω συναχθεῖσι τῆς ὅλης κατὰ μῆκος παραλλάξεως μορίοις προσθήσομεν πάλιν τὸ δωδέκατον αὐτῶν, ἀνθ᾽ οὗ ὁ ἥλιος ἐπικινεῖται, καὶ τὰ συναχθέντα ἀναλύσομεν εἰς ὥρας ἰσημερινὰς ἐκ τοῦ

μερισμοῦ τῶν περὶ τὴν σύνοδον τῆς σελήνης ἀνωμάλων ὡριαίων δρόμων, κᾂν
μὲν εἰς τὰ ἑπόμενα τῶν ζωδίων ἡ κατὰ
μῆκος παράλλαξις ᾖ γινομένη, δεδείχαμεν γὰρ ἐν τοῖς ἔμπροσθεν πῶς ἂν ἡμῖν
ἡ τοιαύτη διάκρισις λαμβάνοιτο, τὰ μὲν
εἰς τὰς ὥρας τὰς ἰσημερινὰς ἀναλελυμένα
μόρια ἀφελόντες ἀπὸ τῶν κατὰ τὸν ἀκριβῆ
τῆς συνόδου χρόνον προδιακεκριμένων τῆς
σελήνης μοιρῶν, χωρὶς ἑκάςου, τοῦ
τε μήκους καὶ πλάτους καὶ τῆς ἀνωμαλίας, ἕξομεν τὰς ἐν τῷ χρόνῳ τῆς φαινομένης συνόδου ἀκριβεῖς παρόδους τῆς
σελήνης· αὐτὰς δὲ τὰς ὥρας ἐσόμεθα
εὑρηκότες ὅσαις πρότεροι ἡ φαινομένη σύνοδος γενήσεται τῆς ἀκριβοῦς.

Ἐὰν δὲ εἰς τὰ προηγούμενα τῶν ζωδίων
ἡ κατὰ μῆκος παράλλαξις ᾖ εὑρημένη,
τὰ μὲν μόρια προσθήσομεν ἀνάπαλιν ταῖς
κατὰ τὸν ἀκριβῆ τῆς συνόδου χρόνον προ-
διακεκριμέναις παρόδοις ἑκάςου τοῦ τε
μήκους πάλιν καὶ τοῦ πλάτους καὶ τῆς
ἀνωμαλίας· τὰς δὲ ὥρας ἕξομεν ὅσαις
ὕςερον ἡ φαινομένη σύνοδος ἔςαι τοῦ ἀκριβοῦς. Πάλιν οὖν, κατὰ τὴν τῆς φαινομένης
συνόδου τῶν ἰσημερινῶν ὡρῶν ἀπὸ τοῦ
μεσημβρινοῦ διάςασιν, ἐπισκεψάμενοι διὰ
τῶν αὐτῶν ἐφόδων, πόσον πρῶτον ἡ σελήνη παραλλάσσει πρὸς τὸν δι᾽ αὐτῆς
καὶ τοῦ κατὰ κορυφὴν σημείου γραφόμενον
μέγιςον κύκλον, καὶ ἀφελόντες ἀπὸ τῶν
εὑρισκομένων τὴν τῷ αὐτῷ ἀριθμῷ παρακειμένην τοῦ ἡλίου παράλλαξιν, ἀπὸ
τῶν λοιπῶν ὡσαύτως ἐκ τῆς τότε περὶ
τὴν τῶν κύκλων τομὴν εὑρισκομένης γωνίας, διακρινοῦμεν τὴν κατὰ πλάτος ὡς

inégaux de la lune dans la conjonction, si la parallaxe se fait suivant l'ordre des constellations du zodiaque ; car nous avons montré plus haut, comment nous exécutons cette détermination : nous aurons, en retranchant les degrés réduits en heures équinoxiales, des degrés déterminés auparavant pour la lune au temps vrai de la conjonction, indépendamment de la longitude, de la latitude et de l'anomalie, les mouvemens vrais de la lune dans le temps de la conjonction apparente; et nous dirons que ces heures sont la quantité de temps dont la conjonction apparente précédera la vraie.

Mais si la parallaxe en longitude se trouve contre l'ordre des constellations du zodiaque, nous ajouterons au contraire les fractions aux mouvemens tant de longitude que de latitude et d'anomalie déterminés pour le temps vrai de la conjonction ; et nous aurons ainsi les heures dont la conjonction apparente sera en retard sur la vraie. Après quoi, suivant le nombre des heures équinoxiales, dont la conjonction apparente est distante du méridien, calculant par les mêmes méthodes, de combien d'abord est la parallaxe de la lune sur le grand cercle qui passe par cet astre et par le point vertical, et retranchant de ce qui est trouvé, la parallaxe du soleil mise à côté de ce nombre, nous déterminerons de même par l'angle qui se trouve alors à l'intersection des cercles, la parallaxe

qui se fait en latitude, c'est-à-dire sur le cercle perpendiculaire au zodiaque ; et réduisant ces sommes en portions proportionnelles de l'orbite inclinée, c'est-à-dire en les multipliant par douze, nous ajouterons le produit au mouvement déterminé auparavant pour le temps de la conjonction apparente, si la parallaxe en latitude est boréale relativement à l'écliptique, dans le cas où la lune sera dans le nœud ascendant ; mais si cet astre est dans le nœud descendant, nous retrancherons ce produit. Si au contraire la parallaxe en latitude est méridionale relativement au zodiaque, et que la lune soit dans le nœud ascendant, nous retrancherons la parallaxe de la latitude déterminée auparavant dans le temps de la conjonction apparente ; et nous l'ajouterons, si elle est dans le nœud descendant. Nous aurons ainsi le nombre ou la quantité de la latitude apparente, dans le temps de la conjonction apparente, et nous la porterons dans les tables des éclipses du soleil. S'il tombe parmi les nombres des deux premières colonnes, nous dirons qu'il y aura une éclipse de soleil dont le milieu à peu près coïncidera avec la conjonction apparente : puis tirant de chaque table à part la quantité des doigts et des fractions tant de l'immersion que de l'émersion, marquées à côté du nombre de la latitude apparente, nous porterons le nombre de l'anomalie

ἐπὶ τοῦ πρὸς ὀρθὰς τῷ ζωδιακῷ κύκλου γινομένην παράλλαξιν, καὶ τὰ συναχθέντα μόρια μεταποιήσαντες εἰς τὰ κατὰ τὸν λοξὸν κύκλον ἐπιβάλλοντα τμήματα, τουτέςι δωδεκάκις αὐτὰ ποιήσαντες, τὰς γινομένας μοίρας, ἐὰν μὲν ἡ κατὰ πλάτος παράλλαξις ὡς πρὸς τὰς ἄρκτους ᾖ τοῦ διὰ μέσων ἀποτελουμένη, περὶ μὲν τὸν ἀναβιβάζοντα σύνδεσμον τῆς σελήνης οὔσης, προσθήσομεν τῇ κατὰ τὸν χρόνον τῆς φαινομένης συνόδου προδιευκρινημένῃ πλατικῇ παρόδῳ· περὶ δὲ τὸν καταβιβάζοντα ἀφελοῦμεν ὁμοίως. Ἐὰν δὲ ἡ κατὰ πλάτος παράλλαξις ὡς πρὸς μεσημβρίαν ἀποτελῆται τοῦ ζωδιακοῦ κατὰ τὸν ἐναντίον, περὶ μὲν τὸν ἀναβιβάζοντα σύνδεσμον οὔσης τῆς σελήνης, ἀφελοῦμεν τὰς ἐκ τῆς παραλλάξεως μοίρας ἀπὸ τῶν προδιακεκριμένων ἐν τῷ χρόνῳ τῆς φαινομένης συνόδου τοῦ πλάτους μοιρῶν· περὶ δὲ τὸν καταβιβάζοντα προσθήσομεν ὁμοίως. Καὶ οὕτως ἕξομεν τὸν ἐν τῷ χρόνῳ τῆς φαινομένης συνόδου τοῦ φαινομένου πλάτους ἀριθμὸν, ὃν εἰσενεγκόντες εἰς τὰ τῶν ἡλιακῶν ἐκλείψεων κανόνια, ἐὰν συνεμπίπτῃ τοῖς τῶν πρώτων δύο σελιδίων ἀριθμοῖς, ἔκλειψιν ἔσεσθαι τοῦ ἡλίου φήσομεν, ἧς μέσον ἔγγιςα χρόνον τὸν τὴν φαινομένην σύνοδον περιέχοντα. Ἐκθέμενοι οὖν τὴν ποσότητα τῶν παρακειμένων τῷ τοῦ φαινομένου πλάτους ἀριθμῷ δακτύλων τε καὶ μορίων τῶν τε τῆς ἐμπτώσεως καὶ τῶν τῆς ἀνακαθάρσεως χωρὶς ἐξ ἑκατέρου τῶν κανονίων, εἰσοίσομεν καὶ τὸν ἀπὸ τοῦ ἀπογείου κατὰ τὴν φαινομένην σύνοδον τῆς ἀνωμαλίας

ἀριθμὸν τῆς σελήνης εἰς τὸ τῆς διορθώσεως κανόνιον, καὶ τὰ παρακείμενα αὐτῷ
ἑξηκοςὰ, ὅσα ἐὰν ᾖ, τὰ τοσαῦτα λαβόντες
τῆς ἑκάςου τῶν ἀπογεγραμμένων ὑπεροχῆς, προθήσομεν ἀεὶ τοῖς ἐκ τοῦ πρώτου
κανονίου κατειλημμένοις, καὶ τοὺς μὲν γε-
νομένους ἐκ τῆς τοιαύτης διορθώσεως δακτύλους, ἕξομεν ἐφ᾽ ὅσα δωδέκατα πάλιν
τῆς διαμέτρου τῆς ἡλιακῆς ἡ ἐπισκότησις
ἔςαι, κατὰ τὸν μέσον ἔγγιςα χρόνον τῆς
ἐκλείψεως. Τοῖς δ᾽ ἑκατέρας τῆς παρόδου μορίοις προσθέντες πάλιν τὸ δωδέκατον αὐτῶν, ἀν᾽θ᾽ ὧν ὁ ἥλιος ἐπικινεῖται,
καὶ τὰ γενόμενα πρὸς τὸ τῆς σελήνης ἀνώμαλον κίνημα ποιήσαντες ὥρας ἰσημερινὰς,
τοσοῦτον ἕξομεν τὸν χρόνον ἑκατέρας τῆς
τε ἐμπτώσεως καὶ τῆς ἀναπληρώσεως,
ὡς μηδεμιᾶς μέντοι περὶ τοὺς χρόνους
τούτους ἐπισυμβαινούσης διὰ τὰς παραλλάξεις διαφορᾶς.

Ἐπεὶ δὲ γίνεταί τις ἀνισότης αἰσθητὴ
περὶ αὐτοὺς, τῶν παραλλάξεων μέντοι
τῆς σελήνης χάριν καὶ οὐχὶ τῆς ἀνωμαλίας
τῶν φώτων, καθ᾽ ἣν καὶ μείζους ἀποτελοῦνται χωρὶς ἑκάτεροι τῶν προεκτεθειμένων πάντοτε καὶ ὡς ἐπὶ τὸ πολὺ ἄνισοι
ἀλλήλοις, οὐδὲ ταύτην ἀνεπίςατον ἐάσο-
μεν, εἰ καὶ βραχεῖα οὖσα τυγχάνει. Παρακολουθεῖ μὲν οὖν τοῦτο τὸ σύμπτωμα
διὰ τὸ γίνεσθαί τινας ἐν τῇ φαινομένῃ
τῆς σελήνης παρόδῳ πάντοτε τῶν παραλλάξεων ἕνεκεν, ὥσπερ προηγητικὰς
τινας φαντασίας, εἰ μηδὲν ἰδίως εἰς τὰ
ἑπόμενα διαλαμβάνοιτο κινουμένη. Ἐὰν
τε γὰρ πρὸ τοῦ μεσημβρινοῦ παροδεύουσα
φαίνηται, κατ᾽ ὀλίγον ἀναφερομένη καὶ

de la lune dans la table de la correction ; et prenant autant de soixantièmes
de l'excédent de chacune des quantités
écrites, qu'il y en a à côté de ce nombre,
nous les ajouterons toujours aux quantités prises de la première table, et nous
aurons les doigts résultants de cette correction. Leur nombre nous donnera
celui des douzièmes du diamètre dont le
soleil sera obscurci au milieu de l'éclipse
à peu près. Ajoutant ensuite aux fractions
de chaque passage leur douzième pour
le mouvement du soleil, en changeant
cette somme par le mouvement inégal
de la lune en heures équinoxiales, nous
aurons le temps de l'immersion et de
l'émersion, supposé pourtant qu'il n'arrive aucune différence pour les parallaxes pendant ces mêmes temps.

Mais comme il y a une différence bien
sensible à cause des parallaxes et non de
l'anomalie des deux astres, et que cette différence rend les temps chacun à part plus
grands que je ne viens de les exposer, et
même inégaux entr'eux, nous ne la passe-
rons pas sous silence, quoiqu'elle soit peu
considérable en elle-même. Cette circonstance consiste en ce qu'il se fait toujours,
à cause des parallaxes, de certaines apparences de rétrocession dans le mouvement
apparent de la lune, comme si elle ne paroissoit pas se mouvoir proprement suivant l'ordre des constellations. Car quand
elle paroît marcher vers le méridien en s'é-
levant peu à peu et en éprouvant toujours

des parallaxes de moins en moins fortes vers l'orient, elle paroît d'autant moins rapidement s'avancer selon l'ordre des constellations. Mais quand elle marchera au-delà du méridien, en redescendant peu à peu et en éprouvant des parallaxes toujours de plus en plus fortes vers l'occident, elle paroîtra également s'avancer plus lentement dans la suite des constellations. C'est pourquoi les temps que j'ai marqués ci-dessus seront toujours plus grands que ceux qui sont pris ainsi simplement. Mais la différence entre les excédents des parallaxes étant toujours plus grande dans le voisinage du méridien, il est nécessaire que les temps des éclipses s'achèvent plus lentement dans la plus grande proximité du méridien. Et pour cette raison, si le milieu de l'éclipse se trouve au méridien même, alors seulement le temps depuis le milieu jusqu'à l'émersion, sera égal à celui entre l'immersion et le milieu, l'apparence qui provient des parallaxes se trouvant à peu près la même avant et après le milieu. Mais si le milieu de l'éclipse précède le méridien, alors le temps depuis le milieu jusqu'à la fin de l'éclipse sera plus long à cause qu'il renferme le plus de la plus grande proximité du méridien; et si le milieu arrive après le méridien, alors le temps depuis l'immersion jusqu'au milieu de l'éclipse sera plus long parcequ'il contiendra le plus de la plus grande proximité du méridien. Ainsi donc pour faire cette correction des temps, nous considérerons comme nous l'avons enseigné, la somme du temps de chacun des passages en question avant la

ἔλασσον αἰεὶ τοῦ παρεληλυθότος παραλλάσσουσα πρὸς τὰς ἀνατολὰς, βράδιον φαίνεται τὴν εἰς τὰ ἑπόμενα μετάβασιν ποιουμένη· ἐάν τε μετὰ τὸν μεσημβρινὸν παροδεύῃ, καταφερομένη πάλιν κατ᾽ ὀλίγον, καὶ πλέον αἰεὶ τοῦ παρεληλυθότος παραλλάσσουσα πρὸς τὰς δυσμὰς, ὁμοίως βραδυτέραν τὴν εἰς τὰ ἑπόμενα μετάβασιν φανήσεται ποιουμένη. Τούτου μὲν οὖν ἕνεκεν οἱ προειρημένοι χρόνοι πάντοτε μείζονες ἔσονται τῶν ἁπλῶς οὕτω λαμβανομένων. Μείζονος δ᾽ αἰεὶ διαφορᾶς ἐν ταῖς ὑπεροχαῖς τῶν παραλλάξεων γινομένης, ἐπὶ τῶν ἐγγυτέρω τοῦ μεσημβρινοῦ παρόδων, ἀνάγκη καὶ τοὺς πρὸς τῷ μεσημβρινῷ μᾶλλον τῶν ἐκλείψεων χρόνους βραδύτερον ἀποτελεῖσθαι. Καὶ διὰ ταύτην τὴν αἰτίαν, ὅταν μὲν εἰς αὐτὴν τὴν μεσημβρίαν ὁ μέσος χρόνος τῆς ἐκλείψεως ἐκπίπτῃ, τότε μόνον ἴσον ἔγγιστα γίνεσθαι τὸν τῆς ἐμπτώσεως χρόνον τῷ τῆς ἀναπληρώσεως, ἴσης ἐφ᾽ ἑκάτερα συμβαινούσης ἔγγιστα τότε καὶ τῆς ἐκ τῶν παραλλάξεων προηγητικῆς φαντασίας. Ὅταν δὲ πρὸ τῆς μεσημβρίας, τότε τὸν τῆς ἀναπληρώσεως ἐγγύτερον ὄντα τοῦ μεσημβρινοῦ μείζονα γίνεσθαι. Ὅταν δὲ μετὰ τὴν μεσημβρίαν, τότε τὸν τῆς ἐμπτώσεως ἐγγύτερον ὄντα τοῦ μεσημβρινοῦ μείζονα γίνεσθαι. Ἵνα οὖν καὶ τὴν τοιαύτην τῶν χρόνων διόρθωσιν ποιώμεθα, σκεψόμεθα καθ᾽ ὃν ὑπεδείξαμεν τρόπον, τόν τε πρὸ ταύτης τῆς διορθώσεως συναγόμενον χρόνον ἑκατέρας τῶν ἐκκειμένων παρόδων, καὶ τὴν

κατὰ τὸν μέσον χρόνον τῆς ἐκλείψεως ἀπὸ τοῦ κατὰ κορυφὴν ἀπόςασιν.

Εσω δὲ λόγου ἕνεκεν ὁ μὲν χρόνος ἑκάτερος μιᾶς ὥρας ἰσημερινῆς, ἡ δὲ τοῦ κατὰ κορυφὴν ἀπόςασις μοιρῶν οε. Σκεψόμεθα δὴ ἐν τῷ παραλλακτικῷ κανόνι, τὰ παρακείμενα τῷ τῶν οε ἀριθμῷ τῆς παραλλάξεως ἑξηκοςὰ, ὡς κατὰ τὸ μέγιςον ἀπόςημα λόγου ἕνεκεν οὔσης τῆς σελήνης, πρὸς ὃ ἀπόςημα τὰ ἐν τῷ τρίτῳ σελιδίῳ παρακείμενα λαμβάνεται. Εὑρίσκομεν δὲ ἐπιβάλλοντα ταῖς οε μοίραις ἑξηκοςὰ νβ. Καὶ ἐπεὶ ἑκάτερος ὁ χρόνος τῆς τε ἐμπτώσεως καὶ τῆς ἀναπληρώσεως ὑπόκειται μέσως θεωρούμενος μιᾶς μὲν ὥρας ἰσημερινῆς, χρόνων δὲ ιε, τούτους ἀφελόντες μὲν ἀπὸ τῶν οε τῆς ἀποςάσεως μοιρῶν, εὑρίσκομεν ταῖς λοιπαῖς ξ μοίραις τὰ παρακείμενα παραλλάξεως ἑξηκοςὰ ἐν τῷ αὐτῷ σελιδίῳ μζ, ὡς τὴν κατὰ τὴν μέσην πρὸς τῷ μεσημβρινῷ πάροδον ἐκ τῆς παραλλάξεως προήγησιν ἑξηκοςῶν ε συνῆχθαι. Προσθέντες δ᾽ αὐτοὺς ταῖς οε, καὶ ταῖς συναγομέναις ϟ μοίραις εὑρίσκομεν ἐν τῷ αὐτῷ σελιδίῳ παρακείμενα τὰ τῆς ὅλης παραλλάξεως ἑξηκοςὰ νγ ϛ, ὡς καὶ ἐνθάδε τὴν προήγησιν τῆς πρὸς τῷ ὁρίζοντι παρόδου συνῆχθαι τῶν αὐτῶν ἑξηκοςῶν ᾱ ϛ. Τῶν εὑρεθέντων οὖν διαφόρων τὰ τῷ μήκει ἐπιβάλλοντα λαμβάνοντες, καὶ ἑκάτερον πάλιν ἀναλύοντες ἐκ τοῦ τῆς σελήνης ἀνωμάλου κινήματος εἰς μέρος ὥρας ἰσημερινῆς, ὡς ὑποδέδεικται, τὸ συναγόμενον

I.

correction, et la distance du point vertical lors du milieu de l'éclipse.

Soit, par exemple, chaque temps, d'une heure équinoxiale, et la distance depuis le point vertical, de 75ᵈ. Nous chercherons dans la table des parallaxes, les soixantièmes de la parallaxe couchés à côté du nombre 75. La lune étant, par exemple, dans sa plus grande distance, pour laquelle les soixantièmes se trouvent dans la troisième colonne, nous trouvons pour 75 degrés, 52 soixantièmes. Or chaque temps, tant celui de l'immersion que celui de l'émersion, étant supposé en mouvement moyen d'une heure équinoxiale ou de 15 temps; retranchant ceux-ci des 75 degrés de la distance, nous trouvons dans cette colonne 47 soixantièmes de parallaxe, à côté des 60 degrés restants, ensorte qu'il en résulte 5 soixantièmes pour la quantité dont l'astre sera rapproché du méridien au milieu du passage. Mais ajoutant ces 15 à 75, nous trouvons à côté de la somme 90ᵈ, dans la même colonne, 53 $\frac{1}{2}$ soixantièmes de parallaxe totale : ensorte que le rapprochement de l'astre à l'horizon, est ici de 1 $\frac{1}{2}$ soixantième. Maintenant, prenant des différences trouvées, ce qui en résulte pour la longitude, et le réduisant suivant le mouvement inégal de la lune, en fraction d'une heure équinoxiale, comme je l'ai enseigné,

nous ajouterons ce qui résulte de chaque, convenablement à l'un et à l'autre des temps pris moyennement et simplement, tant de l'immersion que de l'émersion, savoir : la plus grande quantité, au temps du passage le plus proche du méridien ; et la moindre, au temps du passage le plus proche de l'horizon. Il (a) est évident que la différence des temps qui viennent d'être cités, a été de 3 ½ soixantièmes ($5' - 1'\frac{1}{2} = 3'\frac{1}{2}$), et du neuvième environ d'une heure équinoxiale ($\frac{60'}{9} = 6'\frac{2}{3}$, et $6'\frac{2}{3} - 5' = 1'\frac{2}{3} = \frac{15'}{9} = \frac{1}{9}^{\rm h}$), pendant lequel temps la lune, par son mouvement moyen, parcourt le même nombre de soixantièmes. Il ne reste donc plus qu'à résoudre, si l'on veut, pour chaque distance, les heures équinoxiales en heures temporaires proportionnellement, suivant la méthode exposée plus haut.

ἀφ᾽ ἑκατέρου προσθήσομεν οἰκείως ἑκατέρῳ τῶν μέσως καὶ ἁπλῶς εἰλημμένων χρόνων τῆς τε ἐμπτώσεως καὶ τῆς ἀναπληρώσεως, τὸ μὲν μεῖζον τῷ κατὰ τὴν ἐγγυτέραν τοῦ μεσημβρινοῦ πάροδον, τὸ δὲ ἔλασσον τῷ κατὰ τὴν ἐγγυτέραν τοῦ ὁρίζοντος. Δῆλον δ᾽ ὅτι καὶ ἡ τῶν προκειμένων χρόνων ὑπεροχὴ μορίων μὲν γέγονε ϛ̄ ϛʹʹ, ἐννάτου δὲ ἔγγιστα μιᾶς ὥρας ἰσημερινῆς, ἐν ὅσῳ τὰ τοσαῦτα ἑξηκοστὰ μέσως ἡ σελήνη κινηθήσεται. Καταλείπεται δὲ ἐκ προχείρου καὶ τὸ τὰς ἰσημερινὰς ὥρας, ἐὰν θέλωμεν, καθ᾽ ἑκάστην διάστασιν ἀναλύειν εἰς τὰς κατὰ μέρος καιρικὰς, κατὰ τὸν ἐν τοῖς προσυντεταγμένοις ὑποδεδειγμένον ἡμῖν τρόπον.

CHAPITRE XI.

DES DIRECTIONS DANS LES ÉCLIPSES.

Il s'agit maintenant de considérer les directions des parties éclipsées, soit par rapport à l'écliptique, soit par rapport à l'horizon. On trouveroit pour les unes et les autres, des résultats différens et très-difficiles à saisir pour chaque instant, si l'on vouloit tenir compte de toutes celles qui doivent avoir lieu pendant tout le temps de l'éclipse : connoissance superflue et qui ne seroit d'aucune utilité. Car si l'on considère la position du zodiaque par rapport à l'horizon pour tous les points de ses

ΚΕΦΑΛΑΙΟΝ ΙΑ.

ΠΕΡΙ ΤΩΝ ΕΝ ΤΑΙΣ ΕΚΛΕΙΨΕΣΙ ΠΡΟΣΝΕΥΣΕΩΝ.

Ἐφεξῆς δ᾽ ὄντος τοῦ καὶ τὰς γινομένας τῶν ἐπισκοτήσεων προσνεύσεις ἐπισκοπεῖν, συνίσταται μὲν ἡ τοιαύτη κατάληψις, ἔκ τε τῆς τῶν αὐτῶν ἐπισκοτήσεων πρὸς τὸν διὰ μέσων τῶν ζῳδίων κύκλον προσνεύσεως, καὶ ἐκ τῆς αὐτοῦ τοῦ διὰ μέσων πρὸς τὸν ὁρίζοντα. Τούτων δ᾽ ἑκάτερον ἐν ἑκάστῳ τῶν ἐκλειπτικῶν χρόνων πλείστην ἂν καὶ ἀπερίληπτον παράσχοι περὶ τὰς μεταστάσεις ἐναλλαγήν, εἴ τις τὰς δι᾽ ὅλου τοῦ χρόνου γενησομένας προσνεύσεις περιεργάζεσθαι θέλοι, μὴ πάνυ τι τῆς ἐπὶ τὸ τοσοῦτον προρρήσεως ἀναγκαίας ἢ χρησίμης ὑπαρχούσης.

Τῆς μὲν γὰρ τοῦ ζωδιακοῦ πρὸς τὸν ὁρίζοντα σχέσεως θεωρουμένης ἐκ τῆς τῶν
ἀνατελλόντων ἢ δυνόντων αὐτοῦ σημείων
κατὰ τοῦ ὁρίζοντος ἐποχῆς, ἀνάγκη κατὰ
τὸν τῆς ἐκλείψεως χρόνον διαφόρων συνεχῶς γινομένων τῶν ἀνατελλόντων καὶ δυνόντων μερῶν τοῦ ζωδιακοῦ, καὶ τὰς ὑπ᾽
αὐτῶν ἀποτελουμένας τοῦ ὁρίζοντος τομὰς συνεχῶς διαφόρους γίνεσθαι. Ὡσαύτως δὲ καὶ τῆς πρὸς αὐτὸν τὸν διὰ μέσων
τῶν ἐπισκοτήσεων προσνεύσεως θεωρουμένης, ἐπὶ τοῦ δι᾽ ἀμφοτέρων τῶν κέντρων τοῦ
τε τῆς σελήνης καὶ τοῦ τῆς σκιᾶς ἢ τοῦ
ἡλίου γραφομένου μεγίστου κύκλου, πάλιν
ἀνάγκη διὰ τὴν ἐν τῷ χρόνῳ τῆς ἐκλείψεως τοῦ κέντρου τῆς σελήνης πάροδον,
καὶ τὸν δι᾽ ἀμφοτέρων τῶν κέντρων γραφόμενον κύκλον τὴν θέσιν ἄλλην αἰεὶ
πρὸς τὸν ζωδιακὸν λαμβάνειν, καὶ τὰς
ὑπὸ τῆς τομῆς αὐτῶν περιεχομένας γωνίας συνεχῶς ἀνίσους ποιεῖν. Αὐτάρκους
οὖν ἐσομένης τῆς τοιαύτης ἐπισκέψεως,
ἐὰν ἐπὶ μόνων τῶν ἐπισημασίαν τινὰ
ἐχουσῶν ἐπισκοτήσεων λαμβάνηται, καὶ
κατὰ τὸ ὁλοσχερέστερον τῶν πρὸς τὸν ὁρίζοντα θεωρουμένων περιφερειῶν, δυνατὸν
μὲν ἔσαι καὶ αὐτόθεν τοῖς γε τὸ γινόμενον πάθος ὑπ᾽ ὄψιν λαμβάνουσι τεκμαίρε-
σθαι, διὰ τῆς κατ᾽ ἀμφοτέρας τὰς κλίσεις ἀναθεωρήσεως, τῆς ἐπὶ καιροὺς τῶν
προσνεύσεων ἱκανῆς ἐν τοῖς τοιούτοις
ὑπαρχούσης, καὶ τῆς καθ᾽ ὁλοσχέρειαν, ὡς
ἔφαμεν, διαλήψεως. Ὅμως δὲ ἵνα μὴ παρ-
εληλυθότες ὦμεν τὸν τόπον, πειρασόμεθα
καὶ πρὸς τὴν τοιαύτην ἔφοδον ἐκθέσθαι
τινὰς τρόπους ὡς ἔνι μάλιστα προχείρους.

Τῶν μὲν οὖν ἐπισκοτήσεων παρειλήφαμεν καὶ ἡμεῖς ὡς ἐπισημασίας ἀξίας,

constellations qui s'y lèvent et s'y couchent, il faut que pendant une éclipse, à
mesure que le point de l'écliptique qui est
à l'horizon, vient à changer, les angles que
font entre eux ces deux cercles changent
aussi continuellement, ainsi que leurs
intersections sur l'horizon. De même, si
l'on rapporte les directions des obscurations au grand cercle qui passe par les
deux centres de la lune et de l'ombre ou
du soleil, il faut encore, à cause du mouvement du centre de la lune pendant la
durée de l'éclipse, que ce cercle qui passe
par les centres, prenne toujours une autre position relativement au zodiaque,
et le coupe sous des angles toujours différens. Il suffira donc dans cette recherche,
de s'attacher à quelques points remarquables de la durée de l'éclipse (a). Ceux
qui voudront s'occuper de cet objet, en
viendront à bout en considérant en gros
les positions des cercles auxquels on voudra rapporter ces directions : ce qui
sera toujours suffisamment exact pour
trouver les temps et les quantités. Mais
pour ne pas négliger entièrement cet
objet, nous essaierons de donner quelques moyens assez faciles pour se con-
duire dans cette opération.

Nous avons distingué dans les obscurations, comme points dignes d'être

remarqués, celui qui commence le premier à être éclipsé, ou dans lequel se fait le commencement de l'éclipse ; celui qui s'éclipse le dernier à l'instant où commence l'ombre totale, et celui de la plus grande obscuration, lequel est le milieu d'une éclipse qui n'est pas totale ; le point qui commence le premier à se remonter à la fin de la demeure ; enfin celui qui reparoît le dernier et qui est la fin de toute l'éclipse. Quant aux directions des parties éclipsées, nous avons pris pour les plus aisées à calculer et les plus remarquables, celles qui sont déterminées par le méridien et par les levers et les couchers des points équinoxiaux et solsticiaux de l'écliptique, quoique cette division soit sujette à quelques équivoques, mais on peut les désigner par les angles de l'horizon. Des sections de l'horizon par le méridien, nous entendons par *ourses* celle qui est boréale, et par *midi* celle qui lui est opposée ; et des sections orientales et occidentales, celles qui sont au commencement du bélier et des serres, toujours également à un quart de cercle de distance de la section faite par le méridien, sont nommées levant et couchant équinoxial ; et celles qui sont au commencement du capricorne, sont le levant et le couchant d'hiver. Mais les intervalles entre ces points changeant selon les climats, il suffit pour indiquer les directions, d'exprimer vers quel point ou entre quelles limites elles tendent.

Ainsi, pour avoir dans chaque cas la

τήν τε τοῦ πρώτου ἐκλείποντος, ἥτις ἐν τῇ ἀρχῇ τοῦ ὅλου χρόνου τῆς ἐκλείψεως γίνεται, καὶ τὴν τοῦ ἐσχάτου ἐκλείποντος, ἥτις ἐν τῇ ἀρχῇ τοῦ τῆς μονῆς χρόνου γίνεται, καὶ τὴν τοῦ πλείστου ἐκλείποντος, ἥτις ἐν τῷ μέσῳ χρόνῳ τῆς ἐκλείψεως ἄνευ τῆς μονῆς γίνεται, καὶ τὴν τοῦ πρώτου ἀναπληρουμένου, ἥτις ἐν τῷ τέλει τοῦ ὅλου τῆς μονῆς χρόνου γίνεται, καὶ τὴν τοῦ ἐσχάτου ἀναπληρουμένου, ἥτις ἐν τῷ τέλει τοῦ ὅλου τῆς ἐκλείψεως χρόνου γίνεται. Καὶ τῶν προσνεύσεων δὲ πάλιν, ὡς εὐλογωτέρας τε καὶ ἐμφατικωτέρας παρειλήφαμεν, τὰς ἀφοριζομένας ὑπό τε τοῦ μεσημβρινοῦ, καὶ τῶν τοῦ διὰ μέσων ἀνατολῶν τε καὶ δύσεων ἰσημερινῶν τε καὶ θερινῶν καὶ χειμερινῶν, τῆς τῶν ἀνέμων ἀρχῆς διαφόρως μὲν ἂν πολλοῖς πολλάκις ὑπακουσθησομένης, δυναμένης δ' οὖν, εἴ τις βούλοιτο, καὶ ἀπὸ τῶν ἐκκειμένων τοῦ ὁρίζοντος γωνιῶν ἐμφανίζεσθαι. Τῶν μὲν οὖν γινομένων ὑπὸ τοῦ μεσημβρινοῦ τομῶν τοῦ ὁρίζοντος, τὴν μὲν βόρειον ἀκούομεν ἄρκτους, τὴν δὲ νότιον μεσημβρίαν· τῶν δ' ἀνατολικῶν καὶ δυτικῶν, τὰς μὲν ὑπὸ τῆς ἀρχῆς τοῦ κριοῦ καὶ τῶν χηλῶν γινομένας τοῦ ὁρίζοντος τομὰς πάντοτε τὸ ἴσον τεταρτημόριον ἀπεχούσας, τῶν ὑπὸ τοῦ μεσημβρινοῦ γινομένων, ἰσημερινὴν ἀνατολὴν καὶ δύσιν· τὰς δ' ὑπὸ τῆς ἀρχῆς τοῦ αἰγόκερω χειμερινὴν ἀνατολὴν καὶ δύσιν, τῶν μὲν κατὰ ταύτας διαστάσεων κατὰ κλίμα διαφόρων ἀποτελουμένων, ἐξαρκούσης δὲ τῆς τῶν προσνεύσεων ἀποφάσεως, ὅταν ἤτοι κατά τινος, ἢ μεταξὺ τινῶν τῶν προκειμένων ὅρων δεικνύηται.

Ἕνεκεν μὲν τοίνυν τῆς ἑκάστοτε τοῦ

ζωδιακοῦ πρὸς τὸν ὁρίζοντα σχέσεως, ἐπελογισάμεθα, κατὰ τὸν ἐν τοῖς πρώτοις
τῆς συντάξεως ὑποδεδειγμένον τρόπον,
τὰς γινομένας ἐπὶ τοῦ ὁρίζοντος ἐν ταῖς
ἀνατολαῖς καὶ δύσεσιν, ὑπὸ τῆς ἀρχῆς
ἑνὸς ἑκάστου τῶν δωδεκατημορίων ἀποστάσεις, ἐφ᾽ ἑκάτερα τῶν ἀπὸ τοῦ ἰσημερινοῦ γινομένων τομῶν, καθ᾽ ἕκαστον
τῶν ἀπὸ Μερόης μέχρι Βορυσθένους κλιμάτων. Ἐφ᾽ ὧν καὶ τὰς γωνίας ἐξεθέμεθα,
καὶ διεγράψαμεν κατὰ τὸ εὐθεώρητον
ἀντὶ κανονίου κύκλους ῆ περὶ τὸ αὐτὸ
κέντρον, ἐν τῷ τοῦ ὁρίζοντος ἐπιπέδῳ
νοουμένους, καὶ περιέχοντας τὰ τῶν ζ
κλιμάτων διαστήματα, καὶ τὰς ὀνομασίας.
Ἔπειτα παραγράψαντες εὐθείας δύο διὰ
πάντων τῶν κύκλων, πρὸς ὀρθὰς γωνίας
ἀλλήλαις, τὴν μὲν ἑτέραν καὶ πλαγίαν,
ὡς κοινὴν τομὴν τῶν ἐπιπέδων, τοῦ τε
ὁρίζοντος καὶ τοῦ ἰσημερινοῦ, τὴν δ᾽ ἑτέραν καὶ ὀρθὴν, ὡς κοινὴν τομὴν τῶν ἐπιπέδων τοῦ τε ὁρίζοντος καὶ τοῦ μεσημβρινοῦ παρεσημειωσάμεθα, κατὰ τῶν
πρὸς τὸν ἐντὸς κύκλον περάτων, τῆς μὲν
πλαγίας γραμμῆς ἰσημερινήν τε ἀνατολὴν καὶ ἰσημερινὴν δύσιν, τῆς δὲ ὀρθῆς
ἄρκτους τε καὶ μεσημβρίαν. Ὡσαύτως δὲ
παραγράψαντες ἑκατέρωθεν τῆς ἰσημερινῆς εὐθείας, κατ᾽ ἴσην αὐτῆς ἀπόστασιν,
διὰ πάντων πάλιν τῶν κύκλων, παρεθήκαμεν καὶ κατὰ τούτων, ἐν μὲν τοῖς μεταξὺ ἑπτὰ διαστήμασι, τὰς εὑρημένας καθ᾽
ἕκαστον κλίμα τῶν τροπικῶν σημείων ἀπὸ
τοῦ ἰσημερινοῦ διαστάσεις ἐπὶ τοῦ ὁρίζοντος, ὡς τοῦ τεταρτημορίου μοιρῶν ὄντος
ϙ. Ἐν δὲ τοῖς πρὸς τὸ ἐντὸς τῶν κύκλων
πέρασι, τοῖς μὲν πρὸς τῇ μεσημβρίᾳ,
χειμερινὴν ἀνατολὴν καὶ χειμερινὴν δύσιν,

position du zodiaque relativement à l'horizon, nous avons calculé suivant la méthode enseignée au commencement de
ce Traité, les distances sur l'horizon
ortives ou occases des points de l'écliptique pour le commencement de chaque
signe ou dodécatémorie du zodiaque, de
chaque côté des sections faites par le
méridien, en chacun des climats depuis
Méroë jusqu'au Borysthène. Nous en
avons donné les angles; et pour mieux
les exposer, au lieu d'une table, nous
avons décrit huit cercles concentriques
censés dans le plan de l'horizon et renfermant les intervalles des sept climats
avec leurs dénominations. Ensuite ayant
coupé tous ces cercles par deux droites
perpendiculaires l'une sur l'autre, l'une
de gauche à droite comme étant la commune section des plans de l'horizon et
de l'équateur, et l'autre verticalement
comme étant la commune section des
plans de l'horizon et du méridien, nous
avons marqué aux extrémités de la ligne transversale de gauche à droite, l'o-
rient et l'occident des équinoxes; et aux
extrémités de celle qui la coupe perpendiculairement du haut en bas, les ourses et
le midi. Nous avons pareillement mené
des lignes de chaque côté de la droite
équinoxiale à des distances égales au travers de tous les cercles, et nous avons
marqué dans leurs sept intervalles, les
distances des points tropiques à l'équateur, relativement à l'horizon suivant
qu'elles sont trouvées pour chaque climat, le quart de cercle étant de 90

degrés. Nous avons placé aux limites
des cercles en dedans, vers le midi,
le levant et le couchant d'hiver, et vers
les ourses; le levant et le couchant
d'été. Mais pour les dodécatémories intermédiaires du zodiaque, nous avons
ajouté dans l'espace de chaque quart
de cercle, deux autres lignes où nous
avons marqué les distances de ces douzièmes à l'équateur sur l'horizon, avec
leurs noms sur le cercle extérieur. Nous
avons marqué aussi dans la ligne méridienne, les noms des parallèles, leurs grandeurs horaires et leurs hauteurs du pole,
en commençant par les plus boréaux depuis le plus grand cercle qui les entoure.
Enfin pour avoir les directions apparentes
des obscurations relativement à l'écliptique, ou les angles que forme en chacun
des points marqués l'intersection du zodiaque et du grand cercle qui passe par
les deux centres désignés, nous n'avons
calculé ces angles pour les éclipses de
toutes grandeurs que de doigt en doigt,
ce qui est suffisant, dans les moyennes
distances de la lune, en supposant que les
arcs de l'écliptique et de l'orbite inclinée de la lune dans les obscurations
sont sensiblement parallèles.

En effet, soit pour exemple
encore, la droite AB pour l'arc
de l'écliptique: supposons que
le point A de cette droite est le
centre du soleil ou de l'ombre,
et que la droite GDE est l'orbite inclinée de la lune; G le point où le centre
de la lune se trouve au milieu de l'éclipse;

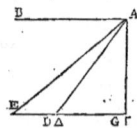

τοῖς δὲ πρὸς ταῖς ἄρκτοις, θερινὴν ἀνατολὴν καὶ θερινὴν δύσιν. Ἕνεκεν δὲ τῶν
μεταξὺ δωδεκατημορίων, προσεντάξαν-
τες μεταξὺ ἑκάςου τῶν τεσσάρων διασημ-
μάτων ἄλλας δύο γραμμὰς, παρεθήκαμεν καὶ κατὰ τούτων τὰς τῶν οἰκείων δωδεκατημορίων ἐπὶ τοῦ ὁρίζοντος ἀποςάσεις τοῦ ἰσημερινοῦ, τῆς ὀνομασίας ἑκάςου
κατὰ τὸν ἔξω κύκλον ἐπιγραφομένης. Παρεσημειωσάμεθα δὲ καὶ περὶ τὴν μεσημβρινὴν γραμμὴν τάς τε ὀνομασίας τῶν
παραλλήλων, καὶ τὰ ὡριαῖα μεγέθη, καὶ
τὰ τῶν πόλων ἐξάρματα, τὴν τῶν βορειο-
τάτων ἐπιγραφὴν ἀπὸ τοῦ μείζονος καὶ
περιέχοντος κύκλου ποιησάμενοι. Ὅπως δὲ
καὶ τὰς αὐτῶν τῶν ἐπισκοτήσεων πρὸς τὸν
διὰ μέσων φαινομένας προσνεύσεις ἐκκειμένας ἔχωμεν, τουτέςι τὰς γινομένας γωνίας,
ἐφ' ἑκάςης τῶν γινομένων ἐπισημασιῶν, ὑπὸ
τῆς τομῆς τοῦ τε ζωδιακοῦ, καὶ τοῦ δι'
ἀμφοτέρων τῶν δεδηλωμένων κέντρων γραφομένου μεγίςου κύκλου, καὶ ταύτας ἐπελογισάμεθα καθ' ἑκάςην τῶν ἐν δακτύλῳ τῆς ἐπισκοτήσεως διαφερουσῶν παρόδων τῆς σελήνης, ἐπὶ μόνων μέντοι, διὰ τὸ
αὔταρκες τῶν κατὰ τὸ μέσον ἀπόςημα γινομένων, καὶ ὡς παραλλήλων πρὸς αἴσθησιν
οὐσῶν τῶν ἐν ταῖς ἐπισκοτήσεσι περιφερειῶν, τοῦ τε διὰ μέσων τῶν ζωδίων κύκλου, καὶ τοῦ λοξοῦ τῆς σελήνης.

Ἔσω γὰρ πάλιν ὑποδείγμα-
τος ἕνεκεν, ἡ μὲν ἀντὶ τῆς περιφερείας τοῦ διὰ μέσων τῶν ζωδίων εὐθεῖα ἡ ΑΒ, ἐφ' ἧς τὸ τοῦ
ἡλίου κέντρον ἢ τὸ τῆς σκιᾶς
ὑποκείσθω τὸ Α, ἡ δὲ ἀντὶ τοῦ λοξοῦ
κύκλου τῆς σελήνης ἡ ΓΔΕ· καὶ τὸ μὲν Γ
σημεῖον, καθ' οὗ τὸ κέντρον τῆς σελήνης

κατὰ τὸν μέσον χρόνον γίνεται τῆς ἐκλεί-
ψεως· τὸ δὲ Δ καθ᾽ οὗ πάλιν ἔςαι τὸ
κέντρον αὐτῆς, ὅταν πρώτως ὅλη ἐκλείπη,
ἢ πρώτως ἄρχηται ἀνακαθαίρεδαι, τουτ-
ἐςιν ὅταν ἔσωθεν ἐφάπτηται τοῦ τῆς
σκιᾶς κύκλου· τὸ δὲ E, καθ᾽ οὗ γίνεται
τὸ κέντρον αὐτῆς, ὅταν πρώτως ἄρχηται
ἐκλείπειν, ἢ τὸ ἔσχατον ἀναπληροῦδαι,
ἤτοι ὁ ἥλιος, ἢ καὶ ἡ σελήνη, τουτέςιν
ὅταν ἔξωθεν ἅπτωνται ἀλλήλων οἱ κύκλοι. Καὶ ἐπεζεύχθωσαν αἱ ΑΓ, καὶ ΑΔ,
καὶ ΑΕ. Ὅτι μὲν οὖν αἱ ὑπὸ ΒΑΓ καὶ ΑΓΕ
γωνίαι, τὸν μέσον χρόνον περιέχουσαι τῶν
ἐκλείψεων, ὀρθαί εἰσι πρὸς αἴδησιν, ἡ δ᾽
ὑπὸ ΒΑΕ περιέχει τὴν γινομένην ἐπί τε
τοῦ πρώτου ἐκλείποντος καὶ τοῦ ἐσχάτου ἀναπληρουμένου, ἡ δ᾽ ὑπὸ ΒΑΔ
τὴν ἐπί τε τοῦ ἐσχάτου τοῦ ἐκλείποντος
καὶ τοῦ πρώτου ἀναπληρουμένου, φανερόν. Δῆλον δ᾽ αὐτόθεν, ὅτι καὶ ἡ μὲν
ΑΕ πάλιν τὰς ἐκ τῶν κέντρων ἀμφοτέρων
τῶν κύκλων περιέχει, ἡ δὲ ΑΔ ὑπεροχὴ ἦν
αὐτῶν. Ὑποκείδω οὖν ὑποδείγματος ἕνεκεν ἔκλειψις, καθ᾽ ἣν ἐν τῷ μέσῳ χρόνῳ τὸ
ἥμισυ τῆς διαμέτρου τῆς ἡλιακῆς ἐπισκο-
τηθήσεται, καὶ ἔςω τὸ Α κέντρον τοῦ ἡλίου,
ὥστε τὴν μὲν ΑΕ πάντοτε, διὰ τὸ μέσον
ὑποκεῖδαι τὸ τῆς σελήνης ἀπόςημα, συν-
άγεδαι μορίων λβ κ', τὴν δὲ ΑΓ λείπουσαν αὐτῆς τῷ ἡμίσει τῆς ἡλιακῆς διαμέτρου, τῶν αὐτῶν ιϛ μ'. Ἐπεὶ οὖν, οἵων
ἐςὶν ἡ ΕΑ ὑποτείνουσα λβ κ', τοιούτων
συνάγεται καὶ ἡ ΑΓ κατὰ τὸ ἐκκείμενον
τῆς ἐπισκοτήσεως μέγεθος ιϛ μ', καὶ οἵων
ἐςὶν ἄρα ἡ ΕΑ ὑποτείνουσα ρκ, τοιούτων
καὶ ἡ μὲν ΑΓ ἔςαι ξα να', ἡ δ᾽ ἐπ᾽ αὐτῆς
περιφέρεια τοιούτων ξβ β', οἵων ἐςὶν ὁ περὶ
τὸ ΑΓΕ ὀρθογώνιον κύκλος τξ. Ὥστε καὶ

D celui où il sera quand elle commencera à être éclipsée où à reparoître,
c'est-à-dire quand elle touche intérieu-
rement le cercle de l'ombre ; E le point
où est le centre de la lune lorsque le soleil ou la lune commence à s'éclipser ou
finit de se remplir ; c'est-à-dire quand les
cercles se touchent l'un l'autre en dehors.
Joignez AG, AD, AE : il est évident que
les angles BAG et AGE qui comprennent
le milieu, sont sensiblement droits ; que
l'angle BAE comprend celui que font le
bord qui s'éclipse le premier et celui qui
se remplit le dernier ; et que l'angle BAD
comprend celui que font le dernier éclipsé
et le premier rétabli. Il est clair par conséquent, que AE est la somme des rayons
des deux cercles, et AD leur différence.
Supposons, par exemple, une éclipse au
milieu de laquelle la moitié du diamètre
du soleil soit dans l'ombre ; et soit A le
centre du soleil, de sorte que AE soit de
32ᵖ 20', parceque la lune est supposée
dans sa moyenne distance ; et que AG qui
est plus petite de la moitié du diamètre
du soleil, soit de 16ᵖ 40' : puisque EA
étant de 32ᵖ 20', AG qui en résulte pour
la grandeur de l'obscurcissement en ce
cas, est de 16ᵖ 40', il s'ensuit que EA étant
de 120ᵖ, AG en aura 61 51', et son arc 62ᵈ 2'
des degrés dont le cercle décrit autour
du rectangle AGE en contient 360. Donc

l'angle AEG c'est-à-dire BAE est de 62 2′ des degrés dont 36o font deux angles droits, et de 31ᵈ 1′ de ceux dont 36o font quatre angles droits (*b*).

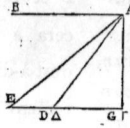

Actuellement pour les éclipses de lune, soit A le centre de l'ombre, ensorte que supposant pareillement la moyenne distance de la lune la droite AE soit de 6oᵖ (*c*) et AD de 26 4o′; que la lune soit éclipsée de 18 doigts, ensorte que AG soit plus petite que AD de la moitié du diamètre, et qu'il reste 10 o′. Si l'hypoténuse AE étant de 12oᵖ, AG en contient 20, et son arc 19 12′ des degrés dont le cercle décrit autour du triangle rectangle AGE en contient 36oᵈ, l'angle AEG ou BAE aura 19ᵈ 12′ de ceux dont 36o font deux angles droits, et 9 36′ de ceux dont 36o font quatre angles droits. Pareillement, si l'hypoténuse AD étant de 12oᵖ, AG en contient 45, son arc est de 44 2′ des degrés dont le cercle décrit autour du triangle rectangle AGD en contient 36o; l'angle ADG ou BAD sera de 44 2′ des degrés dont 36o font deux angles droits, et de 22 1′ de ceux dont 36o font quatre angles droits. Prenant de la même manière pour les autres doigts, les valeurs des angles moindres que l'angle droit qui est de 90 degrés, pour une des quatre divisions égales de l'horizon, nous avons

ἡ ὑπὸ ΑΕΓ, τουτέϛιν ἡ ὑπὸ ΒΑΕ, οἵων μέν εἰσιν αἱ δύο ὀρθαὶ τξ τοιούτων ἐϛὶν ξβ β′, οἵων δ' αἱ τέσσαρες ὀρθαὶ τξ, τοιούτων λα α′.

Πάλιν καὶ τῶν σεληνιακῶν ἐκλείψεων ἕνεκεν, ἔϛω τὸ Α τὸ τῆς σκιᾶς κέντρον, ὥϛτε ἐπεὶ τὸ μέσον ὁμοίως ὑπόκειται τῆς σελήνης ἀπόϛημα, τῶν αὐτῶν ἀεὶ συνάγεϛαι τὴν μὲν ΑΕ εὐθεῖαν ξ, τὴν δὲ ΑΔ ὁμοίως κϛ μ′. Καὶ ἐκλειπέτω ἡ σελήνη κατὰ τὴν τῶν ιη δακτύλων πάροδον, ὥϛτε τῷ ἡμίσει τῆς διαμέτρου πάλιν ἐλάττονα εἶναι τὴν ΑΓ τῆς ΑΔ, καὶ καταλείπεϛαι τῶν αὐτῶν ῑ ō′. Ἐπεὶ οὖν οἵων ἐϛιν ἡ ΑΕ ὑποτείνουσα ρκ, τοιούτων καὶ ἡ μὲν ΑΓ γίνεται κ̄ ō′, ἡ δ' ἐπ' αὐτῆς περιφέρεια τοιούτων ιθ ιβ′, οἵων ἐϛὶν ὁ περὶ τὸ ΑΓΕ τρίγωνον ὀρθογώνιον κύκλος τξ, εἴη ἂν καὶ ἡ ὑπὸ ΑΕΓ γωνία τουτέϛιν ἡ ὑπὸ ΒΑΕ, οἵων μέν εἰσιν αἱ δύο ὀρθαὶ τξ, τοιούτων ιθ̄ ιβ′, οἵων δ' αἱ τέσσαρες ὀρθαὶ τξ, τοιούτων θ̄ λϛ′. Ὡσαύτως δὲ ἐπειδὴ καὶ οἵων ἐϛιν ἡ ΑΔ ὑποτείνουσα ρκ, τοιούτων καὶ ἡ μὲν ΑΓ γίνεται μ̄ε, ἡ δ' ἐπ' αὐτῆς περιφέρεια τοιούτων μδ β′, οἵων ἐϛὶν ὁ περὶ τὸ ΑΓΔ ὀρθογώνιον κύκλος τξ, εἴη ἂν καὶ ἡ ὑπὸ ΑΔΓ γωνία, τουτέϛιν ἡ ὑπὸ ΒΑΔ, οἵων μέν εἰσιν αἱ δύο ὀρθαὶ τξ, τοιούτων μδ β′, οἵον δ' αἱ τέσσαρες ὀρθαὶ τξ, τοιούτων κβ α′. Τὸν αὐτὸν δὴ τρόπον καὶ ἐπὶ τῶν ἄλλων δακτύλων, λαμβάνοντες τὰς πηλικότητας τῶν ἐλασσόνων τῆς ὀρθῆς γωνίας, ὡς ἐπὶ τῆς μιᾶς τῶν τμημάτων οὔσης ϛ̄, ὅσων καὶ τὸ τοῦ ὁρίζοντος τεταρτημόριον ὑπόκειται, ἐτάξαμεν κανόνιον ἐπὶ ϛίχους μὲν κβ, σελίδια δὲ δ̄, ὧν τὸ μὲν πρῶτον

περιέξει τοὺς εὑρισκομένους αὐτῆς τῆς κατὰ τὴν διάμετρον ἐπισκοτήσεως δακτύλους, ἐν τῷ μέσῳ χρόνῳ τῆς ἐκλείψεως. Τὸ δὲ δεύτερον τὰς ἐν ταῖς ἡλιακαῖς ἐκλείψεσι γινομένας γωνίας, ἔν τε τῷ τοῦ πρώτου ἐκλείποντος χρόνῳ, καὶ ἐν τῷ τοῦ ἐσχάτου ἀναπληρουμένου. Τὸ δὲ τρίτον τὰς ἐν ταῖς σεληνιακαῖς ἐκλείψεσι γινομένας γωνίας, κατά τε τὸν τοῦ πρώτου ἐκλείποντος χρόνον, καὶ τὸν τοῦ ἐσχάτου ἀναπληρουμένου. Τὸ δὲ τέταρτον τὰς γινομένας γωνίας ἐν ταῖς σεληνιακαῖς πάλιν ἐκλείψεσι, κατά τε τὸν τοῦ ἐσχάτου ἐκλείποντος χρόνον, καὶ τὸν τοῦ πρώτου ἀναπληρουμένου. Καὶ εἰσὶν αἱ διαγραφαὶ τοῦ τε κανονίου καὶ τῶν κύκλων τοιαῦται.

formé une table de 22 lignes et de quatre colonnes. La première comprend les doigts d'obscuration pris sur le diamètre au milieu de l'éclipse. La seconde, les angles formés dans les éclipses du soleil, lors du premier point éclipsé et du dernier rétabli. La troisième, ceux du premier point éclipsé et du dernier rétabli dans les éclipses de lune. Et la quatrième, les angles formés dans les éclipses de lune encore, lorsque le dernier point s'éclipse, et que le premier recouvre la lumière. Voici maintenant la manière de construïre la table et de décrire les cercles.

Δ. ΔΑΚΤΥΛΟΙ.	B. ΗΛΙΟΥ ΠΡΩΤΟΥ ΕΚΛΕΙΠΟΝΤΟΣ ΚΑΙ ΕΣΧΑΤΟΥ ΑΝΑΠΛΗΡΟΥΜΕΝΟΥ.		Γ. ΣΕΛΗΝΗΣ ΠΡΩΤΟΥ ΕΚΛΕΙΠΟΝΤΟΣ ΚΑΙ ΕΣΧΑΤΟΥ ΑΝΑΠΛΗΡΟΥΜΕΝΟΥ.		Δ. ΕΣΧΑΤΟΥ ΕΚΑΕΙΠΟΝΤΟΣ ΚΑΙ ΠΡΩΤΟΥ ΑΝΑΠΛΗΡΟΥΜΕΝΟΥ.	
Δ.	Μοιρ.	Α.	Μοιρ.	Α.	Μοιρ.	Α.
ō	δ	ō	δ	ō	ō	ō
α	ξζ	ν	οβ	λ	ō	ō
β	νϛ	νϑ	ξε	ι	ō	ō
γ	μϑ	ιϛ	νϑ	κζ	ō	ō
δ	μβ	λϛ	νδ	κζ	ō	ō
ε	λϛ	λε	ν	ιδ	ō	ō
ϛ	λα	α	μϛ	ιε	ō	ō
ζ	κε	μϛ	μβ	λα	ō	ō
η	κ	μδ	λϑ	β	ō	ō
ϑ	ιε	να	λε	μβ	ō	ō
ι	ια	ϛ	λβ	κϑ	ō	ō
ια	ϛ	κε	κϑ	κγ	ō	ō
ιβ	α	μζ	κϛ	κγ	δ	ō
ιγ	ō	ō	κγ	κη	ξζ	λϛ
ιδ	ō	ō	κ	λϛ	νβ	κδ
ιε	ō	ō	ιζ	μη	μγ	κϛ
ιϛ	ō	ō	ιε	α	λε	μα
ιζ	ō	ō	ιβ	ιη	κη	λη
ιη	ō	ō	ϑ	λϛ	κβ	α
ιϑ	ō	ō	ϛ	νε	ιε	μγ
κ	ō	ō	δ	ιι	ϑ	λϛ
κα	ō	ō	α	λϛ	γ	λε

1. DOIGTS	2. SOLEIL, PREMIER ET DERNIER POINT DE L'ÉCLIPSE.		3. LUNE, PREMIER POINT ÉCLIPSÉ, ET DERNIER RÉTABLI.		4. DERNIER POINT DE L'ÉCLIPSE, ET PREMIER DU RÉTABLISSEMENT.	
D.	Degrés.	Min.	Degrés.	Min.	Degrés.	Min.
0	90	0	90	0	0	0
1	66	50	72	30	0	0
2	56	59	65	10	0	0
3	49	16	59	27	0	0
4	42	36	54	27	0	0
5	36	35	50	14	0	0
6	31	1	46	15	0	0
7	25	46	42	31	0	0
8	20	44	39	2	0	0
9	15	51	35	42	0	0
10	11	6	32	29	0	0
11	6	25	29	23	0	0
12	1	47	26	23	90	0
13	0	0	23	28	63	37
14	0	0	20	36	52	24
15	0	0	17	48	43	26
16	0	0	15	1	35	41
17	0	0	12	18	28	38
18	0	0	9	36	22	1
19	0	0	6	55	15	43
20	0	0	4	15	9	36
21	0	0	1	36	3	35

I

ΟΡΙΖΟΝΤΩΝ ΚΑΤΑΓΡΑΦΗ

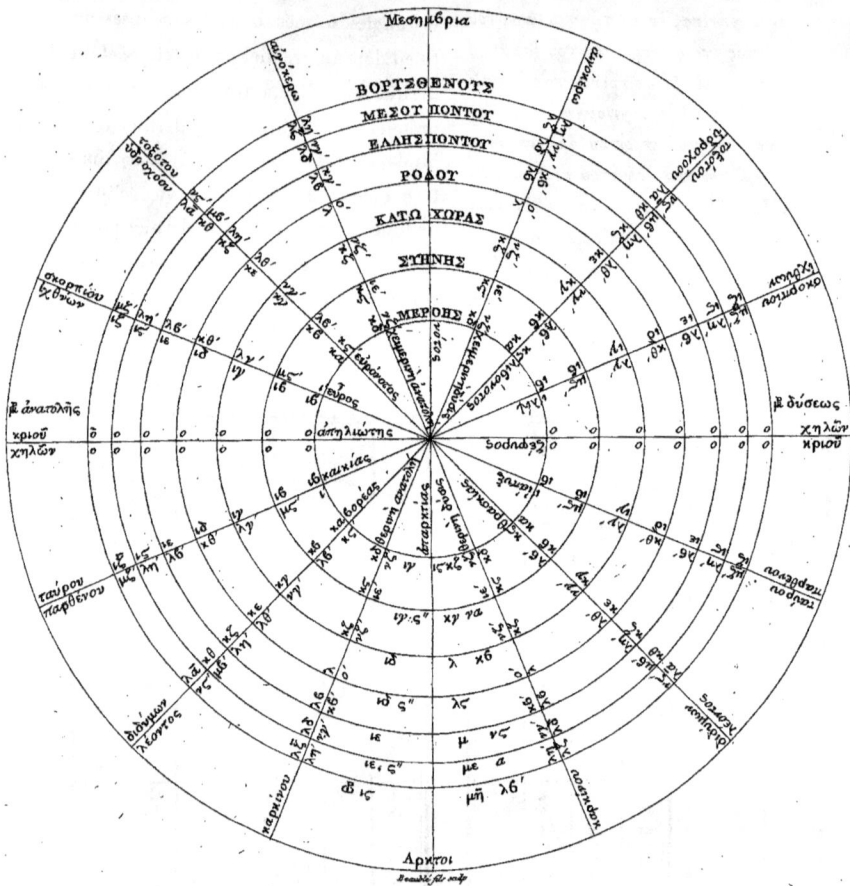

DESCRIPTION FIGURÉE DES HORISONS.

CHAPITRE XII.

DÉTERMINATION DES DIRECTIONS.

Il est évident que par les temps de chacune de ces phases, ainsi déterminés, nous saurons quelles sont les parties de l'écliptique qui se lèvent et se couchent, et par la figure, quelles sont leurs positions relativement à l'horizon, si le centre de la lune n'est qu'en apparence dans l'écliptique comme dans les éclipses du soleil, ou qu'il y est vraiment comme dans celles de la lune, nous aurons la direction de la portion du soleil la première éclipsée, et de celle de la lune qui l'est la dernière, par la position de la portion de l'écliptique qui se couche dans le même temps à l'horizon; et nous aurons la position du point du soleil qui reparoît le dernier, et celui de la lune qui s'éclipse et se remonte le premier, par le point de l'écliptique qui se lève alors. Mais si le centre de la lune n'est pas dans l'écliptique, prenant dans la table les valeurs des angles écrites respectivement à côté du nombre des doigts, nous les retrancherons depuis les communes sections de l'horizon et de l'écliptique, si le centre de la lune est plus boréal que lui, pour le point le premier éclipsé du soleil, et pour le dernier de la lune, si la section occidentale est vers les ourses; ou pour le point le dernier rétabli dans le soleil et le premier dans la lune, si la section

ΚΕΦΑΛΑΙΟΝ ΙΒ.

ΔΙΑΚΡΙΣΙΣ ΠΡΟΣΝΕΥΣΕΩΝ.

Ἔχοντες οὖν προδιακεκριμένους, ὃν ὑπεδείξαμεν τρόπον, τοὺς χρόνους ἑκά-σης τῶν ἐκκειμένων ἐπισημασιῶν, καὶ ἀπὸ τῶν χρόνων δηλονότι τὰ κατ' αὐτοὺς ἀνατέλλοντα καὶ δύνοντα μέρη τοῦ διὰ μέσων, ἀπό τε τῆς καταγραφῆς τὰς κατὰ τὸν ὁρίζοντα θέσεις αὐτῶν· ὅταν μὲν κατ' αὐτὸν τὸν διὰ μέσων ᾖ τὸ κέντρον τῆς σε-λήνης ἤτοι τὸ φαινόμενον ὡς ἐπὶ τῶν ἡλια-κῶν ἐκλείψεων, ἢ τὸ ἀκριβὲς ὡς ἐπὶ τῶν σεληνιακῶν, τὴν μὲν κατὰ τὸ πρῶτον ἐκ-λεῖπον τοῦ ἡλίου πρόσνευσιν, καὶ ἔτι τὴν κατὰ τὸ ἔσχατον ἐκλεῖπόν τε καὶ ἀναπλη-ρούμενον τῆς σελήνης, ἕξομεν ἀπὸ τῆς αὐ-τοῦ τοῦ τότε δύνοντος κατὰ τὸν ὁρίζοντα θέσεως· τὴν δὲ κατὰ τὸ ἔσχατον ἀναπλη-ρούμενον τοῦ ἡλίου, καὶ ἔτι τὴν κατὰ τὸ πρῶτον ἐκλεῖπόν τε καὶ ἀναπληρούμενον τῆς σελήνης ἀπ' αὐτοῦ τοῦ ἀνατέλλοντος. Ὅταν δὲ μὴ κατὰ τὸν διὰ μέσων ᾖ τὸ κέντρον τῆς σελήνης, λαβόντες ἐκ τοῦ κα-νονίου τοὺς οἰκείους τῇ ποσότητι τῶν δακ-τύλων παρακειμένους τῶν γωνιῶν ἀριθ-μούς, προσεκβαλοῦμεν καὶ αὐτοὺς ἀπὸ τῶν κοινῶν τομῶν τοῦ τε ὁρίζοντος καὶ τοῦ διὰ μέσων, ἐὰν μὲν βορειότερον ᾖ αὐ-τοῦ τὸ κέντρον τῆς σελήνης, ἐπὶ μὲν τοῦ πρώτου ἐκλείποντος τοῦ ἡλίου, καὶ τοῦ ἐσχάτου ἐκλείποντος τῆς σελήνης, ὡς πρὸς ἄρκτους τῆς δυτικῆς τομῆς, ἐπὶ δὲ τοῦ ἐσχάτου ἀναπληρουμένου τοῦ ἡλίου,

καὶ τοῦ πρώτου ἀναπληρουμένου τῆς σελήνης, ὡς πρὸς ἄρκτους τῆς ἀνατολικῆς τομῆς· καὶ πάλιν ἐπὶ μὲν τοῦ πρώτου ἐκλείποντος τῆς σελήνης, ὡς πρὸς μεσημβρίαν τῆς ἀνατολικῆς τομῆς, ἐπὶ δὲ τοῦ ἐσχάτου ἀναπληρουμένου τῆς σελήνης, ὡς πρὸς μεσημβρίαν τῆς δυτικῆς. Ἐὰν δὲ νοτιώτερον ᾖ τοῦ διὰ μέσων τὸ κέντρον τῆς σελήνης, ἐπὶ μὲν τοῦ πρώτου ἐκλείποντος τοῦ ἡλίου, καὶ τοῦ ἐσχάτου ἐκλείποντος τῆς σελήνης, ὡς πρὸς μεσημβρίαν τῆς δυτικῆς τομῆς, ἐπὶ δὲ τοῦ ἐσχάτου ἀναπληρουμένου τοῦ ἡλίου καὶ τοῦ πρώτου ἀναπληρουμένου τῆς σελήνης, ὡς πρὸς μεσημβρίαν τῆς ἀνατολικῆς· καὶ πάλιν ἐπὶ μὲν τοῦ πρώτου ἐκλείποντος τῆς σελήνης, ὡς πρὸς ἄρκτους τῆς ἀνατολικῆς τομῆς, ἐπὶ δὲ τοῦ ἐσχάτου ἀναπληρουμένου τῆς σελήνης, ὡς πρὸς ἄρκτους τῆς δυτικῆς. Καὶ τὸ συνιστάμενον ἐκ τῆς τοιαύτης διορθώσεως μέρος τοῦ ὁρίζοντος ἕξομεν, ᾧ ποιήσεται τὴν πρόσνευσιν, ὡς ἔφαμεν, ὁλοσχερέστερον τὰ δεχόμενα τῶν φώτων μέρη τὰς πρώτας καὶ τὰς ἐσχάτας τῶν ἐκλείψεων καὶ τῶν ἀναπληρώσεων ἐπισημασίας.

orientale est vers les ourses ; mais aussi pour le point le premier éclipsé dans la lune, si la section du lever est vers le midi, ou le dernier rétabli, si la section du coucher est vers le midi. Si au contraire le centre de la lune est plus méridional que l'écliptique nous compterons pour le premier point éclipsé dans le soleil, et le dernier dans la lune, si la section occidentale est vers le midi, et pour le dernier rétabli dans le soleil et son premier dans la lune, si la section orientale est vers le midi ; et encore pour le premier éclipsé dans la lune, si la section orientale est vers les ourses ; et pour son dernier rétabli, si la section occidentale est vers les ourses. Nous aurons par cette correction, la partie de l'horizon vers laquelle généralement, comme nous l'avons dit, seront dirigées les portions des luminaires qui seront les premières et les dernières atteintes par les ténèbres et par le retour de la lumière.

VARIANTES.

LIVRE PREMIER.

...ES, LIGNES de la ...ENTE ÉDITION	ÉDITION DE BASLE.	MS. DE PARIS, n° 2389.	MS. DU VATICAN, n° 560.	MS. DE VENISE, n° 513.
1.	ΚΛΑΥΔΙΟΥ ΠΤΟΛΕΜΑΙΟΥ ΜΑΘΗΜΑΤΙΚΗΣ ΣΥΝΤΑ- ΞΕΩΣ ΒΙΒΛΙΟΝ ΠΡΩΤΟΝ.	ΚΛΑΥΔΙΟΥ ΠΤΟΛΕΜΑΙΟΥ ΜΑΘΗΜΑΤΙΚΗΣ ΣΥΝΤΑ- ΞΕΩΣ Α. ΠΡΟΟΙΜΙΟΝ.	Πτολεμαίου. (184. Κλ. Πτολεμαίου μαθ. συντ. βιβ. πρ. 2390 de Florence, *idem*).	ΚΛΑΥΔΙΟΥ ΠΤΟΛΕΜΑΙΟΥ ΜΑΘΗΜΑΤΙΚΗΣ ΣΥΝΤΑ- ΞΕΩΣ ΠΡΟΟΙΜΙΟΝ.
24.	ζητητέον.	ζητητικὸν.	ζητητικὸν.	ζητητικὸν.
28.	ἀεὶ et αἰεὶ indifférem- ment.	ἀεὶ presque partout...	ἀεὶ et αἰεὶ indifférem- ment.	*Idem.*
37.	ἐμφαντικὸν.	ἐμφανιςτικὸν.	ἐμφανιςτικὸν.	ἐμφανιςτικὸν.
10.	συμμεταβαλλομένην.	συμμεταβαλλομένην.	συμμεταβαλλομένη.	συμμεταβαλλομένην.
17.	καὶ ἀνεπίληπτον.	καὶ ἀνεπίληπτον.	καὶ ἀνεπίληπτον.	καὶ δι᾽ ἀνεπίληπτον.
25.	ἀναμφισβητάτων. (sic).	ἀναμφισβητήτων.	ἀναμφισβητήτων.	ἀναμφισβητήτων.
25.	τάξεσι.............	τάξεσιν.............	τάξεσι.............	τάξεσιν. Les MSS. 2389 et 313 terminent tou- jours les datifs plu- riels en ι par un ν.
20.	πρὸς αἴσθησιν, καθ᾽ ὅλα μέρη, κ. τ. λ.	πρὸς αἴσθησιν, ὡς καθ᾽ ὅλα μέρη, κ. τ. λ.	πρὸς αἴσθησιν, ὡς καθ᾽ ὅλα μέρη, κ. τ. λ.	πρὸς αἴσθησιν, ὡς καθ᾽ ὅλα μέρη, κ. τ. λ.
5.	ἔδοξε.............	ἔδοξεν.............	ἔδοξε.............	ἔδοξεν, comme ci-des- sus τάξεσιν, avec le ν final.
8.	πῶς γὰρ ἀνακάμπτειν ἠδύ- νατο.	πῶς γὰρ ἀνακάμπτειν ἠδύ- νατο.	πῶς γὰρ ἀνακάμπτειν ἐδύ- νατο.	πῶς γὰρ ἀνακάμπτειν ἐδύ- νατο.
15.	τῇ τῆς γῆς ἐπιφανείᾳ....	τῆι τῆς γῆς ἐπιφανείαι. Tous les ι souscrits sont après les mots.	τῇ τῆς γῆς ἐπιφανεία sans ι souscrit.	τῆι τῆς γῆς ἐπιφανείαι.
34.	πανταχῇ.	πανταχῆι.	πανταχῆ.	πανταχῆ.
26.	χωρῇ.	χωρῆι.	χωρεῖ.	χωρῆι.
33.	ἁπάσης οὔσης.	ἁπασῶν οὔσης.	ἁπασῶν οὔσης.	ἁπασῶν οὔσης.
21.	σχημάτων.	σχημάτων.	σωμάτων.	σχημάτων.
2.	ΩΣ ΚΑΘ᾽ ΟΛΑ ΜΕΡΗ.	ΩΣ ΚΑΘ᾽ ΟΛΑ ΜΕΡΗ.	Ces mots n'y sont pas.	ΩΣ ΚΑΘ᾽ ΟΛΑ ΜΕΡΗ.
9.	Τοῖς πρὸς δυσμᾶς.	τοῖς πρὸς δυσμάς.	τοῖς ἐπὶ δυσμάς.	τοῖς πρὸς δυσμάς.
21.	ὑπολάβοι.	ὑπολάβοι.	ὑπολάβῃ.	ὑπολάβοι.
26.	συνέβαινεν.	συνέβαινεν.	συνέβαινον.	συνέβαινεν.
4.	πᾶσιν ἀνάπαλιν.	πᾶσιν ἂν πάλιν.	πᾶσιν ἂν πάλιν.	πᾶσιν ἂν πάλιν.
9.	πρὸς τὰς ἀνατολάς.	πρὸς τὰς ἀνατολάς.	Ἐπὶ τὰς ἀνατολάς. Même changement de πρὸς en ἐπὶ deux lignes plus bas.	πρὸς τὰς ἀνατολάς.
20.	παροδεύομεν.	παροδεύωμεν.	παροδεύομεν.	παροδεύομεν.
16.	συμπίπτοι.	συμπίπτοι.	συμπίπτῃ.	συμπίπτοι.
32.	τὰς παρὰ τὴν.	τὰς παρὰ τήν.	τὰς περὶ τήν.	τὰς παρὰ τήν.
7.	συμβαίνοι.	συμβαίνοι.	συμβαίνῃ.	συμβαίνοι.

I.

VARIANTES.

Pag.	lig.	EDITION DE BÂLE.	MS. DE PARIS, n° 2389.	MS. DU VATICAN, n° 560.	MS. DE VENISE, n° 313.
14	13.	ἀντίκειται.	ἀντίκειται.	ἀντίκεινται.	ἀντίκειται.
15	2.	ὑπὲρ γῆς.	ὑπὲρ γῆς.	ὑπὲρ γῆν.	ὑπὲρ γῆς.
16	12.	τοὺς ἐν ᾠδήποτε.	τοὺς ἐν ᾠδήποτε.	Τοὺς ἐν οἰῳδήποτε.	τοὺς ἐν ὡιδήποτε.
17	4.	ἥν τινα οὖν.	ἡντινοῦν.	ἡντιναοῦν.	ἡντινοῦν.
—	17.	γίνοιτο.	γίνοιτο.	γίνοιτο.	γίνοιτο.
—	28.	πάντως ἄν ἐπ᾽ αὐτὸ τὸ κέντρον κατήντων.	πάντως ἄν ἐπ᾽ αὐτὸ τὸ κέντρον κατήντων.	πάντως ἄν ἐπ᾽ αὐτὸ τὸ κέντρον αἱ φοραὶ κατήντων.	πάντως ἄν ἐπ᾽ αὐτὸ τὸ κέντρον κατήντων.
18	1.	ἄν γίνεται.	ἀεὶ γίνεται.	ἀεὶ γίνεται.	ἀεὶ γίνεται.
—	4.	Ὅσοι δὲ παράδοξον οἴονται.	Ὅσοι δὲ παράδοξον οἴονται.	Ὅσοι δὲ παράδοξον οἴονται.	Ὅσοι δὲ δόξον οἴονται.
—	5.	τηλικοῦτον.	τηλικοῦτο.	τηλικοῦτον.	τηλικοῦτο.
—	21.	ἐν αὐτῷ.	ἐν αὐτῶι.	ἐν αὐτῷ.	ἐν αὐτοῖς.
19	8.	ὁρμῆς.	ὁρμῆς.	ὁρμᾶν.	ὁρμῆς.
—	20.	ὡς οἴονται πιθανώτερον.	ὡς οἴονται πιθανώτερον.	ὥς γ᾽ οἴονται πειθανώτερον.	ὥς γ᾽ οἴονται πιθανώτερον.
—	34.	κωλύοι.	κωλύοι.	κωλύη.	κωλύοι.
20	1.	καὶ τὸν ἀέρα συμπτωμάτων.	καὶ τὸν ἀέρα συμπτωμάτων.	καὶ τῶν ἐν ἀέρι συμπτωμάτων.	καὶ τὸν ἀέρα συμπτωμάτων.
—	35.	οὐκέτ᾽ ἄν οὐδέτερα.	οὐκέτ᾽ ἀν οὐδέτερα"	οὐκέτι ἄν οὐδέτερον.	οὐκέτ᾽ ἄν οὐδέτερον.
21	2.	μήτε ἐν ταῖς πτήσεσι, μήτε ἐν ταῖς βολαῖς.	μήτε ἐν ταῖς πτήσεσιν, μήτε ἐν ταῖς βολαῖς.	μήτε ἐν ταῖς πτήσεσι, μήτε ἐν ταῖς φοραῖς, μήτε ἐν ταῖς βολαῖς.	μήτε ἐν ταῖς πτήσεσιν, μήτε ἐν ταῖς βολαῖς.
—	3.	πλάνην.	πλάνην.	παραλλαγήν.	πλάνην.
23	1.	ὑπολείψεις.	ὑπολείψεις.	ὑπολήψεις.	ὑπολείψεις.
—	22.	ὑφ᾽ ἑκάτερα.	ἐφ᾽ ἑκάτερα.	ἐφ᾽ ἑκάτερα.	ἐφ᾽ ἑκάτερα.
24	25.	βεβηκότα.	βεβηκότα. On a effacé les	βεβηκότας.	βεβηκότας.
—	27.	διαφέρων τῷ.	διαφέρων τῶι.	διαφέρων τῶι.	διαφέρων τῶν.
25	11.	οἱ πόλοι.	οἱ πόλοι.	οἱ πόλοι.	οἱ πόλοι manque.
—	21.	πηλίκη τις οὖσα καταλαμβάνεται.	πηλίκη τις οὖσα καταλαμβάνεται.	πηλίκη τις οὖσα τυγχάνει καταλαμβάνεται.	πηλίκη τις οὖσα τυγχάνει καταλαμβάνεται.
—	25.	μελλήσοντες.	μελλήσοντες.	μελλήσαντες.	μελλήσοντες.
26	27.	διὰ τῆς τῶν γραμμῶν.	διὰ τῆς ἐκ τῶν γραμμῶν.	διὰ τῆς ἐκ τῶν γραμμῶν.	διὰ τῆς ἐκ τῶν γραμμῶν.
—	31.	ΑΓ.	ΑΓ.	ΑΓ.	ΔΔΓ.
27	3.	καὶ ἐπεζεύχθω ἡ ΕΘ.	καὶ ἐπεζεύχθω ἡ ΕΒ.	καὶ ἐπιζευχθείσης τῆς ΕΒ.	καὶ ἐπεζεύχθω ἡ ΕΒ.
27	11.	μετὰ τοῦ ἀπὸ τῆς ΕΔ τετραγώνου, ἴσον ἐςὶ τῷ ἀπὸ τῆς ΕΖ τετραγώνῳ, τουτέςι, τῷ ἀπὸ τῆς ΒΕ, ἐπεὶ ἴση, κ. τ. λ.	μετὰ τοῦ ἀπὸ τῆς ΕΔ τετραγώνου, ἴσον ἐςὶ τῷ ἀπὸ τῆς ΕΖ τετραγώνῳ, τουτέςι, τῷ ἀπὸ τῆς ΒΕ, ἐπεὶ ἴση, κ. τ. λ.	μετὰ τοῦ ἀπὸ τῆς ΕΔ τετραγώνου, ἴσον ἐςὶ τῷ ἀπὸ τῆς ΕΖ τετραγώνῳ, τουτέςι, τῷ ἀπὸ τῆς ΒΕ, ἐπεὶ ἴση, κ. τ. λ.	μετὰ τοῦ ἀπὸ τῆς ΕΔ τετραγώνου, ἴσον ἐςὶ τῷ ἀπὸ τῆς ΒΕ, ἐπεὶ, κ. τ. λ.
—	17.	ΖΒ.	ΖΔ.	ΖΔ.	ΖΔ.
28	4.	Ἐπεὶ γοῦν.	Ἐπεὶ οὖν.	Ἐπεὶ οὖν.	Ἐπεὶ οὖν.
—	8.	ΒΔ.	ΒΔ.	ΒΔ.	ΔΓ.
—	12.	ἔςαι.	ἔςαι.	ἔςαι.	ἐςί.
—	17.	Πάλιν δὲ ἐπεὶ ἡ μὲν ΔΖ τμημάτων ἐςὶ λζ δ᾽ νε̅ ˝.	Ces mots sont omis dans le texte, mais ils ont été ajoutés en marge par une autre main.	Ces mêmes mots sont dans ce manuscrit.	Ces mots sont omis.
—	24.	μοιρῶν.	μοίρας.	μοίρας.	μοίρας.
29	3.	τῆς τοῦ τριγώνου μοιρῶν Μ ϖ.	τῆς τοῦ τριγώνου Μ α ϖ.	τῆς τοῦ τριγώνου μυρίων α ϖ.	τῆς τοῦ τριγώνου Μ ϖ.

		ÉDITION DE BASLE.	MS. DE PARIS, n° 2389.	MS. DU VATICAN, n° 560.	MS. DE VENISE, n° 313.
col.	lig.				
33.	34.	ΑΒ ΓΔ.	ΑΒ ΔΓ.	ΑΔ ΒΓ.	ΑΒ ΔΓ.
		ἴσον ἐςὶ τῷ ὑπὸ ΑΓ ΒΔ, καὶ ἔςι τὸ ὑπὸ τῶν ΑΓ ΒΔ δοθὲν, δοθὲν δὲ καὶ τὸ ὑπὸ ΑΒ ΓΔ, κ. τ. λ.	ἴσον ἐςὶ τῷ ὑπὸ ΑΓ ΒΔ, δοθὲν δὲ καὶ τὸ ὑπὸ ΑΒ ΓΔ, κ. τ. λ.	ἴσον ἐςὶ τῷ ὑπὸ ΑΓ ΒΔ, καὶ ἔςι τό τε ὑπὸ τῶν ΑΓ ΒΔ δοθέν· καὶ τὸ ὑπὸ ΑΒ ΓΔ δοθέν ἐςι· καὶ ἔςιν ἡ ΑΔ διάμετρος.	ἴσον ἐςὶ τῷ ὑπὸ ΑΓ ΒΔ, δοθὲν δὲ καὶ τὸ ὑπὸ ΑΒ ΓΔ, κ. τ. λ.
26.		ὑπὸ τὴν α̅ ς̅″.	ὑπὸ τὴν μίαν ἥμισυ.	ὑπὸ τὴν μίαν ἥμισυ.	ὑπὸ τὴν μίαν ἥμισυ
22.		δοθήσεται καὶ ἡ συναμφοτέρας τὰς περιφερείας κατὰ σύνθεσιν ὑποτείνουσα εὐθεῖα.	δοθήσεται καὶ ἡ συναμφοτέρας τὰς περιφερείς κατὰ σύνθεσιν ὑποτείνουσα εὐθεῖα	Cette partie de phrase est omise.	δοθήσεται καὶ ἡ συναμφοτέρας τὰς περιφερείας κατὰ σύνθεσιν ὑποτείνουσα εὐθεῖα.
6.		μοιρῶν.	μοῖραν.	μοῖραν.	μοῖραν.
30.		οὕτως ἡ ΓΒ περιφέρεια πρὸς τὴν ΒΑ· ἡ ΓΒ ἄρα εὐθεῖα πρὸς τὴν ΒΑ ἐλάσσονα λόγον ἔχει, κ. τ. λ.	οὕτως ἡ ΓΒ περιφέρεια πρὸς τὴν ΒΑ· ἡ ΓΒ ἄρα εὐθεῖα πρὸς τὴν ΒΑ ἐλάσσονα λόγον ἔχει, κ. τ. λ.	οὕτως ἡ ΓΒ εὐθεῖα πρὸς τὴν ΒΑ· ἡ ΓΒ ἄρα εὐθεῖα πρὸς τὴν ΒΑ ἐλάσσονα λόγον ἔχει, κ. τ. λ.	οὕτως ἡ ΓΒ περιφέρεια πρὸς τὴν ΒΑ ἐλάσσονα λόγον ἔχει ἤπερ, κ. τ. λ.
34.		ἐκ μὲν τῆς πρὸς τὴν α̅ μοῖραν καὶ ἥμισυ, λόγου ἔνεκεν.	ἐκ μὲν τῆς πρὸς τὴν μίαν ἥμισυ Μ̅ λόγου ἔνεκεν.	ἐκ μὲν τῆς πρὸς τὴν μίαν ἥμισυ μ̅ λόγου ἔνεκεν.	ἐκ μὲν τῆς πρὸς τὴν μίαν ἥμισυ μ̅ λόγου ἔνεκεν
19.		περιανξήσεως.	περιανξήσεως.	παραυξήσεως.	παραυξήσεως.
24.		δυνάμεθα.	δυνάμεθα.	δυνάμεθα.	δυνάμεθα.

ΚΑΝΟΝΙΟΝ ΤΩΝ ΕΝ ΚΥΚΛΩ ΕΥΘΕΙΩΝ.

	2	18.	(εὐθειῶν). κδ.	νδ.	νδ.	κδ.
	—	45.	——— κδ.	κα.	κα.	κα.
	3	18.	——— νδ.	να.	να.	να.
	—	41.	——— ιβ.	ια.	ια.	ια.
	3	17.	(εὐθειῶν). ζ.	η.	η.	η.
	—	33.	——— κδ.	κε.	κε.	κε.
	3	38.	(εὐθειῶν). κς.	κε.	κε.	κε.
	2	2.	——— νγ.	νγ.	νγ.	κγ.
	3	12.	——— μα.	μα.	μα.	μβ.
	4	14.	(ἑξηκοςῶν). κς.	κε.	κε.	κε.
	2	10.	(εὐθειῶν). νζ.	νζ.	να.	νζ.
	—	12.	——— μζ.	μα.	μα.	μα.
	—	42.	——— μθ.	μζ.	νζ.	μζ.
	3	20.	——— μ.	μ.	μ.	λθ.
	—	42.	——— ς.	δ.	δ.	δ.
	—	43.	——— λγ.	λβ.	λβ.	λβ.
	—	44.	——— νε.	νδ.	νε.	νε.
	4	1.	(ἑξηκοςῶν). ο̅.	α.	α.	α.
	—	5.	——— λγ.	λγ.	λγ.	κγ.
	—	20.	——— νς.	νε.	νε.	νε.
	3	14.	(εὐθειῶν). κθ.	κε.	κε.	κε.
	—	25.	——— ε.	ια.	ια.	ια.
	—	26.	——— μζ.	μζ.	λζ.	λζ.
	3	45.	(ἑξηκοςῶν). λθ.	λθ.	λθ.	λε.
	4	4.	——— κγ.	λγ.	λγ.	λγ.
	—	28.	——— λθ.	λθ.	λθ.	λγ.

VARIANTES.

			ÉDITION DE BASLE.	MS. DE PARIS. n° 2589.	MS. DU VATICAN, n° 560.	MS. DE VENISE, n° 313.
Pag.	col.	lig.				

KANONION ΤΩN EN KYKΛΩ EYΘEIΩN.

Pag.	col.	lig.		Basle	Paris	Vatican	Venise
43	3	12.	(εὐθειῶν). μθ.		μα.	μα.	μα.
—	4	1.	(ἑξηκοςῶν). λθ.		λθ.	λθ.	λα.
—	—	10.	——— λθ.		κθ.	κθ.	κθ.
44	2	6.	(εὐθειῶν) α.		α.	α.	λ.
—	—	39.	——— ϛ.		νϛ.	ϛ.	ϛ.
—	3	13.	——— κζ.		κε.	κε.	κε.
—	4	7.	(ἑξηκοςῶν). η.		η.	η.	ν.
—	—	11.	——— ϛ.		ζ.	ζ.	ζ.
—	—	30.	——— η.		η.	η.	ν.
—	—	34.	——— δ.		δ.	δ.	μ.
45	2	18.	(εὐθειῶν.) ιθ.		ιθ.	ιθ.	ι.
—	—	30.	——— μθ.		μθ.	μα.	μα.
—	3	29.	——— κθ.		κη.	κη.	κη.
—	—	30.	——— λϛ.		λε.	λϛ.	λε.
—	—	33.	——— θ.		η.	θ.	θ.
—	4	13.	(ἑξηκοςῶν). λζ.		λζ.	λζ.	λζ.
—	—	23.	——— νδ.		νγ.	νγ.	νγ.
46		4.	τῶν ζωδίων κύκλος....		τῶν ζωδίων κύκλος....	τῶν ζωδίων κύκλος est omis.	τῶν ζωδίων κύκλος.
—		9.	ᾗ ἴσην.		ᾗ ἴσην.	ᾗ ἴςιν. (sic)	ᾗ ἴσην.
47		4.	διῃρημένον.		διῃρημένον.	διῃρημένον	διῃρημένον.
—		14.	κριμναμένον.		κριμναμένον.	κριμναμένον.	κριμναμένον.
—		21.	περιφερομένων.		περιφερομένων.	περιφερομένων.	παραφερομένων.
48		1.	καὶ ἀδιάςροφον, ὁμαλὴν, κ. τ. λ.		καὶ ἀδιάςροφον, ὁμαλὴν, κ. τ. λ.	καὶ ἀδιάςροφον ἐν συμμέτρῳ βάθει καὶ πλάτει πρὸς τὸ βεβηκέναι κατὰ κροταφὴν ὁμαλὴν, κ. τ. λ.	καὶ ἀδιάςροφον, ὁμαλὴν κ. τ. λ.
—		2.	ἀποτεταμμένην.		ἀποτεταμμένην.	ἀποτεταμμένην.	ἀποτεταμμένην.
—		13.	τῆς μελλούσης ὀρθῆς τε ἔσεσθαι πρὸς τὸ τοῦ ὁρίζοντος ἐπίπεδον καὶ πρὸς μεσημβρίαν, κ. τ. λ.		τῆς μελλούσης ὀρθῆς τε ἔσεσθαι πρὸς τὸ τοῦ ὁρίζοντος ἐπίπεδον καὶ πρὸς μεσημβρίαν, κ. τ. λ.	τῆς μελλούσης ὀρθῆς τε ἔσεσθαι πρὸς μεσημβρίαν, κ. τ. λ.	τῆς μελλούσης ὀρθῆς τε ἔσεσθαι πρὸς μεσημβρίαν, κ. τ. λ.
—		32.	πρὸς τῷ κέντρῳ.		πρὸς τῷ κέντρῳ.	πρὸς τὸ κέντρον.	πρὸς τῷ κέντρῳ.
49		20.	λόγος τῷ τοῦ.		λόγος τῷ τοῦ.	λόγος τῷ τοῦ.	λόγος τὸ τοῦ.
51		23.	ὁ αὐτός ἐςιν ὁ τῆς ΓΕ πρὸς ΕΑ· καὶ ὁ τῆς ΓΕ ἄρα πρὸς ΕΑ λόγος σύγκειται ἔκ τε τοῦ, κ. τ. λ.		ὁ αὐτός ἐςιν ὁ τῆς ΓΕ πρὸς ΕΑ. καὶ ὁ τῆς ΓΕ ἄρα πρὸς ΕΑ λόγος σύγκειται ἔκ τε τοῦ, κ.τ.λ.	ὁ αὐτὸς ἐςιν· ὁ τῆς ΓΕ πρὸς ΕΑ ἄρα λόγος σύγκειται ἔκ τε τοῦ, κ.τ.λ.	ὁ αὐτός ἐςιν· ὁ τῆς ΓΕ πρὸς ΕΑ λόγος σύγκειται ἔκ τε τοῦ.
—		34.	λέγω ὅτι ἔςιν ὡς ἡ ὑπὸ τὴν διπλῆν τῆς ΑΒ περιφερείας πρὸς τὴν ὑπὸ τὴν διπλῆν τῆς ΒΓ, οὕτως ἡ ΑΕ, κ. τ. λ.		λέγω ὅτι ἔςιν ὡς ἡ ὑπὸ τὴν διπλῆν τῆς ΑΒ περιφερείας πρὸς τὴν ὑπὸ τὴν διπλῆν τῆς ΒΓ, οὕτως ἡ ΑΕ, κ. τ. λ.	λέγω ὅτι ἔςιν ὡς ἡ ὑπὸ τὴν διπλῆν τῆς ΑΒ περιφερείας πρὸς τὴν ὑπὸ τὴν διπλῆν τῆς ΒΓ, οὕτως ἡ ΑΕ, κ. τ. λ.	λέγω ὅτι ἔςιν ὡς ἡ ὑπὸ τὴν διπλῆν τῆς ΒΓ, οὕτως ἡ ΑΕ, κ. τ. λ.
53		11.	ἐπιζευχθεῖσα.		ἐπιζευχθεῖσαι.	ἐπιζευχθεῖσαι.	ἐπιζευχθεῖσαι.
—		25.	ὕπερ ἔδει δεῖξαι......		A la place de ces mots il y a ce signe : O>.	περιφέρειαν..........	O>.
—		27.	παρακολουθεῖ.		παρακολουθεῖ.	παρακολουθεῖν.	παρακολουθεῖ.

ÉDITION DE BASLE.	MS. DE PARIS, n° 2389.	MS. DU VATICAN, n° 560.	MS. DE VENISE, n° 513.

Le reste de cette table dans toutes les autres colonnes des Manuscrits, est aussi fautif que ce qui vient d'être exposé. Je m'en suis assuré par mon calcul, qui se trouve confirmé par la table de Rheinholt, corrigée.

VARIANTES.

		ÉDITION DE BASLE.	MS. DE PARIS, n° 2389.	MS. DU VATICAN, n° 560.	MS. DE VENISE, n° 313.
Pag.	col.	lig.			
62		12.	συγχρονίζειν.	συγχρονίζειν.	συγχρόνειν.	συγχρόνειν.
63		4.	ὥςε.	ὥς.	ὥς.	ὥς.

LIVRE SECOND.

65	14.	διηρημένης.	διαιρουμένης.	διειρουμένης.	διαιρουμένης.
66	5.	διὰ τὸ πανταχῇ.	διὰ τοῦ πανταχῇ.	διὰ τοῦ πανταχῇ.	διὰ τοῦ πανταχῇ.
—	11.	διὰ τοῦ.	διὰ τοῦ.	διὰ τοῦ.	διὰ τοῦ.
67	20.	ἰσημερινὸν.	ἰσημερινοῦ.	ἰσημερινοῦ.	ἰσημερινοῦ.
—	36.	πρότερον.	πρῶτον.	πρότερον.	πρῶτον.
68	13.	ὁ δὲ τῆς νυκτὸς, ὁ διπλα- σίων τοῦ ὑπὸ τῆς ΓΘ περιεχομένου, ἐπειδή- περ, κ. τ. λ.	ὁ δὲ τῆς νυκτὸς, ὁ διπλα- σίων τοῦ ὑπὸ τῆς ΓΘ περιεχομένου, ἐπειδὴ περιεχομένου, ἐπειδή- περ, κ. τ. λ. (sic)	ὁ δὲ τῆς νυκτὸς, ὁ διπλα- σίων τοῦ ὑπὸ τῆς ΓΘ περιεχομένου, ἐπειδή- περ, κ. τ. λ.	ὁ δὲ τῆς νυκτὸς ὁ διπλα- σίων τοῦ ὑπὸ τῆς ΓΘ περιεχομένου ἐπειδή- περ, κ. τ. λ.
—	24.	δηλονότι.	δῆλον ὅτι.	δῆλον ὅτι.	δῆλον ὅτι.
69	CH.	ΔΙΔΟΤΑΙ ΥΠΟ ΑΝΑΠΑΛΙΝ.	ΔΙΔΟΤΑΙ ΚΑΙ ΤΟ ΑΝΑΠΑ- ΛΙΝ.	ΔΙΔΟΤΑΙ ΚΑΙ ΤΟ ΑΝΑΠΑ- ΛΙΝ.	ΔΙΔΟΤΑΙ ΚΑΙ ΤΟ ΑΝΑΠΑ- ΛΙΝ.
—	26.	ἰσημερινοῦ.	μεσημβρινοῦ.	μεσημβρινοῦ.	μεσημβρινοῦ.
71	6.	τμημάτων ὁ λϛ΄ γ΄.	ϛ΄ λϛ΄ γϛ΄.	ϛ΄ λϛ΄ γ΄.	ϛ΄ λϛ΄ γϛ΄.
72	12.	τῇ ΗΘ περιφερείᾳ.	τῇ ΗΘ περιφερείᾳ.	τῇ ΗΘ περιφερείᾳ.	τῆς (sic) ΗΘ περιφερείᾳ.
—	35.	τὸν ΚΣ γράψωμεν.	τὸν ΚΣ γράψωμεν.	τὸν ΚΖ γράψωμεν.	τὸν ΚΖ γράψωμεν.
73	1.	περιφέρεια τῇ ΣΓ.	περιφέρεια τῇ ΣΓ.	περιφέρεια τῇ ΣΓ.	περιφερείᾳ τῇ ΣΓ.
—	10.	γενέσθαι.	γίνεσθαι.	γίνεσθαι.	γίνεσθαι.
—	22.	ἔλασσον.	ἐλάσσονας.	ἐλάσσονας.	ἐλλάσσονας.
74	14.	ΑΒΓΔ.	ΑΒ ΓΔ.	ΑΒΓΔ.	ΑΒ ΓΔ.
75	32.	ριζ ιη΄ να΄.	ριζ ιη΄ να΄.	ριζ ιη΄ να΄.	ριζ ιη΄ νδ΄.
76	9.	ἐπειδήπερ καὶ δύο δοθει- σῶν ὁποίων πρὸς τῷ Ε γωνιῶν.	ἐπειδήπερ καὶ δύο δοθει- σῶν ὁποίων οὖν πρὸς τῷ Ε γωνιῶν.	ἐπειδήπερ καὶ δύο δοθει- σῶν ὁποίων οὖν πρὸς τῷ Ε γωνιῶν.	ἐπειδήπερ καὶ δύο δοθει- σῶν ὁποίων οὖν πρὸς τῷ Ε γωνιῶν.
—	19.	τῶν δὲ τροπικῶν χειμερι- νῶν τὰ τῶν κορυφῶν, κ. τ. λ.	τῶν δὲ χειμερινῶν τὰ τῶν κορυφῶν, κ. τ. λ.	τῶν δὲ τροπικῶν τὰ τῶν κορυφῶν, κ. τ. λ.	τῶν δὲ χειμερινῶν τὰ τῶν κορυφῶν, κ. τ. λ.
78	3.	διαφορούσας.	διαφερούσας.	διαφερούσας.	διαφερούσας.
81	1.	δὶς.	δὶς.	δὶς.	διὸ.
82	24.	Θηβαΐδι.	Θηβαΐδι.	Θηβαΐδι.	Θηβαΐδη (sic).
83	22.	Τρισκαιδέκατος.	Τρεῖς καὶ δέκατος.	Τρισκαιδέκατος.	Τρεῖς καὶ δέκατος.
—	33.	Μασσαλίας.	Μασσαλίας.	Μασαλίας.	Μασαλίας.
84	4.	μοιρῶν μϛ΄ α΄.	μοιρῶν μϛ΄ α΄.	μοιρῶν μϛ΄ α΄.	μοιρῶν μϛ΄ δ΄.
—	28.	ν δ΄.	νδ΄.	νδ΄.	νδ΄.
85	15.	νδ΄ δ΄.	νδ΄ λ΄.	νδ΄ α΄.	νδ΄ α΄.
87	34.	ἀνατέλλῃ.	ἀνατέλῃ.	ἀνατέλλῃ.	ἀνατέλῃ.
88	11.	ἂν.	ἐάν.	ἐάν.	ἐάν.
—	12.	τὸν παράλληλον ἀπέχον- τα, τὸν ἀπολαμβάνοντα λόγου ἕνεκεν ἐφ' ἑκά- τερα, κ. τ. λ.	τὸν παράλληλον ἀπέχον- τα, τὸν ἀπολαμβάνοντα λόγου ἕνεκεν τῶν ἐφ' ἑκάτερα, κ. τ. λ.	τὸν παράλληλον ἀπέχοντα, τὸν ἀπολαμβάνοντα λό- γου ἕνεκεν ἐφ' ἑκάτε- ρα, κ. τ. λ.	τὸν παράλληλον ἀπέχον- τα τὸν ἀπολαμβάνοντα λόγου ἕνεκεν ἐφ' ἑκά- τερα, κ. τ. λ.
91	10.	Ἔςωσαν γὰρ τῶν τοῦ ἰση- μερινοῦ πόλων, κ. τ. λ.	Ἔςω γὰρ ἀντὶ τῶν τοῦ ἰση- μερινοῦ πόλων, κ. τ. λ.	Ἔςω γὰρ ἀντὶ τῶν τοῦ ἰση- μερινοῦ πόλων, κ. τ. λ.	Ἔςωσαν γὰρ ἀντὶ τοῦ ἰση- μερινοῦ πόλου, κ. τ.

		EDITION DE BASLE.	MS. DE PARIS, n° 2389.	MS. DE FLORENCE, n° 2390.	MS. DE VENISE, n° 313.
col.	lig.				
	33.	καὶ τῶν ἡμικυκλίων τό τε ΒΕΔ τοῦ ὁρίζοντος, καὶ τὸ ΑΕΓ τοῦ ἰσημερινοῦ.	καὶ τῶν ἡμικυκλίων τό τε ΒΕΔ τοῦ ὁρίζοντος, καὶ τὸ ΑΕΓ τοῦ ἰσημερινοῦ.	Καὶ τῶν ἡμικυκλίων τό τε ΒΕΔ τοῦ ὁρίζοντος, καὶ τὸ ΑΕΓ τοῦ ἰσημερινοῦ.	Καὶ τῶν ἡμικυκλίων τό τε ΒΕΔ τοῦ ἰσημερινοῦ.
	27.	σ λϛ΄ δ΄΄. De même à la ligne 34.	σ λϛ΄ δ΄΄. De même à la ligne 34.	σ λϛ΄ γ΄΄. Id. à la ligne 34.	ō λϛ΄ δ΄΄. Id. à la ligne 34.
	12.	ιϑ΄ ιϛ΄.	ιϑ΄ ιϛ΄.	ιϑ΄ ιϛ΄.	ιϛ΄ κϛ΄.
	27.	ο λϛ΄ δ΄΄.	σ λϛ΄ δ΄΄.	σ λϛ΄ δ΄΄.	σ λϛ΄ δ΄΄.
	11.	ὑδρηχόου.	ὑδρηχόου.	≈.	ὑδριχόου. Le MS dit de Constantinople, n° 2392, porte ὑδροχόου ainsi que le MS du Vatican, n° 184.
	23.	συνανενεχθήσεται.	συνανανεχθήσεται.	συνανενεχθήσεται.	συνανενεχθήσεται.
	34.	ὡς ἡ ΛΘΜ καὶ ΛΚΝ, τὸ ΕΝ τμῆμα, κ. τ. λ.	ὡς ἡ ΛΚΝ, τὸ ΕΝ τμῆμα, κ. τ. λ.	ὡς ἡ ΛΘΜ καὶ ἡ ΛΚΝ τὸ ΕΝ τμῆμα, κ. τ. λ.	ὡς ἡ ΛΚΝ, τὸ ΕΝ, τμῆμα, κ. τ. λ.
	22.	τέμνουσαι ἀλλήλας.	τέμνουσαι ἀλλήλας.	τέμνουσαι ἀλλήλας.	τέμνουσαι ἀλλήλαις.
	3.	ὥστε καὶ τὸν τῆς ὑπὸ τὴν διπλῆν τῆς ΘΕ πρὸς τὴν ὑπὸ τὴν διπλῆν τῆς ΕΛ, κ. τ. λ.	ὥστε καὶ τὸν τῆς ὑπὸ τὴν διπλῆν τῆς ΘΕ πρὸς τὴν ὑπὸ τὴν διπλῆν τῆς ΕΛ, κ. τ. λ.	ὥστε καὶ τὸν τῆς ὑπὸ τὴν διπλῆν τῆς ΘΕ πρὸς τὴν ὑπὸ τὴν διπλῆν τῆς ΕΛ, κ. τ. λ.	ὥστε καὶ τὸν τῆς ὑπὸ τὴν διπλῆν τῆς ΕΛ. Les mots omis ont été mis en marge par une main moderne.
	23.	π΄ γ΄ ιϛ΄΄.	κϛ΄ ιϛ΄΄.	π΄ γ΄ ιϛ΄΄.	π΄ γ΄ ιϛ΄΄.
	35.	κϛ΄ ιϑ΄ νη΄΄.	κϛ΄ ιϑ΄ νη΄΄.	κϛ΄ ιθ΄ ν΄΄.	κϛ΄ ιϑ΄ ν΄΄.
	4.	λ΄ η΄ ν΄΄.	λ΄ η΄ ν΄΄.	λπ΄ η΄.	λ΄ η΄.
	29.	μϛ΄ μϛ΄ μ΄΄.	μϛ΄ μϛ΄ μ΄΄.	μϛ΄ μϛ΄ μ΄΄.	μϛ΄ μ΄ μ΄΄.
	12.	ϛ΄ μη΄.	ϛ΄ μϛ΄.	ō΄ μϛ΄.	ϛ΄ μϛ΄.

ΚΑΝΟΝΙΟΝ ΤΩΝ ΚΑΤΑ ΔΕΚΑΜΟΙΡΙΑΝ ΑΝΑΦΟΡΩΝ.

		EDITION DE BASLE.	MS. DE PARIS	MS. DE FLORENCE	MS. DE VENISE
2	3.	(Ὀρθῆς σφαίρας). κε.	κε.	κε.	ν.
—	8.	—————— μζ.	μζ.	μζ.	λζ.
4	6.	—————— μδ.	μα.	μδ.	μδ.
—	10.	—————— νϛ.	ν.	ν.	ν.
2	12.	(Ἀναλίτου Κόλπου) λδ.	νγ.	λγ.	λγ.
4	32.	—————— μϛ.	μϛ.	μβ.	μβ.
1	1.	(Μερόης). ζ.	ζ.	ιζ.	ιζ.
3	12.	—————— ριε.	ριε.	ριε.	ριϛ.
AU TIT.		ΣΥΗΝΗΣ.	CΟΗΝΗC.	ΣΟΗΝΗΣ.	ΣΟΗΝΗΣ.
4	31.	(Συήνης). μη.	μη.	με.	με.
—	15.	(Αἰγύπτου κάτωχώρας). ιγ.	ιγ.	ιϛ.	ιϛ.
	14.	δωδεκατημορίων.	τῶν δωδεκατημορίων.	τῶν δωδεκατημορίων.	τῶν δωδεκατημορίων.
	3.	εἰσεννηνεγμένης.	εἰσεννηνεγμένης.	εἰσεννενεγμένης.	ἐννηνεγμένης.
	20.	μερίσαχτες.	μερίζοντες.	μερίζοντες.	μερίζοντες.
	8.	ὡριαίους.	ὡριαίους.	ὡριαίους.	χωριαίους.
	11.	καὶ εἰς ἣν ἄν ἐκπέσῃ.	καὶ εἰς ἣν ἐὰν ἐκπέσῃ.	καὶ εἰς ἣν ἂν ἐκπέσῃ.	καὶ εἰς ἣν ἐὰν ἐκπέσῃ.
	6.	διαφέρει.	διαφέρη.	διαφέρη.	διαφέρη.
	1.	γενομένων.	γινομένων.	γινομένων.	γινομένων.
	9.	ἀπολησθεισῶν.	ἀπολειφθεισῶν.	ἀπολησθεισῶν.	ἀποληφθεισῶν.
	4.	λέγω ὅτι ἡ ὑπὸ ΖΔΒ γωνία.	λέγω ὅτι ἡ τε ὑπὸ ΖΔΒ γωνία.	λέγω ὅτι ἡ τε ὑπὸ ΖΔΒ γωνία.	λέγω ὅτι ἡ τε ὑπὸ ΖΔΒ γωνία.
	7.	οὗτο.	τοῦτο.	τοῦτο.	τοῦτο.

VARIANTES.

ÉDITION DE BASLE.		MS. DE PARIS, n° 2389.	MS. DE FLORENCE, n° 2390.	MS. DE VENISE, n° 313.
Pag. col. lig.				
118	22. ὑπὸ τῆς ἀρχῆς τῆς διδύμων.	ὑπὸ τῆς ἀρχῆς τῶν διδύμων.	Ὑπὸ τῆς ἀρχῆς τῶν διδύμων.	Ὑπὸ τῆς ἀρχῆς τῶν διδύμων.
119	15. ΑΒΓΔ.	ΑΒ ΓΔ.	ΑΒ ΓΔ.	ΑΒ ΓΔ.
120	14. καὶ τῶν ἴσων ἀπεχόντων.	καὶ τῶν ἴσον ἀπεχόντων.	καὶ τῶν ἴσον ἀπέχοντων.	καὶ τῶν ἴσον ἀπεχόντων.
123	28. τμήσεως.	τομῆς.	τομῆς.	τομῆς.
125	25. πρὸς αὐτούς.	πρὸς αὐτάς.	πρὸς αὐτάς.	πρὸς αὐτάς.
—	30. ἤτοι νοτιώτερα, ἢ βορειότερα.	ἤτοι βορειότερα, ἢ νοτιώτερα.	ἤτοι βορειότερα, ἢ νοτιώτερα.	ἤτοι βορειότερα, ἢ νοτιώτερα.
128	21. αἱ πηλικότητες τῶν γινομένων.	αἱ πηλικότητες remis par une main moderne.	αἱ πηλικότητες est omis.	Idem.
—	27. οὕτω.	οὕτως.	οὕτως.	οὕτως.
129	5. αὐτή ή ΑΖ.	αὐτὴ ἡ ΑΖ.	αὐτὴ ἡ ΑΖ.	αὐτὴν ΑΖ.
—	33. καθ' ἑκάσην θέσιν ἔφοδος.	καθ' ἑκάσην θέσιν ἔφοδος.	καθ' ἑκάσην θέσιν ἔφοδος.	καθ' ἑκάσην (θέσιν est omis) ἔφοδος.
130	20. τμῆμα ΑΗΕΓ.	τμῆμα ΑΗ ΕΓ.	τμῆμα ΑΗΕΓ.	τμῆμα ΑΗ ΕΓ.
131	36. λόγος, συνημμένος.	λόγος, ὁ συνημμένος.	λόγος, ὁ συνημμένος.	λόγος, ὁ συνημμένος.
132	15. πρὸς τε τὰ κε μδ'.	πρὸς τὰ κε μδ'.	πρὸς τὰ κε μδ'.	πρὸς τὰ κε μδ'.
133	1. καθ' ἥν.	καθ' ὃν.	καθ' ὃν.	καθ' ὃν.
—	28. ἐν δὲ τοῖς τετάρτοις τῶν πρὸς δυσμάς.	ἐν δὲ τοῖς τετάρτοις τὰς τῶν πρὸς δυσμάς.	ἐν δὲ τοῖς τετάρτοις τὰς τῶν πρὸς δυσμάς.	ἐν δὲ τοῖς τετάρτοις τὰς τῶν πρὸς δυσμάς.

ΕΚΘΕΣΙΣ ΤΩΝ ΚΑΤΑ ΠΑΡΑΛΛΗΛΟΝ ΓΩΝΙΩΝ ΚΑΙ ΠΕΡΙΦΕΡΕΙΩΝ.

ΤΟΥ ΔΙΑ ΜΕΡΟΗΣ, ΩΡΩΝ ιζ, ΜΟΙΡΩΝ ιϛ κζ'.

134		ΩΡΩΝ | ΠΕΡΙΦΕΡΕΙΑΙ.	ΩΡΩΝ | ΠΕΡΙΦΕΡΕΙΩΝ.	ΩΡΩΝ | ΠΕΡΙΦΕΡΕΙΩΝ.	ΩΡΩΝ | ΠΕΡΙΦΕΡΕΙΩΝ.
—	2	7. (Καρκίνου). πγ.	πϛ.	πγ.	πγ.
—	2	5. (Λέοντος). νϛ.	νϛ.	μϛ.	μϛ.
—	4	1. (Παρθένου). ρια.	ριδ.	ρια.	ρι.
—		8. δ.	δ.	λ.	λ.
—	7	3. (Σκορπίου). α.	α.	α.	α.
—		ΑΙΓΟΚΕΡΩΤΟΣ.	ΑΙΓΟΚΕΡΩ.	ΑΙΓΟΚΕΡΩ.	ΑΙΓΟΚΕΡΩ.
—	3	2. να.	νδ.	νδ.	νδ.
—	5	4. (Ταύρον). ιε.	οε.	ιε.	ιε.

ΤΟΥ ΔΙΑ ΣΥΗΝΗΣ, ΩΡΩΝ ιζ ϛ'' ΜΟΙΡΩΝ κζ να'.

136	3	5. (Λέοντος). α.	ιδ.	ιδ.	ιδ.
—	3	4. (Σκορπίου). λη.	λη.	λ.	λ.
—	4	5. ρξθ.	ξθ.	ρξθ.	ρξθ.
—	4	6. (Τοξότου). ρξδ.	ρξα.	ρξα.	ρξα.
—	5	4. (Κριοῦ). λ.	λ.	λ.	λ.
—	5	5. (Ταύρου). ιζ.	ζ.	ζ.	ζ.
—	3	5. (Διδύμων). νδ.	ιδ.	ιδ.	ιδ.
—	5	6. (Διδύμων). μϛ.	μϛ.	μϛ.	μϛ.

ΤΟΥ ΔΙΑ ΤΗΣ ΚΑΤΩ ΧΩΡΑΣ ΑΙΓΥΠΤΟΥ, ΩΡΩΝ ιδ, ΜΟΙΡΩΝ λ κβ'.

138	4	3. (Σκορπίου). ρμδ.	ρμδ.	ρνδ.	ρνδ.
—	4	6. (Τοξότου). ρνη.	ρνη.	ρνη.	ρνγ.

ΤΟΥ ΔΙΑ ΡΩΔΟΥ, ΩΡΩΝ ιδ ϛ', ΜΟΙΡΩΝ λϛ ο'.

140	3	3. (Καρκίνου). κβ.	κβ.	κβ.	κη.
—		5. λϛ.	λϛ.	λϛ.	νϛ.

			ÉDITION DE BASLE.	MS. DE PARIS, n° 2389.	MS. DE FLORENCE, n° 2390.	MS. DE VENISE, n° 313.
pag.	col.	lig.				
40	1	7.	(Σκορπίου). ε κε.	ε κε.	ε κη.	κη.
—	6	5.	(Τοξότου). νζ.	νζ.	νζ.	νγ.
40	4	5.	(Αἰγόκερω). ρλϑ.	ρλϑ.	λϑ.	λϑ.
—	5	3.	(Κριοῦ). μζ.	μζ.	μα.	μα.

ΤΟΥ ΔΙΑ ΕΛΛΗΣΠΟΝΤΟΥ, ΩΡΩΝ ιϛ, ΜΟΙΡΩΝ μ̅ νϛ΄.

42	4	2.	(Καρκίνου.) ρκϐ.	ρκϐ.	ρκϐ.	ρκϐ.
—	6	2.	——— μζ.	νζ.	νζ.	νζ.
—	7	8.	——— νε	νε.	με.	με.
—	6	3.	(Λέοντος). νη.	νη.	μη.	μη.
—	3	1.	(Ζυγοῦ). νϛ.	νϛ.	νϛ.	νζ.
—	—	2.	——— ν.	ν.	ν.	ν.
—	4	7.	(Σκορπίου). ρνη.	ρνη.	ρμη.	ρμη.
—	4	1.	(Ὑδροχόου). οζ.	οζ.	οϛ.	οϛ.
—	3	2.	(Κριοῦ). ν.	ν.	ν.	ν.

ΤΟΥ ΔΙΑ ΜΕΣΟΥ ΠΟΝΤΟΥ, ΩΡΩΝ ι̅ ϛ, ΜΟΙΡΩΝ μ̅ α΄.

44	1	8.	(Παρϑένου). ϛ μη.	ϛ μη.	ϛ μη.	ϛ μη.
—	6	4.	(Χηλῶν). οη.	οη.	οη.	πη.
—	6	2.	(Ἰχθύων). νϛ.	μϛ.	μϛ.	μϛ.

ΤΟΥ ΔΙΑ ΒΟΡΥΣΘΕΝΟΥΣ, ΩΡΩΝ ιϛ, ΜΟΙΡΩΝ μ̅η̅ λϛ΄.

46	3	1.	(Σκορπίου). ιϐ.	ιϐ.	ιϐ.	ϐ.
—	5	5.	(Αἰγόκερω). νη.	νη.	νη.	νγ.
—	6	2.	(Ὑδροχόου). ξζ.	ξζ.	ξζ.	ξγ.
48	24.		——— ἥτις ἦν.	ἥτις ἦν.	ἥτις ἦν.	ἥτις ἦν.

LIVRE TROISIÈME.

49	7.	περὶ αὐτὸν συμβαινόντων.	περι αυτον συμβαινόντων.	περὶ αὐτὸν συμβαινόντων.	περὶ αὐτῶν συμβαινόντων
50	7.	ἀπόφανσιν.	ἀπόφανσιν.	ἀπόφανσιν.	ἀπόφασιν.
—	8.	διαφωνίας τε καὶ ἀπορίας ἐκ τῶν συντεταγμένων αὐτοῖς, κ. τ. λ.	διαφωνίας τε καὶ ἀπορίας μάϑοιμεν εκ των συντεταγμένων αυτοις, κ. τ. λ.	διαφωνίας τε καὶ ἀπορίας μάϑοιμεν ἐκ τῶν συντεταγμένων αὐτοῖς, κ. τ. λ.	διαφωνίας τε καὶ ἀπορείας μάϑοιμεν ἐκ τῶν συντεταγμένων αὐτοῖς, κ. τ. λ.
—	18.	Οϑεν ἐπιβάλλει, τὸ, καὶ τὴν τῶν ἁπλανῶν σφαῖραν μετάβασίν τινα πολυχρόνιον ποιεῖσθαι καὶ αὐτὴν, ὥσπερ τῶν πλανωμένων, κ. τ. λ.	Οϑεν επιβάλλει τω, και την των απλανων σφαιραν μετάβασίν τινα πολυχρόνιον ποιεισθαι και αυτην, ὥσπερ και τας των πλανωμένων, κ. τ. λ.	Οϑεν ἐπιβάλλει τῷ, καὶ τὴν τῶν ἁπλανῶν σφαῖραν μετάβασίν τινα πο. λυχρόνιον ποιεῖσθαι καὶ αὐτὴν, ὥσπερ καὶ τὰς τῶν πλανωμένων, κ. τ. λ.	Οϑεν ἐπιβάλλει τῷ, καὶ τὴν τῶν ἁπλανῶν σφαῖραν μετάβασίν τινα πολυχρόνιον ποιεῖσθαικαὶ αὐτὴν, ὥσπερ καὶ τὰς τῶνπλανωμένων,κ.τ.λ.
51	20.	γίνεται.	γίνεται.	γίνεται.	γίνεται.
	4.	τουτέστι τὸν γινόμενον ὑπ' αὐτοῦ λοξὸν κύκλον ἀποκατάστασιν, ὁρίζεσθαί τε τὸν ἐνιαύσιον χρόνον καϑ' ὃν ἀπό τινος ἀκινήτου σημείου τοῦ τοῦ κύκλου, κ. τ. λ.	τουτέστιν τον γινόμενον ὑπ' αυτου προς τον λοξον κύκλον αποκατάστασιν ὁρίζεσθαί τε τον εμκύκλιον χρόνον καϑ' ὃν ἀπό τινος ακινήτου σημείου τούτου κύκλου, κ. τ. λ.	τουτέστι τὸν γινόμενον ὑπ' αὐτοῦλοξὸνκύκλον ἀποκατάστασιν ὁρίζεσθαί τε τὸν ἐνιαύσιον χρόνον καϑ' ὃν ἀπό τινος ἀκινήτου σημείου τούτου τοῦ κύκλου, κ. τ. λ.	τουτέστιν τὸν γινόμενον ὑπ' αὐτοῦλοξὸνκύκλονἀποκατάστασιν ὁρίζεσθαί τε τὸν ἐνιαύσιον χρόνον καϑ' ὃν ἀπό τινος ἀκινήτου σημείου τούτου τοῦ κύκλου, κ. τ. λ.

I.

VARIANTES.

		ÉDITION DE BASLE.	MS. DE PARIS, n°. 2389.	MS. DE FLORENCE, n° 2590.	MS. DE VENISE, n° 313.
Pag.	col. lig.				
151	16.	ἐπὶ τὸν αὐτὸν σχηματισ-μόν.	επι των αυτον σχηματισ-μον.	ἐπὶ τὸν αὐτὸν σχηματισ-μόν.	ἐπὶ τὸν αὐτὸν σχηματισ-μόν.
——	24.	ἐπισκοπῇ.	επισκοπει.	ἐπισκοπεῖ.	ἐπισκοπεῖ.
153	2.	ἀνισότητά τινα καταγνῶ-ναι.	ἀνισότητα καταγνωναι.	ἀνισότητα καταγνῶναι.	ἀνισότητα καταγνῶναι.
——	8.	ἀπελπίζω.	αφελπιζω.	ἀπελπίζω.	ἀφελπίζω.
——	17.	ἄρχεται.	ἄρχηται.	ἄρχηται.	ἄρχηται.
——	20.	χρόνον.	χρόνους.	χρόνον.	χρόνους.
——	27.	ὥρᾳ ϛ΄.	ὥρας ϛ΄.	ὥ ϛ΄.	ὥρας ϛ΄.
——	30.	τῆς γ̄ τῶν ἐπαγομένων.	τηι τρίτηι των επαγομένων εἰς την τετάρτην του μεσονυκτίου.	Μετὰ δὲ ιᾱ ἔτη τῷ λϛ̄ ἔτει τοῦ εἰς τὴν τετάρτην με-σονυκτίου δέον πρωΐας, ὥςτε τῳ δ̄ πάλιν διαπε-φωνηκέναι.	τῇ τρίτῃ.
——	33.	Μετὰ δὲ ἐνιαυτὸν ἕνα τῷ λϑ̄ ἐνιαυτῷ, τῇ λζ̄΄ τῶν ἐπαγομένων, πρωΐας, ὅπερ καὶ ἦν ἀκόλουθον τῇ πρὸ αὐ-τῆς τηρήσει.	Μεταθ᾽ ενιαυτον ἕνα τωλζ̄ ενιαυτω τη δ̄΄ των επ-αγομενων πρωΐας ὅπερ και ην ακόλουθον τη προ αυτης τηρησει.	Μετὰ δὲ ἐνιαυτὸν ἕνα τῷ λζ̄ ἐνιαυτῷ τῇ δ̄ τῶν ἐπαγομένων πρωΐας ὅπερ καὶ ἦν ἀκόλου-θον τῇ πρὸ αὐτῆς τηρήσει.	Μετὰ δὲ ἐνιαυτὸν ἕνα τῷ λζ̄ ἐνιαυτῷ τῇ δ̄ τῶν ἐπαγομένων πρωΐας ὅπερ καὶ ἦν ἀκόλου-θον τῇ πρὸ αὐτῆς τη-ρήσει.
154	7.	μεχὶρ.	μεχειρ.	μεχὶρ.	μεχὶρ.
——	14.	Μετὰ δὲ ιᾱ ἔτη, τῷ μ̄ϑ̄ καὶ τρίτῳ ἔτει τοῦ μεχὶρ τῇ κδ̄, κ. τ. λ.	Μετα δε ια ετη τω γ̄ και μ̄ ετει του μεχειρ τη κ̄ϑ̄, κ. τ. λ.	Μετὰ δὲ ια ἔτη τῷ γ̄ καὶ μ̄ ἔτει τοῦ μεχὶρ τῇ εἰκοστῇ δ̄, κ. τ. λ.	Μετὰ δὲ ιᾱ ἔτη τῷ γ̄ καὶ μ̄ ἔτει τοῦ μεχὶρ τῇ κ̄ϑ̄, κ. τ. λ.
——	30.	κἂν γὰρ τῷ γ̄ϑ̄ καὶ χ̄ϑ̄ μόνῳ μέρει.	καν γαρ τρισχιλιοςω και εξακοσιοςω μόνω μέρει.	κἂν γὰρ τρισχιλιοςῷ καὶ ἑξακοσιοςῷ μόνῳ μέρει.	κἂν γὰρ τρισχιλιοςῷ καὶ ἑξακοσιοςῷ μόνῳ μέρει.
155	7.	διαμαρτάνει.	διαμαρτάνει.	διαμαρτάνει.	διαμαρτάνει.
156	12.	μετακινηθῆναι.	μετακινηθηναι.	μετακινηθῆναι.	μετακινηθῆναι.
——	8.	ἡλίου καὶ τῆς σελήνης.	ἡλίου και σελήνης.	ἡλίου καὶ σελήνης.	ἡλίου καὶ σελήνης.
157	12.	τῆς κατὰ τὸ δ΄.	της κατο δ΄. (sic)	τῆς κατὰ τὸ δ΄.	τῆς κατὰ τὸ δ΄.
——	16.	μιᾷ μοίρα τετάρτῳ.	μίαν μοίραν τέταρτον.	μίαν μοῖραν τέταρτον.	μίαν μοῖραν τέταρτον.
——	19.	συςησαμένων διαβολήν...	συςησαμένων αυτα διαβο-λην.	συςησαμένων αὐτὰ διαβο-λήν.	συςησαμένων αὐτὰ διαβο-λήν.
158	15.	φαινόμενα.	Le reste manque jus-qu'à la page 166, ligne 25.	φαινομένας.	φαινομένας.
——	17.	ἐπιλογιζομένων χρόνων, ὅπερ ἄν, κ. τ. λ.	. . . .	ἐπιλογιζομένων ὅπερ ἄν κ. τ. λ.	ἐπιλογιζομένων ὅπερ ἄν κ. τ. λ.
——	25.	καταλαμβανόμενοι.	. . . .	καταλαμβανόμεθα.	καταλαμβανόμιθα.
159	3.	ἀντιπίπτον.	. . . .	ἀντιπίπτον.	ἀντιπίπτον.
——	23.	ἐπὶ ταυτῆς.	. . . .	ἐπὶ ταυτῇ.	ἐπὶ ταυτῇ.
162	7.	πρὸς τὴν α̅ λείπουσαν τὸ κ΄ μέρος.	. . . .	πρὸς τὴν μίαν λείπουσαν πρὸς τὸ κ΄ μέρος.	πρὸς τὴν μίαν λείπουσαν πρὸς τὸ κ΄ μέρος.
163	15.	οὕτως.	. . . .	οὕτως.	οὕτως.
164	14.	ὅτι ὁ καθ᾽ ἥλιον ἐνιαυτός.	. . . .	ὅτι ὁ καθ᾽ ἥλιον ἐνιαυτός.	ὅτι καθ᾽ ἥλιον ἐνιαυτός.
——	19.	καὶ ἔλαττον ἢ δ΄ ἡμέρας.	. . . .	καὶ ἔλαττον ἢ τέταρτον μέρος.	καὶ ἔλαττον ἢ δ΄ μέρος.
165	16.	τῇ αὐτῇ.	. . . .	τῇ τοιαύτῃ.	τῇ τοιαύτῃ.

		ÉDITION DE BASLE.	MS. DE PARIS, no 2389.	MS. DE FLORENCE, no 2390.	MS. DE VENISE, no 313.
Pag.	col. lig.				
167		ΚΑΝΟΝΙΟΝ ΤΗΣ ΟΜΑΛΗΣ ΤΟΥ ΗΛΙΟΥ ΚΙΝΗΣΕΩΣ.			
——		ΑΠΟΧΗΣ ΑΠΟ ΤΟΥ ΑΠΟΓΕΙΟΥ M̄ σξϛ̄ ιε΄. ἐποχὴ μέση ἰχϑύων μέ.			
		Αποχης απο του απογείου M̄ σξϛ̄ ιε΄. εποχη μέση ιχϑύσιν ō μέ.	Ἀποχῆς ἀπὸ τοῦ ἀπογείου μοιρασξϛ̄ ιέ. ἐποχὴ μέση ἰχϑύων ō μέ.	Ἀποχῆς ἀπὸ τοῦ ἀπογείου Μ σξϛ̄ ιέ. ἐποχὴ μέση ἰχϑύσιν ō μέ.
167	3 26.	(A) ιγ.	ιγ.	ιε.	ιε.
——	5 2.	(Γ) ιϛ.	ιϛ.	ιϛ.	ιϛ.
——	14.	— κη.	κη.	κη.	κν.
——	6 15.	(Δ) η.	η.	ιγ.	ιγ.
——	32.	— νϛ.	νϛ.	νϛ.	νζ.
7	40.	(E) νϑ.	νϑ.	νϑ.	νϑ.
		ΕΠΟΥΣΙΑ ΑΠΟΧΗΣ ΑΠΟ ΤΟΥ ΑΠΟΓΕΙΟΥ ΤΟΥ ΗΛΙΟΥ ΔΙΔΥΜΩΝ M τ̄ λ΄.			
168	4 42.	(B) η.	η.	η.	ν.
——		ΕΩΣ ΤΗΣ ΚΑΤΑ ΤΟ Α ΕΤΟΣ ΝΑΒΟΝΑΣΣΑΡΟΥ ΜΕΣΗΣ ΕΠΟΧΗΣ ΤΟΥ ΗΛΙΟΥ ΤΩΝ ΙΧΘΥΩΝ ō μέ΄ σξϛ ιε΄.			
169	7 34.	(E) λε.	λε.	λε.	λϑ.
170	24.	τοῦ διὰ μέσων.	του δια μέσου.	τοῦ διὰ μέσου.	τοῦ διὰ μέσου.
172	17.	τὴν ἐλαχίςην κίνησιν.	την μὲν ἐλαχίςην κίνησιν.	τὴν μὲν ἐλαχίςην κίνησιν.	τὴν μὲν ἐλαχίςην κίνησιν.
173	21.	τοῦτον ἔχῃ τὸν λόγον.	τουτον ἔχη τον λόγον.	τοῦτον ἔχη τὸν λόγον.	τοῦτον ἔχει τὸν λόγον.
175	25.	πρὸς τοῖς Θ καὶ Κ.	προς τοις Θ καὶ Κ σημείοις.	πρὸς τοῖς Θ καὶ Κ σημείοις.	πρὸς τοῖς Θ καὶ Κ σημείοις.
176	25.	καὶ διάμετρον τὴν ΑΔΒ.	καὶ διάμετρον την ΑΔΒ.	καὶ διάμετρον τὴν ΑΔΒ.	καὶ διάμετρον τὴν ΑΔΒ.
178	15.	καὶ τοῦ Ε ἀπογείου.	και του Ε απογείου.	καὶ τοῦ Ε ἀπογείου.	καὶ τοῦ ΕΑ ἀπογείου.
——	32.	ΒΔΘΖ.	ΒΔΘΖ.	ΒΔΘΖ.	ΒΔΖΘ.
——	35.	*Idem.*	ΒΔΖΘ.	ΔΔΖΘ.	*Idem.*
179	10.	ζωιδίων	{ ζωιδίων, et partout de même.	{ ζωιδίων	{ ζωιδίων, quelquefois ζωι- δίων.
181	24.	καὶ διάμετρον τὴν ΑΕΓ.	καὶ διάμετρον την ΑΕΓ.	καὶ διάμετρον τὴν ΑΕΓ.	καὶ διάμετρον τὴν ΑΕΓΔ.
183	7.	ἐντεῦθεν συνάγεσθαι πάλιν.	εντευθεν πάλιν συνάγεσθαι.	ἐντεῦθεν πάλιν συνάγεσθαι.	ἐντεῦθεν πάλιν συνάγεσθαι.
——	16.	οὕτως.	οὕτως.	οὕτως.	
186	29.	συναμφότερα δὲ τό τε ΝΘ καὶ τὸ ΛΟ τῶν λοιπῶν τῶν εἰς τὸ ΝΠΟ ἡμικύ- κλιον, μοιρῶν δ̄ κ΄ ἡ δὲ διπλῆ περιφέρεια τῆς ΘΜ ἡ ΘΝΥ, τῶν αὐ- τῶν δ̄ κ΄.	συναμφότερα δὲ τό τε ΝΘ καὶ τὸ ΛΟ τῶν λοιπων εἰς τὸ ΝΠΟ ἡμικύλιον μοιρων δ̄ κ΄ ἡ δὲ διπλῆ περιφέρεια τῆς ΘΝ ἡ ΘΝΥ τῶν αυτων δ̄ κ΄.	συναμφότερα δὲ τό τε ΝΘ καὶ τὸ ΛΟ τῶν λοιπῶν μετὰ τὸ ΝΠΟ ἡμικύκλιον μοιρῶν δ̄ κ΄, καὶ ἑκάτε- ρον μὲν ἄρα αὐτῶν ἔςαι μʹ θ̄ ι΄, ἡ δὲ διπλῆ περι- φέρεια τῆς ΘΝ ἡ ΘΝΥ τῶν αὐτῶν δ̄ κ΄.	συναμφότερα δὲ τό τε ΝΘ καὶ τὸ ΛΟ τῶν λοιπῶν μετὰ τὸ ΝΠΟ ἡμικύκλιον μοιρῶν δ̄ κ΄, καὶ ἑκάτε- ρον μὲν ἄρα αὐτῶν ἔςαι μʹ θ̄ ι΄, ἡ δὲ διπλῆ περι- φέρεια τῆς ΘΝ ἡ ΘΝΥ τῶν αὐτῶν δ̄ κ΄.
187	5.	ἔςαι.	ἔςαι.	ἔςαι.	ἔςιν.
——	22.	τοιούτων ἔςαι καὶ ἡ μὲν ΖΞ εὐθεῖα μδ̄ μϛ΄ ἔγ- γιςα.	τοιούτων ἔςαι καὶ ἡ μὲν ΖΞ ευθεια μδ̄ μϛ΄ ἐγ- γιςα.	τοιούτων ἔςαι καὶ ἡ μὲν ΖΞ εὐθεῖα μδ̄ μϛ΄ ἔγ- γιςα.	τοιούτων ἔςαι καὶ ϛ̄ κϑ καὶ ἡ μὲν ΖΞ εὐθεῖα μδ̄ μϛ΄ ἔγγιςα.
189	18.	προεφωδευμένων.	προεφωδευμένων.	προεφωδευμένων.	προεφοδευμένων.
191	12.	καὶ ἡ ὑπὸ ΕΘΖ ἄρα γωνία. τουτέςιν ἡ ὑπὸ ΔΘΚ.	καὶ ἡ ὑπὸ ΕΘΖ ἄρα γωνία, τουτέςιν ἡ ὑπὸ ΔΘΚ.	καὶ ἡ ὑπὸ ΕΘΖ ἄρα γωνία, τουτέςιν ἡ ὑπὸ ΔΘΚ.	καὶ ἡ ἐπὶ ΕΘΖ Ϛ γωνία τουτέςιν ἡ ὑπὸ ΔΘΚ.
193	26.	ἡ μὲν ὑποτείνουσα Ϛ̄ λ΄.	ἡ μὲν ὑποτείνουσα Ϛ̄ δ΄.	ἡ μὲν ὑποτείνουσα Ϛ̄ λ΄.	ἡ μὲν ὑποτείνουσα Ϛ̄ λ΄
195	20.	ἐπὶ τὴν ΘΖ ἡ ΔΚ.	επι την ΘΖ ἡ ΔΚ.	ἐπὶ τὴν ΖΘ . . . ΔΚ.	ἐπὶ τὴν ΘΖ ἡ δὲ ΔΚ.
——	22.	καὶ ἡ ὑπὸ ΖΘ Η γωνία.	καὶ ἡ ὑπὸ ΖΘΗ γωνία.	καὶ ἡ ὑπὸ ΖΘ Η γωνία.	καὶ ἡ ὑπὸ ΖΗΘ ἡ γωνία.

VARI ANTES.

Pag.	col.	lig.	ÉDITION DE BASLE.	MS. DE PARIS, n° 2389.	MS. DE FLORENCE, n° 2390.	MS. DE VENISE, n° 513.
196		17.	τουτέςιν ἡ ΓΒ περιφέρεια.	{ τουτέςιν ἡ ΓΒ του ζωδια-κου ἡ ΓΒ περιφέρεια.	τουτέςιν ἡ ΓΒ τοῦ ζωδια-κοῦ περιφέρεια.	τουτέςιν ἡ ΓΒ τοῦ ζωδια-κοῦ περιφέρεια.
198		11.	τοσούτων.	τοσούτων.	τοσοῦτων.	τοσοῦτων.
200		16.	τῶν δὲ λοιπῶν Ⅹ̅, τὰ πρὸς τῷ περιγείῳ· τὸ δὲ τρί-τον, τὰς ἑκάςῳ, κ. τ. λ.	των δε λοιπων Ⅹ̅ τα προς τω περιγειω· το δε 𝒈 τας εκαςω, κ. τ. λ.	τῶν. δὲ λοιπῶν Ⅹ̅ τὰ πρὸς τῷ περιγείῳ μ° 𝒈̅ τὰς ἑκάςῳ, κ. τ. λ.	τῶν δὲ λοιπῶν Ⅹ̅ τὰ πρὸς τῷ περιγείῳ Μ̅ 𝒈̅ τὰς ἑκάςῳ, κ. τ. λ.
—		20.	τοιοῦτον.	τοιουτο.	τοιοῦτο.	τοιοῦτο.

ΚΑΝΟΝΙΟΝ ΤΗΣ ΗΛΙΑΚΗΣ ΑΝΩΜΑΛΙΑΣ.

Pag.	col.	lig.	ÉDITION DE BASLE.	MS. DE PARIS, n° 2389.	MS. DE FLORENCE, n° 2390.	MS. DE VENISE, n° 513.
201	1	30.	(Ἀριθμοί κοινοί). ρλε.	ρλθ.	ρλθ.	ρλθ.
—	2	8.	(Προσθαφαιρέσεις). μγ.	μγ.	μγ.	λγ.
204		4.	κινούμενος ἀπεῖχε.	κινούμενος απειχεν.	κινούμενος ἀπεῖχε.	κεινούμενος ἀπεῖχεν.
—		33.	Θωθ π̅ τῆς μεσημβ.	Θωθ π̅ της μεσημβρίας.	Θωθ π̅ τῆς μεσημβρίας.	Θωθ ὁ π̅ τῆς μεσημβρίας.
205		5.	ἐθέλωμεν.	εθέλωμεν.	ἐθέλωμεν.	θέλωμεν.
206		9.	προσθῆναι.	προσθειναι.	προσθεῖναι.	προσθεῖναι.
—		16.	τοῦτο δὲ μὴ οὕτως ἔχον θεωρεῖσθαι.	τουτο δε μη ουτως εχον θεωρεισθαι.	τοῦτο δὲ μὴ οὕτως ἔχον θεωρεῖσθαι.	τοῦτο δὲ μὴ οὕτως ἔχον θεωρεῖσθαι.
—		19.	καὶ τῆς τοιαύτης.	και της τοιαυτης.	καὶ τῆς τοιαύτης.	καὶ τοῖς τοιαύτης.
208		28.	συμμεταβάλλειν δὲ τῇ καθ' ἑκάςην.	συμμεταβάλλειν δε την καθ' ἑκάςην.	συμμεταβάλλειν δὲ τῇ καθ' ἑκάςην.	συμμεταβάλλειν δὲ τῇ καθ' ἑκάςην.
209		1.	καὶ τῆς παρὰ τὰς συμμε-σουρανήσεις τὸ πλεῖςον διάφορον.	και της παρα τας συμμε-σουρανησεις το διάφο-ρον.	καὶ τῆς παρὰ τὰς συμμε-σουρανήσεις τὸ πλεῖςον διάφορον.	καὶ τῆς παρὰ τὰς συμμε-σουρανήσεις τὸ διάφο-ρον.
—		11.	ἔγγιςα καὶ δίτριτον.....	έγγιςα και δίτριτον·....	ἔγγιςα καὶ δίτριτον.....	{ ἔγγιςα καὶ τρίτον. De même à la ligne 14.
—		16.	πρὸς μὲν τὰ ὁμαλά, χρό-νοις.	προς μεν τα ομαλα χρό-νοις.	πρὸς μὲν τὰ ὁμαλὰ χρό-νοις.	πρὸς μὲν τὰ ὁμαλά χρό-νοις.
—		29.	λέγω δὲ τὰ ἀπὸ μεσημ-βρίας ἢ μεσονυκτίου, ἢ ἐπὶ μεσημβρίαν ἢ ἐπὶ μεσονύκτιον.	λέγω δε τα απο μεσημβρίας η μεσονυκτίου επι με-σημβρίαν η επι μεσονύκ-τιον.	λέγω δὲ τὰ ἀπὸ μεσημβρίας ἢ μεσονυκτίου ἐπὶ με-σημβρίαν ἢ ἐπὶ μεσονύκ-τιον.	λέγω δὲ τὰ ἀπὸ μεσημβρίας ἢ μεσονυκτίου ἐπὶ με-σημβρίαν ἢ ἐπὶ μεσονύκ-τιον.
210		32.	ἰχθύων ō μέ.	ιχθύων μ̅ μ̅έ.	ἰχθύων μ̅ ō μέ.	ἰχθύων μ̅ ō μέ.

LIVRE QUATRIÈME.

Pag.	col.	lig.	ÉDITION DE BASLE.	MS. DE PARIS, n° 2389.	MS. DE FLORENCE, n° 2390.	MS. DE VENISE, n° 513.
211		7.	χρήσεσιν.	χρήσεσιν.	χρήσεσιν.	χρήσιν. (sic)
213		18.	συμπαραλαμβάνοντος.	συνπαραλαμβάνοντος.	συμπαραλαμβάνοντος.	συμπεριλαμβάνοντος.
—		34.	ἐκλείψουσα.	εκλείπουσα.	ἐκλείπουσα.	ἐκλείπουσα.
214		16.	ὑπὸ τοῦ τοῦ ἡλίου.	υπο του του ηλίου.	ὑπὸ τοῦ τοῦ ἡλίου.	ὑπὸ τοῦ ἡλίου.
—		22.	Ἀφ' οἴων.	Αφ' οίων.	Ἀφ' οἴων.	Ἀφ' ὁμοίων.
215		14.	καὶ κατὰ πάντα μέρη.	και κατα παντα μέρη.	καὶ κατὰ τὰ μέρη.	καὶ κατὰ τὰ μέρη.
216		7.	συςήσωνται.	συςήσονται.	συςήσονται.	συςήσονται.
—		12.	ψιϛ̅.	ψιϛ̅.	ψιϛ̅.	ψγϛ̅.
—		26.	θσεξ̅.	θσεξ̅.	θσεξ̅.	λσεξ̅.
217		2.	κϛ̅ λα' νη" κ'".	κθ λα' νη" κ'.	κϛ̅ λα' ν" η" κ'".	κϛ̅ λα' νη" κ'".
—		6.	γίγνεσθαι.	γίγνεσθαι.	γίνεσθαι.	γίνεσθαι.
—		14.	ἐπιζητοῖ.	επιζητοι.	ἐπιζητοίη.	ἐπιζητοίη.
—		19.	ὃς συνάγει.	ο συνάγει.	ὁ συνάγει.	ὁ συνάγει.
—		24.	πρὸς τὰς διαςάσεις.	προς τας διαςάσεις.	πρὸς τὰς διαςάσεις.	ces mots sont omis.

	EDITION DE BASLE.	MS. DE PARIS, n° 2389.	MS. DE FLORENCE, n° 2390.	MS. DE VENISE, n° 513.
col. lig.				
2.	διάφορον.	διάφορον.	διάφορον.	διαφοράν.
7.	ε 𝔇κ𝖦.	ε 𝔇κ𝖦.	ε 𝔇κγ.	ετκ𝖦.
33.	μοιρῶν δ΄ ϛ΄.	μοιρων δ΄ ϛ΄ δ΄΄.	μοιρῶν δ΄ ϛ΄ δ΄΄.	μοιρῶν δ΄ ϛ΄ δ΄΄.
20.	ὅταν μὴ μόνον.	ὅταν μὴ μόνον.	ὅταν μὴ μόνον.	ὅταν μὴ μόνον.
26.	κατὰ δὲ τὴν ἑτέραν, οὕτως ἀπὸ τοῦ μεγίϛου ἄρχη- ται.	κατα δε την ἑτέραν ὅταν απο του μεγίϛου ἄρχη- ται.	κατὰ δὲ τὴν ἑτέραν ὅταν ἀπὸ τοῦ μεγίϛου ἄρχη- ται.	κατὰ δὲ τὴν ἑτέραν ὅταν ἀπὸ τοῦ μεγίϛου ἄρχη- ται.
11.	τέσσαρσι.	τέταρσι.	τέτταρσι.	τέτταρσι.
23.	διὰ τὸ πρὸς τὸ ἑξῆς.	δια το προς τα ἑξης.	διὰ τὸ πρὸς τὰ ἑξῆς.	διὰ τὸ πρὸς τὰς ἑξῆς.
17.	ζυιϛ̄ ι΄ μθ΄΄ να΄΄΄ μ΄΄΄΄.	ζυιϛ̄ ι΄ μθ΄΄ να΄΄΄ μ΄΄΄΄.	ζῡ ιϛ΄ ι΄ μθ΄΄΄ να΄΄΄΄ μ΄΄΄΄΄.	ζῡ ιϛ΄ ι΄ μθ΄΄΄ να΄΄΄΄ μ΄΄΄΄΄.
22.	ἐπὶ δὲ τοῦ τρίτου τοὺς μῆνας.	επι δε του τρίτου τους μηνας.	ἐπὶ δὲ τοῦ τρίτου τοὺς μῆνας.	ἐπὶ δὲ τοῦ τρίτου τὰς μῆνας. (sic).

ΚΑΝΟΝΕΣ ΤΩΝ ΤΗΣ ΣΕΛΗΝΗΣ ΜΕΣΩΝ ΚΙΝΗΣΕΩΝ.

ΜΗΚΟΥΣ ΕΠΟΥΣΙΑ ΤΑΥΡΟΥ, ιϛ̄ κϛ΄.

1	38.	(Οκτωκαιδεκαέτη)	χπϑ.	χπϑ.	χπϑ.	χπη.
2	8.	(μοιρ.).	σο.	σο.	σϑ.	σϑ.
—	35.	———	ρμϑ.	ρμϑ.	ρμϑ.	τμϑ.

ΑΝΩΜΑΛΙΑΣ ΕΠΟΥΣΙΑ σξ̄ν μϑ΄.

2	4.	(μοιρ.).	σξϑ.	σξϑ.	σξϛ.	σξϛ.
—	24.	———	ρξϛ.	ρξϛ.	ρϛε.	ρξε.
6	30.	(Δ).	σ.	ε.	ε.	ε.

ΠΛΑΤΟΥΣ ΕΠΟΥΣΙΑ τνϑ μ΄.

6	21.	(Δ.)	νϑ.	νϑ.	νϑ.

ΑΠΟΧΗΣ ΕΠΟΥΣΙΑ σ λϛ΄.

2	15.	(μοιρ.).	᷎δη.	᷎δη.	οη.
5	22.	(Γ.)	α.	α.	α.
—	36.	———	ϛ.	ϛ.	ϛ.
—	44.	———	γ.	γ.	γ.

Les tableaux suivants manquent dans ce MS.

(2e tableau.)   ΠΛΑΤΟΥΣ ΕΠΟΥΣΙΑ.

8	1.	(Σ.) ———	κϛ.	κϛ.	κϛ.	κγ.
—	14.	— ———	ϛ.	α.	ϛ.	ϛ.
—	16.	— ———	με.	με.	με.	με.
—	18.	— ———	κη.	κη.	κη.	κη.

(2e tableau.)   ΑΠΟΧΗΣ ΕΠΟΥΣΙΑ.

8	23.	(Σ.) ———	ιϑ.	ιϑ.	ιϑ.	ιϑ.

(1er tableau).   ΜΗΚΟΥΣ ΕΠΟΥΣΙΑ.

1	12.	(Μῆνες Αἰγύπτιοι). οτξ.	τξ.	τξ.	τλ.

(2e tableau.)

3	11.	(Α). ——— νϛ.	νϛ.	μϛ.	μϛ.

VARIANTES.

	ÉDITION DE BASLE. Pag. col. lig.	MS. DE PARIS, n° 2389.	MS. DE FLORENCE, n° 2390.	MS. DE VENISE, n° 313.

KANONEΣ ΤΩΝ ΤΗΣ ΣΕΛΗΝΗΣ ΜΕΣΩΝ ΚΙΝΗΣΕΩΝ.

		(2ᵉ tableau.)	ΑΝΩΜΑΛΙΑΣ ΕΠΟΥΣΙΑ.		
235	2	22.	(μοιρ.) σπζ.	σπζ.	σπδ.	σπδ.
	4	11.	(Β.) νγ.	νγ.	νγ.	ιγ.
	5	21.	(Γ.) μβ.	μβ.	νδ.	νδ.
		22.	λη.	λη.	λζ.	λη.
238		26.	Οὕτω δὲ τῇ τάξει τῆς ἀπο- δείξεως χρησόμεθα.	Οὕτω δὲ τη τάξει της ἀπο- δείξεως χρησόμεθα.	Οὕτω δὲ τῇ τάξει τῆς ἀπο- δείξεως τὴν δευτέραν χρησόμεθα.	Οὕτω δὲ τῇ τάξει τῆς ἀπο- δείξεως τὴν δευτέραν χρησόμεθα.
239		11.	Ὅτι μέντοι τὰ αὐτὰ πάλιν.	Ὅτι μέν τοι τα αυτα πάλιν.	Ὅτι μέντοι τὰ αὐτὰ πάλιν.	Ὅτι μέντοι τοιαῦτα πάλιν.
		14.	Τὴν πρὸς τὸν διὰ μέσων τῶν ζωδίων κύκλον.	Την προς τον διὰ μέσων των ζωδίων κύκλον.	τὴν πρὸς τὸν δία μέσων- τῶν ζωδίων κύκλον.	τὴν πρὸς τῶν διὰ μέσων τῶν ζωδίων κύκλων.
240		17.	Ὑποκείσθω δὲ ὅτε μὲν ἦν ὁ ἐπίκυκλος.	Ὑποκείσθω δὲ ὅτε μεν ην ὁ ἐπίκυκλος.	Ὑποκείσθω δὲ μὲν ἦν ὁ ἐπίκυκλος.	Ὑποκείσθω δὲ μὲν ἦν ὁ ἐπί- κυκλος.
241		22.	Ὅτι κἂν ὅμοιοι μόνον ὦσιν, κ. τ. λ.	Ὅτι δὲ καν ὅμοιοι μόνον ωσιν, κ. τ. λ.	Ὅτι δὲ κἂν ὅμοιοι μόνον ὦσιν, κ. τ. λ.	Ὅτι δὲ κἂν ὅμοιοι μόνον ὦσιν, κ. τ. λ.
243		16.	ἐν τῶν νῦν χρόνων (sic).	ἐν τω νυν χρόνω.	ἐν τῷ νῦν χρόνω.	ἐν τῷ νῦν χρόνω.
244		4.	ἐγκεκλιμένος ἀναλόγως.	ἐγκεκλιμένος ἀναλόγως.	ἐγκεκλιμένος ἀναλόγως.	ἐγκεκλιμένος ἀναλόγως.
245		14.	πρὸ τριῶν καὶ τρίτου ὡρῶν.	προ τρίτου καὶ τριων ὡρων.	πρὸ τριῶν καὶ τρίτου ὡρῶν.	πρὸ τριῶν καὶ τρίτου ὡρῶν.
		22.	Ἐξέλιπε.	Ἐξέλειπεν.	Ἐξέλιπε.	Ἐξέλειπεν.
249		18.	οἴων.	οἴων.	οἴων.	οἴων.
250		1.	ἄρα ἡ μὲν ΕΖ εὐθεῖα ζ̄ ἑβδομονὴ δὲ ΕΔ, κ. τ. λ.	ἄρα ἡ μεν ΕΖ ευθεα ζ̄ ζ, ἡ δε ΕΔ, κ. τ. λ.	ἄρα ἡ μὲν ΕΖ εὐθεῖα ζ̄ ζ σ̄ ἡ δὲ ΕΔ, κ. τ. λ.	ἄρα ἡ μὲν ΕΖ εὐθ̄ εἶα ζ̄ ζ σ̄ ἡ δὲ ΕΔ, κ. τ. λ.
		32.	καὶ ἡ ὑπὸ ΔΕΓ γωνία.	και υπο ΔΕΓ γωνία.	καὶ ἡ ὑπὸ ΔΕΓ γωνία.	καὶ ἡ ὑπὸ ΔΕΓ γωνία.
252		35.	ψμπ̄ να΄ κ΄.	ψμπ̄ να΄ κ΄.	ψμπ̄ να΄ κγ΄.	ψμπ̄ να΄ κγ΄.
255		3.	ἐξέλιπεν seu ἐξέλιπε.	ἐξέλειπεν.	ἐξέλιπεν.	ἐξέλειπεν.
257		12.	ΔΓ.	ΒΓ.	ΒΓ.	ΒΓ.
259		18.	σιζ̄ μς΄ λη″	σιζ̄ μς΄ λη″. On a remis sur le ς un γ.	σιζ̄ μγ΄ λη″.	σιζ̄ μς΄ λη″.
260		12.	τῷ ὑπὸ τῶν.	τω υπο των.	τῷ ὑπὸ τῶν.	τὸ ὑπὸ τῶν.
		19.	ΛΔ.	ΛΔ.	ΛΔ.	ΛΔ.
		20.	Πάλιν τὸ ὑπὸ ΛΔΜ.	Πάλιν το υπο ΛΔΜ.	Πάλιν τὸ ὑπὸ ΛΔΜ.	Πάλιν τὸ ὑπὸ ΛΔΜ.
261		17.	οἴων ἐςὶν ὁ περὶ τὸ ΔΝΚ ὀρθογώνιον κύκλος τξ̄΄ ὥςε καὶ ἡ ὑπὸ ΔΝΚ γω- νία, οἴων μέν εἰσιν αἱ δύο ὀρθαὶ τξ̄ τοιούτων ἐςὶν ροπ̄ ιζ΄, οἴων δὲ αἱ τέσσαρες ὀρθαὶ τξ̄ τοι- ούτων ἐςὶν πζ̄ λη΄ ς΄.	οἴων εςιν ὁ περὶ τὸ ΔΝΚ ὀρθογώνιον κύκλος τξ̄΄ ὥςε καὶ ἡ ὑπο ΔΝΚ γω- νία, οἴων μέν εισιν αἱ δύο ορθαὶ τξ̄, τοιούτων εςιν ροπ̄ ιζ΄, οἴων δε αἱ τέσσαρες ορθαι τξ̄, τοιούτων εςιν πζ̄ λης΄.	οἴων ἐςὶν ὁ περὶ τὸ ΔΝΚ ὀρθογώνιον κύκλος τξ̄΄ ὥςε καὶ ἡ ὑπὸ ΔΝΚ γω- νία οἴων μέν εἰσιν αἱ δύο ὀρθαὶ τξ̄, τοιούτων ἐςὶν ροπ̄ ιζ΄, οἴων δὲ αἱ τέσσαρες ὀρθαὶ τξ̄, τοιούτων ἐςὶν πζ̄ λης΄.	οἴων ἐςὶν ὁ περὶ τὸ ΔΝΚ ὀρθογώνιον κύκλος τξ̄ τοιούτων ἐςὶν ροπ̄ ιζ΄ οἴων δὲ αἱ δ̄ ὀρθαὶ τξ̄ τοιούτων ἐςὶν ιζ̄ λη΄ ς΄.
262		25.	ἐπέχουσα.	ἐπέχουσα.	ἐπέχουσα.	ἀπέχουσα.
263		23.	κανόνων.	κανονίων.	κανονίων.	κανόνιων.
264		7.	ἥτις.	ἥτις.	ἥτις.	ἥτι (sic).
		11.	οὗτος.	ουτος.	οὗτος.	οὕτως.
		22.	μῆκος,	μηκος.	μῆκος.	μήκους.
265		28.	χαριεςέραις.	χαριεςέραις.	χαριεςέραις.	χαριεςέροις.
266		7.	διορθωσάμεθα.	διωρθωσάμεθα.	διωρθωσάμεθα.	διωρθωσάμεθα.
		29.	δεῖξιν.	δεῖξιν.	δεῖξιν.	δεῖξιν.
267		4.	περὶ τὸ ἴσον,	περι το ισον.	περὶ τὸ ἴσον.	περὶ τὸν ἴσον.

		ÉDITION DE BASLE.	MS. DE PARIS, n° 2389.	MS. DE FLORENCE, n° 2390.	MS. DE VENISE, n° 313.
col.	lig.				
	29.	διασαφεῖται ἡ σελήνη ἐκλελοιπυῖα.	διασαφειται εκλελοιπυια ἡ σελήνη.	διασαφεῖται ἐκλελοιπυῖα ἡ σελήνη.	διασαφεῖται ἐκλελοιπυῖα ἡ σελήνη.
	21.	τῷ τῶν ξξ.	τω των ἑξήκοντα.	τῷ τῶν ἑξήκοντα.	τῷ τῶν ἑξήκοντα.
	30.	οἰκίας.	οικείως.	οἰκείως.	οἰκείως.
	15.	πρὸς τκζ γ″ ἔγγιςα.	προς τκζ γ″ ἐγγιςα.	πρὸς τκζ γ″ ἔγγιςα.	πρὸς τκζ γ″ ἔγγιςα.
	6.	συμφαίνειν.	συμβαίνειν.	συμβαίνειν.	συμβαίνειν.
	23.	καὶ ὡρῶν ἰσημερινῶν ἁπλῶς μὲν ιη ϛ″.	και ὡρων Μ ἁπλως μεν ιη ϛ″.	καὶ ὡρῶν ἁπλῶς μὲν ιη ϛ″.	καὶ ὡρῶν ἁπλῶς μὲν ιη ϛ″.
	2.	Εξέλιπε.	Εξέλειπεν.	Εξέλιπε.	Εξέλειπεν.
	17.	ὥρας ἰσημερινάς.	ὥρας ισημερινης.	ὥρας ἰσημερινῆς.	ὥρας ἰσημερινῆς.
	5.	Ἀθήνησιν.	Αθήνησιν.	Αθήνησιν.	Αθήνησιν.
	8.	ἐπὶ μὲν τῶν ἡμερῶν ϛ̄ τε καὶ γ″ μιᾶς ὥρας.	επι μεν των ἡμερων ϛ̄ τε καὶ γ″ μιας ὥρας.	ἐπὶ μὲν τῶν ἡμερῶν ϛ̄ τε καὶ γ″ μιᾶς ὥρας.	ἐπὶ μὲν τῶν ἡμερῶν ϛ̄ τε καὶ γ″ μιᾶς ὥρας.
	17.	τῷ νδ ἔτει.	τωι νδ ἔτει.	τω νδ ἔτει.	τω νδ ἔτει.
	26.	περὶ τὰ τελευταῖα ἦν.	περι τα τελευταια ην.	περὶ τὰ τελευταῖα ἦν.	περὶ τὰ τελευταῖα ἦν.
	8.	γεγονέναι τῷ νε ἔτει.	γεγονέναι τῷ νε ἔτει.	γεγονέναι τῷ νε ἔτει.	γεγονέναι τῷ νε ἔτει.
	31.	καὶ α γ″ ὥρας ἰσημερινῆς.	καὶ μιας τριτου ὥρας ισημερινης.	καὶ μιᾶς τρίτου ὥρας ἰσημερινῆς.	καὶ μιᾶς τρίτου ὥρας ἰσημερινῆς.
	33.	ἐπὶ μὲν τῶν μοιρῶν ϛ̄ καὶ ι′ μιᾶς μοίρας, ἐπὶ δὲ τῶν ἡμερῶν ἡμίσει καὶ τρίτῳ καὶ ιβ ψ ἔγγιςα μιᾶς ὥρας ἰσημερινῆς.	επι μεν των μοιρων ϛ̄ και γ′ ἐγγιςα μιας μοίρας, επι δε των ἡμερων ἡμίσει και τριτω και ιβ d'une main moderne, δεκάτω ἐγγιςα μιας ὥρας ισημερινης.	ἐπὶ μὲν τῶν μοιρῶν ϛ̄ καὶ ι δ″ ἔγγιςα μιᾶς μοίρας, ἐπὶ δὲ τῶν μερῶν ἡμίσει καὶ τρίτῳ καὶ δεκάτῳ ἔγγιςα μιᾶς ὥρας ἰσημερινῆς.	ἐπὶ μὲν τῶν μοιρῶν ϛ̄ καὶ ι δ″ ἔγγιςα μιᾶς μοίρας, ἐπὶ δὲ τῶν μερῶν ἡμίσει καὶ τρίτῳ καὶ δεκάτῳ ἔγγιςα μιᾶς ὥρας ἰσημερινῆς.

LIVRE CINQUIÈME.

Nota Les deux Mss. N°ˢ 2390 et 313 ont, avant le premier des chapitres et immédiatement après la table leurs titres, quatre phrases grecques qui ne sont point dans les autres, et qui rapportent les distances du eil et de la lune, selon Empédocle et Érastosthène; la traduction s'en trouvera, avec le grec, dans les tes de M. Halma.

4	7.	λαβόντες.	λαβόντες.	λαβόντες.	λαμβάνοντες.
	20.	ἐμπολίσαντες.	εμπολίσαντες.	ἐμπολίσαντες.	ἐμποδίσαντες.
	29.	ἐνεπολίσαμεν ἁπτόμενον πανταχόθεν ἀκριβῶς.	ενεπολίσαμεν ἁπτόμενον πανταχόθεν ακριβως.	ἐνεπολίσαμεν ἁπτόμενον καὶ αὐτὸν πανταχόθεν ἀκριβῶς.	ἐνεπολίσαμεν ἁπτόμενον καὶ αὐτὸν πανταχόθεν ἀκριβῶς.
5	4.	ὑπὸ τὸν ἐντὸς τῶν δύο κύκλων.	υπο τον εντος των δυο κύκλων.	ὑπὸ τὸν ἐντὸς τῶν δύο κύκλων.	ὑπὸ τῶν ἐντὸς τῶν δύο κύκλων.
6	7.	σκιάζωσιν.	σκιάζωσιν.	σκιάζωσιν.	σκιάζωσιν.
7	11.	τοῦ ἑτέρου τῶν ὀφθαλμῶν.	του ενος των οφθαλμων.	τοῦ ἑνὸς τῶν ὀφθαλμῶν.	τοῦ ἑνὸς τῶν ὀφθαλμῶν.
	18.	βραχὺ.	βραχυ.	βραχὺ.	βραχὺς.
	25.	δρόμους οὖσα.	δρόμους ουσα.	δρόμους οὖσα.	δρόμουσα.
	26.	ποιῇ.	ποιη.	ποιῇ.	ποιεῖ.
9	1.	τῷ αὐτῷ ἐπιπέδῳ.	τωι αυτω επιπέδω.	τῷ αὐτοῦ ἐπιπέδῳ.	τῷ αὐτοῦ ἐπιπέδῳ.
	2.	ἐφ᾽ οὗ πάντοτε κέντρον.	εφ᾽ ου παντοτε το κέντρον.	ἐφ᾽ οὗ πάντοτε τὸ κέντρον.	ἐφ᾽ οὗ πάντοτε τὸ κέντρον.

VARIANTES.

Pag. col. lig.	ÉDITION DE BASLE.	MS. DE PARIS, n° 2389.	MS. DE FLORENCE, n° 2390.	MS. DE VENISE, n° 513.
289 24.	ἡ διὰ τοῦ κέντρου τοῦ ἐπικύκλου τῆς διὰ τοῦ κέντρου τοῦ ἐκκέντρου προσαποςήσεται.	ἡ δια του κέντρου του επικύκλου της δια του κέντρου του εκκέντρου προσαποςήσεται.	ἡ διὰ τοῦ κέντρου τοῦ ἐκκέντρου πρὸς ἀποςήσεται.	ἡ διὰ τοῦ κέντρου τοῦ ἐκκέντρου προσαποςήσεται.
293 26.	μοίραις δ̄ ιβ′.	μοιραις δ̄ και ιβ′.	μοίραις δ̄ καὶ γ″.	μοίραις δ̄ καὶ γ″.
294 7.	μοίρας ϛ̄ γ′.	μοιρας ϛ̄ γ′.	μοίρας ϛ̄ γ′.	μοίρας ϛ̄ γ′.
— 10.	ἐν Ἀλεξανδρείᾳ π̄ ϛ′.	εν Αλεξανδρεία π̄ ϛ′.	ἐν Ἀλεξανδρείᾳ π̄ ϛ′.	ἐν ἀλεξανδρείᾳ π̄ ϛ′.
— 16.	ἀκριβῶς τε καὶ ἁπλῶς.	απλως τε και ακριβως.	ἁπλῶς τε καὶ ἀκριβῶς.	ἁπλῶς τε καὶ ἀκριβῶς.
296 21.	ζ̄ μοιρῶν καὶ γ″ ἔγγιςα.	επτα μοιρων και γ″ εγγιςα.	ζ̄ μοιρῶν καὶ γ″ ἔγγιςα.	ἑπτάμοιρῶνκαὶγ″ ἔγγιςα.
298 6.	περὶ τὰς μηνοειδεῖς.	περι τας μηνοειδεις.	περὶ τὰς μηνοειδεῖς.	περὶ τὰς μηνοειδῆς.
299 3.	τουτέςιν τὴν ΖΗΓ ἢ τὴν αὐτὴν θέσιν.	τουτέςιν την ΖΗΓ η την αυτην θέσιν.	τουτέςιν τὴν ΖΓΗ ἢ τὴν αὐτὴν θέσιν.	τουτέςιν τὴν ΖΗΓ ἢ τὴν αὐτὴν θέσιν.
300 11.	αὗταιδὲ ποιοῦσιν ἐν Ῥόδῳ.	αυται δε ποιουν εν Ρόδῳ.	αὗται δὲ ποιοῦν ἐν Ῥόδῳ.	αὗται δὲ ἐπει οὖν ἐν Ῥόδῳ.
301 11.	ἀπεῖχεν ἡ μὲν σελήνη.	απειχεν η μέση σελήνη.	ἀπεῖχεν ἡ μέση σελήνη.	ἀπεῖχεν ἡ μέση σελήνη.
303 25.	τοιούτων ἔςαι καὶ ἡ ΕΞ εὐ-θεῖα τ̄ θ′.	{ τοιούτων εςαι και ἡ ΕΞ ευθεια τ̄ και εξηκοςων δύο.	τοιούτων ἔςαι καὶ ἡ ΕΞ εὐθεῖα τ̄ θ′.	τοιούτων ἔςαι καὶ ἡ ΕΞ εὐθεῖα τ̄ καὶ ἑξηκοςῶν δύο.
304 28.	αὗται δὲ ποιοῦσιν ἐν Ῥόδῳ.	αυται δε ποιουν εν Ρόδῳ.	αὗται δ′ ἐποιοῦν ἐν Ῥόδῳ.	αὗται δ′ ἐποίουν ἐν Ῥόδῳ.
— 32.	ἡμερῶν πζ̄.	ημερων σπζ̄.	ἡμερῶν σπς.	ἡμερῶν σπζ̄.
305 25.	τὴν ΒΕ κάθετον ἐπ′ αὐτὴν ἀγάγωμεν.	την ΒΕ κάθετον επ′ αυτην άγωμεν.	τὴν ΒΕ κάθετον ἐπ′ αὐτὴν ἄγωμεν.	τὴν ΒΕ κάθετον ἐπ′ αὐτὴν ἄγωμεν.
307 3.	οἵων δ′ αἱ τέσσαρες ὀρθαί.	οιων δ′ αι τέσσαρες ορθαι.	οἵων δ′ αἱ δύο ὀρθαί.	οἵων δὲ αἱ δύο ὀρθαί.
308 13.	τῆς μὲν τοῦ κέντρου τοῦ ἐπικύκλου περιαγωγῆς περὶ τὸ Ε κέντρον, κ. τ. λ.	{ τῆς μὲν τοῦ κέντρου τοῦ ἐπικύκλου πρόσνευσιν ἴδιον τῆς μὲν του κέντρου του επικύκλου περιαγωγης περι το Ε κέντρον, κ. τ. λ.	τῆς μὲν τοῦ κέντρου τοῦ ἐπικύκλου περιαγωγῆς περὶ τὸ Ε κέντρον, κ. τ. λ.	τῆς μὲν τοῦ κέντρου τοῦ ἐπικύκλου περιαγωγῆς περὶ τὸ Ε κέντρον, κ. τ. λ.
310 29.	τοιούτων ἐςὶ νγ̄ λϛ′.	τοιούτων εςτιν νγ̄ λϛ′.	τοιούτων ἐςὶ νγ̄ λϛ′.	τοιούτων ἐςιννγ̄ νϛ′.
311 15.	προεκτεθειμένον.	προεκτεθειμένον.	προεκτεθειμένον.	προεκτεθειμένων.
312 1.	τῶν ζᾱ μοιρῶν.	τῶν ζᾱ μοιρων.	τῶν ζλ̄ μοιρῶν.	τῶν ζλ̄ μοιρῶν.
— 3.	μοιρῶν οὖσαν.	μοιρων ουσαν.	μοιρῶν οὖσαν.	μοίρας ῥῦσαν.
— 27.	μοιρῶν ζ̄ γ′.	ζ̄ γ′.	ζ̄ γ′.	ζ̄ γ′.
313 27.	διήχθω δὲ καὶ ἡ ΗΒΚΔ...	διήχθω δε και η ΗΒΚΔ.	{ en marge διήχθω δὲ καὶ ἡ ΗΒΚΔ	} Ces mots sont omis.
— 28.	ἐπὶ τὴν σελήνην ἐκβαλλομένη τοῦ ἐπικύκλου, κ. τ. λ.	επι την σελήνην εκβαλλομένη του επικύκλου, κ. τ. λ.	ἐπὶ τὴν σελήνην ἐκβαλλομένη εὐθεῖα ἐφαπτομένη τοῦ ἐπικύκλου, κ. τ. λ.	ἐπὶ τὴν σελήνην ἐκβαλλομένηεὐθεῖα ἐφαπτομένη τοῦ ἐπικύκλου, κ. τ. λ.
314 7.	καὶ οἵων ἄρα ἐςὶν ἡ μὲν ΑΕ εὐθεῖα π̄ θ′ ἡ δὲ ΑΒ ὁμοίως μθ̄ μα′, τοιούτων ἔςαι καὶ ἡ μὲν ΕΛ εὐθεῖα τ̄ ι′ ἔγγιςα.	και οιων αρα ες τιν η μεν ΑΕ ευθεια τ̄ θ′ η δε ΑΒ ομοίως μθ̄ μα′, τοιούτων εςαι και η μεν ΕΛ ευθεια τ̄ ι′ εγγιςα.	καὶ οἵων ἄρα ἐςὶν ἡ μὲν ΑΕ εὐθεῖα τ̄ ιθ′ ἡ δὲ ΑΒ ὁμοίως μθ̄ μα′,τοιούτων ἔςαι καὶ ἡ μὲν ΕΛ εὐθεῖα ιέ ἔγγιςα.	καὶ οἵων ἄρα ἐςὶν ἡ μὲν ΑΕ εὐθεῖα τ̄ ιθ′ ἡ δὲ ΑΒ ὁμοίως μθ̄ μα′,τοιούτων ἔςαι καὶ ἡ μὲν ΕΛ εὐθεῖα τ̄ ιέ ἔγγιςα.
— 22.	οἵων δὲ αἱ τέσσαρες ὀρθαὶ τξ̄.	οιων δε αι τέσσαρες ορθαι τξ̄.	οἵων δὲ αἱ τέσσαρες ὀρθαὶ τξ̄.	} οἵων δὲ αἱ δύο ὀρθαὶτξ̄.
315 10.	διὰ τῶν πόλων αὐτοῦ κύκλου, τουτέςι, κ. τ. λ.	δια των πόλων αυτου κύκλου, τουτέςι, κ. τ. λ.	διὰ τῶν πόλων αὐτοῦ κύκλου, τουτέςι, κ. τ. λ.	διὰ τῶν πόλων αὐτοῦ, τουτέςι, κ. τ. λ.

			ÉDITION DE BASLE.	MS. DE PARIS, n° 2389.	MS. DE FLORENCE, n° 2390.	MS. DE VENISE, n° 313.
Pag.	col.	lig.				
318		15.	ταῖς τῆς ἀνωμαλίας μέσαις μοίρας.	ταις της ανωμαλιας μέσαις μοίραις.	ταῖς τῆς ἀνωμαλίας μέσαις μοίραις.	ταῖς τῆς ἀνωμαλίας μέσαις μοίραις.
320		1.	διατάσαι.	διστάσαι.	διστάσαι.	διστάσαι.
—		9.	ἱκανὴν δύνασθαι.	ἱκανην δύνασθαι.	ἱκανὴν δύνασθαι.	ἱκανὴν δίδοσθαι.
321		1.	περὶ τὸ Β ὁ ΗΘΚΔ ἐπίκυκλος.	περι το Β ὁ ΗΘΚΔ επίκυκλος.	περὶ τὸ Β ὁ ΗΘΚΔ ἐπίκυκλος.	περὶ τὸ Β ὁ ΗΘΚΔ, (ἐπίκυκλος est passé).
323		23.	κάθετοι ἤχθωσαν ἐπὶ τὴν ΒΕ ἀπὸ μὲν τοῦ Λ ἡ ΛΝ, ἀπὸ δὲ τοῦ Δ ἡ ΔΜ, ἀπὸ δὲ τοῦ ἐπὶ τὴν Β ἐκβληθεῖσαν ἡ ΖΞ.	κάθετοι ήχθωσαν επι την ΒΕ απο μὲν τοῦ Λ ἡ ΛΝ, απο δε του Δ ή ΔΜ, απο δε του Ζ επι την ΒΕ εκβληθεισαν ή ΖΕ.	κάθετοι ἤχθωσαν ἐπὶ τὴν ΒΕ ἀπὸ μὲν τοῦ Λ ἡ ΛΝ, ἀπὸ δὲ τοῦ Ζ ἐκβληθεῖσαν ἡ ΖΞ.	κάθετοι ἤχθωσαν ἐπὶ τὴν ΒΕ ἀπὸ μὲν τοῦ Λ ἡ ΛΝ, ἀπὸ δὲ τοῦ Ζ ἐκβληθεῖσαν ἡ ΖΞ.
326		23.	πρὸς ἃ ἡ γῆ.	προς ά ή γη.	πρὸς ἃ ἡ γῆ.	πρὸς ἂν ἡ γῆ.
328		27.	ὥςε συντιθῆναι.	ὥςε συνδεθῆναι.	ὥςε συνδεθῆναι.	ὥςε συνδεθῆναι.
329		13.	καὶ τὸ ἴσον ἀφεςηκότα.	και το ισον αφεςηκοτα.	καὶ τὸ ἴσον ἀφεςηκότα.	καὶ τὸ ἴσον ἀφεςηκότα.
—		22.	ὥςε καὶ πλευράς.	ὥςε τας πλευρας.	ὥςε τὰς πλευράς.	ὥςε τὰς πλευράς.
333		4.	ἐν τῷ ιΆ ἔτει Ναβονασσάρου.	εντω ιΆ ετει Ναβονασσάρου.	ἐν τῷ ιΆ ἔτει Ναβονασσάρου.	ἐν τῷ ιΆ ἔτει Ναβονασσου.
—		27.	ὃς ὁ αὐτός.	ὃς ὁ αυτος.	ὃς ὁ αὐτός.	ὃς ὁ αὐτός.
336		19.	κάθετοι δ' ἤχθωσαν ἐπὶ τὴν ΒΕ, ἀπὸ μὲν τοῦ Δ ἐκβληθεῖσαν ἡ ΔΜ, ἀπὸ δὲ τοῦ Ζ ἡ ΖΝ.	κάθετοι δ' ἤχθωσαν επι την ΒΕ, απο μεν του Δ εκβληθεισαν ἡ ΔΜ, απο δε του Ζ ή ΖΝ.	κάθετοι δ' ἤχθωσαν ἐπὶ τὴν ΒΕ ἀπὸ μὲν τοῦ Δ ἐκβληθεῖσαν ἡ ΔΜ, ἀπὸ δὲ τοῦ Ζ ἡ ΖΝ.	κάθετοι διηχθωσαν ἐπὶ τὴν ΒΕ, ἀπὸ μὲν τοῦ Δ ἐκβληθεῖσαν ἡ ΔΜ, ἀπὸ δὲ τοῦ Ζ ἡ ΖΝ.
—		27.	εἰς τὰς τέσσαρας ὀρθὰς κΖ λδ'.	εις τας δυο ορθας κΖ λδ'.	εἰς τὰς δύο ὀρθὰς κΖ λδ'.	εἰς τὰς δύο ὀρθὰς κΖ λδ'.
337		5.	τῶν αὐτῶν ρΆ ὅ.	των αυτων ρΆ ὅ.	τῶν αὐτῶν ρΆ ὅ.	τῶν αὐτῶν ρΆ ὅ.
338		8.	καὶ ἡ ΕΒ ἐδίδειτο ‾ δ', τὰ δ' ἀπ' αὐτῶν συντεθέντα, κ. τ. λ.	και ἡ ΕΒ εδίδειτο μ̄ και εξηκςων δ', τα δε απ' αυτων συντεθέντα.	καὶ ἡ ΕΒ ἐδίδειτο μ̄ καὶ ἑξηκοςῶν δ' τὰ δὲ ἀπ' αὐτῶν συντεθέντα.	καὶ ἡ ΕΒ ἐδίδειτο μ̄ καὶ ἑξηκοςῶν δ', τὰ δὲ ἀπ' αὐτῶν συντεθέντα, κ. τ. λ.
340		27.	Ναβοπολλασσάρου.	Ναβοπολλασσάρου.	Ναβοπολλασσάρου.	Ναβοπολλασσάρου.
341		1.	μοίρας κΖ γ'.	μοίρας κΖ και ἑξηκοςα γ'.	μοίρας κΖ γ'.	μοίρας κΖ καὶ ἑξηκοςὰ γ'.
—		14.	μοίρας τμ̄ ζ'.	μοίρας τμ̄ και ἑξηκοςα ζ'.	μοίρας τμ̄ καὶ ἑξηκοςα ζ'.	μοίρας τμ̄ καὶ ἑξηκοςὰ ζ'.
342		8.	Αφειςήκει.	Αφιςήκει.	Αφειςήκει.	Αφιςήκει.
—		14.	ἀπέχη.	απέχει.	ἀπέχη.	ἀπέχει.
—		23.	τοῦ διὰ μέσων τῶν ζωδίων.	των ζωδιων est omis.	Idem.	Idem.
—		29.	δι' αὐτοῦ.	δι' αυτου.	δι' αὐτοῦ.	δι' αὐτοῦ.
343		29.	αὐτῶν τε καὶ τῶν διαμέτρων.	αυτων τε και των διαμέτρων	αὐτῶν καὶ τῶν διαμέτρων.	αὐτῶν καὶ τῶν διαμέτρων.
345		24.	πρὸς τὸ ἕν.	προς το έν.	πρὸς τὸ ἕν.	πρὸς τὸν ἕν.
349		11.	πρὸς τὰ π̄.	προς το έν.	πρὸς τὸ ἕν.	πρὸς τὸ ἕν.
350		28.	ὁ Ά νϑ'', καὶ ὁ νς' νϑ''.	ὁ Ά νϑ'', και ὁ νς' νϑ''.	ὁ Ά νϑ'' ὁ νς' νϑ''.	ὁ Ά νϑ'' ὁ νς' νϑ''.
351		23.	κανόνα.	κανόνα.	κανόνα.	κανόνια.
—		27.	μοίρας Ζ̄.	μοίρας Ζ̄.	μοίρας Ζ̄.	μοίρας Ζ̄.
352		10.	καὶ ἑξῆς, τὰ ὅ ιβ' λ''.	και εξης τα ὅ ιβ' λ''.	καὶ ἑξηκοςα ὅ ιβ' λ''.	καὶ ἑξηκοςὰ ὅ ιβ' λ''.
—		14.	ἀναλόγους.	αναλόγως.	ἀναλόγως.	ἀναλόγως.
356		10.	εὐθεῖα π̄ νς'.	ευθεια π̄ νς'.	εὐθεῖα π̄ νς'.	εὐθεῖα π̄ νς'.
—		13.	ἔςαι καὶ ἑκάτερα τῶν ΒΗ, ΗΔ μπ νγ'.	ἐςαι και ἑκάτερα των ΒΗ ΗΔ, μπ νγ'.	ἔςαι καὶ ἑκάτερα τῶν ΒΗ καὶ ΔΗ τῶν αὐτῶν μπ νγ'.	ἔςαι καὶ ἑκάτερα τῶν ΒΗ καὶ ΔΗ τῶν αὐτῶν μπ νγ'.

I.

			ÉDITION DE BASLE.	MS. DE PARIS, n° 2389.	MS. DE FLORENCE, n° 2390.	MS. DE VENISE, n° 513.
Pag.	col.	lig.				

ΚΑΝΩΝ ΠΑΡΑΛΛΑΚΤΙΚΟΣ.

358	3	30.	(Β. Ἡλίου παραλλάξεις.)κε.	κε.	κϑ.	κϑ.
—	3	5.	(Γ. Σελήνης πρ., etc.) κζ.	κζ.	κη.	κη.
—	2	24.	(Δ. Σελήνης, etc.) η.	η.	ζ.	ζ.
—	3	1.	κγ.	κγ.	κς.	κς.
362		12.	Κἄν μὲν ἐν τοῖς τῶν ζ μοιρῶν ὦσιν.	Καν μεν εντος των ζ μοιρωσεν.	Κἄν μὲν ἐντὸς τῶν ζ μοιρῶν ὦσιν.	Κἄν μὲν ἐντὸς τῶν ζ μοιρῶν ὦσιν.
363		26.	παραλάσσοντος.	παραλλάσσοντος.	παραλλάσσοντος.	παραλλάσσοντος.
—		34.	βραχείας γε.	βραχείας γε.	βραχείας τε.	βραχείας τε.
364		21.	τμῆμα τὸ.	τμημα το.	τμῆμα τὸ.	τμήματος.
—		32.	καὶ γεγράφϑωσαν δι' αὐτοῦ πρὸς τὰς ΒΔ.	και γεγράφϑωσαν δι' αυτου προς τας ΒΔ.	καὶ γεγράφϑωσαν δι' αὐτοῦ πρὸς τὰς ΒΔ.	καὶγεγράφϑωσαν δι'αὐτοῦ πρὸς τὰς ΒΔ.
365		15.	περιφερείας τε καὶ γωνίας.	γωνίας τε και περιφερείας.	γωνίας τε καὶ περιφερείας.	γωνίας τε καὶ περιφερείας.
—		16.	τοῦ διὰ μέσων σημεῖον.	του δια μέσων σημειον.	τοῦ διὰ μέσων σημεῖον.	τοῦ διὰ μέσων σημείων.
366		19.	ἡ πρὸς τῇ ΕΔ.	ἡ προς τη ΕΔ.	ἡ πρὸς τὴν ΕΔ.	ἡ πρὸς τὴν ΕΔ.
368		20.	ὅταν τὸ μὲν Β σημεῖον.	ὅταν το Β σημειον.	ὅταν τὸ Β σημεῖον.	ὅταν τὸ Β σημεῖον.
—		24.	ὀρϑαὶ ποιοῦσιν.	ὀρϑας ποιουσιν.	ὀρϑὰς ποιοῦσιν.	ὀρϑὰς ποιοῦσιν.
—		25.	ὅταν ἡ αὐτὴ ϑέσις ᾖ.	ὅταν ἡ αυτη ϑέσις η.	ὅταν αὐτῆς ἡ αὐτὴ ϑέσις ᾖ.	ὅταν αὐτῆς ἡ αὐτὴ ϑέσις ᾖ.
369		2.	καὶ τῶν γωνιῶν.	και αἱ των γωνίων.	κὰι αἱ τῶν γωνιῶν.	καὶ αἱ τῶν γωνιῶν.
370		7.	ἑκατοντακαιεικοσάκις.	ἑκατονκαικκαιεικοσάκι.	ἑκατοντακαιεικοσάκι.	ἑκατοντακικαιεικοσάκι.
371		23.	Idem.	Idem.	Idem.	Idem.
—		26.	μζ μδ'.	μζ μδ'.	μζ μδ'.	μζ μδ'.

LIVRE SIXIÈME.

374		13.	τοῦ πρώτου ἔτους.	του πρώτου ἔτους.	τοῦ πρώτου ἔτους.	τοῦ α ἐπὶ τούς.
—		17.	παραβάλλοντες.	παραβάλοντες.	παραβάλοντες.	παραβάλοντες.
375		20.	τῆς ἐν τῇ κδ ἐςὶ μεσημβρίας.	τῆς εν τη κδ εςιν μεσημβρίας.	τῆς ἐν τῇ κδ μεσημβρίας.	τῆς ἐν τῇ κδ ἐςὶ μεσημβρίας.
376	(*)	30.				

ΣΥΝΟΔΩΝ ΚΑΝΟΝΙΟΝ.

378	3	2.	(Β. ἡμέραι Θώϑ.) λ.	λ.	λ.	. . . .
—	—	12.	λϑ.	λϑ.	λϑ.	λς.
—	—	36.	μϑ.	μς.	με.	με.
—	1	15.	(Δ. ἀπὸ τοῦ, etc.) τϐ.	τϐ.	τϐ.	τμ.
—	—	16.	τμϑ.	τνϑ.	τνϑ.	τνς.
—	2	8.	κϑ.	κϑ.	κε.	κε.
—	3	13.	ιε.	ιε.	ις.	ις.

ΠΑΝΣΕΛΗΝΩΝ ΚΑΝΟΝΙΟΝ.

380		1.	ΠΑΝΣΕΛΗΝΩΝ ΚΑΝΟΝΙΟΝ.	ΠΑΝΣΕΛΗΝΩΝ ΚΑΝΟΝΙΟΝ.	ΠΑΝΣΕΛΗΝΩΝ ΚΑΝΟΝΙΟΝ.	ΠΑΝΣΕΛΗΝΩΝ ΚΑΝΟΝΙΟΝ.
—	3	40.	(Β. ἡμέραι Θώϑ.) μς.	μς.	μς.	μ.
—	1	20.	(Γ. ἀπὸ τοῦ, etc.) ρνζ.	ρνζ.	ρνζ.	ρνγ.
—	1	14.	(Δ. ἀπὸ τοῦ, etc. να.	να.	γα.	ν.
—	1	36.	(Ε). σνε.	σνε.	σνη.	σνη.

(*) Voyez la note à la fin de ces Variantes.

			EDITION DE BASLE.	MS. DE PARIS, n° 2389.	MS. DE FLORENCE, n° 2390.	MS. DE VENISE, n° 313.
pag.	col.	lig.				

ΕΝΙΑΥΣΙΟΙ ΕΠΟΥΣΙΑΙ ΣΥΝΟΔΟΙ ΠΑΝΣΕΛΗΝΙΑΚΑΙ.

82		1.	ΕΝΙΑΥΣΙΟΙ ΕΠΟΥΣΙΑΙ	ΣΥΝΟΔΟΥ ΠΑΝΣΕΛΗΝΙΑΚΑΙ	ΕΝΙΑΥΣΙΟΙ ΕΠΟΥΣΙΑΙ	ΣΥΝΟΔΟΥ ΠΑΝΣΕΛΗΝΙΑΚΑΙ
—	3	16.	(Β. ἡμέραι Θώ.Ϙ.) κη.	κη.	ιη.	ιη.
—	1	13.	(Δ. ἀνωμαλίας σελήνης) ρϙϛ.	ρϙϛ.	ρϙϛ.	ρος.

KANONION B.

82.			(Γ.) ΑΠΟΧΗΣ ΗΛΙΟΥ.	ΕΠΟΧΗΣ ΗΛΙΟΥ.	ΕΠΟΧΗΣ ΗΛΙΟΥ.	ΕΠΟΧΗΣ ΗΛΙΟΥ.
—	2	7.	(Ε. πλάτους). μα.	μα.	να.	να.
84		4.	πόϛον.	πόϛον.	πόϛον.	πόϛον.
—		22.	καὶ πάλιν ἐὰν λδ̅ τὰ ἴσα, κ. τ. λ.	καὶ πάλιν εαν λδ̅ μδ̅ τα τα ισα, κ. τ. λ.	καὶ πάλιν ἐὰν λδ̅ μδ̅ μετὰ τὰ ἴσα, κ. τ. λ.	καὶ πάλιν ἐὰν λδ̅ μδ̅ μετὰ τὰ ἴσα, κ. τ. λ.
85		27.	ἀμφοτέρων τῶν ἀνομαλιῶν.	αμφοτερων τωνανομαλιων.	ἀμφοτέρων τῶν ἀνομαλιῶν.	ἀμφοτέρων ἀνομαλιῶν·
86		32.	τὰ ō λϛ̅′ μ̅′ ὅ″.	τα ō λϛ̅′ μ̅′ ὅ″.	τὰ ō λϛ̅′ μ̅′ ὅ″.	τὰ ō λϛ̅′ μ̅′ ὅ‴.
87		5.	τῶν ō λϛ̅′ νϛ̅″.	των ō λϛ̅′ νϛ̅″ ὅ″.	τῶν ō λϛ̅′ νϛ̅″ ὅ″.	τῶν ō λϛ̅′ νϛ̅″ ὅ″.
88		2.	προσθεῖναι.	προσθειναι.	προσθεῖναι.	προσθῆναι.
—		10.	ἐκ τῆς παρακειμένης ἑκά-ϛης.	εκ της παρακειμένης εκά-ϛης.	ἐκ τῆς παρακειμένης ἑκά-ϛη.	ἐκ τῆς παρακειμένης ἑκά-ϛη.
91		12.	ἡ δὲ τῶν ἐκκειμένων τοῦ κέντρου αὐτῆς.	ἡ δε των εκκειμένων του κέντρου αυτῆς.	ἡ δὲ τῶν ἐκκειμένων τοῦ κέντρου αὐτῆς.	ἡ δὲ τοῦ ἐκκειμένου τοῦ κέντρου αὐτῆς.
—		28.	τὸ δ″ διαμέτρου τῆς σελη-νιακῆς.	τὸ δ″ τῆς διαμέτρου τῆς σεληνιακῆς.	τὸ δ″ τῆς σημείου τῆς σε-λήνης.	τὸ δ″ τῆς διαμέτρου τῆς σεληνιακῆς.
92		10.	μιᾶς μοίρας ō λγ′ κ″, τότε πρώτων, κ. τ. λ.	μιας μοίρας ō λγ′ κ″, τότε πρωτον κ. τ. λ.	{ μιᾶς μοίρας ō λγ′ κ″, αἱ δὲ ἐκ τῶν κέντρων ἀμφοτέ-ρων τῆς φωτὸς, τότε πρῶτον, κ. τ. λ. }	μιᾶς μοίρας ō λγ′ κ″, τότε πρῶτον, κ. τ. λ.
—		30.	ō λγ′ κ″.	ō λγ′ κ″.	ō λγ′ κ″.	ō λγ′ κα″.
93		6.	παραλλάσσηι . . . . {	παραλλάσσει. De même à la page 16. }	παραλλάσσει. Idem.	παραλλάσσει. idem.
95		5.	συνεμπίπτῃ.	συνεμπίπτη.	συνεμπίπτη.	συνεμπίπτει.
96		23.	κατὰ τὸν τοῦ ἑνός.	κατα τον του ένος.	κατὰ τὸν τοῦ ἑνός.	κατὰ τοῦ ἑνός.
96		4.	τῶν τε ἡλιακῶν.	των τε ηλιακων.	τῶν τε ἡλιακῶν.	τῶν ἡλιακῶν.
—		11.	προσθῆναι.	προσθειναι.	προσθεῖναι.	προσθεῖναι.
—		16.	πρὸς τὴν τῶν ὅλων.	προς την των όρων.	πρὸς τὴν τῶν ὅρων.	πρὸς τὴν τῶν ὅρων.
—		22.	ρπδ̅ α′ κε′.	ρπδ̅ α′ κε′.	ρπδ̅ α′ κε′.	ρπδ̅ κε′.
97		26.	ρκϛ̅ έ μοίραι.	ρκϛ̅ έ μ̅.	ρκϛ̅ έ μ̅.	ρκϛ̅ έ μοίρας.
98		8.	κατὰ μῆκος μοίρας Ϛ̅.	κατα μηκος μοίρας Ϛ̅.	κατὰ μῆκος μοίρας Ϛ̅.	κατὰ μῆκὺς Ϛ̅.
99		28.	ἐν τῷ χρόνῳ ἄρα τῆς μέσης ἑπταμήνου.	εν τω χρόνω αρα της μέ-σης επταμήνου.	ἐν τῷ χρόνῳ ἄρα τῆς ἐλα-χίϛης ἑπταμήνου.	ἐν τῷ χρόνῳ ἄρα τῆς ἐλα-χίϛης ἑπταμήνου.
00		23.	κατὰ πάντα μέρη.	κατα παντα τα μέρη.	κατὰ πάντα τὰ μέρη.	κατὰ πάντα τὰ μέρη.
01		21.	ὥραις.	ὥραις.	ὥραις.	ὥραις.
—		36.	πλεῖον.	πλειον.	πλεῖον.	πλείων.
03		1.	φανερὸν ὅτι καὶ μᾶλλον ἂν δυνατὸν ἔϛαι.	φανερὸν ὅτι καὶ μαλλον ... δυνατὸν ἔϛαι.	φανερὸν ὅτι καὶ μᾶλλον ἀεὶ δυνατὸν ἔϛαι.	φανερὸν ὅτι καὶ μᾶλλον ἀεὶ δυνατὸν ἔϛαι.
—		7.	ἀποχωρῇ.	αποχωρει.	ἀποχωρεῖ.	ἀποχωρεῖ.
04		11.	μοίραις ιθ̅′ μ̅′.	μοίραις ιθ̅′ μ̅′.	μοίραις ιθ̅′ μ̅′.	μοίραις ιθ̅′ μ̅′.
05		19.	ὡς τὰς ἐν ἀμφοτέραις.	ὡς τας εν αμφοτέραις.	ὡς τὰς ἐν ἀμφοτέραις.	ὡς ταῖς ἐν ἀμφοτέραις.
06		18.	ἐν τῷ μέσῳ μηνιαίῳ.	εν τω μέσω μηνὶ.	ἐν τῷ μέσῳ μηνὶ.	ἐν τῷ μέσῳ μηνὶ.
07		17.	καθ᾽ ἑκατέραν μὲν τῶν συν-όδων.	καθ᾽ ἑκατέραν μεν των συν-όδων.	καθ᾽ ἑκατέραν μὲν πάλιν τῶν συνόδων.	καθ᾽ ἑκατέραν μὲν πάλιν τῶν συνόδων.
—		32.	παραλλάσσ η.	παραλλάσσει.	παραλλάσσει.	παραλλάσσει.

VARIANTES.

		ÉDITION DE BÂLE.	MS. DE PARIS, n° 2389.	MS. DE FLORENCE, n° 2390.	MS. DE VENISE. n° 313.
Pag.	col. lig.				
408	14.	συμβαίνῃ.	συμβαίῃ.	συμβαίῃ. (sic).	συμβαίῃ. (sic).
—	21.	ἔτι ἔλασσον.	ἔτι ἐλάσσονας.	ἔτι ἐλάσσονας.	ἔτι ἐλάσσονας.
417	17.	τῶν αὐτῶν νδ μς΄.	τῶν αὐτων νδ μς΄.	τῶν αὐτων νδ μς΄.	τῶν αὐτῶν νδ νς΄.
418	7.	ἅπτηται τῆς σκιᾶς.....	{ ἅπτηται του κύκλου της σκιας.	ἅπτηται τοῦ κύκλου τῆς σκιᾶς.	ἅπτηται τοῦ κύκλου τῆς σκιᾶς.
419	17.	τὰ τοῦ ἡμίσους χρόνου.	τα του ἡμίσους χρόνου.	τὰ τοῦ ἡμίσους χρόνου.	τὰ τοῦ ἡμίσους χρόνους.
—	25.	ι̅ϛ κς΄.	ι̅ϛ κς΄.	ι̅ϛ κ΄.	ι̅ϛ κ΄.
421	1.	τῶν ὅλων ἐμβαδῶν.	τῶν ὅλων ἐμβαδῶν.	τῶν ὅλων ἐμβαδῶν..	τῶν ὅλων ἐμβολῶν.
—	14.	ἑβδομηκοςοῦ μόνοις.	ἑβδομηκοςω μόνοις.	ἑβδομήκοςο (sic). μόνοις.	ἑβδομήκοςο (sic). μόνοις.
—	36.	τῶν ὅλων ἐμβαδῶν.	τῶν ὅλων ἐμβαδῶν.	τῶν ὅλων ἐμβαδῶν.	τῶν ὅλων ἐμβαλῶν (sic).
422	23.	ἑξηκοςῶν ι̅ζ ιη΄.	ἑξηκοςων ι̅ζ γ΄.	ἑξηκοςῶν ι̅ζ γ΄.	ἑξηκοςῶν ι̅ζ.
423	1.	κύκλος τϛ̅, ἡ δὲ ΑΖΓ.	κύκλος τϛ̅, ἡ δε ΑΖΓ.	κύκλος τϛ̅, ἡ δὲ ΑΖΓ.	Ces mots sont omis.

ΚΑΝΟΝΙΟΝ ΗΛΙΟΥ ΕΚΛΕΙΨΕΩΝ.

ΜΕΓΙΣΤΟΥ ΑΠΟΣΤΗΜΑΤΟΣ.

426	1 10.	(Α. Β. πλάτους ἀριϑ.). πη.	πη.	πϑ.	πϑ.
—	2 19.	(Δ. ἐμπτώσεως μόρια). ν.	η.	η.	η.

ΕΛΑΧΙΣΤΟΥ ΑΠΟΣΤΗΜΑΤΟΣ.

427	2 22.	(Α. Β. πλάτους ἀριϑ.). κϑ.	κϑ.	κϑ.	κζ.
—	2 14.	(Δ. ἐμπτώσεως μόρ.). κϛ°.	κϛ°.	κϛ°.	κϛ°.

ΣΕΛΗΝΙΑΚΩΝ ΕΚΛΕΙΨΕΩΝ.

ΜΕΓΙΣΤΟΥ ΑΠΟΣΤΗΜΑΤΟΣ.

428	4 2.	(Α. Β. πλάτους ἀριϑ.). ιη.	ιη.	ιη.	ιϑ.
—	1 33.	(Γ. δάκτυλοι). ιϛ.	ιϛ.	ιϛ.	ιϑ.
—	2 21.	(Ε. μονῆς ἥμισυ). μϛ.	μϛ.	μϛ.	μϛ.

ΕΛΑΧΙΣΤΟΥ ΑΠΟΣΤΗΜΑΤΟΣ.

429	1 37.	(Α. Β. πλάτους ἀριϑ.). ϛζ.	ϛζ.	ϛζ.	ϛη.
—	39.	———————— ϛη.	ϛη.	ϛη.	ϛϑ.
—	3 21.	———————— σο.	σο.	σοα.	σοα.
—	2 21.	(Δ. ἐμπτώσεως μόρ.). νϑ.	λϑ.	λϑ.	λϑ.

ΚΑΝΟΝΙΟΝ ΔΙΟΡΘΩΣΕΩΣ.

430	1 24.	(Α. Β. ἀριϑμοί, etc). ρμδ.	ρμδ.	ρμα.	ρμα.
—	2 1.	———————— τμϑ.	τνϑ.	τνϑ.	τνϑ.
—	27.	———————— ρϟη.	ρϟη.	ρϟη.	σϟη.

ΚΑΝΟΝΙΟΝ ΜΕΓΕΘΟΥΣ ΗΛΙΟΥ ΚΑΙ ΣΕΛΗΝΗΣ.

430	1 4.	(Β. δάκτυλοι ἡλίου). ϛ..γ″.	ϛ.....γ″.	ϛ..... ιϛ″.	ϛ..... ιϛ″.
—	5.	———————— γ..γ°.	γ,....γ°.	γ.....ιϛ″.	γ..... ιϛ.
—	6.	———————— δ..γ°.	δ....γ″.	δ.....ιϛ″.	δ..... ιϛ°.
432	26.	εὑρήσομεν.	εὑρήσομεν.	εὑρήσομεν.	εὑρίσκομεν.

Pag. col. lig.	EDITION DE BASLE.	MS. DE PARIS, n° 2389.	MS. DE FLORENCE, n° 2390.	MS. DE VENISE, n° 313.
433 1.	οὐδὲν ἀξιόλογον.	ουδὲν ἀξιόλογον.	οὐδὲν ἂν ἀξιόλογον.	οὐδὲν ἂν ἀξιόλογον.
—— 6.	τήν τε μέχρι.	τήν γε μέχρι.	τήν γε μέχρι.	τήν γε μέχρι.
437 6.	λαμβάνοιτο.	λαμβάνηται.	λαμβάνηται.	λαμβάνηται.
—— 10.	τοῦ τε μήκους καὶ πλάτους.	του τε μήκους καὶ πλάτους.	τοῦ τε μήκους καὶ τοῦ πλά- τους.	τοῦ τε μήκους καὶ τοῦ πλάτους.
—— 15.	εὑρηκότες.	εὑρηκότες.	εὑρίσκοντες.	εὑρίσκοντες.
442 29.	ἐπὶ τὸ τοσοῦτον.	επι το τοσουτον.	ἐπὶ τοσοῦτον.	ἐπὶ τοσοῦτον.
445 4.	ἐπὶ τοῦ ὁρίζοντος.	επι του ὁρίζοντος.	ὑπὸ τοῦ ὁρίζοντος.	ὑπὸ τοῦ ὁρίζοντος.
446 9.	κατὰ τὸν ἔξω κύκλον ἐπι- γραφομένης.	κατα τον ἔξω κύκλον επι- γραφομένης	κατὰ τὸν ἔξω κύκλον ἐπι- γραφομένης.	τοῦ κατὰ τὸν ἔξω κύκλον ἐπιγραφομένης.
—— 34.	εὐθεῖα ἡ ΑΒ.	ευθεῖα ἡ ΑΒ.	εὐθεῖα ἡ ΑΒ.	εὐθειῶν ἡ ΑΒ.
447 18.	τοῦ ἐσχάτου τοῦ ἐκλείπον- τος.	του εσχάτου εκλείποντος.	τοῦ ἐσχάτου ἐκλείποντος.	τοῦ ἐσχάτου ἐκλείποντος.
448 33.	λαμβάνοντες.	λαμβάνοντες.	λαβόντες.	λαβόντες.
449 2. 10.	(AU TABLEAU. P.) ιε.	ιε.	λ.	Ce tableau manque.

376 30. L'accord de tous les manuscrits dans les nombres κ̄θ λα´ νη´´ κ´´´ qu'ils donnent ici au mouvement moyen mensuel de la lune, quoique dans les pages 217 et 223 les uns lui aient donné κ̄θ λα´ ν´´ η´´´ κ´´´´, et d'autres κ̄θ λα´ νη´´ κ´´´ après lui avoir donné κ̄θ λα´ ν´´ η´´´ κ´´´´, m'engage à mettre sous les yeux du lecteur un tableau de leurs contradictions tant entr'eux qu'avec eux-mêmes, qui fera voir combien étoit nécessaire la correction que j'ai faite au texte pour le rendre conforme à leur table des jours du mois, dont je rapporte ensuite la première ligne, afin que l'on puisse la comparer à ce tableau.

Tableau des Variantes du Mouvement moyen ☾.

217 2.	κ̄θ λα´ νη´´ κ´´´.	κ̄θ λα´ νη´´ κ´´´	κ̄θ λα´ ν´´ η´´´ κ´´´´ et en marge ν´´ η´´´ κ´´´´.	κ̄θ λα´ νη´´ κ´´´.
	Manuscrit 1038..			κ̄θ λα´ νη´´ κ´´´.
	Le manuscrit grec 2398 des *Commentaires de Théon* dit...........			κ̄θ λα´ νη´´ κ´´´.
	comme dans l'imprimé, et quelques lignes après....................			κ̄θ λα´ ν´´.
223 3.	κ̄θ λα´ νη´´ κ´´´.	κ̄θ λα´ ν´´ η´´´ κ´´´´.	κ̄θ λα´ ν´´ η´´´ κ´´´´.	κ̄θ λα´ ν´´ η´´´ κ´´´´.
	Manuscrit 1038........................			κ̄θ λα´ νη´´ κ´´´.
Théon....	κ̄θ λα´ νη´´ α´´ κ´´´. Dans l'imprimé, ainsi que dans le manuscrit.......			κ̄θ λα´ νη´´ κ´´´.
376 30.	κ̄θ λα´ νη´´ κ´´´.	κ̄θ λα´ νη´´ κ´´´.	κ̄θ λα´ νη´´ κ´´´.	κ̄θ λα´ νη´´ κ´´´.
	Manuscrit du Vatican, 184....................................			κ̄θ λα´ ν´´ η´´´ κ´´´´.
	Manuscrit de Constantinople, 2392...............................			κ̄θ λα´ νη´´ κ´´´.
	Manuscrit 1038...			κ̄θ λα´ νη´´ κ´´´.

Table des jours du Mois moyen.

482 2ᵉ table.	κ̄θ λα´ ν´´.	κ̄θ λα´ ν´´.	κ̄θ λα´ ν´´.	κ̄θ λα´ ν´´.
	Manuscrit de Rome ou du Vatican..............................			κ̄θ λα´ ν´´.
	Manuscrit de Constantinople..................................			κ̄θ λα´ ν´´.
	Manuscrit 1077, de la version latine de l'arabe			29. 31. 50.
	Manuscrit 1038..			κ̄θ λα´ η´´.

AUTRE VERSION DE L'AVANT-PROPOS DE PTOLÉMÉE.

LES philosophes qui ont raisonné sensément, ô Syrus, me paroissent avoir très-bien fait de séparer la partie théorétique de la philosophie d'avec sa partie pratique. Car quoiqu'il soit arrivé que l'une ait été précédée de l'autre, on trouvera néanmoins encore entr'elles une grande différence. Car non seulement il peut se rencontrer quelques qualités en plusieurs personnes qui n'ont reçu aucune instruction, mais on ne peut acquérir la connoissance de l'univers sans une instruction préalable. En outre, la plus grande utilité de l'une vient d'un exercice perpétuel dans les travaux mêmes; et celle de l'autre, d'un progrès continuel dans les spéculations : d'où nous avons jugé qu'il convenoit tellement de tirer la conformité de nos actions aux théorèmes, lorsque les idées s'en présentent à l'esprit, que nous ne perdions jamais de vue ce qu'il y a de bon et de beau, même dans les moindres choses. Et voulant consacrer la plus grande partie de notre loisir à l'enseignement de ces théorèmes qui sont si beaux et en si grand nombre, nous avons choisi de préférence ceux qui sont spécialement appelés *mathématiques*. Car Aristote a fort bien divisé la théorie en trois principaux genres, le *physique*, le *mathématique* et le *théologique*. Or tout ce qui est, étant composé de matière, de forme et de mouvement, et aucun de ces trois principes ne pouvant être ni vu ni imaginé isolément, si l'on cherche quel est le premier moteur de l'univers, on trouvera que c'est la Divinité invisible et immuable. Et le genre qui s'occupe de la recherche de cette première cause, étant l'objet de la *théologie*, ne doit être cherché qu'au dessus du monde, son action seule nous étant connue, parceque cette cause est absolument séparée de toutes les substances sensibles. Mais le genre qui traite de la matière toujours en mouvement, roulant sur la qualité variable, telle qu'est la blancheur, la chaleur, la douceur, la mollesse, et autres pareilles, sera nommé *physique*, son essence étant comprise dans les choses périssables et au-dessous de la sphère lunaire. Quant au genre évident de la forme des corps et des mouvemens de translation, de l'espèce, de la figure, de la grandeur et de la quantité, du lieu, du temps, et d'autres semblables, il constituera la science *mathématique*. Car il tient comme le milieu entre les deux premiers, non seulement parceque ses objets sont perçus, partie par l'intermède et partie sans l'intervention des sens, mais encore parcequ'il comprend toutes les substances tant mortelles qu'éternelles. En effet, celles qui sont destructibles, sont sujettes au changement à cause de leur forme séparable qui varie avec elles; mais celles qui sont immortelles et d'une nature éthérée, conservent sans altération l'immutabilité de leurs formes. Or les deux premiers genres de la partie spéculative sont plus probables que certains, car le genre *théologique* n'est point soumis à notre vue et surpasse notre intelligence; et le genre *physique*, à cause de l'instabilité de la matière, est tellement douteux, que nous ne croyons pas que jamais les philosophes s'accordent à son sujet. Le genre *mathématique* est donc le seul qui, étudié et traité de la manière qui lui est propre, contienne une doctrine sûre et invariable, parcequ'elle est fondée sur des démonstrations arithmétiques et géométriques dont les procédés n'admettent aucun doute. Je me suis en conséquence appliqué à en développer la partie qui traite des corps célestes et de leurs mouvemens. Comme cette partie est la seule qui considère les choses qui subsistent toujours et de la même manière, elle est aussi très-aisée à comprendre, certaine, sans nuage, et toujours la même, ce qui est le propre de l'évidence. Elle nous procure même l'intelligence des autres sciences, car elle nous prépare à la *théologie*, parcequ'elle peut mieux que toute autre former des conjectures sur la force éternelle et immuable, distinguée de toutes les autres, d'après les relations qu'ont avec les choses éternelles et impassibles les accidens qui surviennent dans les mouvemens, l'ordre et les vicissitudes des choses sensibles et mises en action. Elle nous facilitera aussi la connoissance du genre *physique*, par celle qu'elle nous donnera de la propriété de la substance matérielle d'après le mouvement local, en ce que les substances corruptibles et celles qui sont incorruptibles se reconnoissent les unes à leur mouvement en ligne droite, les autres à leur mouvement circulaire; et ce qui est pesant se distingue de ce qui est léger, ainsi que ce qui est actif de ce qui est passif, par sa tendance à aller vers le centre, ou à s'en éloigner. Enfin elle nous servira beaucoup à régler nos mœurs; car en nous montrant la constance inaltérable, l'ordre excellent, l'accord et la relation mutuelle des choses divines, elle excite notre attention et notre amour pour cette beauté divine, et accoutume nos ames enflammées du zèle qu'elle leur inspire, à conformer nos actions aux règles de l'ordre et de la justice. Aussi nous efforçons-nous toujours d'augmenter cet amour de la contemplation des choses qui subsistent toujours et toujours de la même manière, instruits que nous sommes des découvertes faites en ce genre par ceux qui nous y ont précédés avec autant de sagacité que de succès; et en nous proposant de réunir les progrès qu'a fait faire à la science, le temps qui s'est écoulé depuis eux jusqu'à nous, avec ce que nous jugeons avoir été trouvé de plus certain, de notre temps, nous tâcherons de traiter le tout avec le plus de brièveté qu'il nous sera possible, et avec autant d'étendue qu'il le faudra pour que ceux qui ne sont pas entièrement étrangers à ces matières puissent nous suivre dans nos raisonnemens et nos calculs : et afin qu'il n'y manque rien, nous donnerons dans un ordre convenable tout ce qui sera utile pour la *théorie du ciel*. Mais aussi, pour éviter les longueurs, nous ne ferons que rapporter ce qui a été exactement déterminé par les anciens, et nous suppléerons autant que nous le devons, à la précision et à la clarté qu'ils n'ont pas toujours apportées à leurs expositions et à leurs démonstrations.

FIN DU TOME PREMIER.

NOTES,

CORRECTIONS,

ET

ÉCLAIRCISSEMENS,

UR LE PREMIER VOLUME DE LA TRADUCTION FRANÇAISE DE L'ALMAGESTE
DE PTOLÉMÉE.

NOTES
DE M. DELAMBRE.

LIVRE PREMIER.

Page 4 (*alinea*). Ptolémée, en disant à la fin de son inutile et obscure introduction : « Notre projet est d'ajouter à ce qu'ont trouvé ceux qui nous ont précédé, tout ce que nous permettra le temps qui s'est écoulé depuis les dernières recherches », semble s'excuser de n'avoir pas ajouté davantage à la science, puisqu'il en apporte pour raison le peu de temps qui s'est écoulé depuis les derniers travaux de ses prédécesseurs.

Chap. II, *pag.* 10 (*a*). Cette fin de chapitre n'est pas digne de ce qui précède, mais elle est curieuse en ce qu'elle nous montre quelle étoit la physique du temps, même chez les géomètres comme Ptolémée.

Ch. III, *pag.* 12 (*b*). L'auteur vient de parler de l'effet le plus sensible de la courbure de la terre, effet qui a lieu dans le sens du méridien, et il ajoute que cet effet se fait sentir proportionnellement dans divers azimuts plus ou moins éloignés du méridien, c'est ce qui l'autorise à dire que généralement la terre est sphérique de toutes parts. Car si la terre étoit cylindrique en sorte que l'axe du cylindre fût parallèle au diamètre du premier vertical, on observeroit le même effet du midi au nord, mais il ne seroit pas proportionnel sur les côtés.

Ch. IV, *pag.* 14 (*a*). Ces distances sont des distances aux deux tropiques, des différences de déclinaison. Le parallèle où le soleil se trouveroit au jour de l'équinoxe, seroit plus proche d'un solstice que de l'autre. C'est ce qui n'est pas assez clair dans Ptolémée ; Théon l'a beaucoup mieux expliqué.

Ch. VI, *pag.* 19 (*à la fin*). Cet aveu en faveur du vrai système, est remarquable ; et cette confession, que l'hypothèse soutenue par ce système, est plus simple pour ce qui regarde les astres, est une chose précieuse, surtout dans la bouche de Ptolémée qui a laissé son nom au système contraire.

Pag. 21. Toutes ces objections ont été discutées et réfutées par Galilée dans le second de ses dialogues, où il les expose avec plus de force que Ptolémée ne fait en cet endroit ; d'où l'on est en droit de conclure que Ptolémée ne méritoit pas trop de laisser son nom à un système dont il n'est pas l'auteur ; et qu'il n'a pu étayer d'aucun argument plausible.

Ch. IX, *pag.* 29 (*e*). J'ai refait tous ces calculs à la manière des Grecs, et je les ai trouvé justes. Par nos tables de *sinus* on trouveroit ici $103^d\ 55'\ 22''\ 9728$.

Pag. 30 (*fig.* 3). Corde $(A - B) = corde\ A.\ corde\ (180 - B) - corde\ B.\ (corde\ 180 - A)$, ou $2\ sin.\ \frac{1}{2}$

$$(A - B) = \frac{2\ sin.\ \frac{1}{2}\ A.\ 2\ cos.\ \frac{1}{2}\ B - 2\ sin.\ \frac{1}{2}\ B.\ 2\ cos.\ \frac{1}{2}\ A.}{2\ R.}\quad \text{et } sin.\ \frac{1}{2}(A-B) = sin.\ \frac{1}{2}A.\ cos.\ \frac{1}{2}B - sin.\ \frac{1}{2}B.\ cos.\ \frac{1}{2}A,$$

théorème très-connu.

Pag. 31 (*fig.* 4). Soit $BG = 2\ sin.\ \frac{1}{2}\ A$, $AB = 2\ cos.\ \frac{1}{2}\ A$, $GZ = sin.\ v.\ \frac{1}{2}\ A = 1 - cos.\ \frac{1}{2}\ A = 2\ sin.\ ^2 \frac{1}{4}\ A$.

donc $sin.\ ^2 \frac{1}{4}\ A = \left(\frac{1 - cos.\ \frac{1}{2}\ A}{2}\right)$, $sin.\ \frac{1}{4}\ A = \left(\frac{1 - cos.\ \frac{1}{2}\ A}{2}\right)^{\frac{1}{2}}$, et $2\ sin.\ \frac{1}{4}\ A = 2\left(\frac{1 - cos.\ \frac{1}{2}\ A}{2}\right)^{\frac{1}{2}} = corde\ \frac{1}{4}\ A$.

On transformera de même les théorèmes suivans, et l'on aura :

$cos.\ \frac{1}{2}(A + B) = cos.\ \frac{1}{2}\ A.\ cos.\ \frac{1}{2}\ B - sin.\ \frac{1}{2}\ A.\ sin.\ \frac{1}{2}\ B$, et $sin\ \frac{1}{2}(A + B) = (1 - cos.\ ^2 \frac{1}{2}(A + B))^{\frac{1}{2}}$.

Ainsi les théorèmes de Ptolémée sont identiques à nos formules modernes.

Pag. 33 (*i*). On interpole en ajoutant $1\frac{1}{2}$. On aura donc $3, 4\frac{1}{2}, 6, 7\frac{1}{2}, 9$, etc. Puisqu'on veut une table de 30 en 30', à chaque pas on laissera deux places vides, Théon et Ptolémée le disent expressément, savoir entre 3 et $4\frac{1}{2}$, $3\frac{1}{2}$ et 4 ; entre $4\frac{1}{2}$ et 6, 5 et $5\frac{1}{2}$; entre 6 et 7 $\frac{1}{2}$, $6\frac{1}{2}$ et 7, etc. toujours deux à chaque pas, ou entre deux nombres, parceque la table doit aller de 30 en 30 minutes, ou de demi degré en demi degré.

I.　　　　　　　　　　　　　　　　　　　　　　　　　　　　　*a*

CH. IX, *pag.* 38.　　TABLES DES DROITES INSCRITES AU CERCLE COMPARÉES A CELLES DE PTOLÉMÉE.

0.30'...*sin.* 0°15'. = 0.0043633	1.0'.. *sin.* 0°30'. = 0.0087265		1.30'.. *sin.* 0°45'. = 0.0130896	
× 2. = 0.0087266	0.0174530		0.261792	
60....... = 0.523596	1°.04718		+,1".570752	
60....... = 31.41576	2.8308		34'.24512	
60....... = 24.9456	49.848		14".7072	
Produit...... = 31'24".9456	Produit...... = 1°2'.49".848	Produit...... = 1'.34'14". 71	
Suivant Ptolémée = 31'25".	Suivant Ptolémée = 1.2.50	Suivant Ptolémée = 1.34.15"	
Différ. en plus.. = 0".544	Différence...... = 0.0. 0".152	Différence..... = 0".29	
Le trentième. = 1'.2".49"'.90				
Suivant Ptolémée = 1.2.50				

2d 0', *sin.* 1° 0'.....		2° 5'.39".43	21d30', *sin.* 10°45'.....		22°22'.58".37	41d 0', *sin.* 20°30'.....		42° 1'.29".60
2 30	1 15	2 37 4 04	22 0	11 0	22 53 49 49	41 30	20 45	42 32 53 71
3 0	1 30	3 8 28 42	22 30	11 15	23 24 39 01	42 0	21 0	43 0 14 93
3 30	1 45	3 39 52 63	23 0	11 30	23 55 26 93	42 30	21 15	43 29 33 22
4 0	2 0	4 11 16 58	23 30	11 45	24 26 13 21	43 0	21 30	43 58 48 56
4 30	2 15	4 42 40 25	24 0	12 0	24 56 57 85	43 30	21 45	44 28 0 80
5 0	2 30	5 14 3 58	24 30	12 15	25 27 40 77	44 0	22 0	44 57 10 05
5 30	2 45	5 45 26 54	25 0	12 30	25 58 21 91	44 30	22 15	45 26 16 20
6 0	3 0	6 16 49 15	25 30	12 45	26 29 1 28	45 0	22 30	45 55 19 21
6 30	3 15	6 48 11 29	26 0	13 0	26 59 38 88	45 30	22 45	46 24 19 15
7 0	3 30	7 19 32 95	26 30	13 15	27 30 14 57	46 0	23 0	46 53 15 84
7 30	3 45	7 50 54 14	27 0	13 30	28 0 48 41	46 30	23 15	47 22 9 36
8 0	4 0	8 22 14 8	27 30	13 45	28 31 20 31	47 0	23 30	47 50 59 61
8 30	4 15	8 53 34 87	28 0	14 0	29 1 50 26	47 30	23 45	48 19 46 57
9 0	4 30	9 24 54 33	28 30	14 15	29 32 18 23	48 0	24 0	48 48 30 21
9 30	4 45	9 50 13 14	29 0	14 30	30 2 44 16	48 30	24 15	49 17 10 56
10 0	5 0	10 27 31 26	29 30	14 45	30 33 8 02	49 0	24 30	49 45 47 46
10 30	15 5	10 58 48 69	30 0	15 0	31 3 29 81	49 30	24 45	50 14 20 99
11 0	5 30	11 30 5 39	30 30	15 15	31 33 49 49	50 0	25 0	50 42 51 11
11 30	5 45	12 1 21 26	31 0	15 30	32 4 6 99	50 30	25 15	51 11 17 68
12 0	6 0	12 32 36 31	31 30	15 45	32 34 22 25	51 0	25 30	51 39 40 80
12 30	6 15	13 3 50 37	32 0	16 0	33 4 35 36	51 30	25 45	52 8 0 37
13 0	6 30	13 35 3 78	32 30	16 15	33 34 46 13	52 0	26 0	52 36 16 32
13 30	6 45	14 6 16 16	33 0	16 30	34 4 54 61	52 30	26 15	53 4 28 72
14 0	7 0	14 37 27 54	33 30	16 45	34 35 0 80	53 0	26 30	53 32 37 45
14 30	7 15	15 8 37 97	34 0	17 0	35 5 4 57	53 30	26 45	54 0 42 51
15 0	7 30	15 39 47 33	34 30	17 15	35 35 5 97	54 0	27 0	54 28 43 90
15 30	7 45	16 10 55 59	35 0	17 30	36 5 4 91	54 30	27 15	54 56 41 52
16 0	8 0	16 42 2 78	35 30	17 45	36 35 1 38	55 0	27 30	55 24 35 40
16 30	8 15	17 13 8 80	36 0	18 0	37 4 35 34	55 30	27 45	55 52 25 46
17 0	8 30	17 44 13 66	36 30	18 15	37 34 46 76	56 0	28 0	56 24 11 73
17 30	8 45	18 15 17 31	37 0	18 30	38 4 35 63	56 30	28 15	56 47 54 11
18 0	9 0	18 46 19 70	37 30	18 45	38 34 21 86	57 0	28 30	57 15 32 60
18 30	9 15	19 17 20 80	38 0	19 0	39 4 5 46	57 30	28 45	57 43 7 16
19 0	9 30	19 48 20 56	38 30	19 15	39 33 46 34	58 0	29 0	58 10 37 75
19 30	9 45	20 19 18 98	39 0	19 30	40 3 24 58	58 30	29 15	58 38 4 36
20 0	10 0	20 50 16 02	39 30	19 45	40 33 0 01	59 0	29 30	59 5 27 2
20 30	10 15	21 21 11 59	40 0	20 0	41 2 32 73	59 30	29 45	59 32 45 5
21 0	10 30	21 52 5 74	40 30	20 15	41 32 22 59	60 0	30 0	60 0 0 0

Le calcul est facile; pour l'*arc* de 30', prenez le *sinus* de ½(30') = 15', ou 0.0043633.

Doublez ce *sinus*..............................	0.0087266.
Multipliez par 60..............................	0.523596.
Multipliez par 60..............................	31.41576.
Multipliez la fraction par 60..................	24.9456.
Somme ou *corde* de 30'......................	0P.31'.24".9456.
Ptolémée......................................	0P.31 25.

Mais nos *sinus* peuvent être en erreur de............................ 0.0 0 0 0 0 0 0.5

$2 \times 60 \times 60 \times 60 = 2 \times 216000 = $ 0 4 3 2 0 0 0

Erreur possible... 0″.0 2 1 6 0 0 0

Ainsi nos tables de *sinus* à 7 décimales ne peuvent donner les *cordes* en parties, minutes, et secondes, qu'à 0″,0216 près : ce qui suffit pour vérifier la table de Ptolémée.

Pour avoir une *corde* quelconque entre celles de 0°.0′ et 0°.30′, prenez la différence entre les *cordes* de ces deux *arcs*, c'est-à-dire........................ 31′.24″,95.

Divisez-la par 60, ce qui se fait en changeant les minutes en secondes et les secondes en tierces, c'est-à-dire en ajoutant un trait de plus à chaque nombre, vous aurez............................ 0′.31″.24‴.95.

Ce sera la différence pour 30″, doublez et vous aurez........... 1′. 2″.49‴.90.

Ici Ptolémée donne.................................... 1′. 2″.50″.

Ce sera la différence pour 1′, et vous vérifierez ainsi les différences de la table de Ptolémée.

Cʜ. x, *pag.* 48 (*sur la ligne méridienne*). Il ne nous dit pas comment on a pu tracer cette méridienne.

Pag. 49. Si Ptolémée a réellement fait ces observations, comment comprendre qu'il ait trouvé la hauteur du pole trop foible de 15′. Il ne devoit y avoir aucune erreur, quand l'ombre du cylindre supérieur couvroit le cylindre inférieur, la règle étoit dirigée vers le centre du soleil dont elle devoit indiquer la hauteur. La hauteur de l'*équateur* devoit être trop forte de la *demi-somme* des deux réfractions.

La hauteur au solstice d'été étoit 31°. 10′ + 23°. 50′ = 55°. 0.

La hauteur au solstice d'hiver... 31 . 10 — 23 . 50 = 7 . 20.

La somme des réfractions, 1′. 28″ ; la somme des parallaxes, 8″ ; la somme des erreurs , 1′.20″ ; la hauteur de l'équateur devoit être augmentée de 40″ seulement.

L'obliquité de l'*écliptique* a dû être trop foible de 37″ environ. Il faut supposer que le cercle étoit si petit, qu'on ne pouvoit répondre de 15′ dans les hauteurs observées, ou que l'erreur de collimation étoit de 15′, c'est-à-dire que l'instrument donnoit toutes les hauteurs trop grandes de 15′.

Cʜ. xɪ, *pag.* 50 et 51 (*a*). (*Fig. de Ptolémée*).

1° $GA : EA :: GD : EH = \dfrac{EA \cdot GD}{GA}$

$ZB : BE :: DZ : EH = \dfrac{BE \cdot DZ}{ZB}$.

donc $\dfrac{EA \cdot GD}{GA} = \dfrac{EB \cdot DZ}{ZB}$

donc $\dfrac{EA}{GA} = \dfrac{DZ}{GD} \cdot \dfrac{EB}{ZB}$,

ou $EA \cdot GD \cdot ZB = GA \cdot DZ \cdot EB$.

2° $GE : EA :: GZ : ZH = \dfrac{EA \cdot GZ}{GE}$

$DZ : DH :: BD : DA$

donc $DZ + DH : DZ :: BD + DA : BD$

ou $ZH : DZ :: BA : BD$

donc $ZH = \dfrac{DZ \cdot BA}{BD}$

donc $\dfrac{EA \cdot GZ}{GE} = \dfrac{DZ \cdot BA}{BD}$, ou $\dfrac{EA}{GE} = \dfrac{DZ}{GZ} \cdot \dfrac{BA}{DB}$,

ou $EA \cdot GZ \cdot DB = GE \cdot DZ \cdot BA$.

Pag. 53 (*b*). $AE : EG :: AZ : HG :: \frac{1}{2}$ corde $2 AB : \frac{1}{2}$ corde $2 BG :: $ corde $2 AB :$ corde $2 BG$, nous dirions $AE : EG :: sin. AB : sin. BG$.

Les segments de la *corde* de l'arc ($AB + BG$) sont comme les *sinus des arcs* AB et BG ; et le *théorème* est encore plus simple ; la démonstration ainsi abrégée sera bien plus claire. Ou bien encore on a vu que $AE : EG :: $ corde $2 AB :$ corde $2 BG$.

On aura donc $AE + EG : EG :: $ corde $2 AB +$ corde $2 BG :$ corde $2 BG$

donc $EG = \dfrac{(AE + EG)\, corde\ 2 BG}{corde\ 2 AB + corde\ 2 BG} = \dfrac{AG}{\left(\dfrac{corde\ 2 AB}{corde\ 2 BG}\right) + 1}$.

Connoissant donc le rapport des deux *cordes* partielles et la *corde* de l'*arc* total, on aura l'un des *segments* EG, et ensuite l'autre *segment* $AE = AG - EG$ ou bien

$AE + EG : AE :: $ corde $2 AB +$ corde $2 BG :$ corde $2 AB$

donc $AE = \dfrac{(AE + EG)\, corde\ 2 AB}{corde\ 2 AB + corde\ 2 BG} = \dfrac{AG}{\left(\dfrac{corde\ 2 BG}{corde\ 2 AB}\right) + 1}$.

On aura donc l'un ou l'autre segment, en divisant la *corde* totale par l'unité augmentée du *quotient* de la *corde* de deux fois le petit *arc* divisé par la *corde* de deux fois le grand, pour le grand *segment* ; ou réciproquement.

Ptolémée dit bien qu'on aura AE ; mais il n'explique pas comment. Quand on aura AE, on aura encore bien de la besogne.

Il seroit curieux de mettre en parallèle les procédés des anciens, réduits en formules, avec la formule simple et unique qui nous donneroit la solution cherchée. Voici comment on pourroit s'y prendre :

Soit $m : n$ le rapport des *sinus*; $m : n :: sin.\,A : sin.\,B$,

$$m + n : m - n :: sin.\,A + sin.\,B : sin.\,A - sin.\,B :: tang.\,\tfrac{1}{2}(A+B) : tang.\,\tfrac{1}{2}(A-B)$$

donc $tang.\,\tfrac{1}{2}(A-B) = \left(\dfrac{m-n}{m+n}\right) cotang.\,\tfrac{1}{2}(A+B) = \left(\dfrac{1-\frac{n}{m}}{1+\frac{n}{m}}\right) cotang.\,\tfrac{1}{2}(A+B).$

La solution est bien simple. Mais les anciens ne connoissoient pas les *tangentes*. Au lieu de cela, suivant Théon, ils faisoient : AE : EG :: $m : n$. D'où AE + EG : EG :: $m + n : n$.

$$\text{Donc } EG = \frac{AG \cdot n}{m+n} = \frac{AG}{\left(\frac{m}{n}\right)+1}, \text{ ensuite } EZ = GZ - EG = \tfrac{1}{2}\,AG - EG.$$

Après quoi $\overline{DE}^2 = \overline{EZ}^2 + \overline{DZ}^2$. Enfin DE : EZ :: $\tfrac{1}{2}$ *diamètre* : $\tfrac{1}{2}$ corde 2 EDZ :: *diamètre* : *corde* 2 EDZ,

$$\text{donc } corde\ 2\,EDZ = \frac{EZ}{DZ}\,diamètre.$$

$$arc\ AB = ADZ + EDZ = \tfrac{1}{2}\,ABG + EDZ = \frac{ABG + 2\,EDZ}{2}.$$

Ainsi leur solution demandoit trois fois autant de calcul que nous en ferions avec nos tables de *sinus* et de *tangentes* en nombres naturels. Mais sans *tangentes*, nous n'aurions rien de mieux que leur solution trigonométrique.

Pag. 55 (*fig.*). Quoique la démonstration de Ptolémée soit assez simple et qu'il n'y faille rien changer, on sera sans doute bien aise de trouver comment on peut démontrer sa formule par notre trigonométrie.

$$sin.\,GE : sin.\,ZG :: sin.\,Z : sin.\,E.$$
$$sin.\,AB : sin.\,AE :: sin.\,E : sin.\,B.$$
$$sin.\,DZ : sin.\,BD :: sin.\,B : sin.\,Z.$$

Multipliant terme à terme et réduisant $\Big\}$ $sin.\,GE.\,sin.\,AB.\,sin.\,DZ = sin.\,ZG\ sin.\,AE.\,sin.\,BD$

donc $\dfrac{sin.\,GE}{sin.\,AE} = \dfrac{sin.\,ZG}{sin.\,DZ} \cdot \dfrac{sin.\,BD}{sin.\,AB}.$

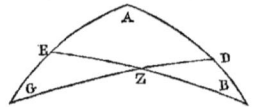

ou $\dfrac{corde\ 2\,GE}{corde\ 2\,AE} = \dfrac{corde\ 2\,GZ}{corde\ 2\,DZ} \cdot \dfrac{corde\ 2\,BD}{corde\ 2\,AB},$ $\begin{cases} c.\,2\,GE : c.\,2\,EA :: \dfrac{c.\,2\,GZ}{c.\,2\,ZD} : \dfrac{c.\,2\,AB}{c.\,2\,BD} \\[2mm] \dfrac{c.\,2\,GE}{c.\,2\,EA} = \dfrac{c.\,2\,GZ}{c.\,2\,ZD} \cdot \dfrac{c.\,2\,BD}{c.\,2\,AD} \end{cases}$

Premier théorême de Ptolémée. Quant à l'autre qu'il donne sans démonstration, on le trouvera ainsi :

$$sin.\,AG : sin.\,GD :: sin.\,D : sin.\,A$$
$$sin.\,BE : sin.\,AE :: sin.\,A : sin.\,B$$
$$sin.\,DZ : sin.\,BZ :: sin.\,B : sin.\,D.$$

Multipliant et réduisant $\Big\}$ $sin.\,AG.\,sin.\,BE.\,sin.\,DZ = sin.\,GD.\,sin.\,AE.\,sin.\,BZ.$

donc $\dfrac{sin.\,AG}{sin.\,AE} = \dfrac{sin.\,GD}{sin.\,DZ} \cdot \dfrac{sin.\,BZ}{sin.\,BE},$ ou $\begin{cases} \dfrac{corde\ 2\,AG}{c.\,2\,AE} = \dfrac{corde\ 2\,GD}{c.\,2\,DZ} \cdot \dfrac{c.\,2\,BZ}{c.\,2\,BE} \\[2mm] c.\,2\,AG : c.\,2\,AE :: \dfrac{c.\,2\,GD}{c.\,2\,DZ} \cdot \dfrac{c.\,2\,BE}{c.\,2\,BZ} \end{cases}$

Ch. xii, *pag.* 57 (*a*). $\dfrac{corde\ 2\,ZA}{corde\ 2\,AB} = \dfrac{corde\ 2\,TZ}{corde\ 2\,TH} \cdot \dfrac{corde\ 2\,EH}{corde\ 2\,EB}$

$$\frac{corde\ 180°}{c.\,2\,obliq.} = \frac{corde\ 180°}{c.\,2\,déclin.} \cdot \frac{corde\ 2\,long.}{corde\ 180°}$$

Sous cette forme, on voit que cette règle peut se simplifier, et l'on en tire : *corde 2 déclin.*

$$\frac{corde\ 180}{corde\ 180} \cdot \frac{corde\ 2\ obliquité}{corde\ 180} \cdot corde\ 2\ long. = \frac{corde\ 2\ obliquité.\ corde\ 2\ longitude}{corde\ 180 = 120}, ou\ sin.\ déclinais.$$

$= sin.\ obliquité.\ sin.\ longitude.$ Ce qui est la règle dont nous nous servons.

On voit par là que, dans le langage des anciens, retrancher une raison, c'étoit diviser par cette raison. Ainsi en renversant les rapports précédens, on a

$$\frac{corde\ 2\ déclinaison}{corde\ 180} = \frac{corde\ 2\ obliquité}{corde\ 180} \cdot \frac{corde\ 2\ longitude}{corde\ 180}\ ou\ \frac{48^p\ 31'\ 55''}{120} \cdot \frac{60}{120} = \frac{corde\ 2\ déclinaison}{120}$$

et $24^p\ 15'\ 57''\ 30''' = corde\ 2\ déclinaison.$

Il suffit donc de multiplier la *corde* de la double *longitude* par la *constante* $\frac{1}{2}$ *corde 2 obliquité*, et de diviser le produit par 60', c'est-à-dire diminuer tous les ordres de sexagésimales d'un degré : ce qui épargne la division. Il semble que Ptolémée ne l'a pas vu.

L'exemple est mal choisi; les facteurs $\frac{corde\ 2\ long.}{corde\ 180} = \frac{60}{120} = \frac{1}{2}$, font un rapport trop simple.

Autre exemple mal choisi : puisque *corde longit.* = 120. Suivant les formules ci-dessus, on auroit à multiplier la *constante* 0.24.15.57.30 par 103.55.23.

Pour faciliter, multipliez la *constante* par 60, et divisez la *corde* par 60. Le produit sera le même.
Constante × 60 = 24°. 15′. 57″. 30‴.
$\frac{1}{60}$ *corde 2 longit.* = 1 . 43 . 55 . 23.

Constante multipliée par...........................	1°.	= 24°.	15′.	57″.	30‴.	0^{iv}.	0^{v}.	0^{vi}.
24° × 43′..	»	17	12	»	»	»	»	»
15′ × 43′..	»	»	10	45	»	»	»	»
57″ × 43′..	»	»	»	40	51	»	»	»
30‴ × 43′..	»	»	»	»	21	30	»	»
24° × 55″..	»	»	22	0	»	»	»	»
15′ × 55″..	»	»	»	13	45	»	»	»
57″ × 55″..	»	»	»	»	52	15	»	»
30‴ × 55″..	»	»	»	»	»	27	30	»
24° × 23″..	»	»	»	9	12	»	»	»
15′ × 23″..	»	»	»	»	5	45	»	»
57″ × 23″..	»	»	»	»	21	51	»	»
30″ × 23″..	»	»	»	»	»	»	11	30
corde 2 déclinaison.......................... =	42^v.	1′.	47″.	59‴.	48^{iv}.	41^v.	30^{vi}.	
Ptolémée donne..................................	42 .	1 .	48.					
la table des *cordes* donne pour 41°..............	42 .	1 .	30.					
différence..........................	0°	0′ .	18″.					

l'arc sera donc $41 + \frac{18''.\quad 1'''.}{58''.\ 48'''.} = 41°.\ 0'.\ 18''$ à peu près, et la moitié........ 20°. 30′. 9″.

Les produits partiels qui composent cette table, peuvent se prendre dans celle de Langsberg ou de Taylor. Théon, au lieu de se servir d'une table, a calculé tous ces produits, comme on le verra dans la traduction de ses *Commentaires sur Ptolémée.*

Pag. 59. La table suivante n'avoit pas été destinée à l'impression; on ne l'avoit calculée que pour vérifier celle de Ptolémée, qui est d'une exactitude très-remarquable, surtout si l'on considère la quantité prodigieuse de calculs qu'elle suppose. La table moderne au contraire telle qu'on la voit ici n'a coûté que la peine et le temps de l'écrire. Dans celle de Ptolémée il n'est pas une seule *déclinaison* qui n'ait exigé une page de calculs; suivant la méthode moderne on obtient chaque *déclinaison* par l'addition d'un seul *logarithme.* Le premier terme est la somme des sinus de l'obliquité et de 1°. Les autres en sont conclus par l'addition continuelle des différences logarithmiques des sinus de degré en degré.

(Pag. 59.) TABLE DES DÉCLINAISONS.

Log. sin. 1°. + Log. sin. 23°. 51' 20" = 9,6068458 + 8,2418553 = 7,8487011.

Deg. de l'écliptique.	D. M. S. DU MÉRIDIEN.	Dég. de l'écliptique.	D. M. S. DU MÉRIDIEN.	Dég. de l'écliptique.	D. M. S. DU MÉRIDIEN.
1	0.24'.16". 7, 8487011 — diff. 3009639	22	8.42'.51". 9, 1804212 — diff. 183026	43	16. 0'.40". 9, 4406291 — diff. 79880
2	0 48 31 8, 1496650 — diff. 1759816	23	9 5 32 9, 1987238 — diff. 174353	44	16 18 59 9, 4486171 — diff. 77137
3	1 12 46 8, 3256406 — diff. 1247837	24	9 28 5 9, 2161591 — diff. 166350	45	16 37 2 9, 4563308 — diff. 74491
4	1 37 0 8, 4504303 — diff. 967115	25	9 50 29 9, 2327941 — diff. 158937	46	16 54 48 9, 4637799 — diff. 71934
5	2 1 12 8, 5471418 — diff. 789386	26	10 12 43 9, 2486878 — diff. 152048	47	17 12 16 9, 4709733 — diff. 69460
6	2 25 22 8, 6260804 — diff. 666599	27	10 34 48 9, 2638926 — diff. 145625	48	17 29 27 9, 4779193 — diff. 67064
7	2 49 31 8, 6927403 — diff. 576608	28	10 56 43 9, 2784551 — diff. 139619	49	17 46 19 9, 4846257 — diff. 64741
8	3 13 36 8, 7504011 — diff. 507771	29	11 18 27 9, 2924170 — diff. 133988	50	18 2 53 9, 4910998 — diff. 62486
9	3 37 38 8, 8011782 — diff. 453378	30	11 40 0 9, 3058158 — diff. 128693	51	18 19 7 9, 4973484 — diff. 60295
10	4 1 38 8, 8465160 — diff. 409286	31	12 1 21 9, 3186851 — diff. 123704	52	18 35 3 9, 5033779 — diff. 58165
11	4 25 33 8, 8874446 — diff. 372801	32	12 22 32 9, 3310555 — diff. 118991	53	18 50 39 9, 5091944 — diff. 56090
12	4 49 24 8, 9247247 — diff. 342091	33	12 43 30 9, 3429546 — diff. 114529	54	19 5 54 9, 5148034 — diff. 54069
13	5 13 11 8, 9589338 — diff. 315872	34	13 4 15 9, 3544075 — diff. 110296	55	19 20 50 9, 5202103 — diff. 52097
14	5 36 53 8, 9905210 — diff. 293210	35	13 24 48 9, 3654371 — diff. 106274	56	19 35 25 9, 5254200 — diff. 50172
15	6 0 30 9, 0198420 — diff. 273419	36	13 45 7 9, 3760645 — diff. 102443	57	19 49 38 9, 5304372 — diff. 48291
16	6 24 2 9, 0471839 — diff. 255972	37	14 5 13 9, 3863088 — diff. 98790	58	20 3 30 9, 5352663 — diff. 46451
17	6 47 27 9, 0727811 — diff. 240471	38	14 25 5 9, 3961878 — diff. 95298	59	20 17 1 9, 5399114 — diff. 44650
18	7 10 46 9, 0968282 — diff. 226595	39	14 44 42 9, 4057176 — diff. 91957	60	20 30 9 9, 5443764 — diff. 42887
19	7 33 58 9, 1194877 — diff. 214098	40	15 4 5 9, 4149133 — diff. 88754	61	20 42 55 9, 5486651 — diff. 41156
20	7 57 3 9, 1408975 — diff. 202775	41	15 23 12 9, 4237887 — diff. 85680	62	20 55 18 9, 5527807 — diff. 39460
21	8 20 1 9, 1611750 — diff. 192462	42	15 42 4 9, 4323567 — diff. 82724	63	21 7 18 9, 5567267 — diff. 37703

SUITE DE LA TABLE DES DÉCLINAISONS.

Dég. du l'écliptique.	D. M. S. DU MÉRIDIEN.		Dég. de l'écliptique.	D. M. S. DU MÉRIDIEN.		Dég. de l'écliptique.	D. M. S. DU MÉRIDIEN.	
64	21.18'.55".	9, 5604970	73	22.45'.11".	9, 5874421	82	23.36'.33".	9, 6025986
	diff. 35145			diff. 22453			diff. 9979	
65	21 30 9	9, 5640115	74	22 52 40	9, 5896874	83	23 40 1	9, 6035965
	diff. 34545			diff. 21022			diff. 8636	
66	21 40 58	9, 5674660	75	22 59 42	9, 5917896	84	23 43 1	9, 6044601
	diff. 32959			diff. 19603			diff. 7299	
67	21 51 23	9, 5707619	76	23 6 18	9, 5937499	85	23 45 33	9, 6051900
	diff. 32498			diff. 18198			diff. 5966	
68	22 1 24	9, 5740117	77	23 12 28	9, 5955697	86	23 47 38	9, 6057866
	diff. 29858			diff. 16805			diff. 4636	
69	22 11 0	9, 5769975	78	23 18 11	9, 5972502	87	23 49 15	9, 6062502
	diff. 28341			diff. 15422			diff. 3310	
70	22 20 11	9, 5798316	79	23 23 27	9, 5987924	88	23 50 24	9, 6065812
	diff. 26843			diff. 14049			diff. 1984	
71	22 28 56	9, 5825159	80	23 28 16	9, 6001973	89	23 51 6	9, 6067796
	diff. 25362			diff. 12684			diff. 662	
72	22 37 17	9, 5850521	81	23 32 38	9, 6014657	90	23 51 20	9, 6068458
	diff. 23900			diff. 11329				

Cʜ. xɪɪɪ, *pag.* 60 (*b*). *Corde* 2 ZB : *corde* 2 BA : : *corde* 2 ZH . *corde* 2 TE : *corde* 2 HT . *corde* 2 AE.
ou, *corde* 2 (90 — *obliquité*) : *corde* 2 (*obliquité*) : :
  corde 2 (90 — *déclinaison*). *corde* 2 (*ascension droite*) : *corde* 2 (*déclinaison*). *corde* 180°.
Ainsi *corde* (180° — 2ω) : *corde* 2(ω) : : *corde* (180° — 2 D) *corde* 2(A) : *corde* 2 D . *corde* 180°.

$$ \text{et } corde\ 2\,\text{A}.\,corde\,(180° - 2\,\text{D}) = \frac{corde\,(180° - 2ω)\,corde\,2\,\text{D}.\,corde\ 180,\ \text{et } corde\ 2\,\text{A}}{corde\ 2ω} $$

$$ = \frac{corde\ 180°.\,corde\,(180 - 2ω).\,corde\ 2\,\text{D}}{corde\ 2ω.\,corde\,(180° - 2\,\text{D})},\ \text{ce qui revient à } sin.\ \text{A} = \frac{\text{R. } cos.\ ω.\ sin.\ \text{D}}{sin.\ ω.\ cos.\ \text{D}} = tang.\ \text{D}.\,cot.\ ω. $$

Formule (*) connue, mais dont nous ne nous servons pas, parceque nous avons *tang.* A = *cos.* ω . *tang.* L,
L étant la longitude ; et qu'il vaut mieux partir toujours des données primitives. Mais on voit que les
Grecs qui n'avoient pas de *tangentes*, étoient obligés de passer par la *déclinaison* pour arriver à
l'*ascension droite*.

(*) Cette formule, en ne se servant que des *sinus*, devient $\dfrac{sin.\ \text{A}}{cos.\ \text{A}} = \dfrac{cos.\ ω.\ sin.\ \text{L}}{cos.\ \text{L}}$, et $sin.\ \text{A} = \dfrac{cos.\ ω.\ sin.\ \text{L}.\ cos.\ \text{A}}{cos.\ \text{L}}$

$= m\ cos.\ \text{A}.$ Donc $sin.^2\ \text{A} = m^2.\ cos.^2\ \text{A}. = m^2 - m^2\ sin.^2\ \text{A}$, et $sin.^2\ \text{A} = \dfrac{m^2}{1 + m^2}$, ou $sin.^2\ \text{A} = \dfrac{\frac{cos.^2\ \text{L}}{cos.^2 ω.\, sin.^2 \text{L}}}{1 + \frac{cos.^2\ \text{L}}{cos.^2 \text{L}}}$

$= \dfrac{cos.^2 ω.\ sin.^2\ \text{L}}{cos.^2\ \text{L} + cos.^2 ω.\ sin.^2\ \text{L}} = \dfrac{cos.^2\ \text{L}}{cos.^2\ \text{L} + sin.^2\ \text{L} - sin.^2 ω.\ sin.^2\ \text{L}} = \dfrac{cos.^2 ω.\ sin.^2\ \text{L}}{1 - sin.^2 ω.\ sin.^2\ \text{L}}.$ Donc $sin.\ \text{A} = $

$\dfrac{cos.\ ω.\ sin.\ \text{L}}{(1 - sin.^2 ω.\ sin.^2\ \text{L})^{\frac{1}{2}}} = \dfrac{cos.\ ω.\ sin.\ \text{L}}{(1 - sin.^2 \text{D})^{\frac{1}{2}}} = \dfrac{cos.\ ω.\ sin.\ \text{L}}{cos.\ \text{D}}$, ou $corde\ 2\,\text{A} = \dfrac{corde\,(180 - 2ω).\ corde\ 2\,\text{L}}{(corde\ 180 - 2\,\text{D})}$, équation plus

simple que celle de Ptolémée, mais qui suppose aussi la connoissance de la *déclinaison. Corde* 2 L est connue, parcequ'elle a déjà servi dans le calcul de la *déclinaison.*

Mais voici une expression encore plus simple et à laquelle les Grecs n'ont pas pensé :

On a $cos.\ \text{A}.\ cos.\ \text{D} = cos.\ \text{L}$, d'où $cos.\ \text{A} = \dfrac{cos.\ \text{L}}{cos.\ \text{D}} = \dfrac{corde\,(180° - 2\,\text{L})}{corde\,(180° - 2\,\text{D})}$, ou $corde\,(180° - 2\,\text{A}) = \dfrac{corde\,(180° - 2\,\text{L})}{corde\,(180° - 2\,\text{D})}.$

Or, $\dfrac{corde\ 180^\circ.\ corde\ (180-2\,\omega)}{corde\ 2\,\omega} = \dfrac{120'.\ corde\ 132^\circ.\ 17'.20''}{corde\ 47^\circ.42'.40''} = \dfrac{120'\times 109^\circ.44'53''}{48^\circ.31'.55''} = \dfrac{60'\times 109^\circ.44'.53''}{24^\circ.15'.57''.30'''} =$
$\dfrac{1^\circ\times 109^\circ.44'.53''}{24.15.57.30} = 4^\circ.31'.21''.48'''$, quantité constante qu'il faut encore multiplier par $\dfrac{corde\ 2\,D}{corde\,(180-2\,D)}$
$= \dfrac{2}{117.31.15}.$

Au lieu de cela, Théon fait l'analogie, $corde\ 2\,\omega : corde\ 2\,D :: corde\ (180-2\,\omega) : \delta$,
ou $48^\circ.31'.55'' : 24^\circ.15'.57'' :: 109^\circ.44'.59'' : 54^\circ.52'.26''.$

ce qui exige déjà une multiplication et une division. Il multiplie ensuite le 4e terme par 2, et le divise par $117^\circ\ 31'\ 15''$; il trouve $56^\circ\ 1'\ 25''$; voilà ainsi trois opérations très-pénibles. Il restoit encore à multiplier $4^\circ.\ 31'\ 21''.\ 48'''$ par $\dfrac{corde\ 2\,D}{corde\,(180-2\,D)} = \dfrac{24.15.57}{117.31.15}$, ici par hasard le numérateur de cette fraction permet d'effacer le dénominateur de la constante, ce qui fait une simplification accidentelle qui m'a fait dire que l'exemple étoit mal choisi.

Dans la 1re analogie de Théon, les antécédens sont doubles des conséquens, et quoiqu'il n'y eût pas de calcul à faire, il l'a exécuté cependant pour rendre l'exemple plus instructif apparemment.

Pag. 61 (c). Cette transformation d'une raison en une autre a pour objet de simplifier le calcul et d'épargner une opération.

Il reste la raison $\dfrac{corde\ 2\,ET}{corde\ 2\,EA} = \dfrac{95\ .\ 2.40}{112^\circ.23'.56''}.$ On veut que cette raison devienne $\dfrac{x}{120}$,

Nous avons donc $\dfrac{95.\ 2.40}{112^\circ.23'.56''} = \dfrac{x}{120}$, et $x = \dfrac{120\times 95.\ 2.40}{112^\circ.23'.56''} = 60\times \dfrac{95.\ 2.40}{56.\ 11.58} = 101^\circ.28'.20''.$

On aura donc $\dfrac{corde\ 2\,ET}{corde\ 2\,EA} = \dfrac{101.28.20}{120}$ ou $\dfrac{corde\ 2\,ET}{120} = \dfrac{101.28.20}{120}$, $corde\ 2\,ET = 101.28.20.$

Cela revient à faire passer $corde\ 2\,EA$ dans le second membre : d'où $corde\ 2\,ET = \dfrac{95.\ 2.40.\times 120}{112^\circ.\ 23'.56''}.$

La méthode moderne est moins entortillée; mais le calcul et le résultat sont les mêmes.

LIVRE SECOND.

Ch. ii, *pag.* 68 (c). Cette expression est remarquable. Ptolémée, au lieu de dire, comme on fait aujourd'hui, que 15° de l'*équateur* mesurent l'*angle horaire* d'une heure, et $18^\circ\ 45'$ l'*angle* de $1^{h\ \frac14}$, dit que l'*angle* d'une heure est de 15 temps, et ainsi des autres à raison de 15 temps pour une heure.

— (d). Ce qui revient à l'équation $\dfrac{corde\ 2\,AT}{corde\ 2\,AE} = \dfrac{corde\ 2\,TZ}{corde\ 2\,ZH}\cdot\dfrac{corde\ 2\,HB}{corde\ 2\,BE}$, $corde\ 2\,HB = \dfrac{corde\ 2\,AT}{corde\ 2\,AE}\times$
$\dfrac{corde\ 2\,ZH.\ corde\ 2\,BE}{corde\ 2\,TZ} = \dfrac{corde\ 142^\circ.30'}{corde\ 180^\circ}\cdot\dfrac{corde\ 132^\circ.\ 17'.\ 20''.\ corde\ 180^\circ}{corde\ 180^\circ} = \dfrac{113^\circ.\ 37'.\ 54''}{120^P}\times$
$\dfrac{109^P.\ 44'.\ 53''.\times 120^P}{120^d}$, ou suivant le système moderne, $sin.\ HB = sin.\ AT.\ sin.\ ZH$, ou $cos.\ EH =$
$cos.\ ET.\ cos.\ TH$, *cos. amplitude* $= cos.\ 15$ (excès du plus long jour sur le jour équinoxial) $\times\ cos.$ *obliquité*.

La règle moderne et celle de Ptolémée sont donc identiques, mais la moderne est bien plus simple.

Pag. 69 (e). Otons de la raison $\dfrac{113^P.\ 39'.\ 54''}{120}$ la raison $\dfrac{120}{109^P.\ 44'.\ 53''}$, c'est-à-dire multiplions
$\dfrac{113^P.\ 39'.\ 54''}{120}$ par $\dfrac{109^P.\ 44'.\ 53''}{120}$, nous aurons la raison $\dfrac{corde\ 2\,HB}{corde\ 2\,BE} = \dfrac{corde\ 2\,HB}{120^P} = \dfrac{103^P.\ 55'.\ 26''}{120}$,
d'où $corde\ 2\,HB = 103^P.\ 55'.\ 26''$, et l'*arc* BH sera de 60° à peu près, et par conséquent EH de 30°.

Ch. iii, p. 69 (a). $\dfrac{Corde\ 2\,ET}{Corde\ 2\,AT} = \dfrac{corde\ 2\,EH}{corde\ 2\,HB} \cdot \dfrac{corde\ 2\,BZ}{corde\ 2\,AZ}$, ou $\dfrac{corde\ 37°.\,30'}{corde\ 142°.\,30'} = \dfrac{corde\ 60°}{corde\ 120°} \cdot \dfrac{c.\ 2\,BZ}{c.\ 180°}$,

d'où $\dfrac{corde\ 2\,BZ}{corde\ 180°} = \dfrac{38^{\text{p}}.34'.22''}{113^{\text{p}}.37'.54''} \cdot \dfrac{103^{\text{p}}.55'.23''}{60}$; de la raison $\dfrac{38^{\text{p}}.34'.22''}{113^{\text{p}}.37'.54''}$ ôtons la raison

$\dfrac{60^{\text{p}}}{103^{\text{p}}.53'.23''}$, c'est-à-dire multiplions $\dfrac{38^{\text{p}}.34'.22''}{113^{\text{p}}.37'.54''}$ par $\dfrac{103^{\text{p}}.53'.23''}{60^{\text{p}}}$, nous aurons $\dfrac{corde\ 2\,BZ}{120^{\text{p}}}$

$= \dfrac{corde\ 2\,BZ}{corde\ 2\,AZ} = \dfrac{70^{\text{p}}.53'}{120}$, et $corde\ 2\,BZ = 70^{\text{p}}53' = corde$ de l'arc de $72^{\text{d}}1'$, dont la moitié est $36'.0'.30''$.

Cette équation équivaut à $\dfrac{sin.\ BZ}{1} = \dfrac{sin.\ ET}{cos.\ ET} \cdot \dfrac{cos.\ EH}{sin.\ EH} = tang.\ ET \times cot.\ EH = cos.\ E = sin.\ latitude.$

C'est l'expression que l'on emploieroit aujourd'hui. Vérifions cette valeur par la recherche de celle du complément qui est la hauteur de l'*équateur*.

$\dfrac{38^{\text{p}}.34'.22''}{113^{\text{p}}.37'.54''} = \dfrac{corde\ 37^{\text{p}}.30'}{corde\ 142^{\text{p}}.30'} = \dfrac{sin.\ 18°.\ 45'}{sin.\ 71°.\ 15'} = \dfrac{sin.\ 18°.\ 45'}{cos.\ 18°.\ 45'} = tang.\ 18°.\ 45'.$

De cette raison, ôtons la raison $\dfrac{60}{103^{\text{p}}.55'.23''} = \dfrac{corde\ 60°}{corde\ 120} = \dfrac{sin.\ 30°}{sin.\ 60°} = \dfrac{sin.\ 30°}{cos.\ 30°} = tang.\ 30°$;

C'est-à-dire multiplions par *cot.* 3o. Le produit sera $tang.\ 18°\ 45' \times cot.\ 3o° = sin.\ 53°.\ 59'.\ 28''$, dont le *complément* est $36^{\text{p}}.\ 0'.\ 32''$. Or $53°.\ 59'.\ 28''$ est la hauteur de l'*équateur*, ou l'angle E, ou le complément de la latitude. Pour n'employer que les données primitives, on feroit $tang.\ E = \dfrac{tang.\ HT}{sin.\ ET} =$

$\dfrac{tang.\ obliquité}{sin.\ 15\ (\text{excès du jour sur } 12^{\text{h}})}$, on en déduiroit $\dfrac{sin.\ E}{cos.\ E} = \dfrac{sin.\ HT}{cos.\ HT.\ sin.\ ET} = \dfrac{sin.\ HT}{sin.\ ZH.\ sin.\ ET} =$

$\dfrac{sin.\ AB}{cos.\ AB.\ sin.\ ET} = \dfrac{tang.\ AB}{sin.\ BZ}.$

Mais AB et BZ étant inconnues, le problème n'auroit pas de solution directe, il faudroit une extraction de racine.

Après avoir formé le produit $\dfrac{38^{\text{p}}.34'.22''}{113^{\text{p}}.37'.54''} \cdot \dfrac{103^{\text{p}}.55'.23''}{60} = 70^{\text{p}}.53'$, Ptolémée multiplioit donc

encore par 120, pour avoir $\dfrac{70^{\text{p}}53'}{120} = \dfrac{corde\ 2\,BZ}{120}$, et $corde\ 2\,BZ = 70^{\text{p}}.53'$. Il multiplioit

donc $\dfrac{38^{\text{p}}.34'.22''}{113^{\text{p}}.37'.54''}$ par $\dfrac{103^{\text{p}}.55'.23''}{60}.$ 120. Ce qui se réduisoit dans la pratique, à multiplier

$\dfrac{38^{\text{p}}.34'.23''}{113^{\text{p}}.37'.54''}$ par $(103^{\text{p}}.55'.23'') \times 2$.

La note de Théon est précieuse: multipliez $103^{\text{p}}.55'.23''$ par $38^{\text{p}}.34'.22''$. Divisez le produit par $113^{\text{p}}.37'.54''$, le quotient sera $35^{\text{p}}.16'.38''$, et vous aurez

$38^{\text{p}}.54'.23'' : 113^{\text{p}}.37'.54'' :: 35^{\text{p}}.16'.38'' : 103^{\text{p}}.55'.23'';$

et puisque $\dfrac{38^{\text{p}}.54'.23''}{113^{\text{p}}.37'.54''} = \dfrac{35^{\text{p}}.16'.38''}{60} \times \dfrac{60}{103^{\text{p}}.55'.23''}$, du rapport $\dfrac{38^{\text{p}}.54'.\ 23''}{113^{\text{p}}.37'.\ 54''}$, ou de

la valeur $\dfrac{35^{\text{p}}.16'.38''}{60} \times \dfrac{60}{103^{\text{p}}.55'.23''}$, retranchez la raison $\dfrac{103^{\text{p}}.55'.23''}{60}$, vous aurez $\dfrac{35^{\text{p}}.16'.38''}{60}$

$= \dfrac{corde\ 2\,BZ}{120}.$ Donc $corde\ 2\,BZ = \dfrac{35^{\text{p}}.16'.38''}{60} \times 120 = 35^{\text{p}}.16'.38'' \times 2 = 70^{\text{p}}.33'.16''.$

Pag. 71 (b). $\dfrac{Corde\ 2\,ZB}{Corde\ 2\,BA} = \dfrac{corde\ 2\,ZH}{corde\ 2\,HT} \cdot \dfrac{corde\ 2\,TE}{corde\ 2\,EA}$, ou $\dfrac{corde\ 2\,latitude}{corde\ (180 - 2\,latitude)} = \dfrac{corde\ 2\,(180 - \omega)}{corde\ 2\,\omega}$

$\times \dfrac{corde\ 2\,(arc\ semi\text{-}diurne - 90)}{corde\ 180}$; d'où, $corde\ 2\,(arc\ semi\text{-}diurne - 90) = \dfrac{corde\ 2\,latitude}{corde\ (180 - 2\,latitude)} \times$

$$\frac{corde\ 2\,\omega}{corde\ 2\,(180-2\,\omega)}, ou\ sin.\ (arc\ semi\text{-}diurne-90)=\frac{sin.\,latitude}{cos.\,latitude}\cdot\frac{sin.\,\omega}{cos.\,\omega}=tang.\ latit.\times tang.$$

obliquité. Ou plus généralement *cos. arc semi-diurne* = *tang. latitude* × *tang. déclinaison.* C'est la formule moderne qui est encore identique à celle de Ptolémée.

Pag. 71 (c). $\dfrac{70^{\text{p}}.32'.\ 3''}{97^{\text{p}}.\ 4'.56''}\cdot\dfrac{109^{\text{p}}.44'.53''}{48^{\text{p}}.31'.55''}\cdot\dfrac{corde\ 2\,TE}{120}$. De $\dfrac{70^{\text{p}}.32'.\ 3''}{97^{\text{p}}.\ 4'.56''}$ retranchons par division

$\dfrac{109^{\text{p}}.44'.53''}{48^{\text{p}}.31'.56''}$, c'est-à-dire faisons le produit $\dfrac{70^{\text{p}}.32'.\ 3''}{97^{\text{p}}.\ 4'.56'}\times\dfrac{48^{\text{p}}.31'.56''}{109^{\text{p}}.44'.53''}$, il restera $\dfrac{corde\ 2\,TE}{120}=$

$\dfrac{70^{\text{p}}.32'.\ 3''}{97^{\text{p}}.\ 4'.56''}\times\dfrac{48^{\text{p}}.31'.56''}{109^{\text{p}}.44'.53''}=\dfrac{31^{\text{p}}.11'.23''}{97^{\text{p}}.4'.56''}=\dfrac{38^{\text{p}}.34'}{120}$. On multipliera donc $70^{\text{p}}.32'.3''$ par $48^{\text{p}}.31'.55''$;

on divisera le produit par $109^{\text{p}}.44'.53''$, ce qui donnera le quotient $31^{\text{p}}.11'.23''$, et l'on aura

$\dfrac{corde\ 2\,TE}{120}=\dfrac{31^{\text{p}}.11'.23''}{97^{\text{p}}.\ 4'.56''}$. On fera $97^{\text{p}}.4'.56''$: $31^{\text{p}}.11'.23''$: : 120 : $corde\ 2\,TE=38^{\text{p}}.34'$.

Dans la table, $38^{\text{p}}.34'=corde\ 37^{\text{p}}.30'=2^{\text{h}}\tfrac{1}{2}=arc\ horaire$ dont la moitié $TE=1^{\text{h}}\tfrac{1}{4}$.

Ib. (d). $\dfrac{Corde\ 2\,ZA}{Corde\ 2\,AB}=\dfrac{corde\ 2\,ZT}{corde\ 2\,TH}\cdot\dfrac{corde\ 2\,HE}{corde\ 2\,EB}$, ou $\dfrac{corde\ 180}{corde\,(180-2\,latit.)}=\dfrac{corde\ 180}{corde\ 2\,\omega}\cdot\dfrac{corde\ 2\,HE}{corde\ 180}$.

Donc $corde\ 2\,HE=\dfrac{corde\ 180}{corde\,(180-2\,latitude)}\times\dfrac{corde\ 2\,\omega\,.\,corde\ 180}{corde\ 180}=\dfrac{corde\ 2\,\omega\,.\,corde\ 180}{corde\,(180-2\,latit.)}$

ou $sin.\,HE=\dfrac{sin.\,\omega}{cos.\,L}$. Ou en général $sin.\,HE=\dfrac{sin.\,déclinaison}{cos.\,latitude}$.

Pag. 72 (e). Il est bien évident que deux *déclinaisons* égales de part et d'autre du *point tropique* ne tombent pas au même point physique de l'*équateur*, mais que si l'une des deux *déclinaisons* donne une amplitude vers le midi, la seconde la donnera aussi vers le midi.

— Lig. 28 (*contraires*). C'est-à-dire que si l'on compare un parallèle boréal au parallèle austral également éloigné de l'*équateur*, les *arcs* d'amplitude seront égaux l'un au-deçà, l'autre au-delà de l'*équateur*, et les jours de l'un seront égaux aux nuits de l'autre.

Pag. 73 (f). C'est-à-dire d'un même nombre de degrés entr'eux, et de même nombre de degrés que AT et GX. Je ne sais si cette démonstration est bien nette, en voici une plus claire :

Nous avons KX = HT, donc NK = HZ. D'ailleurs BZ = ND, donc BZ couvriroit ND, et à cause des *angles* droits B et D, BH se coucheroit sur DK et lui seroit égal, sans quoi le troisième côté ZH ne pourroit pas être égal à NK. Donc HE = EK.

Ch. v, *pag.* 75 (a). Cette tournure reviendra plusieurs fois. Ptolémée donne souvent les mêmes *angles* en supposant la circonférence de 360^{d}, et ensuite en la supposant de 720^{d} ou la demi-circonférence = 360^{d}. Par là il double la valeur numérique des *angles* ; ces *angles* doubles ont pour mesure les *arcs* d'un cercle circonscrit au *triangle*, et les côtés du *triangle* deviennent les *cordes* des *arcs* doublés; les sommets de ces *angles* sont à la circonférence d'un cercle décrit sur EK, EZ, EN, comme diamètres. Ainsi GK et GE deviennent les *cordes* sur lesquelles s'appuient les *angles* opposés. En cherchant les

cordes de ces *angles* dans la table, on a les nombres ou les rapports $\dfrac{GK}{GE}, \dfrac{GZ}{GE}, \dfrac{GN}{GE}$, c'est-à-dire les

rapports des ombres au gnomon. On a plutôt fait, maintenant, en prenant GE pour rayon, ce qui fait que GK, GZ, GN sont les *tangentes* des trois distances au zénith.

Ch. vi, *pag.* 78 (a). En effet, c'est l'élévation d'un pole, qui fait que certains parallèles sont entièrement visibles. C'est l'abaissement de l'autre, qui fait que d'autres parallèles sont toujours invisibles, et que tous les méridiens ou cercles horaires sont tronqués par l'horizon, et qu'ils ont une partie visible et l'autre invisible. Il est clair que les méridiens ou cercles horaires sont des demi-cercles ; or, à

l'*équateur*, les deux poles étant l'horizon, tous ces méridiens sont en entier ou au-dessus ou au-dessous de l'horizon.

Pag. 79 (*b*). On peut vérifier le calcul de la manière suivante:

ombre équinoxiale. = 60 *tang.* (*lat.*

ombre d'hiver.   = 60 *tang.* (*lat.* + 23ᵖ 51′ 20″).

ombre d'été.   = 60 *tang.* (*lat.* — 23ᵖ 51′ 20″).

Tang. lat. = *cot. obliquité* × *cos. arc semi-diurne.* Ici le plus grand jour est de. **12ʰ. 15′.**

arc diurne.	....	6′ . 3°. 45′.
arc semi-diurne.	....	3ᵗ . 1°. 52′ . 30″ . *cos.* 8,51480.
cot. obliquité.	....	23°. 51′ . 20″ . *cot.* 0,35437.

tang latitude. = ... 4°. 13′. 54″   8,86917.
                                              60 = 1,77815.

ombre équinoxiale. =	....	4°.4394. = 0,64732.
=	....	4°. 26′364.
=	....	4°. 26′.. 21″84.
=	....	4°. 26′ . 22″.

latitude. =	....	4°. 13′ . 54″.
obliquité.	....	23°. 51 . 20 .

tang. .... 28°. 5′ . 14″ = 9,72727.
                                        60 = 1,77815.

ombre d'hiver. =	....	32′,020 = 1,50542.
=	....	32°. 1′ 2″
=	....	32°. 1 . 12

                                      23°. 51 . 20 .
                                      4°. 13 . 54 .

tang. .... 19°. 37′.26″ . = 9 . 55212.
                                      60 . = 1 . 77815.

ombre d'été. =	....	21°. 391 = 1 . 33027.
=	....	21°. 23′ . 46″.
=	....	21 . 23 . 27 . 6.
=	....	21 . 23 . 27 . 36.

Ainsi, la *latitude* est 4°.13′.54″. Ptolémée la fait de 4°. 15′. en nombre rond.

Ombre équinoxiale.	*Ombre d'hiver.*	*Ombre d'été.*
4ᵖ. 26′. 21″.................	32ᵖ, 1′, 12″.................	21ᵖ.23′. 27″. 36″.
Ptol. 4 . 3 .12	32 .0 . 0	21 . 3
Erreur.. » .23′. 9″................	— 0 . 1′. 12″..............	— 0 . 20′. 28″.

Pag. 84 (lig. 3). *Arc diurne* .... 15ʰ. 30′

Arc semi-diurne	7ʰ. 45′ = 465°.	
Cos. (⁴⁶⁵⁄₄) 465′ = ⁴⁶⁵°⁄₄ = ...	116°.15′	9.64571.
Cot. obl	23°.51′.20″	0.35437.
Tang. latit. .... =	45°. 0′.20″	0.00008.
Ou, en négligeant les secondes	45°. 0′.	

Pag. 88 (*f*). Soit L, la *latitude*, D la *déclinaison boréale*, et D' la *déclinaison australe*. La *distance méridienne au zénith* sera en été L — D. Pour que le soleil ne se couche pas, il faut que L+D=90°, ou que L=90 — D. Pour que le soleil ne se lève pas, il faut que L+D'=90°, et L=90°—D'.

Dans les deux cas, la *déclinaison* est ce qui manque à la *latitude* pour qu'elle soit de 90° le jour que le soleil ne se lève ou ne se couche pas. Ou bien, la distance du soleil au *zénith* à minuit est en général = (90—L)+(90—D)= 180—(L+D). Si le soleil à minuit est à l'*horizon*, on a 180—(L+D)=90°, ou 90°= L+D, et L=90°—D. La distance au *zénith* à midi, est =L—D. Si le soleil à midi est à l'*horizon*, L—D=90 . Donc 90+D=L. Mais L ne peut être > 90°. Donc D est négative ou nulle, (c'est-à-dire que la *déclinaison* est australe, ou o).

Pag. 89. Le moyen de vérifier ces climats de mois, est bien simple.

Cherchez la *déclinaison du soleil* 15 jours ou 15 degrés avant le *solstice*. Cette *déclinaison* sera le complément de la *latitude* pour le climat d'un mois. Prenez la *déclinaison* de même.

A 30 jours .... ou 30° du *solstice*.
A 45   ....   45.
A 60   ....   60.
A 75   ....   75.
A 90   ....   90.

Cette dernière *déclinaison* est o. Cette marche ne peut dans le vrai donner aucune précision. L'auteur suppose le mouvement du soleil de 1 degré par jour. Il néglige la réfraction et le demi-diamètre du soleil. Mais ce problème n'étant, comme il le dit lui-même, qu'une spéculation simplement curieuse, ce seroit temps perdu, d'y chercher plus de précision. Il suffira de remarquer qu'aux *latitudes* indiquées la durée du jour sera plus grande qu'il ne dit. Car le soleil étant *apogée*, son mouvement est plus lent, et en tout cas, il ne seroit pas de 1° par jour. La réfraction étant de 32 à 33 minutes, et le demi-diamètre de 15, les *déclinaisons* apparentes du bord supérieur seront plus fortes de 48' qui donneront au moins quatre fois 24ʰ de plus à la durée du plus long jour.

Сн. vii, *pag.* 90 (*a*). Les *triangles rectangles* KBL, HDM, donnent *cos*. BK = $\dfrac{cos. \text{LK}}{cos. \text{BL}}$ = $\dfrac{cos. \text{MH}}{cos. \text{MD}}$ = *cos*. HD. Donc BK = HD, ou 180 — HD = BH. Or K et H sont l'un à droite et l'autre à gauche de E, donc ils sont deux points différens. Donc BK = HD. Donc KE = EH, car BE = ED. Donc les *triangles* KLE et HME sont parfaitement égaux, car ils ont les trois côtés égaux chacun à chacun. Donc aussi KLE = HME. Mais KLT = ZMH, donc ELT = EMZ, donc ET = ZE.

Si LK ou HM étoit moindre que la *latitude*, le point K ne pourroit se lever sur l'*horizon*, et le point H ne pourroit se coucher. Mais tant que LK sera plus grand que BL, le point K tombera entre B et E, et le point H entre D et E. Les Grecs pouvoient faire *corde* (180 — 2 BK) = $\dfrac{corde\,(180 - 2\;décl.)}{corde\,(180 - 2\;lat.)}$ = *corde* (180 — 2 HD). Ce qui est identique à notre analogie.

La solution trigonométrique moderne est *cos*. Z × *tang*. ZH = *cos. obliquité* × *tang. arc* donné; *sin*. EN= $\dfrac{sin. \text{ZN}.\;tang.\;obl'q.}{tang. \text{HEN}}$ = $\dfrac{sin. \text{ZN}\;.tang.\;obliq.}{cot. \;latitude}$ = *tang*. HN × *tang. latit*. = *tang. déclin*. × *tang. latitude*, et enfin ZE = ZN — EN.

Or, dans la première analogie, *cos. obliq*. est constant, ainsi ZN ne peut varier qu'avec l'*arc* donné

de l'*écliptique*. Que cet *arc* soit boréal ou austral par rapport à l'*équateur*, peu importe; **EN** ne peut varier qu'avec **ZN**, car le produit, *tang. obliq.* × *tang. latitude*, est constant. Donc **ZE** qui est **ZN**−**EN** ne peut varier qu'avec la longueur de l'*arc* **ZH**, et non par sa position. **ZN** est l'*ascension droite* de **ZH**, **ZE** son *ascension oblique*, **EN** la *différence ascensionelle*. Or le *triangle rectangle* **ENH** donne *sin.* **EN** × *tang.* **HEN** = *tang.* **HN** = *tang. déclin.* du point donné **H**. *Sin.* **EN** = *tang. déclin. cot.* **HEN** = *tang.* **D** × *tang.* **L**. Or *tang.* **D** est égale pour deux *arcs* égaux *tang.* **L** est constante. Donc **EN** ou la *différence ascensionelle* est la même pour deux *arcs* égaux de l'*écliptique* de part et d'autre de l'*équinoxe*.

Mais l'*ascension droite* est aussi la même, car elle se trouve par l'équation *tang.* **ZN** = *cosinus obliquité tangente* arc donné de l'*écliptique*. Donc, etc., les Grecs pouvoient faire *corde* **ZEN**

$$= \frac{corde\ 2\,D}{corde\ (180 - 2\,D)} \cdot \frac{corde\ 2\,latitude}{corde\ (180 - 2\,latitude)}.$$

Cн. vII, *pag.* 91 (*b*). Cela est vrai, mais auroit besoin d'être prouvé.

BL = **MD** = *latitude* ou hauteur du pôle. Les *angles* **B** et **D** sont droits. Les deux *triangles rectangles* **LBK**, **MDH** ont les bases égales **BL** et **MD**, et les côtés opposés à l'*angle* droit **LK**, **MH**, égaux. Donc le 3e côté est aussi égal. Donc **BK** = **DH**. Donc **EK** = **EH**, car **BE** = 90° = **ED**.

Pag. 93 (*c*). $\dfrac{Corde\ 2\,KD}{Corde\ 2\,DG} = \dfrac{corde\ 2\,KL}{corde\ 2\,LM} \cdot \dfrac{corde\ 2\,ME}{corde\ 2\,EG} \dfrac{corde\ 2\,lat.}{corde\,(180 - 2\,lat.)} = \dfrac{corde\,(180 - 2\,D)}{corde\ 2\,D} \cdot \dfrac{corde\ 2\,ME}{corde\ 180}$,

donc corde 2 **ME** = $\dfrac{corde\ 2\,latitude}{corde\,(180 - 2\,latitude)} \cdot \dfrac{corde\ 2\,déclinaison\,.\,corde\ 180}{corde\,(180° - 2\,déclinaison)}$, ce qui revient à

sin. **ME** = *tang. latitude. tang. déclinaison.*

La règle de Ptolémée pour calculer la *différence ascensionelle*, est donc identique à la règle moderne, mais elle est d'un usage beaucoup moins commode.

Pag. 94 (*d*). Pour le signe du bélier, l'*ascension* droite est...................... 27ᵈ 50′. la *différence ascensionelle*........ − 8.38. *ascension oblique*.............. 19.12. c'est aussi celle des poissons.

Pour le signe de la vierge, l'*ascension droite* est............................. 27ᵈ 50′. la *différence ascensionelle*........ + 8.38. *ascension oblique*.............. 36.28.

ou bien doublez l'*ascension droite* du bélier.................... 55ᵈ 40′. retranchez-en son *ascension oblique*.......................... 19.12. *ascension oblique* de la vierge................................ 36.28.

Ainsi, ayant l'*ascension oblique* du bélier, prenez ce qu'il s'en manque pour qu'elle soit égale à la double *ascension droite* du même signe, c'est-à-dire ce qui manque à 19ᵈ 12′ pour valoir 55ᵈ 40′, ou 36ᵈ 28′, vous aurez l'*arc de l'équateur* qui monte en même temps que la vierge ou les serres.

Pour les signes méridionaux la *différence ascensionelle* s'ajoute à l'*ascension droite*, au lieu de se retrancher. Soit **CA** le signe de la balance, **AI** l'*arc perpendiculaire*, **CI** sera l'*ascension droite*, **CO** l'*ascension oblique*, **IO** la *différence ascensionelle*, **BD** la vierge, **BN** *arc perpendiculaire*, **DN** = *ascension droite*, **DO** = *ascension oblique*, **NO** *différence ascensionelle additive*.

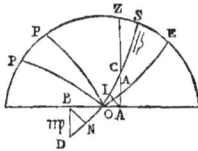

Soit $a = \frac{1}{2}\,S - \frac{1}{2}\,d$, $b = \frac{1}{2}\,S + \frac{1}{2}\,d$, on aura $b = S - a = \frac{1}{2}\,S + \frac{1}{2}\,S - (\frac{1}{2}\,S - \frac{1}{2}\,d) = \frac{1}{2}\,S + \frac{1}{2}\,d$. Ce qui démontre la règle donnée par Ptolémée, pour trouver b quand on connoît S et a. Mais il est

encore plus simple, quand on a $\frac{1}{2}$ S = *ascension droite*, et $\frac{1}{2}$ d = *différence ascensionelle*, de faire
$a = \frac{1}{2} S - \frac{1}{2} d$, et $b = \frac{1}{2} S + \frac{1}{2} d$.

Pag. 95 (*e*).   CALCUL DES ASCENSIONS OBLIQUES PAR LES ASCENSIONS DROITES.

♈   ascens. dr. 27ᵈ.50′ 207ᵈ.50′   ♈.♉.♓.♋ asc. dr. 122ᵈ.16′ 302ᵈ.16′

           differ. asc. — 8.38   +8.38   diff. asc. — 15.46   + 15.46

           ascens: obl. 19.12   216.28
                           180   asc. obl. 106.30   318. 2

                           ♎
                         36.28   ♈.♉.♓   71.15   288.45

♈ + ♉   ascens. dr. 57.44 237.44
           differ. asc. — 15.46 + 15.46

           ascens. obl. 41.58 253.30   ♋ asc. obl. 35.15 ♑ 29.17
♈   ascens. obl. 19.12 216.28
♉   ascens. obl. 22.46 ♍ 37. 2

(*f*) 2 asc.(♈.♉).73.30 = 2 asc.(♍.♌.)   ♈....♌ asc. dr. 152.10 332.10
     ♍   36.28   diff. asc. — 8.38 + 8.38
     ♌   37. 2 = ♍   asc. obl. 143.32 340.48
                       ♈...♋   106.30 318. 2

♈+♉+♓   90. 0   270. 0   ♌...   37. 2 ♎ 22.46
       differ. asc. 18.45 + 18.45   ♈.♉.41.58
                              ♈. 99.12
       ascens. obl. 71.15 288.45   ♉. 22.46 ♎
♈ + ♉ ascens. obl. 41.58 253.30   ♈...♍ asc. dr. 180. 0 360. 0
                              diff. asc.   0. 0   0. 0
                          ♈...♌   143.32 340.48
♓   ascens. obl. 29.17. ↦ 35.15   ♍...   36.28)(19.12

—(*g*) *Plus grand jour*.................................. 14ʰ $\frac{1}{2}$ } = 24ʰ.
     Plus court.................................... 9 $\frac{1}{2}$ }

de ♋ à ↦   14ʰ 30′ = 7ˢ. 7°.30′.. 217°.30′ }   71.15 (de ♋ à ♍. 108°.45 de ♎ à ↦.
♑ à ♓   9 30 = 4.22.30 .. 142.30 } — 41.58 ♍ et ♌. 73.30′ ♎ et ♍
♑ à ♈ et de ♈ à ♓ .... 71.15. } ♓ et ♑ 29.17   ♋. 35.15.
♋ à ♑ et de ♎ à ↦ .... 108.45. }

Il suffit de calculer les *ascensions droites* et les *différences ascensionelles* pour le premier quart.
Dans le second quart, les *ascensions droites* sont les supplémens des précédentes en rétrogradant; les
différences ascensionelles reviennent les mêmes en ordre inverse. Dans le troisième quart, les *ascensions
droites* sont celles du premier quart augmentées de 180ᵈ, et les *différences ascensionelles* les mêmes que
dans le premier quart, mais additives. Dans le dernier quart, les *ascensions droites* sont celles du second
augmentées de 180ᵈ, et les *différences ascensionelles* les mêmes que celles du second, mais additives.

Pag. 97 (*i*). $\dfrac{corde\ 2\,TH}{corde\ 2\,ZH} = \dfrac{corde\ 2\,TE}{corde\ 2\,EL} \cdot \dfrac{corde\ 2\,KL}{corde\ 2\,KZ},\ \dfrac{corde\ 2\,obliq.}{corde\,(180-2\,obl.)} = \dfrac{corde\ 2\,TE}{corde\ 2\,EL} \cdot \dfrac{corde\ 2\,D}{c.\,(180-2\,D)},$

$\dfrac{corde\ 2\,TE}{corde\ 2\,EL} = \dfrac{corde\ 2\,obliq.}{corde\,(180-2\,obl.)} \cdot \dfrac{corde\,(180-2\,D)}{corde\ 2\,D}\ \ \dfrac{corde\ 2\,EL}{corde\ 2\,TE} = \dfrac{corde\,(180-2\,obl.)}{corde\ 2\,obliq.} \cdot \dfrac{corde\ 2\,D}{corde\,(180-2\,D)},$

$corde\ 2\,(\textit{différ. ascension.}) = corde\ 15\,(\textit{plus grand jour} - 12^h) \times \dfrac{corde\,(180-2\,\omega)}{corde\ 2\,\omega} \cdot \dfrac{corde\ 2\,D}{corde\,(180-2\,D)}$

$sin.\ \textit{différence ascensionelle} = sin.\ 15\,(\textit{plus grand jour} - 12^h) = cot.\,\omega\,.\,tang.\ D.$

Or *sin.* 15 (*plus grand jour* — 12ʰ) = *tang.* ω . *tang.* L , donc *sin.* *différence ascensionelle*
= *tang.* ω × *tang.* L × *cot.* ω × *tang.* D = *tang.* L × *tang.* D.

Formule dont on se sert aujourd'hui, et que nous avons vue (*pag.* 27). Elle est beaucoup plus simple et plus directe, mais plus compliquée pour les Grecs qui ne connoissoient pas les *tangentes*.

Cot. ω *tang.* D étoit une *constante* pour tous les climats. A la vérité dans la valeur *tang.* D *tang.* L, *tang.* D avoit le même avantage, mais $\frac{sin.\,D}{cos.\,D} \cdot \frac{sin.\,L}{cos.\,L} = \frac{corde\,2\,D}{corde\,(180-2\,D)} \cdot \frac{corde\,2\,L}{corde\,(180-2\,L)}$,

c'est une *constante* $\frac{corde\,2\,L}{corde\,(180-2\,L)}$ à multiplier par *corde* 2 D, et à diviser par *corde* (180 — 2 D).

Cн. ıx , *pag.* 112 (*a*). $\frac{Arc\;diurne}{15}$ = nombre d'*heures équinoxiales du jour.*

$\frac{arc\;diurne}{12}$ = nombre des *heures temporaires* évaluées en degrés de l'*écliptique.*

$6^{\text{h. t.}} = 6^{\text{h. éq.}} \pm \frac{\text{différence ascensionelle}}{15}$.

$6^{\text{h. éq.}} = 6^{\text{h. t.}} \mp \frac{\text{différence ascensionelle}}{15}$.

$1^{\text{h. éq.}} = 1^{\text{h. t.}} \mp \frac{\text{différence ascensionelle}}{90}$.

$1^{\text{h. t.}} = 1^{\text{h. éq.}} \pm \frac{\text{différence ascensionelle}}{90}$.

Le signe supérieur est pour les signes septentrionaux , l'inférieur pour les méridionaux. Donc
$1\,heure\;temporaire = 15^{\text{d}} \pm \frac{15\;différence\;ascensionelle}{90} = 15^{\text{d}} \pm \frac{différence\;ascensionelle}{6}$.

Tout ce chapitre, qui au fond est fort aisé, auroit eu besoin d'exemples pour être plus clair. Les préceptes y sont plus longs et plus entortillés que difficiles à suivre. Comparons ces procédés à ceux que nous fournit la trigonométrie moderne.

Probléme 1. Trouver la longueur du jour et de la nuit pour un climat donné :

La formule est *cos. arc semi-nocturne* = *tang.* L . *tang.* D = $\frac{sin.\,L}{cos.\,L} \cdot \frac{sin.\,D}{cos.\,D}$.

Cette formule est fort simple, supposé que l'on connoisse la *déclinaison* à l'instant du coucher. *Cos. arc semi-diurne* = — *tang.* L. *tang.* D. Ces deux *arcs* sont supplémens l'un de l'autre.

Les Grecs avoient ces deux formules, s'ils n'en ont pas tiré meilleur parti, c'est qu'ils craignoient les calculs trigonométriques, et qu'ils vouloient tout ramener à la table des *ascensions droites* et *obliques.*

Pour le jour, ils prenoient l'*ascension oblique du soleil*, et celle du point opposé de l'*écliptique* en suivant l'ordre des signes. La différence étoit l'*arc* de l'*équateur* qui traverse l'horizon oriental pendant le jour. Cette différence divisée par 15, étoit la durée du jour en heures équinoxiales. L'usage d'une table des *arcs diurnes* ou *semi-diurnes* auroit été beaucoup plus commode.

Pour la nuit, ils prenoient l'*ascension oblique* du point diamétralement opposé au soleil, et celle du soleil. En retranchant celle-ci de la première ils avoient l'*arc* de l'*équateur*, qui passe à l'horizon occidental pendant la durée de la nuit. Il est évident que cette durée étoit le supplément à 360ᵈ ou 24 heures équinoxiales de la précédente. Mais l'usage étoit de partager le jour et la nuit en 12 heures qu'on appeloit *temporaires*. Ainsi les heures de la nuit et du jour étoient différentes.

Pour mieux comprendre les méthodes de Ptolémée, appliquons-les toutes au même exemple :

Latitude 36°, *obliquité* 23°. 51′. 20″, *lieu du soleil* 7ˢ. 0 . 0′. 0″, *point opposé* 1 . 0 . 0 . 0 .

longitude. 30ˢ. *tang.*.....9. 76144 *sin.* 30°........ 9. 69897   *tang.* D.......... 9. 31503.
cos. obliq. 23°. 51′. 20″..9. 96119 *sin. oblique* ..... 9. 60685   *tang.* L.......... 9. 86126.
asc. droite 27°. 50 . 0 . .9. 72263 *sin.* 11°. 40′. 0″. = 9. 30582   *sin.* 8°. 37′. 52″. 9. 17629.

asc. dr. ☉ 207°.50'. 0   asc. dr. du point opposé. 27°.50'. 0''   différ. asc.   6ʰ = 90°. 0'. 0''.
diff. asc. + 8°.37.52   .... − 8 .37 .52   différ. asc.   8 .37 .52 .

asc. ob. ☉ 216 .27.52   asc. ob. du point opposé. = 19 . 12 . 8   arc semi-diur.   81 .22. 8 .
                                                                      arc semi-noct.   98 .37 .52 .

                                                                      arc diurne.   162 .44 .16 .
                                                                      arc nocturne.   197 .15 .44 .

                                                                          Somme.   360 . 0 . 0''.
1 heure équinoxiale = 15,
1 heure temporaire du jour =   durée du jour . .   4'. 42°. 44'. 16''.
                                                                                        ──────────────── =
  162°. 44'. 16''   136°. 33°.41'.20''.   15
  ────────────── = ───────────────────
       12   60   temps équinoxial. 10ʰ. 50'. 57''. 4'''.
                  = 136°. 33'. 41''. 20'''.
1 heure temporaire de la nuit =   6. 17°. 14'. 44''
  197°. 15'. 44''   166°. 26°. 18'. 40''.   durée de la nuit = ──────────────── =
  ────────────── = ──────────────────   15
       12   60
                  = 166°. 26'. 18''. 40'''.   temps équinoxial, 13ʰ. 9'. 2''. 56'''

ascension droite ☉   = ... 207°. 50'. 0''.   + 0''.
asc. dr. du point opposé.   ....   27 . 50 . 0 .   0 .
ascension oblique ☉.   .... 216 . 28 . 0 .   + 8 .
ascens. du point opposé.   ....   19 . 12 . 0 .   + 0 .
déclinaison ☉.   ....   11 . 39 . 59 .   − 1 .
durée du jour.   .... 162 . 44 . 0 .   − 16 .
durée de la nuit.   .... 197 . 16 . 0 .   + 16 .
heure équinoxiale.   ....   15 . 0 . 0 .   0 .
heure temporaire diurne.   ....   13 . 33 . 40 .   − 1 . 20'''.
heure temporaire nocturne. ....   16 . 26 . 20 .   + 1 . 20'''.

MÉTHODES DE PTOLÉMÉE.   TABLES DE PTOLÉMÉE.

ascens. oblique du point opposé au ☉. 216°. 27'. 52''.   216°. 28 .
ascension oblique ☉.   19 .12 . 8 .   19 . 12 .
arc nocturne.   ───────────   ──────── { ascens. oblique du point opposé.
                                       197 . 15 . 44 .   197 . 16 .   − ascension oblique ☉.

arc diurne.   162 .44 . 16 .   162 . 44 .   { ascension oblique ☉.
                                                                       − asc. obl. du point opposé.
Divisons par 15 et par 12 comme ci-dessus :
différence ascensionelle.   8°. 37'. 52''.   8°. 38'.
⅙ =   1 .26 .18 .   1 .26 .20''.
heure équinoxiale   15   15 .

heure temp. diur. 15 − ⅙ =   13 .33 .42 .   13 .33 .40 .
heure temp. nocturne. 15 + ⅙ =   16 .26 .18 .   16 .26 .20 .

Soit proposé maintenant de convertir en *heures équinoxiales* 4 *heures temporaires du jour :*
4 *heures temporaires* = 4 × 13°. 33'. 42'' = 54°. 14'. 48'' de l'*équateur*, qui, divisés par 15°, donnent
3 *heures* 36'. 59''. 12'''. Réciproquement 3 heures 36'. 59''. 12''' = 15 × 3°. 36'. 59''. 12''' = 54°. 14'. 48''
qui, divisés par 13 . 33 . 42, donnent 4 *heures temporaires de jour.* 4 *heures temporaires de nuit* valent

4 fois 16°26′ . 18″ $=$ 65ᵈ. 45′ 12″ $=$ 4 heures 23′ 0″ 48‴ *équinoxiales.* Réciproquement 4 heures 23′. 0″. 48‴ *équinoxiales* $=$ 15 fois 4°. 23′. 0″. 48‴ $=$ 65°. 45′. 12″, qui, divisés par 16 . 26 , 18 , donnent 4 heures *temporaires* de nuit. Jusqu'ici les règles de Ptolémée sont identiques à celles que nous tirons de la trigonométrie moderne, et elles se réduisent aux formules suivantes :

Longueur du *jour* en degrés .... $\begin{cases} = \text{ascension oblique du soleil}, \\ - \text{ascension oblique du point opposé.}, \end{cases}$

Longueur de la *nuit* .... $\begin{cases} = \text{ascension oblique du point opposé,} \\ - \text{ascension oblique du soleil.} \end{cases}$

Valeur en degrés, des *heures équinoxiales* du jour $= \dfrac{\text{longueur du jour en degrés}}{15}$.

Valeur en degrés, des *heures équinoxiales* de la nuit $= \dfrac{\text{longueur de la nuit en degrés}}{15}$.

Heure temporaire du jour en degrés .... $= \dfrac{\text{longueur du jour}}{12}$.

Heure temporaire de la nuit en degrés .... $= \dfrac{\text{longueur de la nuit}}{12}$.

Nombre d'*heures équinoxiales* .... $=$ nombre d'*heures temporaires* multiplié par la valeur en degrés, des *heures temporaires*, et divisé par 15.

Nombre d'*heures temporaires* .... $=$ Nombre d'*heures équinoxiales* multiplié par 15, et divisé par la valeur en degrés, des *heures temporaires*.

Heure temporaire en degrés .... $= \dfrac{\text{heure équinox.} + \text{différ. ascension.}}{6}$

Remarquez que la *différence ascensionelle* est la différence entre 90° et l'*arc semi-diurne* ou l'*arc semi-nocturne*. Le sixième est donc la différence entre 15° et le $\frac{1}{6}$ de l'*arc semi-diurne*, ou le $\frac{1}{11}$ de l'*arc diurne*, c'est-à-dire les degrés qui répondent à l'*heure temporaire*.

Cette différence est additive pour le jour, si le jour passe 12 heures; additive pour la nuit, si la nuit passe 12 heures; et soustractive dans les deux cas contraires.

Connoissant un nombre d'*heures temporaires* et leur valeur, trouver le point orient de l'*écliptique*, c'est-à-dire le point qui est à l'horizon :

Si l'heure donnée est de jour, réduisons en degrés l'heure depuis le lever; c'ést-à-dire, multiplions les heures écoulées depuis le lever, par la valeur des *heures temporaires diurnes*, nous aurons l'*arc de l'équateur* qui aura passé à l'horizon depuis le lever. Ajoutons cet *arc* à l'*ascension oblique du soleil* prise dans la table du climat, nous aurons le point de l'*équateur* à l'horizon. Avec ce point qui est l'*ascension oblique* du point orient de l'*écliptique*, nous trouverons le point dans la table, et le problème est résolu.

Si l'heure donnée est de nuit, réduisons l'*heure temporaire* depuis le coucher en degrés suivant la valeur de l'*heure nocturne*, nous aurons l'*arc de l'équateur* qui aura traversé l'horizon oriental depuis le coucher du soleil. Ajoutons cet *arc* à l'*ascension oblique du point opposé* au soleil, nous aurons le point de l'*équateur*, qui se lève. Avec ce point, la table nous donnera le point de l'*écliptique* qui est à l'horizon oriental.

Voulons-nous le point de l'*écliptique* qui est au méridien supérieur, convertissons en degrés les *heures temporaires* écoulées depuis midi, et ajoutons-les à l'*ascension droite du soleil*, nous aurons le point de l'*équateur* qui est au méridien, et cette *ascension droite* nous donnera le point correspondant de l'*écliptique*, c'est-à-dire celui qui est au méridien, cela est encore évident.

Le point de l'*écliptique* qui est à l'horizon, étant donné, pour en conclure celui qui est au méridien, cherchez l'*ascension oblique du point donné*, retranchez-en pour tout climat, 90°, vous aurez le point de l'*équateur* au méridien. Et avec ce point vous trouverez le point de l'*écliptique* auquel il correspond dans la table de la *sphère droite*. Ce sera le point au méridien.

I.   C

Réciproquement, le point au *méridien supérieur* étant donné, nous aurons le point à l'*horizon*, en cherchant l'*ascension droite* du point donné, puis en ajoutant pour tout climat 90°, et avec la somme nous trouverons le point à l'*horizon* dans la table des *ascensions obliques du climat*. Ce qui vient ensuite sur la différence des méridiens est de toute évidence.

Tout ce chapitre est donc éclairci. Ces méthodes seroient fort bonnes, et la table serviroit en effet à bien des usages; mais elle suppose visiblement que le soleil reste pendant une partie considérable du jour, au même point de l'*écliptique*, ce qui n'est pas vrai. Les résultats ne seront donc qu'approximatifs. Mais avec ces valeurs approchées, on pourra recommencer le calcul et avoir une valeur plus approchée avec laquelle on fera un troisième calcul, si le second résultat diffère du premier.

Ces méthodes supposent encore que l'on sache calculer le lieu du soleil pour un temps donné. Ce dont Ptolémée n'a pas encore parlé.

Cɴ. x, *pag.* 116 (*b*). C'est-à-dire supplément du dernier *arc* nommé, qui est 113°.51′; car DAZ + BAZ = 180ᵈ. Mais BAZ = ZGB; donc de 180ᵈ retranchant 113ᵈ.51′, restent 66ᵈ.9′ = ZGB.

$$P.\ 116\ et\ 117(c,d).\ \frac{Corde\ 2\,BA}{Corde\ 2\,HA} = \frac{corde\ 2\,BZ}{corde\ 2\,TZ} \cdot \frac{corde\ 2\,TE}{corde\ 2\,EH}, \frac{corde\ 2\,D}{corde\ (180-2\,D)} = \frac{corde\ 2\,longitude}{corde\ (180-2\,longit.)} \times$$

$$\frac{corde\ (180-2\,TE)}{corde\ 2\,(90)}, \frac{corde\ (180-2\,TE)}{corde\ 2\,(90)} = \frac{corde\ (180-2\,longit.)}{corde\ 2\,longit.} \times \frac{corde\ 2\,D}{corde\ (180-2\,D)}, \text{ ce qui}$$

revient à *cos.* TH = *cot. longit.* × *tang.* D = *sin.* TE, c'est ce que nous donne la trigonométrie moderne. Ptolémée calcule donc au moyen de quatre *cordes* ce que nous trouvons par deux *tangentes*. Mais la trigonométrie donne encore *cot.* TH = *cos. longit.* × *tang. obliquité.* Formule plus commode et plus

directe qui revient à $\dfrac{corde\ (180-2\,TH)}{corde\ 2\,TH} = \dfrac{corde\ (180-2\,longitude)}{corde\ 2\,longitude} \times \dfrac{corde\ 2\,obliquité}{corde\ (180-2\,obliquité)},$

Mais à cause des deux *cordes* renfermées dans un de ces membres, l'équation est du second degré.

—(*c*) La formule générale de ces *angles* est *cot.* A = *cos.* L. *tang.* ω. D'où il résulte que si deux *longitudes* ont le même *cosinus*, elles ont les *angles* A égaux, et que si les *cosinus* sont les mêmes numériquement, mais l'un positif et l'autre négatif, les *angles* A sont supplément l'un de l'autre.

Cɴ. xɪ, *pag.* 118. Le titre signifie *hauteur du nonagésime.*

Pag. 121 (*b*). Toutes ces solutions de Ptolémée sont embarrassées, parcequ'il prend pour argument le point orient de l'*écliptique* au lieu du point orient de l'*équateur.*

Pag. 122. (*c*). Nous voilà renvoyés à une opération qui est déjà assez longue; mais elle n'est pas nécessaire jusqu'ici, car EG est l'hypoténuse du triangle EDG rectangle en D, ED < 90°, DG = BA, et dans le climat de 36°, aucun point A de l'*écliptique* ne s'élève à 90°. En effet,

Hauteur équinoxiale . . . . = 54°.

Obliquité . . . . = 23°.51′.

Maximum de DG . . . . = 77°.51′.

Donc DG < 90°; donc EG < 90°. Pour un lieu situé dans la zône torride, DG pourroit surpasser 90°. Mais il en résulteroit seulement que ZHT seroit en dedans de ZD au lieu d'être en dehors.

—(*d*). Cela est vrai, mais n'est pas assez développé. E étant le pole de ZHT, imaginez l'*arc* ZE; il sera de 90°, et le seul *arc* de 90° qu'on puisse mener du point E au méridien inférieur BZD : donc Z sera le pole de l'horizon, ZD et ZT se terminent à l'horizon; ils seront donc tous deux de 90°.

$$\frac{Corde\ 2\,GD}{Corde\ 2\,DZ} = \frac{corde\ 2\,GE}{corde\ 2\,EH} \cdot \frac{corde\ 2\,HT}{corde\ 2\,ZT}, \frac{corde\ 2\,HT}{corde\ 180} = \frac{corde\ 2\,GD}{corde\ 180} \cdot \frac{corde\ 2\,EH}{corde\ 2\,GE}, sin.\ HT$$

$$= \frac{sin.\ abaissement\ du\ point\ au\ méridien}{sin.\ arc\ entre\ l'horizon\ et\ le\ méridien}, \text{ c'est ce que donne directement le triangle EGD rectangle}$$

en D. Nous faisons aujourd'hui *sin.* E = *sin.* HT = $\dfrac{cos.\ latit.\ \times\ sin.\ ascen.\ dr.\ du\ point\ or.\ de\ l'équat.}{sin.\ point\ or.\ de\ l'écliptique},$

et *cos.* E = *cos. obliq.* × *sin. latit.* — *sin. obliq.* × *cos. latit.* × *cos. ascens. dr.* du point oriental de l'équat. Ce qui est beaucoup plus court et plus direct.

Ch. xi, *pag.* 124 (lig. 22). Ces *arcs* égaux seroient des *arcs* de petit cercle qui mesureroient les *angles* horaires égaux AGD, AGZ; aujourd'hui l'on ne fait guères usage de ces *arcs* de petit cercle, on leur substitue les *angles* au pole.

Pag. 134 (*exposition*). Pour corriger ces tables et juger de leur exactitude, il seroit trop long de faire les opérations indiquées par Ptolémée; et d'ailleurs, les calculs qu'il y emploie, ne sont peut-être pas assez exacts. Voici comme on pourroit s'y prendre avec nos tables de *sinus* :

Prenons pour exemple le 1er degré des poissons dont la *longitude* est de 330^d. Et le climat de Méroë dont le plus grand jour est de 13^b. Ptolémée ajoute que la *latitude* est de 16^d 27'. Cherchons cette *latitude*.

La moitié du plus grand jour $= 6^h 30' = 97^d 30'$ angle horaire.

Tangente latitude = cos. 97^d 30' *cot. obliquité.*

$$cot.\ 23\ 51\ 20'' = 0.35437$$
$$cos.\ 97\ 30 = 9.11570$$

Tangente latitude = $\quad 16\ 26\ 41 = 9.47007$

Ptolémée donne $\qquad 16° 27' \qquad\qquad$ en négligeant les secondes.

Supposons d'abord le soleil au *méridien* en S à 330^d de *longitude*. S $\Upsilon = 30°$, et *sin.* AS $= sin.$ *obliq. sin.* S Υ. Le *cercle de déclinaison* se confondant avec le *méridien*, sera aussi *cercle vertical*. L'*angle de l'écliptique* avec le *vertical* sera donc AS Υ. Et *cot.* AS $\Upsilon = cos.$ S Υ *tang. obliquité.*

Sin. 330^d. $= - sin.$ 30^d........$- 9.69897 \quad cos.$ 330 $= cos.$ 30......$+ 9.93753.$
Sin. obliq. $= \quad sin.$ 23°.51'.20'' $\quad 9.60685 \quad tang.\ obl. = tang.$ 23°.51'.20'' $9.64563.$
Sin. déclin. $= - \quad 11 .40 . 2 \quad 9.30582 \quad cot.$ AS $\Upsilon = \qquad 69 . 2 .41 \quad 9.58316.$

La *déclinaison* est australe à cause du signe négatif.

L'*angle* du côté de l'orient sera donc 69°.2'.41'', Ptolémée le fait de 69° .0.

L'édition de Basle dit, que cet *angle* est austral; il est pourtant clair qu'il a son ouverture du côté du nord. (Ainsi c'est une faute que M. Halma a bien fait de corriger). L'*angle occidental* sera aussi de 69^d.2'.41'', mais au sud de l'*écliptique*. Ptolémée laisse la place vide à la colonne de l'*angle occidental*, pour indiquer sans doute que l'*angle* est le même. Il y place seulement le mot νότιος *austral*, et il a raison.

Soit AZ la distance de l'*équateur* au *zénith*, Z sera le *zénith*.
AZ la *latitude*................ $= 16^d.26'.41'' = L.$
La distance de l'*écliptique* au *zénith* $= 11 .40 . 2 = D.$

$$ZS = ZA + AS = L + D = 28 . 6 .43.$$

Ptolémée $\qquad 28 . 7$................ en négligeant les secondes.

Pour les heures avant midi, prenons AZP $= 90^d$, P sera le pole, et PS $= 90 + D$. Le *zénith* ne sera plus sur le *cercle horaire*, mais quelque part en Z', ensorte que PZ' $=$ PZ $= 90^d - L'$. Z'S sera la distance au *zénith*, l'angle Z'PS sera l'*angle horaire*, et l'angle Z'S Υ du *vertical* avec l'*écliptique* sera Z'SP + PS $\Upsilon =$ Z'SP + 69^d. 2'. 41''. C'est l'*angle du matin*, il sera du côté du nord.

Le *triangle* Z'PS donne *cos.* PS . *cos.* PZ' + *sin.* PS . *sin.* PZ . *cos.* P. $=$ *cos.* Z'S $=$ *sin.* D . *sin.* L + *cos.* D . *cos.* L . *cos.* P. Et *sin.* Z'SP $= \dfrac{sin.\ P . sin.\ PZ}{sin.\ ZS} = \dfrac{sin.\ P . cos.\ L}{sin.\ \Delta}.$

Soit d'abord la *distance au méridien* $= 1^h. = 15^d.$

Sin. D — 9.30582	cos. D	9.99093	cos. L	9.98186.
Sin. L 9.45192	cos. L	9.98186	sin. P $= 15^d.$	9.41300.

$0.057245 - 8.75774$ *log. constant.*   9.97279

cos. Δ .... 0.27840.

$Z'SP = 28^d. 7'. 0''.$ 9.67326. $== L.$ *sinus* $Z'SP.$

cos. P. $= 15^d.$ 9.98494 $PS \gamma$ 69.2.41.

$L.$ 0.90726 $= 9.95773$ $Z'SP = 97.9.41$ nord, *angle du matin.*

Ptolémée.... 97.0.

erreur....... 9'.41''.

Nombre constant.— 0.057245
0.90726

0.850015 $= $ cos. ZS

(Il est évident que la *demi-somme* est toujours l'angle à midi).

$Z'S =$ 31^p.47'.10'' $= \Delta$ $PS \gamma =$ 69^d. 2'.41''.

Ptolémée.... 31.46 $Z''SP = -28.7.0.$

erreur ...... 1'.10''   *angle du soir,* sud 40.55'.41''.

ang. du matin 97^d. 9'.41'' Ptol. 97^d Ptolémée.... 41^d. 0'

du soir 40.55.41 41

somme. 138^d. 5'.22'' 138^d *somme.*   erreur....... 4'.19''.

demi-somme. 69.2.41 69 *demi-somme.*

---

nombre constant — 0.057245 *log. const.* 9.97279   *cosinus* L 9.98186.
0.81343 cos. P $= 30^d$ 9.93753   *sinus* P $= 30^d$ 9.69897.
cosinus Δ 0.18419.

cos. ZS $=$ 0.756185 $=$ 0.81343 9.91032

logar. 9.87863 Z' SP $=$ 47^d. 7'.35''. 9.86502.

ZS $=$ 40^d. 52'.15'' $= \Delta$ $PS \gamma =$ 69.2.41.

Ptol. 40.52 $Z'S \gamma =$ 116^d. 10'.16''.   nord.

erreur.. 0.15''.   Ptol. 115.52.

erreur. — 18'.16''.

$PS \gamma = 69^d$. 2'.41''   *angle du matin* 116^d. 10'.16''.

$Z''SP = 47.7.35$ *du soir* 21.55.6.

21.55.6   *somme* 138.5.22.

Ptolém. 22^d. 8'   *demi-somme* 69.2.41.

erreur ╋ 12'.54''

suivant Ptolémée 115^d.52' angle du matin.

22.8   *du soir.*

138.0 *somme.*

69.0 *demi-somme.*

---

nombre constant — 0.057245 *log. const.* 9.97279   Cos. L 9.98186.
0.664155 cos. P $=45$ 9.84948   sin. P 9.84948.
cos. Δ 0.09976.

cos ZS 0.606910   9.82227

logar. 9.78312 $Z'SP =$ 52^d.38'.20''. 9.93110.

ZS $=$ 52^d. 38'.3'' $= \Delta$ $PS \gamma = 69.2.41.$ 69^p. 2'.41''$=$PS γ.

Ptol. 52.30   58.34.20 $=$ Z''SP.

$Z'S\gamma =$ 127.27.1   nord.   10.28.21 $=$ Z''S γ sud.

erreur... 8'.3''   Ptol. 127^d.23'   10^p.37'

erreur — 14'.1'' ...... ╋. 8'.39''.

n. c. — 0.057245	*log. const.* 9.97279	Cos. L 9.98186.
0.469635	*cos.* P = 60 9.69897	sin. 60 9.93753.
cos. ZS = 0.412390	9.67176	cos. Δ 0.04048.
ZS = 9.61531 = 65ᵖ38'41"	Z'SP = 65°.44'.50" 9.95987.	
Ptolémée.... 65ᵖ40'	PS ℞ = 69.2.41	69°. 2'.41" = PS ℞.
erreur.. + 1'19"	Z'S ℞ = 134.47.31 nord	66.44.50 = Z"SP.
	Ptolémée... 134°.41'	3.17.51 Z'S ℞ sud.
	erreur.. — 6'.31"	3°.19'
		+.1'.9".

nombre const. — 0.057245	*log. const.* 9.97279	Cos. L = 9.98186.
0.243103	*cos.* 75° 9.41300	sin. 75ᵈ = 9.98494.
cos. ZS = 0.185858	9.38579	cos. Δ = 0.00763.
log. 9.26918	sin. Z'SP = 70ᵈ.31'.50".9.97443.	
ZS = 79°.17'.20"	PS ℞ = 69.2.41	69ᵈ.2'.41" = PSG + 180.
Ptol. 79°.18'	Z'S ℞ = 139.34.31 nord	70.31.50 = Z"SP.
err. + .0'.40"		Z"SG = 178ᵈ.30'.51".
	Ptolémée... 139°.41' sud.......... 178.19.	
	erreur.. + .6'.29"................ 11'.51".	

La table de l'édition de Basle met pour *l'angle occidental* 18ᵈ. 19'. Mais le présent calcul prouve que c'est une faute, et qu'il faut lire 178ᵈ 19', comme M. Halma.

coucher du point	*log. const.* 9.97279	cos. L 9.98186.
330ᵈ *de l'écliptique.*	*cos.* 86ᵈ.30'. 8.78568	sin. 86ᵈ. 30'. 9.99919.
5ʰ. 46' = 86ᵈ. 30'	8.75847	cos. Δ 0.00000.
n. c. — 0.057245		9.98105.
+ 0.057342	sin. Z'SP =	
0.000097	73ᵈ. 11'. 50".	69°. 2'. 41" = PS ℞.
cos. ZS = 89ᵈ.9'.40"	PS ℞ = 69.2.41.	73. 11. 50 = Z" SP.
Ptolémée. 90.0.0	Z'S ℞ = 142ᵈ.14'.31". nord.	175.50'.51" = Z"S ℞.
erreur. 0.50'.20"	Ptolémée.. 142.9. matin.	175.51 soir.
	erreur.. — 5'.31"........... + 0'.9".	

Ce qui confirme qu'il faut lire 178° 9' dans la ligne de 5ʰ, suivant la correction faite par M. Halma.

Nous avons trouvé tous les *angles du matin*, nord; Ptolémée les marque sud. Il prend apparemment les *angles* opposés au sommet des nôtres. Il marque sud les *angles du soir*, excepté les trois derniers. Suivant nos calculs les deux derniers seuls sont nord.

Quoi qu'il en soit, de cette manière de considérer les *angles*, on pourra toujours vérifier par ce moyen, les nombres de Ptolémée, et corriger les erreurs de degrés. Quant à celles des minutes, il y a dans le signe des poissons peu d'*angles* qui en soient exempts. On les rectifiera aisément par la règle que les deux *angles* réunis doivent faire la somme *constante* qui est toujours ou le double de l'*angle de midi*, ou la *différence* de ce double à 180ᵈ.

Les termes *boréal* et *austral*, ne sont que dans les tables des lieux situés dans la zône torride. Or dans ces climats il arrive chaque jour un instant où le point culminant de l'*écliptique* est au *zénith* même. L'écliptique est donc un *cercle vertical*, dans ce cas l'*angle du vertical* est nul ou de 180°. Un instant avant ou après, l'*angle* peut être plus grand que 180 degrés. Par exemple Z étant un *zénith*, et B le point culminant de l'*écliptique*, l'angle du vertical avec l'écliptique sera ZAB. Mais cet *angle* est ouvert vers l'occident; pour le prendre vers l'orient, on en prend l'opposé au sommet. Mais

il est austral par rapport à l'*écliptique*, au lieu que ZAB est boréal. Ce changement de position, relativement à l'*écliptique*, ne peut arriver sans que l'*angle* ne passe par 180ᵈ, et qu'il ne devienne aigu, d'obtus qu'il étoit, et réciproquement. C'est ce qu'on peut voir dans les premières *tables de Ptolémée*. C'est aussi ce qu'on peut vérifier avec un globe, s'il a un *cercle vertical* mobile.

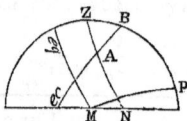

Pag. 148 (*a*). On n'a pas une juste idée du mot *époque*; quand les astronomes grecs veulent indiquer le lieu d'une planète ou d'une étoile rapportée à l'*écliptique*, ils ne disent pas comme aujourd'hui : la longitude de l'astre est de 0ˢ. 17°. 30′, par exemple, mais que l'astre ἐπέχει τὰς τοῦ κριοῦ ιζ̄ ς̄′′; et du mot ἐπέχω, j'occupe, ils ont fait ἐποχή, lieu occupé. Dans leurs tables, ils donnent la longitude des planètes pour un jour et pour une année déterminée, d'où l'on conclut toutes les autres, en y ajoutant le mouvement qui a eu lieu dans l'intervalle. Ils choisissent, par exemple, le premier jour de la première année de Nabonassar. Ce lieu ou cette longitude qui sert de point de départ, s'est appelé *époque* par les Grecs et *radix* par les astronomes qui ont écrit en latin. Les chronologistes sont venus ensuite qui ont emprunté cette expression, peut-être sans l'entendre ; et en détournant le sens, ils ont dit l'époque de Nabonassar, pour le premier jour de la première année du règne de Nabonassar ; et c'est dans ce sens que ce mot a passé dans la langue commune. L'époque d'une ville signifie donc ἃς ἐπέχει μοίρας τοῦ μήκους καὶ τοῦ πλάτους, le lieu qu'elle occupe, ou sa position en *longitude* et en *latitude*.

LIVRE TROISIÈME.

Ch. II, *pag.* 152 (*b*). Pour entendre ceci, il faut savoir qu'à l'instant de l'*équinoxe*, la partie convexe de l'*armille* jette son *ombre* sur la partie concave opposée ; un peu avant l'*équinoxe du printemps*, le soleil étant au midi de l'*armille*, l'*ombre* ne couvre pas encore entièrement l'épaisseur concave ; la partie australe est encore éclairée. Dès que la *déclinaison* est devenue boréale, c'est la partie boréale de sa concavité qui est éclairée. Ainsi l'*équinoxe* a dû arriver dans l'intervalle écoulé entre une observation où la partie éclairée étoit l'australe, et celle où c'étoit la boréale ; ou plutôt comme la largeur de l'*ombre* est un peu moindre que l'épaisseur de l'*armille*. L'*équinoxe* a lieu quand l'*ombre* laisse aux deux bords de l'*armille* concave un petit filet de lumière parfaitement égal de part et d'autre.

Pag. 153 (*d*). En la 32ᵉ année de la 3ᵉ période de Calippe, on observa l'*équinoxe d'automne*, entre le 3ᵉ et le 4ᵉ des épagomènes. Cette année est la 178ᵉ de la mort d'Alexandre, et le 3ᵉ des épagomènes est le 363ᵉ jour de l'année. Ainsi l'époque de cet équinoxe est 178ᵃ· 363ʲ· 12ʰ.

La 3ᵉ année d'Antonin 463 après la mort d'Alexandre, Ptolémée observa l'*équinoxe d'automne* le 9 athyr, une heure après le lever du soleil, c'est-à-dire à 7ʰ du matin ou à 19ʰ du 8 athyr, puisque Ptolémée compte en temps astronomique. Le 8ᵉ athyr est le 68ᵉ jour de l'année, puisque athyr est le 3ᵉ mois. L'époque de son *équinoxe* est donc 463ᵃ·.68ʲ·. 19ʰ.

$$\text{l'intervalle} = 284^h.70^j.\ 7^z.\ \left.\begin{matrix}\ \\ \ \end{matrix}\right\}\ \frac{70^j.7^h}{284} = \frac{1687^h}{284} \quad \begin{matrix}7.545:551\ C.\,285.\\ 3.2271151\\ \overline{7.5466817}\ C.\,284.\end{matrix}$$

Ptolémée dit 285ᵃ. $\begin{matrix}0.7737968 = 5^h,940\\ 0.7722702 = 5,9193\end{matrix}$

En supposant 284 ans, l'excès des années sur 365 jours, sera 5ʰ,94 = 5ʰ.56′,4 = 5ʰ.56′.24′′.
En supposant avec Ptolémée 285 ans, l'excès sur 365 jours, sera 5ʰ,9193 = 5ʰ.55′,158 = 5ʰ.55′.9′′. 48.

Au lieu de $7^h = 6^h + 1^h = \frac{1}{4} + \frac{1}{14}^j$, Ptolémée emploie $\frac{1}{4} + \frac{1}{10} = \frac{14}{40} = \frac{6}{40} = \frac{1}{10} = 7^h.12'$. Aussi a-t-il dit une heure entière après le lever du soleil.

La même année 32ᵉ de la période Calippique, Hipparque observa l'*équinoxe du printemps* le 27 méchir matin. L'époque de cet équinoxe est donc $178^a.177^j$ au matin, ou $178^a.176^j.18^h$.

L'an 463 d'Alexandre, Ptolémée trouve que l'*équinoxe* est arrivé le 7 pachôm à 1^h après midi. L'époque de cet *équinoxe* est donc $463^a.247^j.1^h$. Et l'intervalle des deux *équinoxes* = $285^a.70^j.7^h$.

Ici l'intervalle est bien celui qu'emploie Ptolémée à 12' près. Il n'y a donc pas d'erreur sensible dans le calcul de Ptolémée. Car un an de plus ou de moins ne fait presque rien dans la fraction $\dfrac{70,3}{284}$ ou $\dfrac{70,3}{285}$,

au lieu qu'une erreur d'un jour dans l'observation de Ptolémée changeroit la fraction en $\dfrac{69,3}{285}$ ou $\dfrac{71,3}{285}$.

Pour ramener l'année de Ptolémée à la même, il faudroit supposer que 177^j au lever du soleil, signifiât $177^j.18^h$ au lieu que c'est véritablement $176^j.18^h$.

Pag. 154 (*f*). Voici l'explication bien naturelle de ce fait : le cercle d'Alexandrie fut une seconde fois éclairé également des deux côtés vers la cinquième heure, parcequ'au lever du soleil qui étoit encore austral, la réfraction l'élevoit et le faisoit paroître dans l'*équateur*, et son ombre couvroit le milieu de l'épaisseur concave de l'armille. Cinq heures après, la *déclinaison australe* s'étant réduite à zéro, et la réfraction ayant cessé d'élever le soleil, l'ombre tomba sur la concavité de l'épaisseur, de manière qu'il y avoit au-dessus et au-dessous de l'ombre, un petit filet de lumière. Cette dernière observation étoit donc la bonne : l'autre étoit défectueuse.

Pag. 155 (*g*) $\frac{1}{1000}$ du cercle $= \frac{1}{10}$ de degré ou 6 minutes. Si l'*équateur* est posé six minutes trop haut ou trop bas, la *déclinaison* observée à l'armille sera en erreur de 6'. Or le jour de l'*équinoxe*, la *déclinaison* change de 24' en un jour. Donc une erreur de 6' sur la *déclinaison* avancera ou retardera l'*équinoxe*, de $\frac{1}{4}$ de jour.

— (*h*). Les astronomes d'Alexandrie qui se trompoient de 0° 15' sur la *latitude* de leur observatoire, devoient avoir commis une erreur pareille sur la position de l'armille équatoriale ; ainsi le soleil, s'il avoit 15' de *déclinaison* à midi, devoit paroître dans l'*équateur*, où il ne devoit arriver que 15 heures plus tard ; le lendemain le soleil à son lever n'ayant que 3' de *déclinaison*, auroit dû se retrouver à fort peu près dans l'armille équatoriale qui traversoit le plan de l'*équateur* vrai aux points Est et Ouest de l'*horizon*, si la réfraction horizontale n'eût pas modifié l'erreur du plan qui est la plus grande au méridien, nulle à l'*horizon*, et partout ailleurs proportionnelle au *cosinus* de l'*angle horaire*. On voit donc que l'erreur du plan combinée, avec la réfraction, devoit jeter la plus grande incertitude sur ces observations, sur lesquelles il est impossible de compter, non-seulement à 6 heures près, comme le disoit Hipparque, mais même à 15 heures près dans les cas extrêmes ; mais l'*équinoxe* n'étant jamais arrivé à midi même, l'erreur étoit ordinairement moins forte, et pouvoit être en partie compensée par les réfractions. Ptolémée attribue ici au dérangement des armilles, un fait qui dépend très-probablement des réfractions qu'il ne connoissoit que très-mal ou point du tout.

— (*i*). *Anomalie* a en français un sens qui n'est pas exact. Chez les Grecs, il signifie inégalité. Chez nous il signifie l'argument qui règle l'inégalité. Ce mot est pris ici dans son sens primitif. En général, les Grecs entendoient par *anomalie*, ce que nous appelons *équation du centre*.

Pag. 156 (*j*). En effet, puisque ces solstices et ces équinoxes supposés exacts donneroient à l'étoile, des mouvemens irréguliers et impossibles, il s'ensuit que ces *équinoxes* et ces *solstices* ne sont nullement exacts. C'est la seule conséquence qu'on en peut tirer.

Pag 157 (*k*) Cela me paroît, à moi, fort raisonnable : si ces suppositions conduisent à une absurdité, j'ai droit d'en conclure qu'elles sont inexactes. Hipparque a pris pour base de ses calculs, deux *équinoxes* observés. Au moment de ces *équinoxes*, il a supposé la *longitude* du soleil $= 0'. 0°. 0'. 0''$. Ces deux *équinoxes* comparés entr'eux donnent la longueur juste de l'année $= 365 \frac{1}{4}$. L'intervalle est juste ; donc

les deux *longitudes* sont bonnes, ou toutes deux en erreur de la même quantité. Hipparque a calculé les moyens mouvemens à raison de 36o^d pour 365^d ¼. Les *longitudes* conclues sont donc bonnes toutes deux, ou toutes deux en erreur de la même quantité. Les *longitudes* de la lune, déduites de celles du soleil, sont donc bonnes ou affectées de la même erreur. Les *longitudes* de l'Epi, conclues d'après les lieux de la lune, sont donc toutes deux bonnes ou toutes deux affectées de la même erreur. Mais on a trouvé 75′ de différence entre les deux *longitudes* de l'Epi : donc le mouvement annuel du soleil est inexact.

Pag. 158 (*m*). Cette inégalité se compense et disparoît ; ou le soleil, à le prendre jour par jour, a un mouvement inégal, mais d'un *équinoxe* à l'*équinoxe* pareil, d'un *tropique* au *tropique* pareil, le temps est toujours le même.

Pag. 162 (*p*). Cet accord si parfait entre les deux comparaisons des *équinoxes* de Ptolémée à ceux d'Hipparque, rend ses observations un peu suspectes. Son année paroît encore beaucoup trop longue, et il n'est pas probable que les erreurs aient été si égales.

Pag. 163 (*r*).

140, 83333	Log......................	2,1487043.
142, 75	Compl. arithmétique........	7,8454239.
6^h.	....	4,3344538.
5^h.55′.11″	....	4,3285820.

On a soupçonné avec quelqu'apparence, que Ptolémée n'a pas fait les observations dont il parle ; il est douteux qu'il eût trouvé si constamment les mêmes quantités qu'Hipparque. La même chose a lieu pour ses observations de l'obliquité qu'il dit avoir trouvée la même qu'Hipparque et Ératosthène.

— *Ibid.*

$$\frac{145}{4} = 36, 25 \quad .... \quad 8,4406920.$$

$$- 50 \qquad 6^h .... \quad 4,3344538.$$

$$35, 75 \quad .... \quad 1,5532760.$$

$$5^h. 55′. 2″ .... \quad 4,3284218.$$

Cn. iii, *pag.* 175 (*a*). Cette démonstration est fort bonne. Nous avons plutôt fait aujourd'hui en disant : $sin. \text{EBZ} = \dfrac{\text{EZ}. \, sin. \, \text{BZE}}{\text{EB}}, \dfrac{\text{EZ}}{\text{EB}}$ est un rapport constant. Donc $sin. \text{EBZ}$ sera le plus grand possible quand le *sinus* de BZE sera égal au rayon, c'est-à-dire quand BZE sera droit.

Pag. 179 (*c*) En effet l'astre étant toujours dans le même point physique Z, soit qu'il décrive réellement l'excentrique EZH, soit qu'il décrive KZ sur l'épicycle porté sur ABG, on peut dire que par le mouvement même sur l'épicycle, il se trouve sur tous les points du cercle EZH, et que la trace des points Z de l'astre sur son épicycle mobile formeroit le cercle EZH.

Pag. 183 (*e*). Cette fin de chapitre est simple, claire, lumineuse, et on ne peut y désirer aucun changement. Nous trouverions cependant tout cela d'une manière plus courte de beaucoup par la trigonométrie moderne. Dans l'excentrique, la formule de l'équation qui est la différence entre le mouvement moyen et le mouvement apparent, est

$$tang. \text{DZT} .... = \frac{\dfrac{\text{TD}}{\text{ZT}} \, sin. \, \text{ETZ}}{1 + \dfrac{\text{TD}}{\text{ZT}} \, cos. \, \text{ETZ}}, \text{ c'est-à-dire}$$

$$tangente \ équation \ du \ centre = \frac{\left(\dfrac{excentricité.}{distance \ moyenne}\right) sin. \ anomalie \ moyenne}{1 + \left(\dfrac{excentricité}{distance \ moyenne}\right) cos. \ anomalie \ moyenne},$$

Et dans l'épicycle, $\text{tangente BDZ} = \dfrac{\dfrac{BZ}{BD}\, sin.\ KBZ}{1 + \left(\dfrac{BZ}{BD}\right) cos.\ KBZ}$, c'est-à-dire

$$\text{tangente équation du centre} = \frac{\left(\dfrac{\text{excentricité}}{\text{distance moyenne}}\right) sin.\ \text{anomalie moyenne.}}{1 + \left(\dfrac{\text{excentricité}}{\text{distance moyenne}}\right) cos.\ \text{anomalie moyenne.}}$$

Ce qui montre qu'il n'est pas nécessaire que TD = BZ, et que BD = ZT. Il suffit que les rapports $\dfrac{BZ}{BD}$ et $\dfrac{TD}{ZT}$ soient égaux.

Ces formules seroient bien plus commodes d'ailleurs pour calculer les tables d'*équation*. On auroit encore dans l'une et l'autre hypothèse

$$sin.\ \text{équation du centre} = \left(\frac{\text{excentricité}}{\text{distance moyenne}}\right) sin.\ \text{anomalie vraie.}$$

D'où l'on conclut que si les *sinus* de deux *anomalies vraies* sont égaux, les *équations* seront égales. Et c'est ce qui arrive à égales distances de l'apogée d'une part, et du périgée de l'autre. Car les *anomalies vraies* diffèrent de 180^d, et il en résulte encore que les équations égales seront de signe contraire : car si *sin. distance apogée* est positif, *sin. distance périgée* = *sin. (distance apogée* + 180^d) sera négatif.

Cʜ. ɪᴠ, *pag.* 187 (*d*). TN = OL = $\frac{1}{2}$ (TPL — 180^d).

PK = SM = $\frac{1}{2}$ (POS — 180^d).

$$tang.\ BH = \frac{ZX}{EX} = \frac{sin.\ PK}{sin.\ TN} = \frac{sin.\ \frac{1}{2}\ (POS - 180^d).}{sin.\ \frac{1}{2}\ (TPL - 180^d).}$$

Compl. sin.TN = 2° 10′	1,4224340.
sin. PK = 0 59	8,2345568.
tang. BH = 24 24 53 ..	9,6569908.

TK = 93^d 9′ + KL = 91^d 11′; TKL = 184^d 20′,
TSL — TKL = 175^d 40′, SL = $\frac{1}{2}$ TKL = 87^d 50′,
TKL — 180^d = NT = LO = 2 NT = 4^d 20′, et NT = 2^d 10′,
TK — TP = 93^d 9′ — 92^d 10′ = PK = 0^d 59′,

C. cos. BH	0,0406773.
sin. TN	8,5775660.
EZ = sin. 2° 22′ 46″ .	8,6182433.
$EZ = \dfrac{1}{24,085}$.	1,3817567.

Ptolémée fait BH = 24° $\frac{1}{2}$, et EZ = $\frac{1}{14}$. Ce qui est à peu près juste.

D'après notre trigonométrie, le calcul est bien simple : TN = $\frac{1}{2}$ TKL — 90^d.

PK = TK — (90^d + TN) = TK — (90^d + $\frac{1}{2}$ TK + $\frac{1}{2}$ KL — 90^d) =
TK — $\frac{1}{2}$ TK — $\frac{1}{2}$ KL = $\frac{1}{2}$ TK — $\frac{1}{2}$ KL = $\frac{1}{2}$ (TK — KL)

TK = 93^d 9′

KL = 91 11

Somme.......... = 184 20

différence .... = 1 58

$\frac{1}{2}$ somme — 90^d... = 2 10

$\frac{1}{2}$ différence...... = 0 59

$$tang.\ BH = \frac{sin.\ \frac{1}{2}\ \textit{différence}}{sin.\ \frac{1}{2}\ (\textit{somme} - 180)} = \frac{sin.\ \frac{1}{2}\ \textit{différence}}{-\cos.\ \frac{1}{2}\ \textit{somme}}$$

$$EZ = \frac{cos.\ \frac{1}{2}\ \textit{somme}}{cos.\ BH} = \frac{1}{14},$$

et le dénominateur de la fraction = $\dfrac{cos.\ BH}{cos.\ \frac{1}{2}\ somme}$.

Pag. 189 (*e*). Nous avons trouvé ci-dessus EZ = *sin* 2^d 22′ 46″, Ptolémée dit 2^d 23′.

I.   *d*

Cʜ. v, pag. 192 (a). Par ma formule :
$$\frac{\varepsilon \, sin. \, \psi}{1 + \varepsilon \, cos. \, \psi} = tang. \; \text{équation}, \; = \frac{\frac{1}{24} sin. \, 30°}{1 + \frac{1}{24} cos. \, 30°},$$

complém. 24 .... 8,6197888.

cos. 30° .... 9,9375306.

o 036084.... 8,5573194.

———————————

1 036084 = dénominateur.

complém.... 1 036084   9,9846050.

c. 24 ....—.. 8,6197888.

· sin. 30ᵈ .... 9,6989700.

———————————

sin. 1° 9′ 8″ = .. 8,3033638.

E ..	8,6197888	E² .	o	E²	5,8593664	E⁴..o″	4,4791552
C.sin. 1″	5,3144251	C.sin. 2″	7,2395776	C.sin. 3″	4,8373039	C.sin.4″	4,7123651
			5,0133951				
2°.23′.14″. 3.	3,9342139	2′59″,05	2,2529727	+ 4.97	0,6966703	— .. o.	
Sin. 30. 0.0	9,6989750	Sin. 60, o	9,9375306	Sin. 90. o	0,0000000	Sin .. 120°	9,9375306
1°.11′.37″. 2.0	3,6331889	— 2′.35″,1	2,1905033	+ 4″97	0,6966703	— ..0″135	9,1290509
4.97.0		— o. 0,135					
1°.11′.42″.17.0		— 2′.35″,235					
— 2.35.235							

1° 9′ 6″ 93.5 équation. Ensorte que l'équation , en supposant E = 1/24, devient
2°.23′.14″. 3 sin. ψ — 2′.59″,05 sin. 2ψ + 4″,97 sin. 3ψ — 0″,155 sin. 4ψ + etc.

Soit ψ = 90° si le premier terme........ = + 2° 23′ 14″, 30.

         Second terme......... =   o   o.

         Troisième terme........ = ... —4 97·

Équation à 90ᵈ .... =   2° 23′ 9″, 33.

         Ptolémée........   2° 23′

Pag. 192 (b). Si nous avons TDL, c'est-à-dire le lieu apparent, $sin \, Z = \dfrac{\text{TD} \; sin \, \text{D}}{\text{ZT}} = \frac{1}{24} sin \, \text{D}$.

Ci-dessus, D = 30° — 1° 9′ 7′, = ... 28ᵈ 50′ 53″.

sin. 28ᵈ 50′ 53″ .... 9,6834870.

     comp. 24 .... 8,6197888.

Sin. Z = 1° 9′ 7″ .... 8,3032758.

Ptolémée auroit donc pu faire corde 2 Z = 1/24 corde 2 D, au lieu de prendre un aussi long détour. Si Z est connu, nous aurons sin. D = 24 sin. Z, et T = D + Z. Solution bien simple encore. On voit donc que les Grecs ne tiroient pas de leurs tables des cordes, tout le parti possible.

Pag. 193 (c). C'est-à-dire de 1/24 comme ci-dessus. Ptolémée double les angles du triangle en donnant 360ᵈ à la somme de ces angles, qui n'est réellement que de 180ᵈ. Par ce doublement il a les angles ou les arcs dont les cordes doivent servir à la solution du triangle.

       Ainsi EAZ = 30ᵈ devient 60ᵈ.

       AZK = 60 devient 120.

       et   K = 90 devient 180.

Ces angles doubles sont les angles au centre, appuyés sur les arcs du cercle circonscrit au triangle AKZ.

Pag. 194 (d). EAZ = mouvement moyen. ADZ = inégalité. Mouvement apparent = mouvement moyen — inégalité, = EAZ — ADZ = AZD. Voilà pourquoi Ptolémée dit AZD est le mouvement apparent.

Pag. 195 (*alinea*). Notre formule, en mettant 210° au lieu de 30, donne les quantités ci-dessus, en observant que

$sin.\ 210° = -\ sin.\ 30°$	$\dfrac{-\ E^2 sin.\ 420°}{sin.\ 2''} = -\ 0°\ 2'\ 35''\ 1$
$-\ sin.\ 420° = -\ sin.\ 60°$	
$+\ sin.\ 630° = +\ sin.\ 270 = -\ sin.90°.$	$\dfrac{+\ E^3 sin.\ 630°}{sin.\ 3''} = -\ 0°\ 0'\ 5''$
$\dfrac{+\ E\ sin.\ 210° = -\ 1°\ 11'\ 37''\ 2}{sin.\ 1''}$	*Somme des trois termes* = équation à 210° = $-\ 1°\ 14'\ 17''\ 3$
	Ptolémée.. $\qquad 1°\ 14'.$

Ch. vi, *pag.* 202 (*a*). *Longitude* B = ... 180ᵈ

Périgée = ...	245 30′	8,6197888.
Distance au périgée......................	$\dfrac{65,30}{}$	sin. 9,9590229.
Sin. équation............................	2, 10′22″	8,5788117.
Distance moy. au périgée..................	63, 19′38	= ZTG.
Distance moy. à l'apogée...................	116, 40 12	= EDZ.
Apogée = ...	65,30	

Longitude moy. à l'équin. d'automne.........	182ᵈ10′22″
Distance moy. à l'apogée..................	116 40′22″
Mouvement........................	211,25
	265ᵈ15′22″
Longitude apogée......................	65,30

Longitude moyenne ☉ .... $330^d45'22'' = ⓧ\ 0^d45'22''.$

Ce calcul fort court contient toute la substance de ce chapitre. Il resteroit à vérifier le nombre de jours et les mouvemens moyens qui y correspondent. Toute cette théorie, tous ses élémens, et peut-être aussi les observations sont tirées d'Hipparque.

Ch. vii, *pag.* 205 (*a*). Il seroit bon d'ajouter un exemple de ce calcul. Prenons l'*équinoxe de* Ptolémée, la 17ᵉ année d'Adrien. Intervalle depuis l'époque, 879 ans 66 jours, 2 heures

810ᵃⁿˢ....	163°	4′	12″	15‴	25ⁱᵛ	52ᵛ	30ᵛⁱ.	*Ci-contre*.......	931ᵃ 20′ 47″ 21‴ 16ⁱᵛ 30ᵛ 51ᵛⁱ.
54......	346	52	16	49	1	43	30.	2ʰᵉᵘʳᵉˢ.........	0 4 55 41 26 6 2.
15......	356	21	11	20	17	8	45.		
879ᵃⁿˢ.									
2ᵐᵒⁱˢ......	59	8	17	13	12	31	0.	*Somme*..........	931 25 43 2 42 36 53.
6ʲᵒᵘʳˢ...	5	54	49	43	19	15	6.	2 cercles..........	720.

931° 20′ 47″ 21‴ 16ⁱᵛ 30ᵛ 51ᵛⁱ. $\qquad\qquad$ 211 25′ 43″ 2‴ 42ⁱᵛ 36ᵛ53ᵛⁱ.

Ch. viii, *pag.* 207 (*b*). L'*équation* ou *la prostaphérèse* étant additive d'une part, et soustractive de l'autre, et son *maximum* étant de 2° 23′, le double sera donc de 4° 46′ et non de 4° 45′. L'une des deux moitiés du zodiaque a donc 4ᵗ 46′ de plus que 180ᵈ, et l'autre 4ᵗ 46′ de moins. La différence entre les demi-cercles est donc de 9ᵗ 32′.

Pag. 208 (*c*). La réduction de l'*écliptique* à *l'équateur* est $\dfrac{tang.^2.\frac{1}{2}\omega\ sin.\ 2☉}{sin.\ 1''} - \dfrac{tang.^4.\frac{1}{2}\omega\ sin.\ 4☉}{sin.\ 2''}$

$+$ etc. $= 2°\ 26'\ 34''3\ sin.\ 2\omega - 3'\ 7''\ 5\ sin.\ 4☉ + 5''\ 3\ sin.\ 6☉.$

$$\omega = 23\ 51\ 20$$
$$\tfrac{1}{2}\ \omega = 11\ 50\ 40$$

$tang.^2 . \tfrac{1}{2}\ \omega\ 0$	8,62977.
$c.\ sin.\ 1''.\ 0$	5,31443.
$-2°.\ 26'.\ 34''.\ 3$	3,94420.
$tang.^4 . \tfrac{1}{2}\ \omega\ 0$	7,25954.
$c.\ sin.\ 2''.\ 0$	5,01340.
$+0°.\ 3'.\ 7''.\ 5$	2,27294.
$tang.^6 . \tfrac{1}{2}\ \omega\ 0$	5,88931.
$c.\ sin.\ 3''.\ 0$	4,83730.
$-0°.\ 0'.\ 5''.\ 0$	0,72661.

On voit, en ne prenant que le premier terme, que vers 45° de distance au *tropique*, l'inégalité doit être — 2° 26' ¼ d'un côté, et + 2° 26' ¼ de l'autre, ce qui = 4ᵈ 53'. La différence pour les passages au méridien, entre les *arcs de l'écliptique* et ceux de l'*équateur*, sera donc de 4° 53' pour l'*arc* qui s'étend à 45ᵈ de part et d'autre du *tropique*. Ptolémée dit environ 4ᵈ 3o' pour les points éloignés de 3o° où la différence n'est pas à son *maximum*.

Pour deux points également éloignés de l'*équinoxe du printemps* ; les réductions seront

— 2°, 26' ¼.
+ 2°, 26' ¼.

Différ. tot. ....   4°, 53'.

Pour deux points également éloignés de l'*équinoxe d'automne*, les réductions seront

+ 2°, 26' ½.
— 2°, 26' ¼.

Différence totale ....   4°, 53'.
Les deux différences réunies font ...   9°, 46'.

Pag. 210 (e). Théon est ici plus clair que Ptolémée. Voici ce qu'il dit *page* 193 :

«Puisque dans le calcul du lieu du soleil par les tables, nous cherchons toujours son mouvement moyen pendant les nycthémères inégaux qui sont en sus des années entières, et que les tables supposent des nycthémères égaux, si nous trouvons le moyen de substituer les temps égaux aux temps inégaux, nous pourrons trouver exactement le mouvement du soleil dans l'intervalle, et par conséquent son lieu vrai. Cherchons, nous dit Ptolémée, pour le premier et le dernier instant, c'est-à-dire pour le commencement et la fin de l'intervalle donné, le lieu moyen et le lieu vrai du soleil dans le zodiaque, nous aurons l'*arc du mouvement vrai du soleil*. Portons cet *arc* dans la *table des ascensions* dans la *sphère droite*, et cherchons dans cette table l'*arc de l'écliptique* qui passe au méridien en même temps que l'*arc de l'écliptique*. Prenons l'excès de l'*arc* du *mouvement moyen* sur l'*arc trouvé*, calculons la portion d'heure équinoxiale qui répond à cet excès, car il est impossible qu'il y ait une heure entière. Si le nombre des temps, (c'est-à-dire l'*angle horaire*) du *moyen mouvement*, est le plus grand des deux, nous ajouterons la partie d'heure trouvée, aux heures de l'intervalle donné en temps inégal ; s'il est le plus petit, nous la retrancherons, et nous aurons l'intervalle donné, exprimé en nycthémères égaux».

En effet, en suivant le précepte de Ptolémée ou celui de Théon, vous trouvez l'*arc de l'équateur* qui mesure les nycthémères inégaux, ou ce que nous appelons le temps vrai, l'*arc du mouvement moyen* mesure le temps égal, la différence sera donc la correction du temps vrai, ou sa réduction au temps moyen, ou l'équation du temps. Cette correction est additive aux temps inégal, si ce temps inégal est plus court ; ce qui se voit quand l'*arc de l'équateur* est plus petit que le *mouvement moyen*, et le

mouvement moyen plus grand que l'*arc* de l'*équateur* ou le *mouvement apparent*. Elle est soustractive dans le cas contraire. Suivant les modernes, l'*équation* du temps est l'excès de la longitude moyenne sur l'*ascension droite vraie*, et cet excès converti en temps à raison de 15ᵈ par heure, est l'*équation* du temps, qui sert à convertir le temps vrai en temps moyen. Ce procédé est au fond le même que celui de Ptolémée, à la réserve que le précepte de Ptolémée donne la différence de deux *équations* du temps, au lieu que la règle moderne ne donne qu'une seule *équation*. Avec nos tables d'*équation du temps* nous corrigerions séparément les deux temps donnés, et nous prendrions la différence des deux temps corrigés, qui seroit l'intervalle exprimé en temps moyen.

LIVRE QUATRIÈME.

Cɴ. ɪɪ, *pag.* 219 (*sans que son anomalie se soit entièrement restituée*). On dit que l'*anomalie* s'est restituée ou rétablie quand l'argument de l'*équation du centre*, ou de l'*inégalité*, se retrouve à la fin de la période, tel qu'il étoit en commençant.

De l'*apogée* au *périgée* ou du *périgée* à l'*apogée*, le *mouvement vrai* est égal au *mouvement moyen*, car dans ces deux points l'*équation* est nulle.

60° après l'*apogée* et 60° avant le *périgée*, l'*équation* est de même signe et égale à très-peu près : ainsi de 60° après l'*apogée*, à 120° après l'*apogée*, le *mouvement vrai* est en total égal au *mouvement moyen* ; voilà pourquoi Ptolémée a dit ci-dessus que l'*arc* en sus des cercles entiers devoit mesurer de part et d'autre des distances égales à l'*apogée* et au *périgée*.

Si le soleil est parti de l'*apogée* où l'*équation* étoit nulle, il faut que l'*arc* en sus des cercles entiers soit un demi-cercle, parceque l'*équation* se trouvera nulle comme au départ. S'il est parti de 60° après l'*apogée*, il faut qu'il arrive à la fin de l'intervalle à 60° de distance avant le *périgée* : de cette manière les *équations* ou *prostaphérèses* seront égales, et l'*arc* en sus du *mouvement vrai* sera égal à l'*arc* en sus du *mouvement moyen*.

Pag. 220 (*d*). En grandeur signifie la quantité de l'*équation* ; en puissance signifie le signe + ou — de l'*équation* du centre. Voyez dans Bouillaud la discussion de ces méthodes anciennes, pag. 117, etc.

Pag. 221 (*e*). La correction portoit donc sur ce que dans les deux intervalles, le soleil n'avoit pas décrit un même *arc* au-delà des cercles entiers, ou que si cet *arc* étoit le même, il ne reproduisoit pas la même *équation du centre* ou la même inégalité de mouvement.

Cɴ. ᴠ, *pag.* 244 (*a*). Sur ces mots *mouvement en latitude*, observez que Ptolémée appelle ici *mouvement en latitude* ce que les modernes appellent plus justement *mouvement de l'argument de latitude*, et ce mouvement est en effet plus grand que le *mouvement en longitude*, parceque le *mouvement du nœud* qui est rétrograde s'ajoute au *mouvement en longitude* pour former celui de l'*argument de latitude*. Ce que nous appelons proprement *mouvement de latitude* est beaucoup plus lent que le *mouvement de longitude*.

Ibid. (*b*). Ce qu'il appelle *mouvement en latitude* est le mouvement sur l'*orbite inclinée*, et ce *mouvement oblique* quand il est rapporté à l'*écliptique*, fait le *mouvement en longitude*. Il seroit tout-à-fait incorrect de dire que le *mouvement en latitude* rapporté à l'*écliptique*, fait le *mouvement en longitude*. Mais le *mouvement oblique* se décompose en deux autres, dont l'un parallèle à l'*écliptique* fait le *mouvement en longitude* ; et l'autre perpendiculaire, le *mouvement en latitude*. Il est assez difficile de réformer ici Ptolémée en paroissant le traduire fidèlement.

Pag. 247 (*l*). De B en A, le point de départ étant changé, l'*épicycle* retranche 3°. 24′.

De A en G la portion à retrancher se réduit à . . . . 0 . 37 .

Donc l'excès sur le *mouvement moyen* est = + ... 2 . 47 .

Pag. 248 (*m*). C'est-à-dire que de B en A l'*équation* étant soustractive, et de A en G encore soustractive quoique moindre, cet *arc* ne renferme pas le *périgée* où l'*équation* auroit changé de signe.

Pag. 248 (*n, r*).   ANOMALIE PREMIÈRE ET SIMPLE DE LA LUNE.

Cette solution de Ptolémée est un peu longue, mais curieuse, et ses calculs sont d'une précision remarquable. On peut les vérifier par nos *tables des logarithmes*, d'une manière beaucoup plus courte.

ÉCLIPSES ANCIENNES.   (*fig.* 5).

Mouvement du ☉   349° 15′....169° 30′.
De l'anomalie moyenne de la ☾   345 51 170   7.

Inégalité $+$ 3° 24′.... — 0 37.   *Somme* = 2° 47′.
Arc AB = 53° 35′   AG = 96° 51′.

Soit le diamètre DE = 120ᵖ = 432000″. *Logarithme* .... 5,6354837.
Angle BDA = 3° 24′. *Sinus* .... 8,7731014.

EZ = 120ᵖ *sin*. 3° 24′ = 7° 7′ 0″ 35 = DE *sin*. ADB .... 4,4085851.
  (Ptolémée donne 7° 7′ 0″).

  Puisque AB = 53° 35′, AEB qui en est la moitié = 26° 47′ 30″.
          ADB =   3 24   0.

          EAZ = EAD = AEB — ADB =   23° 23′ 30″ .... 9,5988063.
Soit le diamètre BE = 120ᵈ = 432000″, *logarithme* DE = ... 5,6354837.
EZ = 120° *sin*. 23° 23′ 30″ = 47° 38′ 30″ 2 = 171510″2 .... 5,2342900.

  (Ptolémée dit 47° 38′ 30″)   2858′ 30″, 2
                                                  47″ 38′ 30″, 2

EZ = ... 4,4085851.
                                      c. sin. 23° 23′ 30″ .... 0,4011937.
Mais AE en parties de DE sera = $\dfrac{EZ}{sin.\ 23°\ 23′\ 30″}$ = 17° 55′ 32″, 54 .... 4,8097788.
  (Ptolémée dit   17° 55′ 32″, 0).

DE = 120° .... 5,6354837.
BDG =   0° 37′ .... *sin*. 37′ = 8,0319195.
  EH = DE. *Sin*. 0° 37′ = 1° 17′ 29″, 67 .... 3,6674032.
    (Suivant Ptolémée, 1   17 30)

BG = 150° 26′. La moitié est 75° 13′.
          BDG =   0 37 .... 5,6354837.
          EGD = 74° 36′ .... *Log. sin*. = 9,9841200.

                                                  416489″
                                                  694129″   5,6196037.

          EH =   115° 41′ 29″
            (Ptolémée 115° 41′ 21″).

Mais en faisant comme ci-dessus EH = 1° 17′ 29″, 67 .... 3,6674032.
C. sin. 74° 36′ .... 0,0158800.
      GE = $\dfrac{EH}{sin.\ 74°\ 36′}$ = 1° 20′ 22″, 62 .... 3,6832832.
    (Suivant Ptolémée 1° 20′ 23″).

Arc AG = 96° 51′. Sa moitié ou *angle* à la circonférence = 48° 25′ 30″, *sin* .... 9,8739525.

GT = EG. Sin. 48° 25′ 30″ = 1° 1′ 7″, 7. (Ptolémée dit 8″) 1° 1′ 7″, 7   3,5572357.
ET = EG. Cos 48 25′ 30 = 0 53 20 , 3. (Ptolémée 21″) *cotangente* 9,9479528.
                                                  0° 53′ 20″, 3   3,5051885.

      Or AE = 17 55 32, 5.
      Donc AT = 17° 2′ 12″, 2. (Ptolémée dit 11″.)

Mais en faisant le rayon de l'*épicycle* = 120,

GT............. = 89° 46′ 14″ ⎫ Comme dans Ptolémée.
Et ET............. = 79 37 55 ⎭

En effet, le rayon 432000″ a pour *logarithme*. .... = 5 6354837.
ajoutez *sin*...................... 48 25 30 .... 9 8739525.

GT............. = 89 46 14 .... 5 5094362.
Et *cotang*........... 48 25 30 .... 9 9479538.

ET............. = 79 37 55 .... = 5 4573900.

Pour trouver AG, au lieu de faire la somme des deux carrés et une extraction de racine, soit

L. GT = 3 5572357.
C. AT = 5 2123115.

$$T.\ EAG = \frac{GT}{AT} = \frac{1°\ 1′\ 7″,7}{17\ 2\ 12,2} = \quad T.\ 3°\ 21′\ 59″ \quad 8\ 7695472.$$
$$AT = 4\ 7876885.$$
$$C.\ cos.\ EAG \quad 0\ 0007501.$$

$$AG = \frac{AT}{cos.\ EAG} = 17\ 3\ 58,2................ 4\ 7884386.$$

Suivant Ptolémée 17 3 57,0 *rayon*...... 5 6354837.
Sin. EAG = 3° 21′ 59″.................................. 8 7687971.

Donc EG = 120° × *sin.* 3° 21′ 59″ = 7 2 47,7 ...., 4 4042808.
Suivant Ptolémée 7 2 50, C. *sin* D= 37′ 1 9680805.
Le *triangle* EGD donne *sin*.D:EG::*sin*.EGD:DE=631 13 2″. *sin*.EGD=74°36′ = 9 9841200.

Suivant Ptolémée 631 13 48...... ⎰ 2272382″ ⎱ = 6 3564813.
                                   ⎱ 37873′.2″ ⎰

EAG = 3° 21′ 59″.
HE = 2 EAG = 6 43 58.
(Ptolémée 6 44 1.)

BG = $\frac{150\ 26}{2}$ = 75° 13′ *sin.* 78° 34′59″ = 5 6354837.
9 9913203.

HE = ... 3 21 59...... ⎰ 4234 52″ ⎱ ·· 5 6268040.
                                        ⎱ 7057′32″. ⎰

BE = 120 *sin.* ½ (BAKE)= BE = 120 × *sin.* 78° 34′ 59″........ = 117″37′32″ comme Ptolémée.

DE=2272382″ 6,3564813
BE = 423452 ⎱ 631° 13′ 2″ (*fig.* 2°, pag. 252).

DB = DE + EB =2695834 6,4306932 ⎰ 117 37 32 ;
DE × DB = en secondes.......... 12,7871745 ⎱ 748 50 34
6,4436975
6,4436975 (748° 51′20″ suivant Ptolémée)

Rectangle........ 472682.5.... 5,6745695. Suivant Ptolémée............ 471304° 46′ 17″.
3600. 3600

476282.5... 5,6778669. .... 474904° 46′ 17″.

Racine.......... 690°,1342... 2,8389335. dont la *racine* est.......... 689° 8′.

Retranché du *log.* rayon........ 1,7781512. *rayon*..................... 5,6354837.

Sin. plus grande *équation*........ 8,9392177. .... 8,9392177.

Ou *sin*.......... 4°. 59′. 15″. 25. *Corde*..... 10°. 25′.58....... 4,5747014.
Moitié..... 5 12 59..........

Ptolémée dit,............................. 5 13 presque.

Pag. 253 (dans la figure, KX doit être perpendiculaire sur BE).
DE = 631ᵖ 13' 48".
NE = 58 48 46.

DN = 690 2 34 = 690ᵖ,04,

$$\frac{DN}{DK} = \frac{690,04}{690,1342}, \quad 1 - sinus\ MX = \frac{690,1342 - 690,04}{690,1342} = \frac{0,1338}{690,1342},$$

Logar. 0,133,8 = 9,1264561.
C. logar. 690,1342 = $\overline{7,1610665}$.

MX = 89° 0' 20" ...... $sin.^2\ (45° - \frac{1}{2})$ .... 6,2875226. = 40".
XE = 78 34 59 ...... *c. log.* 2 .... 9,6989700.
ME = 10° 25' 24" .... 5,9864926.
2 XE = 157 9 58.

BM = 167° 35' 13".
LB = 12 24 45.
LDB = 90 — MX = 0° 59' 40" ; *longitude vraie* = 13° 45', *longitude moyenne* = 14° 44' 42".

Malgré les abréviations que j'ai faites, on cherche 60 *logarithmes* en tout. Ma solution analytique de ce problème ne demande que 27 *logarithmes*. Elle est plus courte de plus de moitié, et m'a donné LB, = 12° 24' 11", et 4° 59' 16" pour la plus grande *équation*.

On abrégeroit beaucoup le calcul si l'on supposoit le rayon de l'*épicycle*, = 1. Tout l'artifice de cette solution consiste à trouver deux valeurs d'une même ligne, l'une du rayon de l'*épicycle*, l'autre en parties de l'une des distances de la lune à la terre, prise à volonté. Ce rapport connu, on en déduit la distance du centre de l'*homocentrique* à celui de l'*épicycle*, la plus grande *équation*, et le lieu de l'*apogée*.

P. 256. J'ai calculé de même les trois *éclipses* de Ptolémée, et j'ai trouvé en général ses résultats exacts.

Soit *sin.* E le *sinus* de la plus grande *équation* et Z l'*anomalie moyenne*, la formule générale sera

$$sin.E.sin.Z - \frac{sin.^2 E\ sin.2Z}{sin.\ 2''} + \frac{sin.^3 E.sin.3Z}{sin.\ 3''} - \frac{sin.^4 E.sin.4Z}{sin.\ 4''} + \frac{sin.^5 E.sin.5Z}{sin.\ 5''} - \text{etc.}$$

Ces cinq termes suffiront toujours pour trouver l'*équation* E par l'*anomalie moyenne* Z.

On a encore *tang.* $e = \dfrac{sin.\ E.\ sin.\ Z}{1 + sin.\ E.cos.\ Z}$, Z étant compté de l'*apogée*.

La construction de Ptolémée se réduit aux formules suivantes (*pages* 251 *et* 252) :

(*) $AE = \dfrac{DE.\ sin.\ ADB}{sin.\ \frac{1}{2}\ (AB - ADB)}$, $EG = \dfrac{DE.\ sin.\ GDB}{sin.\ \frac{1}{2}\ (BG - GDB)}$, GT = EG *sin.* $\frac{1}{2}$ GA, ET = EG *cos.* $\frac{1}{2}$ GA,

AT = AE — ET, $AG = (\overline{AT}^2 + \overline{GT}^2)^{\frac{1}{2}}$, *sin.*EAG = $\dfrac{GT}{AG}$, GE = 2EAG, BE = *corde* (BG + HE) =

2 R *sin.* $\frac{1}{2}$ (BG + HE), (DE + BE) DE + R² = $\overline{DK}^2$.

$\dfrac{R}{DK}$ = *sin.* inégalité première et simple de la lune ; dans le *triangle* DKB on a DK, DB = DE + BE

et BK ; $\overline{KN}^2 = \overline{DK}^2 - (\overline{DE}^2 + \frac{1}{4}\overline{BE})^2$; $\dfrac{DK}{KN}$ = *sin.* KDB = *sin. distance géocentrique à l'apside*,

$\dfrac{KN}{DK}$ = *sin.* KBN ; KBN + KDB = BKL.

(*) Pour AE Ptolémée résout deux *triangles rectangles* ; il en est de même pour EG. Il ne dit pas bien clairement comment il trouve DE que je trouve = $\dfrac{EG\ sin.\ EGD}{sin.\ EDG}$; on auroit plutôt fait en cherchant *tang.* EAG = $\dfrac{EG\ sin.\ \frac{1}{2}\ AG}{BE - EG\ cos.\ \frac{1}{2}\ AG}$

et AG = $\dfrac{AE - EG\ cos.\ \frac{1}{2}\ AG}{cos.\ EAG}$. Ces deux formules en remplacent cinq. Il suppose R = 60° ; il seroit plus simple de le faire = 1.

Cette solution de Ptolémée est fort exacte, mais longue. Nos formules sont plus expéditives et donnent les mêmes résultats Les calculs de Ptolémée sont d'une justesse étonnante, vu la longueur des opérations. Je croyois Ptolémée auteur de cette méthode; il paroît l'insinuer. Mais d'après le dernier chapitre de ce livre, il paroîtroit qu'Hipparque l'avoit employée avant lui.

CH. VIII, *pag.* 265. C'est une nécessité que le centre de la lune dans les deux *éclipses* soit à distances égales du même nœud et du même côté; car si la distance à la terre est égale, les diamètres apparens seront égaux; si la quantité obscurcie est la même, la *latitude* sera égale; si la *latitude* est égale, l'argument de *latitude* ou la distance au nœud sera la même; enfin si les *latitudes* sont toutes deux *boréales* ou toutes deux *australes*, la distance au nœud sera du même côté; les *latitudes* étant égales et de même nom, la lune aura fait plusieurs révolutions entières par rapport à son nœud.

CH. X, *pag.* 278 (*f*).

$13^h \frac{3}{5} = 13^h, 60$ selon Ptolémée.
$13 \frac{3}{4} = 13, 75$ selon Hipparque.

différence. $0, 15$.

173° 28′ suivant Ptolémée.
173 — $\frac{1}{8}$ suivant Hipparque.
Le *mouvement horaire* = 288″,
dont le $\frac{1}{8}$ est .... 36″.

La différence entre ces deux astronomes étoit donc 28′ 36″ pour le *mouvement du soleil.*

Pag. 282 (*i*). Sans doute ces erreurs peuvent influer sur le résultat, mais Ptolémée ne dit pas si avec ces corrections le calcul donne l'*équation* de 5°, ou le *rapport* $\frac{5^\circ\ 15'}{60'}$, comme il l'a trouvé par les six *éclipses* calculées précédemment.

LIVRE CINQUIÈME.

CH. I, *pag.* 285 (*b*). Il est bien singulier que Ptolémée ne désigne ni le nombre ni la valeur de ces divisions. Le périmètre ayant été divisé en ses 360ᵈ, et chaque degré en autant de parties que la grandeur du périmètre le permettoit, ce n'est rien dire pour nous. Suivant Théon le plus grand cercle de l'astrolabe avoit une coudée de diamètre. La plus grande coudée égyptienne étoit de 15,408 pouces. Les degrés n'ont pu être divisés en minutes sur un cercle dont le rayon n'avoit que 7,704 pouces. La minute n'avoit que 0,02689 = environ $\frac{1}{30}$ de ligne; quand on supposeroit le rayon double ou triple, la division en minutes seroit encore impossible. Voyez d'ailleurs la *Description des règles parallactiques.*

Pag. 286 (*c*). C'est-à-dire de manière que l'ombre de la partie convexe de l'un de ces cercles tournée vers le soleil, tomboit sur la partie concave opposée du même cercle.

CH. II, *pag.* 291 (*a*). C'est-à-dire que ce mouvement et le mouvement moyen ne différeront que d'une quantité insensible.

CH. III, *pag.* 294 (*c*). Parceque la lune étoit au *nonagésime* où toute la parallaxe se porte en *latitude.* Ptolémée a donné pour cet intervalle 211° 25′ environ. Il a donc négligé 43″, etc.

	Longitude.		*Apogée.*
Époque....................	330°.45′ 0″	....	265°.15′.
Mouvement.................	211 .25 .43	....	211 .25.43.
Équation..................	— 30 . 2 .10		
	— 360		— 360 .
Longitude vraie.............	180ᵈ 0′ 13″	*Distance à l'apogée*....	116°.40′.43.

Ce qui s'accorde avec l'observation à 13″ près.

CH. V, *pag.* 300 (*b*). ☾ .... $21 \frac{1}{3} \frac{1}{8}$ = 11ˢ 21° 27′ 30″.
☉ .... $7 \frac{1}{2} \frac{1}{4}$ = 1ˢ 7° 45′ 0″.

Élongation............ 10ˢ 13° 42′ 30″.
= 313° 42′ 30″.

Pag. 3o1 (*d*). C'est-à-dire pour *l'angle à la terre*, entre le *centre de l'épicycle* et l'apogée de l'ex-centrique.

Pag. 3o8 (*fin du ch.* v). Suivant Ptolémée, BEH **+** BHE = ZBH = 14ᵈ 47′ 56″.

DB =	49° 41′.	MBH =	26 48.
DK =	10 19.		

Changeant les degrés en minutes pour faire usage des tables de Callet.	60° 0′........	3,5563025.	MBZ =	12 0 4.
	39 22..........	3,3732799.	BEN =	89 3o.
		6,9295824.	Somme....101° 3o′ 4″.	
	48° 36′........	3,4647912.	C. sin. ENB. 78 29 56......	0,0088090.
EK =	5			
EB =	48° 31′........	3,4640422.	BE.................	3,4640422.
C. HB =	5 15..........	7,5016895.	Sin. MZ = EBN................	9,3179189.
BEH = sin.	1 26..........	8,3981793.		
Sin. BHE =	13° 21′ 56″.....	9,3639110.	EN = 10° 17′ 42″.....	2,7907701.

Ptolémée dit 10° 20′ parcequ'il se trompe de quelques minutes dans les calculs que nous venons de refaire par une voie plus courte. Voici l'esprit de sa méthode :

On connoît AEB et son supplément BEG, DE, et BD : on calculera BE facilement, car BD : *sin.* AEB :: DE : *sin.* DBE, et l'on aura BE = DB. *Sin.* $\dfrac{(\text{AEB} + \text{DBE})}{sin.\,\text{AEB}}$.

Dans le *triangle* BEH, on aura donc BE, BH, et *l'angle* opposé BEH qui est ici 1° 26′.

Alors *sin.* BHE = $\dfrac{\text{BE}}{\text{BH}}$ *sin.* BEH ; BHE **+** BEK = ZBH. On connoît MBH, on aura MBZ = MBH **—** ZBH = EBN.

Sin. BNE = *sin.* (BEN **+** EBN). Ainsi NE = $\dfrac{\text{BE.}\ sin.\ \text{EBN}}{sin.\ (\text{BEN} + \text{EBN})}$.

Ensorte que toute la solution se réduit à trois analogies fort simples, au lieu que les Grecs qui ne savoient résoudre que des *triangles rectangles*, allongeoient inutilement l'opération.

Cɴ. ᴠɪ, *pag.* 3o9 (*a*). Ce problème est l'inverse de celui qui a été résolu dans le chapitre précédent. On peut le simplifier beaucoup :

On connoît DE = EN, *l'angle* AEB, DB que Ptolémée fait de 49° 41′, et qu'il seroit plus simple de prendre pour unité.

Sin. DBE = $\dfrac{\text{DE}}{\text{DB}}$. *Sin.* AEB. On aura BE = $\dfrac{sin.\ (\text{AEB} + \text{DBE})}{sin.\ \text{AEB}}$.

Alors dans le triangle BEN on aura les deux côtés, et *l'angle* compris BEN = 180ᵈ **—** AEB. On calculera NBE = MBZ = correction *d'anomalie.*

Mais on peut réduire cette solution en une formule assez commode que je donnerai dans le chapitre suivant.

Pag. 311. Voici la formule promise : Il s'agit de trouver EBN correction d'anomalie.

$$tang.\ EBN = \frac{N\gamma}{B\gamma} = \frac{EN.sin.AEB}{BN+EN+E\gamma} = \frac{EN.sin.AEB.}{BD.cos.BDE + 2\,EN},$$

$$\frac{EN\ sin.\ AEB}{BD\ cos.\ BDE + 2\,ED\ cos.\ AEB} = \frac{\left(\dfrac{EN}{BD}\right)sin.\ AEB}{cos.\ BDE + 2\left(\dfrac{ED}{BD}\right)cos.\ AEB}$$

$$\frac{EN\ sin.\ AEB.}{cos.\ BDE + 2\,EB\ cos.\ AEB},\ \text{en prenant BD pour l'unité.}$$

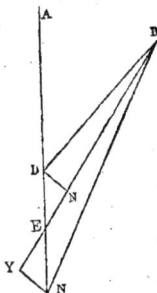

Soit donc un *arc x* tel que *sin. x* = EN . *sin.* ABE = *e sin.* 2 (ℂ — ☉),

$$tang.\ EBN = \frac{\left(\dfrac{e}{cos.\ x}\right)sin.\ 2(\text{ℂ}-\text{☉})}{1 + \left(\dfrac{2e}{cos.\ x}\right)cos.\ 2(\text{ℂ}-\text{☉})},$$

Faites *log. e = log.* = 9 3173228 = *log.* 10° 19' — *log.* 49° 41'.

Cette formule donnera la *Table de Ptolémée*, qui ne paroît exacte qu'à une minute près : ce qui est bien suffisant.

Cʜ. vɪɪ, *pag.* 313 (lig. 28). EMN doit être une *tangente* à l'*épicycle*, ensorte que l'*angle* BEM soit la plus grande *équation* pour la double distance.

Pag. 314 (*lig.* 28.) BD = 49° 41'

DL = 8 56

58 37	....	3,5461724.
40 45	....	3,3882789.
		6,9344513.
48° 52' 4″	....	3,4672256.
5 10		
BE = 43 42	....	6,5813673.
5 15	....	2,4983105.
ꞴEM = 6° 54'	....	9,0796778.
Éq. apog. 5 1		
Excès. 1 53	....	3,8312297.
Compl. 2 39	....	6,0204516.
		9,8516813.
Log. 1°=3600″	....	3,5563025.
	42' 38″ 5	3,4079838.
Ptolémée........	42' 38″.	

Ibid. (a). Pourquoi 60 ? C'est que les Grecs ne faisoient nul usage des *fractions décimales*, et réduisoient tout en *sexagésimales ;* ainsi la plus grande *équation* pour 120° de double distance au soleil, n'étant que $\dfrac{1°\ 53'}{2\ \ 39}$, toutes les *équations* des divers degrés d'*anomalie* qui arriveront à cette double distance au soleil, de 120, et qui seront prises dans la colonne sixième, devront être multipliées par $\left(\dfrac{1°\ 53'}{2\ \ 39}\right)$ 60, pour être réduites à ce qu'elles doivent être, à cette distance qui est plus grande que la distance *périgée*.

Pag. 315 (*b*). Ainsi, dans la table suivante, l'argument 180 indique le *périgée*. Sur la ligne de 180° on trouve (6ᵉ colonne) le nombre 60 qui équivaut chez les Grecs à l'unité. Quand l'argument est 180, il faut multiplier l'excès par 60 = l'unité : ce qui ne change rien au produit. Mais pour un autre nombre de l'argument, il faut multiplier le nombre de la cinquième colonne par celui de la sixième , lequel est toujours une fraction.

— (*c*). Les mots *anomalie* et *latitude* signifient les argumens de l'*équation du centre* et de la *latitude*. La 3ᵉ colonne donne la correction de l'*apogée moyen* ou de ce que nous appelons *anomalie moyenne*. Cette colonne n'est juste qu'à une ou deux minutes près, ce qui est suffisant.

La 4ᵉ colonne donne ce que nous appelons l'*équation du centre* , c'est la différence entre le lieu vrai de la lune et le lieu du centre de son *épicycle*. Cette même colonne sert à corriger l'argument moyen de *latitude*.

La 5ᵉ colonne est l'excès de l'*équation périgée* sur l'*équation apogée*.

La 6ᵉ colonne est la fraction qui sert à prendre les parties proportionnelles pour les distances intermédiaires entre l'*apogée* et le *périgée*.

La 7ᵉ donne les *latitudes de la lune* ; mais il est à remarquer que l'*argument de latitude* se compte de la *limite boréale* et non du *nœud*. Ainsi le 1ᵉʳ terme de la table manque. A 0° de distance de la *limite*, la *latitude* est de 5° 0'.

Cʜ. ɪx , *pag.* 321 (*a*). C'est-à-dire l'*inégalité* , l'*équation* , la *prostaphérèse*. L'effet de la proximité de la lune à la terre sera d'autant plus grand sur l'*équation* , que cette *équation* sera plus grande. Mais dans ce cas , l'effet de la *déclinaison* est peu sensible , parceque l'*équation* étant au *maximum* , quelques degrés de changement au lieu de l'*apogée* procédant de la *déclinaison* , n'apporteront aucune variation sensible à la *prostaphérèse*. Mais si la lune est voisine de l'*apogée* ou du *périgée* , alors le plus petit changement dans le lieu de l'*apogée* change beaucoup l'*équation* fort petite alors , mais fort variable. Il faut dans tous ces raisonnemens , pour les entendre , substituer l'expression moderne *équation du centre* à l'expression grecque *anomalie* , qui , chez nous , est l'argument de l'*équation*.

— (*b*). Cette raison prouve bien, quoique d'une manière assez obscure, que l'effet de la *distance de la lune à la terre* , doit être sensible ; mais cela n'explique pas comment l'effet de la seconde cause est nul : ce qui me fait croire que ce passage est tronqué dans Ptolémée. Ses deux assertions étoient claires ; la démonstration qu'il en donne obscurcit tout.

Pag. 323 (*c*). On voit par là que Ptolémée regarde 4' de temps comme une chose peu importante ; ce qui donne à penser qu'alors on ne savoit pas déterminer le *temps* à 4' près , ni les *longitudes* à 1°.

Cʜ. xɪɪ , *pag.* 328 (lig. 5). Il suit de ce passage que les armilles d'Alexandrie n'avoient pas 4 coudées de rayon, puisque Ptolémée a fait construire des règles de cette longueur pour avoir un plus grand nombre de divisions.

Pag. 331 (*a*).	*Obliquité*	....	23° 51'.
	Latitude ☾ .	....	5 0 .
	Distance au zénith.	....	2 7 .
	Latitude d'Alexandrie.	....	30° 58'.
Cʜ. xɪɪɪ , *pag.* 333 (*b*).	☾		♐ 25° 44'.
	☉		♎ 7 31.
	Élongation		♐ 78° 13'.
— (*c*)	....		25° 44'.
			7 26.
	....		♉ 3 10.

Pag. 334 (*d*). Peu importe que XT soit différent de IIT. L'observation a donné EAD ; le calcul a donné EKD : la différence de ces deux *angles* est KDA, puisque l'*angle* EAD est extérieur au *triangle*

Pag. 335 (*e*). Tout ce détour est inutile : c'est **ADL** qui est connu par la différence entre **GAD** et **GKD**.

Et **AK** : *sin.* **ADK** : : **DK** . *sin.* **KAD** ; $DK = \dfrac{AK.\, sin.\, KAD}{sin.\, ADK} = \dfrac{sin.\, 5o°\, 55'}{sin.\, 1°\, 7'} = 39°\, 53'\, 8''\, 16.$

Pag. 337 (*lig.* 1ʳᵉ). Cela signifie qu'on a marqué sur la 1ʳᵉ et la 2ᵉ règle un point pour assurer l'égalité des deux branches. C'est-à-dire qu'on a placé les deux règles l'une à côté de l'autre, et que vers les extrémités de chacune on a marqué un point. Par l'un de ces points on a fait passer la cheville autour de laquelle se fait le mouvement de la seconde, et que par les points d'en-bas on a fait passer dans l'une une cheville qui étoit le centre du mouvement pour la 3ᵉ règle, et dans l'autre l'anneau dans lequel glissoit la 3ᵉ règle.

Pag. 338. Tout ce procédé est long : on saisira mieux l'esprit de cette méthode, en la réduisant en formules.

Par l'observation calculée ci-dessus,

$DK = \dfrac{sin.\, KAD}{sin.\, ADK} = 39,83o6$ en parties du *rayon de la terre.*

$AEB = 15o\ 26',\ BEZ = 29°\ 34'.$

$BD : sin.\ BEA : : DE : sin.\ DBE = \left(\dfrac{DE}{BD}\right) sin.\ BEA.$

$ADB = BEA + DBE$

$$tang.\ TK = tang.\ EBZ = \dfrac{\left(\dfrac{EZ}{BE}\right) sin.\ BEZ}{1 - \left(\dfrac{EZ}{BE}\right) cos.\ BEZ},$$

$BZE = 18o° - (BEZ + EBZ)$

$sin.\ BZE : BE : : sin.\ BEZ : BZ = \dfrac{BE.\, sin.\, BEZ}{sin.\, BZE}.$

$TK = \ 7°.\ 4o'.\ 4o''.$
$LK = 82°.\ 2o'.$

$\overline{LBT = 9o°.\ o'.\ 4o''.}$

$$tang.\ BEL = \dfrac{\left(\dfrac{BL}{BE}\right) sin.\ LBT}{1 - \left(\dfrac{BL}{AE}\right) cos.\ LBT}.$$

Par les chapitres précédens on connoît **BL** en parties de **BD**. Son *logarithme* est 9,02395. Nous venons de trouver **BE** en parties de **BD**. Son *logarithme* est 9,11749. Nous en conclurons donc $BEL = \ 7°\ 28'.$

$LBE = 9o\ \ \ 1.$

$\overline{97°\ 29'.}$
$BLE = 82\ \ 31.$

Dans le *triangle* LBE nous avons les trois *angles*, et le côté **EL** $= 39\ 83o6.$ Donc

$LB = \dfrac{LE.\, sin.\, BEL}{sin.\, LEB} = 5°,\ 176 = 5°\ 1o'\ 33'',\ 6.$ Ptolémée dit $5°\ 1o'.$

Tout ceci est clair ; mais la justesse des résultats est subordonnée à l'hypothèse de *l'excentrique* et de *l'épicycle* qui satisfait jusqu'à un certain point aux *longitudes*, mais non pas aux *distances*.

Ptolémée trouve $EA = 59°.\ \ \ o'.$
Et moi : $59,\ 1554\ \ = 59.\ \ 9.\ 19''.$
Il trouve $EG\ \ \ \ = 38.\ 43.$
Et moi : $38,\ 8126\ \ = 38.\ 48.\ 45.$

Ch. xiv, *pag.* 339 (*b*). *Diamètre périgée* 0 . 32'. 2".

               apogée 0 . 31 . 31.

$$\overline{}$$

             0 . 0'. 31".

Ainsi une demi-minute n'étoit pas sensible à l'instrument d'Hipparque.

Pag. 340 (*c*). On voit que Ptolémée a voulu dire que le prisme qu'on fait courir le long de la règle de quatre coudées pour couvrir le disque de l'astre, peut donner lieu à plusieurs inexactitudes qui écartent l'observateur de la vérité ; au lieu que les causes d'erreur étant les mêmes pour la lune et le soleil, on peut assez bien juger l'égalité des deux diamètres, sans pouvoir dire quel est l'*angle* véritable qu'ils soutendent l'un et l'autre.

Pag. 341 (*e*). Il paroît par cet exemple et par les précédens, que les temps, aussi bien que les parties des règles parallactiques, n'avoient que des fractions assez considérables, et que tout cela manque de précision.

Ch. xv, *pag.* 344 (*ligne dernière*). Il sera plus commode de faire NL = 64,16667.

Pag. 345 (*a*). Donc DNG = 15' 40", et TH = NT *tang.* 15' 40" = 64, 16667 *tang.* 15' 40" = 17,546.

$$PR = TH \times 2°, 36' = TH \times 2°, 6 = \ldots\ldots\ldots\ldots \quad 45,618.$$

$$PR + TH = \ldots\ldots\ldots\ldots \quad \overline{63',164.}$$

$$2 \, NM = PR + TH + HS = \quad \ldots\ldots\ldots\ldots \quad 120.$$

$$HS = 0,947267, NM - HS = 0,052733, HS = 56.52''.26''' \ldots\ldots \quad \overline{0° \; 56',836.}$$

Ibid, (*lig.* 31). $\div$ PR : NM : TS.

Donc TS + PR = 2 NM = 2.

Pag. 345 (*ligne dernière*) NM : HS : : NG : HG, : : ND : TD = ND — NT.

Donc NM — HS : NM : : NT : ND.

Donc $ND = \dfrac{NT \cdot NM}{NM - HS} = \dfrac{64, 1667}{0, 052733} = 1210, 96 =$ près de 1211.

Pag. 346 (*lig.* 13). NX : PX : : NM : PR,

NP + PX : PX : : NM : PR,

NP + PX — PX : NX : : NM — PR : NM,

NP : NX : : NM — PR : NM,

$NX = \dfrac{NP \cdot NM}{\overline{NM - PR}} = \dfrac{NT}{NM - PR}$

$= \dfrac{64, 1667}{1° - 45', 618} = \dfrac{64,1667.}{0,2397.}$

NX = 268,31.

$\underline{PN = 64,17.}$

PX = 204,14.

Ibid, (*b*) . . . . 5,3144251.

C. 1210 . . . . 6,9172146.

$$\overline{}$$

Parallaxe du soleil, 2' 50" 466 . . . . 2,2316397.

En abrégeant ainsi les calculs, on en voit mieux la marche.

Au reste, en supposant le *demi-diamètre de l'ombre* connu ainsi que le *demi-diamètre du soleil* et la *distance de la lune à la terre*, le calcul se feroit à présent d'une manière bien plus courte :

Soit $\dfrac{1}{sin. \; \pi}$ la distance du soleil.

     $\dfrac{1}{Sin. \; \Pi}$ la distance de la lune.

S le *demi-diamètre du soleil.*

R le *demi-diamètre de l'ombre.*

On a R = Π + π — S, et π = R + S — Π, et

la *distance* = $\dfrac{1}{sin. \; (R + S - \Pi)}.$

CH. XVI, *pag.* 348 (*figure*).

$$\text{Tang. ADK} = \cfrac{\dfrac{AK}{DK} \cdot \sin.\text{AKD}}{1 - \dfrac{AK}{DK} \cdot \cos.\text{AKD}} = \cfrac{\dfrac{1}{1210} \cdot \sin.\text{AKD}}{1 - \dfrac{1}{1210} \cdot \cos.\text{AKD}},$$

$$\text{ADK} = \left(\frac{1}{1210}\right) \frac{\sin.\text{AKD}}{\sin. 1''} + \left(\frac{1}{1210}\right)^2 \frac{\sin. 2\text{AKD}}{\sin. 2''}.$$

C. 1210 . . . . 6,91721.
C. sin. 1'' . . . . 5,31443.
sin. 30° . . . . 9,69897.

1' 25'', 25   1,93061.   C'est la *parallaxe du*
soleil pour 30° de *distance vraie au zénith*. Le second terme est insensible.

AL = AK sin. K.
KL = AK cos. K.
DL = KD — KL.
$$\overline{AD}^2 = \overline{DL}^2 + \overline{AL}^2$$
$$\sin.\text{ADL} = \frac{AL}{AD}.$$

C. 64', 1667 . . . . 8,12969. *Sin* . . . . 53', 34''.
C. 53, 8333 . . . . 8,26895. *Sin* . . . . 63 52.
                        Différ.. 10 18.
C. 43, 8833 . . . . 8,35770. *Sin* . . . . 78 21.
C. 33, 55 . . . . 8,47431. *Sin* . . . . 102 29.
                        Différ.. 24' 08''.

Les plus grandes *parallaxes* qui sont les *pa-rallaxes horizontales*, devroient donc être

	1er terme	53' 34''		Ptolémée

1er terme ⎰ 53' 34'' ⎱   Ptolémée
              ⎰   ⎱ 10' 18'' 10' 17''.
2^d terme ⎰ 63 52 ⎱
3e terme ⎰ 78 21 ⎱
              ⎰   ⎱ 24' 8'' 25' 0''.
4e terme ⎱ 102 29 ⎰

Mais ces *parallaxes* supposent la distance apparente au *zénith* ; et la *Table de Ptolémée* est pour les *distances vraies* qui donnent des *parallaxes* plus foibles.

Ptolémée n'a donné que le commencement du calcul. La fin ressemble à beaucoup d'autres calculs qu'il a donnés avec tout le détail possible.

Pag. 354 (*lig.* 12.)   65.15.
                      57.33.
        Différence. 7.42.
Mais la différence totale est de 10.17.
$$\frac{7,42}{10,30} = \frac{462}{630} = 0,7333 = 44' 0''.$$
Pag. 355 (*lig.* 2.) $\dfrac{3.37}{16 \quad 0} = \dfrac{217}{960}$ . . . . . 2,33646.
                                                7,01773.
Fract. décim . . . 0.22604 . . . . . 9,35419.
                        13.05624.
                        33744.
Fract. sexagés. . 13'33'',744.
La *différence* totale est de 16 = AD. La *diffé-rence partielle* = 3' 37''.
— *Ibid*, (*lig.* 6.) $\dfrac{11.34}{16} = \dfrac{604}{960}$ . . . . 2,84136.
                                                7,01773.
Fract. décim. . . . 0.72292 . . . . . 9,85909.
                        43.3752.
                        22. 512.
Fract. sexagés. . 0.43'22'',512.

Pag. 356 (*lig.* 22). 16' 17'' . . . . . . 2,98989.
                        20 38 . . . . . . 6,90728.

                        0 78917 . . . . . . 9,89717.
Logar . . . . 0 3600'' . . . . . . 3,55630.
Calcul . . . . 47 21 . . . . 3,45347.
Table 47 21

Ibid (*a*). 5 57 2,55767 17,3022.
              20 38 6,90728 18, 132.

              0.28837 9,45995.
Logar . . . . 0 3600'' 3,55630.

              0 17 18 0 . . . . . . 3,01625.
Ptolémée dans sa *table* a mis 17, 18. Son calcul est donc juste.

Pag. 357 (*a*). C'est-à-dire que l'*argument de la table* procédant de 6ᵈ en 6°; pour les *degrés intermédiaires* on prendra la *partie proportionnelle* par cette analogie.

6°: (*argument* — n. 6°) :: différence entre les deux *parallaxes* consécutives de la table, la *partie proportionnelle* à ajouter.

Cʜ. xix, *pag.* 361 (*a*). C'est-à-dire que nous multiplierons la différence trouvée dans la quatrième colonne, par la *fraction sexagésimale* de la septième colonne.

La méthode pour les *parallaxes* est donc de chercher, dans la table subsidiaire du liv. II, pag. 134, les angles de l'*écliptique* avec le *vertical*.

La *parallaxe de latitude* = *parallaxe de hauteur* × *sin. angle.*

La *parallaxe de longitude* = *parallaxe de hauteur cos. angle.*

Pag. 368 (*a*). Cela seroit vrai pour des *triangles rectilignes ;* mais l'erreur en effet n'est pas ici d'une grande conséquence, vu le peu de largeur des *triangles.*

D'ailleurs on pourroit calculer aisément BZD = $\dfrac{DK}{sin.\ ZB}$, et BZE = $\dfrac{LE}{sin.\ ZE}$. On pourroit même se servir des *sinus* au lieu des *arcs.*

LIVRE SIXIÈME.

Cʜ. ii, *pag.* 374 (*a*). C'est-à-dire la quantité ou l'*angle* de distance.

Ibid (*b*). Distance ☾ .... ☉, au 1ᵉʳ de Thoth = 70ᵈ 37′ qui divisés par le *mouvement diurne* de la ☾ au ☉, donnent 6ⁱ 47′ 33″ dont la conjonction avoit précédé le mois Thoth, donc elle a dû arriver encore le 23 Thoth à 44′ 17″ de jour. C'est la première conjonction, car la précédente étoit arrivée 5ⁱ 47′ 33″ avant le commencement de la période. Or 23ⁱ 44′ 17″ après le 1ᵉʳ Thoth, est le 24ᵈ 44′ 17″ de Thoth, jour de la première conjonction moyenne, de laquelle Ptolémée est parti pour en déduire toutes les autres par l'addition des mois synodiques.

$$\left. \begin{array}{r} 5^{\rm i}.47'.33''. \\ 23^{\rm i}.44'.17''. \\ {\rm mois}\ 29^{\rm i}.31'.50''. \end{array} \right\}$$

Cʜ. iv, *pag.* 386 (*b*). Un douzième n'est qu'un à peu près.

Cʜ. v, *pag.* 389 (*b*). Depuis le commencement de la 8ᵉ heure jusqu'à la fin de la 10ᵉ, du 27 au 28, c'est-à-dire le 27 depuis 8ʰ jusqu'à 11ʰ presque. Il en résulte que le milieu de l'éclipse étoit à 9ʰ ½ presque, c'est-à-dire un peu plus de 2ʰ ½ avant minuit. Or Ptolémée dit 2ʰ ½ après minuit. Il ajoute que le lieu moyen de la lune étoit ♏.7°.49′. Calculons le lieu moyen de la lune par les tables du livre IV.

Époque de Nabonassar......................	1ˢ.11°.22′. 0″.	
558ᵃⁿˢ.............................	6 . 13 . 45 . 57.	
15.............................	4 . 20 . 41 . 33″.	
Longit. moy. ☾ an... 573ᵃⁿˢ....................	0 . 15 . 49 . 30″.	
180ⁱᵒᵘʳˢ......................	7 . 1 . 44 . 56.	
26.............................	11 . 12 . 35 . 9″.	
573ᵃ 206ⁱ..........................	7 . 0 . 9 . 35″.	
14ʰ..........................	0 . 7 . 43 . 2″.	
Lieu moyen à 14ʰ..........................	♏. 7 . 52 . 37″.	
Ptolémée donne...............................	♏. 7 . 49′.	
La différence est seulement de....................	0 . 0 . 3′.37″.	

Elle répond à 6′ et quelques secondes. Ptolémée a donc supposé 13ʰ 54′ dans son calcul, ou il s'est trompé de 3′. 37″. Le milieu de l'*éclipse* a donc été supposé vers 14ʰ ou 2ʰ après minuit.

Mais comment 9ʰ ½ ou 9ʰ ⅓ peuvent-ils signifier 2ʰ après minuit ? est-ce une inadvertence de Ptolémée qui aura compté 2ʰ ½ après au lieu de 2ʰ ½ avant ; est-ce une faute de copie. Faut-il lire depuis 13 commençant jusqu'à 15 finissant, pour avoir le milieu à 14ʰ ⅐ *temporaires* ou 14ʰ *temps*

moyen. C'est ce qu'il est impossible de décider ; mais il paroît sûr que Ptolémée par erreur, ou avec raison, a supposé 14^h.

Pag. 391 (*lig.* 32.) *Latitude en conjonction* .... 54′ . 50″.

$\frac{1}{4}$ ℂ .... 8 . 50.

$\frac{1}{2}$ *Diamètre de l'ombre*........................ 46 . 0.

$\frac{1}{2}$ ℂ = 17 . 40 = 17 $\frac{4}{7}$ = ... 17 . 6666.

Double = 35 $\frac{1}{7}$ = ... 35 . 3333.

$(\frac{6}{10})\frac{1}{2}$ ℂ.................................... 10 . 6.

$\frac{1}{2}$ ℂ × 2 , 6 ou 2 $\frac{1}{7}$ = ... 45 . 9333.

Ce qui diffère peu de .... 46 .

Pag. 392 (*f*). C'est au contraire dans les *éclipses* que ces deux orbites ont la plus grande inclinaison relative, mais Ptolémée la néglige parcequ'elle n'est que de 5°.

Cʜ. ᴠɪ, *pag.* 404 (*e*). Dans l'une cela est impossible. Ptolémée suppose ici de trop grandes *parallaxes*.

Cʜ. ᴠɪɪ, *pag.* 409 (*a*). La ligne du milieu dans la colonne des *doigts*, est donc de 12^d $\frac{4}{7}$, en supposant qu'elle croisse proportionnellement aux nombres de *la latitude*, et cette quantité prouve qu'il y a demeure dans l'*ombre*. Ce que contiennent les colonnes est la *distance de la lune* au point de la plus grande *latitude*, ou l'*argument de latitude* compté de la *limite*.

— *Ibid.* Ce que contiennent les colonnes est la *distance de la lune* au point de la plus grande *latitude*, ou l'*argument de latitude* compté de la *limite*.

Pag. 410 (*lig.* 18.). Un douzième du *diamètre lunaire* est un doigt = $\dfrac{35 \ 20}{12} = \dfrac{2120''}{12} = \dfrac{1060}{6}$

= 176,666 ; R + r = 63.36 = 3816 2 (R + r) = 2 (63″36) = 7632″.

— *Pag.* 411 (*b*). La ligne du milieu dans la colonne des *doigts* n'est pas de 12 *doigts* seulement comme dans la première table ; mais 12 *doigts* $\frac{4}{7}$. La raison est que l'*éclipse* étant alors centrale, puisque la distance à la *limite boréale* est 90^d ou 270^d, et la *latitude* est nulle ; le centre de la lune est sur celui du *soleil*.

Or la *lune* a.............................. 17′ 40″ de *demi-diamètre*.

Le *soleil*.................................. 15′ 40″.

Différence.................... 2′ 0″.

La *lune* déborde donc tout le *soleil* de 2′. Si le diamètre du *soleil* étoit de 4′ plus grand, la *lune* le couvriroit en entier ; la partie couverte est donc le diamètre entier du *soleil* plus 4′ ou $\frac{4'}{12}$ ou $\frac{1}{8}$ du *diamètre* solaire ou $\frac{12}{8}$ de *doigts*, ce qui fait 1 *doigt*, 5 de plus que les 12. Ptolémée n'en donne que la moitié. Cet excédent du diamètre de la *lune* fait que l'obscuration totale n'est pas instantanée, mais qu'il y a un certain temps où le *soleil* demeure dans l'*ombre*.

— (*c*). Ces dernières colonnes doivent comprendre le *mouvement sur l'orbite*, relatif pendant la demi-durée, et en effet à 90° on trouve 31′ 20″ 5 ℂ′ est le *diamètre* du ☽ ou la somme des *demi-diamètres*.

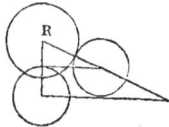

— *Ibid.* Soit R = *demi-diamètre* ℂ apogée = 17′ 40″ = 1060″, 1 doigt = $\frac{242}{6}$ = 156,666,

r = *demi-diamètre* ☉ .... 15′ 40″ = 940$^{\prime\prime}$

R + r = ... 2000″.

d = le nombre des *doigts éclipsés.*

ɪ.

f

$R + r - d$ sera la plus courte *distance des centres.*

$R + r =$ la *distance des centres,* au commencement de l'*éclipse.*

$(R + r)^2 - (R + r - d)^2 =$ le carré du *chemin de la lune* depuis le commencement jusqu'au milieu de l'*éclipse.*

$(R + r)^2 - (R + r)^2 - d^2 + 2(R + r)d = 2(R + r)d - d^2.$

$= (2R + 2r - d)d = (2(R + r - d)d = C^2.$

$C = \sqrt{(2(R+r) - d)d} = \sqrt{(4000'' - d)d} =$ *demi-corde* dans l'*ombre.*

$\dfrac{(R + r - d)}{sin.\ 5^d} =$ sin. *argument latitude* $=$ cos. nombre *latitude.*

On voit que ces formules en prenant pour argument le nombre des *doigts éclipsés*, donnent les nombres ou parties d'incidence de la *Table de Ptolémée.* Il a supposé l'*inclinaison* $= 5^d$. La dernière formule fait retrouver constamment à $1'$ près, ses nombres de *latitude.* Quant à ces nombres, Ptolémée les a cherchés d'une manière moins rigoureuse. Il a vu que 6^d de *distance au nœud* réduisoient l'*éclipse* à o. Il a divisé 12^{doigts} par 6^d. Il a eu 1^d pour 2^{doigts}, et $3o'$ pour 1^{doigt}. A $83^d\ 3\gamma'$ ou $83°\ 36'$, l'*éclipse* étant nulle, en ajoutant continuellement $3o'$, il a formé tous ses nombres de *latitude* jusqu'à $89°\ 36'$ qui donnoient 12^{doigts}. De-là jusqu'à $9o^d$, il resteroit $24'$, ou $\frac{24}{10} = \frac{4}{5}$. Ainsi pour aller de $89^d\ 36'$ à $9o^d$, il a ajouté $\frac{4}{5}$ de *doigt* en prenant la simple *partie proportionnelle.* Mais c'est en ce point principalement, que se fait sentir le défaut de sa méthode. A $9o^d$ l'*éclipse* n'est pas seulement de $12\ \frac{4}{5}$, elle est $= \dfrac{35'\ 2o''}{31'\ 2o''} \times 12^{\ doigts} = 13^{\ doigts}$, 531. Ce défaut peu important n'empêche pas sa table d'être élégante par sa simplicité. La petite erreur étant insensible dans les observations de ce temps-là. Ce défaut n'est pas dans la *Table de l'apogée.* Les deux diamètres étant égaux, l'*éclipse* étoit de 12 *doigts* juste à $9o^d$, et nulle à 84^d. C'étoit juste 1 *doigt* pour $3o'$. La demeure dans l'*ombre* étoit nulle alors, ou ne duroit qu'un instant infiniment petit. Au lieu que dans le *périgée*, la demeure étoit de quelques minutes.

DOIGTS ÉCLIPSÉS.	DOIGTS EN SECONDES.	PARTIES D'INCIDENCE.	SUIVANT PTOLÉMÉE.	NOMBRES DE LATITUDE.	PTOLÉMÉE.
1.	156 , 666.	12′ 56″.	12′ 57″.	84° 7′.	84° 6′.
2.	313 , 333.	17 55 .	17 54 .	84 37 .	84 36 .
3.	470 , 000.	21 28 .	21 28 .	85 7 .	85 6 .
4.	626 , 666.	24 14 .	24 14 .	85 37 .	85 36 .
5.	783 , 333.	26 27 .	26 27 .	86 7 .	86 6 .
6.	940 , 000.	28 16 .	28 16 .	86 37 .	86 36 .
7.	1096 , 666.	29 44 .	29 45 .	87 7 .	87 6 .
8.	1253 , 333.	3o 55 .	3o 55 .	87 37 .	87 36 .
9.	1410 , 000.	31 51 .	31 51 .	88 7 .	88 6 .
10.	1566 , 666.	32 32 .	32 33 .	88 37 .	88 36 .
11.	1723 , 333.	33 o1 .	33 1 .	89 7 .	89 6 .
12.	188o , ooo.	33 16 .	33 16 .	89 37 .	89 36 .
12 ⁴⁄₅.	2oo5 , 333.	33 2o .	33 22 .	9o 1 .	9o o .

Ch. VII, *pag.* 412, (*lig.* 18 et 23)........................ 45′56″.

 17.40.

 $\overline{1°3'36''}$

Sin. 1°. 3′. 36″..................... 8.2671585

Cos. 5°.......................... 1.0597040

 12°.15′.16″..................... 9.3268625

 12°.12′.......................... Ptolémée.

— *Pag.* 414 , (*lig.* 34).

Inclinaison =	5°.	....	5,3144251.
½ *inclinaison* =	2°,30′, *tang*..............................		8,6400931.
			8,6400931.

	6°,33′,20″ o................................		2,5946113.
Sin. 2AG = *sin.* 24°. o o o............................			9,6093133.

2′,39″,90............................		2,2039246.
		8,6400931.
		9,6989700.

o′, 3″,49..........................		0,5429877.

DG = 2′,36″41, plus grande réduction pour les *éclipses*. Ptolémée dit qu'elle ne passe pas 2′ : elle passe de 36″41.

Sin. 5°....................		8,9403960.
Sin. 12°....................		9,3178789.

Sin. BD = 1°.2′.18″....................		8,2582749.

— *Pag.* 416 , (*d*). Cela n'est vrai qu'en raison de l'égalité des deux *demi-diamètres* dont la somme est égale au *diamètre* de la ☾.

— *Ibid* (*lig.* 24,) (*dans la moindre distance*). ½ ☾.................... 17.40.

½ ☉.................... 15.40.

AB = ... 33.20.

— ½ ☉................................ 6ᵈ. ½ ☉ — 3 = 3.

— ½ ☾................................ 6 . 4.

—————— ½ ☾ = 6.4.

12 . 4. ——————

3. 9.4.

EZ = ... 9 . 4.

— *Pag.* 423, (*lig.* 16). Ce calcul est curieux en ce qu'il prouve que les Grecs avoient déjà ce théorème , qui dit que dans tout *triangle* la base est à la somme des deux autres côtés, comme la différence de ces deux mêmes côtés est à la différence des *segmens* de la base.

— *Pag.* 424 , (*fig.*). Le *secteur* ATZGA = ½ AT². *Arc* AZG = AT². *Arc* AZ.

Le *triangle* ATG = ½ AG . KT = AK . KT = $\overline{\text{AT}}^2$. *Sin.* AZ. *Cos.* AZ = ½ $\overline{\text{AT}}^2$. *Sin.* 2 Z.

Donc le *segment* AZGKA = $\overline{\text{AT}}^2$. (AZ — ½ sin. 2 AZ).

De même le *segment* ADGKA = $\overline{\text{EA}}^2$ (AD — ½ sin. 2 AD).

Donc l'espace curviligne AZGDA = EA² (AD — ½ sin. 2 AD) + $\overline{\text{AT}}^2$ (AZ — ½ sin. 2 A).

Soit π le rapport de la demi-circonférence au rayon. La surface du *cercle* ABGDA = (EA)² π.

Si l'on veut exprimer AZGDA en *doigts* ou *douzièmes* de ABGDA, il faudra le multiplier par $\dfrac{12}{\overline{\text{EA}}^2 . \pi}$

Ainsi AZGDA en *doigts* = $\dfrac{12}{(\text{EA})^2 \pi}$ $\left((\text{EA})^2 (\text{AD} - \tfrac{1}{2} sin. 2\,\text{AD}) + (\text{AT}^2)(\text{AZ} - \tfrac{1}{2} sin. 2\,\text{AZ}) \right)$ =

$\left(\dfrac{12}{\pi} \right) \left\{ (\text{AD} - \tfrac{1}{2} sin. 2\,\text{AD}) + \left(\dfrac{\overline{\text{AT}}}{\text{EA}} \right)^2 (\text{AZ} - \tfrac{1}{2} sin. 2\,\text{AZ}). \right\}$

Soient R et r les deux *rayons*, et D la *distance*, et d le nombre de *doigts* cherchés.

$$S^2 \tfrac{1}{2} E = S^2 \tfrac{1}{2} AD = \frac{\left(\dfrac{R + r + D - D}{2}\right)\left(\dfrac{R + r + D - r}{2}\right)}{D.r},$$

$$S^2 \tfrac{1}{2} T = S^2 \tfrac{1}{2} AZ = \frac{\left(\dfrac{R + r + D - D}{2}\right)\left(\dfrac{R + r + D - R}{2}\right)}{D.R},$$

$$d = \frac{12}{\pi}\left(\left(E - \tfrac{1}{2} sin. 2E\right) + \left(\frac{R}{r}\right)^2 (T - \tfrac{1}{2} sin. 2T)\right).$$

Ces trois formules sont générales, quels que soient R, r, et D. Il suffit de faire attention aux signes On peut s'en servir pour refaire la *Table de Ptolémée*. Je les ai essayées sur la ligne de 3^{doigts} et sur celle de 11. E et T doivent être exprimés en parties du *rayon*. Si l'on n'a pas de tables pour cette conversion, on convertira E et T en *secondes*, et on les divisera par *sin*. 1″.

Le *logarithme* $\dfrac{12}{\pi}$ est constant, et = 0, 5820313. Le *logarithme* $\left(\dfrac{R}{r}\right)^2 = 269$ (R — r) est constant

pour toute une colonne de la table. On peut encore faire $sin^2 \tfrac{1}{2} E = \dfrac{d(2R - d)}{4(R + r - d)R}$, et $sin^2 \tfrac{1}{2} T =$

$\dfrac{d}{4(R + r - d)} . \dfrac{2r - d}{r}$.

— *Pag.* 426. (*Table des éclipses*). Ces tables des *éclipses du soleil* et de la *lune* peuvent se calculer par les formules données ci-dessus, en mettant les parties convenables pour (R, r et d).

Cn. IX, *pag.* 432. Ici les mots *anomalie* et *latitude* signifient les *argumens* de l'*équation du centre* et de la *latitude*.

Ptolémée donne par abréviation au mot *anomalie* le sens que nous lui donnons aujourd'hui, il dénature de même le mot de *mouvement en latitude* à qui nous ne donnons jamais que son véritable sens.

Cn. XI, *pag.* 449. TABLE DES INCLINAISONS DE L'OMBRE.

Cette table peut se calculer par les deux formules ci-dessus :

$Sin. angle = \dfrac{\text{distance des centres}}{\tfrac{1}{2} \text{ diamètre } \odot + \tfrac{1}{2} \text{ diamètre } \mathbb{C}}$ ou $\dfrac{\text{distance des centres}}{\tfrac{1}{2} \text{ diamètre de l'ombre} \pm \tfrac{1}{2} \text{ diamètre} \mathbb{C}}$

$\tfrac{1}{2} \mathbb{C} = 16'. 40''$
$\tfrac{1}{2} \odot = 15. 40$
$\tfrac{1}{2} \mathbb{C} + \tfrac{1}{2} \odot = \dfrac{32. 20}{}$ $\tfrac{1}{2} \mathbb{C} + \tfrac{1}{2} \odot \ldots\ldots\ldots = 32'.20''$
$un \ doigt = \dfrac{15'. 40''}{6}$ $un \ doigt\ldots\ldots\ldots\ldots = 2.36,666.$

$(\tfrac{1}{2} \mathbb{C} + \tfrac{1}{2} \odot) - un \ doigt. = 29 \ 43,333.$

— deux *doigts* = 27 6,666.
— trois *doigts* = 24 30, 000, etc.

Compl. log. 32′. 20″ .... 6.7121983.	.... 6.7121983...........	6.7121983.
29 .43,333............. 3.2512325	27′. 6″,666 3.2112986	24 .30. 0 3.1673173.
Sin... 66°. 48′. 57″ 9.9634308	56°.58′. 50″ 9.9234969	49°.15′.53″ 9.8795156.
Ptolém.. 66 . 50....................	.56 .59............	49 .16 .

— *Ibid.* Ptolémée a négligé la différence entre la *latitude* en conjonction à la plus grande *distance*, ainsi que la réduction à l'*écliptique*. Il auroit pu en tenir compte sans changer la forme de ses tables, et c'est ce qu'on fait aujourd'hui; mais le calcul est si court par les méthodes modernes, qu'on ne fait plus aucun usage de ces tables subsidiaires.

— *Pages* 450 *et* 451. Cette figure des *horizons* donne pour les différens climats et pour le commencement de chaque signe, l'*amplitude* ortive du point de l'*écliptique*. Ainsi pour le climat de Rhodes on trouve $\dfrac{14°}{281'} \dfrac{25°}{39'} \dfrac{30°}{0'}$, et ainsi des autres. On trouve les nombres par la formule *sin. amplitude* = *sin. obliquité* multiplié par *sin. longitude* et divisé par *cos. hauteur du pôle*. Les chiffres qui sont le long de l'un des *diamètres*, sont les heures que dure le plus grand jour. 13; 13 $\tfrac{1}{2}$; 14; 14 $\tfrac{1}{2}$, etc. et ensuite les hauteurs du *pôle*, mais les hauteurs sont aussi inexactes. Retournez à la *Table des climats*, pag. 134.

EXTRAIT des Notes de M. HALMA.

Pag. 1, *lig.* 6. Θεωρητικὸν. Il est vrai que les Mss. de Ptolémée portent θεωρητικῷ; mais on lit Θεωρητικὸν dans le passage suivant, que Théon rapporte comme étant les propres paroles de Ptolémée: φησὶ δὲ ὁ Πτολεμαῖος συμβεβηκέναι τῷ πρακτικῷ τὸ πρότερον αὐτοῦ τὸ Θεωρητικὸν τυγχάνειν.... *Or Ptolémée dit qu'il est arrivé à la pratique, que la théorie la précède.* (Manuscrit 2398 des *Commentaires,* et, pag. 1, lig. 42 de l'édition de Basle). Ptolémée avoit donc écrit Θεωρητικὸν, mais les copistes ont substitué Θεωρητικῷ. Rheinhold autorisé par Théon a restitué Θεωρητικὸν, que j'ai rétabli aussi à son exemple, en suivant l'interprétation qn'il a donnée de ce passage qu'il a traduit en ces termes : *etsi enim accidit activæ ut ipsam quoque antecedat speculatio.* Porta et Régiomontan ont interprété ce passage dans le même sens que Rheinhold, qui est nécessairement celui de Ptolémée, car c'est celui même de la version latine de l'arabe : *licet enim contingat ut operatione sit speculatio prius.* Cette version confirme donc la leçon Θεωρητικὸν que Théon a extraite de Ptolémée même ; et c'est la seule qui convienne à la nature de la chose; car les premiers observateurs du ciel, bergers et laboureurs, n'étoient rien moins que théoriciens. La première théorie s'est formée de leurs observations qui ont été les premières pratiques, et quand on eut rassemblé assez de faits pour établir des règles, on en composa la théorie, qui dès lors précéda la pratique dans l'étude de l'astronomie. Mais si contre l'acception ordinaire du mot *théorie*, on veut l'entendre de l'inspection du ciel, comme il faut le voir avant d'y faire des découvertes, cette théorie là a précédé la pratique, et on peut prendre dans ce sens, si l'on veut, la manière dont je rends ce passage dans la seconde version de l'avant-propos de Ptolémée ajoutée à la fin des *Variantes*, comme une variante elle-même ; avant-propos dont l'original est si obscur, que Théon en termine l'explication en disant : *Voilà quel est, à mon avis, le sens qu'on peut donner à tout ce prologue.*

Pag. 18, *lig.* 25. Ἀναρριπιζομίνων..... *soufflés vers le haut*... que j'ai rendu par : *corps légers poussés comme par un vent vers le dehors et la circonférence*, parceque selon Ptolémée, le monde considéré en lui-même n'ayant ni *haut* ni *bas*, j'ai voulu éviter ces expressions équivoques. Mais l'idée de ce vent n'appartient pas entièrement au traducteur; Scapula, Ernesti et Schneider l'avoient eue avant lui. Car dans leurs lexiques ils rendent ῥιπίζειν par *ventilare, faire du vent*, et ἀναρριπίζειν, comme formé de ἀναρρίπτειν *sursùm projicere, lancer vers le haut*, par *sursùm ventilare, souffler vers le haut, ignem ressuscitare, ranimer le feu en soufflant.* Or comment souffler autrement qu'en faisant du vent ? En effet, Hesychius explique ῥιπίζει par φυσᾷ, πνεῖ, πνοὴν πέμπει, *souffle, pousse l'haleine, envoie du vent.*

Pag. 24, *lig.* 25. Βεβηκότα. Si tous les manuscrits de Ptolémée lisent Θεωρητικῷ, tous ne présentent pas βεβηκότας; car le manuscrit 2390 et le meilleur que Bouillaud estimoit plus que tous les autres, porte βεβηκότος. Voilà donc trois leçons : βεβηκότα, βεβηκότας, et βεβηκότος. Quelle est celle qu'il faut choisir ? La première est autorisée par le plus ancien manuscrit 2389 où le ς final a été effacé ; la seconde par le plus grand nombre des manuscrits; et la troisième par le meilleur de tous. D'abord ces trois mots sont susceptibles chacun de deux significations bien différentes, l'une qui est de *repos* et l'autre de *mouvement* ; car ils viennent de βαίνω qui signifie tout à la fois *insisto* et *incedo*, et d'où ont été formés les mots βάσις, *base*, et βῆμα, *gressus, pas, marche.* Goguet (liv. II, tom. 3) se déclare avec Scaliger et Kuster, pour la première de ces deux significations dans le mot συμβεβηκός. Mais ici, elle ne peut convenir à βεβηκότα, car si on la lui donnoit, ce mot qui se rapporte à τὰ λοιπὰ πάντα, *tout le reste*, signifieroit que tous les autres cercles sont fixes comme sur le cercle appelé *méridien*, ce qui n'a aucun sens. Il faut donc donner à βεβηκότα la signification de *mouvement*, et alors il signifiera que tous les autres cercles suivent le mouvement du colure comme étant celui d'un méridien. C'est ce que Ptolémée a voulu faire entendre par les mots βεβηκότα ὥσπερ ἐπὶ τοῦ καλουμένου μεσημβρινοῦ, *marchant comme à la suite et par le mouvement du méridien*, parceque *le colure* est un méridien qui emporte toute *la sphère céleste* avec lui d'Orient en Occident. Si l'on prend βεβηκότος, ce génitif qui ne peut se rapporter qu'au génitif précédent μεγίστου κύκλου, auroit un sens faux avec la signification de *mouvement*, mais avec celle de *repos*, il signifieroit que *le colure* a été posé comme sur *le méridien* ; ce qui confirmeroit que la pensée de Ptolémée a été de faire entendre que *le colure* est un *méridien* ; et que c'est pour cela, que toute *la machine céleste* tourne autour des poles de *l'équateur* en obéissant au mouvement de *ce colure* d'Orient en Occident. Enfin βεβηκότας ne peut ici avoir la signification *de mouvement* que lui donne Xénophon dans le liv. V, art. 12, de ses *Helléniques*, où cet historien dit : ἐπήεσαν δὲ καὶ οἱ ἐκ τῶν

νεῶν ἀποβεβηκότες ὁπλίται...... que le latin a rendu par : *jam et gravis armaturæ pedites irruebant qui è*
navibus descenderant..... où la préposition *de* répond à ἀπὸ et *scenderant* à βεβηκότες. Dans cette supposition, βεβηκότας se rapportant a τοὺς πόλους, signifieroit que les poles ont marché comme sur *le*
méridien ; ce qui seroit absurde. Il faut donc que, suivant la remarque de Goguet, βεβηκότας signifie
stantes, *fixés*, parcequ'étant un participe passé de βαίνω, il marque *un mouvement terminé*, c'est-à-dire
le repos qui succède toujours *au mouvement*. Il paroit que c'est en ce sens que le verbe βεβηκέναι est pris
dans la variante πρὸς τὸ βεβηκέναι κατὰ κροταφὴν, que je n'ai pas insérée dans le texte (pag. 48, lig. 1),
parcequ'elle y est inutile, outre qu'elle n'est pas dans tous les manuscrits. J'ai cru qu'il suffisoit de
rapporter cette leçon dans les *Variantes*, parceque la suite du discours dans le texte marque assez que
l'épaisseur et la hauteur de cette tablette, ou *plinthe*, si l'on veut, (nom qui n'est usité parmi nous
qu'en architecture, et que je lui ai pourtant donné dans ma préface), devoient être tellement combinées qu'elle pût se tenir debout, *stare*, *figi*. Pour en revenir à βεβηκότας, ce mot ne peut admettre
que la signification *de repos*, de manière qu'il signifieroit que *les poles ont été posés sur le colure*
comme sur le cercle appelé méridien Mais qu'est-ce que cela veut dire, si l'on ne convient pas que
Ptolémée a voulu faire entendre par là ce qu'aucun interprète n'a jusqu'à présent senti ni fait sentir,
savoir que *ce colure est comme un méridien*, et même *un méridien* ? Et de plus en admettant βεβηκότας, n'est-on pas forcé de supposer une altération dans le texte de Ptolémée où les mots ἐπὶ τούτου
τοῦ κύκλου, *sur ce cercle*, *colure*, ont été mal à propos supprimés avant ὥσπερ ἐπὶ τοῦ καλουμένου μεσημβρινοῦ? Quant à moi, j'ai préféré avec Rheinhold et Porta, βεβηκότα, parcequ'il est plus conforme à la
pensée de Ptolémée, et qu'il ne suppose rien à suppléer dans le texte. Il est vrai que Reinhold tout en
mettant βεβηκότα, qui se rapporte à τὰ λοιπὰ πάντα, l'a traduit par *fixi* qui se rapporte à *poli*. Mais
Porta en traduisant par *reliqua omnia quæ provehuntur quemadmodum et in dicto meridiano*, fait
voir qu'il lisoit βεβηκότα dans le manuscrit qu'il avoit sous les yeux, et qu'il attachoit à ce mot une
signification *de mouvement* qui emportoit toute *la machine céleste* comme dans *le méridien*, dit-il.
Convenons pourtant que cela n'est pas clair, et que la version proposée: *autour des poles posés comme*
sur le méridien, présente un sens assez raisonnable ; mais convenons aussi qu'elle n'a pas bien compris
le vrai sens de ὡς ἐπὶ τοῦ καλουμένου μεσημβρινοῦ, qui est que *les poles sont posés sur ce colure, comme*
y étant sur le méridien même.

Pag. 148, *lig.* 6. Πρὸς τοὺς ἐπιλογισμοὺς, *secundùm considerationem* (version de l'arabe), et *pro ra-*
tione apparentium (le Grêle), ce qui signifie : *suivant les calculs des phénomènes*, ou *calculés d'après*
les phénomènes, comme j'ai rendu ce passage, et non *pour les calculs des phénomènes*, comme on le
veut. Car non seulement Ptolémée s'est servi pour sa géographie, des relations des voyageurs, comme
il en prévient quelques lignes plus bas ; mais encore, et préférablement tant qu'il l'a pu, *des hauteurs*
du pole pour les latitudes, et *des éclipses de lune pour les longitudes*, comme le prouve ce qu'il dit dans
les chapitres 3 et 4 du livre I de sa géographie. Et *lig.* 19. Τοὺς τῶν ἐποχῶν χρόνους signifient proprement
les temps des époques. Si ces mots signifioient *les tables des époques*, Ptolémée auroit dit τὰ τῶν ἐποχῶν κανόνια, comme il le dit liv. III, pag. 202, où il expose les tables des *Mouvemens célestes*, dont il ne peut avoir
voulu parler dans l'endroit que nous examinons. Ptolémée en effet annonce qu'il donnera dans sa géographie les lieux des villes calculés en temps et rapportés au méridien d'Alexandrie, comme il les y a réellement donnés en heures, dans le liv. VIII, où il compare le passage du soleil au méridien de chaque ville,
avec son passage au méridien d'Alexandrie, en suivant la marche qu'il a prescrite à la fin de ce dernier
chapitre-ci. Ces mots n'ont donc aucun trait aux tables des mouvemens des astres. A la vérité, *les temps*
des époques sont ici des expressions si générales, qu'il faut les particulariser davantage dans une version.
Mais Ptolémée en promettant de donner dans un traité exprès de géographie, les *longitudes* et *latitudes*
des villes, a-t-il voulu dire qu'il donnera des tables de *Mouvemens célestes* ? Aussi les deux versions
latines ont-elles rendu les mots χρόνους τῶν ἐποχῶν, la première par *tempora locorum* (*temps des lieux*),
et l'autre par *tempora computationum* (*temps des calculs*), expressions moins claires et moins justes,
mais qui ne signifient pas les temps des *Mouvemens célestes*. Quant aux mots ὡς ὑποκειμένων τῶν θέσεων,
c'est un génitif absolu, sans doute ; mais comme l'ablatif absolu des latins, il est toujours gouverné par
une préposition sous-entendue, selon le langage des grammairiens. Cette préposition répond, ici, aux
mots français : *comme une conséquence de ces positions supposées connues* ; ce qui revient au même
que si j'eusse dit : *Maintenant donc les positions étant supposées connues*, ou *d'après les positions*, etc.

Pag. 152, *lig.* 34 et 35. Τὰς δοκούσας αὐτῷ ἀκριβῶς τετηρῆσθαι..... et *pag.* 279, *lig.* 15 et 16, ἅς φησιν ἐν Ἀλεξανδρείᾳ τετηρῆσθαι. J'ai rendu le premier de ces deux passages par: *qu'il pense avoir observées avec soin;* et le second par : *observations qu'il dit avoir faites dans Alexandrie.* (Je suis obligé de mettre ici au féminin, pour le faire mieux correspondre au grec, ce que j'ai mis dans le français, au masculin, qui est le genre de nos mots *solstices* et *équinoxes*). Mais, selon *Baldi da Urbino*, qui dit dans sa *Cronica de Matematici : Hipparco.... fece tutte le sue osservationi in rodi,* il auroit fallu conserver en français le passif de ces verbes grecs, attendu que les rendre par l'actif, ce seroit, dit-on, mettre sous le nom d'Hipparque, des observations qu'il n'auroit pas faites. La question de savoir si l'on doit avec Cassini, Riccioli, etc., regarder Hipparque comme l'auteur de ces observations, n'appartient qu'à l'histoire et non à la science de l'astronomie. Car qu'elles viennent de lui ou d'autres, elles n'en servent pas moins aux astronomes, et cela leur suffit. Je renvoie donc pour l'examen de cette question, à la note où je ferai voir par les propres paroles de Ptolémée, qu'il attribue ces observations à Hipparque. Je ne veux ici, afin de montrer que j'ai assez d'usage de la langue grecque pour interpréter mon auteur, que prouver par les règles de la grammaire, que les expressions de Ptolémée autorisent la manière dont j'ai rendu ces deux passages. Si, dans le premier, l'intention de Ptolémée n'eût pas été de dire qu'Hipparque avoit fait ses observations lui-même, mais seulement qu'étant faites par d'autres astronomes, elles lui paroissoient exactes, il auroit mis αὐτῷ avant δοκούσας, et non avant τετηρῆσθαι, comme plus bas (pag. 158, lig. 24) dans ἡμεῖς αὐτοὶ διὰ τῶν ἐφεξῆς ἡμῖν τετηρημένων τοῦ ἡλίου παρόδων.... *nous-mêmes au moyen des mouvemens du soleil observés par nous*, il a placé ἡμῖν immédiatement avant τετηρημένων, parceque Ptolémée désigné dans cet endroit par ἡμῖν, ayant observé lui-même ces mouvemens, suivant ce qu'il a dit, quelques lignes plus haut αὐτοὶ.... τετηρηκότες..... εὑρίσκομεν , *nous-mêmes* , *ayant observé, avons trouvé.......* ἡμῖν doit, pour cette raison, précéder le participe passé τετηρημένων par lequel ce pronom est régi. Ainsi, et pour la même raison, αὐτῷ étant après δοκούσας et avant le passif τετηρῆσθαι est gouverné par ce passif, et se rapportant à Hipparque, il montre que c'est Hipparque qui a fait ces observations. *Le véritable sens* de τὰς δοκούσας αὐτῷ ἀκριβῶς τετηρῆσθαι, est donc: *qui paroissent avoir été bien observées par lui (Hipparque);* et en tournant le passif en actif, j'ai pu dire : *qu'il paroît avoir observées*, ou *qu'il juge, qu'il croit, qu'il pense avoir observées avec soin.* D'après cela, j'ai pu rendre aussi ἅς φησιν ἐν Ἀλεξανδρείᾳ τετηρῆσθαι, *qu'il dit avoir été observées dans Alexandrie*, par : *qu'il dit avoir observées.* Les latins ont imité cette tournure grecque, en substituant le datif à l'ablatif régi par un verbe passif, comme nous lisons entr'autres dans Horace, liv. I de ses Odes : *Scriberis Vario fortis...* pour *Scriberis à Vario;* et dans Virgile, Georg., liv. III : *qui non dictus hylas puer,* pour *à quo non dictus;* et Æn. liv. I, *neque cernitur ulli*, pour *ab ullo....* selon Minellius. Si l'on m'objecte les mots ὡς καὶ τῷ Ἱππάρχῳ δοκεῖ φαίνεσθαι (p. 160) où le datif est avant δοκεῖ, je réponds qu'ils signifient proprement *ut Hipparcho videtur apparere*, comme il semble *à Hipparque qu'ils paroissent*. Il y a des cas où le datif peut se placer indifféremment avant ou après δοκεῖ, comme au commencement de la seconde olynthienne, Démosthène a dit δοκεῖ μοι et plus bas μοι δοκεῖ; mais c'est seulement quand δοκεῖ n'est pas suivi d'un autre verbe qui pourroit régir aussi ce datif. Ainsi au commencement de la première olynthienne, Démosthène a dit : ἡμεῖς δ' οὐκ οἶδα ὅντινά μοι δοκοῦμεν ἔχειν τρόπον πρὸς αὐτά, plutôt que ὅντινα δοκοῦμέν μοι ἔχειν; et ensuite ἔγε δὴ τἀγ' ἐμοὶ δοκοῦντα ψηφίσασθαι μὲν ἤδη τὴν βοήθειαν... plutôt que δοκοῦντα ἐμοὶ ψηφίσασθαι...

Pag. 155, *lig.* 9. Καθάπαξ, *omninò, prorsùs, Semel,* selon Ptolémée dans son prologue, et selon Ernesti, Henri Étienne, et Morel qui rend ἡνίκα ἂν πρὸς τὸ αὐτὸ ὅθεν καθάπαξ ἐκινήθησαν πάντες ἐπανέλθωσιν οἱ ἀσέρες....... par : *quand tous les astres seront retournés une fois d'où ils étoient partis.....* Le vrai sens du passage en question dépend de l'endroit où doit être placée la particule μὴ, et c'est en quoi les manuscrits ne sont pas d'accord. Le manuscrit 1038 lit : Ἔτι δ' ἂν διαμαρτηθείη πλέον ἐπὶ τῶν καθάπαξ ἰσαμένων, καὶ μὴ παρ' αὐτὰς τὰς τηρήσεις ἀκριβουμένων τῶν ὀργάνων, ἀλλὰ συνεσηριγμένων ἀπό τινος ἀρχῆς τοῖς ὑποκειμένοις ἐδάφεσι........ Le manuscrit 2390 : ἔτι δ' ἂν διαμαρτάνοι πλέον ἐπὶ τῶν καθάπαξ ἰσαμένων καὶ μὴ πρὸς αὐτὰς τὰς τηρήσεις ἀκριβουμένων, ἀλλὰ συνεσηριγμένων ὀργάνων ἀπό τινος ἀρχῆς τοῖς ὑποκειμένοις ἐδάφεσι..... Le manuscrit que Bouillaud a eu sous les yeux à Florence, portoit selon sa citation : ἔτι δ' ἂν διαμαρτάνοι πλέον ἐπὶ τῶν μὴ καθάπαξ ἰσαμένων καὶ παρ' αὐτὰς τὰς τηρήσεις ἀκριβουμένων, ἀλλὰ συνεσηριγμένων ὀργάνων..... Le plus ancien manuscrit, 2389, porte : ετιδανδιαμαρτανοι πλεονεπιτων μη καθαπαξ ισαμενων και παραυτας τας τηρησεις ακριβουμενων αλλα συνεσηριγμενων οργανων απο τινος αρχης τοις ὑποκειμενοις εδαφεσιν..... Leçon que j'ai suivie avec le manuscrit 2398 des commentaires qui cite en ces termes les propres expressions de Ptolémée:

ἔτι δ' ἂν διαμαρτάνοι πλέον ἐπὶ τῶν μὴ καθάπαξ ἱςαμένων.... Ce manuscrit ajoute : ἐνδέχεται μὲν οὖν, φησί, τὰ ὄργανα πάντα διαμαρτάνειν· μάλιςα δὲ τῶν ἄλλων τὰ μὴ παρ' αὐτὰς ἀκριβούμενα τὰς τηρήσεις, ἀλλ' ἐκ πολλοῦ συνεςηρηγμένα...... *Il est constant, dit-il, que tous les instrumens s'écartent de l'exactitude, et plus que tous les autres, ceux qui ne sont pas ajustés lors des observations mêmes, mais attachés depuis long-temps......* L'interprétation de Boüillaud : *Longiùs etiam aberraverit quivis in armillis quæ* Semel *penitùs collocatæ et fixæ non sunt, sed quæ in ipsis observationibus aptantur et rectificantur....* pèche en ce qu'elle rend μὴ par *sed*, parcequ'il a lu μὲν dans l'édition. Mais la particule μὲν est ici confirmative de μὴ que l'imprimé comme le manuscrit a mis devant καθάπαξ dans les mots qu'ils citent de Ptolémée. Voilà pourquoi Cabasilas (car les *Commentaires* de Théon sur le 3ᵉ *Livre* de Ptolémée, étoient déjà perdus dans le 14ᵉ siècle où cet archevêque de Thessalonique a écrit les siens sur ce livre pour réparer cette perte) a substitué μὴ à μὲν pour faire mieux sentir que l'intention de Ptolémée avoit été de dire : qu'*on se tromperoit encore plus avec des instrumens non posés tout simplement d'abord, ni ajustés en chaque observation,* (chose qui est toujours possible, en remettant le plan de l'*armille équatoriale* dans celui de l'*équateur céleste*); ou bien : *avec des instrumens posés une fois de manière à ne pouvoir être redressés à chaque observation.* Quoiqu'il en soit, Boüillaud n'a pas rencontré la correction proposée qui consiste à dire que l'*erreur seroit plus grande, si l'on se servoit d'instrumens qui ne sont pas dressés à chaque fois et disposés pour les observations,* ce qui est plus exact, mais rend mal καθάπαξ et ἱςαμένων, et ne distingue pas assez les deux membres de la phrase ἐπὶ τῶν μὴ καθάπαξ ἱςαμένων, et καὶ παρ' αὐτὰς τὰς τηρήσεις ἀκριβουμένων, bien distingués cependant par Ptolémée qui parle d'abord des *instrumens non posés une fois*; et ajoute ensuite, *et redressés pour les observations,* c'est-à-dire *ni redressés dans les observations mêmes,* La conjonction *et* marquant que μὴ est sousentendu après καὶ; comme dans le mémoire sur l'exécution de la carte de France, par un auteur dont le nom est si justement célèbre en astronomie, on lit : *et la nomenclature devoit ne pas nuire à l'objet principal, et à l'effet général;* c'est-à-dire, *ni à l'effet général.* A mon avis, il vaudroit mieux, comme dans les mannscrits 1038 et 2390, supprimer ἱςαμένων, et l'exprimer avant παρ' αὐτὰς..... pour dire que l'*erreur seroit plus grande avec des instrumens posés une fois pour toutes, et non redressés chaque fois dans les observations mêmes,* J'en laisse la décision au jugement du lecteur. C'est le parti qu'en général je prends dans les *Variantes.* Je les rapporte toutes à la fin du volume. Je ne les ai insérées dans le texte, que lorsqu'elles m'y ont paru indispensables. Celles que j'ai omises sont réservées pour des notes, comme celles-ci. J'ai ajouté (pag. 61, lig. 21) πρὸς τὰ μ̅ζ̅ λα' νη' λόγου du manuscrit 2389, qui ne se trouvent pas dans l'édition grecque de Basle; et (p. 125, lig. 25) j'ai changé son πρὸς αὐτοὺς en πρὸς αὐτὰς que les manuscrits et la phrase exigent. Mon édition du texte grec n'a donc pas été calquée sur celle de Basle. Car ai-je conservé son θεωριντκω, son πανατχη, pp. 1 et 3, et bien d'autres fautes plus graves? Quelques ressemblances des mots français dérivés du latin et quelques-uns des deux versions latines, prouvent bien moins une imitation de ces versions, que les fréquentes différences de sens entr'elles et moi, ne prouvent que le texte grec de Ptolémée pris sur les MSS., a été le seul guide et la seule matière de mon travail. Ma traduction française de Théon, à la suite de celle de Ptolémée, éclaircira ou rectifiera les endroits obscurs ou mal rendus de celle-ci. J'en excepte pourtant dans le *prologue,* les mots καὶ ὅσα γε δὴ νομίζομεν ἐπὶ τοῦ παρόντος εἰς φῶς ἡμῖν ἐληλυθέναι, qui signifient, selon les uns, *tout ce qui a été publié jusqu'à présent;* et selon les autres, *ce qui jusqu'à présent a été le plus éclairci.* Et les mots précédens : ὅσην σχεδὸν ὁ προγεγονὼς ἀπ' ἐκείνων χρόνος μέχρι τοῦ καθ' ἡμᾶς δύναιτ' ἂν περιποιῆσαι. *Tout ce que pourra nous fournir de plus le temps écoulé depuis eux jusqu'à nous...* Théon prétend que Ptolémée a voulu marquer ici l'avantage qu'on retire de la longueur du temps pour la précision des mouvemens célestes. Mais ni Rheinholt, ni les autres, ne paroissent avoir vu cette pensée dans le grec. Théon, en qualité de Commentateur, avoit le droit d'amplifier et de prêter ses idées à son auteur; mais moi, simple interprète, j'ai dù me circonscrire dans ce que je lisois, sans me permettre le moindre écart.

Cet exposé des endroits les plus contestés suffira, en attendant de plus amples explications, pour convaincre qu'aucune inexactitude essentielle n'affecte les parties principales de cet ouvrage; et que les démonstrations y étant claires, les raisonnemens concluans, les tables bien déduites, les dates et les époques conformes à celles qui ont été consignées par Ptolémée, ma traduction est correcte, et son objet rempli.